U0872932

SINOPEC

中国石化综合加能站形象标准手册（2023 版）

（上册）

中国石化销售股份有限公司 著

中国石化出版社
HTTP://WWW.SINOPEC-PRESS.COM

图书在版编目（CIP）数据

中国石化综合加能站形象标准手册 . 2023 / 中国石化销售股份有限公司著 . 一北京：中国石化出版社，2023.6
ISBN 978-7-5114-7141-3

Ⅰ . ①中… Ⅱ . ①中… Ⅲ . ①加油站－运营管理－标准－中国－手册 Ⅳ . ① F426.22-65

中国国家版本馆 CIP 数据核字 (2023) 第 111930 号

中国石化出版社出版发行

地　　址：北京市东城区安定门外大街 58 号
邮　　编：100011
电　　话：（010）57512500
发行部电话：（010）57512575
网　　址：http：//www.sinopec-press.com
电 子 邮 箱：E-mail：press@sinopec.com

印　　刷：北京科信印刷有限公司印刷

开　　本：16
印　　张：66.25
字　　数：1427 千字
尺　　寸：880×1230 毫米
版　　次：2023 年 10 月第 1 版
印　　次：2023 年 10 月第 1 次印刷
责任编辑：田　曦　　韩　勇
责任校对：李　伟

定　　价：580.00 元（上、下两册）
书　　号：ISBN 978-7-5114-7141-3

《中国石化综合加能站形象标准手册》

撰写委员会

主　　任：李玉杏

执行副主任：张　刚

副 主 任：宋云昌　叶慧青　阚　�　刘迎新　王　欣

撰 写 人：谢慧生　周　凯　高　鹏　李丽剑

编　　委：

王维民　张少华　赵运林　王剑波　刘　野　刘　栋　阳仕舟　李　翔　李　宏　刘志华
高劲松　王九宁　操德平　徐　敏　何宇泽　连　勇　朱兆宏　鲁　东　尤　卉　文　琦

设计单位：

广州震雄装饰工程有限公司
上海金标文化创意股份有限公司

参编单位：

华为技术有限公司
广西大学设计院有限公司（原广西大学设计研究院）
湖南伊格尔装饰设计工程有限公司
昕诺飞（中国）投资有限公司
深圳紫光照明技术股份有限公司

《中国石化综合加能站形象标准手册（2023 版）》

重点修改内容说明

《中国石化综合加能站形象标准手册（2023 版）》，是在 2021 版基础上修改而成的，重点修改内容说明如下：

1. 修改爱跑 X POWER 标识内容（详见手册 B.2）；
2. 修改爱心驿站标识内容（详见手册 B.6）；
3. 新能源标识系列增加石化易电标识内容（详见 B.7）；
4. 增加自助加油标识内容（详见手册 B.8）；
5. 修改加能站油品色彩标准（柴油选用棕色 ,95 油品采用黑色文字显示，详见手册 C.6）；
6. 增加品牌柱类型说明，分别为曲面款品牌柱与平面款品牌柱，其中平面款品牌柱为新增设计（详见手册 D.2）；
7. 品牌柱增加合作单位联合标识设计（详见手册 D.3.37，D.3.38）；
8. 增加灯布型檐口设计（详见手册 D.3.04~D.3.06，D.3.25~D.3.31）；
9. 檐口增加“合资”“加盟”“特许”檐口布置规范，增加少数民族文字檐口标识规范，增加檐口合作单位联合标识规范（详见手册 D.3.36~D.3.42）；
10. 檐口增加充电檐口布置规范（详见手册 D.3.46，D.3.47）；
11. 增加加油岛造型能源模块边缘折角化设计（详见手册 D.4.12，D.4.14，D.4.15）；
12. 增加油品导向标识安装位置（详见手册 D.4.18）；
13. 增加油品导向标识排布方案示意（详见手册 D.4.19，D.4.20）；
14. 增加加油机包柱灯箱（底封板）尺寸及工艺说明（详见手册 D.4.21）；
15. 修改综合服务箱 A/B 款设计（详见手册 D.4.27~D.4.30）；
16. 修改加油岛颜色（详见手册 D.4.33）；
17. 修改大号及小号移动推车的尺寸及工艺说明（详见手册 D.4.42，D.4.43）；
18. 修改简易站站房外立面设计（详见手册 D.5.06，D.5.07）；
19. 修改红色装饰条设计，可适用于标准站与简易站（详见手册 D.5.11）；
20. 增加价格立牌的方案设计（详见手册 D.5.26）；
21. 修改卫生间标识牌（详见手册 D.6.33）；
22. 增加站外卫生间方案设计以及相应标识产品设计（详见手册 D.6.36~D.6.38）；
23. 增加站房联合易捷养车规范设计（详见手册 D.7.36）；
24. 增加柴油车位地面画线尺寸及工艺说明（详见手册 D.8.03）；
25. 增加充电柱外观设计效果示意（详见手册 D.9.19）；
26. 增加砖砌消防五大件设计（详见手册 D.10.01，D.10.02）；
27. 修改成品消防五大件设计（详见手册 D.10.04~D.10.14）；
28. 增加橇装加气设施外观形象和橇装加油设施外观形象设计（详见手册 D.10.33，D.10.34）；
29. 增加水上站和自助加油形象设计规范（详见手册 D.11，D.12）。

Foreword
前言

制定综合加能站形象标准和不定期对标准进行更新迭代，是中国石化销售企业构建产业新格局、实现世界领先方略以及数字化转型的必然要求，而更新综合加能站视觉识别标准、统一外观形象、升级服务功能，是增强企业品牌建设、提高品牌影响力和竞争力的有效手段。在此背景下，我们组织编写了《中国石化综合加能站形象标准手册》（以下简称《手册》）。

《手册》秉承“洁净低碳、传承呼应、品质高效、创新智慧”的品牌定位、遵循“国际领先、形象提升、经济选材、便捷维护”的设计原则，在大量研读国内外先进同行的形象设计基础上，充分吸纳了中国石化海外版先进经验，从而提升加能站形象活力和亲和力，并从中国传统技术文化中汲取灵感，结合销售企业多年来的形象改造经验，同时兼顾境外、新能源等新业务需求重新编制而成，是中国石化综合加能站外观形象最新的标准和依据。

《手册》共上下两个分册，包含形象标准手册使用指引、中国石化相关品牌标识使用规范、加能站形象展示、形象功能区设计规范、附录 A~E 五个部分，其中“E. 附录”部分又包含综合加能站形象标准工艺安装说明、综合加能站照明设计说明、综合加能站户外广告设计说明、综合加能站形象标准矢量文件四个篇章。《手册》适用于中国石化销售企业传统加油（气）站及综合能源站新建、重建、扩建和改造的装饰设计与施工，为中国石化相关工程项目管理部门及其合作的设计单位、工程承包商、材料供应商等第三方公司提供相关形象技术指导。除应执行本标准外，还应遵循国家现行法律法规和相关标准规定。

《手册》在编制过程中，收集大量资料，研读了国内外先进同行的相关标准、文献规范，组织了市场调研和现场考察，聘请了企内外专家、高校顾问、知名设计师和相关设备设施厂家进行指导和技术交流，在充分学习借鉴 2010 版系列标准手册的基础上，广泛征求了销售公司以及省市公司和一线员工意见，经多次修改最终形成本稿。尽管如此，其中一定还会存在不足，希望各单位在使用过程中及时反馈问题，以便今后进一步调整完善。

这本《手册》的编制完成，是在集团公司、销售公司领导的深切关怀下，由零售管理部牵头，各级部门目标一致、齐心协力、上下参与、辛勤付出后换取的成果，凝聚了企业内部各级领导、专家和各相关岗位专业人员以及外部咨询团队和技术支持团队的心血，是集体智慧的结晶，对加强中国石化综合加能站品牌形象建设、提高品牌影响力和竞争力具有重要意义，中国石化对本手册享有知识产权。最后，我们向为《手册》编写献计、献策的各位领导、专家、员工以及关心中国石化综合加能站品牌形象的广大消费者表示衷心的感谢！

本形象标准手册由中国石化销售股份有限公司负责解释。

中国石化销售股份有限公司

CONTENTS

目 录

A 形象标准手册使用指引
RVI MANUAL INSTRUCTION

B 中国石化相关品牌标识使用规范
SPECIFICATION FOR THE USE OF SINOPEC BRAND SIGNAGE

B 中国石化相关品牌标识使用规范

SPECIFICATION FOR THE USE OF SINOPEC BRAND SIGNAGE

C 加能站形象展示

IMAGE DISPLAY OF THE FUELLING STATION

D 形象功能区设计规范

SPECIFICATION FOR DESIGN OF IMAGE FUNCTIONAL AREA

D 形象功能区设计规范
SPECIFICATION FOR DESIGN OF IMAGE FUNCTIONAL AREA

D

形象功能区设计规范

SPECIFICATION FOR DESIGN OF IMAGE FUNCTIONAL AREA

E 附录
APPENDIX

形象标准手册使用指引

RVI MANUAL INSTRUCTION

A.1

总则

01 使用人员及使用目的

《手册》是对中国石化综合加能站品牌形象和设计的规范，是中国石化综合加能站外观形象最新的标准和依据，为中国石化相关工程项目管理部门及其合作的设计单位、工程承包商、材料供应商等第三方公司提供相关形象技术指导。

除应执行本标准外，还应遵循国家现行法律法规和相关标准规定。

02 内容概要

《手册》适用于中国石化销售企业加能站及综合加能站新建、重建、扩建和改造的装饰设计与施工。

《手册》涵盖的主要内容有：

· 中国石化品牌、相关子品牌的品牌标识及使用规范；
· 中国石化综合加能站形象分级标准及设施配置要求；
· 中国石化综合加能站品牌形象设计过程中涉及的主要标识制作要素标准及规范，如色彩、造型、材料标准等；
· 中国石化综合加能站运营涉及的其他辅助设施的视觉规范（如汽服外立面形象、卫生间室内形象等）；
· 中国石化综合加能站形象施工和标准件制作安装工艺、照明说明、户外广告系统、矢量文件等。

03 特殊情况

《手册》中规定的综合加能站品牌形象要素，其尺寸、造型比例、色彩标准等应须严格遵守，不得存有偏差。如项目实施中切实存在超出本标准所规定的内容、规格等特殊情况，应书面提报销售公司审批同意后方可实施。

* 加能站及综合加能站的设计和施工，除应符合本规范外，还应遵循国家现行法律法规和相关标准规定。

A.1

总则
加能站设计理念

·《手册》秉承“洁净低碳、传承呼应、品质高效、创新智慧”的品牌定位，遵循“国际领先、形象提升、经济选材、便捷维护”的设计原则，在大量研读国内外先进同行的形象设计基础上，充分吸纳了中国石化海外版先进经验，从而提升加能站形象活力和亲和力，再从中国传统技术文化中汲取灵感，结合销售企业多年来的形象改造经验、同时兼顾考虑境外、新能源等形象特性需求编制而成。

·加能站整体外观沿用了中国石化传统的红白品牌色为基调，同时对色号进行了相应优化，整体空间的红白色彩比例经过科学论证，打造出干净、和谐又充满活力的视觉效果。在整体造型上，品牌柱、罩棚檐口、外立面等采用简洁、圆润的弧度结构，增强品质感，同时让加能站更具亲和力。其中，在檐口材料运用方面，以高光和哑光两种材质相结合，通过智慧光控，既能加强夜间亮化，又能体现出科技感和时尚感。加油岛造型更是从我国传统的木制工艺中获得启发，以卯榫的牢固之态、工匠的专注之心融入设计中，传达了中国石化加能站安全、稳健的外观形象，以及一代石油人乐于奉献、奋斗不止的匠人精神。

A.2

名词术语与定义

A.2.01 综合加能站

集加油、加气、加氢、充电、连锁便利、洗车等多项能源供给及服务于一体的新型站点。

A.2.02 加油站

具有储油设施，使用加油机为机动车加注汽油（含甲醇汽油、乙醇汽油）、柴油等车用燃油的场所。

A.2.03 加气站

具有储气设施，使用加气机为机动车加注车用 LPG、CNG 、LNG 等车用燃气的场所。

A.2.04 加氢站

具有储氢设施，使用加氢机为氢燃料汽车加注氢能等车用燃料的场所。

A.2.05 品牌柱

具备一定的体积和高度，能够独立表达品牌形象的大型单体标识，涵盖品牌 LOGO、品牌宣传、加注燃料品种及价格信息、辅助服务信息展示等功能。

A.2.06 18m 超高标识

具备一定的体积和高度，能够独立表达品牌形象的大型单体标识，涵盖品牌 LOGO 等功能，可应用在高速、国省道大站、道路进深过长、道路两侧树木高且多的地段。

A.2.07 3m 低标识

能够独立表达品牌形象的单体标识，涵盖品牌 LOGO、品牌宣传、加注燃料品种及价格信息、辅助服务信息展示、方向指示等功能，当站型为多面沿街、地理位置比较特殊或当地有特殊限高要求时，可选配使用。

A.2.08 模块

指由数个基础功能组件组成的特定功能组件，可用来组成具完整功能之系统、设备或程序。模块通常都会具有相同的制程或逻辑，更改其组成组件可调适其功能或用途。

A.2.09 限高标识

指禁止装载高度超过标识所示数值的车辆通行，设在最大容许高度受限制的地方，警告车辆、行人注意危险地点的标识。驾驶者需要注意限高标识牌的数值是否低于行车本身高度，避免出现违规和安全事故。

A.2.10 加油岛造型

指立柱与加油机之间，以加油岛为基础的集装饰与实用功能于一体的衔接组合模块，包含加油机正上方横向能源信息灯箱、立柱竖向广告牌、油品导向标识及其他辅助装饰包板等。

A.2.11 加气岛造型

指立柱与加气机之间，以加气岛为基础的集装饰与实用功能于一体的衔接组合模块，包含加气机正上方横向能源信息模块、立柱竖向广告牌、油品导向标识及其他辅助装饰包板等。

A.2

名词术语与定义

A.2.12 加氢岛造型

指立柱与加氢机之间，以加氢岛为基础的集装饰与实用功能于一体的衔接组合模块，包含加氢机正上方横向能源信息模块、立柱竖向广告牌、油品导向标识及其他辅助装饰包板等。

A.2.13 综合服务箱

具有收纳功能，可放置灭火器、灭火毯、员工水杯、记事本、玻璃刮、玻璃水、抹布以及垃圾桶等多种工具的工具箱，设置于加油岛上立柱侧边。

A.2.14 加油岛

用于安装加油机的平台 。

A.2.15 加气岛

用于安装加气机的平台。

A.2.16 加氢岛

用于安装加氢机的平台。

A.2.17 加油机

用于向燃油汽车的储油设备充装汽油，并带有控制、计量、计价装置的专用设备。

A.2.18 加气机

用于向燃气汽车储气瓶充装 LPG、CNG 或 LNG，并带有控制计量、计价装置的专用设备。

A.2.19 加氢机

用于向氢能汽车的储氢设备充装氢气或液氢，并带有控制、计量、计价装置的专用设备。

A.2.20 防撞柱

分为固定式防撞柱与活动式防撞柱，其中固定式防撞柱贴反光膜或喷漆（红白色或黄黑色），底部采用螺丝、膨胀螺丝或直埋方式固定。适用于加能站出入口、加油岛、站房外立面、危险地区和加能站施工区域的安全防护。

A.2.21 站房

用于综合加能站管理、经营和提供其他便利性服务的建筑物。

A.2.22 品牌墙

用于自有品牌或合作品牌相关信息的站房外墙的展示模块。

A.2.23 电动汽车充电设施

为电动汽车提供充电服务等相关的电气设备，如低压开关柜、直流充电桩、交流充电桩等。

A.2.24 充电桩

可以固定在地面或墙壁，安装于公共建筑中，可以根据不同的电压等级为各种型号的电动汽车充电。

A.2

名词术语与定义

A.2.25 作业区

汽车加油、加气、加氢站内布置工艺设备的区域。该区域的边界线为设备爆炸危险区域边界线加 3m，对柴油设备为设备外缘加 3m。

A.2.26 辅助服务区

汽车加油、加气、加氢站用地红线范围内作业区以外的区域。

A.2.27 橇装式加油装置

将防火防爆油罐、加油机、自动灭火装置等设备及其配件整体装配于一个钢制橇体的地面加油装置。

A.2.28 隧道式洗车机

一种通过电脑设置特定程序来实现车辆自动清洗、打蜡、风干等工作的机器。

A.2.29 龙门式洗车机

也称为往复式洗车机，汽车停在固定的位置不动，洗车设备根据车型来回往复运动的机器。

A.2.30 EQ

尺寸等分。

A.3

形象构成元素

· 为便于识别加能站主要形象模块，本标准将加能站形象归纳为以下九大构成要素：

1. 品牌柱；
2. 罩棚：含檐口、天花；
3. 加能区：含立柱、油机号码牌、加油岛造型、综合服务箱、加油机、加油岛等；
4. 站房：含站房外立面、易捷便利店外立面；
5. 卫生间：含公共洗手区、男卫生间、女卫生间、无障碍卫生间、母婴室等；
6. 汽服洗车区：含自动洗车机、易捷养车等；
7. 地面画线及防碰撞设施：含加注车位画线、停车位画线、其他导向等辅助画线、防撞柱、减速带等；
8. 新能源专区：含新能源相关设备设施（氢能储气罐、氢能源换热器、液化天然气储气罐、天然气换热器、充电桩等）；
9. 其他辅助功能区：含油罐区、操作井井盖、卸油区、通气管道、消防五大件（卸油口箱、消防沙箱、消防器材箱、计量工具箱）、安全警示牌、站房室内门牌、围墙、绿化带等。

立面图示例

A.4

手册版本管理

· 中国石化拥有本手册的全部知识产权，其最终解释权归中国石化所有。

· 本手册是中国石化的内部文件，其电子版和纸质版本的发放范围仅限于中国石化内部的相关部门，以及经中国石化授权的第三方合作公司的相关部门。

· 注：未经授权许可的任何个人或组织均不得以任何形式将本手册全部或部分内容进行印刷、翻印、转载、复制、编辑、发布使用于任何场合。

《中国石化综合加能站形象标准手册》版本记录

版本编号	签发日期	修订描述	签发部门
2021 12	2021.11.20	初版	销售公司零售管理部
2023 03	2023.05	2023 版	销售公司零售管理部

A.5

免责声明

本标准是由中国石化销售股份有限公司自行编制的企业标准。各单位在使用本手册时，请务必首先仔细阅读本文。

1. 本标准是由中国石化销售股份有限公司编制，拥有本标准的知识产权，其形象外观设计、制作工艺等专利权均归中国石化所有。本标准仅供中国石化企业内部和授权的第三方合作单位使用，未经授权许可的任何个人或组织均不得以任何形式将本标准全部或部分内容进行印刷、翻印、转载、复制、编辑、发布使用于任何场合，更严禁未经授权许可将本标准全部或部分内容上传至网络或通过其他途径谋取不当利益，违者将依法追究相应法律责任。任何个人或组织使用通过非我公司官方发布渠道或非我公司授权许可渠道等获得的形象标准手册内容造成自身权益损害的，我公司不承担任何责任。

2. 本标准涵盖的所有设计标准、制作工艺、安装要求、设备类型等，除本标准特别说明外，请勿接受任何第三方直接指导意见或直接参考第三方资料对本标准要求进行变更，由此造成使用人自身权益损害的，本公司不承担任何责任。本标准未做要求的，各使用人、使用单位可根据需求自主择定，并自行承担相应后果。

3. 本标准是结合中国石化销售企业多年来的形象改造经验、同时兼顾考虑境外、新能源等形象特性需求重新编制而成，虽然在编制过程中已多次征集意见并审核修改，力求内容完整翔实，但鉴于试点打磨时间不足等原因，对标准中的部分内容还缺乏多次实践验证，在使用中仍可能发现存在部分错误或漏失。使用单位如有疑问和建议，欢迎致电或来函，本公司保留对本标准解释的权利。

4. 中国石化销售股份有限公司将根据企业实际需要，不定时更新形象标准，拥有随时自主自行对本标准及附录内容进行修改的权利。请各单位务必通过企业官方正式发布的渠道获得最新版本。

中国石化销售股份有限公司

中国石化相关品牌标识使用规范

SPECIFICATION FOR THE USE OF SINOPEC BRAND SIGNAGE

/ B.1 中国石化

B.1.01

中国石化
标准彩色图形标识

· 中国石化图形标识由朝阳图形、中文简称和英文简称 (SINOPEC) 三部分构成。

· 红色圆圈将中文与英文和谐地连接为一个整体，寓意中国石化是能源的提供者，是经济运行的血脉，正朝着建设世界领先洁净能源化工公司的目标迈进。

B.1.02

中国石化图形标识
标准制图及安全区域

图形标识标准制图：

· 图形标识的制图规范，主要用来阐述图形标识的科学绘制方法，以此来衡量、确定图形标识的造型比例及空间距离的相互关系。

图形标识安全区域：

· 为更加清晰、有效地传播品牌标识，图形标识周边必须保持一个最小尺寸的空白区域，该空间称为安全区域。该区域内不得出现任何文字、符号和其他元素。

· 在图例中，以中国石化图形标识部分高度为 X，0.33X 为图形标识的安全区域，当图形标识尺寸发生改变时，安全区域大小随之改变。

· “X”为一个计量单位。

· 注：使用时，可从附录文件调出相应的图形标识矢量文件，切勿自行绘制。

标准制图

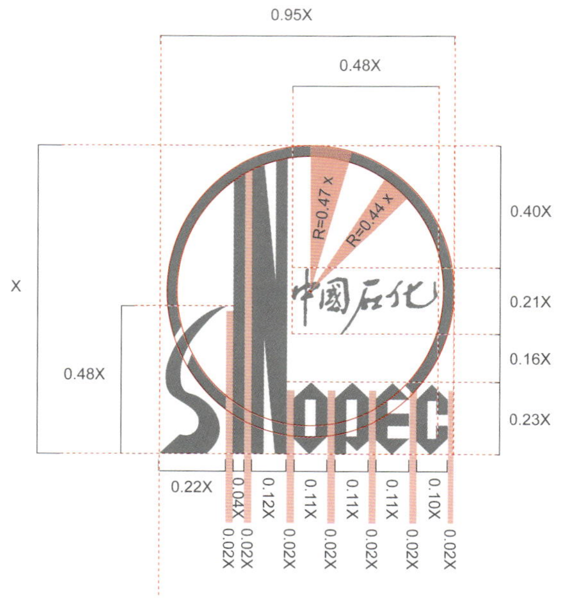

图形标识安全区域

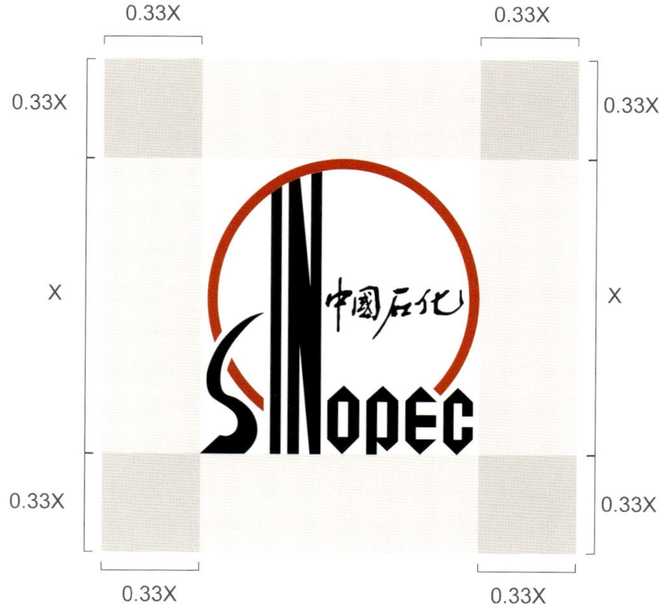

B.1.03

中国石化
中文简称标识及安全区域

中文简称标识：

· 中国石化中文标识标准字体已经过设计处理，使用时不可做任何修改，不可用其他类似字体代替。

中文简称标识安全区域：

· 为更加清晰、有效地传播品牌中文简称标识，标识周边必须保持一个最小尺寸的空白区域，该空间称为安全区域。该区域内不得出现任何文字、符号和其他元素。

· 横排中文简称标识安全区域：
在图例中，以中国石化标识部分高度为 X，0.33X 为标识的安全区域，当标识尺寸发生改变时，安全区域大小随之改变。

· 竖排中文简称标识安全区域：
在图例中，以中国石化标识部分长度为 X，0.33X 为标识的安全区域，当标识尺寸发生改变时，安全区域大小随之改变。

· “X”为一个计量单位。

横排中文简称标识规范

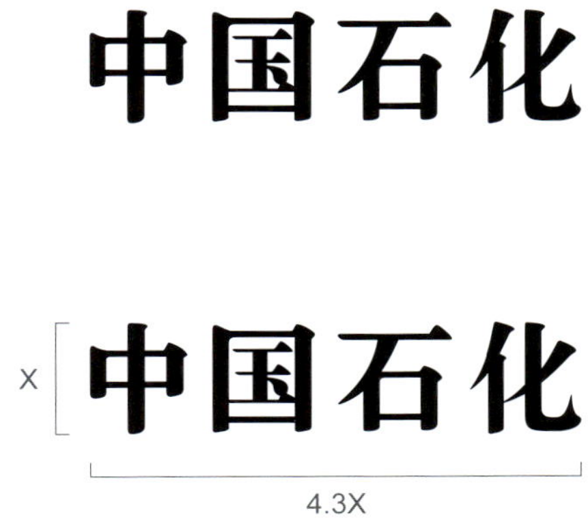

竖排中文简称标识规范

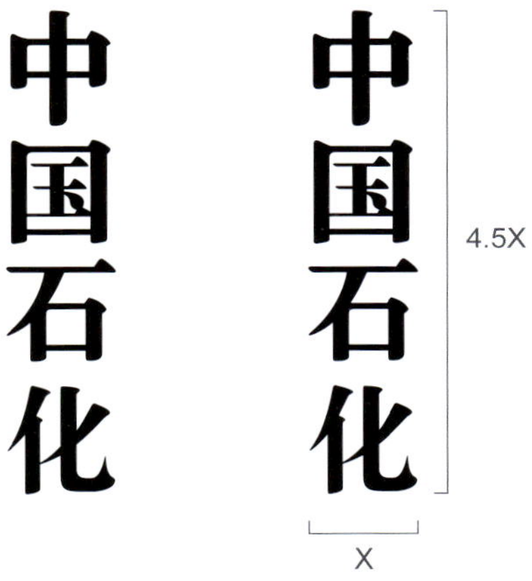

横排中文简称标识安全区域

竖排中文简称标识安全区域

B.1.04

中国石化
英文简称标识及安全区域

英文简称标识：

· 中国石化英文标识标准字体已经过设计处理，使用时不可做任何修改，不可用其他类似字体代替。

英文简称标识安全区域：

· 为更加清晰、有效地传播品牌英文简称标识，标识周边必须保持一个最小尺寸的空白区域，该空间称为安全区域。该区域内不得出现任何文字、符号和其他元素。

· 横排英文简称标识安全区域：
在图例中，以 SINOPEC 标识部分高度为 X，0.33X 为标识的安全区域，当标识尺寸发生改变时，安全区域大小随之改变。

· 竖排英文简称标识安全区域：
在图例中，以 SINOPEC 标识部分长度为 X，0.33X 为标识的安全区域，当标识尺寸发生改变时，安全区域大小随之改变。

· “X”为一个计量单位。

横排英文简称标识规范

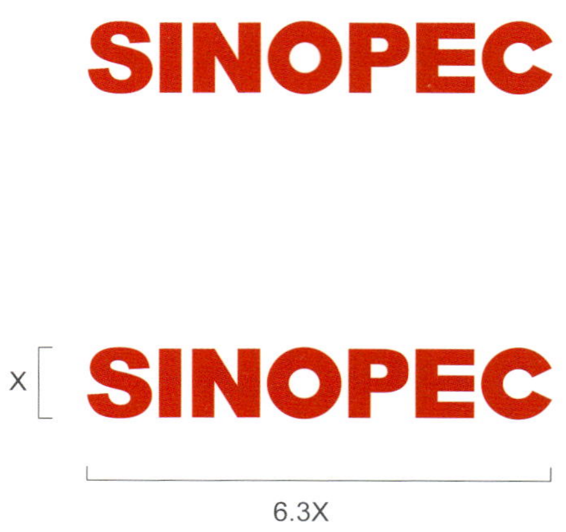

竖排英文简称标识规范

横排英文简称标识安全区域

竖排英文简称标识安全区域

B.1.05

中国石化 标识标准组合

· 中国石化品牌标识可以使用横式版式或竖式版式。中英文横式组合仅适用于加能站檐口。

· 品牌标识由图形标识和中英文标准字组成。在本手册中，以“品牌标识”统称这些元素。

· 注：本手册所规定的“中国石化”标识规范只适用于本手册规定的加能站视觉形象，若其他场景需要执行的，应向品牌管理部门提出申请。

中国石化品牌标识横式组合

中国石化品牌标识
标准组合

中国石化品牌标识
中英文横式组合

中国石化品牌标识
英文横式组合

中国石化品牌标识竖式组合

中国石化品牌标识
中英文竖式组合

中国石化品牌标识
中文竖式组合

中国石化品牌标识
英文竖式组合

B.1.06

中国石化
标识横式组合安全区域

· 为更加清晰、有效地传播品牌标识，标识周边必须保持一个最小尺寸的空白区域，该空间称为安全区域。该区域内不得出现任何文字、符号和其他元素。

· 在图例中，以图形标识部分高度为 X，0.33X 为标识的安全区域，当标识尺寸发生改变时，安全区域大小随之改变。

· “X”为一个计量单位。

· 注：本手册所规定的“中国石化”标识规范只适用于本手册规定的加能站视觉形象，若其他场景需要执行的，应向品牌管理部门提出申请。

中国石化品牌标识
标准组合

中国石化品牌标识
中英文横式组合

中国石化品牌标识
英文横式组合

B.1.07

中国石化
标识竖式组合安全区域

・为更加清晰、有效地传播品牌标识，标识周边必须保持一个最小尺寸的空白区域，该空间称为安全区域。该区域内不得出现任何文字、符号和其他元素。

・在图例中，以图形标识部分高度为 X，0.33X 为标识的安全区域，当标识尺寸发生改变时，安全区域大小随之改变。

・“X”为一个计量单位。

・注：本手册所规定的“中国石化”标识规范只适用于本手册规定的加能站视觉形象，若其他场景需要执行的，应向品牌管理部门提出申请。

中国石化品牌标识
中英文竖式组合

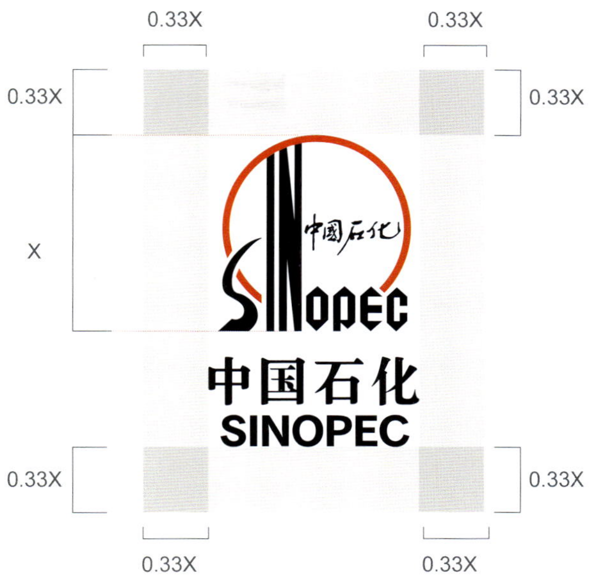

中国石化品牌标识
中文竖式组合

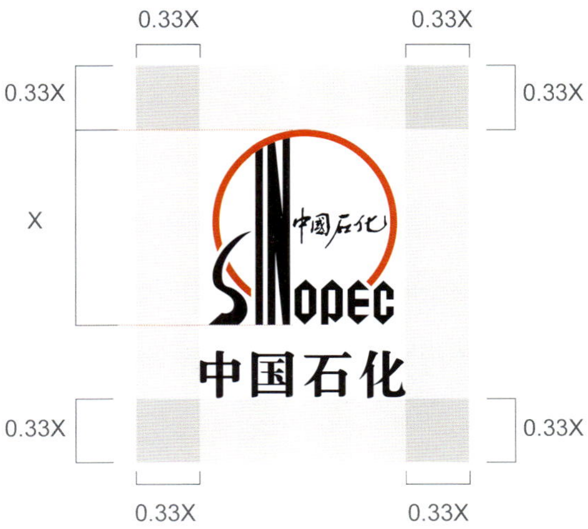

中国石化品牌标识
英文竖式组合

B.1.08

中国石化
标识颜色标准应用

· 品牌标识设有三种色彩应用版本。

图形标识：

· 标准彩色版本为图形标识的首选版本，通常情况下优先使用，受客观条件限制除外。

中文简称标识：

· 墨稿版本为中文简称标识与图形标识搭配使用时的首选版本，通常情况下优先使用，受客观条件限制除外。

英文简称标识：

· 单色应用版本为英文简称标识与图形标识搭配使用时的首选版本，通常情况下优先使用，受客观条件限制除外。

图形标识应用规范

品牌图形标识彩色应用　品牌图形标识墨稿应用　品牌图形标识反白稿应用

中文简称标识应用规范

品牌中文简称标识单色应用　品牌中文简称标识墨稿应用　品牌中文简称标识反白稿应用

英文简称标识应用规范

品牌英文简称标识单色应用　品牌英文简称标识墨稿应用　品牌英文简称标识反白稿应用

B.1.09

中国石化
标准中文字体应用

· 字体是视觉识别系统中的一个重要构成元素，统一使用企业固定字体是增强品牌认知力和影响力的一种有效手段。

· 方正兰亭系列字体中黑简体是商号专用字体；汉仪大宋作为标题、副标题使用；仿宋、黑体作为内文使用；思源黑体作为旁白、解释性说明，或是需要与内文有明显区隔时使用。

· 在使用字体时应严格按照本页的规范执行，不得使用规范外的其他字体。

· 注：在中文环境下使用的内容信息包含字母、数字或符号时，应按本标准规范使用对应的英文字体。

方正兰亭中黑简体
作为商号专用字体使用。

中国石化加能站形象标准设计

汉仪大宋
作为主标题、副标题使用。
印刷字体的大标题等大中型文字

中国石化加能站形象标准设计

仿宋
作为内文使用。
印刷字体的大标题等中小型文字

中国石化加能站形象标准设计

黑体
作为内文使用。
印刷字体的大标题等中小型文字

中国石化加能站形象标准设计

思源黑体
作为旁白或者解释性说明使用。
印刷字体的大标题等中小型文字

中国石化加能站形象标准设计

B.1.10

中国石化
标准英文字体应用

· 字体是视觉识别系统中的一个重要构成元素，统一使用企业固定字体是增强品牌认知力和影响力的一种有效手段。

· 在使用字体时应严格按照本页的规范执行，不得使用规范外的其他字体。

· Arial Bold 作为主标题、副标题使用；Arial Regular 作为内文使用。

Arial Bold

作为主标题、副标题使用。
印刷字体的大标题等中小型文字

ABCDEFGHIJKLMNOPQRSTUVWxYZ
abcdefghijklmnopqrstuvwxyz
1234567890

Arial Regular

作为内文使用。
印刷字体的大标题等中小型文字

ABCDEFGHIJKLMNOPQRSTUVWxYZ
abcdefghijklmnopqrstuvwxyz
1234567890

B.1.11

中国石化
标准色彩应用

· 品牌标准色彩是对外进行形象展示和品牌区隔的主要元素，颜色均已标准化，不得擅自更改。

· 注意事项：
同一标准色号运用在不同的材质上会存在一定的色彩偏差。应以潘通色卡色彩样本为基准，且在晴天室内自然光线充足的条件下观看比对。

SINOPEC 品牌主色色系

PANTONE 185C
C9 / M99 / Y84 / K0
R234 / G0 / B41
EA0029
品牌主色 1
Main Color

PANTONE COOL GRAY 8 C
C53 / M44 / Y40 / K0
R137 / G138 / B147
898A8D
品牌主色 2
Main Color

PANTONE BLACK C
C0 / M0 / Y0 / K100
R0 / G0 / B0
231815
品牌主色 3
Main Color

WHITE
C0 / M0 / Y0 / K0
R255 / G255 / B255
FFFFFF
品牌主色 4
Main Color

B.1.12

中国石化
辅助色彩应用

· 辅助色系是对外进行形象展示和品牌区隔的主要辅助元素，颜色均已标准化，不得更改。

· 注意事项：
同一标准色号运用在不同的材质上会存在一定的色彩偏差。应以潘通色卡色彩样本为基准，且在晴天室内自然光线充足的条件下观看比对。

中国石化品牌辅助色系

橘红
Pantone 158 C
CMYK：0 / 60 / 100 / 0
RGB：240 / 13 / 0
Web：#FO8300

柠檬黄
Pantone 123 C
CMYK：0 / 20 / 100 / 0
RGB：253 / 208 / 0
Web：#FDD000

草绿
Pantone 362 C
CMYK：80 / 0 / 100 / 0
RGB：0 / 167 / 60
Web：#00A73C

芥末绿
Pantone 577 C
CMYK：30 / 0 / 60 / 0
RGB：193 / 219 / 129
Web：#C1DB81

钴蓝
Pantone 661 C
CMYK：100 / 60 / 0 / 0
RGB：0 / 91 / 172
Web：#005BAC

湖蓝
Pantone Process Blue C
CMYK：100 / 0 / 0 / 0
RGB：0 / 160 / 233
Web：#00A0E9

SINOPEC 品牌专色色系

专金
Pantone 872 C
CMYK：30 / 30 / 60 / 10
RGB：179 / 163 / 107
Web：#B3A36B

专银
Pantone 877 C
CMYK：0 / 0 / 0 / 40
RGB：181 / 181 / 182
Web：#B5B5B6

B.1.13

中国石化
标识错误应用示例

· 标识的不正确用法：所有品牌标识均应严格遵循使用规范，右侧罗列了一些常见的品牌标识应用错误示例，各单位在使用中应尽量避免。

· 图示 1
标识中文字与图形之间的比例和位置关系不可改动。品牌标识字体不得做任何变形处理，不能以任何方式压缩或伸长。

· 图示 2
品牌标识不可做任何描边处理，品牌标识不可做任何色彩变化，图形标识不可单独反白或中英文单独反白。

· 图示 3
请勿对品牌标识的任何部分做加边和阴影等任何处理，请勿加粗或减细标识的字体。

· 图示 4
禁止使用色彩图形杂乱的背景图。

图示 1

图示 2

图示 3

图示 4

/ B.2 爱跑 X POWER

B.2.01

爱跑 X POWER 单色标识及安全区域

单色标识：

· 品牌标识标准稿以直观的方式传达出爱跑 X POWER 的品牌价值，代表了品牌的核心，同时它具有优先权和统率权，此为固定模板，请按要求规范使用。

安全区域：

· 为更加清晰、有效地传播品牌标识，标识周边必须保持一个最小尺寸的空白区域，该空间称为安全区域。该区域内不得出现任何文字、符号和其他元素。

· 在图例中，以“X”图形标识部分高度为 X，0.33X 为标识的安全区域，当标识尺寸发生改变时，安全区域大小随之改变。

· “X”为一个计量单位。

单色标识

安全区域

B.2.01

爱跑 X POWER 单色标识及安全区域

单色标识：

· 品牌标识标准稿以直观的方式传达出爱跑 X POWER 的品牌价值，代表了品牌的核心，同时它具有优先权和统率权，此为固定模板，请按要求规范使用。

安全区域：

· 为更加清晰、有效地传播品牌标识，标识周边必须保持一个最小尺寸的空白区域，该空间称为安全区域。该区域内不得出现任何文字、符号和其他元素。

· 在图例中，以“X”图形标识部分高度为 X，0.33X 为标识的安全区域，当标识尺寸发生改变时，安全区域大小随之改变。

· “X”为一个计量单位。

· 注：此标识暂适用于加油岛造型。

单色标识

安全区域

B.2.02

爱跑
单色标识及安全区域

单色标识：

· 品牌标识标准稿以直观的方式传达出爱跑的品牌价值，代表了品牌的核心，同时它具有优先权和统率权，此为固定模板，请按要求规范使用。

安全区域：

· 为更加清晰、有效地传播品牌标识，标识周边必须保持一个最小尺寸的空白区域，该空间称为安全区域。该区域内不得出现任何文字、符号和其他元素。

· 在图例中，以 “X” 图形标识部分高度为 X，0.33X 为标识的安全区域，当标识尺寸发生改变时，安全区域大小随之改变。

· “X” 为一个计量单位。

· 注：此标识暂适用于油品示意区域。

单色标识

安全区域

B.2.03

爱跑 X POWER 标识颜色标准应用

· 品牌标识共有两种色彩版本，分别为单色应用版本与反白稿版本，可根据实际情况选用合适版本。

品牌标识单色稿应用规范

品牌标识标准彩色稿应用

品牌标识墨稿应用

品牌标识反白稿应用规范

B.2.04

爱跑 X POWER
标准色彩应用

· 品牌标准色彩是企业对外进行形象展示和品牌区隔的主要元素，颜色均已标准化，不得更改。

· 注意事项：
同一标准色号运用在不同的材质上会存在一定的色彩偏差。应以潘通色卡色彩样本为基准，且在晴天室内自然光线充足的条件下观看比对。

Pantone 185 C

CMYK : 9/99/84/0
RGB : 234/0/41
Web : #EA0029

B.2.05

爱跑 X POWER 标识错误应用示例

· 标识的不正确用法：所有品牌标识均应严格遵循使用规范，右侧罗列了一些常见的品牌标识应用错误示例，各单位在使用中应尽量避免。

· 图示 1
标识中英文之间的比例和位置关系不可改动。品牌标识字体不得做任何变形处理，不能以任何方式压缩或伸长。

· 图示 2
品牌标识不可做任何描边处理，品牌标识不可做任何色彩变化，文字标识不可单独反白。

· 图示 3
请勿对品牌标识的任何部分做加边和阴影等任何处理，请勿加粗或减细标识的字体。

· 图示 4
禁止使用色彩图形杂乱的背景图。

图示 1

图示 2

图示 3

图示 4

/ B.3 易捷 EASY JOY

B.3.01

易捷
标准彩色图形标识及安全区域

标准彩色图形标识：

· 易捷图形标识由绿色人形与黄色椭圆形两部分构成。

图形标识安全区域：

· 为更加清晰、有效地传播品牌图形标识，标识周边必须保持一个最小尺寸的空白区域，该空间称为安全区域。该区域内不得出现任何文字、符号和其他元素。

· 在图例中，以易捷图形标识部分高度为 X，0.20X 为图形标识的安全区域，当图形标识尺寸发生改变时，安全区域大小随之改变。

· “X”为一个计量单位。

标准彩色图形标识

安全区域

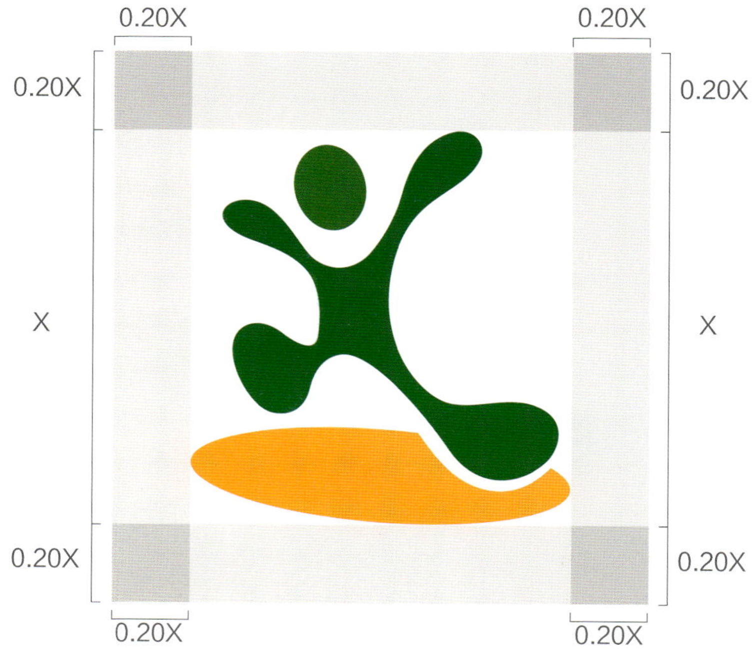

B.3.02

易捷
标准彩色中文标识及安全区域

标准彩色中文标识：

· 易捷中文标识标准字体已经过设计处理，使用时不可做任何修改，不可用其他类似字体代替。

中文标识安全区域：

· 为更加清晰、有效地传播品牌中文标识，标识周边必须保持一个最小尺寸的空白区域，该空间称为安全区域。该区域内不得出现任何文字、符号和其他元素。

· 在图例中，以易捷中文标识部分高度为 X，0.20X 为标识的安全区域，当标识尺寸发生改变时，安全区域大小随之改变。

· “X”为一个计量单位。

标准彩色中文标识

易捷

易捷

中文标识安全区域

B.3.03

易捷
标准彩色中英文标识及安全区域

标准彩色标识：

· EASY JOY、便利店标识标准字体已经过设计处理，使用时不可做任何修改，不可用其他类似字体代替。

标识安全区域：

· 为更加清晰、有效地传播品牌中英文标识，标识周边必须保持一个最小尺寸的空白区域，该空间称为安全区域。该区域内不得出现任何文字、符号和其他元素。

· 在图例中，以中英文标识部分高度为 X，0.20X 为标识的安全区域，当标识尺寸发生改变时，安全区域大小随之改变。

· “X”为一个计量单位。

标准彩色标识

标识安全区域

B.3.04

易捷
标识标准组合

· 品牌标识标准组合稿以直观的方式传达出易捷便利店的品牌价值，是公司重要的无形资产。

· 品牌标识由图形标识和中文标准字组成。

易捷

X

易捷

2.34X

B.3.05

易捷
标识颜色标准应用

· 品牌标识设有三种色彩应用版本。

标识组合：

· 标准彩色版本为品牌标识的首选版本，通常情况下优先使用，受客观条件限制除外。

英文标识：

· 单色应用版本为英文标识的首选版本，通常情况下优先使用，受客观条件限制除外。

中文标识：

· 单色应用版本为中文标识的首选版本，通常情况下优先使用，受客观条件限制除外。

标识组合应用规范

品牌标识彩色应用

品牌标识墨稿应用

品牌标识反白稿应用

英文标识应用规范

品牌英文简称标识单色应用

品牌英文简称标识墨稿应用

品牌英文简称标识反白稿应用

中文标识应用规范

品牌中文简称标识单色应用

品牌中文简称标识墨稿应用

品牌中文简称标识反白稿应用

B.3.06

易捷
标准色彩应用

· 品牌标准色彩是企业对外进行形象展示和品牌区隔的主要元素，颜色均已标准化，不得更改。

· 注意事项：
同一标准色号运用在不同的材质上会存在一定的色彩偏差。应以潘通色卡色彩样本为基准，且在晴天室内自然光线充足的条件下观看比对。

易捷

Pantone 355 C
CMYK : 91/19/100/0
RGB : 0/149/59
Web : #00953B

Pantone 3435 C
CMYK : 89/61/85/37
RGB : 18/71/52
Web : #124734

Pantone 185 C
CMYK : 9/99/84/0
RGB : 234/0/41
Web : #EA0029

Pantone 1235 C
CMYK : 0/38/86/0
RGB : 255/183/27
Web : #FFB71B

EASY JOY

Pantone 355 C
CMYK : 91/19/100/0
RGB : 0/149/59
Web : #00953B

便利店

Pantone Black C
CMYK : 93/88/89/80
RGB : 0/0/0
Web : #000000

B.3.07

易捷
标识错误应用示例

· 标识的不正确用法：所有品牌标识均应严格遵循使用规范，右侧罗列了一些常见的品牌标识应用错误示例，各单位在使用中应尽量避免。

· 图示 1
标识中文字与图形之间的比例和位置关系不可改动。品牌标识字体不得做任何变形处理，不能以任何方式压缩或伸长。

· 图示 2
品牌标识不可做任何描边处理，品牌标识不可做任何色彩变化，图形标识不可单独反白或中文单独反白。

· 图示 3
请勿对品牌标识的任何部分做加边和阴影等任何处理，请勿加粗或减细标识的字体。

· 图示 4
禁止使用色彩图形杂乱的背景图。

图示 1

图示 2

图示 3

图示 4

/ B.4 易捷养车

B.4.01

易捷养车
标识及安全区域

品牌标识：

· 易捷养车中文标识标准字体已经过设计处理，使用时不可做任何修改，不可用其他类似字体代替。

安全区域：

· 为更加清晰、有效地传播品牌文字标识，标识周边必须保持一个最小尺寸的空白区域，该空间称为安全区域。该区域内不得出现任何文字、符号和其他元素。

· 在图例中，以易捷养车中文标识部分高度为 X，0.20X 为标识的安全区域，当标识尺寸发生改变时，安全区域大小随之改变。

· “X”为一个计量单位。

· 注：本手册所规定的“易捷养车”标识只适用于加能站汽服区域，若其他场景需要执行的，应向品牌管理部门提出申请。

品牌标识

标识安全区域

B.4.02

易捷养车
标识颜色标准应用

· 品牌标识设有三种色彩应用版本。

· 标准彩色版本为品牌标识的首选版本，通常情况下优先使用，如受客观条件限制，可采用墨稿或反白稿标识版本。

品牌标识彩色应用

品牌标识墨稿应用

品牌标识反白稿应用

B.4.03

易捷养车
标准色彩应用

· 品牌标准色彩是企业对外进行形象展示和品牌区隔的主要元素，颜色均已标准化，不得更改。

· 注意事项：
同一标准色号运用在不同的材质上会存在一定的色彩偏差。应以潘通色卡色彩样本为基准，且在晴天室内自然光线充足的条件下观看比对。

易捷养车

Pantone 3435 C

CMYK：89/61/85/37
RGB：18/71/52
Web：#124734

Pantone 185 C

CMYK：9/99/84/0
RGB：234/0/41
Web：#EA0029

B.4.04

易捷养车
标识错误应用示例

· 标识的不正确用法：所有品牌标识均应严格遵循使用规范，右侧罗列了一些常见的品牌标识应用错误示例，各单位在使用中应尽量避免。

· 图示 1

标识中文字之间的比例和位置关系不可改动。品牌标识字体不得做任何变形处理，不能以任何方式压缩或伸长。

· 图示 2

中文标识不可做任何描边处理，品牌标识不可做任何色彩变化，不可单独反白。

· 图示 3

请勿对品牌标识的任何部分做加边和阴影等任何处理，请勿加粗或减细标识的字体。

· 图示 4

禁止使用色彩图形杂乱的背景图。

图示 1

图示 2

图示 3

图示 4

/ B.5 司机之家

B.5.01

司机之家
图形标识及安全区域

品牌标识：

· 右图为司机之家的品牌图形标识。

品牌图形标识安全区域：

· 为更加清晰、有效地传播品牌图形标识，标识周边必须保持一个最小尺寸的空白区域，该空间称为安全区域。该区域内不得出现任何文字、符号和其他元素。

· 在图例中，以司机之家图形标识部分高度为 X，0.20X 为图形标识的安全区域，当图形标识尺寸发生改变时，安全区域大小随之改变。

· “X”为一个计量单位。

品牌图形标识

标识安全区域

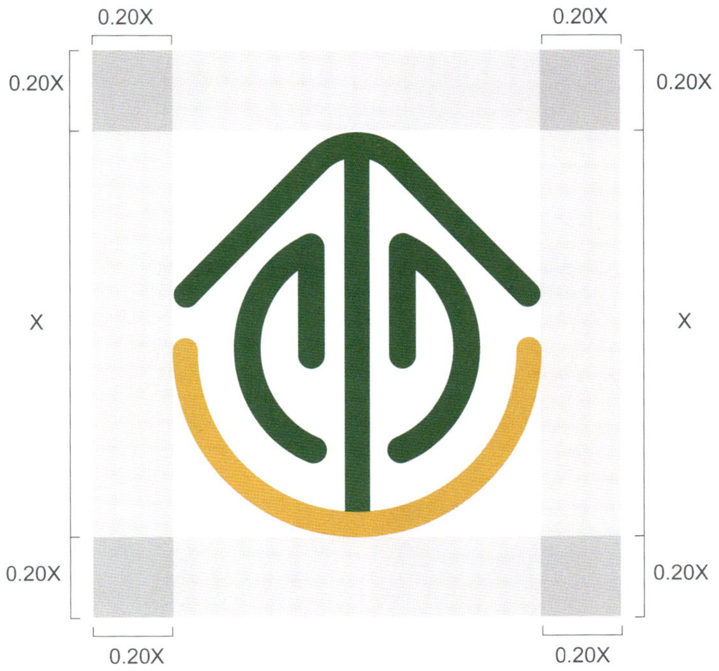

B.5.02

司机之家
中英文标识及安全区域

中英文标识：

・司机之家中英文标识标准字体已经过设计处理，使用时不可做任何修改，不可用其他类似字体代替。

标识安全区域：

・为更加清晰、有效地传播品牌文字标识，标识周边必须保持一个最小尺寸的空白区域，该空间称为安全区域。该区域内不得出现任何文字、符号和其他元素。

・在图例中，以司机之家中英文标识部分高度为 X，0.20X 为标识的安全区域，当标识尺寸发生改变时，安全区域大小随之改变。

・“X”为一个计量单位。

中英文标识

中英文标识安全区域

B.5.03

司机之家
标识标准组合及安全区域

标识标准组合：

· 司机之家品牌标识可以使用横式版式或竖式版式。推荐使用横式版式。

标识安全区域：

· 为更加清晰、有效地传播品牌标识，品牌标识周边必须保持一个最小尺寸的空白空间，该空间称为安全区域。该区域内不得出现任何文字、符号和其他元素。

· 在图例中，以司机之家图形标识部分高度为 X，0.20X 为标识的安全区域，当标识尺寸发生改变时，安全区域大小随之改变。

· “X”为一个计量单位。

品牌标识横式组合

司机之家
· SIJIZHIJIA ·

品牌标识竖式组合

司机之家
· SIJIZHIJIA ·

品牌标识组合安全区域

B.5.04

司机之家
标识颜色标准应用

· 品牌标识设有三种色彩应用版本。

· 标准彩色版本为品牌标识的首选版本，通常情况下优先使用，如受客观条件限制，可采用墨稿或反白稿标识版本。

标识彩色应用

司机之家
· SIJIZHIJIA ·

标识墨稿应用

司机之家
· SIJIZHIJIA ·

标识反白稿应用

司机之家
· SIJIZHIJIA ·

B.5.05

司机之家
标准色彩应用

· 品牌标准色彩是企业对外进行形象展示和品牌区隔的主要元素，颜色均已标准化，不得更改。

· 注意事项：
同一标准色号运用在不同的材质上会存在一定的色彩偏差。应以潘通色卡色彩样本为基准，且在晴天室内自然光线充足的条件下观看比对。

司机之家
· SIJIZHIJIA ·

Pantone 141 C

CMYK : 8/28/69/0
RGB : 244/197/92
Web : #F4C55C

Pantone 7723 C

CMYK : 79/33/65/0
RGB : 46/140/112
Web : #2E8C70

B.5.06

司机之家
标识错误应用示例

· 标识的不正确用法：所有品牌标识均应严格遵循使用规范，右侧罗列了一些常见的品牌标识应用错误示例，各单位在使用中应尽量避免。

· 图示 1
标识文字与图形之间的比例和位置关系不可改动。品牌标识字体不得做任何变形处理，不能以任何方式压缩或伸长。

· 图示 2
品牌标识不可做任何描边处理，品牌标识不可做任何色彩变化，图形标识不可单独反白或中英文单独反白。

· 图示 3
请勿对品牌标识的任何部分做加边和阴影等任何处理，请勿加粗或减细标识的字体。

· 图示 4
禁止使用色彩图形杂乱的背景图。

图示 1

图示 2

图示 3

图示 4

B.5.07

中国石化司机之家
标识标准组合及安全区域

品牌组合标识：

· 右图为中国石化司机之家的组合标识。组合标识可以使用横式版式或竖式版式。建议首选使用横式版式。

安全区域：

· 在横式组合中，以中国石化图形标识的高度为 X，0.50X 为标识的安全区域，当标识尺寸发生改变时，安全区域大小随之改变。

· 在竖式组合中，以中国石化图形标识的高度为 X，0.50X 为标识的安全区域，当标识尺寸发生改变时，安全区域大小随之改变。

· “X”为一个计量单位。

横式标识组合

竖式标识组合

横式标识安全区域

竖式标识安全区域

B.5.08

中国石化司机之家
标识组合颜色标准应用

· 品牌标识组合设有三种色彩应用版本。

· 标准彩色版本为品牌标识的首选版本，通常情况下优先使用，如受客观条件限制，可采用墨稿或反白稿标识版本。

品牌横式标识组合彩色应用

品牌横式标识组合彩色应用

品牌横式标识组合墨稿应用

品牌横式标识组合反白稿应用

品牌竖式标识组合彩色应用

品牌竖式标识组合彩色应用

品牌竖式标识组合墨稿应用

品牌竖式标识组合反白稿应用

/ B.6 爱心驿站

B.6.01

公益标识标准组合及安全区域

标识标准组合：

· 右图为公益标识标准组合示例。

标识安全区域：

· 为更加清晰、有效地传播品牌标识，标识周边必须保持一个最小尺寸的空白区域，该空间称为安全区域。该区域内不得出现任何文字、符号和其他元素。

· 在组合图例中，以爱心形标识部分高度为 X，0.20X 为标识的安全区域，当标识尺寸发生改变时，安全区域大小随之改变。

· “X”为一个计量单位。

标识组合中文版 / 英文版

标识组合安全区域

B.6.02

公益标识
颜色标准应用

· 品牌标识设有三种色彩应用版本。

· 标准彩色版本为品牌标识的首选版本，通常情况下优先使用，如受客观条件限制，可采用墨稿或反白稿标识版本。

品牌标识彩色应用

品牌标识墨稿应用

品牌标识反白稿应用

B.6.03

爱心驿站
中文标识及安全区域

中文标识：

· 爱心驿站中文标识标准字体已经过设计处理，使用时不可做任何修改，不可用其他类似字体代替。

标识安全区域：

· 为更加清晰、有效地传播品牌标识，标识周边必须保持一个最小尺寸的空白区域，该空间称为安全区域。该区域内不得出现任何文字、符号和其他元素。

· 在组合图例中，以文字标识高度为 X，0.20X 为标识的安全区域，当标识尺寸发生改变时，安全区域大小随之改变。

· “X”为一个计量单位。

中文标识

爱心驿站

标识安全区域

B.6.04

公益标识与爱心驿站标识组合示范

· 中国石化公益标识与第三方合作伙伴标识组合时，中间以竖线区隔（如与中华全国总工会 LOGO 使用时）；
中国石化公益标识与爱心驿站标识组合使用时，最小间距为两个中国石化图形标识。

· 组合尺寸比例如右下图所示，使用时不可做任何修改。

最小间距为两个中国石化标识

B.6.05

公益标识与爱心驿站组合标识安全区域及其他使用情况

标识安全区域：

· 为更加清晰、有效地传播品牌标识，标识周边必须保持一个最小尺寸的空白区域，该空间称为安全区域。该区域内不得出现任何文字、符号和其他元素。

· 在组合图例中，以爱心图形标识部分高度为 X，0.20X 为标识的安全区域，当标识尺寸发生改变时，安全区域大小随之改变。

· “X”为一个计量单位。

· 注：其他使用样式可参照右下图。

标识组合安全区域

其他使用样式

样式一

居中对齐

样式二

居中对齐

样式三

居中对齐

B.6.06

公益标识与爱心驿站组合标识标准色彩应用

· 品牌标准色彩是企业对外进行形象展示和品牌区隔的主要元素，颜色均已标准化，不得更改。

· 注意事项：
同一标准色号运用在不同的材质上会存在一定的色彩偏差。应以潘通色卡色彩样本为基准，且在晴天室内自然光线充足的条件下观看比对。

中华全国总工会红色

CMYK：20/99/100/0
RGB：214/21/24
Web：#D61518

Pantone 1795 C

CMYK：19/95/84/0
RGB：215/40/47
Web：#D7282F

中华全国总工会黄色

CMYK：13/7/84/0
RGB：243/231/39
Web：#F3E727

Pantone 1795 C

CMYK：19/95/84/0
RGB：215/40/47
Web：#D7282F

B.6.07

公益标识与爱心驿站组合标识错误应用示例

· 标识的不正确用法：所有品牌标识均应严格遵循使用规范，右侧罗列了一些常见的品牌标识应用错误示例，各单位在使用中应尽量避免。

· 图示 1
标识中文字与图形之间的比例和位置关系不可改动。品牌标识字体不得做任何变形处理，不能以任何方式压缩或伸长。

· 图示 2
品牌标识不可做任何描边处理，品牌标识不可做任何色彩变化，图形标识不可单独反白或中英文单独反白。

· 图示 3
请勿对品牌标识的任何部分做加边和阴影等任何处理，请勿加粗或减细标识的字体。

· 图示 4
禁止使用色彩图形杂乱的背景图。

图示 1

图示 2

图示 3

图示 4

/ B.7 新能源标识

B.7.01

新能源
系列标识

· 新能源系列标识由氢能、压缩天然气、液态天然气、液化－压缩天然气、充电标识、石化易电、中国石化石化易电标识组合组成。

· 注：此系列标识仅用于相应设备设施的辅助装饰设计。

H_2 氢能

CNG　LNG　L-CNG

EV Recharge　石化易电 EV Recharge

中国石化 SINOPEC　石化易电 EV Recharge

B.7.02

新能源标识
氢能标识安全区域

· 为更加清晰、有效地传播品牌标识，品牌标识周边必须保持一个最小尺寸的空白空间，该空间称为安全区域。该区域内不得出现任何文字、符号和其他元素。

· 在图形标识中，以图形标识部分长度为 X，高度 0.20X，宽度 0.25X 为标识的安全区域，当标识尺寸发生改变时，安全区域大小随之改变。

· 在文字标识中，以标识部分高度为 X，高度 0.20X，宽度 0.25X 为标识的安全区域，当标识尺寸发生改变时，安全区域大小随之改变。

· “X”为一个计量单位。

· 注：此系列标识仅用于相应设备设施的辅助装饰设计。

氢能源图形标识

氢能源中文标识

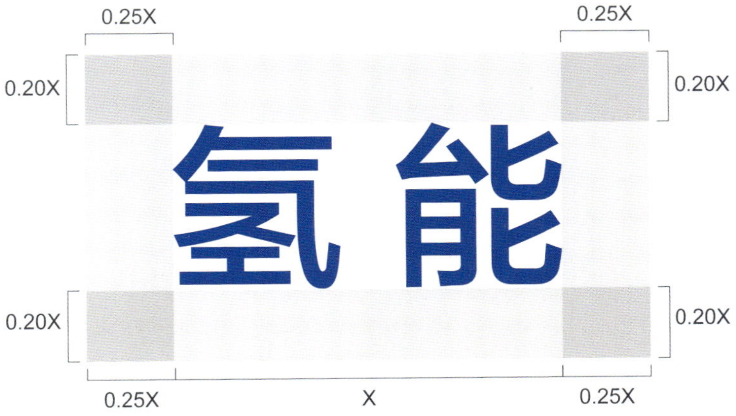

B.7.03

新能源标识
天然气标识安全区域

· 为更加清晰、有效地传播品牌标识，品牌标识周边必须保持一个最小尺寸的空白空间，该空间称为安全区域。该区域内不得出现任何文字、符号和其他元素。

· 在图例中，以标识的长度为 X，高度 0.20X，宽度 0.25X 为标识的安全区域，当标识尺寸发生改变时，安全区域大小随之改变。

· “X”为一个计量单位。

· 注：此系列标识仅用于相应设备设施的辅助装饰设计。

液化－压缩天然气图形标识

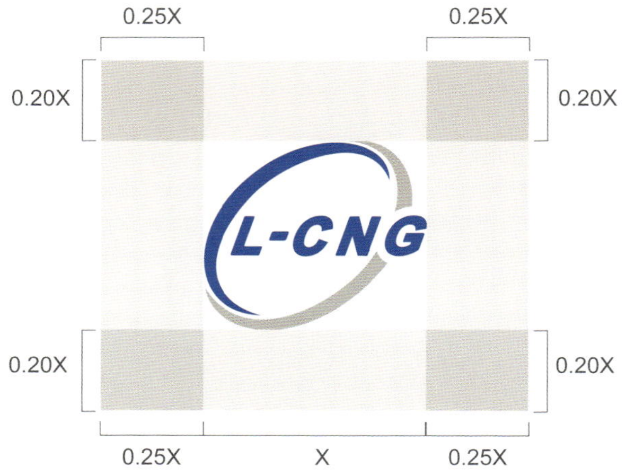

压缩天然气图形标识

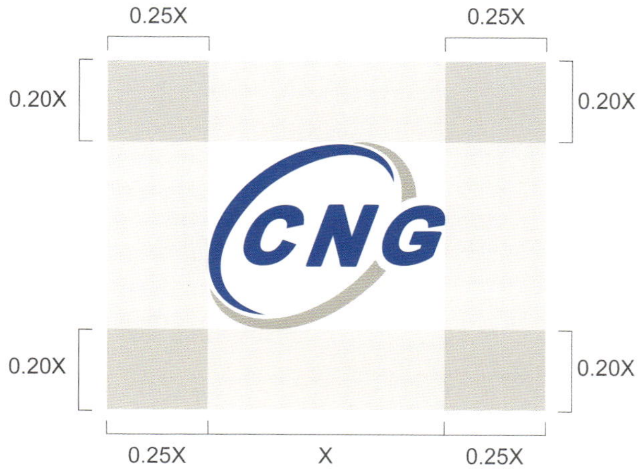

液态天然气图形标识

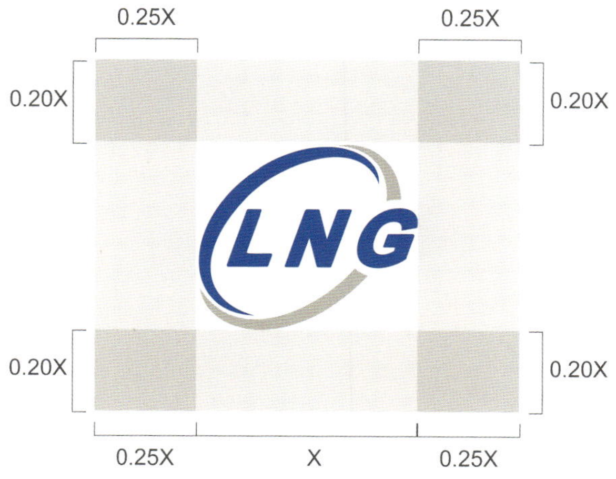

B.7.04

新能源标识
充电标识安全区域

· 为更加清晰、有效地传播品牌标识，品牌标识周边必须保持一个最小尺寸的空白空间，该空间称为安全区域。该区域内不得出现任何文字、符号和其他元素。

· 在图例中，以标识的长度为 X，高度 0.20X，宽度 0.25X 为标识的安全区域，当标识尺寸发生改变时，安全区域大小随之改变。

· “X”为一个计量单位。

· 注：此系列标识仅用于相应设备设施的辅助装饰设计。

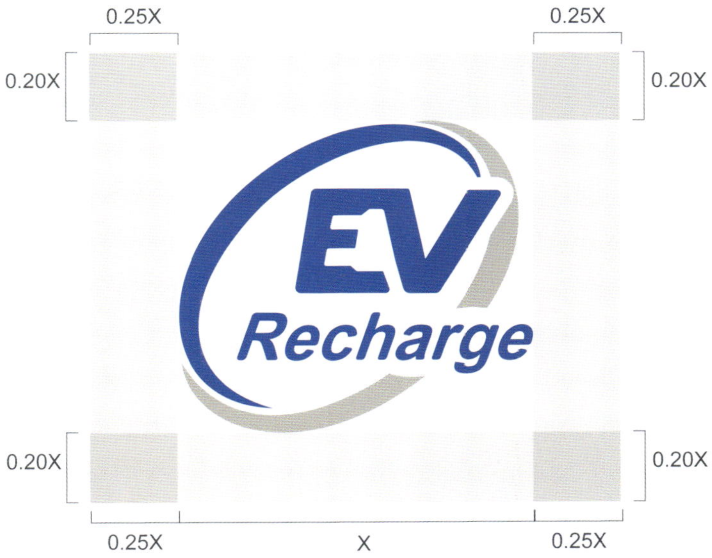

B.7.05

石化易电
标识安全区域

· 为更加清晰、有效地传播品牌标识，品牌标识周边必须保持一个最小尺寸的空白空间，该空间称为安全区域。该区域内不得出现任何文字、符号和其他元素。

· 在图形标识中，以图形标识部分长度为 X，高度 0.08X，宽度 0.1X 为标识的安全区域，当标识尺寸发生改变时，安全区域大小随之改变。

· “X”为一个计量单位。

· 注：此系列标识仅用于相应设备设施的辅助装饰设计。

B.7.06

中国石化石化易电 标识组合安全区域

· 为更加清晰、有效地传播品牌标识，品牌标识周边必须保持一个最小尺寸的空白空间，该空间称为安全区域。该区域内不得出现任何文字、符号和其他元素。

· 在图例中，以标识的长度为X，高度0.12X，宽度0.12X为标识的安全区域，当标识尺寸发生改变时，安全区域大小随之改变。

· “X”为一个计量单位。

· 注：此系列标识仅用于相应设备设施的辅助装饰设计。

B.7.07

新能源
标识标准组合

· 新能源品牌标识可以使用横式版式或竖式版式。推荐使用横式版式。

· 品牌标识由图形标识和中文标准字组成。在《手册》中，以“品牌标识”统称这些元素。

· 注：此系列标识仅用于相应设备设施的辅助装饰设计。

新能源标识横式组合

新能源标识竖式组合

B.7.08

新能源标识
氢能标识颜色标准应用

· 品牌标识设有三种色彩应用版本。

· 标准彩色版本为品牌标识的首选版本，通常情况下优先使用，如受客观条件限制，可采用墨稿或反白稿标识版本。

· 注：此系列标识仅用于相应设备设施的辅助装饰设计。

标识彩色应用

标识墨稿应用

标识反白稿应用

B.7.09

新能源标识
天然气标识颜色标准应用

・品牌标识设有三种色彩应用版本。

・标准彩色版本为品牌标识的首选版本，通常情况下优先使用，如受客观条件限制，可采用墨稿或反白稿标识版本。

・注：此系列标识仅用于相应设备设施的辅助装饰设计。

标识彩色应用

标识墨稿应用

标识反白稿应用

B.7.10

新能源标识
充电标识颜色标准应用

· 品牌标识设有三种色彩应用版本。

· 标准彩色版本为品牌标识的首选版本，通常情况下优先使用，如受客观条件限制，可采用墨稿或反白稿标识版本。

· 注：此系列标识仅用于相应设备设施的辅助装饰设计。

标识彩色应用

标识墨稿应用

标识反白稿应用

B.7.11

石化易电
标识颜色标准应用

· 品牌标识设有三种色彩应用版本。

· 标准彩色版本为品牌标识的首选版本，通常情况下优先使用，如受客观条件限制，可采用墨稿或反白稿标识版本。

· 注：此系列标识仅用于相应设备设施的辅助装饰设计。

标识彩色应用

标识墨稿应用

标识反白稿应用

B.7.12

新能源标识
标准色彩应用

· 品牌标准色彩是企业对外进行形象展示和品牌区隔的主要元素，颜色均已标准化，不得更改。

· 注意事项：
同一标准色号运用在不同的材质上会存在一定的色彩偏差。应以潘通色卡色彩样本为基准，且在晴天室内自然光线充足的条件下观看比对。

Pantone 2925 C

CMYK：78/29/3/0
RGB：0/154/222
Web：#009ADE

Pantone 285 C

CMYK：92/51/0/0
RGB：0/113/206
Web：#0071CE

Pantone Cool Gray 3 C

CMYK：25/19/19/0
RGB：200/200/200
Web：#C8C8C8

Pantone 185 C

CMYK：9/99/84/0
RGB：234/0/41
Web：#EA0029

B.7.13

新能源标识
氢能标识错误应用示例

· 标识的不正确用法：所有品牌标识均应严格遵循使用规范，右侧罗列了一些常见的品牌标识应用错误示例，各单位在使用中应尽量避免。

· 图示 1
标识图形与文字之间的比例和位置关系不可改动。品牌标识字体不得做任何变形处理，不能以任何方式压缩或伸长。

· 图示 2
品牌标识不可做任何描边处理，品牌标识不可做任何色彩变化，图形标识不可单独反白或英文单独反白。

· 图示 3
请勿对品牌标识的任何部分做加边和阴影等任何处理，请勿加粗或减细标识的字体。

· 图示 4
禁止使用色彩图形杂乱的背景图。

图示 1

图示 2

图示 3

图示 4

B.7.14

新能源标识 压缩天然气标识错误应用示例

· 标识的不正确用法：所有品牌标识均应严格遵循使用规范，右侧罗列了一些常见的品牌标识应用错误示例，各单位在使用中应尽量避免。

· 图示 1
标识图形与文字之间的比例和位置关系不可改动。品牌标识字体不得做任何变形处理，不能以任何方式压缩或伸长。

· 图示 2
品牌标识不可做任何描边处理，品牌标识不可做任何色彩变化，图形标识不可单独反白或英文单独反白。

· 图示 3
请勿对品牌标识的任何部分做加边和阴影等任何处理，请勿加粗或减细标识的字体。

· 图示 4
禁止使用色彩图形杂乱的背景图。

图示 1

图示 2

图示 3

图示 4

B.7.15

新能源标识
液态天然气标识错误应用示例

· 标识的不正确用法：所有品牌标识均应严格遵循使用规范，右侧罗列了一些常见的品牌标识应用错误示例，各单位在使用中应尽量避免。

· 图示 1
标识图形与文字之间的比例和位置关系不可改动。品牌标识字体不得做任何变形处理，不能以任何方式压缩或伸长。

· 图示 2
品牌标识不可做任何描边处理，品牌标识不可做任何色彩变化，图形标识不可单独反白或英文单独反白。

· 图示 3
请勿对品牌标识的任何部分做加边和阴影等任何处理，请勿加粗或减细标识的字体。

· 图示 4
禁止使用色彩图形杂乱的背景图。

图示 1

图示 2

图示 3

图示 4

B.7.16

新能源标识
液化压缩天然气错误应用示例

· 标识的不正确用法：所有品牌标识均应严格遵循使用规范，右侧罗列了一些常见的品牌标识应用错误示例，各单位在使用中应尽量避免。

· 图示 1
标识图形与文字之间的比例和位置关系不可改动。品牌标识字体不得做任何变形处理，不能以任何方式压缩或伸长。

· 图示 2
品牌标识不可做任何描边处理，品牌标识不可做任何色彩变化，图形标识不可单独反白或英文单独反白。

· 图示 3
请勿对品牌标识的任何部分做加边和阴影等任何处理，请勿加粗或减细标识的字体。

· 图示 4
禁止使用色彩图形杂乱的背景图。

图示 1

图示 2

图示 3

图示 4

B.7.17

新能源标识
充电标识错误应用示例

· 标识的不正确用法：所有品牌标识均应严格遵循使用规范，右侧罗列了一些常见的品牌标识应用错误示例，各单位在使用中应尽量避免。

· 图示 1
标识图形与文字之间的比例和位置关系不可改动。品牌标识字体不得做任何变形处理，不能以任何方式压缩或伸长。

· 图示 2
品牌标识不可做任何描边处理，品牌标识不可做任何色彩变化，图形标识不可单独反白或英文单独反白。

· 图示 3
请勿对品牌标识的任何部分做加边和阴影等任何处理，请勿加粗或减细标识的字体。

· 图示 4
禁止使用色彩图形杂乱的背景图。

图示 1

图示 2

图示 3

图示 4

B.7.18

石化易电
标识错误应用示例

· 标识的不正确用法：所有品牌标识均应严格遵循使用规范，右侧罗列了一些常见的品牌标识应用错误示例，各单位在使用中应尽量避免。

· 图示 1
标识图形与文字之间的比例和位置关系不可改动。品牌标识字体不得做任何变形处理，不能以任何方式压缩或伸长。

· 图示 2
品牌标识不可做任何描边处理，品牌标识不可做任何色彩变化，图形标识不可单独反白或英文单独反白。

· 图示 3
请勿对品牌标识的任何部分做加边和阴影等任何处理，请勿加粗或减细标识的字体。

· 图示 4
禁止使用色彩图形杂乱的背景图。

图示 1

图示 2

图示 3

图示 4

B.7.19

新能源标识
檐口标识标准及安全区域

檐口应用标识：

·H_2图形标识由字母与数字两部分构成，此为固定模板，请按要求规范使用。

安全区域：

·为更加清晰、有效地传播品牌图形标识，标识周边必须保持一个最小尺寸的空白区域，该空间称为安全区域。该区域内不得出现任何文字、符号和其他元素。

·在图例中，以标识长度为 X，宽度 0.25X，高度 0.20X 为标识的安全区域，当标识尺寸发生改变时，安全区域大小随之改变。

·“X”为一个计量单位。

·注：此版本标识仅用于罩棚檐口设计。

檐口应用标识

H_2

檐口应用标识安全区域

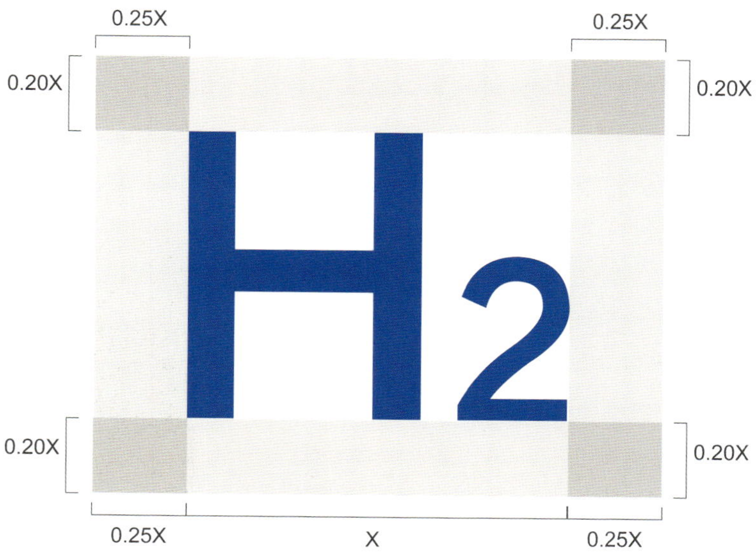

B.7.20

新能源标识
檐口标识颜色标准应用

· 品牌标识设有三种色彩应用版本。

· 标准彩色版本为品牌标识的首选版本，通常情况下优先使用，如受客观条件限制，可采用墨稿或反白稿标识版本。

· 注：此版本标识仅用于罩棚檐口设计。

品牌标识彩色应用

品牌标识墨稿应用

品牌标识反白稿应用

B.7.21

新能源标识
檐口标识标准色彩应用

· 品牌标准色彩是我们对外进行形象展示和品牌区隔的主要元素，颜色均已标准化，不得更改。

· 注意事项：

1. 同一标准色号运用在不同的材质上会存在一定的色彩偏差。应以潘通色卡色彩样本为基准，且在晴天室内自然光线充足的条件下观看比对；
2. 此版本标识仅用于罩棚檐口设计。

Pantone 285 C

CMYK： 92/51/0/0
RGB： 0/113/206
Web： #0071CE

B.7.22

新能源标识
檐口标识错误应用示例

· 标识的不正确用法：所有品牌标识均应严格遵循使用规范，右侧罗列了一些常见的品牌标识应用错误示例，各单位在使用中应尽量避免。

· 图示 1

标识图形之间的比例和位置关系不可改动。品牌标识字体不得做任何变形处理，不能以任何方式压缩或伸长。

· 图示 2

品牌标识不可做任何描边处理，品牌标识不可做任何色彩变化，图形标识不可单独反白或英文单独反白。

· 图示 3

请勿对品牌标识的任何部分做加边和阴影等任何处理，请勿加粗或减细标识的字体。

· 图示 4

禁止使用色彩图形杂乱的背景图。

图示 1

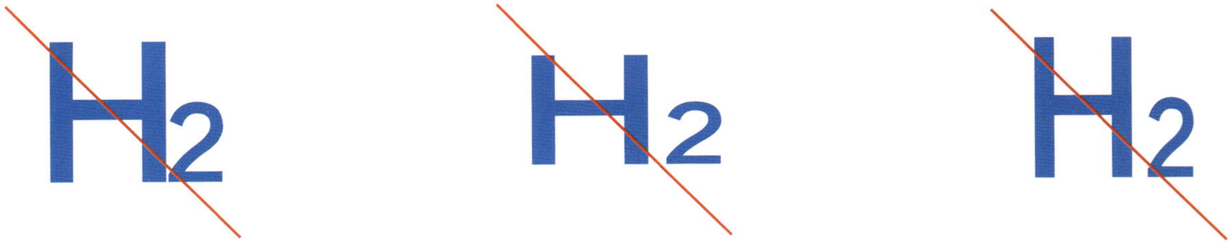

图示 2

图示 3

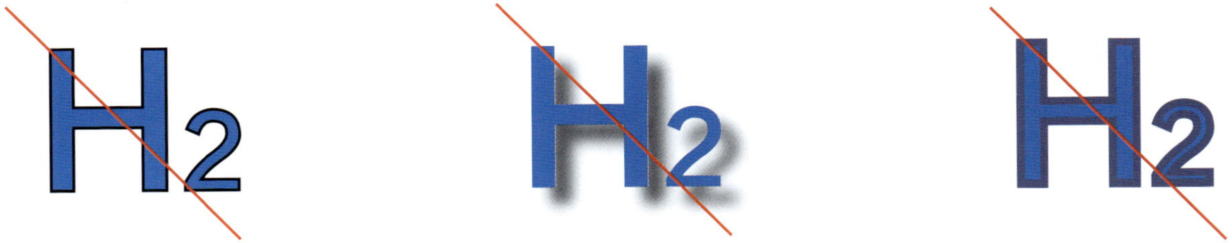

图示 4

/ B.8 自助加油

B.8.01

自助加油
标识标准组合及安全区域

标识标准组合：

· 自助加油品牌标识可以使用横式版式或竖式版式。优先推荐使用横式版式。

标识安全区域：

· 为更加清晰、有效地传播品牌标识，品牌标识周边必须保持一个最小尺寸的空白空间，该空间称为安全区域。该区域内不得出现任何文字、符号和其他元素。

· 在图例中，以自助加油图形标识部分高度为 X，0.20X 为标识的安全区域，当标识尺寸发生改变时，安全区域大小随之改变。

· “X”为一个计量单位。

品牌标识横式组合

品牌标识组合安全区域

B.8.01

自助加油
标识标准组合及安全区域

标识标准组合：

· 自助加油品牌标识可以使用横式版式或竖式版式。优先推荐使用横式版式。

标识安全区域：

· 为更加清晰、有效地传播品牌标识，品牌标识周边必须保持一个最小尺寸的空白空间，该空间称为安全区域。该区域内不得出现任何文字、符号和其他元素。

· 在图例中，以自助加油图形标识部分高度为 X，0.20X 为标识的安全区域，当标识尺寸发生改变时，安全区域大小随之改变。

· “X”为一个计量单位。

品牌标识竖式组合

品牌标识组合安全区域

B.8.02

自助加油
中文标识及安全区域

中文标识：

· 自助加油中文标识标准字体已经过设计处理，使用时不可做任何修改，不可用其他类似字体代替。

标识安全区域：

· 为更加清晰、有效地传播品牌文字标识，标识周边必须保持一个最小尺寸的空白区域，该空间称为安全区域。该区域内不得出现任何文字、符号和其他元素。

· 在图例中，以自助加油中文标识部分高度为 X，0.20X 为标识的安全区域，当标识尺寸发生改变时，安全区域大小随之改变。

· “X”为一个计量单位。

中文标识

中文标识安全区域

B.8.03

自助加油
标识颜色标准应用

· 品牌标识设有三种色彩应用版本。

· 标准彩色版本为品牌标识的首选版本，通常情况下优先使用，如受客观条件限制，可采用墨稿或反白稿标识版本。

标识彩色应用

标识墨稿应用

标识反白稿应用

B.8.04

自助加油
标准色彩应用

· 品牌标准色彩是企业对外进行形象展示和品牌区隔的主要元素，颜色均已标准化，不得更改。

· 注意事项：

同一标准色号运用在不同的材质上会存在一定的色彩偏差。应以潘通色卡色彩样本为基准，且在晴天室内自然光线充足的条件下观看比对。

Pantone 355 C

CMYK： 91/19/100/0
RGB： 0/149/59
Web： #00953B

Pantone Black C

CMYK： 93/88/89/80
RGB： 0/0/0
Web： #000000

B.8.05

自助加油
标识错误应用示例

· 标识的不正确用法：所有品牌标识均应严格遵循使用规范，右侧罗列了一些常见的品牌标识应用错误示例，各单位在使用中应尽量避免。

· 图示 1
标识文字与图形之间的比例和位置关系不可改动。品牌标识字体不得做任何变形处理，不能以任何方式压缩或伸长。

· 图示 2
品牌标识不可做任何描边处理，品牌标识不可做任何色彩变化，图形标识不可单独反白或中英文单独反白。

· 图示 3
请勿对品牌标识的任何部分做加边和阴影等任何处理，请勿加粗或减细标识的字体。

· 图示 4
禁止使用色彩图形杂乱的背景图。

图示 1

图示 2

图示 3

图示 4

加能站形象展示
IMAGE DISPLAY OF THE FUELLING STATION

/ C.1 加能站形象分级原则

旗舰站 / 标准站 / 简易站

C.1

加能站形象分级原则

· 加能站形象建设分为三级，分别是旗舰站、标准站以及简易站。

· 加能站分级应结合项目所在区位、销量、能源加注品类、引入非油业态等因素进行综合评价，科学定级。

· 本表所列分级原则仅供参考，具体实施应充分考虑项目实际情况和省市公司需求做相应调整。

分级标准	旗舰站	标准站	简易站
油站位置	城区、市中心 或有销售潜力的商圈	城区、省道、干道 国道、高速路出入口、乡镇 （适用所有位置）	偏远地区
成品油销量	年均销量≥ 8000t	年均销量 3000~8000t	年均销量≤ 3000t
能源加注种类	综合能源	两种以上能源	–
业态类型	多种业态组成 （3 种业态以上）	2~3 种业态	单一业态

/ C.2 加能站整体形象展示

C.2.01

旗舰站日景展示

C.2.01

旗舰站日景展示

C.2.02

旗舰站夜景展示

C.2.02

旗舰站夜景展示

C.2.03

标准站日景展示

C.2.03

标准站日景展示

C.2.04

标准站夜景展示

C.2.04

标准站夜景展示

C.2.05

简易站日景展示

C.2.05

简易站日景展示

C.2.06

简易站夜景展示

C.2.06

简易站夜景展示

C.2.07

文化站、概念站

· 为配合项目当地政府部门对城市建筑形象的相关要求，同时加强企业品牌个性化设计以及企业对未来形象的升级研究，允许各省市有条件的试点设置文化站、概念站。

· 设计基本原则：
需符合当地安全环保要求、不得破坏整体周边形象、应融入当地环境文化中，整体设计具有前瞻性、创新性和突破性。

注：省市公司建设文化站、概念站，设计方案应报销售公司零售管理部审批同意后方可实施。

C.3

加能站标准中文字体使用规范

· 方正兰亭中黑简体作为商号专用字体，思源黑体作为标识系统说明专用字体。

· 在使用字体时应严格按照本页的规范执行，不得使用规范外的其他字体。

· 注：在中文环境下，当内容信息中出现字母或是数字时，要使用相应的英文字体。

中文字体

作为相关标识系统字体使用。

方正兰亭中黑简体

作为商号专用字体使用。

中国石化加能站标准字体使用规范

思源黑体

作为标识系统专用字体使用。

中国石化加能站标准字体使用规范

C.4

加能站标准数字英文字体使用规范

· Futura Std Heavy 是加能站油品号码、标识系统等专用数字及英文字体。

· 在使用字体时应严格按照本页的规范执行，不得使用规范外的其他字体。

· 注：在中文环境下，当内容信息中出现字母或是数字时，要使用相应的英文字体。

英文字体

作为油品号码、相关标识系统字体使用。

Futura Std Heavy

ABCDEFGHIJKLMNOPQRSTUVWXYZ

abcdefghijklmnopqrstuvwxyz

1234567890

92 95 98

C.5

加能站辅助色彩标准

· 加能站辅助色彩应用体系。

· 加能站辅助色系是企业对外进行形象展示和品牌区隔的主要辅助元素，颜色均已标准化，不得更改。

· 注意事项：

同一标准色号运用在不同的材质上会存在一定的色彩偏差。应以潘通色卡色彩样本为基准，且在晴天室内自然光线充足的条件下观看比对。

中国石化综合加能站辅助色系

浅黄
Pantone Yellow C
CMYK：7/15/100/0
RGB：255/221/0
Web：#FFDD00

油品黄
Pantone 109 C
CMYK：4/22/100/0
RGB：255/209/0
Web：#FFD100

明黄
Pantone 1235 C
CMYK：0/38/86/0
RGB：255/183/27
Web：#FFB71B

橙色
Pantone 1375 C
CMYK：0/50/86/0
RGB：255 /158/24
Web：#FF9E18

浅绿
Pantone 368 C
CMYK：6/7/100/0
RGB：118/188/33
Web：#76BC21

油品绿
Pantone 355 C
CMYK：91/19/100/0
RGB：0/149/59
Web：#00953B

深绿色
Pantone 356 C
CMYK：92/41/100/3
RGB：0/121/52
Web：#007934

墨绿
Pantone 3435 C
CMYK：89/61/85/37
RGB：18/71/52
Web：#124734

新能源蓝色
Pantone 285 C
CMYK：92/51/0/0
RGB：0/113/206
Web：#0071CE

新能源浅蓝
Pantone 2925 C
CMYK：78/29/3/0
RGB：0/154/222
Web：#009ADE

新能源灰
Pantone Cool Gray 3 C
CMYK：53/19/19/0
RGB：200/200/200
Web：#C8C8C8

浅灰色
Pantone Cool Gray 4 C
CMYK：31/24/23/0
RGB：187/187/187
Web：#BBBBBB

中灰色
Pantone Cool Gray 8 C
CMYK：53/44/40/0
RGB：137/138/141
Web：#898A8D

深灰色
Pantone Cool Gray 11 C
CMYK：73/65/58/14
RGB：84/86/90
Web：#54565A

深红色
Pantone 7622 C
CMYK：45/97/90/13
RGB：150/38/44
Web：#96262C

深棕色
Pantone 7589 C
CMYK：64/70/71/30
RGB：94/70/55
Web：5E4637

C.6

加能站油品色彩标准

· 加能站油品标注色请按本页所规定的色号执行，卸油口、加油机、加油枪等不同部位不同设备设施上同一油品的标注色必须保持一致，以保证外观形象统一和油品管理安全。

注意事项：

· 同一标准色号运用在不同的材质上会存在一定的色彩偏差。应以潘通色卡色彩样本为基准，且在晴天室内自然光线充足的条件下观看比对。

油品主色

柴油

Pantone 7589 C

CMYK : 64 / 70 / 71 / 30
RGB : 94 / 70 / 55

92

Pantone 185C

CMYK : 9 / 99 / 84 / 0
RGB : 234 / 0 / 41

95

Pantone 109 C

CMYK : 4 / 22 / 100 / 0
RGB : 255 / 209 / 0

98

Pantone 355 C

CMYK : 91 / 19 / 100 / 0
RGB : 0 / 149 / 59

油品辅助色

Pantone Cool Gary 4 C

CMYK : 31 / 24 / 23 / 0
RGB : 187 / 187/ 187

Pantone 200 C

CMYK : 18 / 100 / 83 / 0
RGB : 216 / 0 / 47

Pantone 1235 C

CMYK : 0 / 38 / 86 / 0
RGB : 255 / 183 / 27

Pantone 356 C

CMYK : 92 / 41 / 100 / 3
RGB : 0 / 121 / 52

C.7

信息图标标准设计

· 使用时，可从“E. 附录”中调出相应矢量文件，不得更改图标形状、比例和色彩，必须使用正确的图标文件。

品牌色号：

石化红
PANTONE 185 C

高光白
WHITE

C.8

信息图标文字组合标准设计

· 使用时，可从“E. 附录”中调出相应矢量文件，不得更改图标形状、比例和色彩，必须使用正确的图标文件。

品牌色号：

石化红
PANTONE 185 C

高光白
WHITE

形象功能区设计规范

SPECIFICATION FOR DESIGN OF IMAGE FUNCTIONAL AREA

/ D.1 加能站形象功能单元划分

D.1

加能站形象功能单元划分

加能站整站形象功能单元划分如右图所示：

D.2 品牌柱
D.3 罩棚
D.4 加能区
D.5 站房外立面
D.6 卫生间
D.7 汽服洗车区 / 易捷养车
D.8 地面画线及防碰撞设施
D.9 新能源区（图示略）
D.10 其他辅助功能区

平面图示例

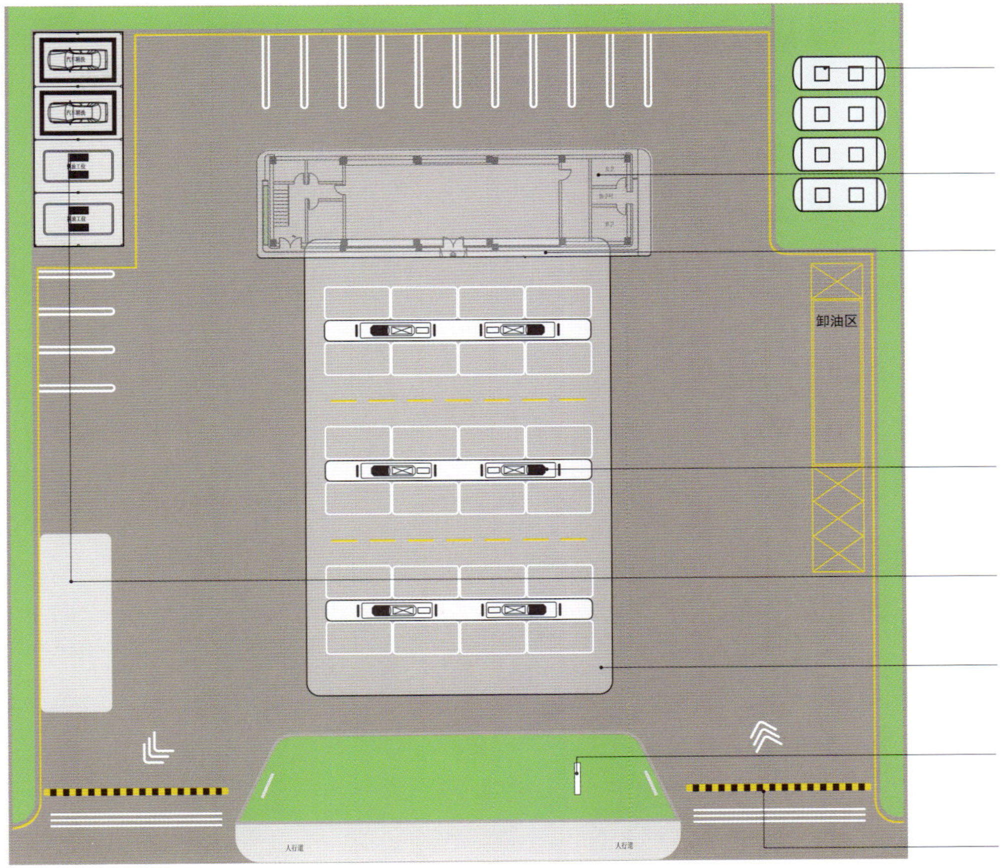

立面图示例

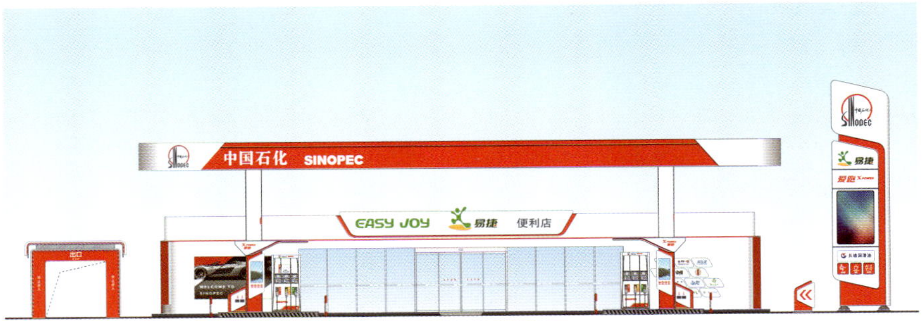

/ D.2 品牌柱

D.2.01

品牌柱
形象说明

· 品牌柱分为两种类型，分别为曲面款品牌柱和平面款品牌柱。

· 曲面款品牌柱：整体采用白色高光铝板和红色高光铝塑板制作，侧包边为圆弧曲面，价格模块可采用彩屏和数显屏，所有模块为发光模块。

· 平面款品牌柱：整体采用白色高光镀锌板和红色高光镀锌板制作，侧包边为直角平面，价格模块可采用数显屏或磁翻，除中国石化模块为发光效果外，其余模块均不发光（如采用数显屏显示价格，则价格模块应为发光效果）。

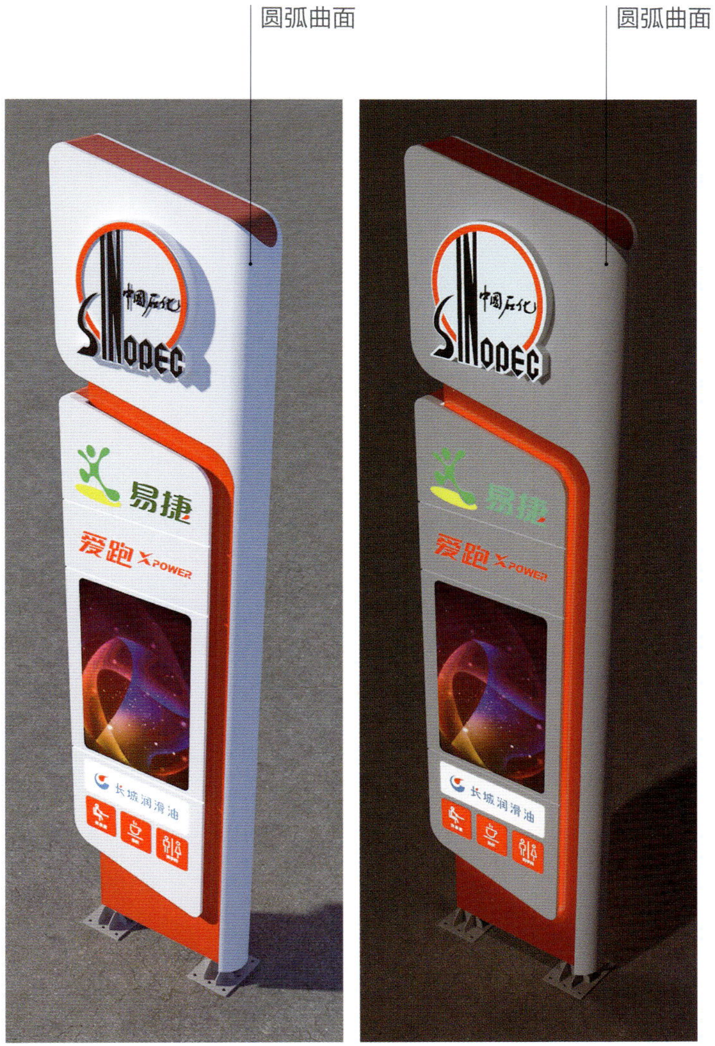

曲面款品牌柱

平面款品牌柱

D.2.02

品牌柱效果展示
曲面款

· 曲面款品牌柱如右图所示：
整体采用白色高光铝板和红色高光铝塑板制作。

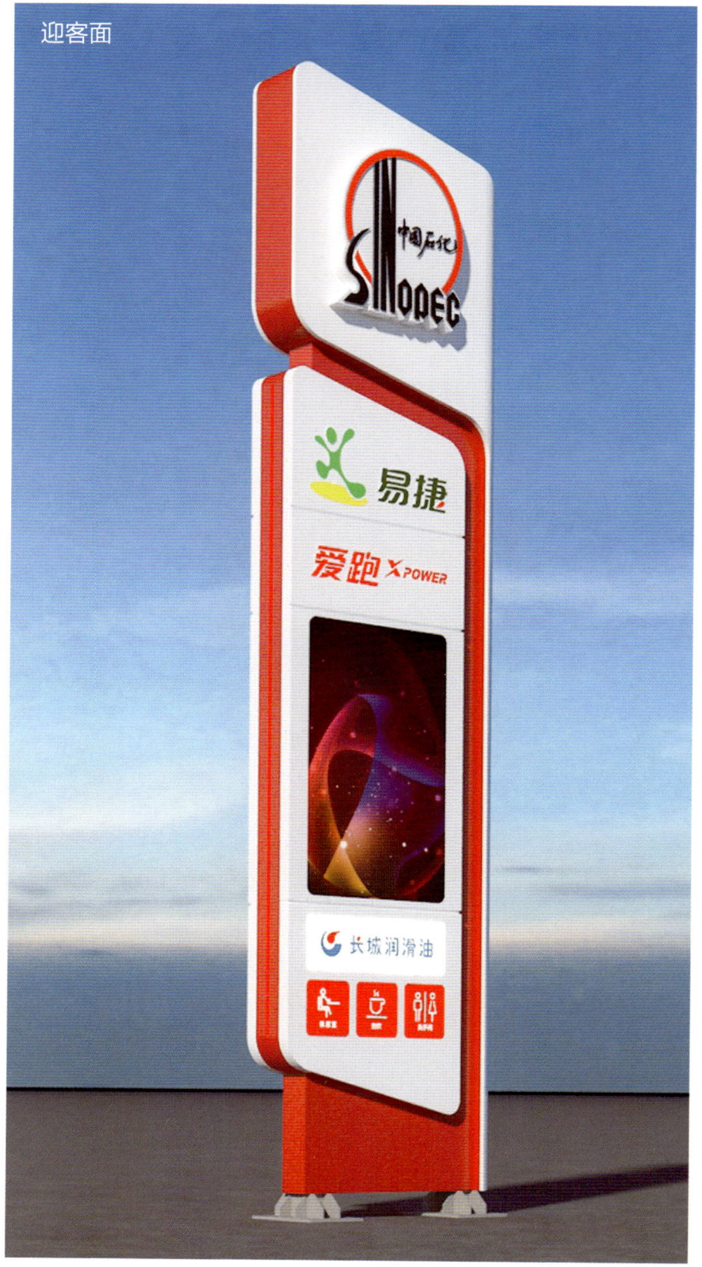

D.2.02

品牌柱效果展示
平面款

· 平面款品牌柱如右图所示：
整体采用白色高光镀锌板和红色高光镀锌板制作。

迎客面

出口面

D.2.03

品牌柱形象总览

右图为品牌柱的形象总览：

D.2.26 18m 超高标识
D.2.19 12m 品牌柱（曲面款）
D.2.19 12m 品牌柱（平面款）
D.2.20 10m 品牌柱（曲面款）
D.2.20 10m 品牌柱（平面款）
D.2.21 8m 品牌柱（曲面款）
D.2.21 8m 品牌柱（平面款）
D.2.29 3m 低标识

应用规范：

· 品牌柱安装位置应视现场实际情况而定，原则上应在靠近加能站入口区域设置，起到更好的导视效果，以不影响车辆进出及行使车道畅通为宜。

· 特别注意：品牌柱预埋件施工，一定要做好避雷接地措施。

· 品牌柱主要用于加能站的品牌形象展示及服务功能介绍，请根据加能站实际需求，选择相应规格模块。

单位：mm

材料色号：

石化红
PANTONE 185 C

高光白
WHITE

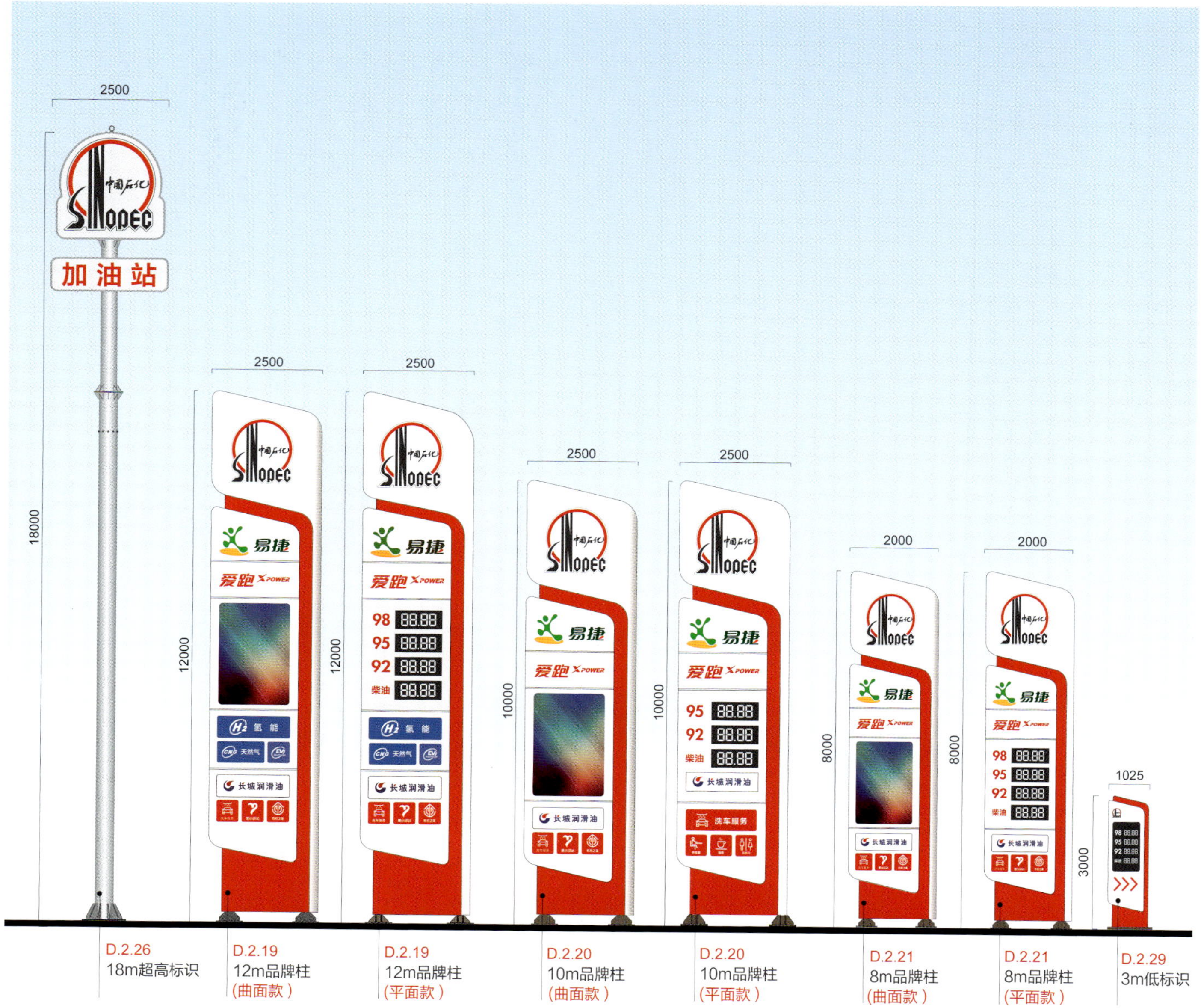

D.2.04

品牌柱分级配置表

· 分级使用原则：

· 旗舰站采用曲面款品牌柱，原则上选用配置迎客面彩屏出口面数显屏的品牌柱，可选双面数显，根据项目实际情况选择。

· 标准站原则上配置双面数显的品牌柱，可选择曲面款或平面款品牌柱，根据项目实际情况选择。

· 简易站采用平面款品牌柱，原则上配置磁翻价格牌。

· 高速公路、国省道大站，当面临道路进深过长、两侧树木高且多的情况，可配置 18m 超高标识；当地有限高要求或受其他条件限制不具备设立品牌柱等特殊情况，可配置 3m 低标识。

· 纯加氢、加气站品牌柱请参考 D.9.15。

· 更多详细工艺及尺寸说明请查看相关模块页面内容。

· 注：

1. 各单位可根据项目实际确认是否需要配置品牌柱，合理选择品牌柱类型。
2. 根据实际情况，低标识可选配彩屏。

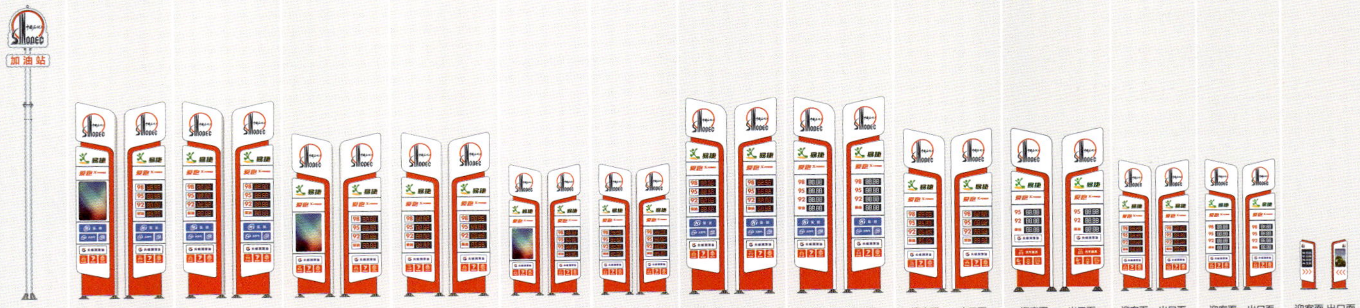

类型	18m 超高标识	曲面款品牌柱						平面款品牌柱						3m 低标识
		12m品牌柱		10m品牌柱		8m品牌柱		12m品牌柱		10m品牌柱		8m品牌柱		
		彩屏+数显	双面数显	彩屏+数显	双面数显	彩屏+数显	双面数显	双面数显	双面磁翻	双面数显	双面磁翻	双面数显	双面磁翻	
图例	迎客面 出口面	迎客面 出口面	迎客面 出口面	迎客面 出口面	迎客面 出口面	迎客面 出口面	迎客面 出口面	迎客面 出口面	迎客面 出口面	迎客面 出口面	迎客面 出口面	迎客面 出口面	迎客面 出口面	迎客面 出口面
旗舰站	○	○	○	○	○	○	○	/	/	/	/	/	/	○
标准站	○	/	○	/	○	/	○	○	/	○	/	○	/	○
简易站	○	/	/	/	/	/	/	/	○	/	○	/	○	○

必选项：●　　可选项：○　　不可选项：/

D.2 品牌柱

D.2.05

品牌柱模块展示

· 品牌柱标准尺寸为 :12m、10m、8m。

· 品牌柱主要分为 5 个模块：

1. 中国石化模块；
2. 易捷模块；
3. 燃油模块；
4. 价格模块；
5. 服务信息模块。

· 注：

1. 以曲面款品牌柱模块展示为示例，与平面款品牌柱模块展示一致；
2. 能源模块内容设置：
   ①当综合加能站内设有爱跑燃油时，能源模块采用爱跑燃油；
   ②当综合加能站内同时设有爱跑燃油和充电服务时，能源模块采用爱跑燃油，石化易电添加到服务信息模块处；
   ③当综合加能站内设有充电服务而没有爱跑燃油时，能源模块采用石化易电；
   ④当综合加能站既没有爱跑燃油和充电服务时，能源模块采用优质燃油。

材料色号：

石化红
PANTONE 185 C

高光白
WHITE

D.2.06

中国石化模块尺寸及工艺说明

12m / 10m

曲面款

· 应用规范：

1. 中国石化模块分为：迎客面和出口面；
2. 12m / 10m 品牌柱的中国石化模块采用高度为 1500mm 的中国石化 LOGO；
3. 更多详细工艺及尺寸说明请查看 E. 附录“综合加能站形象标准工艺安装说明”。

单位：mm

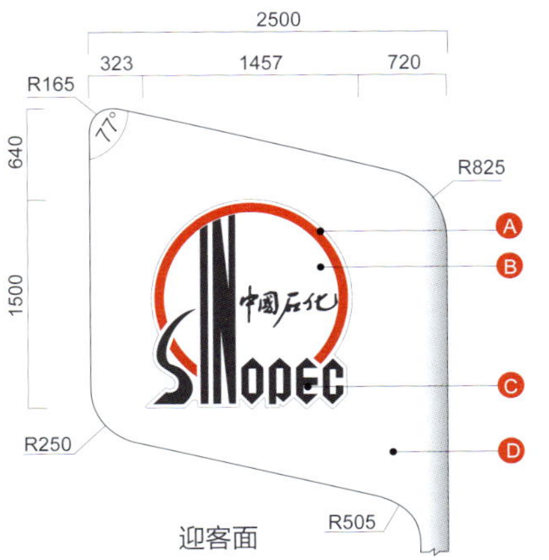

迎客面

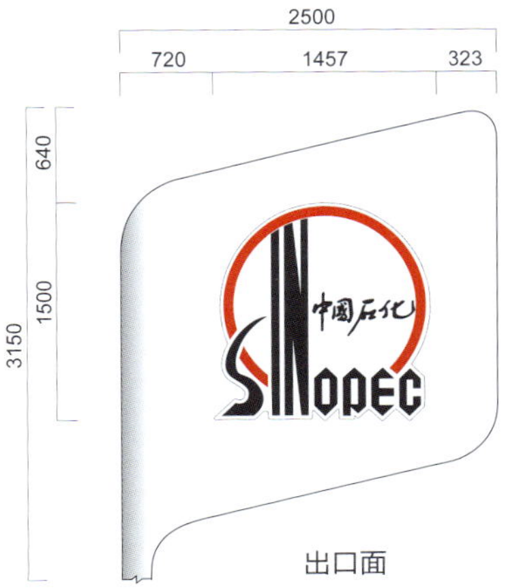

出口面

A 20mm透明/乳白亚克力激光雕刻成型表面贴3mm石化红亚克力

B 5.0mm白色亚克力，夜间正面发白光

C 20mm透明/乳白亚克力激光雕刻成型表面贴3mm黑亚克力

D 面板采用 2.5mm 铝板激光切割 / 焊接 / 滚圆加工成型，表面做高光白易清洁氟碳漆涂层

E 侧板4.0mm红色高光铝塑板（石化红 Pantone 185 C，0.3mm 铝材厚度，表面为易清洁氟碳漆涂层）

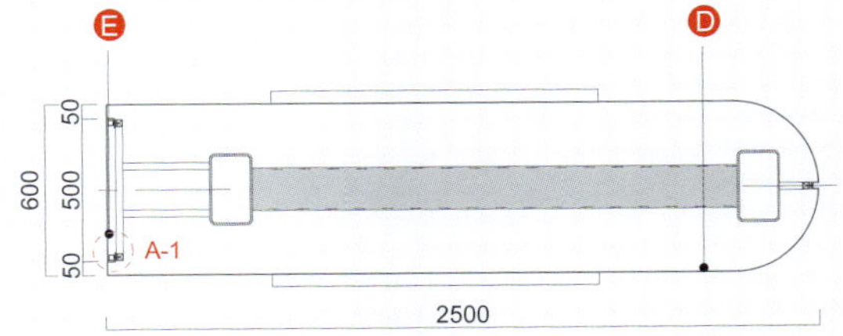

A-A 剖面图

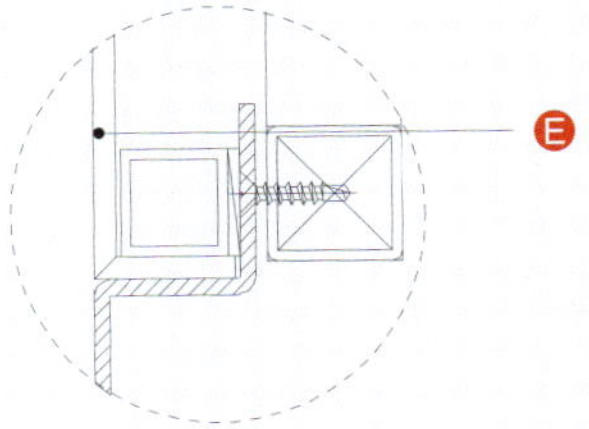

A-1

材料色号：

石化红
PANTONE 185 C

高光白
WHITE

石化黑
PANTONE BLACK C

D.2.06

中国石化模块尺寸及工艺说明

8m

曲面款

· 应用规范：

1. 中国石化模块分为：迎客面和出口面；
2. 8m 品牌柱的中国石化模块采用高度为 1200mm 的中国石化 LOGO;
3. 更多详细工艺及尺寸说明请查看 E. 附录“综合加能站形象标准工艺安装说明”。

单位：mm

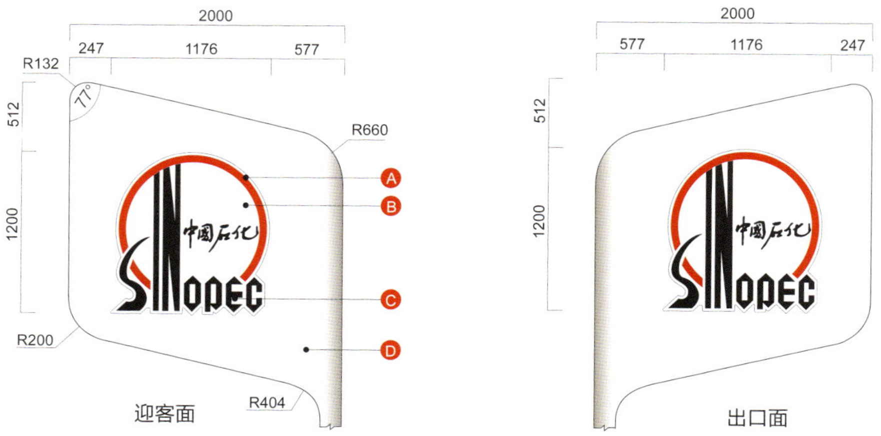

Ⓐ 20mm透明/乳白亚克力激光雕刻成型表面贴3mm石化红亚克力

Ⓑ 5.0mm白色亚克力，夜间正面发白光

Ⓒ 20mm透明/乳白亚克力激光雕刻成型表面贴3mm黑亚克力

Ⓓ 面板采用 2.5mm 铝板激光切割 / 焊接 / 滚圆加工成型，表面做高光白易清洁氟碳漆涂层

Ⓔ 侧板4.0mm红色高光铝塑板（石化红 Pantone 185 C，0.3mm 铝材厚度，表面为易清洁氟碳漆涂层）

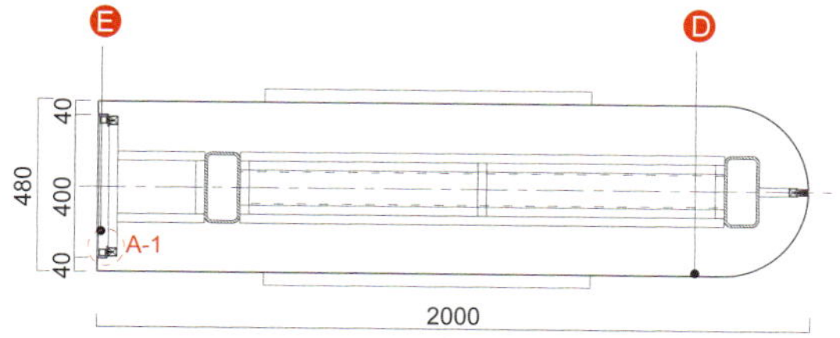

A-A 剖面图

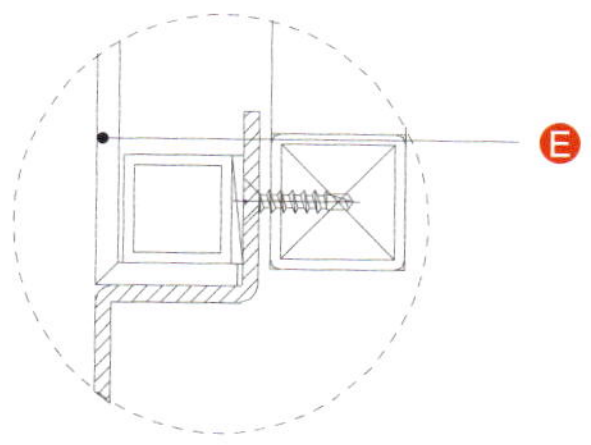

A-1

材料色号：

石化红
PANTONE 185 C

高光白
WHITE

石化黑
PANTONE BLACK C

D.2.06

中国石化模块尺寸及工艺说明
12m / 10m
平面款

· 应用规范：

1. 中国石化模块分为：迎客面和出口面；
2. 12m / 10m 品牌柱的中国石化模块采用高度为 1500mm 的中国石化 LOGO；
3. 更多详细工艺及尺寸说明请查看 E. 附录“综合加能站形象标准工艺安装说明”。

单位：mm

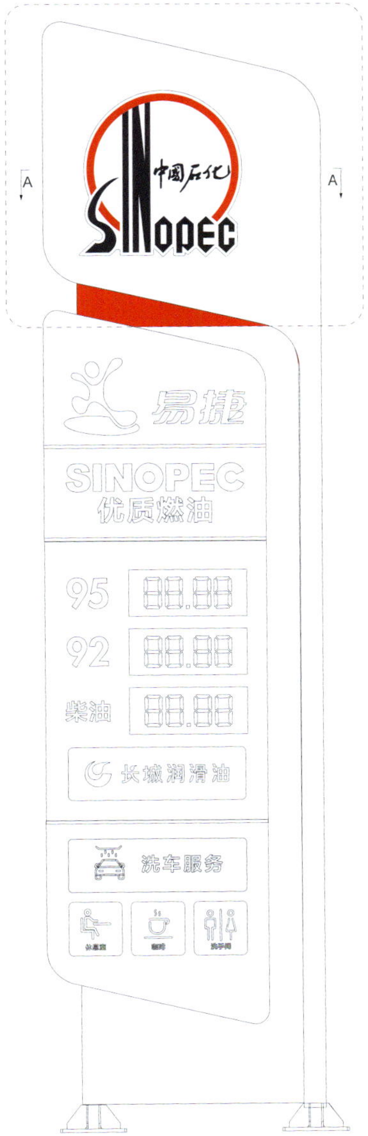

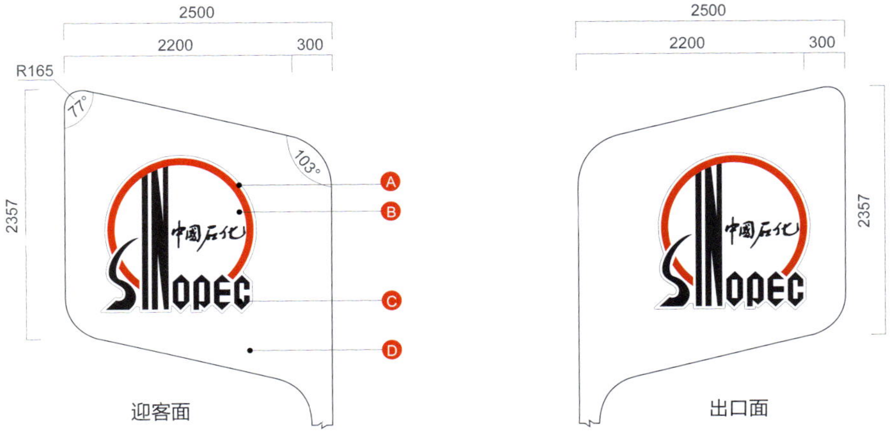

迎客面   出口面

Ⓐ 20mm 透明 / 乳白亚克力激光雕刻成型，表面贴 3mm 石化红亚克力

Ⓑ 5.0mm 白色亚克力，夜间正面发白光

Ⓒ 20mm 透明 / 乳白亚克力激光雕刻成型，表面贴 3mm 黑亚克力

Ⓓ 面板使用 1.5mm 镀锌板激光切割、折弯等成型后焊接成型，面板内置用 25mm × 25mm × 1.5mm 镀锌铁方通骨架，表面喷涂白色高光氟碳易洁涂层

Ⓔ 红色胶塞

Ⓕ 侧封板 1.5mm 镀锌板制作成型，面喷红色高光氟碳易清洁涂层（石化红 Pantone 185 C）

Ⓖ 1.5mm 镀锌板制作成型，滚圆弧处理面喷白色高光氟碳易洁涂层（高光白 White）

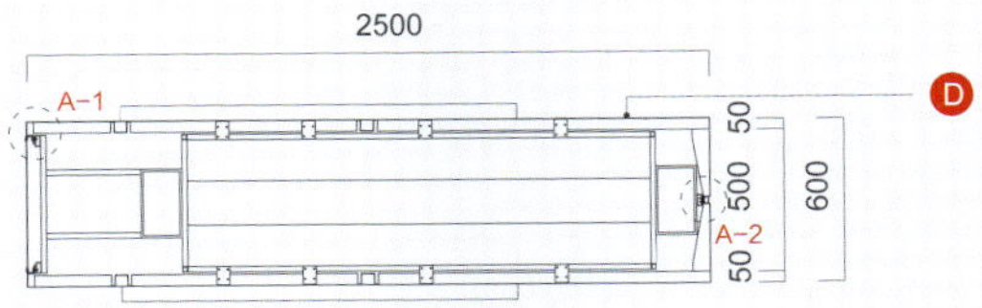

A-A 剖面图

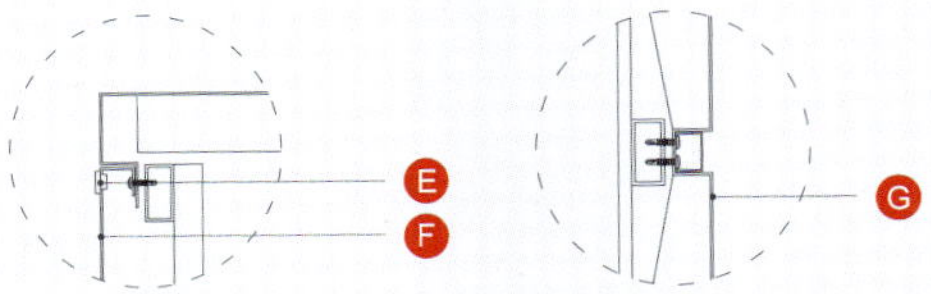

A-1   A-2

材料色号：

色名	色号
石化红	PANTONE 185 C
高光白	WHITE
石化黑	PANTONE BLACK C

D.2 品牌柱

D.2.06

中国石化模块尺寸及工艺说明 8m

平面款

· 应用规范：

1. 中国石化模块分为：迎客面和出口面；
2. 8m 品牌柱的中国石化模块采用高度为 1200mm 的中国石化 LOGO;
3. 更多详细工艺及尺寸说明请查看 E. 附录“综合加能站形象标准工艺安装说明”。

单位：mm

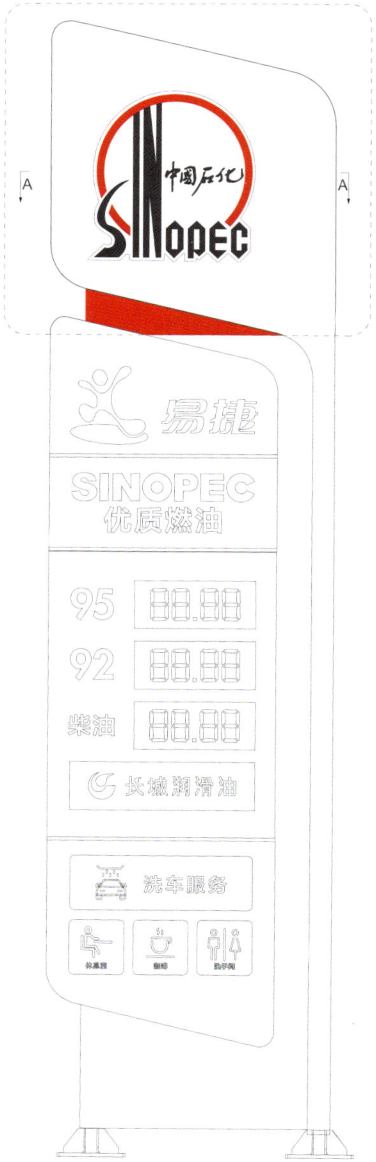

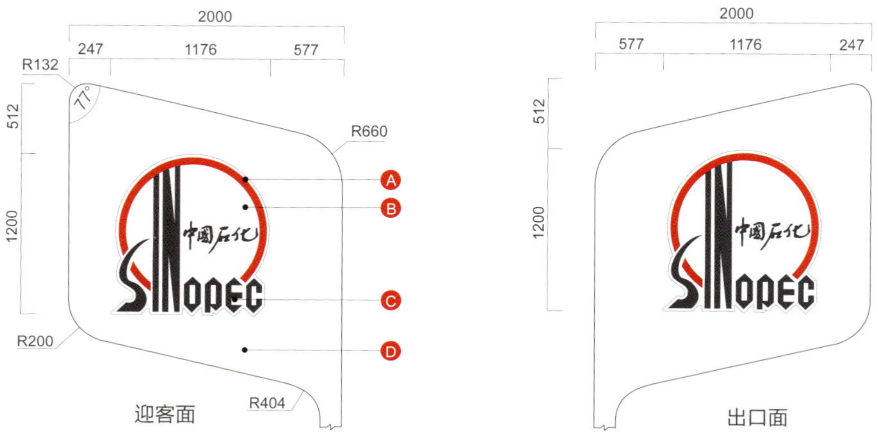

Ⓐ 20mm 透明 / 乳白亚克力激光雕刻成型表面贴 3mm 石化红亚克力

Ⓑ 5.0mm 白色亚克力，夜间正面发白光

Ⓒ 20mm 透明 / 乳白亚克力激光雕刻成型表面贴 3mm 黑亚克力

Ⓓ 面板使用 1.5mm 镀锌板激光切割、折弯等成型后焊接成型，面板内置用 25mm × 25mm × 1.5mm 镀锌铁方通骨架，表面喷涂白色高光氟碳易洁涂层

Ⓔ 红色胶塞

Ⓕ 侧封板 1.5mm 镀锌板制作成型，面喷红色高光氟碳易清洁涂层（石化红 Pantone 185 C）

Ⓖ 1.5mm 镀锌板制作成型，滚圆弧处理面喷白色高光氟碳易洁涂层（高光白 White）

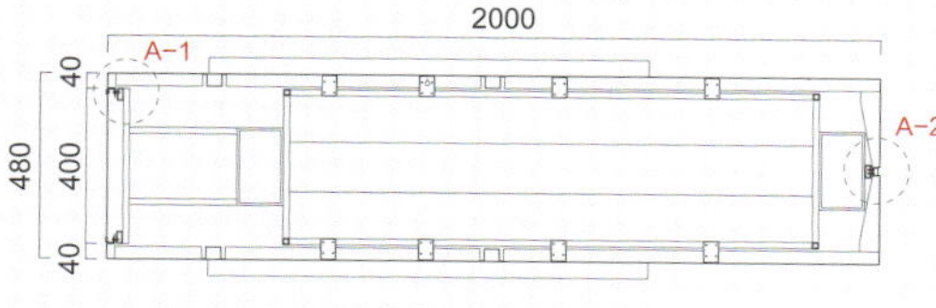

A-A剖面图

材料色号：

石化红 PANTONE 185 C

高光白 WHITE

石化黑 PANTONE BLACK C

D.2.07

易捷模块尺寸及工艺说明
12m / 10m
曲面款

· 易捷模块分为：迎客面和出口面。

· 12m/10m 品牌柱的易捷模块高度为 1227mm。

· 更多详细工艺及尺寸说明请查看 E. 附录“综合加能站形象标准工艺安装说明”。

单位：mm

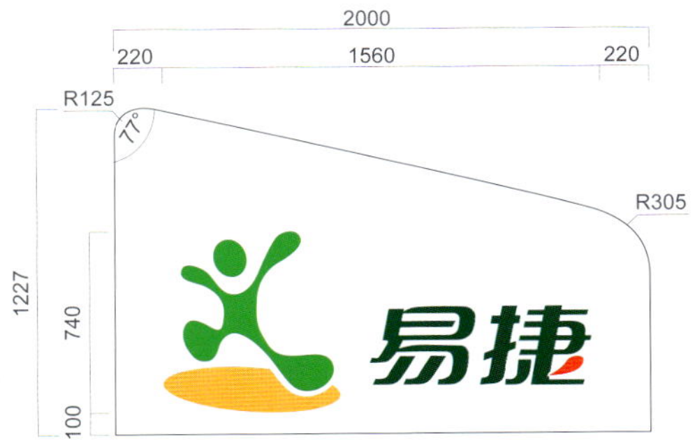

迎客面

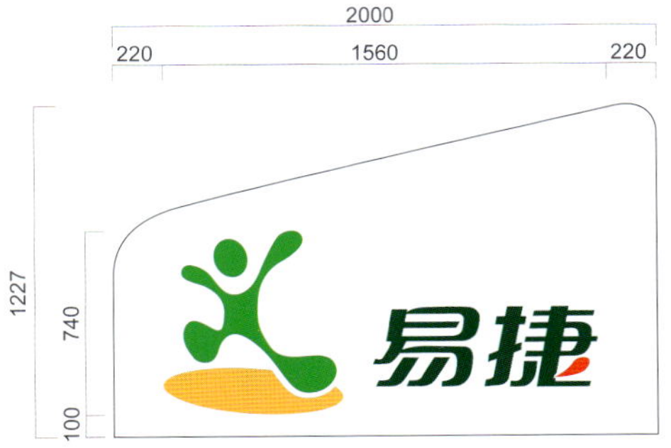

出口面

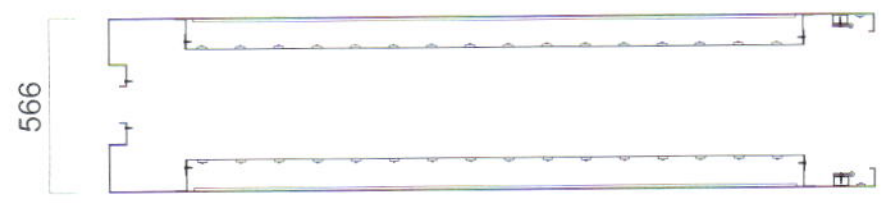

俯视图

A 面板采用 2.5mm 铝板激光切割 / 焊接 / 滚圆加工成型，表面做高光白易清洁氟碳漆涂层

B M4x35 不锈钢内六角圆头螺钉配弹垫平垫

C 4.0mm 红色高光铝塑板（石化红 Pantone 185 C，0.3mm 铝材厚度，表面为易清洁氟碳漆涂层）

D 专用型材内置防水 LED 灯条

E 不锈钢排链

F 不锈钢铆钉

G 50mm × 50mm × 2.0mm 铝方管与面板焊接

H 面板镂空内衬 3.0mm 乳白亚克力贴专色膜，内置 LED 模组，防护等级 IP65 以上

I M8x50 不锈钢内六角圆头螺钉配 M8 拉螺母

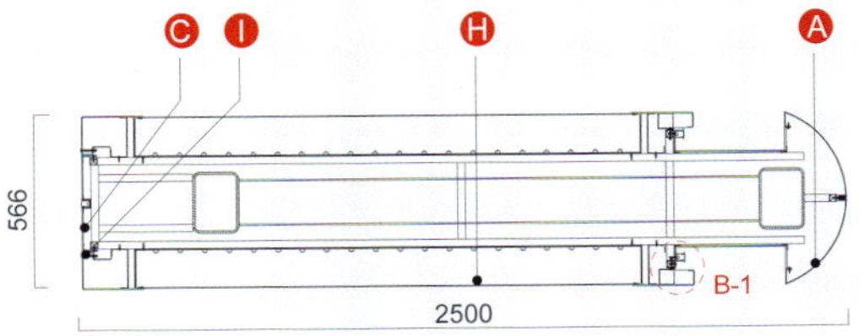

B-B 剖面图

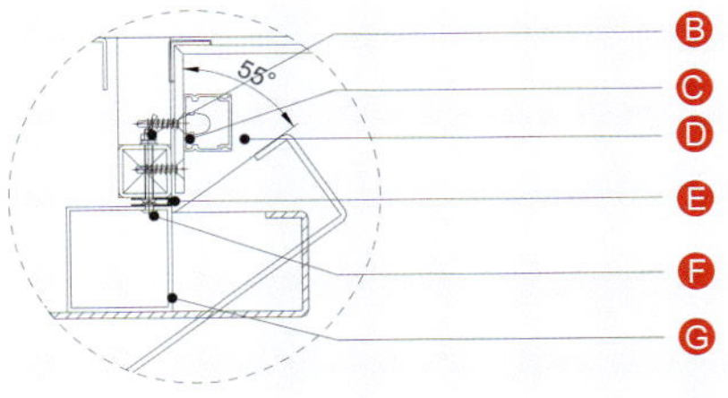

B-1

材料色号：

- 石化红 PANTONE 185 C
- 高光白 WHITE
- 易捷墨绿 PANTONE 3435 C
- 易捷绿 PANTONE 355 C
- 易捷黄 PANTONE 1235 C

D.2.07

易捷模块尺寸及工艺说明

8m

曲面款

· 易捷模块分为：迎客面和出口面。

· 8m 品牌柱的易捷模块高度为 981mm。

· 更多详细工艺及尺寸说明请查看 E. 附录“综合加能站形象标准工艺安装说明”。

单位：mm

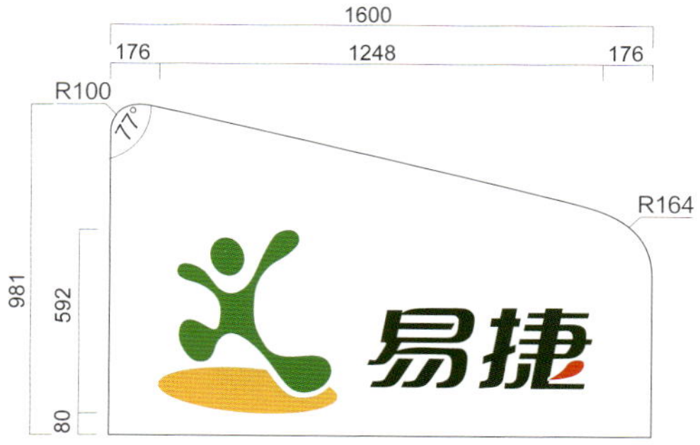

迎客面

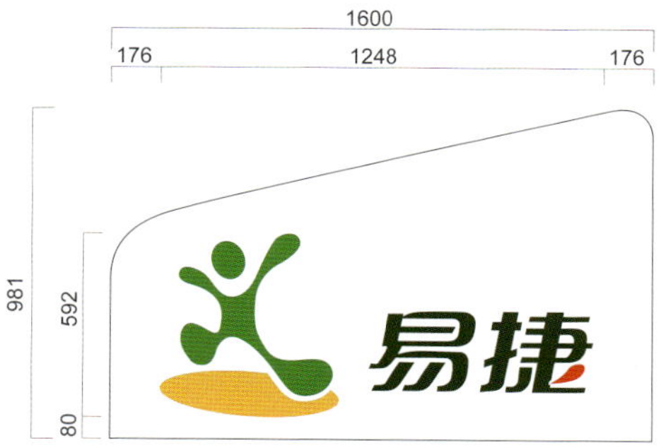

出口面

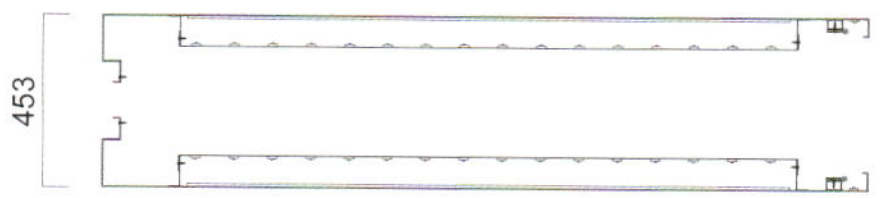

俯视图

- Ⓐ 面板采用 2.5mm 铝板激光切割 / 焊接 / 滚圆加工成型，表面做高光白易清洁氟碳漆涂层
- Ⓑ M4x35 不锈钢内六角圆头螺钉配弹垫平垫
- Ⓒ 4.0mm 红色高光铝塑板（石化红 Pantone 185 C，0.3mm 铝材厚度，表面为易清洁氟碳漆涂层）
- Ⓓ 专用型材内置防水 LED 灯条
- Ⓔ 不锈钢排链
- Ⓕ 不锈钢铆钉
- Ⓖ 50mm × 50mm × 2.0mm 铝方管与面板焊接
- Ⓗ 面板镂空内衬 3.0mm 乳白亚克力表面贴专色膜，内置 LED 模组，防护等级 IP65 以上
- Ⓘ M8x50 不锈钢内六角圆头螺钉配 M8 拉螺母

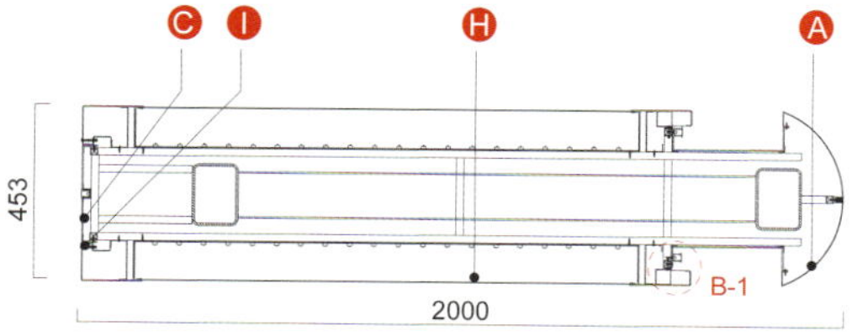

B–B 剖面图

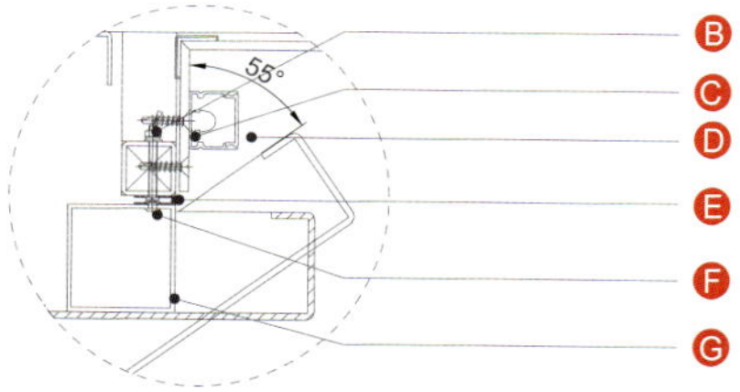

B-1

材料色号：

色名	色号
石化红	PANTONE 185 C
高光白	WHITE
易捷墨绿	PANTONE 3435 C
易捷绿	PANTONE 355 C
易捷黄	PANTONE 1235 C

D.2.07

易捷模块尺寸及工艺说明

12m / 10m

平面款

· 易捷模块分为：迎客面和出口面。

· 12m/10m 品牌柱的易捷模块高度为 1227mm。

· 更多详细工艺及尺寸说明请查看 E. 附录“综合加能站形象标准工艺安装说明”。

单位：mm

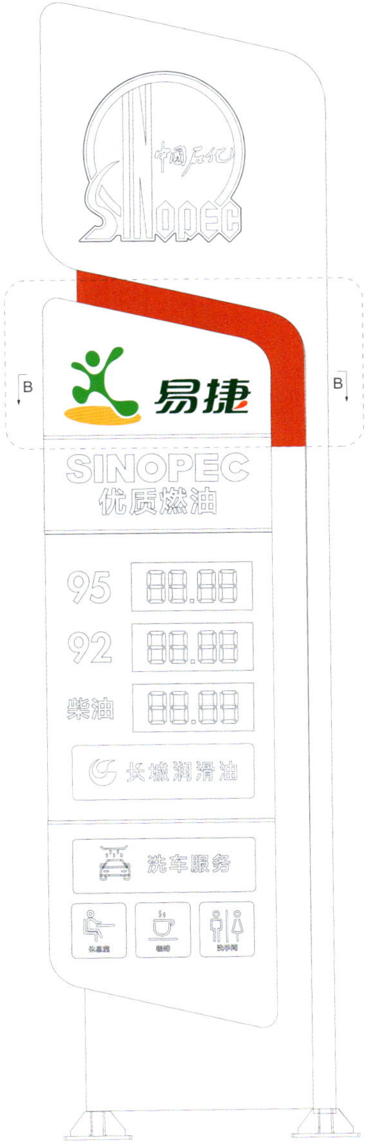

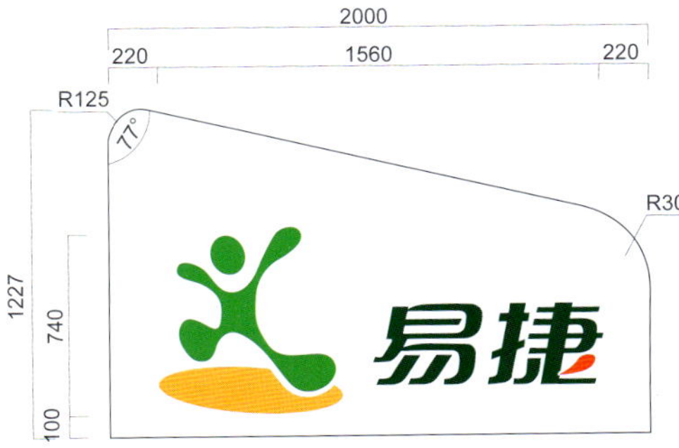

迎客面

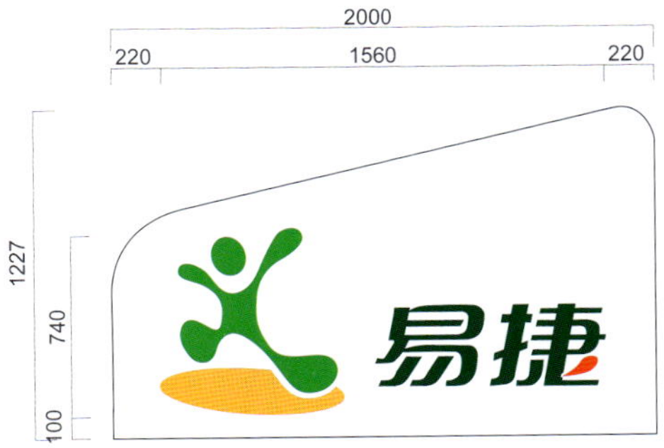

出口面

Ⓐ 面板使用 1.5mm 镀锌板激光切割、折弯等成型，表面喷涂白色高光氟碳易洁涂层，易捷表面内容贴专色膜

Ⓑ 面板骨架采用 25mm × 25mm × 1.8mm 镀锌铁方通制作成型

Ⓒ 红色胶塞

Ⓓ 侧封板 1.5mm 镀锌板制作成型喷红色高光氟碳易清洁涂层（石化红 Pantone 185 C）

Ⓔ 红色霓虹软灯条

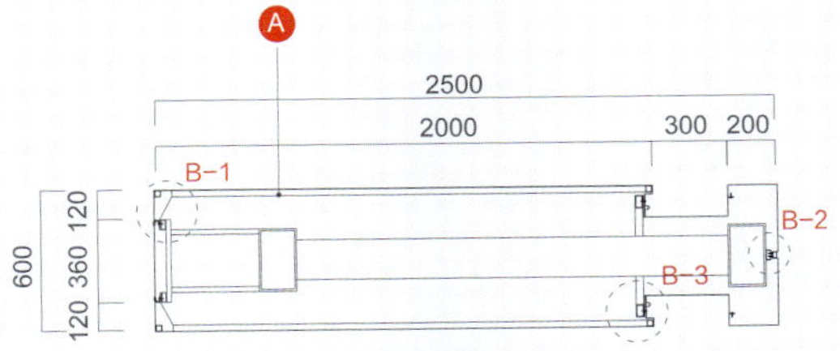

B-B 剖面图

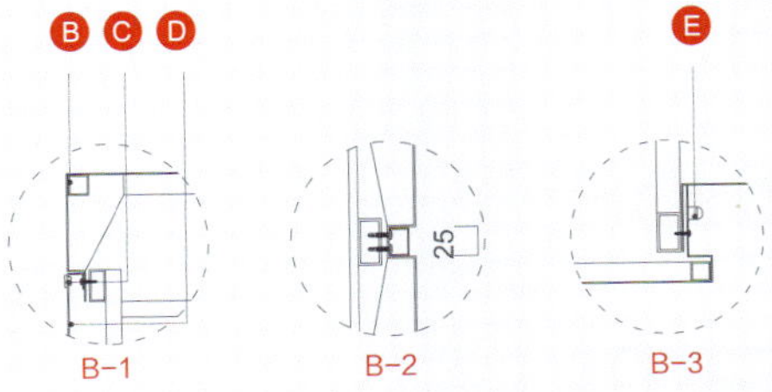

材料色号：

名称	色号
石化红	PANTONE 185 C
高光白	WHITE
易捷墨绿	PANTONE 3435 C
易捷绿	PANTONE 355 C
易捷黄	PANTONE 1235 C

D.2 品牌柱

D.2.07

易捷模块尺寸及工艺说明

8m

平面款

· 易捷模块分为：迎客面和出口面。

· 8m 品牌柱的易捷模块高度为 981mm。

· 更多详细工艺及尺寸说明请查看 E. 附录“综合加能站形象标准工艺安装说明”。

单位：mm

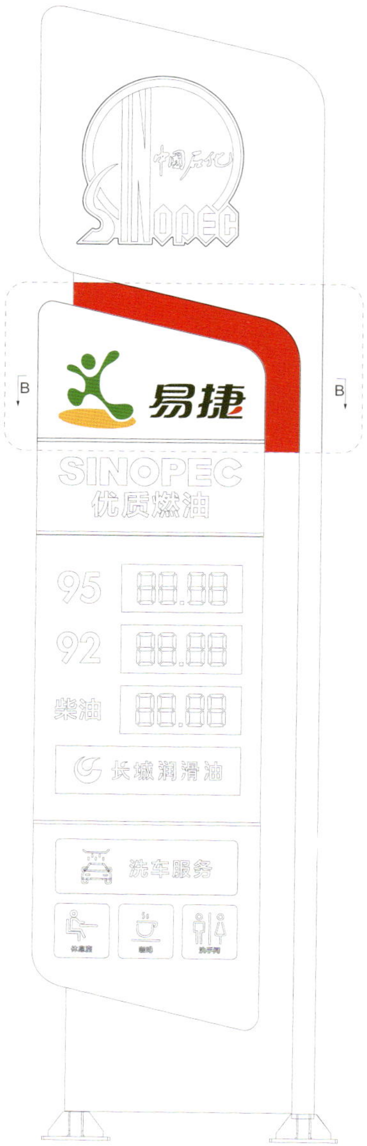

迎客面

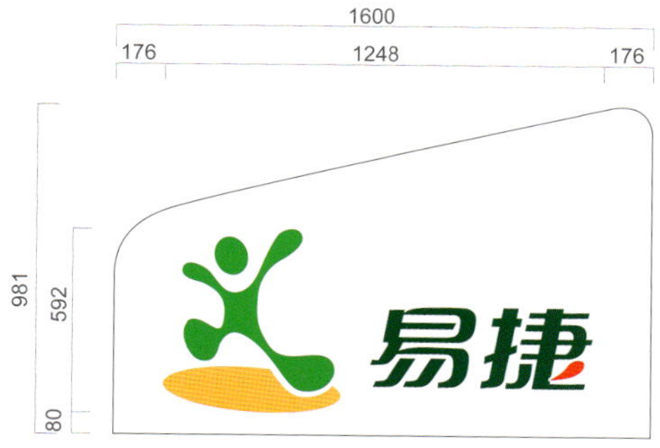

出口面

Ⓐ 面板使用 1.5mm 镀锌板激光切割、折弯等成型，表面喷涂白色高光氟碳易洁涂层，易捷表面内容贴专色膜

Ⓑ 面板骨架采用 25mm × 25mm × 1.8mm 镀锌铁方通制作成型

Ⓒ 红色胶塞

Ⓓ 侧封板 1.5mm 镀锌板制作成型喷红色高光氟碳易清洁涂层（石化红 Pantone 185 C）

Ⓔ 红色霓虹软灯条

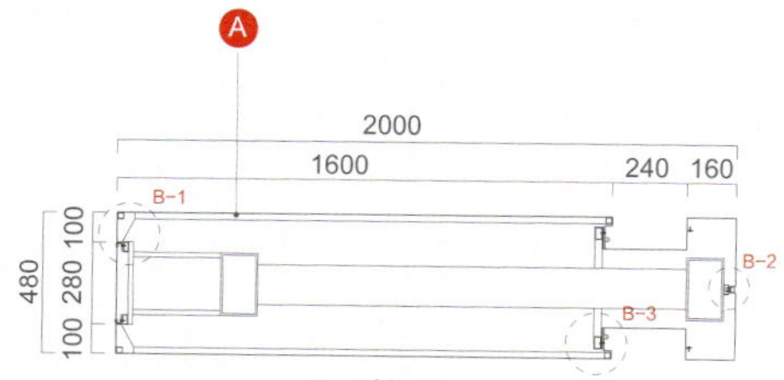

B-B剖面图

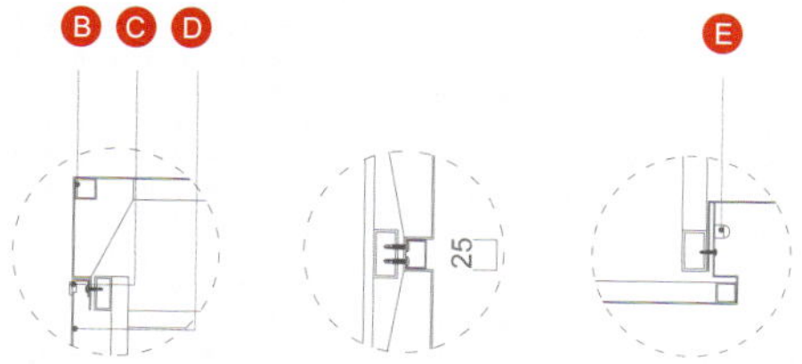

B-1 B-2 B-3

材料色号：

石化红
PANTONE 185 C

高光白
WHITE

易捷墨绿
PANTONE 3435 C

易捷绿
PANTONE 355 C

易捷黄
PANTONE 1235 C

D.2.08

能源模块尺寸及工艺说明

12m / 10m

曲面款

· 12m / 10m 品牌柱的能源模块高度为 800mm。

· 更多详细工艺及尺寸说明请查看 E. 附录“综合加能站形象标准工艺安装说明”。

单位：mm

· 注：

能源模块内容设置：

1. 当综合加能站内设有爱跑燃油时，能源模块采用爱跑燃油；
2. 当综合加能站内同时设有爱跑燃油和充电服务时，能源模块采用爱跑燃油，石化易电添加到服务信息模块处；
3. 当综合加能站内设有充电服务而没有爱跑燃油时，能源模块采用石化易电；
4. 当综合加能站既没有爱跑燃油和充电服务时，能源模块采用优质燃油。

爱跑燃油

迎客面、出口面

石化易电

迎客面、出口面

优质燃油

迎客面、出口面

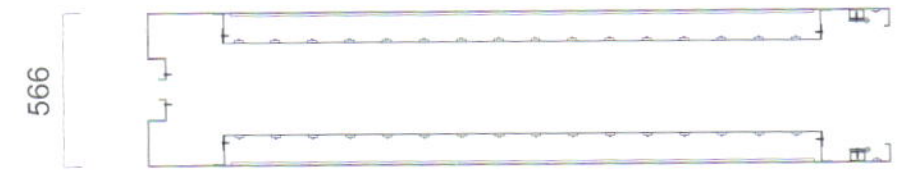

俯视图

- Ⓐ 面板采用 2.5mm 铝板激光切割 / 焊接 / 滚圆加工成型，表面做高光白易清洁氟碳漆涂层
- Ⓑ M4x35 不锈钢内六角圆头螺钉配弹垫平垫
- Ⓒ 4.0mm 红色高光铝塑板（石化红 Pantone 185 C，0.3mm 铝材厚度，表面为易清洁氟碳漆涂层）
- Ⓓ 专用型材内置防水 LED 灯条
- Ⓔ 不锈钢排链
- Ⓕ 不锈钢铆钉
- Ⓖ 50mm × 50mm × 2.0mm 铝方管与面板焊接
- Ⓗ 面板镂空内衬 3.0mm 乳白亚克力贴专色膜，内置 LED 模组，防护等级 IP65 以上
- Ⓘ M8x50 不锈钢内六角圆头螺钉配 M8 拉螺母

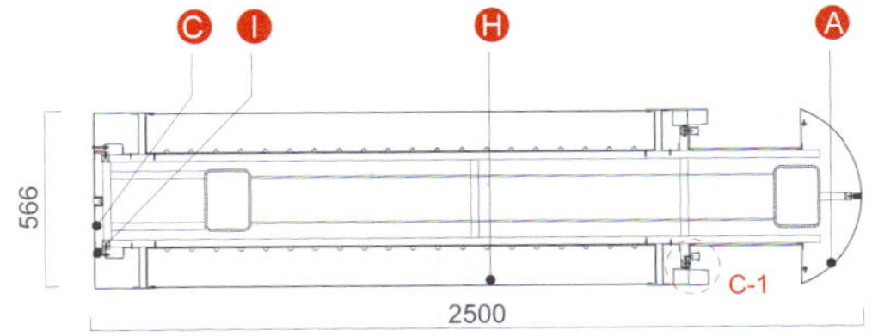

C–C 剖面图

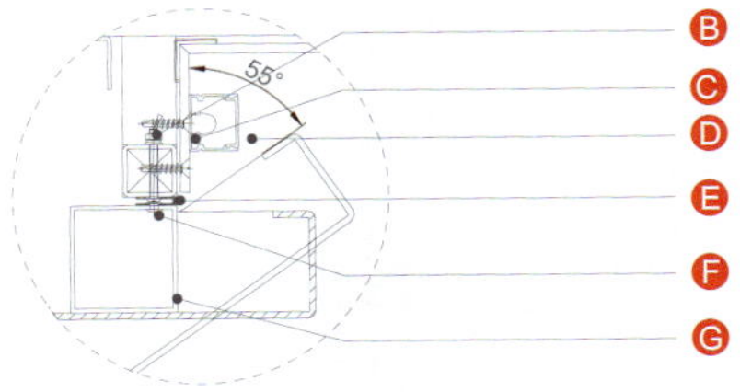

C-1

材料色号：

石化红
PANTONE 185 C

高光白
WHITE

D.2.08

能源模块尺寸及工艺说明

8m

曲面款

· 8m 品牌柱的能源模块高度为 640mm。

· 根据加能站的实际情况选择爱跑燃油或优质燃油板块。

· 更多详细工艺及尺寸说明请查看 E. 附录“综合加能站形象标准工艺安装说明”。

单位：mm

· 注：

能源模块内容设置：

1. 当综合加能站内设有爱跑燃油时，能源模块采用爱跑燃油；
2. 当综合加能站内同时设有爱跑燃油和充电服务时，能源模块采用爱跑燃油，石化易电添加到服务信息模块处；
3. 当综合加能站内设有充电服务而没有爱跑燃油时，能源模块采用石化易电；
4. 当综合加能站既没有爱跑燃油和充电服务时，能源模块模块采用优质燃油。

材料色号：

石化红
PANTONE 185 C

高光白
WHITE

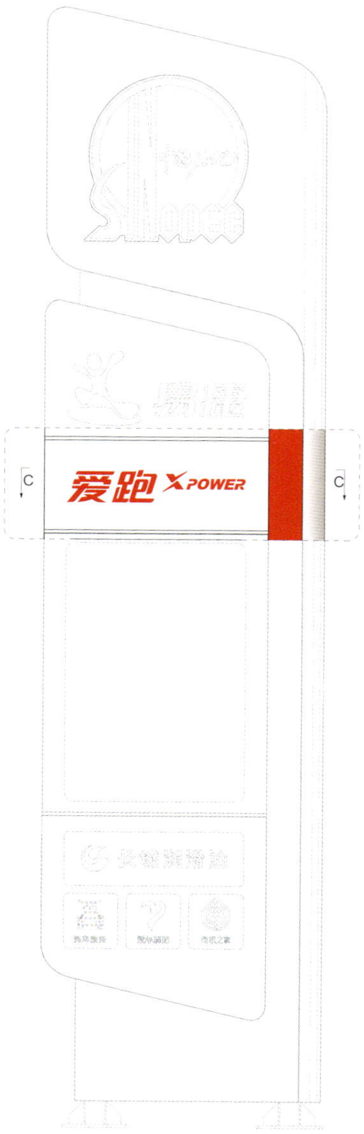

爱跑燃油

迎客面、出口面

石化易电

迎客面、出口面

优质燃油

迎客面、出口面

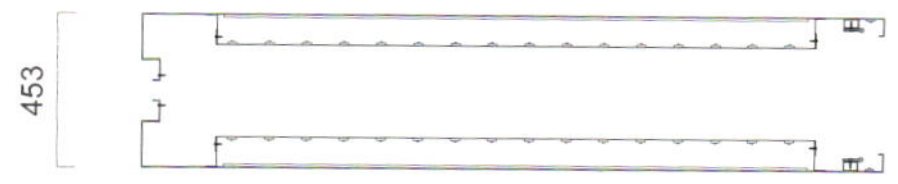

俯视图

- Ⓐ 面板采用 2.5mm 铝板激光切割 / 焊接 / 滚圆加工成型，表面做高光白易清洁氟碳漆涂层
- Ⓑ M4x35 不锈钢内六角圆头螺钉配弹垫平垫
- Ⓒ 4.0mm 红色高光铝塑板（石化红 Pantone 185 C，0.3mm 铝材厚度，表面为易清洁氟碳漆涂层）
- Ⓓ 专用型材内置防水 LED 灯条
- Ⓔ 不锈钢排链
- Ⓕ 不锈钢铆钉
- Ⓖ 50mm × 50mm × 2.0mm 铝方管与面板焊接
- Ⓗ 面板镂空内衬 3.0mm 乳白亚克力贴专色膜，内置 LED 模组，防护等级 IP65 以上
- Ⓘ M8x50 不锈钢内六角圆头螺钉配 M8 拉螺母

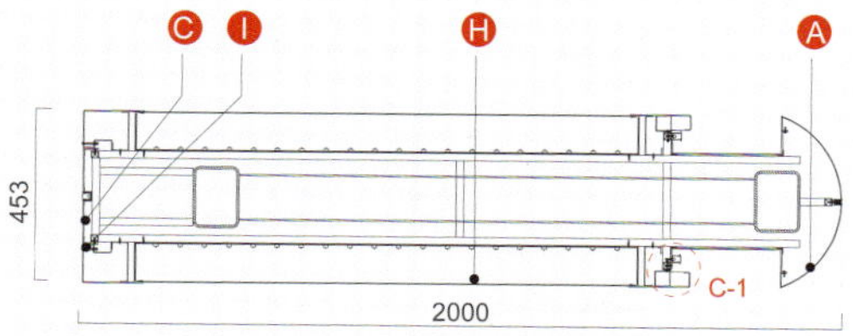

C-C 剖面图

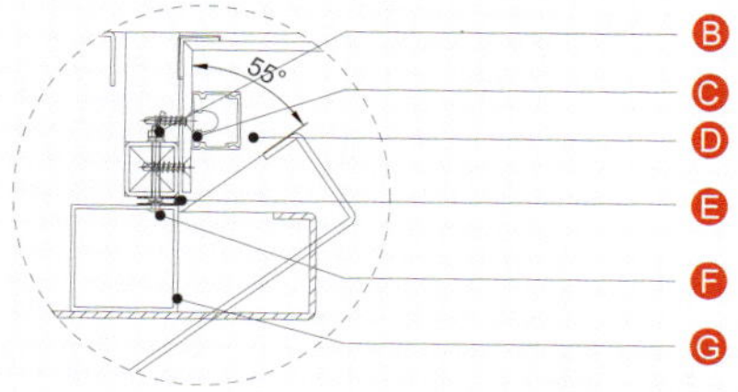

C-1

D.2.08

能源模块尺寸及工艺说明

12m / 10m

平面款

· 12m / 10m 品牌柱的能源模块高度为 800mm。

· 更多详细工艺及尺寸说明请查看 E. 附录 "综合加能站形象标准工艺安装说明"。

单位：mm

· 注：

能源模块内容设置：

1. 当综合加能站内设有爱跑燃油时，能源模块采用爱跑燃油；
2. 当综合加能站内同时设有爱跑燃油和充电服务时，能源模块采用爱跑燃油，石化易电添加到服务信息模块处；
3. 当综合加能站内设有充电服务而没有爱跑燃油时，能源模块采用石化易电；
4. 当综合加能站既没有爱跑燃油和充电服务时，能源模块模块采用优质燃油。

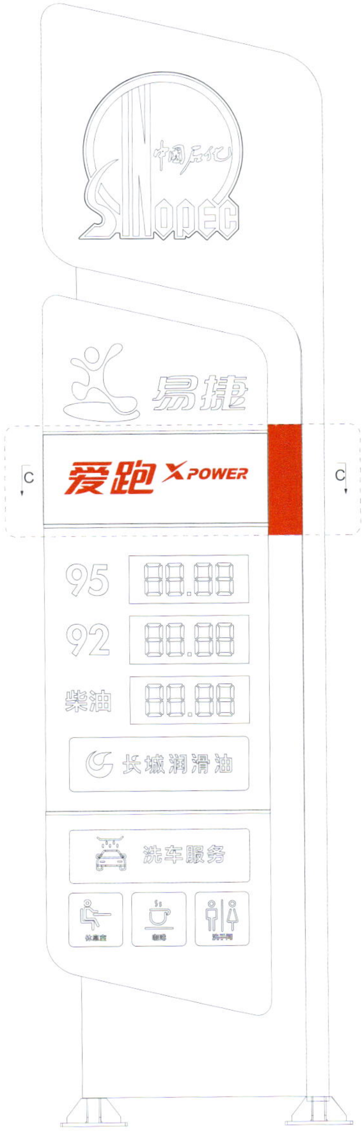

爱跑燃油

迎客面、出口面

石化易电

迎客面、出口面

优质燃油

迎客面、出口面

- Ⓐ 面板骨架采用 25mm × 25mm × 1.8mm 镀锌铁方通制作成型
- Ⓑ 红色胶塞
- Ⓒ 侧封板 1.5mm 镀锌板制作成型喷红色高光氟碳易清洁涂层（石化红 Pantone 185 C）
- Ⓓ 面板使用 1.5mm 镀锌板激光切割、折弯等成型，表面喷涂白色高光氟碳易洁涂层，燃油模块表面内容贴专色膜
- Ⓔ 红色霓虹软灯条

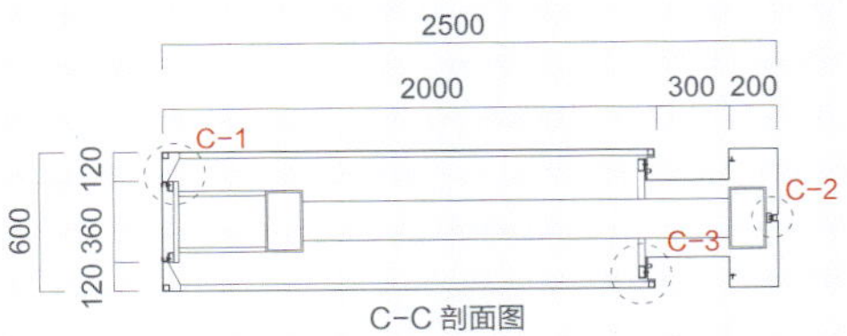

C-C 剖面图

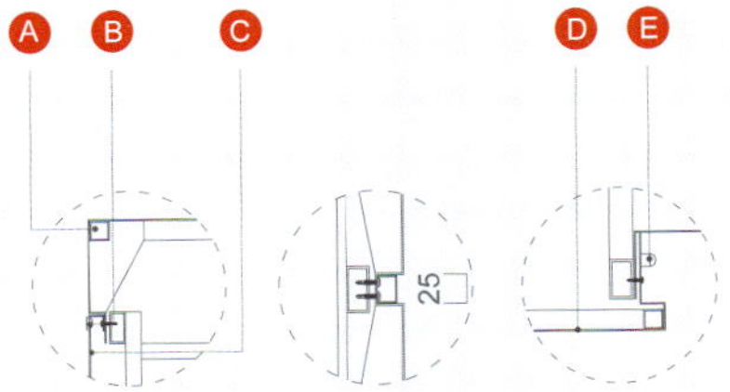

材料色号：

石化红
PANTONE 185 C

高光白
WHITE

D.2.08

能源模块尺寸及工艺说明

8m

平面款

· 8m 品牌柱的燃油模块高度为 640mm。

· 根据加能站的实际情况选择爱跑燃油或优质燃油板块。

· 更多详细工艺及尺寸说明请查看 E. 附录“综合加能站形象标准工艺安装说明”。

单位：mm

· 注：

能源模块内容设置：

1. 当综合加能站内设有爱跑燃油时，能源模块采用爱跑燃油；
2. 当综合加能站内同时设有爱跑燃油和充电服务时，能源模块采用爱跑燃油，石化易电添加到服务信息模块处；
3. 当综合加能站内设有充电服务而没有爱跑燃油时，能源模块采用石化易电；
4. 当综合加能站既没有爱跑燃油和充电服务时，能源模块模块采用优质燃油。

材料色号：

石化红
PANTONE 185 C

高光白
WHITE

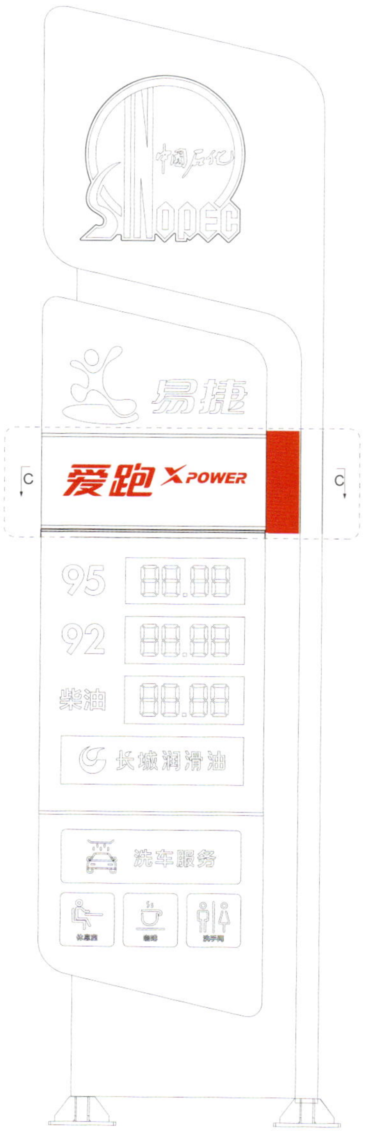

爱跑燃油

迎客面、出口面

石化易电

迎客面、出口面

优质燃油

迎客面、出口面

Ⓐ 面板使用 1.5mm 镀锌板激光切割、折弯等成型，表面喷涂白色高光氟碳易洁涂层，易捷表面内容贴专色膜

Ⓑ 面板骨架采用 25mm × 25mm × 1.8mm 镀锌铁方通制作成型

Ⓒ 红色胶塞

Ⓓ 侧封板 1.5mm 镀锌板制作成型喷红色高光氟碳易清洁涂层（石化红 Pantone 185 C）

Ⓔ 红色霓虹软灯条

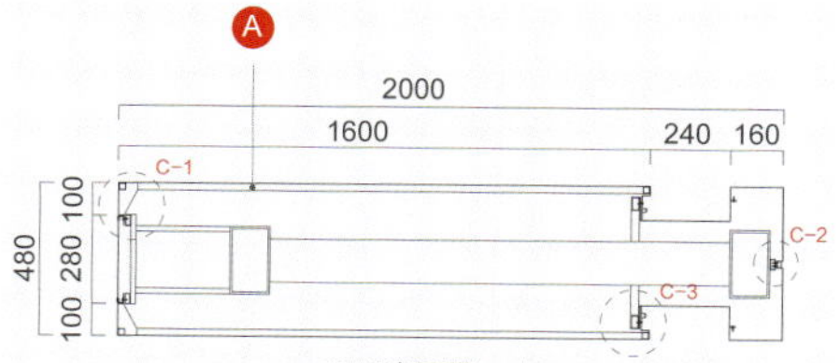

C–C剖面图

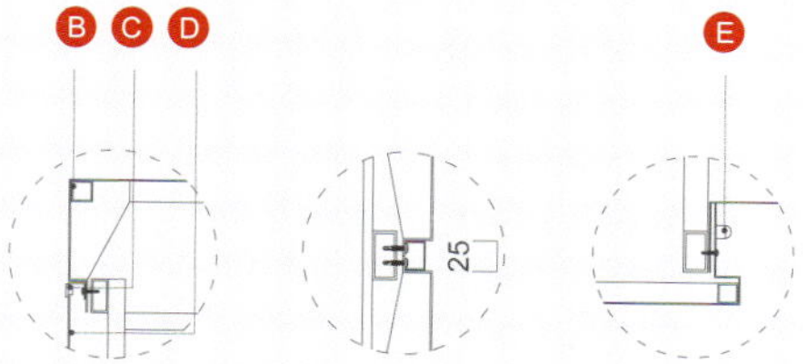

C–1 C–2 C–3

D.2.09

彩屏尺寸及工艺说明

12m / 10m

曲面款

· 应用规范：

1. 彩屏可根据加能站的实际情况选择显示油品号和插播广告服务（可远程操控）；
2. 彩屏的屏幕长宽比例是 3 ： 2；
3. 旗舰站配置曲面款单面彩屏品牌柱；
4. 标准站配置数显品牌柱（可选曲面 / 平面款）；
5. 简易站原则上配置平面款磁翻品牌柱。

单位：mm

价格模块（LED彩屏）

LED彩屏模组参数

像素间距：	5mm
像素密度：	40000Dots/㎡
像素构成：	R:G:B=3：6：1
屏幕亮度：	≥5000cd/㎡
尺　　寸：	320mm × 160mm × 18mm
解 析 度：	64点 × 32点
换帧频率：	≥60Hz
防护等级：	前IP65 后IP65
屏体寿命：	10万h
工作温度：	−20 ~ 50℃
工作电压：	220V AC ±15% 50Hz
平均功耗：	220W/m^2
最大功耗：	650W/m^2

A 面板 2.5mm 铝板折弯镂空，内置 LED 数码价格牌
B 油品号面板信息内容镂空，背托 3mm 红色亚克力
C 面板采用 2.5mm 铝板激光切割 / 焊接 / 滚圆加工成型，表面做高光白易清洁氟碳漆涂层
D 面板 2.5mm 铝板镂空，内置 LED 彩屏
E M8 × 50 不锈钢内六角圆头螺钉
F 固定型材
G 2.0mm 镀锌板折弯 L=50mm
H 4.0mm 红色高光铝塑板（石化红 Pantone 185 C，0.3mm 铝材厚度，易清洁氟碳漆涂层）
I M4 × 10 不锈钢内六角圆头螺钉
J 价格牌
K 专用型材内置跑马灯
L 显示屏支架配 M6 × 20 不锈钢内六角圆头螺钉

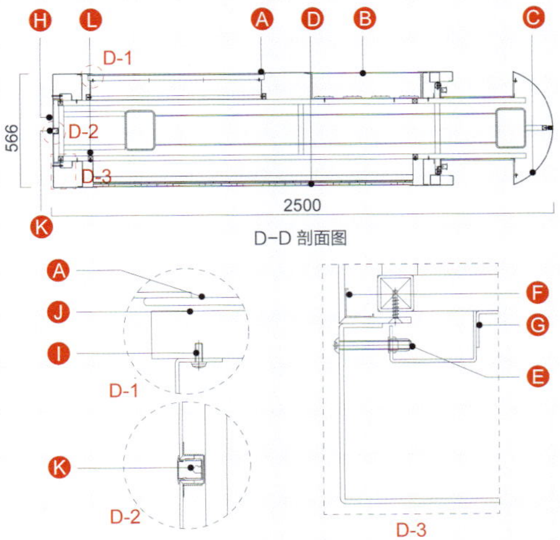

材料色号：

石化红
PANTONE 185 C

高光白
WHITE

D.2.09

彩屏尺寸及工艺说明

8m

曲面款

· 应用规范：

1. 彩屏可根据加能站的实际情况选择显示油品号和插播广告服务（可远程操控）；
2. 彩屏的屏幕长宽比例是 3 ：2；
3. 旗舰站配置曲面款单面彩屏品牌柱；
4. 标准站原则上配置数显品牌柱（可选曲面 / 平面款）；
5. 简易站原则上配置平面款磁翻品牌柱。

单位：mm

价格模块（LED彩屏）

LED彩屏模组参数

像素间距：	5mm
像素密度：	40000Dots/㎡
像素构成：	R:G:B=3：6：1
屏幕亮度：	≥5000cd/㎡
尺　　寸：	320mm × 160mm × 18mm
解 析 度：	64点 × 32点
换帧频率：	≥60Hz
防护等级：	前IP65 后IP65
屏体寿命：	10万h
工作温度：	−20 ~ 50℃
工作电压：	220V AC ±15% 50Hz
平均功耗：	220W/m^2
最大功耗：	650W/m^2

- A 面板 2.5mm 铝板折弯镂空，内置 LED 数码价格牌
- B 油品号面板信息内容镂空，背托 3mm 红色亚克力
- C 面板采用 2.5mm 铝板激光切割 / 焊接 / 滚圆加工成型，表面做高光白易清洁氟碳涂层
- D 面板 2.5mm 铝板镂空，内置 LED 彩屏
- E M8x50 不锈钢内六角圆头螺钉
- F 固定型材
- G 2.0mm 镀锌板折弯 L=50mm
- H 4.0mm 红色高光铝塑板（石化红 Pantone 185 C，0.3mm 铝材厚度，易清洁氟碳涂层）
- I M4 × 10 不锈钢内六角圆头螺钉
- J 价格牌
- K 专用型材内置跑马灯
- L 显示屏支架配 M6 × 20 不锈钢内六角圆头螺钉

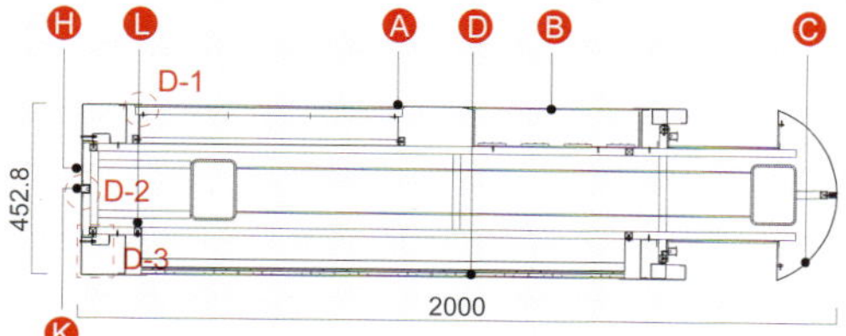

D−D 剖面图

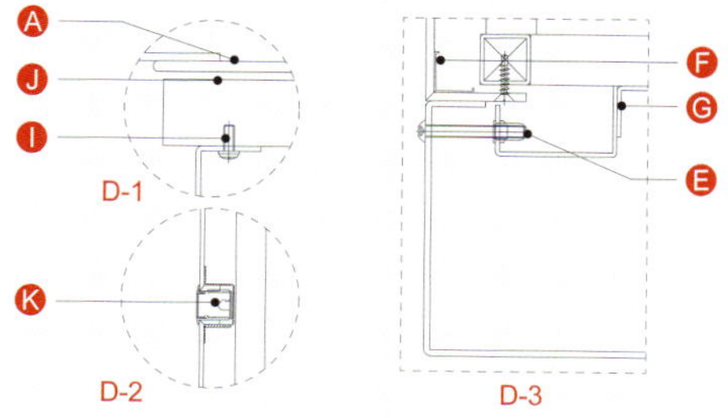

材料色号：

石化红
PANTONE 185 C

高光白
WHITE

D.2.10

数显屏尺寸及工艺说明

12m / 10m

曲面款

· 应用规范：

1. 数显屏的屏幕长宽比例是 5 ： 2；
2. 旗舰站配置曲面款单面彩屏品牌柱；
3. 标准站原则上配置数显品牌柱（可选曲面 / 平面款）；
4. 简易站原则上配置平面款磁翻品牌柱；
5. 中文字体为方正兰亭中黑简体；
6. 依据不同地区有特殊要求的可选国（地）标准，无特殊要求的，需严格按照本手册标准执行。

单位：mm

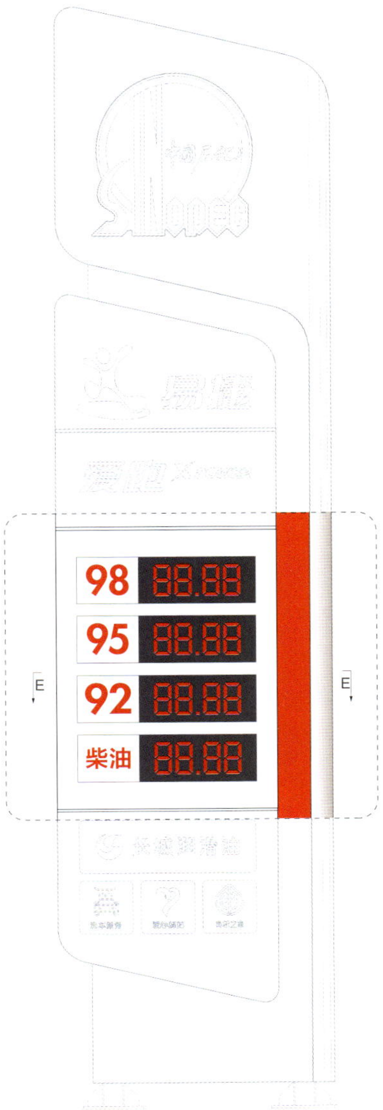

数显屏价格模块

LED数码显示价格牌参数

尺　寸：	1050mm × 420mm × 25mm
驱动方式：	恒流恒压
传输方式：	网线连接、USB接口、蓝牙
维护方式：	前维护
亮　度：	大于5000cd/m²
亮度调节：	256级光感亮度调节
工作温度：	-30~60℃
防护等级：	IP65
使用寿命：	10万h
设定电流：	I_{max}<20mA
输入电压：	220V AC
平均功耗：	<25W
供电电压：	DC24V

- A 面板 2.5mm 铝板折弯镂空，内置 LED 数码价格牌
- B 油品号面板信息内容镂空，背托 3mm 红色亚克力
- C 面板采用 2.5mm 铝板激光切割 / 焊接 / 滚圆加工成型，表面做高光白易清洁氟碳漆涂层
- D 面板 2.5mm 铝板折弯镂空，内置 LED 数码价格牌
- E M8 × 50 不锈钢内六角圆头螺钉
- F 固定型材
- G 2.0mm 镀锌板折弯 L=50mm
- H 4.0mm 红色高光铝塑板（石化红 Pantone 185 C，0.3mm 铝材厚度，易清洁氟碳漆涂层）
- I M4 × 10 不锈钢内六角圆头螺钉
- J 价格牌
- K 专用型材内置跑马灯
- L 显示屏支架配 M6 × 20 不锈钢内六角圆头螺钉

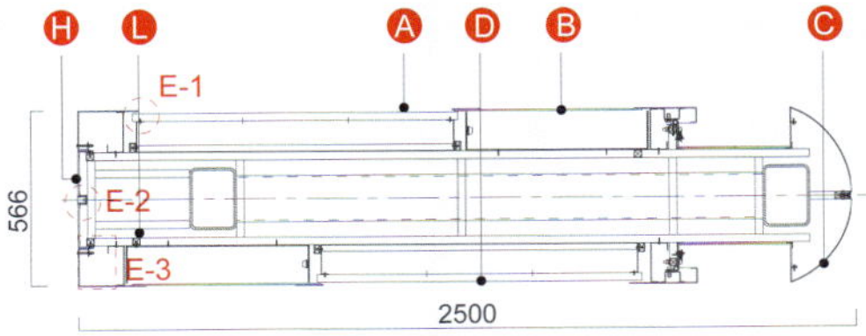

E-E 剖面图

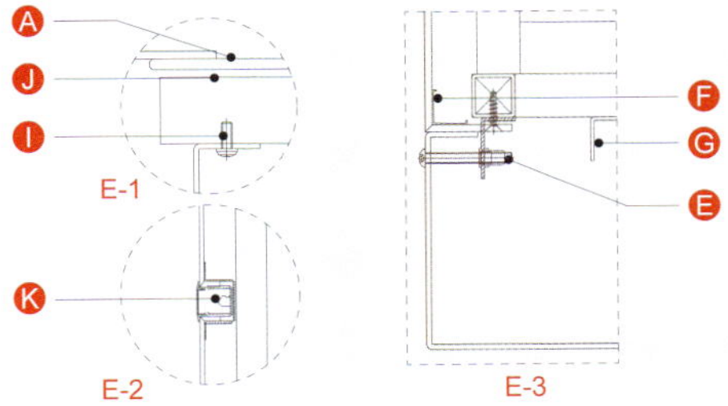

材料色号：

石化红
PANTONE 185 C

高光白
WHITE

D.2.10

数显屏尺寸及工艺说明

8m

曲面款

· 应用规范：

1. 数显屏的屏幕长宽比例是 5 ： 2；
2. 旗舰站配置曲面款单面彩屏品牌柱；
3. 标准站原则上配置数显品牌柱（可选曲面 / 平面款）；
4. 简易站原则上配置平面款磁翻品牌柱；
5. 中文字体为方正兰亭中黑简体；
6. 依据不同地区有特殊要求的可选国（地）标准，无特殊要求的，需严格按照本手册标准执行。

单位：mm

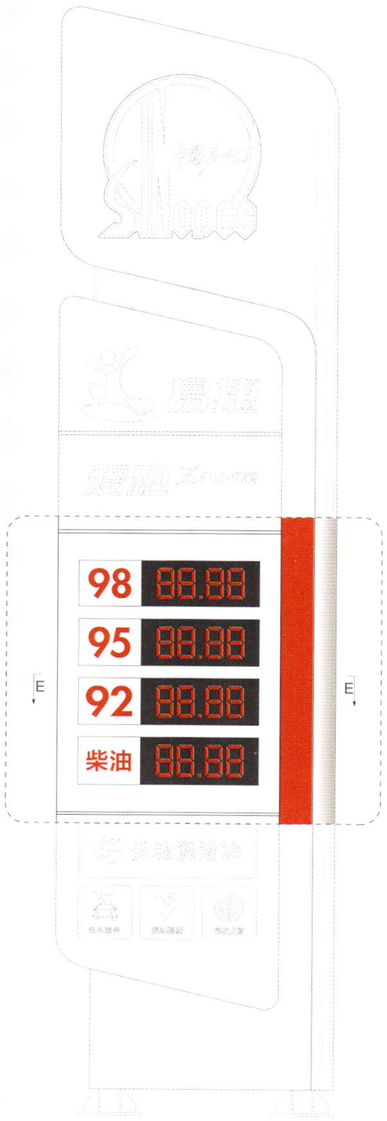

数显屏价格模块

LED数码显示价格牌参数

尺　　寸：	1050mm×420mm×25mm
驱动方式：	恒流恒压
传输方式：	网线连接、USB接口、蓝牙
维护方式：	前维护
亮　　度：	大于5000cd/m ^{2}
亮度调节：	256级光感亮度调节
工作温度：	−30~60℃
防护等级：	IP65
使用寿命：	10万h
设定电流：	I_{max}<20mA
输入电压：	220V AC
平均功耗：	<25W
供电电压：	DC24V

- A 面板 2.5mm 铝板折弯镂空，内置 LED 数码价格牌
- B 油品号面板信息内容镂空，背托 3mm 红色亚克力
- C 面板采用 2.5mm 铝板激光切割 / 焊接 / 滚圆加工成型，表面做高光白易清洁氟碳漆涂层
- D 面板 2.5mm 铝板折弯镂空，内置 LED 数码价格牌
- E M8×50 不锈钢内六角圆头螺钉
- F 固定型材
- G 2.0mm 镀锌板折弯 L=50mm
- H 4.0mm 红色高光铝塑板（石化红 Pantone 185C，0.3mm 铝材厚度，易清洁氟碳漆涂层）
- I M4×10 不锈钢内六角圆头螺钉
- J 价格牌
- K 专用型材内置跑马灯
- L 显示屏支架配 M6×20 不锈钢内六角圆头螺钉

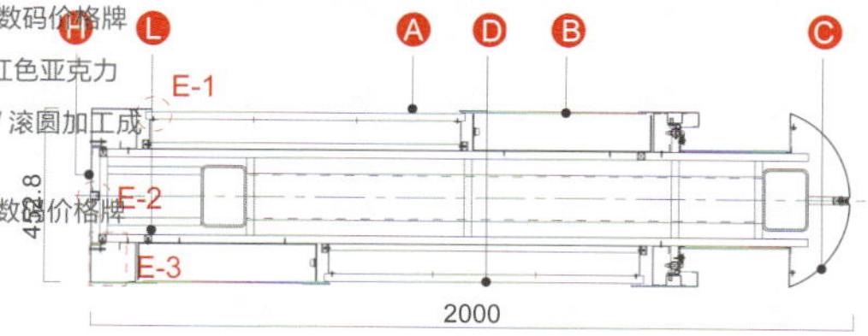

E-E 剖面图

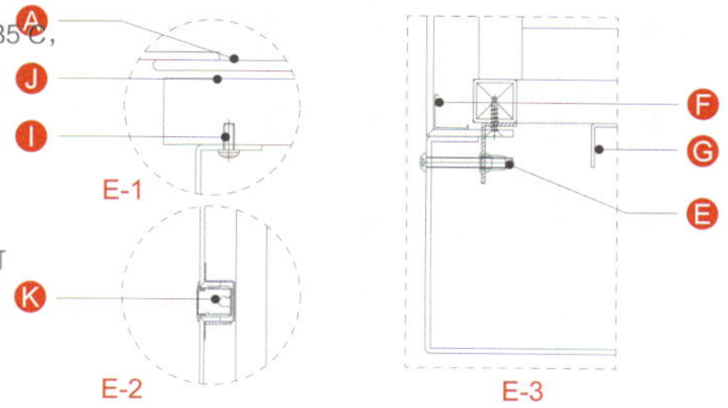

材料色号：

石化红
PANTONE 185 C

高光白
WHITE

D.2.10

数显屏尺寸及工艺说明

12m / 10m

平面款

· 应用规范：

1. 数显屏的屏幕长宽比例是 5 ： 2；
2. 旗舰站配置曲面款单面彩屏品牌柱；
3. 标准站原则上配置数显品牌柱（可选曲面 / 平面款）；
4. 简易站原则上配置平面款磁翻品牌柱；
5. 中文字体为方正兰亭中黑简体；
6. 依据不同地区有特殊要求的可选国（地）标准，无特殊要求的，需严格按照本手册标准执行。

单位：mm

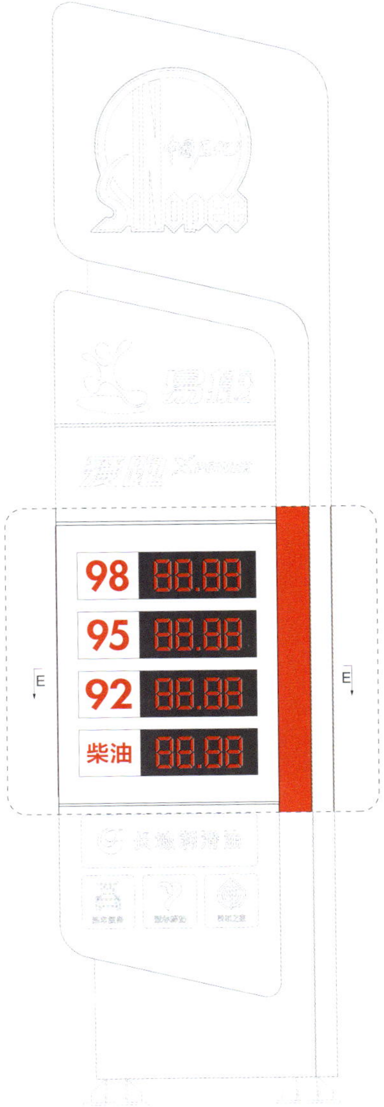

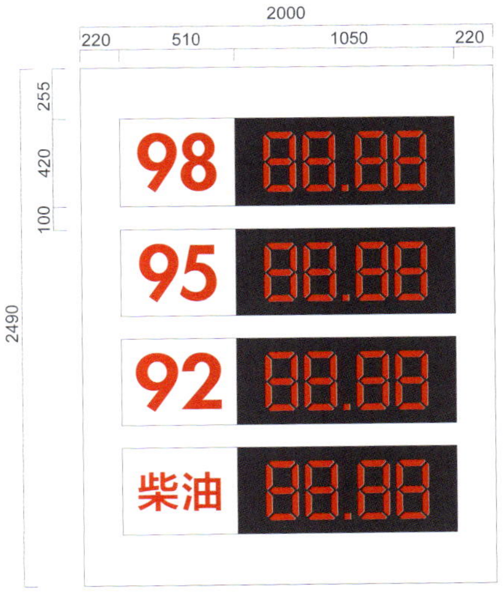

数显屏价格模块

LED数码显示价格牌参数

尺　寸：	1050mm×420mm×25mm
驱动方式：	恒流恒压
传输方式：	网线连接、USB接口、蓝牙
维护方式：	前维护
亮　度：	大于5000cd/m^2
亮度调节：	256级光感亮度调节
工作温度：	-30~60℃
防护等级：	IP65
使用寿命：	10万h
设定电流：	I_{max}<20mA
输入电压：	220V AC
平均功耗：	<25W
供电电压：	DC24V

A 面板使用 1.5mm 镀锌板激光切割、折弯等成型，表面喷涂白色高光氟碳易洁涂层

B M6 外六角镀锌螺母喷黑色油漆

C LED 数显屏

D M6 外六角镀锌拉铆螺母

E 面板骨架采用 25mm×25mm×1.8mm 镀锌铁方通制作成型

F 侧封板 1.5mm 镀锌板制作成型喷红色高光氟碳易清洁涂层（石化红 Pantone 185 C）

G 红色胶塞

H 红色霓虹软灯条

I 油品号面板信息内容镂空，背托 3mm 红色亚克力

J 油品灯盘，0.6mm 厚度彩钢板制作

K 白色胶塞

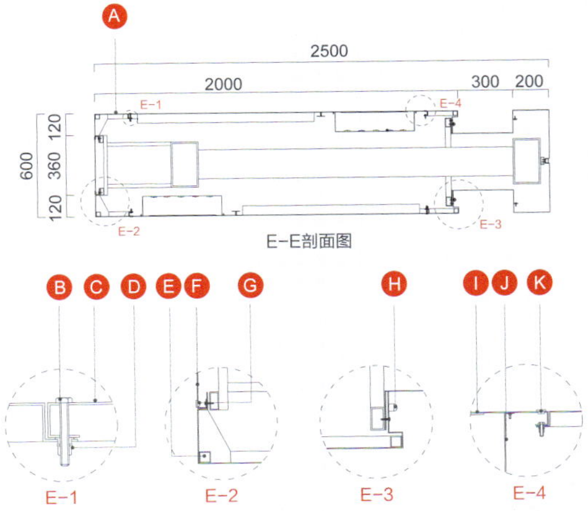

E-E剖面图

材料色号：

石化红
PANTONE 185 C

高光白
WHITE

D.2 品牌柱

D.2.10

数显屏尺寸及工艺说明

8m

平面款

· 应用规范：

1. 数显屏的屏幕长宽比例是 5 ：2；
2. 旗舰站配置曲面款单面彩屏品牌柱；
3. 标准站原则上配置数显品牌柱（可选曲面 / 平面款）；
4. 简易站原则上配置平面款磁翻品牌柱；
5. 中文字体为方正兰亭中黑简体；
6. 依据不同地区有特殊要求的可选国（地）标准，无特殊要求的，需严格按照本手册标准执行。

单位：mm

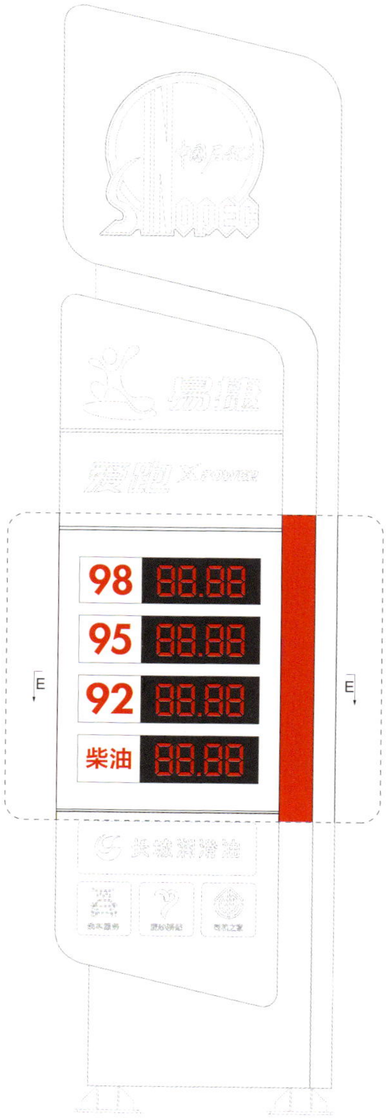

数显屏价格模块

LED数码显示价格牌参数

尺　寸：	1050mm×420mm×25mm
驱动方式：	恒流恒压
传输方式：	网线连接、USB接口、蓝牙
维护方式：	前维护
亮　度：	大于5000cd/m ^{2}
亮度调节：	256级光感亮度调节
工作温度：	-30~60℃
防护等级：	IP65
使用寿命：	10万h
设定电流：	I_{max}<20mA
输入电压：	220V AC
平均功耗：	<25W
供电电压：	DC24V

- A 面板使用 1.5mm 镀锌板激光切割、折弯等成型，表面喷涂白色高光氟碳易洁涂层
- B M6 外六角镀锌螺母喷黑色油漆
- C LED 数显屏
- D M6 外六角镀锌拉铆螺母
- E 面板骨架采用 25mm×25mm×1.8mm 镀锌铁方通制作成型
- F 侧封板 1.5mm 镀锌板制作成型喷红色高光氟碳易清洁涂层（石化红 Pantone 185 C）
- G 红色胶塞
- H 红色霓虹软灯条
- I 油品号面板信息内容镂空，背托 3mm 红色亚克力
- J 油品灯盘，0.6mm 厚度彩钢板制作
- K 白色胶塞

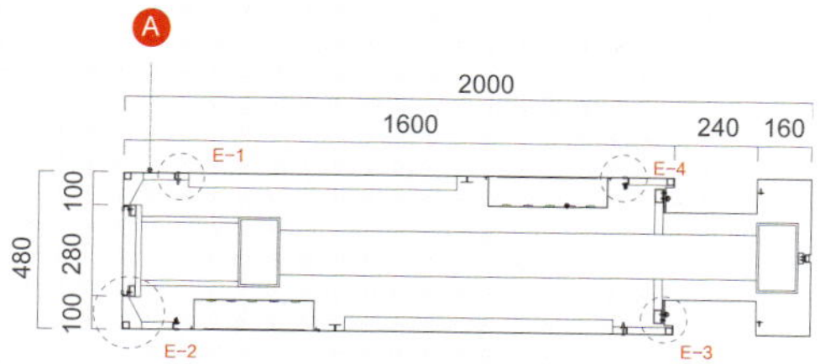

E-E剖面图

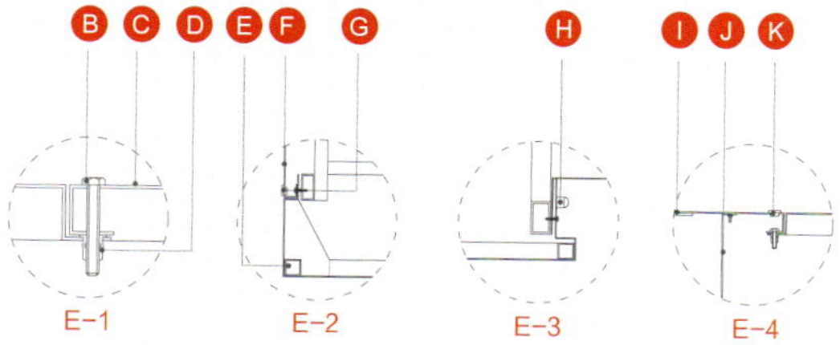

材料色号：

石化红
PANTONE 185 C

高光白
WHITE

D.2.11

数显屏——价格模块应用原则

· 数显屏的屏幕长宽比例是 5 : 2;

· 中文字体为方正兰亭中黑简体；

· 当站内供应油品种类较少，数显屏在满足油品价格信息展示后仍有剩余空间的，可设置其他服务信息内容，依次遵照氢能、LNG、CNG、L-CNG、充电、长城润滑油、司机之家、爱心驿站等功能服务顺序进行放置；

· 依据不同地区有特殊要求的可选国（地）标准，无特殊要求的，需严格按照本手册标准执行。

单位：mm

· 注：右侧油品排列图示红色虚线框所标内容，未来可根据站内实际提供业务服务调整。

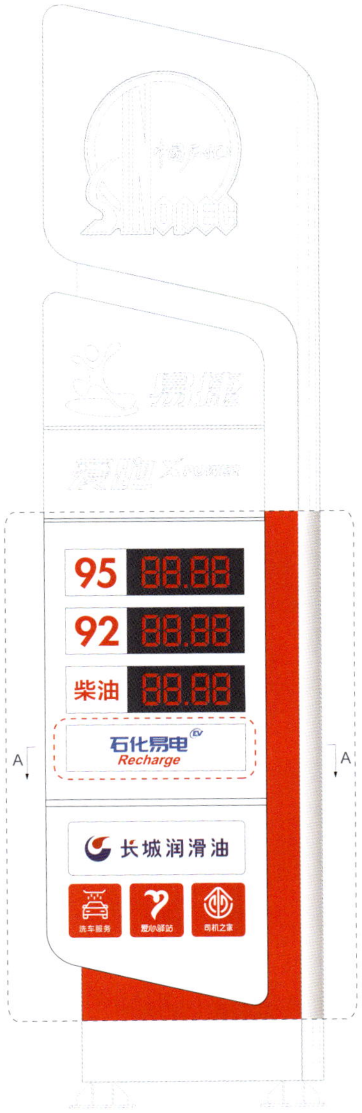

三种油品排列

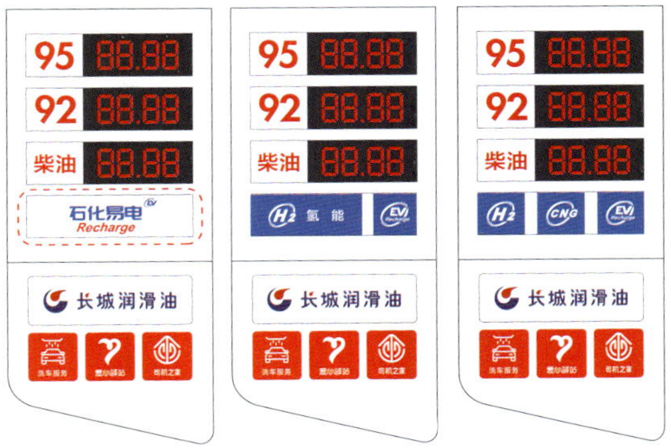

两种油品排列

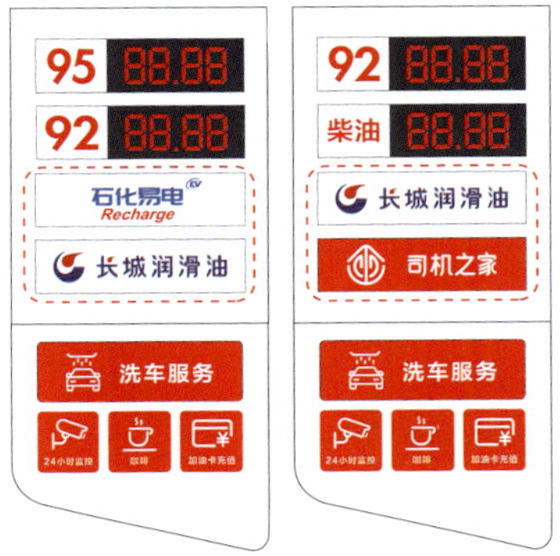

注：图示信息标识仅为示意，除油品信息标识外，其他如“充电”“司机之家”“洗车”“热水”“卫生间”等辅助服务信息标识应以加油站实际设置的服务内容为准，各单位在使用时应结合加油站实际对服务信息标识进行调整。

工艺说明：

Ⓐ LED灯模组

Ⓑ 面板镂空内衬 3.0mm 乳白亚克力贴专色膜

Ⓒ 面板采用 2.5mm 铝板激光切割 / 焊接 / 滚圆加工成型，表面做高光白易清洁氟碳漆涂层

Ⓓ 4.0mm 红色高光铝塑板（石化红 Pantone 185 C，0.3mm 铝材厚度，易清洁氟碳漆涂层）

Ⓔ 面板使用1.5mm镀锌板激光切割、折弯等成型，表面喷涂白色高光氟碳易洁涂层

Ⓕ 服务信息内容采用3mm乳白亚克力雕刻成型3M膜粘贴于面板正面

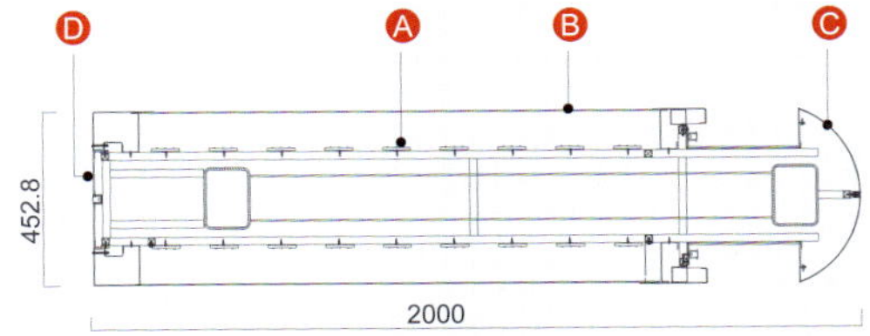

A–A 剖面图(曲面款品牌柱)

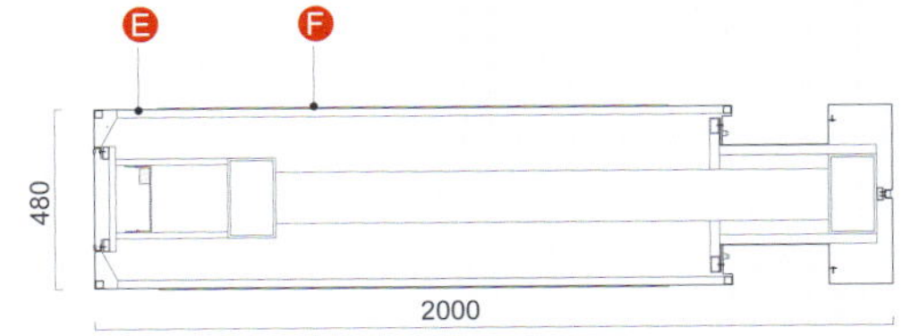

A–A 剖面图(平面款品牌柱)

D.2.12

数显屏
油号模块比例规范

· 数显屏的屏幕长宽比例是 5 ∶ 2。

· 依据不同地区有特殊要求的可选国（地）标准，无特殊要求的，需严格执行本手册标准执行。

·“X”为一个计量单位。

· 柴油板块可以根据当地实际情况调整，采用强磁吸附工艺贴于玻璃外侧。

· 注 :B5 柴油和生物柴油可根据当地实际需求进行选配。

玻璃背后加强磁点

可更换磁贴（磁吸画面）

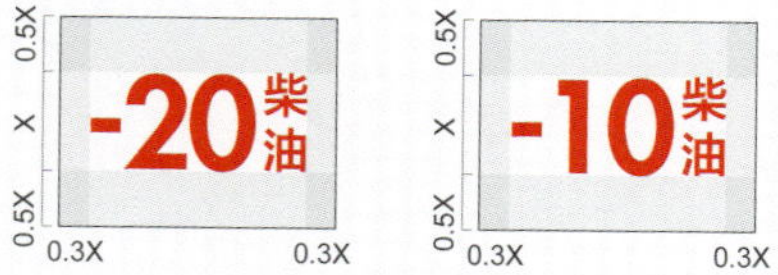

材料色号：

石化红
PANTONE 185 C

高光白
WHITE

国标汽油板块

可更换的油号板块

乙醇汽油板块

可更换的油号板块

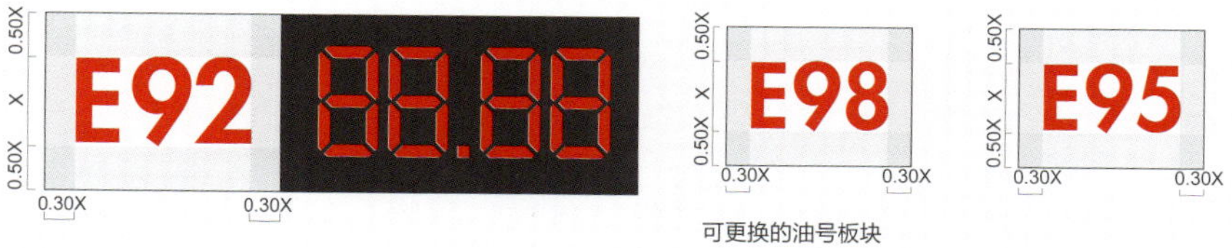

可更换的油号板块

爱跑汽油板块

可更换的油号板块

柴油板块

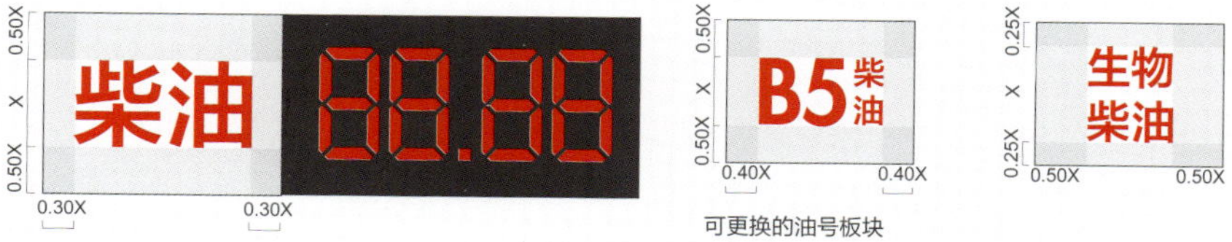

可更换的油号板块

D.2.13

磁翻价格牌尺寸及工艺说明

12m / 10m

平面款

· 应用规范：

1. 数显屏的屏幕长宽比例是 5 ： 2；
2. 旗舰站配置曲面款单面彩屏品牌柱；
3. 标准站原则上配置数显品牌柱（可选曲面 / 平面款）；
4. 简易站原则上配置平面款磁翻品牌柱；
5. 中文字体为方正兰亭中黑简体；
6. 依据不同地区有特殊要求的可选国（地）标准，无特殊要求的，需严格按照本手册标准执行。

单位：mm

材料色号：

石化红

PANTONE 185 C

高光白

WHITE

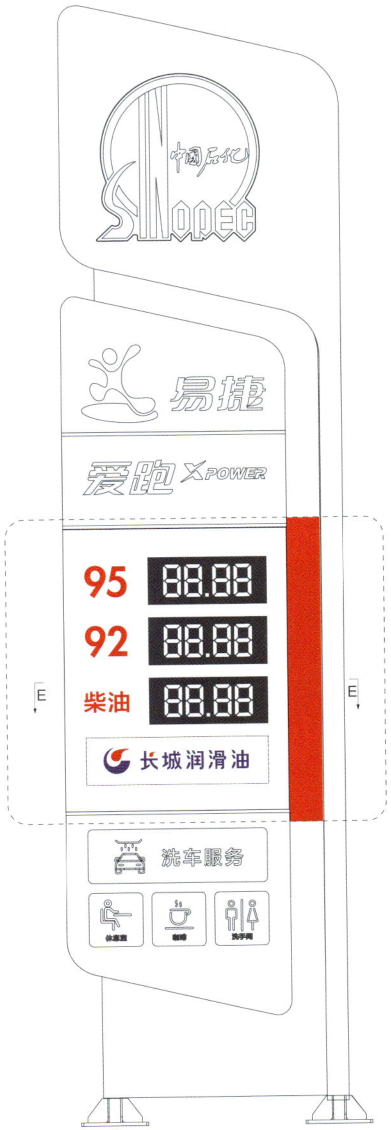

磁翻屏价格模块

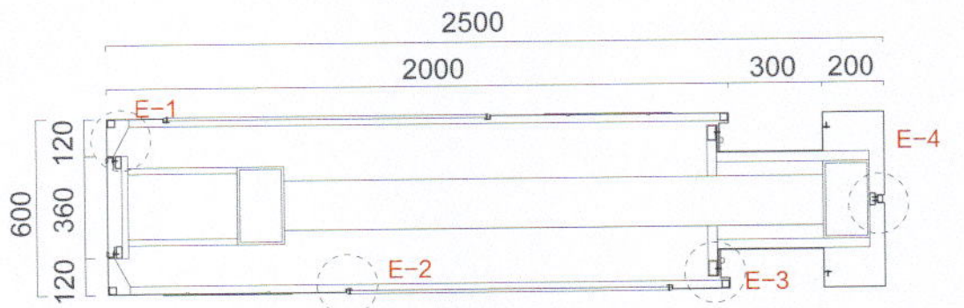

E-E剖面图

A 面板骨架采用 25mm × 25mm × 1.8mm 镀锌铁方通制作成型

B 红色胶塞

C 侧封板 1.5mm 镀锌板制作成型面喷红色高光氟碳易清洁涂层（石化红 Pantone 185 C）

D 磁翻油价牌，正面打螺丝固定于面板

E 面板使用 1.5mm 镀锌板激光切割、折弯等成型，表面喷涂白色高光氟碳易洁涂层

F 红色霓虹软灯条

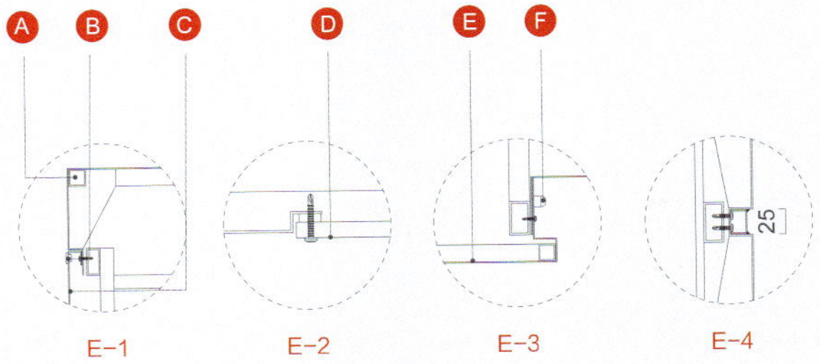

D.2.13

磁翻价格牌尺寸及工艺说明 8m

平面款

· 应用规范：

1. 数显屏的屏幕长宽比例是 5 ： 2；
2. 旗舰站配置曲面款单面彩屏品牌柱；
3. 标准站原则上配置数显品牌柱（可选曲面 / 平面款）；
4. 简易站原则上配置平面款磁翻品牌柱；
5. 中文字体为方正兰亭中黑简体；
6. 依据不同地区有特殊要求的可选因（地）标准，无特殊要求的，需严格按照本手册标准执行。

单位：mm

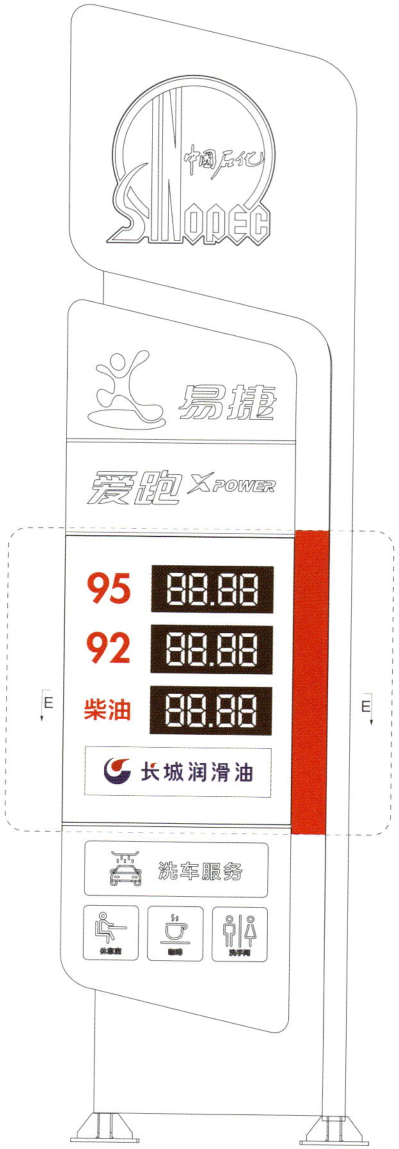

磁翻价格模块

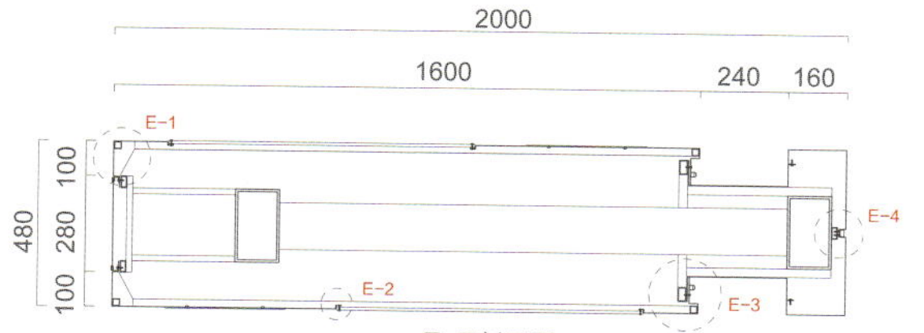

E-E剖面图

A 面板骨架采用 25mm × 25mm × 1.8mm 镀锌铁方通制作成型

B 红色胶塞

C 侧封板 1.5mm 镀锌板制作成型面喷红色高光氟碳易清洁涂层（石化红 Pantone 185 C）

D 磁翻油价牌，正面打螺丝固定于面板

E 面板使用 1.5mm 镀锌板激光切割、折弯等成型，表面喷涂白色高光氟碳易洁涂层

F 红色霓虹软灯条

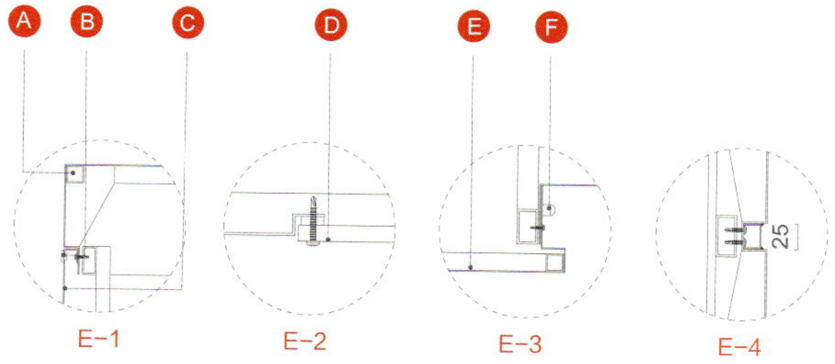

材料色号：

石化红
PANTONE 185 C

高光白
WHITE

D.2.14

服务信息模块尺寸及工艺说明

12m

曲面款

· 应用规范：

1. 根据加能站实际提供的服务，可选择将长模块转换成中模块和小模块展示（最多可展示 12 种服务）；
2. 信息面板底层应设置 3 个模块。

单位：mm

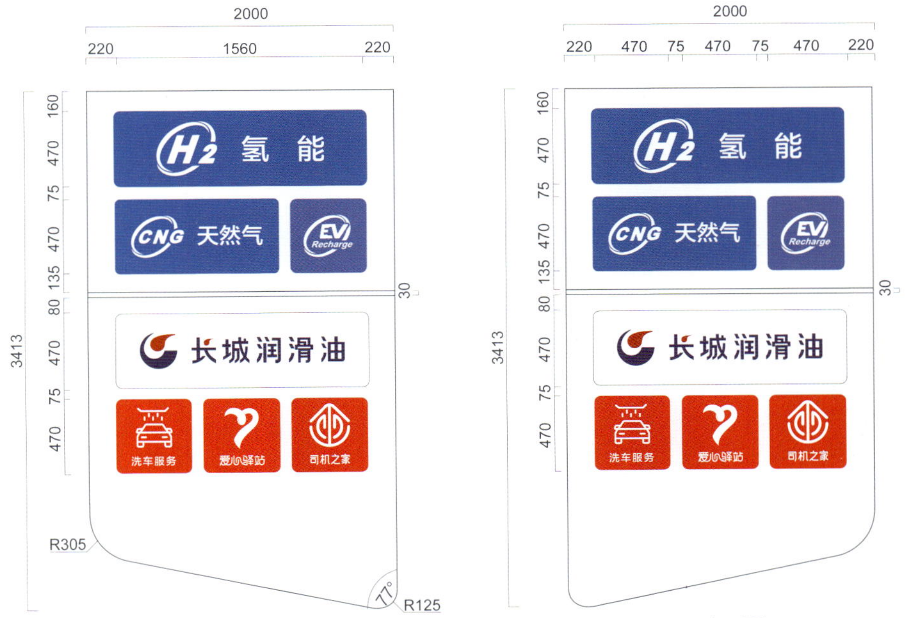

迎客面　　出口面

Ⓐ 面板采用 2.5mm 铝板激光切割 / 焊接 / 滚圆加工成型，表面做高光白易清洁氟碳漆涂层

Ⓑ M4x35 不锈钢内六角圆头螺钉配弹垫平垫

Ⓒ 4.0mm 红色高光铝塑板（石化红 Pantone 185 C，0.3mm 铝材厚度，表面为易清洁氟碳漆涂层）

Ⓓ 专用型材内置防水 LED 灯条

Ⓔ 不锈钢排链（最大开合角度 55°）

Ⓕ 不锈钢铆钉

Ⓖ 50mm × 50mm × 2.0mm 铝方管与面板焊接

Ⓗ 面板镂空内衬 3.0mm 乳白亚克力贴专色膜，内置 LED 模组，防护等级 IP65 以上

Ⓘ M8x50 不锈钢内六角圆头螺钉配 M8 拉螺母

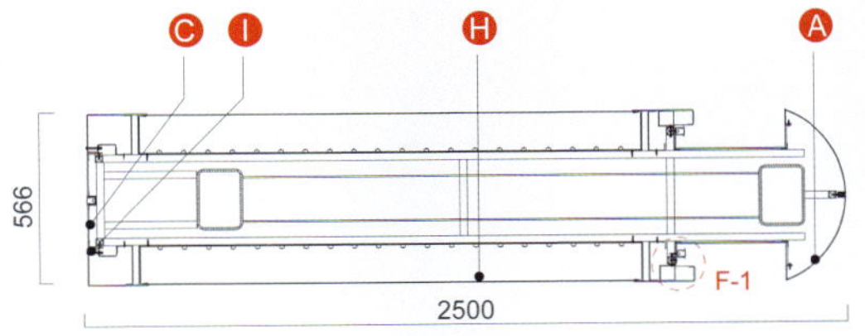

F–F 剖面图

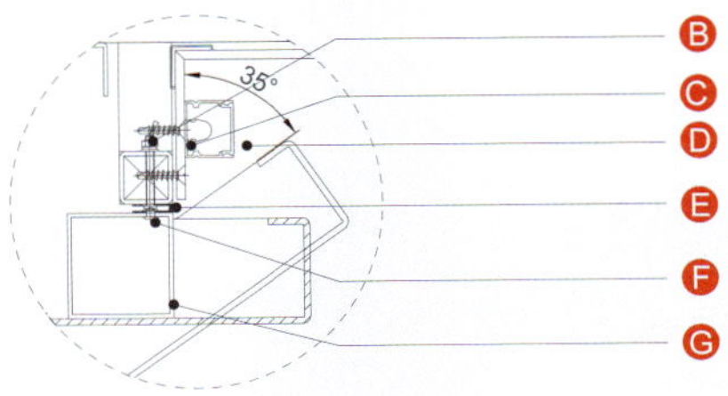

F-1

材料色号：

石化红	PANTONE 185 C
高光白	WHITE
新能源 蓝	PANTONE 285 C

D.2.14

服务信息模块尺寸及工艺说明

10m

曲面款

· 应用规范：

1. 根据加能站实际提供的服务，可选择将长模块转换成中模块和小模块展示（最多可展示 6 种服务）；
2. 信息面板底层应设置 3 个模块。

单位：mm

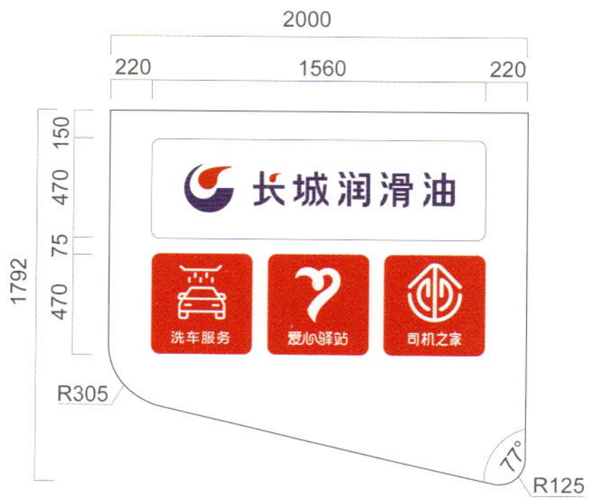

迎客面

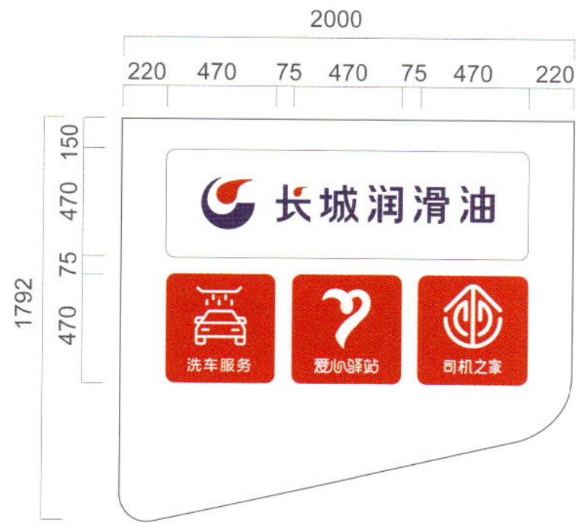

出口面

- Ⓐ 面板采用 2.5mm 铝板激光切割 / 焊接 / 滚圆加工成型，表面做高光白易清洁氟碳漆涂层
- Ⓑ M4x35 不锈钢内六角圆头螺钉配弹垫平垫
- Ⓒ 4.0mm 红色高光铝塑板（石化红 Pantone 185 C，0.3mm 铝材厚度，表面为易清洁氟碳漆涂层）
- Ⓓ 专用型材内置防水 LED 灯条
- Ⓔ 不锈钢排链（最大开合角度 55°）
- Ⓕ 不锈钢铆钉
- Ⓖ 50mm × 50mm × 2.0mm 铝方管与面板焊接
- Ⓗ 面板镂空内衬 3.0mm 乳白亚克力贴专色膜，内置 LED 模组，防护等级 IP65 以上
- Ⓘ M8x50 不锈钢内六角圆头螺钉配 M8 拉螺母

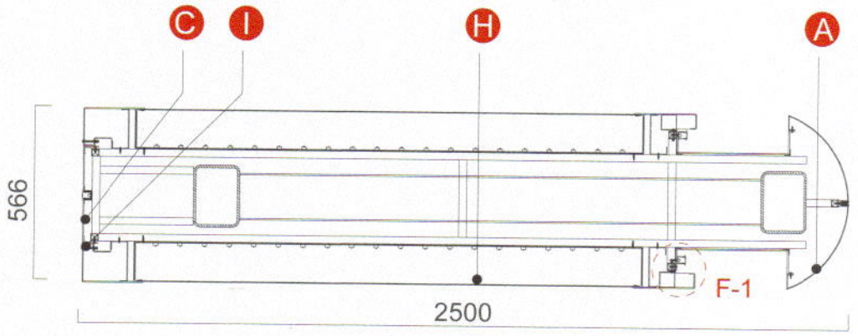

F-F 剖面图

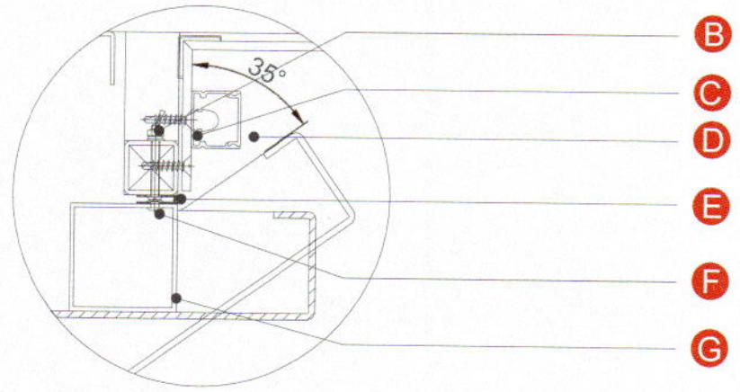

F-1

材料色号：

- 石化红 PANTONE 185 C
- 高光白 WHITE
- 新能源 蓝 PANTONE 285 C

D.2.14

服务信息模块尺寸及工艺说明

8m

曲面款

· 应用规范：

1. 根据加能站实际提供的服务，可选择将长模块转换成中模块和小模块展示（最多可展示 6 种服务）；
2. 信息面板底层应设置 3 个模块。

单位：mm

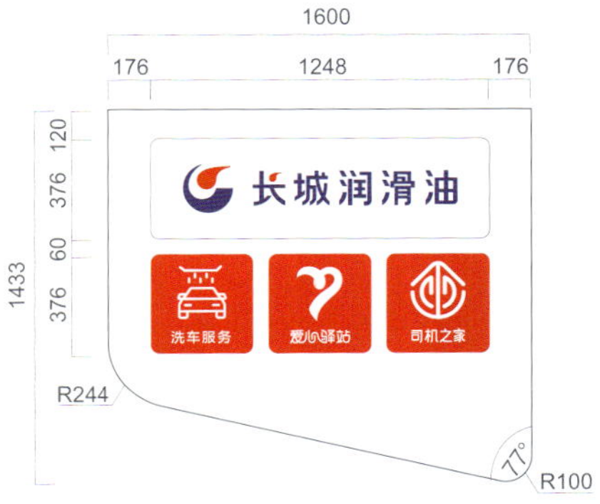

迎客面

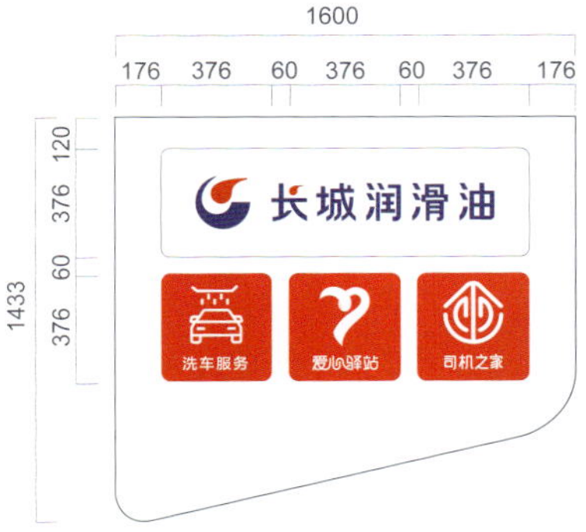

出口面

Ⓐ 面板采用 2.5mm 铝板激光切割 / 焊接 / 滚圆加工成型，表面做高光白易清洁氟碳漆涂层

Ⓑ M4x35 不锈钢内六角圆头螺钉配弹垫平垫

Ⓒ 4.0mm 红色高光铝塑板（石化红 Pantone 185 C，0.3mm 铝材厚度，表面为易清洁氟碳漆涂层）

Ⓓ 专用型材内置防水 LED 灯条

Ⓔ 不锈钢排链

Ⓕ 不锈钢铆钉

Ⓖ 50mm × 50mm × 2.0mm 铝方管与面板焊接

Ⓗ 面板镂空内衬 3.0mm 乳白亚克力贴专色膜，内置 LED 模组，防护等级 IP65 以上

Ⓘ M8x50 不锈钢内六角圆头螺钉配 M8 拉螺母

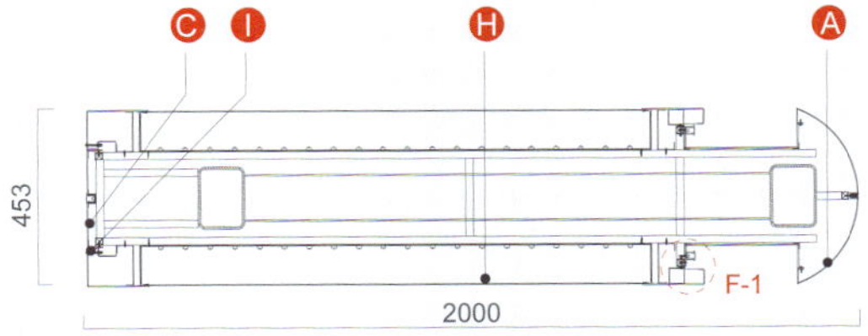

F–F 剖面图

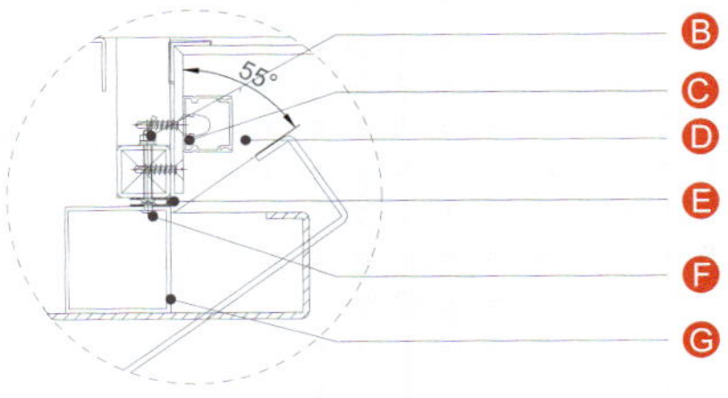

F-1

材料色号：

石化红
PANTONE 185 C

高光白
WHITE

D.2.14

服务信息模块尺寸及工艺说明
12m
平面款

· 应用规范：

1. 根据加能站实际提供的服务，可选择将长模块转换成中模块和小模块展示（最多可展示 12 种服务）；
2. 信息面板底层应设置 3 个模块。

单位：mm

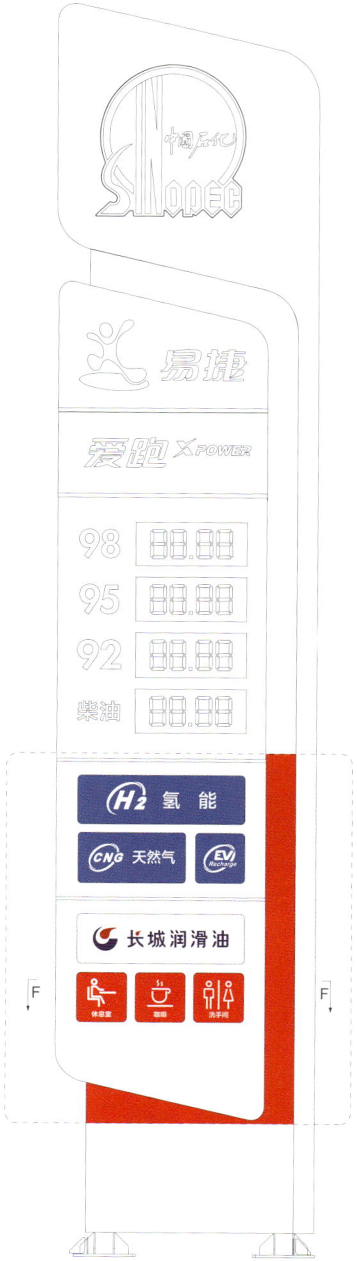

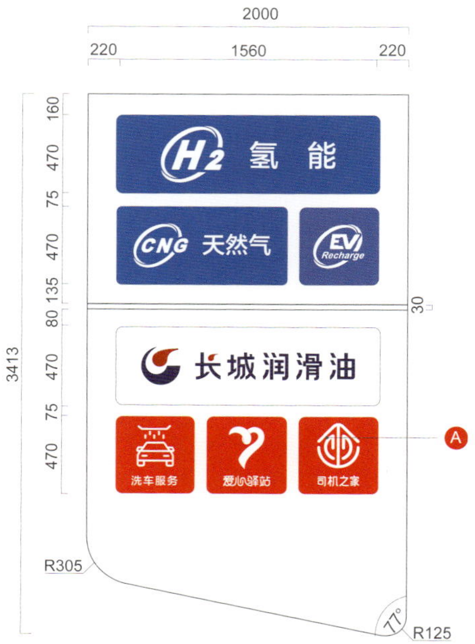

迎客面

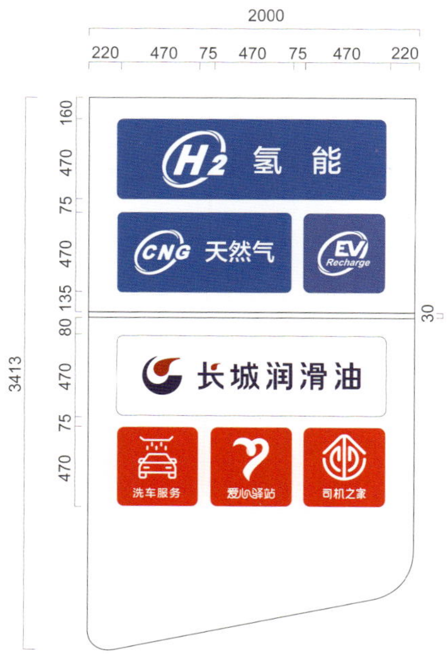

出口面

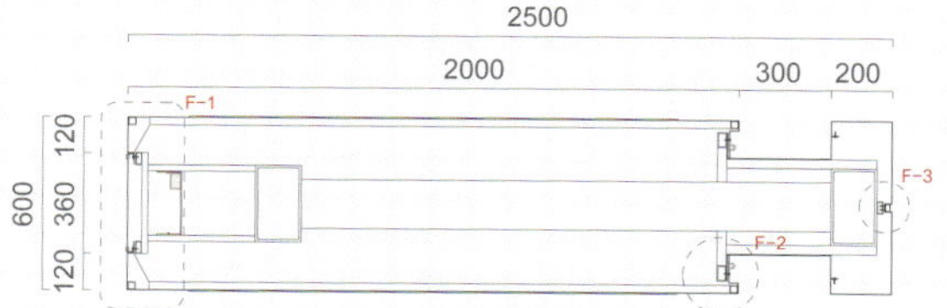

F-F剖面图

A 服务信息内容采用 3mm 乳白亚克力雕刻成型，3M 膜粘贴于面板正面
B 面板骨架采用 25mm × 25mm × 1.8mm 镀锌铁方通制作成型
C 红色胶塞
D 防水电源
E 红色霓虹软灯条
F 面板使用 1.5mm 镀锌板激光切割、折弯等成型，表面喷涂白色高光氟碳易洁涂层

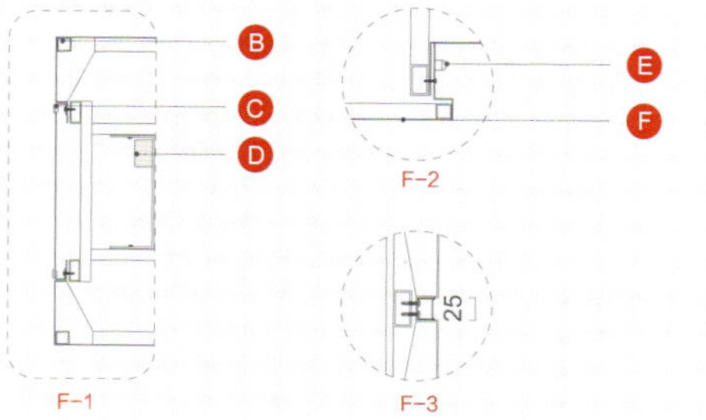

材料色号：

石化红
PANTONE 185 C
高光白
WHITE
新能源 蓝
PANTONE 285 C

D.2.14

服务信息模块尺寸及工艺说明

10m

平面款

· 应用规范：

1. 根据加能站实际提供的服务，可选择将长模块转换成中模块和小模块展示（最多可展示 6 种服务）；
2. 信息面板底层应设置 3 个模块。

单位：mm

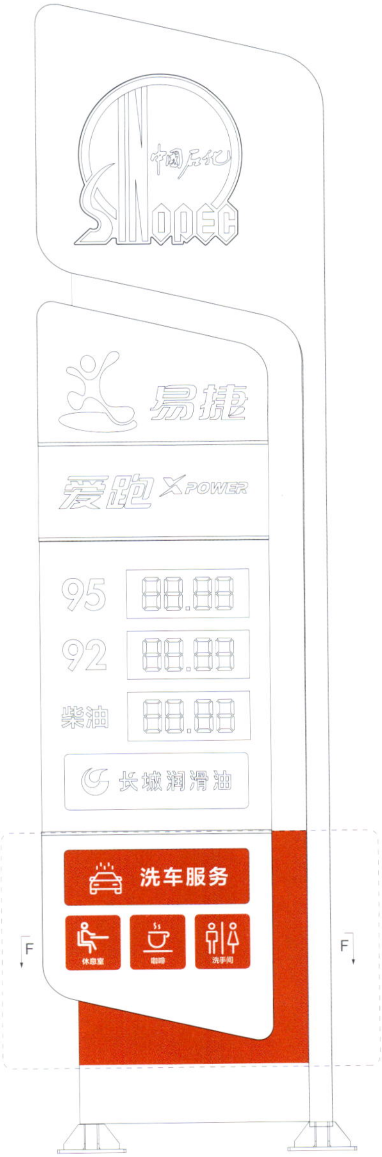

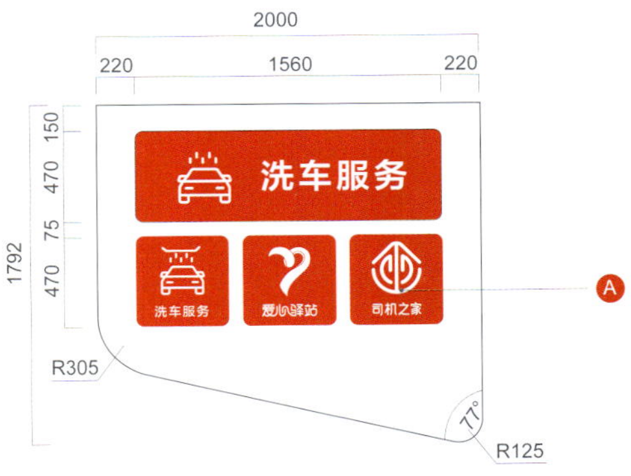

迎客面

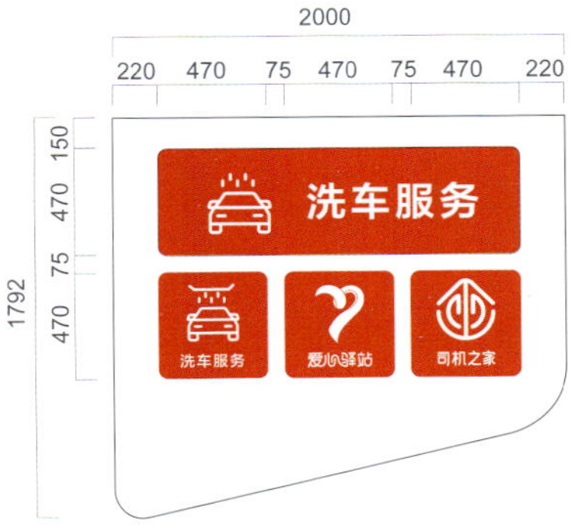

出口面

A 服务信息内容采用 3mm 乳白亚克力雕刻成型，3M 膜粘贴于面板正面

B 面板骨架采用 25mm × 25mm × 1.8mm 镀锌铁方通制作成型

C 红色胶塞

D 防水电源

E 红色霓虹软灯条

F 面板使用 1.5mm 镀锌板激光切割、折弯等成型，表面喷涂白色高光氟碳易洁涂层

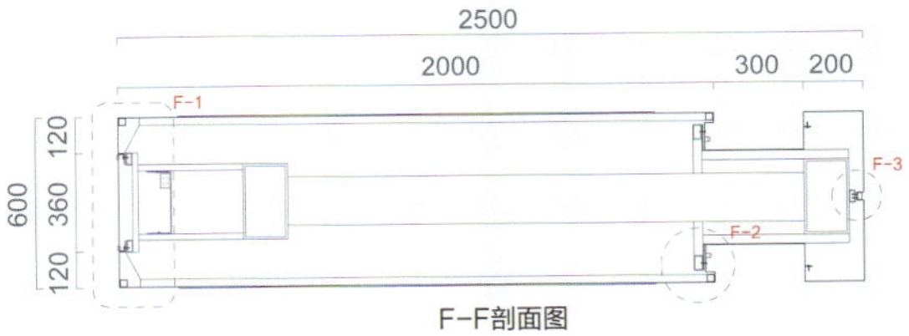

F-F剖面图

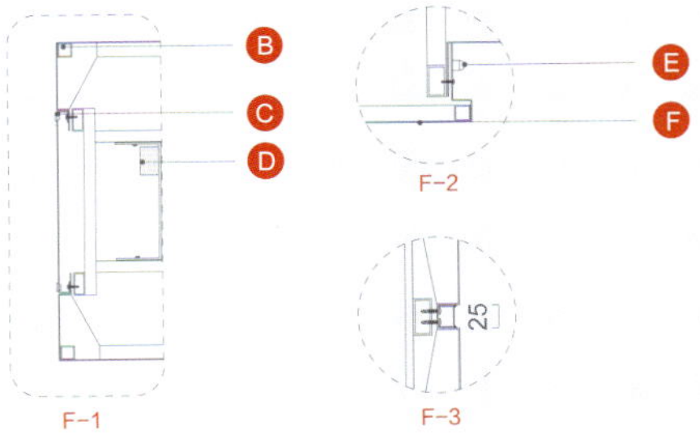

材料色号：

石化红
PANTONE 185 C

高光白
WHITE

D.2.14

服务信息模块尺寸及工艺说明

8m

平面款

· 应用规范：

1. 根据加能站实际提供的服务，可选择将长模块转换成中模块和小模块展示（最多可展示 6 种服务）；
2. 信息面板底层应设置 3 个模块。

单位：mm

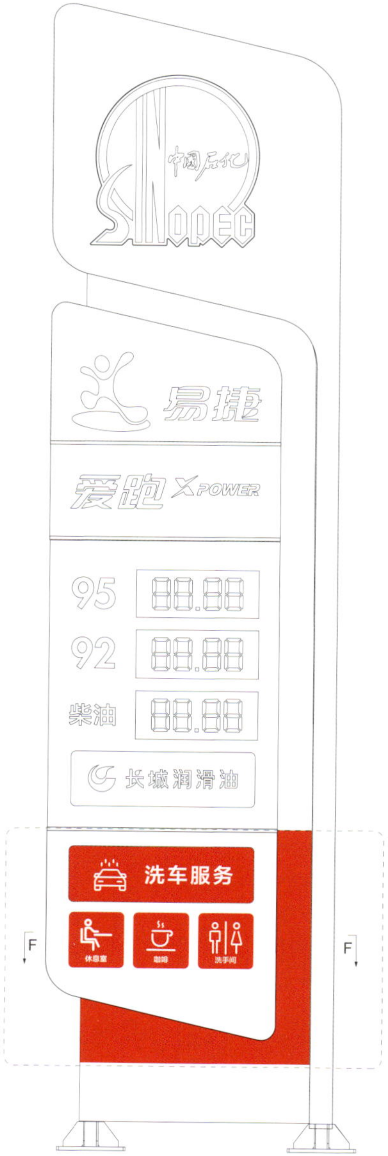

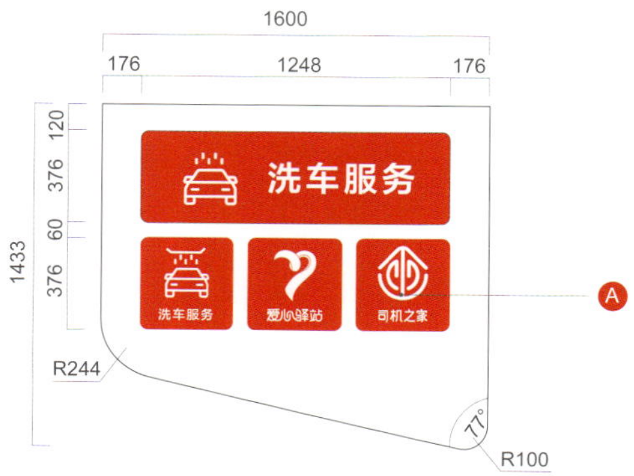

迎客面

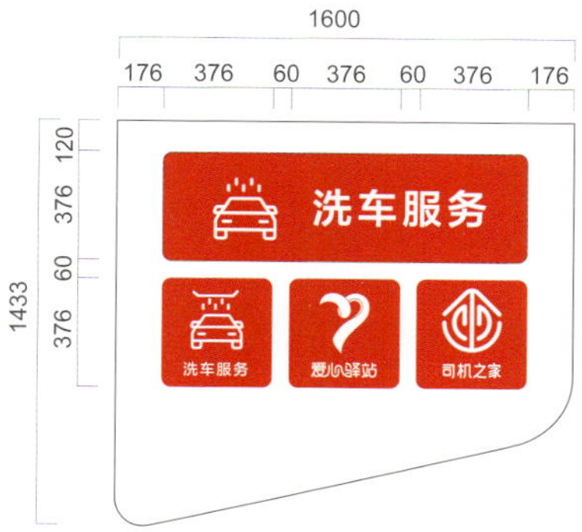

出口面

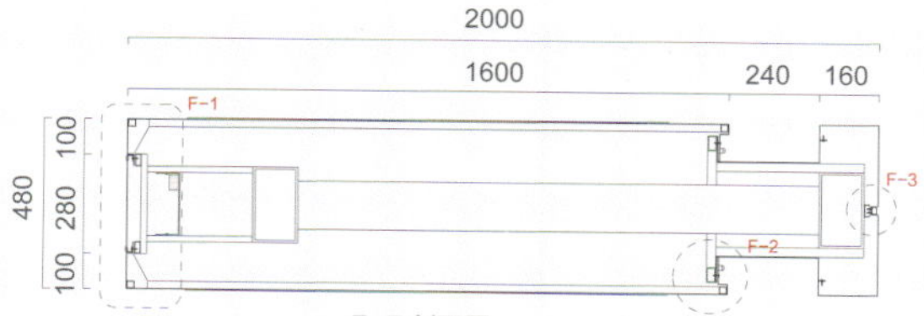

F-F 剖面图

Ⓐ 服务信息内容采用 3mm 乳白亚克力雕刻成型，3M 膜粘贴于面板正面

Ⓑ 面板骨架采用 25mm × 25mm × 1.8mm 镀锌铁方通制作成型

Ⓒ 红色胶塞

Ⓓ 防水电源

Ⓔ 红色霓虹软灯条

Ⓕ 面板使用 1.5mm 镀锌板激光切割、折弯等成型，表面喷涂白色高光氟碳易洁涂层

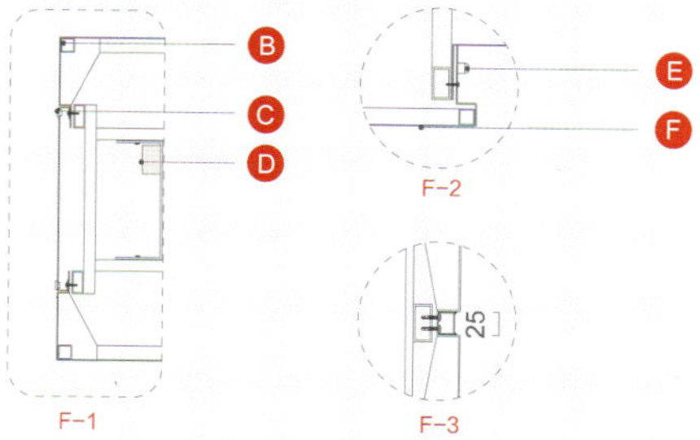

材料色号：

石化红
PANTONE 185 C

高光白
WHITE

D.2.15

服务信息模块总览

· 模块根据氢能源、天然气、充电、长城润滑油、服务信息的顺序进行放置。

· 能源、服务信息提供大、中、小三种模块，服务信息只提供小模块。

· 当能源、服务信息和服务信息同时出现时，能源、服务信息优先放在左边。

· 能源、服务信息优先放在服务信息上方。

材料色号：

石化红	PANTONE 185 C
高光白	WHITE
新能源 蓝	PANTONE 285 C

D.2.16

模块信息展示

· 应用规范：

1. 上大下小原则（长模块优先放在上层）；
2. 左大右小原则（中模块优先放在左边，小模块优先放在右边）；
3. 12m 品牌柱信息模块最多放置 12 种服务，最少放置 6 种服务；
4. 10m、8m 品牌柱信息模块最多放置 6 种服务，最少放置 4 种服务 。

12m 品牌柱信息模块

提供6种服务

提供7种服务

提供8种服务

提供9种服务

提供10种服务

提供11种服务

提供12种服务

10m、8m 品牌柱信息模块

提供4种服务

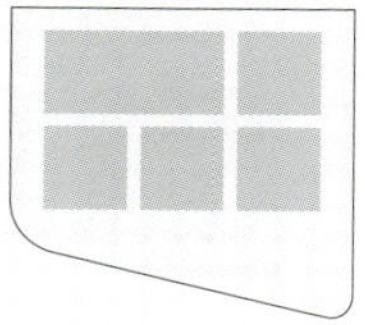
提供5种服务

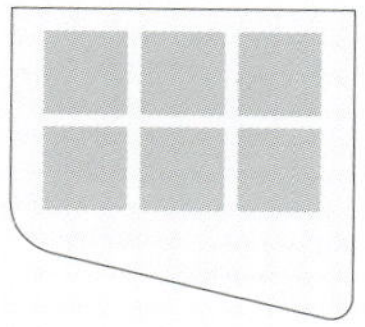
提供6种服务

D.2.17

品牌柱模块配置表

· 品牌柱模块配置如右图所示。

· 更多详细工艺及尺寸说明请查看附录“综合加能站形象标准工艺安装说明”。

· 注：

能源模块内容设置：

1. 当综合加能站内设有爱跑燃油时，能源模块采用爱跑燃油；
2. 当综合加能站内同时设有爱跑燃油和充电服务时，能源模块采用爱跑燃油，石化易电添加到服务信息模块处；
3. 当综合加能站内设有充电服务而没有爱跑燃油时，能源模块采用石化易电；
4. 当综合加能站既没有爱跑燃油和充电服务时，能源模块模块采用优质燃油。

		品牌柱模块	12米品牌柱		10米品牌柱		8米品牌柱	
			曲面款	平面款	曲面款	平面款	曲面款	平面款
中国石化模块			●	●	●	●	●	●
易捷模块			●	●	●	●	●	●
能源模块	爱跑燃油		○	○	○	○	○	○
	石化易电		○	○	○	○	○	○
	其他燃油		○	○	○	○	○	○
价格模块	全彩屏		○	/	○	/	○	/
	数显屏		○	○	○	○	○	○
	磁翻价格牌		/	○	/	○	/	○
服务信息模块	服务信息模块一		●	●	/	/	/	/
	服务信息模块二		/	/	●	●	●	●

必选项：● 可选项：○ 不可选项：/

D.2.18

发光灯带布置及工艺说明

· 应用规范：

品牌柱侧边跑马灯由下向上流动灯光。

单位 :mm

跑马灯参数

- 产品名称：点控24V柔性灯条
- 发光颜色：红色
- 波　　长：620~625nm
- 功　　率：8W/m
- 标准长度：5m
- 电　　压：24V
- 防护等级：IP65
- 运行环境：−25 ~ 60℃

灯条参数

- 产品名称：恒压24V柔性照明灯条
- 发光颜色：红色
- 波　　长：620~625nm
- 功　　率：8W/m
- 标准长度：5m
- 电　　压：24V
- 防护等级：IP65
- 运行环境：−25 ~ 60 ℃
- 显色指数：≥88
- 发光角度：≥120°

材料色号：

石化红
PANTONE 185 C

高光白
WHITE

日景效果

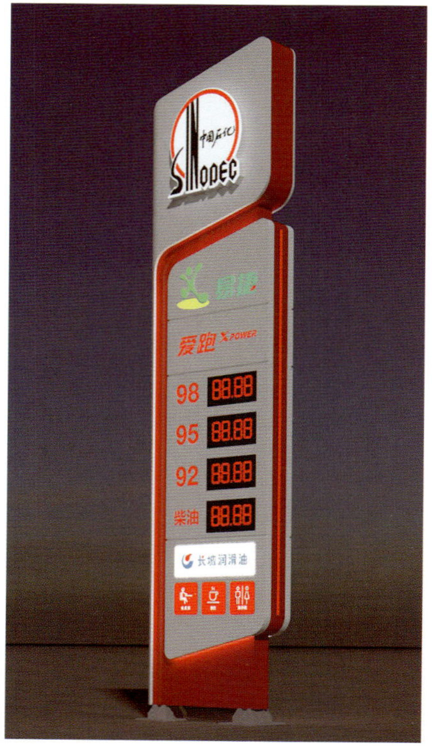

夜景效果

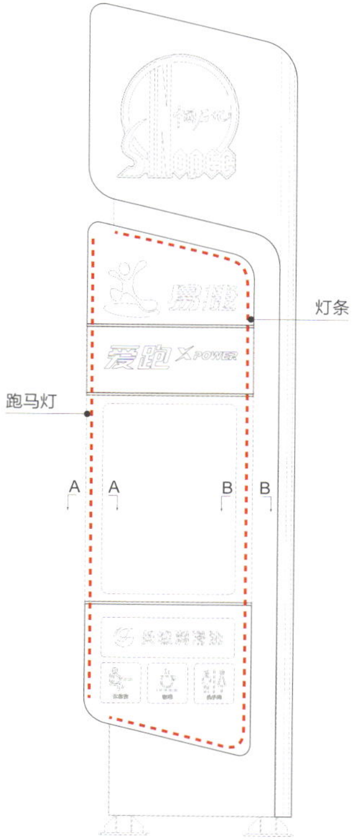

灯带布置图

跑马灯实物图

灯条实物图

A　M4 × 35不锈钢内六角圆头螺钉配弹垫平垫

B　专用型材内置防水LED灯条

C　不锈钢排链（最大开合角度55°）

D　不锈钢铆钉

E　专用型材内置跑马灯

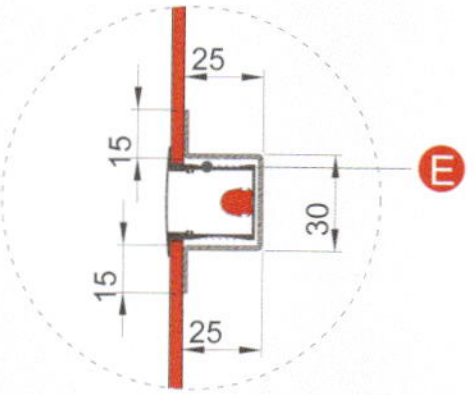

A−A 剖面图

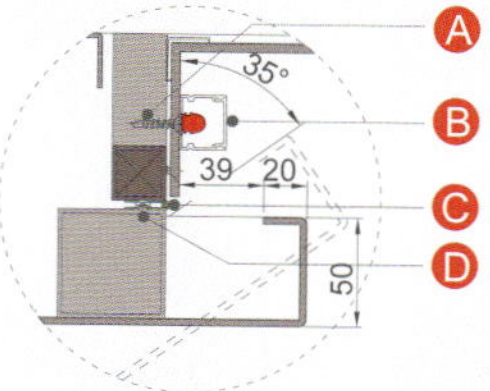

B−B 剖面图

D.2.19

12m 品牌柱
尺寸及工艺说明

曲面款

· 工艺说明：

- A 4mm 红色高光铝塑板（石化红 Pantone 185 C，0.3mm 铝材厚度，易清洁氟碳漆涂层）
- B 2.5mm 高光白铝板面板镂空内衬 3.0mm 乳白亚克力表面贴专色膜，内置LED 模组，防护等级 IP65 以上
- C 法兰底座 25mm 钢板（螺栓做防锈处理）
- D 详细工艺及尺寸说明请查看 E. 附录“综合加能站形象标准工艺安装说明”
- E 面板采用 2.5mm 铝板激光切割、激光焊接加工成型，表面做中国石化高光白易清洁喷涂，侧边内置合页，可旋转开启
- F 油品号面板信息内容镂空，背托 3mm 红色亚克力
- G 2.5mm 高光白铝板面板折弯镂空，内置 LED 数码价格牌
- H 2.5mm 铝板激光切割 / 焊接 / 滚圆加工成型，表面做中国石化高光白易清洁喷涂
- I P5 彩屏
- J 散热口

单位：mm

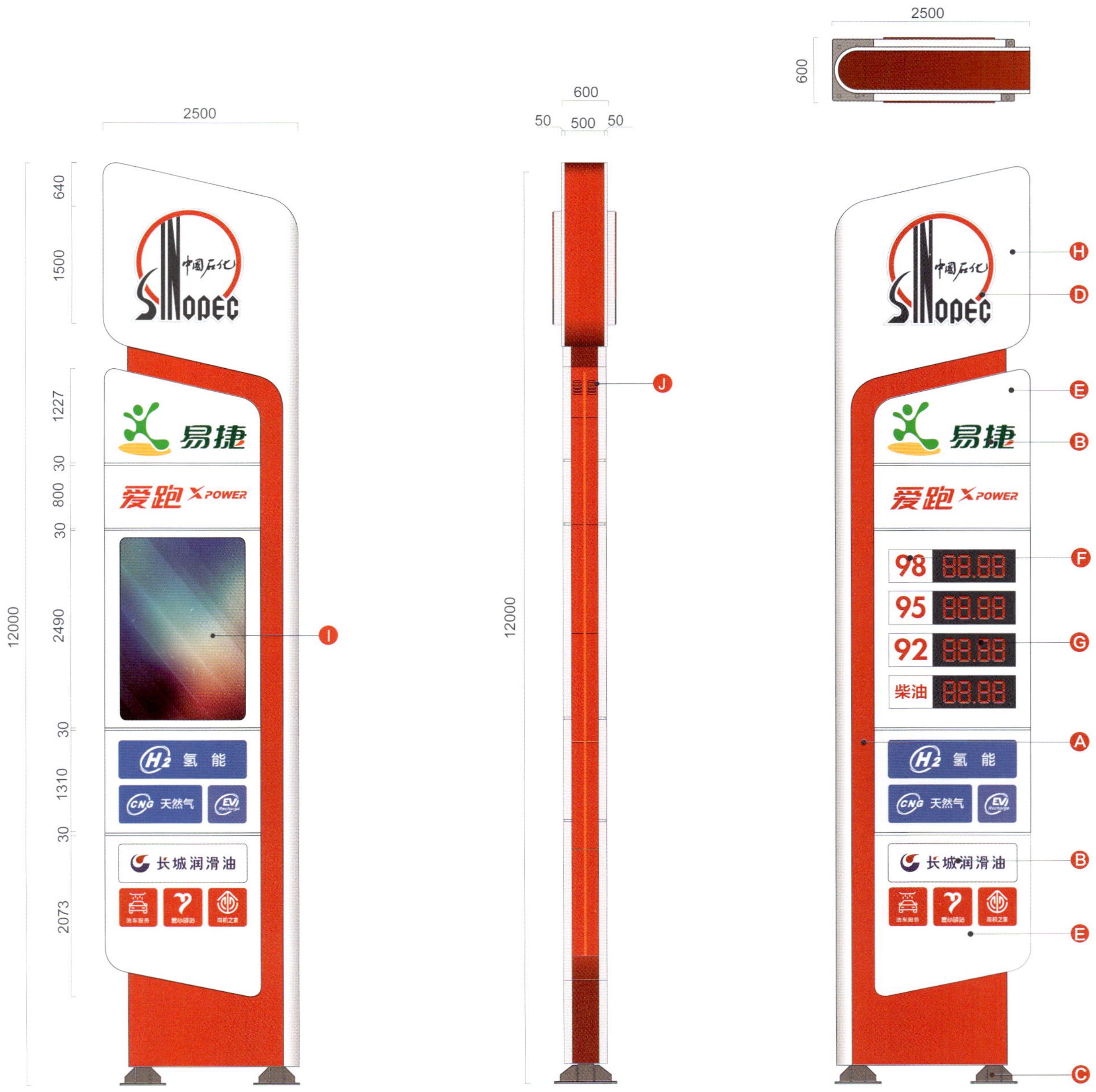

材料色号：

石化红	高光白
PANTONE 185 C	WHITE

D.2.19

12m 品牌柱
尺寸及工艺说明

平面款

· 工艺说明：

A 1.5mm 镀锌板制作成型，面板喷白色高光氟碳易清洁涂层（高光白 White）

B 详细工艺及尺寸说明请查看 E. 附录“综合加能站形象标准工艺安装说明”

C 白色镀锌板面板信息内容贴专色膜喷绘

D 磁翻价格牌贴白色反光膜

E 白色镀锌板面板贴油品号（3mm 红色亚克力制作）

F 1.5mm 镀锌板制作成型，面板喷红色高光氟碳易清洁涂层（石化红 Pantone 185 C）

G 1.5mm 镀锌板制作成型，表面贴 3mm 乳白亚克力，图文信息采用喷绘膜粘贴于亚克力板正面

H 法兰底座 25mm 钢板（螺栓做防锈处理）

单位：mm

· 注：标准站品牌柱的磁翻形式可替换为数显屏，使用数显屏时，品牌柱保留散热口。

材料色号：

石化红 PANTONE 185 C

高光白 WHITE

D.2.20

10m 品牌柱
尺寸及工艺说明
曲面款

· 工艺说明：

Ⓐ 4mm 红色高光铝塑板（石化红 Pantone 185 C，0.3mm 铝材厚度，易清洁氟碳漆涂层）

Ⓑ 2.5mm 高光白铝板面板镂空内衬 3.0mm 乳白亚克力表面贴专色膜，内置LED模组，防护等级 IP65 以上

Ⓒ 法兰底座 25mm 钢板（螺栓做防锈处理）

Ⓓ 详细工艺及尺寸说明请查看 E. 附录“综合加能站形象标准工艺安装说明”

Ⓔ 面板采用 2.5mm 铝板激光切割、激光焊接加工成型，表面做中国石化高光白易清洁喷涂，侧边内置合页，可旋转开启

Ⓕ 油品号面板信息内容镂空，背托 3mm 红色亚克力

Ⓖ 2.5mm 高光白铝板面板折弯镂空，内置 LED 数码价格牌

Ⓗ 2.5mm 铝板激光切割 / 焊接 / 滚圆加工成型，表面做中国石化高光白易清洁喷涂

Ⓘ P5 彩屏

Ⓙ 散热口

单位：mm

材料色号：

石化红 PANTONE 185 C	高光白 WHITE

D.2.20

10m 品牌柱
尺寸及工艺说明

平面款

· 工艺说明：

A 1.5mm 镀锌板制作成型，面板喷白色高光氟碳易清洁涂层（高光白 White）

B 详细工艺及尺寸说明请查看 E. 附录“综合加能站形象标准工艺安装说明”

C 白色镀锌板面板信息内容贴专色膜喷绘

D 磁翻价格牌贴白色反光膜

E 白色镀锌板面板贴油品号（3mm 红色亚克力制作）

F 1.5mm 镀锌板制作成型，面板喷红色高光氟碳易清洁涂层（石化红 Pantone 185 C）

G 1.5mm 镀锌板制作成型，表面贴 3mm 乳白亚克力，图文信息采用喷绘膜粘贴于亚克力板正面

H 法兰底座 25mm 钢板（螺栓做防锈处理）

单位：mm

· 注：标准站品牌柱的磁翻形式可替换为数显屏，使用数显屏时，品牌柱保留散热口。

材料色号：

石化红
PANTONE 185 C

高光白
WHITE

D.2.21

8m 品牌柱
尺寸及工艺说明
曲面款

· 工艺说明：

- Ⓐ 4mm 红色高光铝塑板（石化红 Pantone 185 C，0.3mm 铝材厚度，易清洁氟碳漆涂层）
- Ⓑ 2.5mm 高光白铝板面板镂空内衬 3.0mm 乳白亚克力表面贴专色膜，内置 LED 模组，防护等级 IP65 以上
- Ⓒ 法兰底座 20mm 钢板（螺栓做防锈处理）
- Ⓓ 详细工艺及尺寸说明请查看 E. 附录“综合加能站形象标准工艺安装说明”
- Ⓔ 面板采用激光切割、激光焊接加工成型，表面做中国石化高光白易清洁喷涂，侧边内置合页，可旋转开启
- Ⓕ 油品号面板信息内容镂空，背托 3mm 红色亚克力
- Ⓖ 2.5mm 高光白铝板面板折弯镂空，内置 LED 数码价格牌
- Ⓗ 2.5mm 铝板激光切割 / 焊接 / 滚圆加工成型，表面做中国石化高光白易清洁喷涂
- Ⓘ P5 彩屏
- Ⓙ 散热口

单位：mm

材料色号：

石化红 PANTONE 185 C	高光白 WHITE

D.2.21

8m 品牌柱
尺寸及工艺说明
平面款

· 工艺说明：

- A 1.5mm 镀锌板制作成型，面板喷白色高光氟碳易清洁涂层（高光白 White）
- B 详细工艺及尺寸说明请查看 E. 附录“综合加能站形象标准工艺安装说明”
- C 白色面板信息内容贴专色膜喷绘
- D 磁翻价格牌贴白色反光膜
- E 白色面板贴油品号（3mm 红色亚克力制作）
- F 1.5mm 镀锌板制作成型，表面贴 3mm 乳白亚克力，图文信息采用喷绘膜粘贴于亚克力板正面
- G 1.5mm 镀锌板制作成型，面板喷红色高光氟碳易清洁涂层（石化红 Pantone 185 C）
- H 法兰底座 20mm 钢板（螺栓做防锈处理）

单位：mm

· 注：标准站品牌柱的磁翻形式可替换为数显屏，使用数显屏时，品牌柱保留散热口。

材料色号：

石化红
PANTONE 185 C

高光白
WHITE

D.2.22

品牌柱地基尺寸及工艺说明
12m / 10m

- 基础设计标高为相对标高，且要埋于实土上，基坑开挖后，同相关人员到现场确认。
- 此图可根据当地气候、环境等因素做适当调整，但地基承载力要求大于 80kPa。
- 品牌柱吊装前，在品牌柱底板与基础底座接触面先用水泥浆抹平。
- 电源线选用 AC220V 3x2.5mm² 铜芯线送至基础电线管出口预留 1.5m。
- 布线时接地线必须与整个建筑的接地线保持一致，并设防雷装置。
- 基础浇筑完成后应拆除模板后安装。

单位：mm

· 注：各站在进行品牌柱基础设计时应由专业设计单位根据相关法律法规、国家规范、行业及地方规定、当地水文地质及环境气候等因素做专业测算并出具专业结构施工图纸。

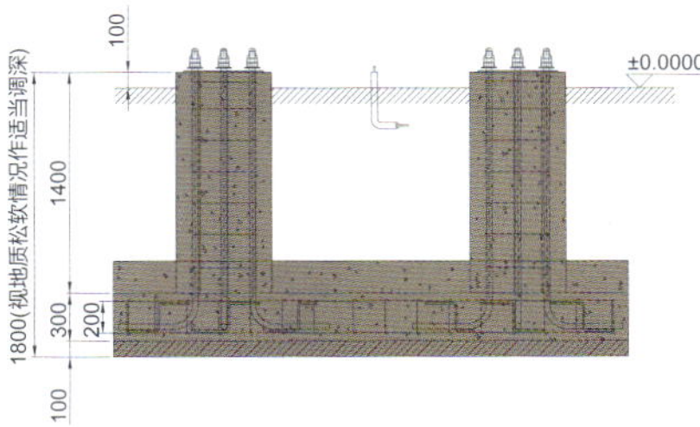

正视图

M30地脚螺栓

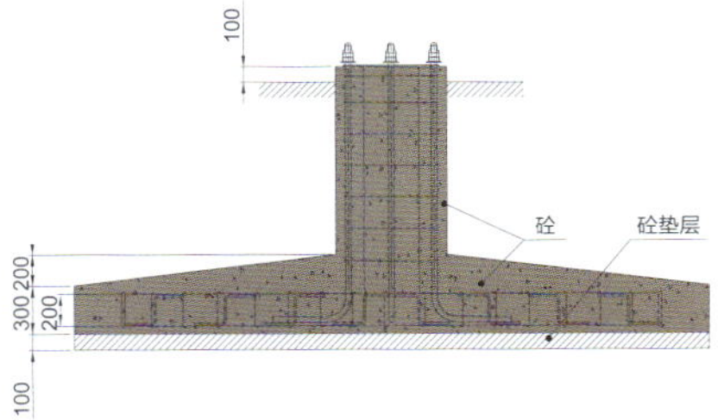

侧视图

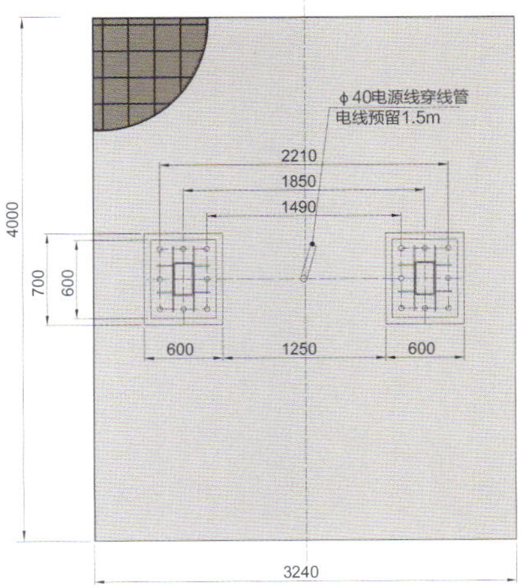

俯视图

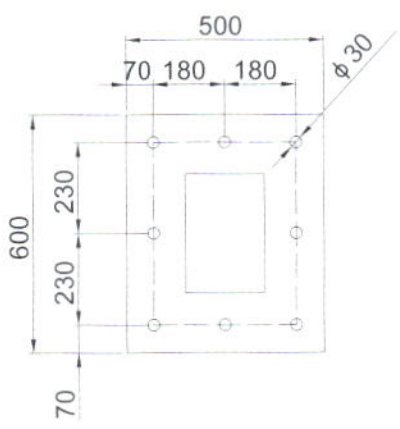

10mm模板

12 米地基

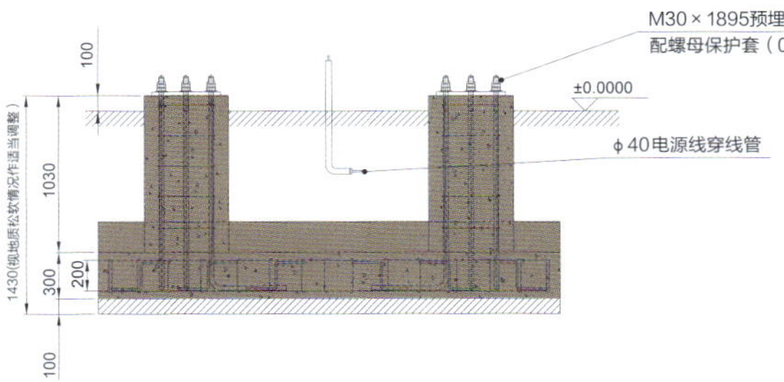

正视图

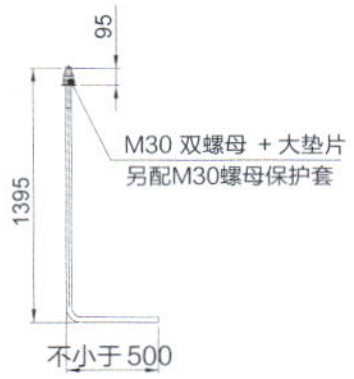

M30地脚螺栓

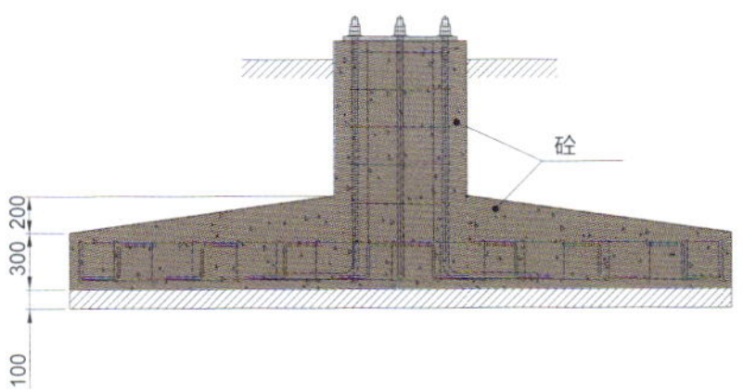

侧视图

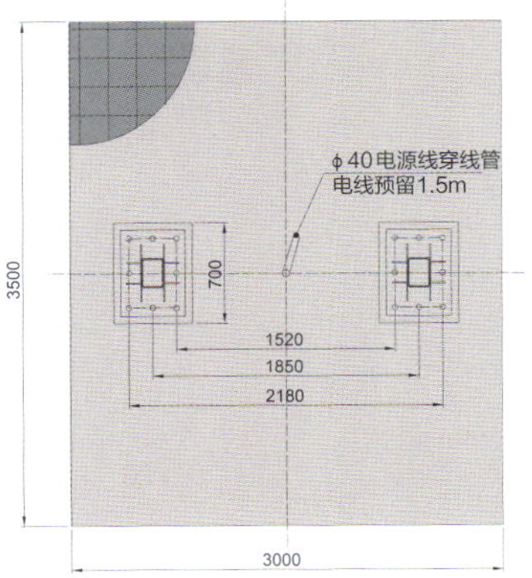

俯视图

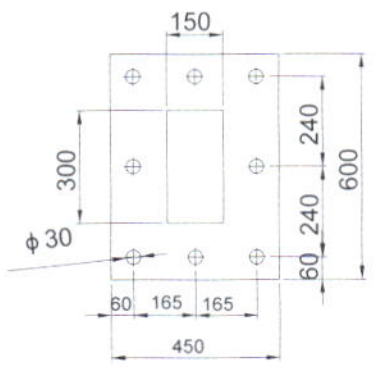

10mm模板

10 米地基

D.2.22

品牌柱地基尺寸及工艺说明 8m

· 基础设计标高为相对标高，且要埋于实土上，基坑开挖后，同相关人员到现场确认。

· 此图可根据当地气候、环境等因素做适当调整，但地基承载力要求大于 80kPa。

· 品牌柱吊装前，在品牌柱底板与基础底座接触面先用水泥浆抹平。

· 电源线选用 AC220V 3x2.5mm² 铜芯线送至基础电线管出口预留 1.5m。

· 布线时接地线必须与整个建筑的接地线保持一致，并设防雷装置。

· 基础浇筑完成后应拆除模板后安装。

单位：mm

· 注：各站在进行品牌柱基础设计时应由专业设计单位根据相关法律法规、国家规范、行业及地方规定、当地水文地质及环境气候等因素做专业测算并出具专业结构施工图纸。

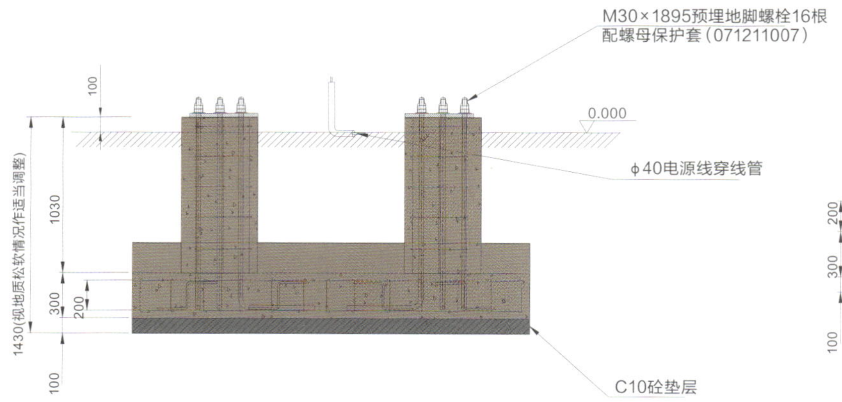

正视图

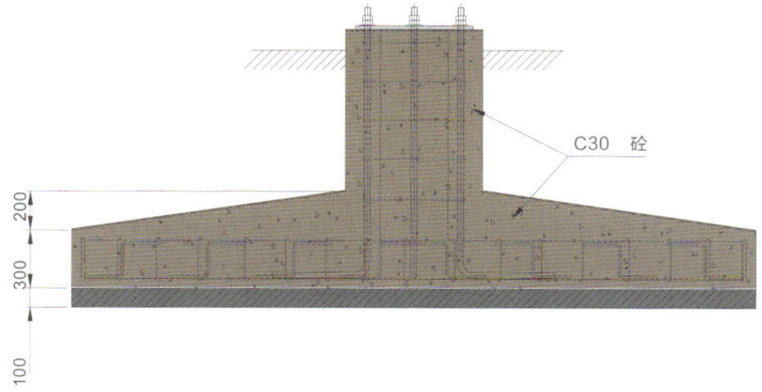

侧视图

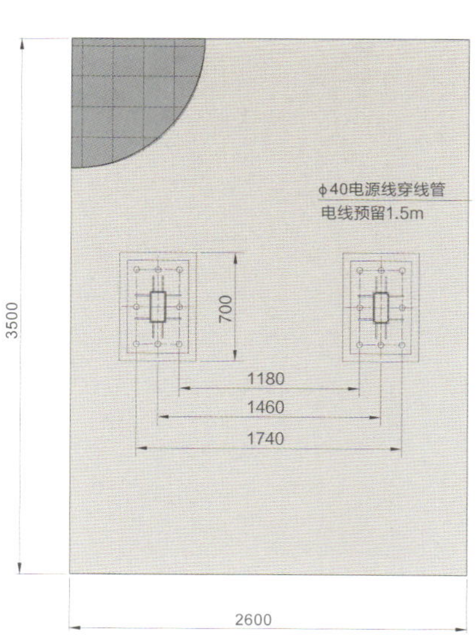

俯视图

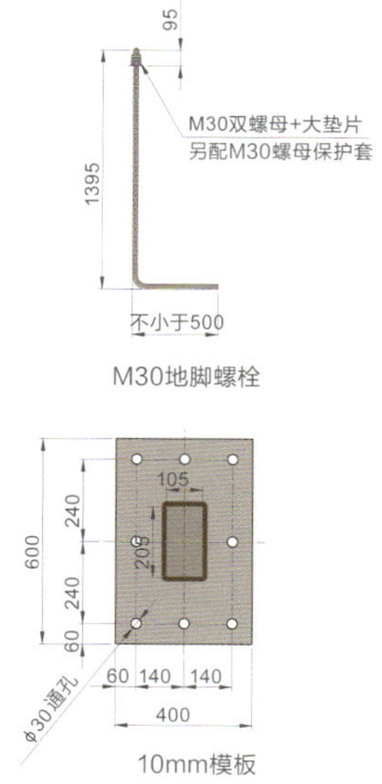

定位模板

示意图

注：各站在进行品牌柱基础设计时应由专业设计单位根据相关法律法规、国家规范、行业及地方规定、当地水文地质及环境气候等因素做专业测算并出具专业结构施工图纸。

D.2.23

钢架图展示
曲面款品牌柱

A 150 × 150 × 5.0 镀锌方管

B 80 × 80 × 5.0 镀锌方管

C 150 × 200 × 8.0 镀锌扁管 (Q355)

D 100 × 100 × 5.0 镀锌方管

单位：mm

· 注：此钢架图适于 0.6 风压。

材料色号：

石化红
PANTONE 185 C

高光白
WHITE

效果图

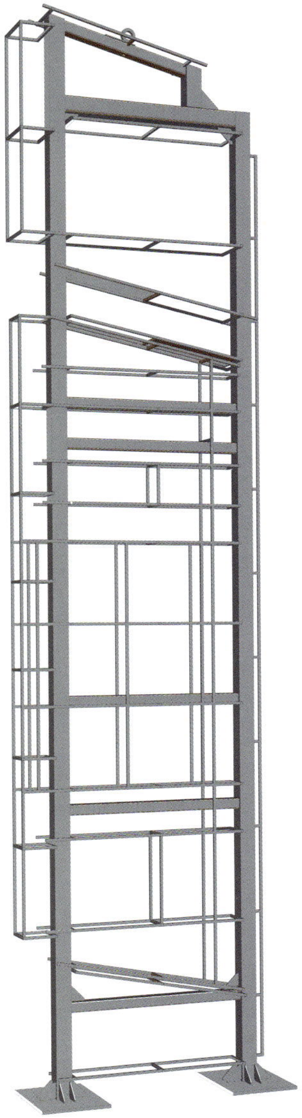

轴测图

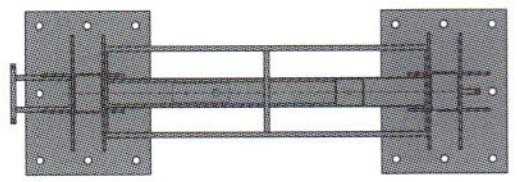

俯视图

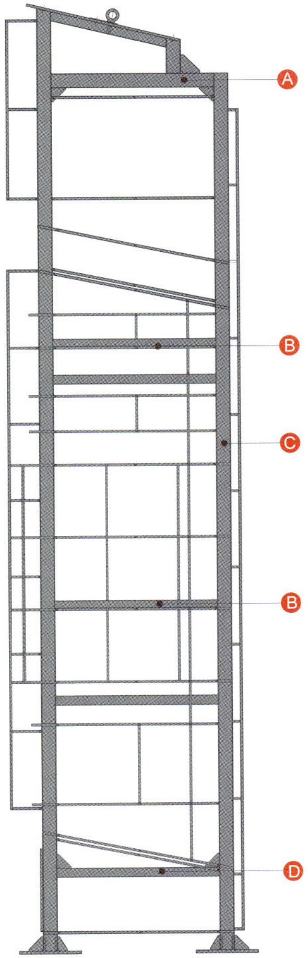

正视图

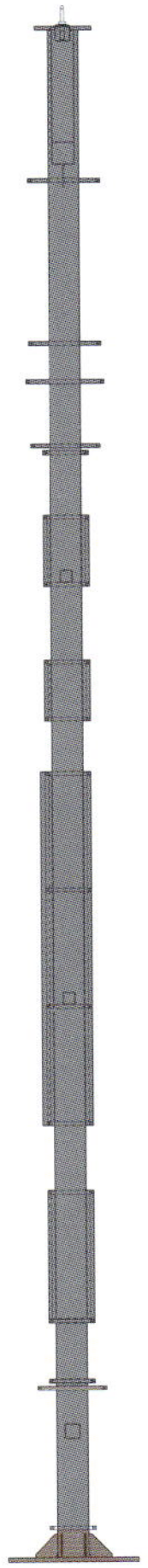

侧视图

D.2.23

钢架图展示

平面款品牌柱

- A 20# 槽钢
- B 20 × 40 × 2.0 镀锌扁通
- C 14# 槽钢
- D 150 × 250 × 8.0 镀锌方管（Q355）
- E 16# 槽钢
- F 25mm 钢板

单位：mm

· 注：此钢架图适于 0.6 风压。

效果图

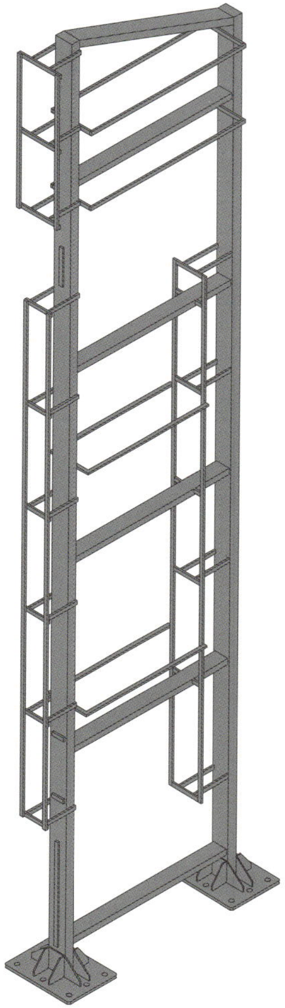

轴侧图

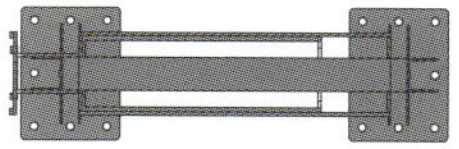

俯视图

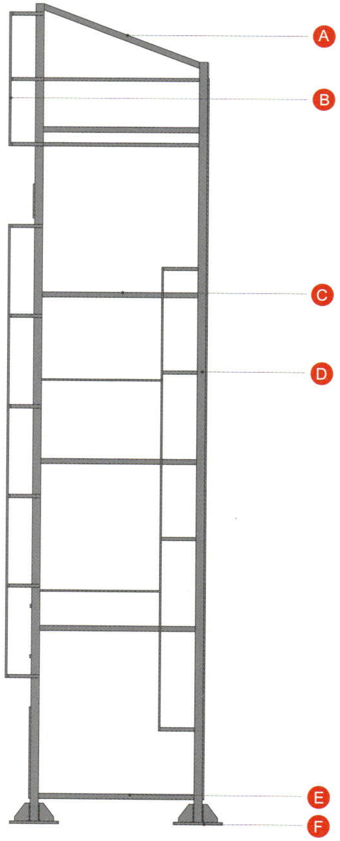

正视图

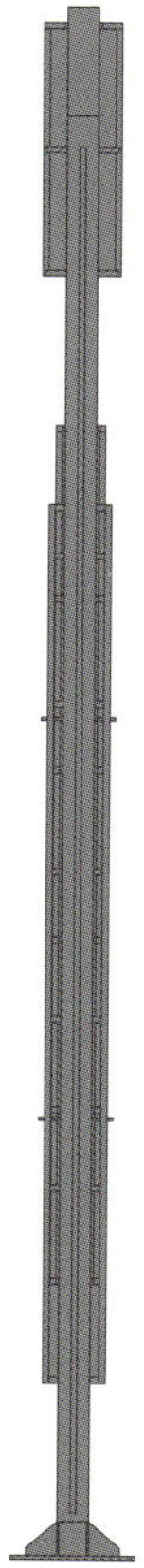

侧视图

材料色号：

石化红
PANTONE 185 C

高光白
WHITE

D.2.24

超高标识日景展示

· 适用范围:

1.高速公路、国省道大站，当面临道路进深过长、两侧树木高且多的地段;

2.超高标识的高度≤18m，可根据实际情况自行设置高度;

3.更多详细工艺及尺寸说明请查看E.附录“综合加能站形象标准工艺安装说明”。

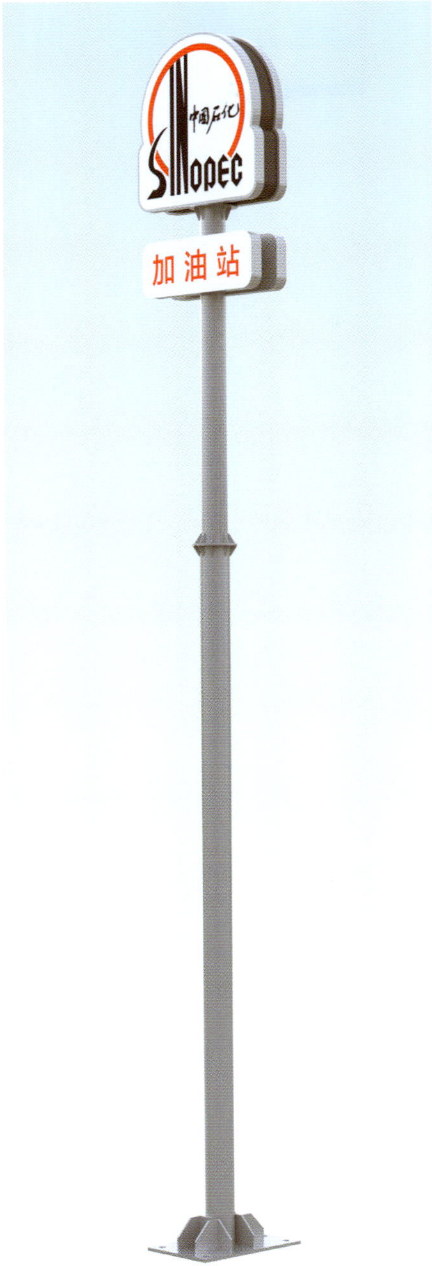

D.2.25

超高标识夜景展示

· 适用范围:

1.高速公路、国省道大站，当面临道路进深过长、两侧树木高且多的地段;

2.超高标识的高度≤18m，可根据实际情况自行设置高度;

3.更多详细工艺及尺寸说明请查看E.附录“综合加能站形象标准工艺安装说明”。

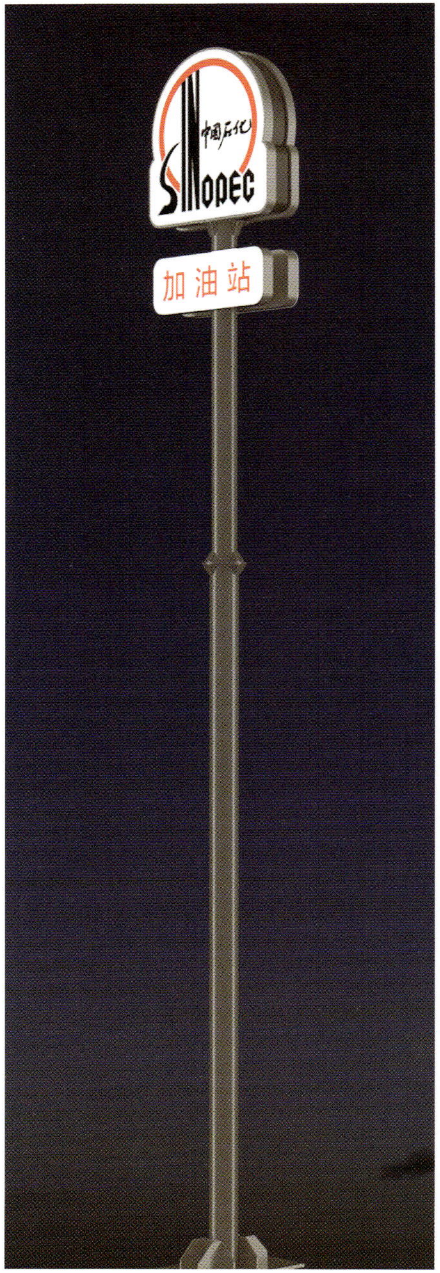

D.2.26

超高标识
尺寸及工艺说明

· 工艺说明：

Ⓐ M24 吊环。

Ⓑ 5.0mm 乳白亚克力，图案部分贴专色膜，灯箱内部户外型 LED 灯管，双面打光，色温 6500K，白色部分亮度 6500lx 以上，防护等级 IP65 以上。

Ⓒ ϕ377×10mm Q355 热镀锌无缝钢管表面做灰色（Pantone Cool Gray 4 c）冲砂喷涂。

Ⓓ 连接法兰上下均为 20mm 镀锌钢板激光切割，满焊保证焊接强度。

Ⓔ M20×25 外六角高强度螺栓。

Ⓕ ϕ426×10mm Q355 热镀锌无缝钢表面做浅灰色冲砂喷涂。

Ⓖ 法兰底座 25mm 钢板（螺栓做防锈处理）。

Ⓗ 出线口。

Ⓘ 4.0mm 乳白亚克力，文字部分贴专膜，灯箱内部户外型 LED 灯管，双面打光，色温 6500K，白色部分亮度 6500lx 以上，防护等级 IP65 以上。

单位：mm

材料色号：

石化红 PANTONE 185 C

高光白 WHITE

浅灰色 PANTONE COOL GRAY 4 C

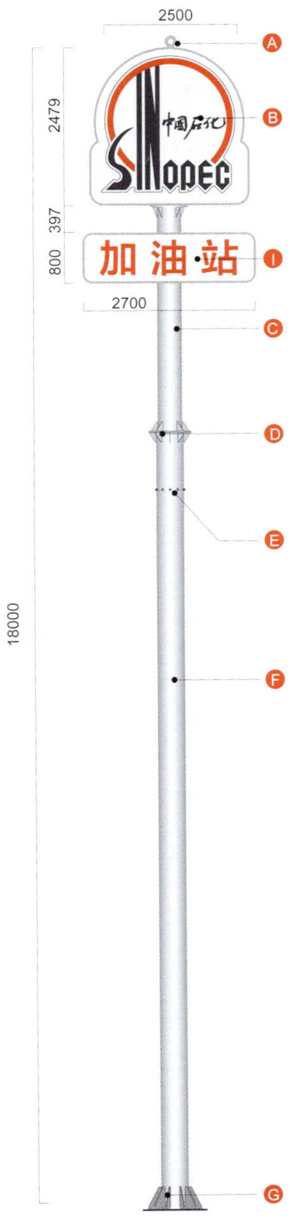

正视图

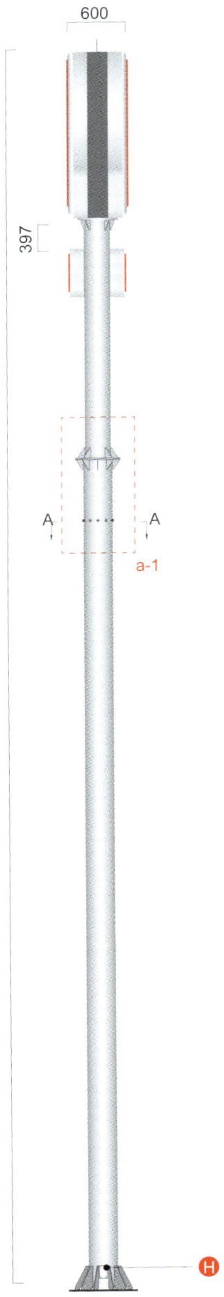

侧视图

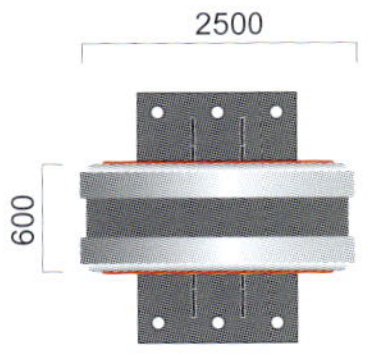

俯视图

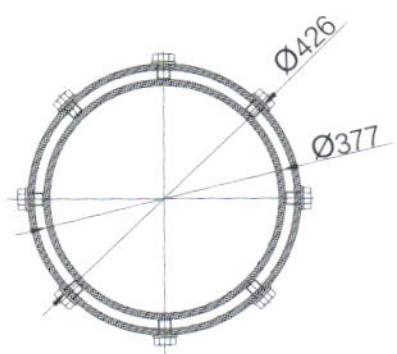

A–A剖面图

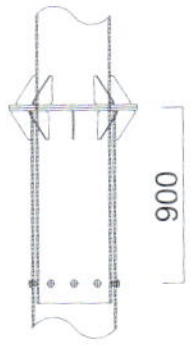

a–1

可更换板块

D.2 品牌柱

D.2.27

超高标识地基
尺寸及工艺说明

· 基础设计标高为相对标高，且要埋于实土上，基坑开挖后，应会同相关人员到现场确认。

· 品牌柱吊装前，在品牌柱底板与基础底座接触面先用水泥浆抹平。

· 布线时接地线必须与整个建筑的接地线保持一致，并设防雷装置。

· 此图可根据当地气候、环境等因素做适当调整，但地基承载力要求大于 80kPa。

单位：mm

· 注：各站在进行品牌柱基础设计时应由专业设计单位根据相关法律法规、国家规范、行业及地方规定、当地水文地质及环境气候等因素做专业测算并出具专业结构施工图纸。

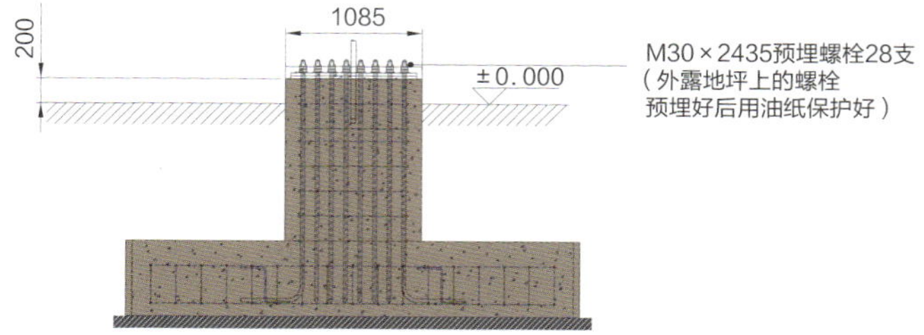

正视图

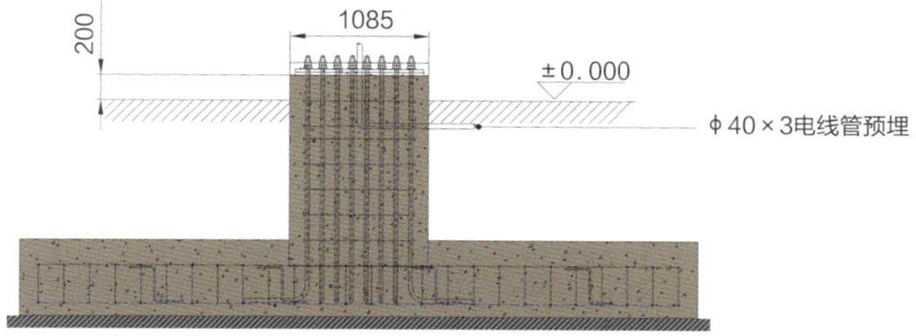

侧视图

俯视图

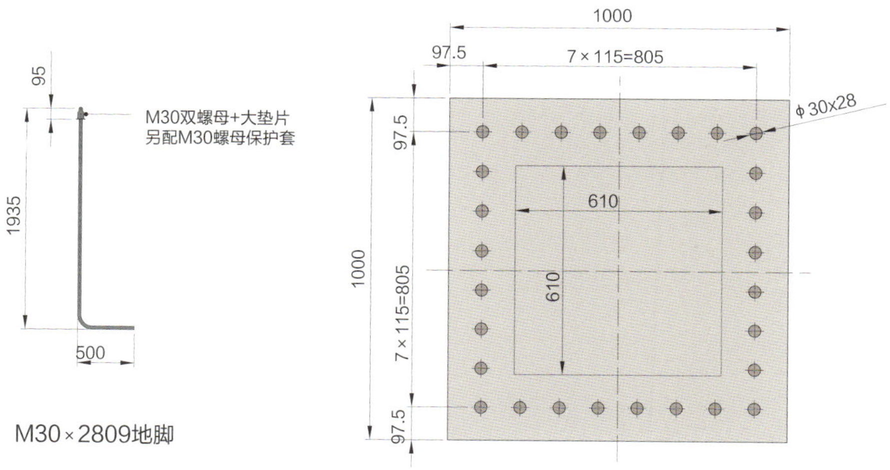

模板15mm钢板

D.2.28

低标识效果展示

· 应用规范：

1. 迎客面采用数显屏或 LED 彩屏。出口面采用广告灯箱画面；
2. 彩屏可根据加能站的实际情况选择显示油品号和插播广告服务；
3. 中文字体为方正兰亭中黑简体。

· 在以下几种情况下可设置低标识：

1. 站型为多面沿街，地理位置比较特殊时，可选配低标识；
2. 现场树叶遮挡品牌柱重要信息模块时，可配合低标识使用；
3. 当地有特殊限高要求时，可选配低标识。

应用场景示意图

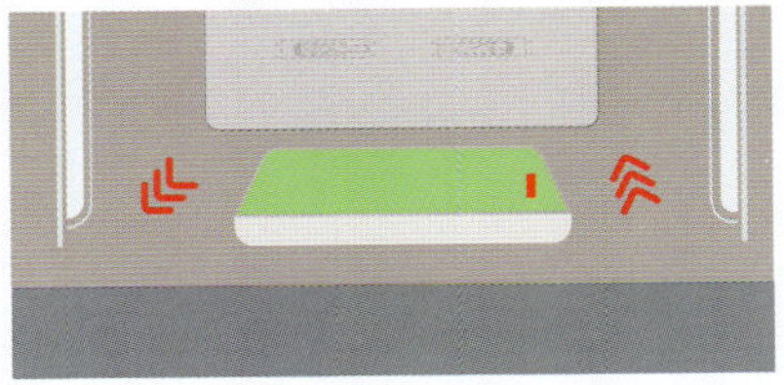

出入口　低标识

材料色号：

石化红
PANTONE 185 C

高光白
WHITE

D.2.29

低标识尺寸及工艺说明

· 工艺说明：

- Ⓐ LOGO 发光，用透明亚克力雕刻，面板镂空镶嵌，背贴 3.0mm 乳白亚克力表面贴中国石化红色膜及黑色膜。
- Ⓑ 数显屏窗口或彩屏。
- Ⓒ 2.5mm 铝板激光切割、激光焊接加工成型，表面做中国石化高光白易清洁喷涂 。
- Ⓓ 主立柱 50mm × 100mm 铁扁通喷白色防锈漆处理。
- Ⓔ 外包板采用 4mm 红色高光铝塑板（石化红 Pantone 185 C，0.3mm 铝材厚度，易清洁氟碳漆涂层）。
- Ⓕ 裙边采用 2.5mm 铝板激光切割、激光焊接加工成型(色号为Pantone Cool Gray 4 c)。
- Ⓖ 箭头面板镂空，背托亚克力，外表面贴红色单透膜，不发光为红色，发光为红色。
- Ⓗ 发光灯箱，内置 6500K 白光 LED 灯盘，面板镂空背透明亚克力（表面钢化）画面内贴。
- Ⓘ 内固定骨架，25mm × 25mm 铁方通喷白色防锈漆处理。

单位： mm

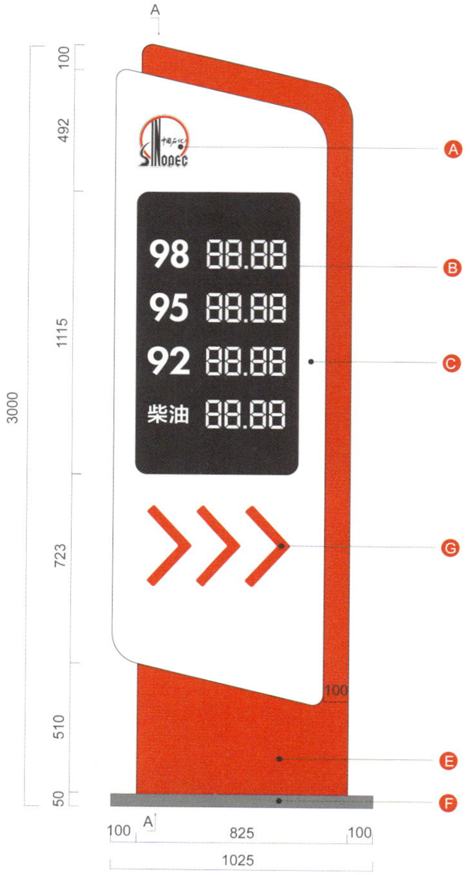

迎客面

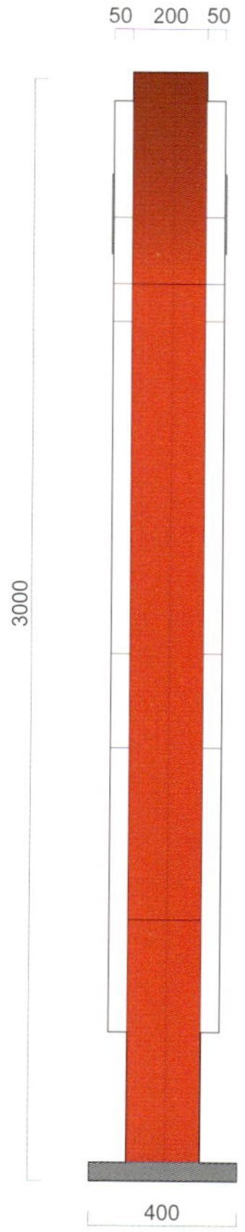

侧视图

出口面

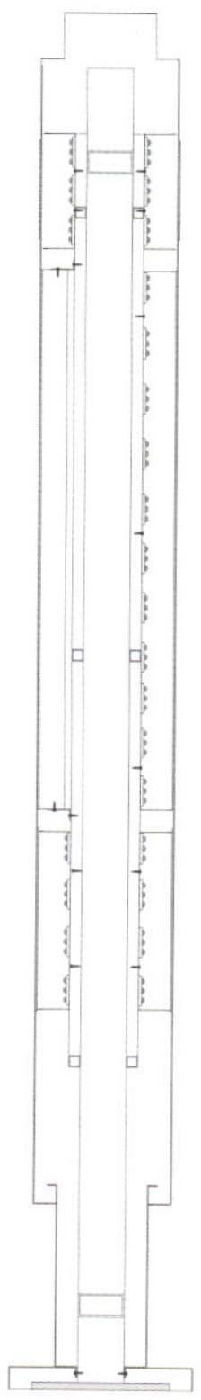
A-A剖面图

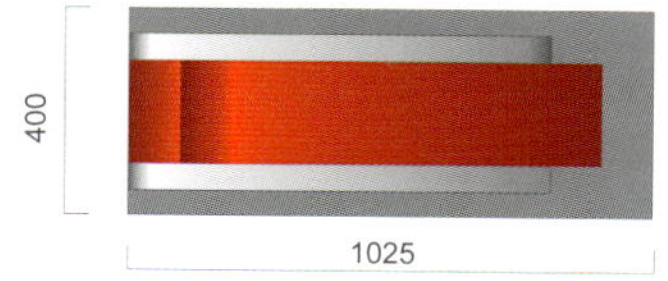

俯视图

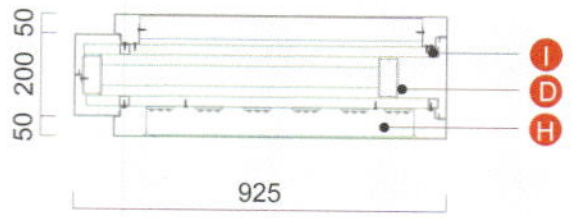

B-B剖面图

材料色号：

- 石化红 PANTONE 185 C
- 高光白 WHITE
- 中灰色 PANTONE COOL GRAY 8 C

技术说明:

1.入口立牌面板采用2.5mm铝板制作，表面喷中国石化白色油漆和红色油漆(Pontone185C)，油漆光泽度70%。

2.内骨架采用16mm钢板,50mm × 100mm铁扁通，25mm × 25mm铁方通组焊成型,表面防锈处理。

D.2.30

低标识地基
尺寸及工艺说明

· 基础设计标高为相对标高，且要埋于实土上，基坑开挖后，应会同相关人员到现场确认。

· 品牌柱吊装前，在品牌柱底板与基础底座接触面先用水泥浆抹平。

· 布线时接地线必须与整个建筑的接地线保持一致，并设防雷装置。

· 此图可根据当地气候、环境等因素做适当调整，但地基承载力要求大于 80kPa。

单位：mm

· 注：各站在进行品牌柱基础设计时应由专业设计单位根据相关法律法规、国家规范、行业及地方规定、当地水文地质及环境气候等因素做专业测算并出具专业结构施工图纸。

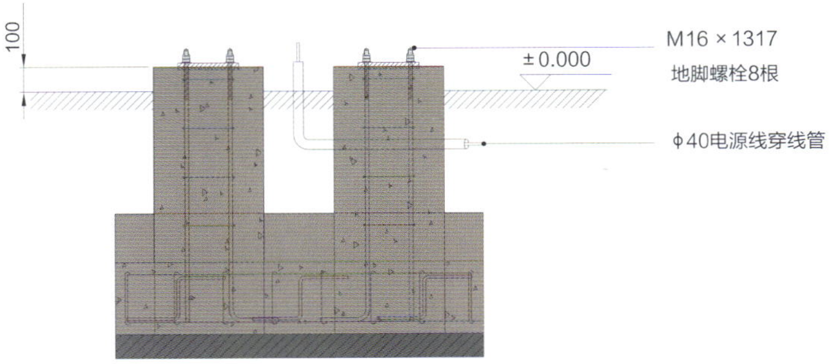

正视图

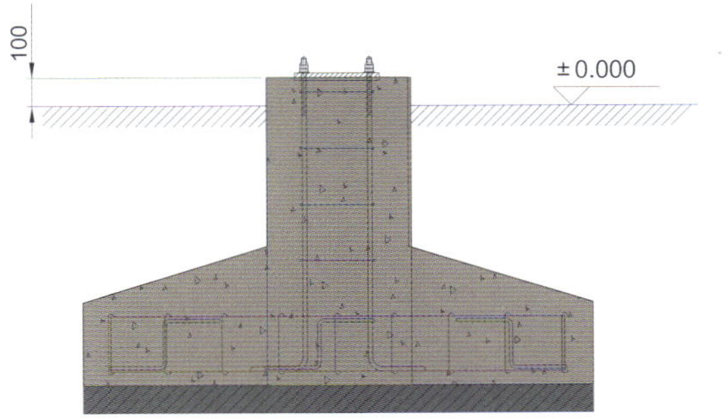

侧视图

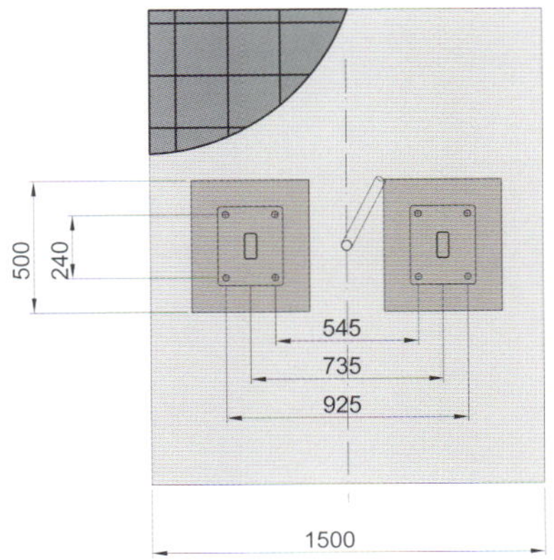

俯视图

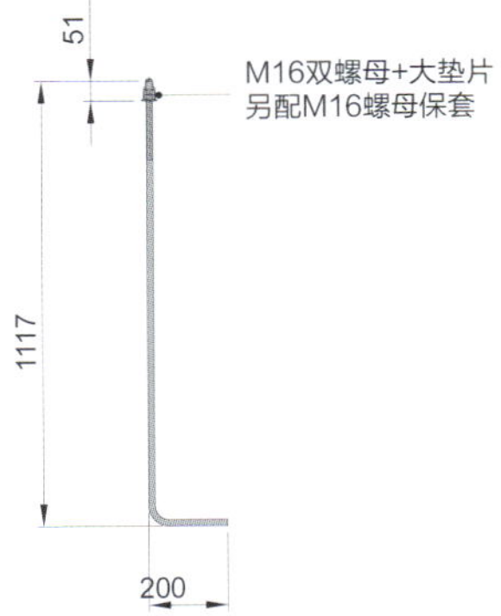

M16地脚螺栓

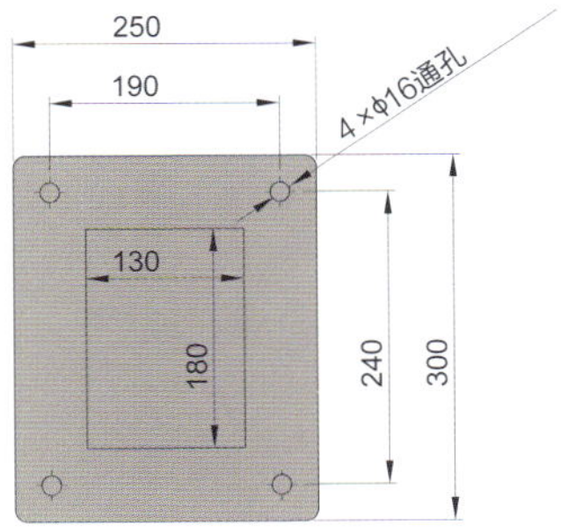

10mm模板

D.2.31

品牌柱合作单位联合标识模块展示

· 应用规范：

· 品牌柱合作单位联合标识：
中国石化 &ESSO；

· 爱跑 X POWER 标识放于电子屏和长城润滑油模块之间。

· 品牌柱主要分为 5 个模块：
1. 联合标识模块；
2. 易捷模块；
3. 能源模块；
4. 价格模块；
5. 服务信息模块。

单位：mm

· 注：此联合标识模块仅限福建森美合资公司使用。

迎客面

/ D.3 罩棚

D.3.01

罩棚形象索引

罩棚形象包含以下元素：

D.3.02–31	檐口
D.3.32–33	罩棚天花
D.3.34	限高标识
D.3.35	罩棚照明

旗舰站罩棚 日景效果图

旗舰站罩棚 夜景效果图

材料色号：

石化红
PANTONE 185 C

高光白
WHITE

D.3.02

檐口分级配置表

· 檐口分为两种形象，分别为铝塑板檐口形象和灯布型檐口形象。

· 分级使用原则：

1. 旗舰站原则上采用全吊顶的铝塑板檐口形象。
2. 标准站可选用铝塑板型檐口或灯布型檐口，根据实际情况选用。
3. 简易站原则上采用灯布型檐口。

· 必选项：●

· 可选项：○

· 不可选项：/

类别	图例		旗舰站	标准站	简易站
铝塑板型檐口	全吊顶		●	○	/
	半吊顶		/	○	/
	裸顶		/	○	/
灯布型檐口	半吊顶		/	○	/
	裸顶		/	○	●

D.3.03

檐口类型说明

· 檐口分为两种形式（如右图所示）：
1. 铝塑板型檐口；
2. 灯布型檐口。

铝塑板型檐口

灯布型檐口

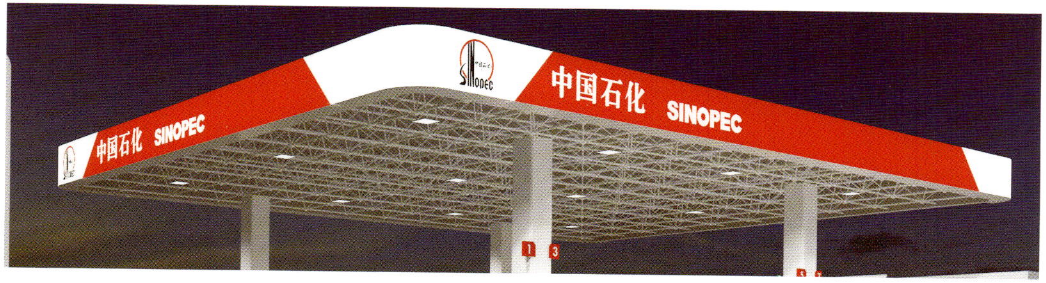

D.3.04

檐口标识布局说明

铝塑板型檐口

❶檐口白色转角外径标准为 R=1000mm。

❷檐口白色底板斜切角度为 48° 。

❸檐口立体发光 LOGO 定位标准 :LOGO 位于白色底板模块上下居中位置。

❹檐口中国石化中文立体字与上方切角处垂直线对齐。

· 铝塑板光泽度：75~80GU@60°

单位：mm

· 注：少数民族地区，如有特别要求可增加民族文字标识。

以1050檐口示例

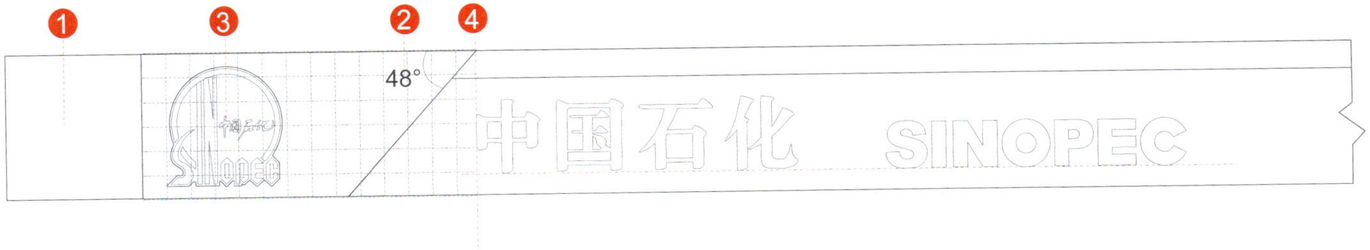

材料色号：

石化红
PANTONE 185 C

高光白
WHITE

D.3 罩棚

D.3.04

檐口标识布局说明

灯布型檐口

· 在设计制作时，请参考右图尺寸，以确保罩棚檐口的视觉效果。

· 工艺说明：

1. 白色高透光灯箱布，厚度为 0.51 ~ 0.6mm，透光率为 46%±3%；通过 GB 8624—2012《建筑材料及制品燃烧性能分级》B1 级检测；
2. 红色透光贴膜，贴膜带胶厚度约 0.08 ~ 0.125mm，彩膜颜色在不打光和打光状态下保持前后一致，亚光表面，无眩光，通过 GB 8624—2012《建筑材料及制品燃烧性能分级》B1 级检测。

单位：mm

· 注：少数民族地区，如有特别要求可增加民族文字标识。

以1050檐口示例

D.3.05

檐口高度应用说明

铝塑板型檐口

· 根据罩棚檐口不同高度，将檐口分为：H900mm、H1050mm、H1200mm、H1350mm 这四种类型。

檐口高度应用原则：

檐口高度	LOGO高度	文字高度	英文高度
900	770	470	300
1050	900	550	350
1200	1030	660	420
1350	1150	770	490

单位：mm

檐口高度900mm

檐口高度1050mm

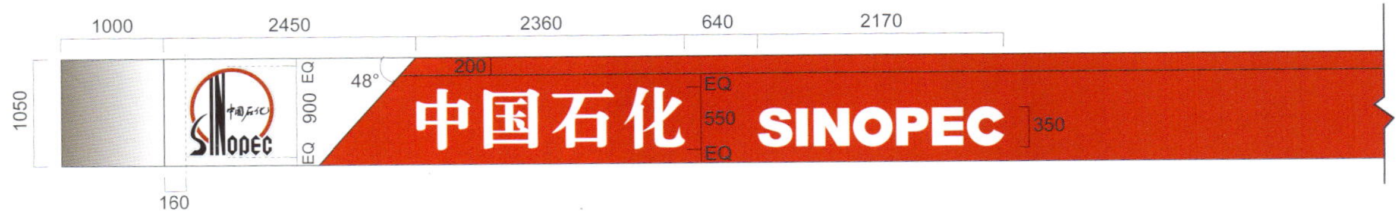

檐口高度1200mm

檐口高度1350mm

材料色号：

石化红
PANTONE 185 C

高光白
WHITE

D.3 罩棚

D.3.05

檐口高度应用说明

灯布型檐口

· 根据罩棚檐口不同高度，将檐口分为：H900mm、H1050mm、H1200mm、H1350mm 这四种类型。

檐口高度应用原则：

檐口高度	LOGO高度	文字高度	英文高度
900	770	470	300
1050	900	550	350
1200	1030	660	420
1350	1150	770	490

单位：mm

檐口高度900mm

檐口高度1050mm

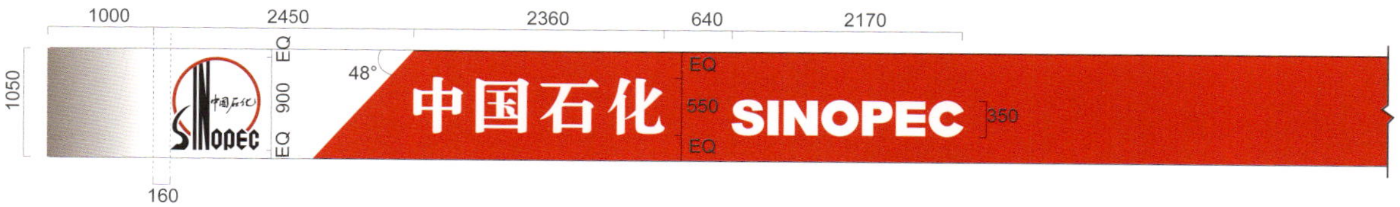

檐口高度1200mm

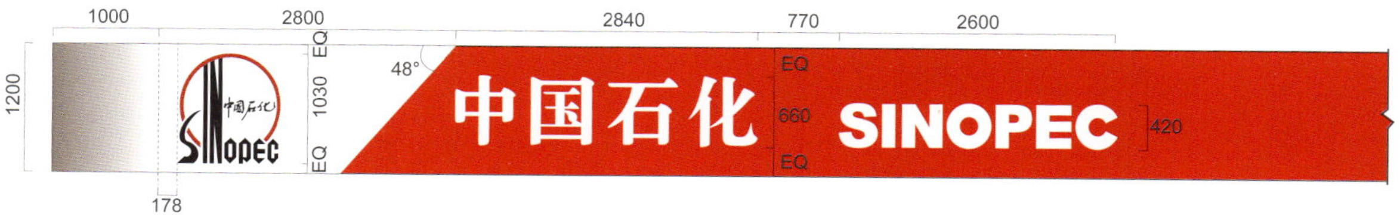

檐口高度1350mm

材料色号：

石化红
PANTONE 185 C

高光白
WHITE

D.3.06

檐口高度应用说明（中文）

铝塑板型檐口

檐口高度应用原则：

檐口高度	LOGO高度	文字高度
900	770	470
1050	900	550
1200	1030	660
1350	1150	770

单位：mm

· 注：在檐口长度不足，需要减少立体发光字时，入口面或正面应用此中文立体发光字。

檐口高度900mm

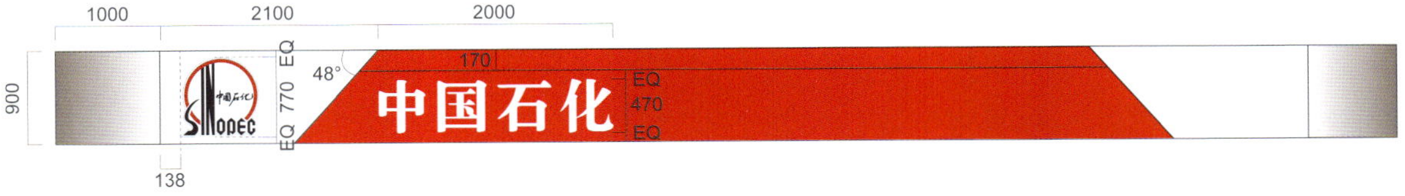

檐口高度1050mm

檐口高度1200mm

檐口高度1350mm

材料色号：

石化红
PANTONE 185 C

高光白
WHITE

D.3.06

檐口高度应用说明（中文）

灯布型檐口

檐口高度应用原则：

檐口高度	LOGO高度	文字高度
900	770	470
1050	900	550
1200	1030	660
1350	1150	770

单位：mm

· 注：在檐口长度不足，需要减少字体时，入口面或正面应用此中文字体。

檐口高度900mm

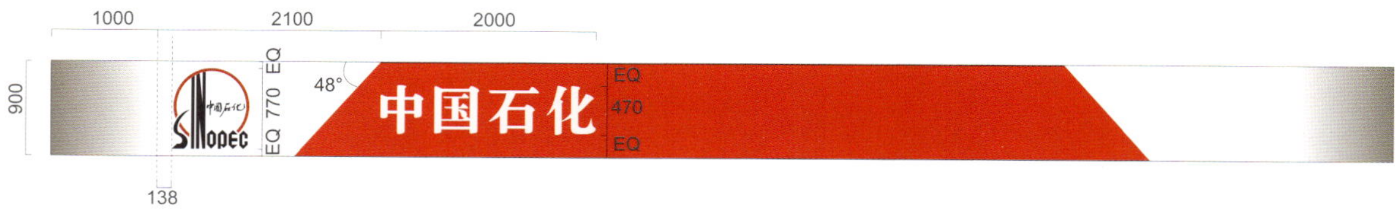

檐口高度1050mm

檐口高度1200mm

檐口高度1350mm

材料色号：

石化红
PANTONE 185 C

高光白
WHITE

D.3.06

檐口高度应用说明（英文）

铝塑板型檐口

檐口高度应用原则：

檐口高度	LOGO高度	英文高度
900	770	350
1050	900	420
1200	1030	490
1350	1150	570

单位：mm

· 注：在檐口长度不足，需要减少立体发光字时，出口面可用此英文立体发光字。

檐口高度900mm

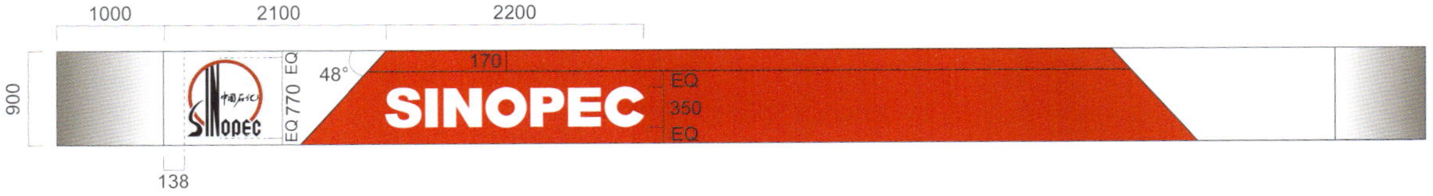

檐口高度1050mm

檐口高度1200mm

檐口高度1350mm

材料色号：

石化红
PANTONE 185 C

高光白
WHITE

D.3.06

檐口高度应用说明（英文）

灯布型檐口

檐口高度应用原则：

檐口高度	LOGO高度	英文高度
900	770	350
1050	900	420
1200	1030	490
1350	1150	570

单位：mm

· 注：在檐口长度不足，需要减少字体时，出口面可用此英文字体。

檐口高度900mm

檐口高度1050mm

檐口高度1200mm

檐口高度1350mm

材料色号：

石化红
PANTONE 185 C

高光白
WHITE

D.3.07

超高檐口补板应用说明

檐口高度应用原则：

檐口高度	LOGO高度	英文高度
1200	1030	490
1350	1150	570
>1350	1150	570

· 檐口补板情况如右图所示（H 为实际檐口高度）：

1. 当 1350mm ＜ H ≤ 1500mm 时，建议采用高度为 1200mm 的檐口，檐口下方使用白色铝板补板方式；
2. 当 1500mm ＜ H ≤ 1650mm 时，建议采用高度为 1350mm 的檐口，檐口下方使用白色铝板补板方式；
3. 当 H ＞ 1650mm 时，采用高度为 1350mm 的檐口进行上下补板，其中下补板高度为 300mm。

单位：mm

· 注：以铝塑板型檐口展示为示例，与灯布型檐口展示一致。

材料色号：

石化红 PANTONE 185 C

补板灰 PANTONE COOL GRAY 4 C

高光白 WHITE

当 1350 ＜ H ≤ 1500 时，檐口采用下补板方式

当 1500 ＜ H ≤ 1650 时，檐口采用下补板方式

当 H ＞ 1650 时，檐口采用上下补板方式

D.3.08

檐口高度设计规范
H900mm 型

檐口长度应用原则：

· 当 8m ≤ 檐口长度 <10m 时，左侧采用 1800mm（短边）白色底板，右侧采用 1100mm（短边）白色底板。

· 当 10m ≤ 檐口长度 <12m 时，左侧采用 2100mm（长边）白色底板，右侧采用 1100mm 型（短边）白色底板。

· 当 12m ≤檐口长度 <14m 时，左右两侧采用 2100mm（长边）白色底板。

· 当檐口长度 ≥ 14m 时，左右两侧采用 2100mm（长边）白色底板。应用中文和英文两种立体发光字。

· 以铝塑板型檐口作为示例，也应用于灯布型檐口应用原则。

单位：mm

· 注：

1. 上述前三点，在檐口长度不足，需要减少立体发光字时，入口面或正面应用中文立体发光字，出口面可选英文立体发光字。
2. 檐口长度小于 8m 时，应考虑特殊处理方案，独立设计。

8m≤檐口长度＜10m

入口处效果图

出口处效果图

10m≤檐口长度＜12m

入口处效果图

出口处效果图

12m≤檐口长度＜14m

入口处效果图

出口处效果图

檐口长度≥14m

标准效果图

D.3.08

檐口高度设计规范
H1050mm 型

檐口长度应用原则：

· 当 9m ≤ 檐口长度 <10m 时，左侧采用 2100mm（短边）白色底板，右侧采用 1245mm（短边）白色底板。

· 当 10m ≤ 檐口长度 <13m 时，左侧采用 2450mm（长边）白色底板。右侧采用 1245mm（短边）白色底板。

· 当 13m ≤檐口长度 <16m 时，左右两侧采用 2450mm（长边）白色底板。

· 当檐口长度≥ 16m 时，左右两侧采用 2450mm（长边）白色底板。应用中文和英文两种立体发光字。

· 简化版采用灯布型檐口，适用于标准站和简易站。

单位：mm

· 注：

1. 上述前三点，在檐口长度不足，需要减少立体发光字时，入口面或正面应用中文立体发光字，出口面可选英文立体发光字。
2. 檐口长度小于 9m 时，应考虑特殊处理方案，独立设计。

9m≤檐口长度＜10m

入口处效果图

出口处效果图

10m≤檐口长度＜13m

入口处效果图

出口处效果图

13m≤檐口长度＜16m

入口处效果图

出口处效果图

檐口长度≥16m

标准效果图

D.3.08

檐口高度设计规范
H1200mm 型

檐口长度应用原则：

· 当 10 ≤ 檐口长度 <12m 时，左侧采用 2400mm（短边）白色底板，右侧采用 1380mm（短边）白色底板。

· 当 12m ≤ 檐口长度 <15m 时，左侧采用 2800mm（长边）白色底板，右侧采用 1380mm（短边）白色底板。

· 当 15m ≤ 檐口长度 <18m 时，左右两侧采用 2800mm（长边）白色底板。

· 当檐口长度 ≥ 18m 时，左右两侧采用 2800mm（长边）白色底板应用中文和英文两种立体发光字。

· 简化版采用灯布型檐口，适用于标准站和简易站。

单位：mm

· 注：

1. 上述前三点，在檐口长度不足，需要减少立体发光字时，入口面或正面应用中文立体发光字，出口面可选用英文立体发光字。
2. 檐口长度小于 10m 时，应考虑特殊处理方案，独立设计。

10m≤檐口长度＜12m

入口处效果图

出口处效果图

12m≤檐口长度＜15m

入口处效果图

出口处效果图

15m≤檐口长度＜18m

入口处效果图

出口处效果图

檐口长度≥18m

标准效果图

D.3.08

檐口高度设计规范
H1350mm 型

檐口长度应用原则：

· 当 11m ≤ 檐口长度 <13m 时，左侧采用 2700mm（短边）白色底板，右侧采用 1515mm（短边）白色底板。

· 当 13m ≤ 檐口长度 <17m 时，左侧采用 3150mm（长边）白色底板，右侧采用 1515mm（短边）白色底板。

· 当 17m ≤ 檐口长度 <20mm 时，左右两侧采用 3150mm（长边）白色底板。

· 当檐口长度 ≥ 20m 时，左右两侧采用 3150mm（长边）白色底板。应用中文和英文两种立体发光字。

· 以铝塑板型檐口作为示例，也应用于灯布型檐口应用原则。

单位：mm

· 注：

1. 上述前三点，在檐口长度不足，需要减少立体发光字时，入口面或正面应用中文立体发光字，出口面可选用英文立体发光字。
2. 檐口长度小于 11m 时，应考虑特殊处理方案，独立设计。

11m≤檐口长度＜13m

入口处效果图

出口处效果图

13m≤檐口长度＜17m

入口处效果图

出口处效果图

17m≤檐口长度＜20m

入口处效果图

出口处效果图

檐口长度≥20m

标准效果图

D.3 罩棚

D.3.09

新建站檐口高度应用说明

· 根据罩棚檐口不同高度，将檐口分为 :H900mm、H1050mm、H1200mm、H1350mm 这四种类型。

檐口高度应用说明：

檐口标识高度 / 罩棚净空高度	H900	H1050	H1200	H1350
4.5~5.5m	○	○	/	/
5.5~6.5m	○	○	○	/
6.5~7.5m	/	○	○	○
＞7.5m	/	/	○	○

可选：○　不可选：/

· 注：
1. 檐口高度应用图表为新建罩棚建议高度对应关系，对于原有檐口改造可采取上下补角方式降低檐口高度或依据现场实际情况调整。
2. 在满足罩棚结构设计要求的基础上，应以罩棚檐口向轻量化方向设计。

材料色号：

石化红
PANTONE 185 C

高光白
WHITE

罩棚高度4.5~5.5m，采用H900mm檐口

罩棚高度5.5~6.5m，采用H1050mm檐口

罩棚高度6.5~7.5m，采用H1200mm檐口

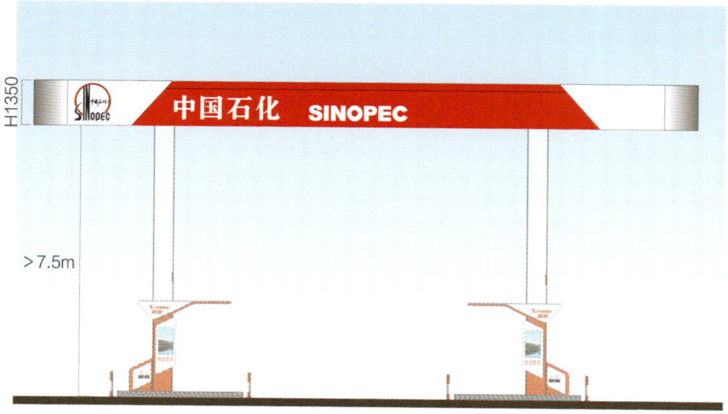

罩棚高度7.5m以上，采用H1350mm檐口

D.3.10

矩阵式站型檐口布置原则

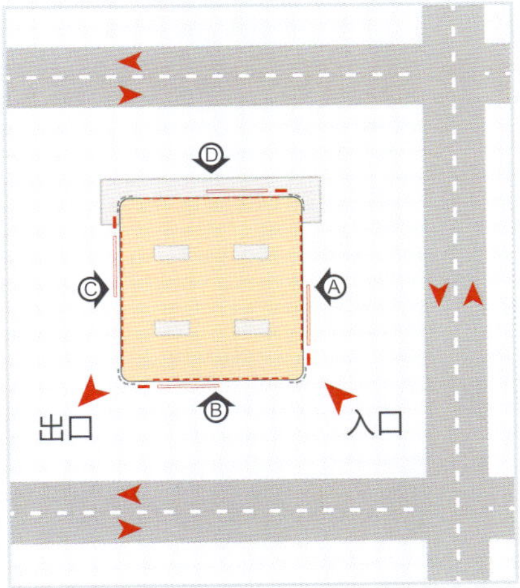

Ⓐ 入口侧檐口　　Ⓑ 正面檐口

Ⓒ 出口侧檐口　　Ⓓ 第四面檐口

➤ 行车方向　　— 立体发光LOGO

▭ 中英文立体发光字　　--- 洗墙灯

— 可选配安装LOGO　　--- 白色转角

▭ 可选配安装中英文立体发光字

檐口布置原则：

· ABCD: 标准檐口

· 第四面不具有宣传价值的檐口面，可选择不展示 LOGO 及洗墙灯

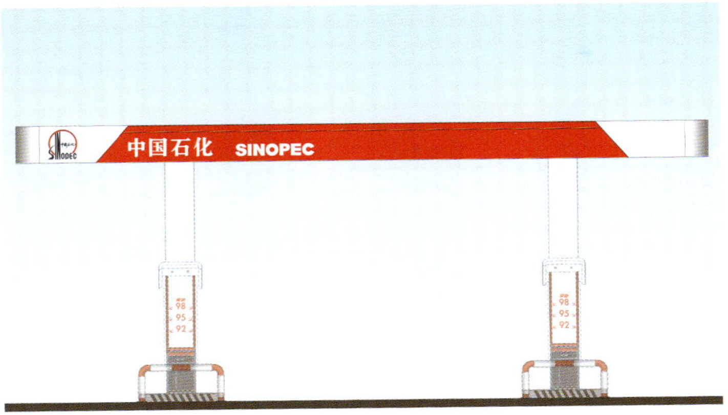

A 入口侧檐口

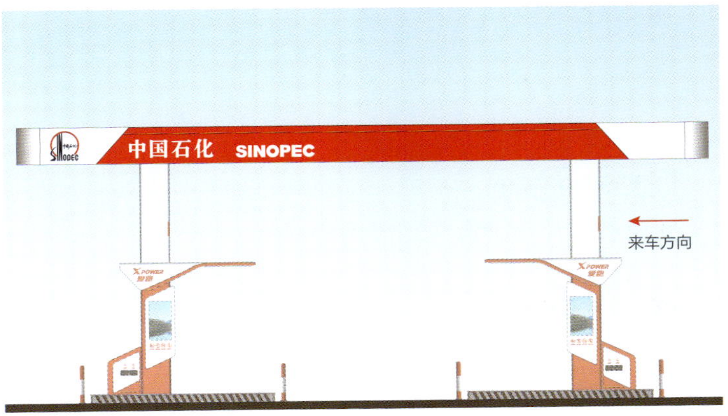

B 正面檐口

C 出口侧檐口

D 第四面檐口

D.3.10

矩阵式站型檐口布置原则

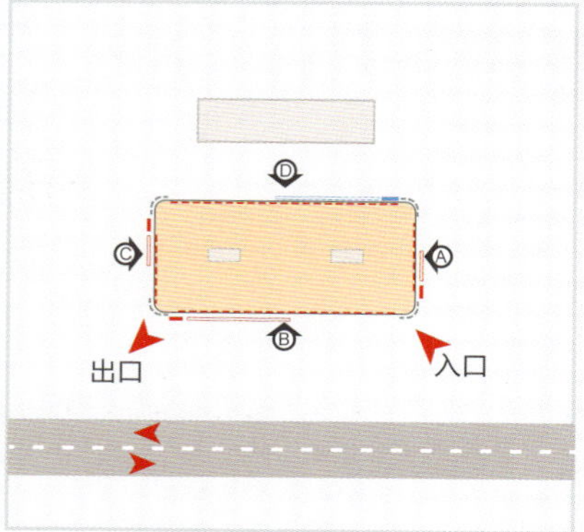

Ⓐ 入口侧檐口
Ⓑ 正面檐口
Ⓒ 出口侧檐口
Ⓓ 第四面檐口
行车方向
立体发光LOGO
中英文立体发光字
洗墙灯
可选配安装LOGO
白色转角
可选配安装中英文立体发光字

檐口布置原则：

A: 入口侧檐口只展示中文发光字；

B: 正面檐口为标准檐口；

C: 出口侧檐口长度不足时，只展示中文或英文发光字；

D: 当第四面不具有宣传价值的檐口面，可选择不展示 LOGO 及洗墙灯。

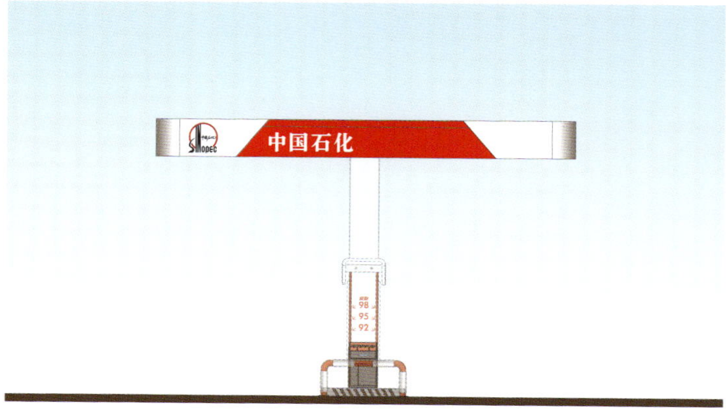

A 入口侧檐口

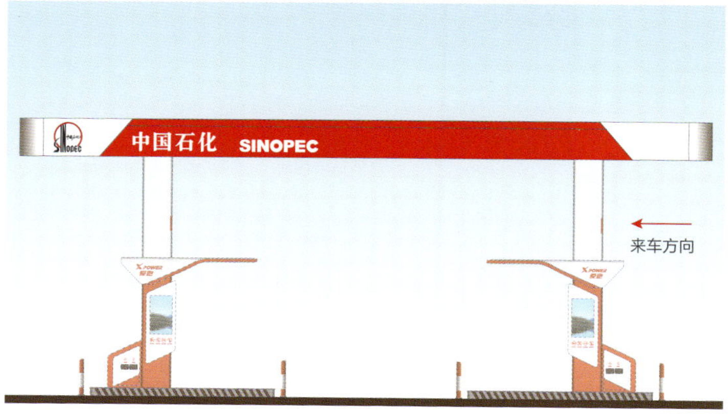

B 正面檐口

C 出口侧檐口

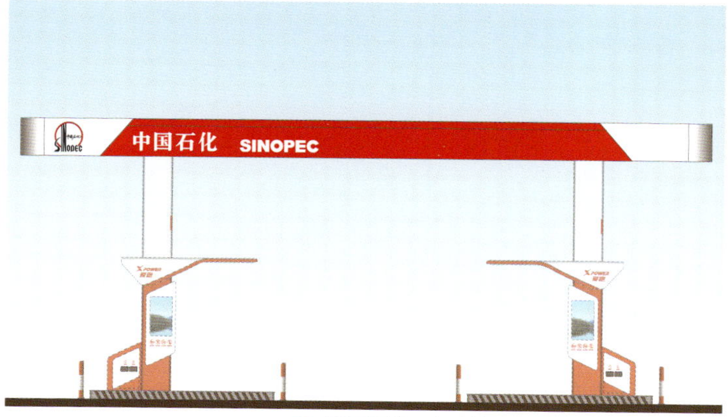

D 第四面檐口(可选)

注：原则上新建站罩棚结构设计以销售公司相关文件要求为准。

D.3.11

通过式站型檐口布置原则

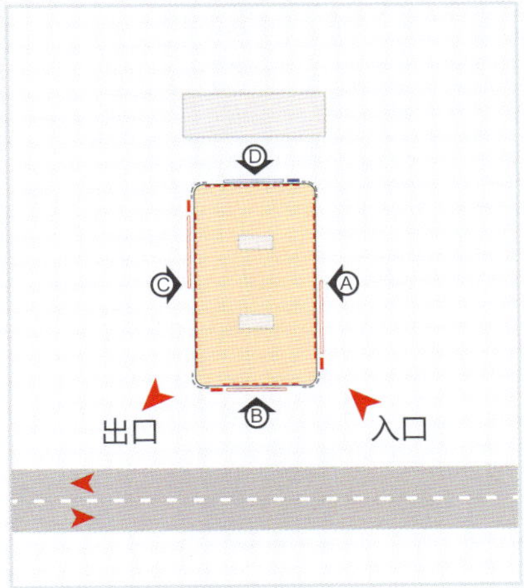

A 入口侧檐口　　B 正面檐口
C 出口侧檐口　　D 第四面檐口
行车方向　　立体发光LOGO
中英文立体发光字　　洗墙灯
可选配安装LOGO　　白色转角
可选配安装中英文立体发光字

檐口布置原则：

A: 入口侧檐口为标准檐口；

B: 正面檐口长度不足时，只展示中文发光字；

C: 出口侧檐口为标准檐口；

D: 第四面不具有宣传价值的檐口面，可选择不展示 LOGO 及洗墙灯。

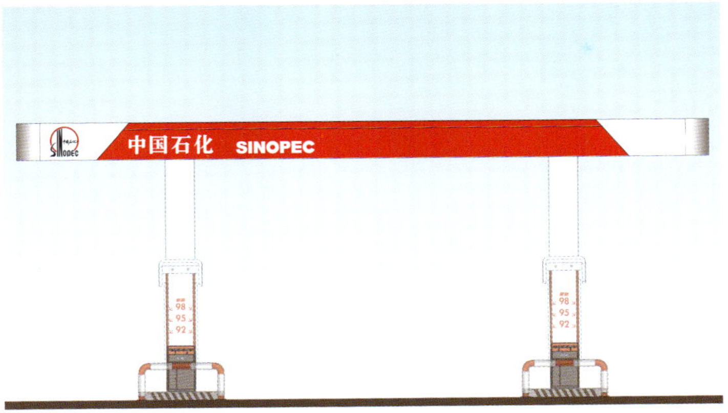

A 入口侧檐口

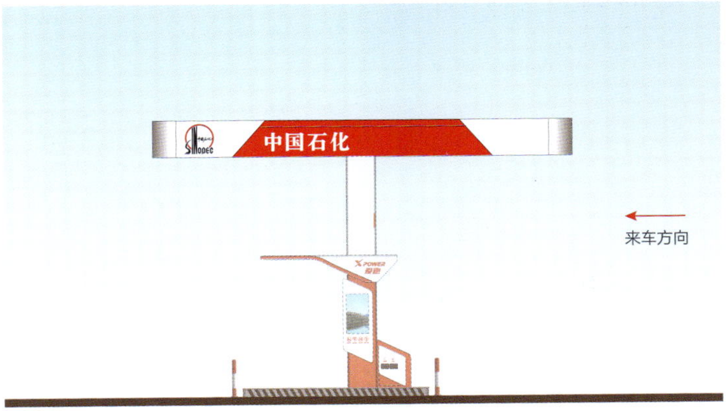

B 正面檐口

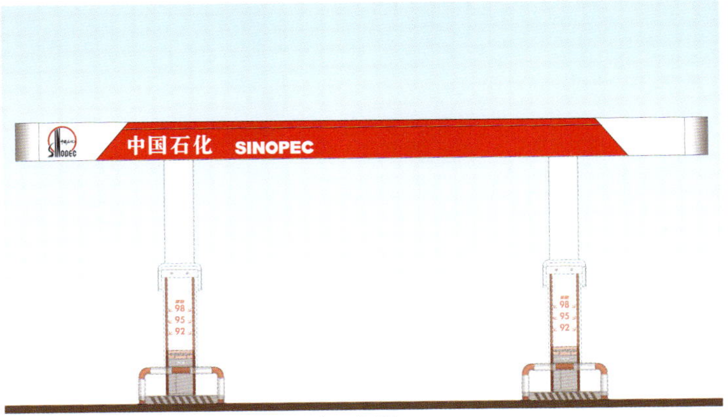

C 出口侧檐口

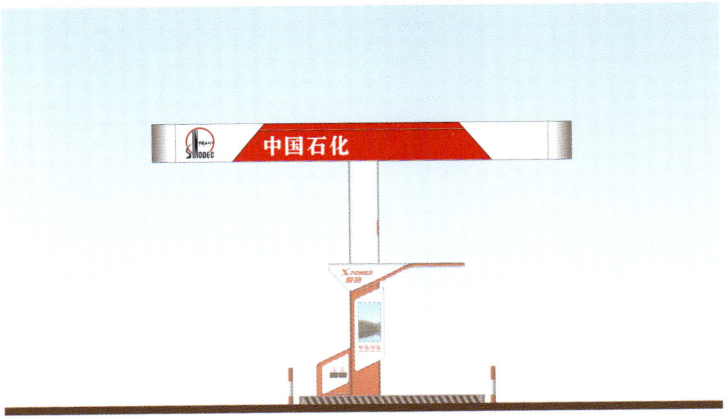

D 第四面檐口(可选)

注：原则上新建站罩棚结构设计以销售公司相关文件要求为准。

D.3.12

非标准站型檐口布置

檐口布局原则：

· 不具有宣传价值的檐口面，可选择不展示 LOGO 及洗墙灯。

· 图示所列站房均为一层站房下建议檐口标识布置方案，多层站房如遇到标识遮挡，按实际情况调整。

· 如遇道路树木、建筑物遮挡檐口标识，按实际情况布置。

· 檐口长度应用原则详见 D.3.06 檐口高度设计规范。

行车方向　　立体发光LOGO
中英文立体发光字　　洗墙灯
白色转角　　可选配安装LOGO
可选配安装中英文立体发光字
柴油卡车

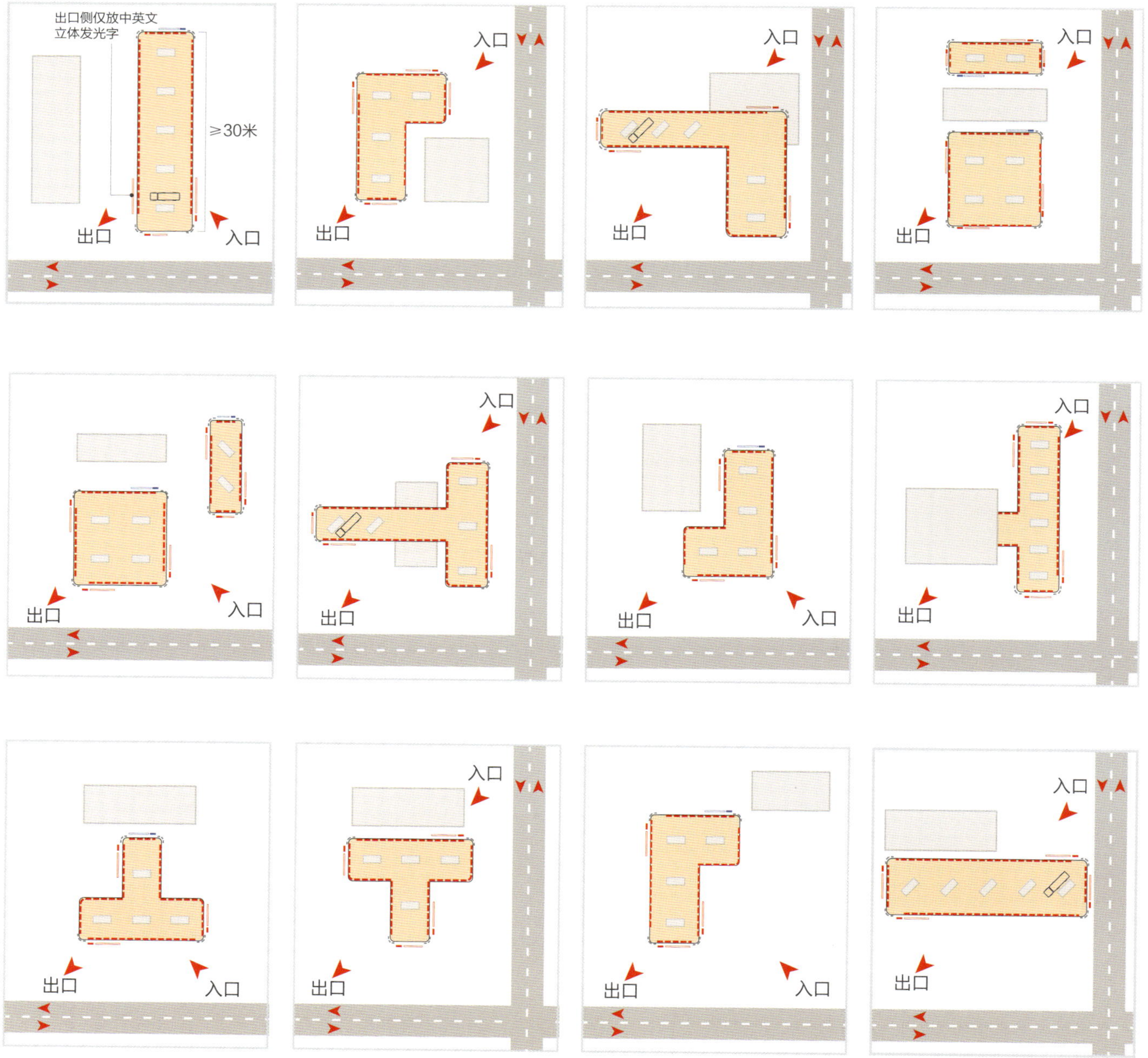

D.3.13

铝塑板型檐口模块总览

· 图中为铝塑板型檐口模块总览。

模组编号应用表格

900高檐口模组编号	1050高檐口模组编号	1200高檐口模组编号	1350高檐口模组编号
[H900-1]	[H1050-1]	[H1200-1]	[H1350-1]
[H900-2]	[H1050-2]	[H1200-2]	[H1350-2]
[H900-2a]	[H1050-2a]	[H1200-2a]	[H1350-2a]
[H900-3]	[H1050-3]	[H1200-3]	[H1350-3]
[H900-4]	[H1050-4]	[H1200-4]	[H1350-4]
[H900-5]	[H1050-5]	[H1200-5]	[H1350-5]
[H900-5a]	[H1050-5a]	[H1200-5a]	[H1350-5a]

当檐口长度低于相应的标准时，
选用相应的短边模组。

单位：mm

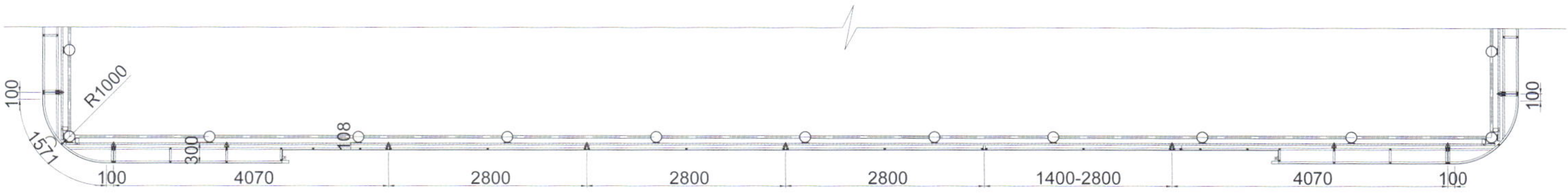

檐口平面图

标准檐口（长边模组）

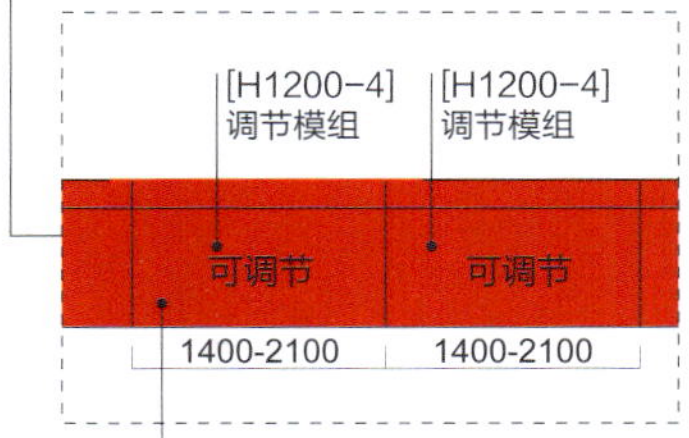

当调节尺寸低于1400时，
使用两块调节模组均分
保证调节模组不低于1400

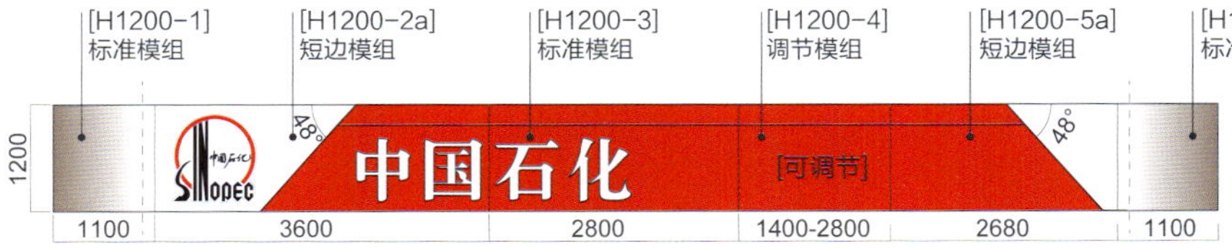

非标檐口（短边模组）

材料色号：

石化红
PANTONE 185 C

高光白
WHITE

D.3.14

铝塑板型檐口模组总览表

· 图中为铝塑板型檐口模组总览表。
模组编号应用表格

900高檐口模组编号	1050高檐口模组编号	1200高檐口模组编号	1350高檐口模组编号
[H900-1]	[H1050-1]	[H1200-1]	[H1350-1]
[H900-2]	[H1050-2]	[H1200-2]	[H1350-2]
[H900-2a]	[H1050-2a]	[H1200-2a]	[H1350-2a]
[H900-3]	[H1050-3]	[H1200-3]	[H1350-3]
[H900-4]	[H1050-4]	[H1200-4]	[H1350-4]
[H900-5]	[H1050-5]	[H1200-5]	[H1350-5]
[H900-5a]	[H1050-5a]	[H1200-5a]	[H1350-5a]

当檐口长度低于相应的标准时，
选用相应的短边模组。

单位：mm

· 注：模组参数详见 E. 附录“综合加能站形象标准工艺安装说明”。

材料色号：

石化红
PANTONE 185 C

高光白
WHITE

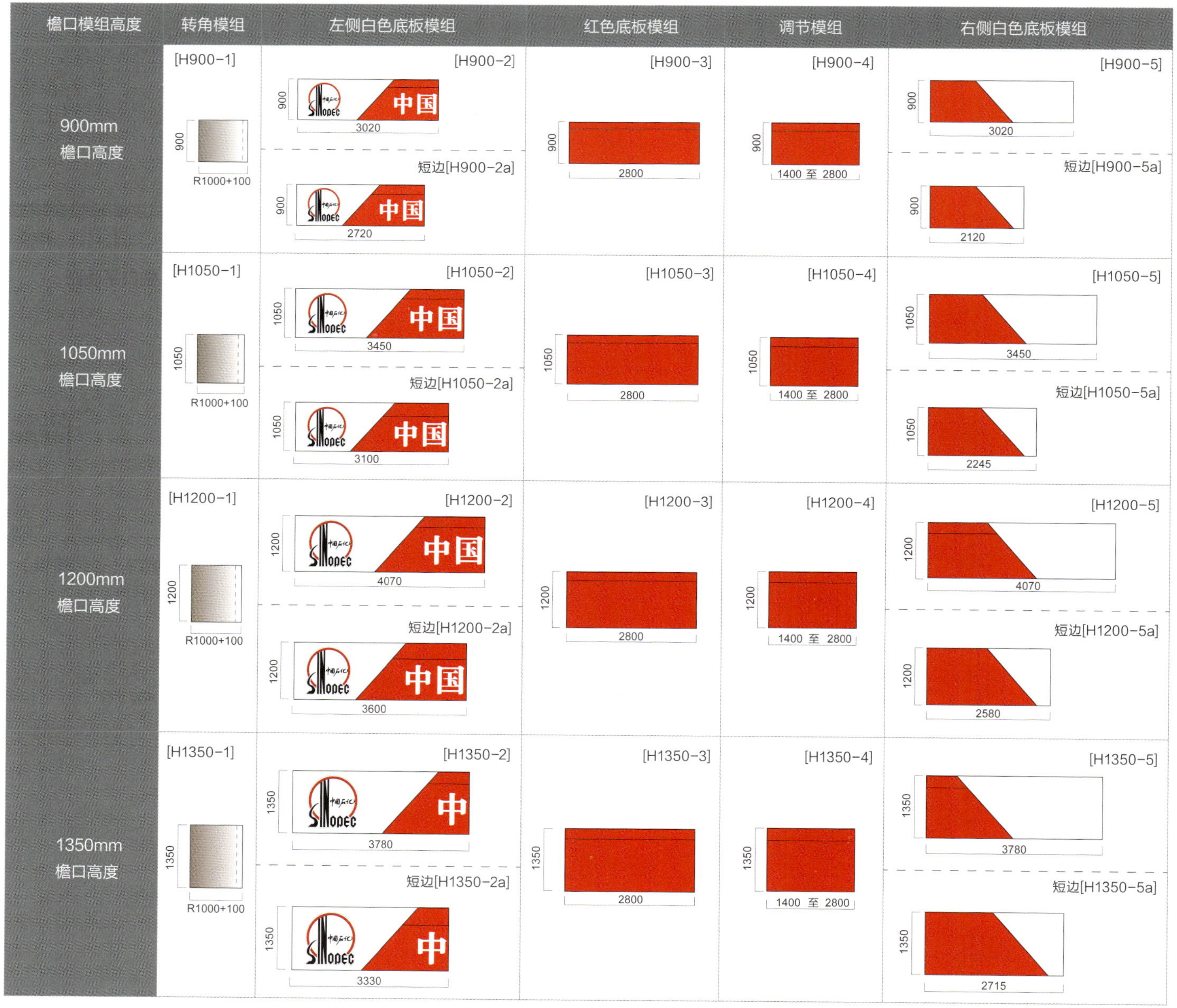

D.3.15

铝塑板型檐口模组标准规范 [H1200-1] 标准模组

· 图中以檐口高度 H1200mm 型为例。

· 工艺说明：

A 面板采用 2mm 铝板激光切割 / 焊接 / 滚圆加工成型，表面做高光白易清洁氟碳漆涂层。

单位：mm

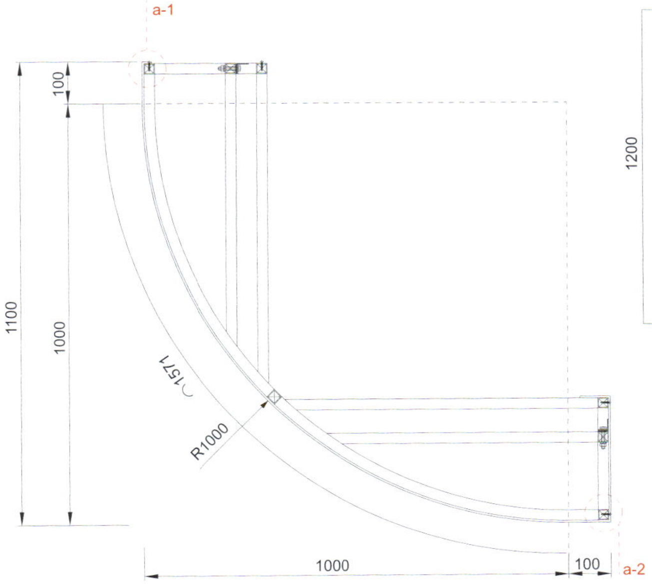

平面图

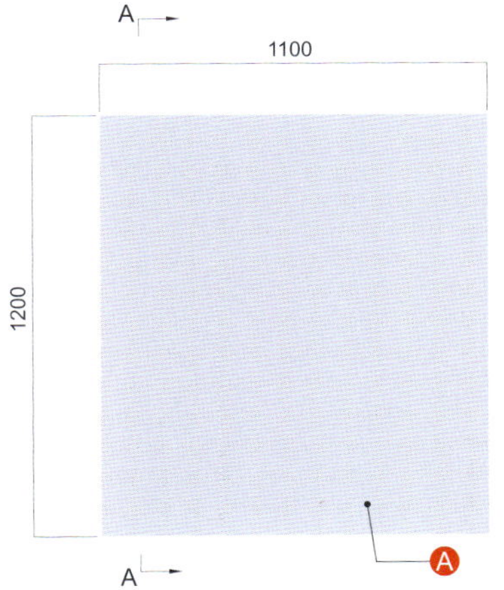

立面图

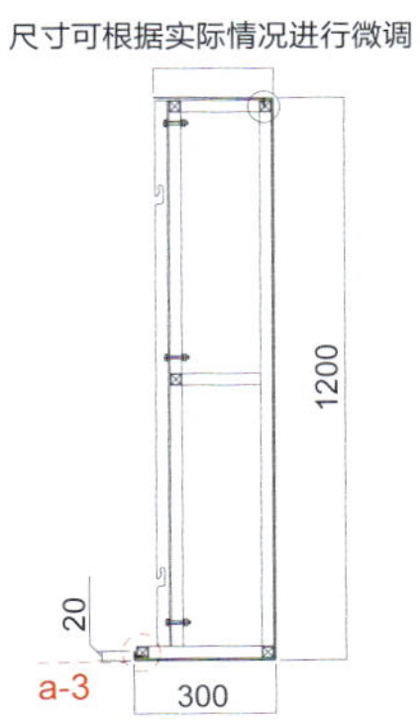

A–A剖面图

效果图

a-1

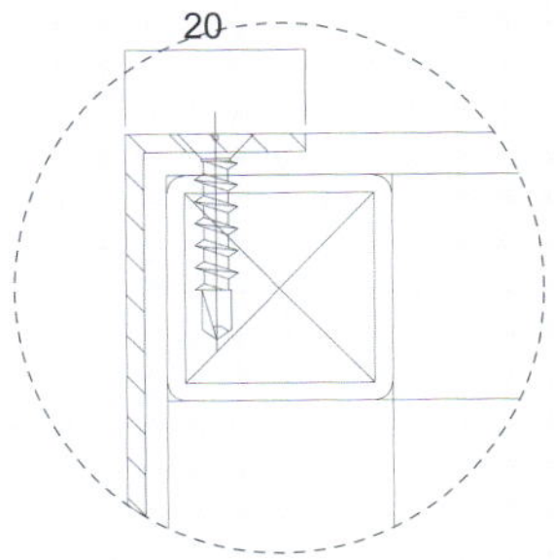

a-2

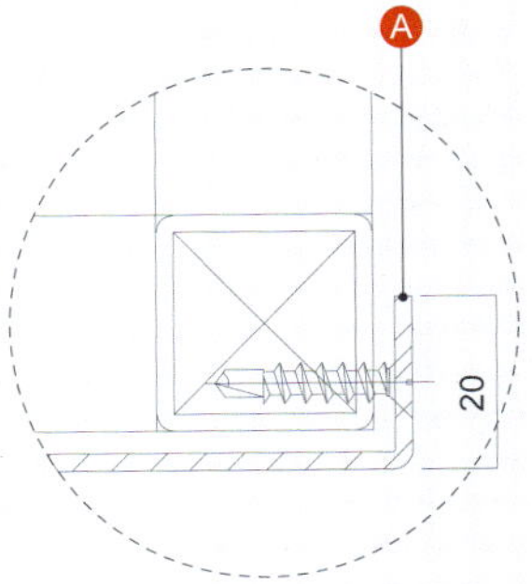

a-3

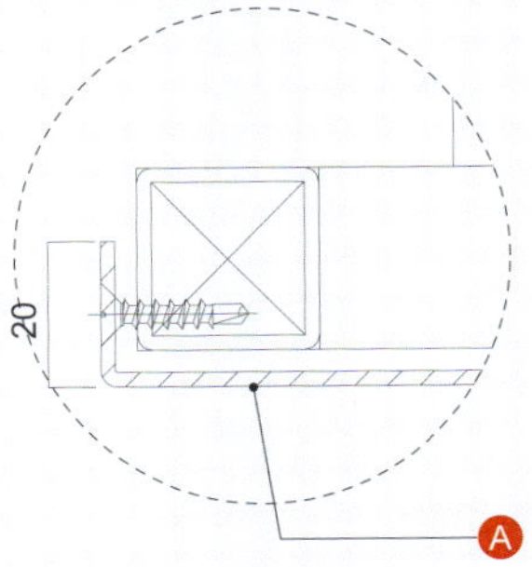

材料色号：

石化红
PANTONE 185 C

高光白
WHITE

D.3.15

铝塑板型檐口模组标准规范 [H1200-2] 长边模组

· 图中以檐口高度 H1200mm 型为例。

· 工艺说明：

- A 4mm 红色高光铝塑板（石化红 Pantone 185 C，0.3mm 铝材厚度，表面为易清洁氟碳漆涂层）
- B 户外 LED PC 管成型灯管，红色（波长 :620~625nm）照度 400~100lx 均匀洗墙，防护等级 IP67 以上
- C 挂脚铝型材
- D 铝塑板开槽处收胶
- E 内部加固型材
- F 加固型材
- G 25mm × 25mm × 2mm 热镀锌方管内支架
- H 面板采用 2mm 铝板激光切割 / 焊接加工成型，表面做高光白易清洁氟碳漆涂层
- I 调平挂角型材

单位：mm

材料色号：

石化红 PANTONE 185 C

高光白 WHITE

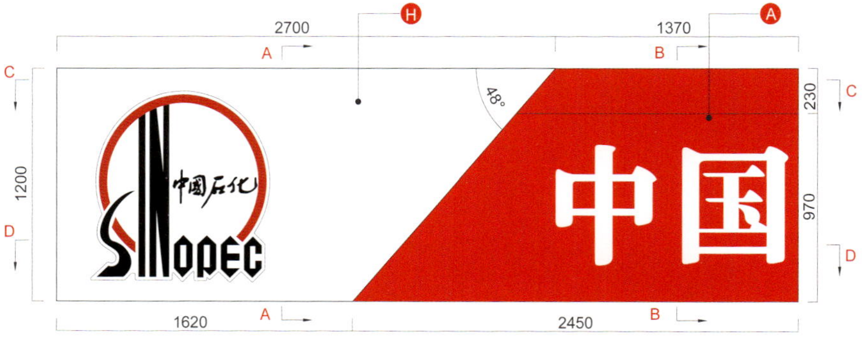

立面图

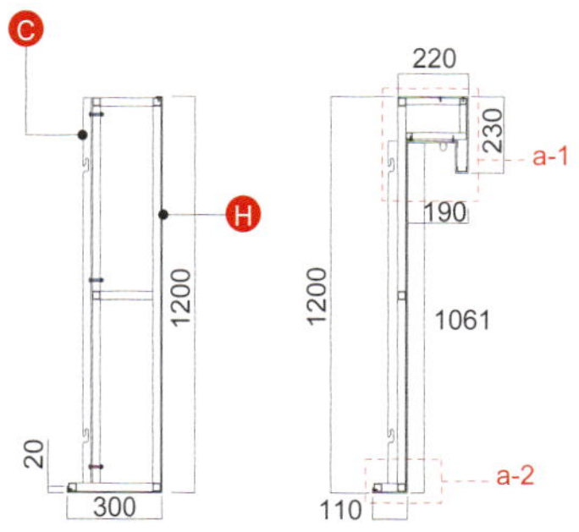
A-A剖面图 B-B剖面图

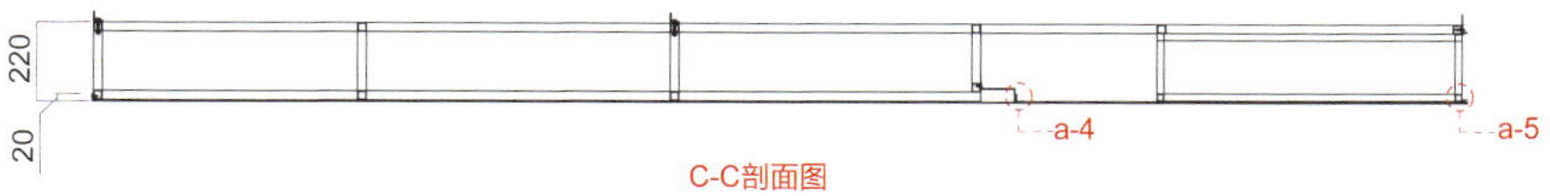
C-C剖面图

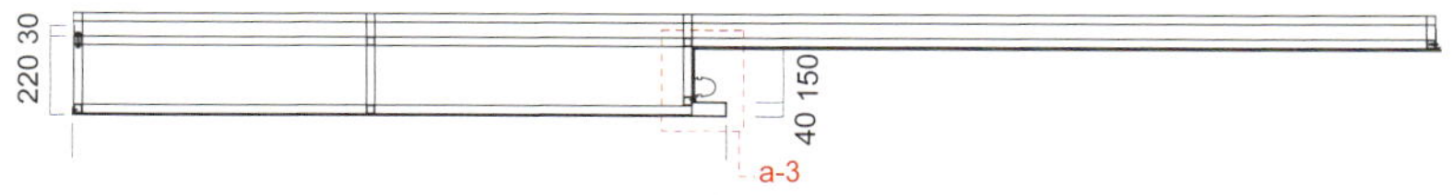
D-D剖面图

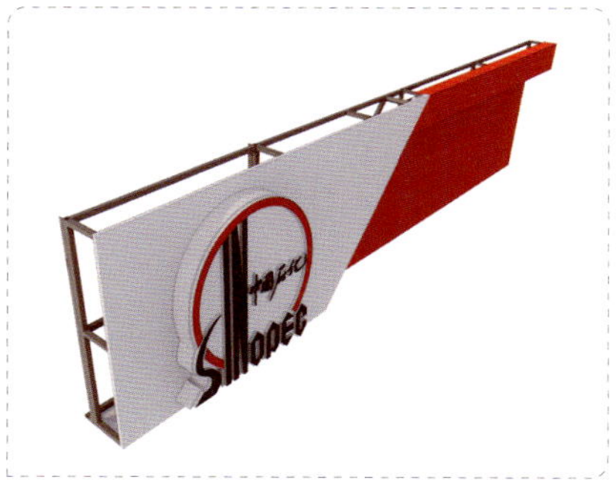
效果图

a-1

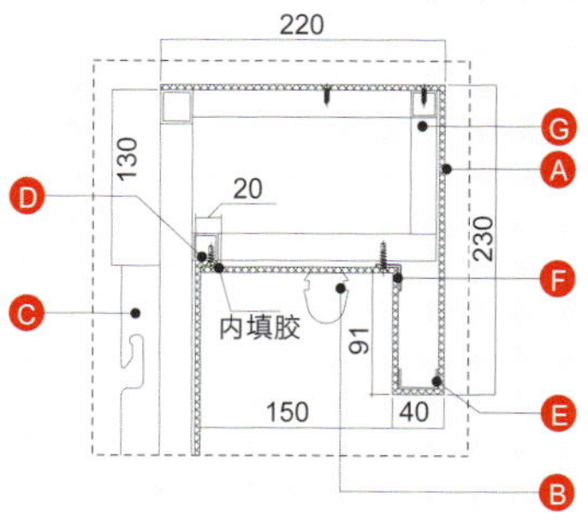

a-2

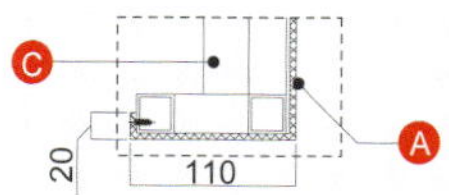

a-3

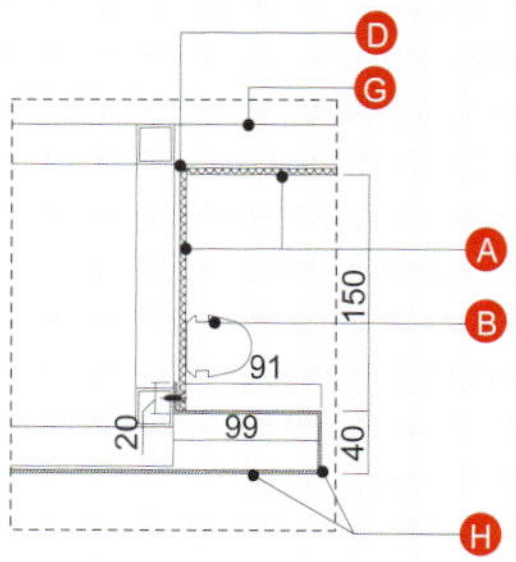

a-4

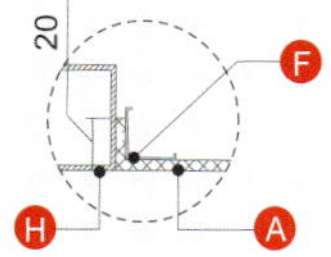

a-5

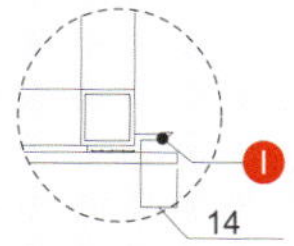

D.3.15

铝塑板型檐口模组标准规范 [H1200-3] 标准模组

· 图中以檐口高度 H1200mm 型为例。

· 工艺说明：

- A 4mm 红色高光铝塑板（石化红 Pantone 185 C，0.3mm 铝材厚度，表面为易清洁氟碳漆涂层）
- B 户外 LED PC 管成型灯管，红色（波长 :620~625nm）照度 400~100lx 均匀洗墙，防护等级 IP67 以上
- C 挂脚铝型材
- D 铝塑板开槽处收胶
- E 内部加固型材
- F 加固型材
- G 25mm × 25mm × 2mm 热镀锌方管内支架
- H 面板采用 2mm 铝板激光切割 / 焊接加工成型，表面做高光白易清洁氟碳漆涂层
- I 调平挂角型材

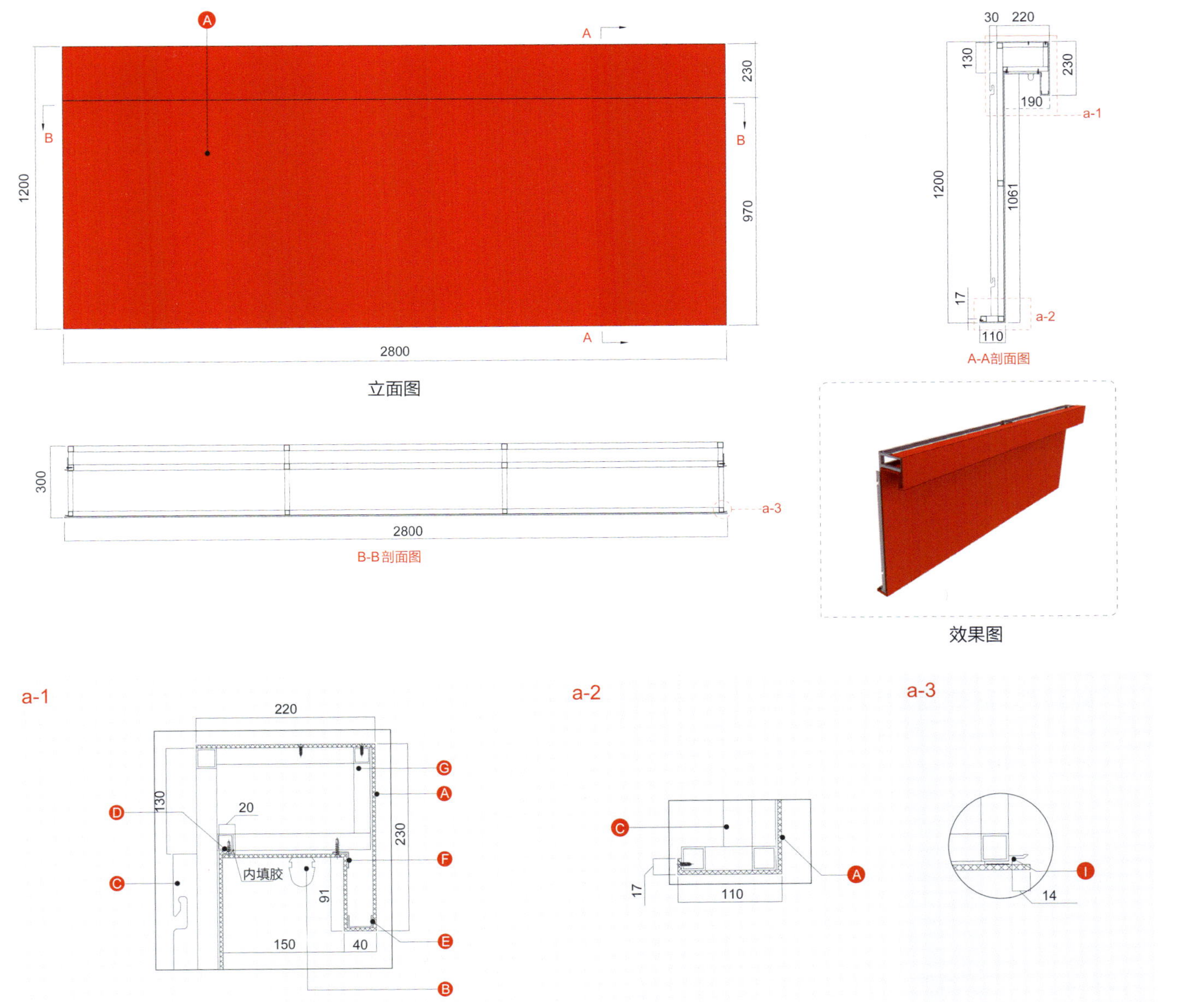

单位：mm

材料色号：

石化红
PANTONE 185 C

高光白
WHITE

D.3.15

铝塑板型檐口模组标准规范 [H1200-4] 调节模组

· 图中以檐口高度 H1200mm 型为例。

· 工艺说明：

- A 4mm 红色高光铝塑板（石化红 Pantone 185 C，0.3mm 铝材厚度，表面为易清洁氟碳漆涂层）
- B 户外 LED PC 管成型灯管，红色（波长 :620~625nm）照度 400~100lx 均匀洗墙，防护等级 IP67 以上
- C 挂脚铝型材
- D 铝塑板开槽处收胶
- E 内部加固型材
- F 加固型材
- G 25mm × 25mm × 2mm 热镀锌方管内支架
- H 面板采用 2mm 铝板激光切割 / 焊接加工成型，表面做高光白易清洁氟碳漆涂层
- I 调平挂角型材

单位：mm

材料色号：

石化红
PANTONE 185 C

高光白
WHITE

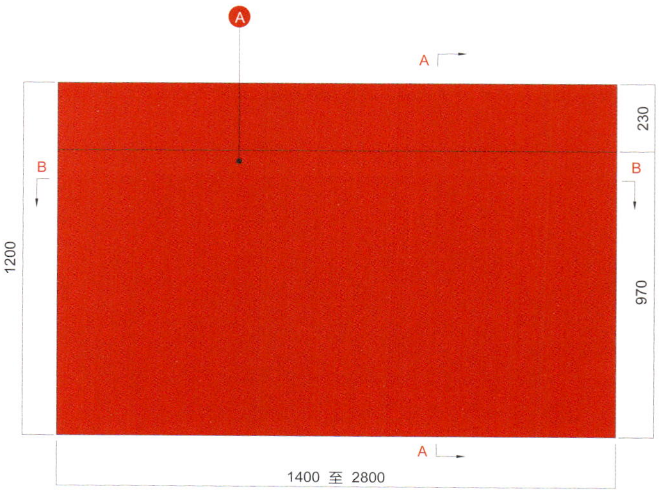

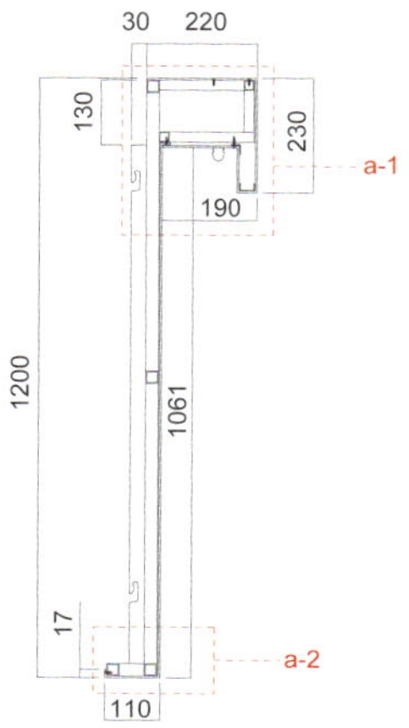

A-A剖面图

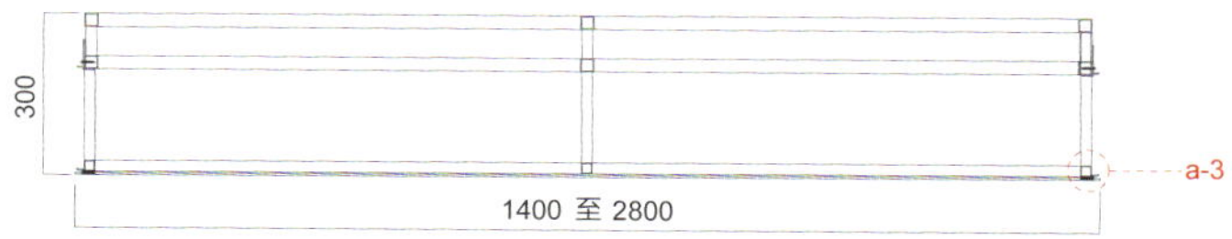

B-B剖面图

效果图

a-1

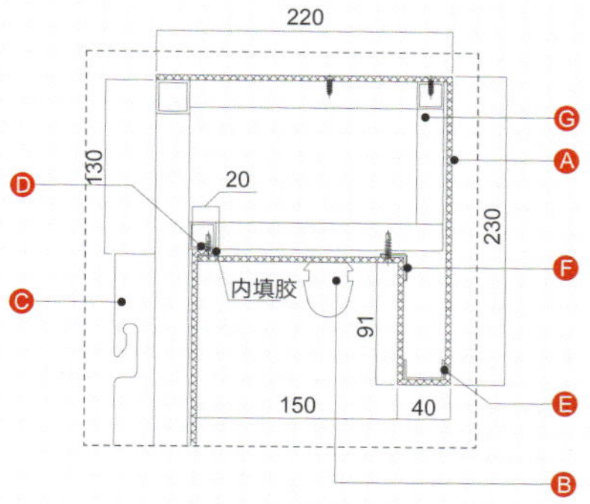

a-2

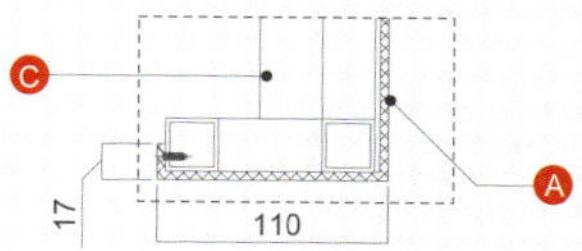

a-3

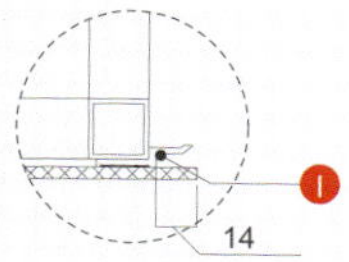

D.3.15

铝塑板型檐口模组标准规范 [H1200-5] 长边模组

· 图中以檐口高度 H1200mm 型为例。

· 工艺说明：

- A 4mm 红色高光铝塑板（石化红 Pantone 185 C，0.3mm 铝材厚度，表面为易清洁氟碳漆涂层）
- B 户外 LED PC 管成型灯管，红色（波长 :620~625nm）照度 400~100lx 均匀洗墙，防护等级 IP67 以上
- C 挂脚铝型材
- D 铝塑板开槽处收胶
- E 内部加固型材
- F 加固型材
- G 25mm × 25mm × 2mm 热镀锌方管内支架
- H 面板采用 2mm 铝板激光切割 / 焊接加工成型，表面做高光白易清洁氟碳漆涂层
- I 调平挂角型材

单位：mm

材料色号：

石化红 PANTONE 185 C

高光白 WHITE

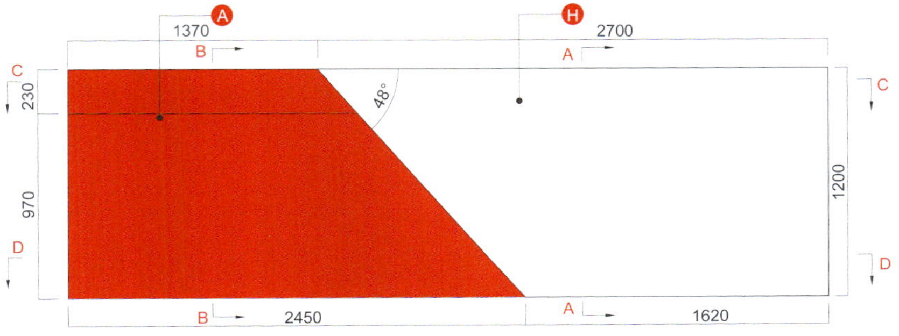

立面图

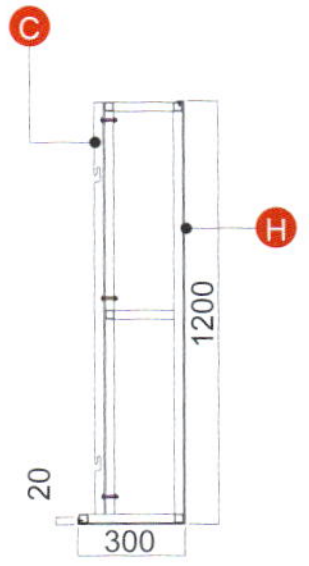

A-A剖面图

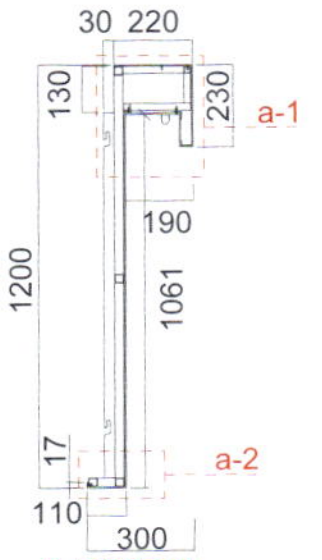

B-B剖面图

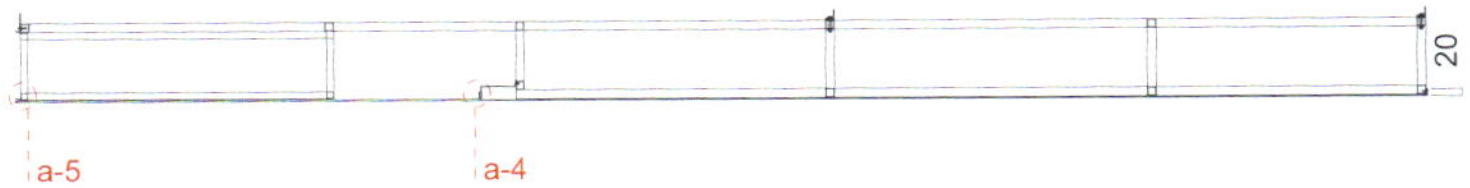

C-C剖面图

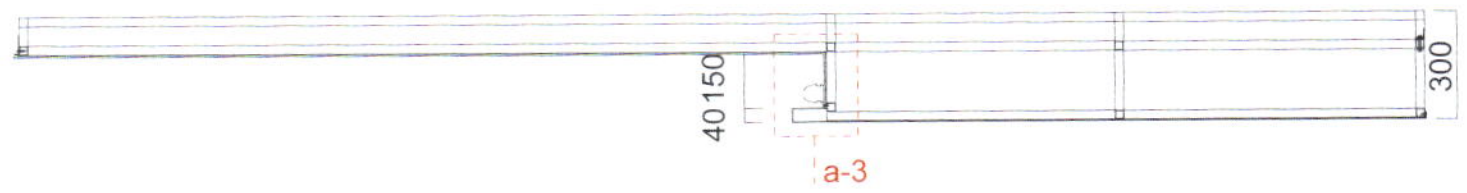

D-D剖面图

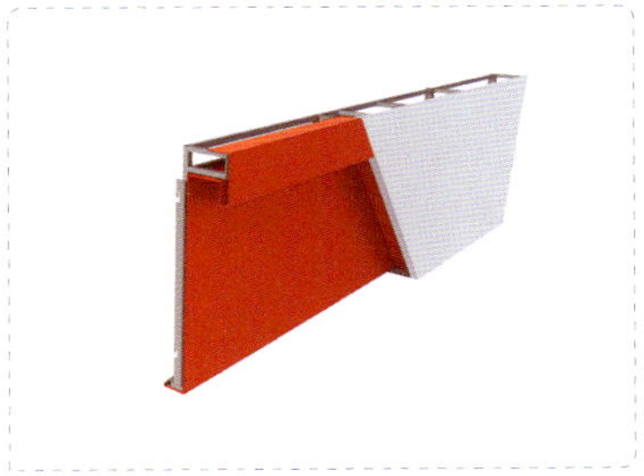
效果图

a-1

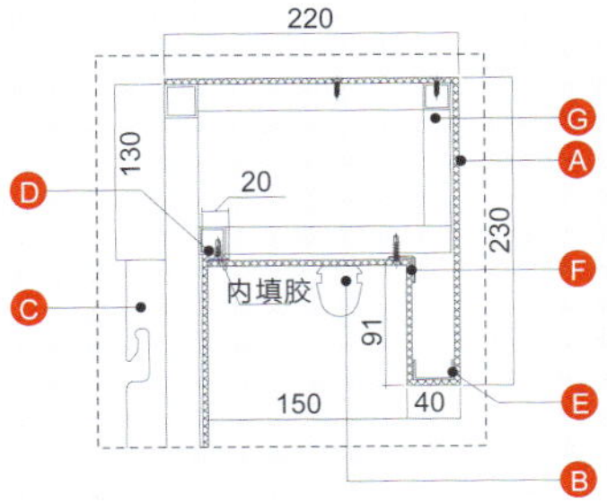

a-2

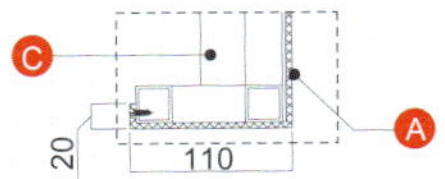

a-3

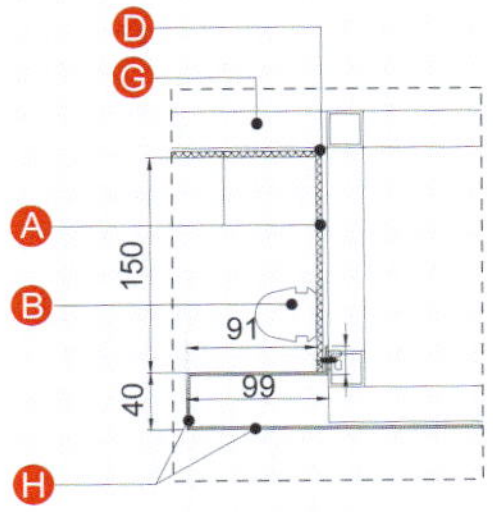

a-4

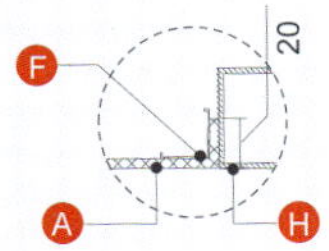

a-5

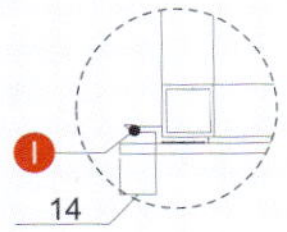

D.3 罩棚

D.3.15

铝塑板型檐口模组标准规范 [H1200-2a] 短边模组

· 图中以檐口高度 H1200mm 型为例。

· 工艺说明：

- Ⓐ 4mm 红色高光铝塑板（石化红 Pantone 185 C，0.3mm 铝材厚度，表面为易清洁氟碳漆涂层）
- Ⓑ 户外 LED PC 管成型灯管，红色（波长 :620~625nm）照度 400~100lx 均匀洗墙，防护等级 IP67 以上
- Ⓒ 挂脚铝型材
- Ⓓ 铝塑板开槽处收胶
- Ⓔ 内部加固型材
- Ⓕ 加固型材
- Ⓖ 25mm × 25mm × 2mm 热镀锌方管内支架
- Ⓗ 面板采用 2mm 铝板激光切割 / 焊接加工成型，表面做高光白易清洁氟碳漆涂层
- Ⓘ 调平挂角型材

单位：mm

材料色号：

石化红 PANTONE 185 C

高光白 WHITE

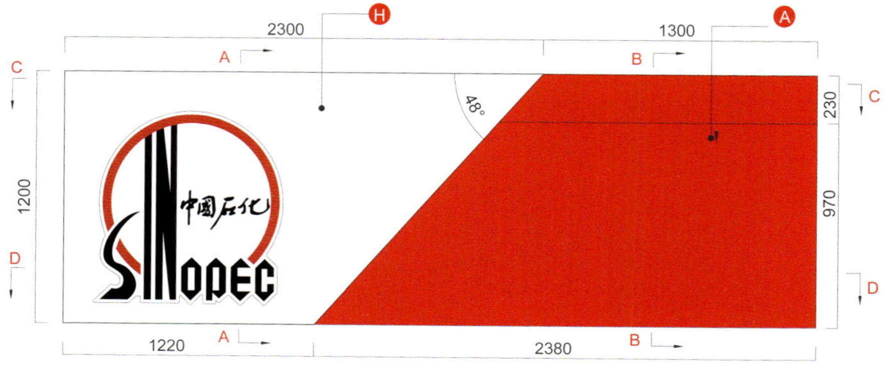

立面图

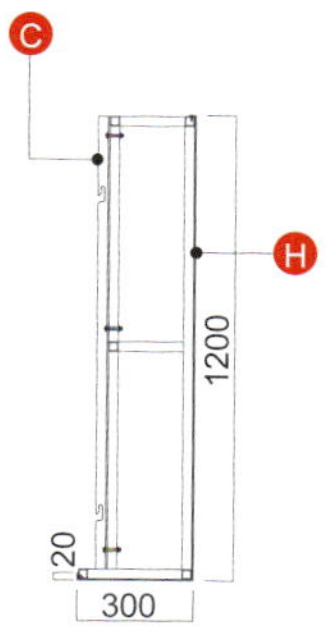

A-A剖面图

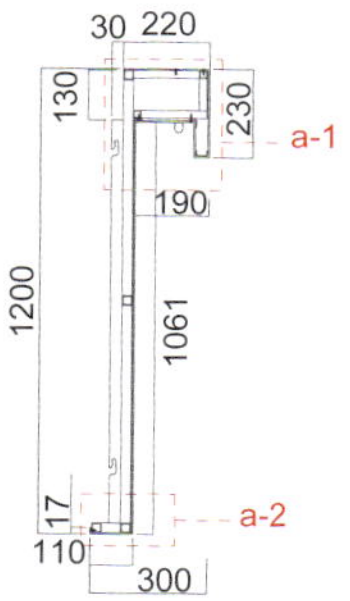

B-B剖面图

C-C剖面图

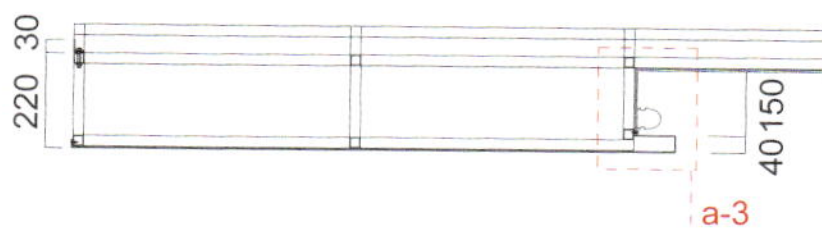

D-D剖面图

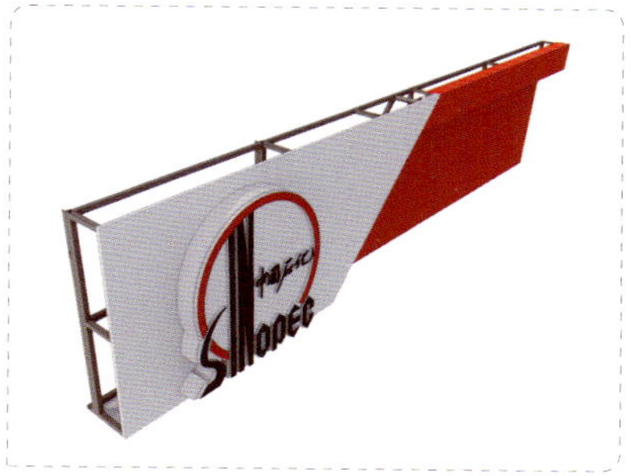

效果图

a-1

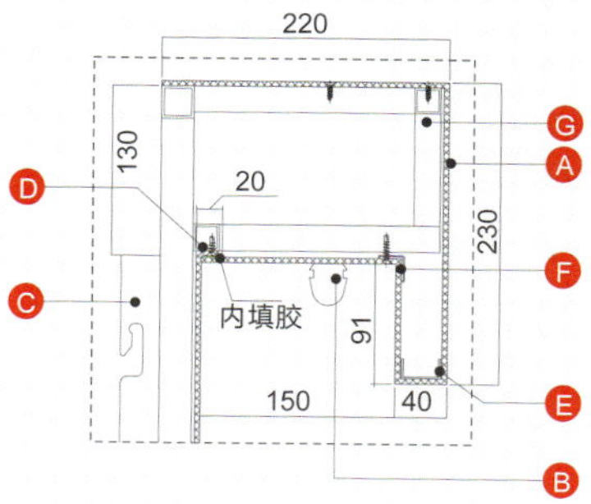

a-2

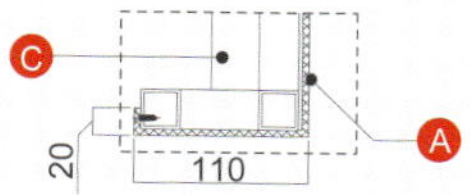

a-3

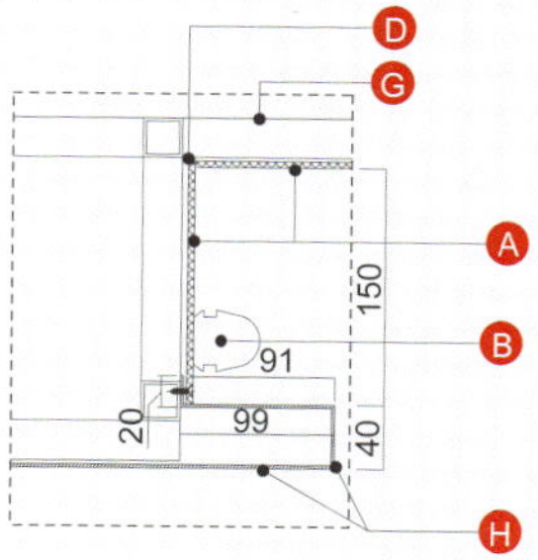

a-4

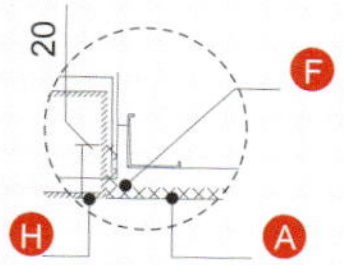

a-5

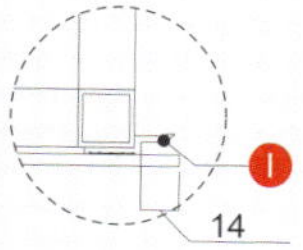

D.3.15

铝塑板型檐口模组标准规范 [H1200-5a] 短边模组

· 图中以檐口高度 H1200mm 型为例。

· 工艺说明：

- Ⓐ 4mm 红色高光铝塑板（石化红 Pantone 185 C，0.3mm 铝材厚度，表面为易清洁氟碳漆涂层）
- Ⓑ 户外 LED PC 管成型灯管，红色（波长 :620~625nm）照度 400~100lx 均匀洗墙，防护等级 IP67 以上
- Ⓒ 挂脚铝型材
- Ⓓ 铝塑板开槽处收胶
- Ⓔ 内部加固型材
- Ⓕ 加固型材
- Ⓖ 25mm × 25mm × 2mm 热镀锌方管内支架
- Ⓗ 面板采用 2mm 铝板激光切割 / 焊接加工成型，表面做高光白易清洁氟碳漆涂层
- Ⓘ 调平挂角型材

单位：mm

材料色号：

石化红
PANTONE 185 C

高光白
WHITE

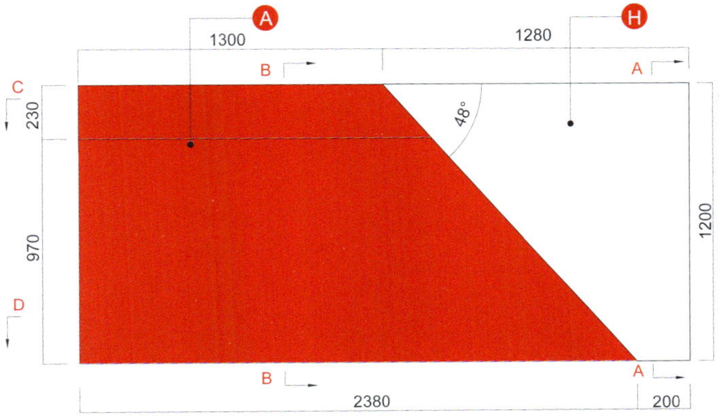

立面图

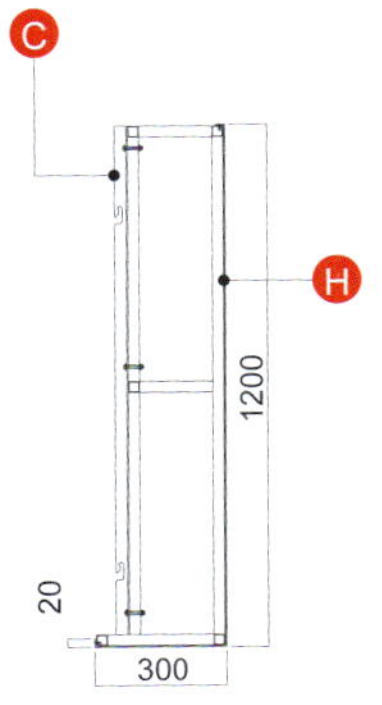

A-A剖面图

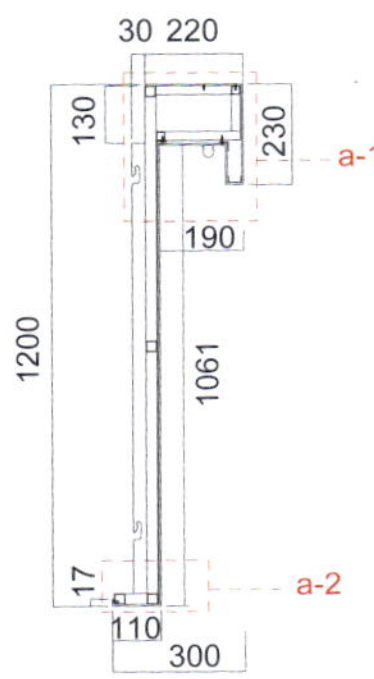

B-B剖面图

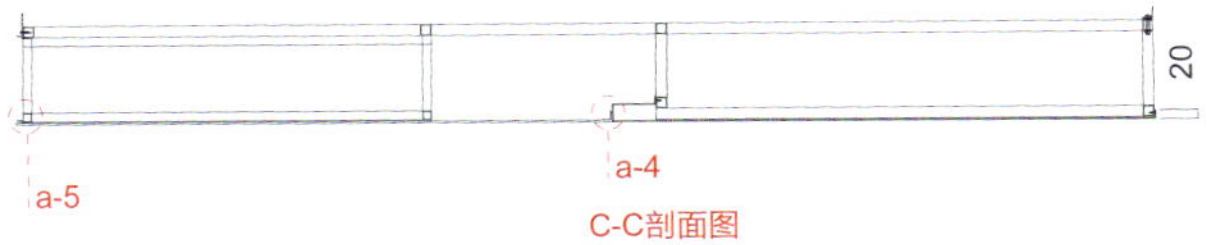

C-C剖面图

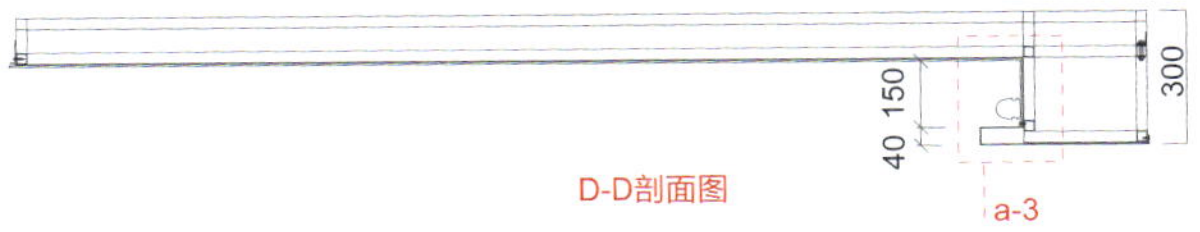

D-D剖面图

效果图

a-1

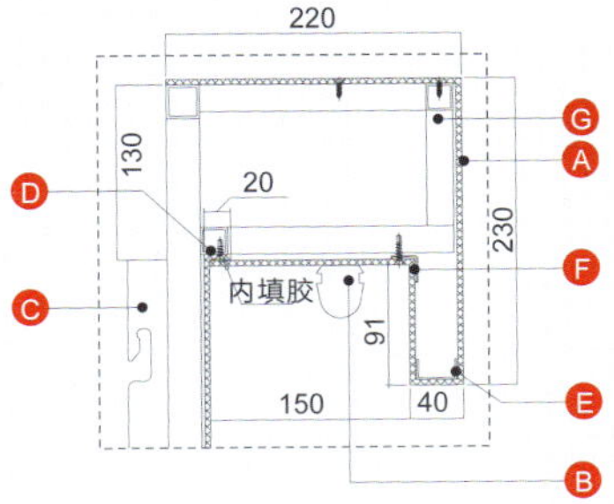

a-2

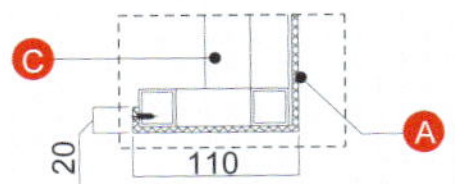

a-3

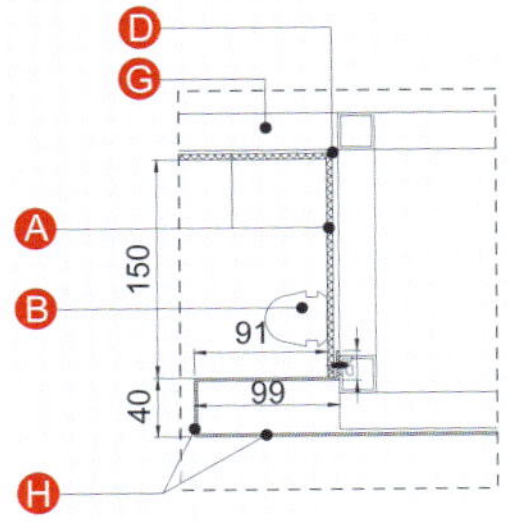

a-4

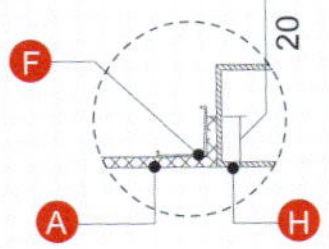

a-5

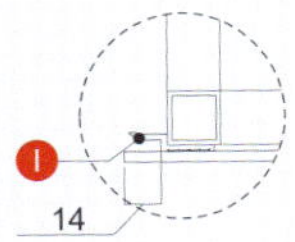

D.3 罩棚

D.3.16

铝塑板型檐口形象配置表

· 檐口高度分为：
H900mm 型；
H1050mm 型；
H1200mm 型；
H1350mm 型。

· 可根据相应的檐口高度及长度配置相对应的道具模组。

单位：mm

必选项：●
可选项：○
不可选项：/

●为标准模组。

	檐口长度（d）	白色转角	左侧白色底板	朝阳标发光LOGO	中英文组合	中文（入口）	中文（出口）	英文（出口）	右侧白色底板
	图例				中国石化 SINOPEC	中国石化	中国石化	SINOPEC	
H900型檐口	8m≤d<10m	●	短边[H900-2a]	●	/	●	○	○	短边[H900-5a]
	10m≤d<12m	●	●	●	/	●	○	○	短边[H900-5a]
	12m≤d<14m	●	●	●	/	●	○	○	●
	d≥14m	●	●	●	●	/	/	/	●
H1050型檐口	9m≤d<10m	●	短边[H1050-2a]	●	/	●	○	○	短边[H1050-5a]
	10m≤d<13m	●	●	●	/	●	○	○	短边[H1050-5a]
	13m≤d<16m	●	●	●	/	●	○	○	●
	d≥16m	●	●	●	●	/	/	/	●
H1200型檐口	10m≤d<12m	●	短边[H1200-2a]	●	/	●	○	○	短边[H1200-5a]
	12m≤d<15m	●	●	●	/	●	○	○	短边[H1200-5a]
	15m≤d<18m	●	●	●	/	●	○	○	●
	d≥18m	●	●	●	●	/	/	/	●
H1350型檐口	11m≤d<13m	●	短边[H1350-2a]	●	/	●	○	○	短边[H1350-5a]
	13m≤d<17m	●	●	●	/	●	○	○	短边[H1350-5a]
	17m≤d<20m	●	●	●	/	●	○	○	●
	d≥20m	●	●	●	●	/	/	/	●

D.3.17

铝塑板型檐口 LOGO 工艺说明

· 安装工艺：

1. 底板预留挂件孔和穿线孔；
2. 挂件固定，模组式安装；
3. LOGO 下方最低点需要留漏水孔。

· 檐口高度标准：

900mm、1050mm、1200mm、1350mm。

单位：mm

檐口高度应用原则：

檐口高度	LOGO高度	文字高度	英文高度
900	770	470	300
1050	900	550	350
1200	1030	660	420
1350	1150	770	490
>1350	1150	770	490

材料色号：

石化红 PANTONE 185 C

高光白 WHITE

檐口立面材质图

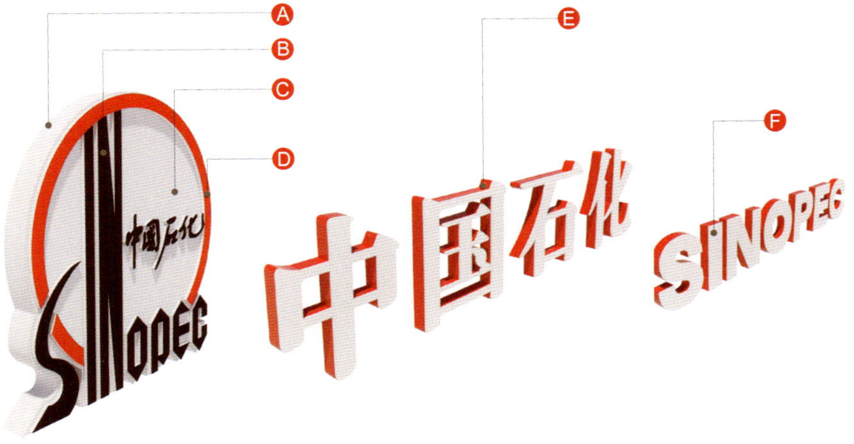

立体发光LOGO 立体发光字

A 凸出100mm，2mm厚铝板白色烤漆

B 3mm黑色亚克力

C 铝板激光切割、激光焊接加工成型，表面做高光白易清洁氟碳漆涂层

D 3mm红色亚克力

E 1.5mm铝板折边，侧边红色喷涂，厚度60mm

F 5mm乳白高透亚克力

D.3.17

铝塑板型檐口
LOGO 工艺说明

· 安装工艺：

1. 底板预留挂件孔和穿线孔；
2. 挂件固定，模组式安装；

· LOGO 下方最低点需要留漏水孔。

· LOGO 变压器置于白色转角内。

单位：mm

檐口高度应用原则：

檐口高度	LOGO高度
900	770
1050	900
1200	1030
1350	1150
>1350	1150

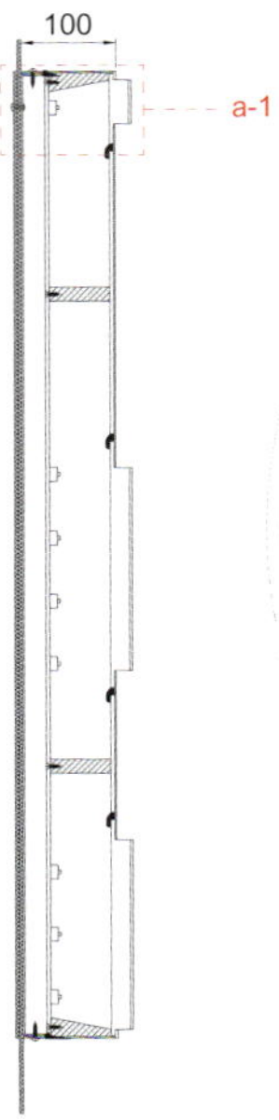

A–A剖面图

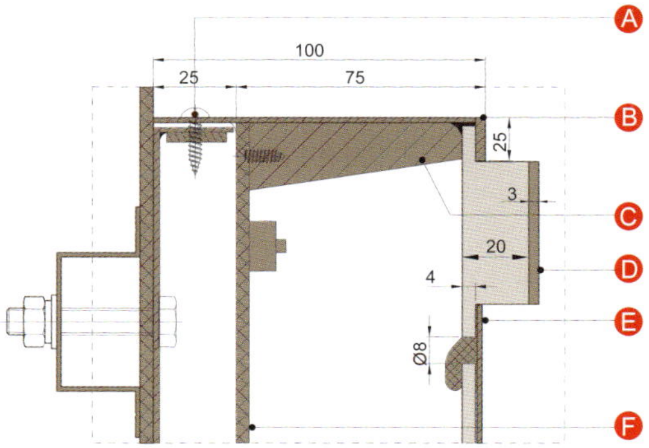

a-1

- A ST4×16圆头自攻螺钉间隔400 一颗锁螺钉处粘接3mm零料铝板片
- B 压框2mm铝板围边1.2mm铝板表面烤专色漆
- C 内支撑件
- D 20mm透明/乳白亚克力激光雕刻成型 表面贴3mm中石化红/黑亚克力
- E 2.0mm铝板激光切割、激光焊接加工成型，表面做中国石化高光白易清洁喷涂
- F 底板 4.0mm白色铝塑板表面排布LED 防护等级IP65以上

材料色号：

石化红
PANTONE 185 C

高光白
WHITE

D.3.17

铝塑板型檐口
LOGO 工艺说明

· 安装工艺：

1. 底板预留挂件孔和穿线孔；
2. 挂件固定，模组式安装；
3. LOGO 下方最低点需要留漏水孔。

单位：mm

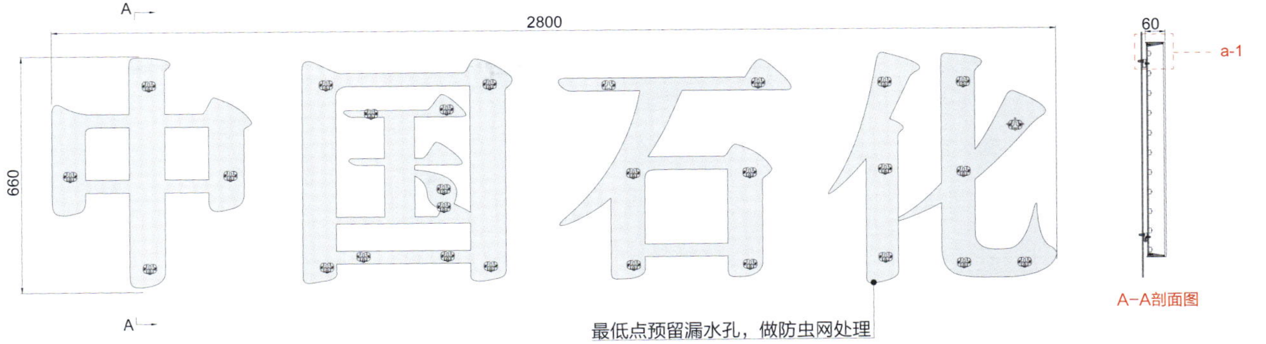

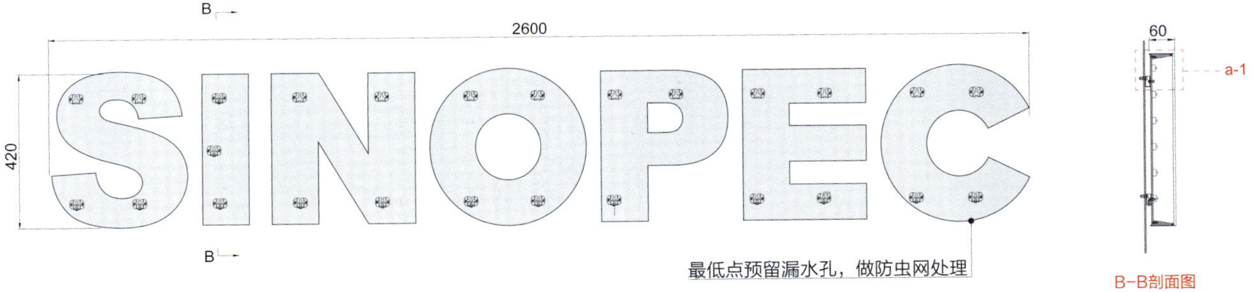

a-1

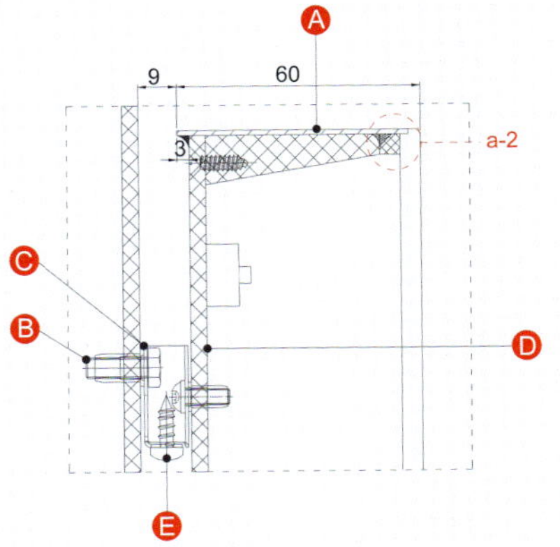

a-2

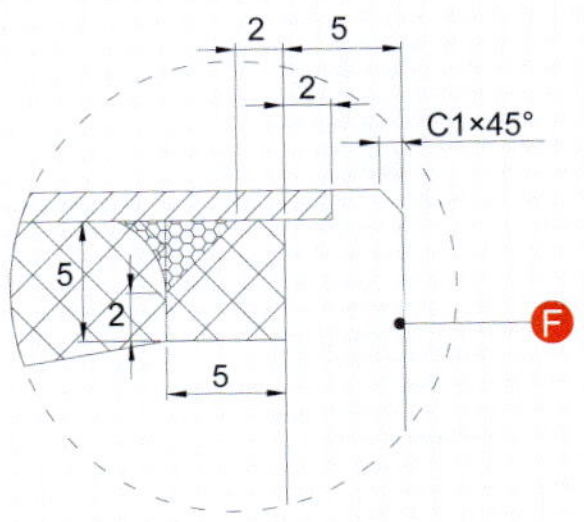

- **A** 围边1.5mm铝板折边，表面红色喷涂，喷涂要求等同于红色铝塑板要求
- **B** M5×15外六角螺钉
- **C** 葫芦孔专用挂角
- **D** 底板3mm白色铝板
- **E** 专用立体字挂脚件
- **F** 5mm乳白高透亚克力，表面打灯照度要求6000lx以上

D.3.18

铝塑板型檐口施工说明

施工说明：

· 现场施工请优先确认安装基准线，具体位置现场进行确认。

· 先预埋 5# 镀锌角钢挑脚，再安装 25mm × 50mm × 2.5mm 扁管通长横档。

· 钢架应满足招牌承载不小于 40kg/m²，保证垂直面和水平面误差不能超过正负 2mm。

· 发光字处预埋 3 × 2.5mm² 电源线，变压器置于就近配电箱内。

· 现场安装时需考虑铝塑板热胀冷缩因素，故对铝塑板模块拼缝做如下要求：

①冬季在 0℃左右时，留 2mm 缝；

②在 20℃左右时，留 1mm 缝；

③夏季在 30℃左右时，不留缝。

单位：mm

材料色号：

石化红 PANTONE 185 C

高光白 WHITE

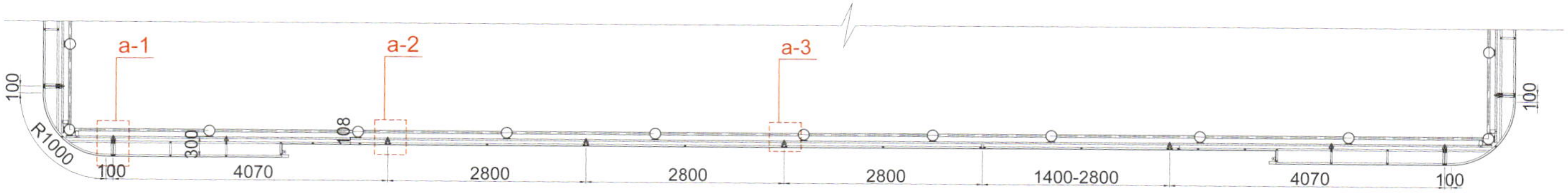

檐口平面图

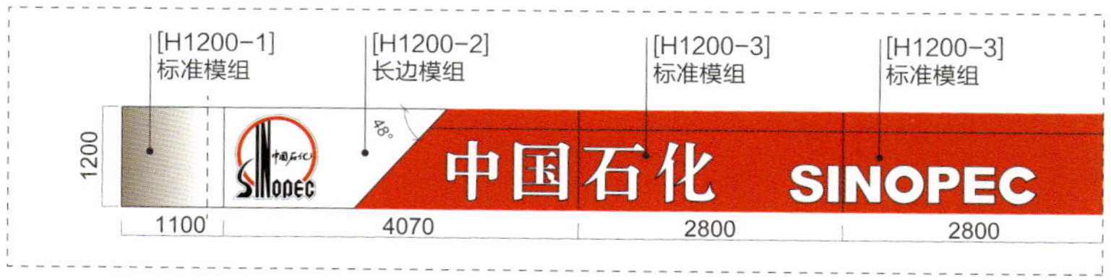

标准檐口（长边模组）

· 施工要求：

原罩棚基层上安装调平骨架，模组式安装。

模组安装空间需要突出原有结构300mm。

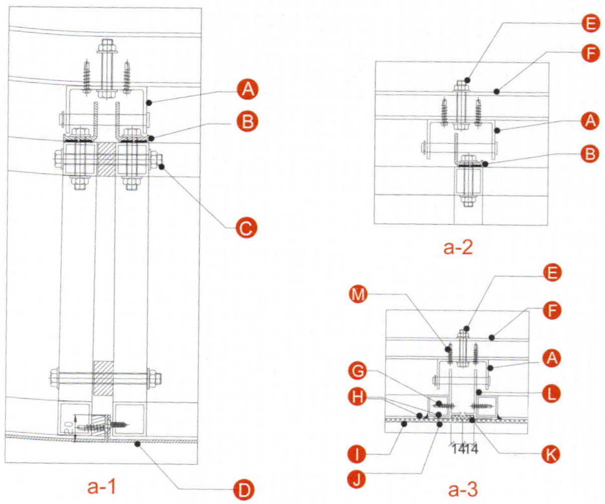

a-1　a-2　a-3

- Ⓐ 安装脚铝型材
- Ⓑ 挂脚铝型材 M8 × 40对穿螺栓+结构胶与支架固定
- Ⓒ M8 × 90对穿螺栓连接
- Ⓓ 面板采用2mm 铝板激光切割/ 焊接/ 滚圆加工成型，表面做高光白易清洁氟碳漆涂层
- Ⓔ M8 × 45对穿螺栓
- Ⓕ 25mm × 50mm × 2.5mm扁管通长横档
- Ⓖ ST6.3mm×20mm细牙螺钉间隔350mm左右一颗
- Ⓗ 结构胶粘接
- Ⓘ 4mm红色高光铝塑板（石化红Pantone 185 C，0.3mm铝材厚度，表面为易清洁氟碳漆涂层）
- Ⓙ 型材与面板双面胶+结构胶固定
- Ⓚ 内衬4mm铝塑板条 W=24mm （统一一端粘接）
- Ⓛ 挂脚铝型材
- Ⓜ ST6.3 × 20细牙螺钉辅助固定

D.3.19

铝塑板型檐口模组安装标准

· 罩棚檐口基层结构安装分为：
1. 轻钢罩棚檐口；
2. 球形网架罩棚檐口；
3. 混凝土罩棚檐口。

单位：mm

· 注：工艺说明详见 E. 附录“综合加能站形象标准工艺安装说明”。

轻钢罩棚檐口效果图

球形网架罩棚檐口效果图

混凝土罩棚檐口效果图

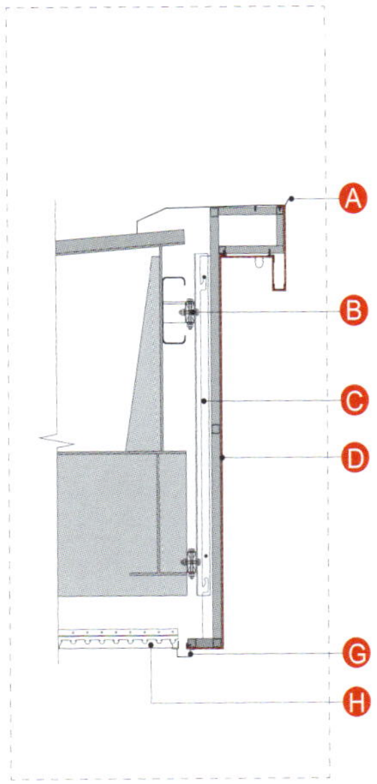

轻钢罩棚檐口安装图

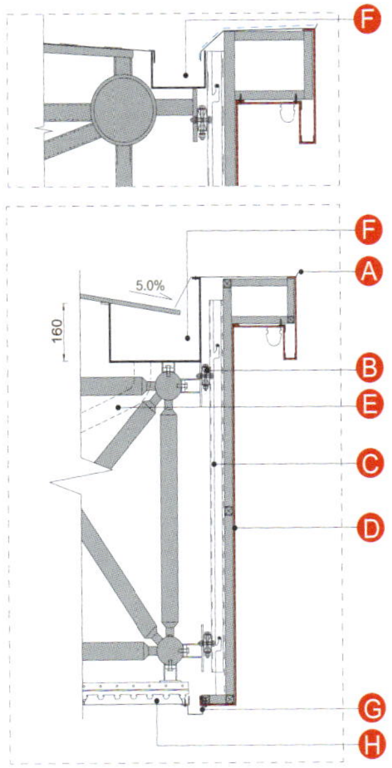

球形网架罩棚檐口安装图

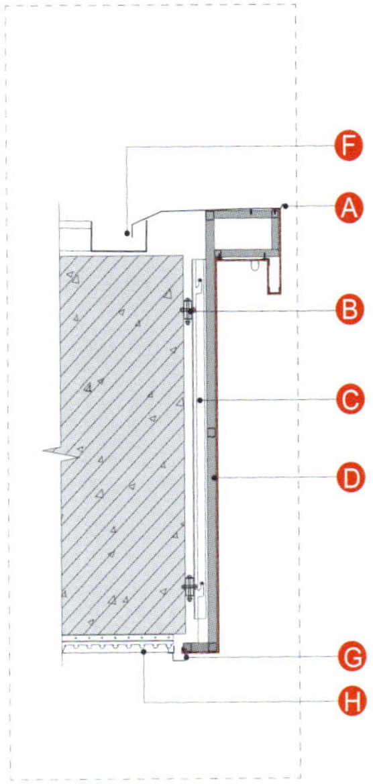

混凝土罩棚檐口安装图

- A 1.5mm厚折弯挡水板+SBS防水卷材
- B 横向调平件25mm×50mm×2.5mm扁管通长横档
- C 竖向调平件，安装脚铝型材，配M8×45对穿螺栓与横档固定
- D 檐口模组，下封板1mm铝板折弯下封板，烤专色漆
- E 排水管
- F 排水槽
- G 收边条
- H 白色铝扣板吊顶

材料色号：

石化红
PANTONE 185 C

高光白
WHITE

D.3.20

铝塑板型檐口调平件模组

· 檐口调平模组分为：
1. 竖向调平件；
2. 横向调平件。

单位：mm

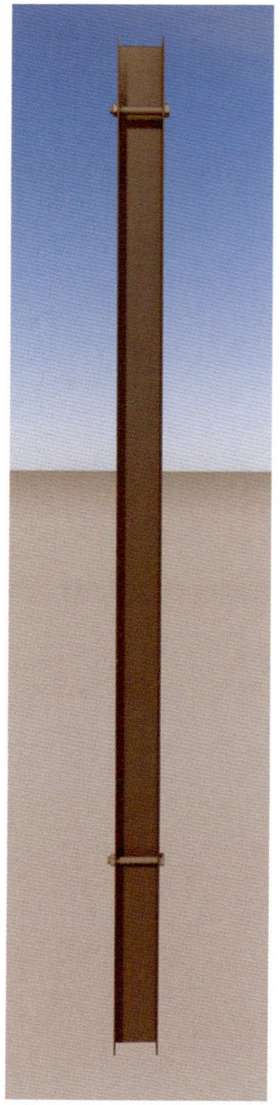

竖向调平件效果展示

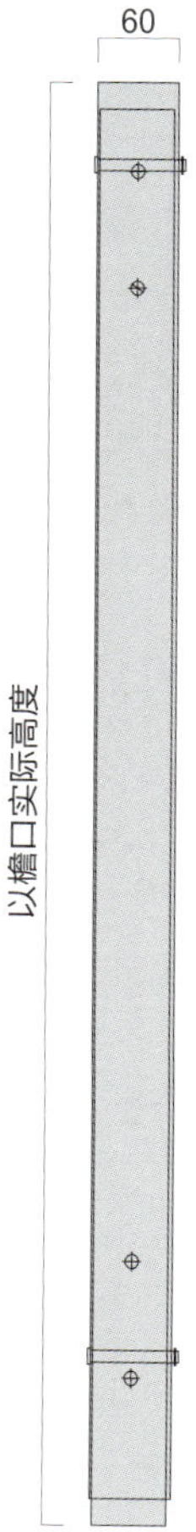

竖向调平件

横向调平件效果展示

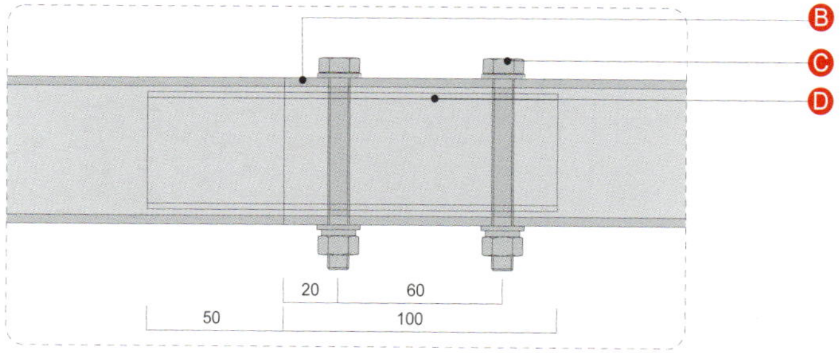

横向调平件

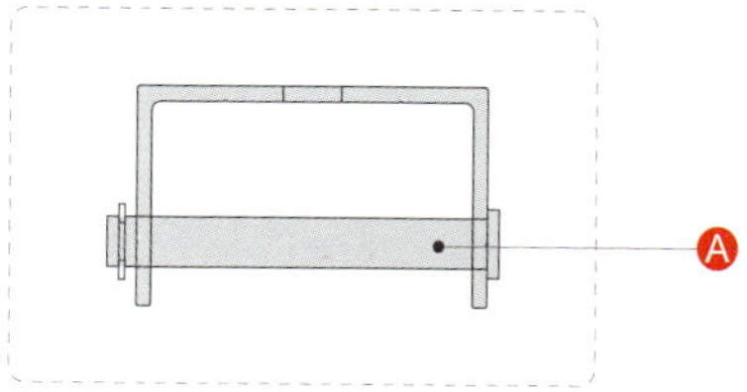

顶视图

A ϕ8×65镀锌平头开槽销轴（配卡环）
B 25×50×2.5扁管通长横档
C M8×70外六角螺栓（2颗）
D 内衬15×30×2扁管

材料色号：

石化红
PANTONE 185 C

高光白
WHITE

D.3.21

铝塑板型超高檐口解决方案（下补板）

· 工艺要求：

1. 当 1350mm ＜实际檐口高度≤ 1500mm 时，建议采用高度为 1200mm 的檐口，檐口下方使用白色铝板补板方式；
2. 当 1500mm ＜实际檐口高度≤ 1650mm 时，建议采用高度为 1350mm 的檐口，檐口下方使用白色铝板补板方式。

· 下补板高度为 300mm。

单位：mm

· 注：下补板方案可单独应用，根据项目实际情况有针对性地进行设计。

材料色号：

石化红
PANTONE 185 C

高光白
WHITE

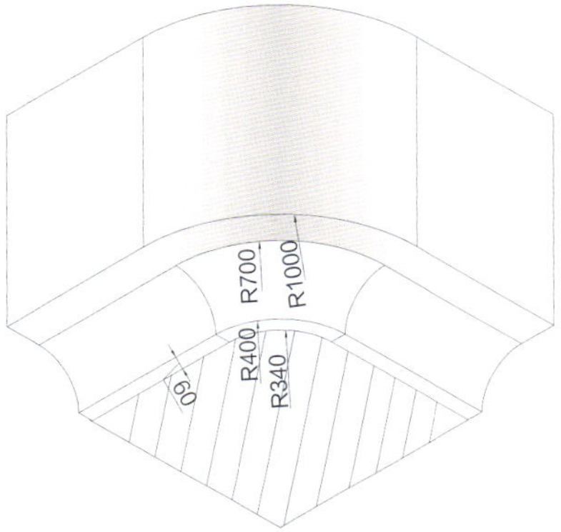

轴测图

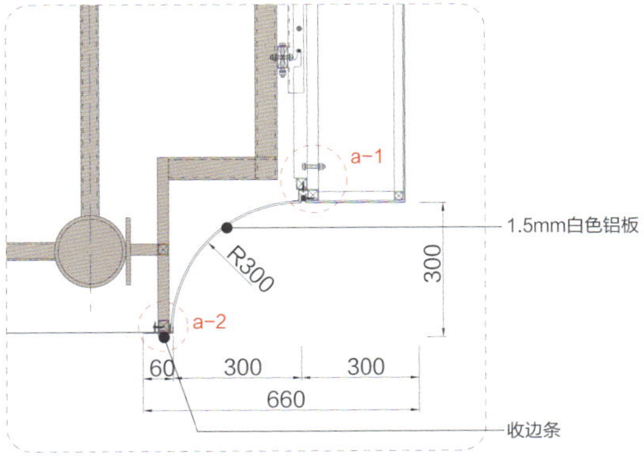

A-1剖面图

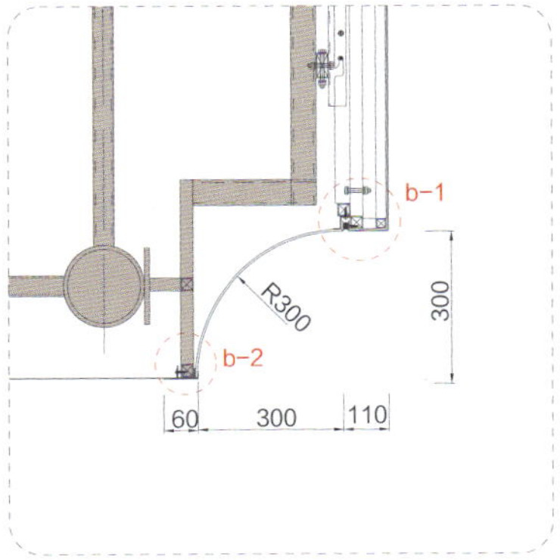

A-2剖面图

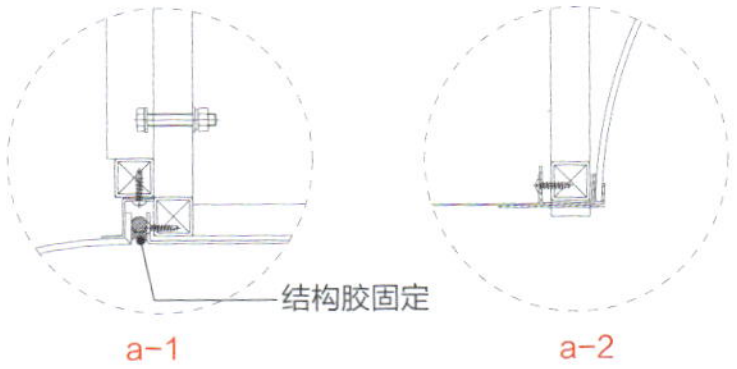

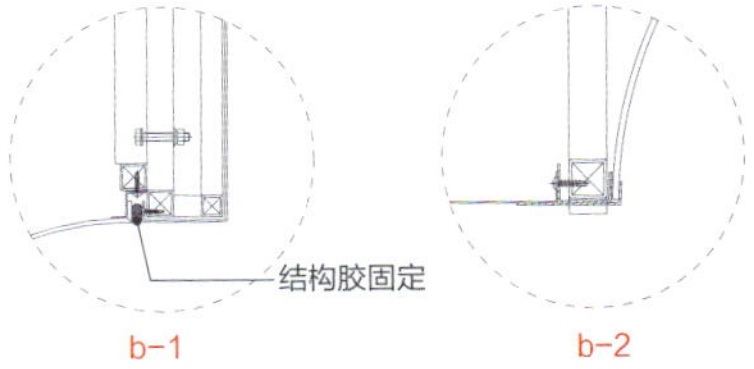

下补板工艺图

D.3 罩棚

D.3.21

铝塑板型超高檐口解决方案（上补板）

· 工艺要求：
当实际檐口高度＞ 1650mm 时，建议采用高度为 1350mm 的檐口进行上下补板。上补板采用灰色铝塑板，下补板采用白色铝板。

· 上补板铝塑板转角半径为 780mm，保证与檐口为同心圆。

单位：mm

补板铝塑板留灰效果图

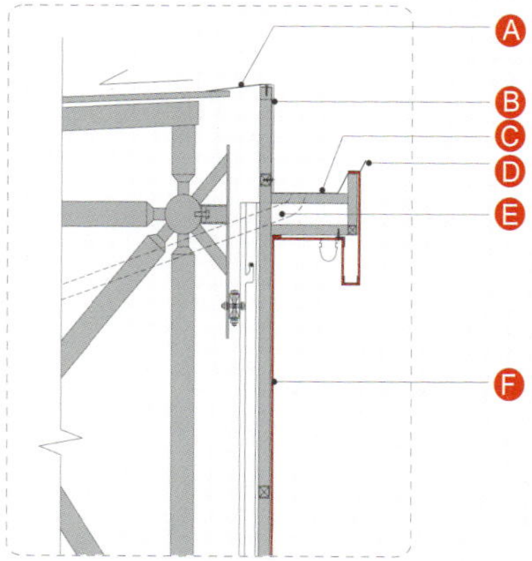

剖面图

Ⓐ 防水板 1mm彩钢板表面铺SBS防水卷材
Ⓑ 灰色铝塑板
Ⓒ 排水槽(钢板折弯，防锈、防水处理）
Ⓓ 厚1.5mm折弯挡水板+SBS防水卷材
(挡水板颜色应与上下铝塑板保持一致)
Ⓔ 排水管(与罩棚或站房排水系统连接)
Ⓕ 檐口模组

上补板工艺图

材料色号：

石化红
PANTONE 185 C

高光白
WHITE

补板灰
PANTONE COOL GRAY 4 C

D.3.22

铝塑板型檐口
第四面非临街檐口解决方案

· 第四面非临街檐口处理原则：

1. 取消洗墙灯带，红色铝塑板做平；
2. 取消 LOGO 部分。

单位：mm

· 注：非临街檐口标准站、简易站可选配经防锈处理的铁板或彩钢瓦。

站房连接式檐口效果图

A 与墙面做好防水处理

B 增加1100mm白色直边模块

站房连接式檐口示意

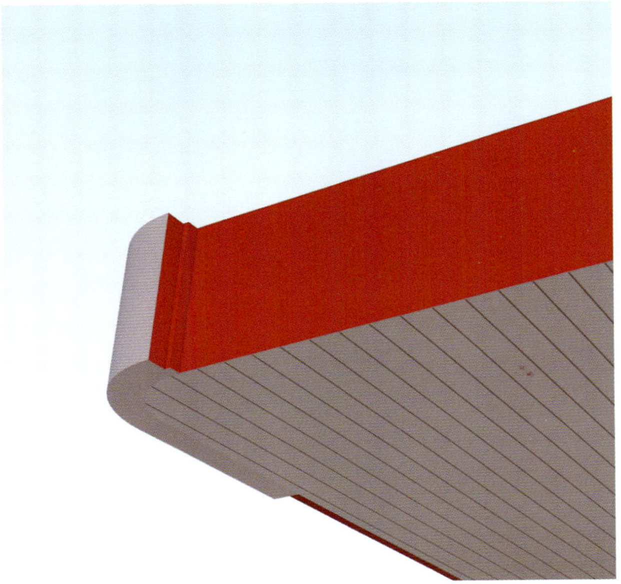

非临街檐口效果图

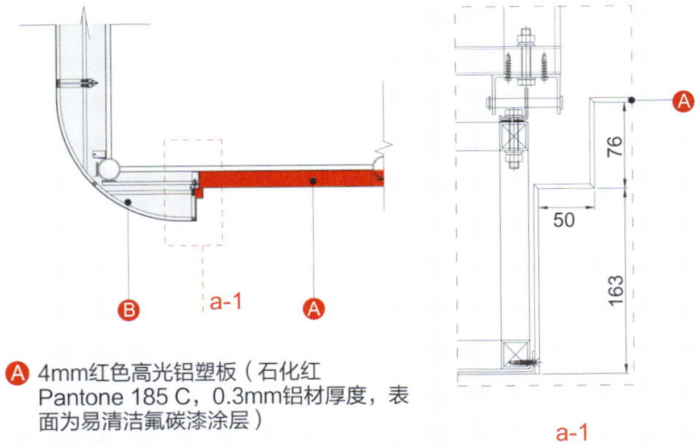

A 4mm红色高光铝塑板（石化红 Pantone 185 C，0.3mm铝材厚度，表面为易清洁氟碳漆涂层）

B 面板采用2mm 铝板激光切割/ 焊接/ 滚圆加工成型，表面做高光白易清洁氟碳漆涂层

非临街檐口工艺

材料色号：

石化红
PANTONE 185 C

高光白
WHITE

D.3.23

铝塑板型檐口
特殊转角处理

· 锐角处理原则:当檐口角度在90° 以下时，R角的部分相应的改变。

80° 角　R=750mm
70° 角　R=650mm
60° 角　R=550mm
50° 角　R=450mm
40° 角　R=400mm
30° 角　R=380mm

· 钝角处理原则：
当檐口角度90° ～120° 时，R角为1000mm
当檐口角度大于120° 时，不设置白色转角，应设置红色铝塑板对接处理。

· 特殊转角结构模块需要单独定制。

· 当檐口角度出现阴角时，可按直角处理。

· T形、L形等多边形檐口长度不足10m时，可设置红色檐口部分转角R=600mm。

材料色号：

石化红
PANTONE 185 C

高光白
WHITE

锐角檐口转角处理

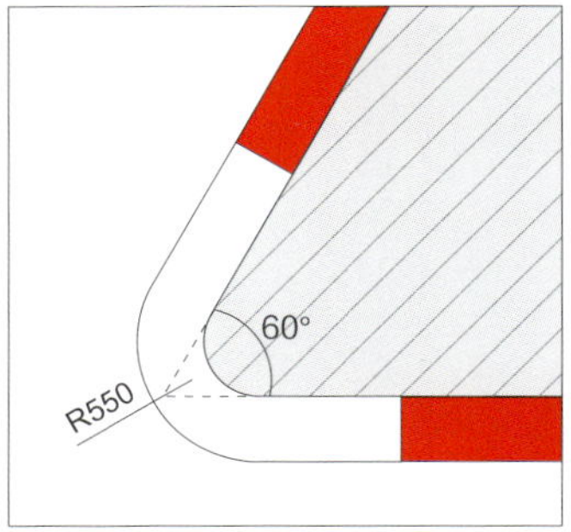

锐角檐口转角平面示意

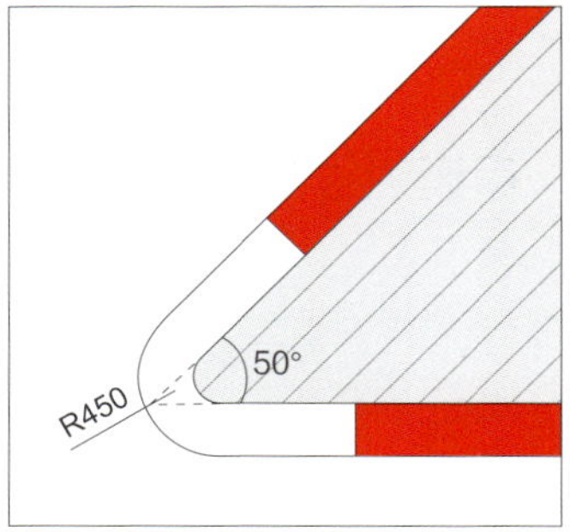

锐角檐口转角平面示意

钝角檐口转角处理

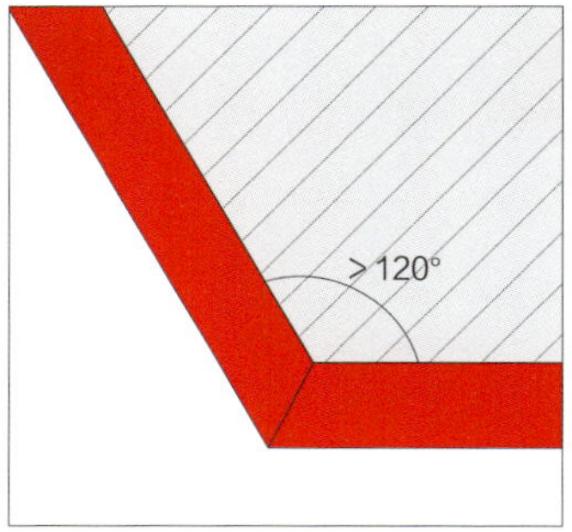

钝角檐口转角平面示意

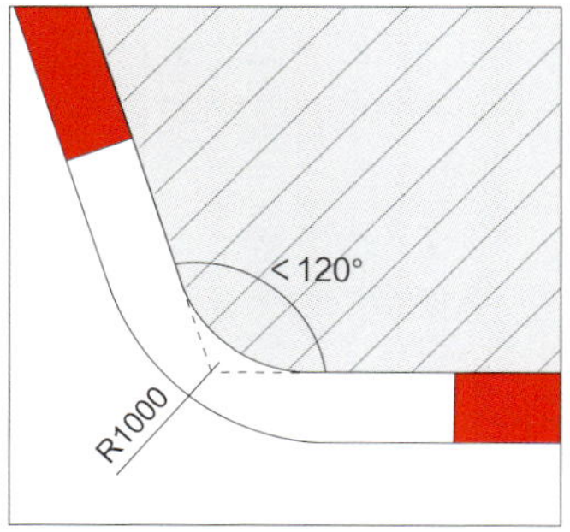

钝角檐口转角平面示意

檐口红色转角处理

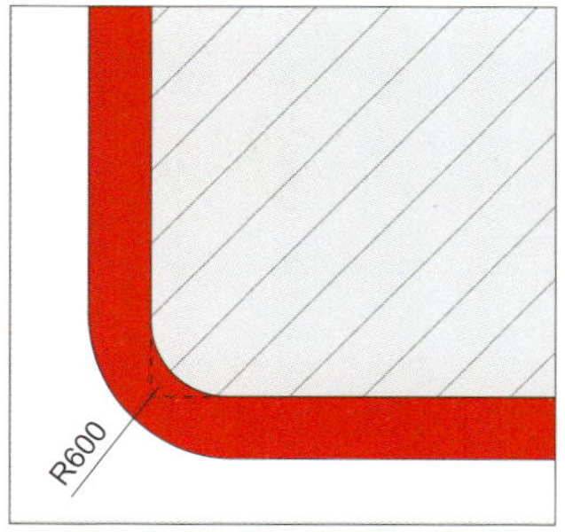

檐口红色转角平面示意

檐口红色转角处理（阴角）

檐口红色转角平面示意

D.3.24

铝塑板型檐口灯光规范

· 洗墙灯选用成品灯管，质保 5 年以上，免维护；

· 灯管的连接间距不得大于 10mm，保证灯光的连续性；

· 作为关键视觉面，檐口需要有红色光幕效果，≤ H1200 檐口垂直照明亮度在 80~6cd/m^2, 底部亮度 >4cd/m^2；H1350 檐口垂直照明亮度在 80~5cd/m^2, 底部亮度 >3cd/m^2;

· 地面受光面的红光照度 <8lx；

· 罩棚灯底面（檐口滴水线位置）照度 >100lx 最佳。

产品名称	成品模块化眉头洗墙灯
质保年限	整体5年(含光源&灯罩)
红色波长	620~625nm
技术规格	红光芯片：光效 50lm/W 灯管：抗冲磨砂PC挤出管 D30mm 功率：7~14W/m 电压：220V AC / 24~48V DC 防护等级：IP67及以上 运行环境：−30~60℃ 发光角度：25°

材料色号：

石化红
PANTONE 185 C

高光白
WHITE

成品模块化眉头洗墙灯

檐口灯光效果图

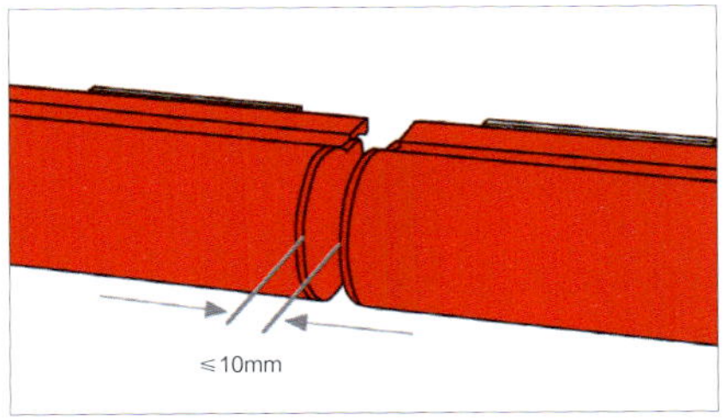

剖面图

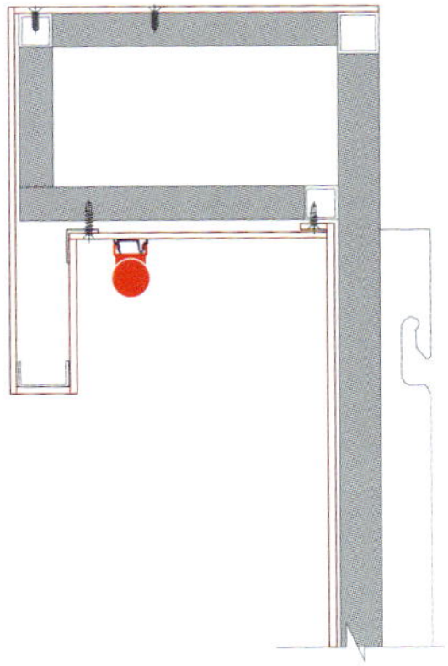

洗墙灯安装步骤

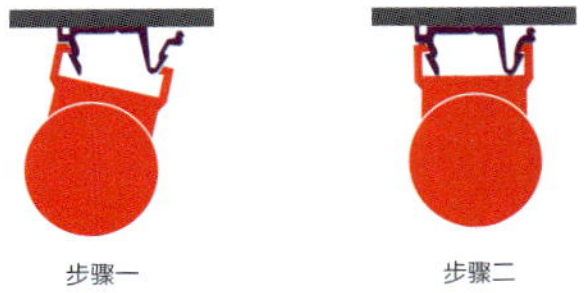

D.3 罩棚

D.3.25

灯布型檐口
尺寸及工艺说明

· 在设计制作时，请参考右图尺寸，以确保拉布檐口的视觉效果。

· 工艺说明：

A 0.6mm 钛白彩钢板防水板，周边防水玻璃胶密封
B 0.9mm 镀锌板上封板，周边防水玻璃胶密封
C 铝型材防水板
D ϕ10 圆钢，扎带固定灯布（可选型材固定件）
E 1.0mm 铝板灯盘，表面贴反光白膜，安装白光 LED 灯
F L50×4mm 镀锌角铁基础骨架
G 2mm 镀锌板成型 U 型挂件
H 灯布表面贴红色膜
I L40×4mm 镀锌角铁调平骨架
J 25mm×25mm×2mm 镀锌方通成型模块骨架
K 0.6mm 钛白彩钢板背封板，白面朝外
L 0.9mm 镀锌板下封板
M 网架罩棚

单位：mm

材料色号：

石化红 PANTONE 185 C

高光白 WHITE

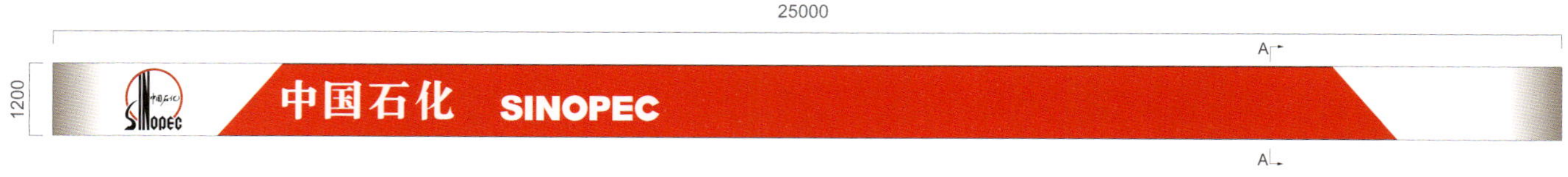

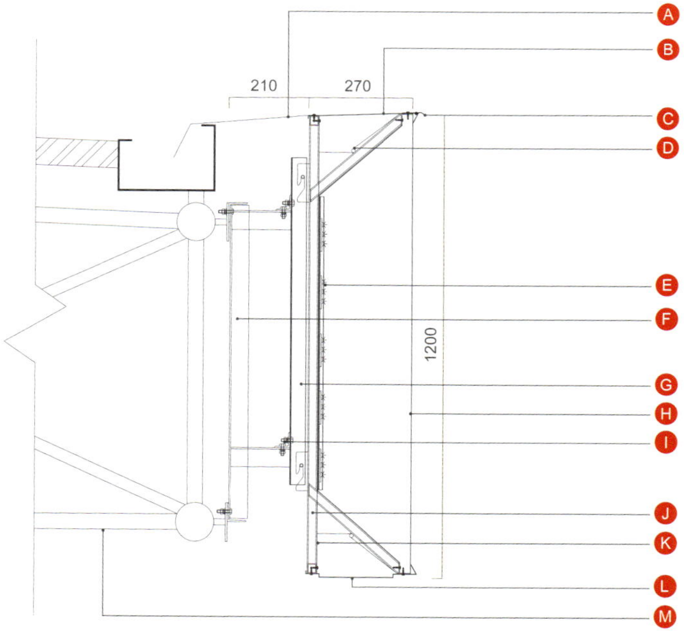

A–A 剖面图

D.3.26

灯布型檐口灯布图
尺寸及工艺说明

· 在设计制作时，请参考右图尺寸，以确保拉布檐口的视觉效果。

· 转角灯带间距为 180mm，平面灯带间距为 230mm（应以实际灯具特性调整间距，不应出现光斑、排骨纹）。

单位：mm

· 注：

1. 布灯间距根据所选择灯具产品特性，会存在差异，须根据色温、照度等数据要求进行打样测试，确保整体发光均匀、统一；参数区间需要测试。
2. 灯管安装必须采取便于更换维护的方式，采用上下抽取方式均可。

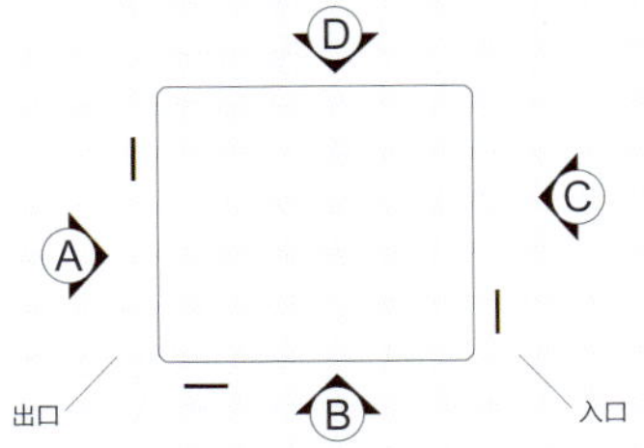

材料色号：

石化红
PANTONE 185 C

高光白
WHITE

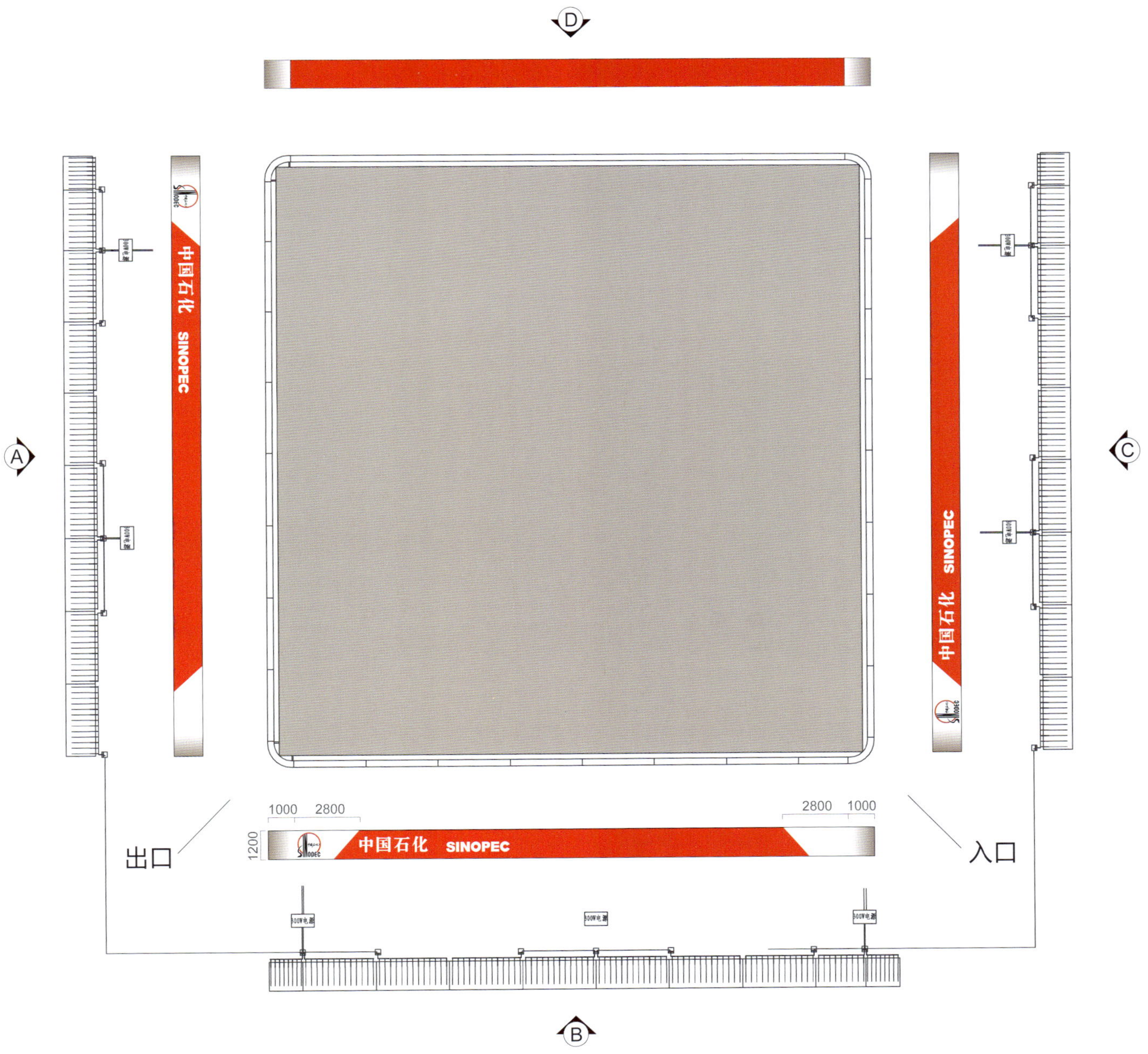

D.3.27

灯布型檐口布灯图
尺寸及工艺说明

· 在设计制作时，请参考右图尺寸，以确保拉布檐口的视觉效果。

· 工艺说明：

Ⓐ LOGO 采用红 / 黑色膜粘贴

Ⓑ 红色贴膜处中英文字镂空露白

单位：mm

LED直条灯性能参数

光　源：	CREE、NICHIA、三安、蓝景、日上、BOSON 或同等品牌
色　温：	6500K
功　率：	5W
色 容 差：	<5
表面亮度：	白色部分：550~650cd/m²；红色部分：30~40cd/m²
整灯光效：	≥140lm/W
显色指数：	≥Ra80
配光类型：	≥170°
输入电压：	24V DC
使用寿命：	≥50000h
防护等级：	IP65
材　质：	灯体高强度挤出铝型材，专业设计光学部件
安装方式：	嵌入
电气类型	Class III
安装辅助材　料：	预装不锈钢安装卡扣，2.5平方防水T型线（公母对接头）

· 注：布灯间距根据所选择灯具产品特性，会存在差异，须根据色温、照度等数据要求进行打样测试，确保整体发光均匀、统一；参数区间需要测试。

材料色号：

石化红
PANTONE 185 C

高光白
WHITE

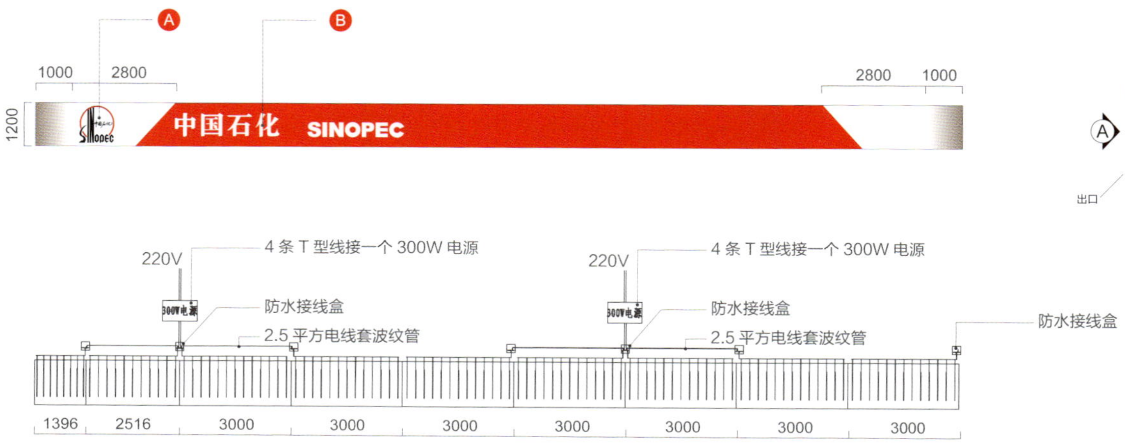

A 面正视图

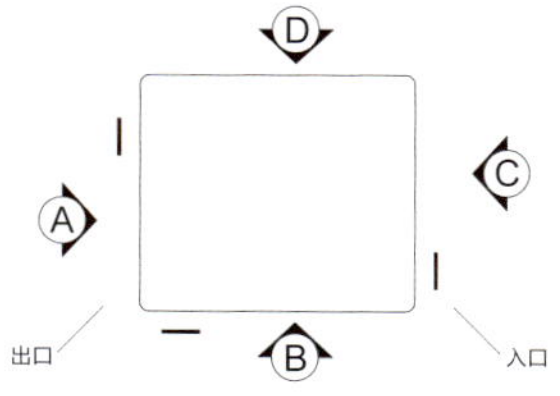

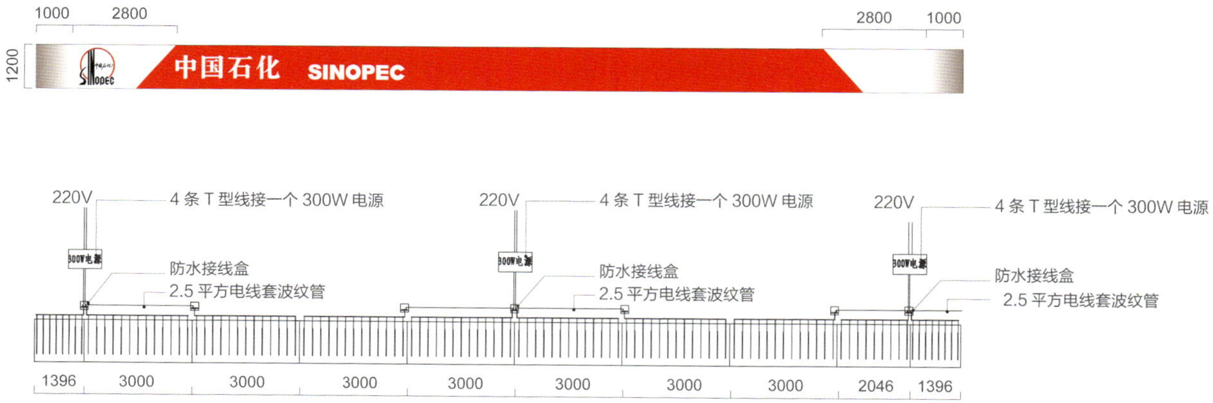

B 面正视图

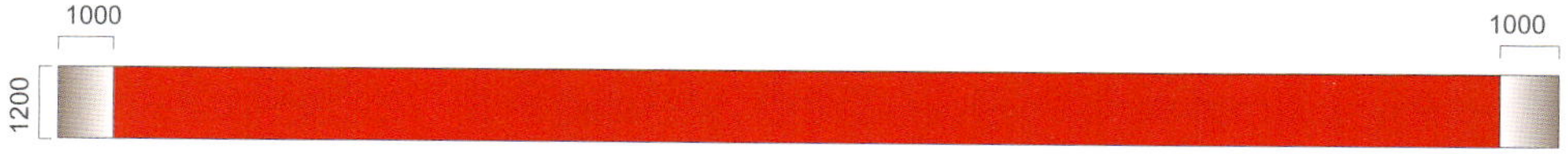

D 面正视图

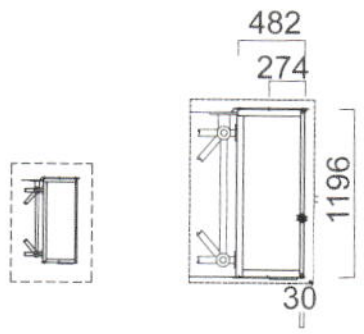

D 面侧剖图

D.3.28

灯布型檐口
转角尺寸及工艺说明

· 灯布型檐口转角为 R1000，设计制作时，请参考右图尺寸，以确保檐口转角处的视觉效果。

· 工艺说明：

Ⓐ 红色透光膜

Ⓑ LOGO 采用红 / 黑色膜粘贴

Ⓒ 白色高透光灯箱布

单位：mm

材料色号：

石化红
PANTONE 185 C

高光白
WHITE

檐口：R1000 转角

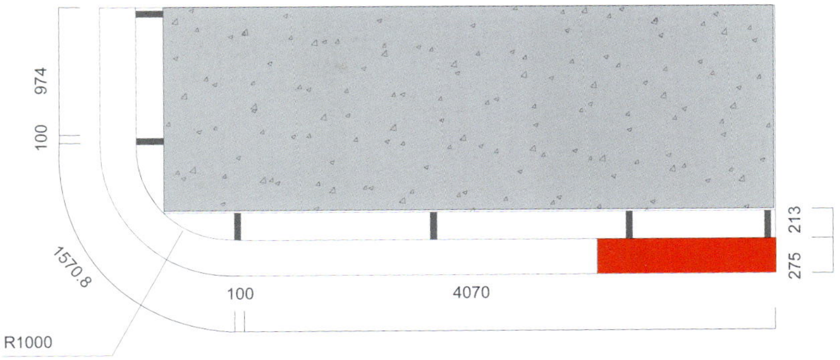

顶视图

正视图

D.3.29

灯布型檐口
特殊转角处理

· 锐角处理原则:当檐口角度在90° 以下时，R角的部分相应的改变。

80° 角 R=750mm
70° 角 R=650mm
60° 角 R=550mm
50° 角 R=450mm
40° 角 R=400mm
30° 角 R=380mm

· 钝角处理原则：

当檐口角度90° ～120° 时，R角为1000mm
当檐口角度大于120° 时，不设置白色转角，应设置红色灯布对接处理。

锐角檐口转角处理

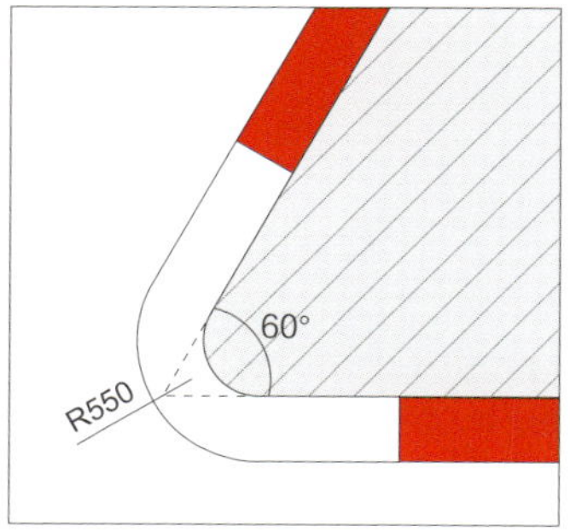

锐角檐口转角平面示意

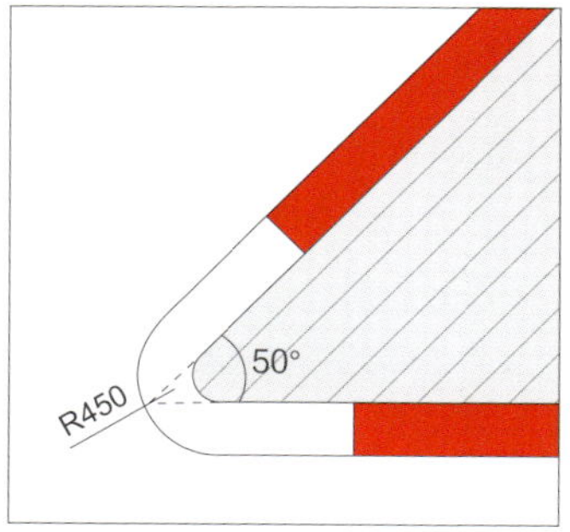

锐角檐口转角平面示意

钝角檐口转角处理

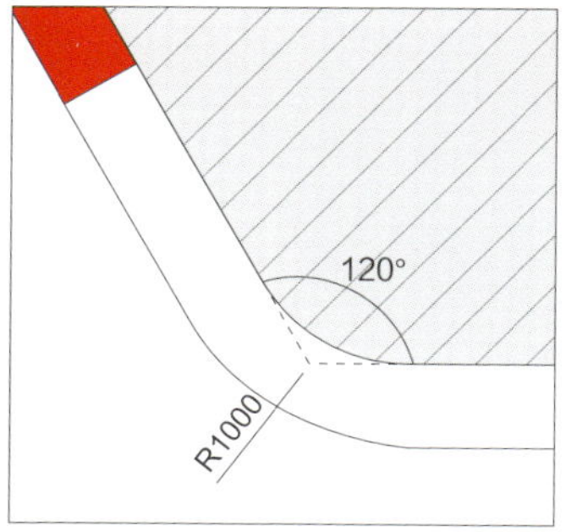

钝角檐口转角平面示意

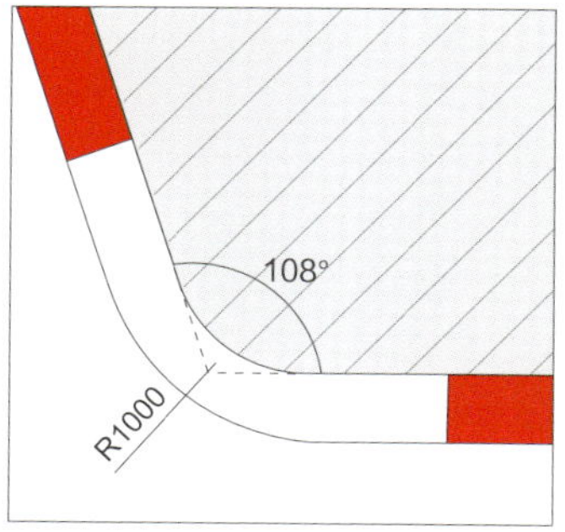

钝角檐口转角平面示意

材料色号：

石化红
PANTONE 185 C

高光白
WHITE

D.3.30

灯布型超高檐口解决方案（下补板）

· 工艺要求：

1. 当 1350mm ＜实际檐口高度≤ 1500mm 时，建议采用高度为 1200mm 的檐口，檐口下方使用白色铝板补板方式；
2. 当 1500mm ＜实际檐口高度≤ 1650mm 时，建议采用高度为 1350mm 的檐口，檐口下方使用白色铝板补板方式。

· 下补板高度为 300mm。

单位：mm

· 注：下补板方案可单独应用，根据项目实际情况有针对性地进行设计。

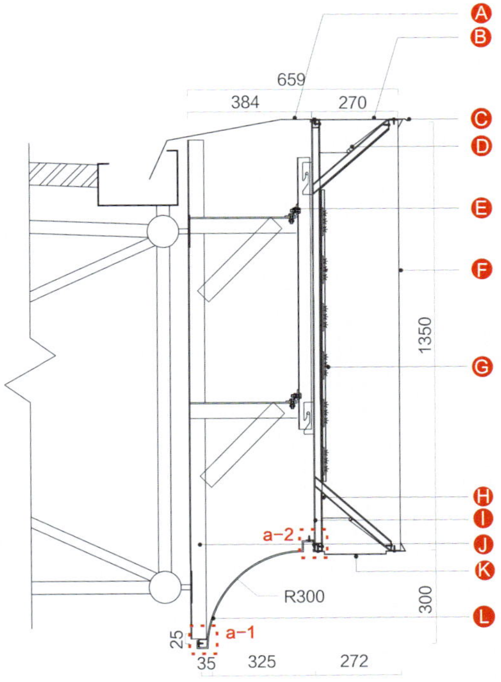

剖面图

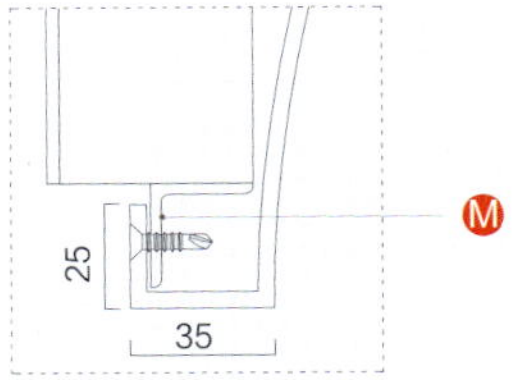

a-1

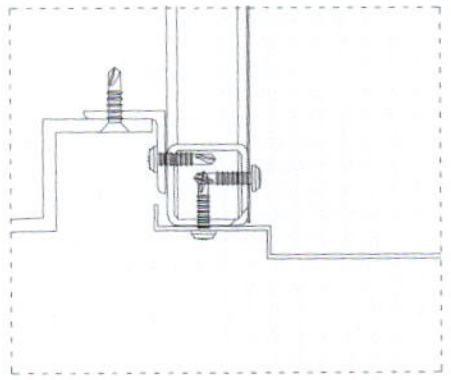

a-2

- A 0.6mm 钛白彩钢板防水板，周边防水玻璃胶密封
- B 0.9mm镀锌板上封板，周边防水玻璃胶密封
- C 铝型材防水板
- D ϕ 10圆钢，扎带固定灯布（可选型材固定件）
- E L40 × 4mm镀锌角铁调平骨架
- F 灯布表面贴红色膜
- G 1.0mm铝板灯盘，表面贴反光白膜，安装白光LED灯
- H 25mm × 25mm × 2mm镀锌方通成型模块骨架
- I 模块背部封0.6mm钛白彩钢板
- J L50 × 4镀锌角铁成型檐口背架
- K 0.9mm镀锌板下封板
- L 1.5mm高光白铝板下补板
- M 25mm × 25mm × 2mm镀锌角铁

材料色号：

石化红
PANTONE 185 C

高光白
WHITE

补板灰
PANTONE COOL GRAY 4 C

D.3.30

灯布型超高檐口解决方案（上下补板）

· 工艺要求：

当实际檐口高度 > 1650mm 时，采用高度为 1350mm 的檐口进行上下补板。上补板采用灰色铝塑板，下补板采用白色铝板。

· 铝塑板颜色：

灰色 Pantone Cool Gray 4 C。

· 下补板高度为 300mm。

单位：mm

补板铝塑板留灰效果图

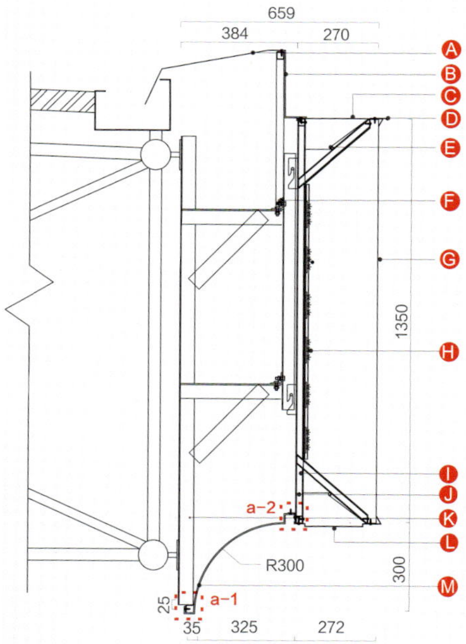

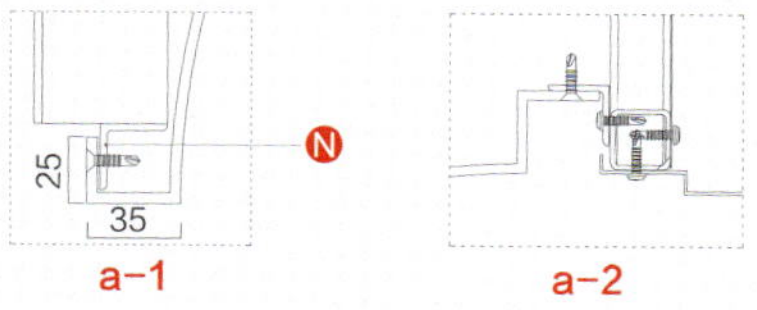

- A 0.6mm钛白彩钢板防水板，周边防水玻璃胶密封
- B 4mm灰色铝塑板帽子板，周边防水玻璃胶密封
- C 0.9mm镀锌板上封板，周边防水玻璃胶密封
- D 铝型材防水板
- E ϕ 10圆钢，扎带固定灯布（可选型材固定件）
- F L40 × 4mm镀锌角铁调平骨架
- G 灯布表面贴红色膜
- H 1.0mm铝板灯盘，表面贴反光白膜，安装白光LED灯
- I 25mm × 25mm × 2mm镀锌方通成型模块骨架
- J 模块背部封0.6mm钛白彩钢板
- K L50 × 4镀锌角铁成型檐口背架
- L 0.9mm镀锌板下封板
- M 1.5mm高光白铝板下补板
- N 25mm × 25mm × 2mm镀锌角铁

剖面图

材料色号：

石化红
PANTONE 185 C

高光白
WHITE

补板灰
PANTONE COOL GRAY 4 C

D.3.31

灯布型檐口施工说明

施工说明：

· 现场施工请优先确认安装基准线，具体位置现场进行确认。

· 先预埋 5# 镀锌角钢挑脚，再安装 40mm × 40mm × 2.5mm 角铁。

· 钢架应满足招牌承载不小于 40kg/m² 保证垂直面和水平面误差不能超过正负 2mm。

· 灯布檐口拼缝：因檐口施工周期短，测量难度高，或超长檐面等情况需要灯布分段安装，现场拼接时，需注意临街面不可留接缝，入口面接缝位置建议为中国石化中英文字之间，出口面接缝位置建议为红色膜之上，距离右侧白色灯布斜角位置约 3m 处，严禁在白色灯布区域拼接。

单位：mm

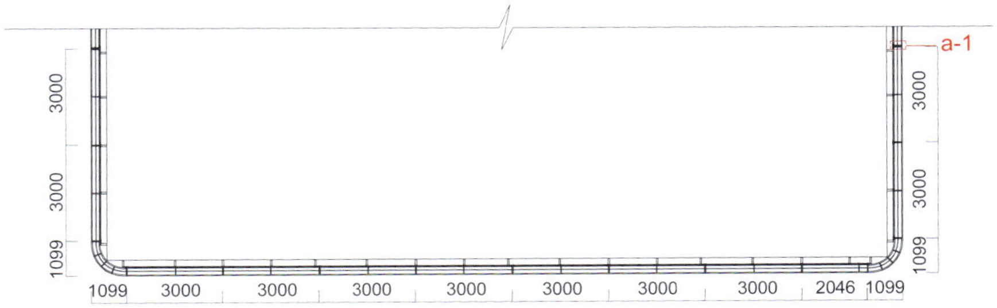

骨架俯视图

骨架俯视图

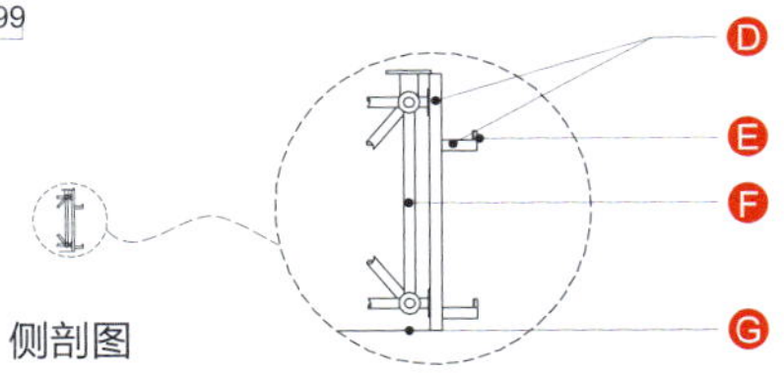

侧剖图

标准檐口

· 施工要求：

原罩棚基层上安装调平骨架，拉布式安装。

模组安装空间需要突出原有结构300mm。

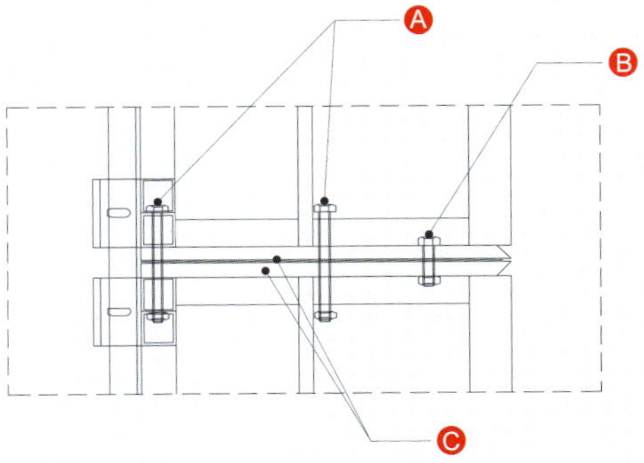

a-1局部放大图

A M8 × 80mm螺栓锁紧

B M8 × 30mm螺栓锁紧

C 拉布夹板，透明亚克力贴膜，安装进贴膜面相对灯布驳接位夹紧灯布

D 50mm × 50mm × 4mm角铁

E 40mm × 40mm × 4mm角铁

F 网架

G 天花

D.3.32

罩棚天花站型配置标准

· 旗舰站配置：吊顶天花、罩棚灯、LED 发光灯膜。

· 标准站配置：吊顶天花、罩棚灯。

· 简易站配置：罩棚灯。

罩棚天花吊顶站型配置

	全吊顶	半吊顶	裸顶
旗舰站	●	/	/
标准站	○	○	○
简易站	/	/	●

○：可选
●：必选
/：不可选

· 注：吊顶可根据站的地理位置及竞争对手情况进行选配。

材料色号：

石化红
PANTONE 185 C

高光白
WHITE

旗舰站

全吊顶罩棚

标准站

半吊顶罩棚

简易站

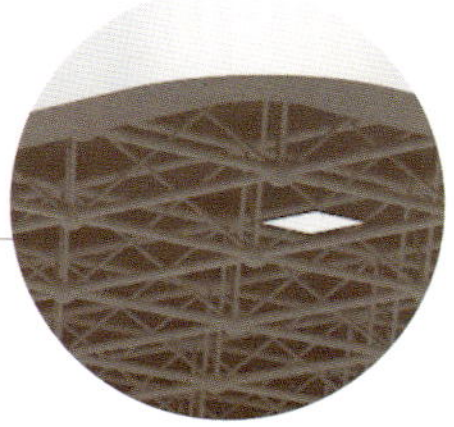
裸顶罩棚

D.3.33

罩棚天花工艺标准

· 旗舰站、标准站采用铝扣板吊顶。

· 天花吊顶工艺有以下两种选择：
1. 旗舰站吊顶采用专用加强龙骨，300mm 宽铝扣板无缝拼接；
2. 标准站采用半吊顶天花，300mm 宽条形扣板，间距 100mm。

· 注：如当地消防部门有特殊规范要求，则执行当地标准。

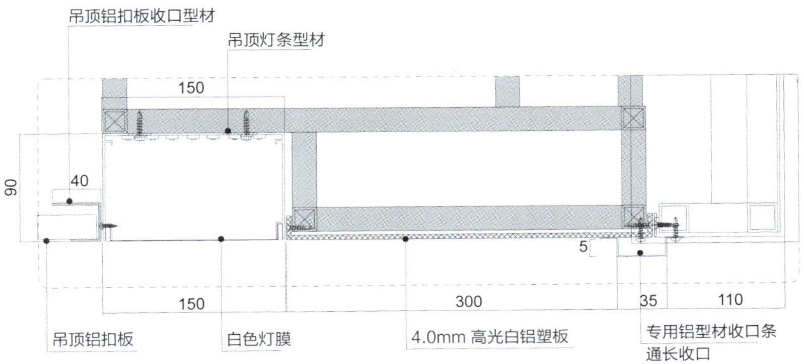

旗舰站灯膜位置

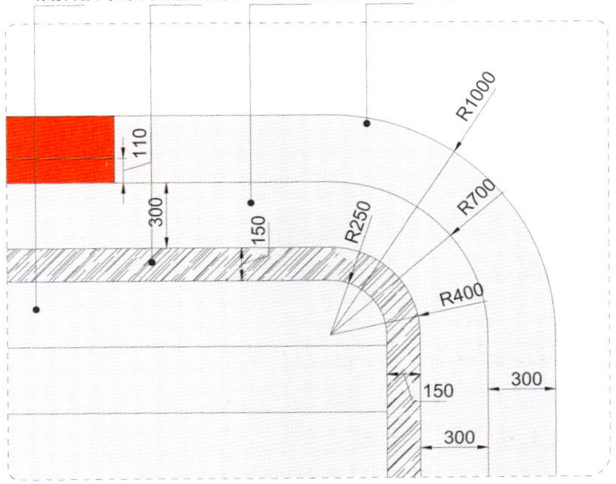

罩棚天花放样图

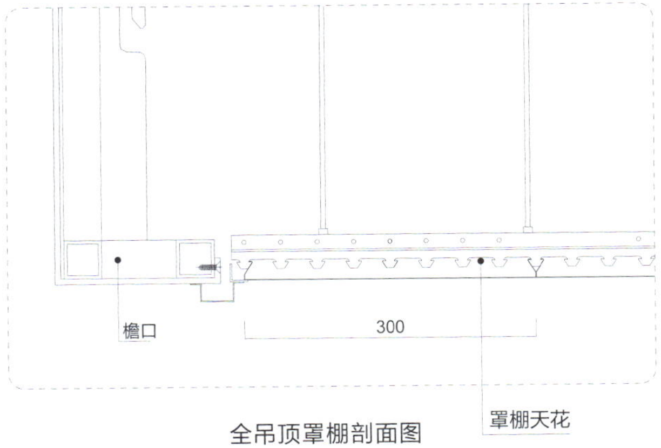

全吊顶罩棚剖面图

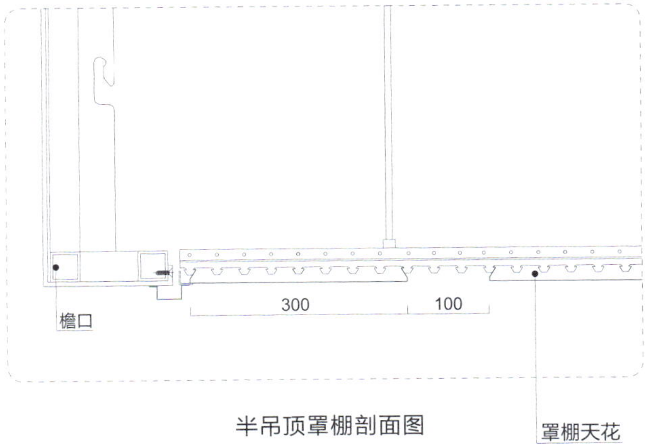

半吊顶罩棚剖面图

D.3.34

罩棚限高标识安装说明

· 罩棚 <4.5m 时增设限高标识，放置于柴油车道。

· 图中 4.5m 限高仅做示例，具体限高高度根据当地政府要求确定。

· 限高标识定位标准：柴油车道中轴线正上方。

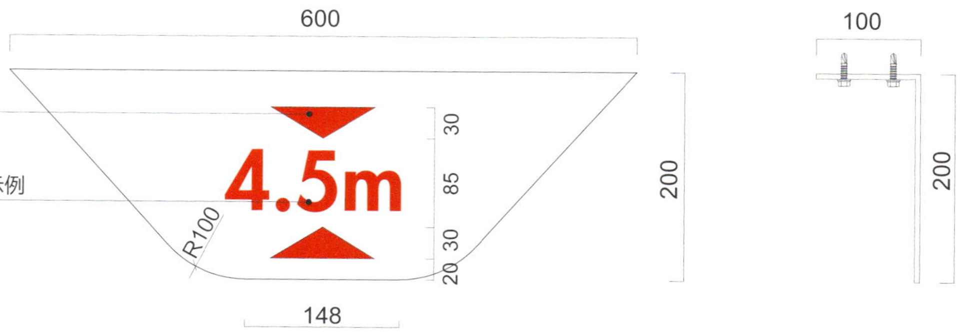

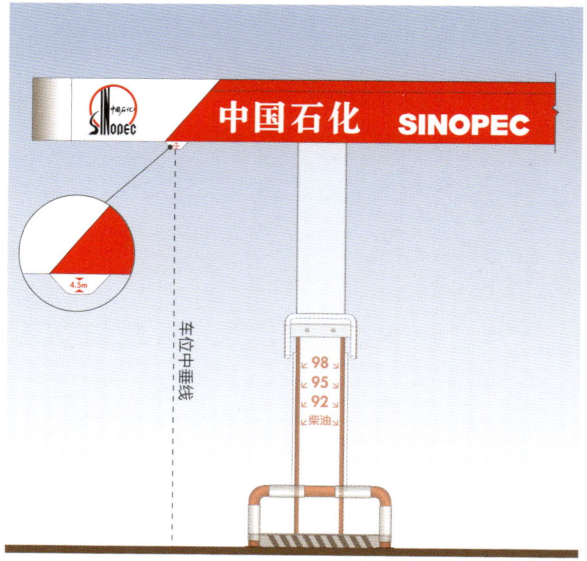

定位标准

效果图

材料色号：

石化红
PANTONE 185 C

高光白
WHITE

D.3.35

天花照明安装说明

· 分级原则

照明区域	站型	平均照度标准值
罩棚底部区域（工作面照度）	旗舰站	300 lx
	标准站	200 lx
	简易站	150 lx

单位：mm

· 注：详细照明参数详见 E. 附录“综合加能站照明设计说明”。

图例：

檐口罩棚灯

檐口洗墙灯

立体发光 LOGO

材料色号：

石化红
PANTONE 185 C

高光白
WHITE

罩棚灯立面图

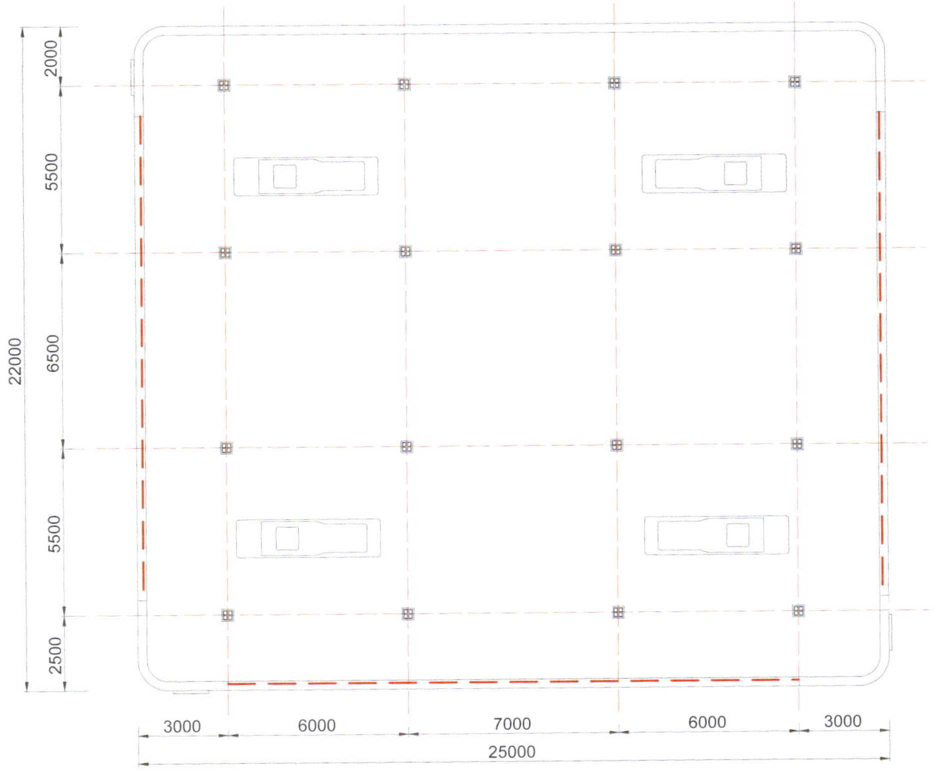

罩棚灯布局图

D.3.36

“合资” “加盟” “特许”檐口布置规范

· 非直营站可根据合作模式在檐口增加“合资” “加盟” “特许”字样。

· 字体：方正兰亭中黑简体

· 材质：立体发光字

· 铝塑板光泽度：75~80GU@60°

檐口高度	文字高度
900	300
1050	350
1200	420
1350	490
1350 以上	490

单位： mm

· 注：此方案仅为示例，具体应用场景应按销售公司相关文件要求执行。

材料色号：

石化红
PANTONE 185 C

高光白
WHITE

以1200檐口为例

“合资”檐口立面

“加盟”檐口立面

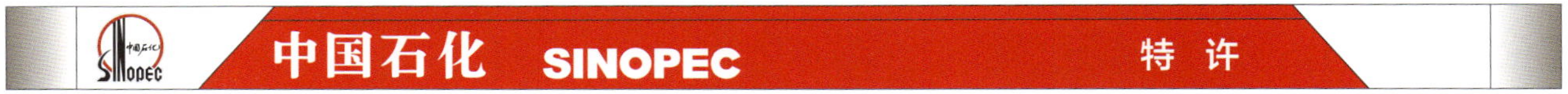

“特许”檐口立面

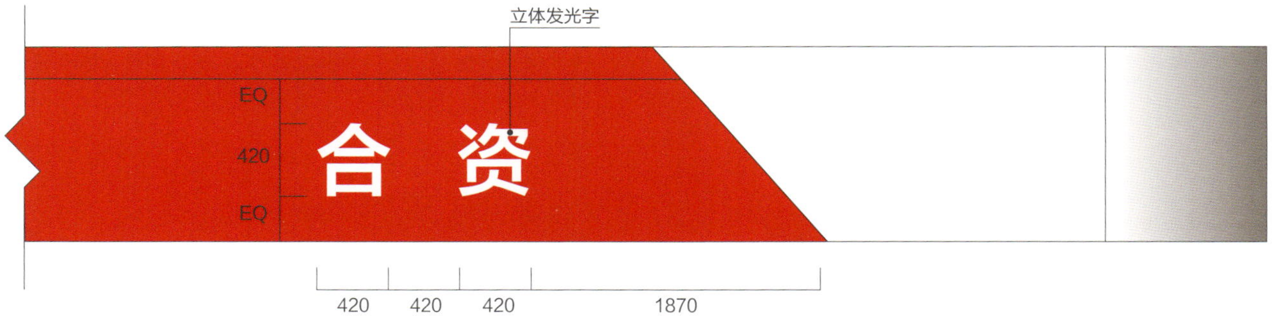

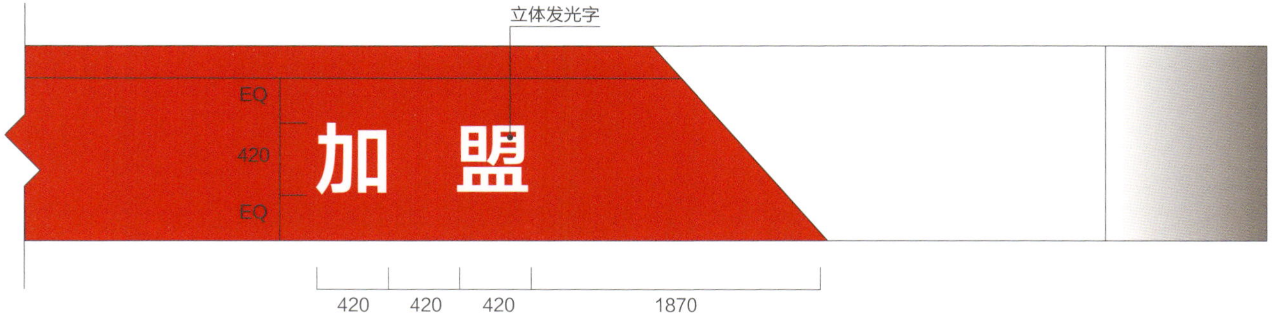

D.3.37

檐口合作单位联合标识

· 檐口合作单位联合标识如右图所示，分别为：

中国石化 &SHELL;

中国石化 &BP;

中国石化 &ESSO。

· 当加能站与其他合作单位以联合形象展示时，檐口设计可参照右图。中国石化与合作单位的檐口设计各占一半，檐口左边放置中国石化品牌标识，右边放置合作单位品牌标识。

中国石化 & SHELL

中国石化 & BP

中国石化 & ESSO

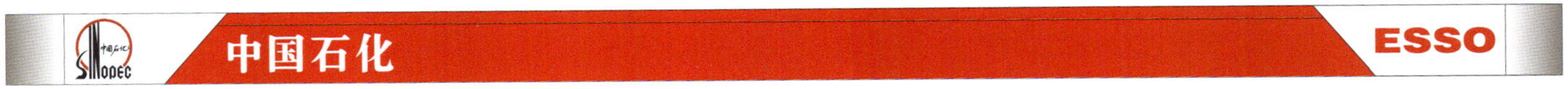

D.3.38

檐口合作单位联合标识 – ESSO

· 檐口合作单位联合标识：
中国石化 &ESSO；

· 檐口白色转角外径标准为 R=1000mm；

· 檐口白色底板斜切角度为 48°；

· 檐口立体发光 LOGO 定位标准：
位于白色底板模块上下居中位置；

· 檐口中国石化中文立体字与上方切角处垂直线对齐。

檐口高度	LOGO高度	文字高度	ESSO高度
900	770	470	450
1050	900	550	525
1200	1030	660	600
1350	1150	770	675

单位：mm

· 注：此联合标识仅限中石化森美使用。

联合檐口规范（以1350类型为例）

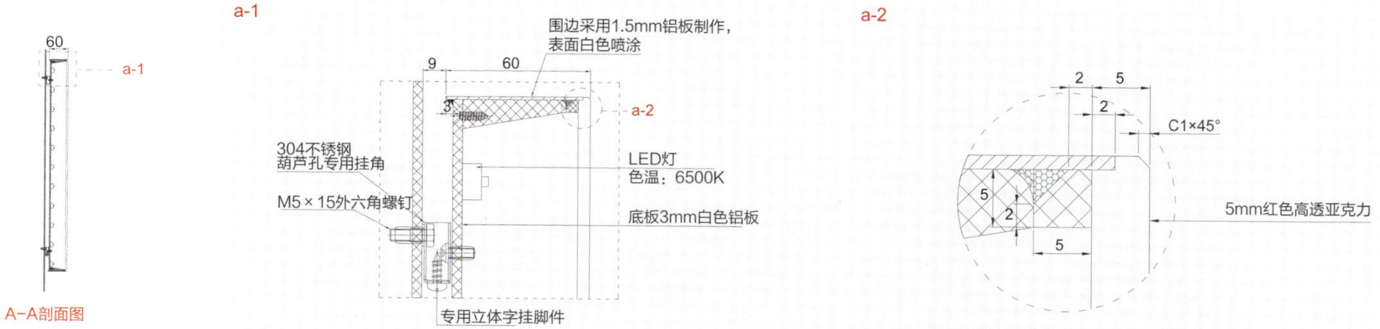

D.3.39

蒙文少数民族文字檐口标识规范（中文 + 蒙文）

· 少数民族文字檐口标识定位尺寸如图所示。

· 图中蒙文仅为示意，现场根据实际情况进行调整。

单位：mm

· 注：对于其他地区政府部门要求少数民族文字上檐口的情况，相关单位可参考此版面设计示例进行排版，将排版文件报销售公司审核后方可实施。

材料色号：

石化红 PANTONE 185 C

高光白 WHITE

铝塑板型檐口

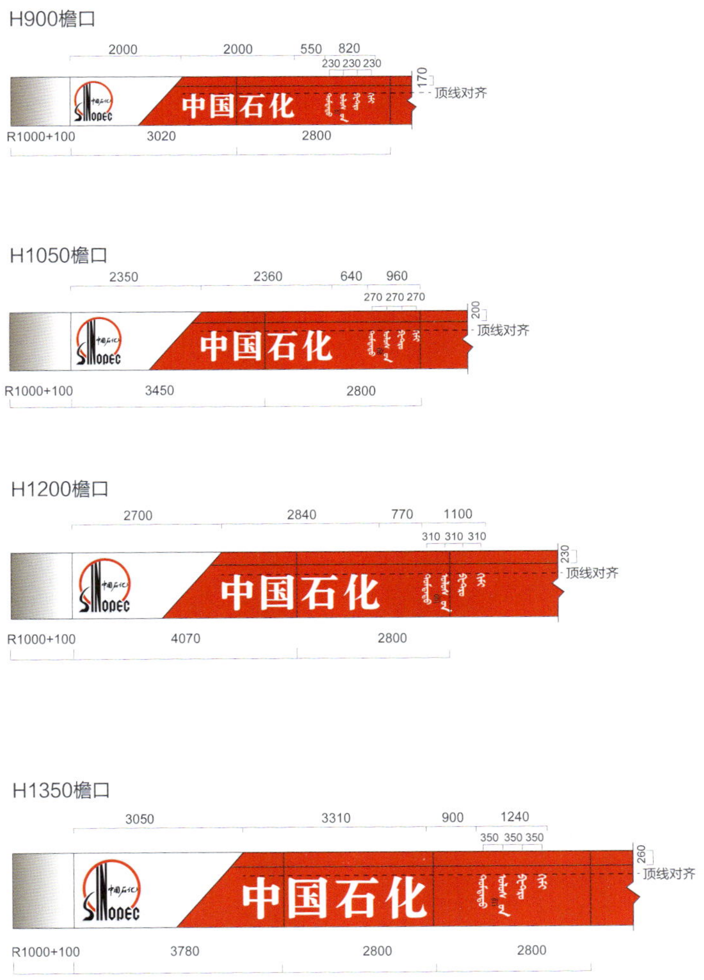

灯布型檐口

D.3 罩棚

D.3.39

蒙文少数民族文字檐口标识规范（中文 + 英文 + 蒙文）

· 少数民族文字檐口标识定位尺寸如图所示（本页展示文字顺序依次为中文、英文、蒙文）。

· 图中蒙文仅为示意，现场根据实际情况进行调整。

单位：mm

· 注：

1. 对于其他地区政府部门要求少数民族文字上檐口的情况，相关单位可参考此版面设计示例进行排版，将排版文件报销售公司审核后方可实施。
2. 可按照地方要求个性化使用。

材料色号：

石化红
PANTONE 185 C

高光白
WHITE

铝塑板型檐口

灯布型檐口

D.3.39

蒙文少数民族文字檐口标识规范（中文 + 蒙文 + 英文）

· 少数民族文字檐口标识定位尺寸如图所示（本页展示文字顺序依次为中文、蒙文、英文）。

· 图中蒙文仅为示意，现场根据实际情况进行调整。

单位：mm

· 注：

1. 对于其他地区政府部门要求少数民族文字上檐口的情况，相关单位可参考此版面设计示例进行排版，将排版文件报销售公司审核后方可实施。
2. 可按照地方要求个性化使用。

材料色号：

石化红 PANTONE 185 C

高光白 WHITE

铝塑板型檐口

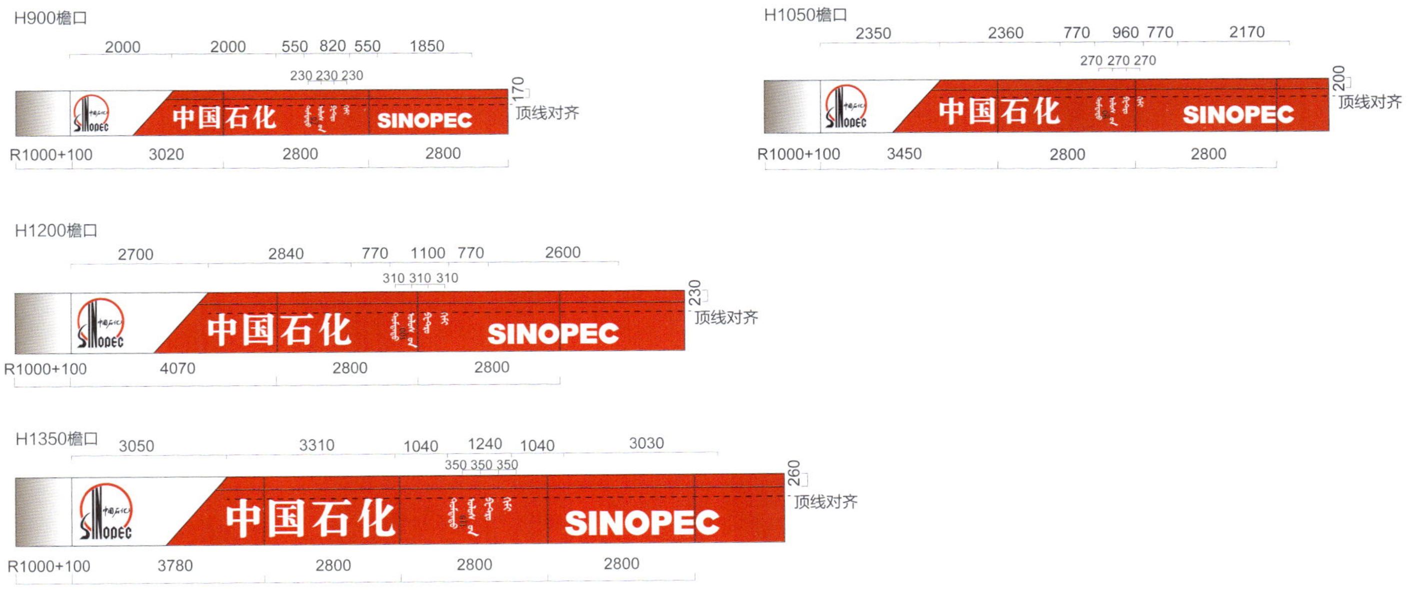

灯布型檐口

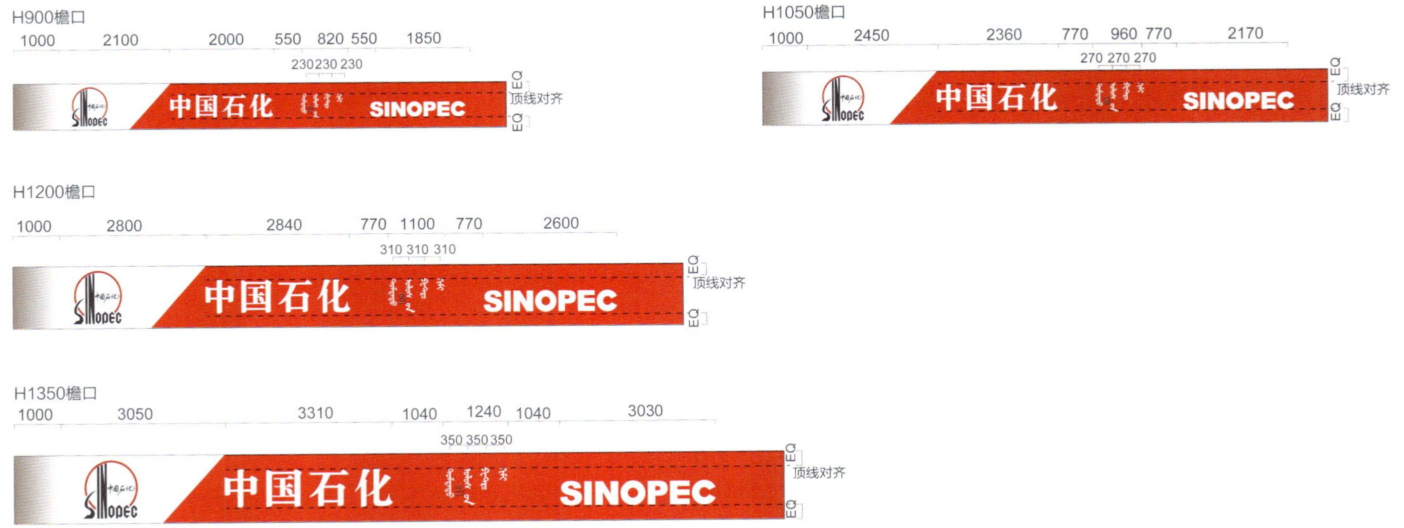

D.3 罩棚

D.3.40

蒙文少数民族檐口立体字工艺说明

檐口高度应用原则：

檐口高度	LOGO高度	文字高度	英文高度	蒙文高度
900	770	470	300	500
1050	900	550	350	580
1200	1030	660	420	665
1350	1150	770	490	750
1350以上	1150	770	490	750

单位：mm

· 注：

1. 表格中蒙文高度仅供参考，现场根据实际情况进行制作。
2. 对于其他地区政府部门要求少数民族文字上檐口的情况，相关单位可参考此版面设计示例进行排版，将排版文件报销售公司审核后方可实施。

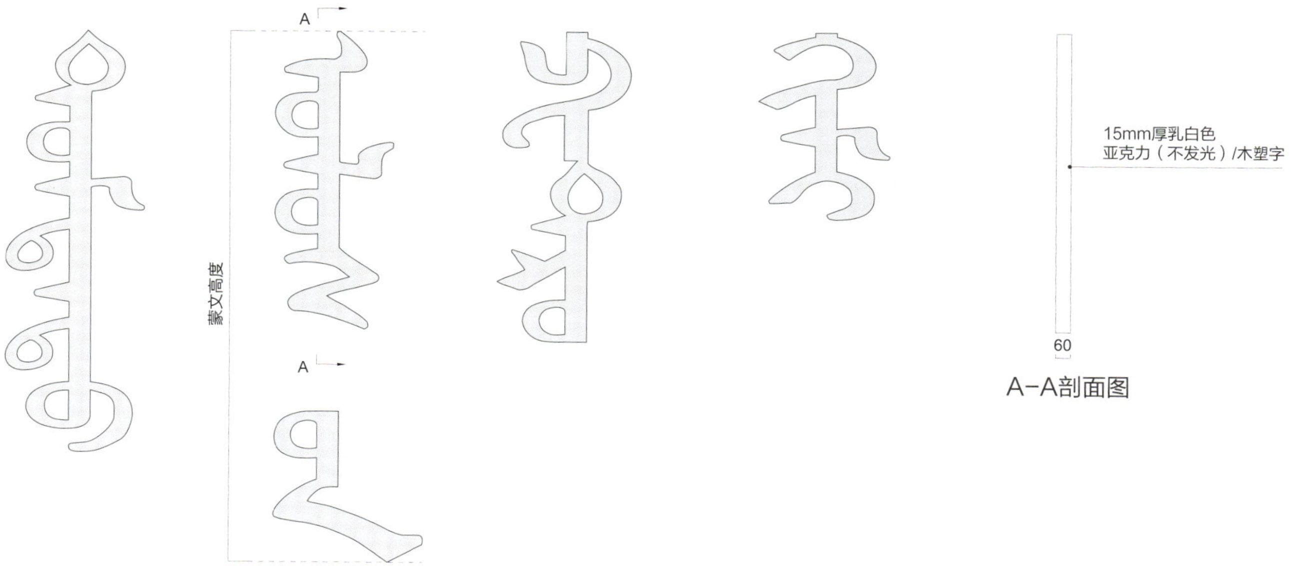

A−A剖面图

D.3.41

藏文少数民族文字檐口标识规范

· 少数民族文字檐口标识定位尺寸如图所示。

· 图中藏文仅为示意，现场根据实际情况进行调整。

单位：mm

· 注：对于其他地区政府部门要求少数民族文字上檐口的情况，相关单位可参考此版面设计示例进行排版，将排版文件报销售公司审核后方可实施。

材料色号：

石化红
PANTONE 185 C

高光白
WHITE

铝塑板型檐口

H900檐口

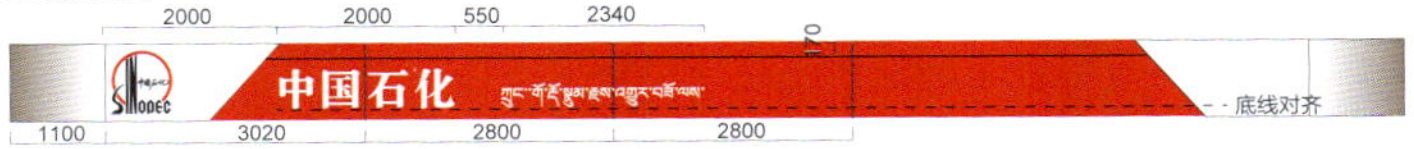

H1050檐口

H1200檐口

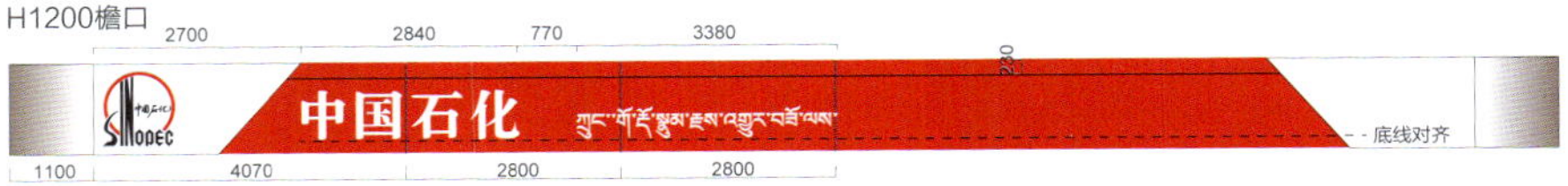

H1350檐口

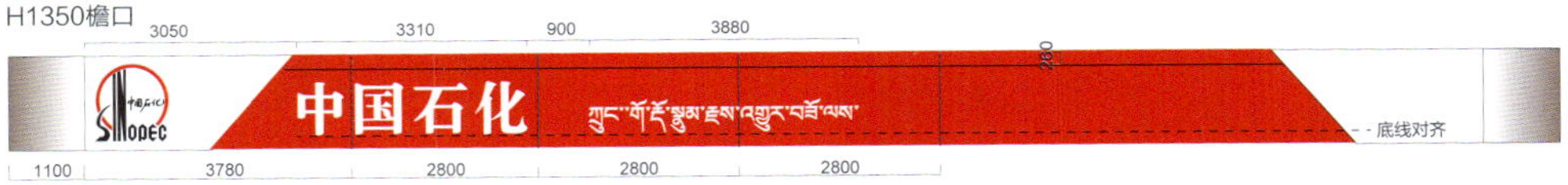

灯布型檐口

H900檐口

H1050檐口

H1200檐口

H1350檐口

D.3.41

藏文少数民族文字檐口标识规范

· 少数民族文字檐口标识定位尺寸如图所示。

· 图中藏文仅为示意，现场根据实际情况进行调整。

单位：mm

· 注：对于其他地区政府部门要求少数民族文字上檐口的情况，相关单位可参考此版面设计示例进行排版，将排版文件报销售公司审核后方可实施。

铝塑板型檐口

H900檐口

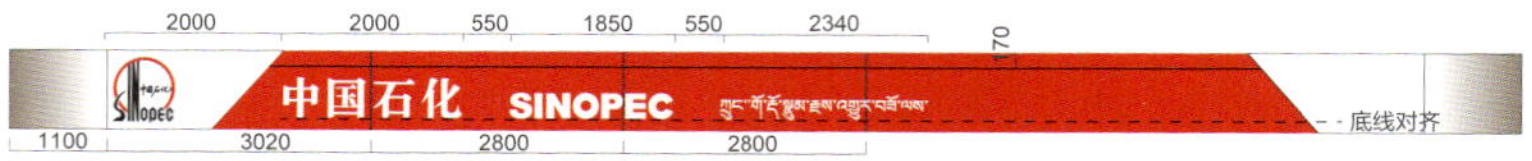

H1050檐口

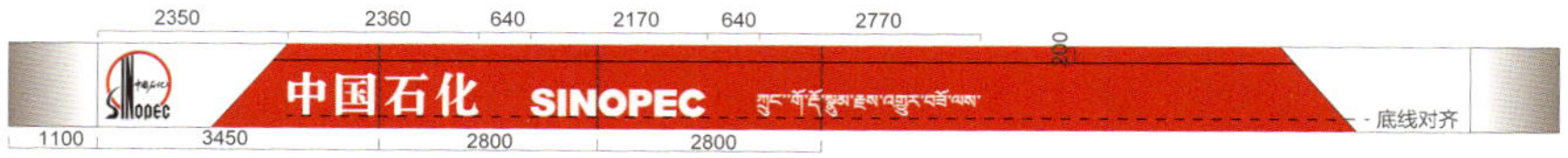

H1200檐口

H1350檐口

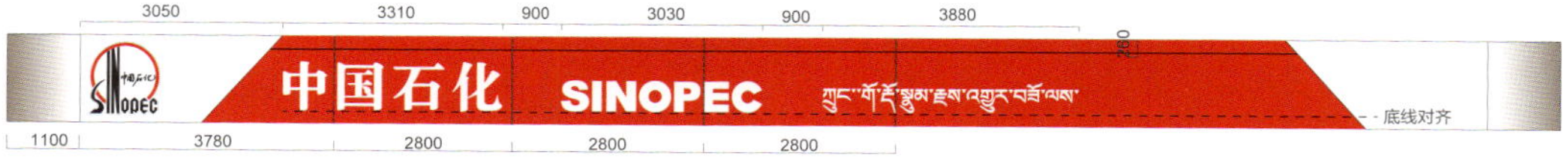

灯布型檐口

H900檐口

H1050檐口

H1200檐口

H1350檐口

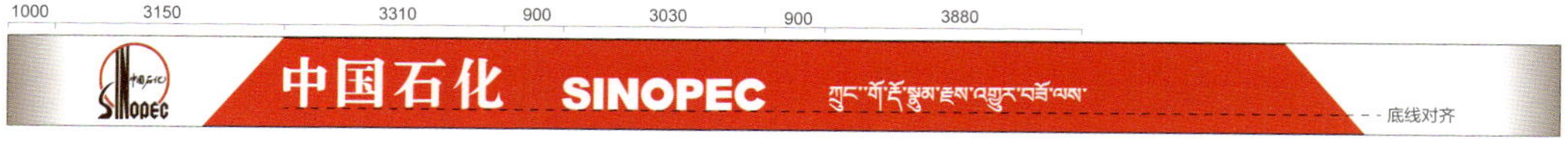

材料色号：

石化红
PANTONE 185 C

高光白
WHITE

D.3.42

藏文少数民族檐口立体字工艺说明

檐口高度应用原则：

檐口高度	LOGO高度	文字高度	英文高度	藏文高度
900	770	470	300	300
1050	900	550	350	350
1200	1030	660	420	420
1350	1150	770	490	490
1350以上	1150	770	490	490

单位：mm

· 注：

1. 表格中藏文高度仅供参考，现场根据实际情况进行制作。
2. 对于其他地区政府部门要求少数民族文字上檐口的情况，相关单位可参考此版面设计示例进行排版，将排版文件报销售公司审核后方可实施。

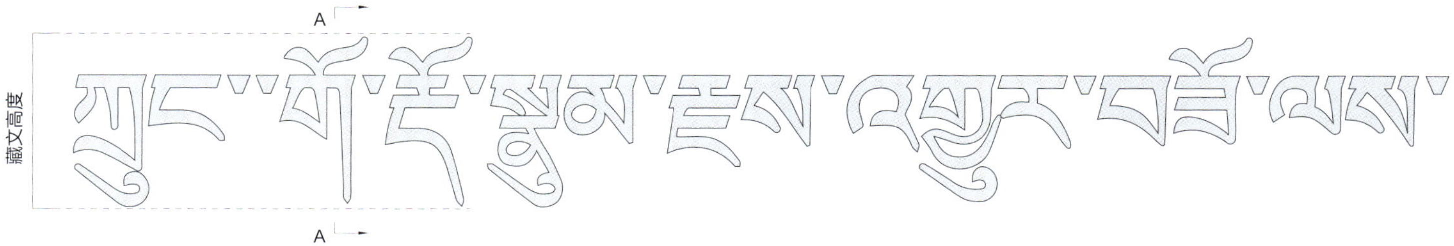

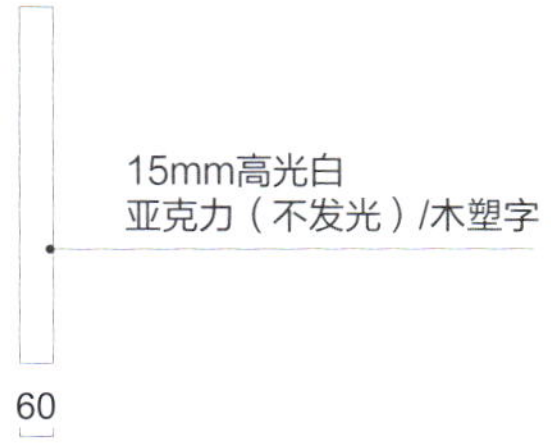

A–A剖面图

D.3.43

新能源檐口布置规范

· 施工要求:原罩棚基层找平，预埋钢架，模组式安装。

· 工艺材质:LOGO亚克力发光字，铝塑板。

单位：mm

· 注:

1.原则上红色背板部分与蓝色部分比例为7：3，按以上比例计算，当蓝色部分长度大于7.8m，则蓝色部分保持不变（原则上蓝色氢能模块最大长度为7.8m）；当蓝色部分长度小于 3 m，则取消蓝色部分。

2.当檐口长度低于13m，“氢能”“H2”不上檐口。

3.檐口仅限于设置氢能源与充电，其他能源不可设置于檐口。

材料色号：

石化红 PANTONE 185 C

新能源浅蓝 PANTONE 2925 C

高光白 WHITE

新能源 蓝 PANTONE 285 C

	中国石化LOGO	红色70% 中文（中国石化）	红色70% 英文（SINOPEC）	蓝色30%（氢能）	“ H_2 ”（发光字）
图例	SINOPEC	中国石化	SINOPEC	氢 能	H_2
檐口长度≥23m	●	●	●	●	●
17m≤檐口长度＜23m	●	●	/	●	●
13m≤檐口长度＜17m	●	●	/	/	●
檐口长度＜13m	●	●	/	/	/

●：必选 /：不可选

檐口长度 ≥ 23000

17000 ≤ 檐口长度＜23000

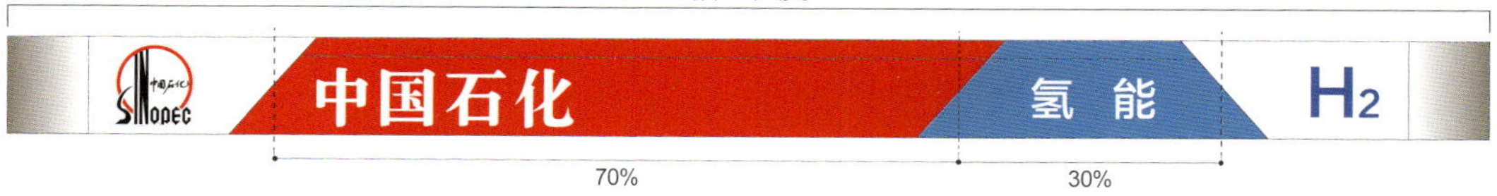

13000 ≤ 檐口长度 ＜ 17000

檐口铝塑板发光字图例

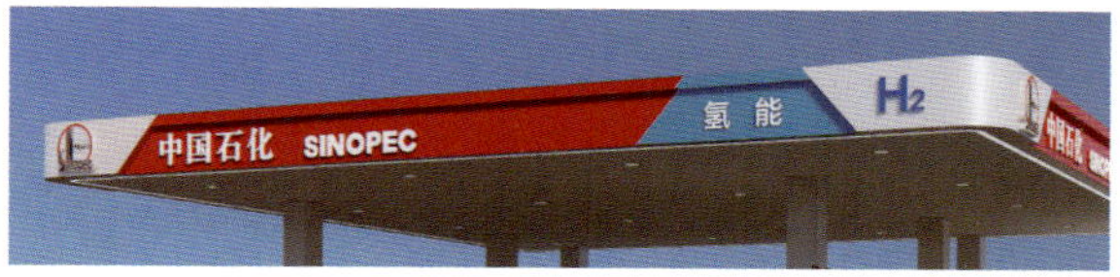

日景

夜景

D.3.44

新能源檐口标识规范
铝塑板型

· 施工要求：原罩棚基层找平，预埋钢架，模组式安装。

· 工艺材质 :LOGO 亚克力发光字，铝塑板。

单位：mm

檐口高度	发光字	
	氢能（高度）	H_2（高度）
1350mm	575mm	675mm
1200mm	510mm	600mm
1050mm	445mm	525mm
900mm	380mm	450mm

材料色号：

- 石化红 PANTONE 185 C
- 高光白 WHITE
- 新能源浅蓝 PANTONE 2925 C
- 新能源 蓝 PANTONE 285 C

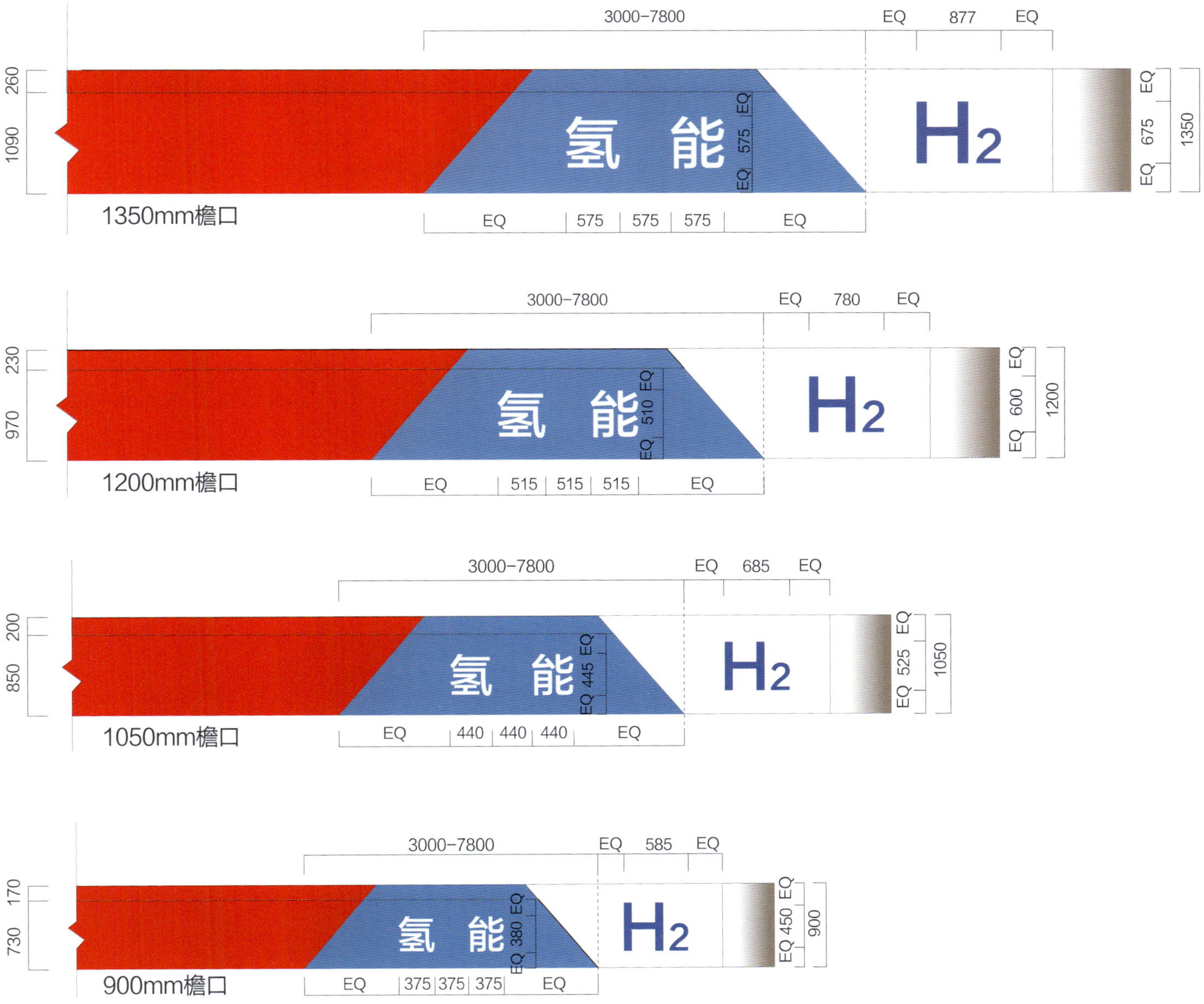

D.3.44

新能源檐口标识规范
铝塑板型

· 施工要求：原罩棚基层找平，预埋钢架，模组式安装。

· 工艺材质 :LOGO 亚克力发光字（“氢能、H2”亚克力发光字厚度与“中国石化 SINOPEC”厚度一致），铝塑板。

单位：mm

· 注：防爆区域内应选取防爆灯具。

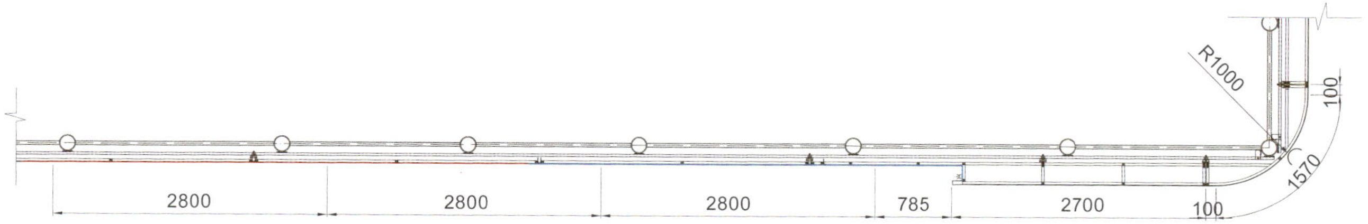

檐口平面图

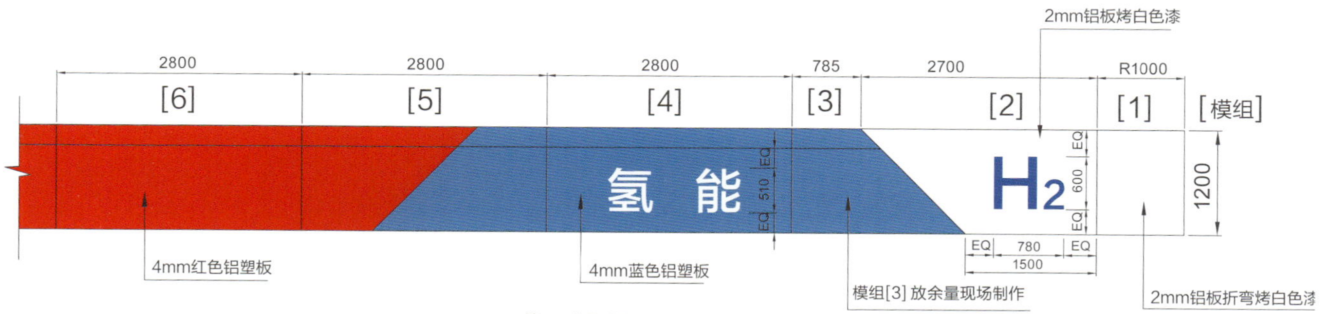

檐口立面图

铝塑板成品模块化檐口工艺要求:

· 4mm红色高光铝塑板（石化红Pantone 185 C，0.3mm铝材厚度，表面为易清洁氟碳漆涂层）；

· 4mm蓝色高光铝塑板（新能源浅蓝Pantone 2925 C，0.3mm铝材厚度，表面为易清洁氟碳漆涂层）；

· 钢结构支架实现模块化制作现场简易安装；

· 模块化檐口制作符合国标GB/T 1804线性加工要求“高精级”，铝塑板檐口成品要求表面平整无明显凹凸瑕疵；

· 转角白色铝板造型模块由2mm铝板激光切割焊接钣金加工成型，拐角模块要求不超过2块拼装，加工线性要求及烤漆要求与铝塑板等同。

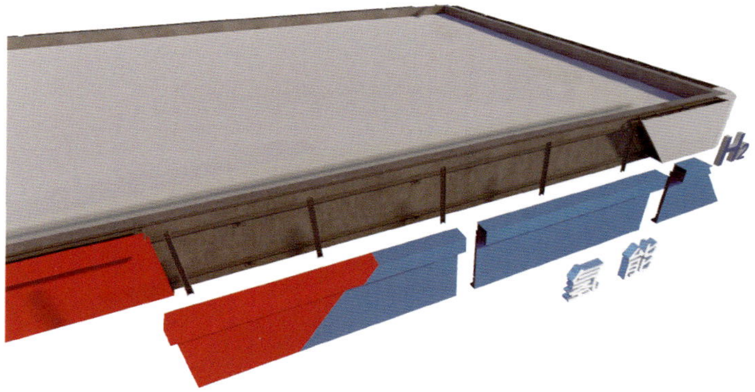

安装示意图

材料色号：

石化红
PANTONE 185 C

高光白
WHITE

新能源浅蓝
PANTONE 2925 C

新能源 蓝
PANTONE 285 C

D.3.45

新能源檐口标识规范
灯布型

· 灯布型新能源檐口标识规范如右图所示

单位：mm

· 注:

1. 原则上红色灯布部分与蓝色部分比例为 7：3，按以上比例计算，当蓝色部分长度大于7.8m，则蓝色部分保持不变（原则上蓝色氢能模块最大长度为7.8m）；当蓝色部分长度小于3m，则取消蓝色部分。
2. 当檐口长度低于13m，“氢能”“H2”不上檐口。
3. 檐口仅限于设置氢能源，其他能源不可设置于檐口。

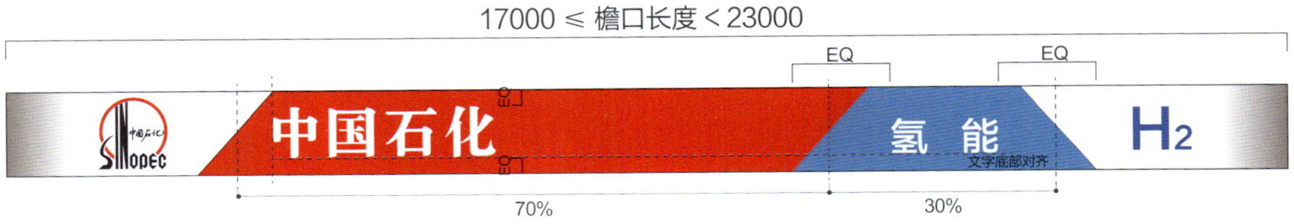

材料色号：

色名	色号
石化红	PANTONE 185 C
高光白	WHITE
新能源浅蓝	PANTONE 2925 C
新能源 蓝	PANTONE 285 C

D.3.46

石化易电檐口标识规范
铝塑板型

· 施工要求：原罩棚基层找平，预埋钢架，模组式安装。

· 工艺材质 :LOGO 亚克力发光字，铝塑板。

单位：mm

檐口高度	发光字	
	充电（高度）	图形标识（高度）
1350mm	575mm	680mm
1200mm	510mm	605mm
1050mm	445mm	530mm
900mm	380mm	455mm

材料色号：

石化红
PANTONE 185 C

高光白
WHITE

新能源浅蓝
PANTONE 2925 C

新能源 蓝
PANTONE 285 C

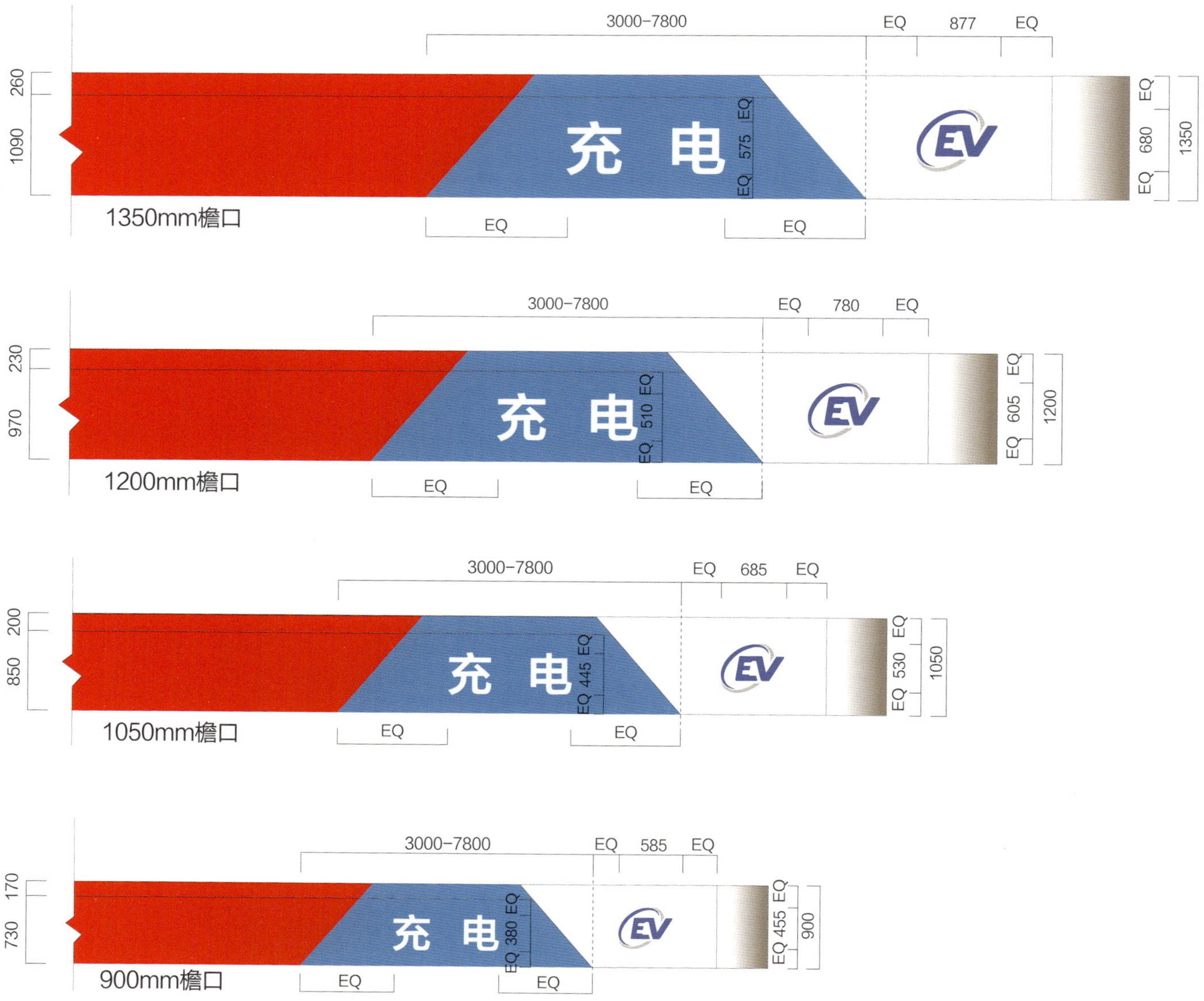

D.3.47

石化易电檐口标识规范
灯布型

· 工艺材质：

1. 白色高透光灯箱布，厚度为 0.51 ~ 0.6mm，透光率为 46% ± 3%；通过 GB 8624 – 2012《建筑材料及制品燃烧性能分 级》B1 级检测；
2. 红色、蓝色透光贴膜，贴膜带胶厚度约 0.08 ~ 0.125mm，彩膜颜色在不打光和打光状态下保持前后一致，亚光表面，无眩光，通过 GB 8624 – 2012《建筑材料及制品燃烧性能分级》B1 级检测。

单位：mm

材料色号：

颜色	色号
石化红	PANTONE 185 C
高光白	WHITE
新能源浅蓝	PANTONE 2925 C
新能源 蓝	PANTONE 285 C

/ D.4 加能区

D.4.01

旗舰站加能区展示

D.4.01

旗舰站加能区展示

D.4.01

旗舰站加能区展示

D.4.02

标准站加能区展示

D.4.02

标准站加能区展示

D.4.02

标准站加能区展示

D.4.03

简易站加能区展示

D.4.03

简易站加能区展示

D.4.03

简易站加能区展示

D.4.04

加能区形象索引

· 加能区形象包含以下元素：
D.4.07　立柱
D.4.08　油机号码牌
D.4.09–26　加油岛造型
D.4.27–30　综合服务箱
D.4.31–33　加油岛
D.4.34–37　加油机装饰

俯视图

立面图

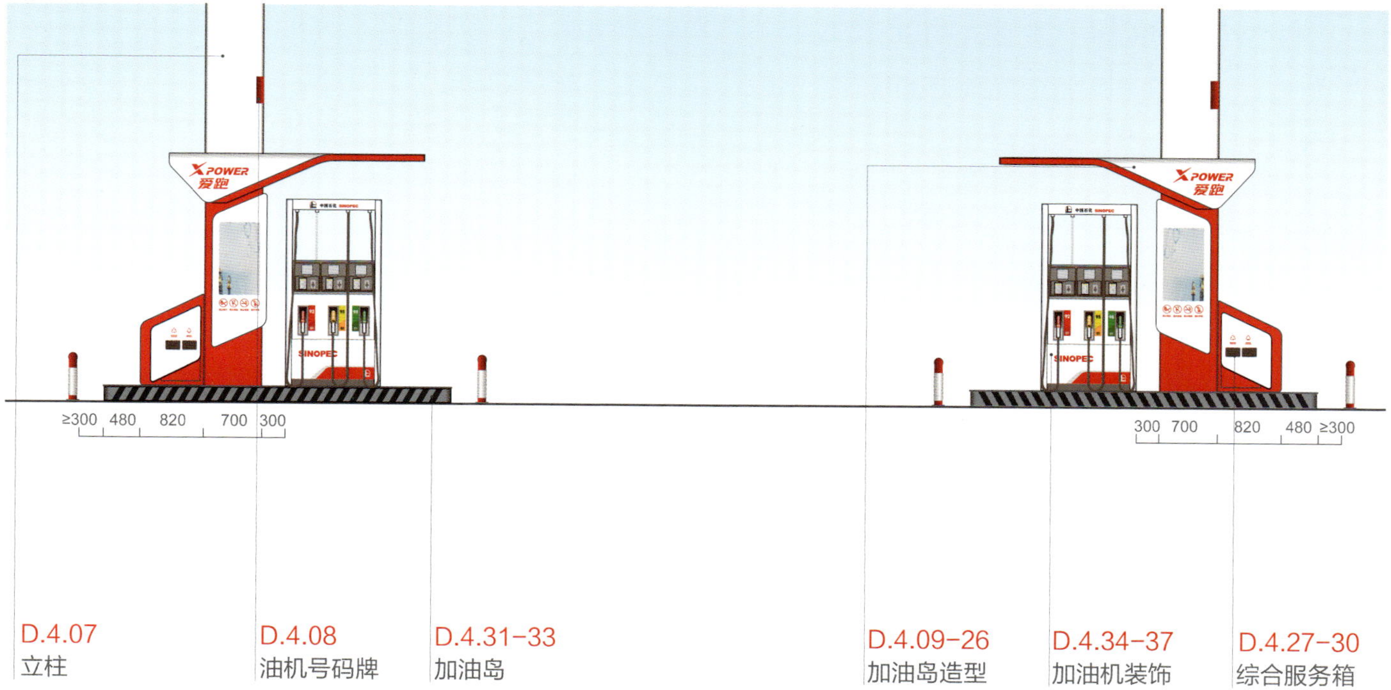

D.4.05

加油岛造型形象展示

· 加油岛造型形象分为两种：

1. 圆角造型形象：整体造型在转折处采用圆角化处理，线条流畅、富有动感，红色亚克力装饰条及灯盘夜间发光，起装饰照明作用；

2. 折角造型形象：确保整体视觉形象与圆角型造型基本一致的原则，通过简化材料及工艺以达到降低成本、降低能耗的方案，整体造型在转折处采用折边处理，降低工艺难度，红色装饰条及底封板采用相同材质仅做分色处理，夜间不发光，降低能耗。

· 旗舰站原则上选用圆角造型形象，标准站可选用圆角造型或折角造型形象，简易站选用折角造型形象。

圆角造型形象展示

折角造型形象展示

D.4 加能区

D.4.06

加能区形象配置表

· 各级别站型加能区形象配置如右表所示。

· 必选项：●
· 可选项：○
· 不可选项：/

加能区形象元素	图例	类型说明	旗舰站	标准站	简易站	备注
立柱		立柱装饰	●	○	○	铝塑板包柱装饰
		立柱装饰（利旧翻新）	/	○	○	贴膜包柱装饰
油机号码牌		/	●	●	●	
加油岛造型		圆角造型	●	○	/	
		折角造型	/	○	●	
综合服务箱		A 款	●	○	/	
		B 款	/	○	●	
加油机饰面	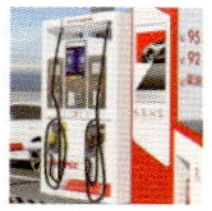	/	●	●	●	
加油岛		/	●	●	●	

D.4.07

立柱装饰
尺寸及工艺说明

· 设计施工时，请参考右图尺寸，以确保现场立柱装饰的视觉效果。

· 包柱高度说明：

在离加油岛面高 3000mm 的上方柱子采用高光白铝塑板包柱。

· 包柱宽度说明：

设包柱装饰宽度为 X。

1. 当罩棚实际立柱宽度＜600mm，包柱装饰宽度 X 为 600mm；
2. 当 600mm ≤罩棚实际立柱宽度＜700mm，包柱装饰宽度为 X 700mm；
3. 当 700mm ≤罩棚实际立柱宽度＜750mm，包柱装饰宽度 X 750mm；
4. 当 750mm ≤罩棚实际立柱宽度＜800mm，包柱装饰宽度 X 为 800mm。

单位：mm

材料色号：

高光白
WHITE

立柱顶视图

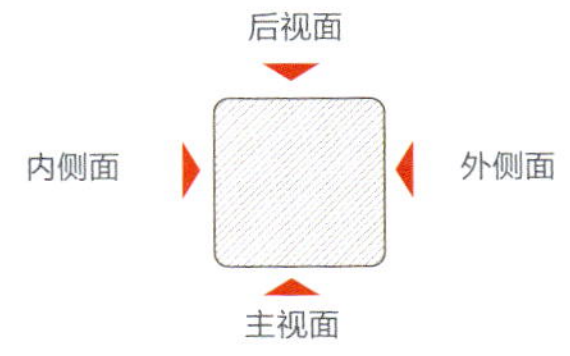

立柱装饰立面

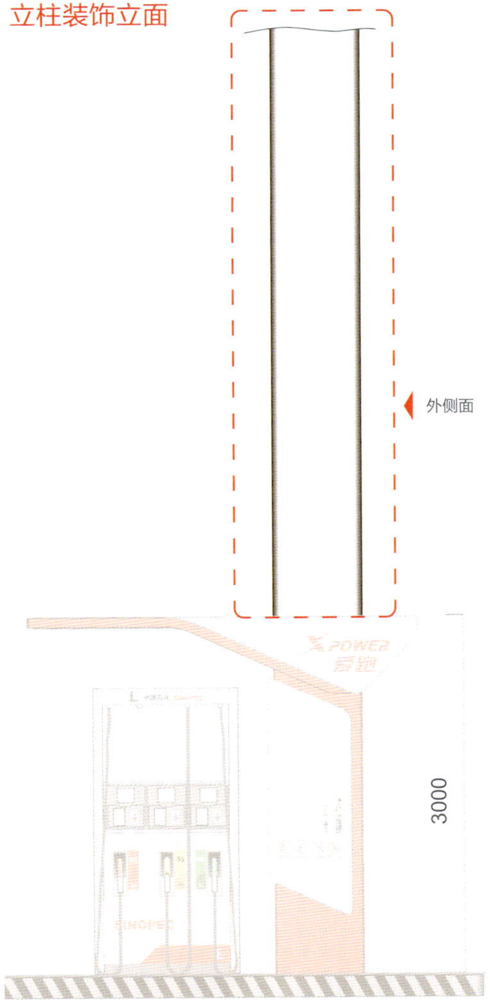

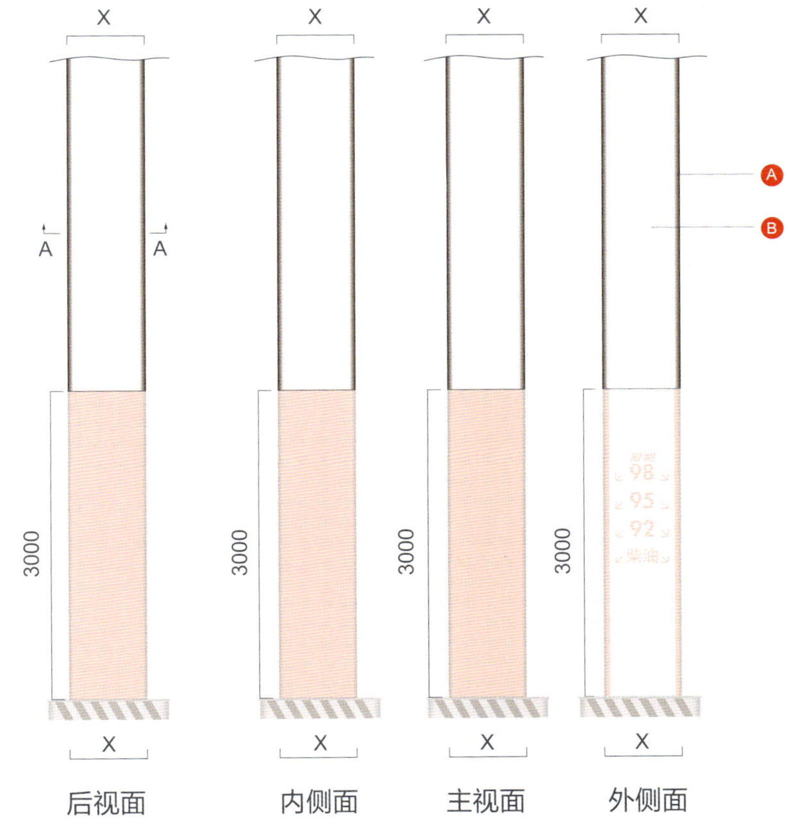

A–A 剖面图

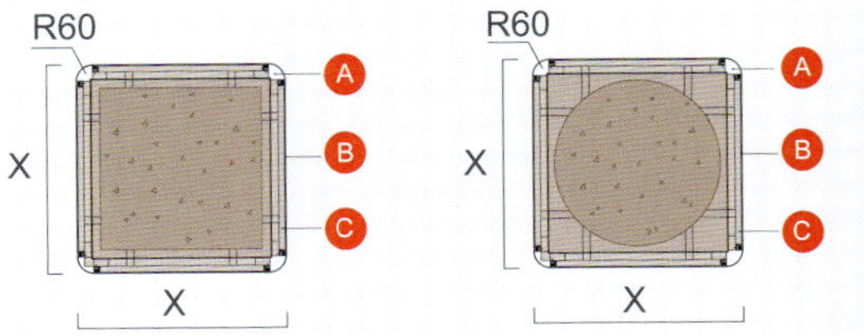

工艺说明：

A 包柱角圆弧 R 为 60mm

B 白色高光铝塑板包柱

C 40mm × 20mm 方管

D.4.07

立柱装饰（利旧翻新）尺寸及工艺说明

· 在改造站包柱利旧的情况下，可采用贴膜方式翻新。白色立柱部分采用白膜全包，红色立柱部分采用彩膜全包。

单位：mm

立柱装饰立面

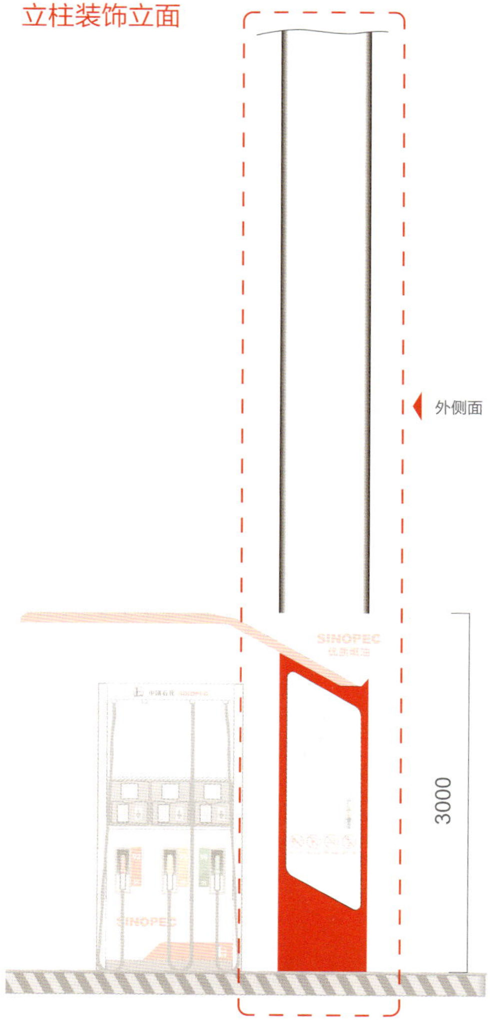

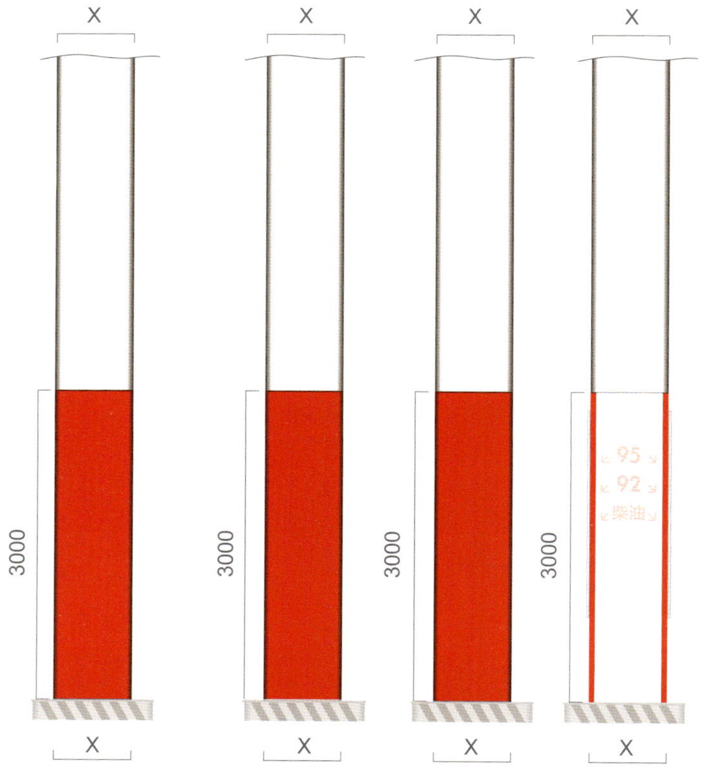

后视面　内侧面　主视面　外侧面

材料色号：

石化红
PANTONE 185 C

高光白
WHITE

D.4.08

油机号码牌
尺寸及工艺说明

· 设计施工时，请参考右图尺寸，以确保油机号码牌的视觉效果。

· 工艺说明：

1. 2mm 红色铝板激光切割折弯成型（石化红 Pantone 185 C）；
2. 数字编号贴交通级白色反光膜；
3. 在离加油岛造型顶部 600mm 处安装。

单位：mm

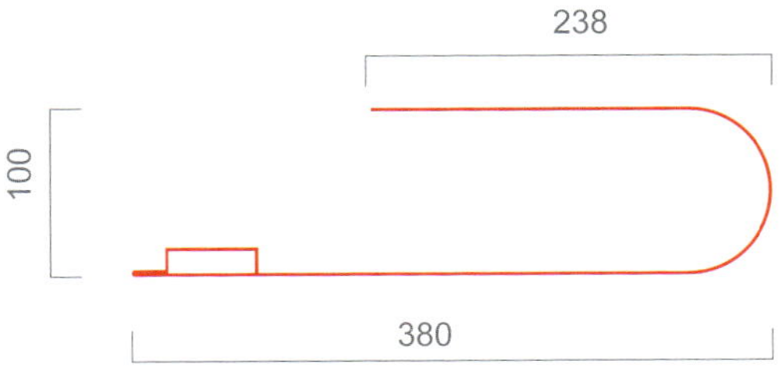

顶视图

安装示意

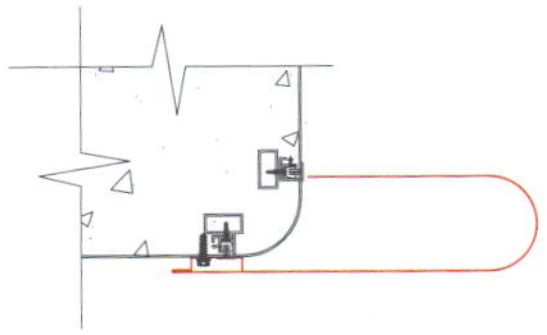

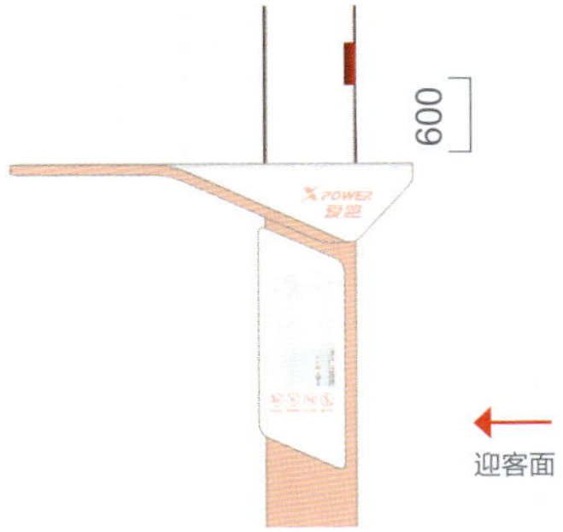

正视图

侧视图

后视图

材料色号：

石化红
PANTONE 185 C

高光白
WHITE

D.4.09

加油岛造型布置原则

· 当油站为新建站时，加油岛造型布置朝向如右图所示。
· 改造站请根据现场实际情况对加油岛造型方向进行调整。

· 注：异形加油岛，根据现场情况进行适当调整。

平面示意：

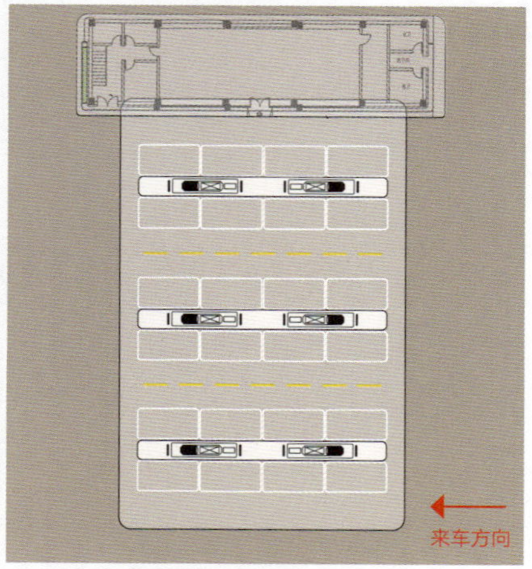

单排油岛 单柱包柱

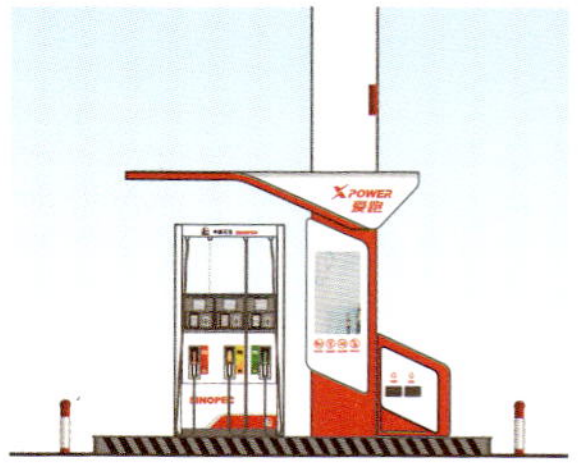

来车方向

加油岛造型右边型

双排油岛 单柱包柱

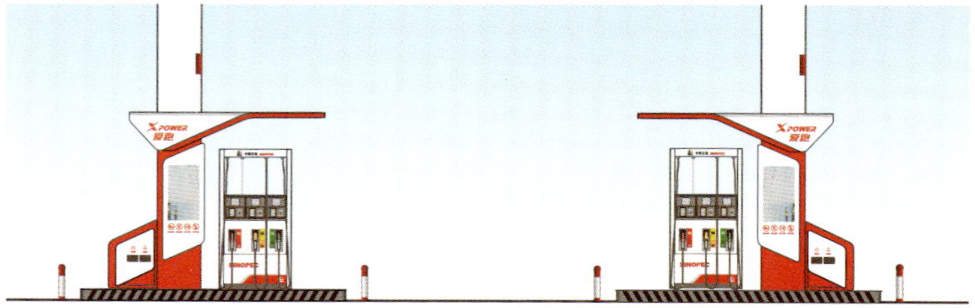

来车方向

加油岛造型左边型　　加油岛造型右边型

三排油岛 单柱包柱

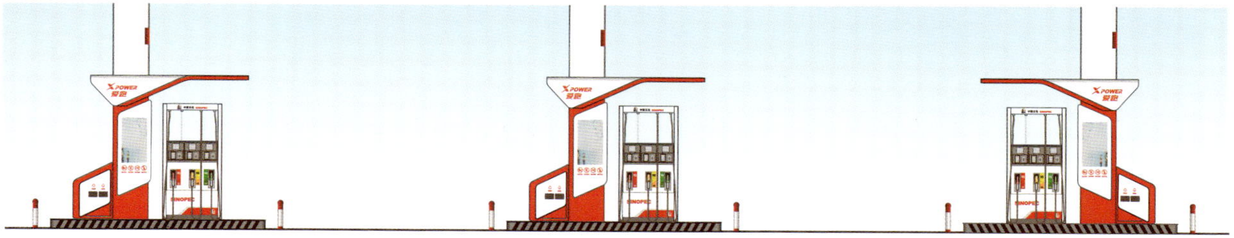

来车方向

单排油岛 双柱包柱

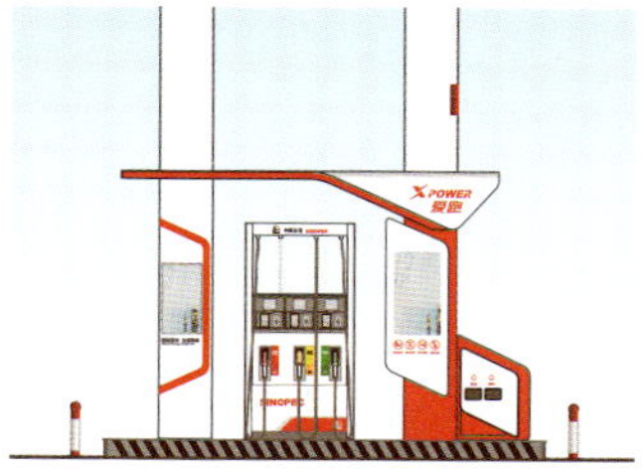

来车方向

加油岛造型右边型

双排油岛 双柱包柱

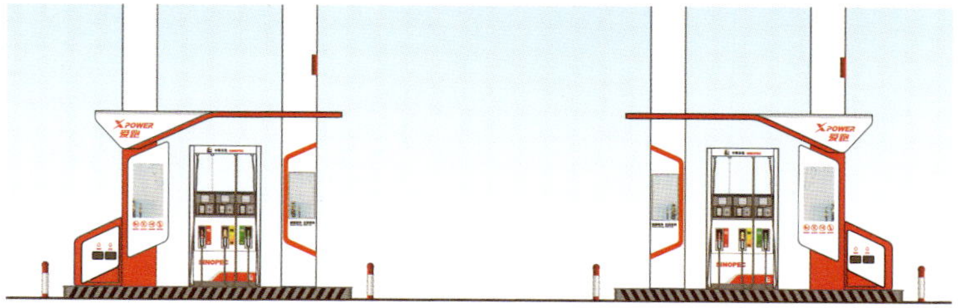

来车方向

加油岛造型左边型　　加油岛造型右边型

D.4.10

加油岛造型形象总览

· 加油岛造型共有 5 种形式，如右图所示：

1. 加油岛造型（单柱）形象；
2. 加油岛造型（双柱）形象一；
3. 加油岛造型（双柱）形象二；
4. 加油岛造型（单柱双机）形象；
5. 加油岛造型（无柱）形象。

· 简化版加油岛造型可采用折角造型形象。

加油岛造型
单柱形象

加油岛造型
双柱形象一

两柱之间，柱心距在2000~3500mm 内采用此版本形象

加油岛造型
双柱形象二

两柱之间，柱心距在3500~4500mm 内采用此版本形象

加油岛造型
单柱双机形象

加油岛造型
无柱形象

材料色号：

石化红
PANTONE 185 C

高光白
WHITE

D.4.11

加油岛造型标准尺寸说明

· 加油岛造型标准尺寸分为四种，如右图所示。

· 设罩棚立柱实际宽度为 X:

1. 当想 X<600mm 时，加油岛造型尺寸选用规格一方案；
2. 当 600mm ≤ X<700mm 时，加油岛造型尺寸选用规格二方案；
3. 当 700mm ≤ X<750mm 时，加油岛造型尺寸选用规格三方案；
4. 当 750mm ≤ X<800mm 时，加油岛造型尺寸选用规格四方案。

单位：mm

· 注：

1. 如遇特殊情况，可根据实际情形调整相应尺寸。
2. 简化版加油岛造型采用折角造型形象。

材料色号：

石化红
PANTONE 185 C

高光白
WHITE

规格一

包柱 W600 型

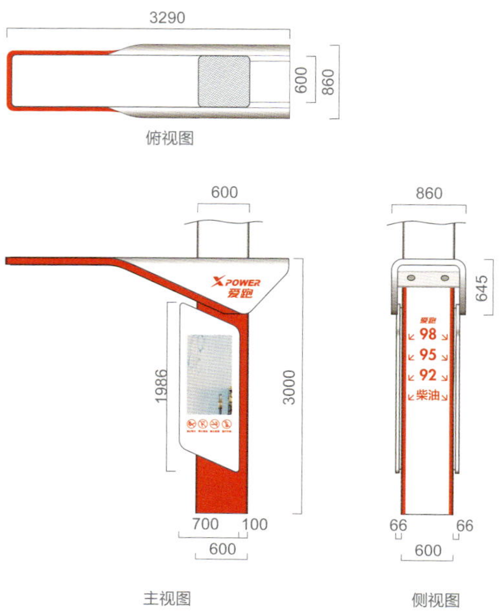

规格二

包柱 W700 型

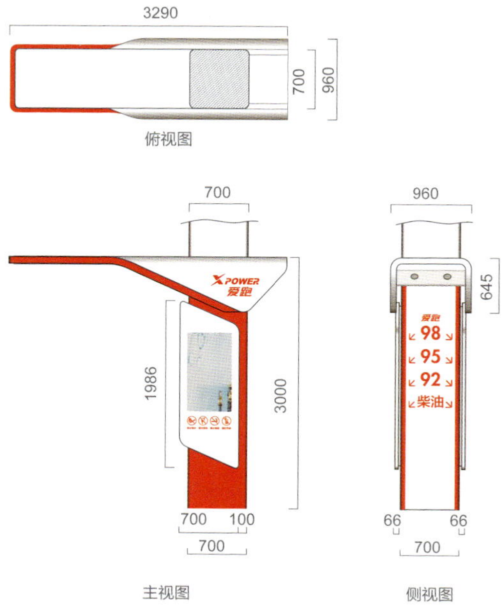

规格三

包柱 W750 型

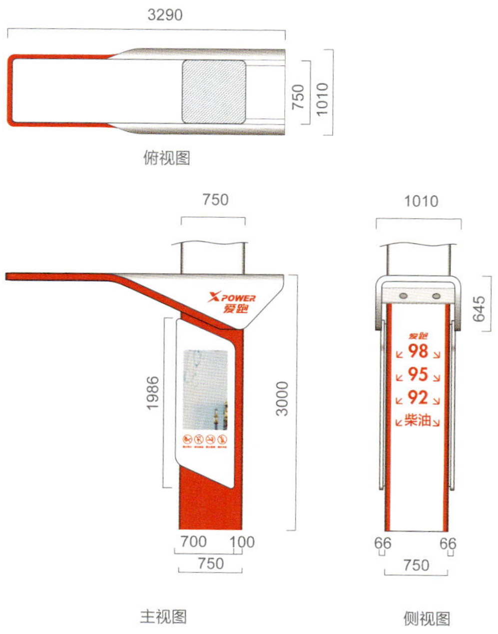

规格四

包柱 W800 型

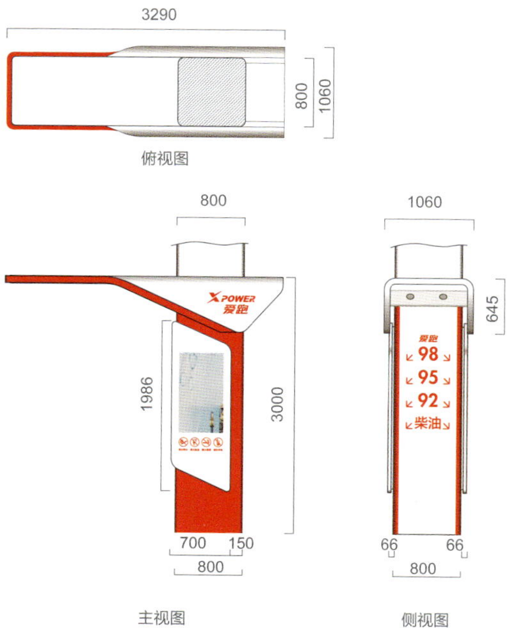

D.4.12

加油岛造型尺寸及工艺说明
单柱形象（圆角造型形象）

· 图中以旗舰站 700mm 柱为例。

· 工艺说明：

- A 3mm 红色亚克力吸塑成型，内置 LED 灯带，发红光，亮度 250lx，发光角度 ≥ 115° ，防护等级 IP65 以上
- B 白色高光铝板信息内容镂空，背托 3mm 红色亚克力，内置 LED 模组
- C 4mm 红色高光铝塑板制作（石化红 Pantone 185 C）
- D 43 寸液晶显示屏
- E 信息内容丝网印刷
- F 2mm 白色高光铝板制作（高光白 White）
- G 罩棚立柱
- H 摄像头
- I 油品导向标识
- J 4mm 白色高光铝塑板制作（高光白 White）

单位：mm

材料色号：

石化红
PANTONE 185 C

高光白
WHITE

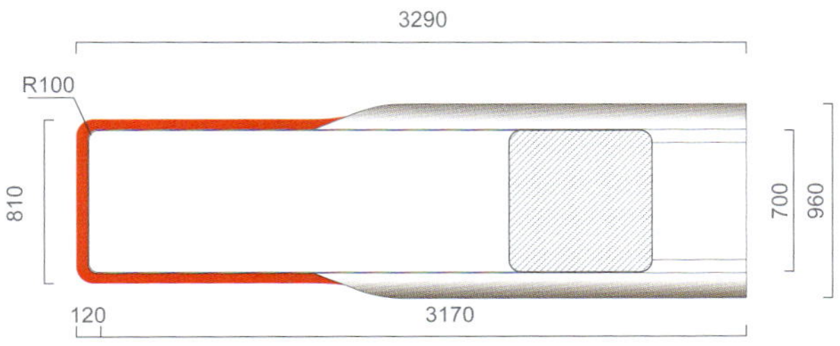

顶视图

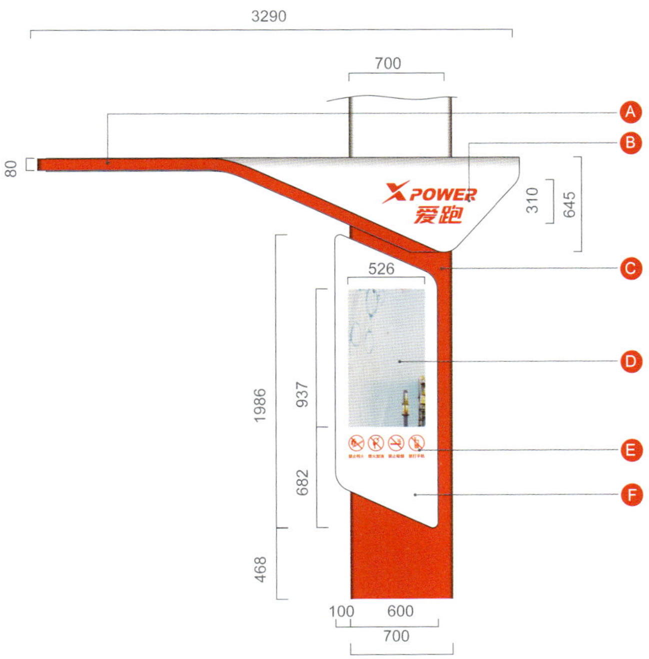

正视图

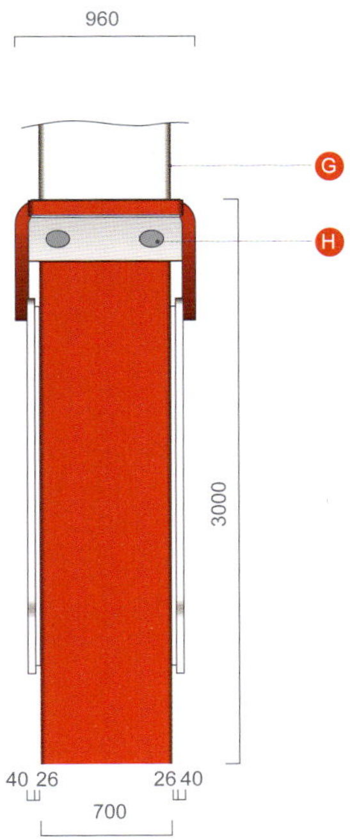

左视图

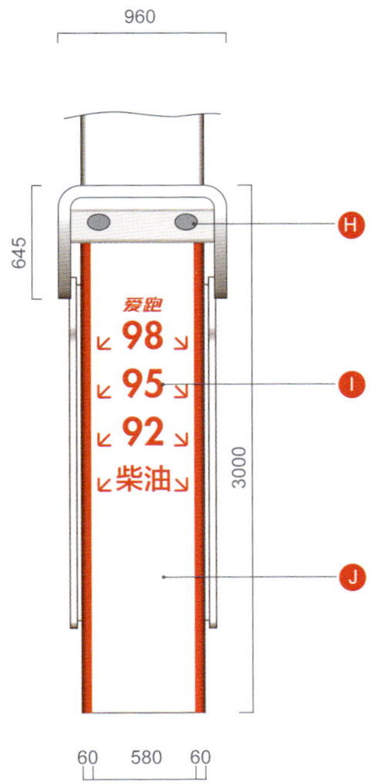

右视图

D.4.12

加油岛造型尺寸及工艺说明
双柱形象一（圆角造型形象）

· 图中以旗舰站 600mm 柱为例。

· 工艺说明：

- A 3mm 红色亚克力吸塑成型，内置 LED 灯带，发红光，亮度 250lx ，发光角度 ≥ 115° ，防护等级 IP65 以上
- B 白色高光铝面板信息内容镂空，背托 3mm 红色亚克力，内置 LED 模组
- C 4mm 红色高光铝塑板制作（石化红 Pantone 185 C）
- D 43 寸液晶显示屏
- E 广告画面
- F 红色贴膜
- G 文字信息贴膜
- H 图文信息丝网印刷
- I 2mm 白色高光铝板制作（高光白 White）
- J 罩棚立柱
- K 摄像头
- L 油品导向标识
- M 4mm 白色高光铝塑板制作（高光白 White）

单位：mm

材料色号：

石化红 PANTONE 185 C　　高光白 WHITE

注：两柱之间，柱心距在 2000~3500mm 内采用此版本形象

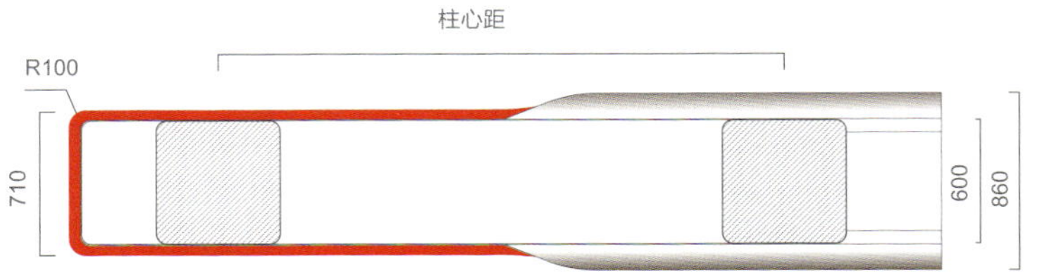

顶视图

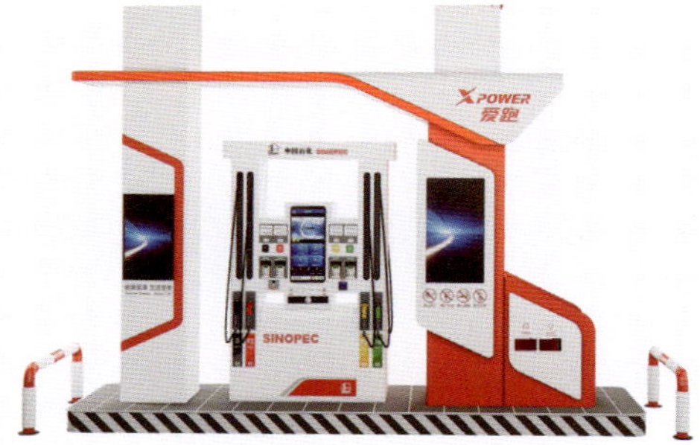

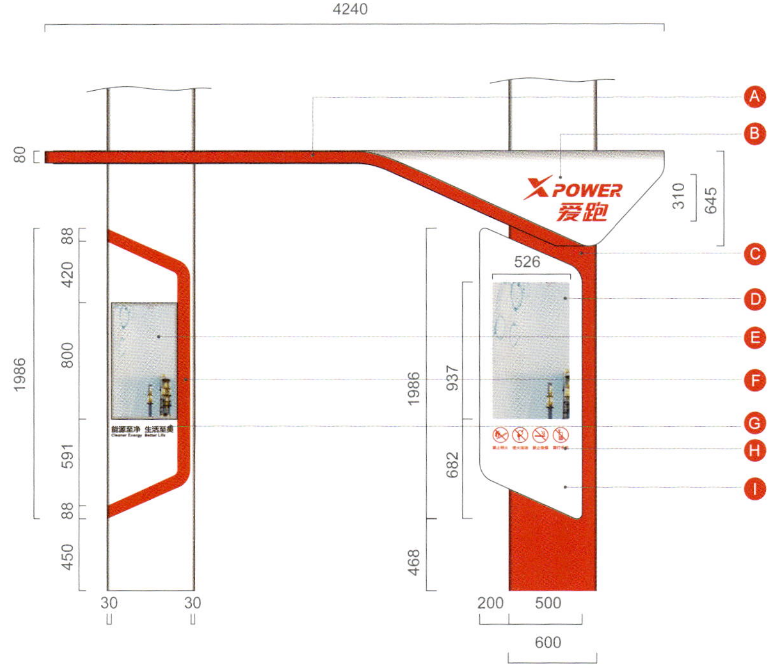

正视图

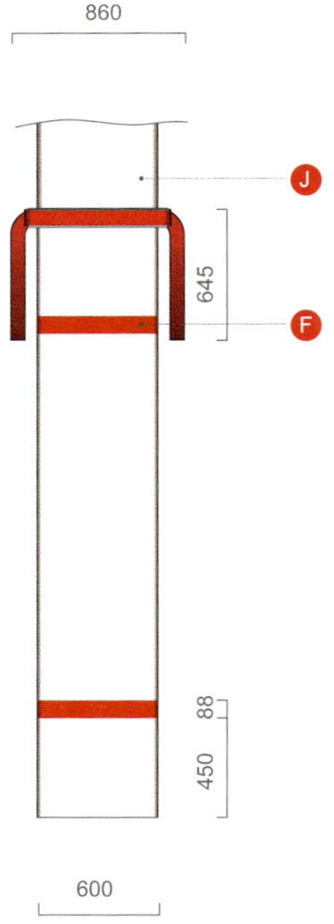

左侧图

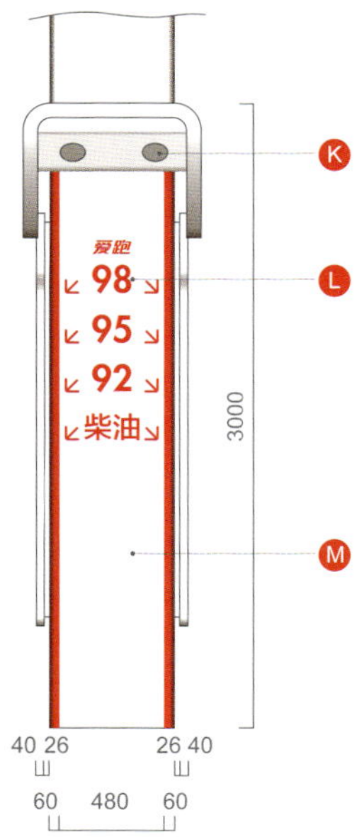

右侧图

D.4.12

加油岛造型尺寸及工艺说明 双柱形象二（圆角造型形象）

· 图中以旗舰站 600mm 柱为例。

· 工艺说明：

- A 3mm 红色亚克力吸塑成型，内置 LED 灯带，发红光，亮度 250lx，发光角度 ≥ 115°，防护等级 IP65 以上
- B 白色高光铝面板信息内容镂空，背托 3mm 红色亚克力，内置 LED 模组
- C 4mm 红色高光铝塑板制作（石化红 Pantone 185 C）
- D 43 寸液晶显示屏
- E 信息内容丝网印刷
- F 2mm 白色高光铝板制作（高光白 White）
- G 罩棚立柱
- H 摄像头
- I 油品导向标识
- J 4mm 白色高光铝塑板制作（高光白 White）

单位：mm

材料色号：

石化红
PANTONE 185 C

高光白
WHITE

注：两柱之间，柱心距在 3500~4500mm 内采用此版本形象

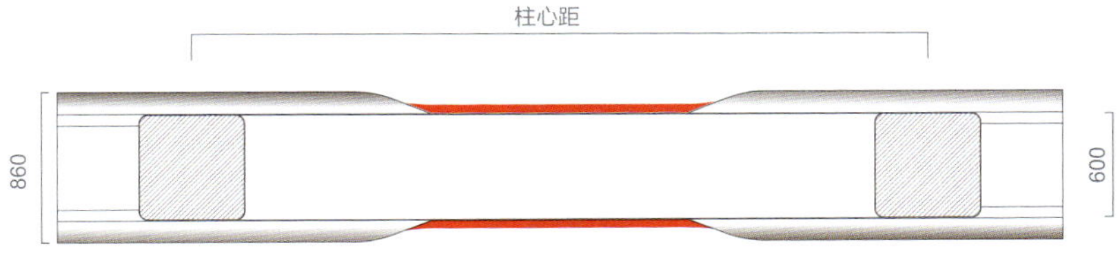

顶视图

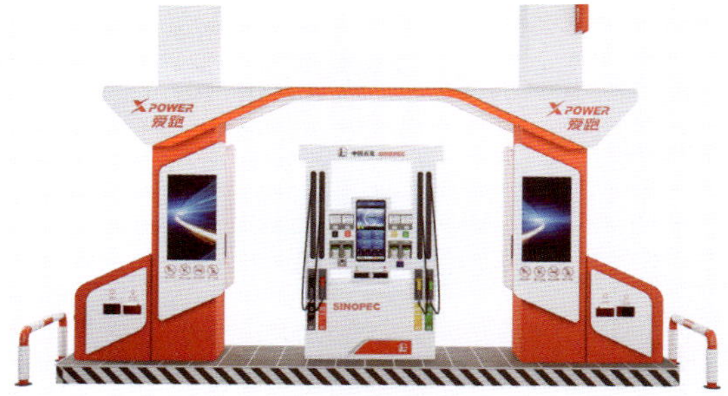

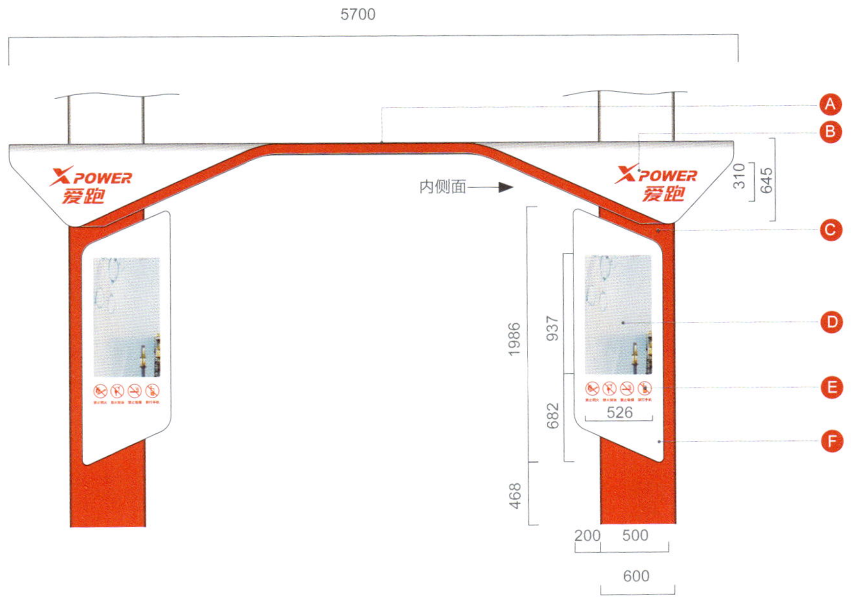

正视图

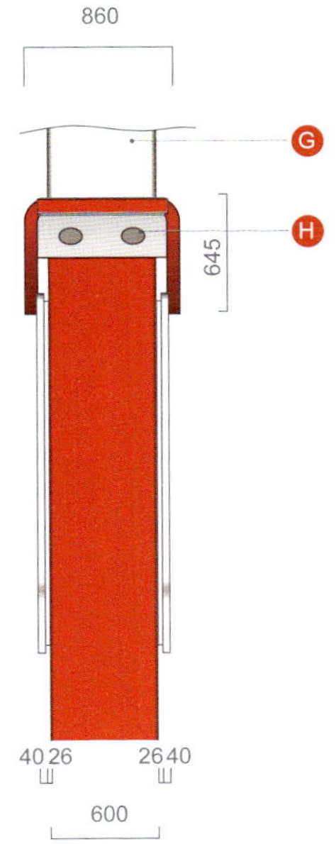

内侧图

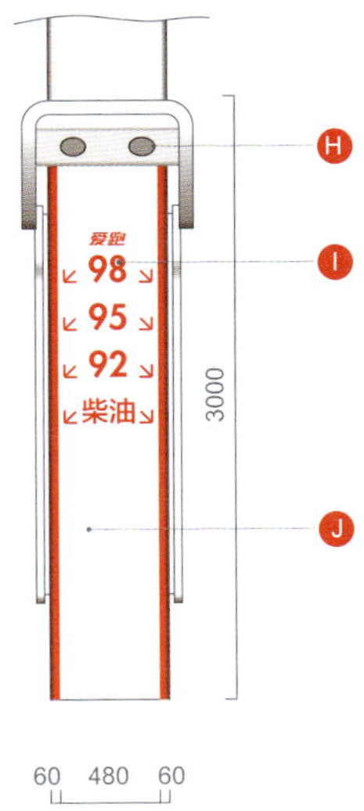

侧视图

D.4.12

加油岛造型尺寸及工艺说明
单柱双机形象（圆角造型形象）

· 图中以旗舰站 700mm 柱为例。

· 工艺说明：

- A 3mm 红色亚克力吸塑成型，内置 LED 灯带，发红光，亮度 250lx，发光角度 ≥ 115°，防护等级 IP65 以上
- B 白色高光铝面板信息内容镂空，背托 3mm 红色亚克力，内置 LED 模组
- C 4mm 红色高光铝塑板制作（石化红 Pantone 185 C）
- D 43 寸液晶显示屏
- E 信息内容丝网印刷
- F 2mm 白色高光铝板制作（高光白 White）
- G 罩棚立柱
- H 摄像头
- I 4mm 白色高光铝塑板制作（高光白 White）

单位：mm

材料色号：

石化红
PANTONE 185 C

高光白
WHITE

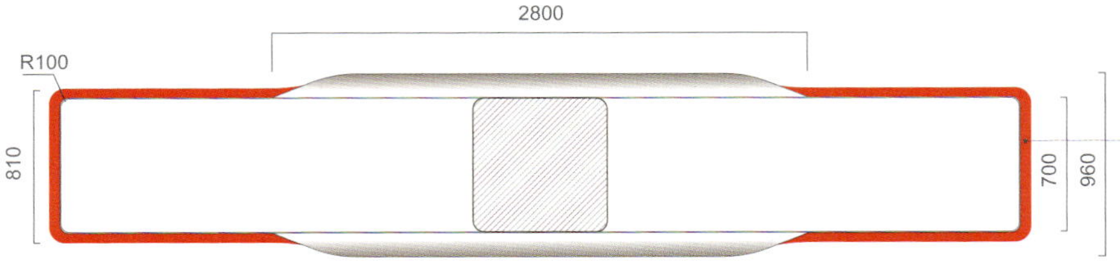

顶视图

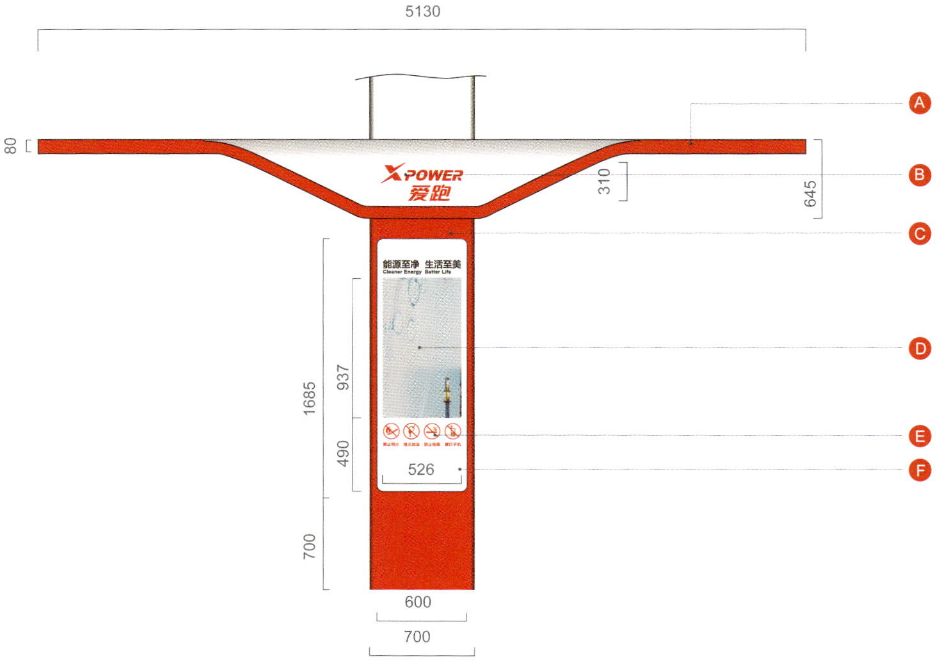

主视图

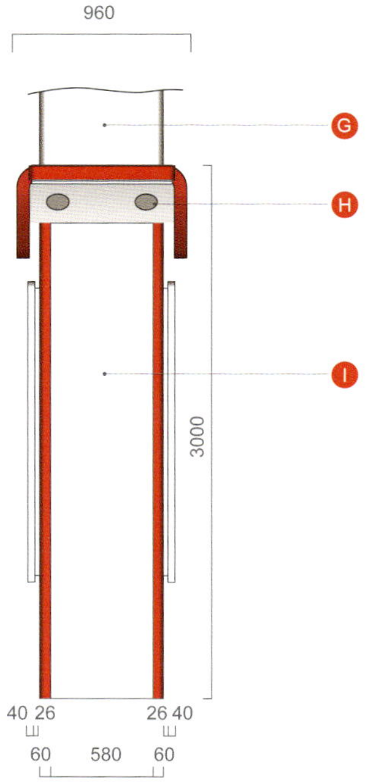

侧视图

D.4.12

加油岛造型尺寸及工艺说明 无柱形象（圆角造型形象）

· 图中以旗舰站 600mm 柱为例。

· 工艺说明：

A 3mm 红色亚克力吸塑成型，内置 LED 灯带，发红光，亮度 250lx，发光角度 ≥ 115°，防护等级 IP65 以上

B 白色高光铝面板信息内容镂空，背托 3mm 红色亚克力，内置 LED 模组

C 4mm 红色高光铝塑板制作（石化红 Pantone 185 C）

D 43 寸液晶显示屏

E 信息内容丝网印刷

F 2mm 白色高光铝板制作（高光白 White）

G 摄像头

H 油品导向标识

I 4mm 白色高光铝塑板制作（高光白 White）

单位：mm

材料色号：

石化红 PANTONE 185 C

高光白 WHITE

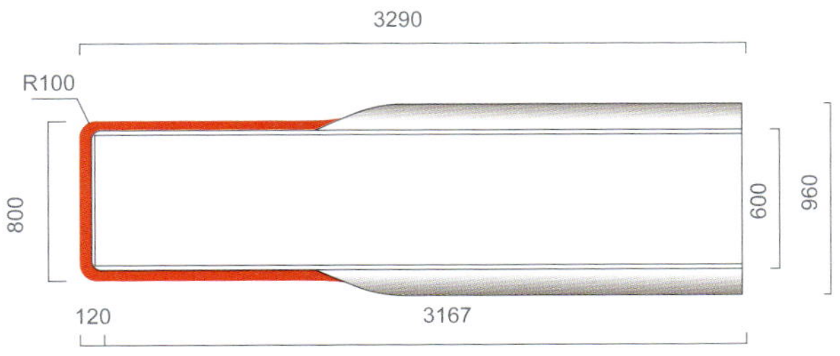

顶视图

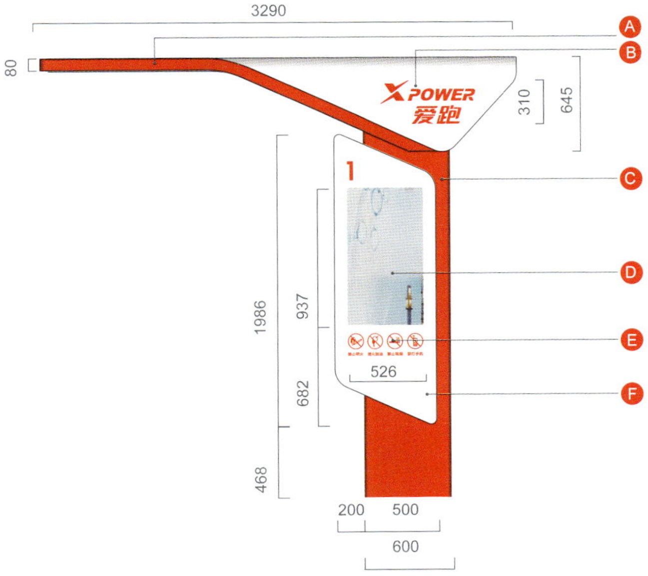

正视图

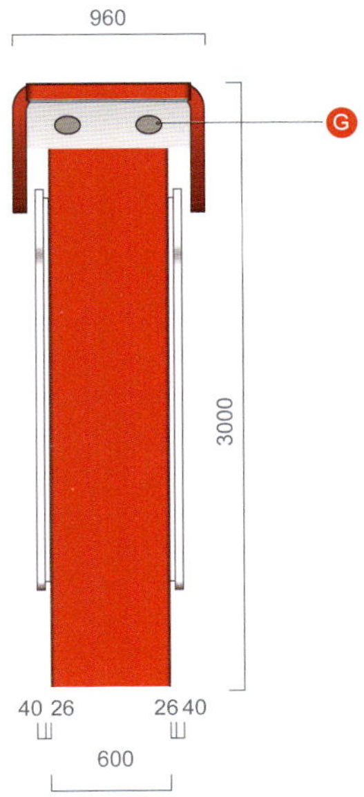

左视图

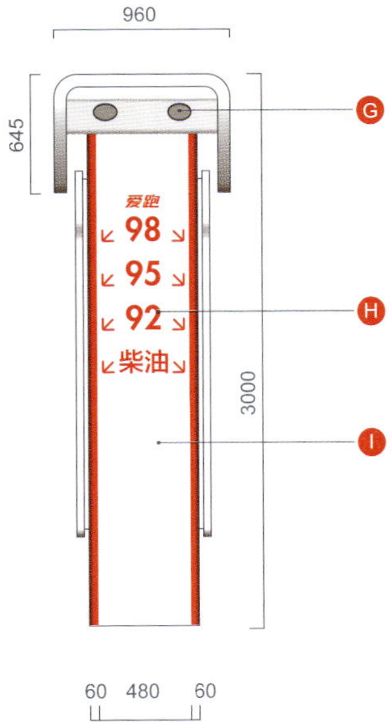

右视图

D.4.12

加油岛造型尺寸及工艺说明
无柱形象（圆角造型形象）

· 图中以旗舰站 600mm 柱为例。

· 工艺说明：

A 主龙骨 200mm × 200mm × 8.0mm 镀锌方管
B 副龙骨 4# 镀锌角钢
C 斜撑 3# 角钢
D 底座法兰 25mm 钢板
E 加强筋
F ϕ 8 螺杆
G 4mm 白色高光铝塑板制作（高光白 White）
H 4mm 红色高光铝塑板制作（石化红 Pantone 185 C）

单位：mm

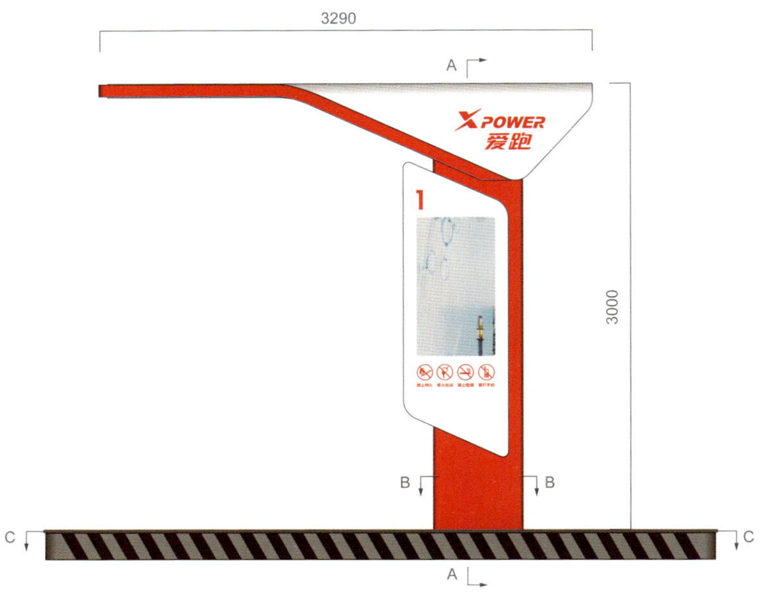

正视图

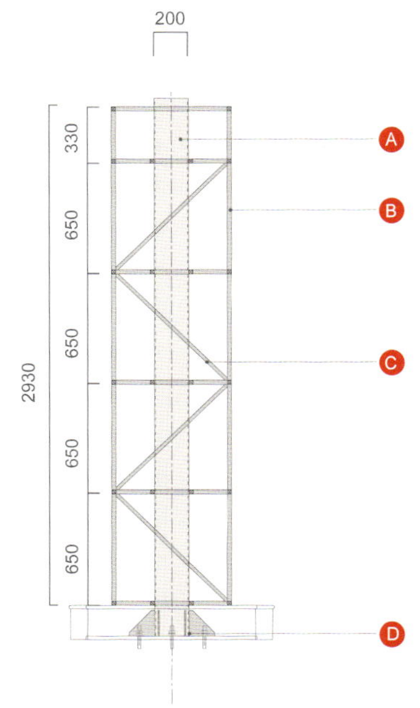

A–A 剖面图

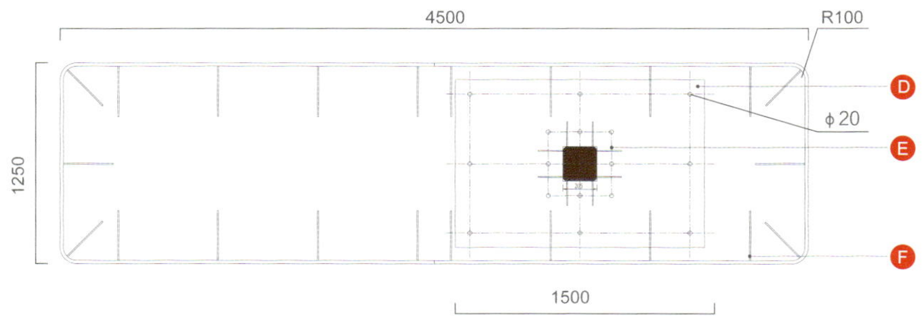

C–C 剖面图

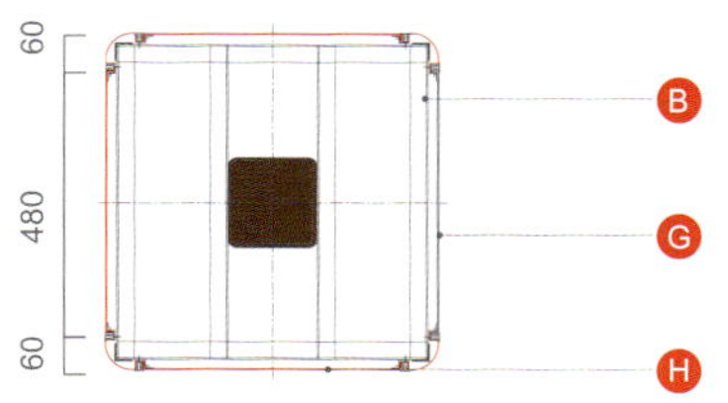

B–B 剖面图

材料色号：

石化红
PANTONE 185 C

高光白
WHITE

D.4.12

加油岛造型尺寸及工艺说明（折角造型形象）

· 图中以简易站 750mm 柱为例。

· 工艺说明：

- A 1.2mm 镀锌板制作，表面喷白色漆
- B 白色镀锌板表面粘贴 3mm 红色亚克力
- C 广告面板采用 1.2mm 镀锌板制作，表面喷白色漆
- D 广告画面贴 UV 喷绘膜（磁吸安装）
- E 3mm 红色铝塑板制作（石化红 Pantone 185 C）
- F 3mm 白色铝塑板制作（高光白 White）
- G 信息内容丝网印刷
- H 油品导向标识表面贴反光红膜
- I 顶封板表面喷白色漆

单位：mm

材料色号：

石化红
PANTONE 185 C

高光白
WHITE

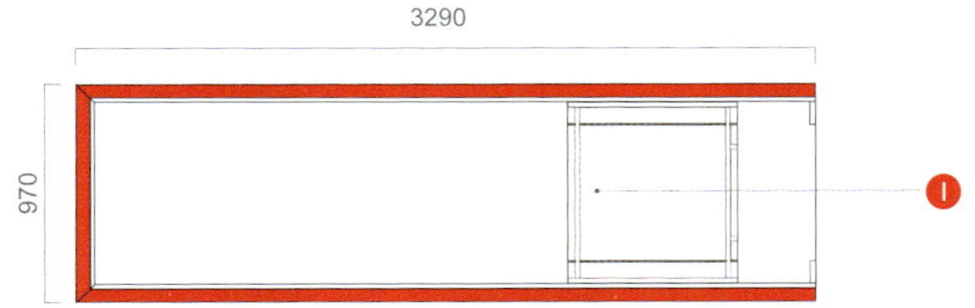

顶视图

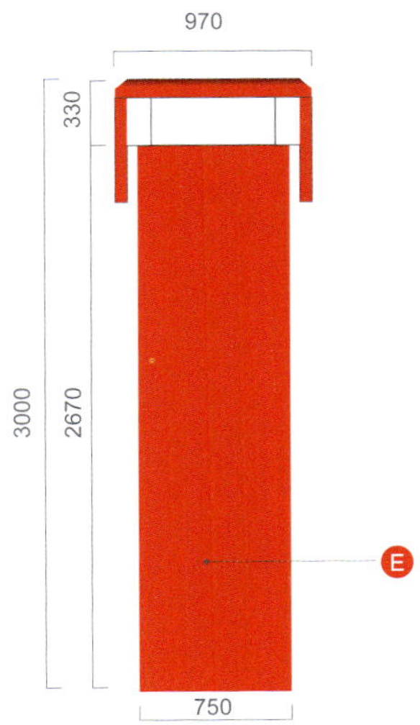

左视图

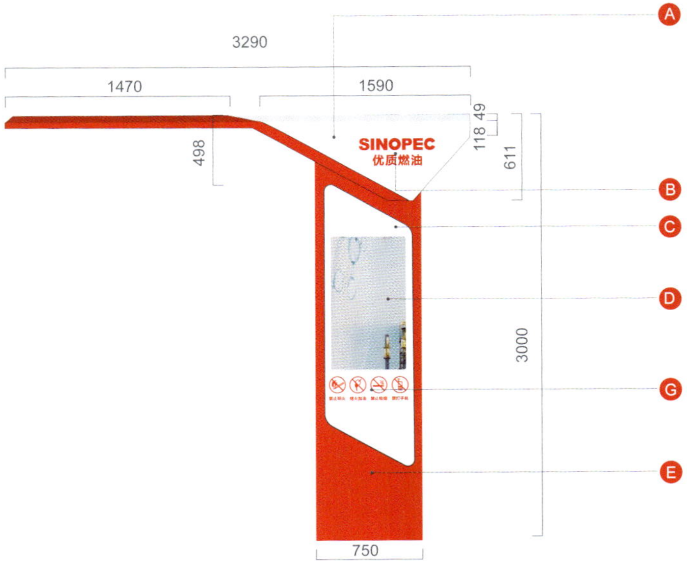

正视图

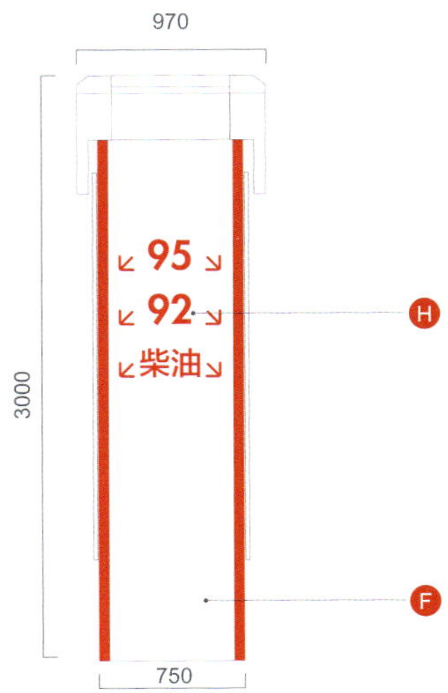

右视图

D.4.12

加油岛造型尺寸及工艺说明（折角造型形象）

· 图中以简易站 750mm 柱为例。

· 工艺说明：

Ⓐ 龙骨 4# 镀锌角钢
Ⓑ 底封板采用自钻螺丝固定
Ⓒ 40 × 40 × 2 热镀锌铁扁通
Ⓓ 3mm 红色铝塑板制作
（石化红 Pantone 185 C）
Ⓔ 包柱圆角采用铝型材
Ⓕ 3mm 白色铝塑板制作
（高光白 White）

单位：mm

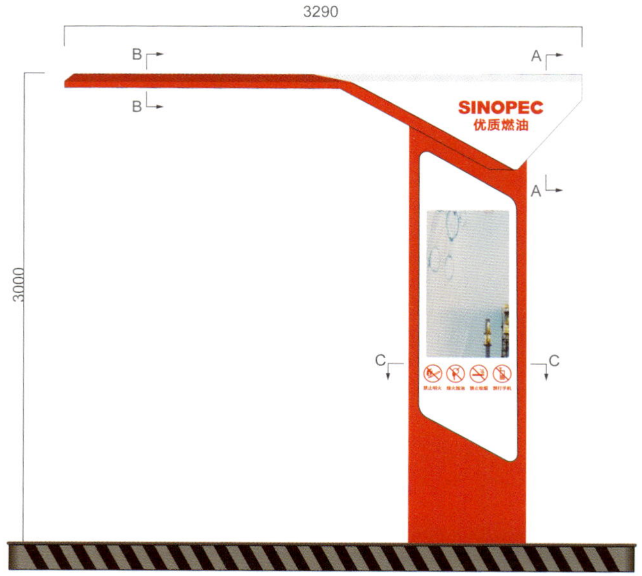

正视图

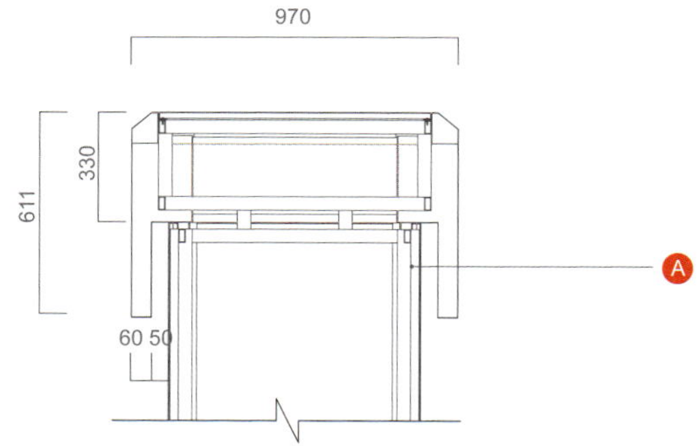

A–A 剖面图

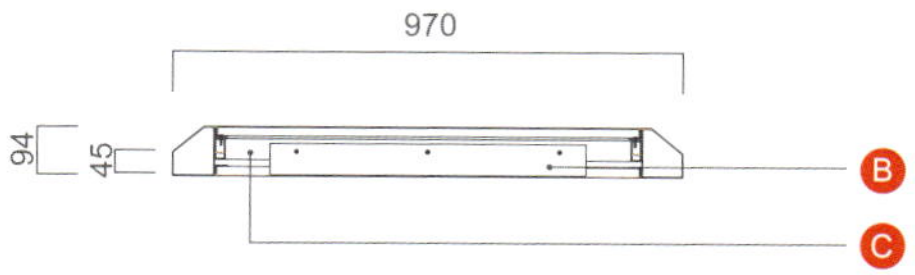

B–B 剖面图

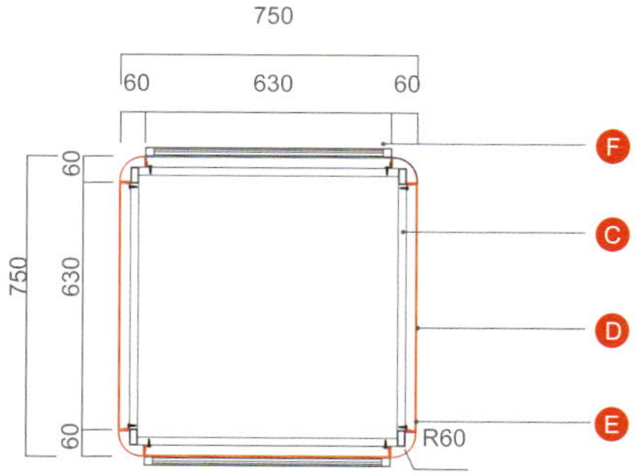

C–C 剖面图

材料色号：

石化红
PANTONE 185 C

高光白
WHITE

D.4.13

加油岛造型
拆解索引

· 图中圆角造型形象以旗舰站 700mm 柱为例，折角造型形象以简易站 700mm 柱为例

· 在设计制作时，请参考右图展示，以确保加油岛造型的视觉效果。

· 加油岛造型包含能源信息模块、广告模块、警示标识、油品导向标识等功能模块。

圆角造型形象

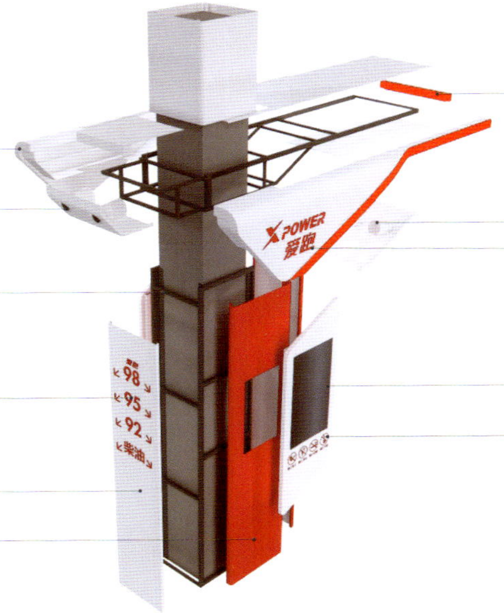

折角造型形象

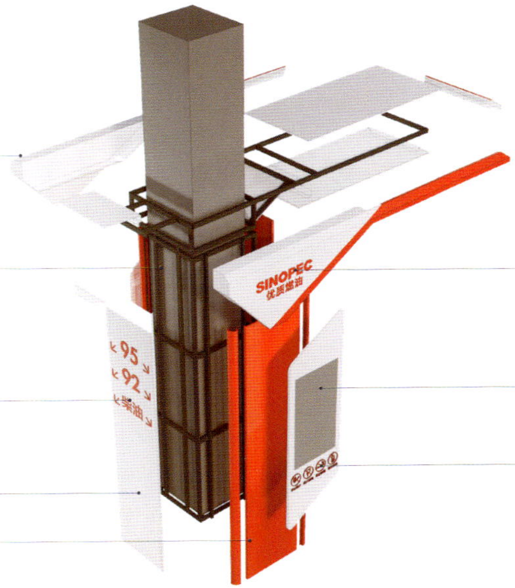

材料色号：

石化红
PANTONE 185 C

高光白
WHITE

D.4.14

加油岛造型能源信息模块说明（圆角造型形象）

· 图中以旗舰站 700mm 柱为例。

· 工艺说明：

- A 封板采用 2mm 白色高光铝板（高光白 White）
- B 加油岛支架与左边安装脚支架，用 M8x70 外六角螺钉固定
- C 摄像头
- D 安装脚，与基层焊接或者锁螺钉固定，注意安装平整度
- E 3mm 红色亚克力吸塑成型，内置 LED 灯带，红色（波长 :620~625nm）照度 250lx，发光角度≥ 115°，防护等级 IP65 以上 2mm 白色铝板灯条底板
- F 平板灯
- G 2mm 白色高光铝板激光切割开槽折边加工

单位：mm

材料色号：

石化红 PANTONE 185 C

高光白 WHITE

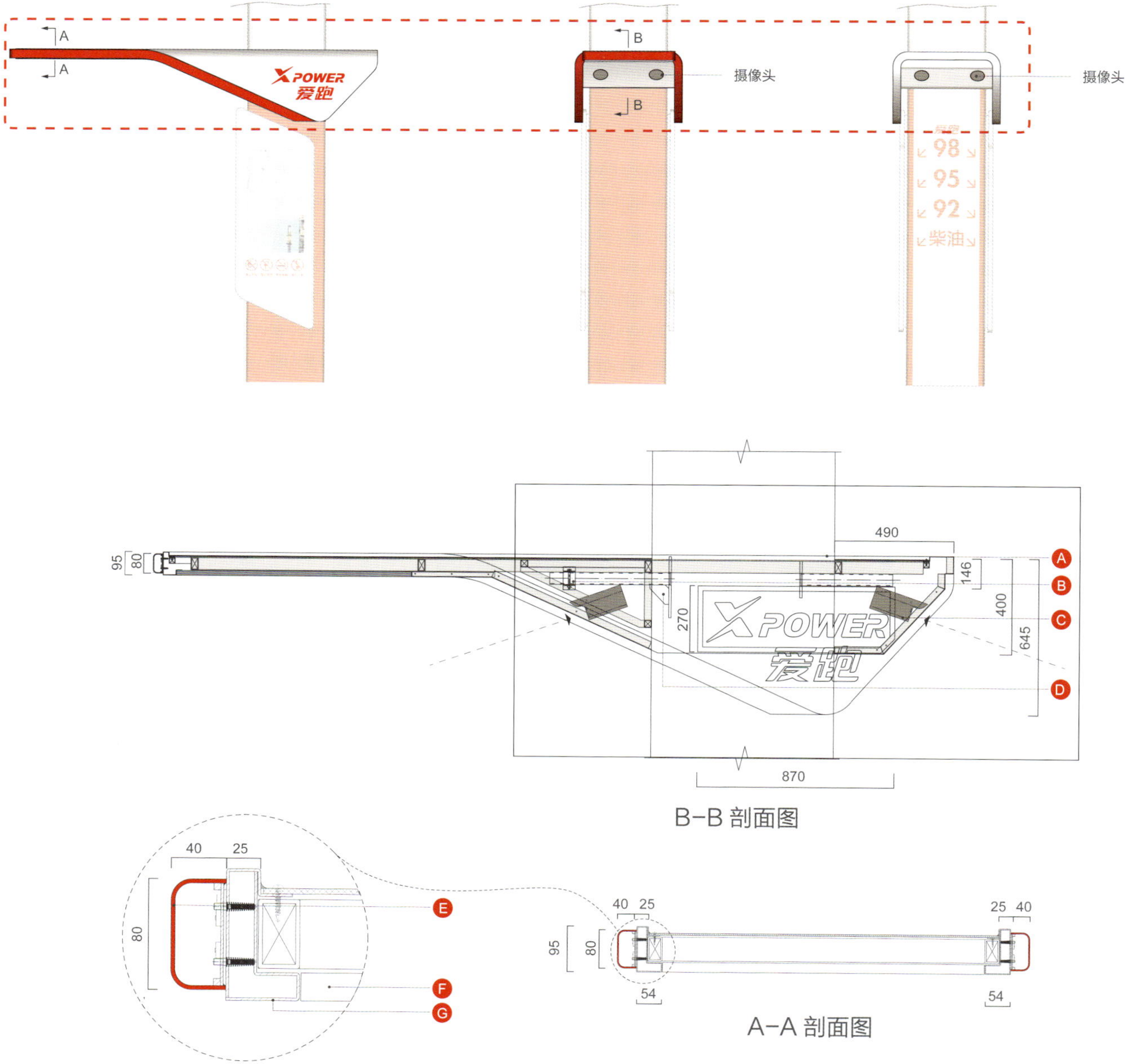

D.4.14

加油岛造型能源信息模块说明（圆角造型形象）

· 图中以旗舰站 700mm 柱为例。

· 能源信息模块应用规范：

1. 根据加能站实际能源服务内容进行选择。
2. 当站内设有“爱跑”品牌燃油时，X POWER 模块优先展示，如站内不设置品牌燃油，则可放置 SINOPEC 优质燃油模块作为品牌展示。

单位：mm

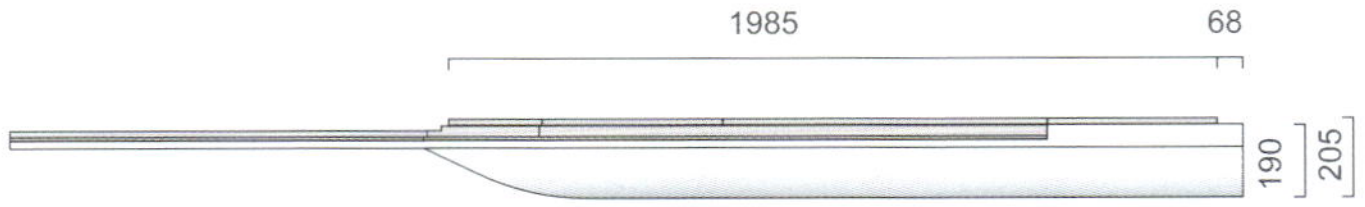

俯视图

技术说明

A 2mm 白色高光铝板折弯成型制作（高光白 White）。

B 面板信息内容镂空，背托 3mm 红色亚克力，内置 LED 模组。

C 3mm 铝塑板灯盘，面贴防水白光 LED。

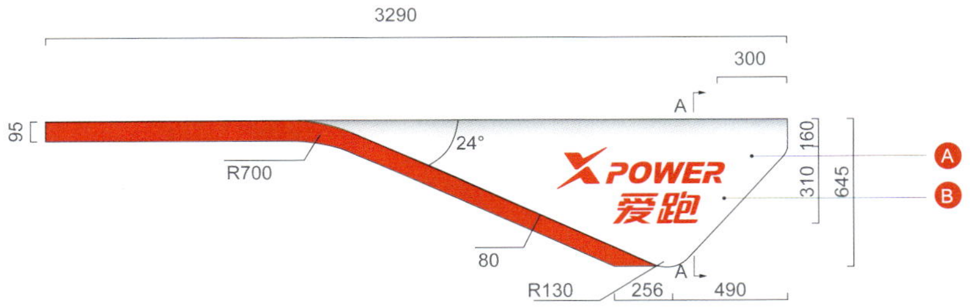

主视图

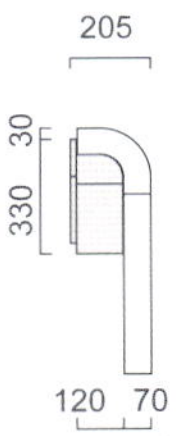

侧视图

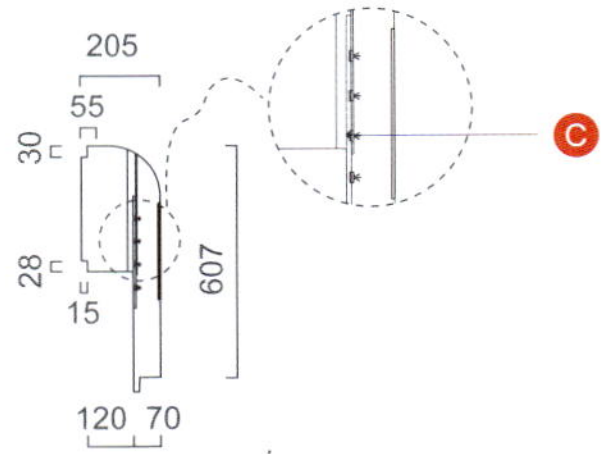

A–A 剖面图

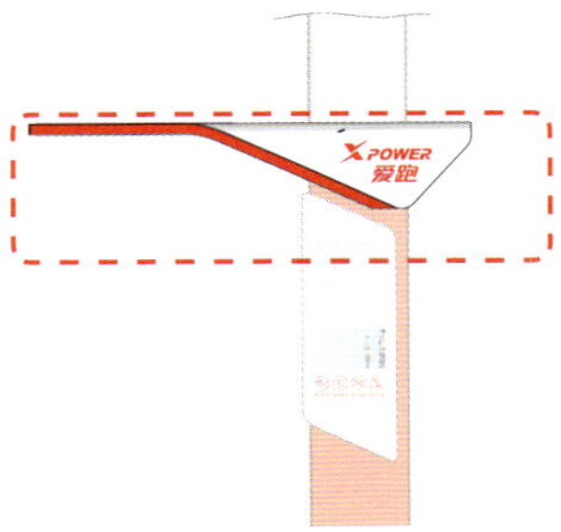

汽油模块

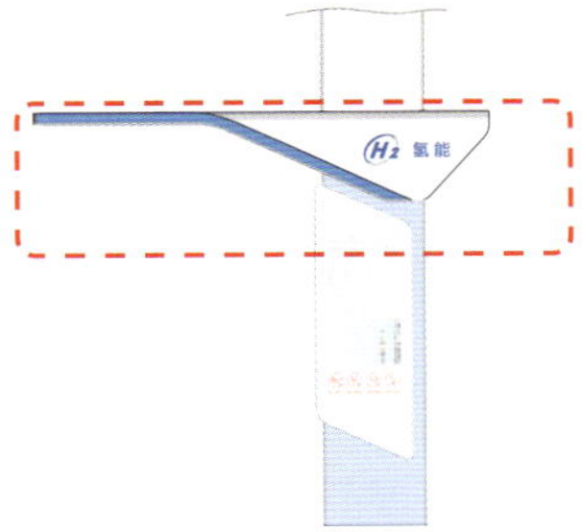

其他能源模块

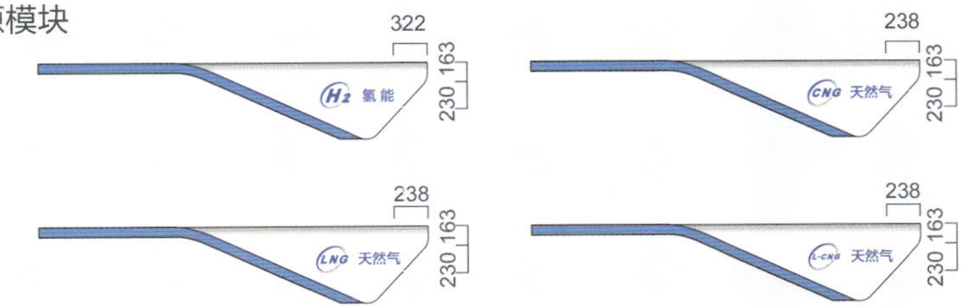

如加能站内提供加氢、加气等新能源服务，可将加油岛造型红色面板改为蓝色。

材料色号：

石化红
PANTONE 185 C

高光白
WHITE

新能源浅蓝
PANTONE 2925 C

D.4 加能区

D.4.14

加油岛造型能源信息模块说明（折角造型形象）

· 图中以简易站 750mm 柱为例。

· 工艺说明：

Ⓐ 1.2mm 镀锌板制作，表面白色喷粉（高光白 White）

Ⓑ 白色镀锌板表面粘贴 3mm 红色亚克力

单位：mm

材料色号：

石化红
PANTONE 185 C

高光白
WHITE

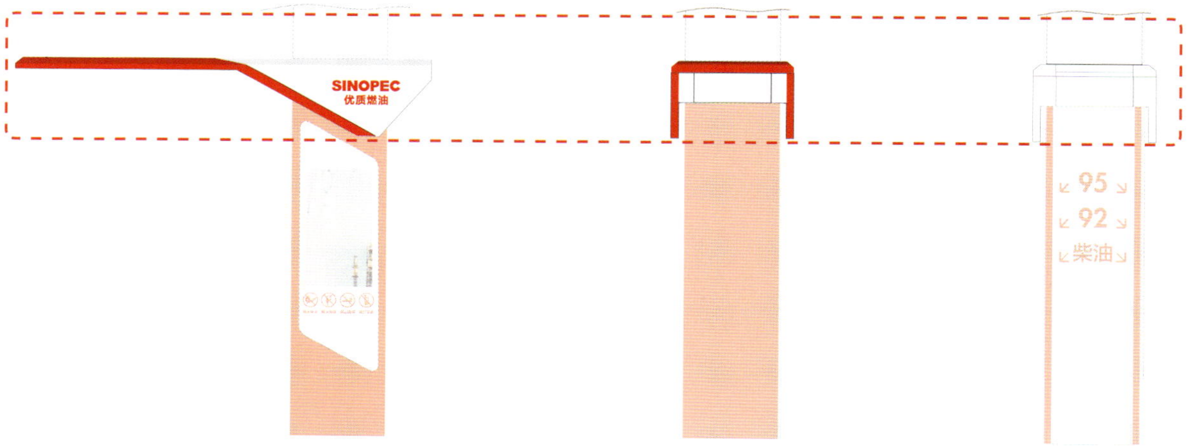

正视图

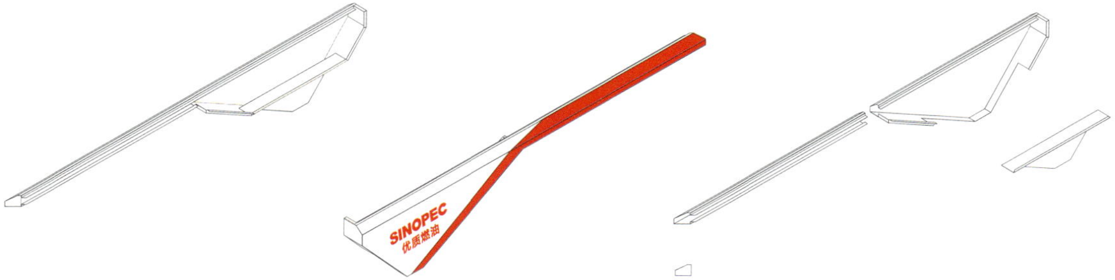

轴侧视图

D.4.14

加油岛造型能源信息模块说明（折角造型形象）

· 图中以简易站 750mm 柱为例。

· 能源信息模块应用规范：

1. 根据加能站实际能源服务内容进行选择。
2. 当站内设有“爱跑”品牌燃油时，X POWER 模块优先展示，如站内不设置品牌燃油，则可放置 SINOPEC 优质燃油模块作为品牌展示。

单位：mm

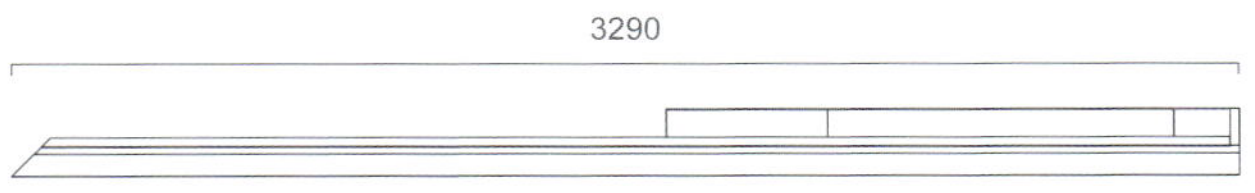

俯视图

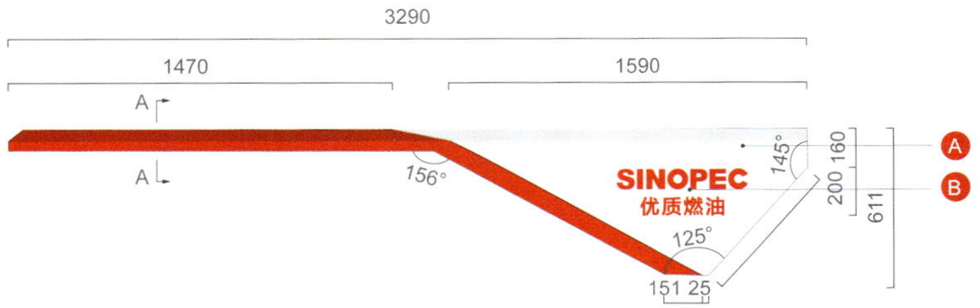

主视图

技术说明

A 1.2mm 镀锌板制作，表面白色喷粉（高光白 White）。

B 白色镀锌板表面粘贴 3mm 红色亚克力。

C 虚线区域红色喷漆，其余表面白色喷粉。

侧视图

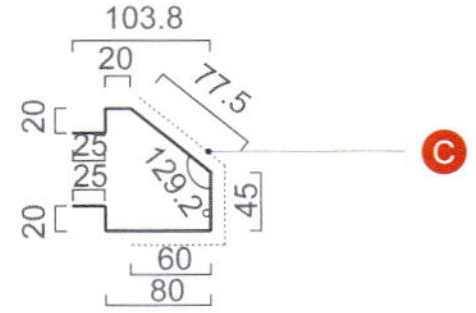

A-A 剖面图

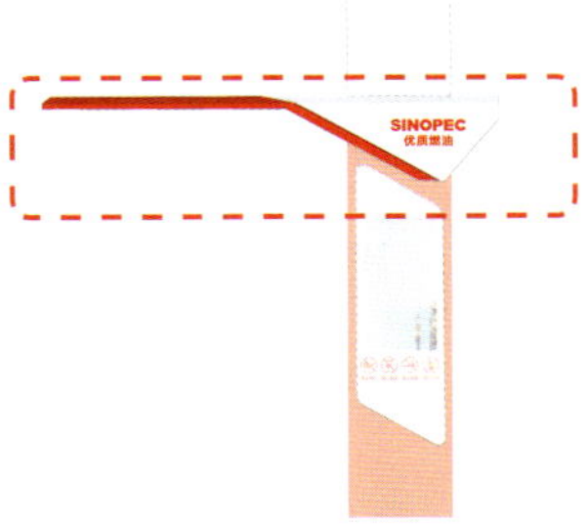

汽油模块

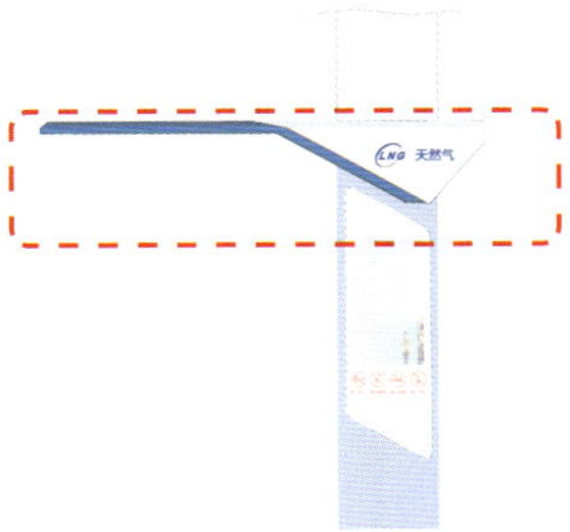

其他能源模块

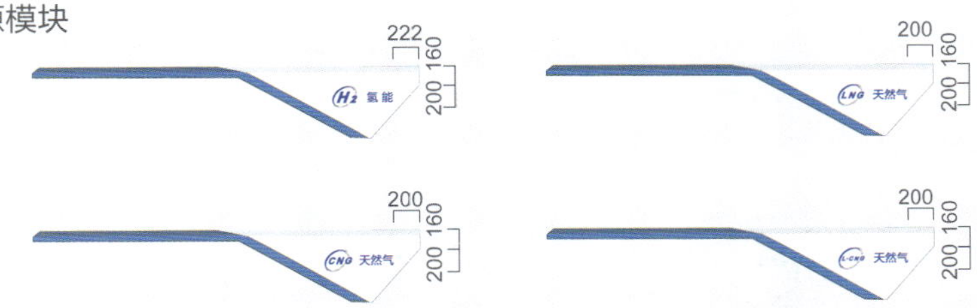

如加能站内提供加气等新能源服务，可将加油岛造型红色面板改为蓝色。

材料色号：

石化红
PANTONE 185 C

高光白
WHITE

新能源浅蓝
PANTONE 2925 C

D.4.15

加油岛造型广告模块尺寸及工艺说明（圆角造型形象）

· 图中以旗舰站 700mm 柱为例。

· 设计制作时，请参考右图尺寸，以确保广告模块的视觉效果。

· 工艺说明：

Ⓐ 43 寸液晶显示屏 / 广告灯箱
（旗舰站采用液晶显示屏，标准站可选用液晶显示屏或广告灯箱）

Ⓑ 2mm 白色高光铝板制作
（高光白 White）

Ⓒ 挂孔

单位：mm

分级配置表

		旗舰站	标准站	简易站
广告模块	43寸液晶显示屏	●	○	/
	广告灯箱	/	○	/
	广告画面（磁吸安装）	/	○	●

必选项：● 可选项：○ 不可选项：/

· 注：

1. 广告屏应在爆炸危险区域外安装。
2. 采用加油油气回收系统的加油机爆炸危险区域采用括号内数字(如右下图所示)。

材料色号：

石化红 PANTONE 185 C

高光白 WHITE

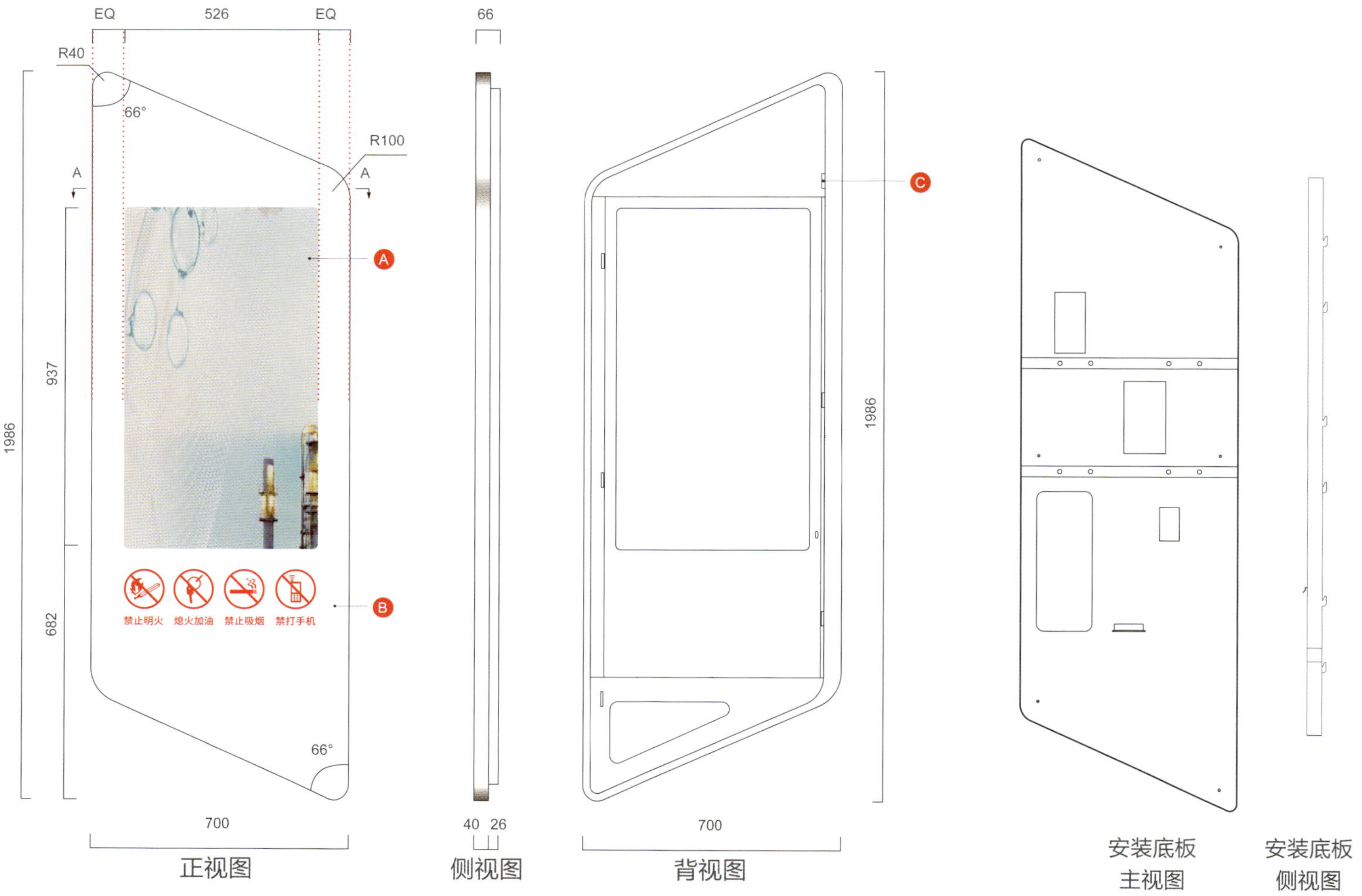

A-A 剖面图

注：发布广告内容需打开此面板，插入 U 盘进行广告发布。

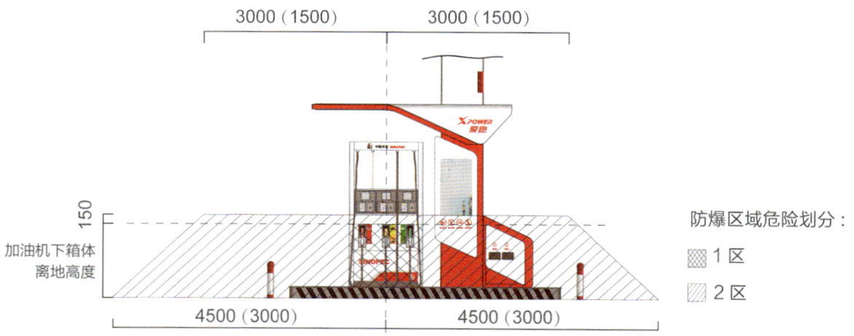

D.4.15

加油岛造型广告模块尺寸及工艺说明（折角造型形象）

· 图中以简易站 750mm 柱为例。

· 设计制作时，请参考右图尺寸，以确保广告模块的视觉效果。

· 工艺说明：

Ⓐ简易站采用磁吸广告画面

Ⓑ1.2mm 镀锌板制作，表面高光白喷粉（高光白 White）

单位：mm

分级配置表

		旗舰站	标准站	简易站
广告模块	43寸液晶显示屏	●	○	/
	广告灯箱	/	○	/
	广告画面（磁吸安装）	/	○	●

必选项：●　可选项：○　不可选项：/

材料色号：

石化红 PANTONE 185 C

高光白 WHITE

顶视图

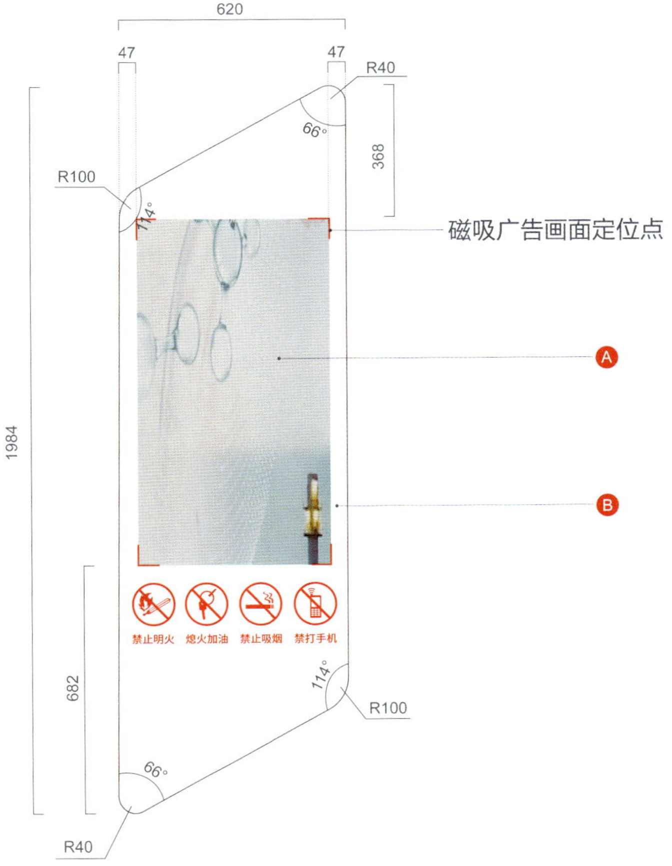

正视图

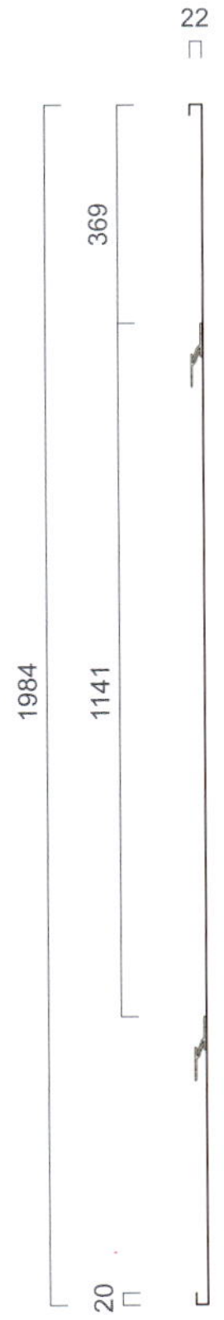

侧视图

D.4.16

加油岛造型
广告模块类型说明

· 广告模块共有三种类型，如右图所示。

· 加油岛造型单柱形象、双柱形象一（右侧广告）、双柱形象二以及无柱形象均采用广告模块类型一，其中无柱形象中，在广告屏上方增加油机编号。

· 加油岛造型双柱形象一（左侧广告）采用广告模块类型二，在广告画面下方增加口号标语。

· 加油岛造型单柱双机形象采用广告模块类型三，在广告屏上方增加口号标语。

单位：mm

· 注：简化版广告模块可采用磁吸广告画面制作。

材料色号：

石化红
PANTONE 185 C

高光白
WHITE

深灰色
PANTONE COOL GRAY 11 C

广告模块类型一

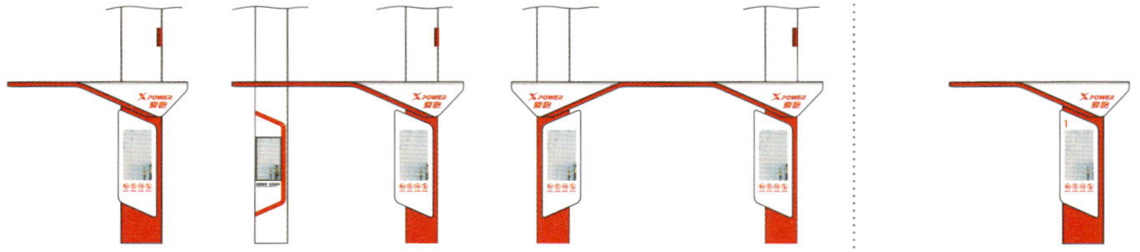

单柱形象　双柱形象一（右侧广告）　双柱形象二　无柱形象

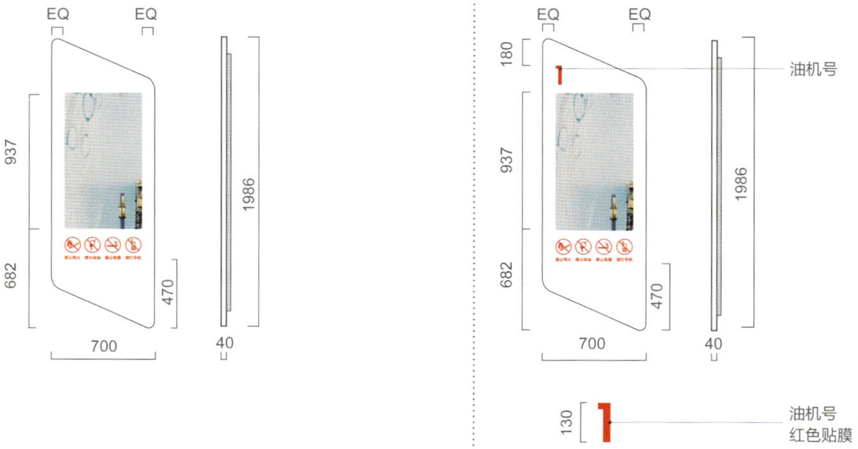

广告模块类型二

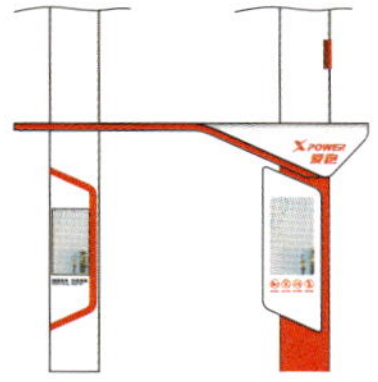

双柱形象一（左侧广告）

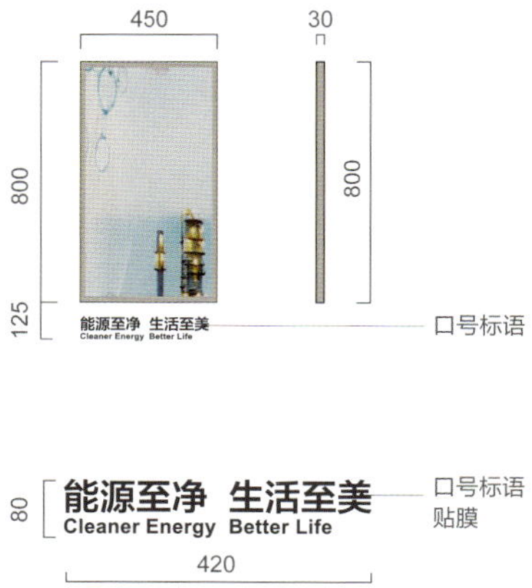

广告模块类型三

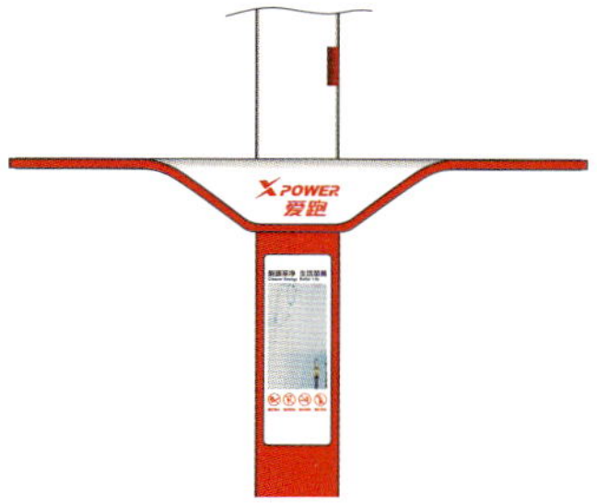

单柱双机形式

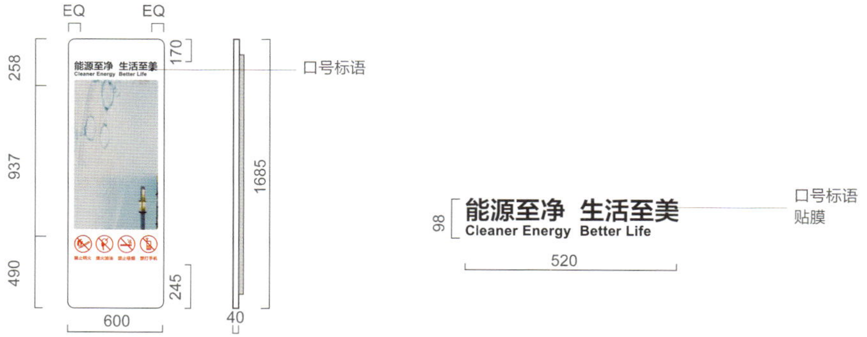

D.4.17

加油岛造型
警示标识尺寸及工艺说明

· 设计制作时，请参考右图尺寸，以确保警示标识的视觉效果。

· 警示标识图文信息采用丝网印刷（石化红 Pantone 185 C）

单位：mm

· 注：如当地有特殊要求，可根据现场实际情况调整。

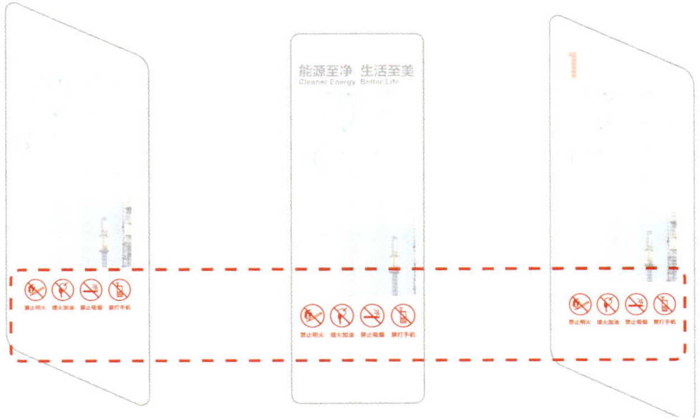

单柱形象
双柱形象一
双柱形象二

单柱双机形象

无柱形象

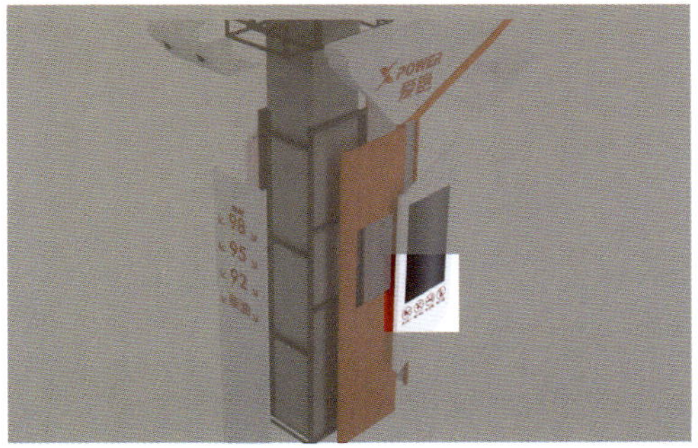

图文信息丝印
（石化红 Pantone 185 C）

材料色号：

石化红
PANTONE 185 C

D.4.18

油品导向标识安装位置

· 当加能站是双排油岛时，加油岛造型包柱侧面安装油品导向标识，其中左边型加油岛造型的加油机侧面板也需安装油品导向标识。

· 当加能站是三排油岛时，左边型加油岛造型包柱侧面和右边型加油岛造型包柱侧面安装油品导向标识，其中左边型加油岛造型的加油机侧面板以及中间加油岛造型的加油机侧面板也需安装油品导向标识。

双排油岛 单柱包柱

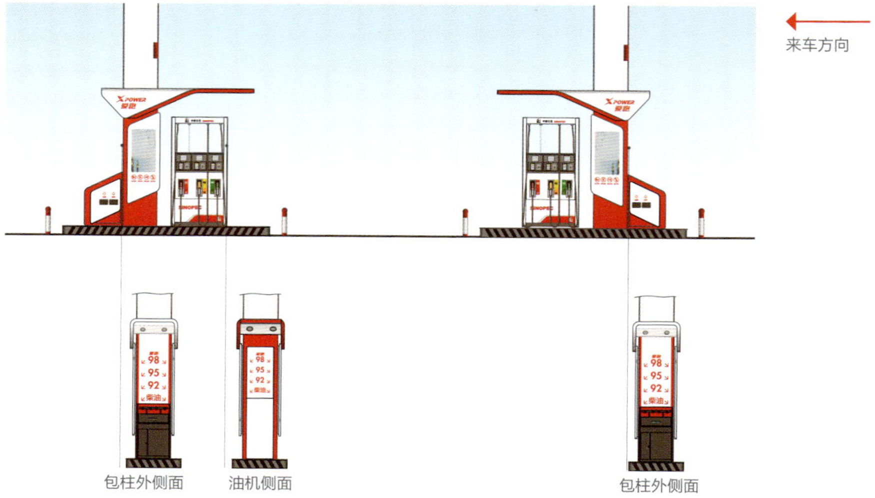

三排油岛 单柱包柱

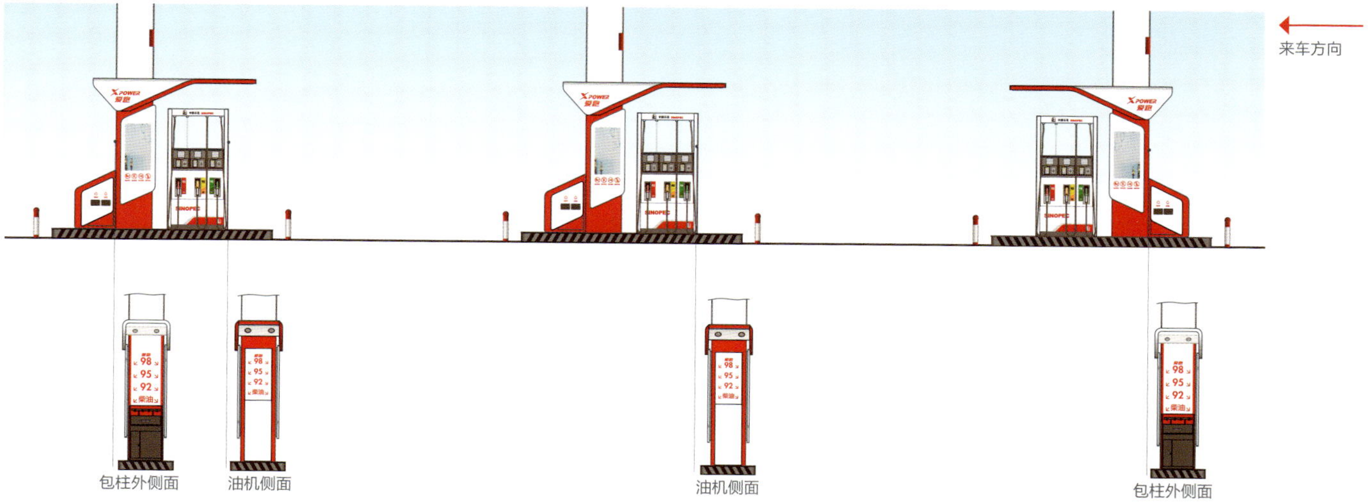

D.4.19

油品导向标识
尺寸及工艺说明（包柱侧）

· 油品导向标识应设置在包柱的迎客面上，在离加油岛面高 1200mm、离加油岛造型顶部 645mm 处，上下左右居中粘贴。

· 油品导向标识共有两种尺寸类型，当包柱柱宽≥ 650mm 时，采用尺寸一；当包柱柱宽 <650mm 时，采用尺寸二。

· 油品号由高到低进行排序，依次为 :98、95、92，柴油放在最下方。

单位：mm

· 注：图中油品号仅为示意，需根据实际情况选用，如加能站没有爱跑燃油，则可取消爱跑标识。

分类配置表

		旗舰站	标准站	简易站
油品导向标识（包柱侧）	发光水晶字	○	○	/
	水晶字	○	○	/
	贴膜（红色反光膜）	/	○	●

必选项：●　可选项：○　不可选项：/

材料色号：

石化红
PANTONE 185 C

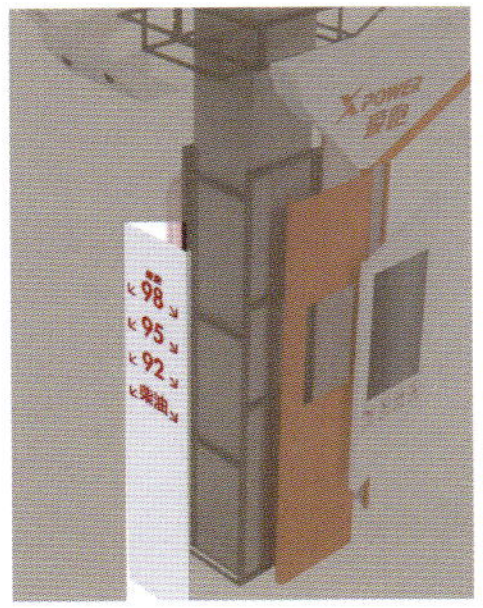

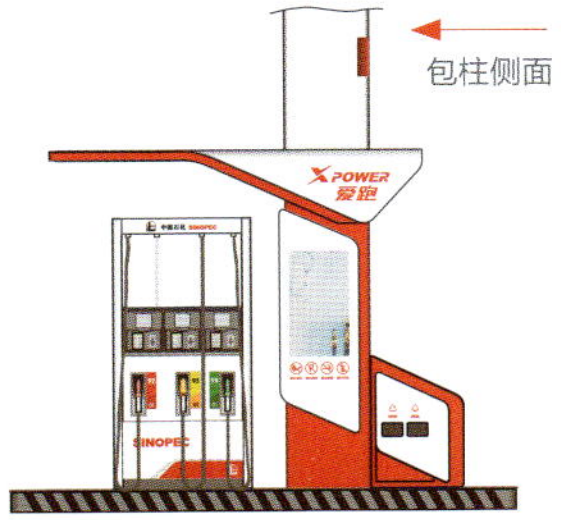

加油岛造型右边型

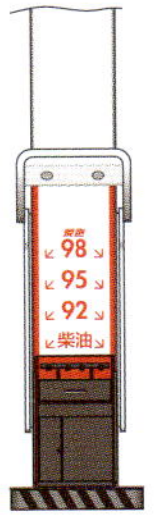

包柱侧面

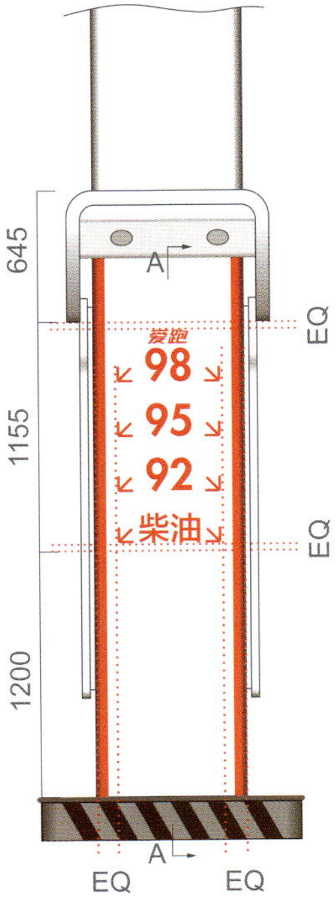

迎客面

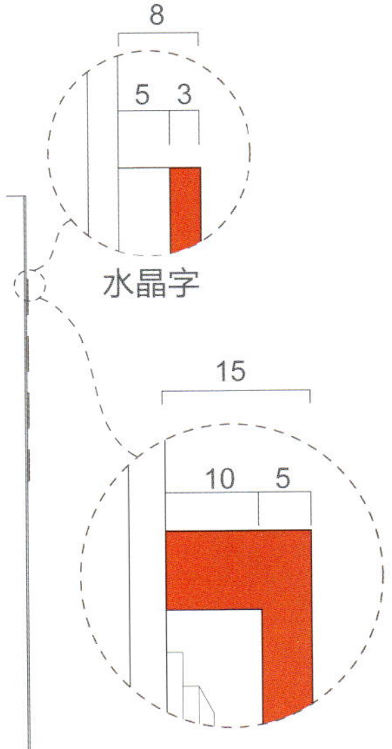

A–A 剖面图

尺寸一：当包柱柱宽≥ 650mm 时，采用以下尺寸

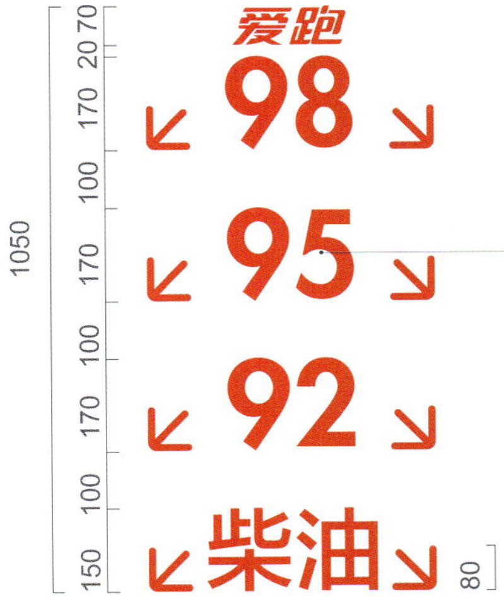

发光水晶字工艺：
15mm 乳白亚克力铣槽内置 LED 灯珠，字体侧面喷红色油漆，正面贴专色膜，立体字为正面发光。

水晶字工艺：
底部 5mm 透明亚克力，正面 3mm 红色亚克力，面贴红色反光膜；立体字雕刻后，侧面打磨抛光。

尺寸二：当包柱柱宽 <650mm 时，采用以下尺寸

发光水晶字工艺：
15mm 乳白亚克力铣槽内置 LED 灯珠，字体侧面喷红色油漆，正面贴专色膜，立体字为正面发光。

水晶字工艺：
底部 5mm 透明亚克力，正面 3mm 红色亚克力，面贴红色反光膜；立体字雕刻后，侧面打磨抛光。

D.4 加能区

D.4.19

油品导向标识
尺寸及工艺说明（油机侧）

· 加油岛造型是左边型的情况下，油品导向标识面板粘贴在加油机侧面（迎客方向），贴近加油机顶部，油品标识上下左右居中面板安装。

· 油品号由高到低进行排序，依次为 :98、95、92，柴油放在最下方。

单位： mm

· 注：图中油品号仅为示意，需根据实际情况选用，如加能站没有爱跑燃油，则可取消爱跑标识。

分类配置表

		旗舰站	标准站	简易站
油品导向标识（油机侧）	水晶字	●	○	/
	贴膜（红色反光膜）	/	○	●

必选项：● 可选项：○ 不可选项：/

材料色号：

石化红 PANTONE 185 C

高光白 WHITE

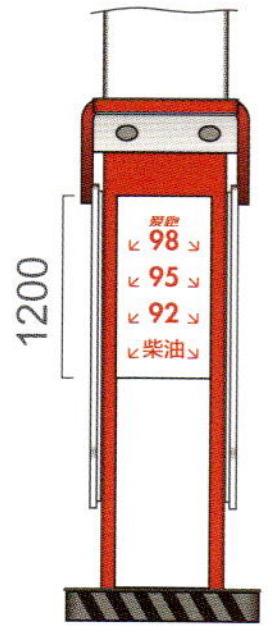

加油机侧面

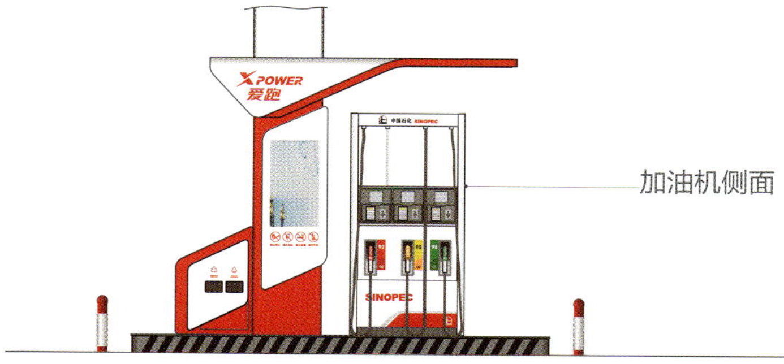

加油岛造型左边型

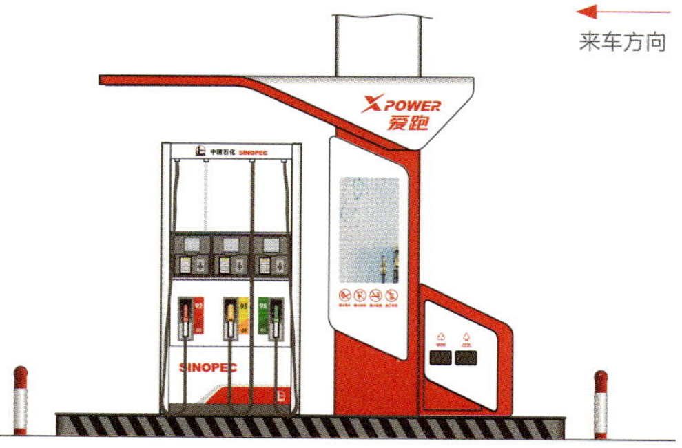

加油岛造型右边型

加油机侧面

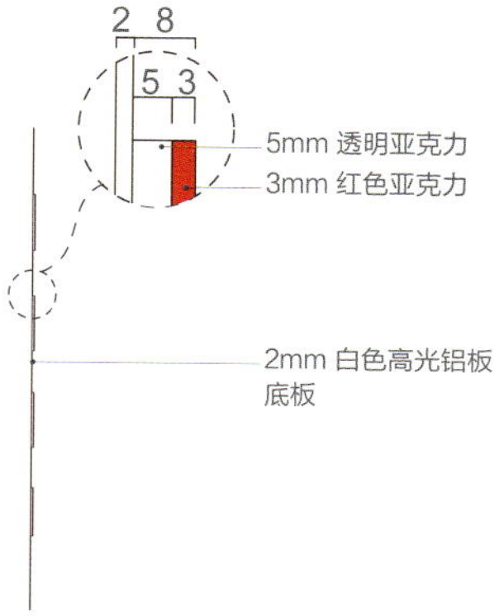

A-A 剖面图

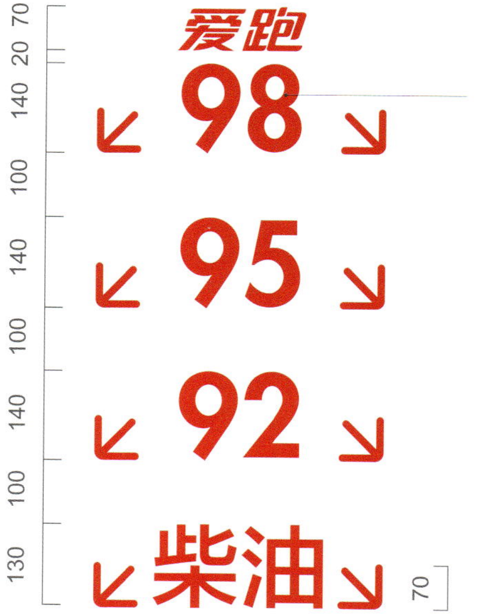

D.4.19

油品导向标识
尺寸及工艺说明

· 如当地政府要求增加国标汽油标识，则采用右图形式。一般情况下不建议。

· 油品导向标识应设置在包柱的迎客面上，在离加油岛面高 1200mm、离加油岛造型顶部 645mm 处，上下左右居中粘贴。

· 加油岛造型是左边型的情况下，油品导向标识面板粘贴在加油机侧面（迎客方向），贴近加油机顶部，油品标识上下左右居中板安装。

· 油品号由高到低进行排序，依次为 :98、95、92，柴油放在最下方。

· 图中油品号仅为示意，需根据实际情况选用。

单位：mm

分类配置表

		旗舰站	标准站	简易站
油品导向标识（包柱侧）	发光水晶字	○	○	/
	水晶字	○	○	/
	贴膜（红色反光膜）	/	○	●

必选项：●　可选项：○　不可选项：/

材料色号：

石化红
PANTONE 185 C

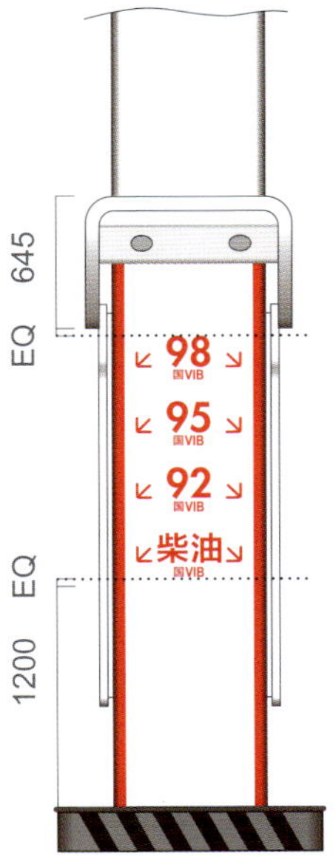

包柱外侧面

如当地政府要求采用国标汽油，则采用以下尺寸：

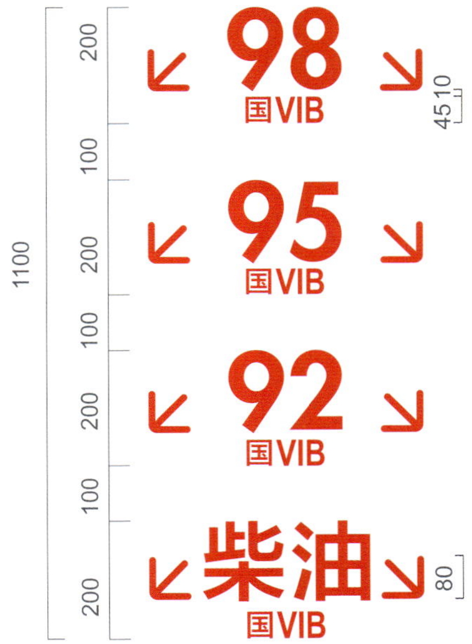

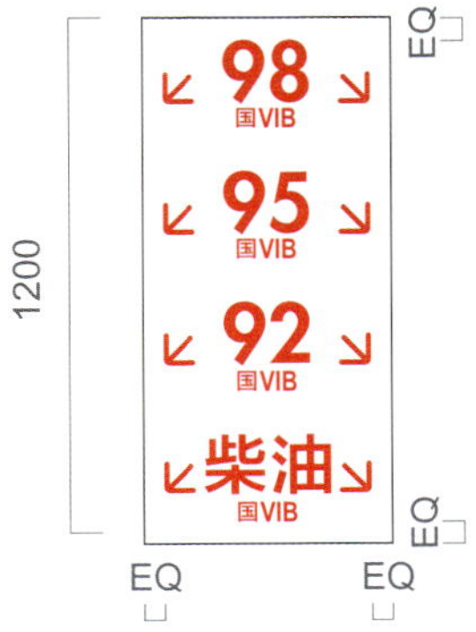

加油机侧面

油品导向标示国标汽油方案示意

油品导向排布示意

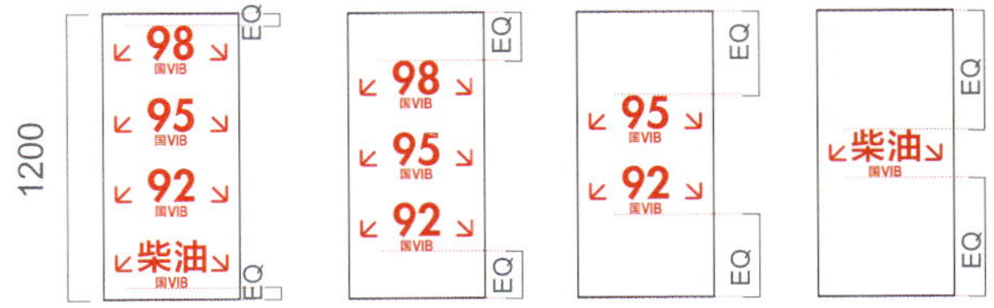

D.4.20

油品导向标识排布示意（包柱侧）

· 右图为加油机对称与非对称类型的油品导向标识排布示意，可根据实际情况进行调整。

· 油品号由高到低进行排序，依次为 :98、95、92，柴油放在最下方。

· 油品导向标识应设置在包柱的迎客面上，在离加油岛面高 1200mm、离加油岛造型顶部 645mm 处，上下左右居中粘贴。

单位： mm

· 注：图中油品号仅为示意，需根据实际情况选用，如加能站有爱跑燃油，则可在 98 上方增加爱跑标识。

分类配置表

		旗舰站	标准站	简易站
油品导向标识（包柱侧）	发光水晶字	○	○	/
	水晶字	○	○	/
	贴膜（红色反光膜）	/	○	●

必选项：● 可选项：○ 不可选项：/

材料色号：

石化红
PANTONE 185 C

高光白
WHITE

八枪加油机油品对称排布示意

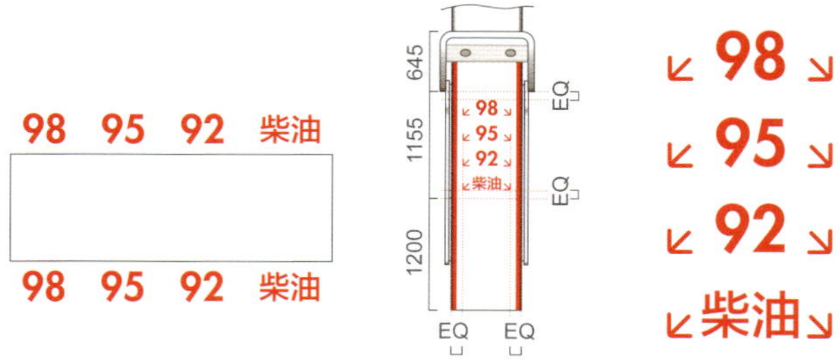

加油机顶视图 加油岛造型迎客面 油品排布

八枪加油机油品非对称排布示意

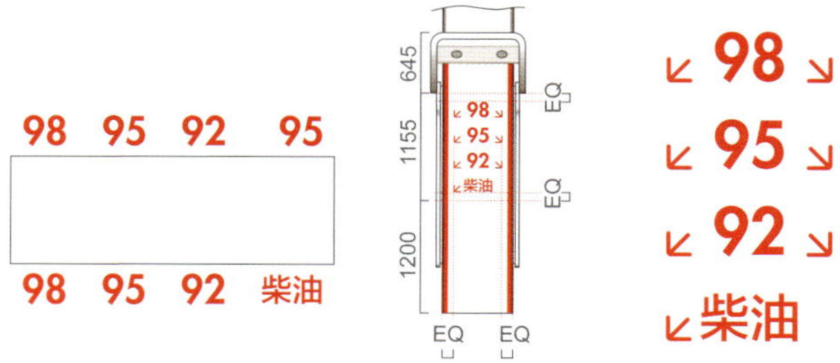

加油机顶视图 加油岛造型迎客面 油品排布

六枪加油机油品对称排布示意

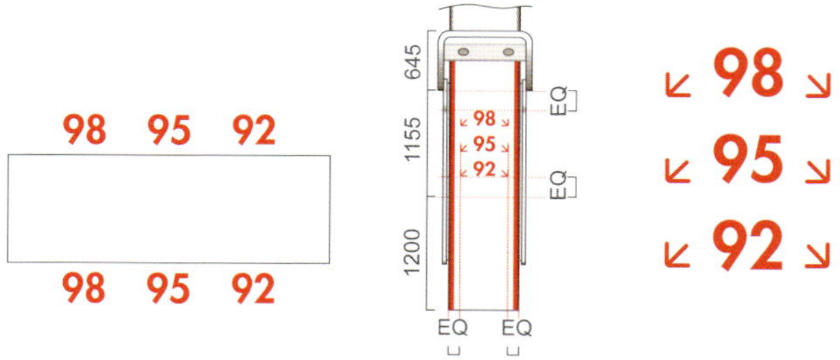

加油机顶视图 加油岛造型迎客面 油品排布

六枪加油机油品非对称排布示意

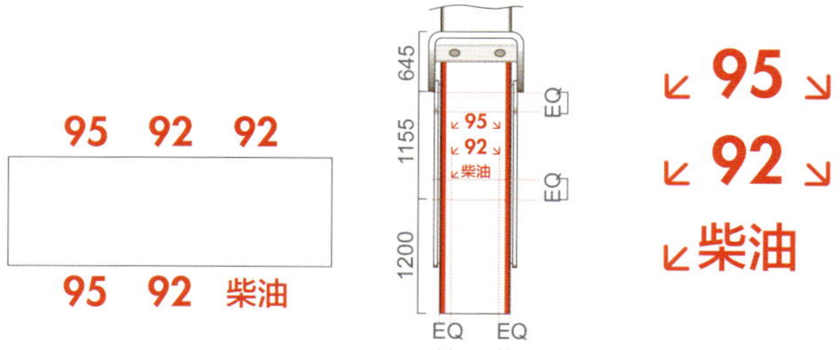

加油机顶视图 加油岛造型迎客面 油品排布

四枪加油机油品对称排布示意

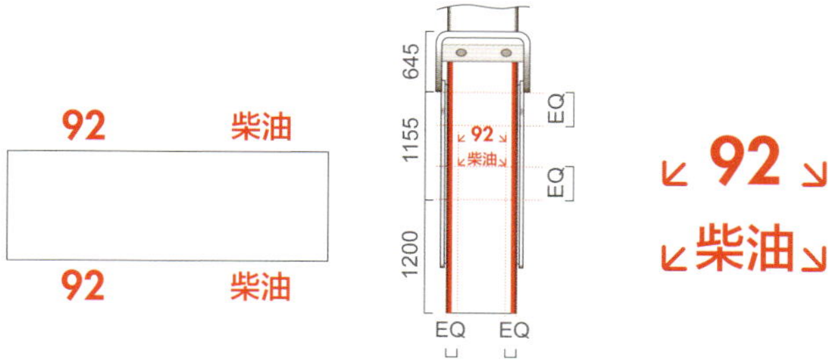

加油机顶视图 加油岛造型迎客面 油品排布

四枪加油机油品非对称排布示意

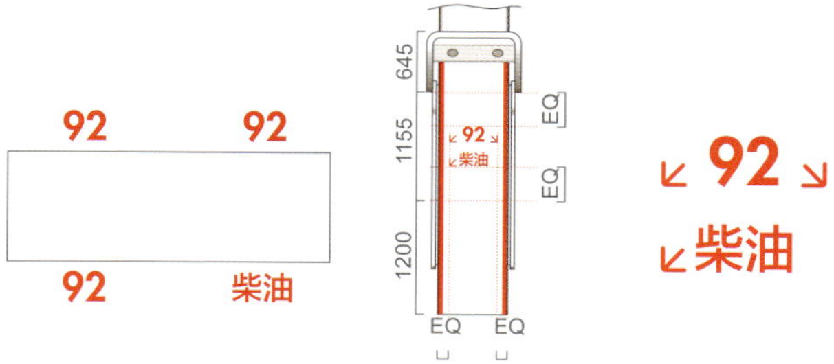

加油机顶视图 加油岛造型迎客面 油品排布

D.4.21

加油机包柱灯箱（底封板）尺寸及工艺说明（圆角造型形象）

· 设计制作时，请参考右图尺寸，以确保包柱灯箱（底封板）的视觉效果。

· 加能站内设有爱跑燃油服务时，爱跑 X POWER 信息优先在模块上方展示，如站内无爱跑燃油，则可放置 SINOPEC 优质燃油标识作为品牌展示。

· 工艺说明：
底封板为镶嵌式亚克力平板灯，表面文字信息贴膜。

单位：mm

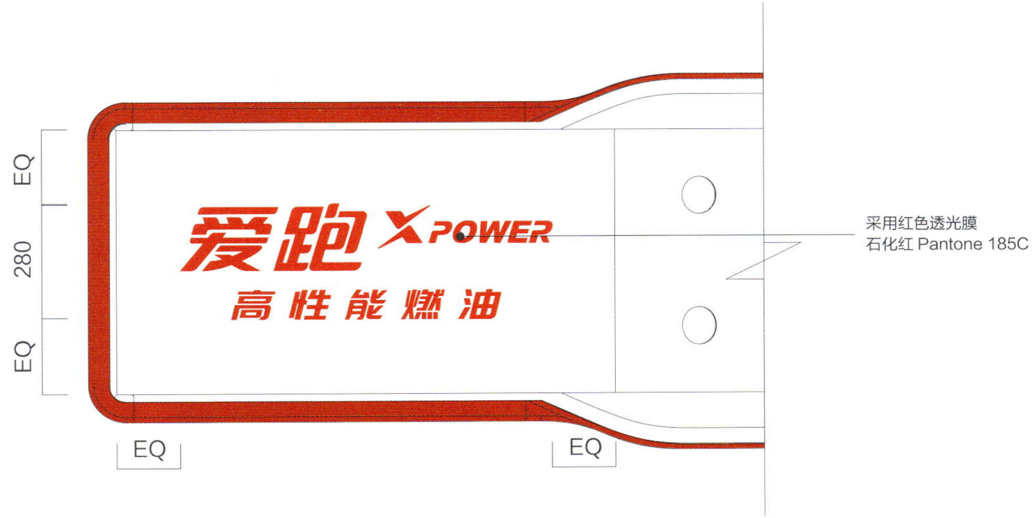

材料色号：

石化红
PANTONE 185 C

高光白
WHITE

D.4.21

加油机包柱灯箱（底封板）尺寸及工艺说明（折角造型形象）

· 设计制作时，请参考右图尺寸，以确保包柱灯箱（底封板）的视觉效果。

· 加能站内设有爱跑燃油服务时，爱跑 X POWER 信息优先在模块上方展示，如站内无爱跑燃油，则可放置 SINOPEC 优质燃油标识作为品牌展示。

· 工艺说明：
底封板采用 0.8mm 镀锌板制作，表面白色喷粉，文字信息贴膜。

单位：mm

材料色号：

石化红
PANTONE 185 C

高光白
WHITE

顶视图

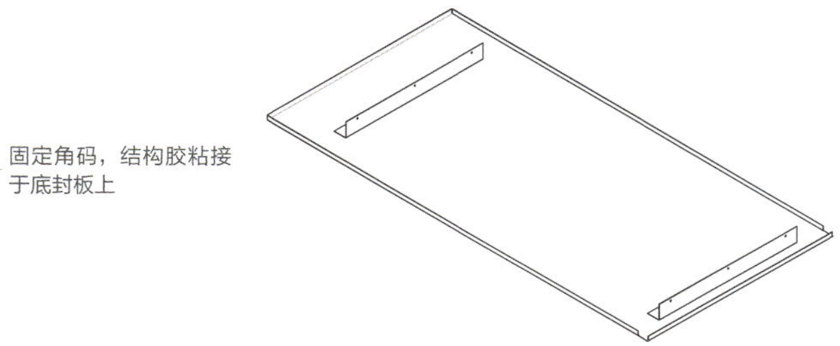

轴侧示意图

正视图

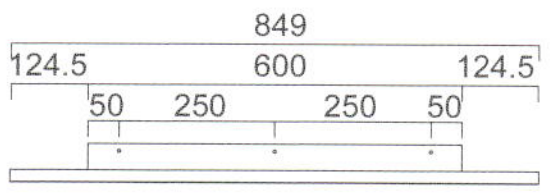

侧剖图

仰视图

仰视图

效果图

效果图

D.4.22

加氢岛造型
形象说明

· 如若加能站提供氢能相关服务时，可将加油岛造型与综合服务箱的红色面板改为新能源浅蓝色面板，右图为加氢岛造型所示。

单位：mm

· 注：爆炸危险 1 区内禁止安装显示屏等易爆物品。爆炸危险 2 区内应使用防爆灯、防爆屏、防爆摄像头等。

材料色号：

石化红
PANTONE 185 C

高光白
WHITE

新能源浅蓝
PANTONE 2925 C

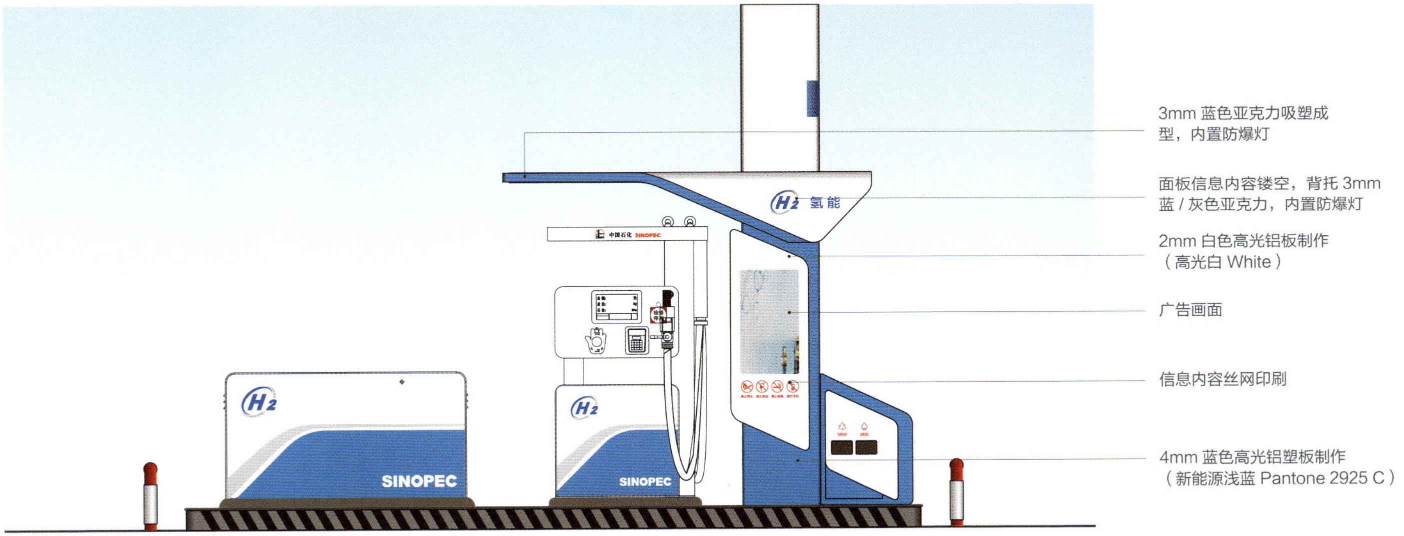

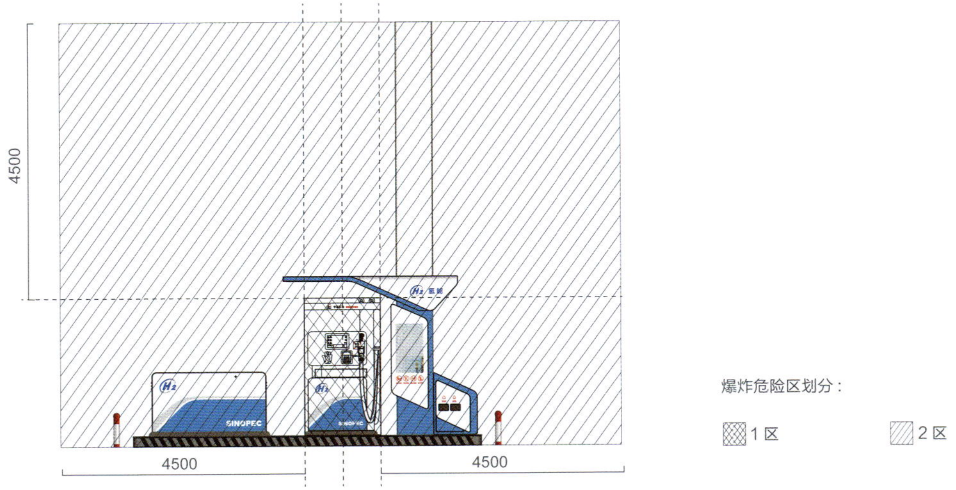

D.4.23

加氢岛造型
尺寸及工艺说明

· 加氢岛造型如右图所示。

· 工艺说明：

A 3mm 蓝色亚克力吸塑成型，内置 LED 灯带，照度 250lx，发光角度 ≥ 115°，防护等级 IP65 以上

B 白色高光铝板信息内容镂空，背托 3mm 蓝色亚克力，内置 LED 模组

C 4mm 蓝色高光铝塑板制作（新能源浅蓝 Pantone 2925 C）

D 磁吸广告画面

E 信息内容丝网印刷

F 2mm 白色高光铝板制作（高光白 White）

G 罩棚立柱

H 摄像头

I 油品导向标识

J 油机号码牌 2mm 蓝色铝板 Pantone 2925 C 文字信息贴反光膜

单位：mm

材料色号：

石化红 PANTONE 185 C

新能源浅蓝 PANTONE 2925 C

高光白 WHITE

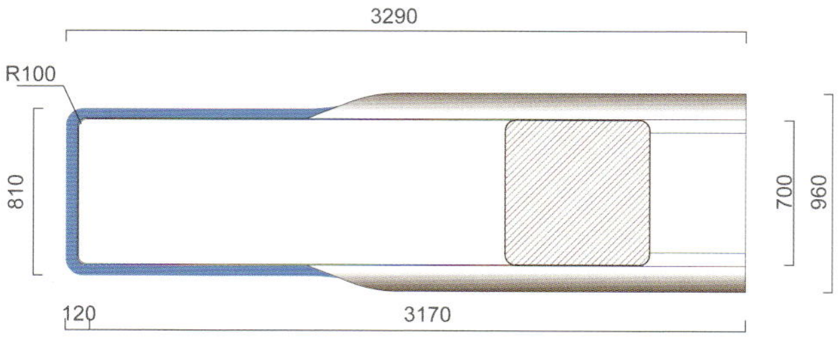

顶视图

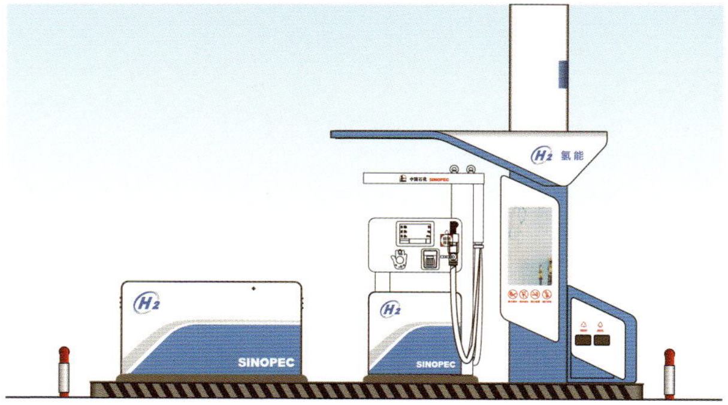

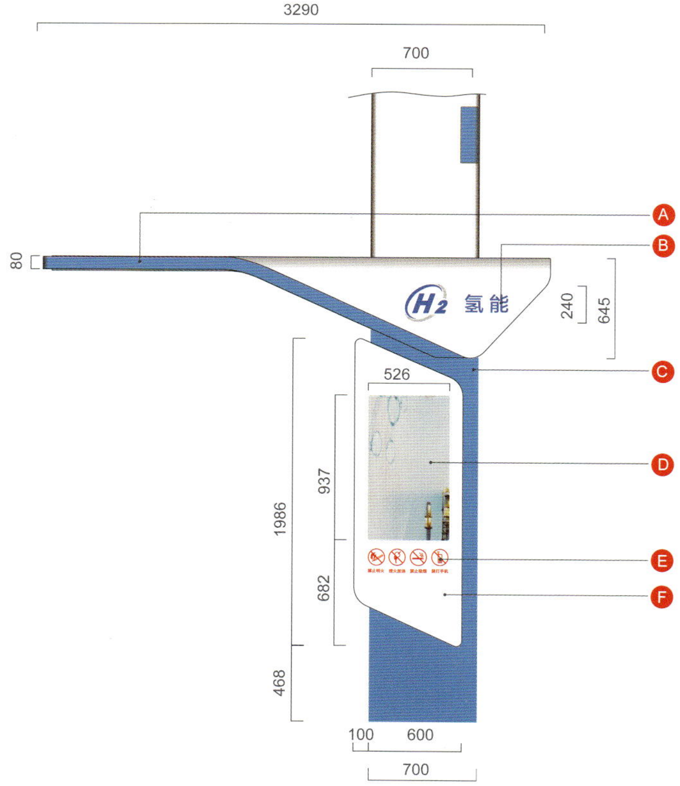

正视图

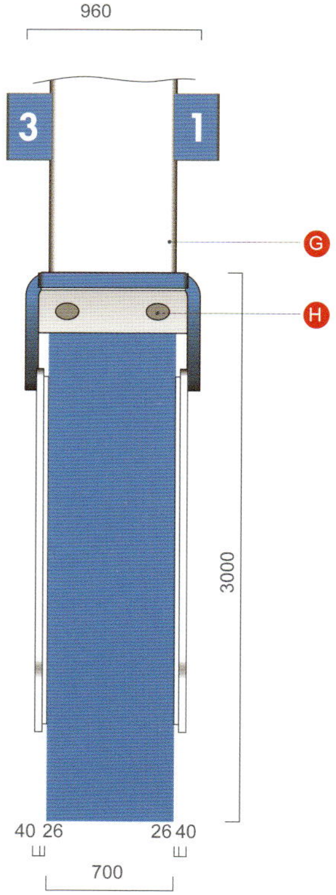

左视图

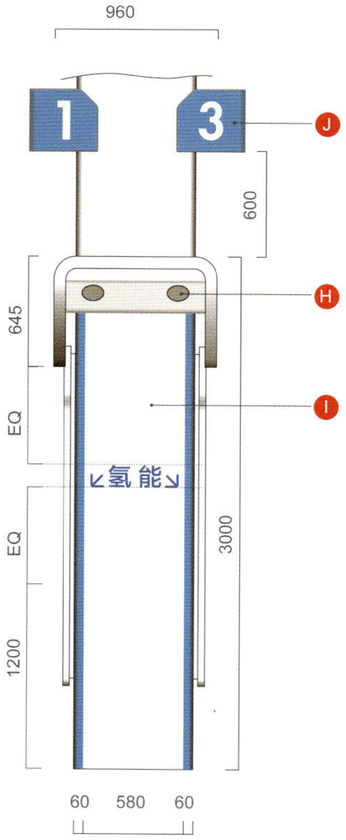

右视图

D.4.24

加气岛造型形象说明

· 如若加能站提供天然气相关服务时，可将加油岛造型与综合服务箱的红色面板改为新能源浅蓝色面板，右图为加气岛造型所示。

· 距加气机外壁 4.5m，自地面高度为 5.5m 的范围内，爆炸危险区域划分为 2 区（如图爆炸危险区划分一）。当罩棚底部至地面距离 L 小于 5.5m 时，罩棚上部空间应为非防爆区（如图爆炸危险区划分二）。

单位：mm

· 注：爆炸危险 1 区内禁止安装显示屏等易爆物品。爆炸危险 2 区内应使用防爆灯、防爆屏、防爆摄像头等。

材料色号：

石化红
PANTONE 185 C

高光白
WHITE

新能源浅蓝
PANTONE 2925 C

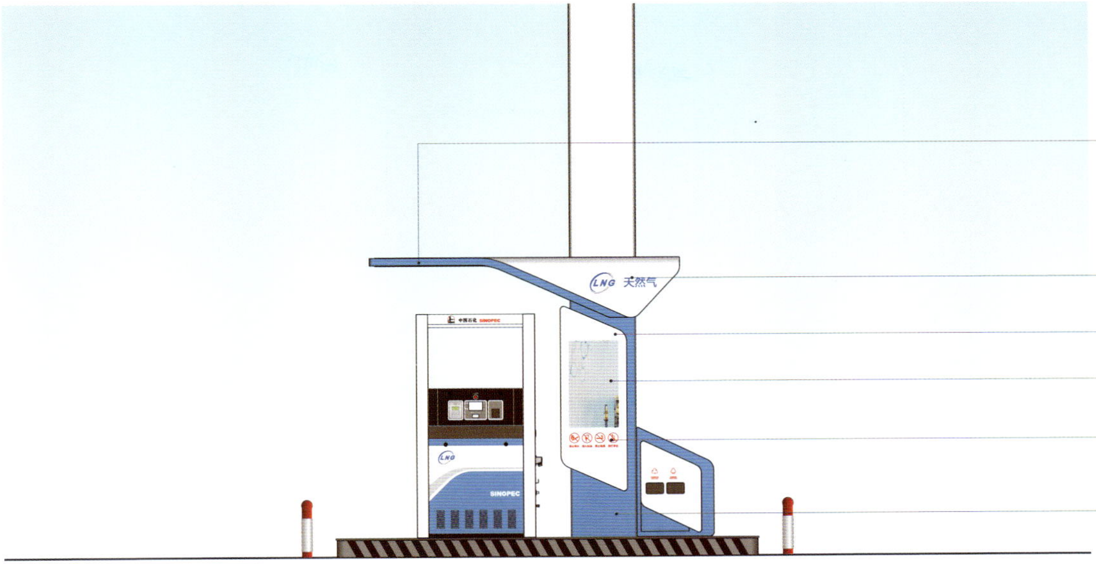

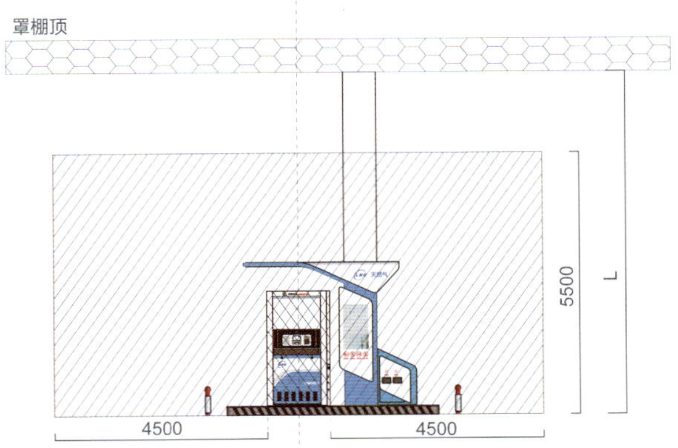

爆炸危险区划分（一）

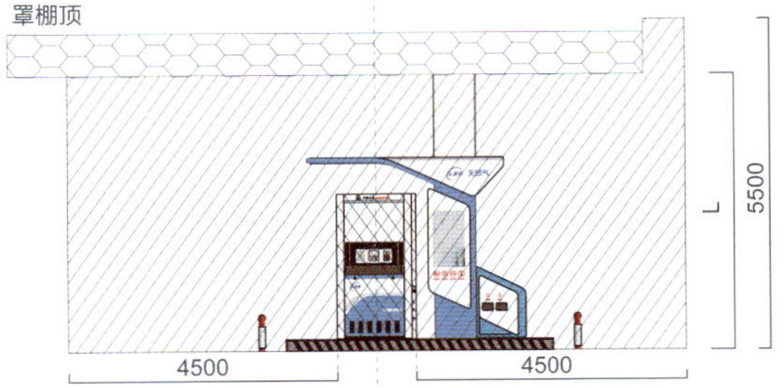

爆炸危险区划分（二）

爆炸危险区划分：
1 区　2 区

D.4 加能区

D.4.25

加气岛造型
尺寸及工艺说明

· 加气岛造型如右图所示。

· 工艺说明：

- Ⓐ 3mm 蓝色亚克力吸塑成型，内置 LED 灯带，亮度 250lx，发光角度 ≥ 115°，防护等级 IP65 以上
- Ⓑ 白色高光铝板信息内容镂空，背托 3mm 蓝色亚克力，内置 LED 模组
- Ⓒ 4mm 蓝色高光铝塑板制作（新能源浅蓝 Pantone 2925 C）
- Ⓓ 磁吸广告画面
- Ⓔ 信息内容丝网印刷
- Ⓕ 2mm 白色高光铝板制作（高光白 White）
- Ⓖ 罩棚立柱
- Ⓗ 摄像头
- Ⓘ 油品导向标识
- Ⓙ 油机号码牌 2mm 蓝色铝板 Pantone 2925 C 文字信息贴反光膜

单位：mm

材料色号：

石化红 PANTONE 185 C

新能源浅蓝 PANTONE 2925 C

高光白 WHITE

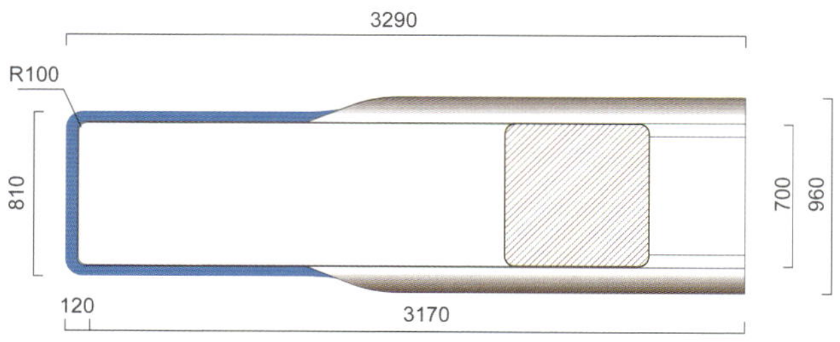

顶视图

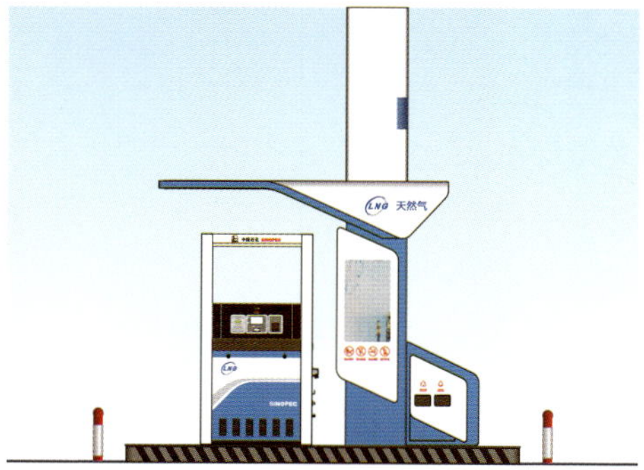

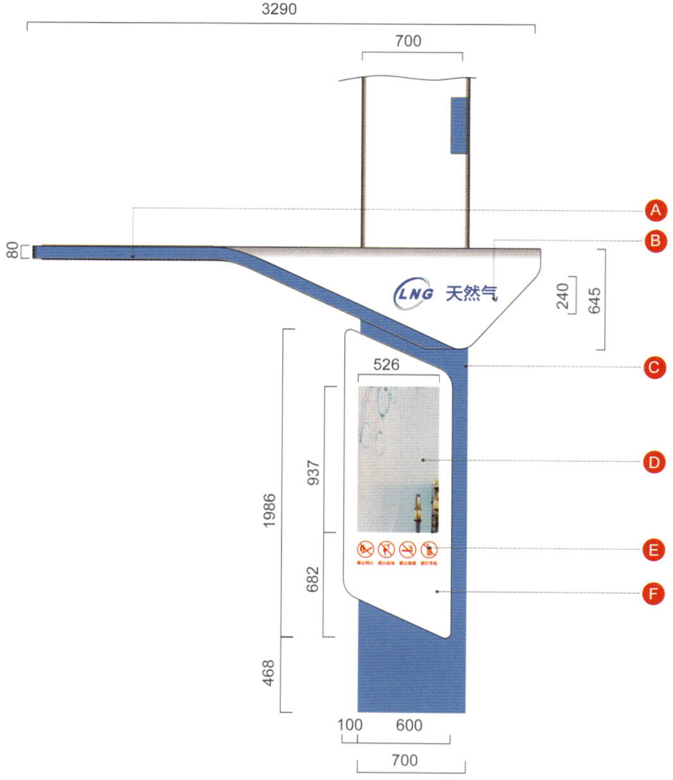

正视图

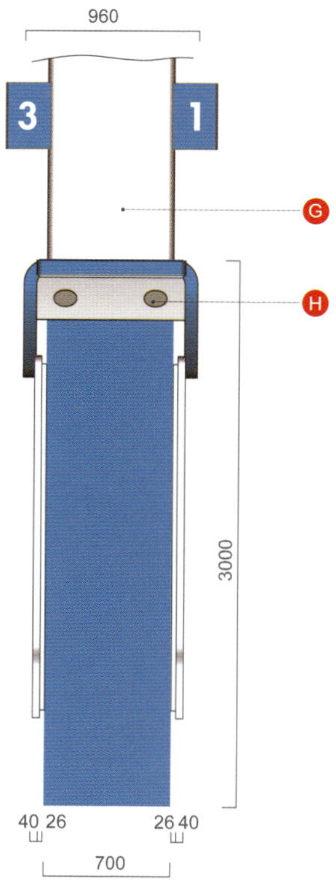

左视图

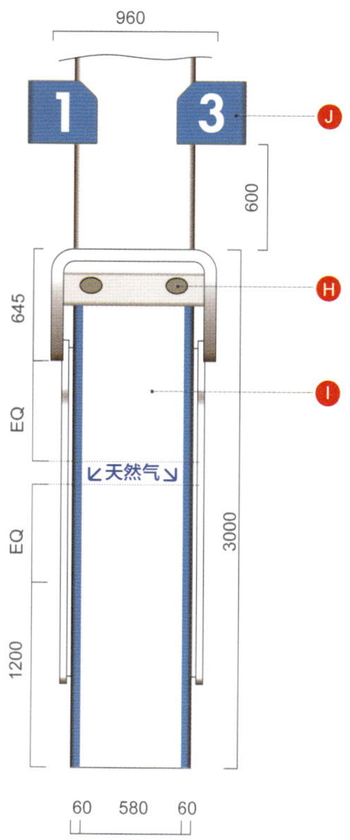

右视图

D.4.26

加油岛造型
形象分级配置表

· 各级别加油岛造型材质效果配置如右表所示。

· 必选项：●

· 可选项：○

· 不可选项：/

加油岛造型分类	图例	加油岛造型配置	旗舰站	标准站	简易站	备注
加油岛造型 单柱形象		圆角造型 红色灯带（发光）	●	○	/	
		折角造型 红色灯带（不发光）	/	○	●	
		圆角造型底封板信息贴膜	○	○	/	此选项为可选项，可根据实际情况选用，如若采用，原则上 X POWER 信息优先在模块上方展示，如不设置油品信息，则可放置 SINOPEC 优质燃油标识作为品牌展示
		折角造型底封板信息贴膜	/	○	○	
		43 寸液晶显示屏	●	○	/	
		广告灯箱	/	○	/	
		广告画面（磁吸安装）	/	○	●	
		油品导向标识 （发光水晶字）	○	○	/	
		油品导向标识 （水晶字）	○	○	/	
		油品导向标识 （贴膜）	/	○	●	
加油岛造型 双柱形象一 两柱之间，柱心距在 2000~3000mm 内采用此版本形象		圆角造型 红色灯带（发光）	●	○	/	
		折角造型 红色灯带（不发光）	/	○	●	
		圆角造型底封板平板灯	○	○	/	此选项为可选项，可根据实际情况选用，如若采用，原则上 X POWER 信息优先在模块上方展示，如不设置油品信息，则可放置 SINOPEC 优质燃油标识作为品牌展示
		折角造型底封板平板灯	/	○	○	
		43 寸液晶显示屏	●	○	/	
		广告灯箱	/	○	/	
		广告画面（磁吸安装）	/	○	●	
		油品导向标识 （发光水晶字）	○	○	/	
		油品导向标识 （水晶字）	○	○	/	
		油品导向标识 （贴膜）	/	○	●	
加油岛造型 双柱形象二 两柱之间，柱心距在 3000~4500mm 内采用此版本形象		圆角造型 红色灯带（发光）	●	○	/	
		折角造型 红色灯带（不发光）	/	○	●	
		圆角造型信息贴膜	○	○	/	此选项为可选项，可根据实际情况选用，如若采用，原则上 X POWER 信息优先在模块上方展示，如不设置油品信息，则可放置 SINOPEC 优质燃油标识作为品牌展示
		折角造型信息贴膜	/	○	○	
		43 寸液晶显示屏	●	○	/	
		广告灯箱	/	○	/	
		广告画面（磁吸安装）	/	○	●	
		油品导向标识 （发光水晶字）	○	○	/	
		油品导向标识 （水晶字）	○	○	/	
		油品导向标识 （贴膜）	/	○	●	

D.4.26

加油岛造型
形象分级配置表

· 各级别加油岛造型材质效果配置如右表所示。

· 必选项：●
· 可选项：○
· 不可选项：/

加油岛造型分类	图例	加油岛造型配置		旗舰站	标准站	简易站	备注
加油岛造型 单柱双机形象			圆角造型 红色灯带（发光）	●	○	/	
			折角造型 红色灯带（不发光）	/	○	●	
			圆角造型底封板信息贴膜	○	○	/	此选项为可选项，可根据实际情况选用，如若采用，原则上 X POWER 信息优先在模块上方展示，如不设置油品信息，则可放置 SINOPEC 优质燃油标识作为品牌展示
			折角造型底封板信息贴膜	/	○	○	
			43 寸液晶显示屏	●	○	/	
			广告灯箱	/	○	/	
			广告画面（磁吸安装）	/	○	●	
			油品导向标识 （发光水晶字）	○	○	/	
			油品导向标识 （水晶字）	○	○	/	
			油品导向标识 （贴膜）	/	○	●	
加油岛造型 无柱形象			圆角造型 红色灯带（发光）	●	○	/	
			折角造型 红色灯带（不发光）	/	○	●	
			圆角造型底封板信息贴膜	○	○	/	此选项为可选项，可根据实际情况选用，如若采用，原则上 X POWER 信息优先在模块上方展示，如不设置油品信息，则可放置 SINOPEC 优质燃油标识作为品牌展示
			折角造型底封板信息贴膜	/	○	○	
			43 寸液晶显示屏	●	○	/	
			广告灯箱	/	○	/	
			广告画面（磁吸安装）	/	○	●	
			油品导向标识 （发光水晶字）	○	○	/	
			油品导向标识 （水晶字）	○	○	/	
			油品导向标识 （贴膜）	/	○	●	

D.4.27

综合服务箱（A 款）尺寸及工艺说明

· 在设计施工时，请参考右图尺寸，以确保综合服务箱（A 款）的视觉效果。

· 工艺说明：

1. 采用 1.2mm 镀锌板制作成型，表面喷红色 / 白色 / 深灰色漆；
2. 内置垃圾桶、灭火器等，可放灭火毯、玻璃刮、水杯等用品；
3. 图文信息丝印。

单位：mm

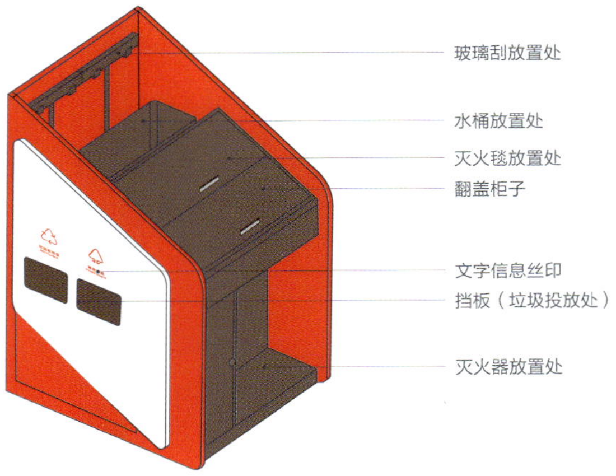

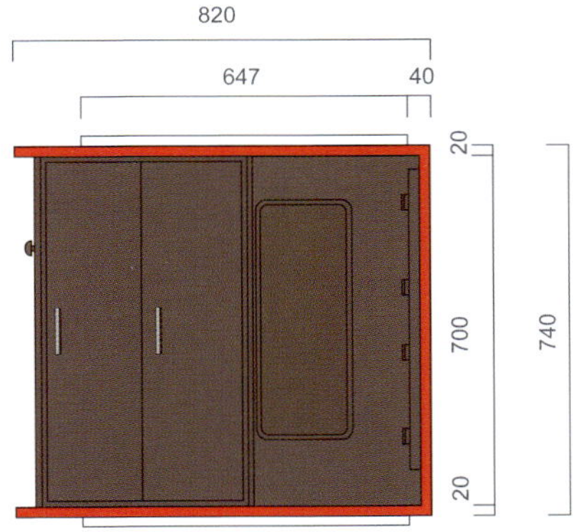

顶视图

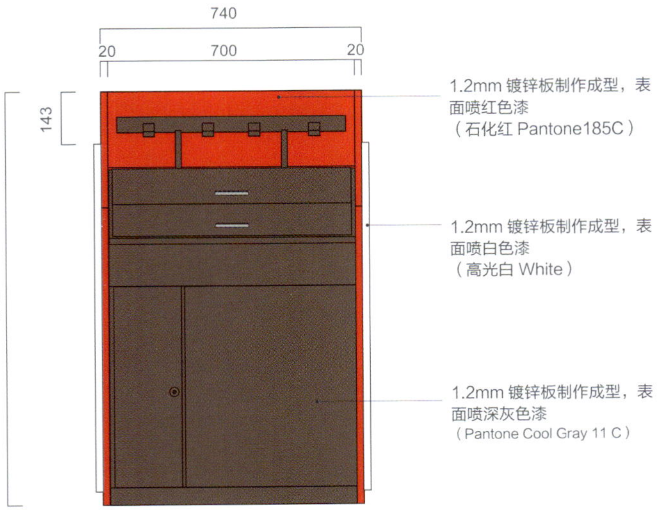

侧视图

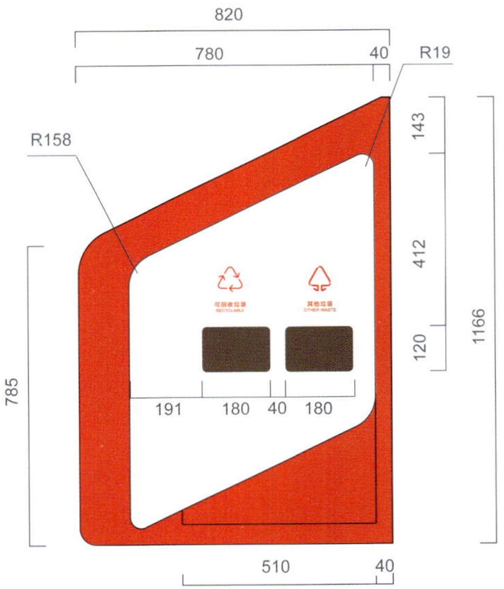

正视图

材料色号：

石化红
PANTONE 185 C

高光白
WHITE

深灰色
PANTONE COOL GRAY 11 C

D.4.28

综合服务箱（A 款）
产品拆解展示说明

· 设计施工时，请参考右图尺寸，以确保综合服务箱（A 款）的视觉效果。

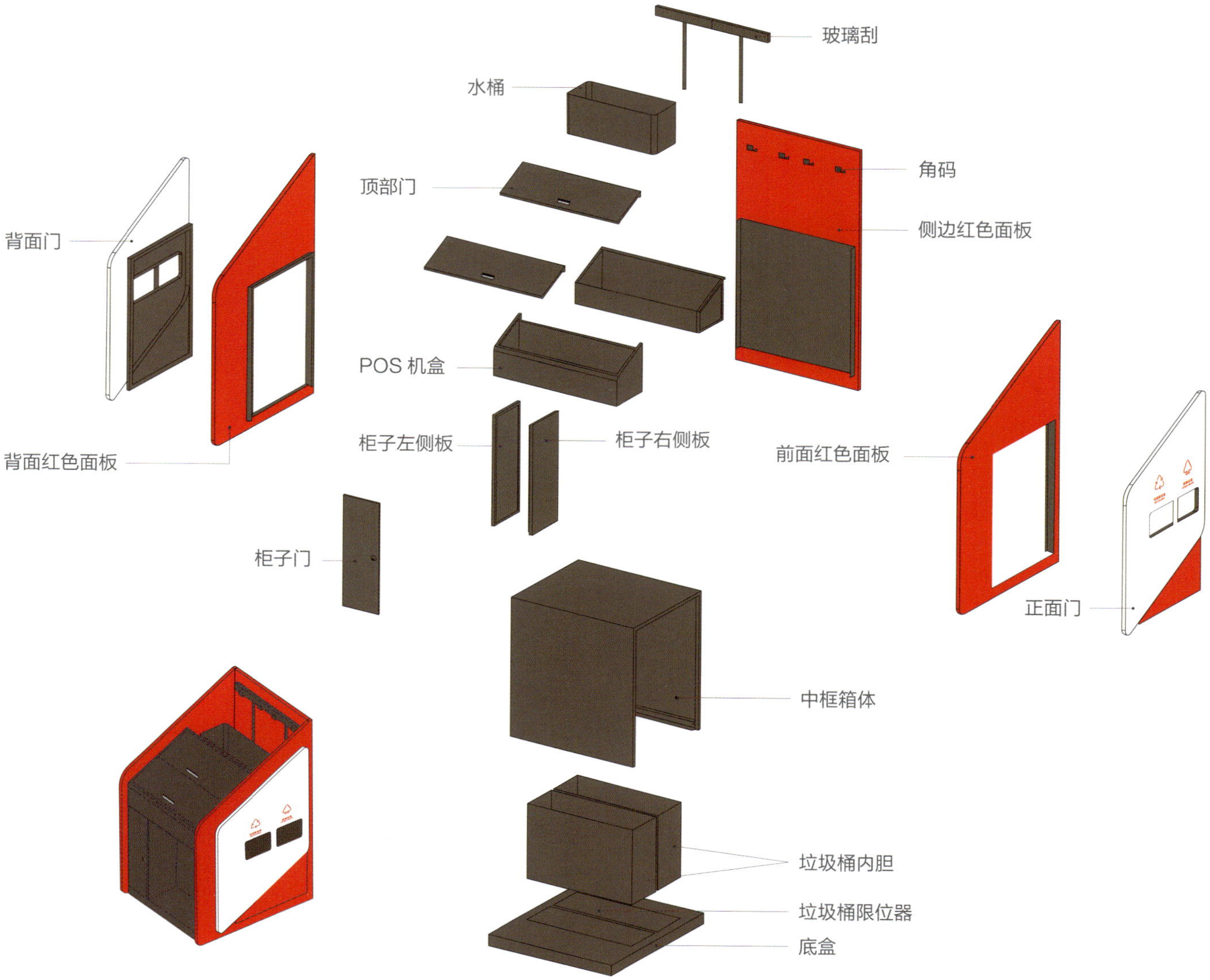

产品展示图

材料色号：

石化红
PANTONE 185 C

高光白
WHITE

深灰色
PANTONE COOL GRAY 11 C

D.4.29

综合服务箱（B 款）尺寸及工艺说明

· 在设计制作时，请参考右图尺寸，以确保综合服务箱（B 款）的视觉效果。

· 工艺说明：

1. 采用 1.2mm 镀锌板制作成型，表面喷红色 / 白色 / 深灰色漆；
2. 内置垃圾桶、灭火器等，可放置灭火毯等用品；
3. 图文信息丝印。

单位：mm

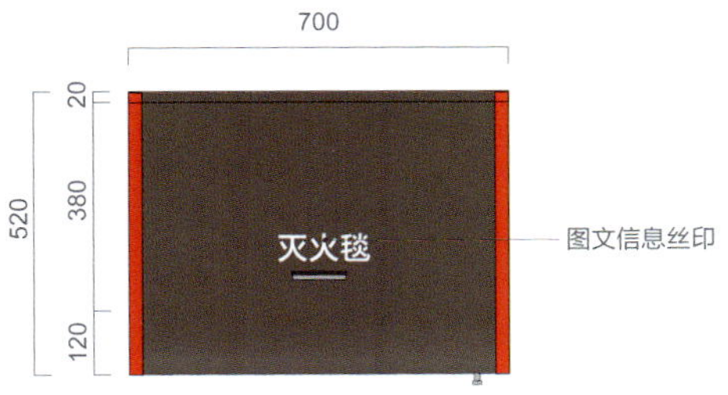

顶视图

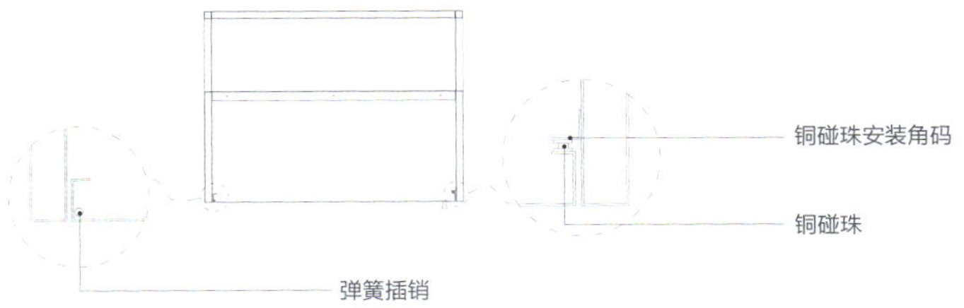

横剖图

材料色号：

- 石化红 PANTONE 185 C
- 高光白 WHITE
- 深灰色 PANTONE COOL GRAY 11 C

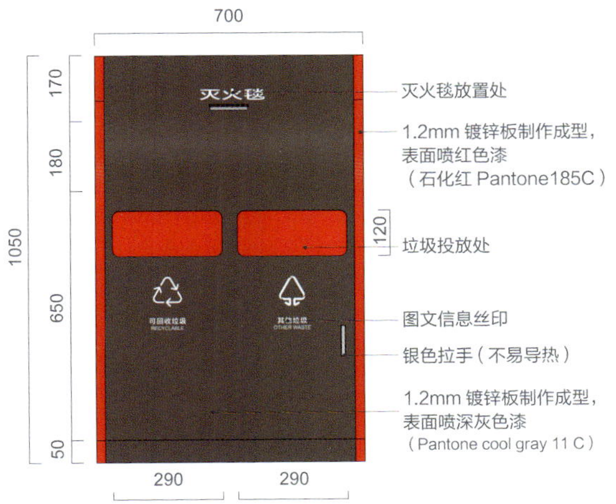

正视图

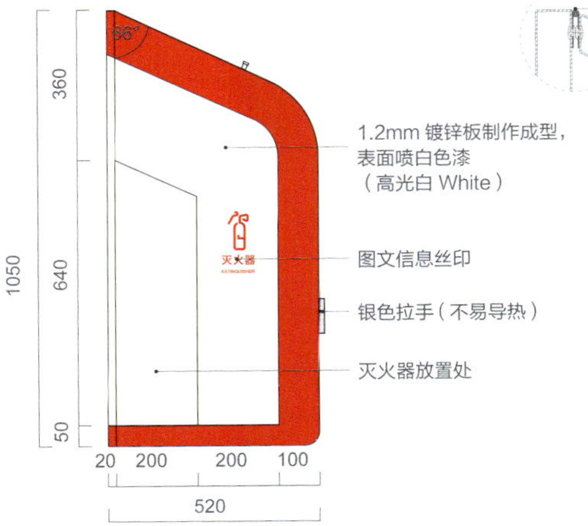

侧视图

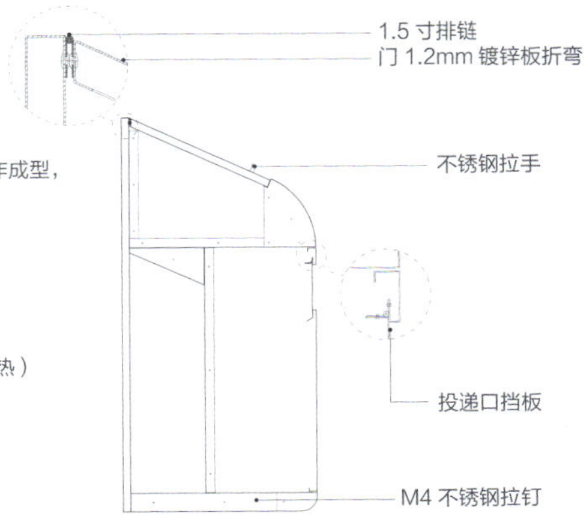

竖剖图

D.4 加能区

D.4.30

综合服务箱（B 款）产品拆解展示说明

· 设计制作时，请参考右图尺寸，以确保综合服务箱（B 款）的视觉效果。

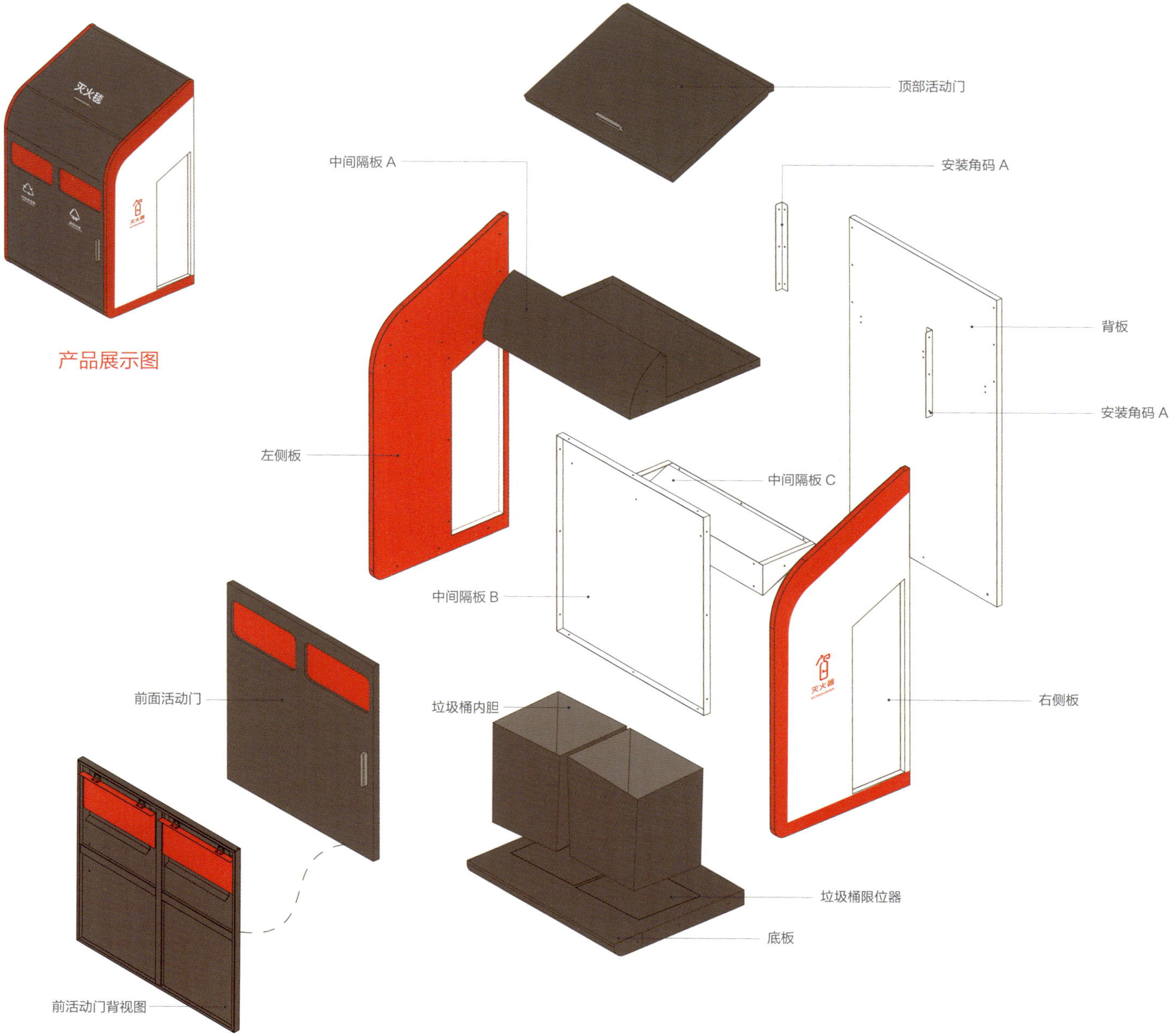

材料色号：

- 石化红 PANTONE 185 C
- 高光白 WHITE
- 深灰色 PANTONE COOL GRAY 11 C

D.4.31

加油岛形式规范

· 加油岛分为两种形式，分别为单体式与连体式。

· 当加能区立柱柱心距大于 8m 时，选用单体式加油岛设计。

· 当加能区立柱柱心距小于或等于 8m 时，可选用连体式加油岛设计。

单位：mm

单体式加油岛

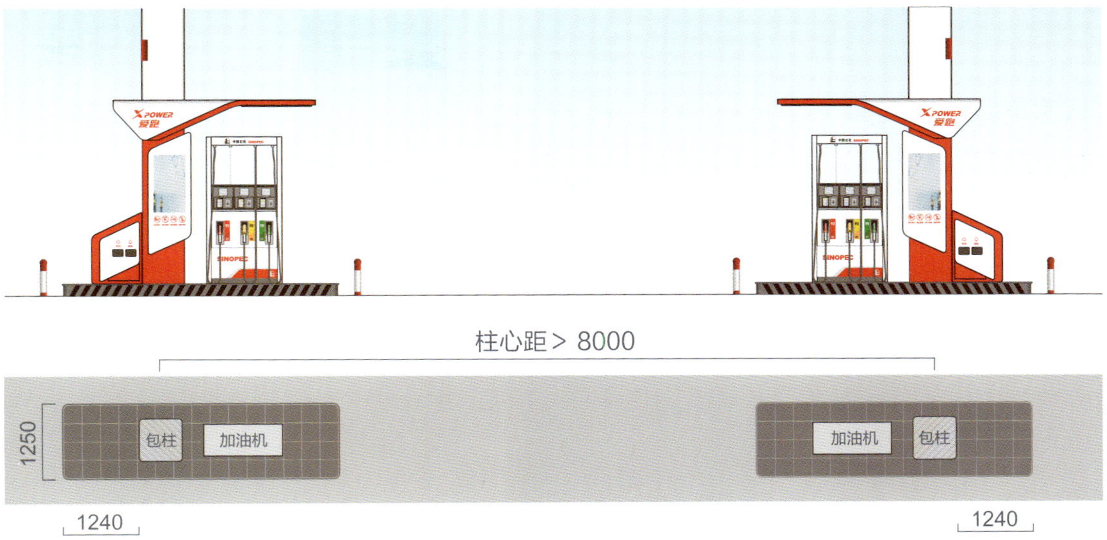

连体式加油岛

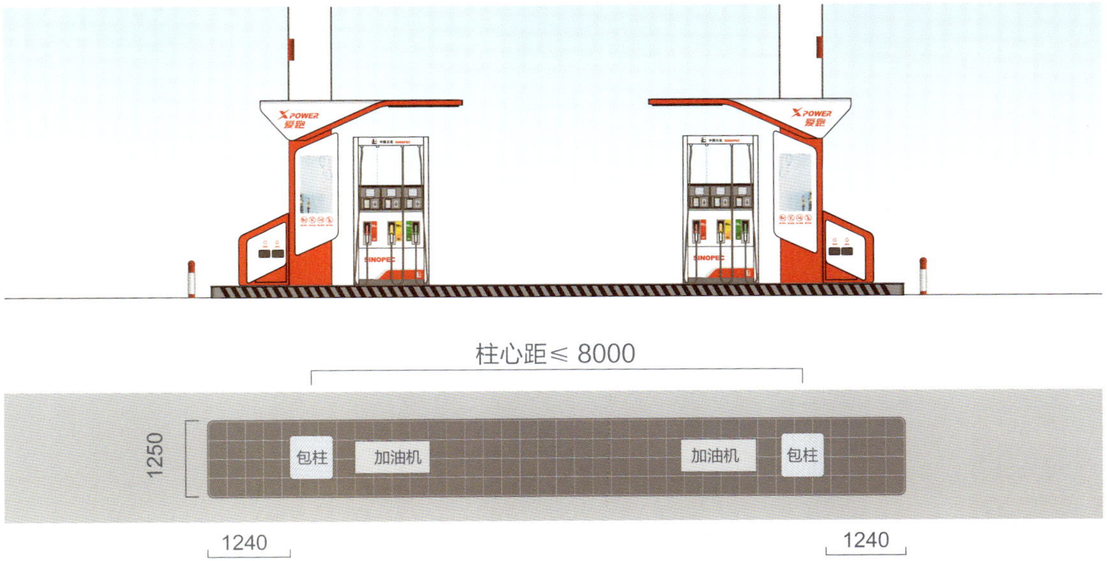

材料色号：

石化黑
PANTONE BLACK C

中灰色
PANTONE COOL GRAY 9 C

D.4.32

单体式加油岛
尺寸及工艺说明

· 单体式加油岛共有四种类型尺寸：
L4000mm 型、L4500mm 型、
L5000mm 型、L6600mm 型。

· L4000mm 型与 L4500mm 型加油岛适用于加油岛造型（单柱与无柱形象）；
· L5000mm 型加油岛适用于加油岛造型形象（双柱形象一）；
· L6600mm 型加油岛适用于加油岛造型形象（双柱形象二）。

单位：mm

材料色号：

石化黑
PANTONE BLACK C

中灰色
PANTONE COOL GRAY 9 C

L4000 型

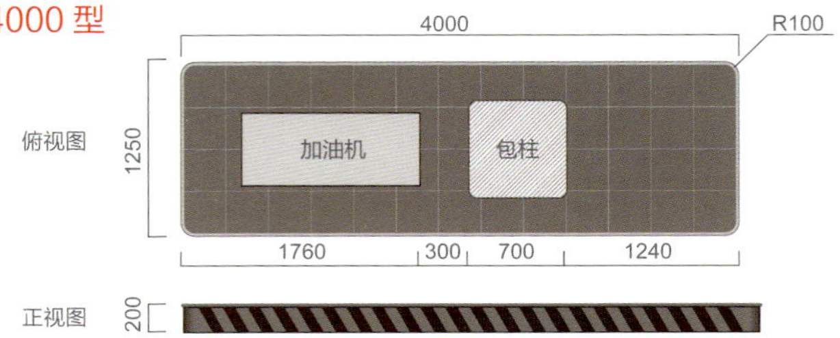

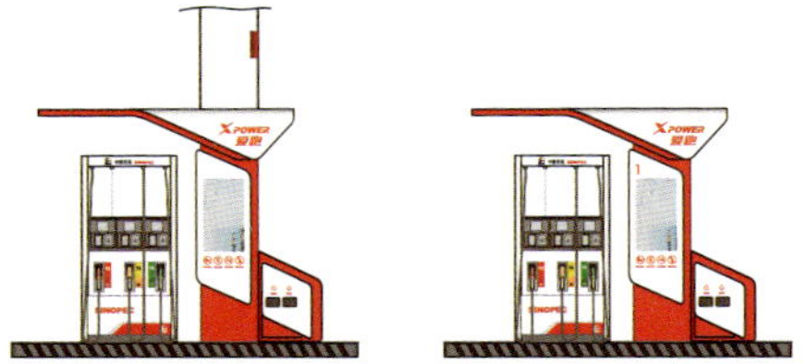

L4000 型加油岛适用于加油岛造型形象（单柱与无柱形象）。

L4500 型

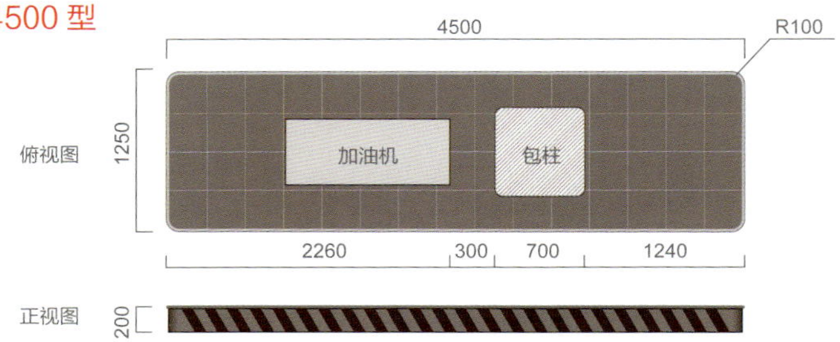

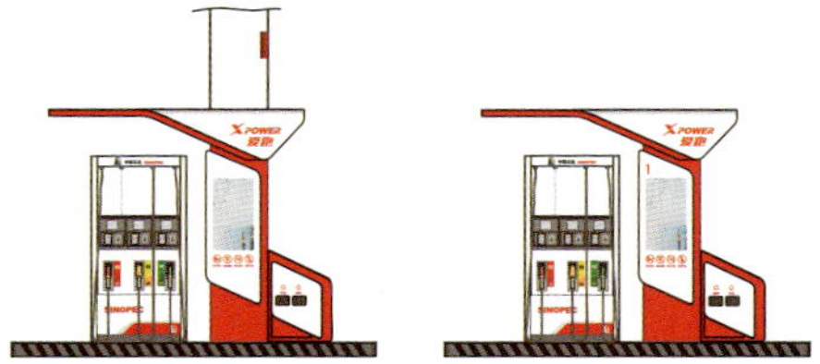

L4500 型加油岛适用于加油岛造型形象（单柱与无柱形象）。

L5000 型

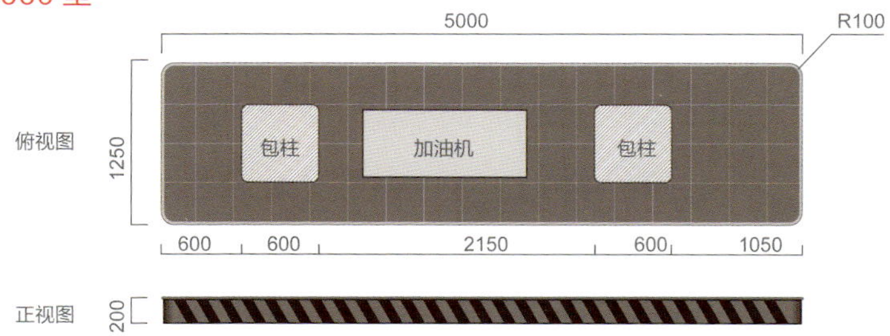

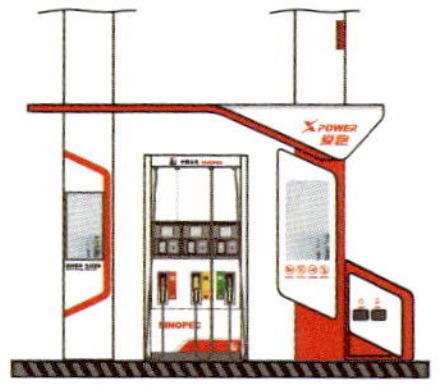

L5000 型加油岛适用于加油岛造型形象（双柱形象一）。

L6600 型

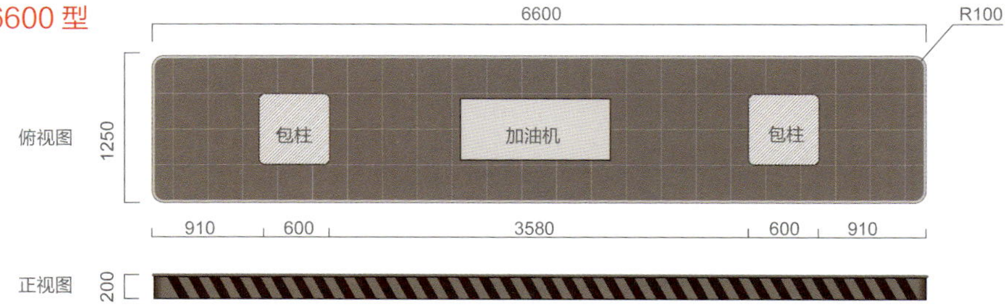

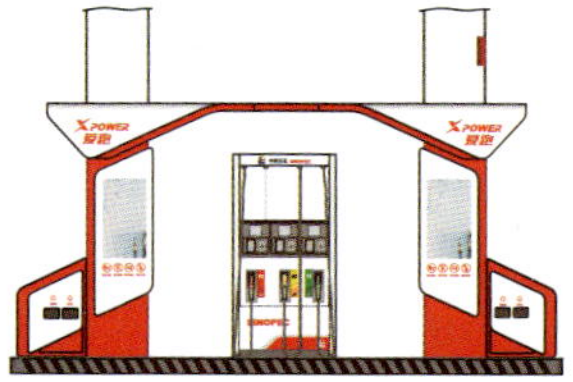

L6600 型加油岛适用于加油岛造型形象（双柱形象二）。

D.4.33

加油岛尺寸及工艺说明

· 加油岛表面铺 300mm × 300mm 中灰色釉面地砖，侧面围 4mm 钢板围边造型。

· 方案一贴黑灰相间反光膜，方案二喷深灰色漆。

· 建议旗舰站首选方案一，标准站与简易站可根据实际情况选择。

单位：mm

俯视图

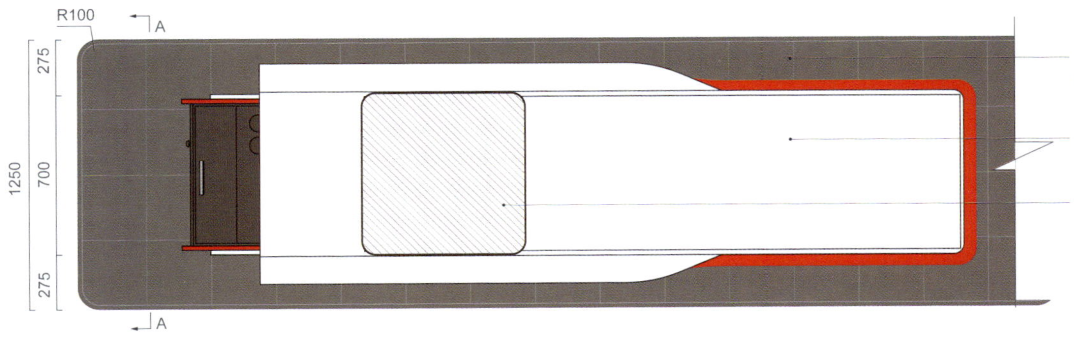

正视图

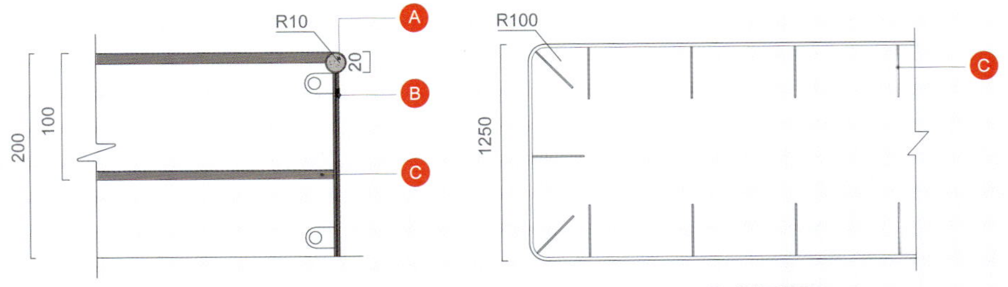

A–A 剖面图

B–B 剖面图

工艺说明：

A 2mm 厚 304 不锈钢造型
内部浇灌水泥

B 4mm 钢板围边，喷深中灰色油漆（Pantone Cool Gray 9 C）

C ϕ8 螺杆

材料色号：

石化黑
PANTONE BLACK C

中灰色
PANTONE COOL GRAY 9 C

D.4.34

加油机饰面概览

· 油机画面及标贴为喷绘贴膜或丝印。请遵照右图标示比例制作画面及标贴。

单位： mm

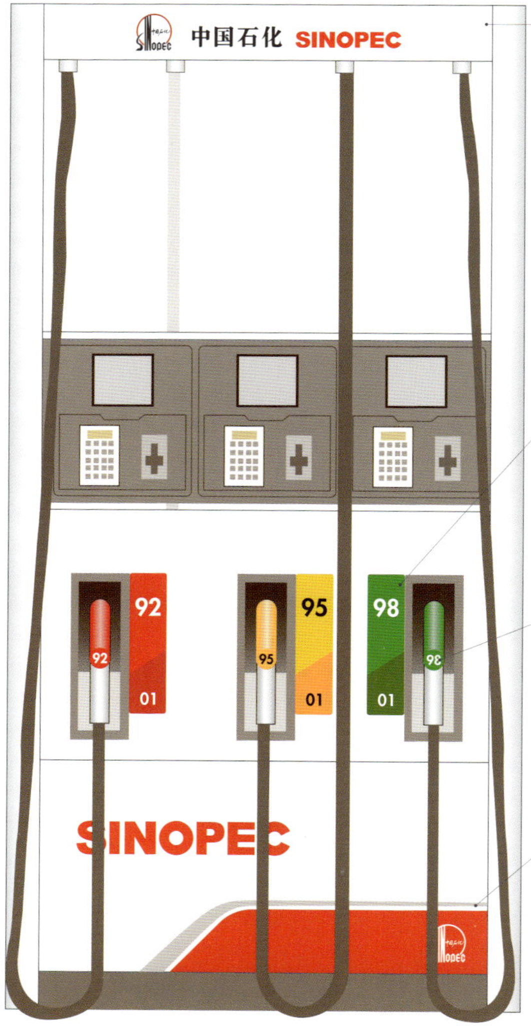

油机帽画面

油机油品号画面

油枪标贴

油机画面

材料色号：

石化红
PANTONE 185 C

高光白
WHITE

油品黄
PANTONE 109 C

油品绿
PANTONE 355 C

D.4.35

加油机油机帽及油机画面尺寸及工艺说明

· 油机画面为喷绘贴膜或丝印。请遵照右图标示比例制作画面及标贴。

· 尺寸可根据实际情况进行调整。

· 油机画面为白膜数码喷绘粘贴（带胶厚度约 0.08~0.1mm，贴膜延展率达 130%，加热可移除），表面贴高光保护膜（避免易刮花，易脏污）。

单位：mm

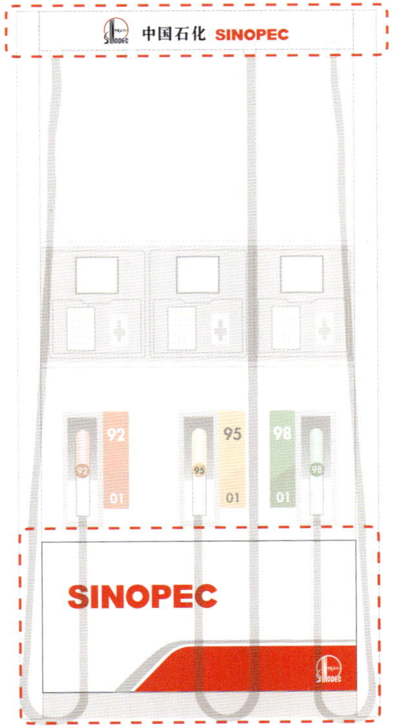

油机帽画面

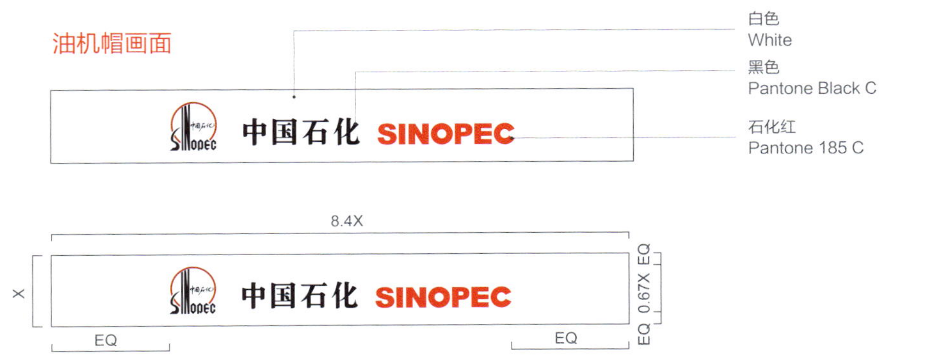

油机画面

材料色号：

石化红
PANTONE 185 C

高光白
WHITE

浅灰色
PANTONE COOL GRAY 4 C

D.4.36

加油机油品号画面尺寸及工艺说明

· 油品号画面为喷绘贴膜。请遵照右图标示比例制作画面及标贴。

· 油品号呈现形式如右图所示。
· 尺寸可根据实际情况进行调整。

· 油品号画面为白膜数码喷绘粘贴（带胶厚度约 0.08~0.1mm，贴膜延展率达 130%，加热可移除），表面贴高光保护膜（避免易刮花，易脏污）。

单位：mm

· 注：

1. 依据不同地区的特殊要求执行标准，根据此字体样式按照地方要求进行调整，如无特殊要求，需严格按本手册标准执行（应地方管理要求，需突破标准形象的，应报备至销售公司零售管理部）。
2. 图中油枪编号仅为示意，需根据实际情况调整。

材料色号：

- 石化红 PANTONE 185 C
- 高光白 WHITE
- 油品黄 PANTONE 109 C
- 油品绿 PANTONE 355 C
- 深棕色 PANTONE 7589 C

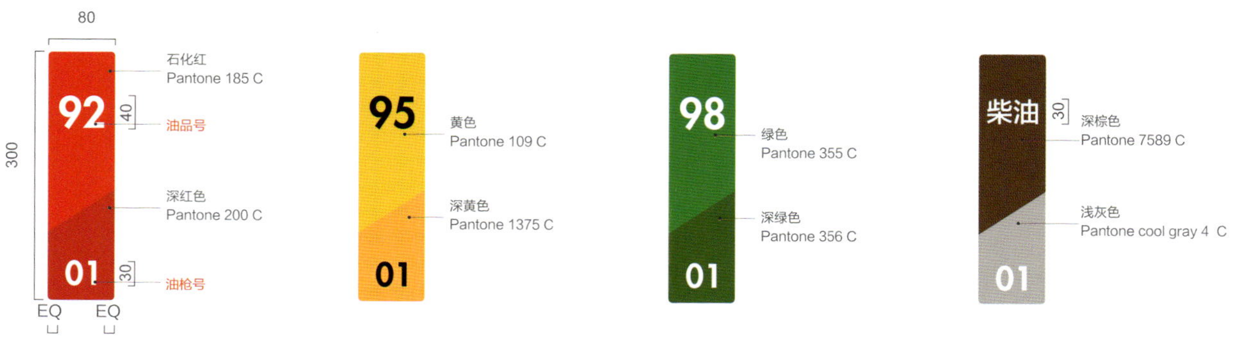

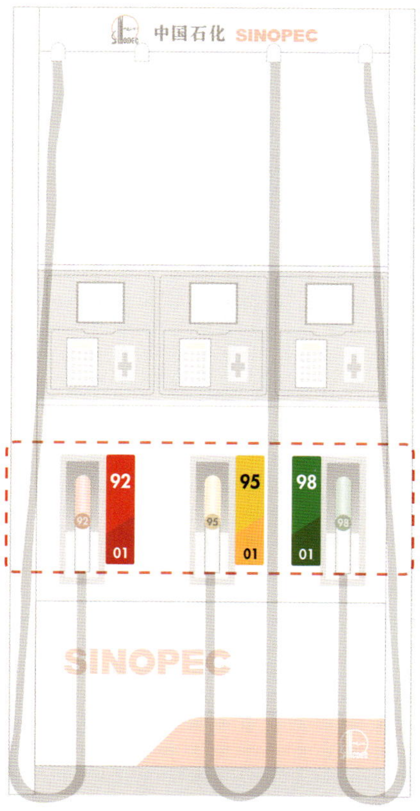

可选方案示意

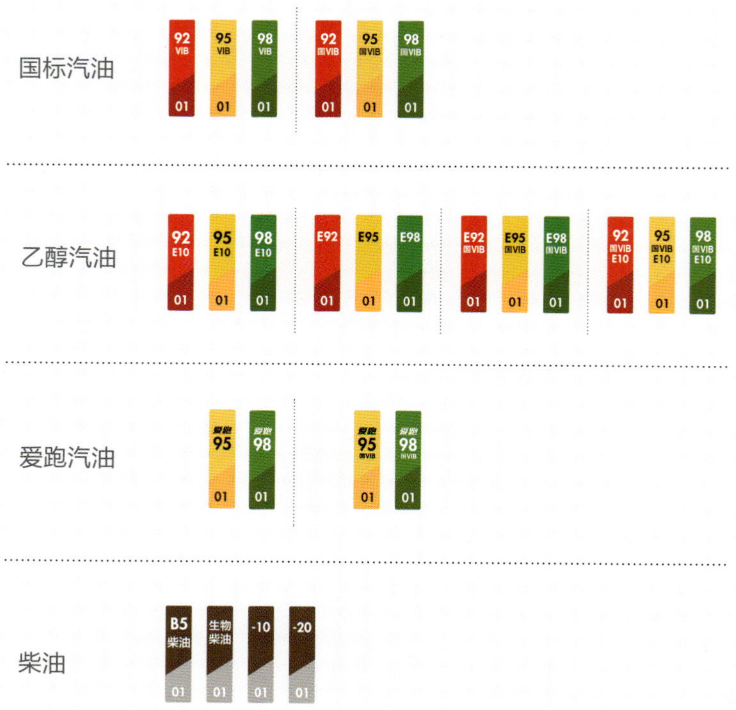

D.4.37

加油机油枪标贴
尺寸及工艺说明

· 油枪标贴为喷绘贴膜。请遵照右图标示比例制作画面及标贴。

· 油品号呈现形式如右图所示。

· 尺寸可根据实际情况进行调整。

· 油枪标贴为白膜数码喷绘粘贴（带胶厚度约 0.08~0.1mm，贴膜延展率达 130%，加热可移除），表面贴高光保护膜（避免易刮花，易脏污）。

单位：mm

· 注：依据不同地区有特殊要求的可选国（地）标准，如无特殊要求，需严格按本手册标准执行（应地方管理要求，需突破标准形象的，应报备至销售公司零售管理部）。

材料色号：

- 石化红 PANTONE 185 C
- 高光白 WHITE
- 油品黄 PANTONE 109 C
- 油品绿 PANTONE 355 C
- 深棕色 PANTONE 7589 C

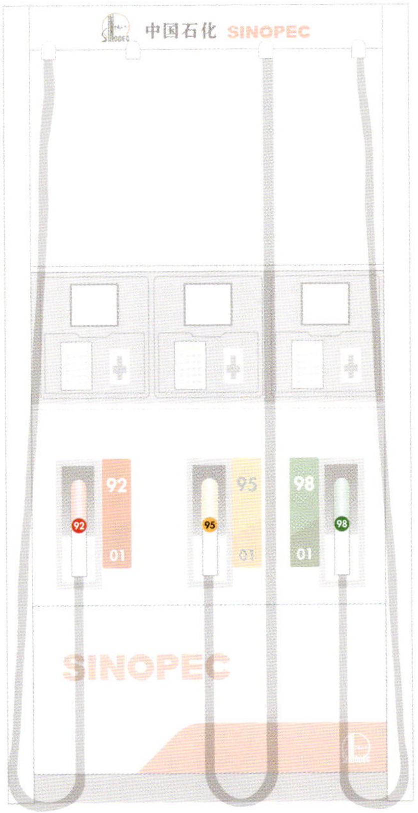

可选方案示意

国标汽油

乙醇汽油

爱跑汽油

柴油

D.4.38

加氢机饰面概览

· 加氢机画面及标贴为喷绘贴膜或丝印。请遵照右图标示比例制作画面及标贴。

· 加氢机画面及标贴采用喷绘贴膜时，应为白膜数码喷绘粘贴（带胶厚度约 0.08~0.1mm，贴膜延展率达 130%，加热可移除），表面贴高光保护膜（避免易刮花，易脏污）。

单位：mm

· 注：尺寸可根据实际情况进行调整。

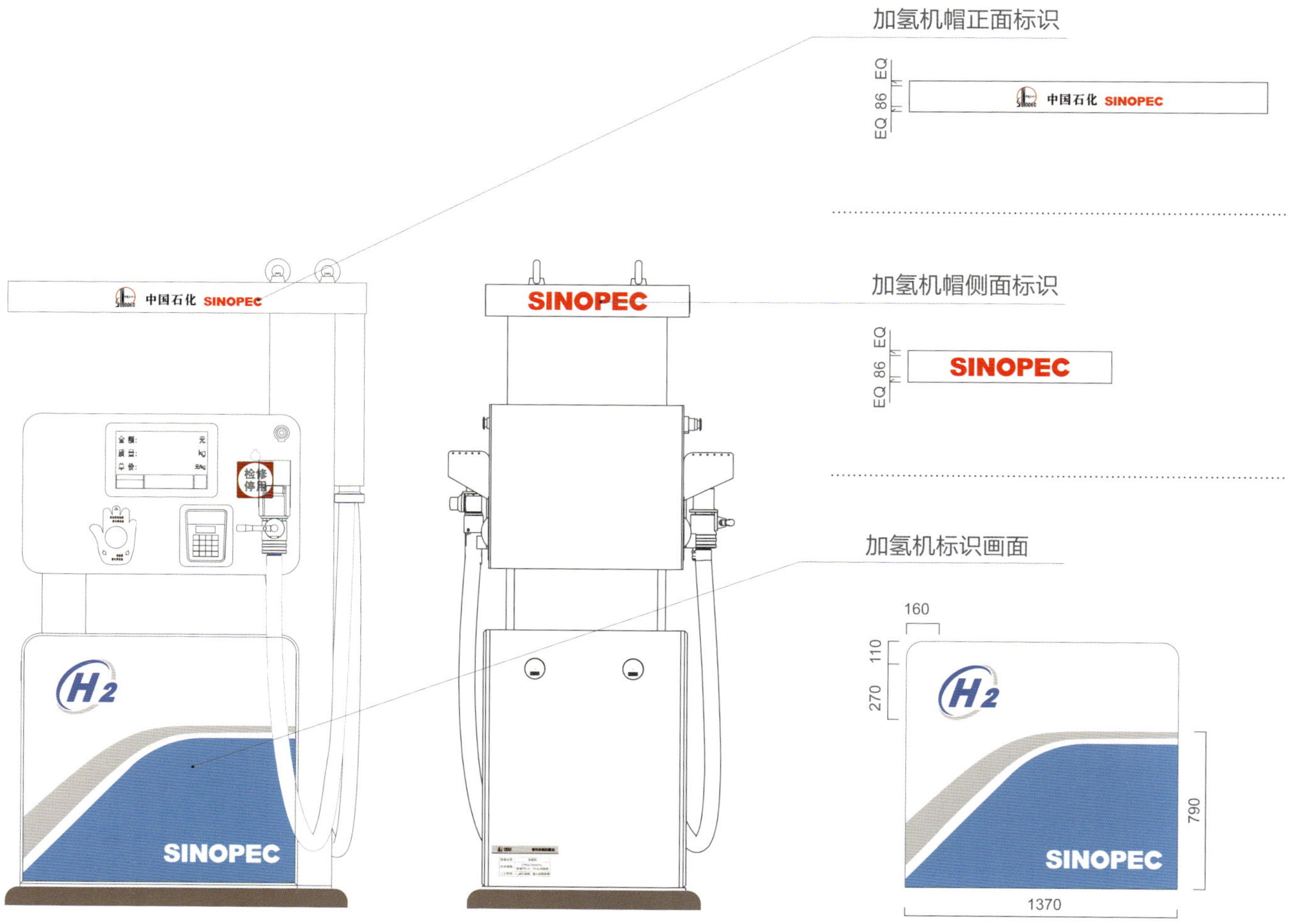

材料色号：

新能源浅蓝
PANTONE 2925 C

新能源 蓝
PANTONE 285 C

新能源 灰
PANTONE COOL GRAY 3 C

D.4.39

加气机饰面概览

· 加气机画面及标贴为喷绘贴膜或丝印。请遵照右图标示比例制作画面及标贴。

· 加气机画面及标贴采用喷绘贴膜时，应为白膜数码喷绘粘贴（带胶厚度约 0.08~0.1mm，贴膜延展率达 130%，加热可移除），表面贴高光保护膜（避免易刮花，易脏污）。

单位：mm

· 注：尺寸可根据实际情况进行调整。

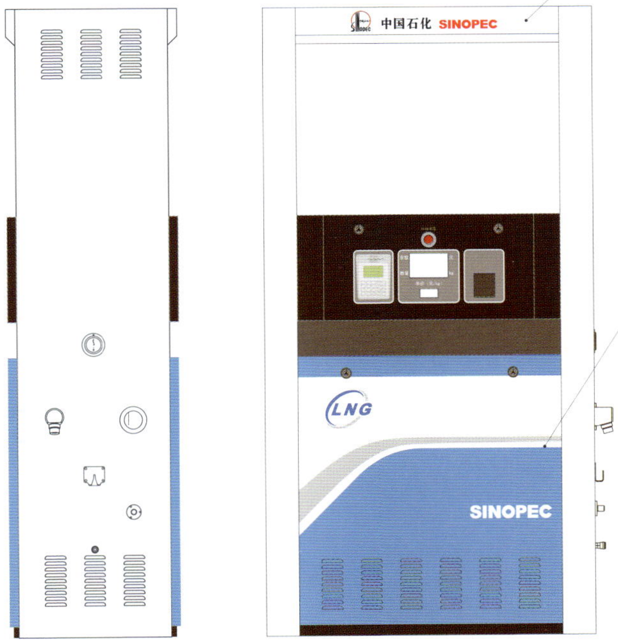

加气机帽标识

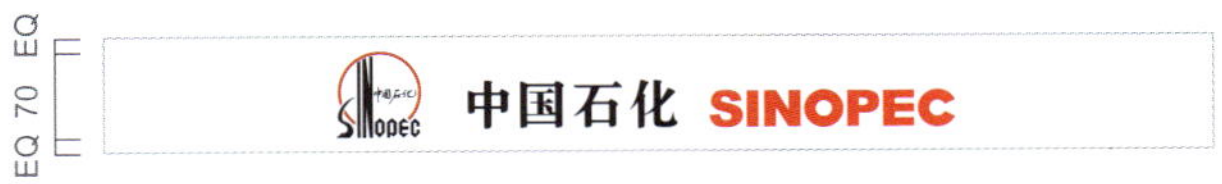

加气机画面标识

材料色号：

- 新能源浅蓝 PANTONE 2925 C
- 新能源 蓝 PANTONE 285 C
- 新能源 灰 PANTONE COOL GRAY 3 C

D.4.40

柴油车用尿素
加注机饰面概览

· 柴油车用尿素加注机和一立方一体机的画面为喷绘贴膜或丝印。请遵照右图标示比例制作画面。

· 加注机画面及标贴采用喷绘贴膜时，应为白膜数码喷绘粘贴（带胶厚度约 0.08~0.1mm，贴膜延展率达 130%，加热可移除），表面贴高光保护膜（避免易刮花，易脏污）。

单位：mm

· 注：尺寸可根据实际情况进行调整。

加注机饰面概览

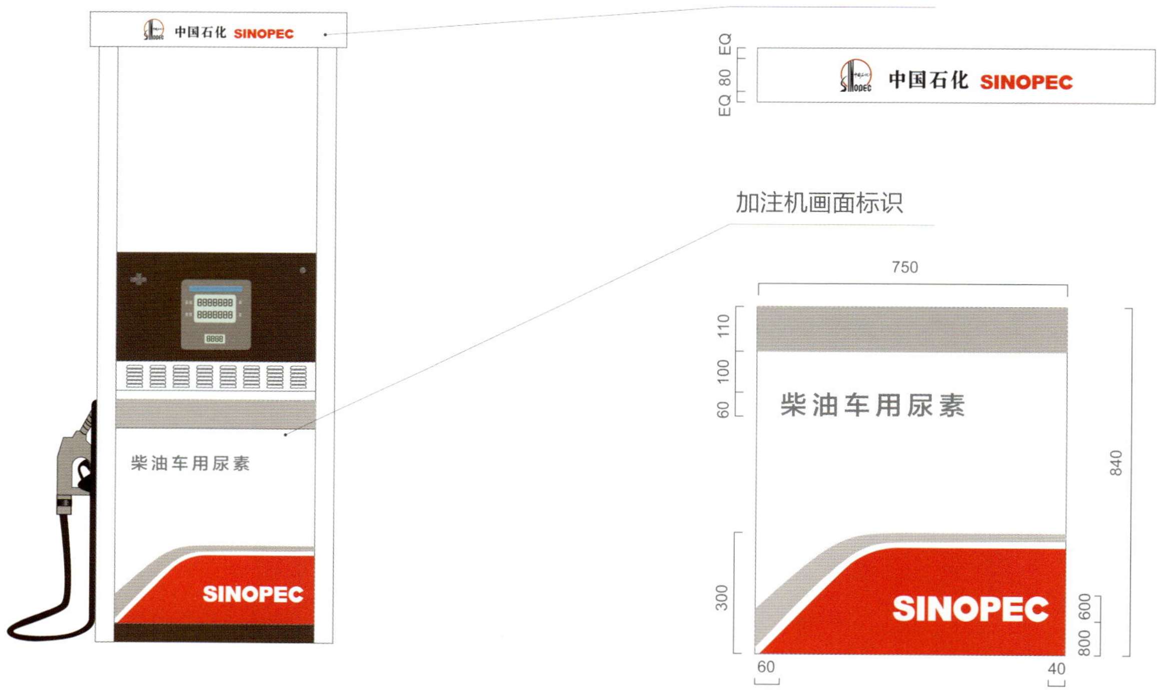

一立方一体机饰面概览

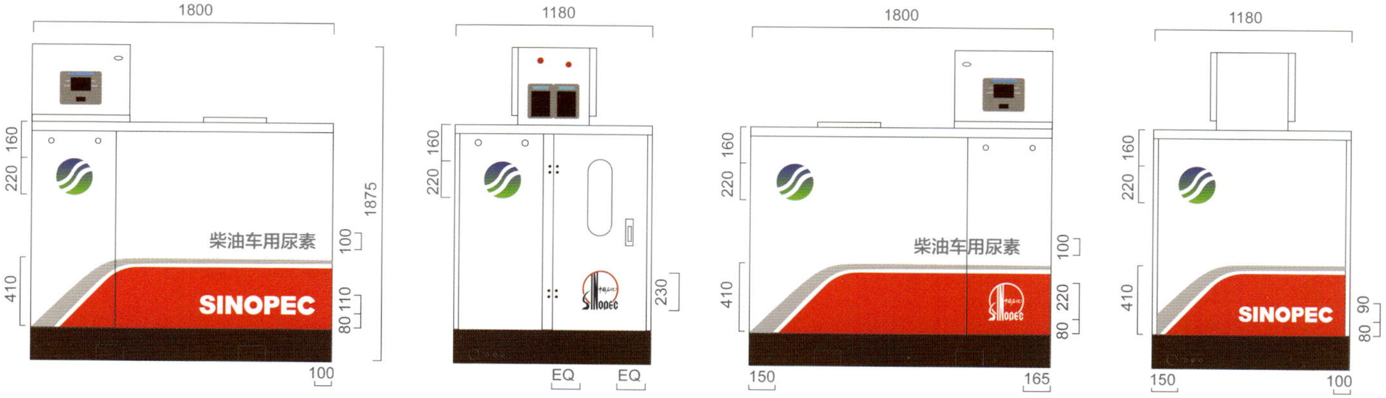

材料色号：

石化红
PANTONE 185 C

高光白
WHITE

浅灰色
PANTONE COOL GRAY 4 C

D.4.41

尿素分体机饰面概览

· 5m³ 尿素分体机的画面为喷绘贴膜或丝印。请遵照右图标示比例制作画面。

· 分体机画面及标贴采用喷绘贴膜时，应为白膜数码喷绘粘贴（带胶厚度约0.08~0.1mm，贴膜延展率达 130%，加热可移除），表面贴高光保护膜（避免易刮花，易脏污）。

单位：mm

· 注：尺寸可根据实际情况进行调整。

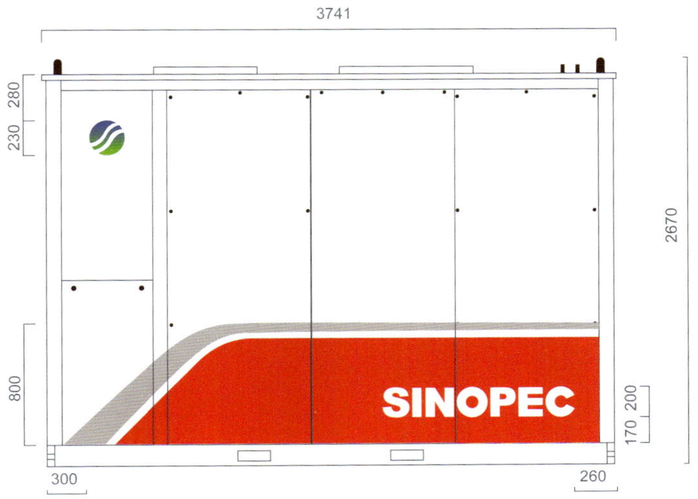

右视图

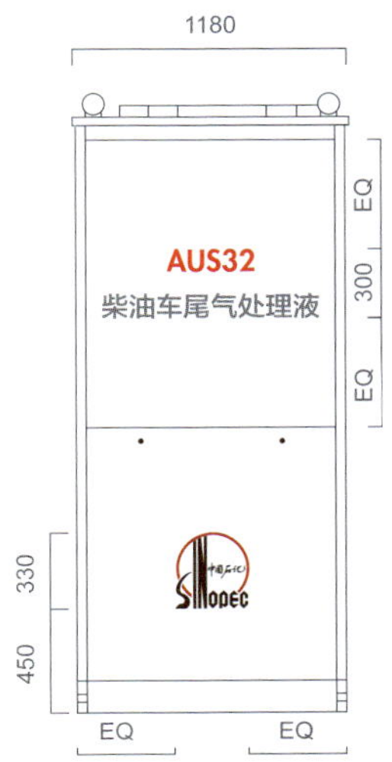

正视图

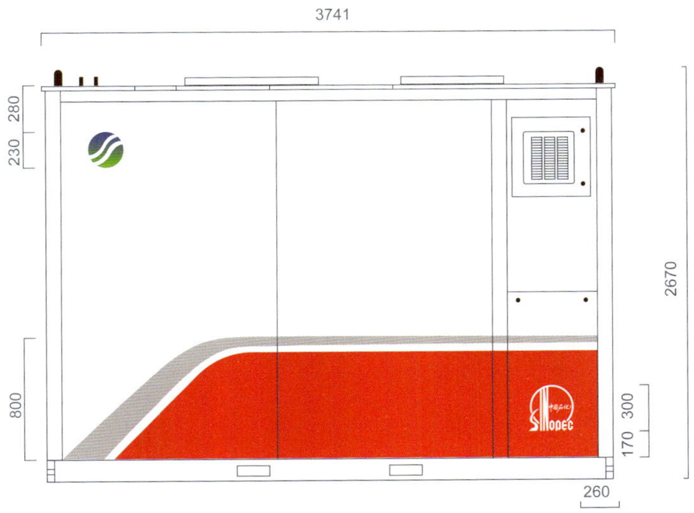

左视图

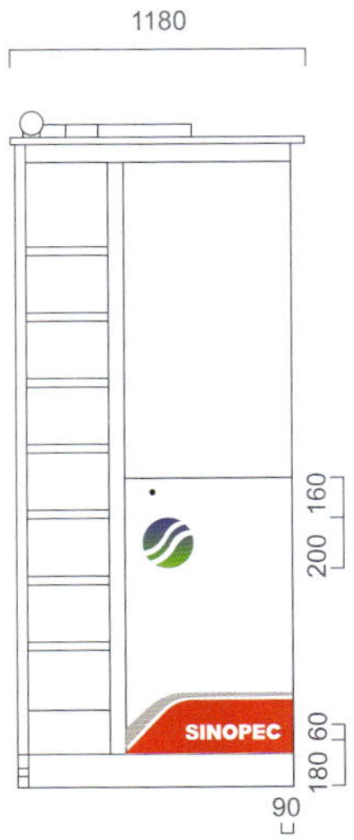

后视图

材料色号：

石化红
PANTONE 185 C

高光白
WHITE

浅灰色
PANTONE COOL GRAY 4 C

D.4.42

大号移动推车
尺寸及工艺说明

· 设计制作时，请参考右图尺寸，以确保移动推车的视觉效果。

· 工艺说明：

- A 1mm 冷板折弯，表面灰色喷粉
- B LOGO、图文信息丝印
- C 1mm 冷板折弯，表面白色喷粉
- D 抽拉门（隐藏式）
- E 5 寸平板万向轮（其中有 2 个带刹车）
- F 磁吸广告画面

单位：mm

· 注：图中画面仅为示意，需根据实际情况制作。

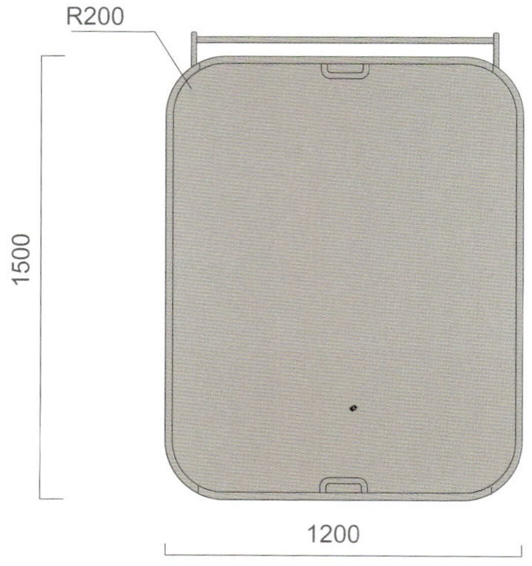

俯视图

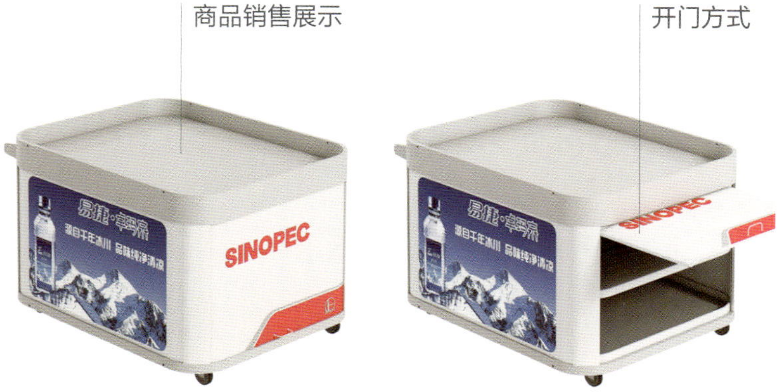

效果展示

正视图

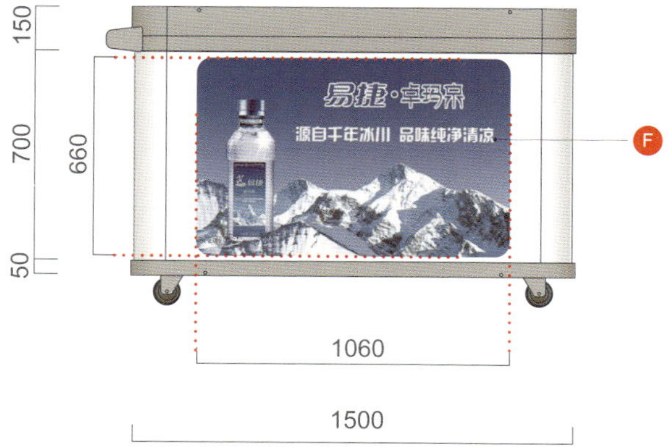

侧视图

材料色号：

- 石化红 PANTONE 185 C
- 高光白 WHITE
- 浅灰色 PANTONE COOL GRAY 4 C

D.4.42

大号移动推车
尺寸及工艺说明

· 设计制作时，请参考右图尺寸，以确保移动推车的视觉效果。

· 工艺说明：

Ⓐ 1mm 冷板折弯，表面灰色喷粉

Ⓑ 5 寸平板万向轮（其中有 2 个带刹车）

单位：mm

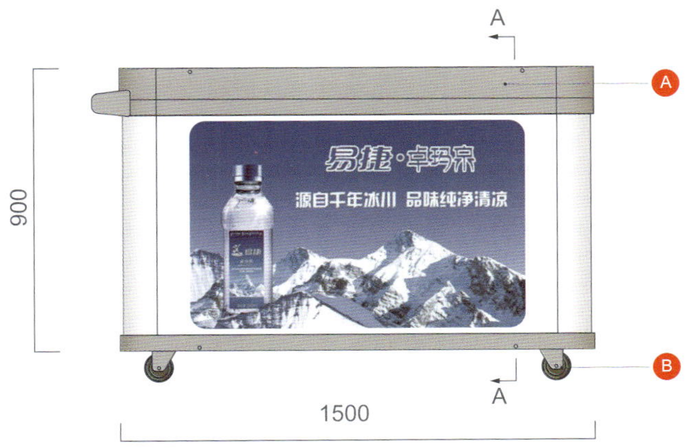

正视图

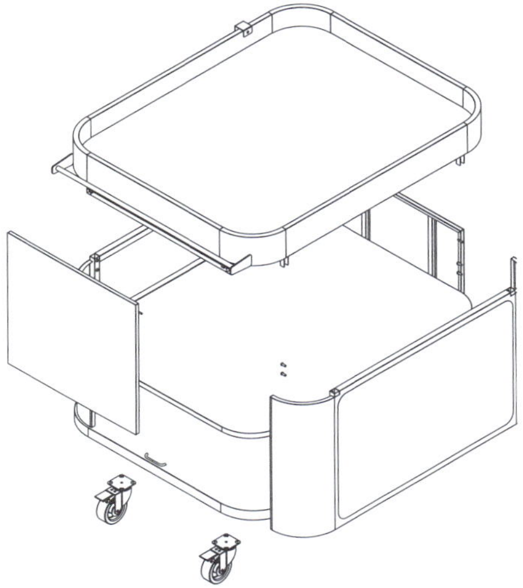

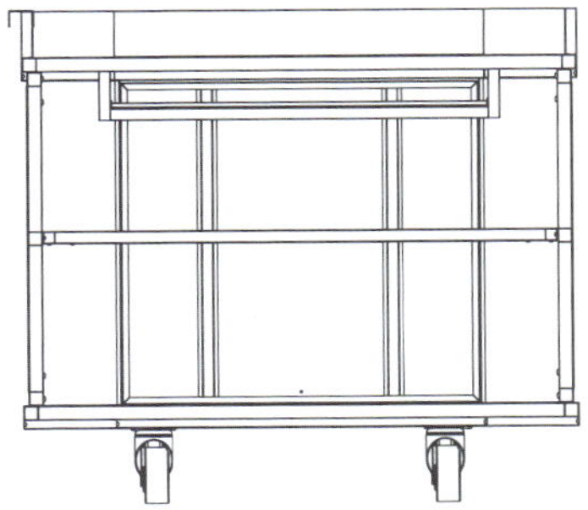

A-A 剖面图

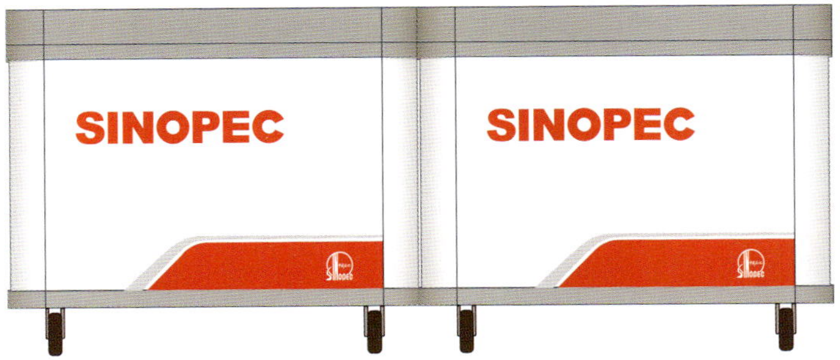

大号推车组合示意

材料色号：

石化红
PANTONE 185 C

高光白
WHITE

浅灰色
PANTONE COOL GRAY 4 C

D.4.43

小号移动推车
尺寸及工艺说明

· 设计制作时，请参考右图尺寸，以确保移动推车的视觉效果。

· 工艺说明：

- A 1mm 冷板折弯，表面灰色喷粉
- B LOGO、图文信息丝印
- C 1mm 冷板折弯，表面白色喷粉
- D 抽拉门（隐藏式）
- E 3 寸平板万向轮（其中有 2 个带刹车）
- F 磁吸广告画面

单位：mm

· 注：图中画面仅为示意，需根据实际情况制作。

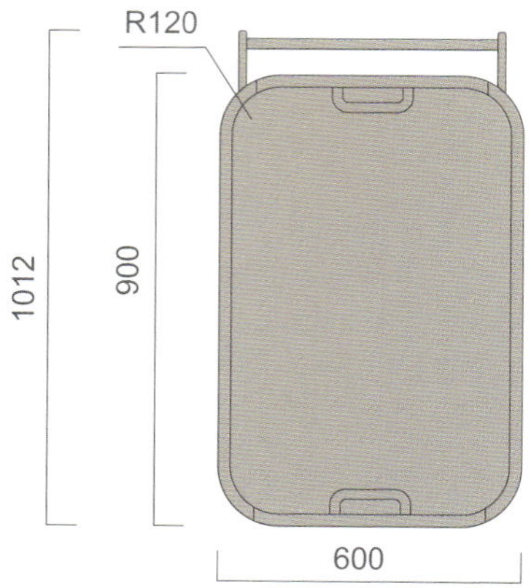

俯视图

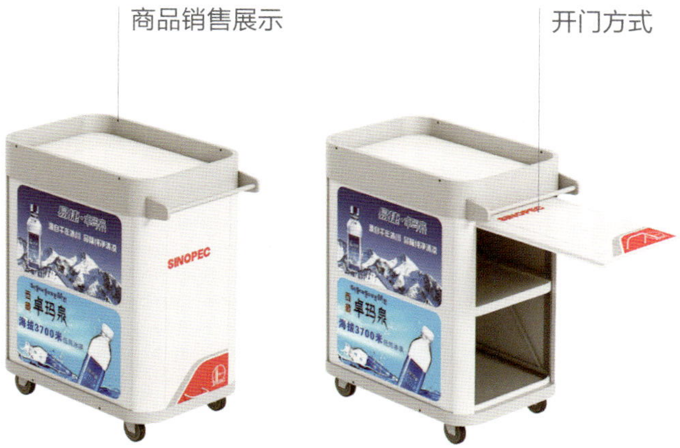

效果展示

正视图

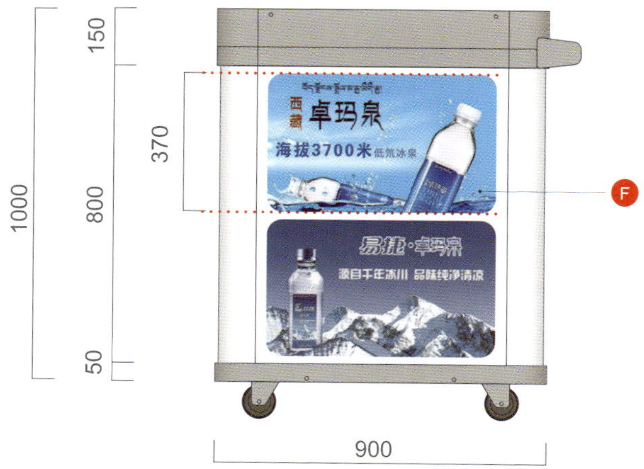

侧视图

材料色号：

石化红
PANTONE 185 C

高光白
WHITE

浅灰色
PANTONE COOL GRAY 4 C

D.4.43

小号移动推车
尺寸及工艺说明

· 设计制作时，请参考右图尺寸，以确保移动推车的视觉效果。

· 工艺说明：

Ⓐ 1mm 冷板折弯，表面灰色喷粉
Ⓑ 3 寸平板万向轮（其中有 2 个带刹车）

单位：mm

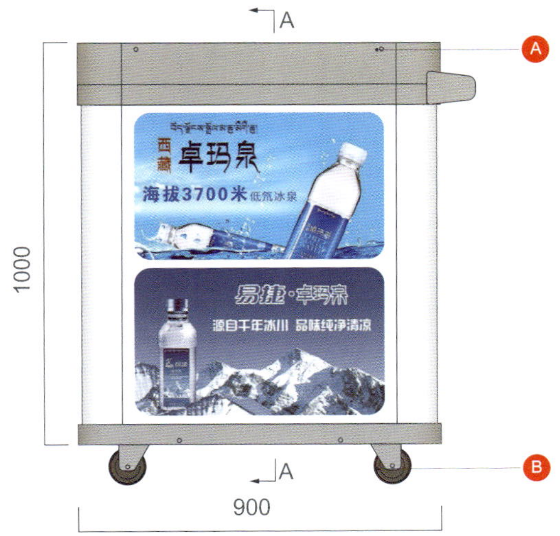

正视图

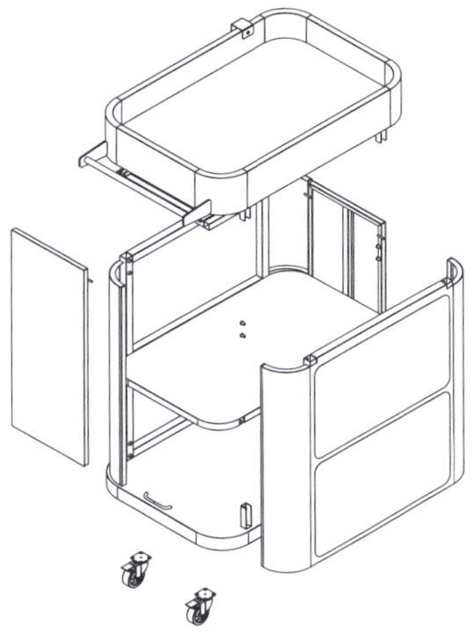

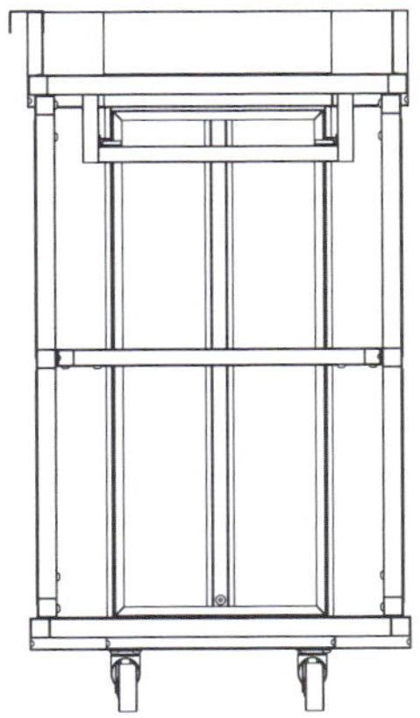

A-A 剖面图

小号推车组合示意

材料色号：

石化红
PANTONE 185 C

高光白
WHITE

浅灰色
PANTONE COOL GRAY 4 C

D.4 加能区

/ D.5 站房外立面

D.5.01

站房外立面形象标准总览

右图为不同级别站房外立面的整体形象
D.5.03　旗舰站 – 站房外立面形象
D.5.05　标准站 – 站房外立面形象
D.5.07　简易站 – 站房外立面形象
单位：mm

分级配置表

		旗舰站	标准站	简易站
广告形象	LED 广告屏	●	/	/
	壁挂式灯箱	○	○	/
	壁挂式广告画面	/	○	●
落地玻璃门	自动门	○	○	/
	麦当劳门	○	○	○
	玻璃地弹门	○	○	○
装饰灯	发光红色装饰条（含白色洗墙灯）	●	/	/
	发光红色装饰条（不含白色洗墙灯）	/	○	/
	一字型红色装饰条(发光版)	/	○	/
	一字型红色装饰条(不发光版)	/	/	●
外墙	高光白铝塑板	●	○	/
	白色外墙漆	/	/	○
	仿真石漆	/	○	○
绿植墙		○	○	/

必选项：●　可选项：○　不可选项：/

D.5.03 旗舰站–站房外立面形象

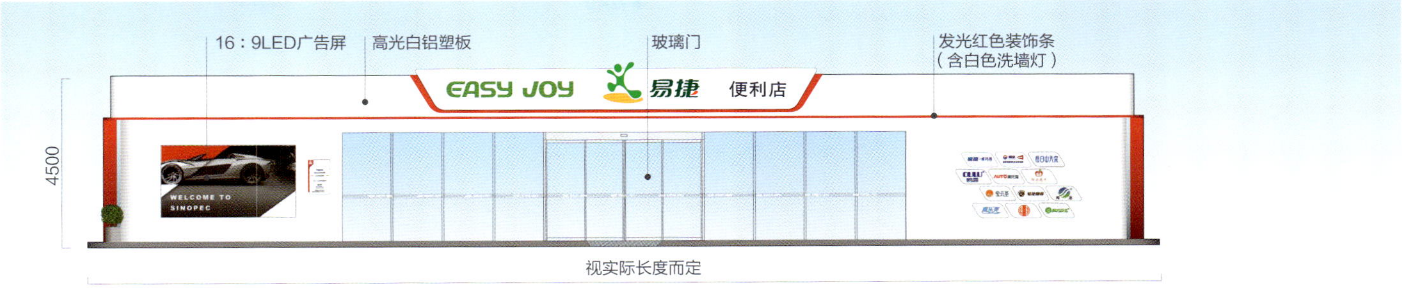

D.5.05 标准站–站房外立面形象

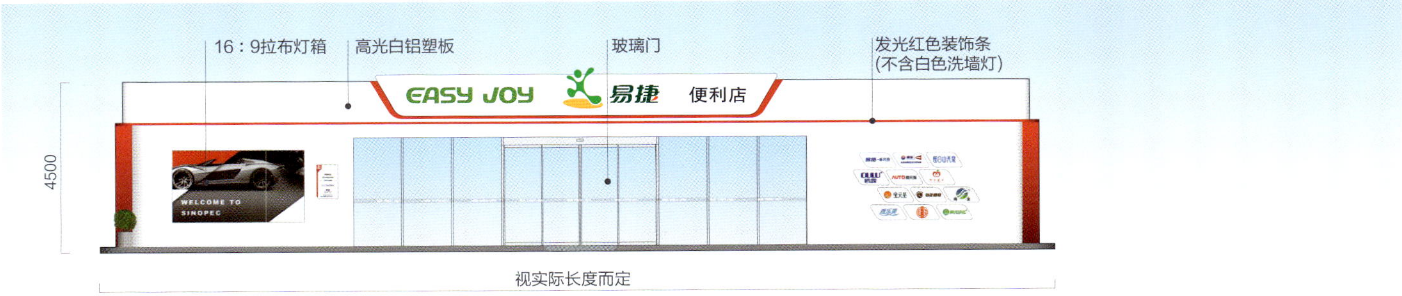

D.5.07 简易站–站房外立面形象

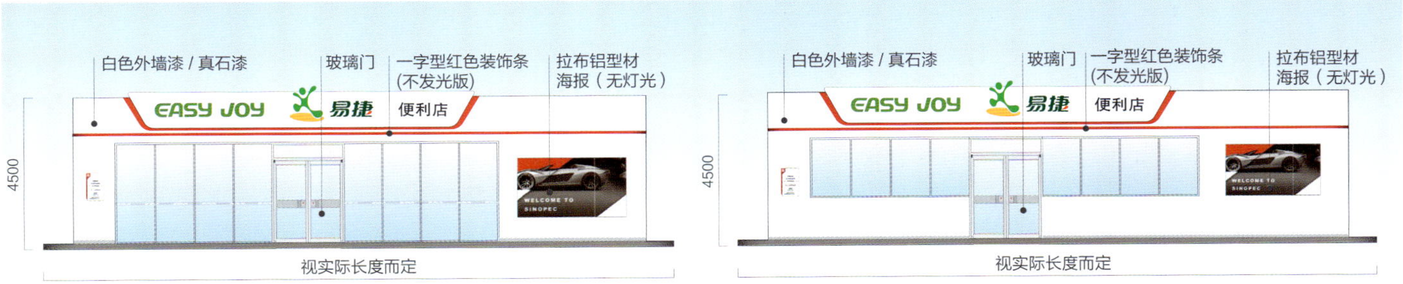

D.5.02

旗舰站效果展示

D.5.03

站房外立面 – 旗舰站形象索引及布置规范

D5.09　易捷店招
D5.10　发光红色装饰条（含白色洗墙灯）
D5.12　广告形象（LED 屏）
D5.15　品牌墙
D5.17　自动门
D5.21　防撞腰线
D5.22　绿植墙
D5.23　站铭牌
D5.25　台阶

单位：mm

· 注：

1. 站房第四面采用白色外墙漆或真石漆，如有特殊要求，可根据实际情况进行设计；
2. 独立辅房外立面采用白色外墙漆 / 真石漆。

材料色号：

石化红
PANTONE 185 C

高光白
WHITE

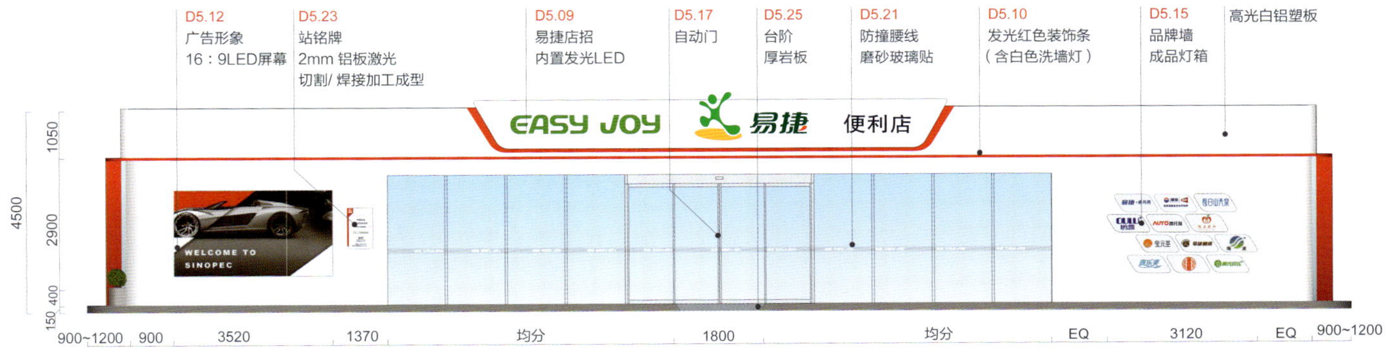

正视图

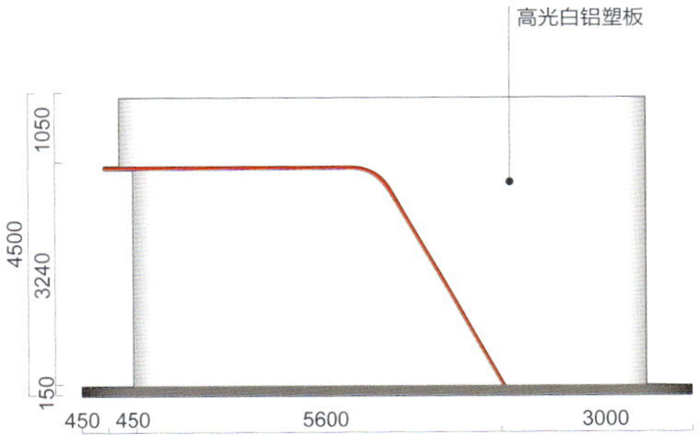

右视图

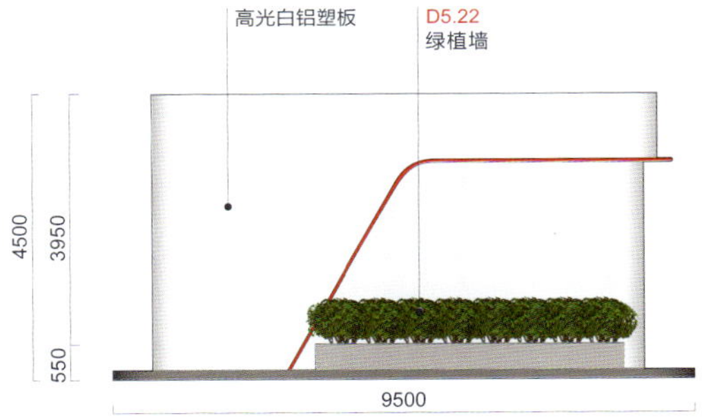

左视图

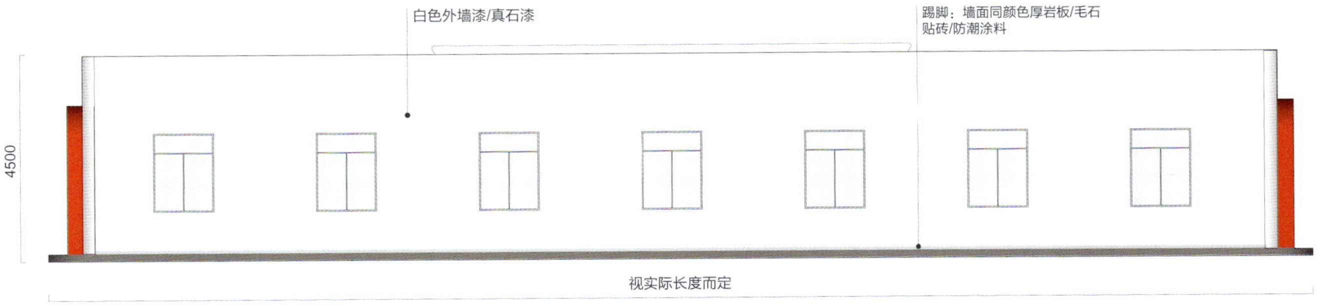

后视图

D.5.04

标准站效果展示

D.5.05

站房外立面 – 标准站 形象索引及布置规范

D5.09　易捷店招
D5.10　发光红色装饰条（不含白色洗墙灯）
D5.13　广告形象（拉布灯箱）
D5.15　品牌墙
D5.17　自动门
D5.21　防撞腰线
D5.22　绿植墙
D5.23　站铭牌
D5.25　台阶

单位：mm

· 注：

1. 站房第四面采用白色外墙漆或真石漆，如有特殊要求，可根据实际情况进行设计；
2. 独立辅房外立面采用白色外墙漆 / 真石漆。

材料色号：

石化红
PANTONE 185 C

高光白
WHITE

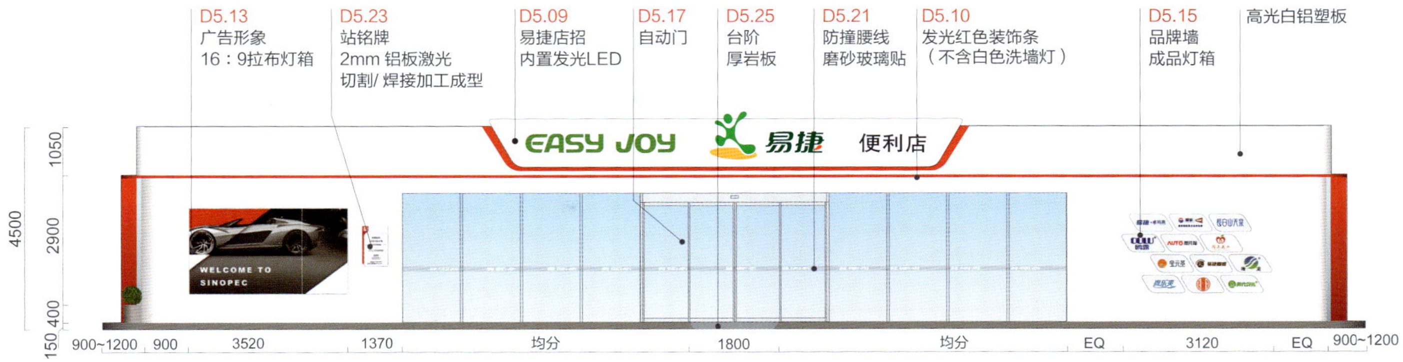

正视图

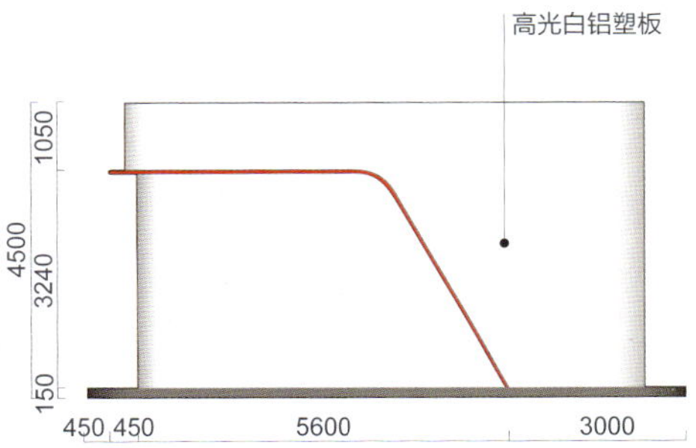

右视图

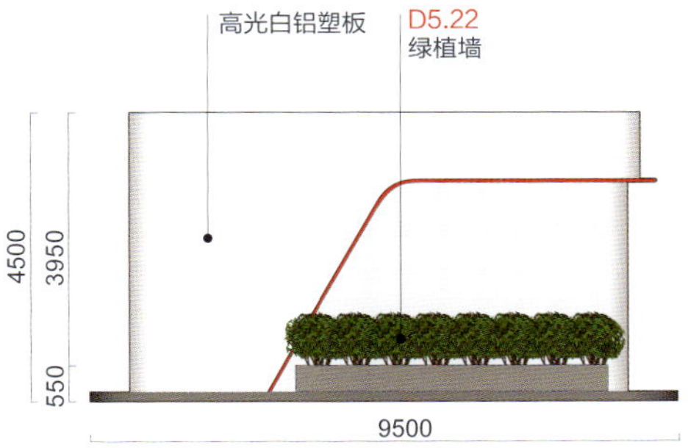

左视图

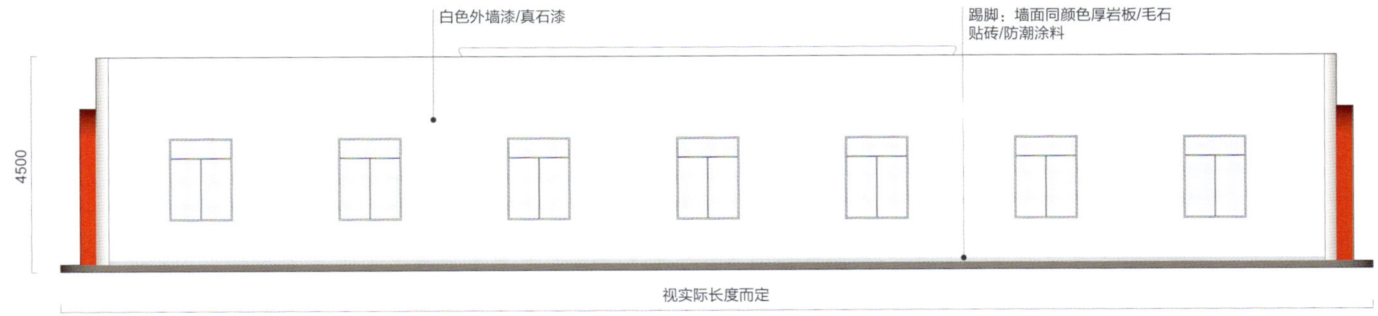

后视图

D.5.06

简易站效果展示

D.5.06

简易站效果展示
窗台墙

D.5.07

站房外立面 – 简易站 形象索引及布置规范

D5.09　易捷店招

D5.11　一字型红色装饰条（不发光版）

单位：mm

· 注：

1. 站房第四面采用白色外墙漆或真石漆，如有特殊要求，可根据实际情况进行设计；
2. 独立辅房外立面采用白色外墙漆 / 真石漆。

材料色号：

石化红
PANTONE 185 C

高光白
WHITE

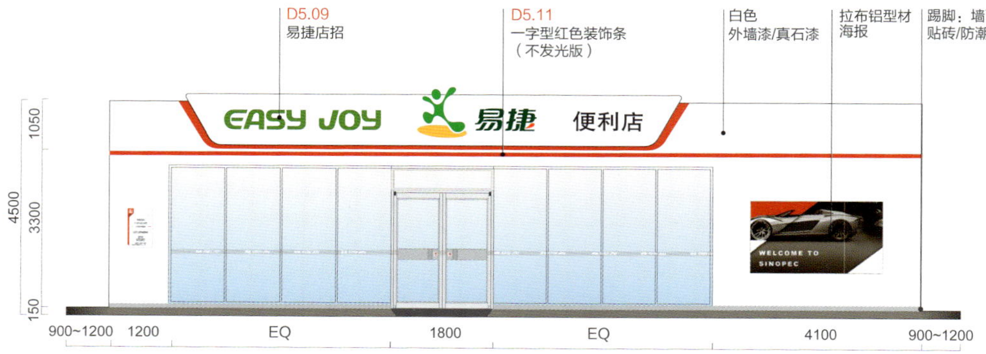

正视图

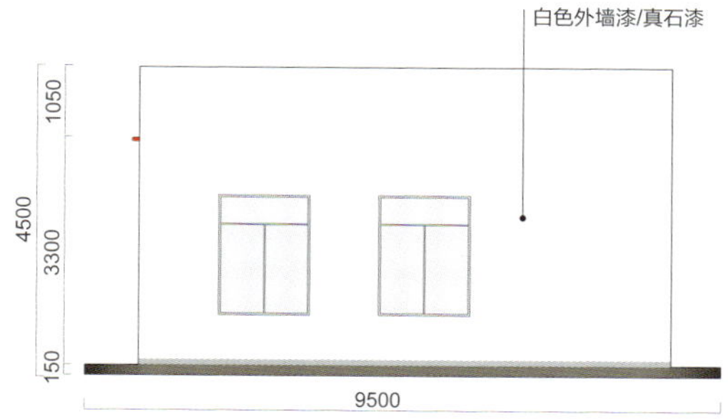

右视图

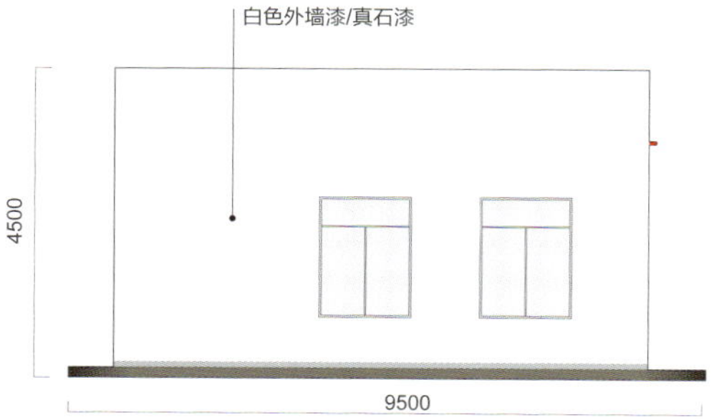

左视图

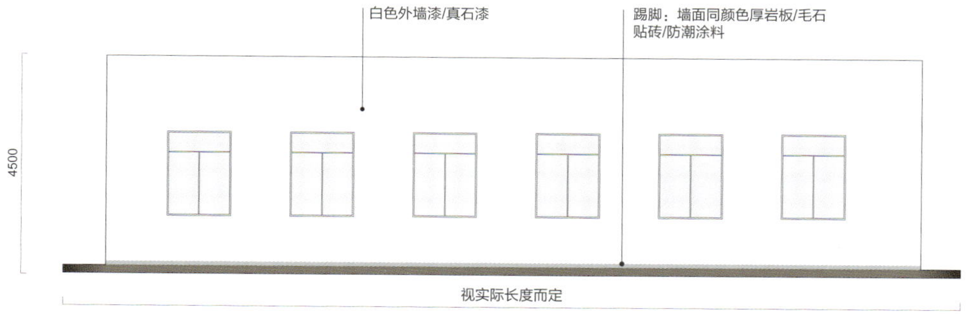

后视图

D.5.07

站房外立面 – 简易站窗台墙形象索引及布置规范

D5.09　易捷店招
D5.11　一字型红色装饰条（不发光版）

单位：mm

· 注：

1. 站房第四面采用白色外墙漆或真石漆，如有特殊要求，可根据实际情况进行设计；
2. 独立辅房外立面采用白色外墙漆 / 真石漆。

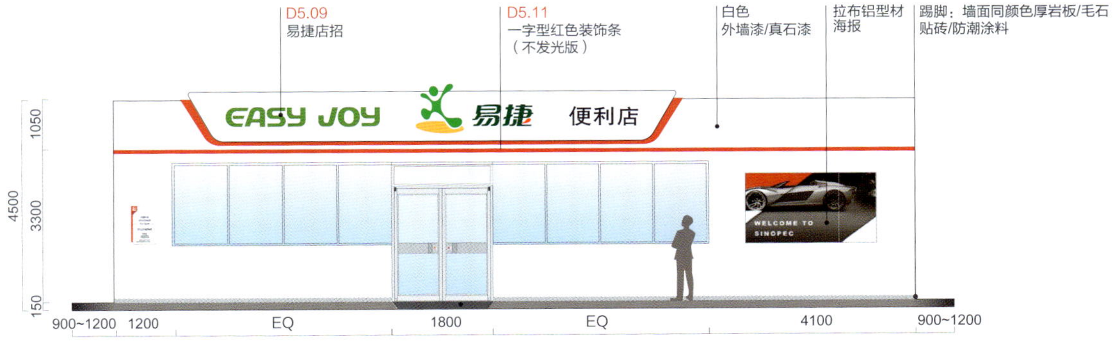

正视图

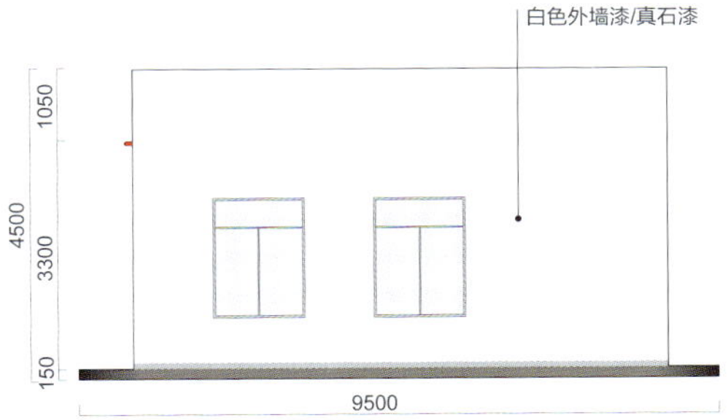

右视图

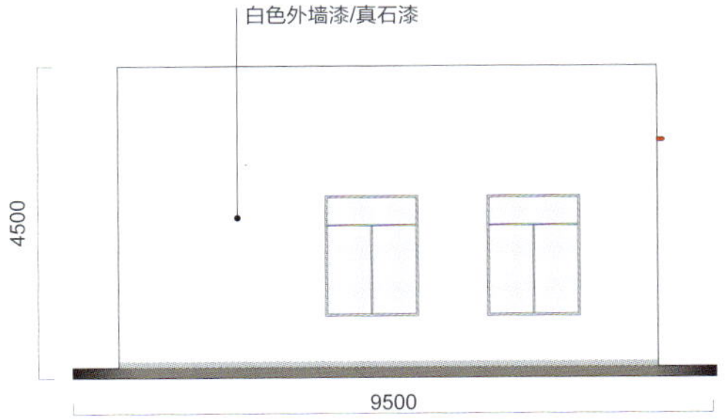

左视图

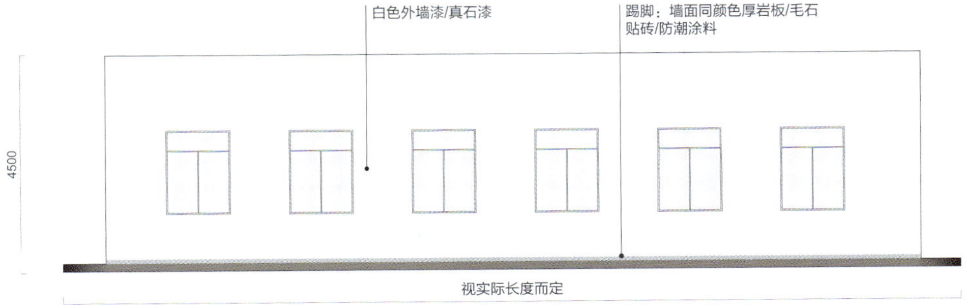

后视图

材料色号：

石化红
PANTONE 185 C

高光白
WHITE

D.5.08

易捷店招 LOGO 定位原则

· 应用规范：

易捷店招模块居中于入口处安装。

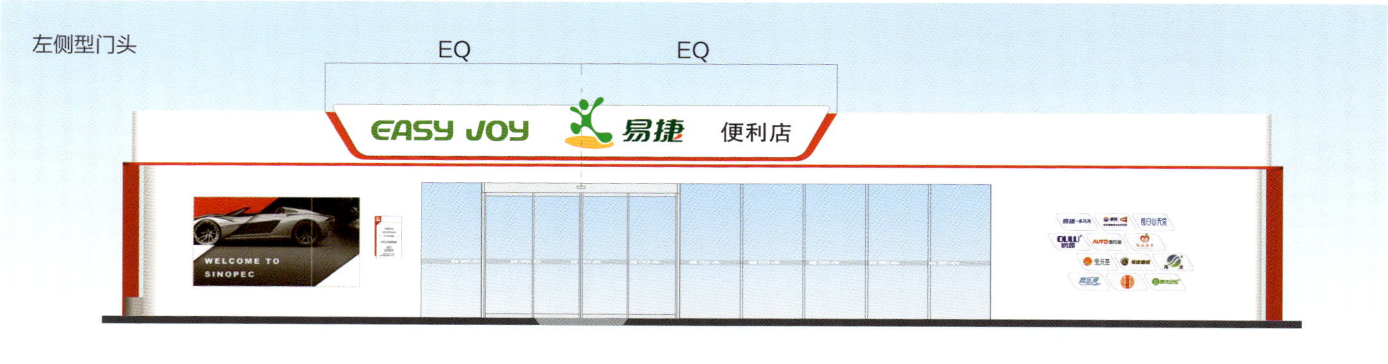

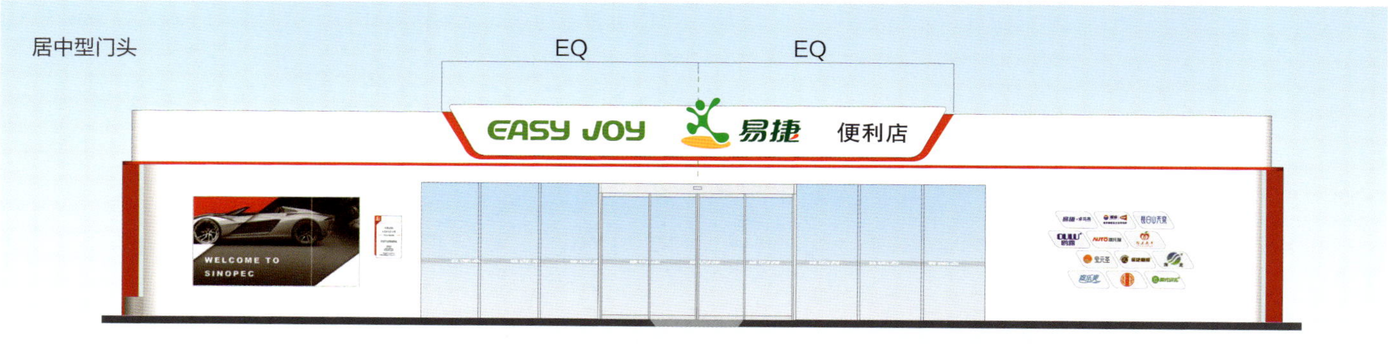

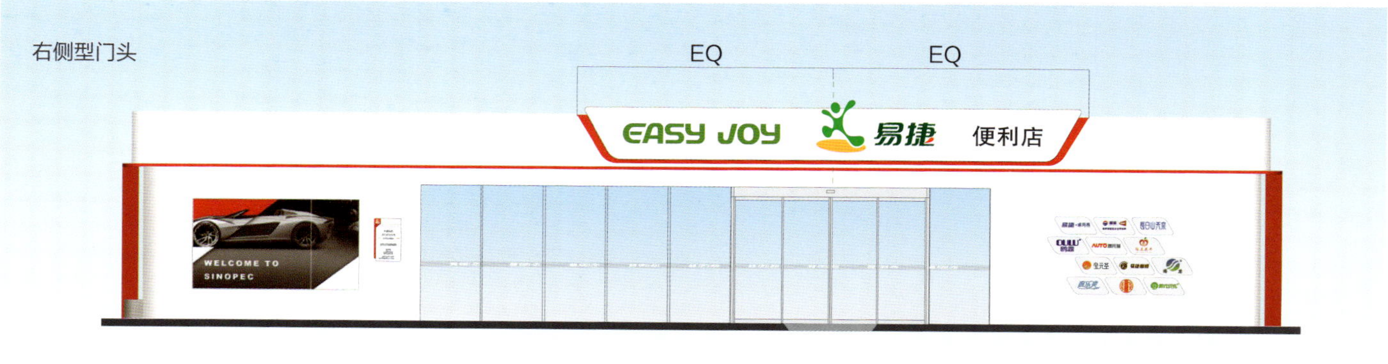

材料色号：

石化红
PANTONE 185 C

高光白
WHITE

易捷墨绿
PANTONE 3435 C

易捷绿
PANTONE 355 C

易捷黄
PANTONE 1235 C

D.5.09

易捷店招及工艺说明
10m 店招

· 10m 店招为标准模组。

单位：mm

材料色号：

石化红 PANTONE 185 C

高光白 WHITE

易捷墨绿 PANTONE 3435 C

易捷绿 PANTONE 355 C

易捷黄 PANTONE 1235 C

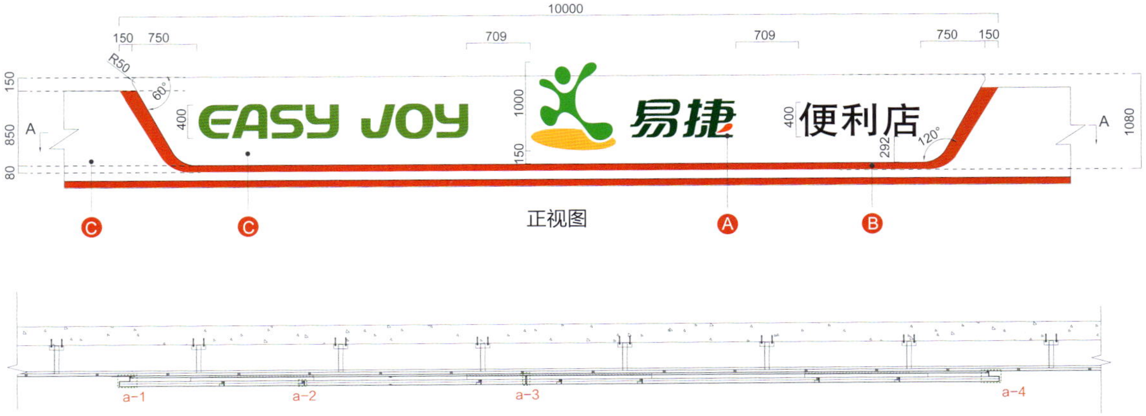

正视图

A-A 剖面图

工艺说明

- A 立体字外挂
- B 5mm红色亚克力
- C 4mm白色高光氟碳易清洁涂层
- D 背板4mm白色高光氟碳易清洁涂层
- E 固定型材
- F 25mm×25mm×2.0mm镀锌方管
- G 4mm铝塑板支撑板
- H 50mm×20mm轻钢龙骨
- I 4mm铝塑板
- J 1.2mm镀锌板折弯内衬结构支架
- K 铝塑板开槽内衬型材

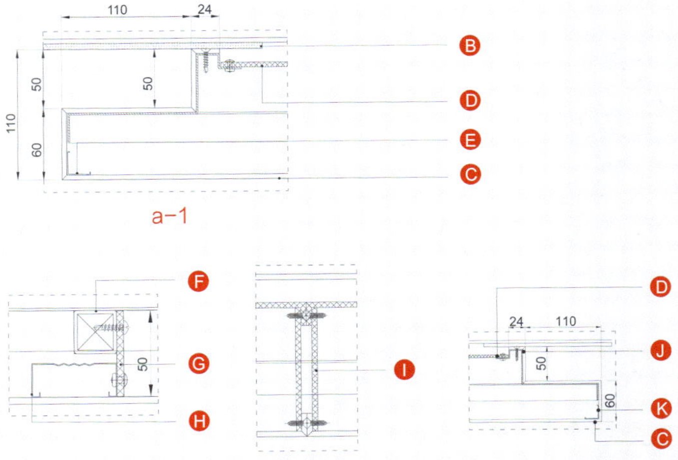

a-1

a-2

a-3

a-4

D.5 站房外立面

D.5.09

易捷店招及工艺说明
8m 店招

· 8m 店招为标准模组。

· 当 8m ＜站房长度≤ 13m 时，采用 8m 店招，仅保留易捷 LOGO 和便利店标识。

单位：mm

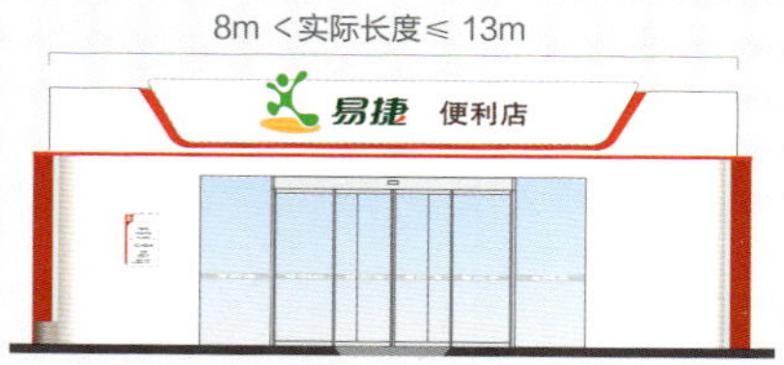

材料色号：

石化红
PANTONE 185 C

高光白
WHITE

易捷墨绿
PANTONE 3435 C

易捷绿
PANTONE 355 C

易捷黄
PANTONE 1235 C

正视图

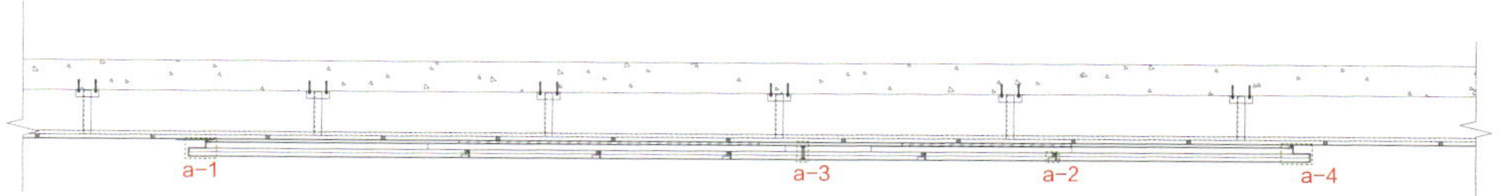

A-A 剖面图

工艺说明

- A 立体字外挂
- B 5mm红色亚克力
- C 4mm白色高光氟碳易清洁涂层
- D 背板4mm白色高光氟碳易清洁涂层
- E 固定型材
- F 25mm×25mm×2.0mm镀锌方管
- G 4mm铝塑板支撑板
- H 50mm×20mm轻钢龙骨
- I 4mm铝塑板
- J 1.2mm镀锌板折弯内衬结构支架
- K 铝塑板开槽内衬型材

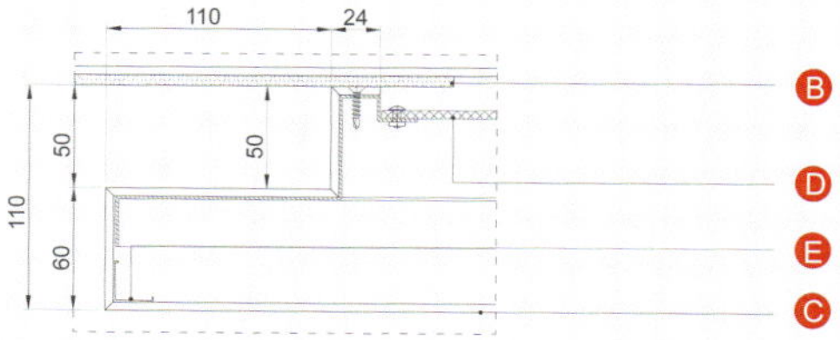

a-1

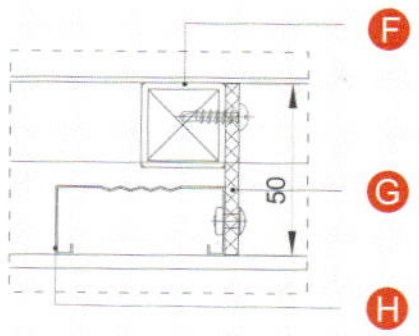

a-2

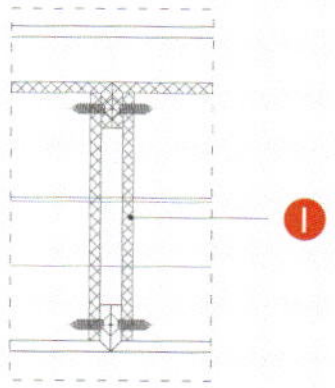

a-3

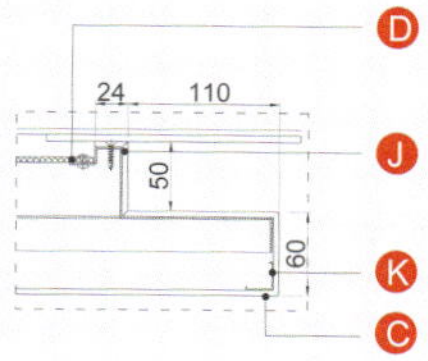

a-4

D.5.09

易捷店招及工艺说明
6m 店招

· 6m 店招为标准模组。

· 当 6m ＜站房长度≤ 8m 时，采用 6m 店招，仅保留易捷 LOGO 标识。

单位：mm

正视图

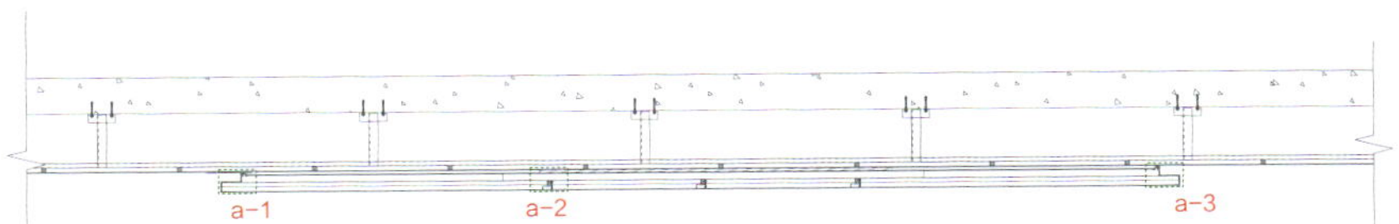

A-A 剖面图

工艺说明

- A 立体字外挂
- B 5mm红色亚克力
- C 4mm白色高光氟碳易清洁涂层
- D 背板4mm白色高光氟碳易清洁涂层
- E 固定型材
- F 25mm × 25mm × 2.0mm镀锌方管
- G 4mm铝塑板支撑板
- H 50mm × 20mm轻钢龙骨
- I 1.2mm镀锌板折弯内衬结构支架
- J 铝塑板开槽内衬型材

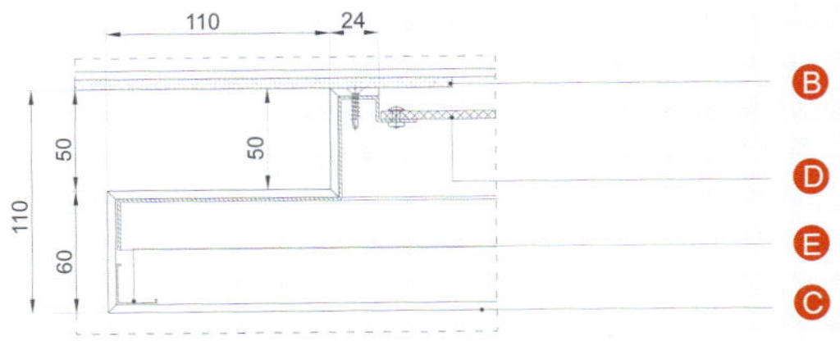

a-1

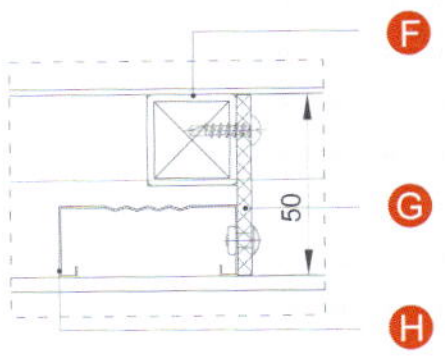

a-2

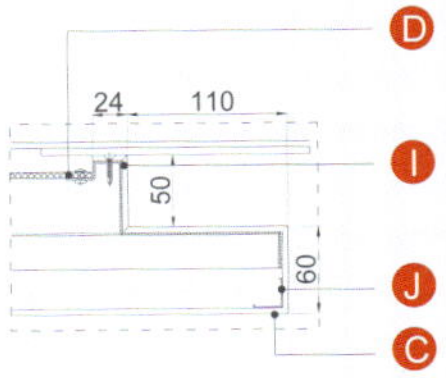

a-3

材料色号：

- 石化红 PANTONE 185 C
- 高光白 WHITE
- 易捷墨绿 PANTONE 3435 C
- 易捷绿 PANTONE 355 C
- 易捷黄 PANTONE 1235 C

D.5.10

发光红色装饰条（含白色洗墙灯）尺寸及工艺说明

应用规范：

· 旗舰站采用红色装饰灯条（含白色洗墙灯）。

单位：mm

分级配置表

		旗舰站	标准站	简易站
装饰灯	发光红色装饰条（含白色洗墙灯）	●	/	/
	发光红色装饰条（不含白色洗墙灯）	/	○	/
	一字型红色装饰条(发光版)	/	○	/
	一字型红色装饰条(不发光版)	/	/	●

必选项：●　可选项：○　不可选项：/

材料色号：

石化红 PANTONE 185 C

高光白 WHITE

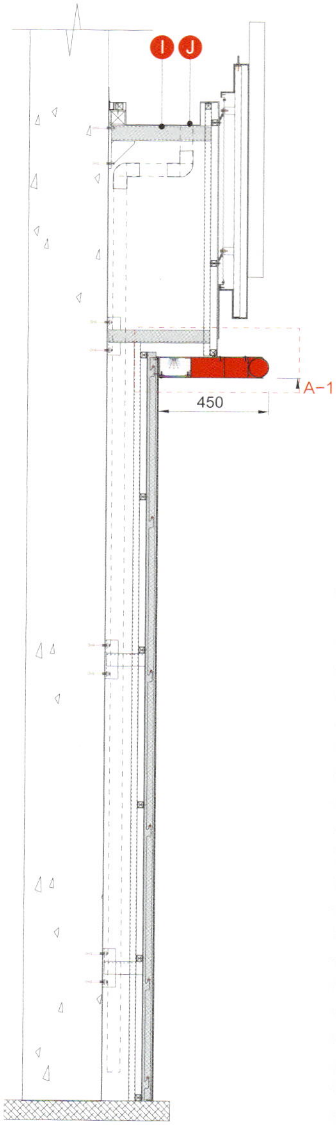

剖面图

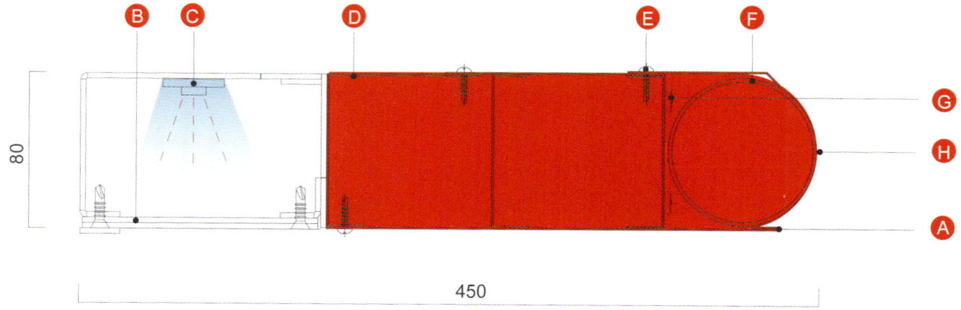

A-1

灯条模组参数

产品名称：	恒压24V柔性照明灯条
发光颜色：	红：暖光　白：冷光
波　　长：	620~625nm
功　　率：	8W/m
标准长度：	5m
电　　压：	24V
防护等级：	IP65
运行环境：	-25~ 60℃
显色指数：	≥80
发光效率：	80
发光角度：	≥120°

工艺说明

- A 上下翻边压一道
- B 乳白亚克力
- C LED洗墙灯（6500K）
- D 1mm镀锌板折弯(弧形处点焊)
- E ST4.8mm × 19mm螺钉
- F 上部1mm镀锌板折弯可拆卸
- G 红光防水LED灯条24V
- H 直径80mm玻璃管/ 亚克力表面贴3M红膜 圆弧部分亚克力贴红膜吸塑(玻璃管工艺安装成本较高，但效果更好）
- I 排水槽
- J 钢丝网

D.5.10

发光红色装饰条（不含白色洗墙灯）尺寸及工艺说明

· 此工艺标准可适用于标准站。

单位：mm

红色装饰灯条

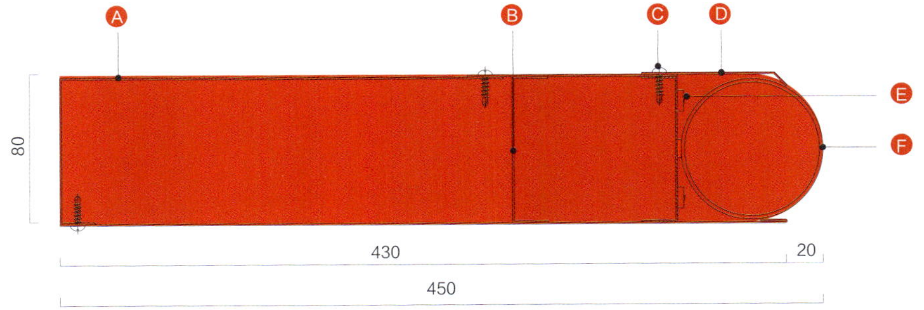

分级配置表

		旗舰站	标准站	简易站
装饰灯	发光红色装饰条（含白色洗墙灯）	●	/	/
	发光红色装饰条（不含白色洗墙灯）	/	○	/
	一字型红色装饰条（发光版）	/	○	/
	一字型红色装饰条（不发光版）	/	/	●

必选项：●　可选项：○　不可选项：/

工艺说明

- A 1mm镀锌板折弯喷粉专色(弧形处点焊)
- B 内部1mm镀锌板折弯
- C ST4.8mm × 19mm螺钉
- D 上部1mm镀锌板折弯可拆卸
- E 红光防水LED灯条24V
- F 直径80mm玻璃管/ 亚克力表面贴3M红膜 圆弧部分亚克力贴红膜吸塑(玻璃管工艺安装成本较高，但效果更好）
- G 1.5mm镀锌板折弯水槽表面SBS防水卷材
- H 门楣4mm白色铝塑板
- I 下水管连接到站房屋顶排水系统

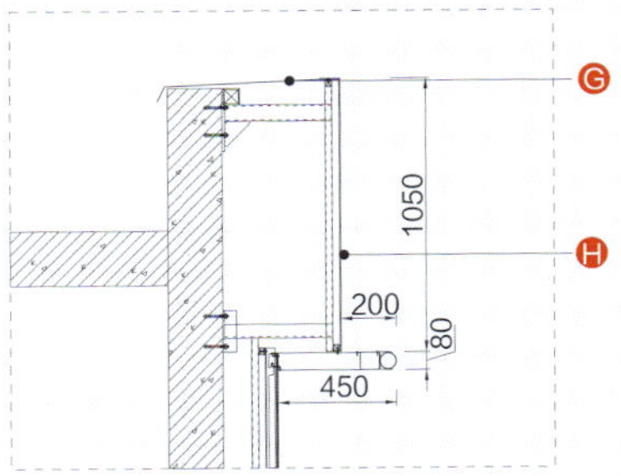

一层站房排水方式

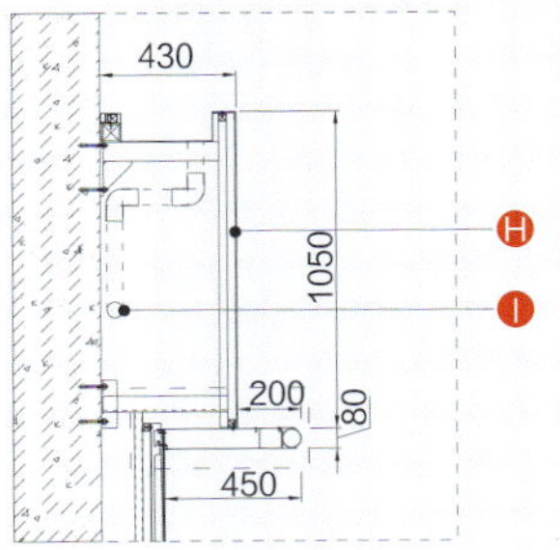

二层站房排水方式

材料色号：

石化红
PANTONE 185 C

高光白
WHITE

D.5 站房外立面

D.5.11

一字型红色装饰条（发光版）尺寸及工艺说明

· 应用规范：一字型红色装饰条（发光版）可应用于标准站。

· 工艺说明：

- Ⓐ 墙体
- Ⓑ 玻璃胶收口
- Ⓒ 电源线
- Ⓓ 红色 LED 灯带
- Ⓔ 3mm 红色亚克力吸塑成型
- Ⓕ 1.2mm 镀锌板制作成型，外表面喷红色漆（石化红 Pantone 185 C），内表喷白色反光油漆
- Ⓖ 固定螺钉
- Ⓗ 两端封头采用亚克力制作

单位：mm

分级配置表

		旗舰站	标准站	简易站
装饰灯	发光红色装饰条（含白色洗墙灯）	●	/	/
	发光红色装饰条（不含白色洗墙灯）	/	○	/
	一字型红色装饰条（发光版）	/	○	/
	一字型红色装饰条（不发光版）	/	/	●

必选项：●　可选项：○　不可选项：/

材料色号：

石化红 PANTONE 185 C　　高光白 WHITE

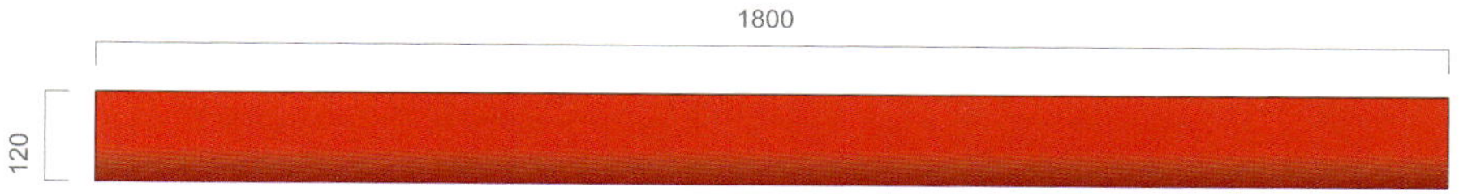

顶视图

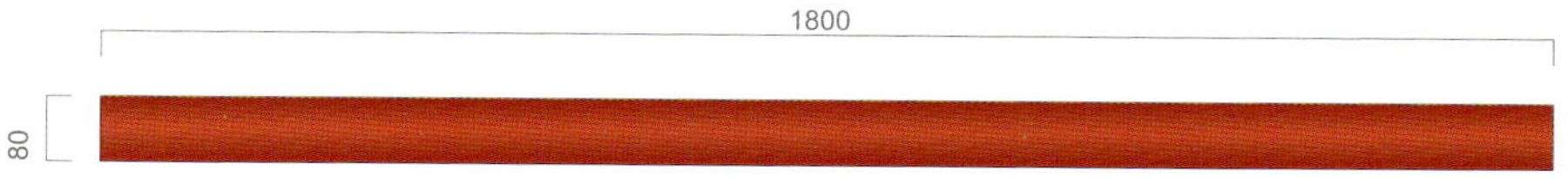

正视图

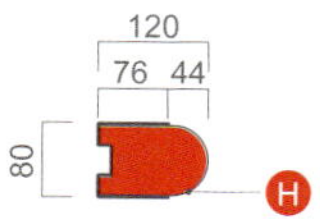

侧视图

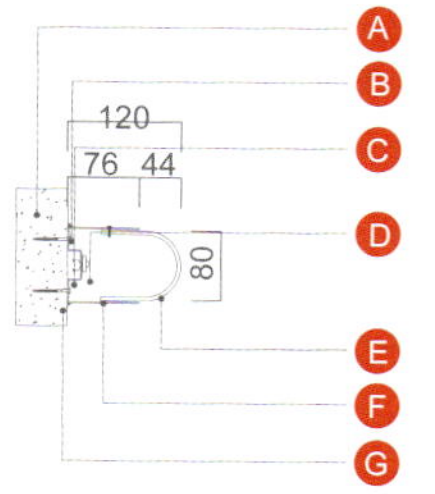

竖剖图

D.5.11

一字型红色装饰条（不发光版）尺寸及工艺说明

· 应用规范：一字型红色装饰条（不发光版）可应用于简易站。

· 工艺说明：

- A 墙体
- B 玻璃胶收口
- C 电源线
- D 3mm 红色亚克力吸塑成型
- E 1.2mm 镀锌板制作成型，外表面喷红色漆（石化红 Pantone 185 C），内表喷白色反光油漆
- F 固定螺钉
- G 两端封头采用亚克力制作

单位：mm

分级配置表

		旗舰站	标准站	简易站
装饰灯	发光红色装饰条（含白色洗墙灯）	●	/	/
	发光红色装饰条（不含白色洗墙灯）	/	○	/
	一字型红色装饰条（发光版）	/	○	/
	一字型红色装饰条（不发光版）	/	/	●

必选项：●　可选项：○　不可选项：/

材料色号：

石化红 PANTONE 185 C　　高光白 WHITE

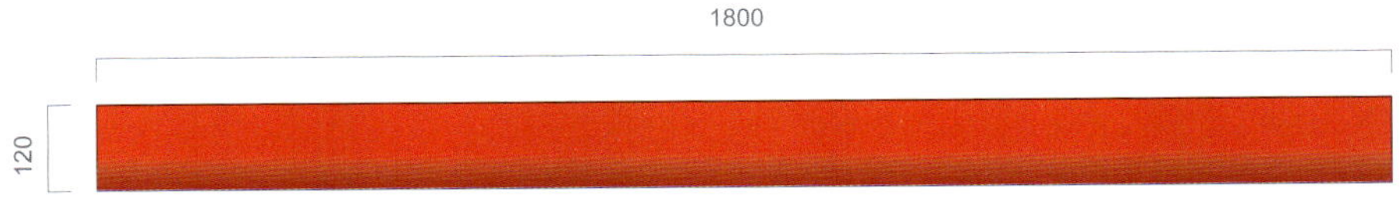

顶视图

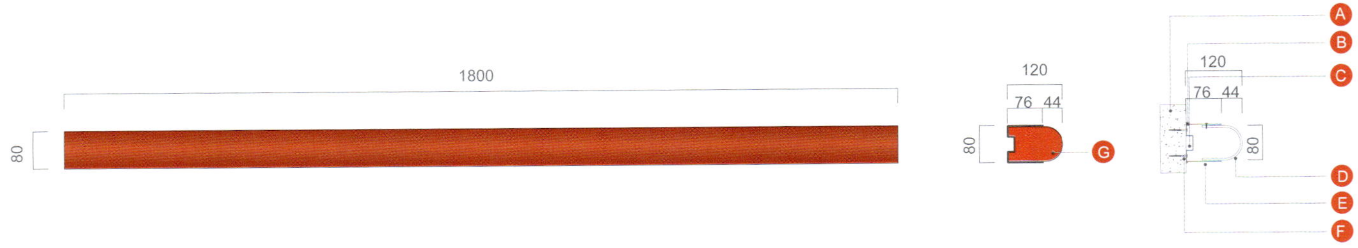

正视图　侧视图　竖剖图

D.5.12

广告形象 (LED 屏幕)
尺寸及工艺说明

· 应用规范：

1. 旗舰站配置 LED 广告屏，安装方式首选嵌入式，基础条件不足时，可选择壁挂式安装；
2. LED 广告屏底部位置距离散水台面处不小于 710mm，可根据实际情况调整相应安装高度；
3. 广告形象为 16 ：9 嵌入式 LED 广告屏（推 荐 P5 LED 显示屏）。

单位：mm

分级配置表

		旗舰站	标准站	简易站
广告形象	LED 广告屏	●	/	/
	壁挂式灯箱	○	○	/
	壁挂式广告画面	/	○	●

必选项：●　可选项：○　不可选项：/

· 注：LED 显示屏安装结构以厂家最终设计为准，示意图仅作参考。

正视图

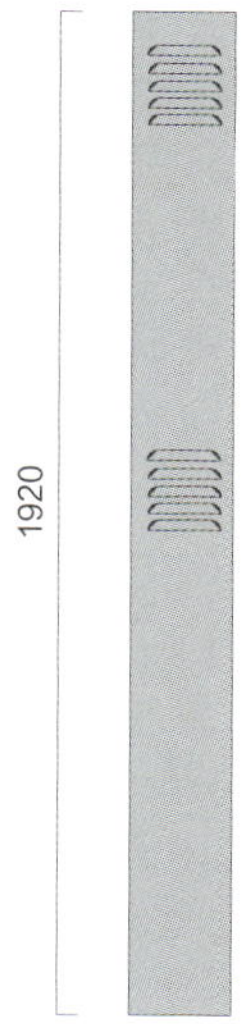

侧视图

LED全彩屏模组参数

像素间距：	5mm
像素密度：	40000Dots/㎡
像素构成：	R：G：B=3：6：1
屏幕亮度：	≥5000cd/㎡
尺　　寸：	320mm × 160mm × 18mm
解 析 度：	64点 × 32点
换帧频率：	≥60Hz
防护等级：	前IP65 后IP54
屏体寿命：	10万h
工作温度：	-20 ~ 50℃
工作电压：	220V AC ± 15% 50Hz
平均功耗：	220W/m²
最大功耗：	650W/m²

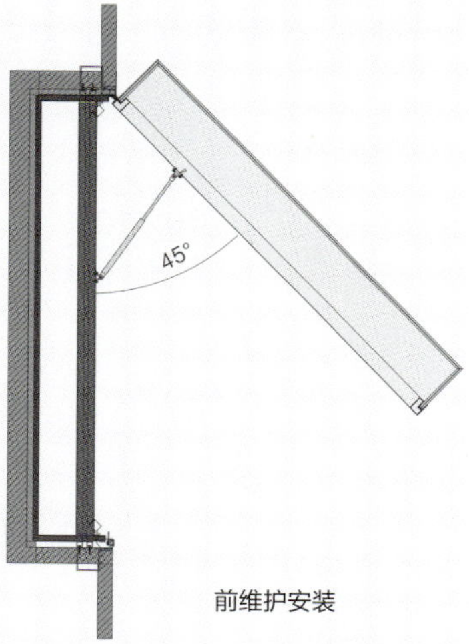

前维护安装

D.5.13

广告形象（壁挂式）尺寸及工艺说明

发光款

· 应用规范：

1. 广告形象为 16 ：9 壁挂式广告灯箱；
2. 灯箱底部位置距离散水台面处不小于 710mm，可根据实际情况调整相应安装高度。

· 工艺说明：

1. 灯箱采用型材制作，外表面喷白色油漆；
2. 灯光采用知名品牌防水 LED 灯（6500K），打光均匀，无漏光，防护等级 IP65 以上。

单位：mm

分级配置表

		旗舰站	标准站	简易站
广告形象	LED 广告屏	●	/	/
	壁挂式灯箱	○	○	/
	壁挂式广告画面	/	○	●

必选项：● 可选项：○ 不可选项：/

正视图

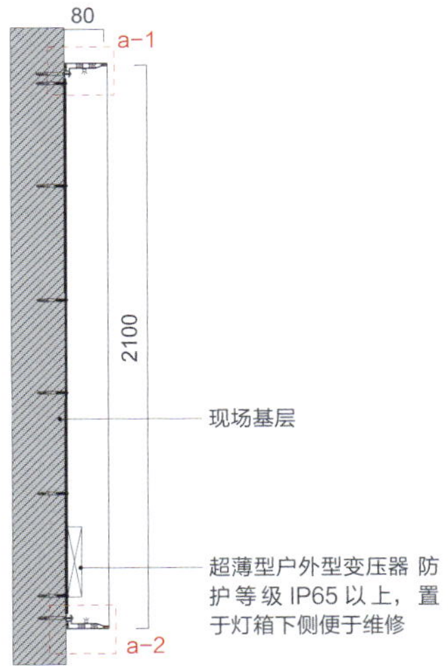

竖剖图

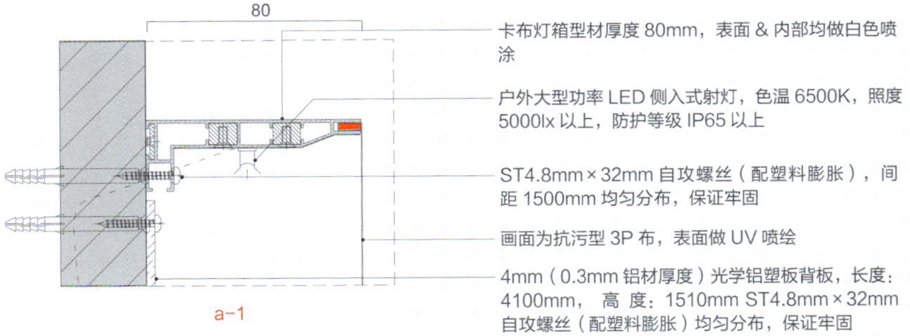

a-1

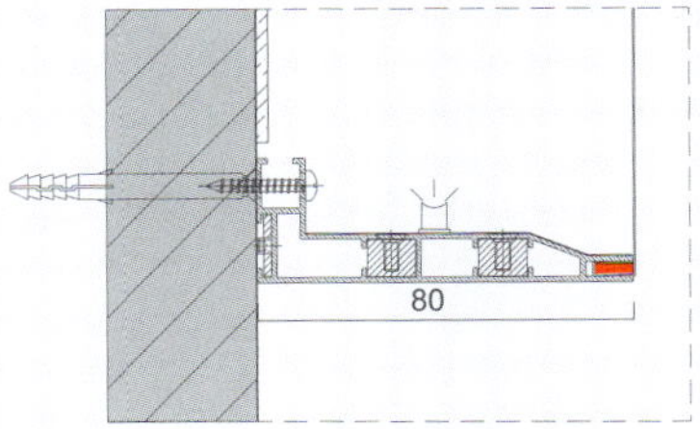

a-2

D.5.13

广告形象（壁挂式）尺寸及工艺说明

· 应用规范：

1. 广告形象为 16 ： 9 壁挂式广告画面；
2. 画面边框底部位置距离散水台面处不小于 710mm，可根据实际情况调整相应安装高度。

· 工艺说明：

1. 画面边框采用型材制作，外表面喷白色油漆。

单位：mm

分级配置表

		旗舰站	标准站	简易站
广告形象	LED 广告屏	●	/	/
	壁挂式灯箱	○	○	/
	壁挂式广告画面	/	○	●

必选项：● 可选项：○ 不可选项：/

正视图

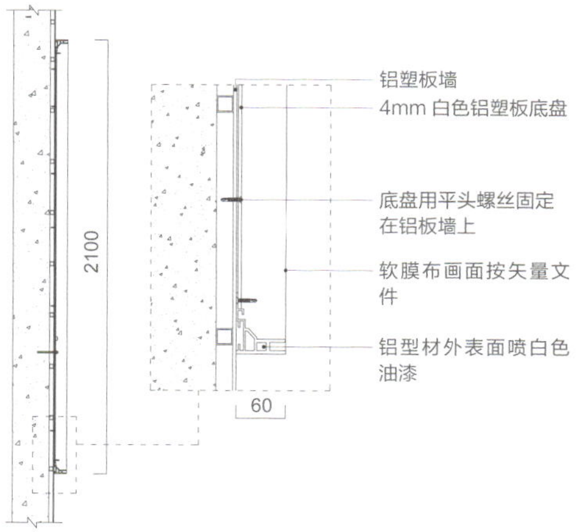

B–B 剖视图

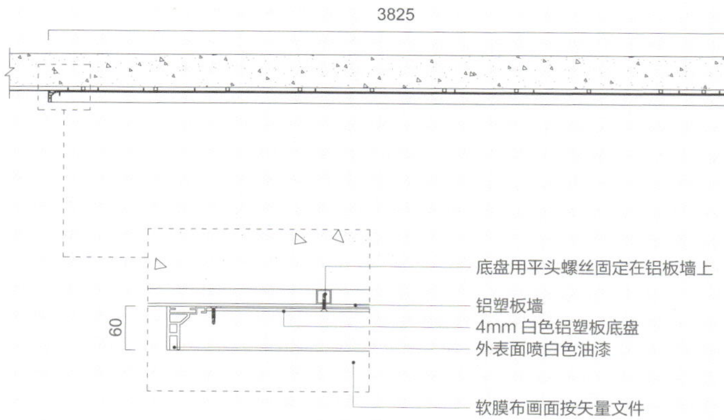

A–A 剖视图

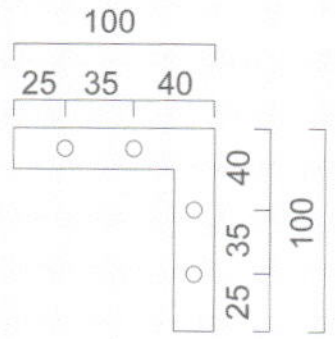

安装连接角码

D.5.14

品牌墙形象（一）

· 品牌墙分为两种形式：9 组灯箱和 12 组灯箱。

· 品牌排列顺序（见品牌示例参考），省市单位如有合作品牌，可以在品牌示例参考的后方依次嵌入进来。

· 品牌墙设置于站房迎客面（如下图所示）。

正面品牌墙

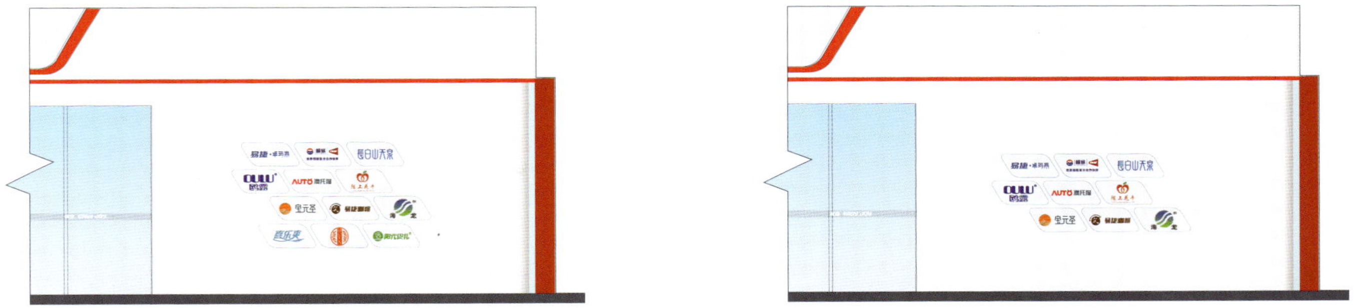

侧面品牌墙

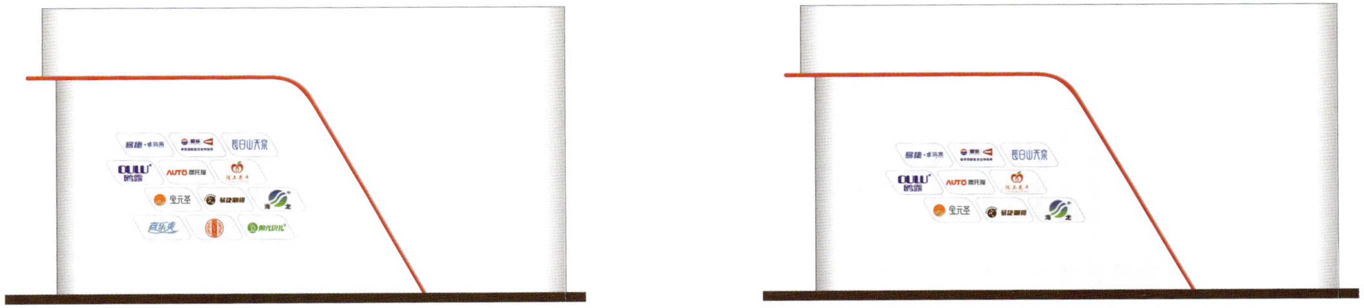

品牌示例参考

易捷·卓玛泉 | 赖茅 BWF 世界羽联官方合作伙伴 | 長白山天泉 | OULU 鸥露 | AUTO 澳托福
陇上花牛 LONGSHANGHUANIU | 宝元圣 | 易捷咖啡 | 海龙 | 喜乐爽
国杞天香 | 陇谷传说 | 阳光巴扎

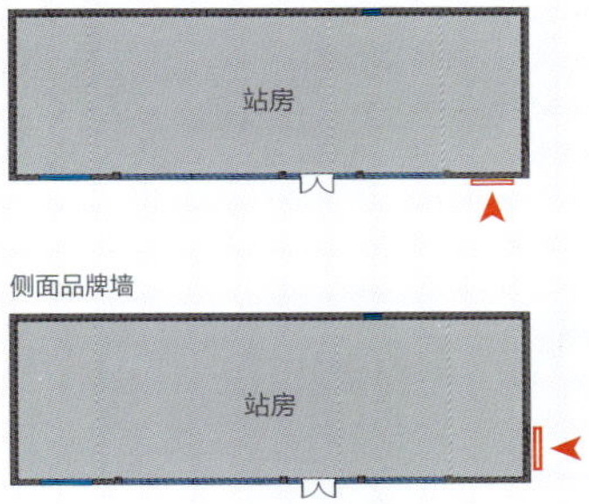

入口迎客方向
品牌墙

D.5.15

品牌墙形象（二）

· 应用规范：

1. 品牌灯箱底部位置与散水台面的距离不小于 710mm，可根据实际情况调整相应安装高度；
2. 根据加能站的实际情况选配 9 组灯箱或 12 组灯箱的品牌墙；
3. 原则上简易站不要求设置品牌墙，如有需求，可根据实际情况选配。

单位：mm

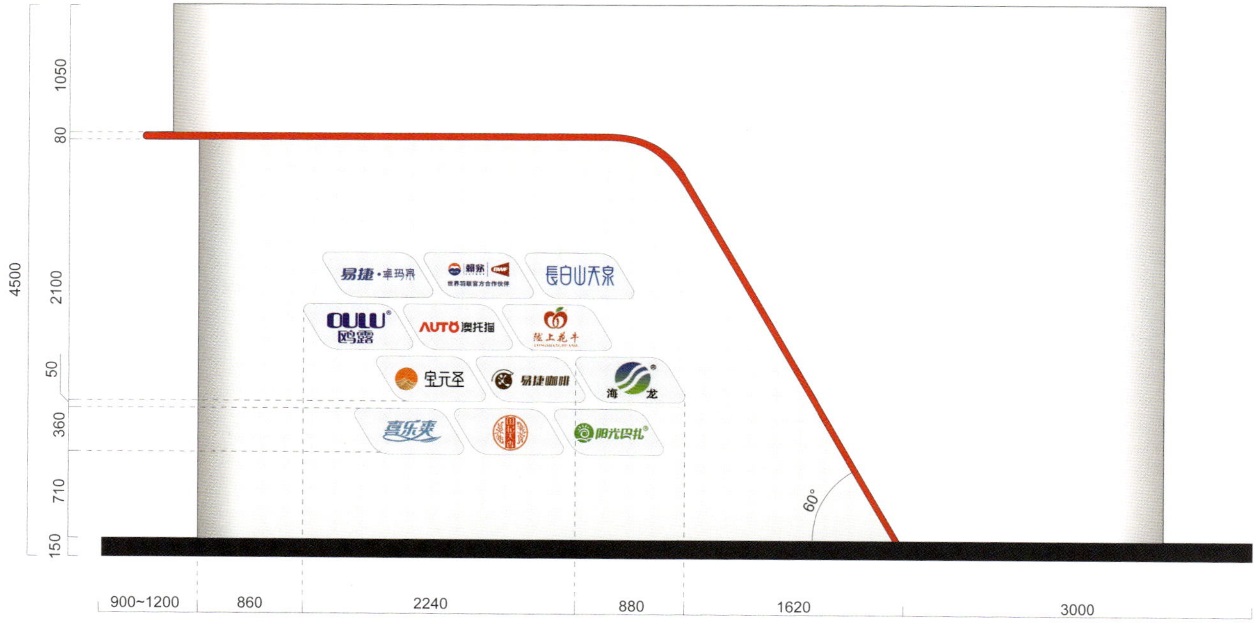

正视图

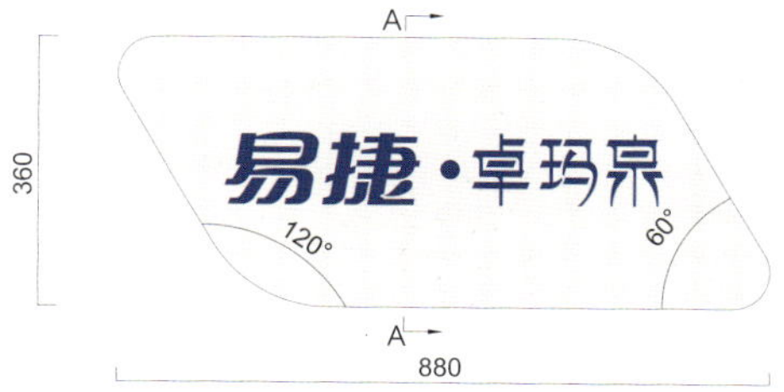

正视图

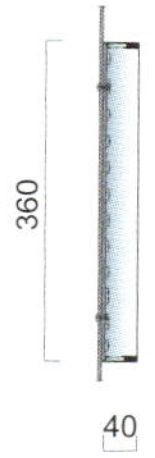

A–A 剖面图

俯视图

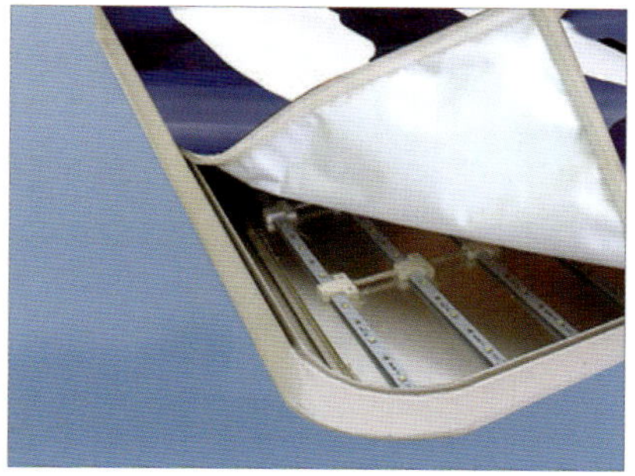

效果图

D.5.16

玻璃门形象总览

· 玻璃门分为三种形式：自动门、麦当劳门、玻璃地弹门。

· 简易站不设自动门。

单位：mm

· 注：

1. 根据南北方气候差异视实际情况可做相应调整；
2. 风沙明显或需要保暖的站点，建议可在玻璃门内侧设置透明磁吸门帘（需考虑整体形象）。

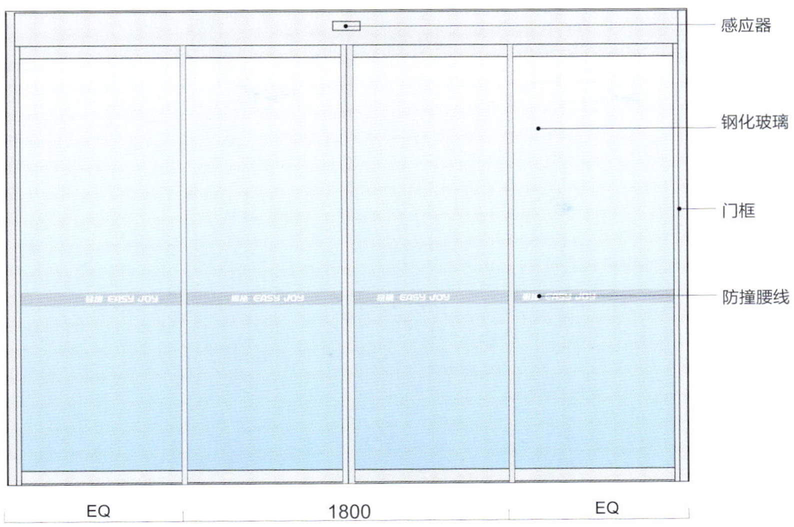

自动门

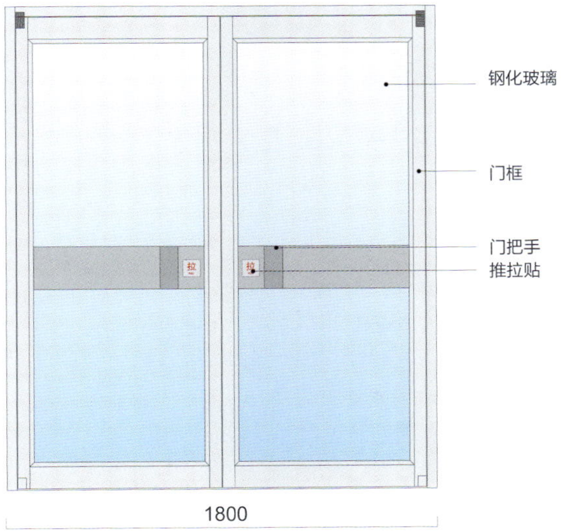

麦当劳门

门帘效果图

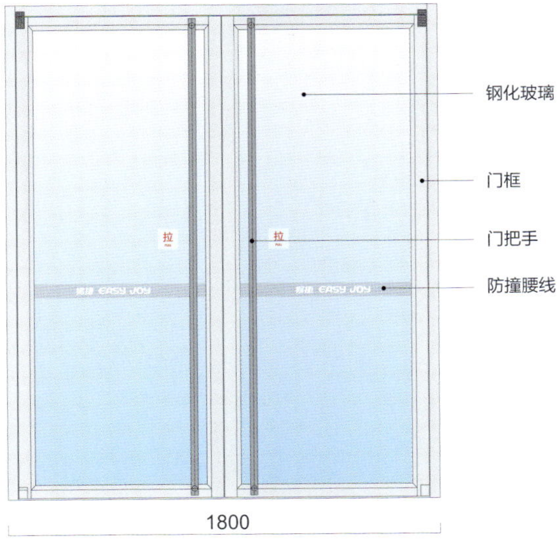

玻璃地弹门

D.5.17

自动门尺寸及工艺说明

· 右图为自动门设计规范，简易站不设自动门。

· 使用自动门时，应在店内设置手动解锁开关，在断电或特殊情况下时，可手动移开。

· 使用自动门时，应设有其他出口。条件不满足时，不建议设置自动感应门。

单位：mm

· 注：

1. 根据南北方气候差异视实际情况可做相应调整；
2. 风沙明显或需要保暖的站点，建议可在玻璃门内侧设置透明磁吸门帘（需考虑整体形象）。

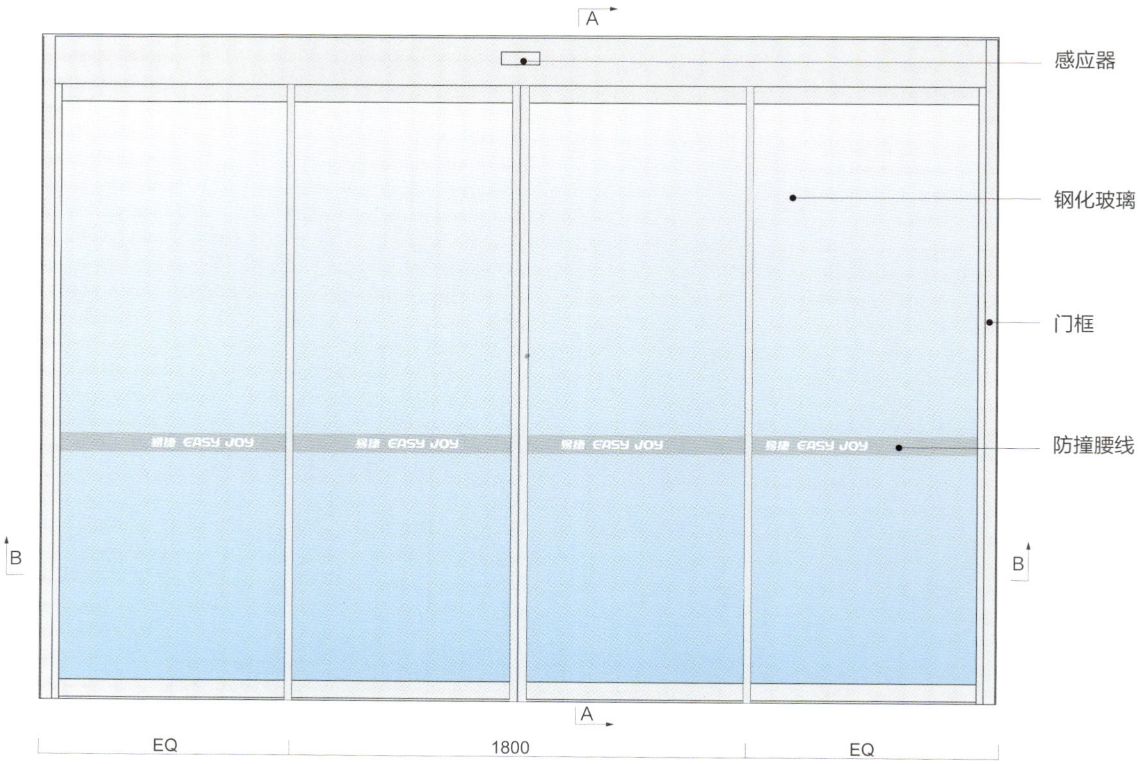

自动门 正视图

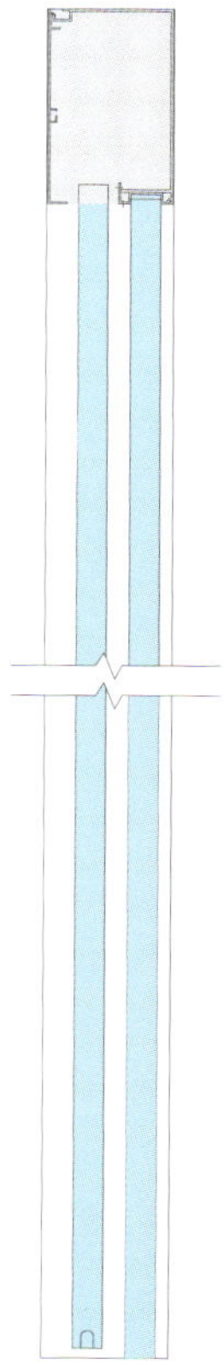

A–A 剖面图

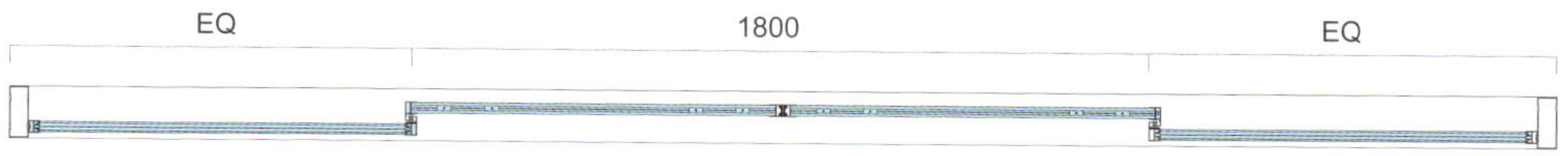

B–B 剖面图

D.5.18

麦当劳门尺寸及工艺说明

· 右图为麦当劳门设计规范。

单位：mm

· 注：

1. 根据南北方气候差异视实际情况可做相应调整；
2. 风沙明显或需要保暖的站点，建议可在玻璃门内侧设置透明磁吸门帘（需考虑整体形象）。

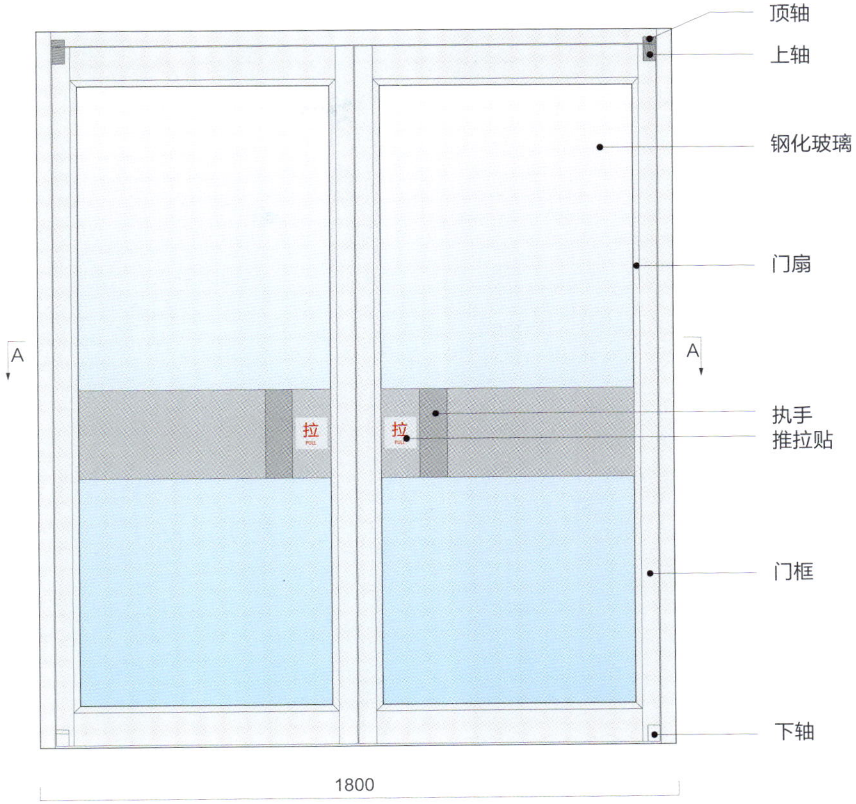

麦当劳门 正视图

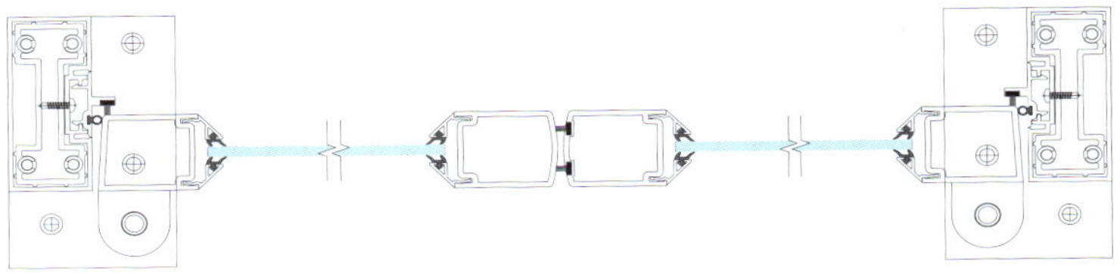

A–A 剖面图

D.5.19

玻璃地弹门尺寸及工艺说明

· 右图为玻璃地弹门设计规范。

单位：mm

· 注：

1. 根据南北方气候差异视实际情况可做相应调整；
2. 风沙明显或需要保暖的站点，建议可在玻璃门内侧设置透明磁吸门帘（需考虑整体形象）。

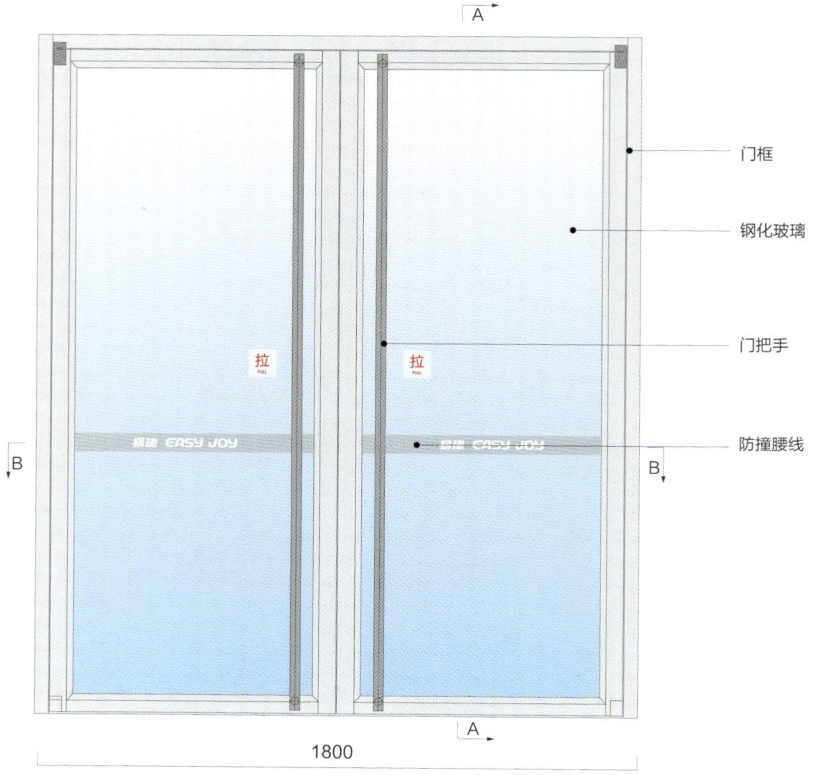

正视图

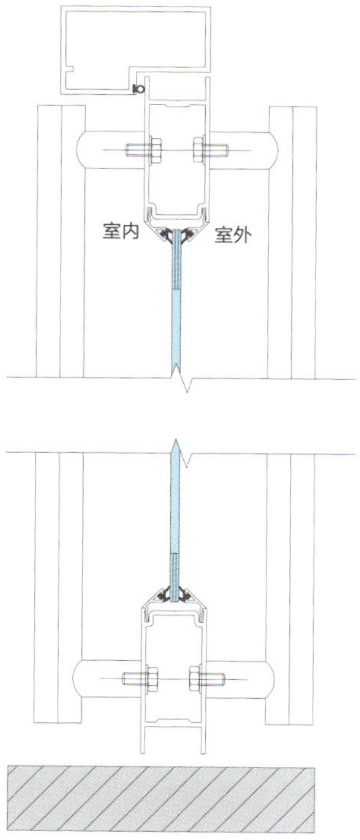

A-A 剖面图

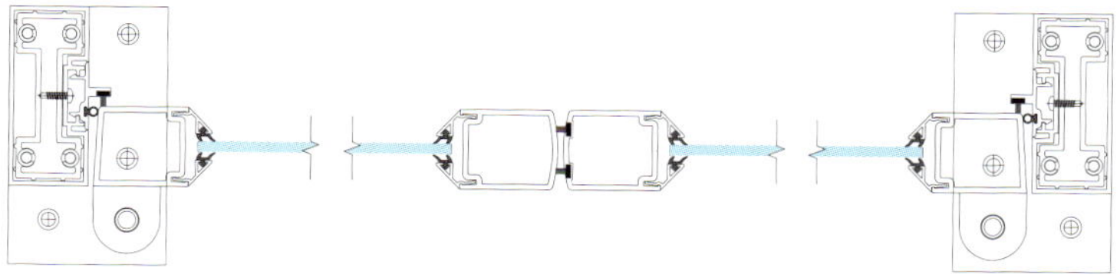

B-B 剖面图

D.5.20

便利店推拉贴
尺寸及工艺说明

· 推拉门贴采用磨砂膜印刷图案粘贴于玻璃门表面。制作时不得改变其形状、结构和比例，必须使用正确的矢量文件。

· 推拉门贴底部位置与散水台面的距离不小于 1400mm，可根据实际情况调整相应安装高度。

单位：mm

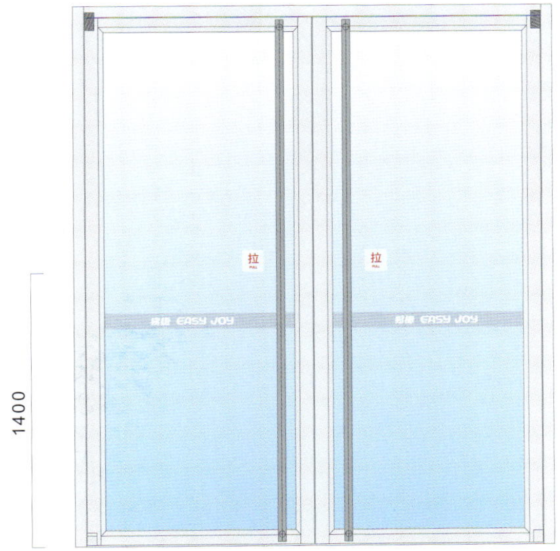

便利店推拉门贴

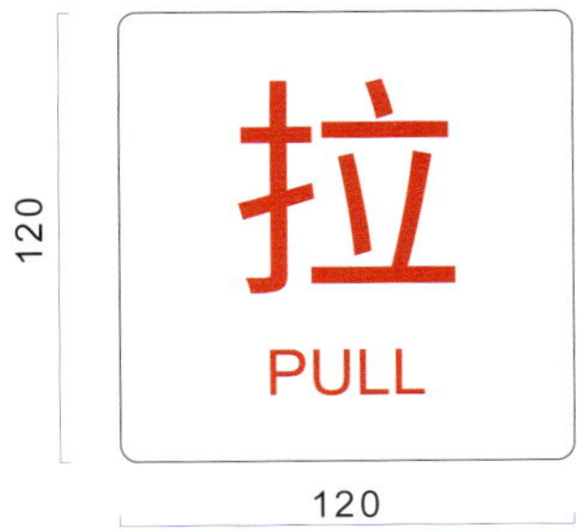

材料色号：

石化红
PANTONE 185 C

高光白
WHITE

D.5.21

便利店防撞腰线
尺寸及工艺说明

· 防撞腰线共有两种方案，建议优先方案一，采用磨砂膜印刷图案贴于玻璃门表面。制作时不得改变其形状、结构和比例，必须使用正确的电子版文件。

· 防撞腰线底部应在距离散水台面 1200mm 处安装。

· 工艺说明

1. 方案一采用透明磨砂 PVC 膜，文字区域镂空；
2. 方案二采用专色 PVC 膜，文字区域镂空（绿色 Pantone 355 C）。

单位：mm

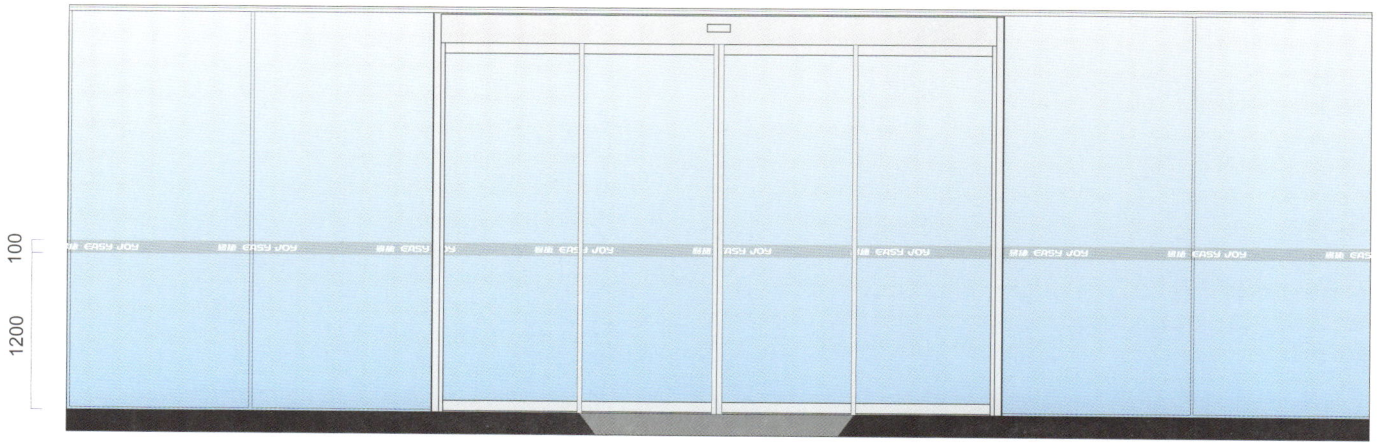

玻璃防撞腰线标准示意

防撞腰线方案一（推荐）

防撞腰线方案二

效果图

D.5.22

便利店易捷元素贴尺寸及工艺说明

· 元素贴粘贴于玻璃门表面或其他区域。生产制作时不得改变其形状、结构和比例，必须使用正确的矢量文件。

· 元素贴底部应在距离散水台面 1400mm 处安装粘贴玻璃上。

· 根据实际需求选用不同版本颜色方案。

单位：mm

· 注：该元素贴作为选配使用。

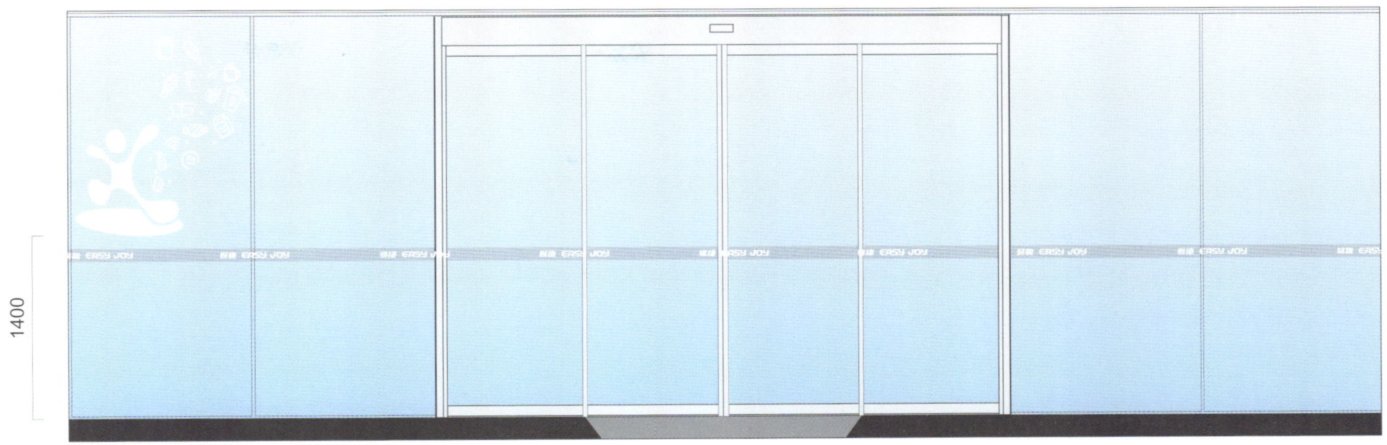

易捷元素贴安装示意

安装效果展示

D.5.23

绿植墙
尺寸及工艺说明

· 植物品种选配要求：
少修剪、易管理、抗旱、抗病虫、含水量较多的优先，忌种油性植物。可根据当地环境选择合适的植物品类。

· 绿植墙参考植物：
冬青、石楠、小叶女贞、假连翘、黄杨、海桐等常绿阔叶灌木类植物。

· 植物花箱材质：
塑钢、不锈钢、玻璃钢。

单位： mm

· 注：站内选配。

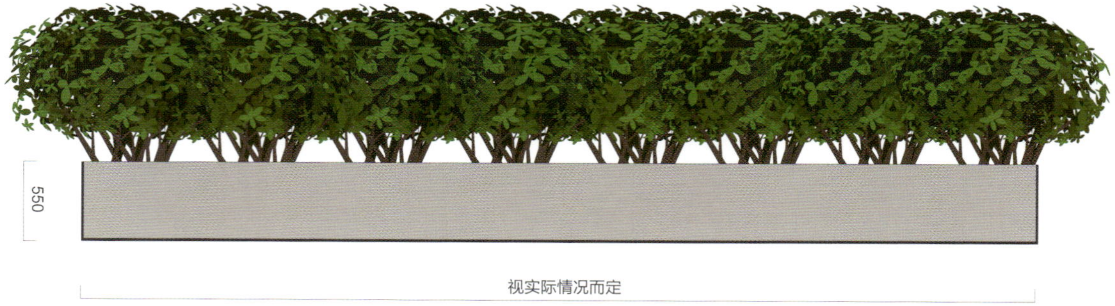

正视图

侧视图

北方植物	A-1 女贞 能耐-12℃低温 花期5~7月，果期7月至翌年5月	A-2 石楠 能耐短期-15℃低温 花期6~7月，果期10月	A-3 矮生黄杨 -20℃左右度的严寒 花期3月，果期5~6月
南方植物	B-1假连翘 喜温暖湿润气候， 抗寒力较低 花果期5~10月，在南方可为全年	B-2 鸭脚木 每月施1~2次适量混合肥或液肥 花期11~12月，果期12月	B-3 龟甲冬青 15~20天施一次稀薄的矾肥水 花期5 ~ 6月，果期8 ~ 10月

D.5.24

便利店站铭牌尺寸及工艺说明

· 铭牌采用 2mm 铝板激光切割 / 焊接加工成型，表面做高光白易清洁氟碳漆涂层，图文信息丝印。

· 商号字体：方正兰亭中黑简体；内容信息字体：思源黑体。

· 站铭牌底部位置与散水台面的距离不小于 1400mm，可根据实际情况调整相应安装高度。

· 图中文字内容仅作示意用途，图中文字仅为示意，站名和定点联系人按实际内容制作。

单位：mm

· 注：各省市根据实际情况适当调整文字内容。

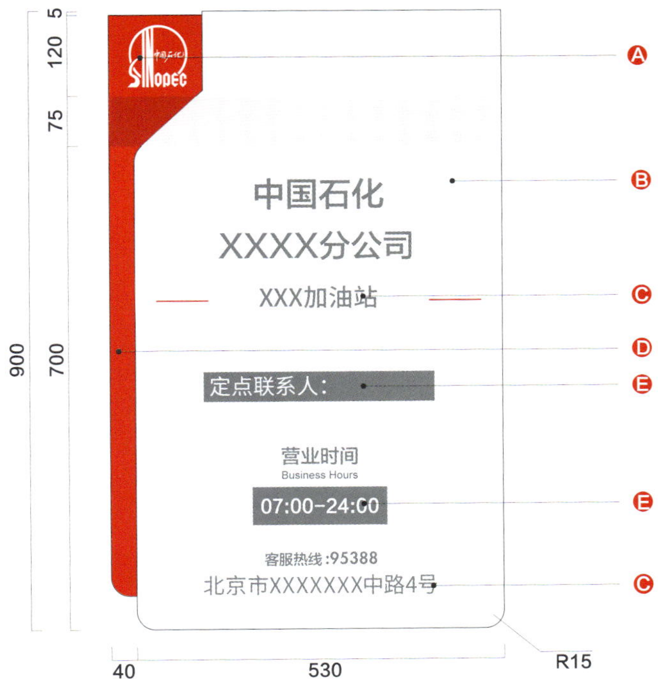

正视图

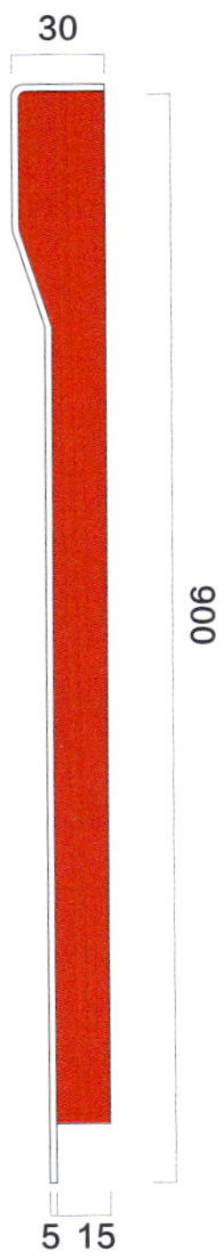

侧视图

办卡时间展示

俯视图

工艺说明

- A 白色丝印 LOGO 标识
- B 面板采用 2mm 铝板激光切割 / 焊接加工成型，表面做高光白易清洁氟碳漆涂层
- C 图文信息丝印
- D 铝板激光切割 / 焊接加工成型，表面做石化红易清洁氟碳漆涂层
- E 贴膜（可更换）

材料色号：

石化红
PANTONE 185 C

高光白
WHITE

D.5.25

便利店公告栏 尺寸及工艺说明

· 右图为旗舰店公告栏设计说明，用于政府公文、告示、启事等提示性内容展示。

· 设置户外用 32 寸高亮液晶显示屏，可扫描公文、告示文件进行滚动式播放。

· 设置背面平面板，可在表面张贴公文、告示、启事等提示性内容。

· 公告栏可采用壁挂式或者吊挂式，公告栏底部位置距离散水台面不小于 1400mm，可视实际情况做相应调整。

单位：mm

正视图

后视图

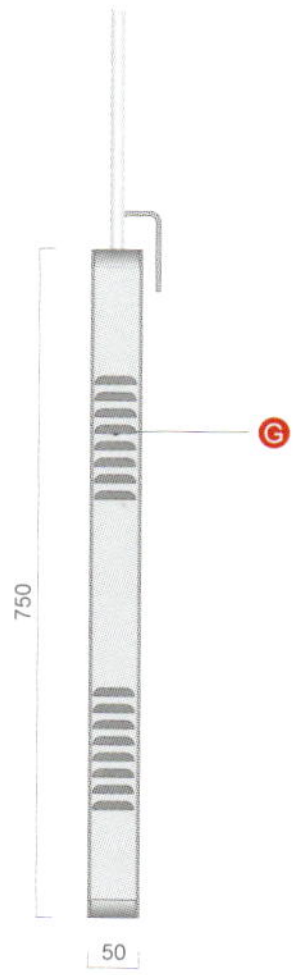

左视图

俯视图

安装示意图

工艺说明

- Ⓐ ϕ3钢丝绳外套 ϕ19不锈钢圆管 注意钢丝绳整根套成U形
- Ⓑ 4mm亚克力热弯成形，表面烤专色漆，图文信息丝印
- Ⓒ 32寸户外高亮液晶显示屏
- Ⓓ 2.0mm铝板折弯，表面烤专色漆
- Ⓔ 显示屏支架，3.0mm镀锌板折弯
- Ⓕ 磁吸画面
- Ⓖ 侧面冲百叶散热

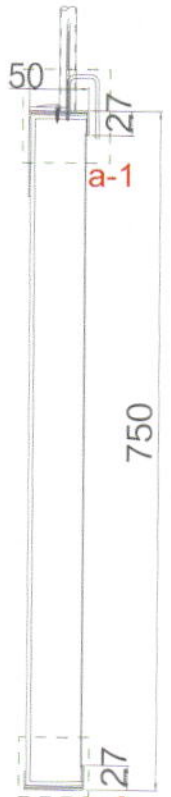

A-A 剖面图

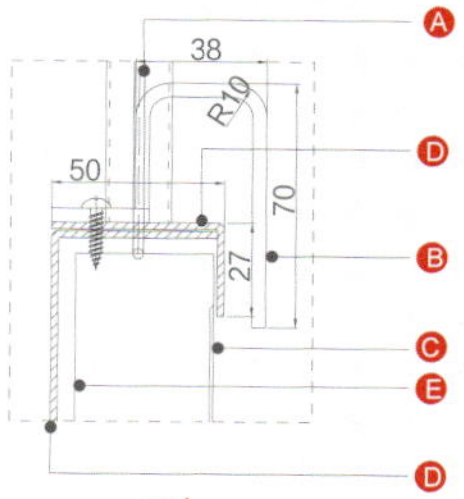

a-1

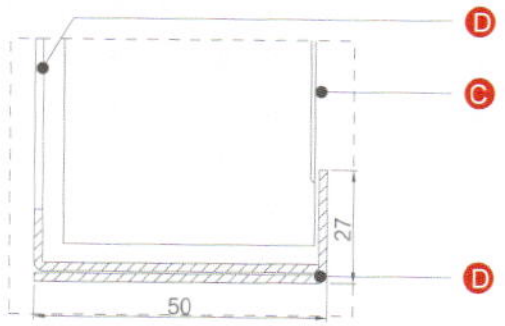

a-2

材料色号：

石化红
PANTONE 185 C

高光白
WHITE

D.5.25

便利店公告栏 尺寸及工艺说明

· 右图为标准店、简易店公告栏设计说明，用于政府公文、告示、启事等提示性内容展示。

· 设置平面板，可在表面张贴公文、告示、启事等提示性内容。

· 公告栏可采用壁挂式或者吊挂式，公告栏底部位置距离散水台面不小于 1400mm，可视实际情况做相应调整。

单位：mm

正视图

后视图

左视图

俯视图

安装示意图

工艺说明

- **A** ϕ3钢丝绳外套ϕ19不锈钢圆管
  注意钢丝绳整根套成U形
- **B** 4mm亚克力热弯成形，表面烤专色漆，
  图文信息丝印
- **C** 1.2mm镀锌板折弯，表面烤专色漆
- **D** 底板1.2mm镀锌板焊接，表面烤专色漆
- **E** 磁吸画面

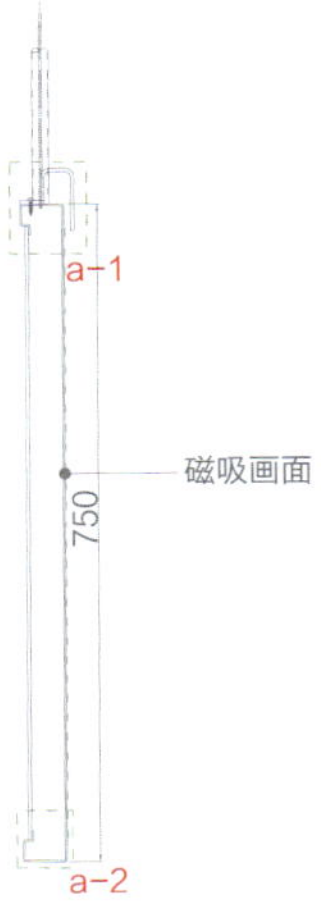

A-A 剖面图

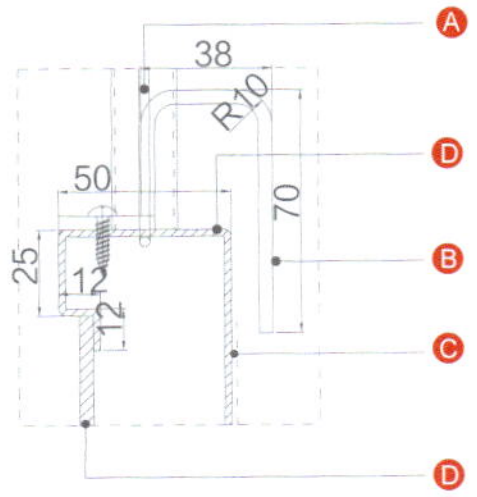

a-1

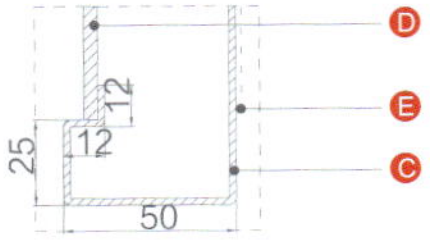

a-2

材料色号：

石化红
PANTONE 185 C

高光白
WHITE

D.5 站房外立面

D.5.26

价格立牌 尺寸及工艺说明

· 设计制作时，请参考右图尺寸，以确价格立牌的视觉效果。

· 工艺说明：

- A 1.2mm 镀锌板激光切割、激光焊接加工成型，表面红色喷漆（石化红 Pantone 185 C）
- B Logo 组合及今日油价文字信息采用丝网印刷
- C 油品号采用专色贴膜
- D 1.2mm 镀锌板激光切割、激光焊接加工成型，表面白色喷漆（高光白）
- E 数码牌（黑底白字）
- F 单位文字信息丝印

单位：mm

· 注：应地方管理要求，需突破标准形象的，应报备至销售公司零售管理部。

材料色号：

- 石化红 PANTONE 185 C
- 高光白 WHITE
- 中灰色 PANTONE COOL GRAY 8 C

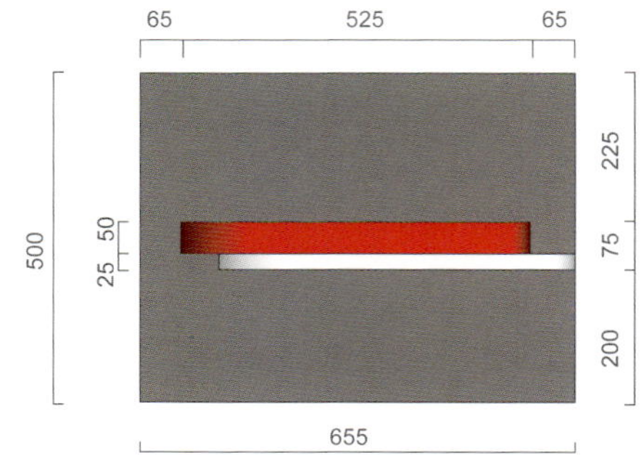

顶视图

效果展示

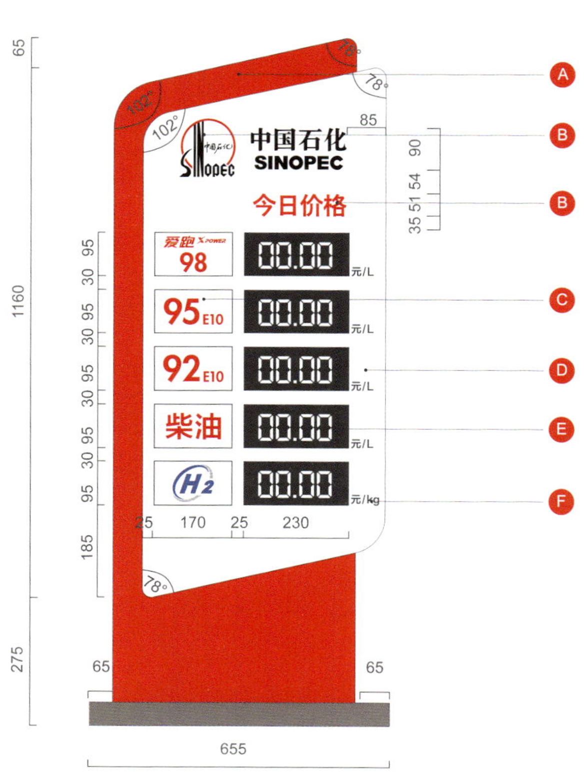

正视图

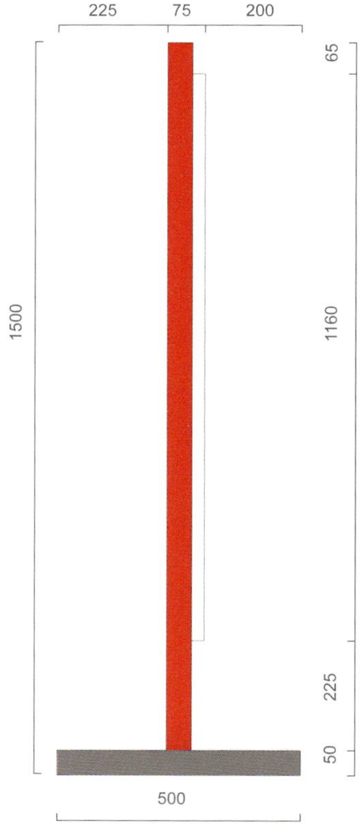

侧视图

油品模块规范：

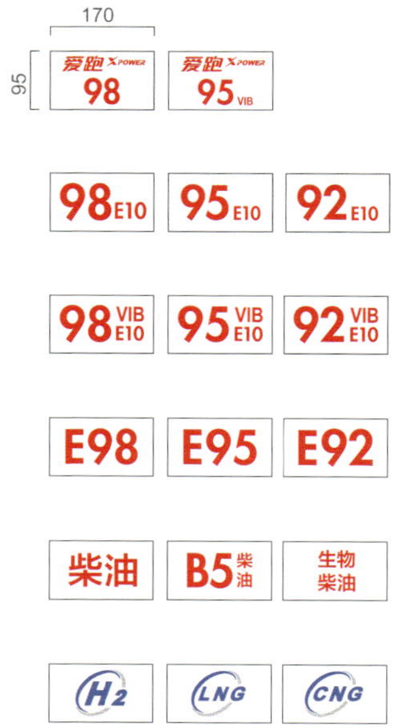

D.5.27

便利店台阶
尺寸及工艺说明

· 入口处台阶设置防滑槽。

· 散水台面设置 2% 的坡度。

· 厚岩板 / 毛石参数：

颜色：灰色（Pantone Cool Gray 8C）

尺寸：1800mm × 1200mm/

2400mm × 1200mm

厚度：15mm/20mm

· 转角处散水地面和铝板墙面是以原始墙角为圆心的同心圆。

· 门打开不能超过散水台面最边缘。

单位：mm

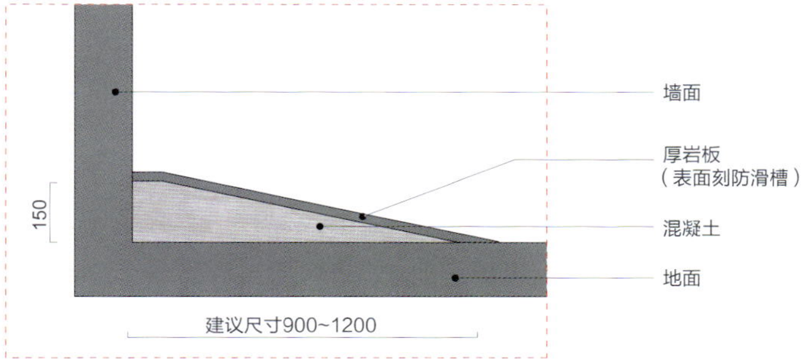

散水示意图一

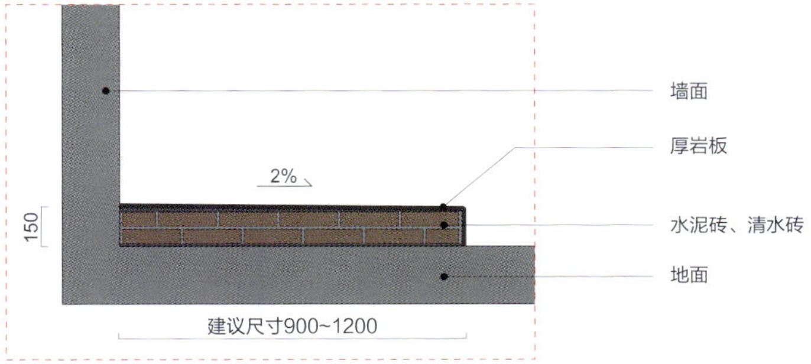

散水示意图二

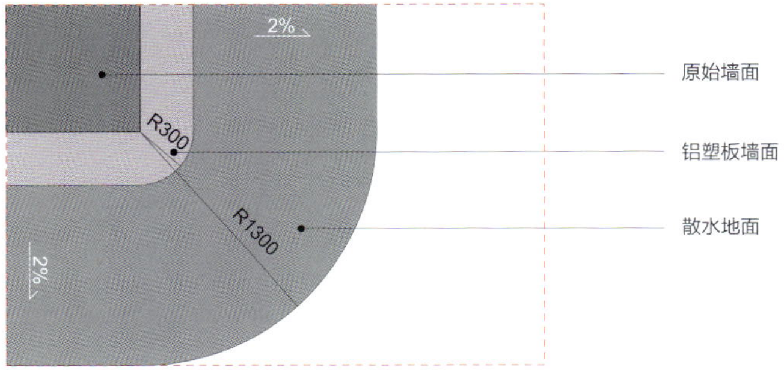

转角示意图

材料色号：

中灰色

PANTONE COOL GRAY 8 C

D.5.28

便利店店招布置案例（一）

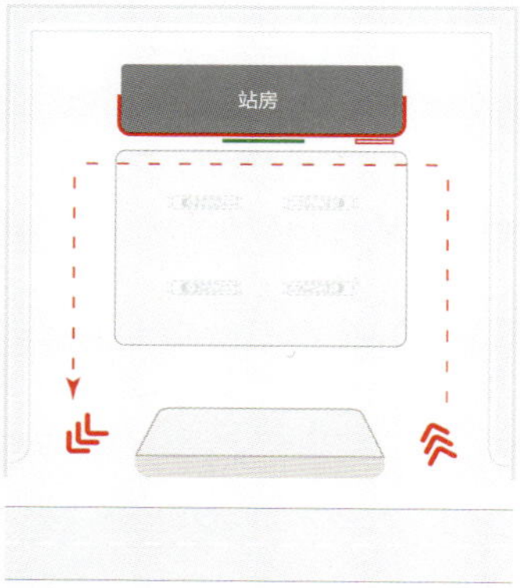

品牌墙　装饰灯条
出入口　便利店门头
行驶路线

适用场景（同时满足以下要求）：

· 进站入口设置在站房左前方；

· 站房仅正面为迎客面。

D.5.28

便利店店招布置案例（二）

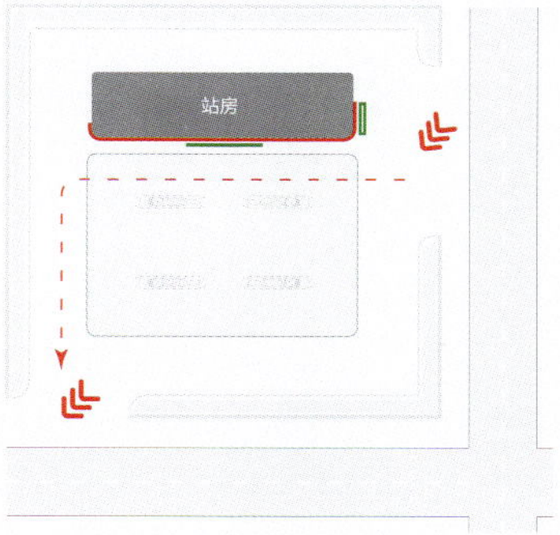

出入口　便利店门头

行驶路线　装饰灯条

易捷LOGO

适用场景（同时满足以下要求）：

· 位于十字路口一侧；

· 进站入口设置在站房侧面且设置玻璃门；

· 正面及其中一侧面均为迎客面。

· 注：站房侧面开门等特殊情况时，红色装饰灯带可做垂直收口。

D.5.28

便利店店招布置案例（三）

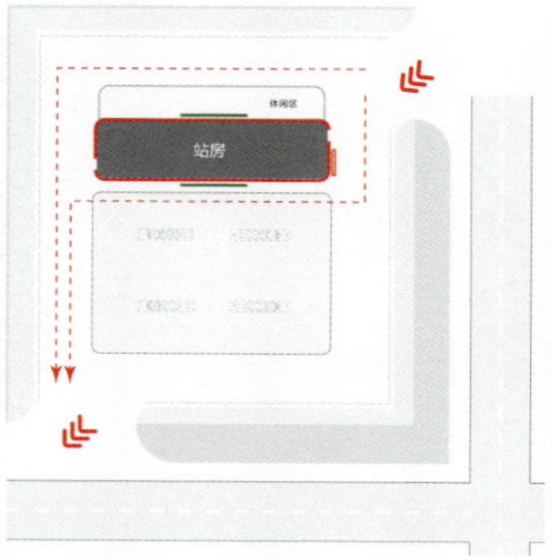

品牌墙　　装饰灯条
出入口　　便利店门头
行驶路线

适用场景（同时满足以下要求）：

· 位于十字路口一侧；

· 进站入口设置在站房侧面；

· 站房三面均为迎客面。

· 注：站房第四面根据实际情况进行设计。

D.5.29

多层站房外立面案例

· 多层站房外墙处理方法：当站房所在站房为二层或多层建筑时，可依据加能站实际需求进行外墙装饰设计，设计需满足当地环保要求，且不破坏站房整体外观形象。

· 以下按常用选材，列举几种二层外墙处理方案（外墙漆、铝塑板、铝板、冲孔板），供设计时参考。

· 注：

1. 二层以上设置金属板整体包饰时，须满足当地消防安全规范，设置逃生口并配备多用途消防救生梯；
2. 右图所示方案仅供参考，不做特别指定。

多层站房外立面方案一

外墙漆

多层站房外立面方案二

铝塑板

D.5.29

多层站房外立面案例

· 多层站房外墙处理方法：当站房所在站房为二层或多层建筑时，可依据加能站实际需求进行外墙装饰设计，设计需满足当地环保要求，且不破坏站房整体外观形象。

· 以下按常用选材，列举几种二层外墙处理方案（外墙漆、铝塑板、铝板、冲孔板），供设计时参考。

· 注：

1. 二层以上设置金属板整体包饰时，须满足当地消防安全规范，设置逃生口并配备多用途消防救生梯；
2. 右图所示方案仅供参考，不做特别指定。

多层站房外立面方案三

铝板

多层站房外立面方案四

冲孔板

/ D.6 卫生间

D.6.01

卫生间形象总览

· 注：

1. 原则上不推荐特殊型（男女共用），如实地情况不满足可选用特殊型（男女共用）。
2. 原则上男女厕间比例为 1 ： 1，景区站男女厕间比例为 1 ： 1.2，具体应用以实际情况为准。

旗舰站卫生间

标准站卫生间

简易站卫生间

特殊型（男女共用）

D.6.02

旗舰站基本功能需求

设计原则

1.美观、实用、简洁、易打理；

2.灯光色温：5000~6000K；

3.保证卫生间内通风无异味。

设计配置要点

1.旗舰站设置男女卫生间，根据实际条件可增设无障碍卫生间和母婴室；

2.基本功能应包括厕间、坐便器、蹲便器、小便斗、洗手台(盆)、拖把池等；

3.人性化设施配置应包括挂钩、智能镜、厕间置物台、洗手液、绿植、香薰、不锈钢扶手、婴儿座椅、婴儿护理台、装饰画等；

4.施工用材及设施设备选用应保证环保节能；

5.厕内应设置排风扇，若现场条件允许还应设置通风窗，保证厕内负压，避免异味散逸；

6.厕间蹲位数量设置：原则上改造站遵循原有蹲位数量，新建（推倒重建）站按当地规划设计条件要求进行设置；

7.本标准图例所标注建筑外观尺寸仅供参考；厕所面积原则上应控制在5~10m²以内，如遇特殊情况，可据实调整；

8.厕所地面使用深灰色防滑地砖，防滑系数应大于0.5，厕间墙面满铺灰色釉面砖；

9.厕所内天花吊顶优先选择石膏板刷白色防水乳胶漆，根据实际情况选择铝扣板吊顶；

10.为了便于卫生清洁的同时保持厕内私密性，原则上男女卫生间门应同时设置闭门器和门吸，具体由省市公司根据实际情况调整。

照明用电

1.厕内供电设计应符合GB 51348 — 2019《民用建筑电气设计规范》的规定；

2.厕间应采用防潮节能型照明灯具，禁止使用声控灯；

3.厕间照度应达300lx。

清洁维护及保养

厕所日常使用，应注意对洁具及辅助设施的保养，进行卫生清洁时，应使用湿抹布擦拭门、隔板洁具等，严禁用强酸或强腐蚀性的清洁剂直接冲刷洁具及隔板。

防水

1.防水材料的性能应符合国家现行有关标准的规定，防水产品应附有产品合格证明，施工基层表面应平整，不得有松动、空鼓、起沙、开裂等缺陷；

2.地漏、套管、卫生洁具根部、阴阳角等部位，应先做防水附加层。防水层应从地面上翻到墙面，高出地面1800mm；洗手盆柜背部墙面防水高度不低于1800mm；

3.顶棚抹灰层与基层之间及各抹灰层之间必须粘结牢固，无脱层、空鼓。

D.6.03

旗舰站效果展示

D.6.04

旗舰站卫生间形象总览

D.6.07　公共洗手区
D.6.08　女卫生间
D.6.09　男卫生间
D.6.10　母婴室
D.6.11　无障碍卫生间

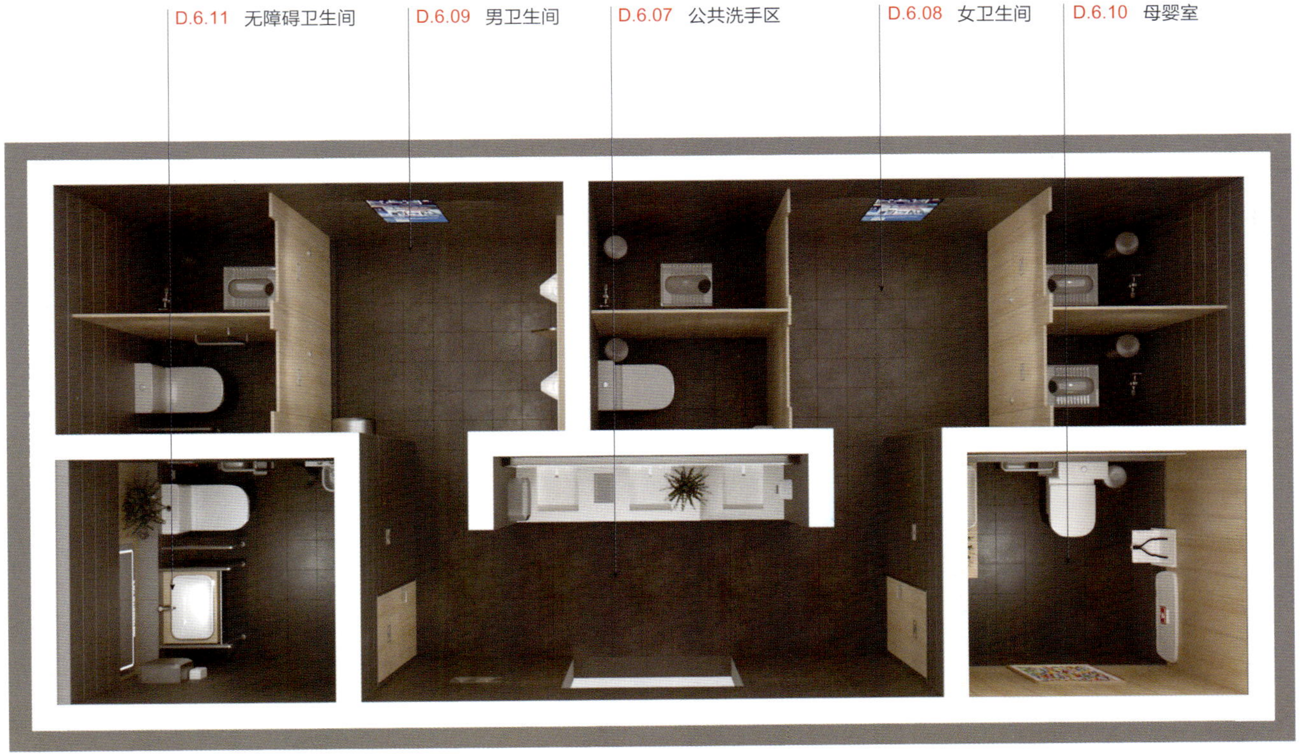

D.6.05

旗舰站卫生间墙地面用砖标准

编号	产品名称	产品尺寸
A-02	地砖	深灰色 300 × 300
A-03	墙砖	灰色 300 × 600

产品要求：

地砖：300mm × 300mm × 12mm

墙砖：300mm × 600mm × 8mm

吸水率：≤0.5%

断裂模数：≥35MPa，破坏强度：>1300N

单位：mm

深灰色地砖

PANTONE COOL GRAY 11 C

灰色墙砖

PANTONE COOL GRAY 8 C

· 注：受灯光渲染影响，效果图呈现的瓷砖颜色会与实物存在一定误差，具体采购以本标准标注的色号为准。

· 地砖参考品牌：
（马可波罗、蒙娜丽莎、东鹏瓷砖）

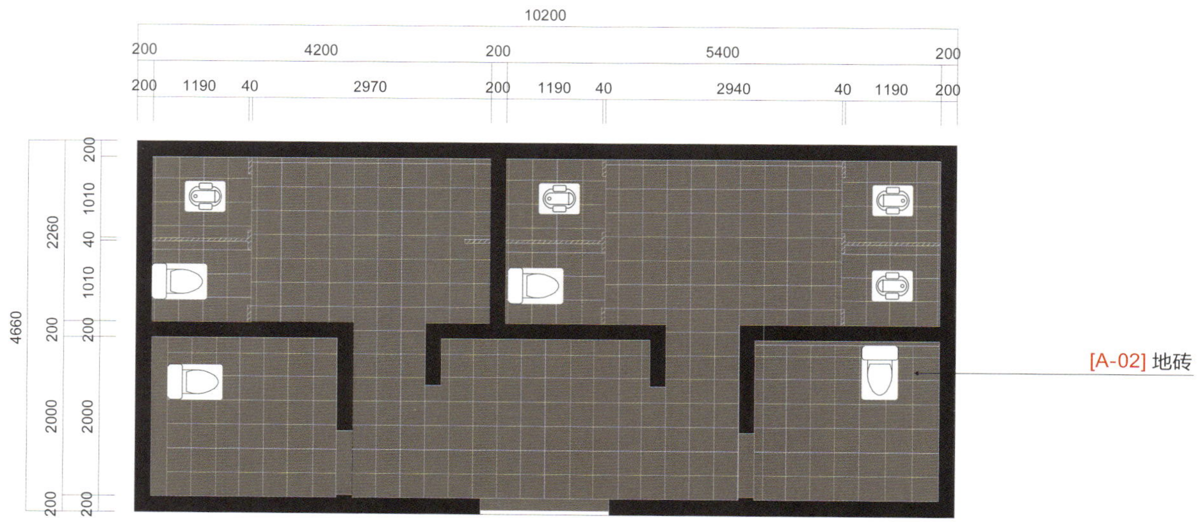

施工标准

1. 施工完成平整度误差小于 2mm，相邻砖高差小于 1mm；
2. 瓷砖拼缝不得超过 1.5mm；
3. 要求在主要可视面按墙地砖对缝效果进行施工；
4. 采用同色美缝剂进行美缝处理，禁止用水泥或其他腻子等替代；
5. 墙面管道做包立管，不得裸露；
6. 墙地砖拼缝保持一致。

墙砖参考图

D.6.06

旗舰站卫生间天花标准

编号	产品名称	备注
A-09	嵌入式筒灯	色温 5000~6000K
A-10	嵌入式射灯	色温 5000~6000K
A-12	洗墙灯带	色温 5000~6000K
A-01	石膏板天花	刷白色防水乳胶漆

单位：mm

· 灯具示例：

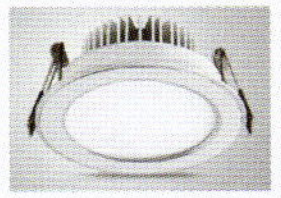
嵌入式筒灯

嵌入式射灯

洗墙灯带

· 参考品牌：

（雷士、欧普、飞利浦）

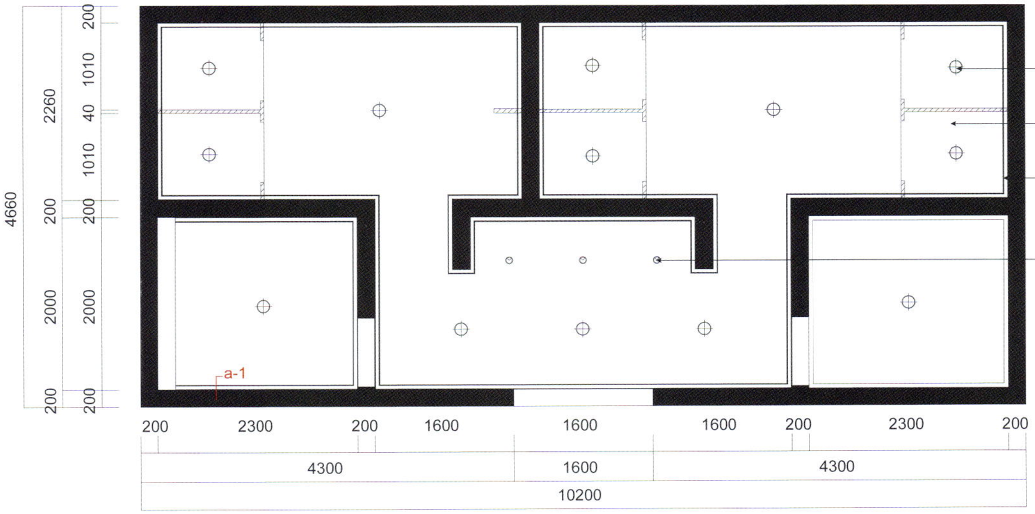

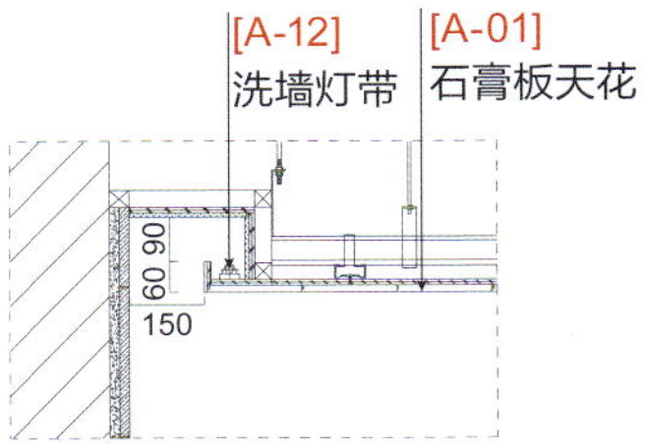

a−1 剖面图

排风扇参考图片

适用面积	开孔尺寸	面板尺寸	风量
5~8m²	205mm × 205mm	245mm × 245mm	120m³/h
6~9m²	230mm × 230mm	268mm × 268mm	132m³/h
8~10m²	255mm × 255mm	300mm × 300mm	150m³/h
8~12m²	275mm × 275mm	320mm × 320mm	168m³/h

说明：

1. 天花吊顶：优先选择石膏板刷白色防水乳胶漆，根据实际情况选择铝扣板吊;

2. 天花照明排布：厕间及过道均为居中安装，满足整体照明，禁止使用声控灯。

照明：

厕内供电设计应符合 GB 51348 — 2019《民用建筑电气设计规范》的规定。厕间应采用防潮节能型照明灯具。原则上厕间只设置天花灯，因形象设计需要，可增设壁灯，壁灯选型及照明应满足相关规定。

D.6.07

旗舰站公共洗手区

标准配置表

编号	产品名称	备注
A-09	嵌入式筒灯	色温5000~6000K
B-01	智能镜子	智能LED
B-09	手纸盒	不锈钢
B-10	洗手液盒	感应式
B-03	小型水培绿植	-
C-04	水龙头	感应式节水龙头
C-06	洗手台（台下盆）	嵌入式一体陶瓷
A-06	台盆柜	橡木纹饰面
A-02	地砖	深灰色300×300
A-12	洗墙灯带	色温5000~6000K
A-01	石膏板天花	刷白色防水乳胶漆
A-03	墙砖	灰色300×600

单位：mm

旗舰站－公共洗手区

平面索引图

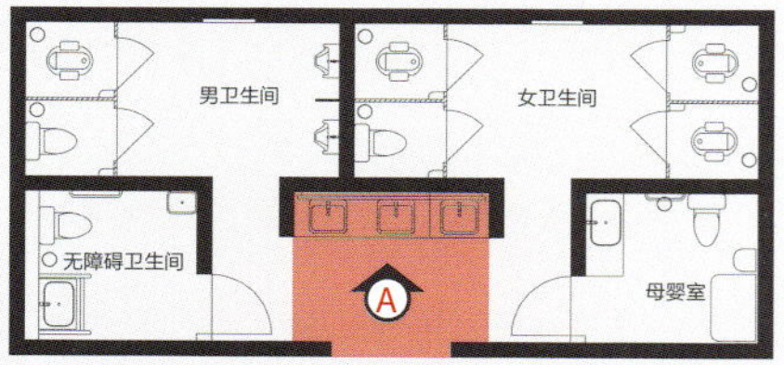

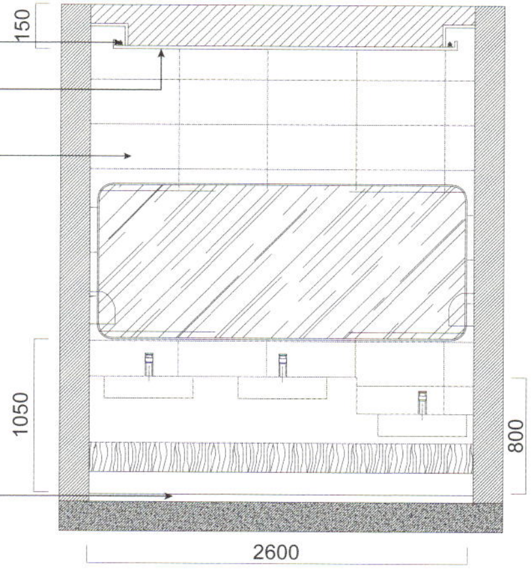

A 立面图

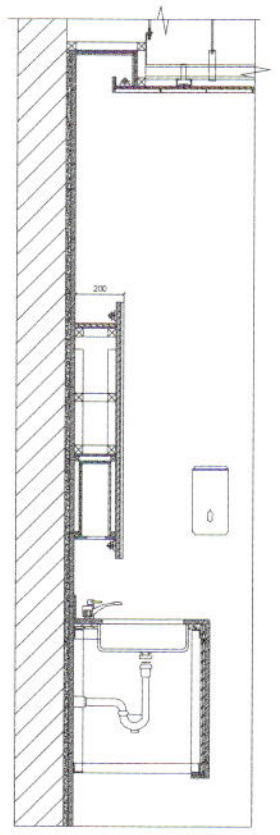

剖面图

说明：

1.石膏板天花刷白色防水乳胶漆；

2.贴灰色300mm×600mm墙砖；

3.贴深灰色300mm×300mm地砖；

4.洗手台安装完成后台面离地高度850mm；

5.银镜安装完成后底部离地高度1260mm；

6.为了便于卫生清洁的同时保持厕内私密性，原则上男女卫生间门应同时设置闭门器和门吸，具体由省市公司根据实际情况调整。

D.6.07

旗舰站公共洗手区

标准配置表

编号	产品名称	备注
A-05	门	PVC板橡木纹饰面
B-09	手纸盒	不锈钢
D-09	门把手	不锈钢
C-06	洗手台（台下盆）	嵌入式一体台盆
A-12	洗墙灯带	色温5000~6000K
A-01	石膏板天花	刷白色防水乳胶漆
A-03	墙砖	灰色300×600
A-02	地砖	深灰色300×300

单位：mm

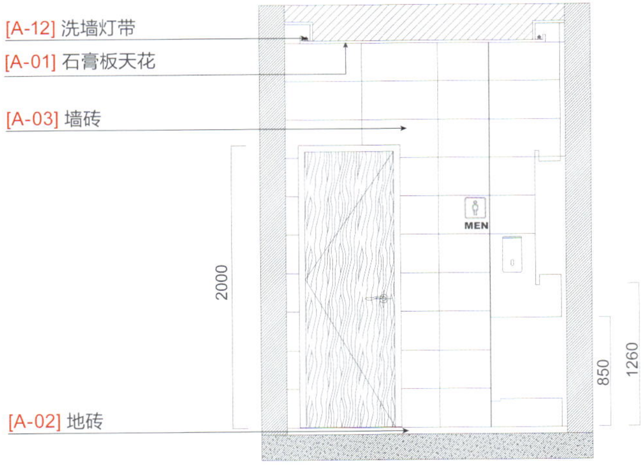

D 立面图

说明：

1.石膏板天花刷白色防水乳胶漆

2.贴灰色300mm×600mm墙砖

3.贴深灰色300mm×300mm地砖

4.门高度2000mm

5.洗手台安装完成后台面离地高度850mm；

6.银镜安装完成后底部离地高度1260mm；

7.保洁表采用亚克力插槽式，尺寸为A4纸大小，可更换；底部距地高度1400mm。

旗舰站－公共洗手区

平面索引图

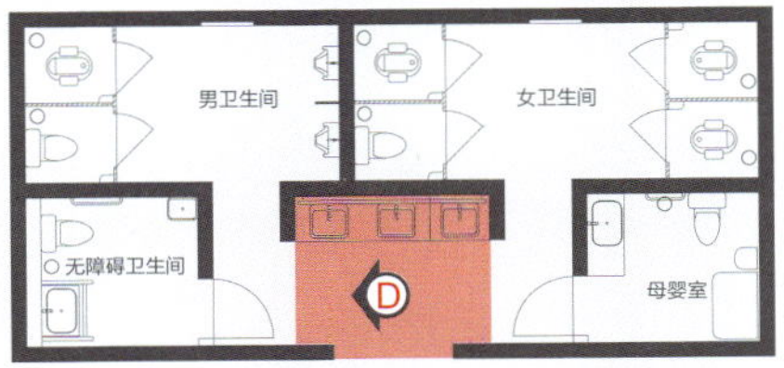

D.6.08

旗舰站女卫生间

标准配置表

编号	产品名称	备注
A-03	墙砖	灰色300×600
A-04	隔断	橡木纹饰面
B-05	智能显示器	高清液晶显示屏
A-02	地砖	深灰色300×300
A-12	洗墙灯带	色温5000~6000K
A-01	石膏板天花	刷白色防水乳胶漆

单位：mm

[A-03] 墙砖

[A-04] 隔断

[B-05] 智能显示器

[A-02] 地砖

[A-12] 洗墙灯带

[A-01] 石膏板天花

A 立面图

说明：

1.石膏板天花刷白色防水乳胶漆；

2.贴灰色300mm×600mm墙砖；

3.贴深灰色300mm×300mm地砖；

4.厕所隔间板到顶；

5.厕间蹲便地面抬高150mm；

6.厕间隔板采用实心PVC板或酚醛树脂板制作，橡木饰面。

旗舰站－女卫生间
平面索引图

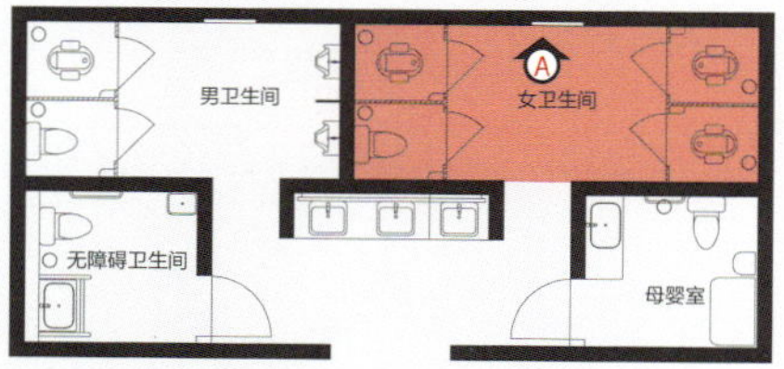

D.6.08

旗舰站女卫生间

标准配置表

编号	产品名称	备注
C-01	坐便器	陶瓷节水防臭
A-03	墙砖	灰色 300 × 600
B-06	垃圾桶	不锈钢
A-02	地砖	深灰色 300 × 300
C-02	蹲便器	一体式陶瓷
A-12	洗墙灯带	色温 5000~6000K
A-01	石膏板天花	刷白色防水乳胶漆
A-04	隔断	橡木纹饰面
D-06	挂钩	不锈钢
D-11	脚踏式冲水	锌合金

单位：mm

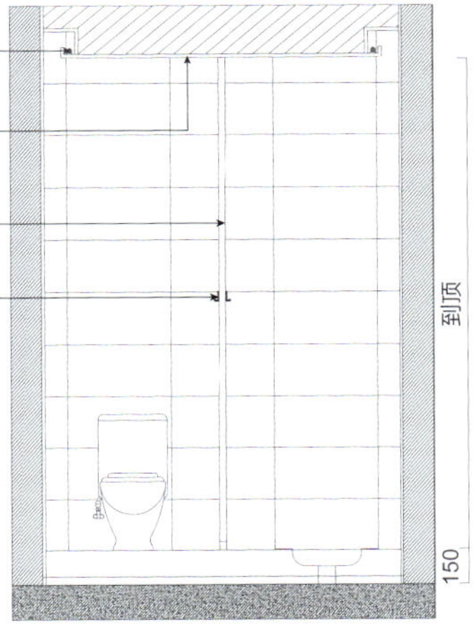

D 立面图

旗舰站－女卫生间
平面索引图

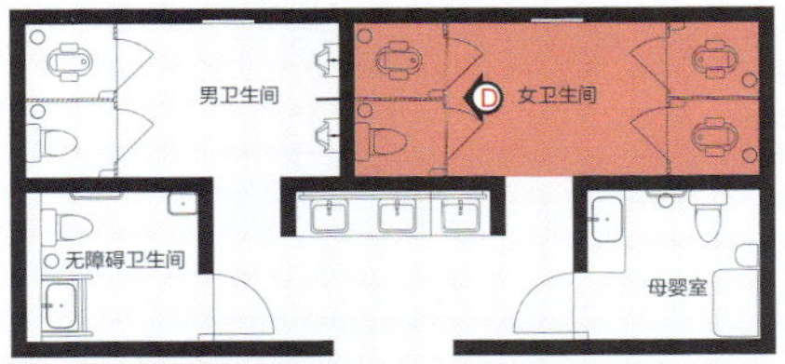

说明：

1.石膏板天花刷白色防水乳胶漆；

2.贴灰色300mm × 600mm墙砖；

3.贴深灰色300mm × 300mm地砖；

4.厕所隔间板到顶，厕间隔板门高度2000mm；

5.厕间蹲便地面抬高150mm；

6.厕间隔板采用实心PVC板或酚醛树脂板制作，橡木饰面。

D.6.09

旗舰站男卫生间

标准配置表

编号	产品名称	备注
B-05	智能显示器	高清液晶显示屏
A-03	墙砖	灰色300×600
A-04	隔断	橡木纹饰面
C-03	小便斗	一体式陶瓷
A-02	地砖	深灰色300×300
A-12	洗墙灯带	色温5000~6000K
A-01	石膏板天花	刷白色防水乳胶漆
B-04	置物台	橡木纹饰面

单位：mm

旗舰站－男卫生间
平面索引图

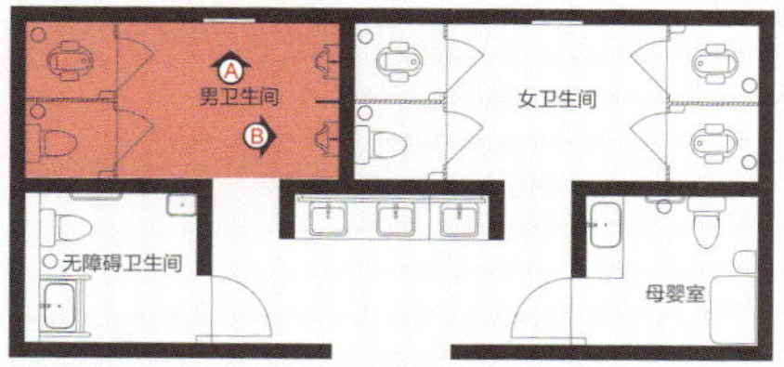

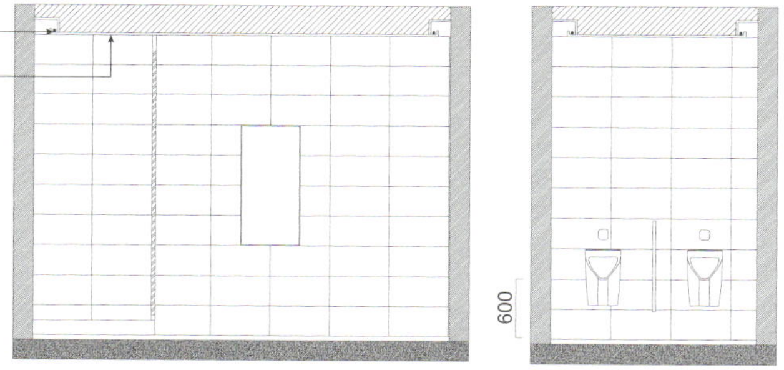

A 立面图　　B 立面图

说明：

1.石膏板天花刷白色防水乳胶漆；

2.贴灰色300mm×600mm墙砖；

3.贴深灰色300mm×300mm地板；

4.小便斗安装完成后，中心离地600mm（可根据现场实际进行调整）；

5.小便斗隔板安装间距以不小于800mm为宜；

6.小便斗挡板：实心PVC板或实心酚醛树脂板，顶端高度1200mm；

7.置物台安装完成后，离地1350mm。

D.6.09

旗舰站男卫生间

标准配置表

编号	产品名称	备注
B-12	卷纸盒	不锈钢
B-05	智能显示器	高清液晶显示屏
A-04	隔断	橡木纹饰面
A-03	墙砖	灰色300×600
A-01	石膏板天花	刷白色防水乳胶漆
A-12	洗墙灯带	色温5000~6000K
A-02	地砖	深灰色300×600
D-12	内门锁	不锈钢

单位：mm

[B-05] 智能显示器
[B-12] 卷纸盒
[D-12] 内门锁
[A-04] 隔断
[A-03] 墙砖

[A-12] 洗墙灯带
[A-01] 石膏板天花
[A-02] 地砖

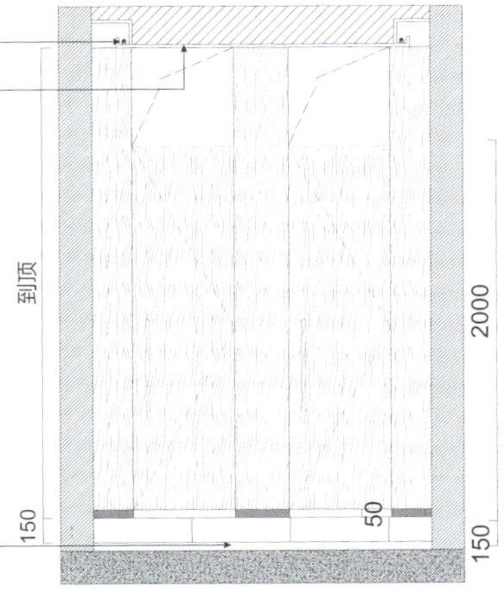

C 立面图

旗舰站－男卫生间

平面索引图

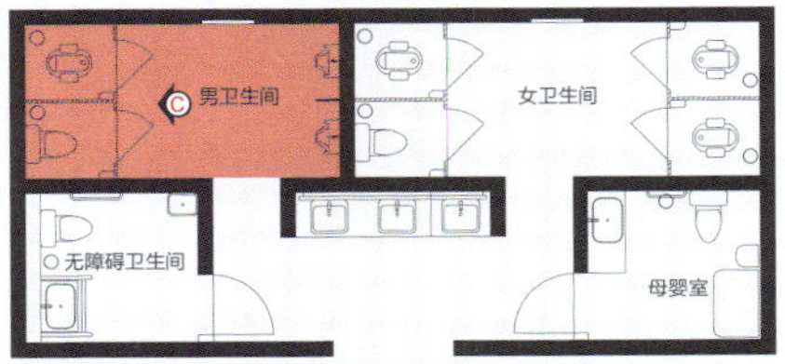

说明：

1.石膏板天花刷白色防水乳胶漆；

2.贴灰色300mm×600mm墙砖；

3.贴深灰色300mm×300mm地砖；

4.厕所隔间板到顶，厕间隔板门高度2000mm（安装如图示）；

5.厕间蹲便地面抬高150mm;

6.隔间板采用实心PVC板或酚醛树脂板制作，橡木纹饰面。

D.6.10

旗舰站母婴室

标准配置表

编号	产品名称	备注
A-07	装饰画	–
B-01	智能镜子	智能LED
B-03	小型水培绿植	–
D-01	扶手	不锈钢
B-11	香薰	–
C-07	洗手台（台上盆）	陶瓷
C-01	坐便器	陶瓷节水防臭
A-03	墙砖	灰色300×600
B-06	垃圾桶	不锈钢
A-02	地砖	深灰色300×300
A-12	洗墙灯带	色温5000~6000K
A-01	石膏板天花	刷白色防水乳胶漆
A-05	门	PVC板橡木纹饰面
A-14	橡木纹饰面板	防水防潮耐用

单位：mm

旗舰站 – 母婴室

平面索引图

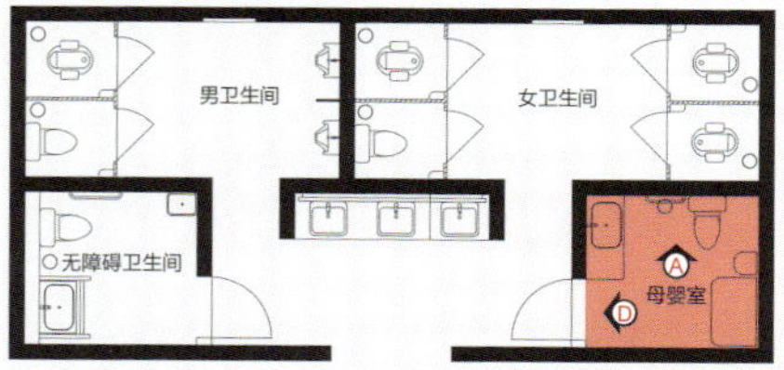

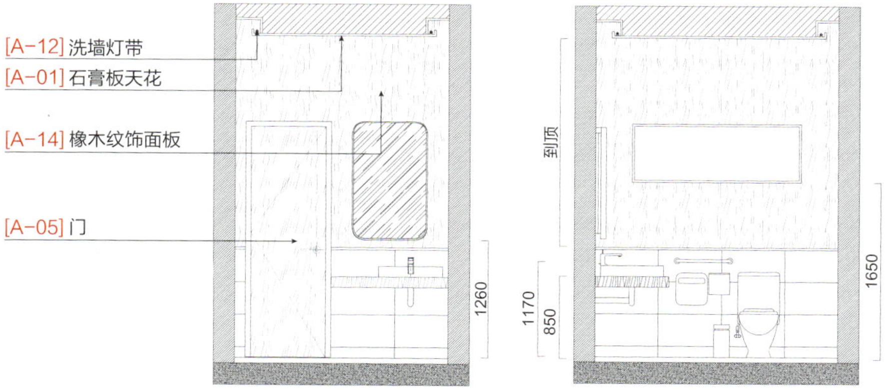

D 立面图　　A 立面图

说明：

1. 石膏板天花刷白色防水乳胶漆；
2. 墙面1200mm以上到顶橡木纹饰面板，1200mm以下贴灰色300mm×600mm墙砖；
3. 贴深灰色300mm×300mm地砖；
4. 门高度2000mm；
5. 洗手台安装完成后台面离地高度850mm；
6. 银镜安装完成后底部离地高度1260mm；
7. 扶手安装完成后底部离地高度700mm；
8. 装饰画安装完成后底部离地高度1650mm。

D.6.10

旗舰站母婴室

标准配置表

编号	产品名称	备注
B-08	婴儿护理台	可折叠壁挂式
A-03	墙砖	灰色300×600
A-02	地砖	深灰色300×300
A-12	洗墙灯带	色温5000~6000K
A-01	石膏板天花	刷白色防水乳胶漆
B-13	婴儿座椅	可折叠壁挂式
A-14	橡木纹饰面板	防水防潮耐用

单位：mm

[A-14] 橡木纹饰面板
[B-08] 婴儿护理台
[B-13] 婴儿座椅
[A-03] 墙砖
[A-02] 地砖

旗舰站 – 母婴室
平面索引图

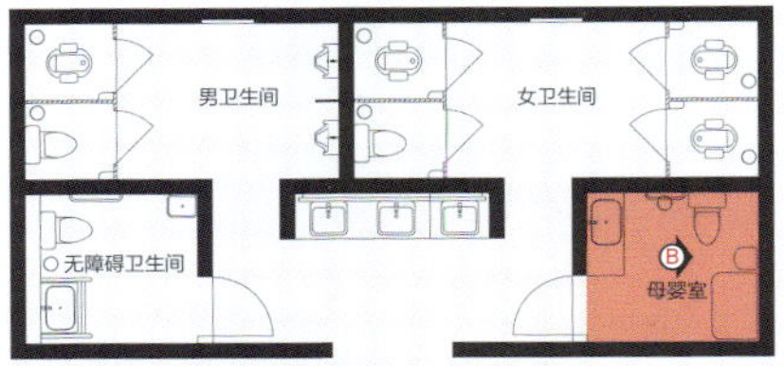

[A-12] 洗墙灯带
[A-01] 石膏板天花

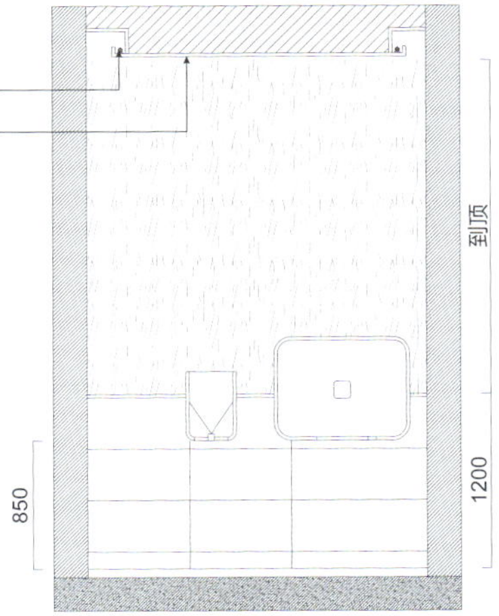

B 立面图

说明：

1.石膏板天花刷白色防水乳胶漆；

2.墙面1200mm以上到顶橡木纹饰面板，1200mm以下贴灰色300mm×600mm墙砖；

3.贴深灰色300mm×300mm地砖；

4.婴儿护理台安装完成后底部离地高度850mm。

5.婴儿座椅安装完成后底部离地高度850mm。

D.6.11

旗舰站无障碍卫生间

标准配置表

编号	产品名称	备注
B-09	手纸盒	不锈钢
B-10	洗手液盒	-
B-01	智能镜子	智能LED
B-03	小型水培绿植	-
B-11	香薰	-
D-01	扶手	不锈钢
C-07	洗手台（台上盆）	陶瓷
C-01	坐便器	陶瓷节水防水
B-06	垃圾桶	不锈钢
A-12	洗墙灯带	色温5000~6000K
A-01	石膏板天花	刷白色防水乳胶漆
A-03	墙砖	灰色300×600
A-02	地砖	深灰色300×600
A-14	橡木纹饰面板	防水防潮耐用

单位：mm

旗舰站－无障碍卫生间

平面索引图

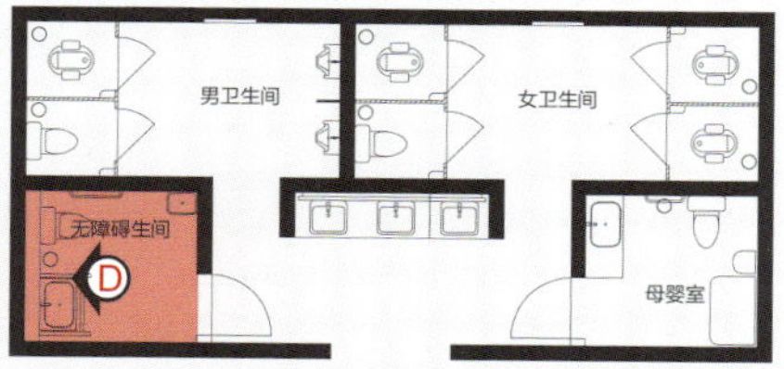

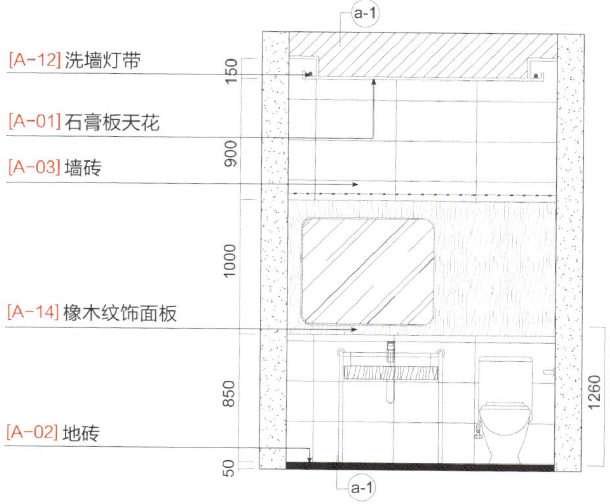

D 立面图

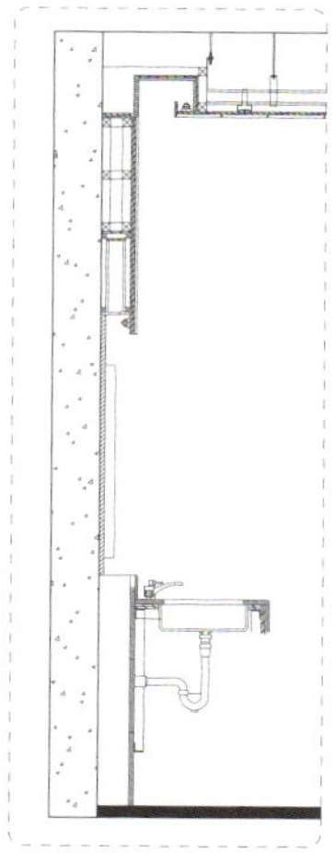

a-1剖面图

说明：

1.石膏板天花刷白色防水乳胶漆；

2.贴灰色300mm×600mm墙砖；

3.贴深灰色300mm×300mm地板；

4.洗手台安装完成后台面离地高度850mm；

5.银镜安装完成后底部离地高度1260mm。

D.6.11

旗舰站无障碍卫生间

标准配置表

编号	产品名称	备注
A-03	墙砖	灰色300×600
B-12	卷纸盒	不锈钢
C-08	拖把池	一体式陶瓷
A-12	洗墙灯带	色温5000~6000K
A-01	石膏板天花	刷白色防水乳胶漆
A-02	地砖	深灰色300×600
D-01	扶手	不锈钢
B-14	报警系统	防撞击PC框架

单位：mm

· 注：根据实际要求，可设置清洁工具间或清洁工具柜。

旗舰站－无障碍卫生间

平面索引图

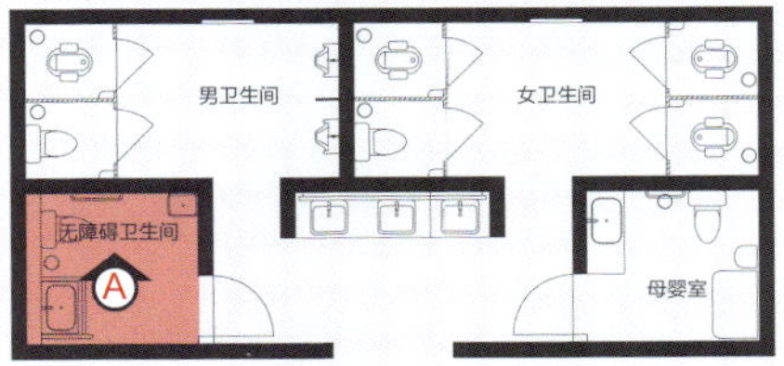

[A-03] 墙砖

[B-14] 报警系统

[D-01] 扶手

[B-12] 卷纸盒

[C-08] 拖把池

[A-12] 洗墙灯带

[A-01] 石膏板天花

[A-12] 洗墙灯带

[A-02] 地砖

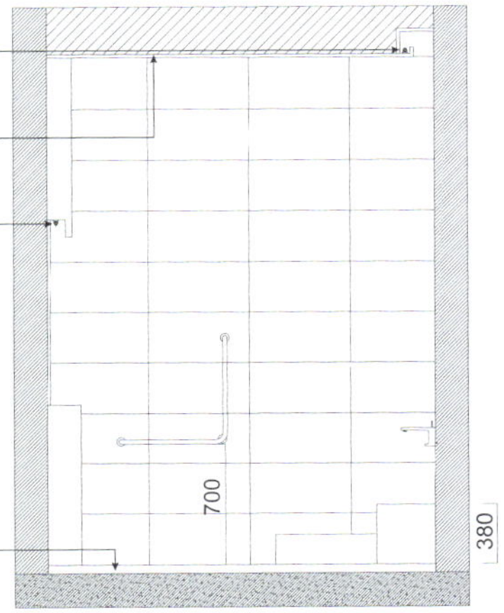

A 立面图

说明：

1.石膏板天花刷白色防水乳胶漆；

2.贴灰色300mm×600mm墙砖；

3.贴深灰色300mm×300mm地砖；

4.扶手安装完成后离地高度700mm；

5.拖把池高度380mm。

D.6.12

标准站基本功能需求

设计原则

1.美观、实用、简洁、易打理；

2.灯光色温：5000~6000K；

3.保证卫生间内通风无异味。

设计配置要点

1.基本功能应包括厕间、坐便器、蹲便器、小便斗、洗手台(盆)、拖把池等；

2.人性化设施配置应包括挂钩、智能镜、厕间置物台、洗手液、香薰、手纸盒、绿植等；

3.施工用材及设施设备选用应保证环保节能；

4.厕内应设置排风扇，若现场条件允许还应设置通风窗，保证厕内负压，避免异味散逸；

5.厕间蹲位数量设置：原则上改造站遵循原有蹲位数量，新建（推倒重建）站按当地规划设计条件要求进行设置；

6.本标准图例所标注建筑外观尺寸仅供参考；厕所面积原则上应控制在5~10m ^{2}以内，如遇特殊情况，可据实调整；

7.厕所地面使用深灰色防滑地砖，防滑系数应大于0.5，厕间墙面满铺灰色釉面砖；

8.厕所内天花吊顶优先选择石膏板刷白色防水乳胶漆，根据实际情况选择铝扣板吊顶；

9.为了便于卫生清洁的同时保持厕内私密性，原则上男女卫生间门应同时设置闭门器和门吸，具体由省市公司根据实际情况调整。

照明用电

1.厕内供电设计应符合GB 51348 — 2019《民用建筑电气设计规范》的规定；

2.厕间应采用防潮节能型照明灯具，禁止使用声控灯；

3.厕间照度应达 200 lx。

清洁维护及保养

厕所日常使用，应注意对洁具及辅助设施的保养，进行卫生清洁时，应使用湿抹布擦拭门、隔板洁具等，严禁用强酸或强腐蚀性的清洁剂直接冲刷洁具及隔板。

防水

1.防水材料的性能应符合国家现行有关标准的规定，防水产品应附有产品合格证明，施工基层表面应平整，不得有松动、空鼓、起沙、开裂等缺陷；

2.地漏、套管、卫生洁具根部、阴阳角等部位，应先做防水附加层。防水层应从地面上翻到墙面，高出地面 1800mm；洗手盆柜背部墙面防水高度不低于 1800mm；

3.顶棚抹灰层与基层之间及各抹灰层之间必须粘结牢固，无脱层、空鼓。

D.6.13

标准站效果展示

D.6.14

标准站卫生间形象总览

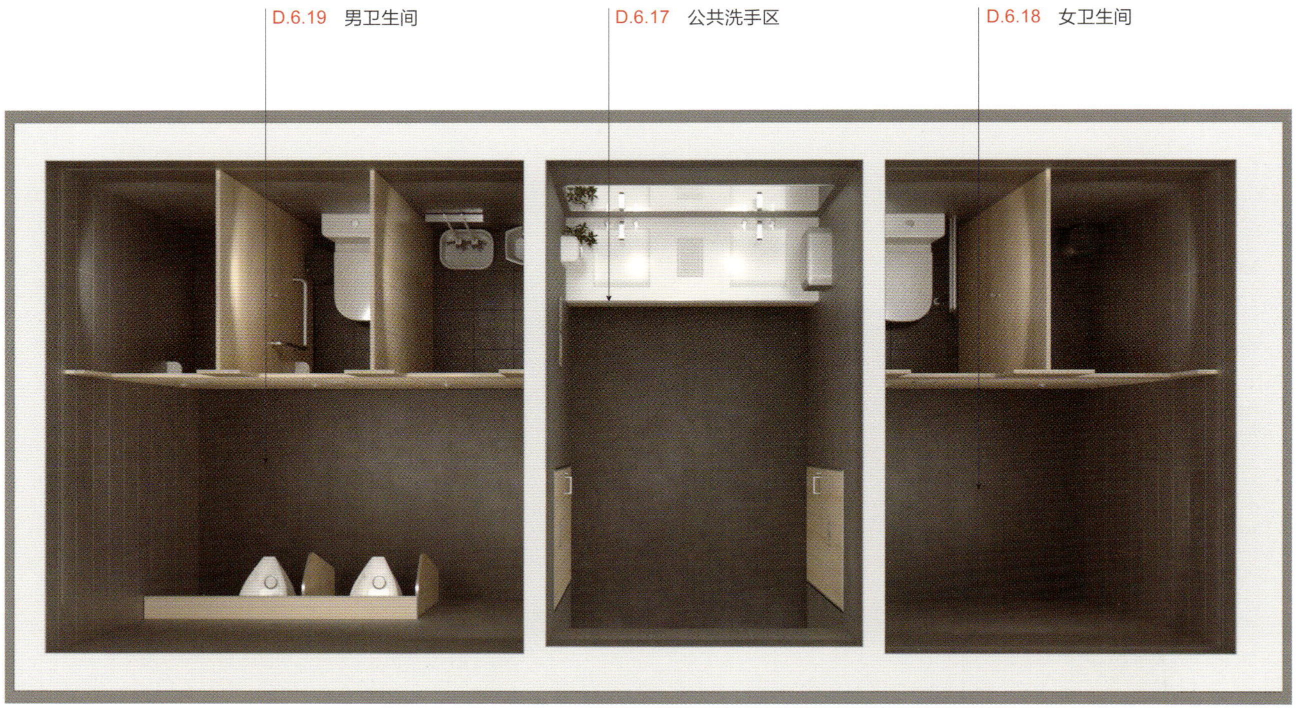

D.6.15

标准站卫生间墙地面用砖标准

编号	产品名称	产品尺寸
A-02	地砖	深灰色 300×300
A-03	墙砖	灰色 300×600

产品要求：

地砖：300mm × 300mm × 12mm

墙砖：300mm × 600mm × 8mm

吸水率：≤0.5%

破坏强度：>1300N

断裂模数：≥35MPa

单位：mm

深灰色地砖

Pantone Cool Gray 11 C

灰色墙砖

Pantone Cool Gray 8 C

· 注：受灯光渲染影响，效果图呈现的瓷砖颜色会与实物存在一定误差，具体采购以本标准标注的色号为准。

· 地砖参考品牌：
（马可波罗、蒙娜丽莎、东鹏瓷砖）

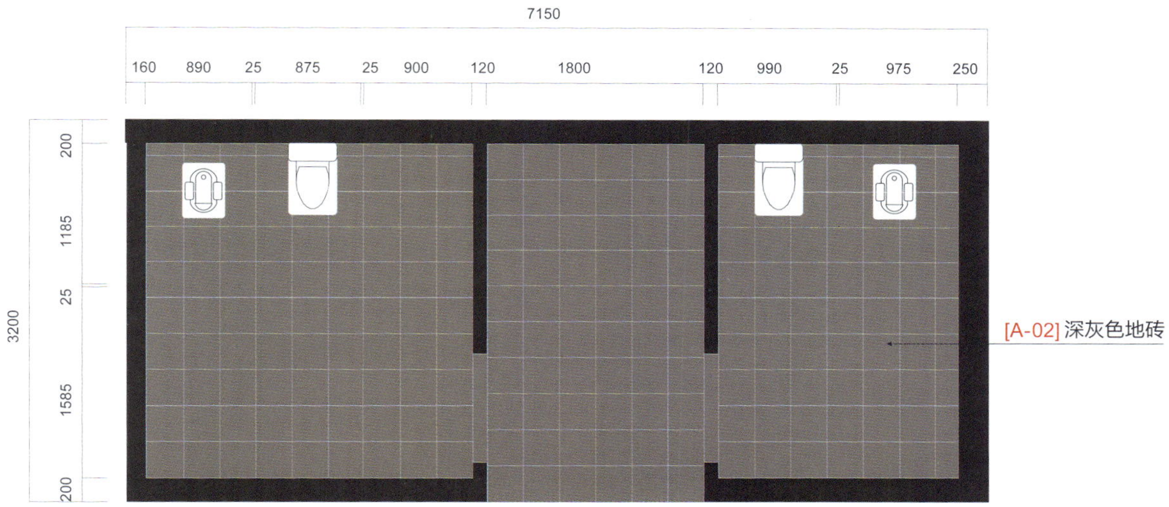

施工标准

1. 施工完成平整度误差小于 2mm，相邻砖高差小于 1mm；
2. 瓷砖拼缝不得超过 1.5mm；
3. 要求在主要可视面按墙地砖对缝效果进行施工；
4. 采用同色美缝剂进行美缝处理，禁止用水泥或其他腻子等替代；
5. 墙面管道做包立管，不得裸露；
6. 墙地砖拼缝保持一致。

墙砖参考图

D.6.16

标准站卫生间天花标准

编号	产品名称	备注
A-09	嵌入式筒灯	色温 5000~6000K
A-01	石膏板天花	刷白色防水乳胶漆

单位：mm

灯具示例：

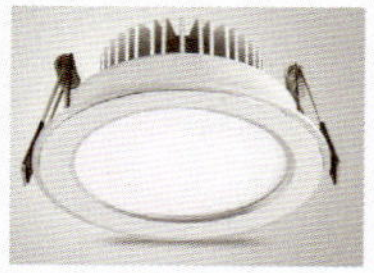

嵌入式筒灯

排风扇参考图片

适用面积	开孔尺寸	面板尺寸	风量
5~8m²	205mm × 205mm	245mm × 245mm	120m³/h
6~9m²	230mm × 230mm	268mm × 268mm	132m³/h
8~10m²	255mm × 255mm	300mm × 300mm	150m³/h
8~12m²	275mm × 275mm	320mm × 320mm	168m³/h

参考品牌：

（雷士、欧普、飞利浦）

说明：

1. 天花吊顶：优先选择石膏板刷白色防水乳胶漆，根据实际情况选择铝扣板吊顶。

2. 天花照明排布：厕间及过道均为居中安装，满足整体照明，禁止使用声控灯。

照明：

厕内供电设计应符合 GB 51348—2019《民用建筑电气设计规范》的规定。厕间应采用防潮节能型照明灯具。原则上厕间只设置天花灯，因形象设计需要，可增设壁灯，壁灯选型及照明应满足相关规定。

D.6.17

标准站公共洗手区

标准配置表

编号	产品名称	备注
B-01	智能镜子	智能 LED
B-09	手纸盒	不锈钢
B-10	洗手液盒	–
B-03	小型水培绿植	–
C-06	洗手台（台下盆）	嵌入式一体台盆
A-06	台盆柜	橡木纹饰面
A-01	石膏板天花	刷白色防水乳胶漆
A-03	墙砖	灰色 300×600
A-02	地砖	深灰色 300×300
C-04	水龙头	感应式

单位：mm

标准站 – 公共洗手区

平面索引图

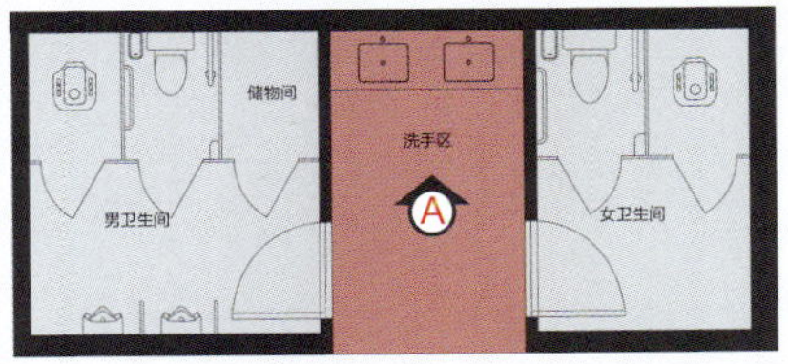

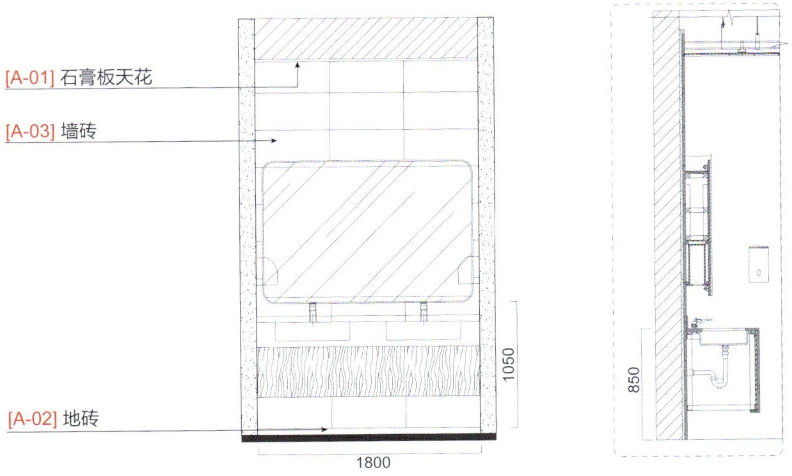

A 立面图

说明：

1.石膏板天花刷白色防水乳胶漆；

2.贴灰色300mm×600mm墙砖；

3.贴深灰色300mm×300mm地砖；

4.洗手台安装完成后台面离地高度850mm；

5.银镜安装完成后底部离地高度1260mm；

6.为了便于卫生清洁的同时保持厕内私密性，原则上男女卫生间门应同时设置闭门器和门吸，具体由省市公司根据实际情况调整。

D.6.17

标准站公共洗手区

标准配置表

编号	产品名称	产品型号
B-09	手纸盒	不锈钢
A-05	门	PVC 板橡木纹饰面
D-09	门把手	不锈钢
A-01	石膏板天花	刷白色防水乳胶漆
A-03	墙砖	灰色 300 × 600
A-02	地砖	深灰色 300 × 300

单位：mm

保洁表

[B-09] 手纸盒

[A-05] 门

[D-09] 门把手

[A-01] 石膏板天花

[A-03] 墙砖

[A-02] 地砖

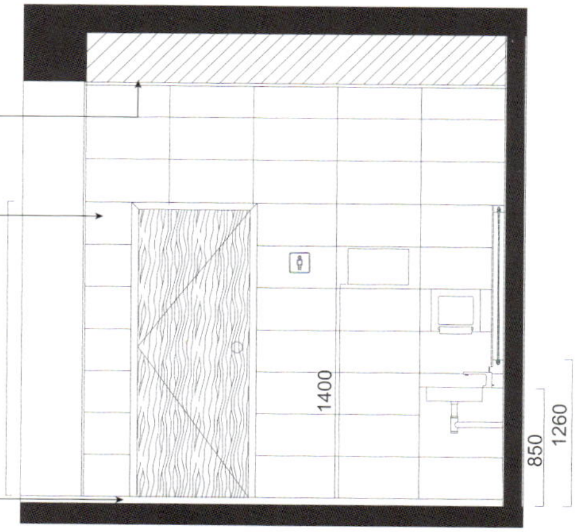

D 立面图

说明：

1.石膏板天花刷白色防水乳胶漆；

2.贴灰色300mm × 600mm墙砖；

3.贴深灰色300mm × 300mm地砖；

4.门高度2000mm；

5.洗手台安装完成后台面离地高度850mm；

6.银镜安装完成后底部离地高度1260mm；

7.保洁表采用亚克力插槽式，尺寸为A4纸大小，可更换；底部距地高度1400mm。

标准站 – 公共洗手区
平面索引图

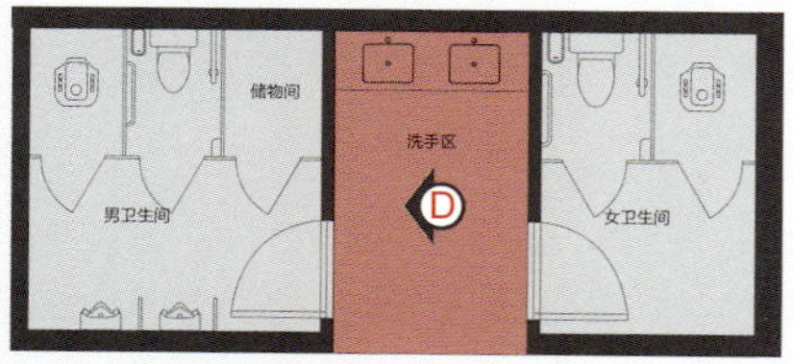

D.6.18

标准站女卫生间

标准配置表

编号	产品名称	备注
A-03	墙砖	300×600
A-04	隔断	橡木纹饰面
A-05	门	PVC 板橡木纹饰面
D-09	门把手	不锈钢
A-02	地砖	300×300
A-01	石膏板天花	刷白色防水乳胶漆
D-12	内门锁	不锈钢

单位：mm

[A-03] 墙砖
[A-04] 隔断
[D-12] 内门锁
[A-05] 门
[D-09] 门把手

标准站－女卫生间
平面索引图

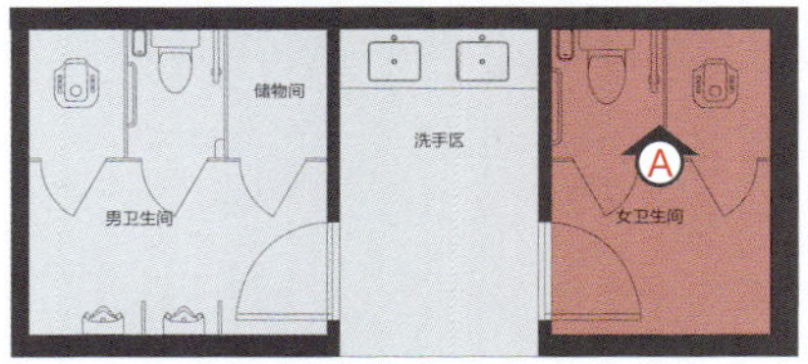

[A-01] 石膏板天花
[A-02] 地砖

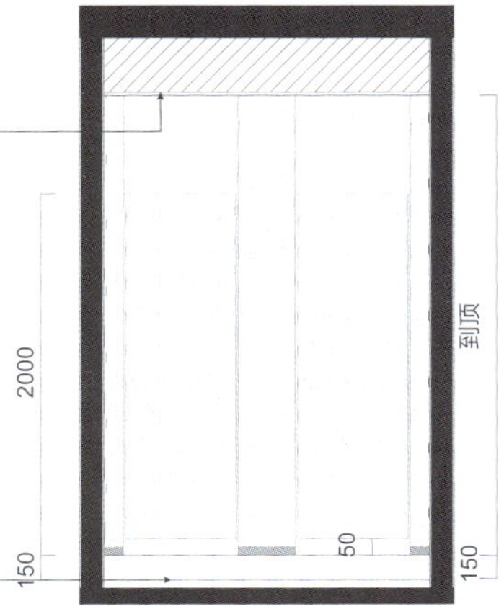

A 立面图

说明：

1.石膏板天花刷白色防水乳胶漆；

2.贴灰色300mm×600mm墙砖；

3.贴深灰色300mm×300mm地砖；

4.厕所隔间板到顶，厕间隔板门高度2000mm；

5.厕间蹲便地面抬高150mm；

6.厕间隔板采用实心PVC板或酚醛树脂板制作，橡木纹饰面。

D.6.18

标准站女卫生间

标准配置表

编号	产品名称	备注
D-06	挂钩	不锈钢
A-03	墙砖	灰色 300×600
A-04	隔断	橡木纹饰面
C-01	坐便器	陶瓷节水防臭
B-06	垃圾桶	不锈钢
C-02	蹲便器	一体式陶瓷
A-02	地砖	深灰色 300×300
A-01	石膏板天花	刷白色防水乳胶漆
D-11	脚踏式冲水	锌合金
D-01	扶手	不锈钢

单位：mm

标准站－女卫生间
平面索引图

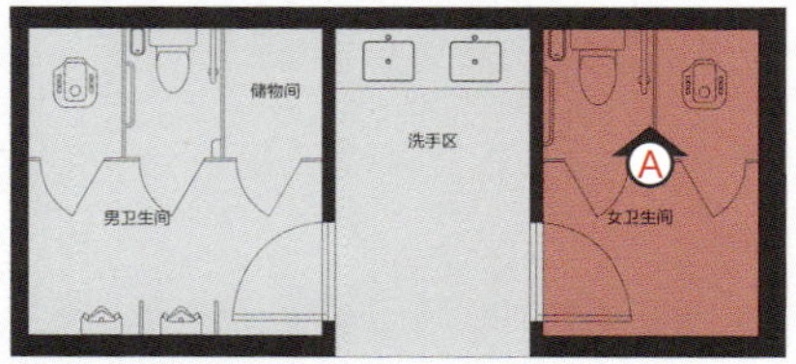

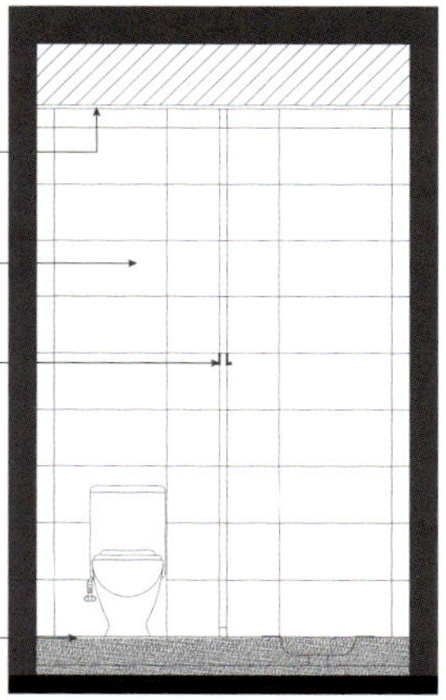

A 立面图

说明：

1.石膏板天花刷白色防水乳胶漆；

2.贴灰色300mm×600mm墙砖；

3.贴深灰色300mm×300mm地砖；

4.厕所隔间板到顶；

5.厕间蹲便地面抬高 150mm;

6.隔间板采用实心 PVC 板或酚醛树脂板制作，橡木纹饰面。

D.6.19

标准站男卫生间

标准配置表

编号	产品名称	备注
A-03	墙砖	灰色 300×600
A-04	隔断	橡木纹饰面
C-01	坐便器	陶瓷节水防臭
C-08	拖把池	一体式陶瓷
B-06	垃圾桶	不锈钢
C-02	蹲便器	一体式陶瓷
A-02	地砖	深灰色 300×300
A-01	石膏板天花	刷白色防水乳胶漆
D-11	脚踏式冲水	锌合金
D-01	扶手	不锈钢

单位：mm

标准站－男卫生间
平面索引图

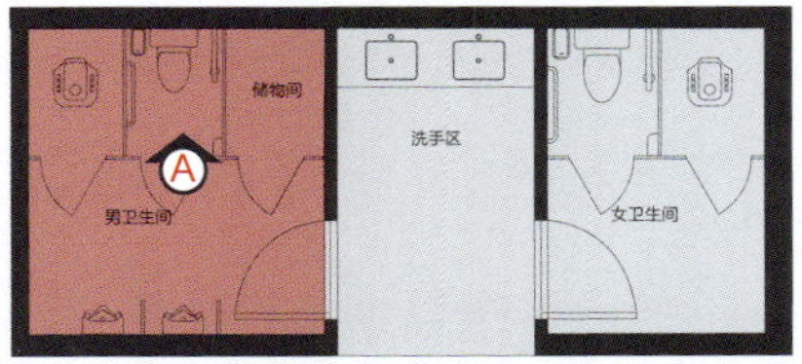

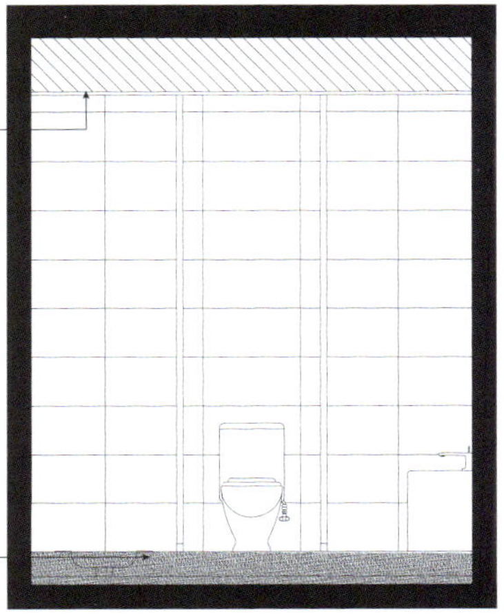

A 立面图

说明：

1.石膏板天花刷白色防水乳胶漆；

2.贴灰色300mm×600mm墙砖；

3.贴深灰色300mm×300mm地砖；

4.厕所隔间板到顶；

5.厕间蹲便地面抬高 150mm;

6.隔间板采用实心 PVC 板或酚醛树脂板制作，橡木纹饰面。

D.6.19

标准站男卫生间

标准配置表

编号	产品名称	备注
A-03	墙砖	灰色 300×600
C-02	小便斗	一体式陶瓷
A-04	隔断	橡木纹饰面
A-02	地砖	深灰色 300×300
A-01	石膏板天花	刷白色防水乳胶漆
B-04	置物台	橡木纹饰面

单位：mm

标准站－男卫生间

平面索引图

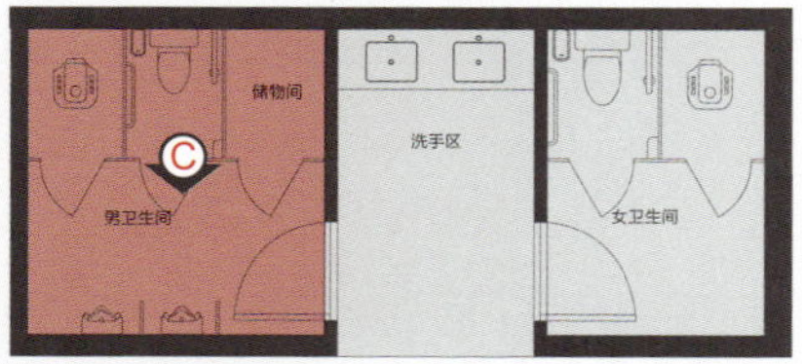

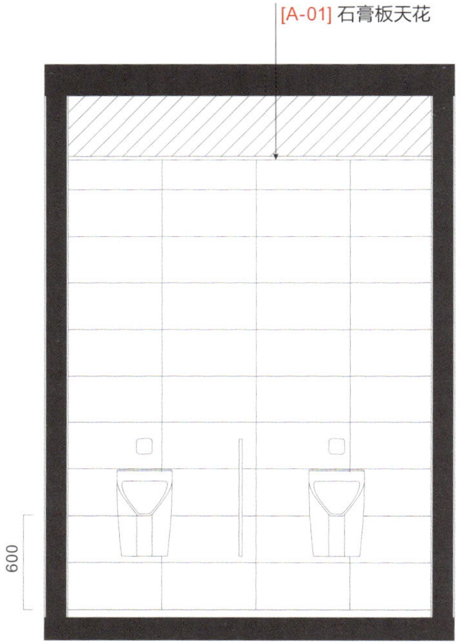

C 立面图

说明：

1.石膏板天花刷白色防水乳胶漆；

2.贴灰色300mm×600mm墙砖；

3.贴深灰色300mm×300mm地砖；

4.小便斗安装完成后，中心离地600mm（可根据现场实际进行调整）；

5.小便斗隔板安装间距以不小于800mm为宜；

6.小便斗挡板：实心PVC板或实心酚醛树脂板，顶端高度1200mm；

7.置物台安装完成后，离地1350mm。

D.6.20

简易站基本功能需求

设计原则

1.美观、实用、简洁、易打理；

2.灯光色温：5000~6000K；

3.保证卫生间内通风无异味。

设计配置要点

1.基本功能应包括厕间、蹲便器、小便斗、洗手台(盆)、拖把池等；

2.人性化设施配置应包括挂钩、面镜、厕间置物台、洗手液等；

3.施工用材及设施设备选用应保证环保节能；

4.厕内应设置排风扇，若现场条件允许还应设置通风窗，保证厕内负压，避免异味散逸；

5.厕间蹲位数量设置：原则上改造站遵循原有蹲位数量，新建（推倒重建）站按当地规划设计条件要求进行设置；

6.本标准图例所标注建筑外观尺寸仅供参考；厕所面积原则上应控制在5~10m^{2}以内，如遇特殊情况，可据实调整；

7.厕所地面使用深灰色防滑地砖，防滑系数应大于0.5，厕间墙面1200mm以下部位铺灰色釉面砖；

8.厕内原则上不设吊顶，裸顶天花刷白色防水乳胶漆；

9.为了便于卫生清洁的同时保持厕内私密性，原则上男女卫生间门应同时设置闭门器和门吸，具体由省市公司根据实际情况调整。

照明用电

1. 厕内供电设计应符合 GB 51348—2019《民用建筑电气设计规范》的规定；

2. 厕间应采用防潮节能型照明灯具，禁止使用声控灯；

3. 厕间照度应达 150lx。

清洁维护及保养

厕所日常使用，应注意对洁具及辅助设施的保养，进行卫生清洁时，应使用湿抹布擦拭门、隔板洁具等，严禁用强酸或强腐蚀性的清洁剂直接冲刷洁具及隔板。

防水

1. 防水材料的性能应符合国家现行有关标准的规定，防水产品应附有产品合格证明，施工基层表面应平整，不得有松动、空鼓、起沙、开裂等缺陷；

2. 地漏、套管、卫生洁具根部、阴阳角等部位，应先做防水附加层。防水层应从地面上翻到墙面，高出地面 1200mm; 洗手盆柜背部墙面防水高度不低于 1200mm；

3. 顶棚抹灰层与基层之间及各抹灰层之间必须粘结牢固，无脱层、空鼓。

D.6.21

简易站效果展示

D.6.22

简易站卫生间形象总览

说明：

便器

1.简易站原则上应全部选用蹲便器，选材要结实耐用，便于冲洗、不易堵塞、不易附着污垢，同时具备节水防臭、耐腐蚀、耐磨损、防渗漏、性能可靠、故障率低、维修方便等特性；

2.蹲便器宜采用单体蹲便器配外接水封存水弯结构方式，长度不小于 600mm，其前沿离门不小于 400mm；

3.冲水设备：无特殊要求时选用脚踏式冲水方式，水压不足、水量小的地区可选择水箱式冲水方式。

小便斗

依据卫生间内情况设定。

洗手台（盆）

洗手盆宜选购成品件（可选配人造石台面）。

D.6.23

简易站卫生间墙地面用砖标准

编号	产品名称	产品尺寸
A-02	地砖	深灰色 300 × 300
A-03	墙砖	灰色 300 × 600

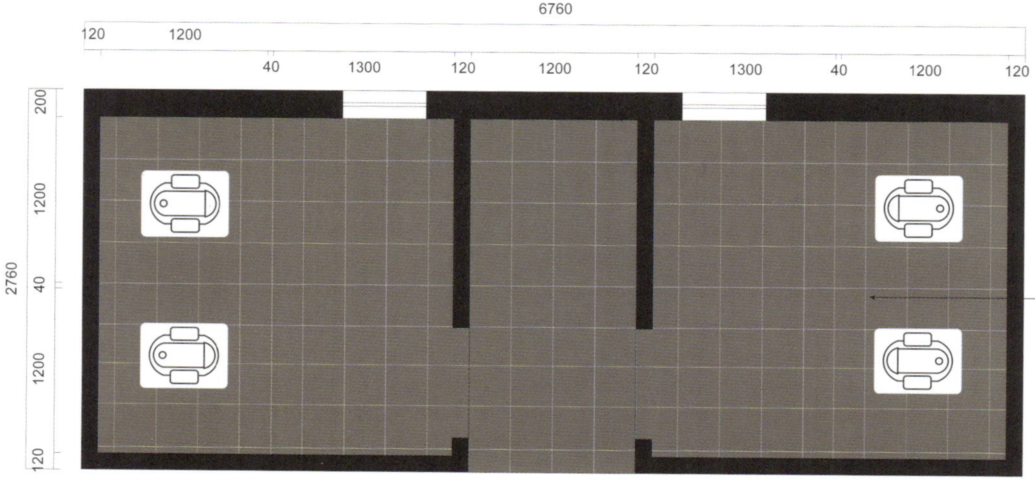

产品要求：

地砖：300mm × 300mm × 12mm
墙砖：300mm × 600mm × 8mm
吸水率：≤0.5%
断裂模数：≥35MPa
破坏强度：>1300N
单位：mm

深灰色地砖
PANTONE COOL GRAY 11 C

灰色墙砖
PANTONE COOL GRAY 8 C

· 注：受灯光渲染影响，效果图呈现的瓷砖颜色会与实物存在一定误差，具体采购以本标准标注的色号为准。

· 地砖参考品牌：
（马可波罗、蒙娜丽莎、东鹏瓷砖）

施工标准

1. 施工完成平整度误差小于 2mm，相邻砖高差小于 1mm；
2. 瓷砖拼缝不得超过 1.5mm；
3. 要求在主要可视面按墙地砖对缝效果进行施工；
4. 采用同色美缝剂进行美缝处理，禁止用水泥或其他腻子等替代；
5. 墙面管道做包立管，不得裸露；
6. 墙地砖拼缝保持一致。

墙砖参考图

D.6.24

简易站卫生间天花标准

编号	产品名称	备注
A-11	明装筒灯	色温 5000~6000K

单位：mm

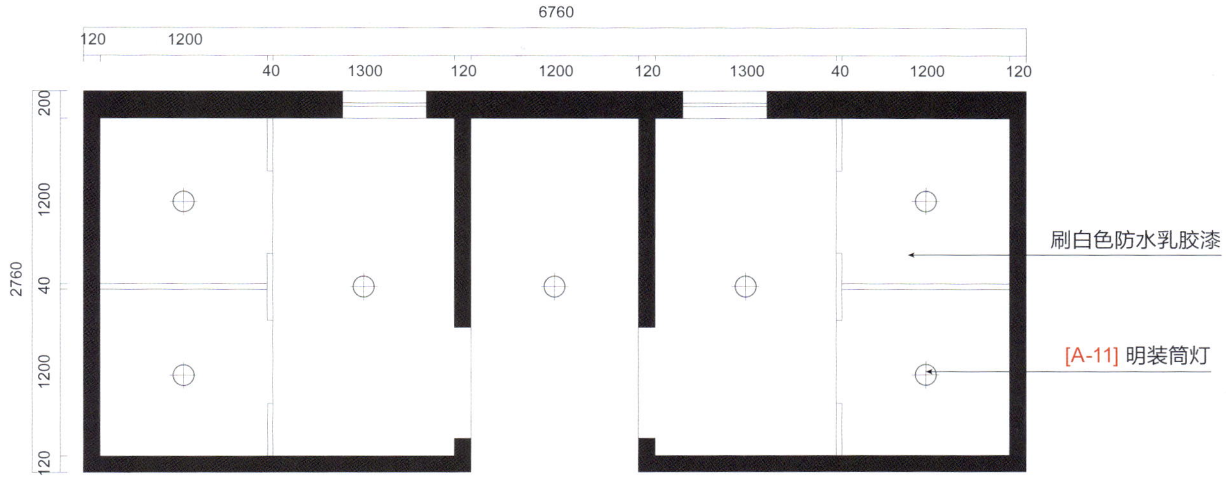

灯具示例：

明装筒灯

排风扇参考图片

适用面积	开孔尺寸	面板尺寸	风量
5~8m²	205mm×205mm	245mm×245mm	120m³/h
6~9m²	230mm×230mm	268mm×268mm	132m³/h
8~10m²	255mm×255mm	300mm×300mm	150m³/h
8~12m²	275mm×275mm	320mm×320mm	168m³/h

说明：

1. 裸顶天花，刷白色防水乳胶漆；
2. 天花照明排布：厕间及过道均为居中安装，满足整体照明，灯具建议选用明装筒灯或吸顶灯，禁止使用声控灯。

照明：

厕内供电设计应符合 GB 51348-2019《民用建筑电气设计规范》的规定。厕间应采用防潮节能型照明灯具，厕间照度应达 150lx。原则上厕间只设置天花灯，因形象设计需要，可增设壁灯，壁灯选型及照明应满足相关规定。

灯具参考品牌：

（雷士、欧普、飞利浦）

D.6.25

简易站公共洗手区

标准配置表

编号	产品名称	备注
A-11	明装筒灯	色温 5000~6000K
B-02	银镜	成品水银镜
B-10	洗手液盒	自动感应式
A-03	墙砖	灰色 300 × 600
C-05	水龙头	按压节水式
C-06	洗手台(台下盆)	嵌入式一体台盆
A-02	地砖	深灰色 300 × 300

洁具：
优先选择知名品牌产品，以实用耐用为准。

单位：mm

简易站 – 公共洗手区
平面索引图

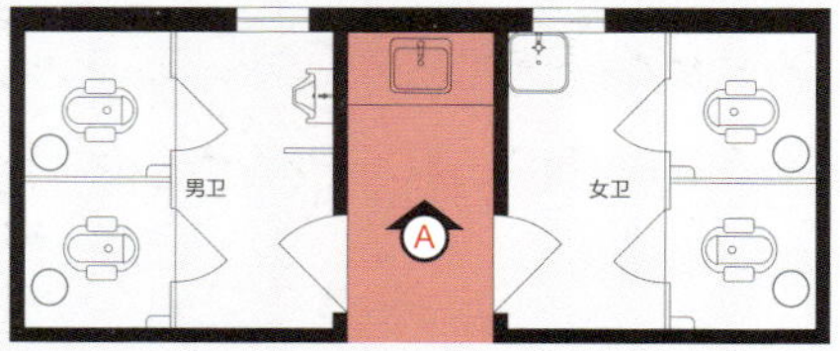

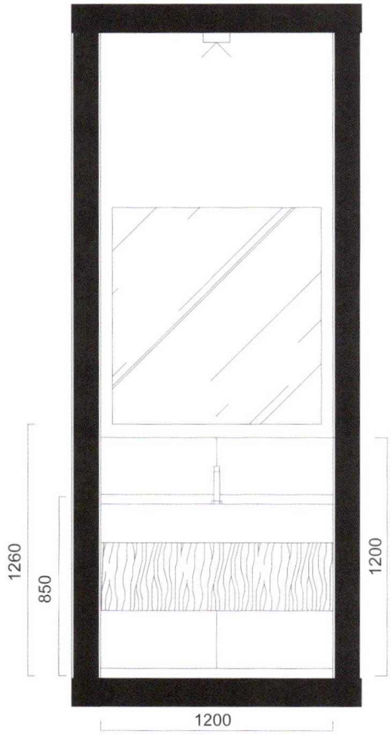

A 立面图

说明：

1.裸顶天花刷白色防水乳胶漆；

2.墙面1200mm以上刷白色防水乳胶漆，墙面1200mm以下贴灰色墙砖（部分地区可以贴到顶或用仿瓷砖装饰板）；

3.洗手台安装完成后台面离地高度850mm；

4.银镜安装完成后底部离地高度1260mm；

5.为了便于卫生清洁的同时保持厕内私密性，原则上男女卫生间门应同时设置闭门器和门吸，具体由省市公司根据实际情况调整。

D.6.25

简易站公共洗手区

标准配置表

编号	产品名称	备注
A-05	门	PVC 板橡木纹饰面
D-09	门把手	不锈钢
C-06	洗手台（台下盆）	嵌入式一体台盆
A-11	明装筒灯	色温 5000~6000K
A-03	墙砖	灰色 300 × 600
A-02	地砖	深灰色 300 × 300

单位：mm

简易站 – 公共洗手区

平面索引图

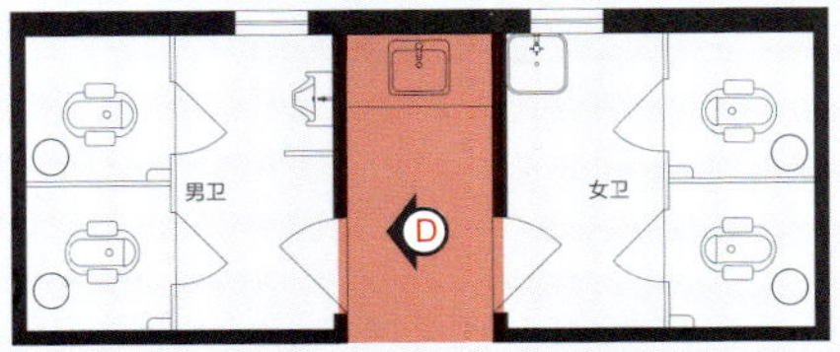

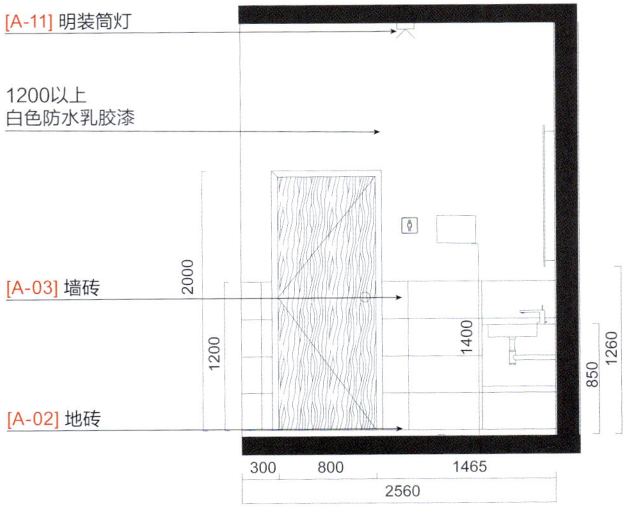

D 立面图

说明：

1.裸顶天花刷白色防水乳胶漆；

2.墙面1200mm以上刷白色防水乳胶漆，墙面1200mm以下贴灰色墙砖（部分地区可以贴到顶或用仿瓷砖装饰板）；

3.门高度2000mm；

4.洗手台安装完成后台面离地高度850mm；

5.银镜安装完成后底部离地高度1260mm；

6.保洁表采用亚克力插槽式，尺寸为A4纸大小，可更换；底部距地高度1400mm。

D.6.26

简易站男卫生间

标准配置表

编号	产品名称	备注
D-06	挂钩	不锈钢
A-04	隔断	橡木纹饰面
B-04	置物台	PVC 板
C-03	小便斗	一体式陶瓷
B-06	垃圾桶	不锈钢
D-11	脚踏式冲水	锌合金
C-02	蹲便器	防臭易清洁陶瓷
A-11	明装筒灯	色温 5000~6000K
A-03	墙砖	灰色 300×600
A-02	地砖	深灰色 300×300

单位：mm

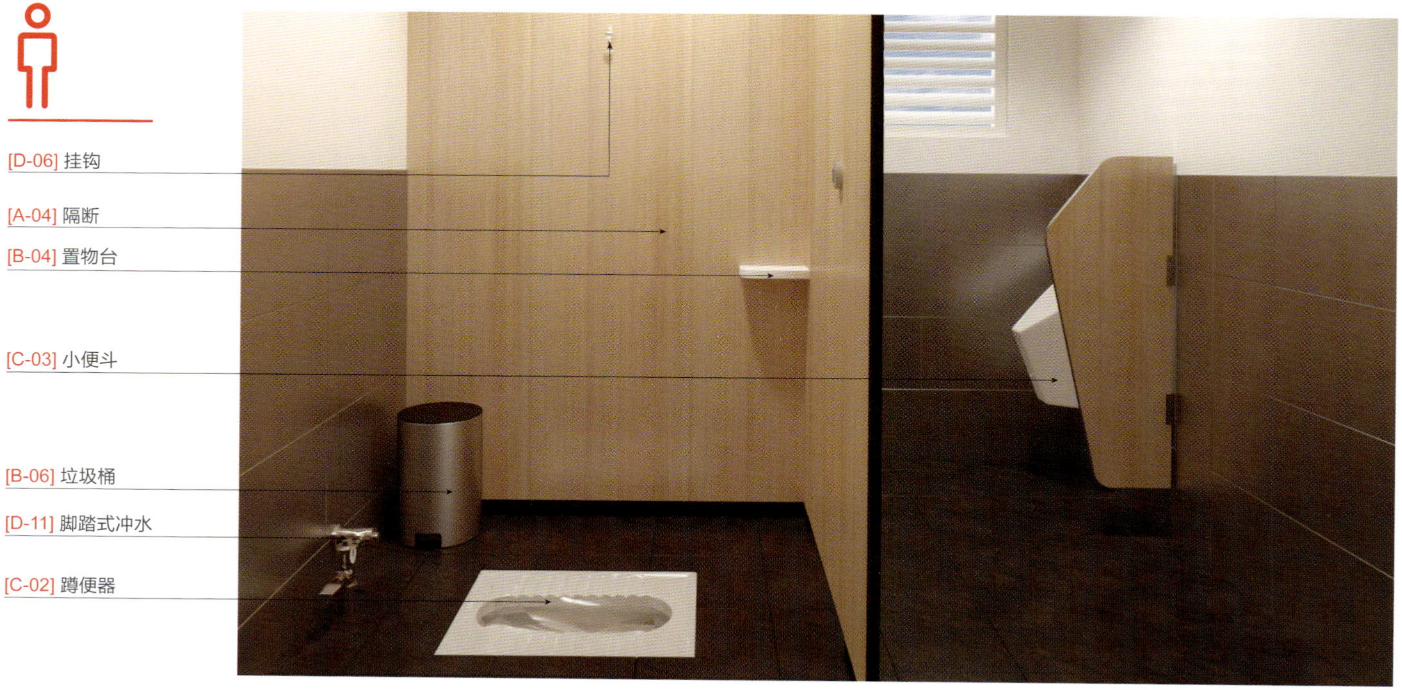

简易站－男卫生间
平面索引图

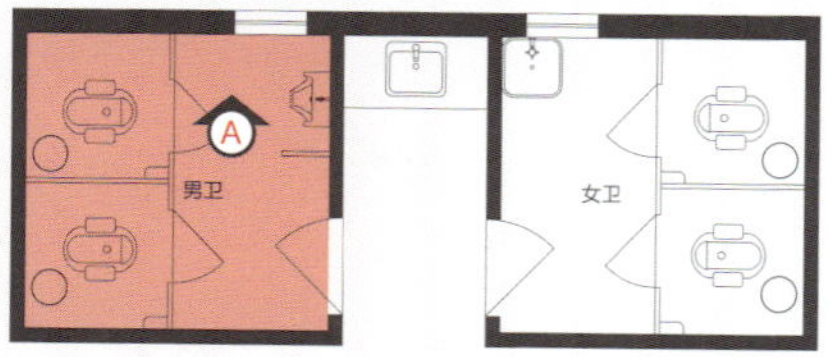

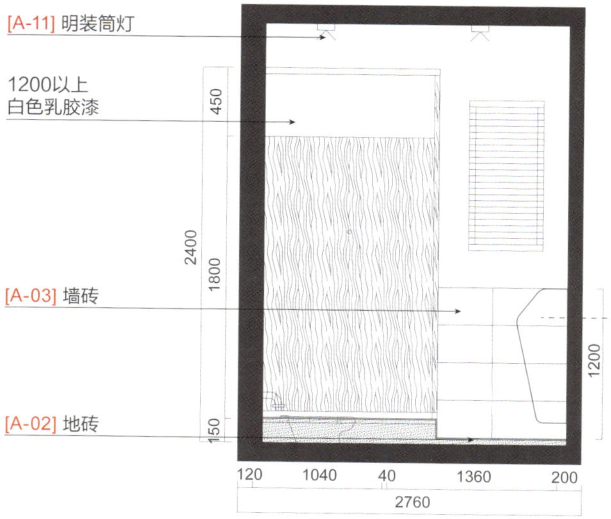

A 立面图

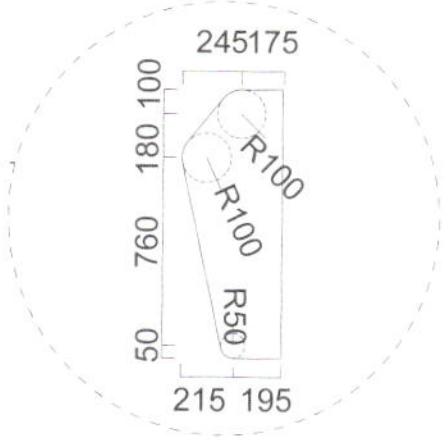

说明：

1.裸顶天花刷白色防水乳胶漆；

2.墙面 1200mm 以上刷白色防水乳胶漆，墙面 1200mm 以下贴灰色墙砖（部分地区可以贴到顶或用仿瓷砖装饰板）；

3.厕所隔间板高度 2250mm，厕间隔板门高度 1800mm（安装如图示）；

4.厕间蹲便地面抬高 150mm；

5.小便斗挡板采用实心 PVC 板或实心酚醛树脂板，安装完成后顶端距地面高度为 1200mm。

D.6.26

简易站男卫生间

标准配置表

编号	产品名称	备注
D-09	门把手	不锈钢
C-03	小便斗	一体式陶瓷
A-03	墙砖	灰色 300 × 600
A-04	隔断	橡木纹饰面
A-11	明装筒灯	色温 5000~6000K
A-02	地砖	深灰色 300 × 300
B-04	置物台	PVC 板

单位：mm

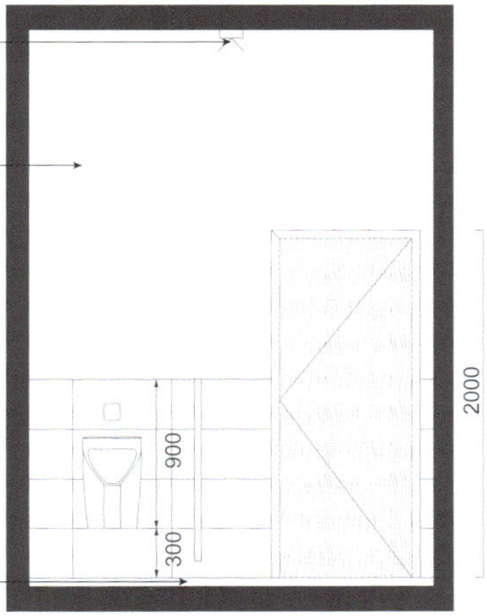

B 立面图

说明：

1.裸顶天花刷白色防水乳胶漆；

2.墙面 1200mm 以上刷白色防水乳胶漆，墙面 1200mm 以下贴灰色墙砖（部分地区可以贴到顶或用仿瓷砖装饰板）；

3.小便斗安装完成后，中心离地 600mm（可根据现场实际进行调整）；

4.小便斗隔板安装间距以不小于 800mm 为宜；

5.置物台安装完成后，离地 1350mm。

简易站 – 男卫生间
平面索引图

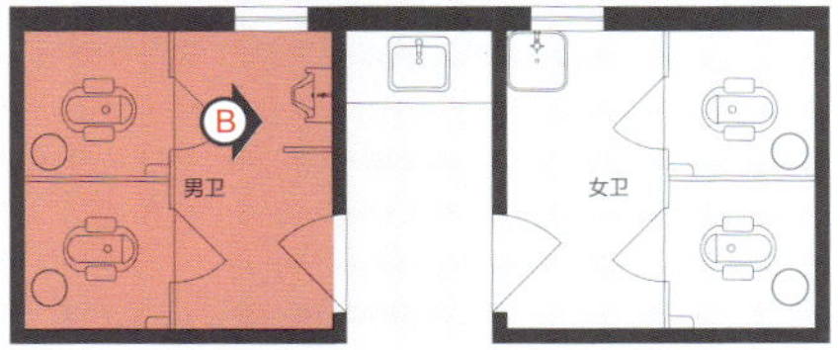

D.6.26

简易站男卫生间

标准配置表

编号	产品名称	备注
A-04	隔断	橡木纹饰面
A-03	墙砖	灰色 300×600
D-12	内门锁	银灰色铸铝
A-11	明装筒灯	色温 5000~6000K
A-02	地砖	深灰色 300×300

单位：mm

[A-04] 隔断

[D-12] 内门锁

[A-03] 墙砖

[A-11] 明装筒灯

白色防水乳胶漆

[A-02] 地砖

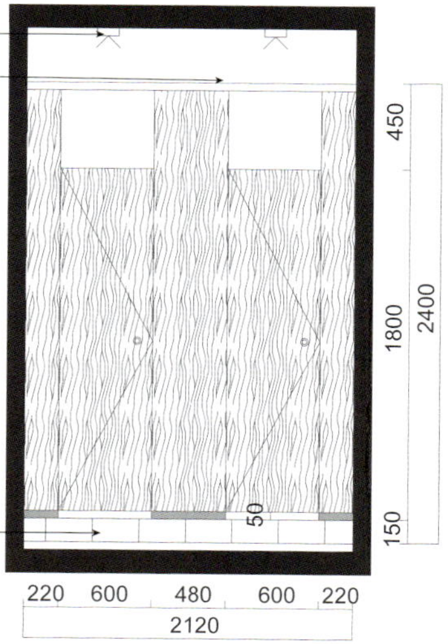

D 立面图

说明：

1.裸顶天花刷白色防水乳胶漆；

2.厕所隔间板高度 2250mm，厕间隔板门高度 1800mm（安装如图示）；

3.厕间蹲便地面抬高 150mm；

4.隔间板采用实心 PVC 板或酚醛树脂板制作，橡木纹饰面。

简易站－男卫生间

平面索引图

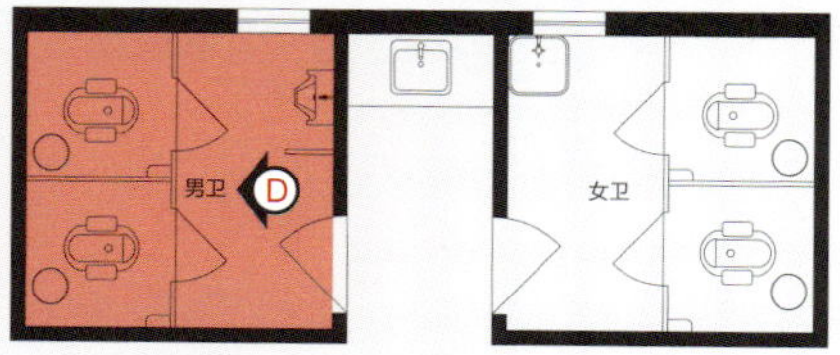

D.6.27

简易站女卫生间

标准配置表

编号	产品名称	备注
D-06	挂钩	不锈钢
D-12	内门锁	银灰色铸铝
C-08	拖把池	一体式陶瓷
A-04	隔断	橡木纹饰面
A-11	明装筒灯	色温 5000~6000K
A-03	墙砖	灰色 300×600
A-02	地砖	深灰色 300×300

单位：mm

· 注：根据实际要求，可设置清洁工具间或清洁工具柜。

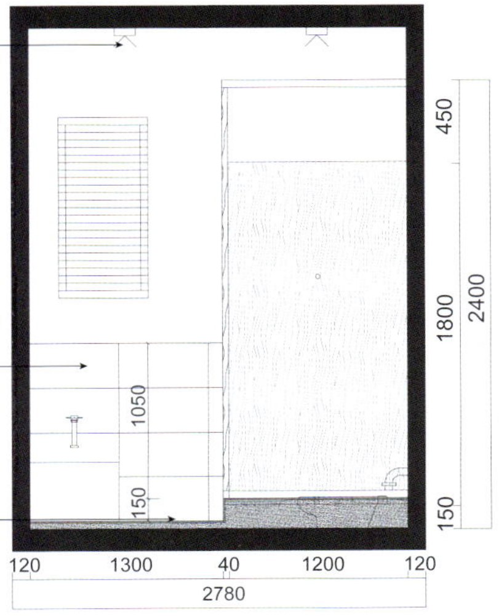

A 立面图

说明：

1.裸顶天花刷白色防水乳胶漆；

2.墙面1200mm以上刷白色防水乳胶漆，墙面1200mm以下贴灰色墙砖（部分地区可以贴到顶或用仿瓷砖装饰板）；

3.厕所隔间板高度2250mm，厕间隔板门高度1800mm（安装如图示）；

4.厕间蹲便地面抬高150mm；

5.厕间隔板采用实心PVC板或酚醛树脂板制作，橡木纹饰面。

简易站－女卫生间
平面索引图

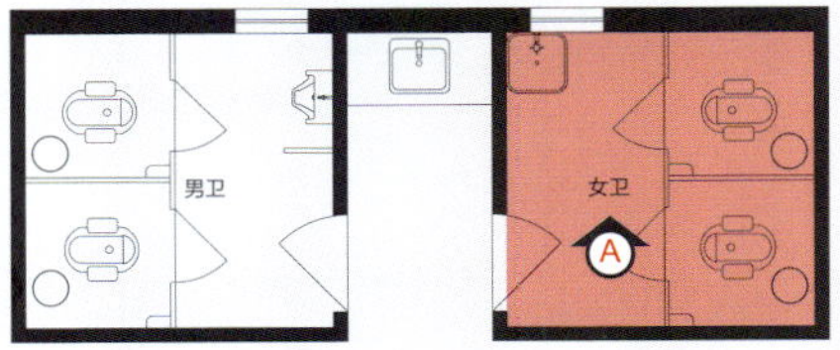

D.6.27

简易站女卫生间

标准配置表

编号	产品名称	备注
A-04	隔断	橡木纹饰面
A-03	墙砖	灰色 300×600
D-12	内门锁	银灰色铸铝
A-11	明装筒灯	色温 5000~6000K
A-02	地砖	深灰色 300×300

单位：mm

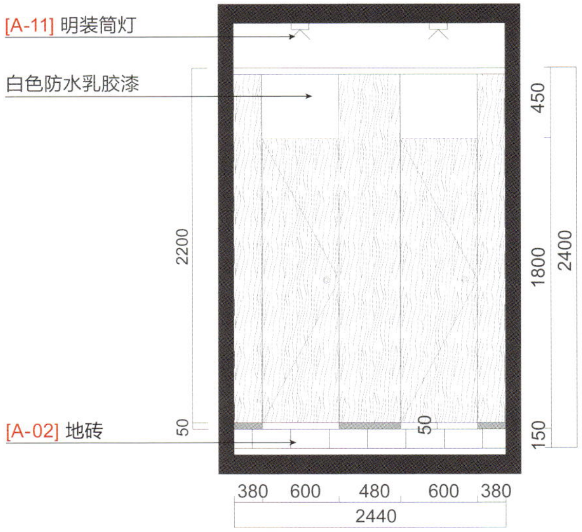

B 立面图

说明：

1.裸顶天花刷白色防水乳胶漆；

2.厕所隔间板高度2250mm，厕间隔板门高度1800mm（安装如图示）；

3.厕间蹲便地面抬高150mm；

4.厕间隔板采用实心PVC板或酚醛树脂板制作，橡木纹饰面。

简易站－男卫生间
平面索引图

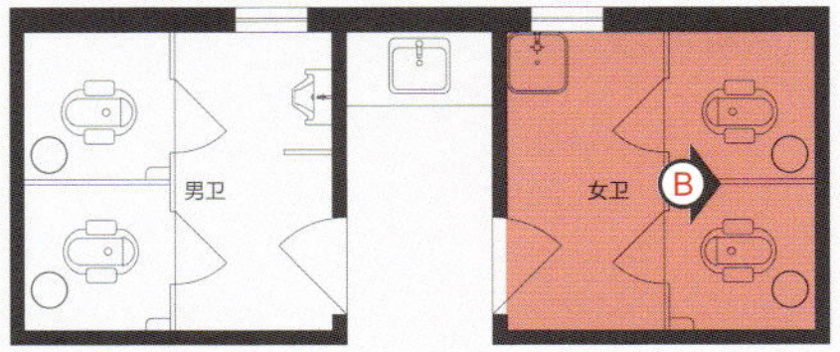

D.6.28

卫生间硬装配置表

编号	名称	备注
A-01	石膏板天花	刷白色防水乳胶漆
A-02	地砖	深灰色300×300 深灰色600×600
A-03	墙砖	灰色300×600
A-04	隔断	橡木纹饰面
A-05	门	PVC板橡木纹饰面
A-06	台盆柜	橡木纹饰面
A-07	装饰画	橡木纹饰面
A-08	排风扇	白色
A-09	嵌入式筒灯	色温5000~6000K
A-10	嵌入式射灯	色温5000~6000K
A-11	明装筒灯	色温5000~6000K
A-12	洗墙灯带	色温5000~6000K
A-13	踢脚线	铝合金
A-14	橡木纹饰面板	实心PVC板

优先选择知名品牌产品，以实用耐用为准。

洁具参考品牌：科勒、TOTO、九牧、恒洁；

地砖参考品牌：马可波罗、蒙娜丽莎、东鹏瓷砖；

灯具参考品牌：雷士、欧普、飞利浦。

· 注：为保证视觉形象统一，原则上应按本标准提供的设施配件图样进行选型采购，如遇特殊情况无法执行的，省市公司可据实调整采购需求，但颜色及造型上尽量接近本选型标准。

说明：

A-01 石膏板天花：
刷白色防水乳胶漆

A-02 地砖：
300mm×300mm深灰色地砖

A-03 墙砖：
灰色300mm×600mm全瓷直贴墙砖

A-04 隔断：
隔间板采用实心PVC板、酚醛树脂板
制作橡木饰面，材质应防水防潮耐用
部分地区有特殊需要可设置双面钢板/铝板喷漆材料

A-05 门：
材质：PVC板橡木纹饰面

A-06 台盆柜：
材质：橡木饰面台盆柜

A-07 装饰画：
材质：墙面装饰画框

A-08 排风扇：
超薄面板排风扇

A-09 嵌入式筒灯：
色温5000~6000K
功率5~8W，直径70cm

A-10 嵌入式射灯：
嵌入式LED射灯，色温5000~6000K
功率5~8W，直径70cm

A-11 明装筒灯：
明装筒灯，色温5000~6000K
功率5~8W，直径70cm

A-12 洗墙灯带：
嵌入式灯条灯槽，色温5000~6000K

A-13 踢脚线：
铝合金踢脚线

A-14 橡木纹饰面板：
制作橡木饰面，
材质应防水防潮耐用

D.6.29

卫生间软装配置表

编号	名称	备注
B-01	智能镜子	智能LED
B-02	银镜	成品水银镜
B-03	小型水培绿植	–
B-04	置物台	实心PVC板
B-05	智能显示器	高清液晶显示屏
B-06	垃圾桶	不锈钢
B-07	香薰机	–
B-08	婴儿护理台	可折叠壁挂式
B-09	手纸盒	不锈钢
B-10	洗手液盒	自动感应
B-11	香薰	–
B-12	卷纸盒	不锈钢
B-13	婴儿座椅	可折叠壁挂式
B-14	报警系统	防撞击PC框架
B-15	酒精喷雾	坐便垫消毒

优先选择知名品牌产品，以实用耐用为准。
洁具参考品牌：科勒、TOTO、九牧、恒洁；
地砖参考品牌：马可波罗、蒙娜丽莎、东鹏瓷砖；
灯具参考品牌：雷士、欧普、飞利浦。

· 注：为保证视觉形象统一，原则上应按本标准提供的设施配件图样进行选型采购，如遇特殊情况无法执行的，省市公司可据实调整采购需求，但颜色及造型上尽量接近本选型标准。

说明:

B-01 智能镜子:
智能浴室镜LED灯镜子

B-02 银镜:
防水镜、水银镜、玻璃表面镀银镜子

B-03 小型水培绿植:
可选用吊兰、绿萝、常春藤
放置于公共洗手区

B-04 置物台:
实心PVC板、橡木纹饰面板

B-05 智能显示器:
高清液晶广告显示屏

B-06 垃圾桶:
不锈钢脚踏式垃圾桶

B-07 香薰机:
选配贴墙安装自动香氛机
放置于公共洗手区

B-08 婴儿护理台:
可折叠壁挂式

B-09 手纸盒:
材质：太空铝
下开口抽纸

B-10 洗手液盒:
自动感应洗手液盒

B-11 香薰:
选配室内留香香氛
放置于公共洗手区

B-12 卷纸盒:
下开口抽纸

B-13 婴儿座椅:
可折叠壁挂式

B-14 报警系统:
防撞击PC框架

B-15 酒精喷雾:
喷洗坐便垫消毒

D.6.30

卫生间洁具配置表

编号	名称	备注
C-01	坐便器	陶瓷节水防臭
C-02	蹲便器	一体式陶瓷
C-03	小便斗	一体式陶瓷
C-04	水龙头	感应式节水龙头
C-05	按压式水龙头	按压式节水龙头
C-06	洗手台（台下盆）	嵌入式一体台盆
C-07	洗手台（台上盆）	陶瓷
C-08	拖把池	一体式陶瓷
C-09	洗手台垃圾桶	嵌入式

优先选择知名品牌产品，以实用耐用为准。

洁具参考品牌：科勒、TOTO、九牧、恒洁；

地砖参考品牌：马可波罗、蒙娜丽莎、东鹏瓷砖；

灯具参考品牌：雷士、欧普、飞利浦。

· 注：为保证视觉形象统一，原则上应按本标准提供的设施配件图样进行选型采购，如遇特殊情况无法执行的，省市公司可据实调整采购需求，但颜色及造型上尽量接近本选型标准。

说明:

C-01 坐便器:
上按两段式虹吸式节水防臭坐便器
（坐便器可选配）

C-02 蹲便器:
防臭、耐久、易清洁陶瓷蹲便器

C-03 小便斗:
感应式一体陶瓷小便斗

C-04 水龙头:
智能感应式节水龙头

C-05 按压式水龙头:
按压式节水龙头

C-06 洗手台（台下盆）:
高温煅烧,防溢水嵌入式一体台盆

C-07 洗手台（台上盆）:
一体式陶瓷洗手台

C-08 拖把池:
一体式陶瓷拖把池

C-09 洗手台垃圾桶:
嵌入式

D.6.31

卫生间五金配置表

编号	名称	备注
D-01	扶手	不锈钢
D-02	锁具	不锈钢
D-03	地漏	封闭式防臭
D-04	角码	–
D-05	闭门器	不锈钢
D-06	挂钩	不锈钢
D-07	门吸	拉丝不锈钢
D-08	合页	不锈钢
D-09	门把手	不锈钢
D-10	角阀	不锈钢
D-11	脚踏式冲水	锌合金
D-12	内门锁	铸铝材质

· 注：为保证视觉形象统一，原则上应按本标准提供的设施配件图样进行选型采购，如遇特殊情况无法执行的，省市公司可据实调整采购需求，但颜色及造型上尽量接近本选型标准。

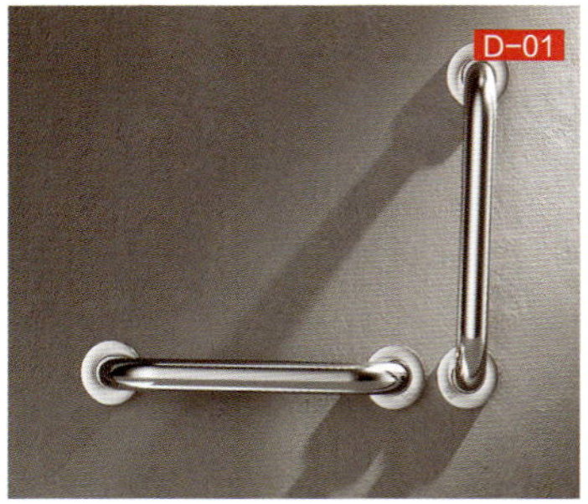

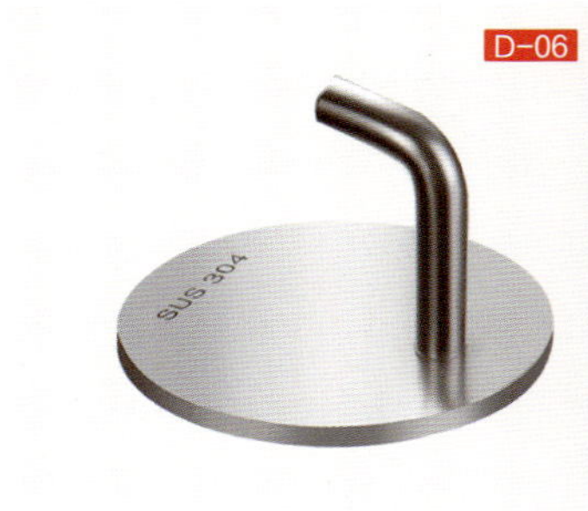

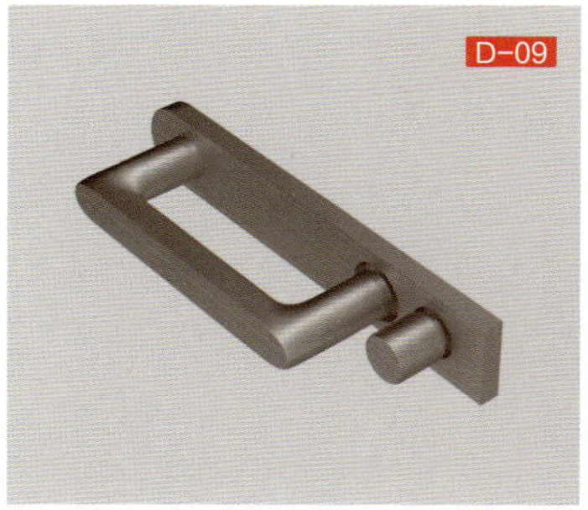

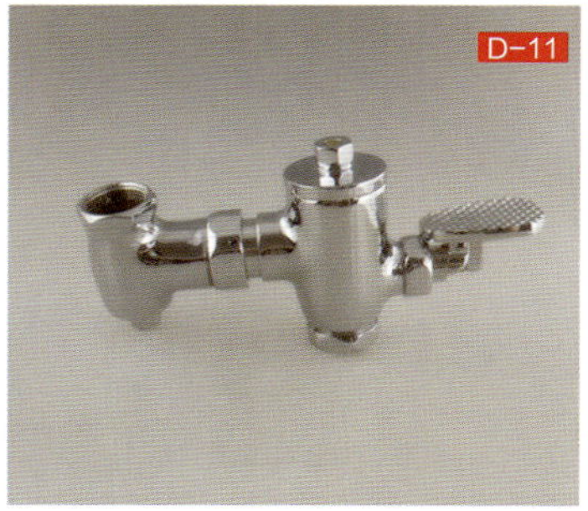

说明:

D-01 扶手:
扶手表面采用不锈钢材质

D-02 锁具:
银灰色铸铝材质

D-03 地漏:
自动密封式防臭地漏

D-04 角码:
材质：全铜主体，表面镀铬，镀层均匀，色泽光亮， 红外感应式龙头。

D-05 闭门器:
圆柱样式，不锈钢材质

D-06 挂钩:
圆角防溅式不锈钢挂钩
要求挂钩安装坚固，安装高度宜在1680mm

D-07 门吸:
材质：不锈钢拉丝光亮

D-08 合页:
材质：不锈钢拉丝光亮

D-09 门把手:
不锈钢把手
高度:110cm

D-10 角阀:
材质：不锈钢

D-11 脚踏式冲水:
采用脚踩式的冲水阀，锌合金材质，表面镀铬，镀层均匀色泽光亮如镜，脚踏后置式。

D-12 内门锁:
银灰色铸铝材质

D.6.32

卫生间配置分级表

必选项：●
可选项：○
不可选项：/

· 注：
1. 无障碍卫生间与母婴室必选坐便器，男女卫生间可根据实际情况选择坐便器或蹲便器；
2. 根据实际情况，选择感应式水龙头与按压式手龙头；
3. 根据实际情况，可设置清洁工具间或清洁工具柜。

卫生间硬装分级表

编号	名称	旗舰站	标准站	简易站
A-01	石膏板天花	●	●	/
A-02	地砖	●	●	●
A-03	墙砖	●	●	●
A-04	隔断	●	●	●
A-05	门	●	●	●
A-06	台盆柜	●	●	○
A-07	装饰画	●	○	/
A-08	排风扇	●	●	○
A-09	嵌入式筒灯	●	●	/
A-10	嵌入式射灯	●	●	/
A-11	明装筒灯	○	○	●
A-12	洗墙灯带	●	○	/
A-13	踢脚线	○	○	○
A-14	橡木纹饰面板	○	○	○

卫生间洁具分级表

编号	名称	旗舰站	标准站	简易站
C-01	坐便器	○	○	/
C-02	蹲便器	○	○	●
C-03	小便斗	●	●	○
C-04	感应式水龙头	○	○	○
C-05	按压式水龙头	○	○	○
C-06	洗手台(台下盆)	●	●	●
C-07	洗手台(台上盆)	/	○	●
C-08	拖把池	●	●	●
C-09	洗手台垃圾桶	○	/	/

卫生间软装分级表

编号	名称	旗舰站	标准站	简易站
B-01	智能镜子	●	○	/
B-02	银镜	○	●	●
B-03	小型绿植	●	○	/
B-04	置物台	●	●	●
B-05	智能显示器	●	○	/
B-06	垃圾桶	●	●	●
B-07	香薰机	●	○	/
B-08	婴儿护理台	○	/	/
B-09	手纸盒	●	●	●
B-10	洗手液盒	●	●	●
B-11	香薰	○	○	/
B-12	卷纸盒	●	●	●
B-13	婴儿座椅	○	/	/
B-14	报警系统	○	/	/
B-15	酒精喷雾	○	○	○

卫生间五金分级表

编号	名称	旗舰站	标准站	简易站
D-01	扶手	●	○	/
D-02	不锈钢锁具	●	○	○
D-03	地漏	●	●	●
D-04	角码	●	●	●
D-05	闭门器	●	○	○
D-06	挂钩	●	●	●
D-07	门吸	●	●	○
D-08	合页	●	●	●
D-09	门把手	●	●	●
D-10	角阀	●	●	●
D-11	脚踏式冲水	●	●	●
D-12	内门锁	●	●	●

D.6.33

卫生间标识牌

· 工艺说明：

1. 门板安装高度 2000mm，材质为橡木纹饰面；
2. 门牌标识材质采用 1.2mm 厚磨砂不锈钢雕刻成型；表面喷灰色漆；
3. 卫生间根据实际需求设置男女导向标识，标识牌应固定在入口门处，底部离地面高度为 1700mm。

· 特殊应用说明：

如标识牌粘贴在墙砖上，则可采用 1.2mm 厚不锈钢底板，表面信息贴膜（如下图所示）。

单位：mm

材料色号：

中灰色
PANTONE COOL GRAY 8C

男卫生间　女卫生间　男女共用卫生间　公共洗手区

母婴室　无障碍卫生间　蹲便　坐便

D.6.34

卫生间温馨提示标识

· 工艺说明：

1. 标识采用 3mm 乳白亚克力，图文丝印；
2. 中文字体为方正兰亭中黑简体。

单位：mm

100
45
出门要关灯
节能随手行

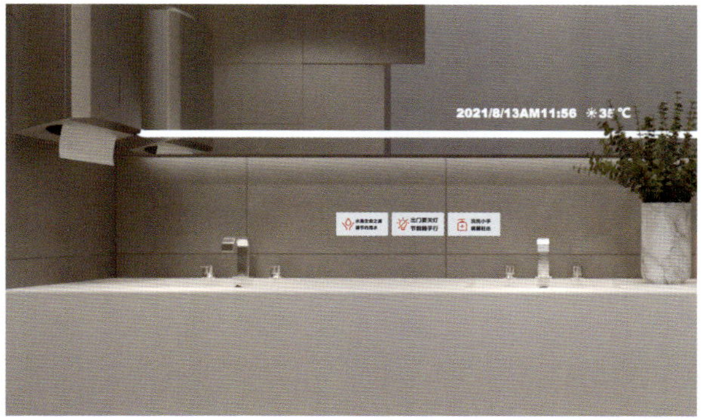

效果图示意

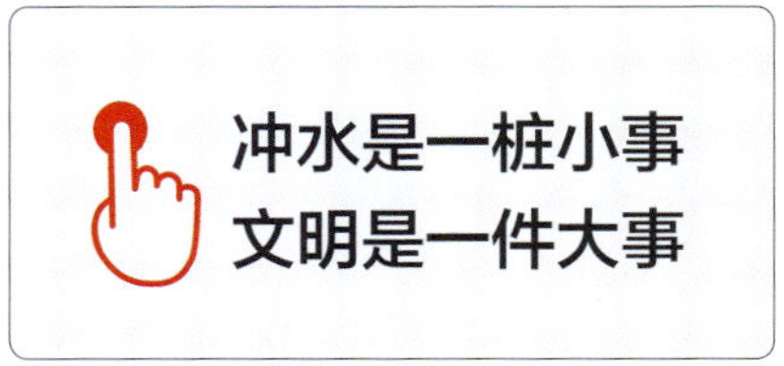
冲水是一桩小事
文明是一件大事

禁止吸烟

水是生命之源
请节约用水

冲水和系裤子
一样重要

贴近方便
靠近文明

洗洗小手
病菌赶走

材料色号：

石化红	PANTONE 185 C
高光白	WHITE

D.6.35

卫生间室内指示标识

· 工位指示灯箱标识采用红色铝板围边，正面采用乳白亚克力面板，图文丝印，内置防水 LED 灯条，夜间发光。

· 安装位置：站房内卫生间处。

· 安装高度：吊牌底部离地净空不得小于 2400mm。

单位：mm

正视图（左指向）

正视图（右指向）

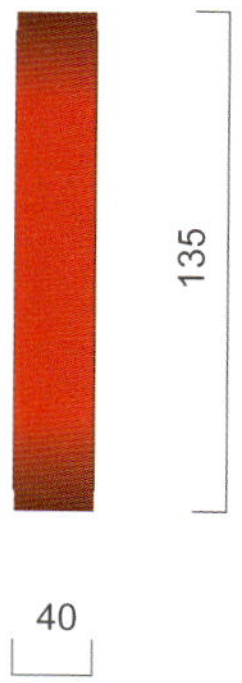

侧视图

A–A 剖面图

材料色号：

石化红
PANTONE 185 C

高光白
WHITE

D.6.36

室外独立卫生间

· 室外独立卫生间效果如右图所示。

· 注：

1. 新建与站房分离、单独外置的卫生间构筑物，土建及外观形象装饰可参考右图示例。

2. 利旧原有构筑物的，其原有建筑形态可不做大的调整，建议只对功能标识和内部形象装饰进行规范。

D.6.36

室外独立卫生间

· 室外独立卫生间效果如右图所示。

单位：mm

· 注：

1. 新建与站房分离、单独外置的卫生间构筑物，土建及外观形象装饰可参考右图示例。
2. 利旧原有构筑物的，其原有建筑形态可不做大的调整，建议只对功能标识和内部形象装饰进行规范。

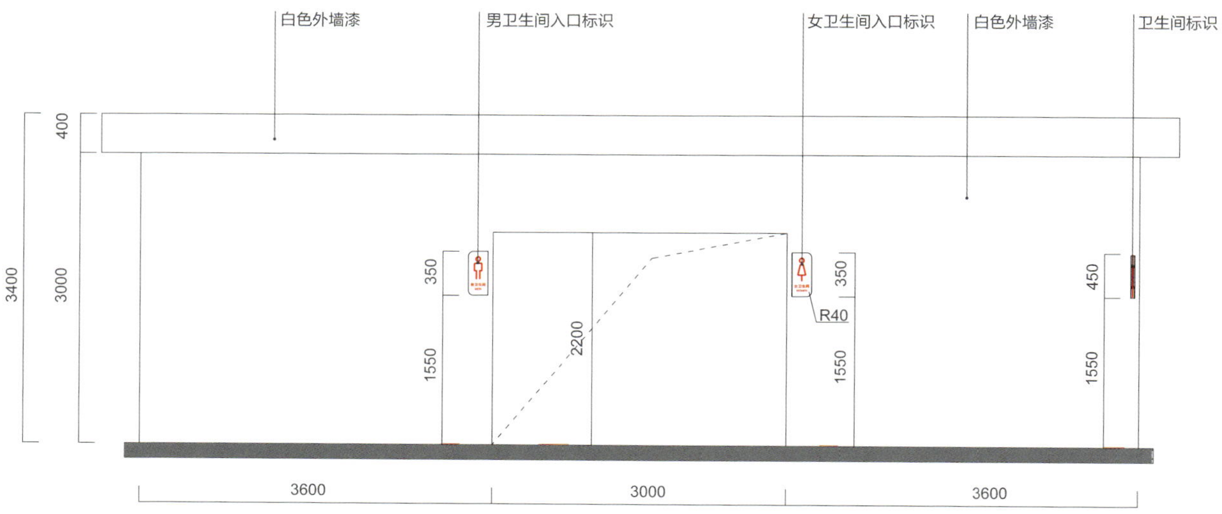

正视图

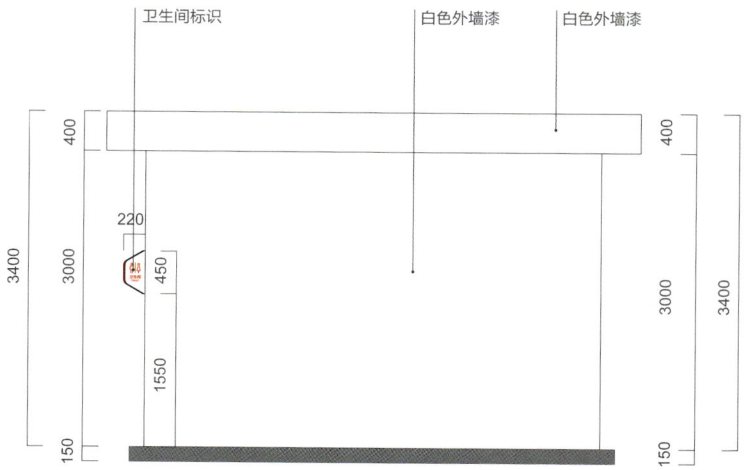

侧视图

D.6.36

室外独立卫生间

· 站房卫生间侧开门外立面效果如右图所示，厕所功能灯箱标识安装位置仅为示意，使用时可根据现场实际适当调整。

侧立面

背立面

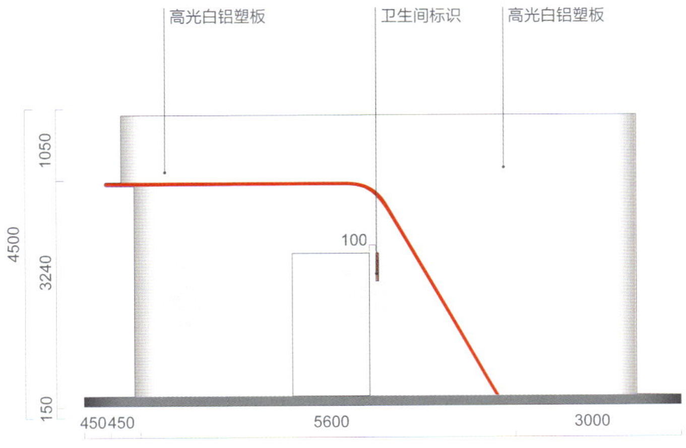

侧立面

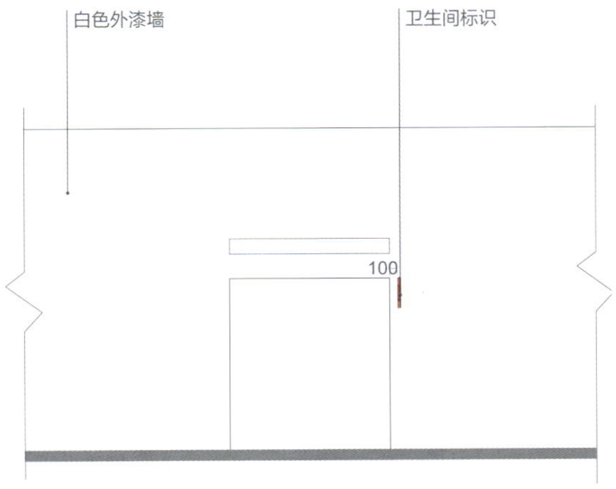

背立面

材料色号：

石化红
PANTONE 185 C

高光白
WHITE

D.6.37

卫生间侧挂导视牌

· 卫生间侧挂导视牌形象如图示，生产制作时，请参考右图尺寸，以确保卫生间侧挂导视牌的视觉效果。

· 侧挂导视牌上方与门洞顶部齐平，距离门洞 100mm 安装。

· 工艺说明：

A 红色亚克力造型
B 白色铝板造型
C 标识采用红色贴膜
D 转折线位置

单位：mm

材料色号：

石化红
PANTONE 185 C

高光白
WHITE

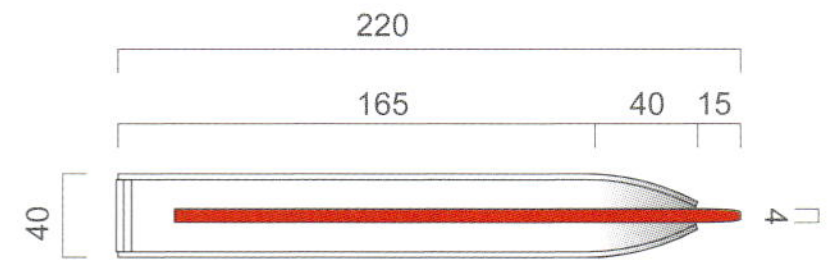

顶视图

正视图

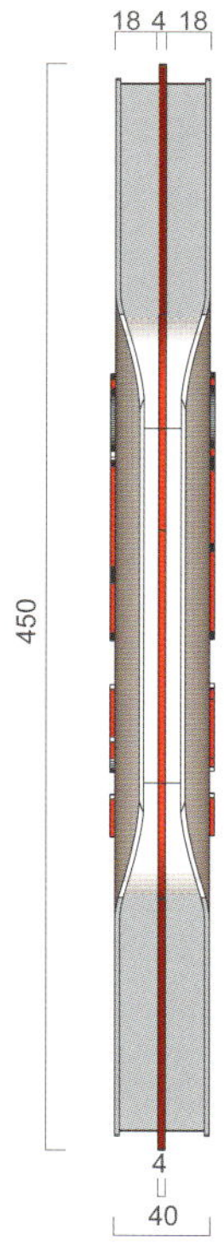

侧视图

D.6.38

室外独立卫生间标识

· 室外独立卫生间标识形象如图示，生产制作时，请参考右图尺寸，以确保室外独立卫生间标识的视觉效果。

· 工艺说明：

Ⓐ面板采用 2mm 厚铝板折弯焊接成型，表面喷塑，图案文字丝印。

单位：mm

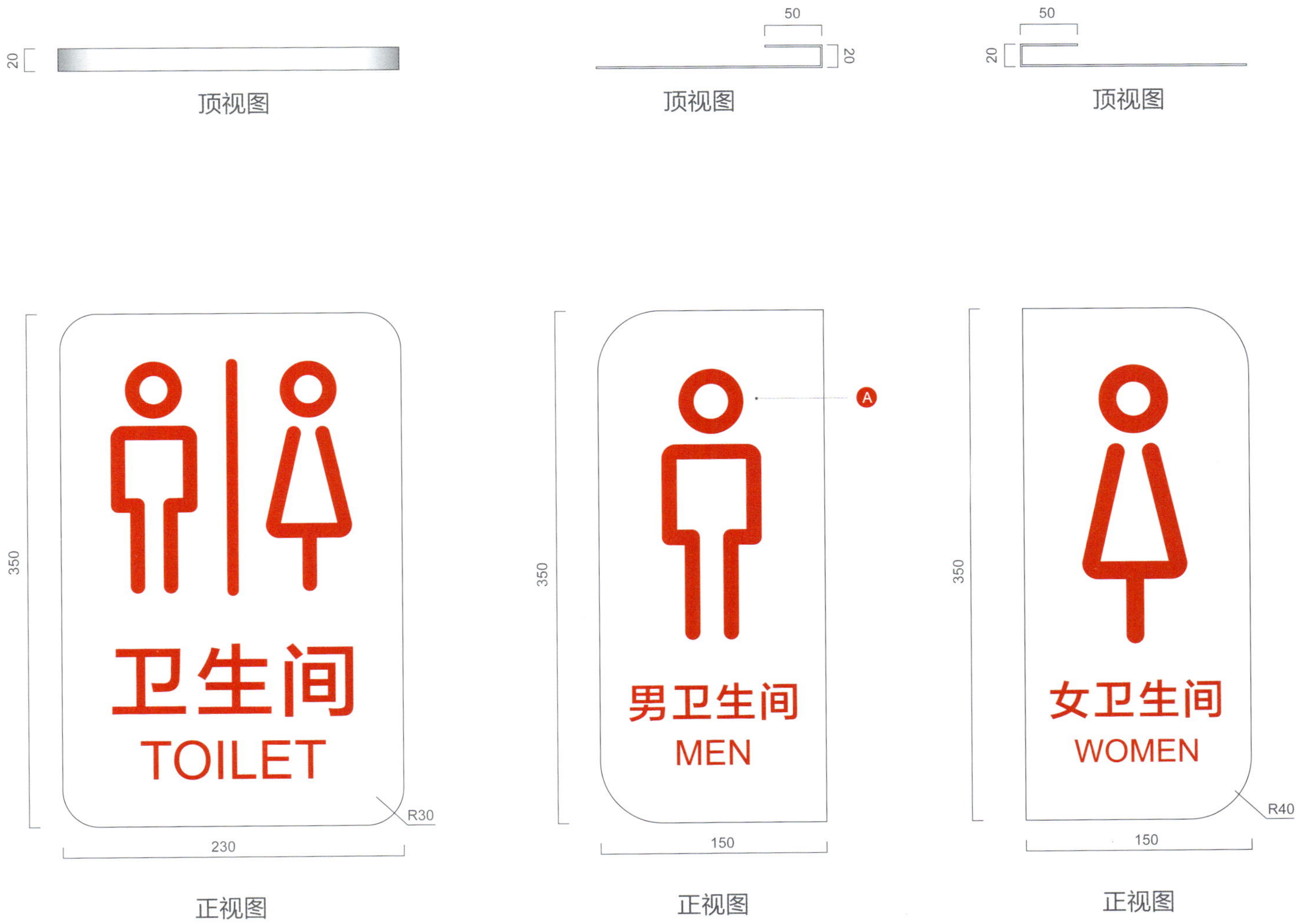

材料色号：

石化红
PANTONE 185 C

高光白
WHITE

/ D.7 汽服洗车区 / 易捷养车

D.7.01

汽服洗车区外观整体效果展示

隧道式自动洗车机效果

隧道式自动洗车机简易版效果

龙门式自动洗车机效果

龙门式自动洗车机简易版效果

D.7.02

隧道式自动洗车机
效果展示

D.7.02

隧道式自动洗车机效果展示

· 洗车机顶部设计可根据当地要求做适当调整。

自动洗车入口日景效果图

自动洗车入口夜景效果图

自动洗车出口日景效果图

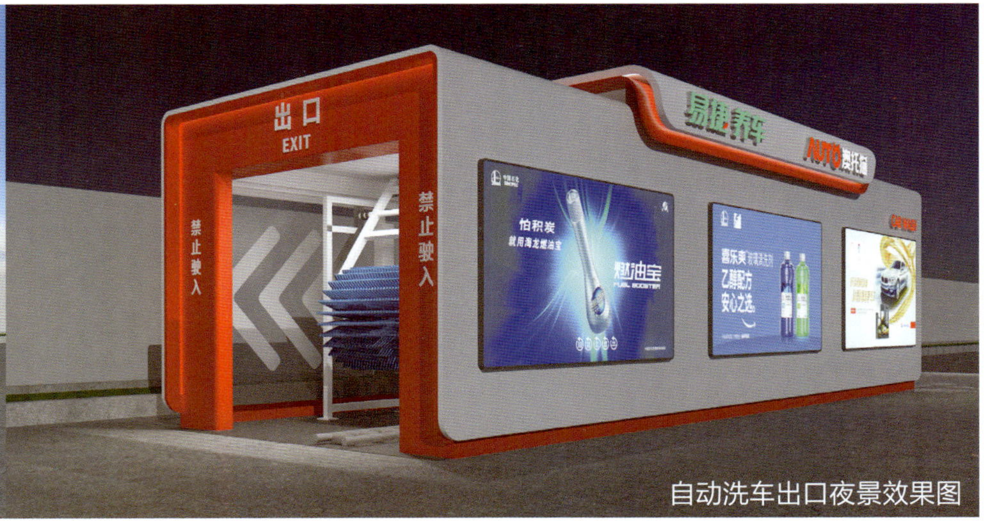

自动洗车出口夜景效果图

D.7.03

隧道式自动洗车机
形象索引

· 自动洗车机形象包含以下元素：
易捷养车、澳托猫标识发光立体字；
广告灯箱；
CAR WASH 标识；
箭头指示标识；
入口面标识（含易捷养车洗车服务、警示、扫码、营业时间标识）；
出口面标识（含出口、禁止驶入等标识）。

· 注：
1. 自动洗车机外立面装饰请参考此立面图，可根据实际尺寸进行适当的调整。旗舰站建议优先选用此形象标准。
2. 本标准联合品牌“澳托猫”图示仅供参考，省市公司可根据自己实际合作的第三方单位进行相应替换调整。

材料色号：
- 石化红 PANTONE 185 C
- 高光白 WHITE
- 石化黑 PANTONE BLACK C
- 易捷墨绿 PANTONE 3435 C

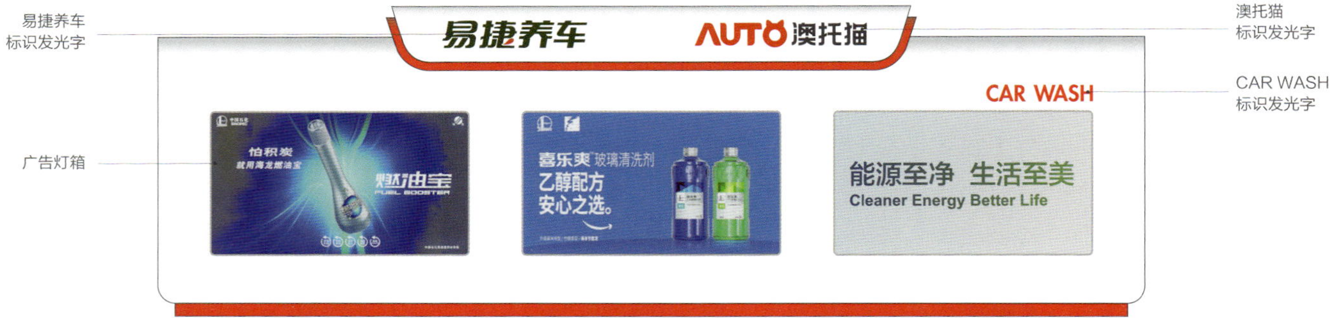

外立面正视图

外立面后视图

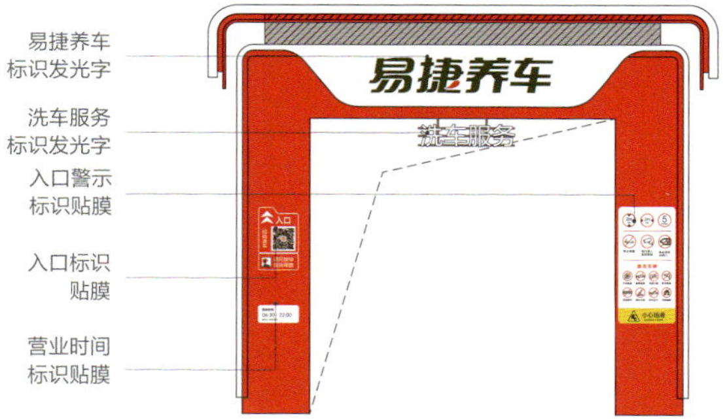

外立面入口视图

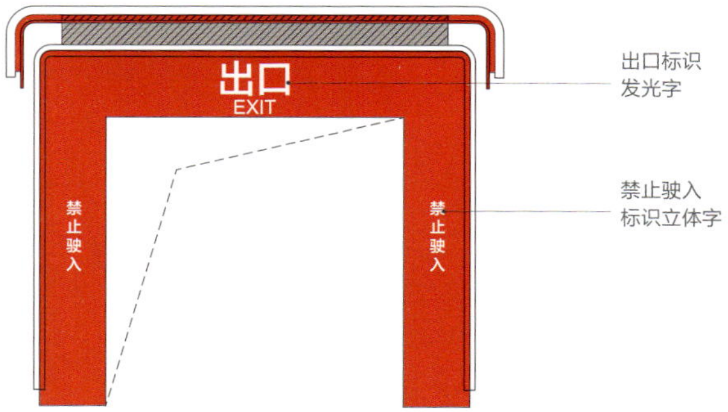

外立面出口视图

D.7.04

隧道式自动洗车机
外立面尺寸及工艺说明

· 设计施工时，请参考右图尺寸，以确保隧道式自动洗车机的视觉效果。

· 工艺说明：

- A 白色高光铝板
- B 红色高光铝板（石化红 Pantone 185 C）
- C LOGO 标识立体发光字（外挂）
- D 暗藏 LED 灯带
- E 广告灯箱（画面高清 UV 打印，内置防水 LED 灯条）
- F 箭头指引，采用白色贴膜
- G 透明玻璃
- H 内置镀锌方管支架

单位：mm

· 注：

1. 图中画面内容仅作示意，请根据实际情况生产制作相应画面内容。
2. 广告灯箱可根据实际需求选用分散式安装或密拼式安装，图中为分散式安装示意。

材料色号：

石化红 PANTONE 185 C	石化黑 PANTONE BLACK C
高光白 WHITE	易捷墨绿 PANTONE 3435 C

自动洗车机外立面正视图

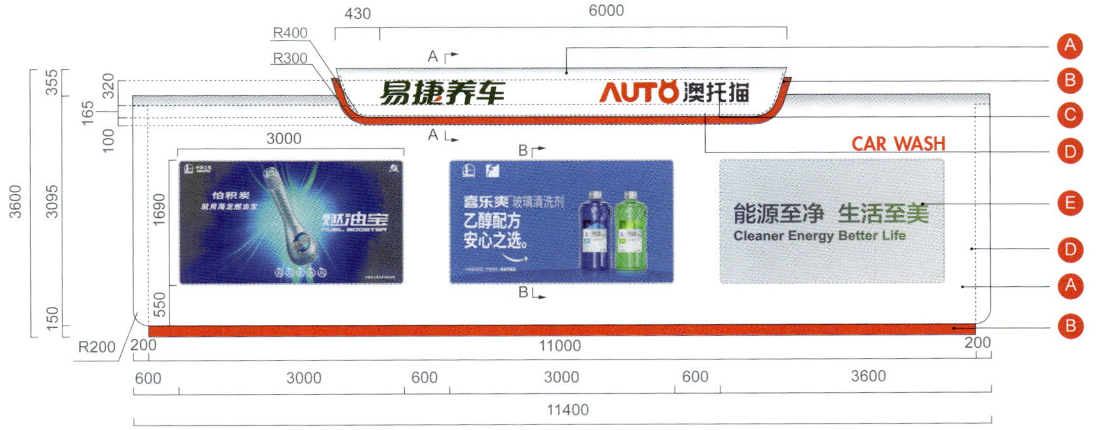

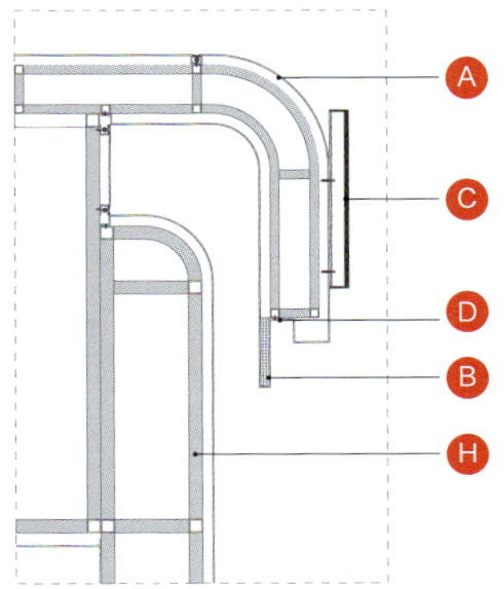

A–A 剖面图

自动洗车机外立面后视图

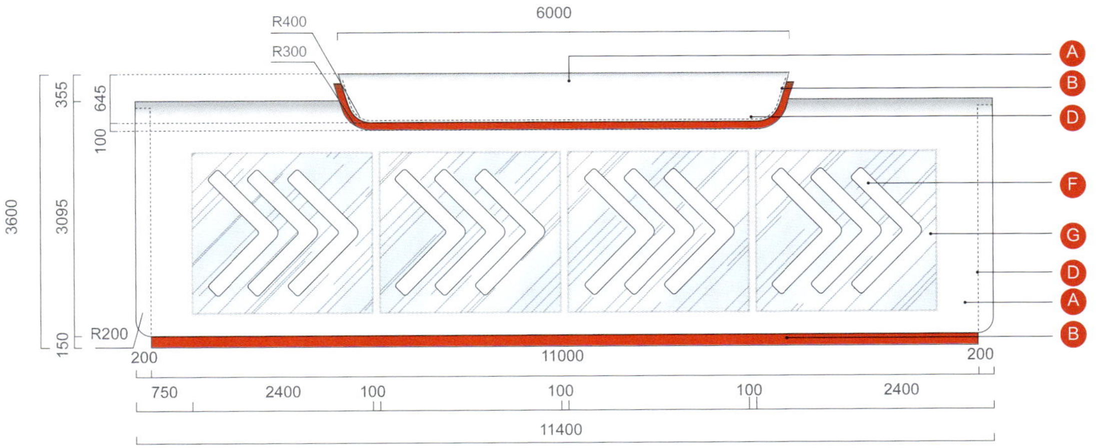

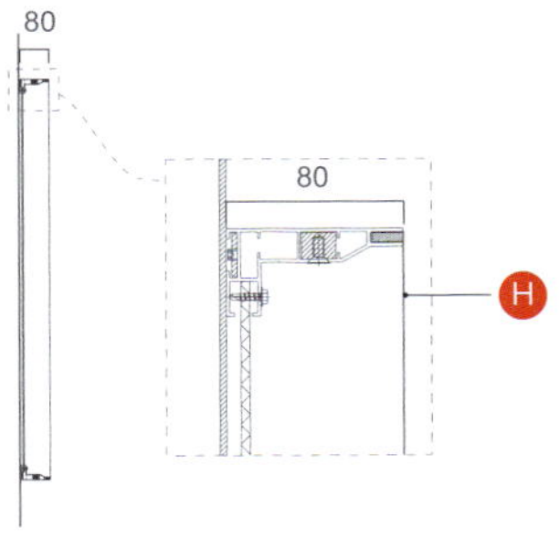

B–B 剖面图

D.7.04

隧道式自动洗车机
外立面尺寸及工艺说明

· 设计施工时，请参考右图尺寸，以确保隧道式自动洗车机的视觉效果。

· 工艺说明：

- A 白色高光铝板
- B 红色高光铝板（石化红 Pantone 185 C）
- C 暗藏 LED 灯带
- D 易捷养车标识发光字
- E 洗车服务标识发光字
- F 入口指引标识
- G 安全提示标识
- H 遇险按钮标识
- I 营业时间标识
- J 出口标识发光字
- K 禁止驶入标识

单位：mm

材料色号：

石化红
PANTONE 185 C

高光白
WHITE

自动洗车机外立面入口视图

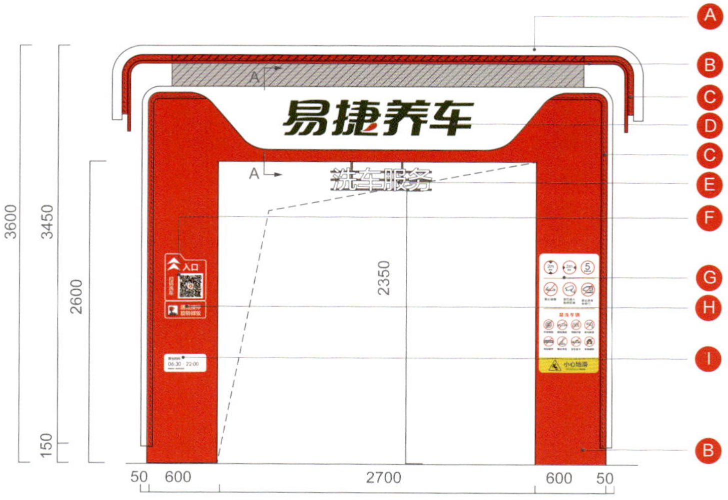

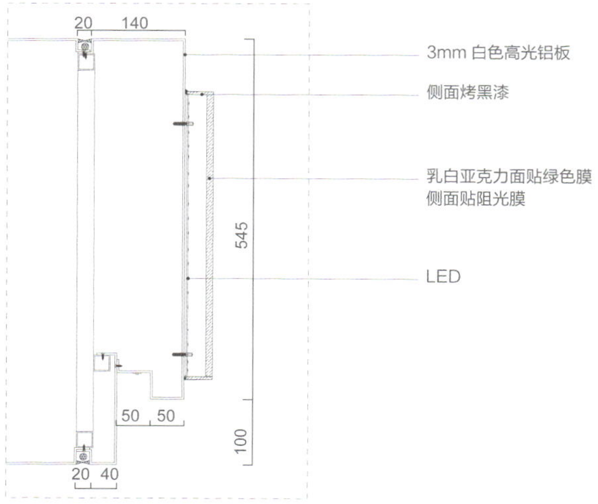

A–A 剖面图

自动洗车机外立面出口视图

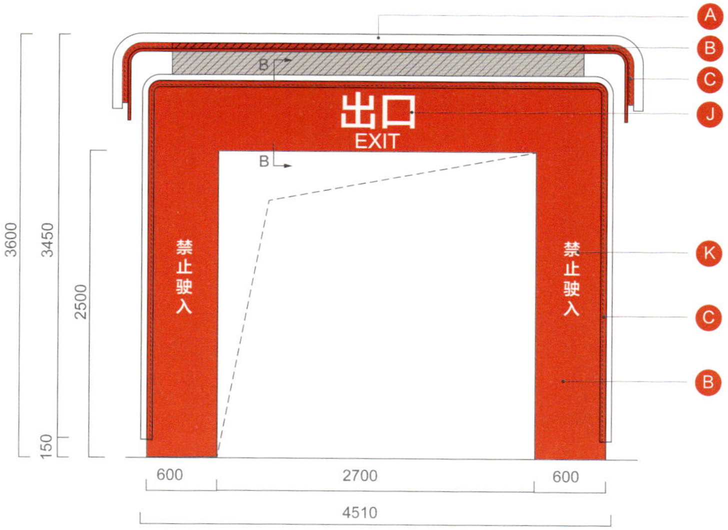

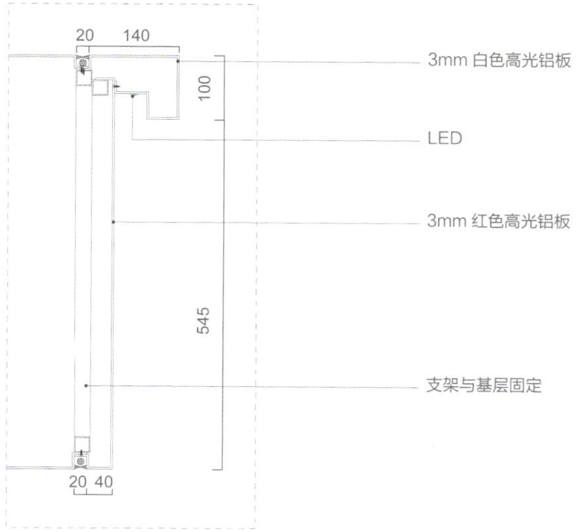

B–B 剖面图

D.7.05

隧道式自动洗车机外立面形象（独立品牌）

· 隧道式自动洗车机外立面形象（独立品牌）如右图所示。

· 易捷养车标识左右居中安装在外立面门楣处。

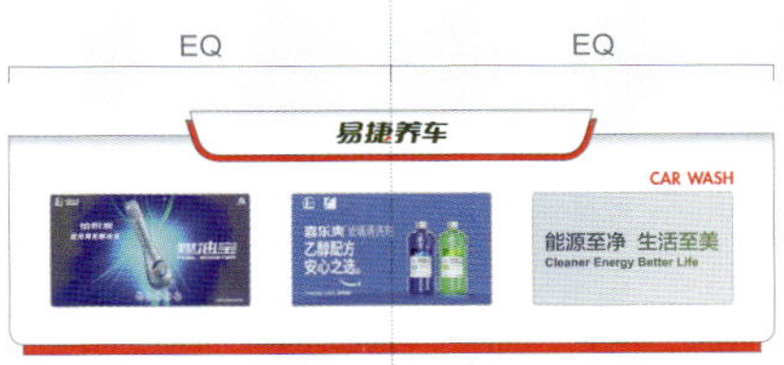

安装示意

· 注：

1. 图中画面内容仅作示意，请根据实际情况生产制作相应画面内容。
2. 广告灯箱可根据实际需求选用分散式安装或密拼式安装，图中为分散式安装示意。
3. 洗车机顶部设计可根据当地要求做适当调整。

材料色号：

石化红
PANTONE 185 C

高光白
WHITE

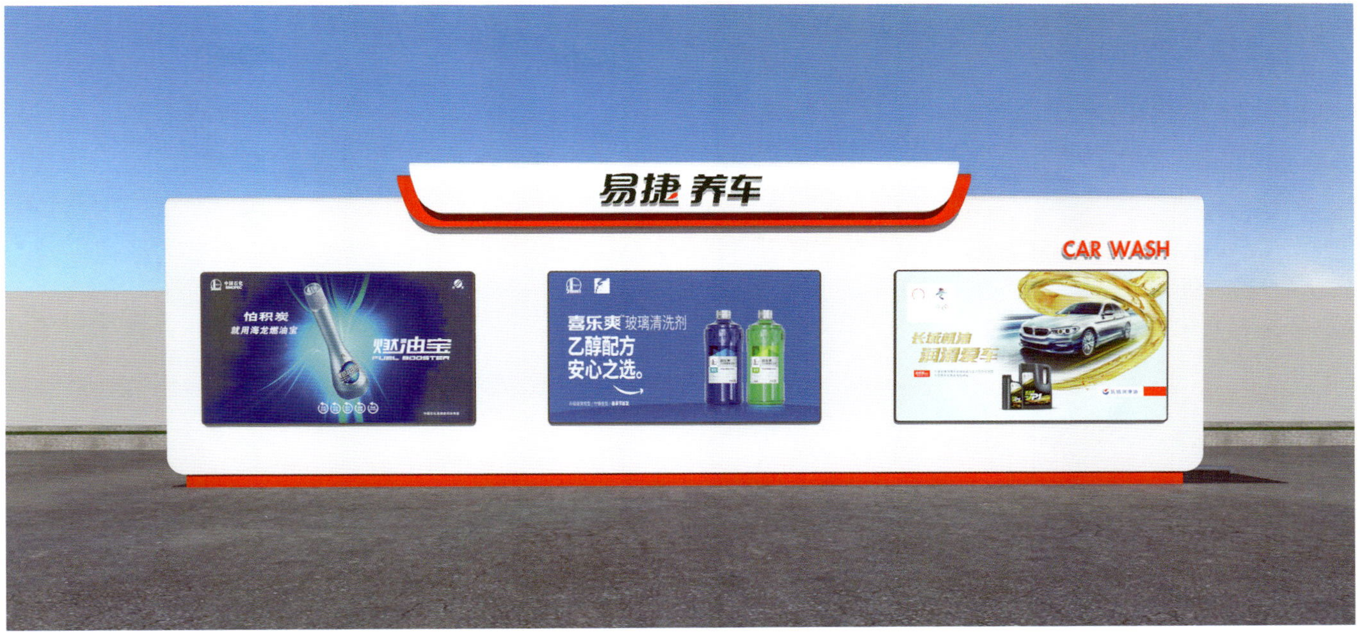

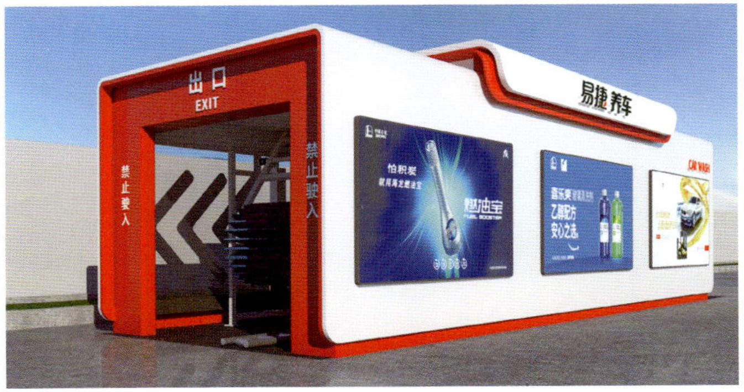

D.7.06

隧道式自动洗车机简易版效果展示

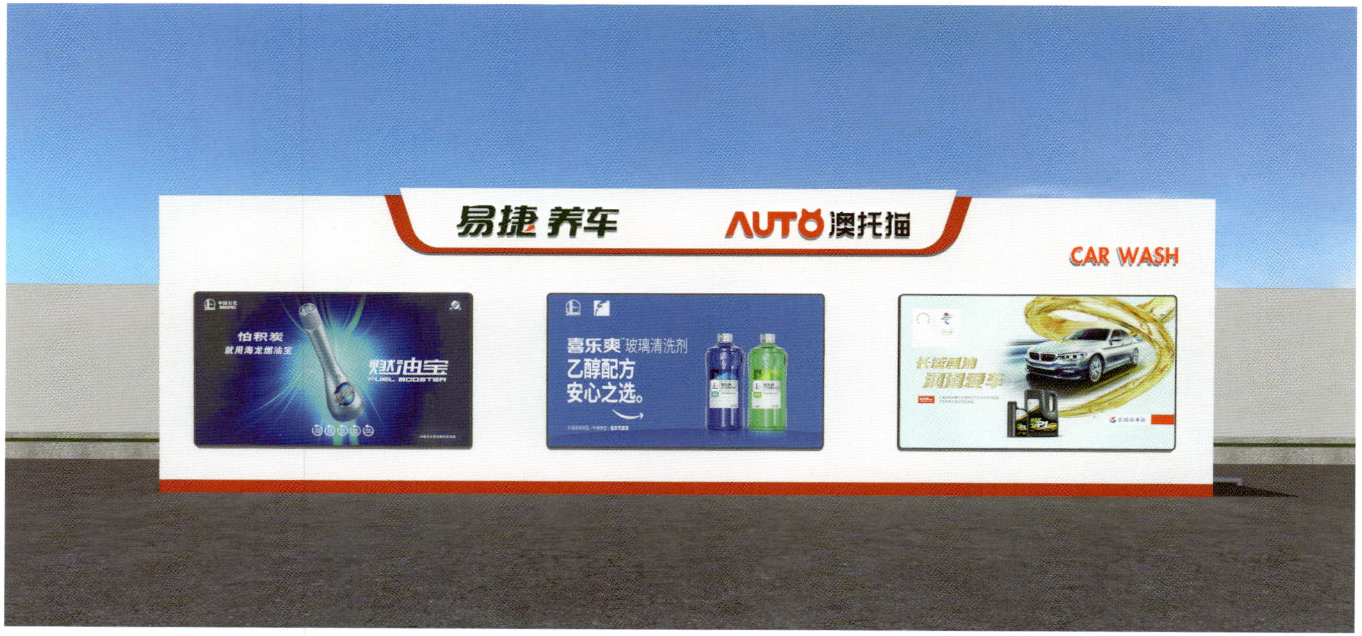

D.7.06

隧道式自动洗车机简易版效果展示

自动洗车入口日景效果图

自动洗车入口夜景效果图

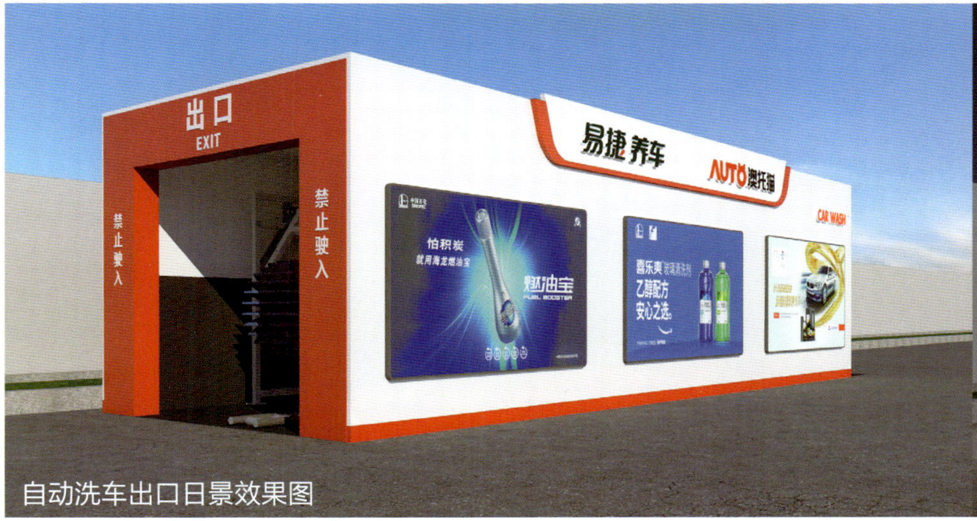

自动洗车出口日景效果图

自动洗车出口夜景效果图

D.7.07

隧道式自动洗车机简易版形象索引

· 自动洗车机形象包含以下元素：
易捷养车、澳托猫标识发光立体字；
广告灯箱；
CAR WASH 标识；
箭头指示标识；
入口面标识（含易捷养车、洗车服务、警示、扫码、营业时间标识）；
出口面标识（含出口、禁止驶入等标识）。

· 注：
1. 自动洗车机外立面装饰请参考此立面图，可根据实际尺寸进行适当的调整。
2. 本标准联合品牌“澳托猫”图示仅供参考，省市公司可根据自己实际合作的第三方单位进行相应替换调整。

材料色号：

- 石化红 PANTONE 185 C
- 高光白 WHITE
- 石化黑 PANTONE BLACK C
- 易捷墨绿 PANTONE 3435 C

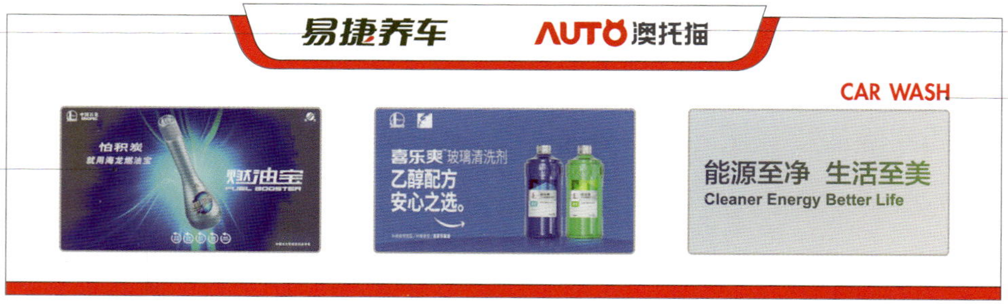

外立面正视图

外立面后视图

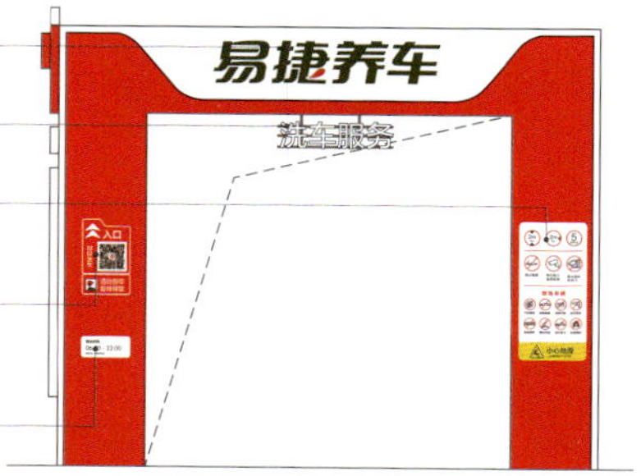

外立面入口视图

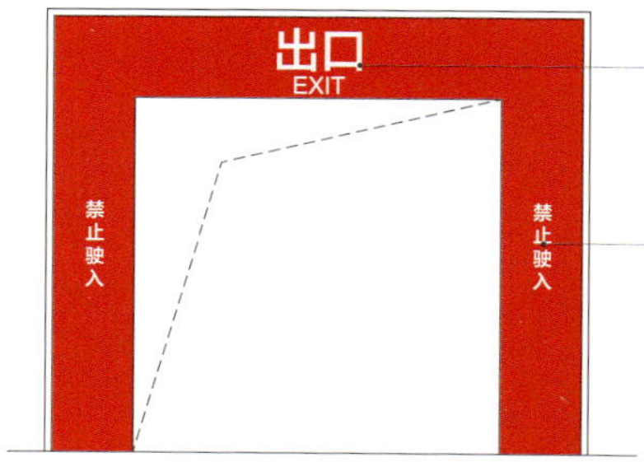

外立面出口视图

D.7.08

隧道式自动洗车机简易版外立面尺寸及工艺说明

· 设计施工时，请参考右图尺寸，以确保隧道式自动洗车机的视觉效果。

· 工艺说明：

A 白色高光铝塑板
B 红色高光铝塑板
（石化红 Pantone 185 C）
C LOGO 标识发光字
D 广告灯箱
E 箭头指引，采用白色贴膜
F 透明玻璃
G 内置镀锌方管支架

单位：mm

· 注：

1. 图中画面内容仅作示意，请根据实际情况生产制作相应画面内容。
2. 广告灯箱可根据实际需求选用分散式安装或密拼式安装，图中为分散式安装示意。

材料色号：

石化红
PANTONE 185 C

高光白
WHITE

自动洗车机外立面正视图

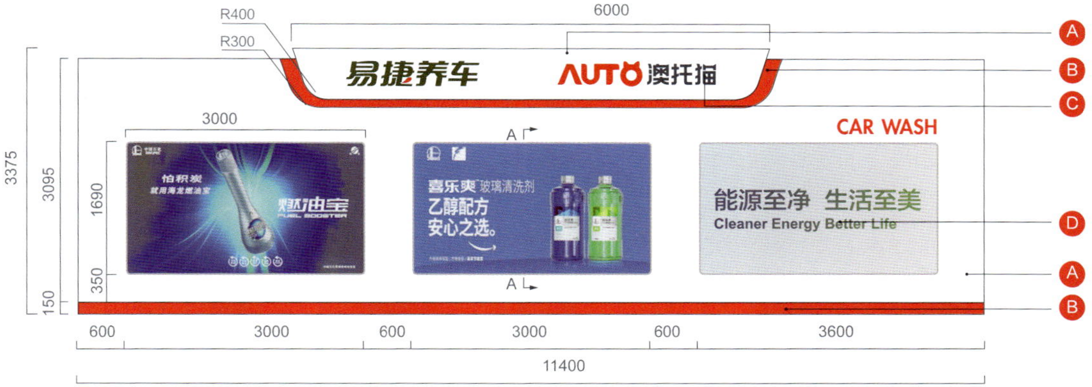

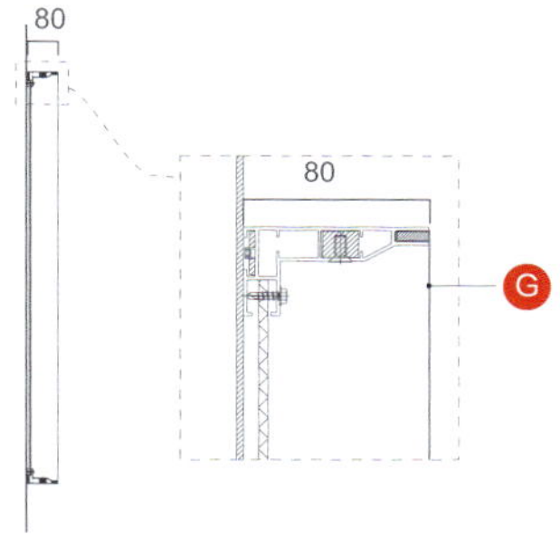

A–A 剖面图

自动洗车机外立面后视图

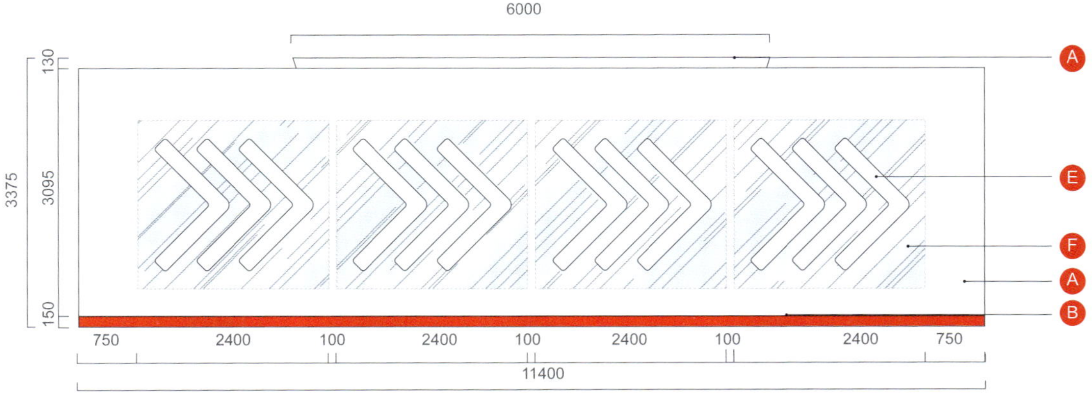

D.7.08

隧道式自动洗车机简易版外立面尺寸及工艺说明

· 设计施工时，请参考右图尺寸，以确保隧道式自动洗车机的视觉效果。

· 工艺说明：

A 白色高光铝塑板

B 红色高光铝塑板

（石化红 Pantone 185 C）

C 易捷养车标识发光字

D 洗车服务标识发光字

E 入口指引标识

F 安全提示标识

G 遇险按钮标识

H 营业时间标识

I 出口标识发光字

J 禁止驶入标识

单位：mm

材料色号：

石化红 PANTONE 185 C

高光白 WHITE

洗车机外立面入口视图

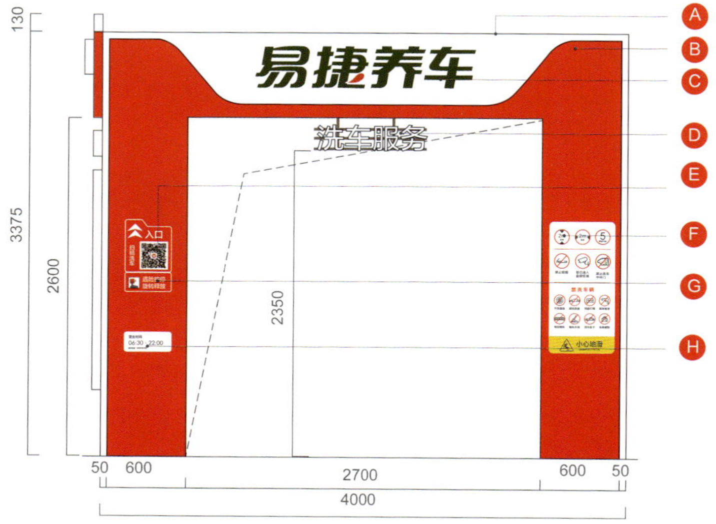

洗车机外立面出口视图

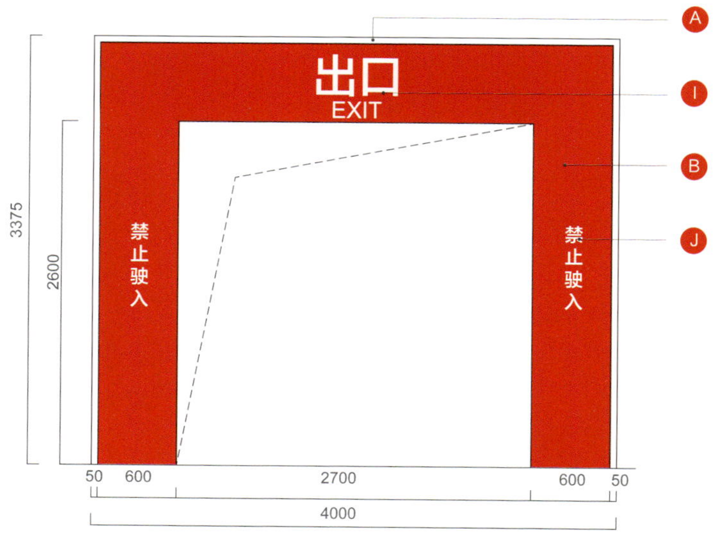

D.7.09

隧道式自动洗车机简易版外立面形象（独立品牌）

· 隧道式自动洗车机简易版外立面形象（独立版）如右图所示。

· 易捷养车标识左右居中安装在外立面门楣处。

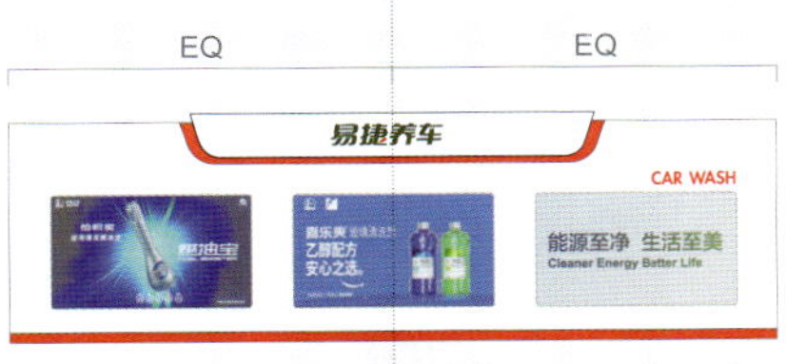

安装示意

· 注：

1. 图中画面内容仅作示意，请根据实际情况生产制作相应画面内容。
2. 广告灯箱可根据实际需求选用分散式安装或密拼式安装，图中为分散式安装示意。

材料色号：

石化红
PANTONE 185 C

高光白
WHITE

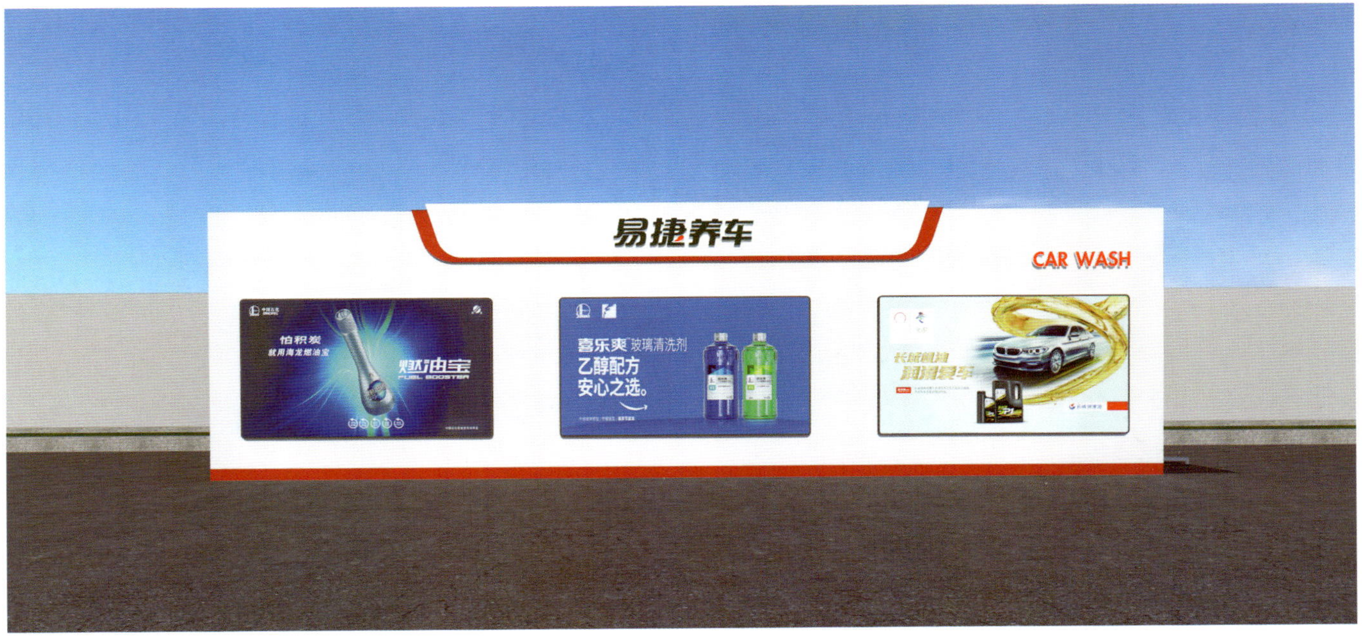

D.7.10

隧道式自动洗车机外立面标识规范

· 隧道式自动洗车机外立面标识如右图所示。

· 隧道式自动洗车机正面及后面标识包含易捷养车、澳托猫、CAR WASH、箭头等。

· 隧道式自动洗车机出入口标识包含易捷养车、洗车服务、警示、扫码、营业时间、出口及禁止驶入等。

单位：mm

材料色号：

石化红
PANTONE 185 C

高光白
WHITE

石化黑
PANTONE BLACK C

易捷墨绿
PANTONE 3435 C

自动洗车机外立面标识

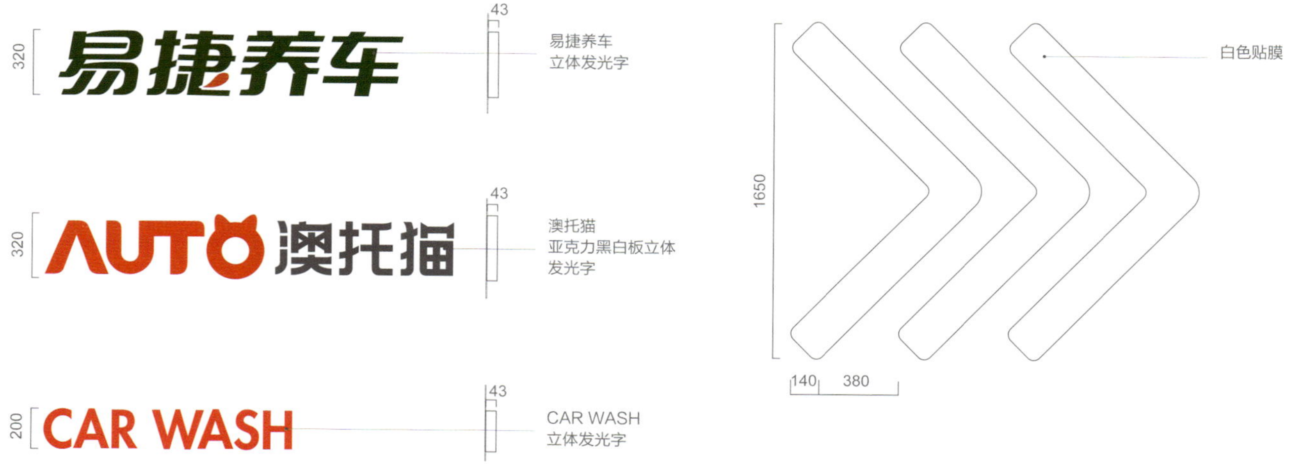

自动洗车机出入口标识

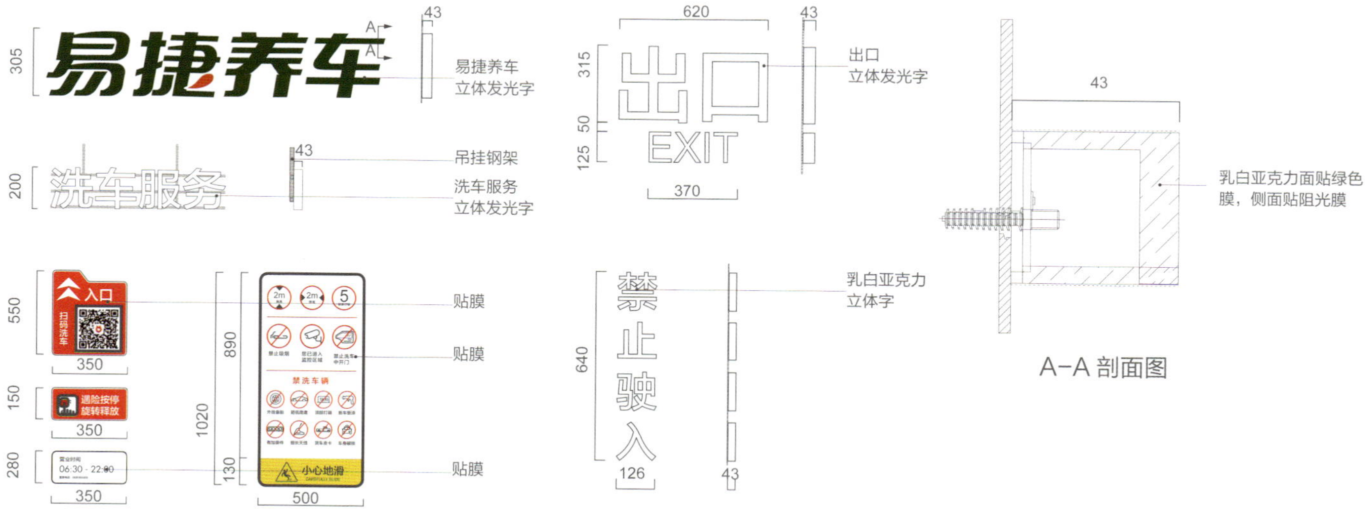

D.7.11

龙门式自动洗车机效果展示

· 注：洗车机顶部设计可根据当地要求做适当调整。

龙门式自动洗车机入口日景效果图

龙门式自动洗车机出口日景效果图

龙门式自动洗车机入口夜景效果图

D.7.12

龙门式自动洗车机形象索引

· 龙门式自动洗车机形象包含以下元素：
澳托猫标识；
CAR WASH 标识；
广告灯箱；
入口面标识（含易捷养车、警示、扫码、营业时间标识）；
出口面出口标识。

· 注：

1. 自动洗车机外立面装饰请参考此立面图，可根据实际尺寸进行适当的调整。建议旗舰站优先选用此形象标准。
2. 本标准联合品牌“澳托猫”图示仅供参考，省市公司可根据自己实际合作的第三方单位进行相应替换调整。

材料色号：

- 石化红 PANTONE 185 C
- 高光白 WHITE
- 石化黑 PANTONE BLACK C
- 易捷墨绿 PANTONE 3435 C

外立面正视图

外立面入口视图

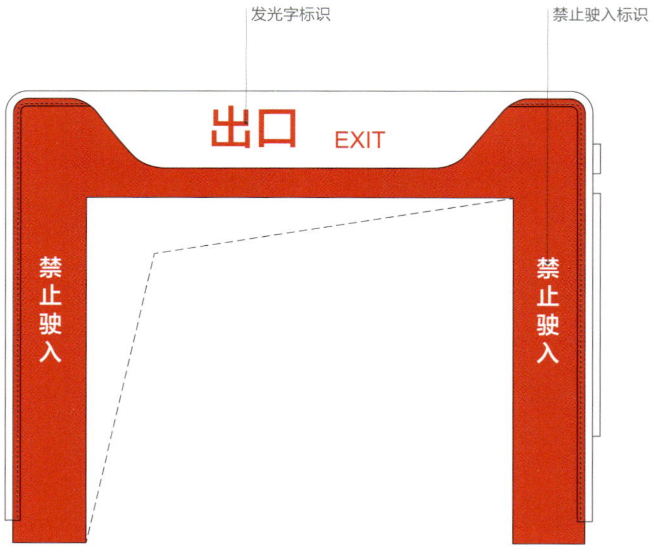

外立面出口视图

D.7.13

龙门式自动洗车机外立面尺寸及工艺说明

· 设计施工时，请参考右图尺寸，以确保龙门式自动洗车机的视觉效果。

· 工艺说明：

- A 白色高光铝板
- B LED 灯带
- C 澳托猫、CAR WASH 标识发光字
- D 广告灯箱
- E 红色高光铝板（石化红 Pantone 185 C）
- F 易捷养车标识发光字
- G 入口指引标识
- H 安全提示标识
- I 遇险按钮标识
- J 营业时间标识
- K 出口标识发光字
- L 禁止驶入标识

单位：mm

· 注：图中画面内容仅作示意，请根据实际情况生产制作相应画面内容。

材料色号：

石化红 PANTONE 185 C

高光白 WHITE

洗车机外立面正面视图

A–A 剖面图

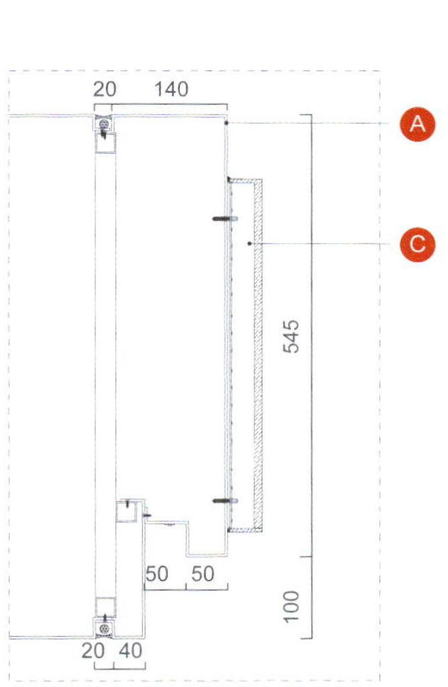

B–B 剖面图

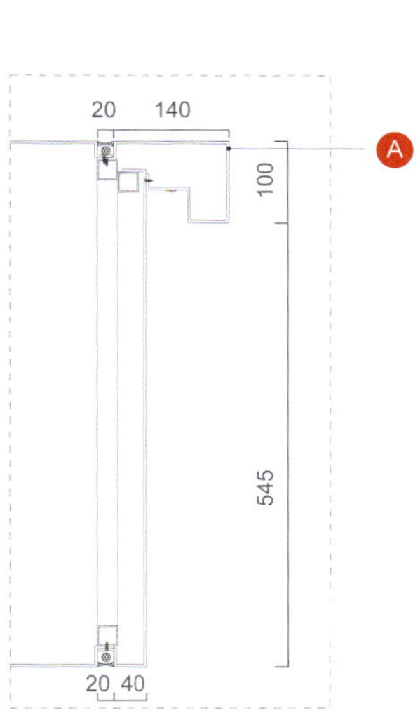

洗车机外立面入口视图

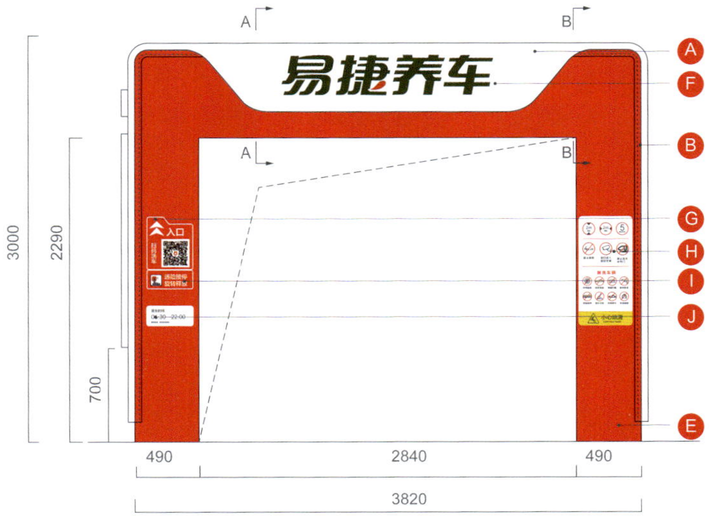

洗车机外立面出口视图

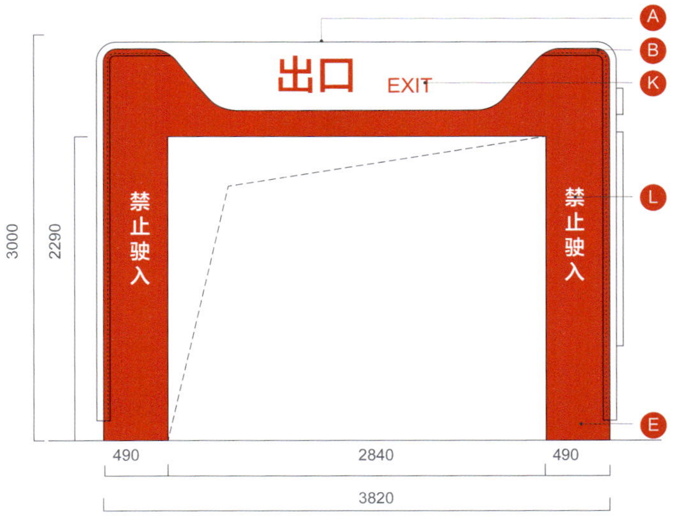

D.7.14

龙门式自动洗车机简易版效果展示

龙门式自动洗车机简易版入口日景效果图

龙门式自动洗车机简易版出口日景效果图

龙门式自动洗车机简易版入口夜景效果图

D.7.15

龙门式自动洗车机简易版形象索引

· 龙门式自动洗车机形象包含以下元素：
澳托猫标识；
CAR WASH 标识；
广告灯箱；
入口面标识（含易捷养车、警示、扫码、营业时间标识）；
出口面出口标识。

· 注：
1. 自动洗车机外立面装饰请参考此立面图，可根据实际尺寸进行适当的调整。
2. 本标准联合品牌“澳托猫”图示仅供参考，省市公司可根据自己实际合作的第三方单位进行相应替换调整。

材料色号：

石化红
PANTONE 185 C

高光白
WHITE

石化黑
PANTONE BLACK C

易捷墨绿
PANTONE 3435 C

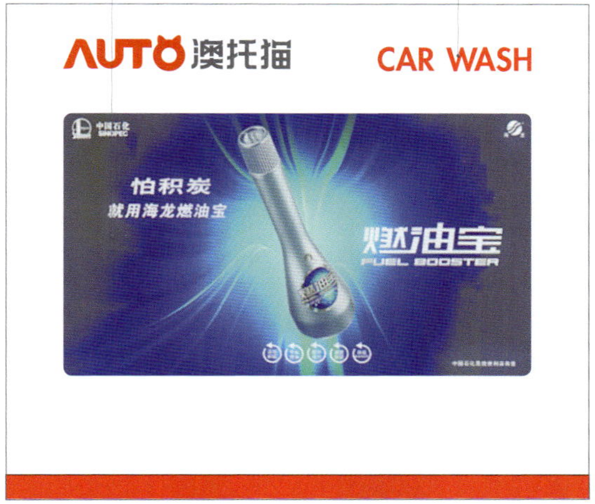

外立面正视图

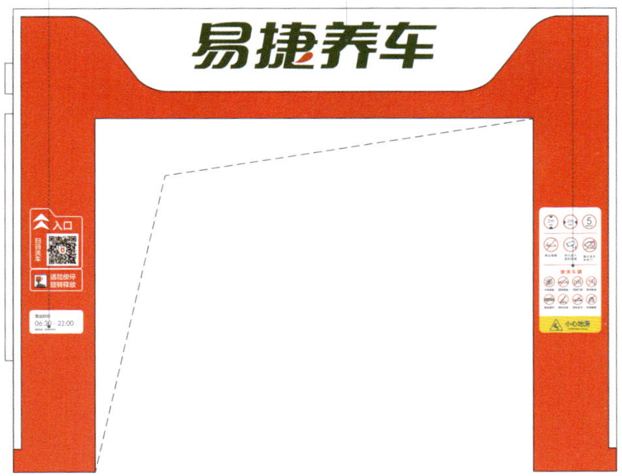

外立面入口视图

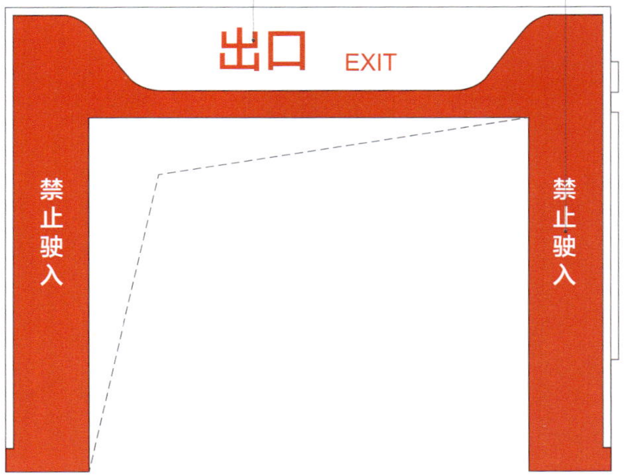

外立面出口视图

D.7.16

龙门式自动洗车机简易版外立面尺寸及工艺说明

· 设计施工时，请参考右图尺寸，以确保龙门式自动洗车机简易版的视觉效果。

· 工艺说明：

A 白色高光铝塑板
B CAR WASH 标识发光字
C 广告灯箱
D 红色高光铝塑板
（石化红 Pantone 185 C）
E 易捷养车标识发光字
F 入口指引标识
G 安全提示标识
H 遇险按钮标识
I 营业时间标识
J 出口标识发光字
K 禁止驶入标识

单位：mm

· 注：图中画面内容仅作示意，请根据实际情况生产制作相应画面内容。

材料色号：

石化红 PANTONE 185 C

高光白 WHITE

洗车机外立面正面视图

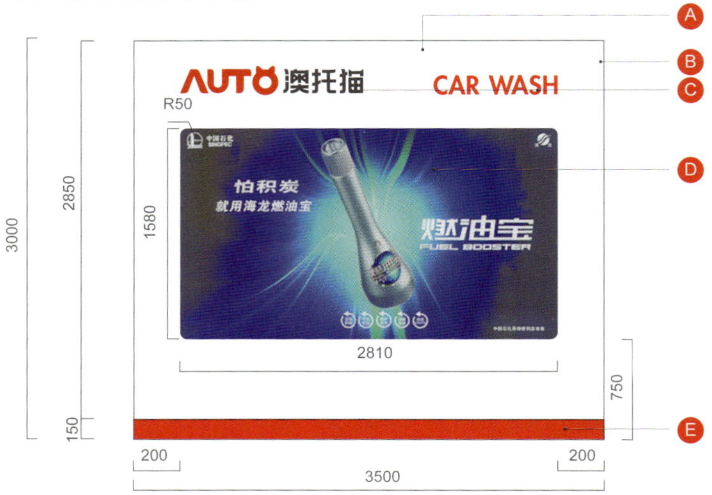

洗车机外立面入口视图

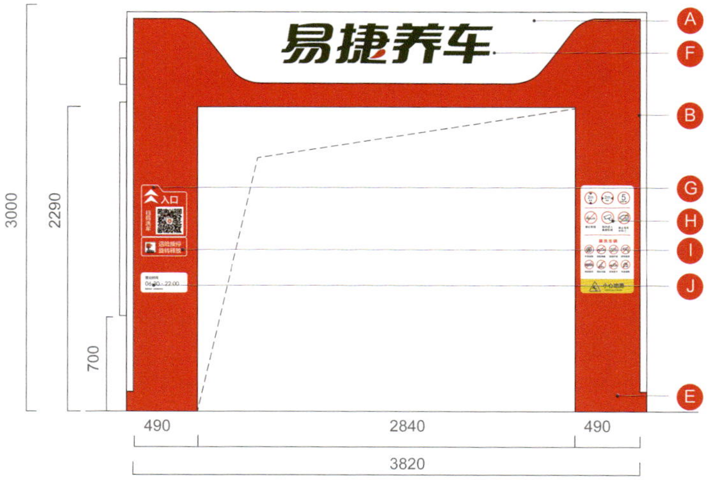

洗车机外立面出口视图

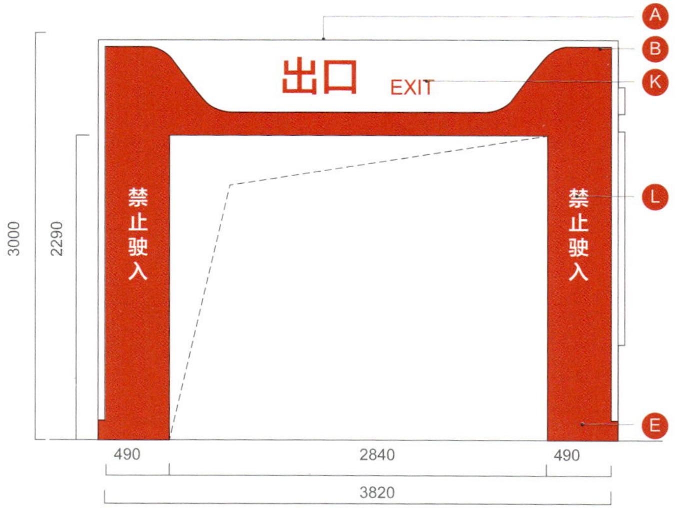

D.7.17

龙门式自动洗车机外立面标识规范

· 龙门式自动洗车机外立面标识如右图所示。

· 龙门式自动洗车机正面标识包含澳托猫、CAR WASH 等。

· 龙门式自动洗车机出入口标识包含易捷养车、警示、扫码、营业时间、出口及禁止驶入等。

单位：mm

材料色号：

- 石化红 PANTONE 185 C
- 高光白 WHITE
- 石化黑 PANTONE BLACK C
- 易捷墨绿 PANTONE 3435 C

自动洗车机外立面标识

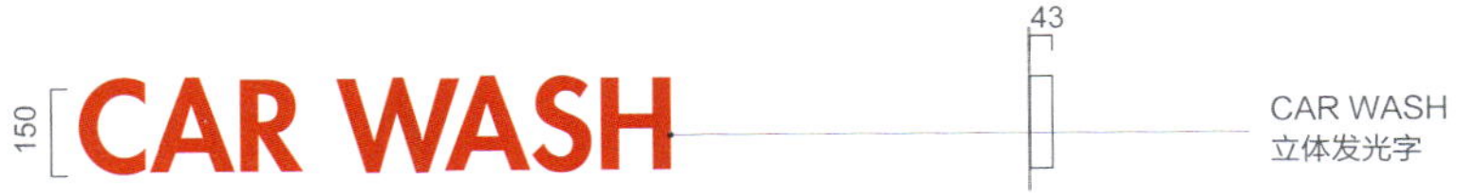

自动洗车机出入口标识

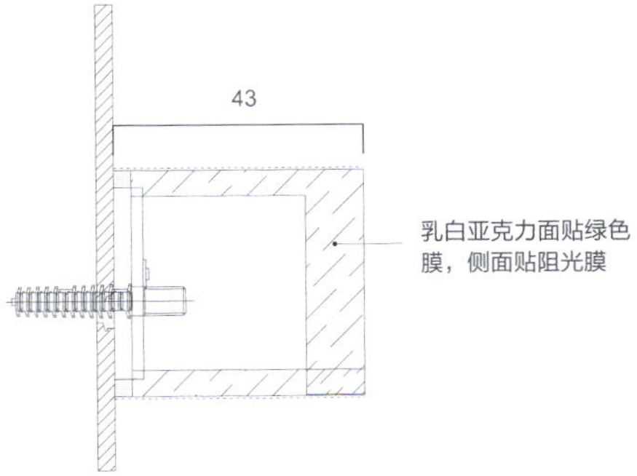

A–A 剖面图

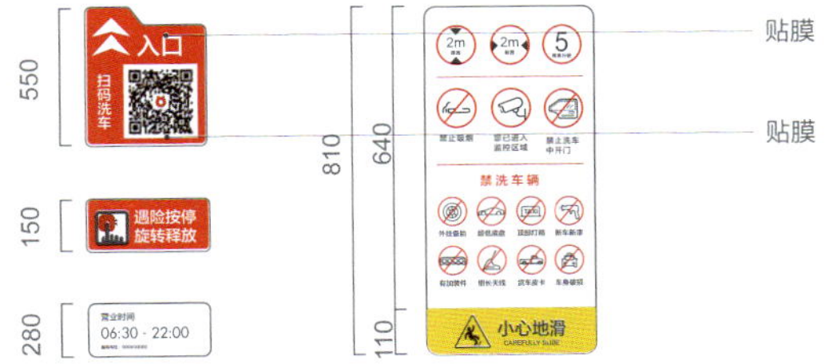

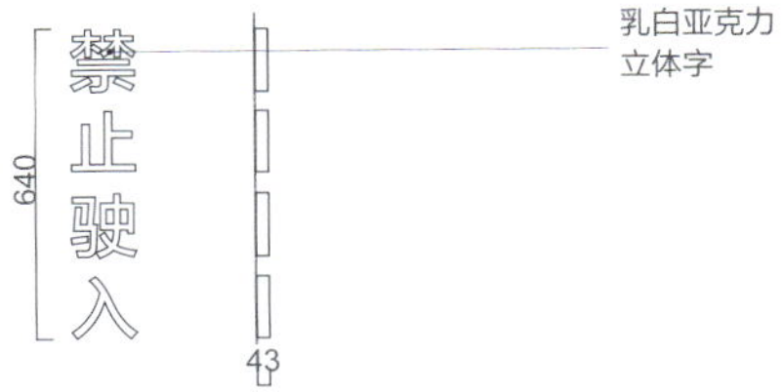

D.7.18

龙门式自动洗车机（独立品牌）效果展示

自动洗车机入口日景效果图

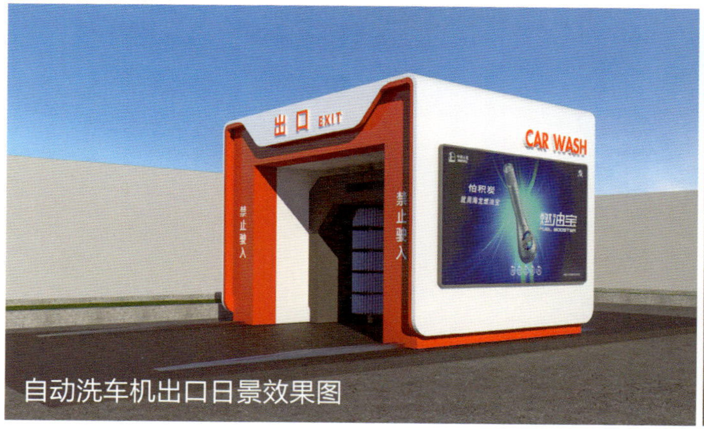

自动洗车机出口日景效果图

自动洗车机入口夜景效果图

D.7.19

龙门式自动洗车机（独立品牌）形象索引

· 龙门式自动洗车机形象包含以下元素：
CAR WASH 标识；
广告灯箱；
入口面标识（含易捷养车、洗车服务、警示、扫码、营业时间标识）；
出口面出口标识。

· 注：自动洗车机外立面装饰请参考此立面图，可根据实际尺寸进行适当的调整。

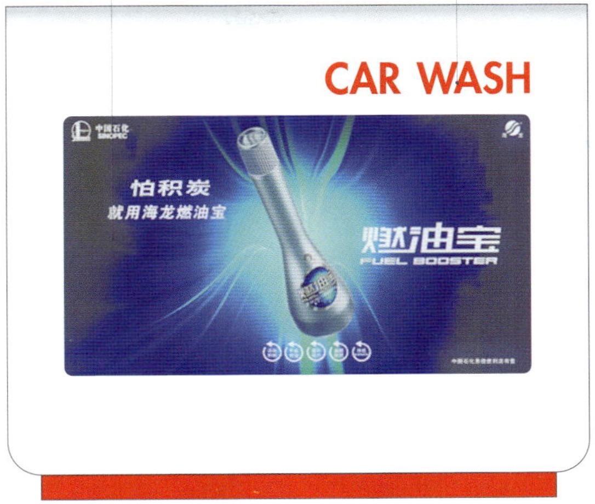

外立面正视图

外立面入口视图

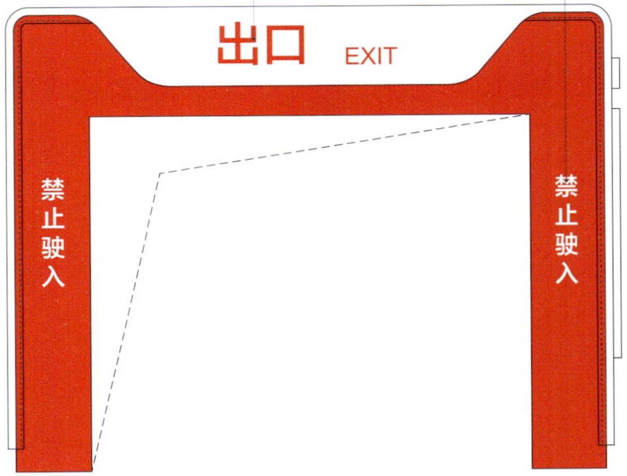

外立面出口视图

材料色号：

石化红
PANTONE 185 C

高光白
WHITE

石化黑
PANTONE BLACK C

易捷墨绿
PANTONE 3435 C

D.7.20

龙门式自动洗车机（独立品牌）外立面尺寸及工艺说明

· 设计施工时，请参考右图尺寸，以确保龙门式自动洗车机的视觉效果。

· 工艺说明：

- A 白色高光铝板
- B LED 灯带
- C CAR WASH 标识发光字
- D 广告灯箱
- E 红色高光铝板（石化红 Pantone 185 C）
- F 易捷养车标识发光字
- G 入口指引标识
- H 安全提示标识
- I 遇险按钮标识
- J 营业时间标识
- K 出口标识发光字
- L 禁止驶入标识

单位：mm

· 注：图中画面内容仅作示意，请根据实际情况生产制作相应画面内容。

材料色号：

石化红 PANTONE 185 C

高光白 WHITE

洗车机外立面正面视图

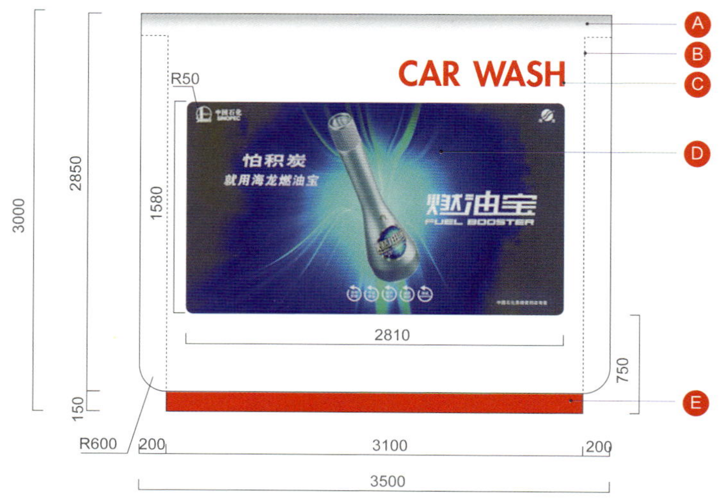

A–A 剖面图

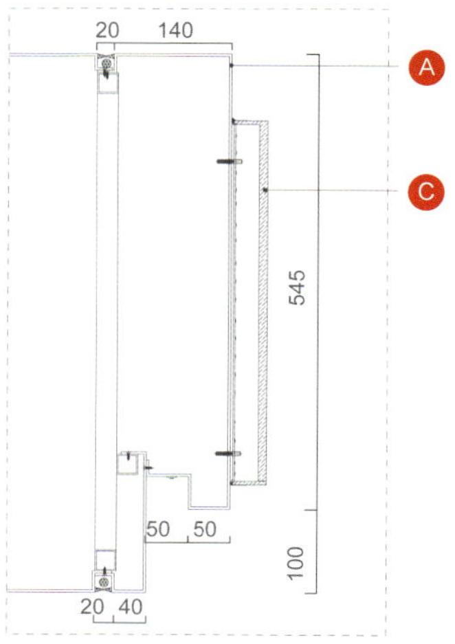

B–B 剖面图

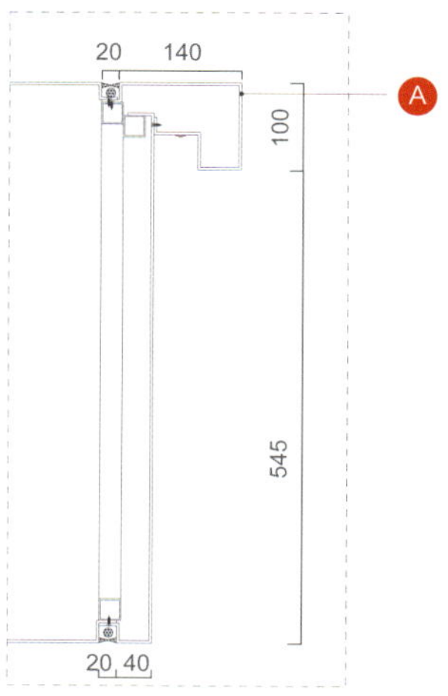

洗车机外立面入口视图

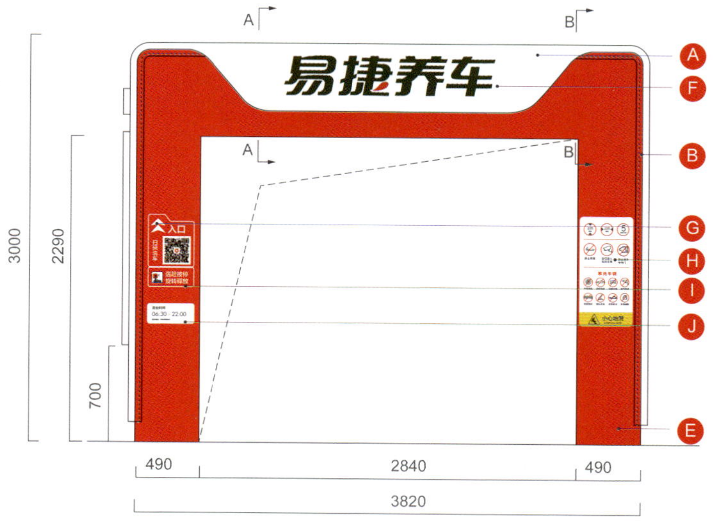

洗车机外立面出口视图

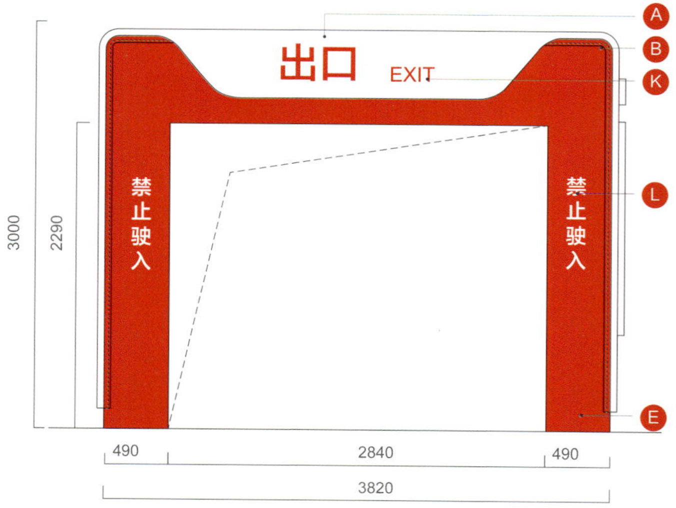

D.7.21

龙门式自动洗车机简易版（独立品牌）效果展示

龙门式自动洗车机简易版入口日景效果图

龙门式自动洗车机简易版出口日景效果图

龙门式自动洗车机简易版入口夜景效果图

D.7.22

龙门式自动洗车机简易版（独立品牌）形象索引

· 自动洗车机形象包含以下元素：
易捷养车标识发光立体字；
广告灯箱；
CAR WASH 标识；
箭头指示标识；
入口面标识（含易捷养车、洗车服务、警示、扫码、营业时间标识）；
出口面出口标识。

· 注：自动洗车机外立面装饰请参考此立面图，可根据实际尺寸进行适当的调整。

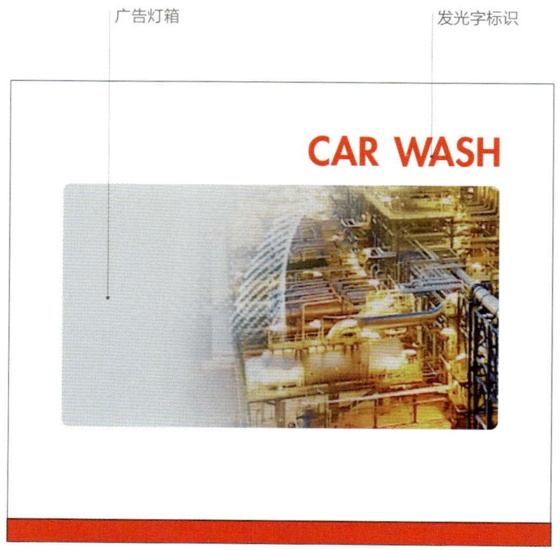

外立面正视图

外立面入口视图

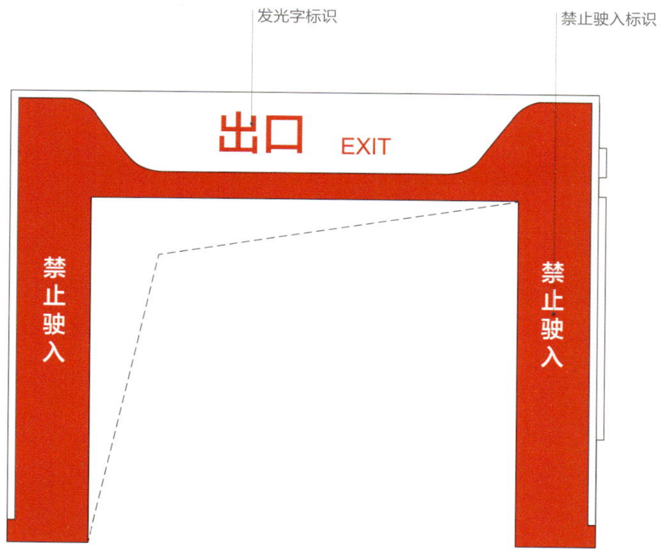

外立面出口视图

材料色号：

- 石化红 PANTONE 185 C
- 高光白 WHITE
- 石化黑 PANTONE BLACK C
- 易捷墨绿 PANTONE 3435 C

D.7.23

龙门式自动洗车简易版（独立品牌）外立面尺寸及工艺说明

· 设计施工时，请参考右图尺寸，以确保龙门式自动洗车机简易版的视觉效果。

· 工艺说明：

Ⓐ白色高光铝塑板
Ⓑ CAR WASH 标识发光字
Ⓒ广告灯箱
Ⓓ红色高光铝塑板
（石化红 Pantone 185 C）
Ⓔ易捷养车标识发光字
Ⓕ入口指引标识
Ⓖ安全提示标识
Ⓗ遇险按钮标识
Ⓘ营业时间标识
Ⓙ出口标识发光字
Ⓚ禁止驶入标识

单位：mm

· 注：图中画面内容仅作示意，请根据实际情况生产制作相应画面内容。

材料色号：

石化红
PANTONE 185 C

高光白
WHITE

外立面正面视图

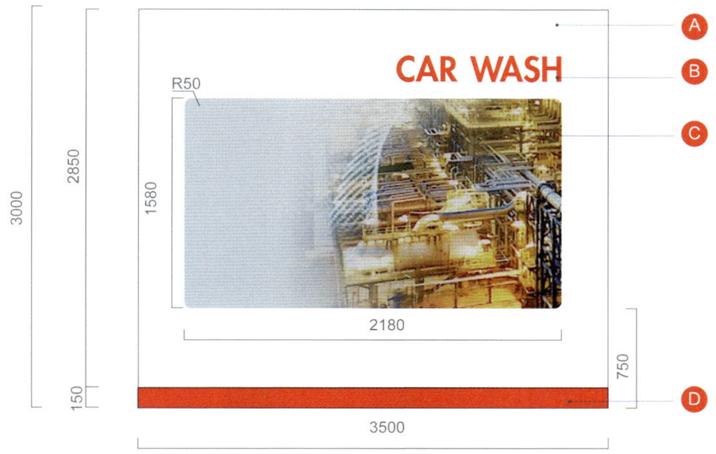

外立面入口视图

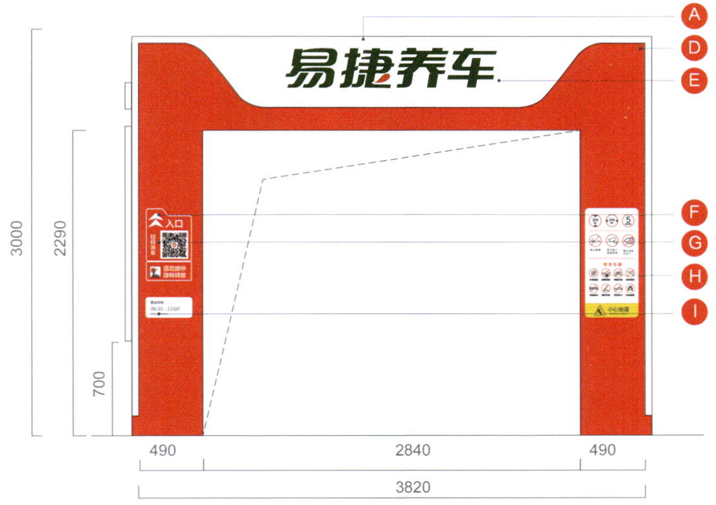

外立面出口视图

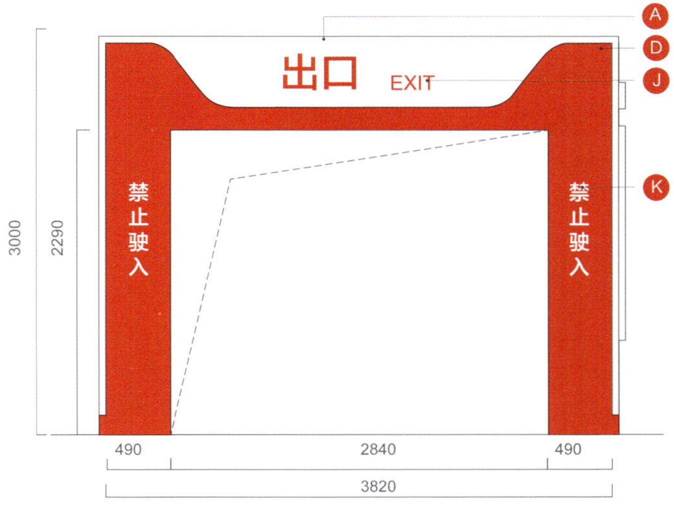

D.7.24

龙门式自动洗车机（独立品牌）外立面标识规范

· 龙门式自动洗车机外立面标识如右图所示。

· 龙门式自动洗车机正面标识：
CAR WASH

· 龙门式自动洗车机出入口标识包含易捷养车、警示、扫码、营业时间、出口及禁止驶入等。

单位：mm

材料色号：

石化红
PANTONE 185 C

高光白
WHITE

石化黑
PANTONE BLACK C

易捷墨绿
PANTONE 3435 C

自动洗车机外立面标识

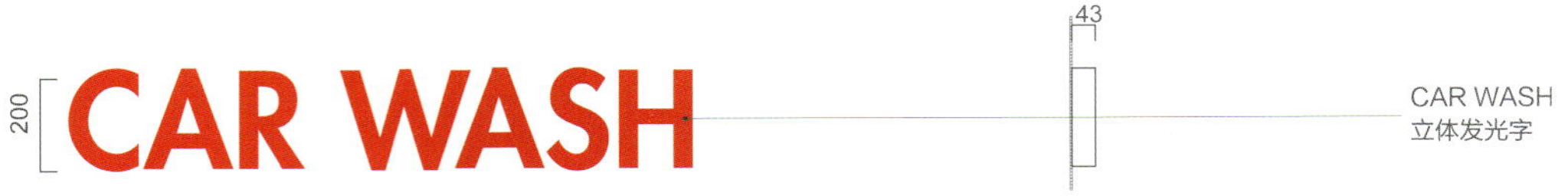

自动洗车机出入口标识

D.7.25

易捷养车效果展示

D.7.26

易捷养车形象索引

· 易捷养车形象包含以下构成要素：
门楣；
易捷养车 LOGO 标识；
工位指示灯箱；
防撞贴；
汽车服务标识；
防撞护角；
落地玻璃门；
广告灯箱。

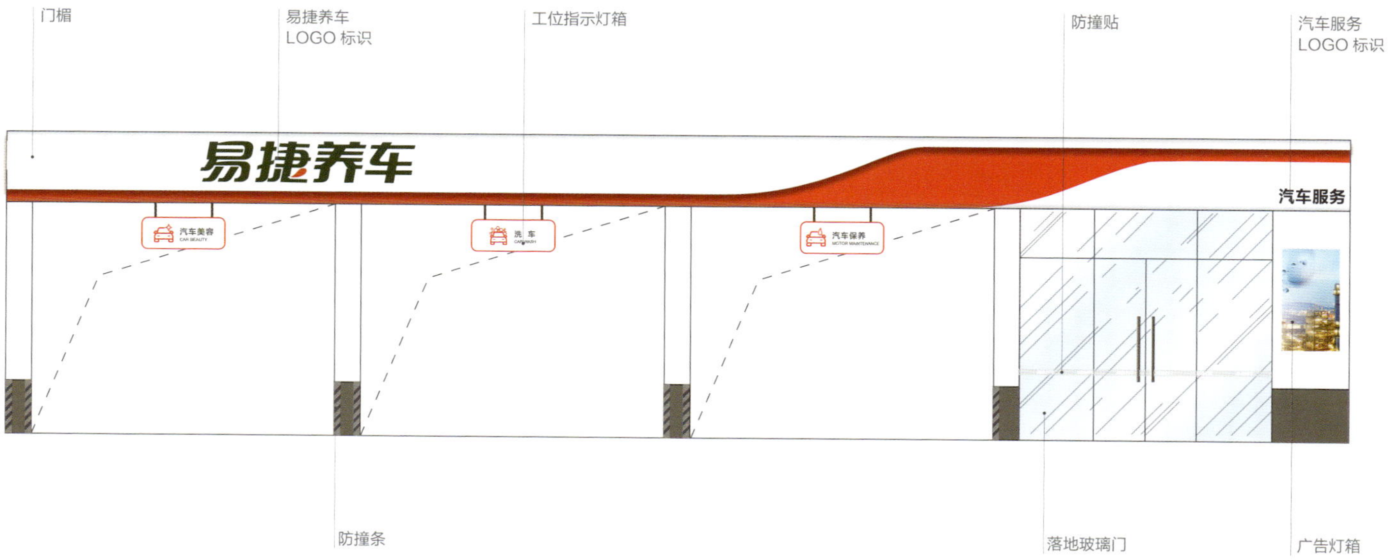

材料色号：

石化红
PANTONE 185 C

高光白
WHITE

深灰色
PANTONE COOL GRAY 11 C

D.7.27

易捷养车外立面尺寸及工艺说明

· 设计施工时，请参考右图尺寸，以确保易捷养车外立面的视觉效果。

· 外立面门头主要采用白色高光铝板，门楣内藏 LED 灯带，工位柱子离地高 800mm 处采用灰色铝塑板。

单位：mm

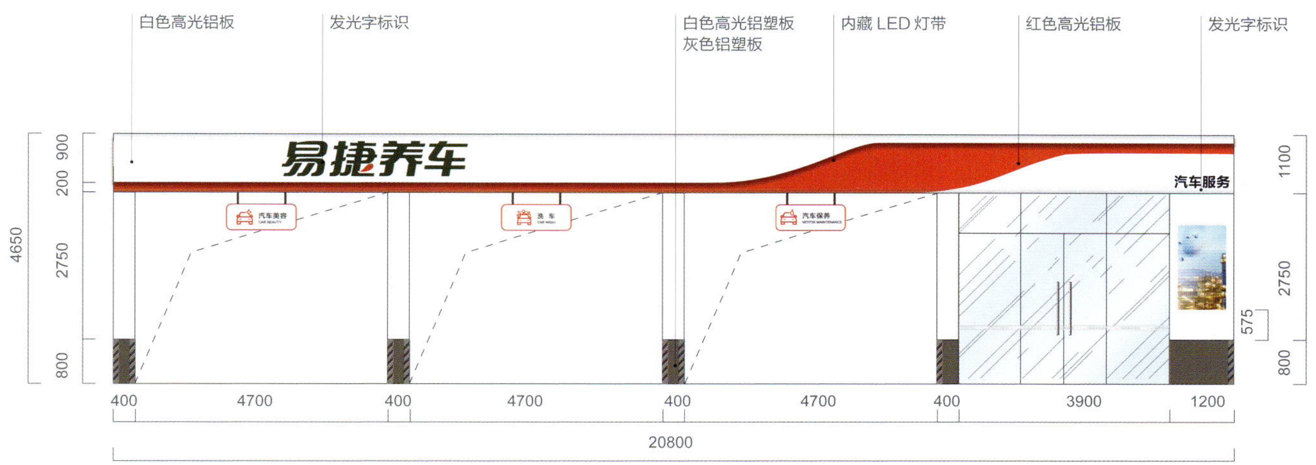

正立面

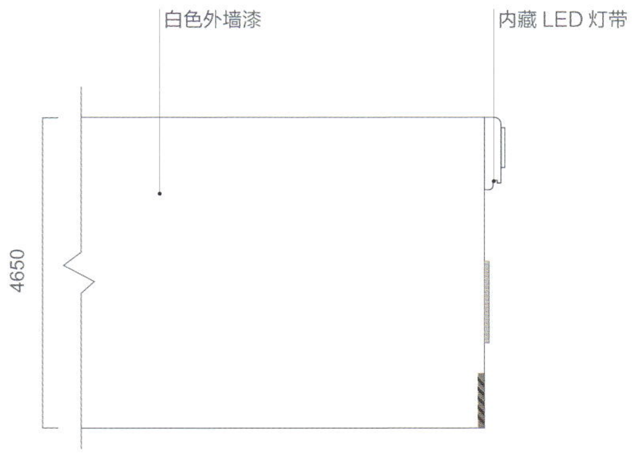

左侧面

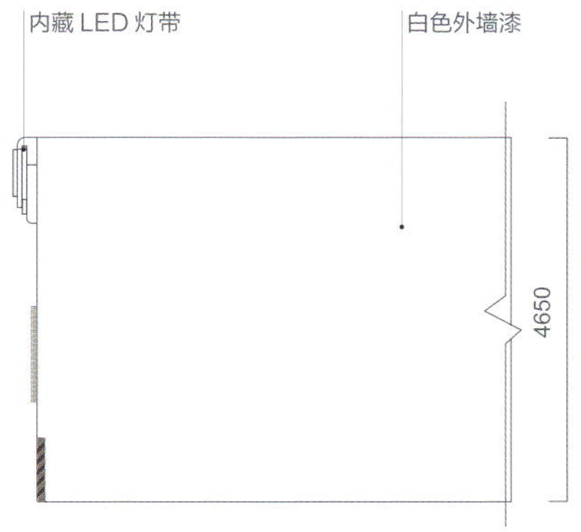

右侧面

材料色号：

石化红
PANTONE 185 C

高光白
WHITE

深灰色
PANTONE COOL GRAY 11 C

D.7.28

易捷养车
门楣标识尺寸及工艺说明

· 设计施工时，请参考右图尺寸，以确保易捷养车外立面的视觉效果。

· 门楣整体采用白色高光铝板和红色高光铝板折弯成型，内藏灯带。

· 门楣建议应用规范比例：门楣的长度与高度的比例为 19 ：1，如门楣高度为 X，则门楣长度应为 19X，易捷养车 LOGO 发光标识在门楣左起 3.14X 处开始安装。

单位：mm

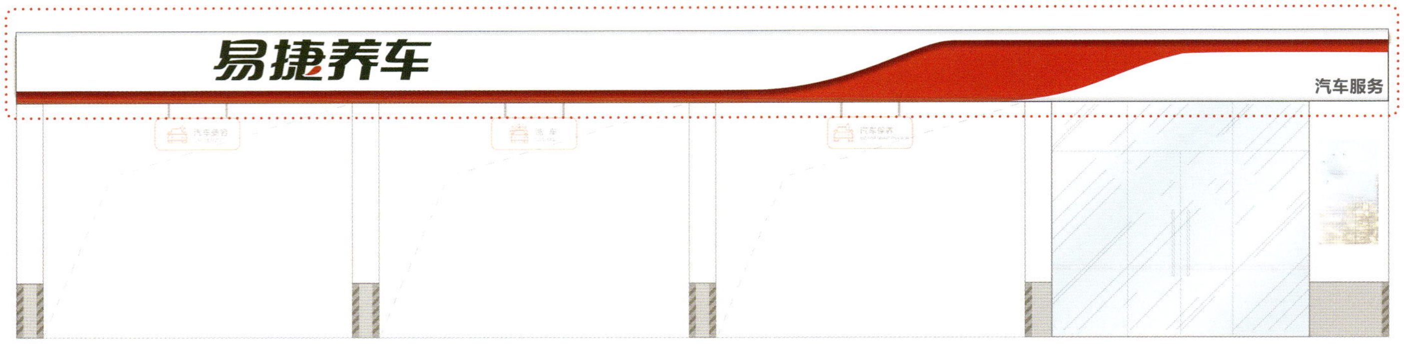

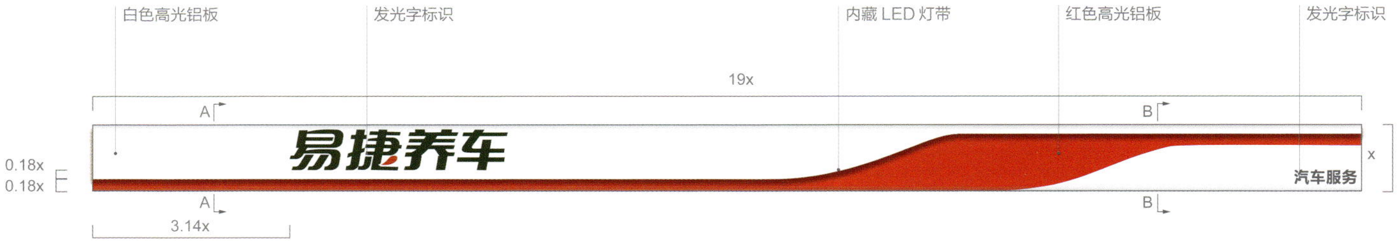

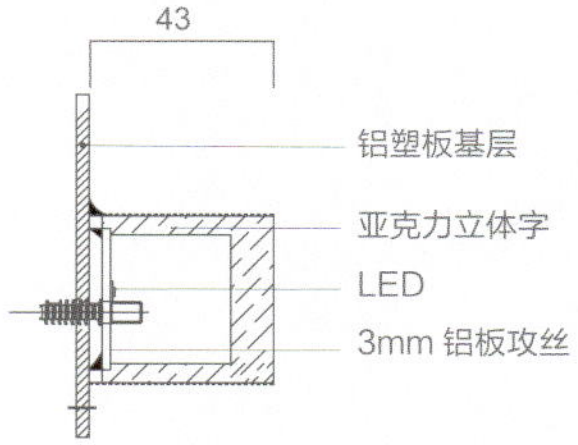

发光字安装示意

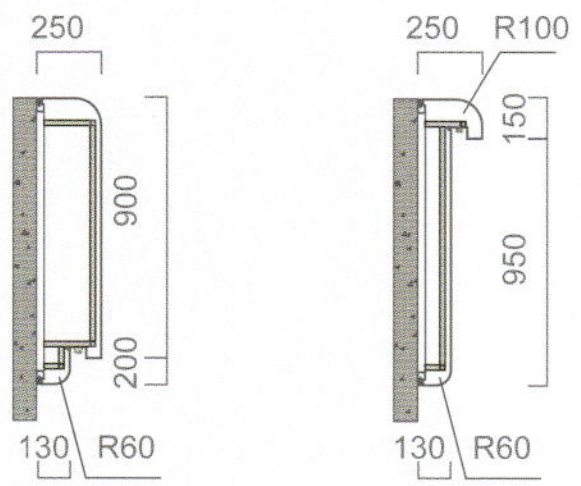

A-A 剖面图　B-B 剖面图

材料色号：

- 石化红 PANTONE 185 C
- 高光白 WHITE
- 易捷墨绿 PANTONE 3435 C

D.7.29

易捷养车工位指示灯箱尺寸及工艺说明

· 工位指示灯箱标识采用红色 304 不锈钢围边，正面采用乳白亚克力面板，图文丝印，内置防水 LED 灯条，夜间发光。

· 安装位置：吊挂安装门楣下方。

· 安装高度：吊牌底部离地净空不得小于 2800mm。

单位：mm

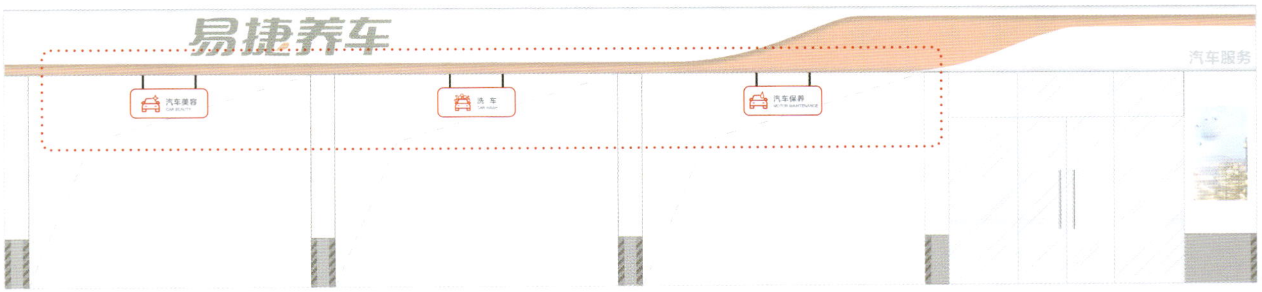

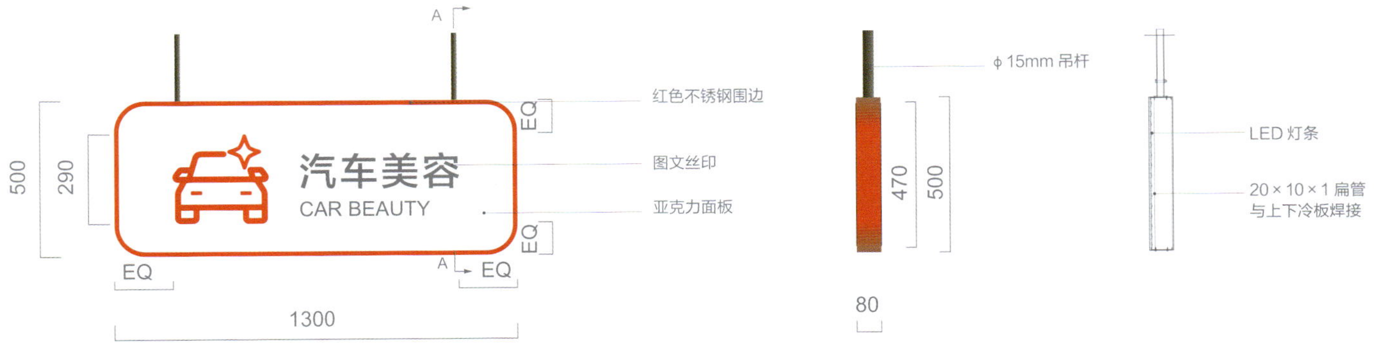

正视图　侧视图　A–A 剖面图

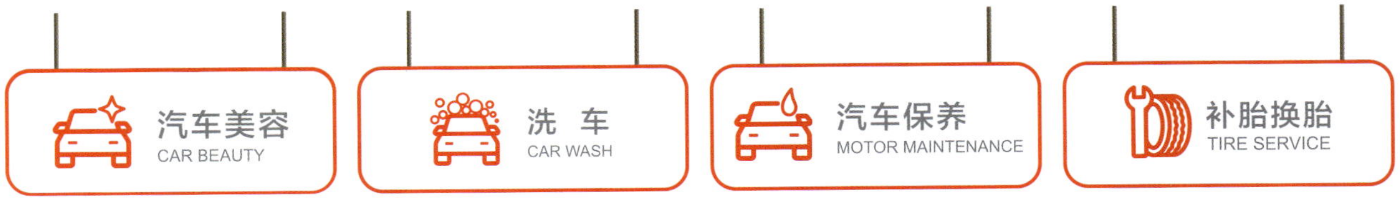

材料色号：

- 石化红 PANTONE 185 C
- 高光白 WHITE
- 深灰色 PANTONE COOL GRAY 11 C

D.7.30

易捷养车
其他标识尺寸及工艺说明

· 防撞贴标识采用磨砂贴膜，文字信息镂空，于离地高 1000mm 处粘贴。

· 广告灯箱设立在易捷养车外立面的左侧，靠近接待区，于离地高 1375mm 处，左右居中安装在白色面板上。

单位：mm

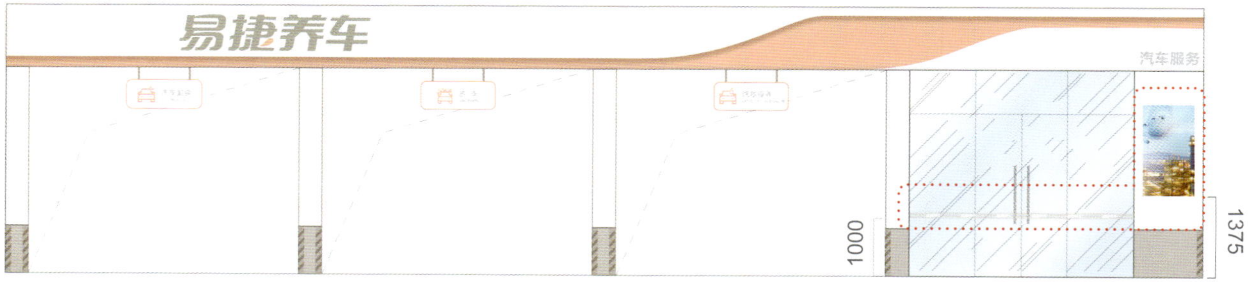

防撞贴

广告灯箱

正视图　　侧视图

工艺要求：

型材卡布灯箱，画面高清 UV 打印，内置防水 LED 灯条。

材料色号：

- 石化红 PANTONE 185 C
- 高光白 WHITE
- 浅灰色 PANTONE COOL GRAY 4 C

D.7.31

易捷养车
防撞护角尺寸及工艺说明

· 防撞护角安装在柱子的两侧，保护建筑物。

· 材质采用橡胶制作，表面贴反光膜。

单位：mm

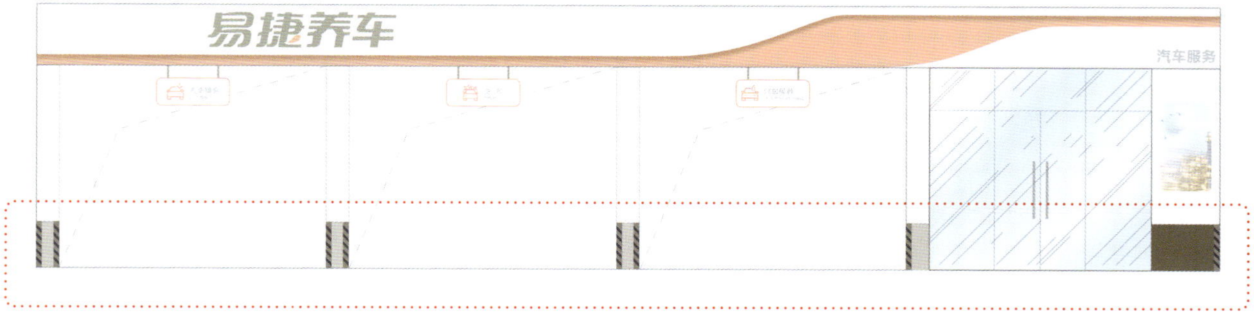

防撞护角

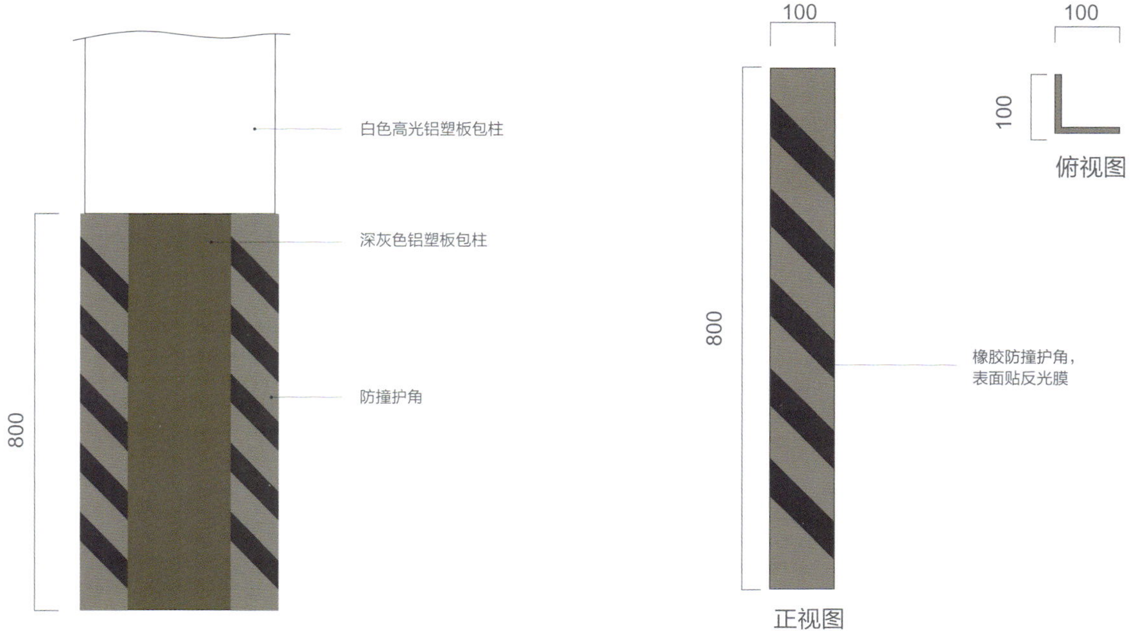

材料色号：

石化红
PANTONE 185 C

高光白
WHITE

浅灰色
PANTONE COOL GRAY 4 C

深灰色
PANTONE COOL GRAY 11 C

D.7.32

易捷养车联合品牌效果展示

· 本标准联合品牌“澳托猫”图示仅供参考，省市公司可根据自己实际合作的第三方单位进行相应替换调整。

D.7.33

易捷养车联合品牌外立面尺寸及工艺说明

· 设计施工时，请参考右图尺寸，以确保易捷养车合作版外立面的视觉效果。

· 外立面门头主要采用白色高光铝塑板和红色高光铝塑板，门楣内藏 LED 灯带，工位柱子离地高 800mm 处采用深灰色铝塑板。

单位：mm

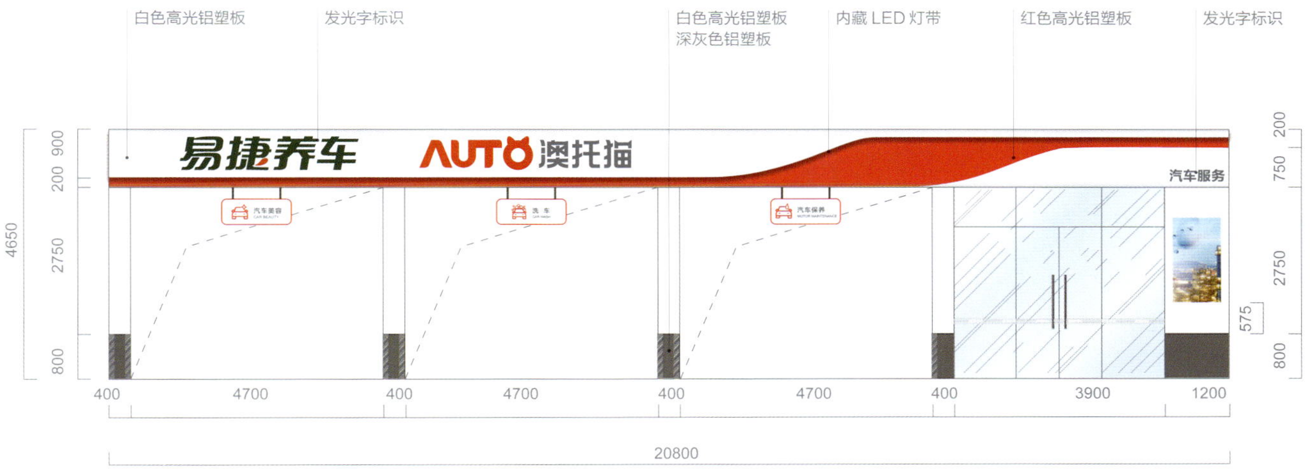

正立面

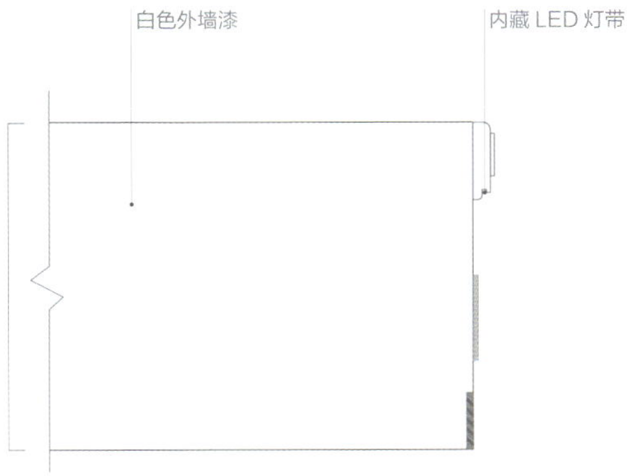

左侧面

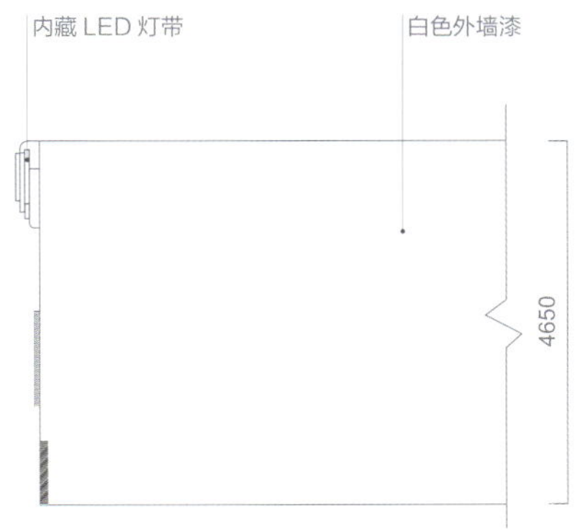

右侧面

材料色号：

石化红
PANTONE 185 C

高光白
WHITE

深灰色
PANTONE COOL GRAY 11 C

D.7.34

易捷养车联合品牌简易版效果展示

· 本标准联合品牌“澳托猫”图示仅供参考，省市公司可根据自己实际合作的第三方单位进行相应替换调整。

D.7.35

易捷养车联合品牌简易版外立面尺寸及工艺说明

· 设计施工时，请参考右图尺寸，以确保易捷养车简易门楣合作版外立面的视觉效果。

· 外立面门头主要采用白色高光铝塑板和红色高光铝塑板，工位柱子离地高 800mm 处采用深灰色铝塑板。

单位：mm

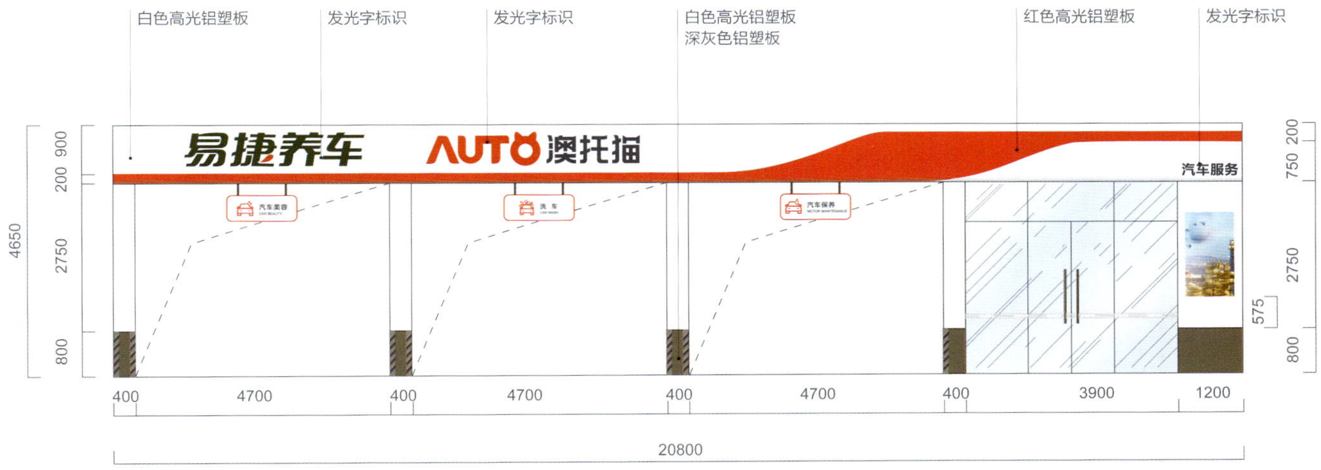

正立面

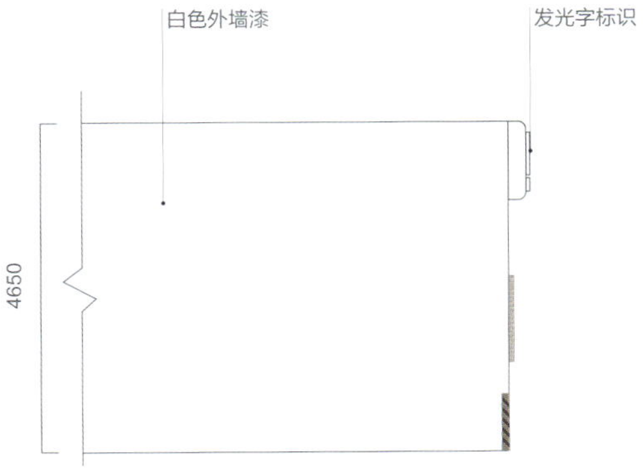

左侧面

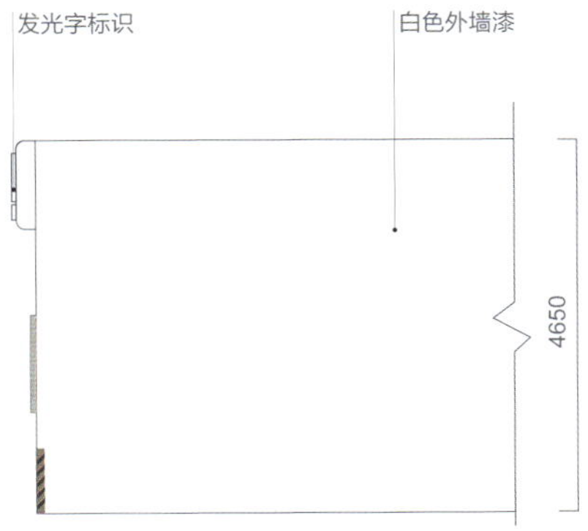

右侧面

材料色号：

石化红
PANTONE 185 C

高光白
WHITE

深灰色
PANTONE COOL GRAY 11 C

D.7.36

站房联合易捷养车规范

· 工艺说明：

- A 32 × 2.0mm 镀锌圆管与基层焊接固定
- B 1.2mm 镀锌板折弯
- C 4.0mm 高光白易洁铝塑板，厚度 0.3mm 文字处镂空
- D 亚克力面板内支撑件
- E 文字 10mm 透明亚克力侧面冲砂，背衬 3.0mm 乳白亚克力，表面贴专色 3M 膜
- F 户外型 LED 模组，防护等级 IP65 以上
- G 中国石化高光白铝塑板底板（0.3mm 铝材厚度，表面为易清洁氟碳漆涂层）
- H 卷帘门
- I 内嵌雕刻亚克力 表面绿色和黑色专色贴膜
- J 灯带（发光）
- K 4mm 铝塑板

应用规范：

· 易捷养车门头灯箱以铝板白色喷粉为主体，内部以钢结构内支架组成。

· 发光 LOGO 和立体字为厚板亚克力雕刻成型表面贴 3M 专色贴膜。

· 光源为户外型 LED 模组，安装在内部底板上。

单位：mm

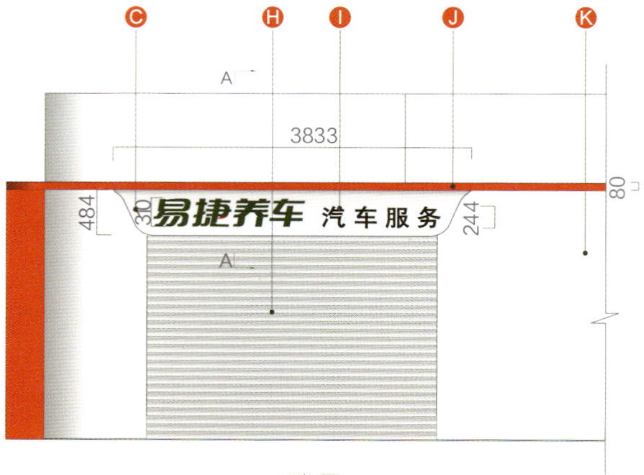

正视图

A-A剖面图

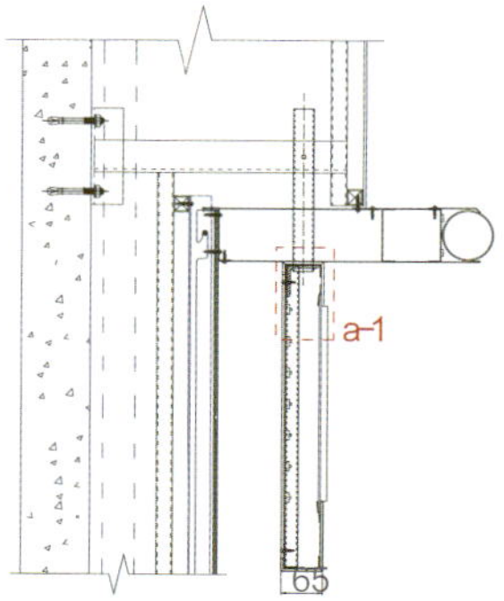

a-1

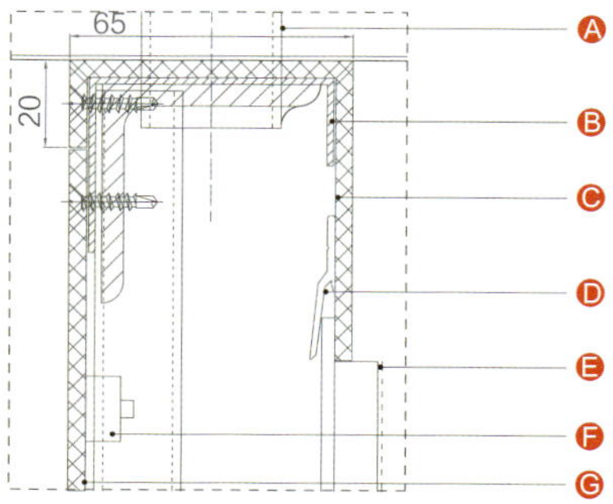

站房联合易捷养车示意图

/ D.8 地面画线及防碰撞设施

D.8.01

地面画线示意图

· 根据地面道路需求规划地面画线。

· 地面画线分为以下类型：
减速带地画线；
方向指引地画线；
加能区车位画线；
加能区车道画线；
黄、白地画线；
黄色禁停地画线。

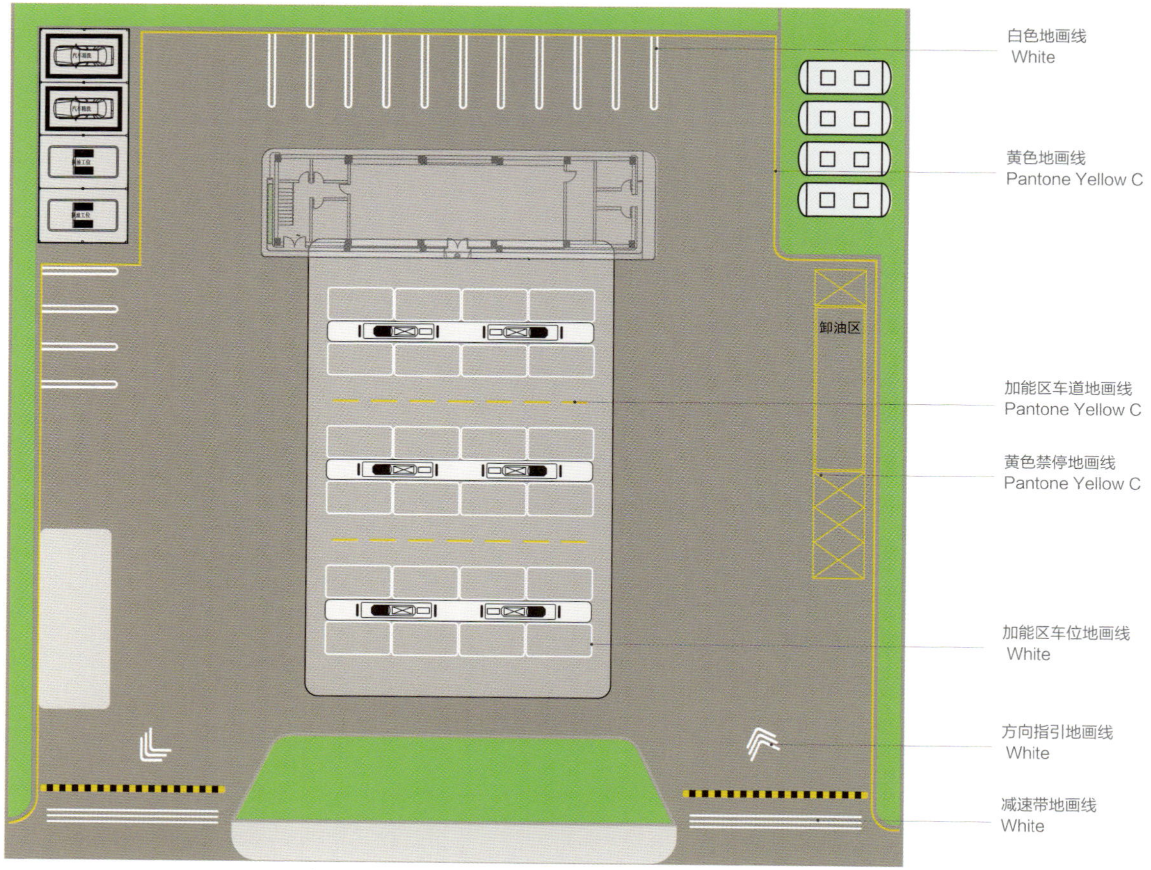

D.8.02

加能区地画线平面布置规范

· 矩阵式加油岛（双停车位）地面画线标准示意图。

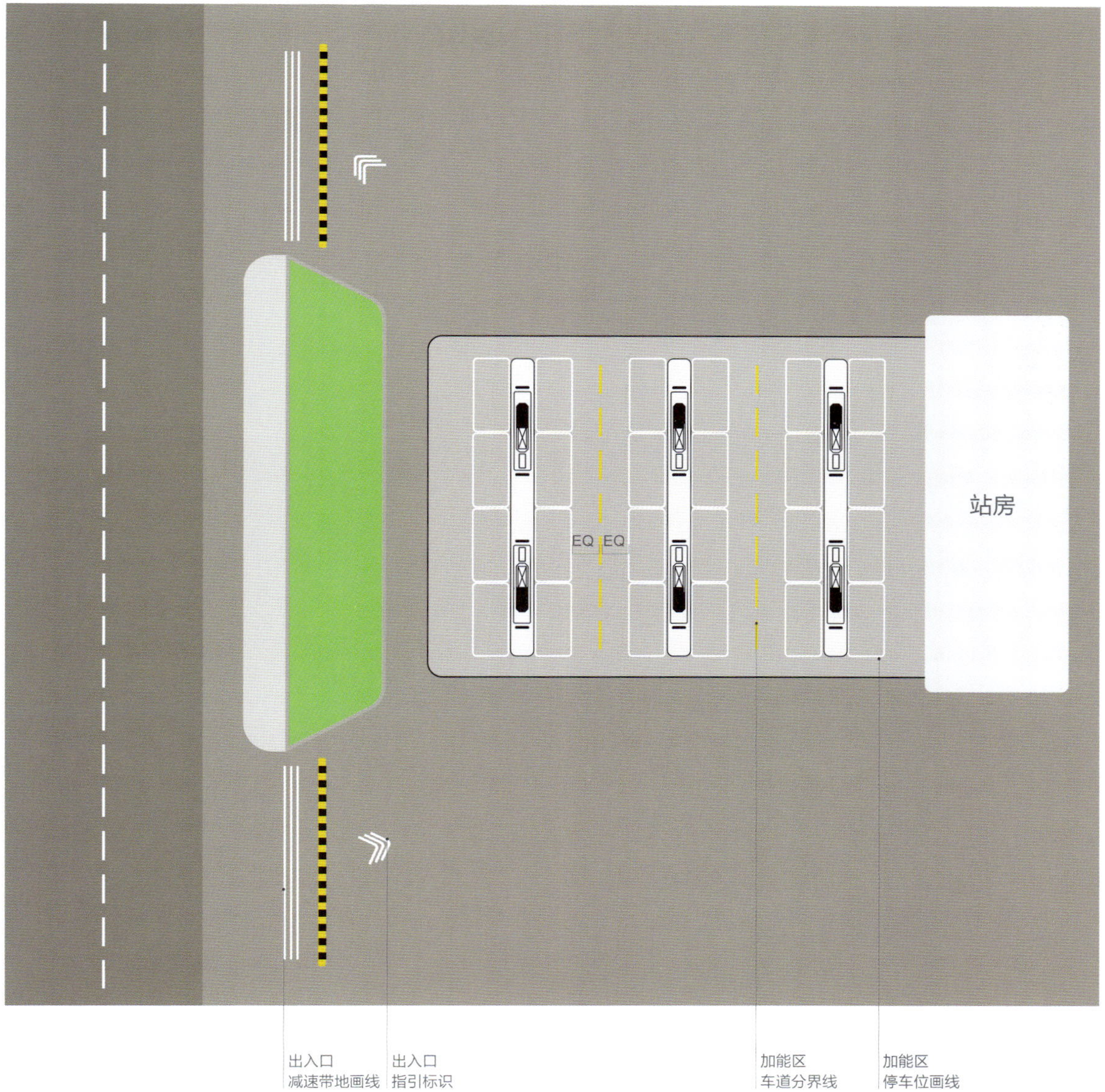

地画线色号：

PANTONE YELLOW C

WHITE

D.8.02

加能区地画线平面布置规范

· 矩阵式加油岛（单停车位）地面画线标准示意图。

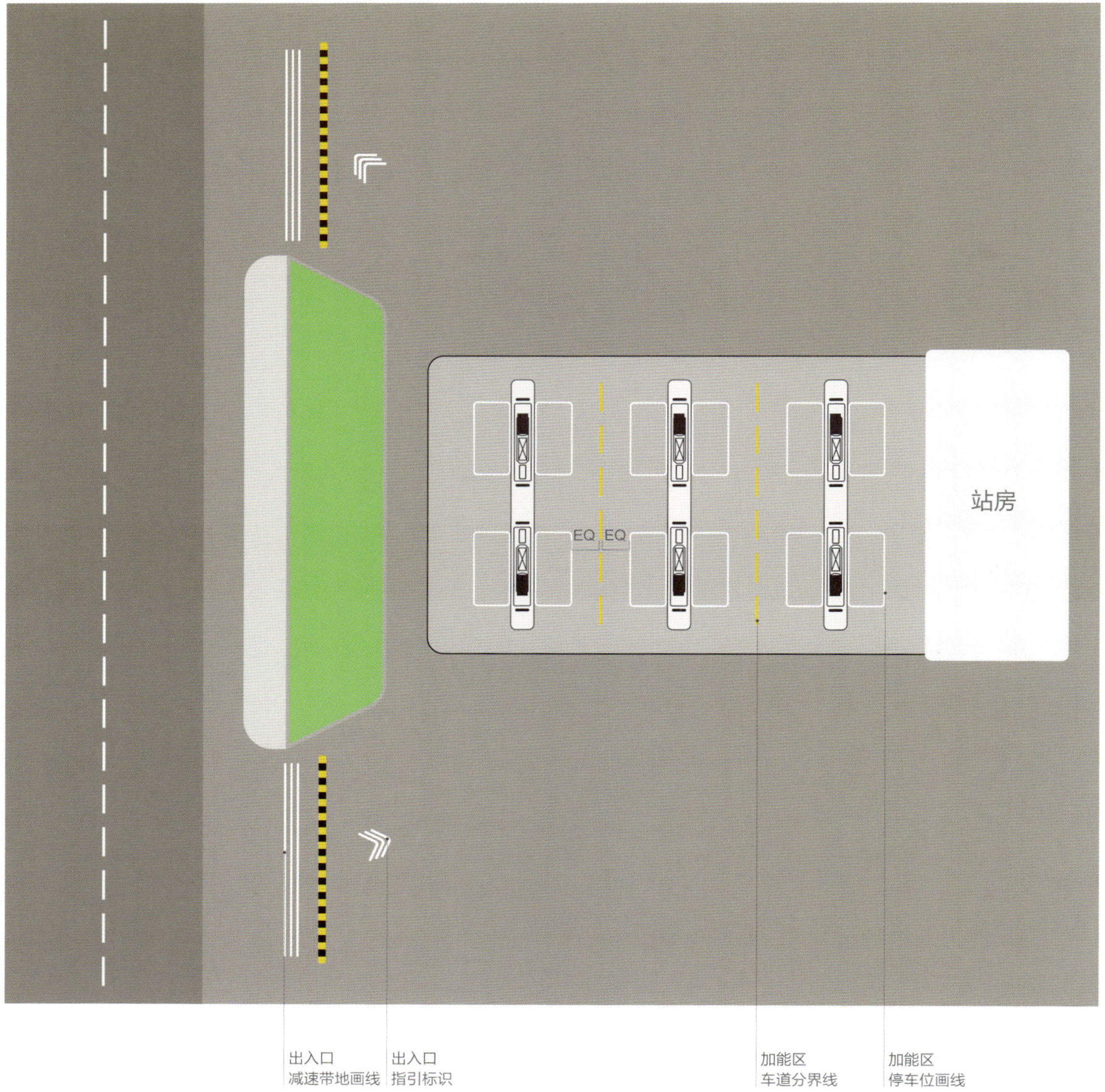

地画线色号：

PANTONE YELLOW C

WHITE

D.8.02

加能区地画线平面布置规范

· 斜式加油岛地面画线标准示意图。

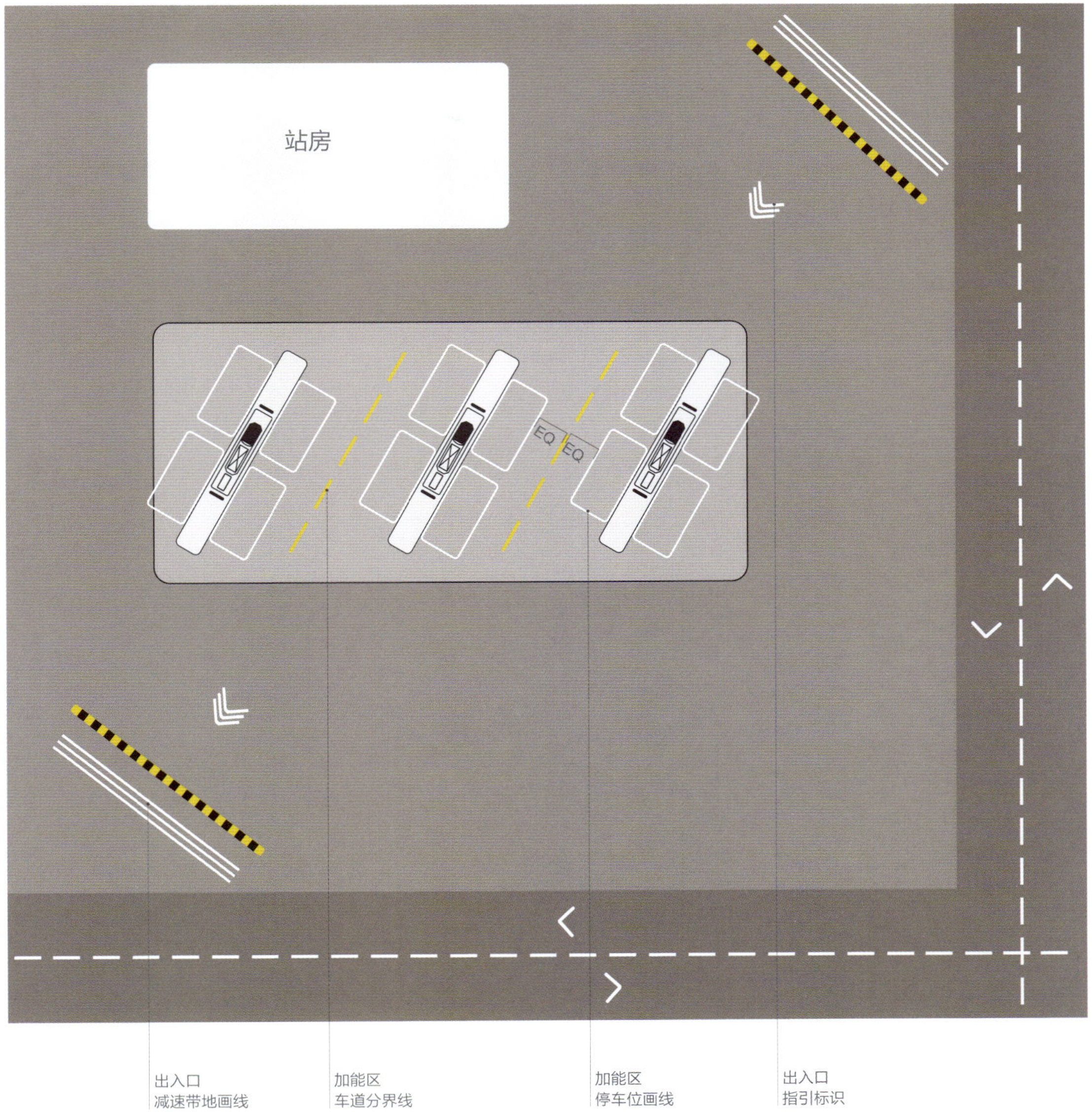

地画线色号：

PANTONE YELLOW C

WHITE

D.8.02

加能区地画线平面布置规范

· 通过式加油岛地面画线标准示意图。

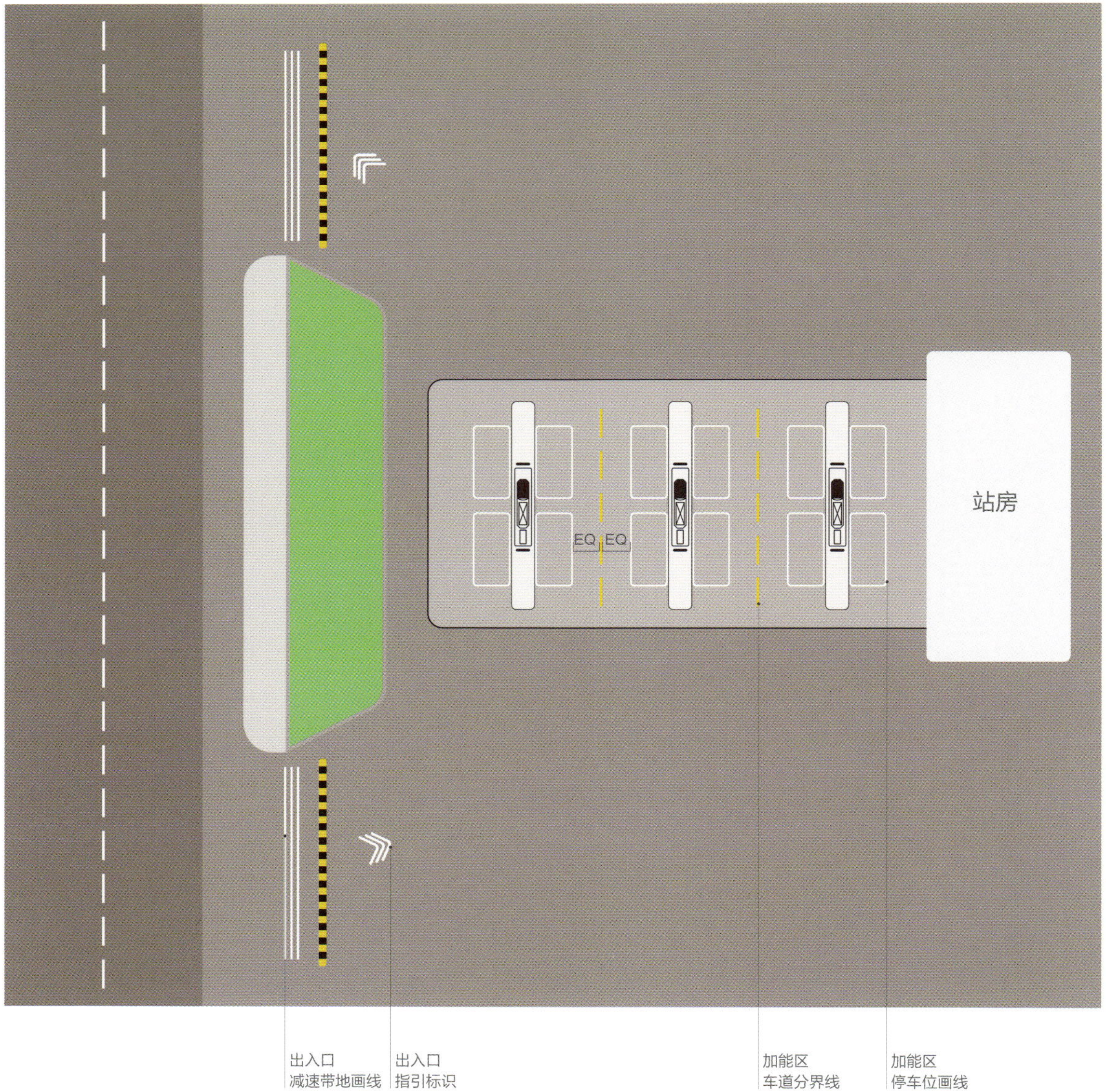

地画线色号：

PANTONE YELLOW C

WHITE

D.8.03

地面画线
尺寸及工艺说明（一）

· 车道画线包括白线和黄线两种，本页介绍白色地画线。

· 白色地画线应用于加能站出入口，加能区导向箭头，停车位画线等。

· 工艺说明：

1. 方向指引地画线线宽为 200mm, 采用白色热熔画线。
2. 减速带地画线线宽为 150mm，间隔距离为 150mm，采用白色热熔画线。
3. 停车位地画线线宽为 150mm，采用白色热熔画线。
4. 加能区车位画线线宽为 150mm, 采用白色热熔画线。

单位：mm

地画线色号：

WHITE

1. 方向指引地画线

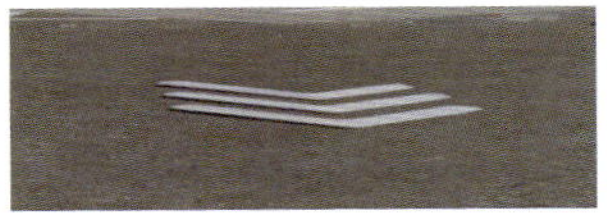

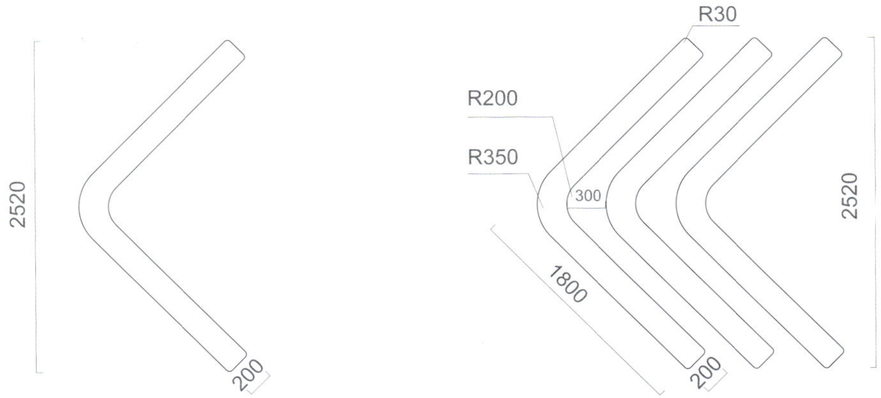

2. 减速带地画线

3. 停车位地画线

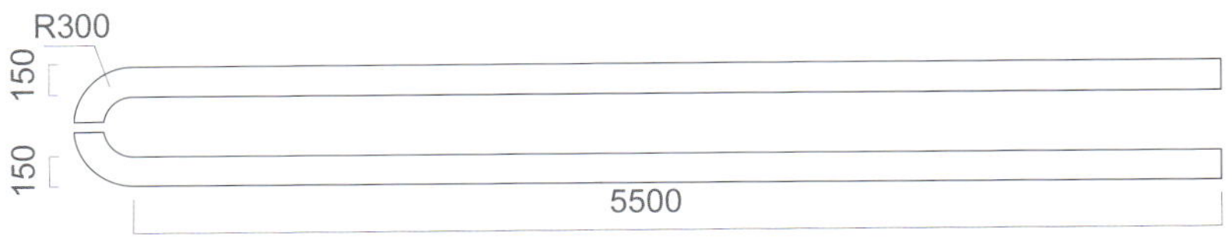

4. 加能区车位地画线

D.8 地面划线及防撞设施

D.8.03

地面画线
尺寸及工艺说明（二）

· 柴油加注停车位画线规格说明：
柴油加注停车位画线原则上分为：L7500mm、L10000mm、L12000mm 三种规格，具体尺寸可由使用单位根据项目实际需要适当调整。

单位：mm

柴油加注停车位画线平面图

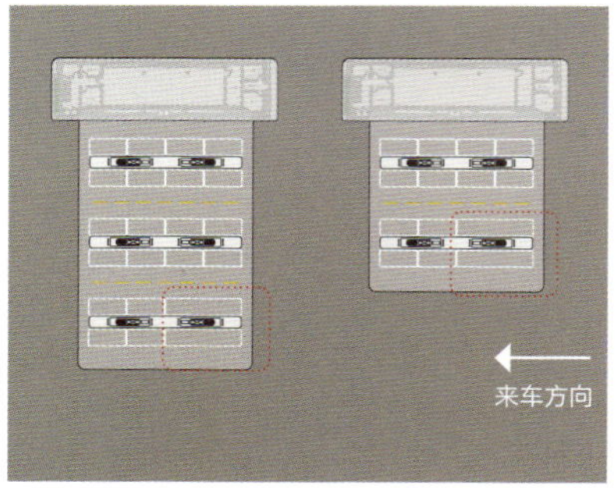

柴油加注停车位画线

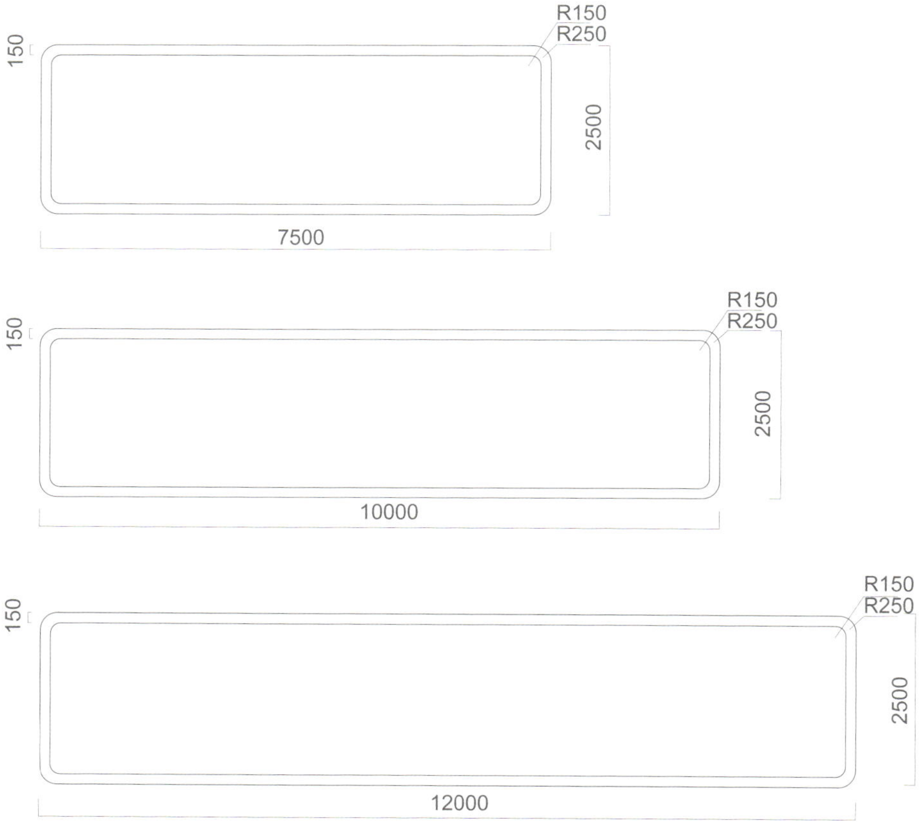

地画线色号：

WHITE

D.8.03

地面画线
尺寸及工艺说明（三）

· 车道画线包括白线和黄线两种，本页介绍黄色地画线。

· 工艺说明：

1. 黄色地画线应用于油罐区、卸油区等（含禁停区边线）。油罐区设置禁停区，并为油罐车划定定点停车区。
2. 黄色车道线线宽为 150mm，采用黄色热熔画线。
3. 禁停车位画线线宽为 150mm，采用黄色热熔画线。
4. 路沿禁止画线采用黄黑相间地画线，整体线宽为 150mm，黄黑相隔距离为 300mm。

单位：mm

地画线色号：

PANTONE YELLOW C

PANTONE BLACK C

1. 加能区车道地画线（平面示意）

2. 禁停车位画线（平面）

3. 黄色地画线（平面示意）

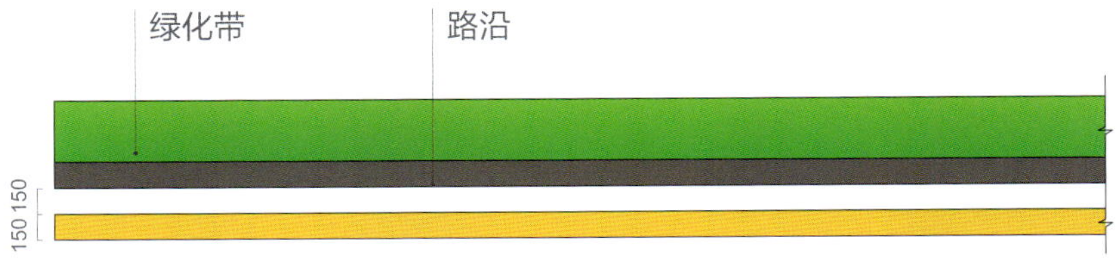

4. 路沿禁止地画线（立面示意）

示例图

D.8.04

加能区双停车位画线标准

· 加能区双停车位画线有两种方案，如右图所示：

方案一：以加油岛中心线为准，左右两侧位置处画停车位画线；

方案二：以加油机中心线为准，在距离两车油箱间中心位置处画停车位画线。

· 可根据实际情况选用相应方案。

· 加能区车位画线线宽为 150mm，采用白色热熔 / 冷喷画线。

单位：mm

地画线色号：

WHITE

方案一

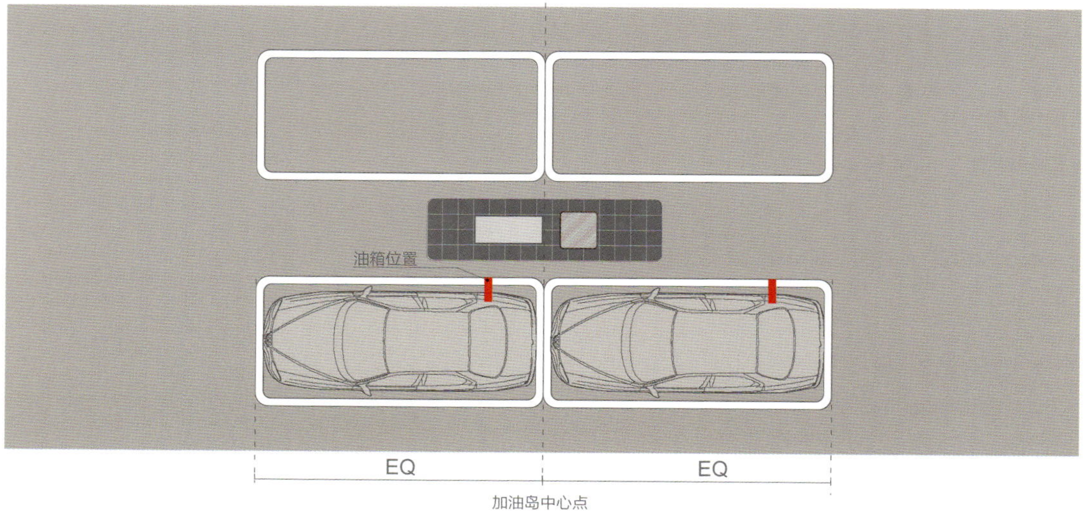

方案二

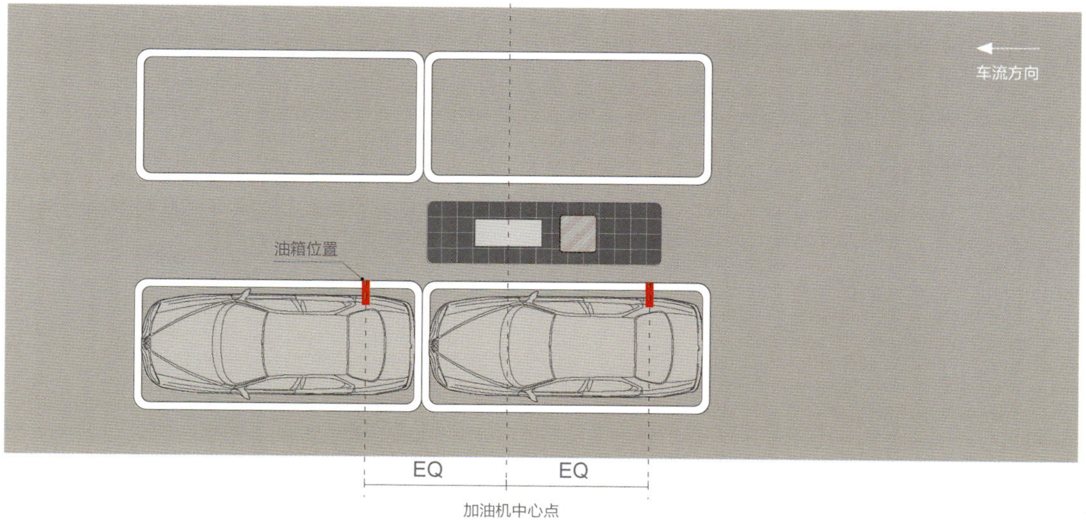

D.8.05

X POWER 车位画线
尺寸及工艺说明

· 图示为品牌汽油车位画线标准，设计施工时，请严格执行右图尺寸，以确保车位画线的视觉效果。

· 根据油品布置原则，品牌汽油车位原则上设置在内车道入口侧方向（如图示），如遇特殊情形，省市公司可根据实际需要自行调整。

· 品牌汽油车位画线要求：

1. 车位遵循标准小车车位 2500mm × 5500mm 尺寸设置；
2. 车位由白色和深红色两种颜色组成，边框线和字体、图形为白色，其余部分填充深红色；
3. 车位白色边框线宽为 150mm；
4. 车位画线施工采用 PU 防滑地坪漆（PU 防滑地坪漆施工过程不需要加热）。

单位：mm

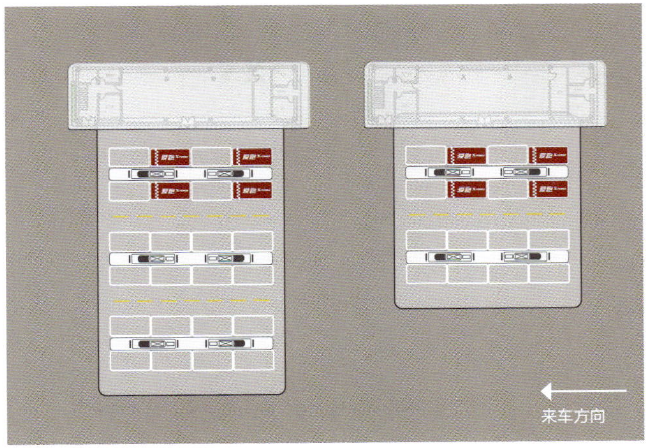

地画线色号：

WHITE

PANTONE 7622 C

注：现场不具备地坪漆施工条件（如不能停业或作业工期不足 7 天）的情况下，可选防滑贴数码喷绘，白色凹凸平面可打印安全防滑贴膜，表面矿砂，背部带铝箔层的防滑贴，透明压敏背胶；4℃ < 施工温度 <79℃。

D.8.06

新能源车位画线尺寸及工艺说明

· 图示为新能源车位画线标准，设计施工时，请严格执行右图尺寸，以确保车位画线的视觉效果。

· 根据油品布置原则，新能源车位原则上设置在最外侧车道出口侧方向（如图示），如遇特殊情形，省市公司可根据实际需要自行调整。

· 新能源车位画线：

1. 根据加注车型，车位画线分三种规格 :L7500mm、L10000mm、L12000mm 三种；
2. 车位由白色和蓝色两种颜色组成，边框线和字体图形为白色，其余部分填充蓝色；
3. 车位白色边框线宽为 150mm；
4. 车位画线施工采用 PU 防滑地坪漆 (PU 防滑地坪漆施工过程不需要加热)。

单位：mm

地画线色号：

WHITE　PANTONE 2925 C

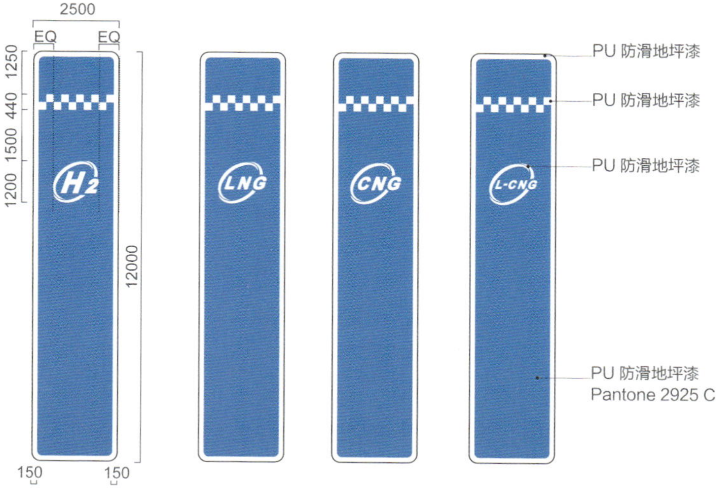

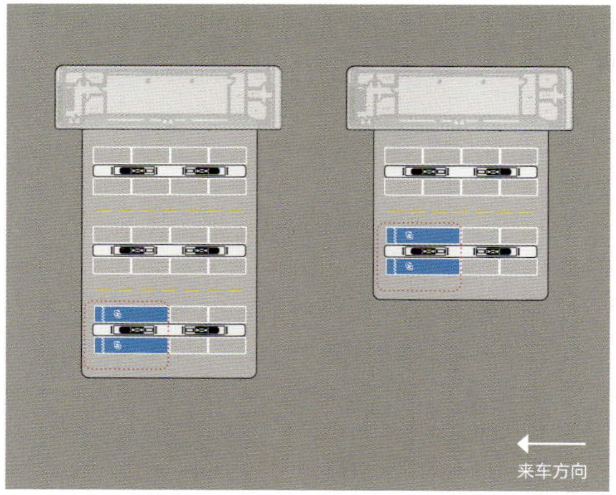

L7500mm 车位

L10000mm 车位

D.8.07

防撞柱样式总览及配置使用说明

· 加能站常用防撞柱主要有以下几种类型：
倒 U 形固定防撞柱（红白款 / 黄黑款）；
移动式防撞柱；
柔性警示柱；
移动式拒马。

必选项：●
可选项：○
不可选项：/

单位：mm

· 注：若地方应急管理部门有特殊要求的，可按照属地政府管理部门规定实施。

类别	图样示例	规格 /mm	旗舰站	标准站	简易站	适用场景范围
倒 U 形固定防撞柱（红白款）		H 600	●	○	○	加油岛周边
倒 U 形固定防撞柱（黄黑款）		H 600	/	○	○	加油岛周边
移动式竖杆防撞柱		H 1000	○	○	○	加能站出入口 站房外立面 油罐区、卸油区
柔性警示柱	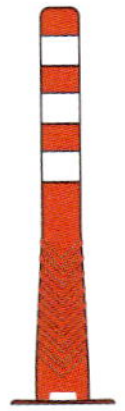	H 755	○	○	○	站房外立面 油罐区、卸油区
移动式拒马	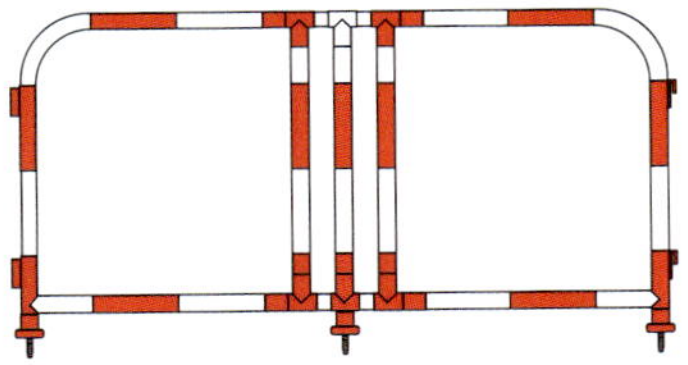	H 1200 L（2260、3860）	○	○	○	加能站出入口 油罐区、卸油区

D.8.08

倒 U 形固定式防撞柱

· 倒 U 形固定式防撞柱：由直径 108mm、壁厚 3mm 的镀锌钢管制作而成，根据需求，管面喷涂红色漆、面贴白色橡胶圈或管面喷涂黄色漆、面贴黑色反光膜（当地无特殊要求的，原则上应使用红白色防撞柱）。

· 倒 U 形固定式防撞柱通常安装在加油岛窄面两侧，每个加油岛配置 2 个。

· 安装前，应在相应位置做好预埋件处理。

单位：mm

倒 U 形红白款

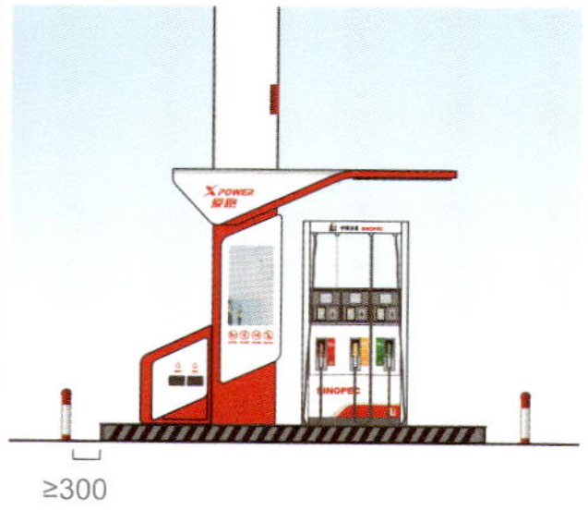

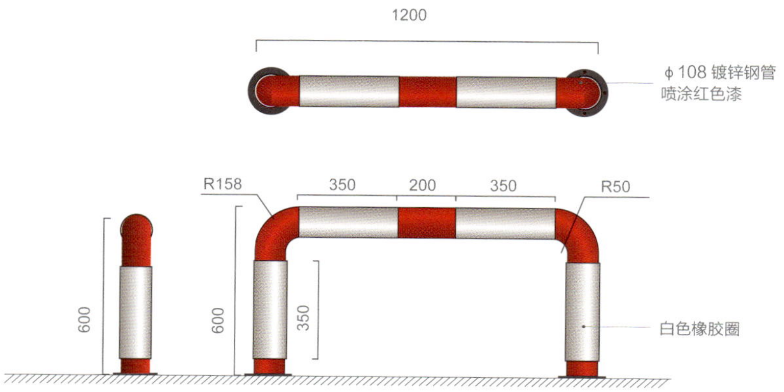

倒 U 形黄黑款

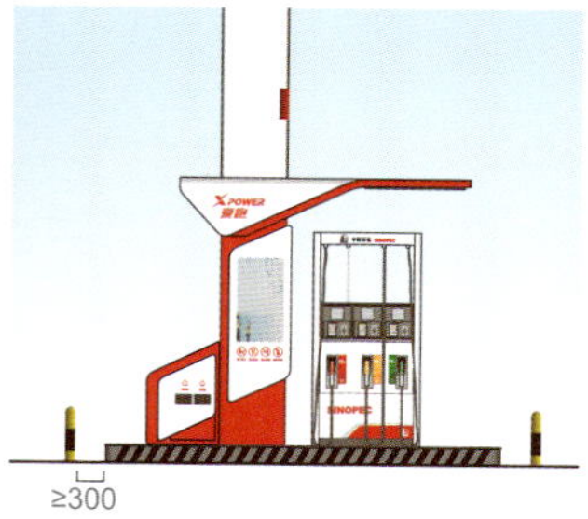

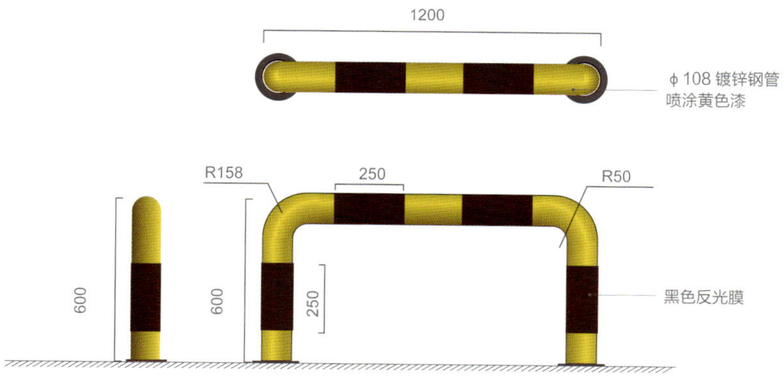

材料色号：

石化红
PANTONE 185 C

高光白
WHITE

PANTONE YELLOW C

PANTONE BLACK C

D.8.09

倒 U 形固定式防撞柱安装示意

· 安装方式通常有以下三种：

1. 法兰盘 + 螺丝 固定安装；
2. 法兰盘 + 膨胀螺丝 固定安装；
3. 直埋式。

· 原则上新建站建议采用第一种安装方式，改造站采用第二、第三种安装方式，如当地有特殊要求的，以当地要求为准。

单位：mm

材料色号：

石化红
PANTONE 185 C

高光白
WHITE

PANTONE YELLOW C

PANTONE BLACK C

1. 法兰盘 + 螺丝 固定

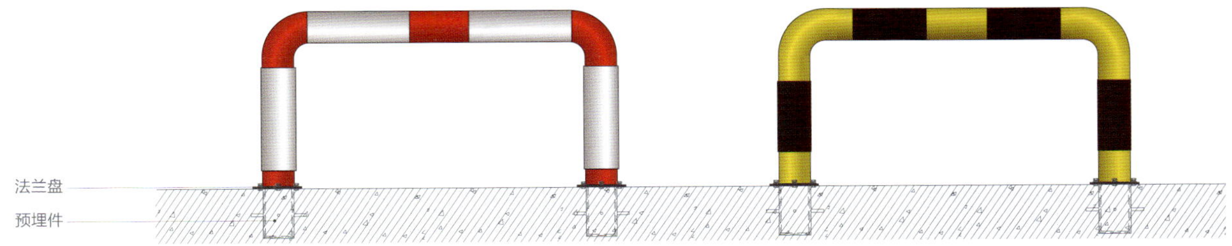

2. 法兰盘 + 膨胀螺丝 固定

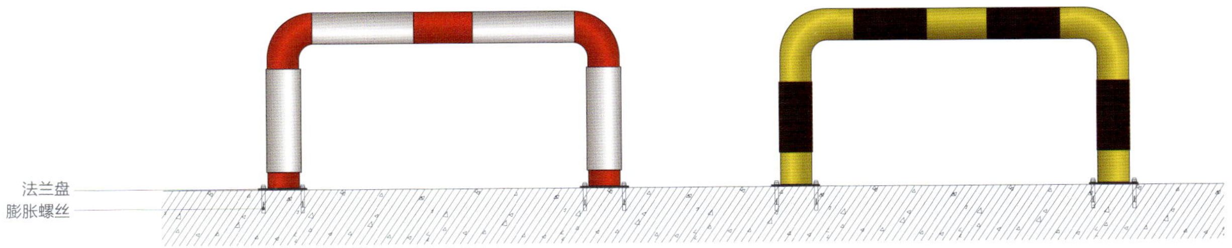

3. 直埋式

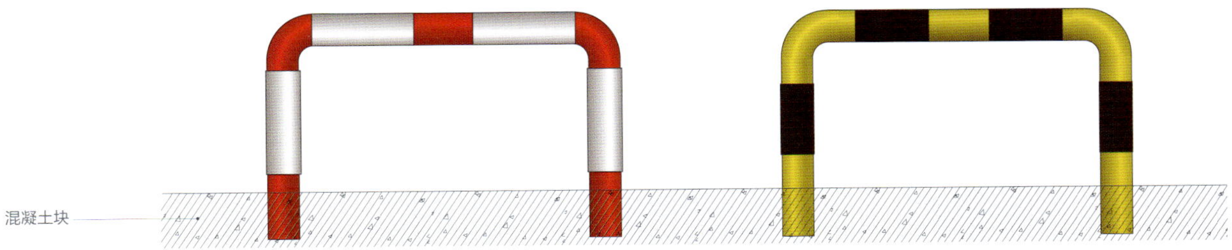

D.8.10

移动式竖杆防撞柱

· 移动式防撞柱设置在加能站出入口，特定情况下用于阻拦汽车进入加能站（配合链条使用）。

· 整体采用镀锌钢管刷黄色漆，贴黑色反光膜。

单位：mm

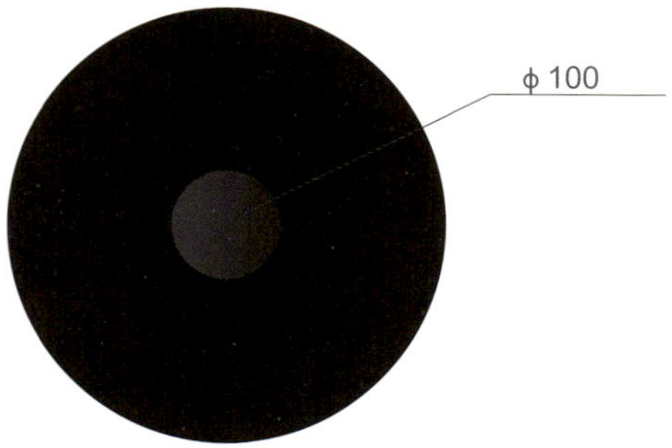

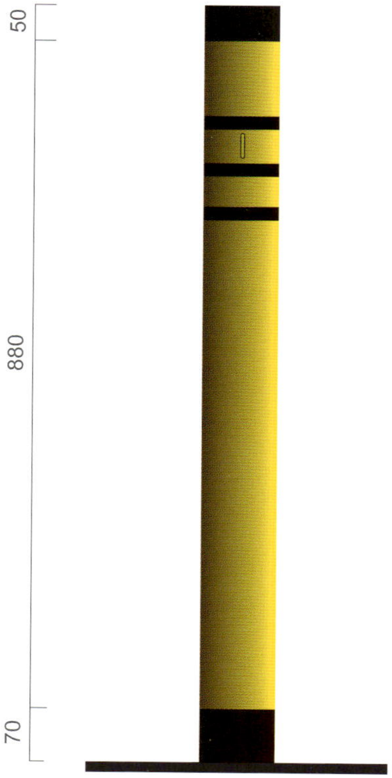

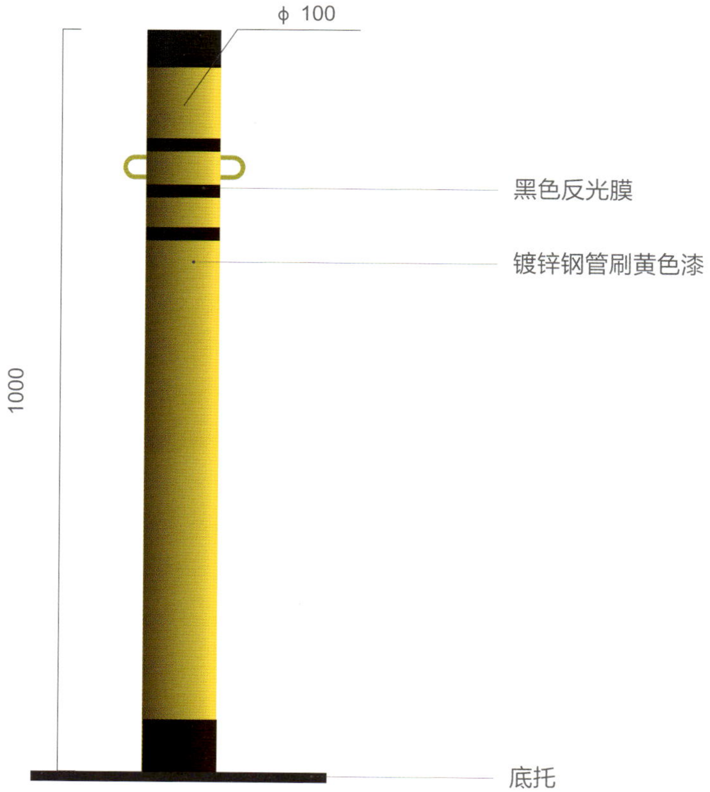

材料色号：

PANTONE YELLOW C

PANTONE BLACK C

D.8.11

柔性警示柱

· 在特定情况下使用柔性警示柱阻拦汽车进入。可应用于阻挡或分隔交通流、行人二次过街安全岛隔离和绿化带端部警示、标明车辆绕行路线、为车辆，非机动车驾驶者及行人提供更好的可视性和更高的安全性。

· 柔性交通柱属于 B 类弹性交通柱。该弹性柱由 3M 3340 柔性反光膜、3M290C 道钉片及高性能 TPU 柱体材料组合而成。

· 安装方式：采用膨胀螺丝固定安装。

单位：mm

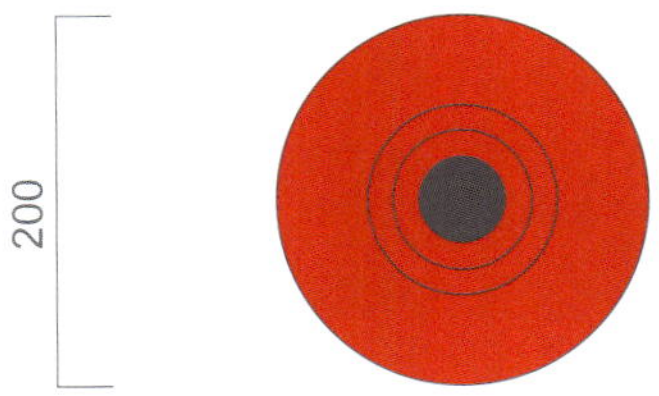

顶视图

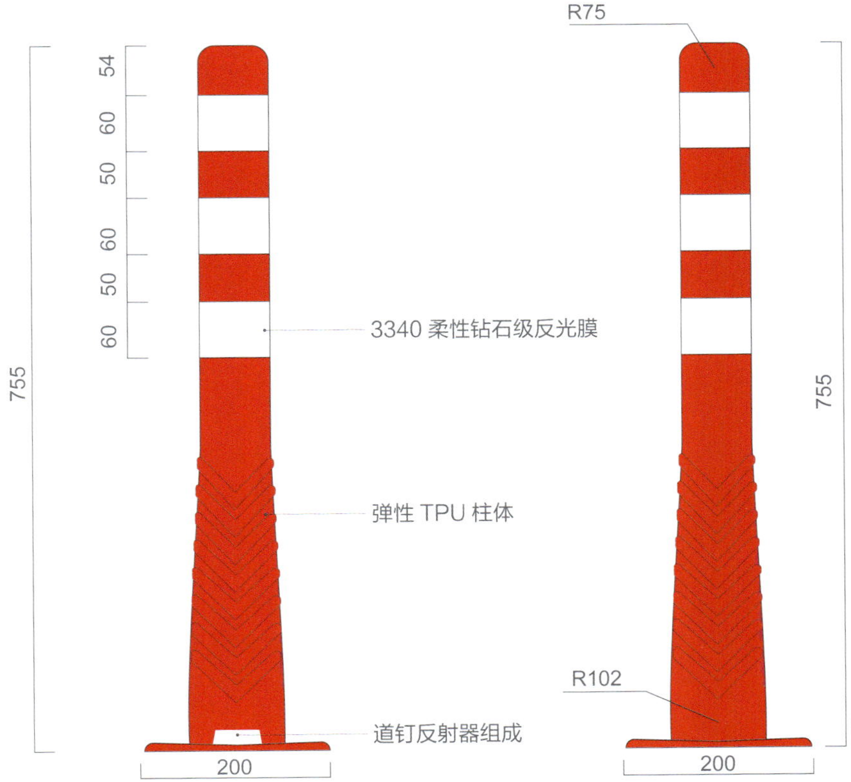

正视图　　侧视图

材料色号：

石化红
PANTONE 185 C

高光白
WHITE

D.8 地面划线及防撞设施

D.8.12

移动式防冲撞拒马规格尺寸及工艺说明

· 在特定情况下使用移动式防冲撞拒马阻拦汽车及行人进入。

· 整体采用镀锌钢管刷红白漆。

单位：mm

展开前

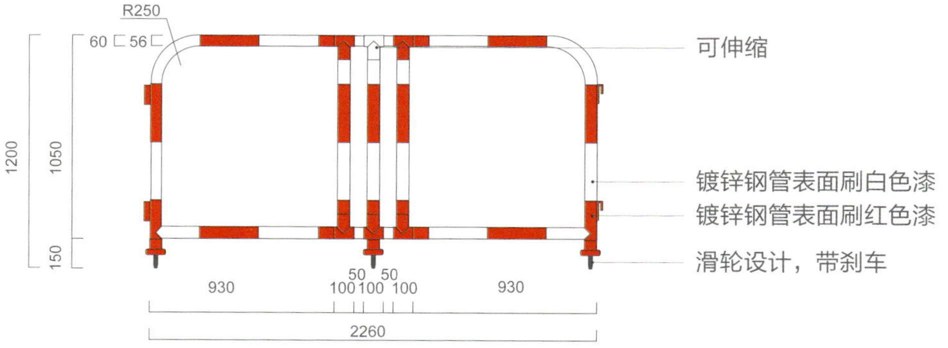

正视图

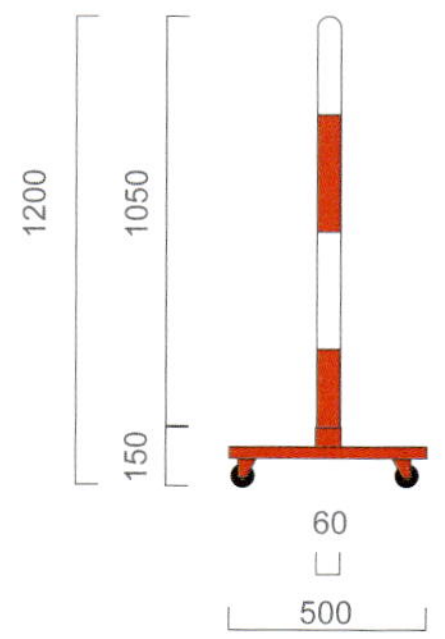

侧视图

展开后

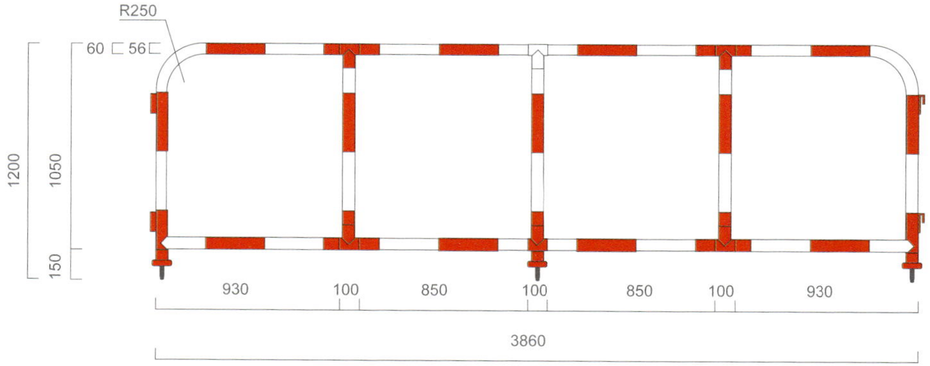

正视图

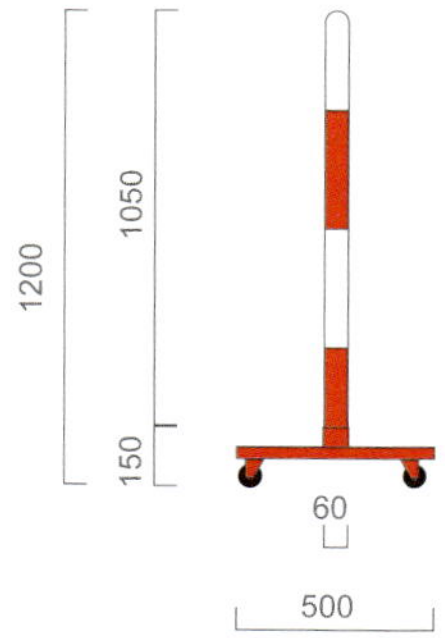

侧视图

材料色号：

石化红
PANTONE 185 C

高光白
WHITE

D.8.13

锥形筒

· 锥形筒形状如图所示。成品采购，贴中国石化标识带。

单位：mm

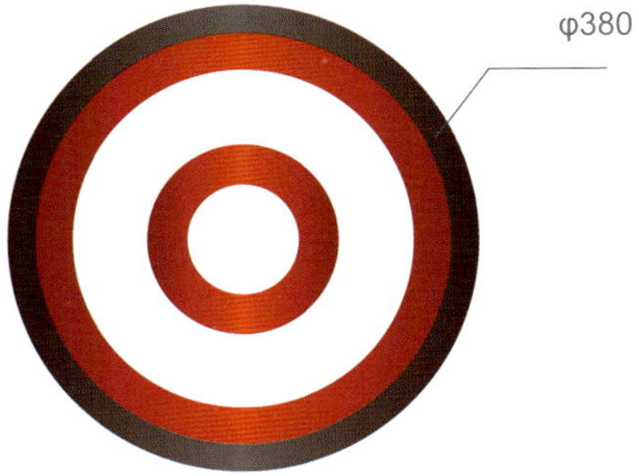

顶视图

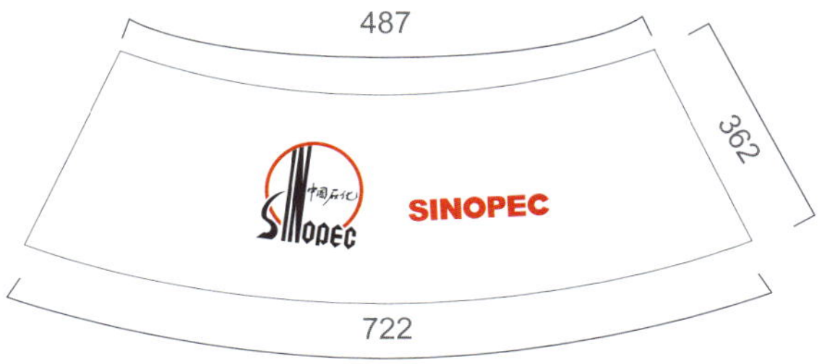

标识带展开示意图

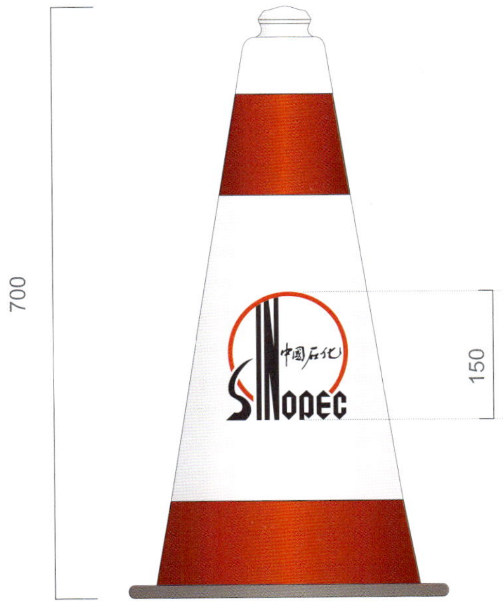

正视图

侧视图

材料色号：

石化红
PANTONE 185 C

高光白
WHITE

D.8.14

减速带

· 减速带设置在加能站出入口，为必配配件。

· 减速带共有四种类型：

1. 钢铸型减速带；
2. 水泥砌筑型减速带；
3. 橡胶型减速带；
4. 无缝钢管 DN250/300 减速带（适用于国省道大站，利旧采用 DN250/300 无缝钢半管基础下进灌浇混凝土，表面喷涂黄黑相间油漆）。

· 旗舰站型（城区站、中心站）优先选用橡胶型减速带，一般站点可选用钢铸型和水泥砌筑型减速带。

单位：mm

材料色号：

PANTONE YELLOW C

PANTONE BLACK C

1. 钢铸型减速带（示例）

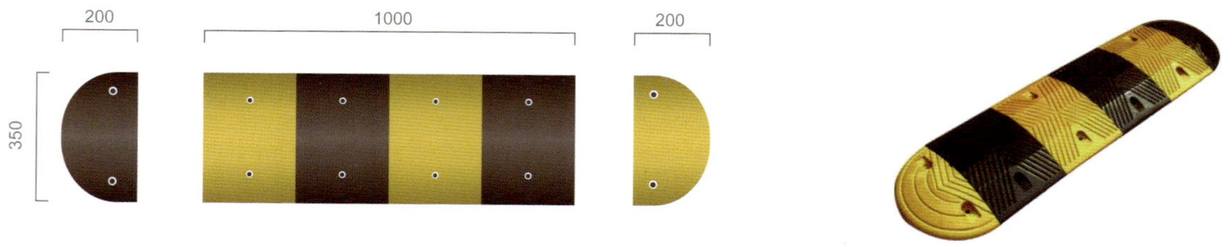

2. 水泥砌筑型减速带（示例）

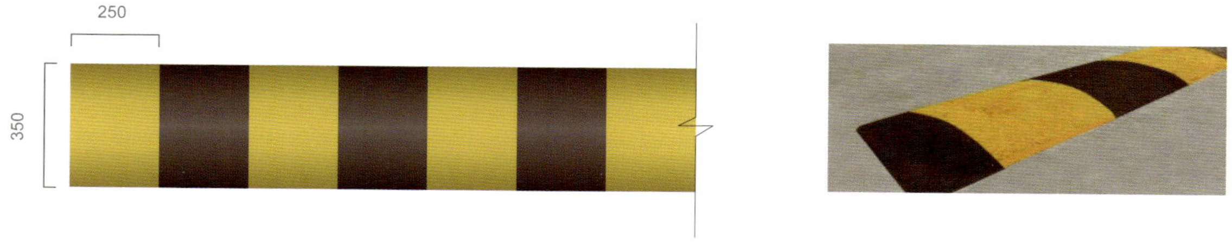

3. 橡胶型减速带（示例）

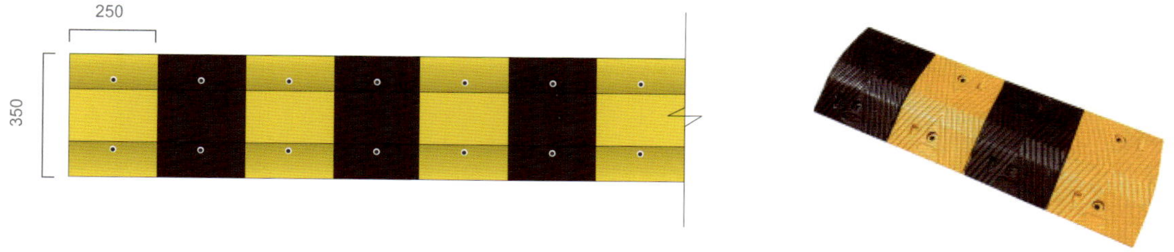

4. 无缝钢管 DN250/300 减速带

/ D.9 新能源区

D.9.01

氢能储气罐

· 施工要求：表面喷涂加工。

· 工艺材质：LOGO 汽车漆面专色喷涂或不干胶雕刻镂空粘贴。

· 尺寸规格：按图示尺寸。

单位：mm

氢能源LOGO

540

中国石化LOGO

510

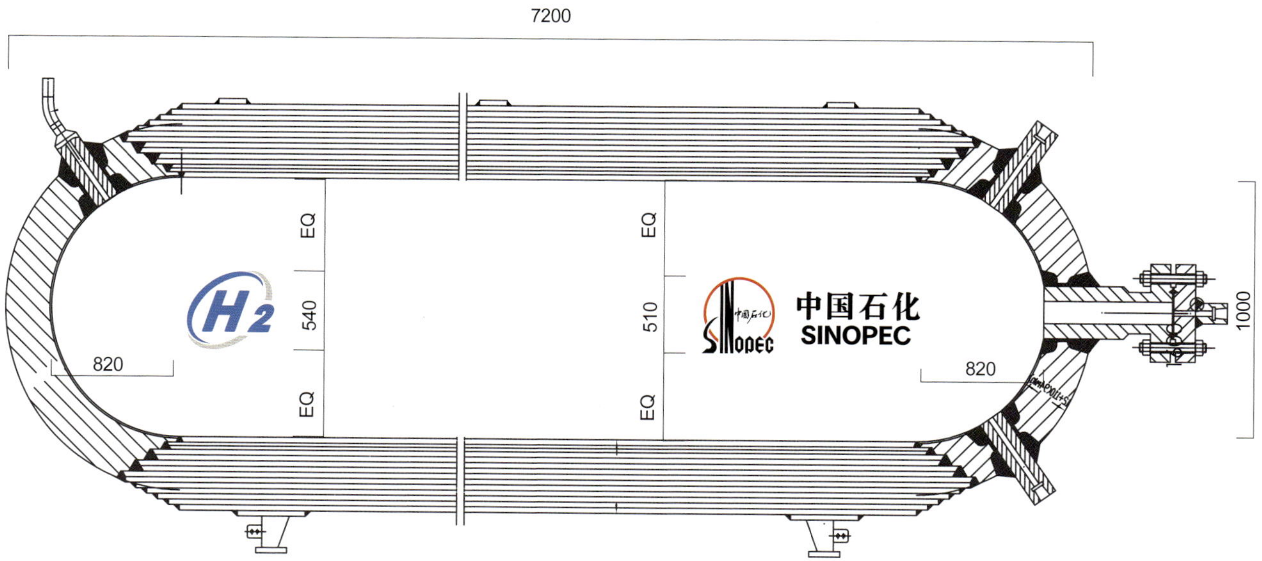

材料色号：

- 石化红 PANTONE 185 C
- 石化黑 PANTONE BLACK C
- 新能源 蓝 PANTONE 285 C
- 新能源 灰 PANTONE COOL GRAY 3 C

D.9.02

氢能源储气瓶组

· 施工要求：表面喷涂加工。

· 工艺材质：LOGO 汽车漆面专色喷涂或不干胶雕刻镂空粘贴。

· 尺寸规格：按图示尺寸。

单位：mm

中国石化LOGO

中国石化
SINOPEC
347

氢能源LOGO

210

材料色号：

石化红
PANTONE 185 C

石化黑
PANTONE BLACK C

新能源 蓝
PANTONE 285 C

新能源 灰
PANTONE COOL GRAY 3 C

D.9.03

氢能源卸气工作柱

· 施工要求：表面喷涂加工。

· 工艺材质：LOGO 汽车漆面专色喷涂或不干胶雕刻镂空粘贴。

· 尺寸规格：按图示尺寸。

单位：mm

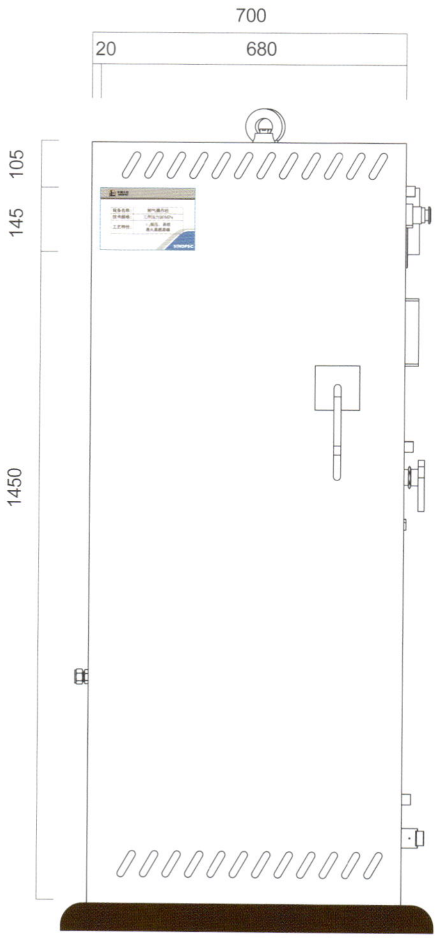

侧视图

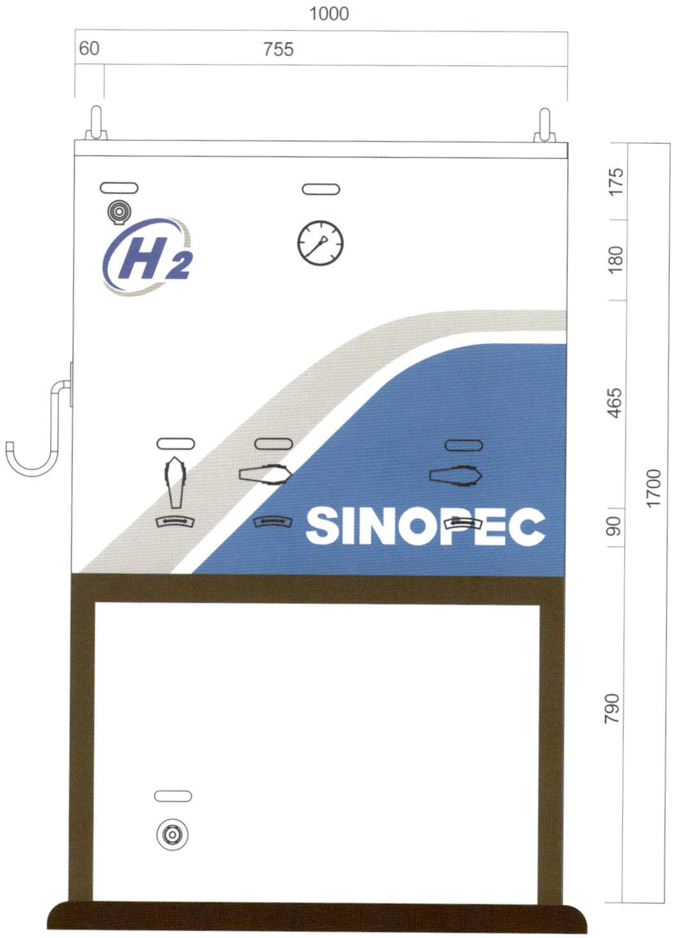

正视图

材料色号：

新能源浅蓝
PANTONE 2925 C

新能源 蓝
PANTONE 285 C

新能源 灰
PANTONE COOL GRAY 3 C

D.9.04

氢能源换热器

· 施工要求：分别喷绘标准辅助图形。

· 工艺材质：LOGO 汽车漆面专色喷涂或不干胶雕刻镂空粘贴。

单位：mm

氢能源LOGO

195

中国石化LOGO

70

正视图

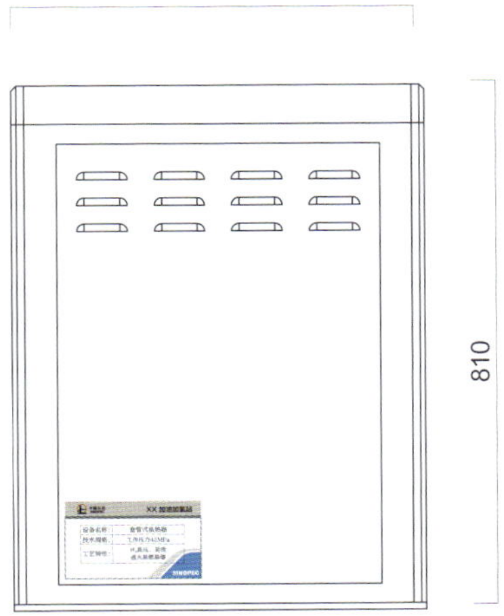

侧视图

材料色号：

新能源浅蓝
PANTONE 2925 C

新能源 蓝
PANTONE 285 C

新能源 灰
PANTONE COOL GRAY 3 C

D.9.05

氢能源顺序控制盘

· 施工要求：表面喷涂加工。

· 工艺材质：LOGO 汽车漆面专色喷涂或不干胶雕刻镂空粘贴。

· 尺寸规格：按图示尺寸。

单位：mm

材料色号：

新能源浅蓝
PANTONE 2925 C

新能源 蓝
PANTONE 285 C

新能源 灰
PANTONE COOL GRAY 3 C

氢能源LOGO

225

中国石化LOGO

75

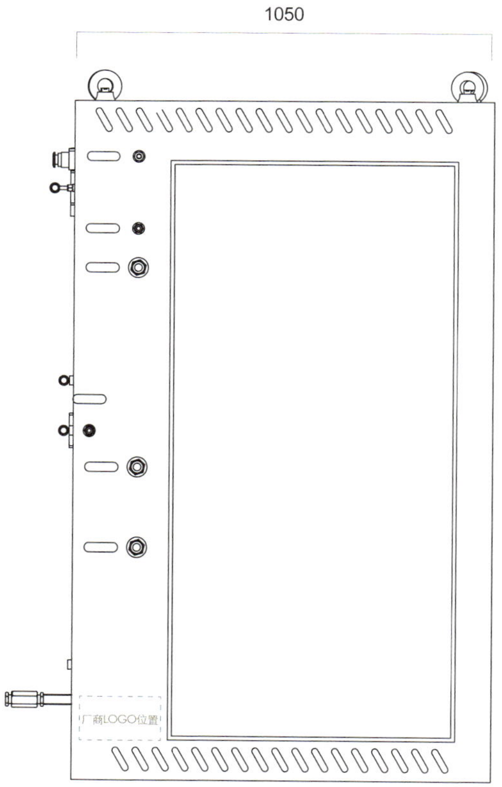

侧视图

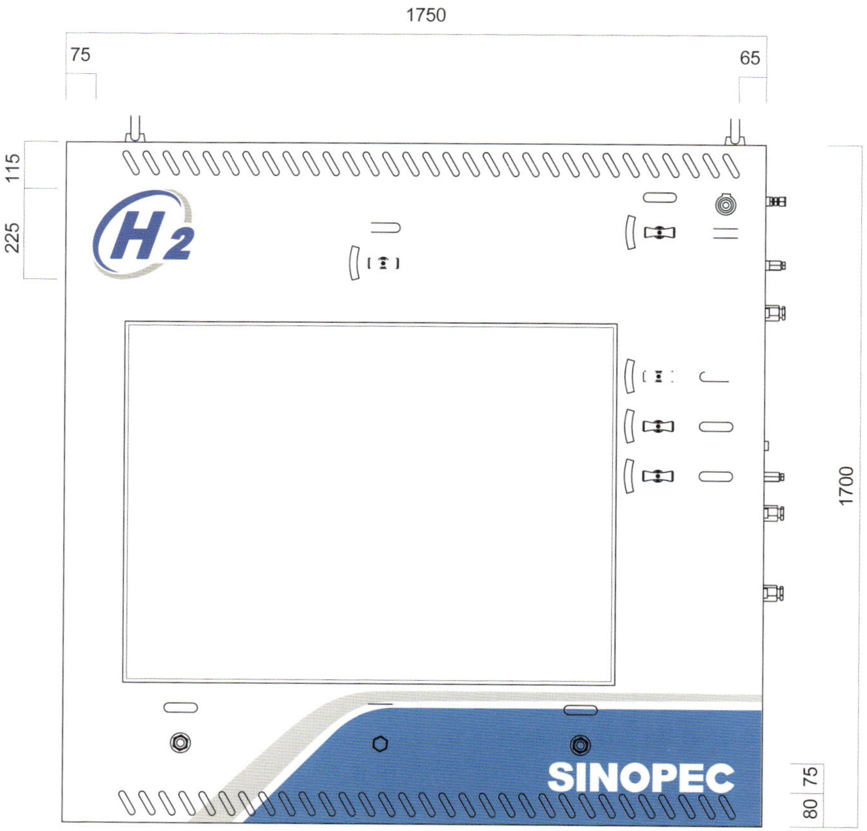

正视图

D.9.06

氢能源压缩机橇

· 施工要求：表面喷涂加工。

· 工艺材质：LOGO 汽车漆面专色喷涂或不干胶雕刻镂空粘贴。

· 尺寸规格：按图示尺寸。

单位：mm

材料色号：

- 石化红 PANTONE 185 C
- 石化黑 PANTONE BLACK C
- 新能源浅蓝 PANTONE 2925 C
- 新能源 蓝 PANTONE 285 C
- 新能源 灰 PANTONE COOL GRAY 3 C

氢能源LOGO

135

中国石化LOGO

中国石化 SINOPEC

200

SINOPEC

145

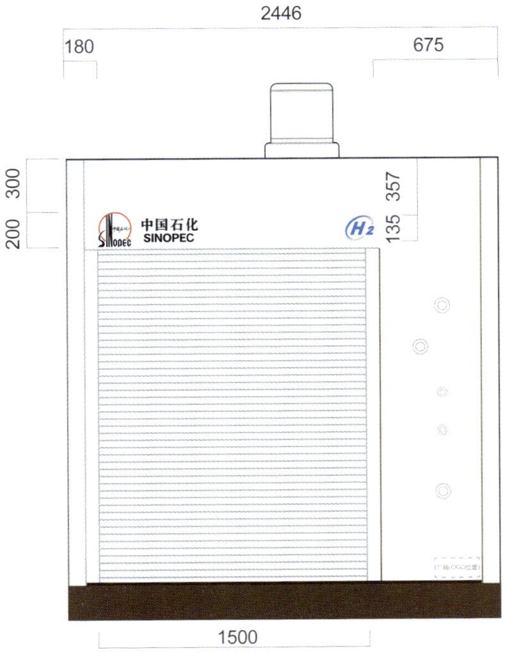

侧视图

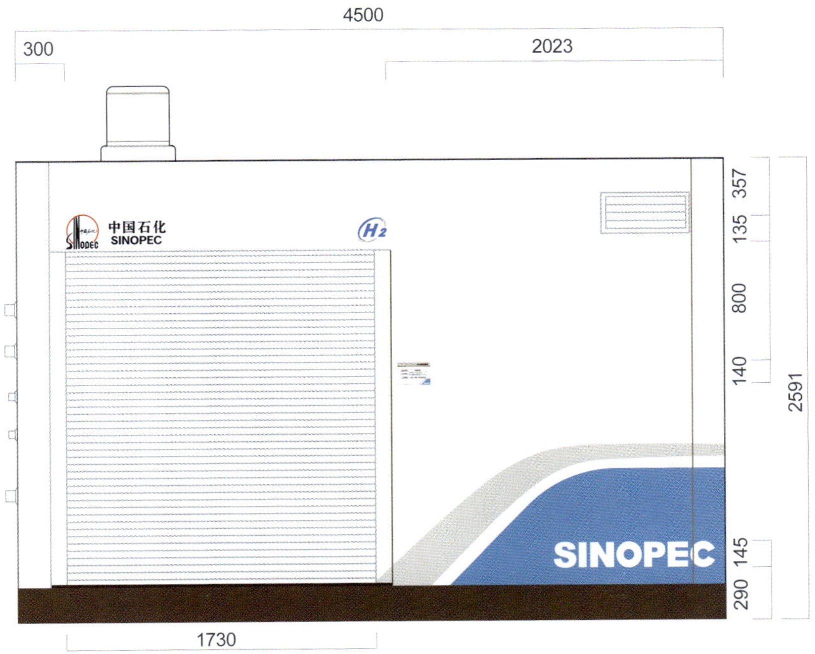

正视图

D.9.07

液化天然气储气罐

· 施工要求：表面喷涂加工。

· 工艺材质：LOGO 汽车漆面专色喷涂或不干胶雕刻镂空粘贴。

· 尺寸规格：按图示尺寸。

单位：mm

中国石化LOGO

中国石化
SINOPEC

510

天然气LOGO

LNG

510

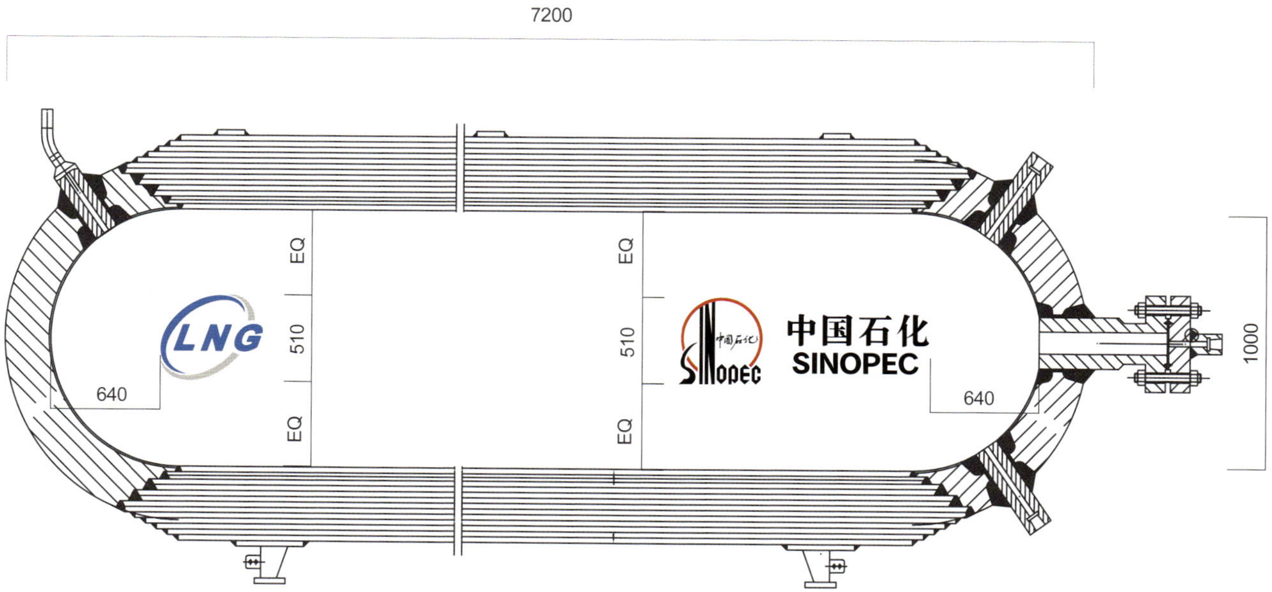

材料色号：

石化红
PANTONE 185 C

石化黑
PANTONE BLACK C

新能源 蓝
PANTONE 285 C

新能源 灰
PANTONE COOL GRAY 3 C

D.9.08

压缩天然气储气瓶组

· 施工要求：表面喷涂加工。

· 工艺材质：LOGO 汽车漆面专色喷涂或不干胶雕刻镂空粘贴。

· 尺寸规格：按图示尺寸。

单位：mm

中国石化LOGO

中国石化 SINOPEC 350

天然气LOGO

CNG 350

材料色号：

- 石化红 PANTONE 185 C
- 石化黑 PANTONE BLACK C
- 新能源 蓝 PANTONE 285 C
- 新能源 灰 PANTONE COOL GRAY 3 C

D.9.09

液化 – 压缩天然气储气罐

· 施工要求：表面喷涂加工。

· 工艺材质：LOGO 汽车漆面专色喷涂或不干胶雕刻镂空粘贴。

· 尺寸规格：按图示尺寸。

单位：mm

中国石化LOGO

中国石化 SINOPEC

510

天然气LOGO

L-CNG

510

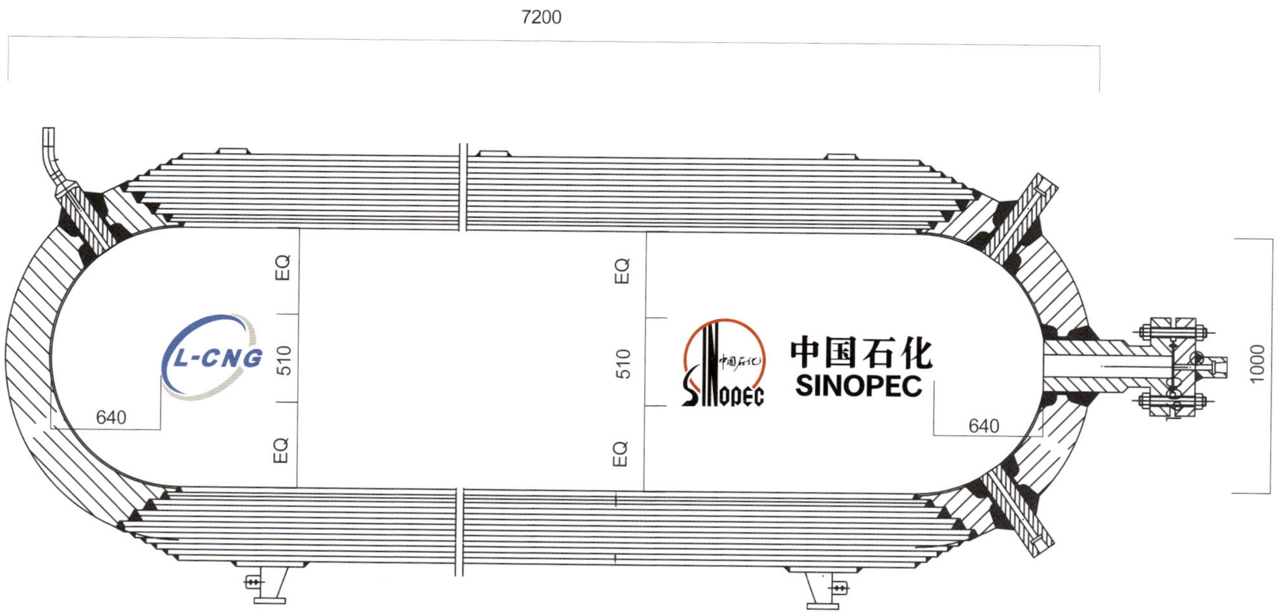

材料色号：

石化红
PANTONE 185 C

石化黑
PANTONE BLACK C

新能源 蓝
PANTONE 285 C

新能源 灰
PANTONE COOL GRAY 3 C

D.9.10

液化 – 压缩天然气储气瓶组

· 施工要求：表面喷涂加工。

· 工艺材质：LOGO 汽车漆面专色喷涂或不干胶雕刻镂空粘贴。

· 尺寸规格：按图示尺寸。

单位：mm

天然气LOGO

350

中国石化LOGO

350

材料色号：

石化红
PANTONE 185 C

石化黑
PANTONE BLACK C

新能源 蓝
PANTONE 285 C

新能源 灰
PANTONE COOL GRAY 3 C

D.9.11

天然气卸气工作柱

· 施工要求：表面喷涂加工。

· 工艺材质：LOGO 汽车漆面专色喷涂或不干胶雕刻镂空粘贴。

· 尺寸规格：按图示尺寸。

单位：mm

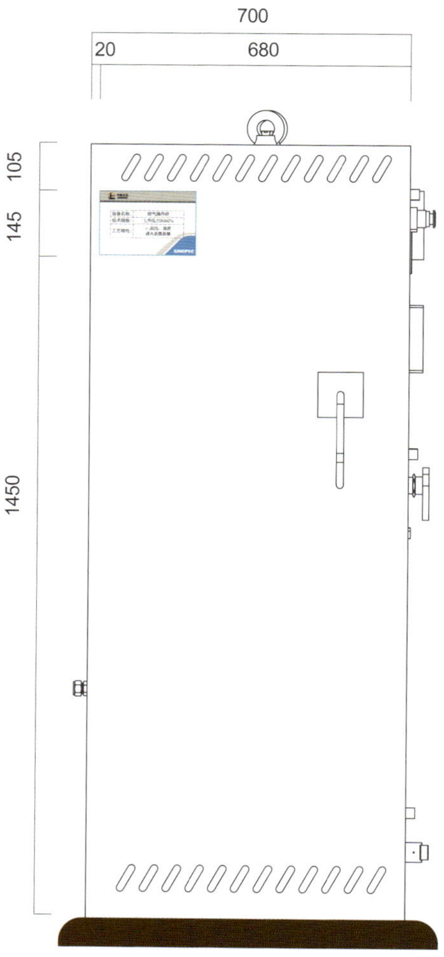

侧视图

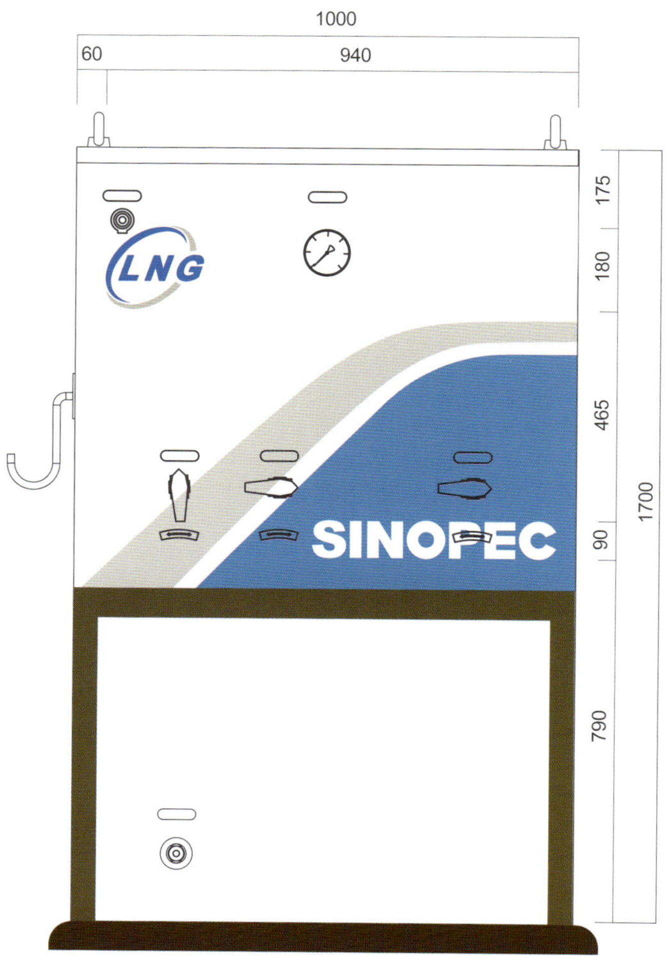

正视图

材料色号：

新能源浅蓝
PANTONE 2925 C

新能源 蓝
PANTONE 285 C

新能源 灰
PANTONE COOL GRAY 3 C

D.9.12

天然气换热器

· 施工要求：在加注机上分别喷绘标准辅助图形。

· 工艺材质：LOGO 汽车漆面专色喷涂或不干胶雕刻镂空粘贴。

· 尺寸规格：按图示尺寸。

单位：mm

· 注：（L-CNG 换热装置参照 LNG 标准应用）。

氢能源LOGO

195

中国石化LOGO

70

正视图

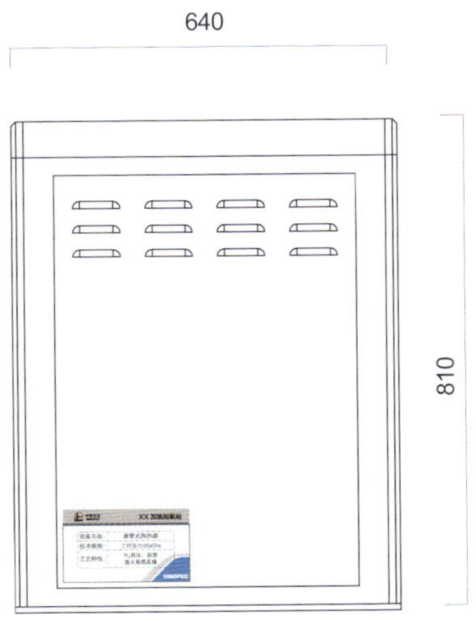

侧视图

材料色号：

新能源浅蓝
PANTONE 2925 C

新能源 蓝
PANTONE 285 C

新能源 灰
PANTONE COOL GRAY 3 C

D.9.13

天然气顺序控制盘

· 施工要求：表面喷涂加工。

· 工艺材质：LOGO 汽车漆面专色喷涂或不干胶雕刻镂空粘贴。

· 尺寸规格：按图示尺寸。

单位：mm

·注：(CNG、L-CNG 参照 LNG 标准应用)。

氢能源 LOGO

LNG 225

中国石化LOGO

SINOPEC 75

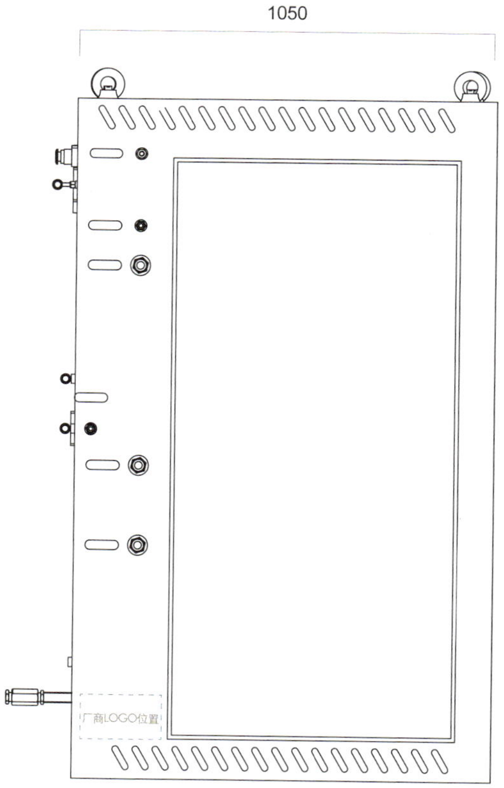

侧视图

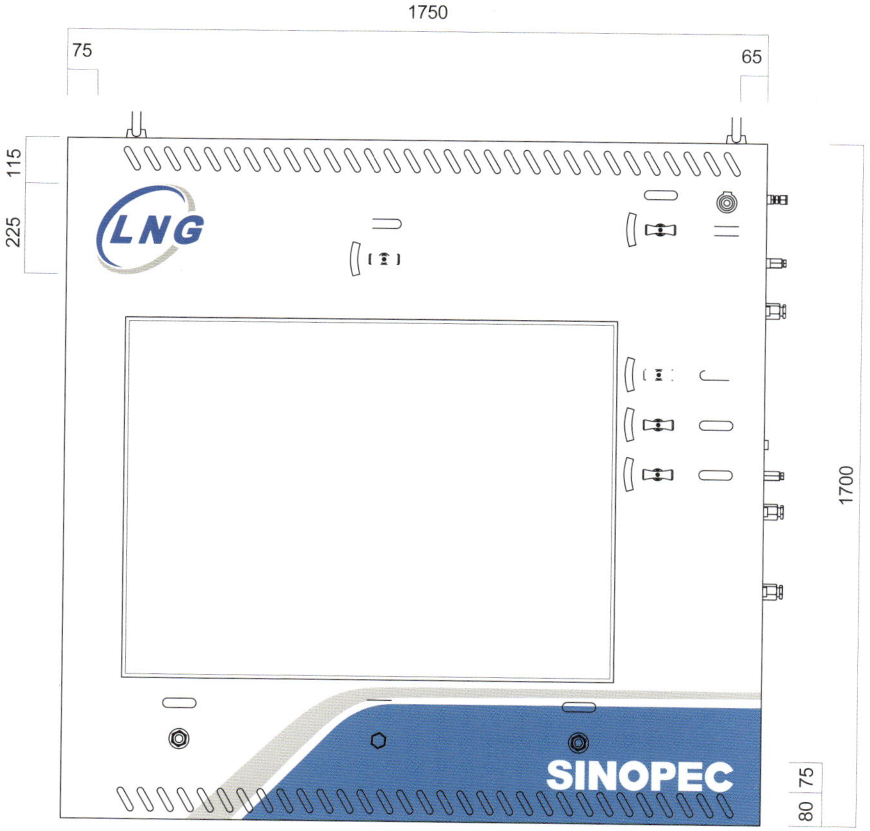

正视图

材料色号：

新能源浅蓝
PANTONE 2925 C

新能源 蓝
PANTONE 285 C

新能源 灰
PANTONE COOL GRAY 3 C

D.9.14

天然气压缩机橇

· 施工要求：表面喷涂加工。

· 工艺材质：LOGO 汽车漆面专色喷涂或不干胶雕刻镂空粘贴。

· 尺寸规格：按图示尺寸。

单位：mm

·注：(CNG、L-CNG 参照 LNG 标准应用)。

材料色号：

石化红
PANTONE 185 C

石化黑
PANTONE BLACK C

新能源 蓝
PANTONE 285 C

新能源 灰
PANTONE COOL GRAY 3 C

氢能源 LOGO

135

中国石化 LOGO

200

145

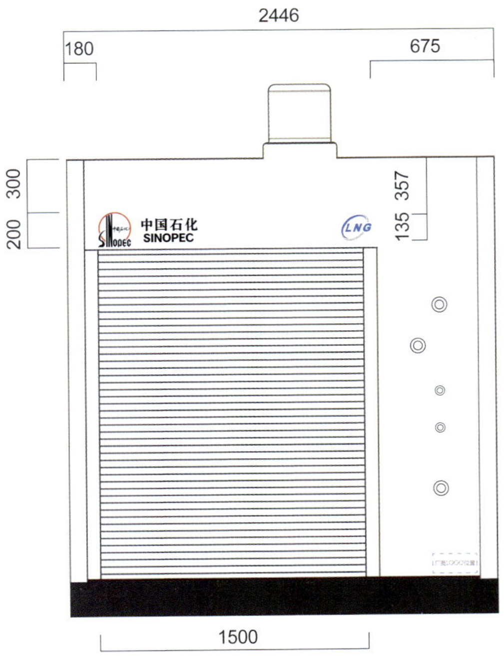

侧视图

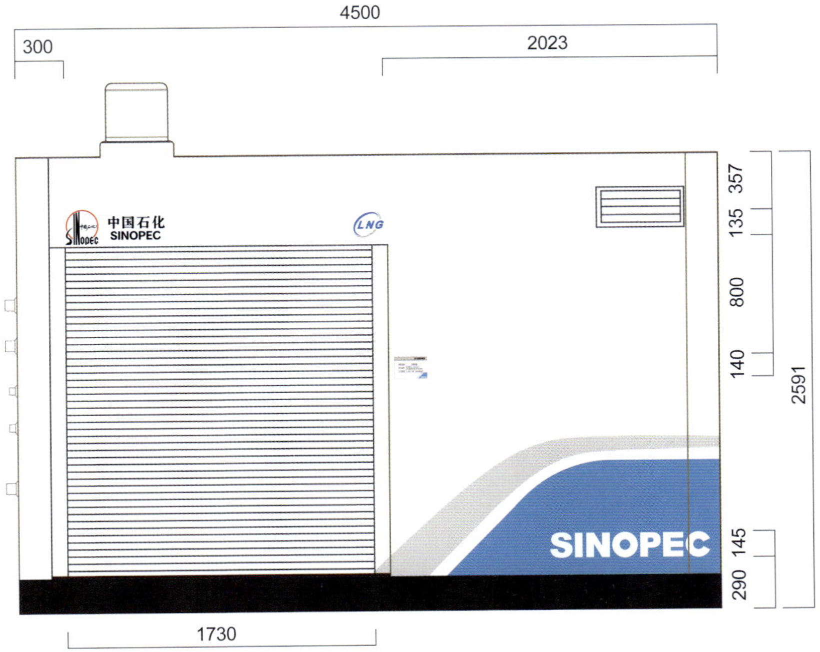

正视图

D.9.15

新能源品牌柱效果展示

· 此品牌柱适用于纯加氢、加气站。

材料色号：

石化红
PANTONE 185 C

高光白
WHITE

新能源 蓝
PANTONE 285 C

D.9.16

新能源品牌柱形象展示

· 此品牌柱适用于纯加氢、加气站。

加氢品牌柱

加气品牌柱

D.9.17

新能源品牌柱
尺寸及工艺说明

· 工艺说明：

- A 4mm 红色高光铝塑板（石化红 Pantone185C，0.3mm 铝材厚度，易清洁氟碳漆涂层）
- B 2.5mm 铝板面板镂空内衬 3.0mm 乳白亚克力表面贴专色膜，内置 LED 模组，防护等级 IP65 以上
- C 法兰底座 25mm 钢板（螺栓做防锈处理）
- D 详细工艺及尺寸说明请查看附录“综合加能站形象标准工艺安装说明”
- E 易捷面板采用铝板激光切割、激光焊接加工成型，表面做中国石化高光白 (White) 易清洁喷涂，侧边内置合页，可顺时针旋转开启
- F 数显屏
- G 2.5mm 铝板激光切割、激光焊接加工成型，表面做中国石化高光白易清洁喷涂
- H 散热孔

单位：mm

材料色号：

石化红 PANTONE 185 C

新能源 蓝 PANTONE 285 C

高光白 WHITE

D.9.18

充电区示意图

· 右图为充电区设计示意图。

· 具体参考《中国石化充电业务形象标准手册》。

材料色号：

新能源浅蓝
PANTONE 2925 C

高光白
WHITE

D.9.19

石化易电充电桩

· 施工要求：贴膜。

· 工艺材质：LOGO 文字标识贴膜；辅助图形蓝色、灰色贴膜。

· 尺寸规格：按图示尺寸。

单位：mm

· 注：充电桩需配套平衡器。

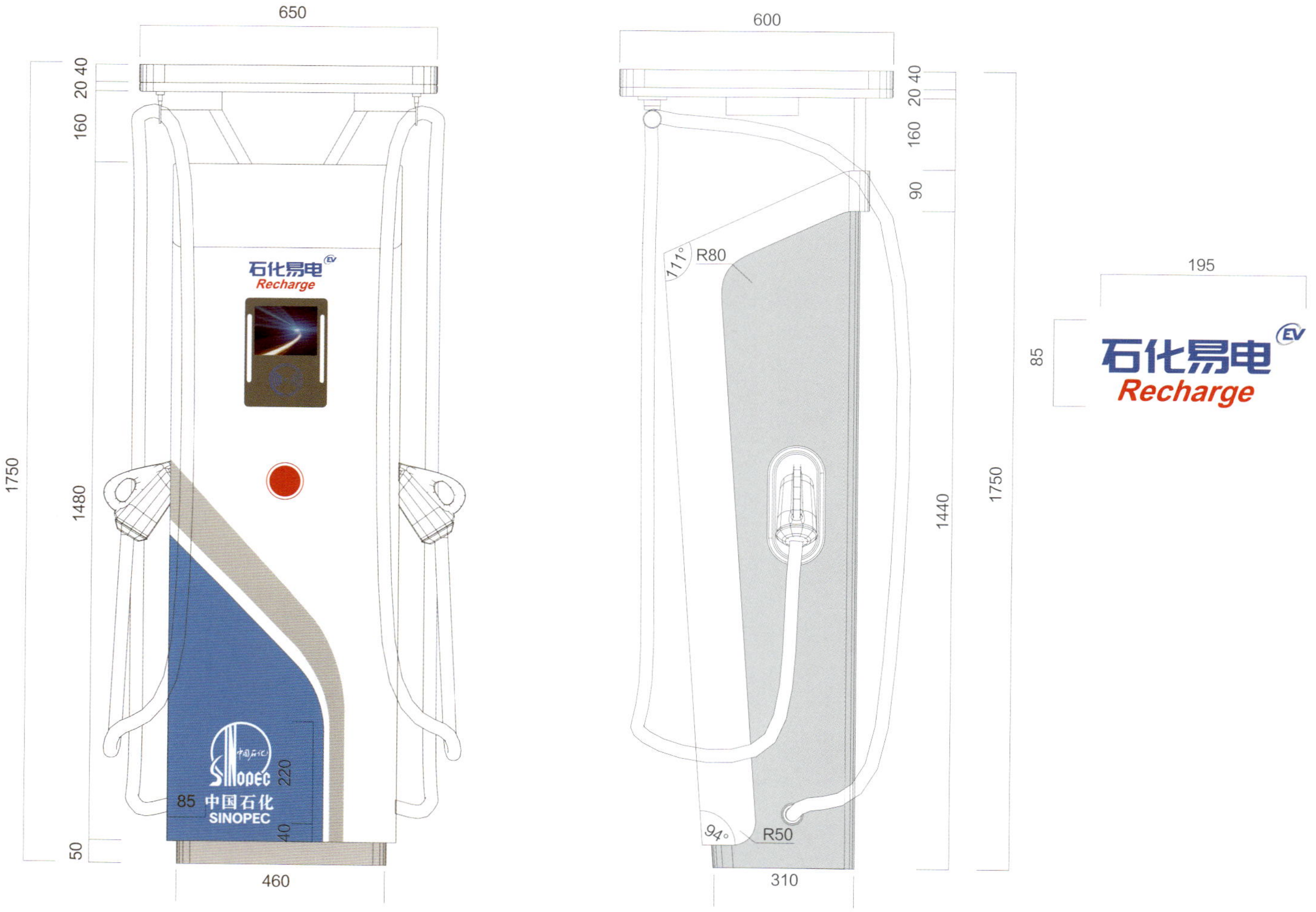

材料色号：

名称	色号
新能源浅蓝	PANTONE 2925 C
高光白	WHITE
新能源 灰	PANTONE COOL GRAY 3 C

D.9.20

充电区指示牌

· 施工要求：图标贴膜。

· 工艺材质：贴膜（S-01）/ 贴膜（S-06）。

单位：mm

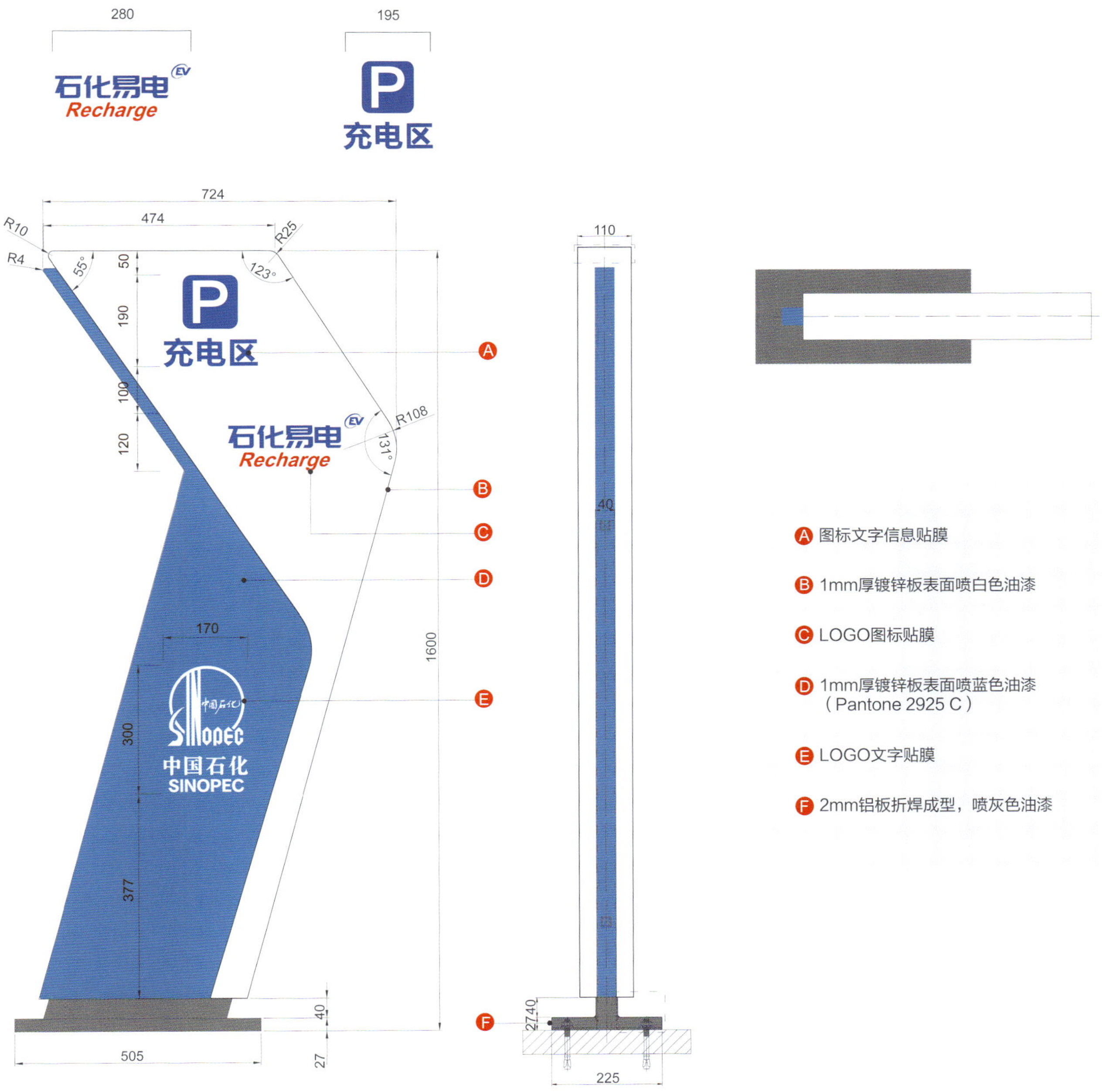

A 图标文字信息贴膜

B 1mm厚镀锌板表面喷白色油漆

C LOGO图标贴膜

D 1mm厚镀锌板表面喷蓝色油漆（Pantone 2925 C）

E LOGO文字贴膜

F 2mm铝板折焊成型，喷灰色油漆

材料色号：

色号	Pantone
新能源浅蓝	PANTONE 2925 C
新能源 蓝	PANTONE 285 C
高光白	WHITE
中灰色	PANTONE COOL GRAY 8 C

D.9.21

石化易电品牌柱形象展示 10m

· 工艺说明：

整体采用白色高光铝板和红色高光铝塑板制作。

· 应用原则：

1. 油电综合加能站内不提供爱跑燃油，燃油模块可替换成石化易电模块（如示例一）。
2. 油电综合加能站内设有爱跑燃油，保留爱跑燃油模块，石化易电模块添加到服务信息模块（如示例二）。

单位：mm

材料色号：

石化红
PANTONE 185 C

高光白
WHITE

新能源 蓝
PANTONE 285 C

示例一

示例二

D.9.22

石化易电停车位详解（小型车）

· 适用车型：普通家用车。

· 标准车位画线要求：

1. 车位由白色和蓝色两种颜色组成，边框线和字体、图形为白色，其余部分填充蓝色。
2. 车位画线施工采用 PU 防滑地坪漆（PU 防滑地坪漆施工过程不需要加热）。
3. 车位白色边框线宽为 150mm。

· 涂装简化车位画线要求：

1. 车位边框线和字体、图形均为白色。
2. 车位画线施工采用白色热熔 / 冷喷画线。
3. 车位白色边框线宽为 150mm。

单位：mm

· 注：

现场不具备地坪漆施工条件（如不能停业或作业工期不足 7 天）的情况下，可选防滑贴数码喷绘，白色凹凸平面可打印安全防滑贴膜，表面矿砂，背部带铝箔层的防滑贴，透明压敏背胶；4℃ < 施工温度 <79℃。

材料色号：

新能源浅蓝 PANTONE 2925 C

高光白 WHITE

最小车型：2500 × 5500

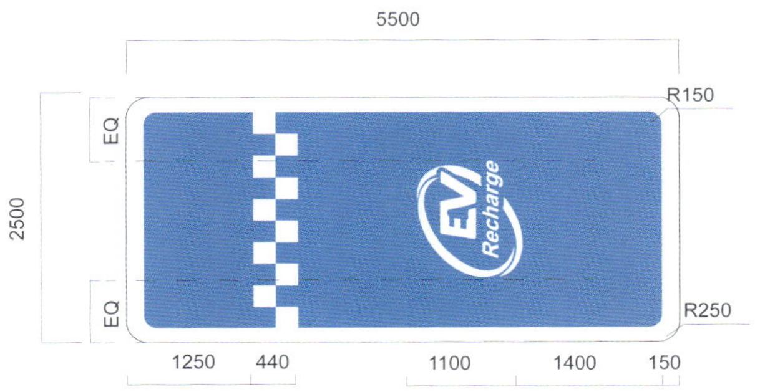

建议尺寸：3000 × 6000

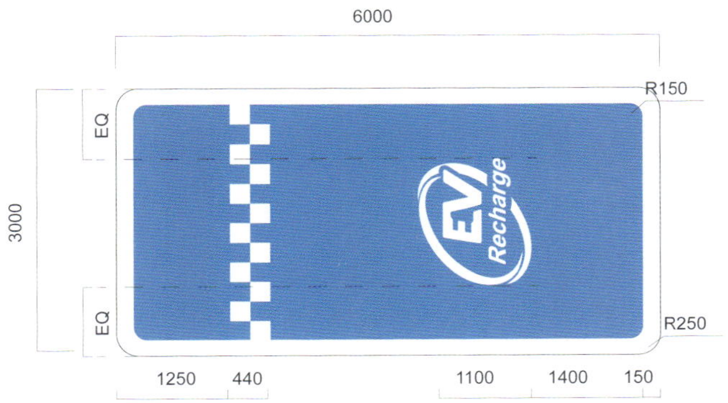

标准车位画线　　涂装简化车位画线

D.9.22

石化易电停车位详解（中型车）

· 适用车型：大型家用车 SUV、皮卡、中小型货车。

· 标准车位画线要求：

1. 车位由白色和蓝色两种颜色组成，边框线和字体、图形为白色，其余部分填充蓝色。
2. 车位画线施工采用 PU 防滑地坪漆（PU 防滑地坪漆施工过程不需要加热）。
3. 车位白色边框线宽为 150mm。

· 涂装简化车位画线要求：

1. 车位边框线和字体、图形均为白色。
2. 车位画线施工采用白色热熔 / 冷喷画线。
3. 车位白色边框线宽为 150mm。

单位：mm

· 注：

现场不具备地坪漆施工条件（如不能停业或作业工期不足 7 天）的情况下，可选防滑贴数码喷绘，白色凹凸平面可打印安全防滑贴膜，表面矿砂，背部带铝箔层的防滑贴，透明压敏背胶；4℃ < 施工温度 <79℃。

材料色号：

新能源浅蓝 PANTONE 2925 C

高光白 WHITE

最小车型：3500 × 7000

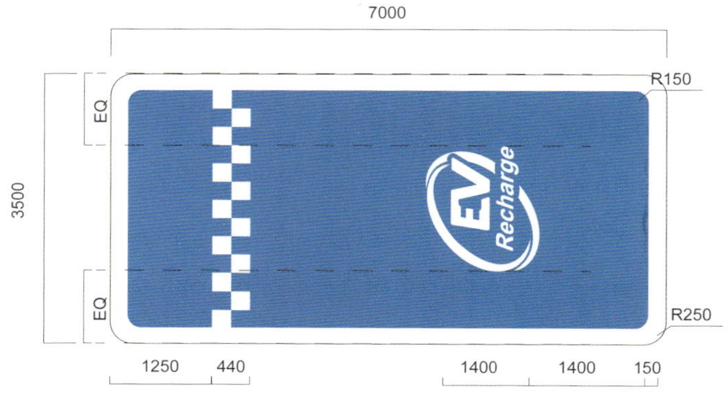

建议尺寸：3500 × 7500

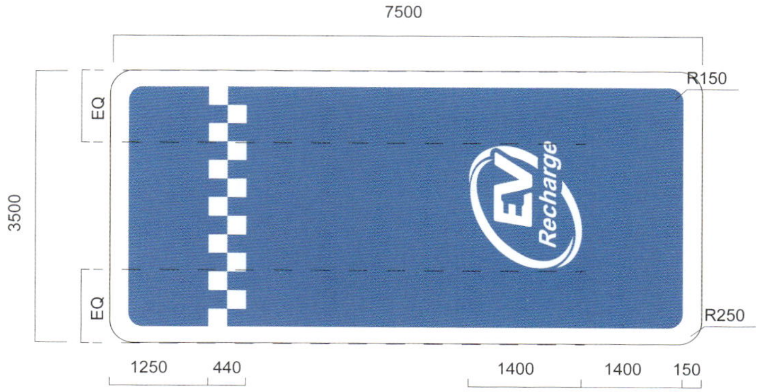

标准车位画线　　涂装简化车位画线

D.9.22

石化易电停车位详解（大型车）

· 适用车型：大型货车、中巴车。

· 标准车位画线要求：

1. 车位由白色和蓝色两种颜色组成，边框线和字体、图形为白色，其余部分填充蓝色。
2. 车位画线施工采用 PU 防滑地坪漆（PU 防滑地坪漆施工过程不需要加热）。
3. 车位白色边框线宽为 150mm。

· 涂装简化车位画线要求：

1. 车位边框线和字体、图形均为白色。
2. 车位画线施工采用白色热熔 / 冷喷画线。
3. 车位白色边框线宽为 150mm。

单位：mm

· 注：

现场不具备地坪漆施工条件（如不能停业或作业工期不足 7 天）的情况下，可选防滑贴数码喷绘，白色凹凸平面可打印安全防滑贴膜，表面矿砂，背部带铝箔层的防滑贴，透明压敏背胶；4℃ < 施工温度 <79℃。

材料色号：

新能源浅蓝 PANTONE 2925 C

高光白 WHITE

最小车型：3500 × 10000

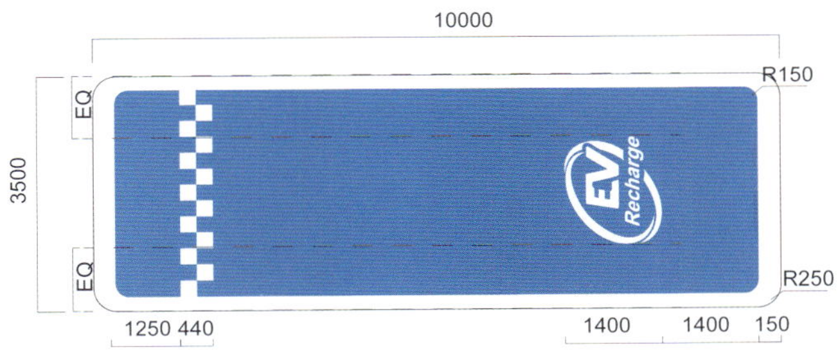

建议尺寸：3500 × 12000

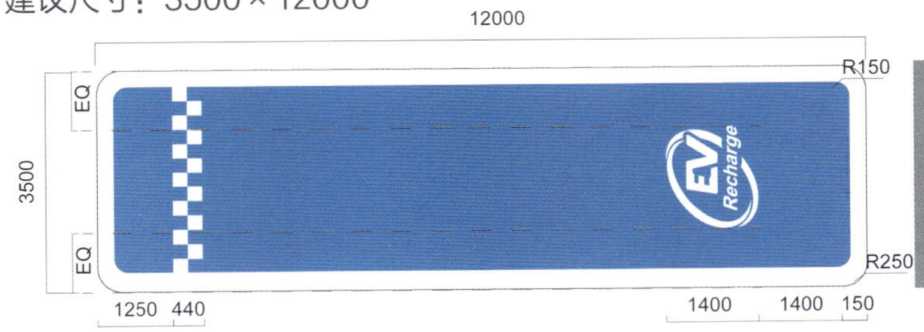

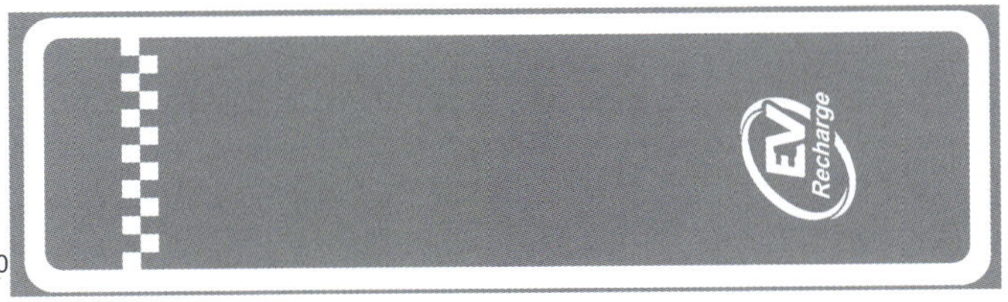

标准车位画线

涂装简化车位画线

D.9.23

石化易电防撞柱

· 工艺说明：
防撞柱由壁厚 3mm 的镀锌钢管制作而成。

单位：mm

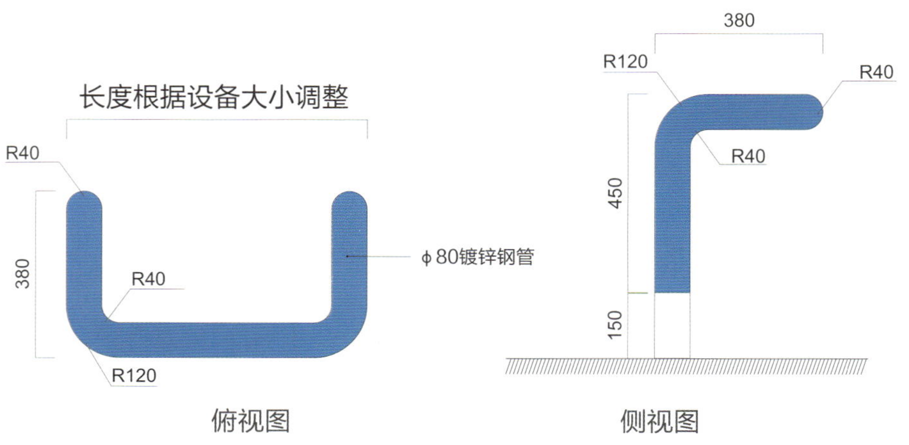

A 款

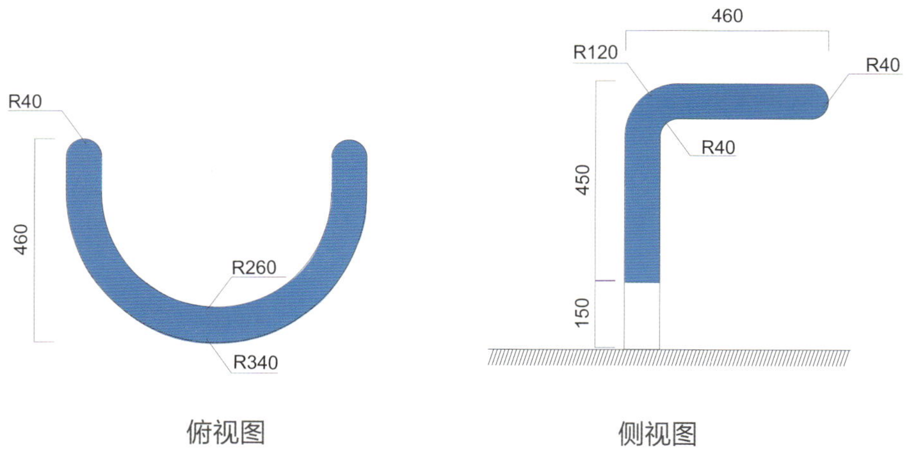

B 款

材料色号：

新能源浅蓝
PANTONE 2925 C

高光白
WHITE

D.9.24

石化易电入口指示牌

· 适用于站外路口处指引。

· 工艺说明：
整体采用白色高光铝板和蓝色高光铝塑板制作。

单位：mm

正视图　侧视图

材料色号：

新能源浅蓝
PANTONE 2925 C

高光白
WHITE

D.9.25

石化易电总控制箱

· 工艺说明：

LOGO 文字标识贴膜；辅助图形蓝色、灰色贴膜。

单位：mm

正视图

侧视图

材料色号：

高光白	WHITE
新能源浅蓝	PANTONE 2925 C
新能源 灰	PANTONE COOL GRAY 3 C

D.9.26

石化易电变压器室

· 工艺说明：
LOGO 文字标识贴膜；辅助图形蓝色、灰色贴膜。

单位：mm

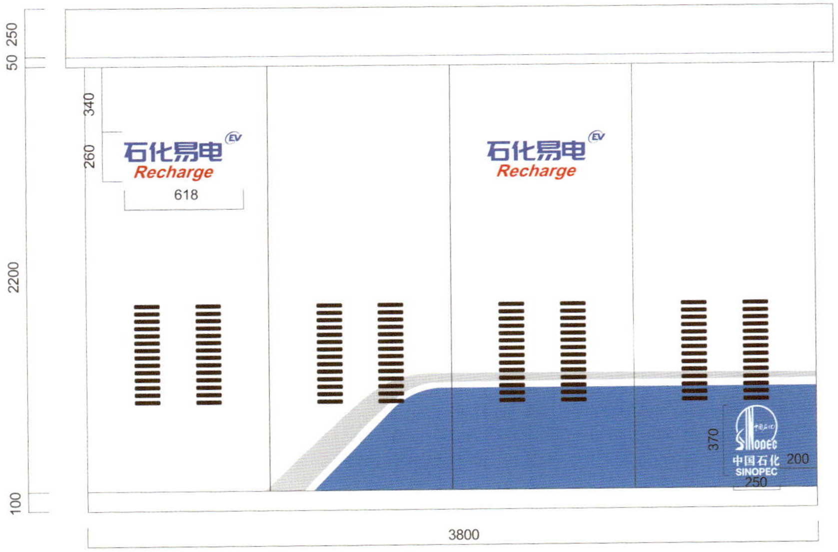

正视图

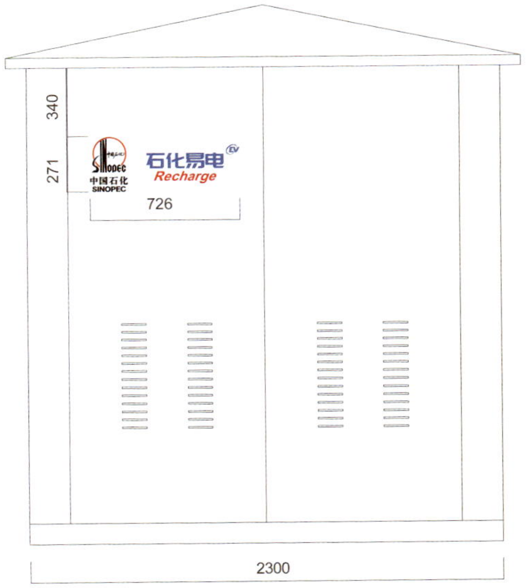

侧视图

材料色号：

高光白
WHITE

新能源浅蓝
PANTONE 2925 C

新能源 灰
PANTONE COOL GRAY 3 C

D.9.27

石化易电标识牌

· 工艺说明：

整体采用白色、蓝色高光铝板，文字、LOGO 信息贴膜。

注：标识牌仅作示意，请根据实际情况进行相应替换调整。

单位：mm

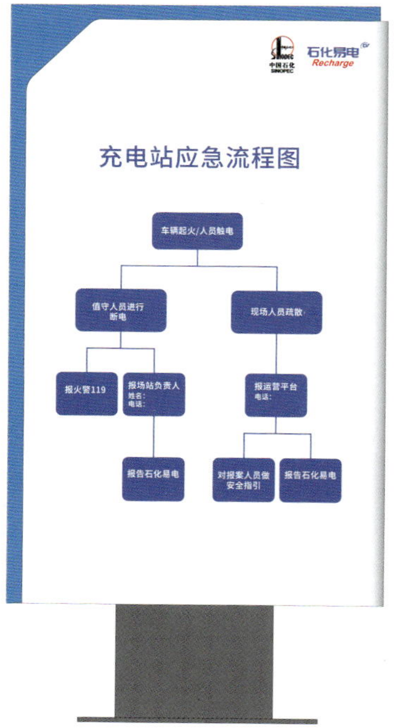

正视图

正视图

正视图 侧视图

材料色号：

- 高光白 WHITE
- 新能源浅蓝 PANTONE 2925 C
- 新能源 蓝 PANTONE 285 C
- 中灰色 PANTONE COOL GRAY 8 C
- 新能源 灰 PANTONE COOL GRAY 3 C

D.9.28

石化易电广告牌

· 工艺说明：
白色高光铝板，文字、LOGO 信息贴膜。
广告位置为拉布铝型材海报。

单位：mm

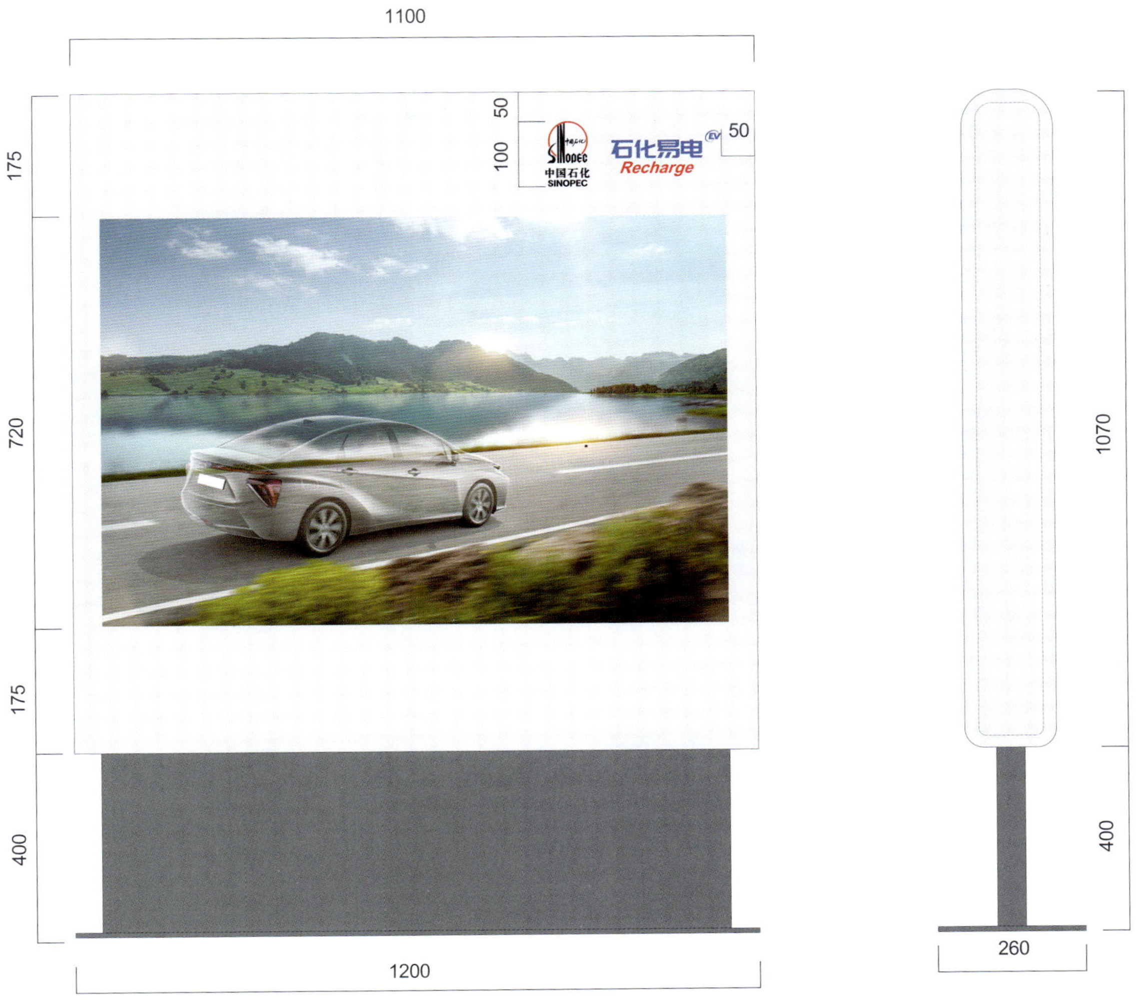

正视图

侧视图

材料色号：

高光白
WHITE

中灰色
PANTONE COOL GRAY 8 C

新能源灰
PANTONE COOL GRAY 3 C

D.9.29

石化易电道旗（一）

· 工艺说明：

喷绘工艺，材质采用厚实平纹旗帜布。

单位：mm

材料色号：

石化红
PANTONE 185 C

新能源 蓝
PANTONE 285 C

高光白
WHITE

石化黑
PANTONE BLACK C

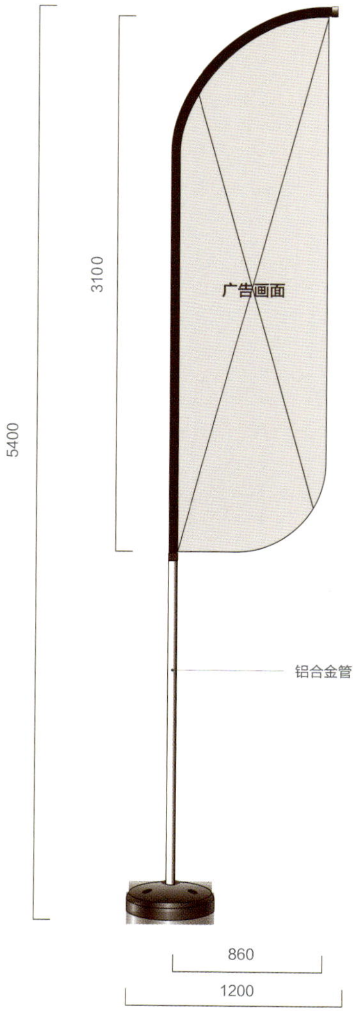

正视图

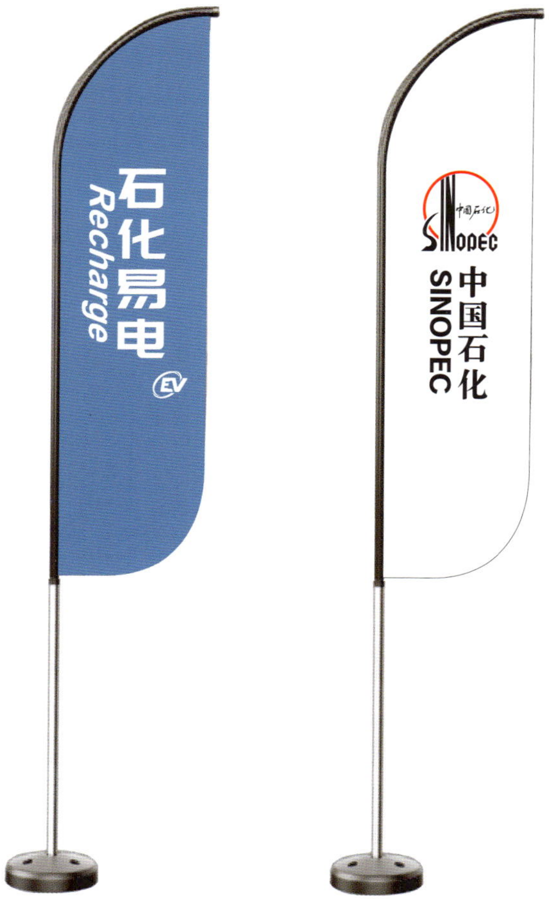

效果展示

D.9.30

石化易电道旗（二）

· 工艺说明：

喷绘工艺，材质采用春亚纺双透布 / 其他。

单位：mm

正视图

后视图

材料色号：

石化红
PANTONE 185 C

新能源 蓝
PANTONE 285 C

高光白
WHITE

石化黑
PANTONE BLACK C

D.9.31

石化易电消防器材箱

· 工艺说明：
采用 1.2mm 蓝色镀锌板 / 白色镀锌板 / 浅灰色镀锌板制作成型；图文信息丝印。

单位：mm

正视图

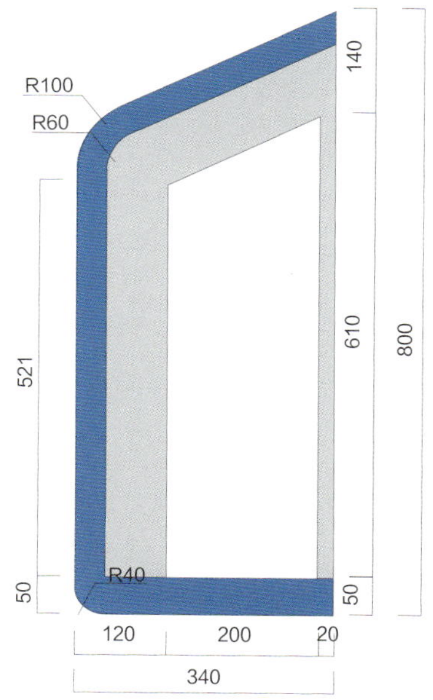

侧视图

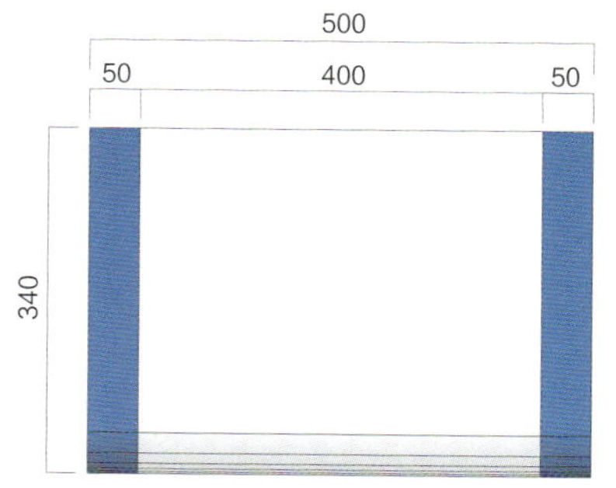

俯视图

材料色号：

石化红
PANTONE 185 C

新能源浅蓝
PANTONE 2925 C

高光白
WHITE

新能源 灰
PANTONE COOL GRAY 3 C

D.9.32

石化易电垃圾箱

· 工艺说明：
采用 1.2mm 蓝色镀锌板 / 白色镀锌板 / 浅灰色镀锌板制作成型；图文信息丝印。

单位：mm

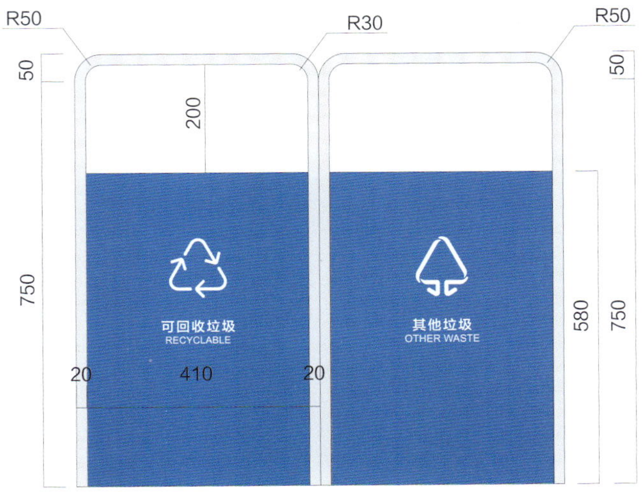

正视图

侧视图

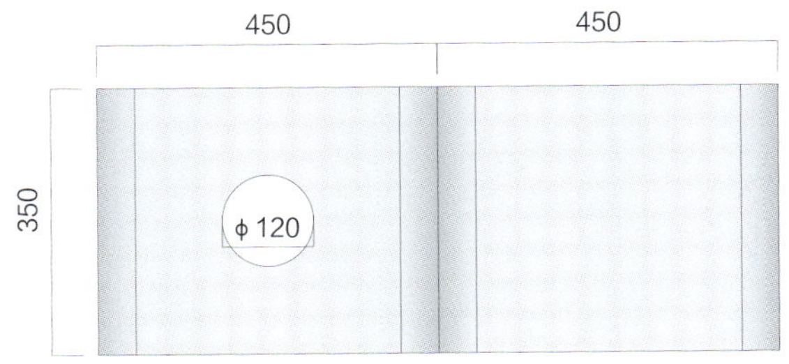

俯视图

材料色号：

新能源浅蓝
PANTONE 2925 C

高光白
WHITE

新能源 灰
PANTONE COOL GRAY 3 C

/ D.10 其他辅助功能区

D.10.01

砖砌消防五大件效果总览

· 砖砌消防五大件外观如图示，为保证视觉效果，应严格按照标准进行施工。

· 砖砌消防五大件外观可根据现场需求喷涂白色和灰色漆；安装位置设在站内围墙边上时，应喷涂与围墙一致的灰色漆；其余情况可选择喷涂白色漆。

· 原则上应优先选用砖砌消防五大件，特殊情况如场地受限等方可考虑选用成品件。

砌砖消防五大件（白色版）

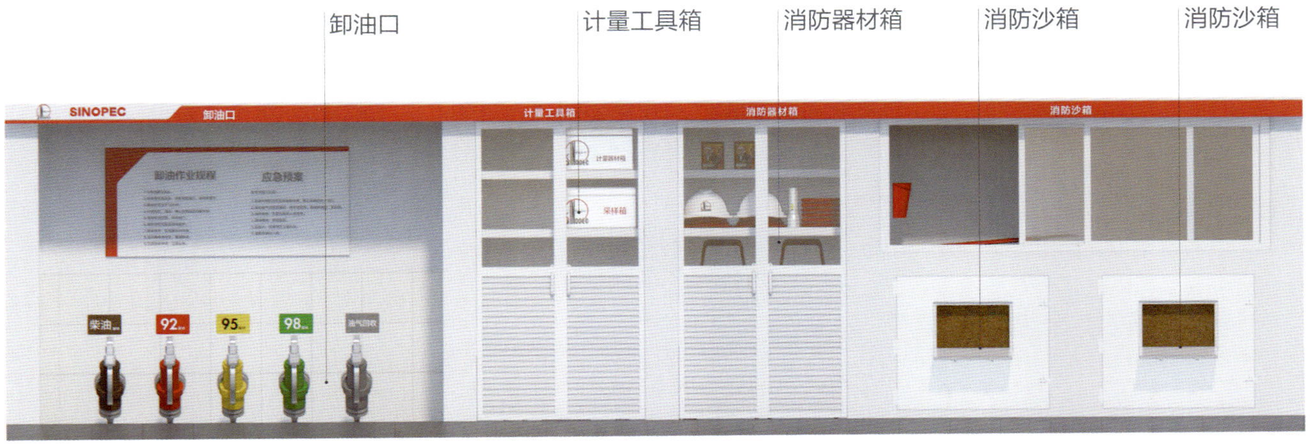

砌砖消防五大件（灰色版）

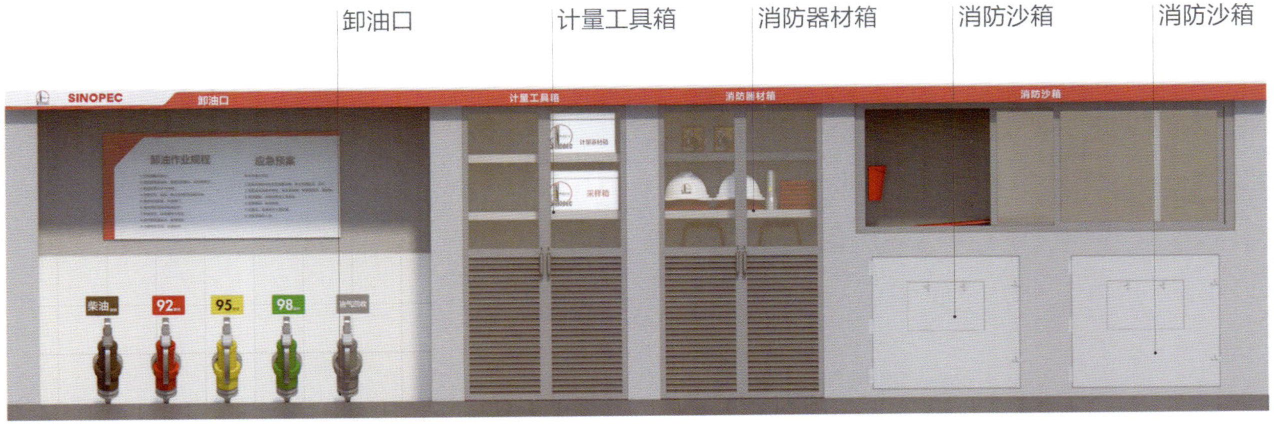

材料色号：

石化红
PANTONE 185 C

高光白
WHITE

浅灰色
PANTONE COOL GRAY 4 C

中灰色
PANTONE COOL GRAY 8 C

D.10.02

砖砌消防五大件（白色版）尺寸及工艺说明

· 砖砌消防五大件（白色版）外观如图示，为保证视觉效果，应严格按照标准进行施工。

· 砖砌消防五大件外观可根据现场需求喷涂白色和灰色漆；安装位置设在站内围墙边上时，应喷涂与围墙一致的灰色漆；其余情况可选择喷涂白色漆。

· 计量工具箱内部隔板，可在施工时根据站内实际需求调整安装高度。

· 工艺说明：

A LOGO 标识丝印
B 文字信息贴膜（方正兰亭中黑简体）
C 红色铝塑板单板
（石化红 Pantone 185 C）
D 白色铝合金玻璃门
E 白色通风百叶
F 白色外墙漆 / 真石漆
G 白色冷轧板出砂门板
H 白色铝合金玻璃窗
I 卸油操作牌（铝塑板表面贴膜）

单位：mm

· 注：卸油口箱实际施工尺寸，应根据卸油口数量进行适当调整。

材料色号：

石化红 PANTONE 185 C
中灰色 PANTONE COOL GRAY 8 C
高光白 WHITE

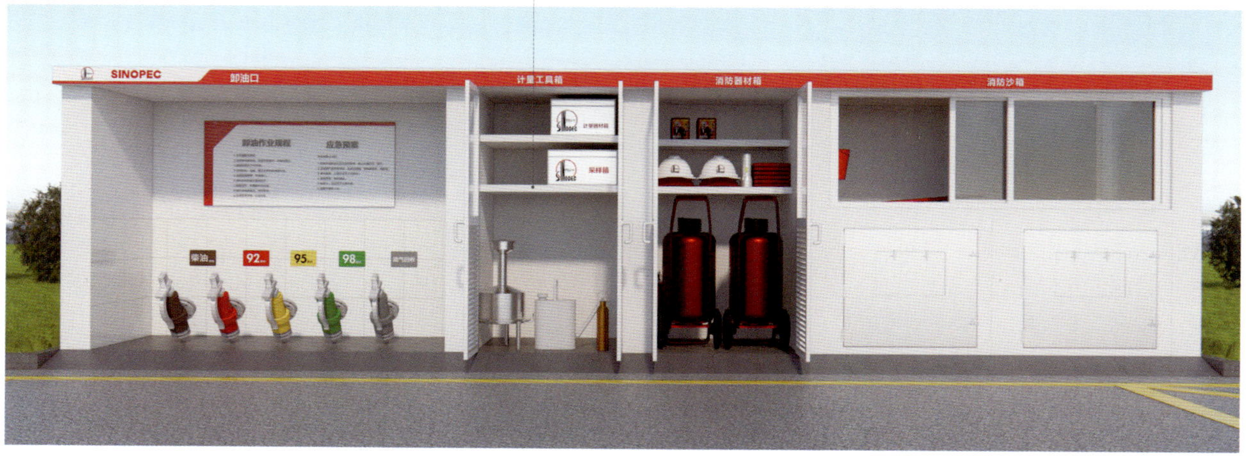

效果图

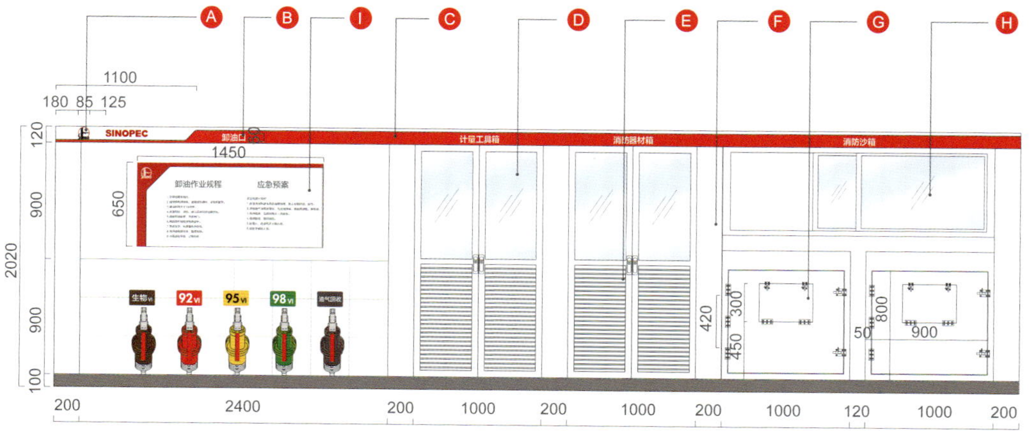

正视图

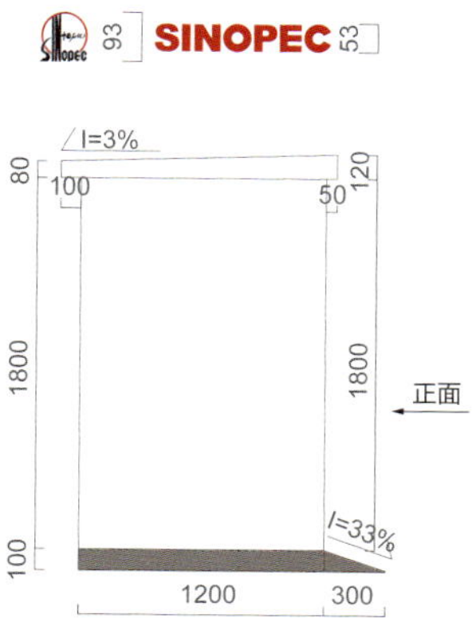

侧视图

注：合页安装位置可据实际情况适当调整

D.10.02

砖砌消防五大件（灰色版）尺寸及工艺说明

· 砖砌消防五大件（灰色版）外观如图示，为保证视觉效果，应严格按照标准进行施工。

· 砖砌消防五大件外观可根据现场需求喷涂白色和灰色漆；安装位置设在站内围墙边上时，应喷涂与围墙一致的灰色漆；其余情况可选择喷涂白色漆。

· 计量工具箱内部隔板，可在施工时根据站内实际需求调整安装高度。

· 工艺说明：

A LOGO 图案贴膜

B 文字信息贴膜（方正兰亭中黑简体）

C 红色铝塑板单板（石化红 Pantone 185 C）

D 中灰色铝合金玻璃门

E 中灰色通风百叶

F 浅灰色外墙漆 / 真石漆

G 浅灰色冷轧板出砂门板

H 中灰色铝合金玻璃窗

I 卸油操作牌（铝塑板表面贴膜）

单位：mm

· 注：卸油口箱实际施工尺寸，应根据卸油口数量进行适当调整。

材料色号：

石化红 PANTONE 185 C	浅灰色 PANTONE COOL GRAY 4 C
高光白 WHITE	中灰色 PANTONE COOL GRAY 8 C

内部层板可根据实际情况调整高度位置

效果图

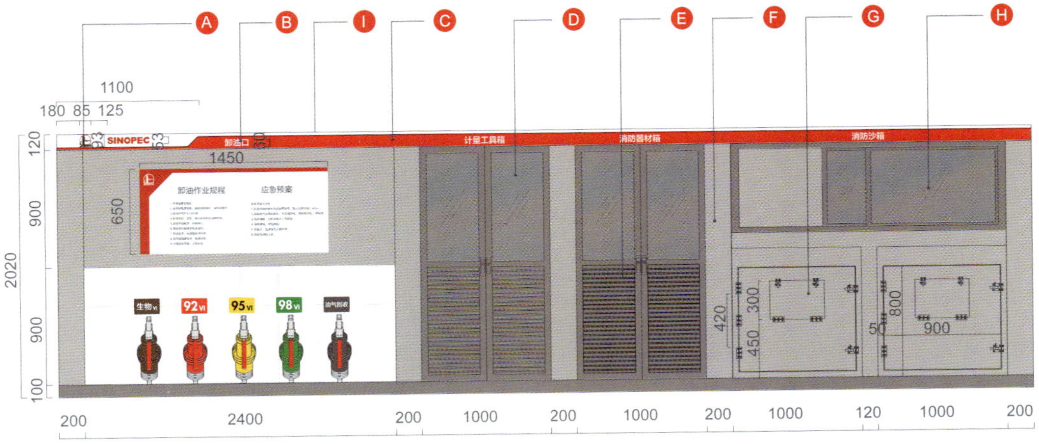

正视图

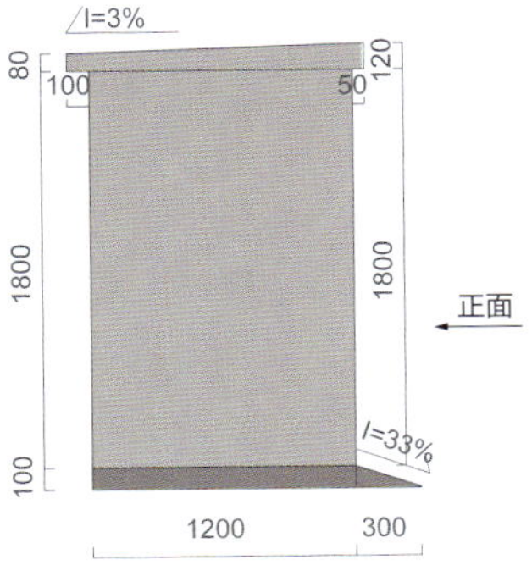

侧视图

注：合页安装位置可据实际情况适当调整

D.10.03

卸油区整体形象总览

· 卸油区形象包含但不仅限于以下元素：
标识牌（立地式及挂墙式）；
卸油口箱；
消防沙箱；
消防计量器材箱；
围墙警示牌；
通气管警示牌。

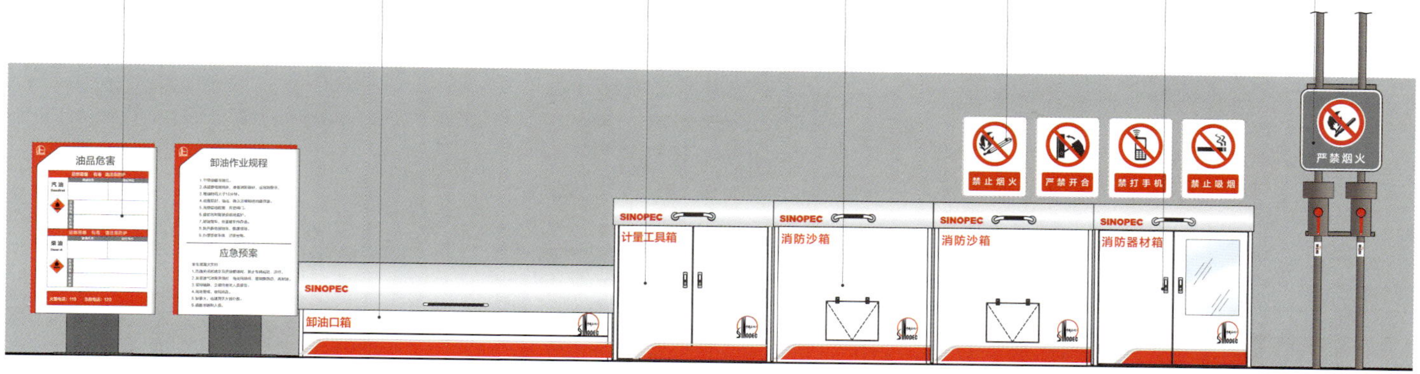

材料色号：

石化红
PANTONE 185 C

高光白
WHITE

D.10.04

卸油口箱

· 卸油口箱形象如图示，生产制作时，请参考右图尺寸，以确保卸油口箱的视觉效果。

· 规格：
L2400mm × H720mm × D735mm

· 卸油口箱外观如图示，为保证视觉效果，应严格按照标准尺寸及工艺要求进行生产制作。

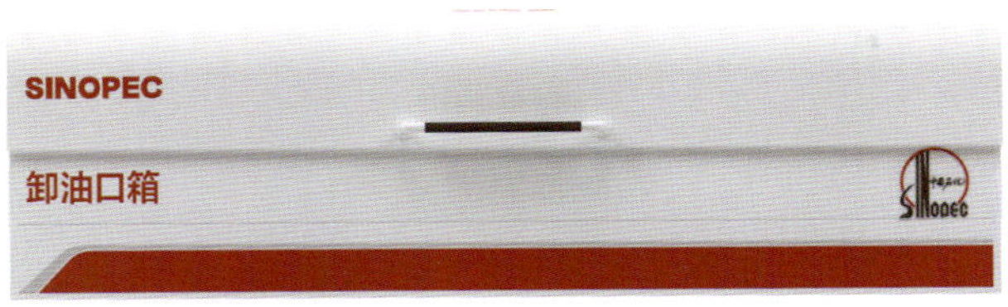

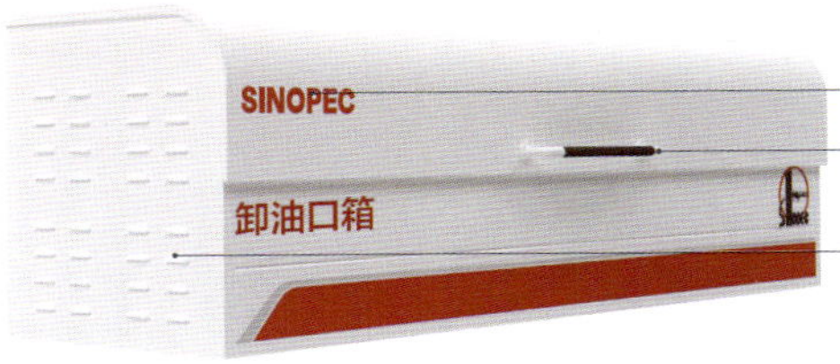

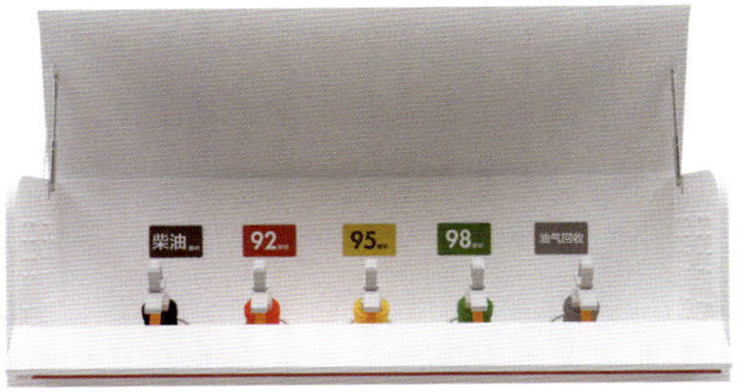

材料色号：

石化红 PANTONE 185 C
浅灰色 PANTONE COOL GRAY 4 C
高光白 WHITE
深棕色 PANTONE 7589 C

D.10.05

卸油口箱尺寸及工艺说明

· 卸油口箱形象如图示，生产制作时，请参考右图尺寸，以确保卸油口箱的视觉效果。

· 工艺说明：

Ⓐ 文字及 LOGO 标识采用
红色贴膜（石化红 Pantone 185 C）
黑色贴膜（石化黑 Pantone Black）

Ⓑ 面盖采用 2mm 铝板制作，表面白色喷粉（高光白 White）

Ⓒ 箱体采用 1.2mm 镀锌板制作，表面白色喷粉（高光白 White）

Ⓓ 不锈钢拉手

Ⓔ 红色、灰色贴膜
（石化红 Pantone 185 C）
（浅灰色 Pantone Cool Gray 4C）

Ⓕ 镀锌板开通气孔

单位：mm

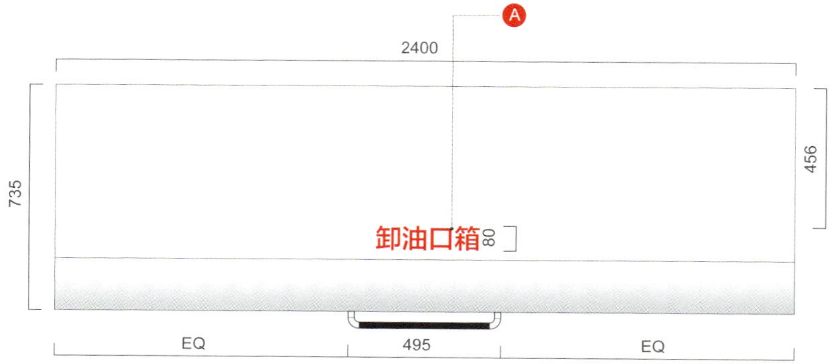

顶视图

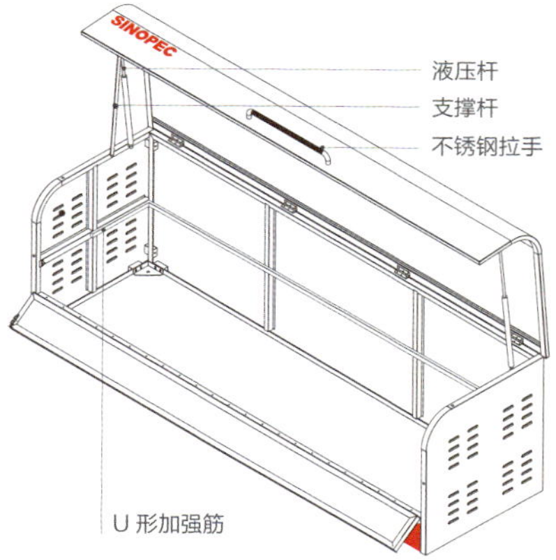

轴测图

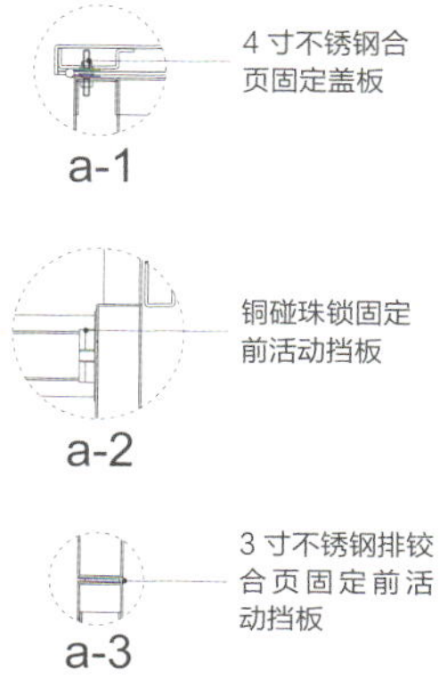

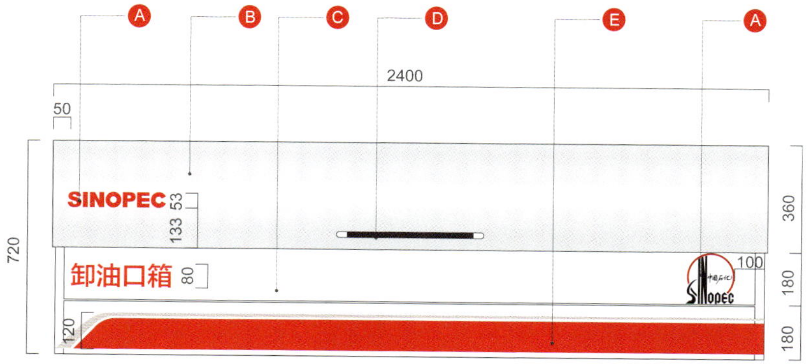

正视图

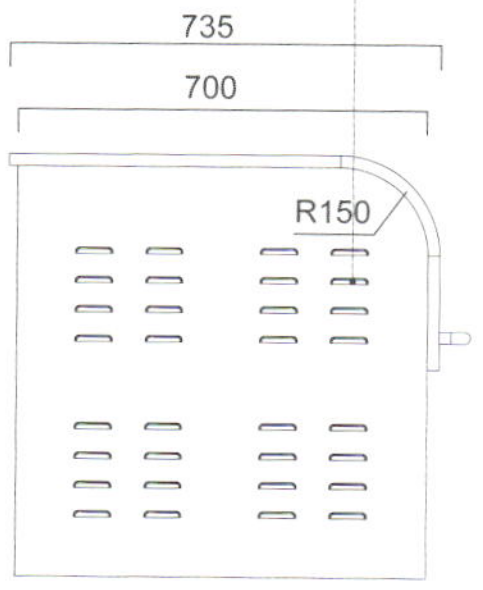

侧视图

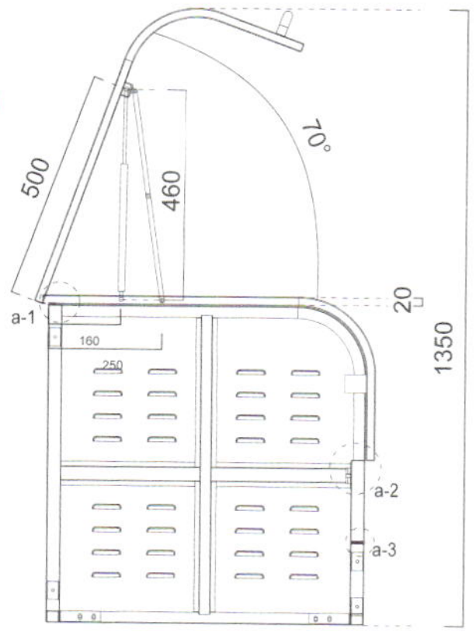

侧剖图

材料色号：

石化红 PANTONE 185 C	浅灰色 PANTONE COOL GRAY 4 C
高光白 WHITE	石化黑 PANTONE BLACK C

D.10.06

卸油口箱油品标牌

· 卸油口箱集中设置，标明卸油管对应油品种类。油品标牌标准尺寸如右图所示。

· 3mm 乳白亚克力制作，表面贴专色膜。

单位：mm

· 注：应地方管理要求，需突破标准形象的，应报备至销售公司零售管理部。

材料色号：

- 石化红 PANTONE 185 C
- 高光白 WHITE
- 油品黄 PANTONE 109 C
- 油品绿 PANTONE 355 C
- 深棕色 PANTONE 7589 C
- 中灰色 PANTONE COOL GRAY 8 C

卸油口颜色

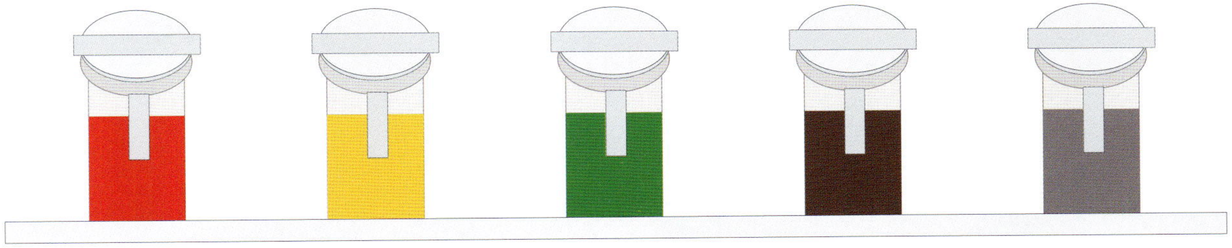

卸油口标识牌

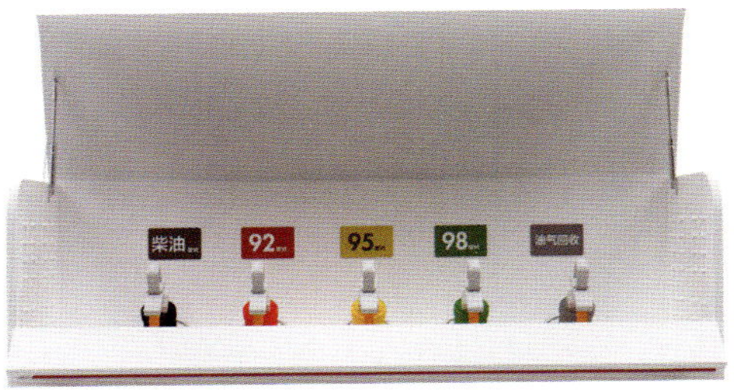

卸油口箱国标汽油方案示意

D.10.07

消防沙箱

· 消防沙箱外观如图示，为保证视觉效果，应严格按照标准尺寸及工艺要求进行生产制作。

· 规格：
L1220mm × H1220mm × D935mm

· 本图例仅为 1m³ 沙箱样式，根据规范要求，加能站应设置 2 个沙箱。

材料色号：

石化红 PANTONE 185 C	浅灰色 PANTONE COOL GRAY 4 C
高光白 WHITE	石化黑 PANTONE BLACK C

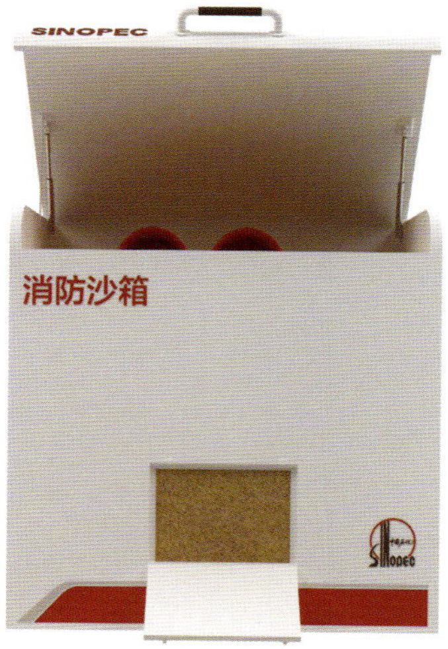

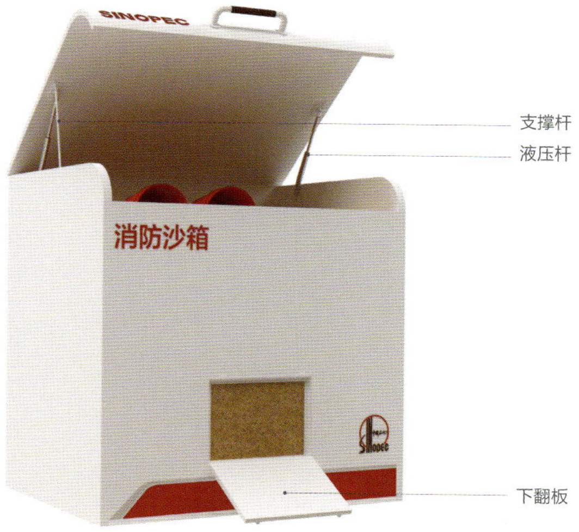

D.10.08

消防沙箱尺寸及工艺说明

· 消防沙箱外观如图示，为保证视觉效果，应严格按照标准尺寸及工艺要求进行生产制作。

· 工艺说明：

Ⓐ 文字及 LOGO 标识采用
红色贴膜（石化红 Pantone 185 C）
黑色贴膜（石化黑 Pantone Black)

Ⓑ 翻盖板采用 2.0mm 铝板制作

Ⓒ 箱体和门板采用 1.2mm 镀锌板折弯成型，内部增加加强筋焊接制作（焊接加强筋时需采用无痕焊接）

Ⓓ 不锈钢拉手

Ⓔ 红色、灰色贴膜
（石化红 Pantone 185 C）
（浅灰色 Pantone Cool Gray 4C）

Ⓕ 下翻镀锌板

Ⓖ 不锈钢插销

· 本图例仅为 $1m^3$ 沙箱样式，根据规范要求，加能站应设置 2 个沙箱。

单位：mm

材料色号：

石化红 PANTONE 185 C
浅灰色 PANTONE COOL GRAY 4 C
高光白 WHITE
石化黑 PANTONE BLACK C

顶视图

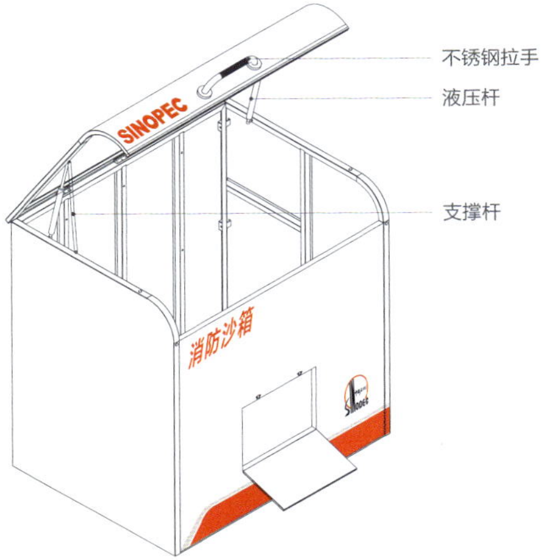

轴测图

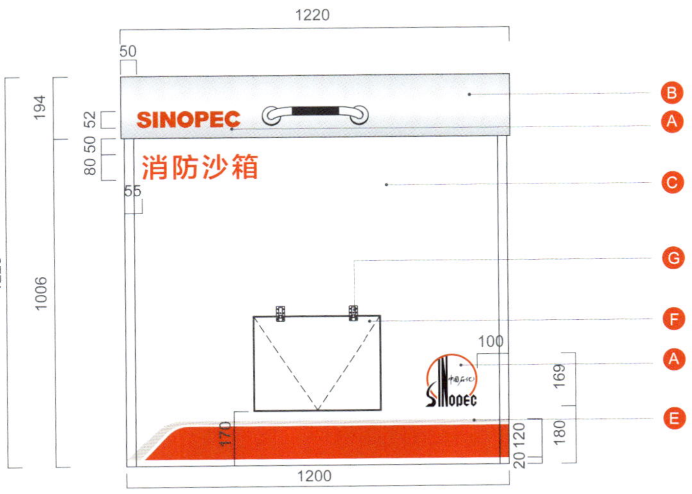

正视图

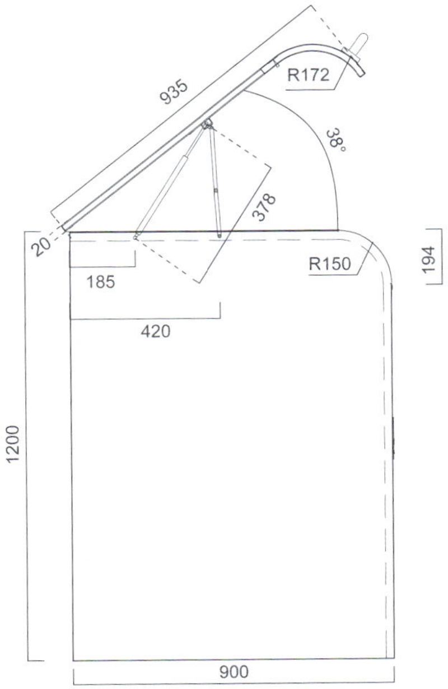

侧视图

D.10.09

消防器材箱

·消防器材箱外观如图示，为保证视觉效果，应严格按照标准尺寸及工艺要求进行生产制作。

·规格：
L1220mm × H1220mm × D935mm

·注：产品内部设置斜坡。

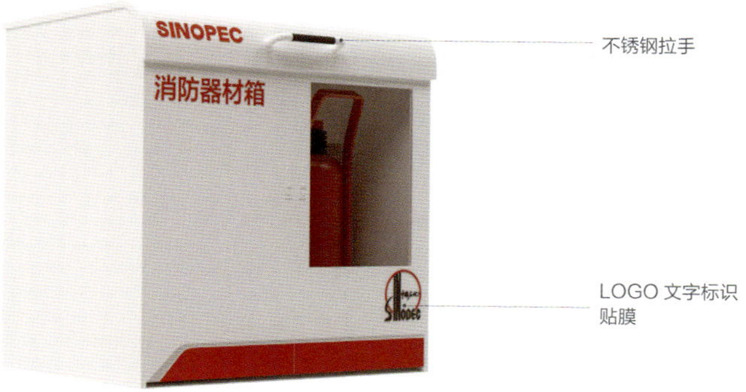

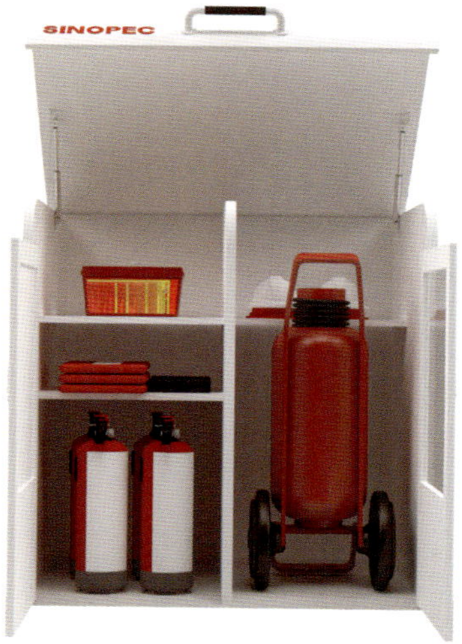

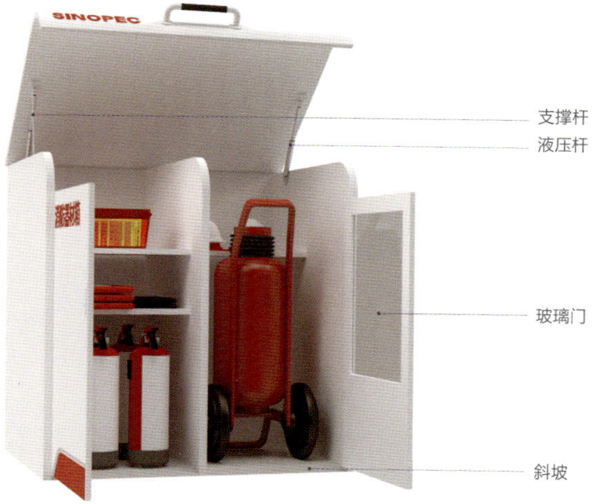

材料色号：

石化红 PANTONE 185 C	浅灰色 PANTONE COOL GRAY 4 C
高光白 WHITE	石化黑 PANTONE BLACK C

D.10.10

消防器材箱尺寸及工艺说明

· 消防器材箱外观如图示，为保证视觉效果，应严格按照标准尺寸及工艺要求进行生产制作。

· 工艺说明：

- Ⓐ 文字及 LOGO 标识采用
  红色贴膜（石化红 Pantone 185 C）
  黑色贴膜（石化黑 Pantone Black)
- Ⓑ 翻盖板采用 2.0mm 铝板制作
- Ⓒ 箱体和门板采用 1.2mm 镀锌板折弯成型，内部增加加强筋焊接制作（焊接加强筋时需采用无痕焊接）
- Ⓓ 不锈钢拉手
- Ⓔ 红色、灰色贴膜
  （石化红 Pantone 185 C）
  （浅灰色 Pantone Cool Gray 4C）
- Ⓕ 5mm 钢化玻璃
- Ⓖ 弹跳式把手锁

单位：mm

材料色号：

石化红 PANTONE 185 C
浅灰色 PANTONE COOL GRAY 4 C
高光白 WHITE
石化黑 PANTONE BLACK C

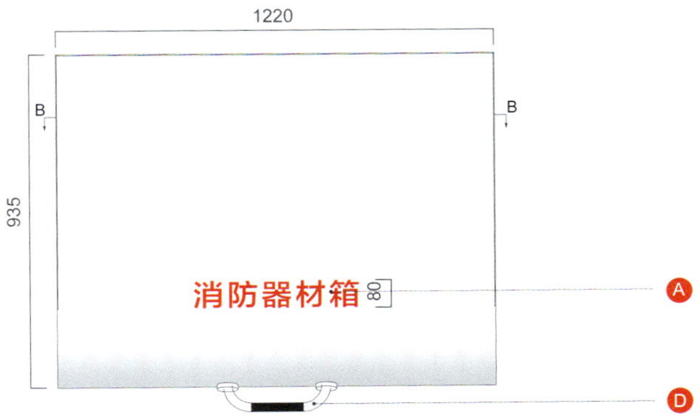

顶视图

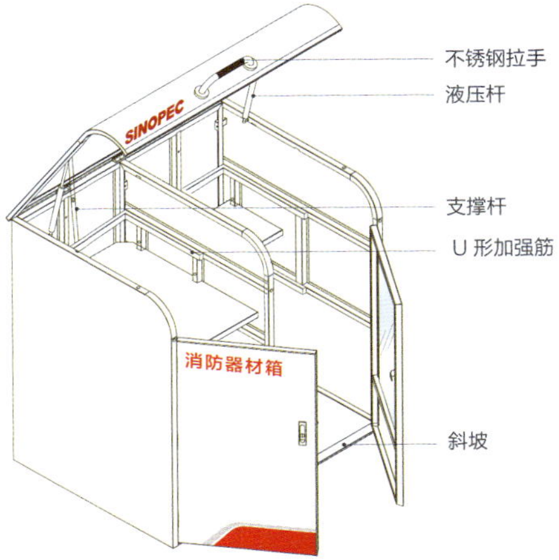

轴测图

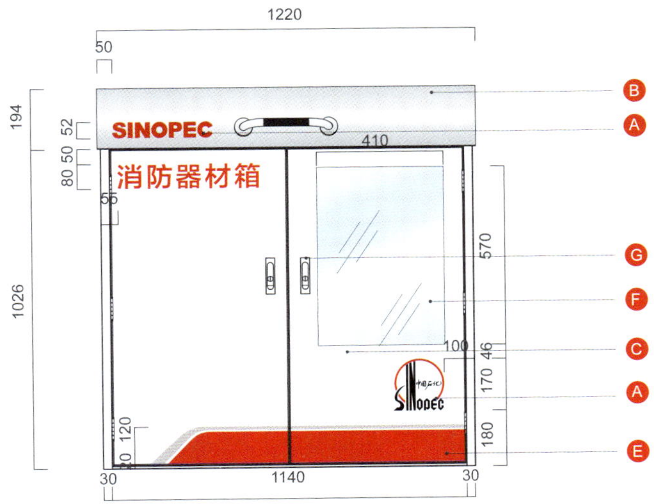

正视图

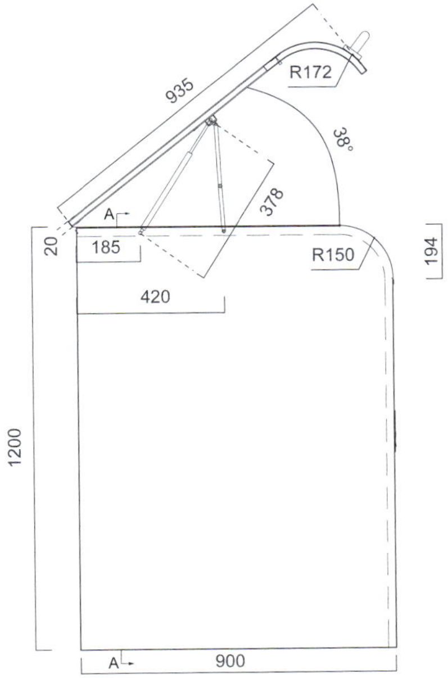

侧视图

D.10 其他辅助功能区

D.10.11

消防器材箱（灭火器箱）

· 消防器材箱（灭火器箱）外观如图示，为保证视觉效果，应严格按照标准尺寸及工艺要求进行生产制作。

· 规格：

L620mm × H1220mm × D935mm

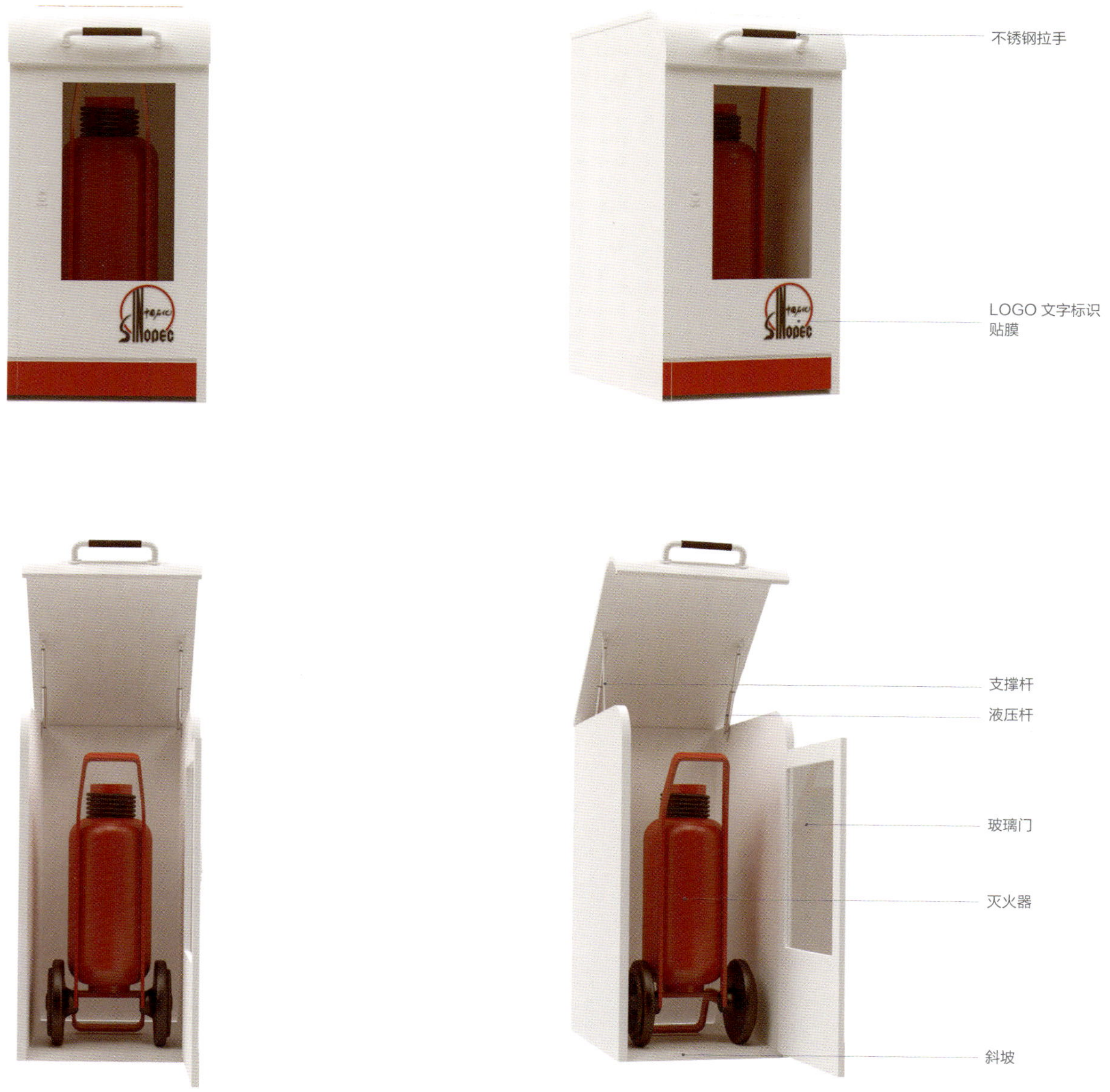

材料色号：

石化红
PANTONE 185 C

浅灰色
PANTONE COOL GRAY 4 C

高光白
WHITE

石化黑
PANTONE BLACK C

D.10.12

消防器材箱（灭火器箱）尺寸及工艺说明

· 消防器材箱（灭火器箱）外观如图示，为保证视觉效果，应严格按照标准尺寸及工艺要求进行生产制作。

· 工艺说明：

A LOGO 标识采用
红色贴膜（石化红 Pantone 185 C）
黑色贴膜（石化黑 Pantone Black）

B 翻盖板采用 2.0mm 铝板制作

C 箱体和门板采用 1.2mm 镀锌板折弯成型，内部增加加强筋焊接制作（焊接加强筋时需采用无痕焊接）

D 不锈钢拉手

E 红色、灰色贴膜
（石化红 Pantone 185 C）
（浅灰色 Pantone Cool Gray 4C）

F 5mm 钢化玻璃

G 弹跳式把手锁

单位：mm

材料色号：

石化红 PANTONE 185 C	浅灰色 PANTONE COOL GRAY 4 C
高光白 WHITE	石化黑 PANTONE BLACK C

顶视图

轴测图

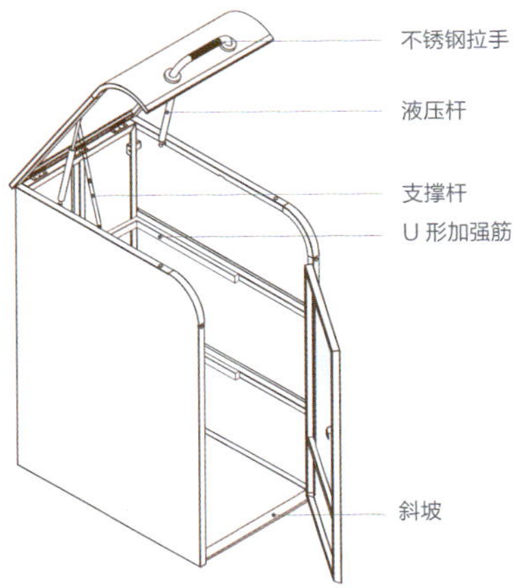

开合式轴测图

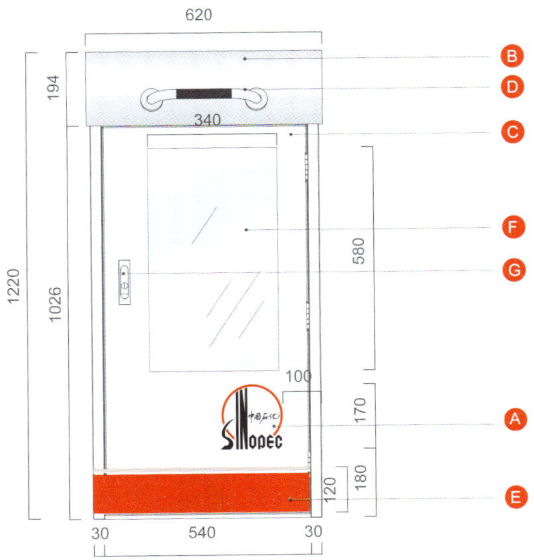

正视图

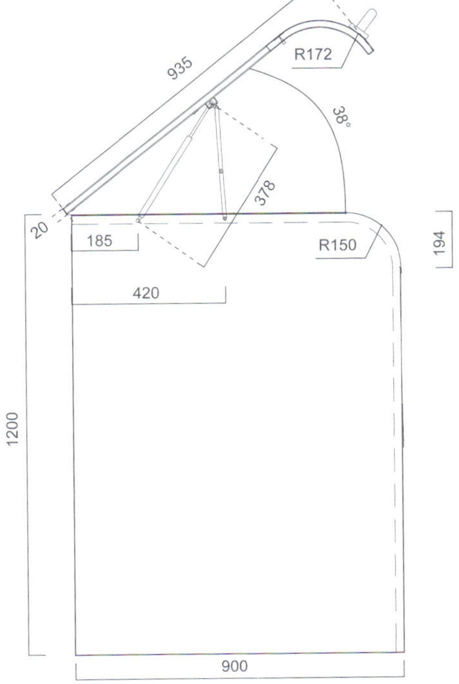

侧视图

D.10 其他辅助功能区

D.10.13

计量工具箱

· 计量工具箱外观如图示，为保证视觉效果，应严格按照标准尺寸及工艺要求进行生产制作。

· 规格：
L1220mm × H1220mm × D735mm

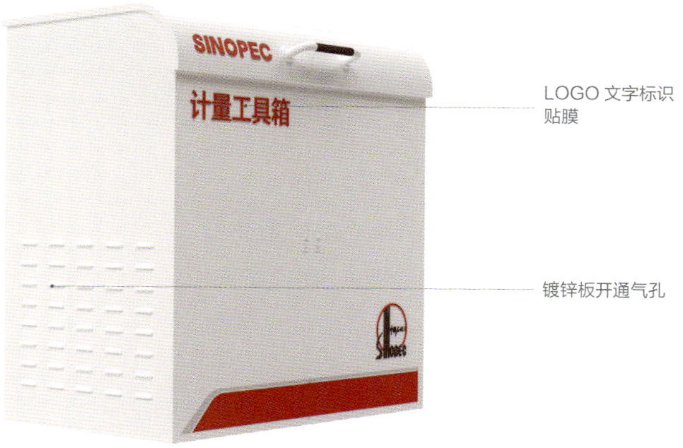

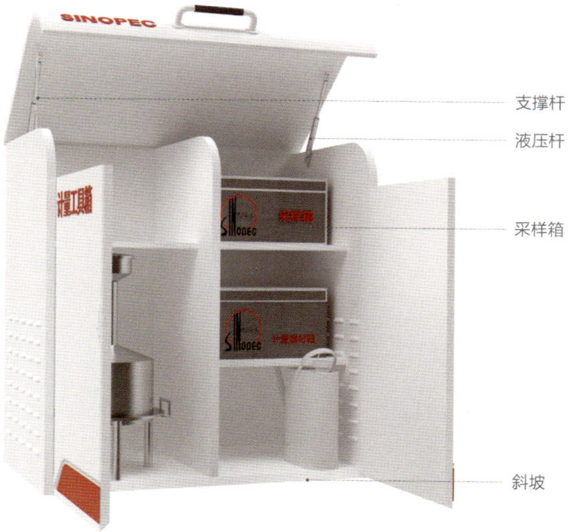

材料色号：

石化红 PANTONE 185 C	浅灰色 PANTONE COOL GRAY 4 C
高光白 WHITE	石化黑 PANTONE BLACK C

D.10.14

计量工具箱
尺寸及工艺说明

· 计量工具箱外观如图示，为保证视觉效果，应严格按照标准尺寸及工艺要求进行生产制作。

· 工艺说明：

Ⓐ 英文字母及 LOGO 标识采用
红色贴膜（石化红 Pantone 185 C）
黑色贴膜（石化黑 Pantone Black）

Ⓑ 翻盖板采用 2.0mm 铝板制作

Ⓒ 箱体和门板采用 1.2mm 镀锌板折弯成型，内部增加加强筋焊接制作（焊接加强筋时需采用无痕焊接）

Ⓓ 采用红色、灰色贴膜
（石化红 Pantone 185 C）
（浅灰色 Pantone Cool Gray 4C）

Ⓔ 弹跳式把手锁

Ⓕ 镀锌板开通气孔

Ⓖ 文字采用红色贴膜
（石化红 Pantone 185 C）

单位：mm

· 注：计量器材部分可增加链锁锁环。

材料色号：

石化红 PANTONE 185 C	浅灰色 PANTONE COOL GRAY 4 C
高光白 WHITE	石化黑 PANTONE BLACK C

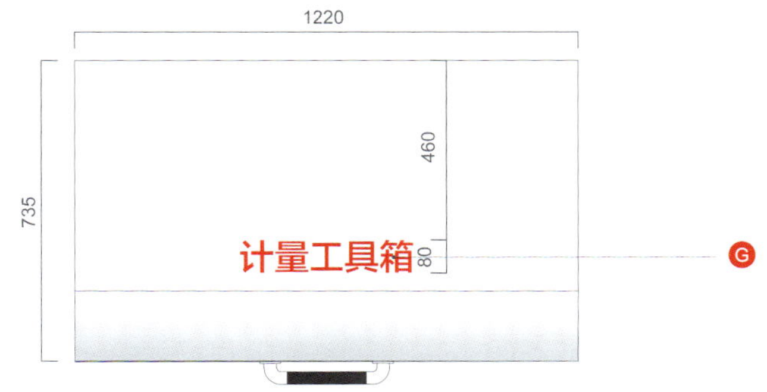

顶视图

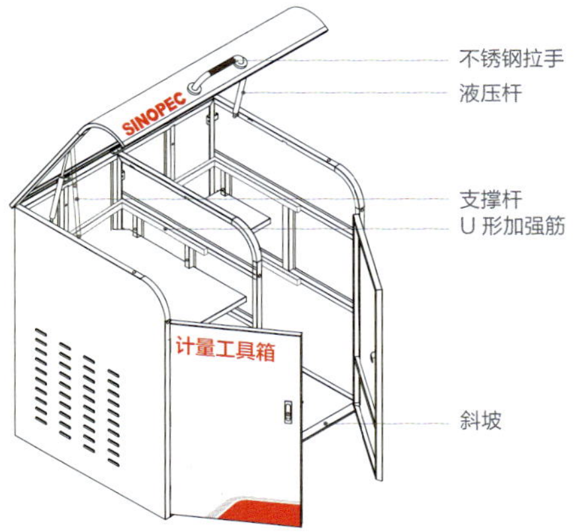

轴测图

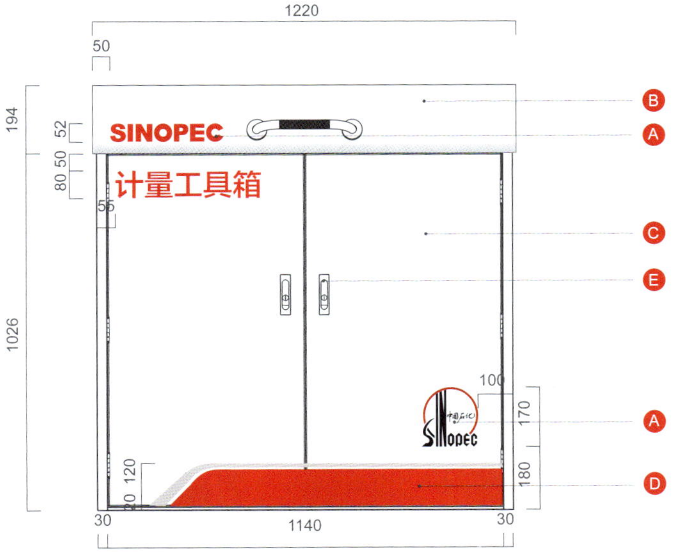

正视图

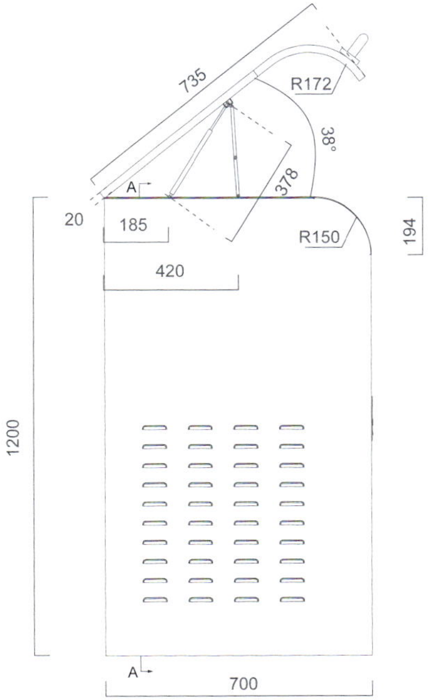

侧视图

D.10.15

通气管标识
尺寸及工艺说明

· 通气管管口应设置阻火器，通气管球阀设置严禁烟火警示牌、常开、常关提示牌。右图所示标识尺寸和安装位置只提供参考，需根据油站实际情况而定。

· 工艺说明：

1. 警示标识采用 2mm 灰色铝板制作，表面图文信息丝印；
2. 呼吸阀门标识采用 5mm 厚 PVC 户外贴粘贴。

单位：mm

材料色号：

石化红
PANTONE 185 C

高光白
WHITE

中灰色
PANTONE COOL GRAY 8 C

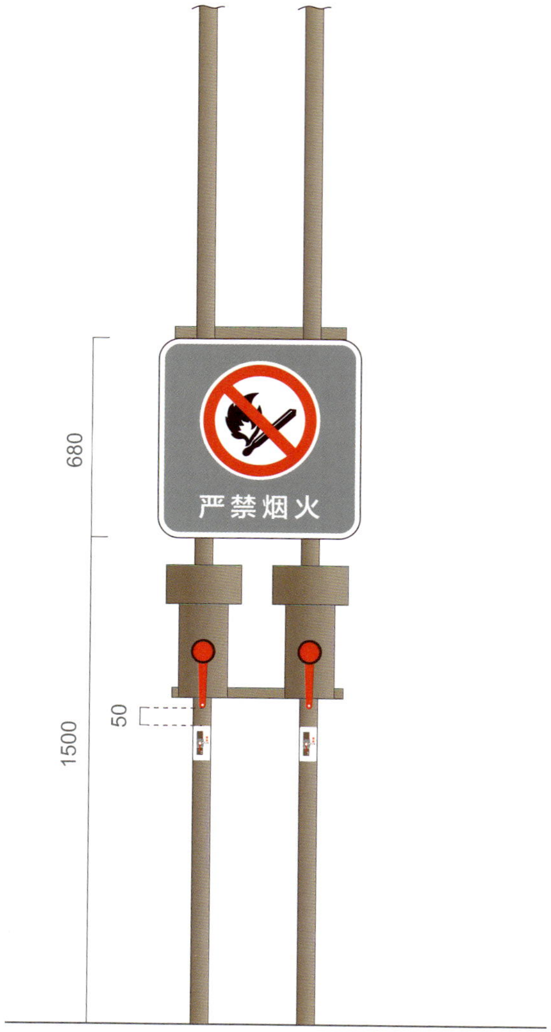

安装定位示意

警示标识

呼吸阀把手标识

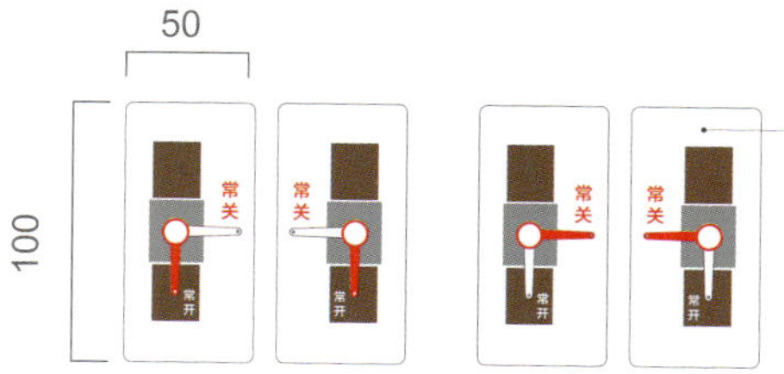

D.10.16

油罐操作井盖标识
尺寸及工艺说明

· 油罐操作井盖根据油罐安装位置不同，通常分为车道下油罐人孔井操作井盖（可承重）和非车道下油罐人孔井操作井盖两种类型。运用中应根据项目实际选择对应井盖进行安装。

· 车道下操作井选用圆形井盖，材质为铸铁并具备相应承重功能，承重荷载为≥ 25t，高速站及国省道站的承重荷载为≥ 40t。

· 非车道下操作井可采用液压上翻式井盖，材质为铝板。

· 对应油号分色烤漆，文字内容丝印。

单位：mm

· 注：应地方管理要求，需突破标准形象的，应报备至销售公司零售管理部。

材料色号：

石化红 PANTONE 185 C

油品绿 PANTONE 355 C

高光白 WHITE

深棕色 PANTONE 7589 C

油品黄 PANTONE 109 C

1. 圆盘锅盖式井盖

与其他地画线交错时使用该方案

井盖处于独立位置时使用该方案

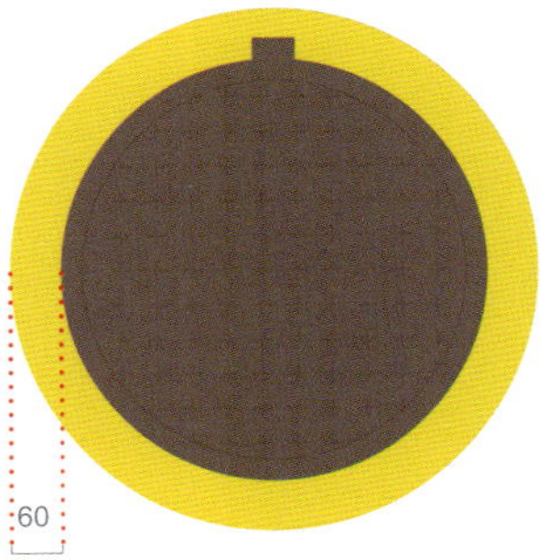

2. 液压上翻式井盖（油品号方案示意）

D.10 其他辅助功能区

D.10.17

出入口指示标识
尺寸及工艺说明

· 当油站出入口处无重点绿化带设计时，应选用此设计方案，设计施工时，请参考右图尺寸，以确保出入口指示标识的视觉效果。

· 工艺说明：

- A 2mm 红色高光铝板（户外产品考虑防腐、防锈处理）
- B 箭头铝板镂空，背托 3mm 乳白亚克力，表面贴红色膜，夜间发红光
- C 2mm 白色高光铝板
- D 2mm 灰色铝板
- E M6 × 80 不锈钢膨胀螺栓
- F 底板 2mm 灰色铝板制作
- G 白光 LED 色温 6500K，防护等级 IP65 及以上

单位：mm

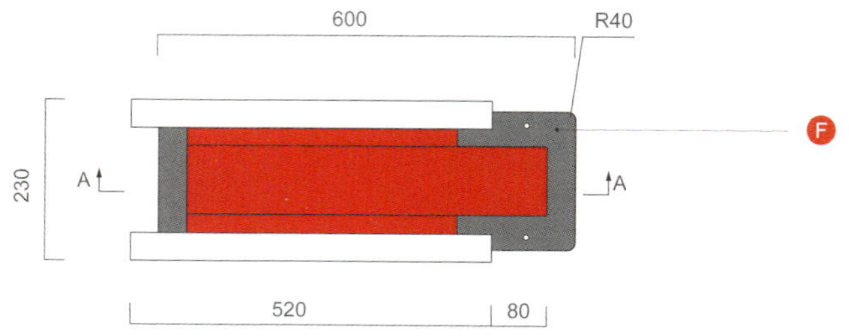

顶视图

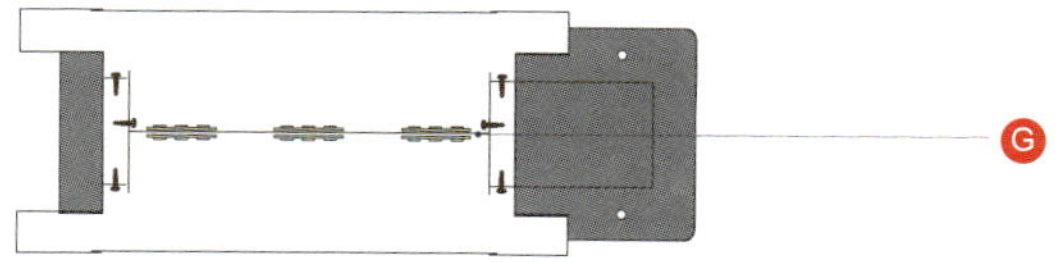

A–A 剖面图

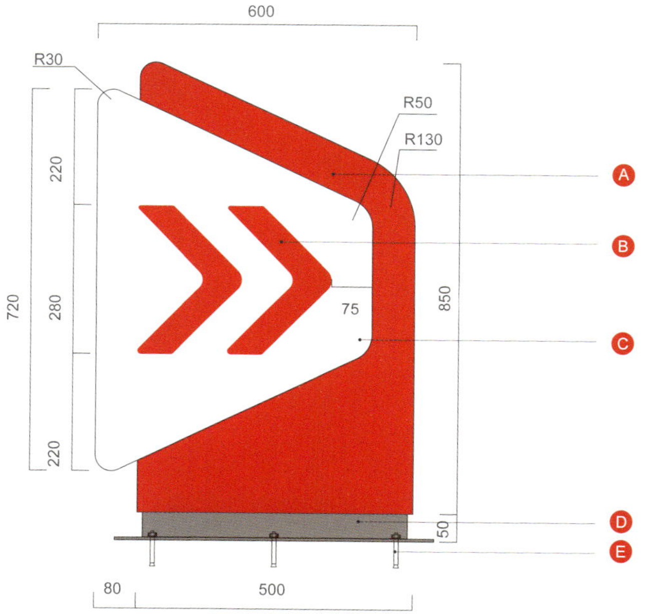

正视图

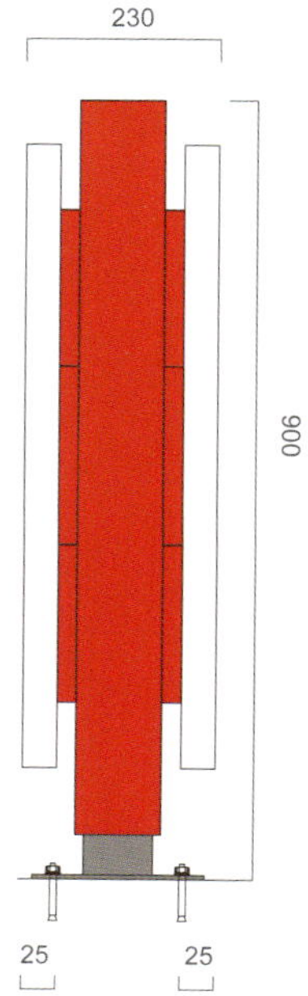

右视图

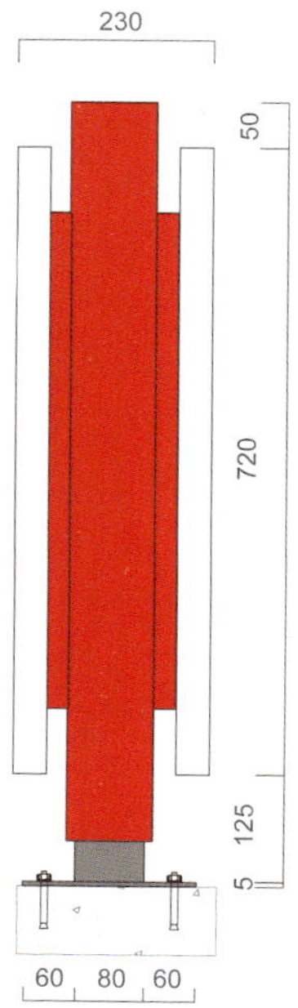

左视图

材料色号：

- 石化红 PANTONE 185 C
- 高光白 WHITE
- 中灰色 PANTONE COOL GRAY 8 C

技术说明：

1. 箱体及面盖采用 2mm 红色 / 白色高光铝板折弯制作，底板采用 5mm 铝板与箱体焊接整体；
2. 箭头处，采用铝板镂空背托 3mm 乳白亚克力，表面贴红色膜，夜间发红光；
3. 灯具采用白光防水 LED 模组（质保三年），色温 6500K，打光需均匀明亮，LED 位置可根据实际情况作相应调节；
4. 预留 1.5m 长 1mm² 多股电线，出线位加黄腊管，配套膨胀螺丝，现场安装。

D.10.18

入口标语标识
尺寸及工艺说明

· 原则上加能站正前方出入口中间设有绿化带，应选用此指示标识（与进出口指示灯箱配合使用）。为保证外观效果，应严格按照标准尺寸和工艺要求进行制作安装。

· 工艺说明：

A 白色高光不锈钢板围边
B 3mm 乳白亚克力
C 30mm × 30mm × 2mm 镀锌方管支撑骨架
D 2mm 灰色哑光铝板底座
E 白光 LED 色温 6500K
F M8 × 100 膨胀螺丝

单位：mm

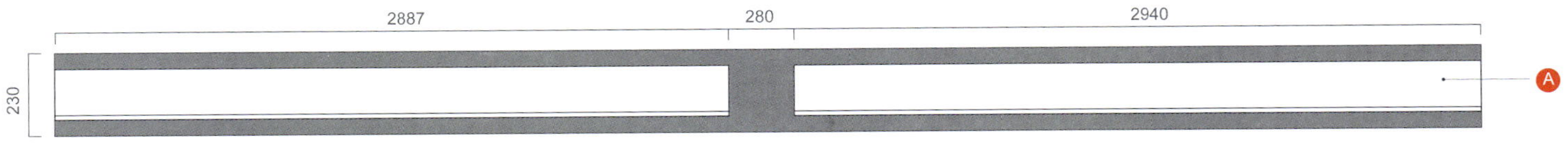

顶视图

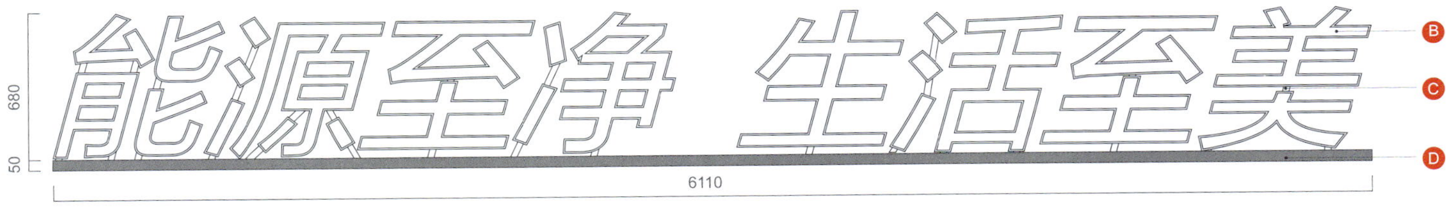

正视图

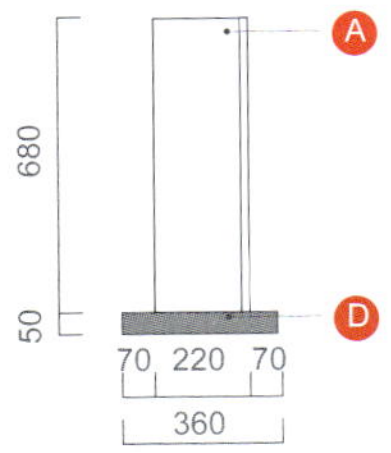

侧视图

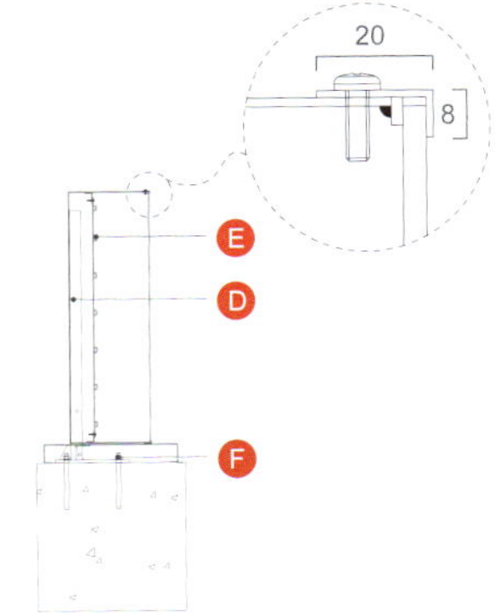

安装剖面图

技术说明：

1. 立体字围边采用 1mm 白色高光不锈钢板制作成型，底板采用 1.2mm 白色高光不锈钢板制作成型；表面面板采用 3mm 乳白亚克力制作；面盖扣边 8mm 采用 1.2mm 不锈钢板；底座采用 2mm 灰色哑光铝板制作成型；
2. 灯具必须采用白光防水 LED 模组（质保三年），色温 6500K，打光需要均匀明亮，LED 位置可根据实际情况进行相应调节，表面照度要求 6000~6500lx；
3. 安装支撑件采用 8mm 钢板、5mm 钢板与 30mm × 30mm × 2mm 镀锌方管焊接成型，采用 M8 × 100 膨胀螺栓与基础固定牢固；
4. 预留 1.5m 长 $1mm^2$ 电线，出线位加黄蜡管，配置防水电源至底座内部；电线必须走方通内，不可外漏。

材料色号：

高光白
WHITE

中灰色
PANTONE COOL GRAY 8 C

D.10.19

立地式标识牌
尺寸及工艺说明

· 立地式标识牌，宜安装在水泥地或绿化地上，起操作提示作用。

· 中文字体：方正兰亭中黑简体；

单位：mm

· 注：图中文字内容仅供参考，文字内容根据实际情况进行替换调整，背面无需放置内容。

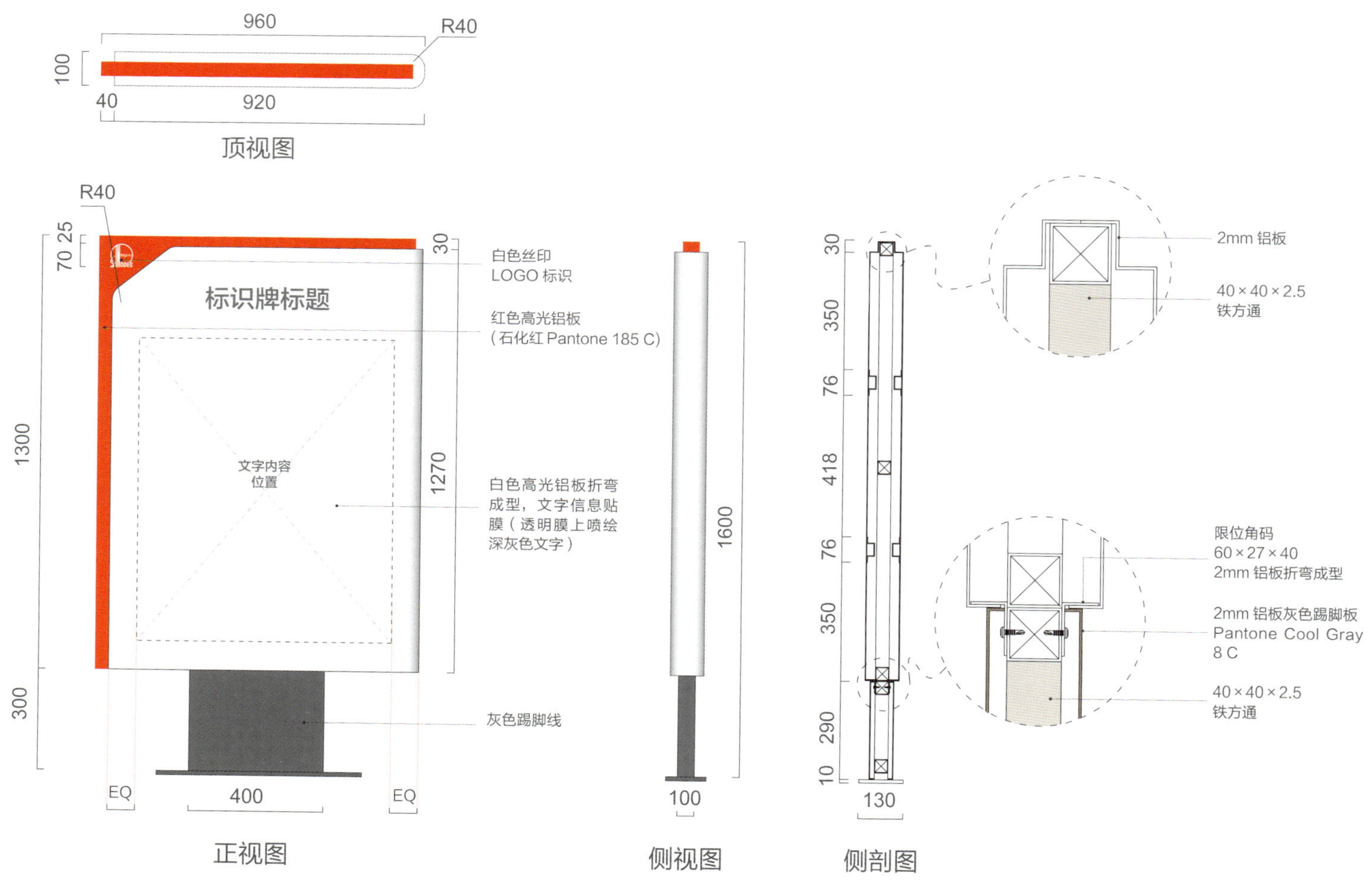

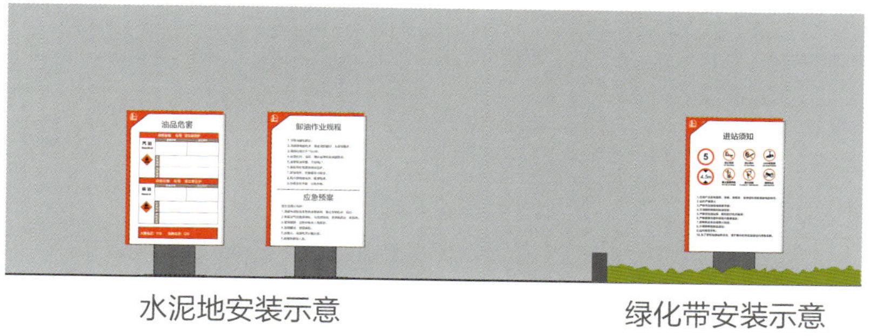

技术说明：

1. 进站须知牌由 2mm 红色高光白铝板和白色高光铝板折弯焊接成型；立地式安装，上下限位角码固定，文字内容贴膜（单面）；
2. 骨架由 40mm×40mm×2.5mm 铁方通和 10mm 钢板焊接成型，表面刷防锈漆。

材料色号：

石化红
PANTONE 185 C

高光白
WHITE

中灰色
PANTONE COOL GRAY 8 C

D.10.20

壁挂式标识牌
尺寸及工艺说明

· 壁挂式标识牌，宜安装在墙上，起操作提示作用。

· 中文字体：方正兰亭中黑简体。

· 标识牌采用红色高光铝板和白色高光铝板制作，于离地面高 600mm 处安装。

单位：mm

· 注：图中文字内容仅供参考，文字内容根据实际情况进行替换调整，背面无需放置内容。

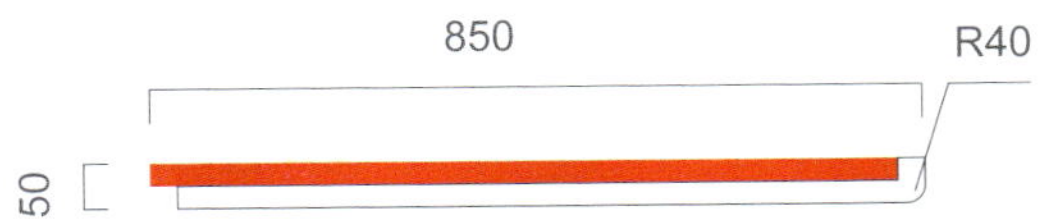

顶视图

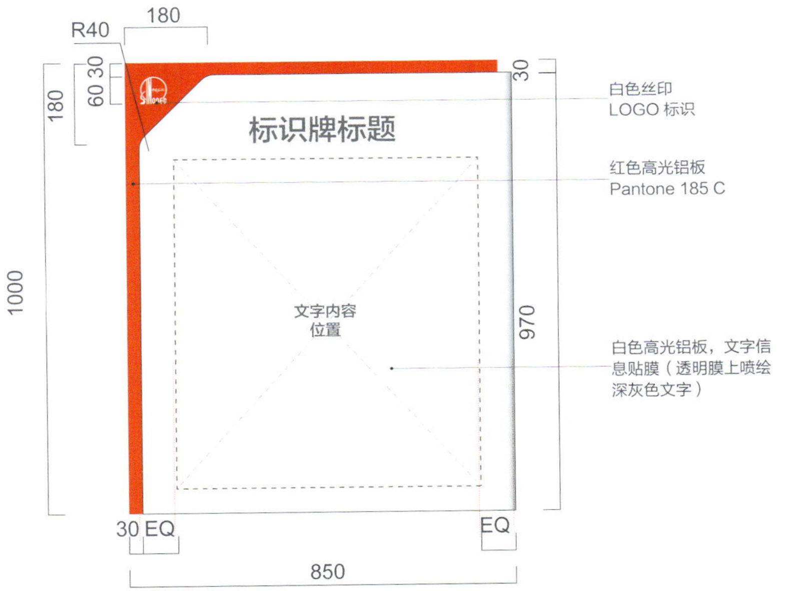

正视图

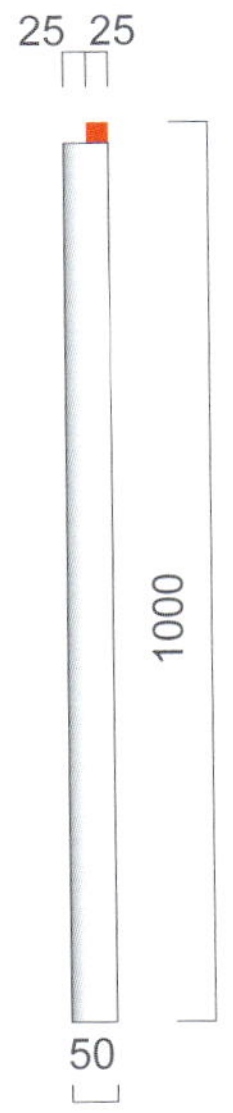

侧视图

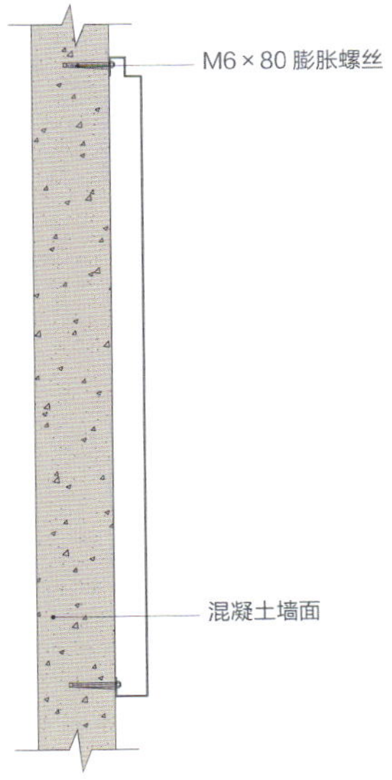

安装示意

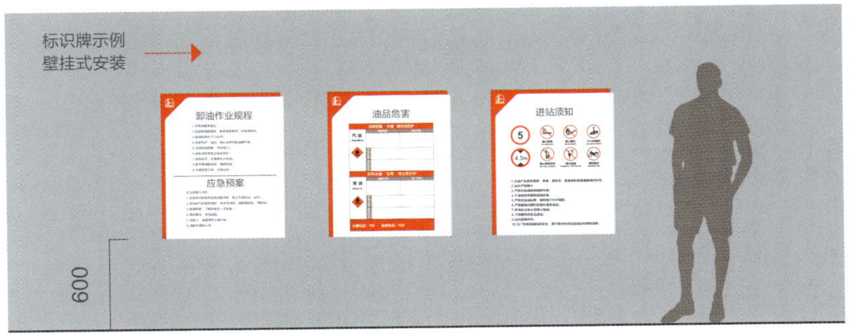

技术说明：

1. 标识牌由 2mm 红色高光铝板和白色高光铝板折弯成型（石化红 Pantone 185 C，高光白 White）；
2. 文字内容采用 3M 贴膜工艺处理；
3. 安装方式：采用膨胀螺丝固定安装。

材料色号：

石化红
PANTONE 185 C

高光白
WHITE

D.10.21

站房室内门牌
尺寸及工艺说明

· 功能房门牌采用铝板烤漆，表面 LOGO 丝印，文字内容贴深灰色膜。

· 中文字体：方正兰亭中黑简体。

· 安装位置：
门牌中心离地高 1650mm 处粘贴安装 。

单位：mm

· 注：图中文字内容仅为示意，请根据实际情况进行生产制作。

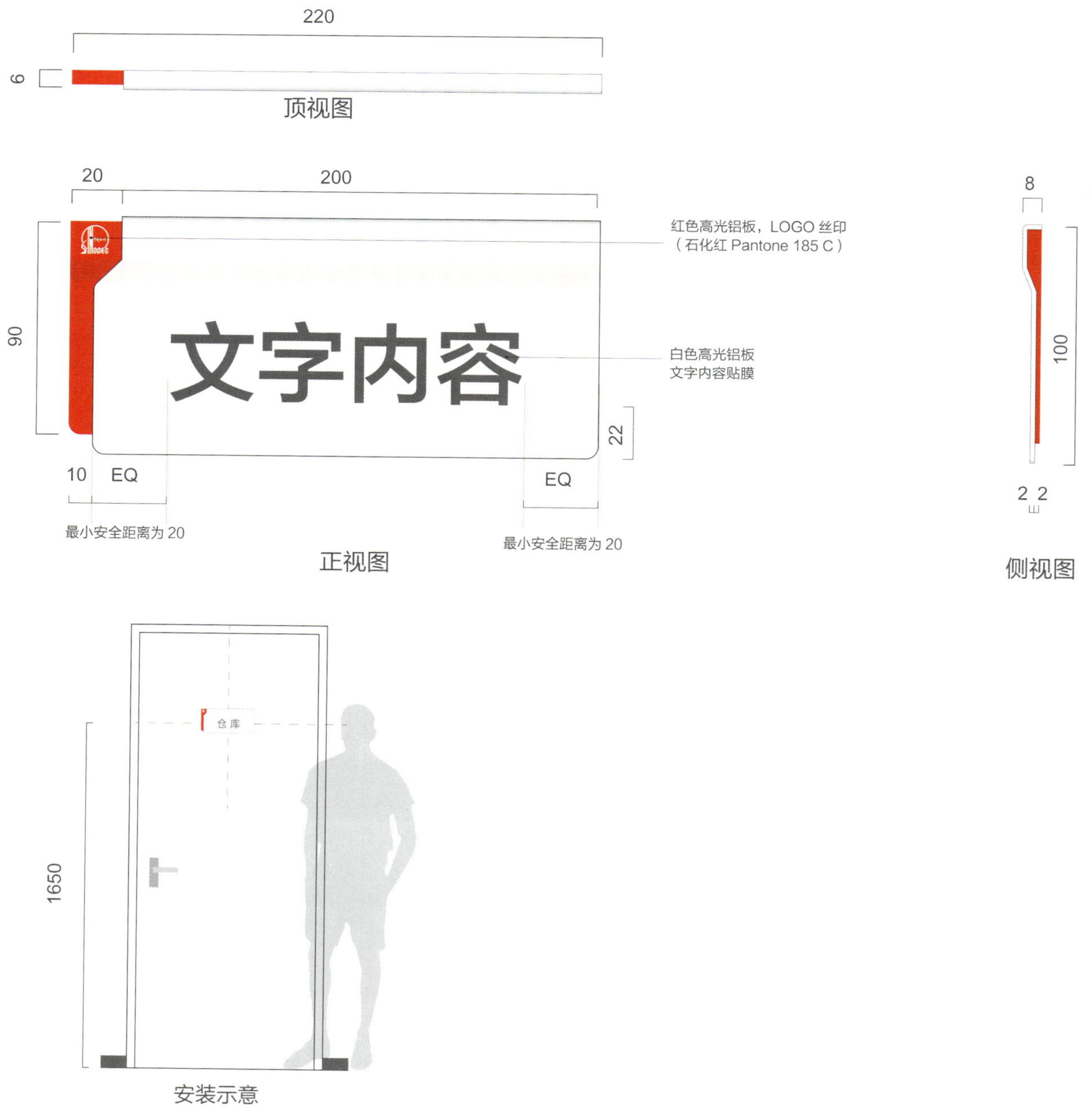

材料色号：

石化红
PANTONE 185 C

高光白
WHITE

D.10.22

室内提示牌
尺寸及工艺说明

· 提示牌可在站房室内、仓库等地方使用。

· 原则上旗舰站室内提示牌材质采用 2mm 白色高光铝板，表面图标及文字采用贴膜工艺；标准及简易站可选用其他材质如亚克力、PVC 板等制作。

· 中文字体：方正兰亭中黑简体。

· 提示牌安装高度建议在标识牌底部离地高 1500mm 处安装，可根据实际情况做适当的调整。

单位：mm

· 注：图中文字及图标内容仅为示意，请根据实际情况进行生产制作。

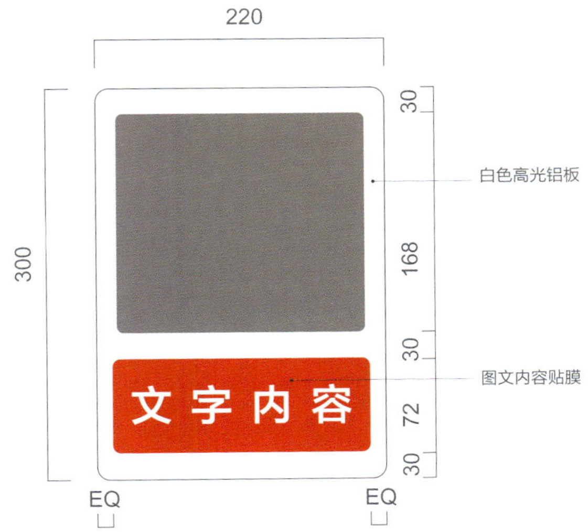

正视图

标识牌示例

安装示意

材料色号：

石化红
PANTONE 185 C

高光白
WHITE

中灰色
PANTONE COOL GRAY 8 C

D.10.23

设备设施名牌
尺寸及工艺说明

· 整体采用喷绘贴膜工艺；

· 建议粘贴于设备表面处， 可根据实际情况做适当的调整。

· 文字内容在标识白色区域内居中。

· 中文字体为方正兰亭中黑简体。

单位：mm

· 注：图中文字内容仅供参考，文字内容根据实际情况进行替换，背面无需放置内容。

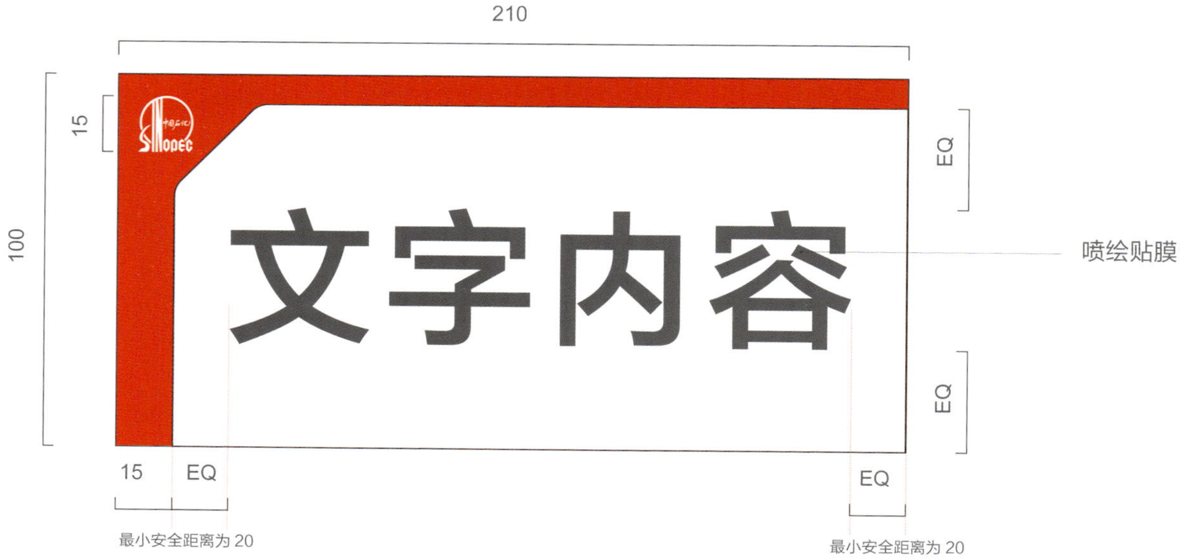

设备设施名牌示例

安装示意

材料色号：

石化红
PANTONE 185 C

高光白
WHITE

D.10.24

室内警示牌
尺寸及工艺说明

· 原则上旗舰站室内警示牌材质采用 2mm 白色高光铝板，表面图标及文字采用贴膜工艺；标准站及简易站可选用其他材质如亚克力、PVC 板等制作。

· 中文字体：方正兰亭中黑简体。

· 警示牌安装高度建议在标识牌底部离地高 1500mm 处安装，可根据实际情况做适当的调整。

单位：mm

· 注：

1. 配电房须放置配警示牌两块。其中小心触电警示牌为挂墙式、严禁合闸为悬挂式，检修时需挂在配电柜上。
2. 图中文字及图标内容仅为示意，请根据实际情况进行生产制作。

材料色号：

石化红 PANTONE 185 C

PANTONE YELLOW C

高光白 WHITE

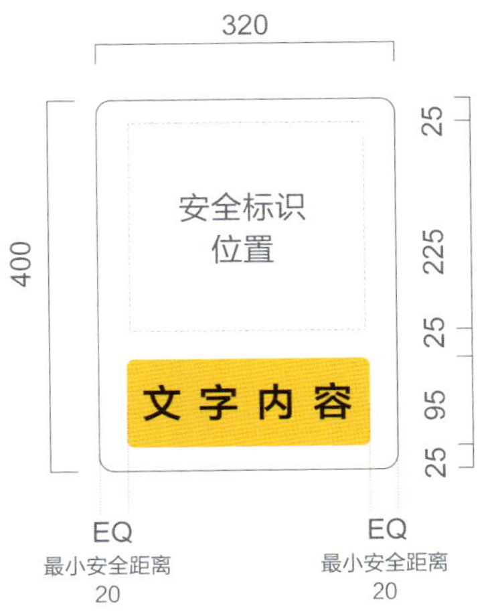

标识牌示例

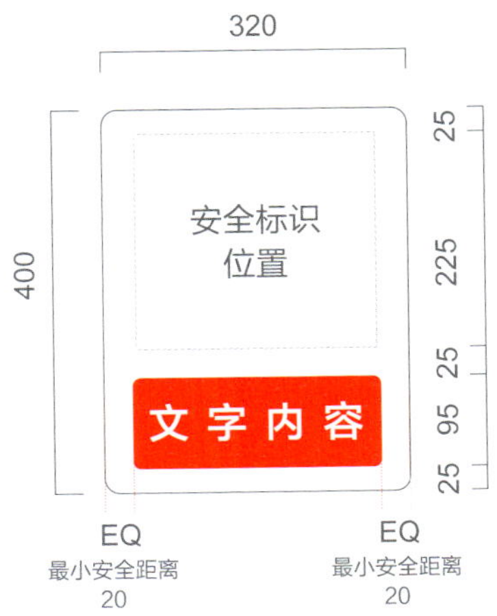

标识牌示例

D.10.25

围墙入口展示

D.10.26

围墙出口展示

D.10.27

出入口围墙展示

· 围墙指示及广告画面分三个级别：
旗舰站、标准站、简易站。

围墙站型配置

	反光膜字	乳胶漆字	灯箱广告
旗舰站	○	/	●
标准站	○	○	○
简易站	○	○	○

○：可选
●：必选
/：不可选

D.10.25 白色反光膜指示
D.10.26 白色乳胶漆指示
D.10.27 卡布灯箱广告

单位：mm

材料色号：

高光白
WHITE

浅灰色
PANTONE COOL GRAY 4 C

入口配置

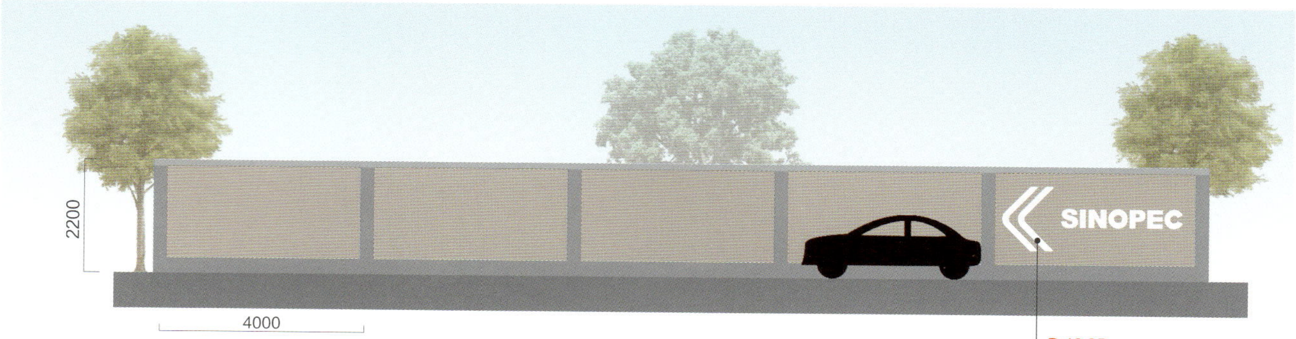

出口配置

D.10.28

旗舰站 – 铁艺围墙展示

· 围墙指示及广告画面分三个级别：
旗舰站、标准站、简易站。

围墙站型配置

	反光膜字	乳胶漆字	灯箱广告
旗舰站	○	/	●
标准站	○	○	○
简易站	○	○	○

○：可选
●：必选
/ ：不可选

D.10.25 反光膜指示
D.10.26 白色乳胶漆指示
D.10.27 卡布灯箱广告

单位：mm

材料色号：

高光白
WHITE

浅灰色
PANTONE COOL GRAY 4 C

入口配置

D.10.25
白色反光膜指示

D.10.26
白色乳胶漆指示

出口配置

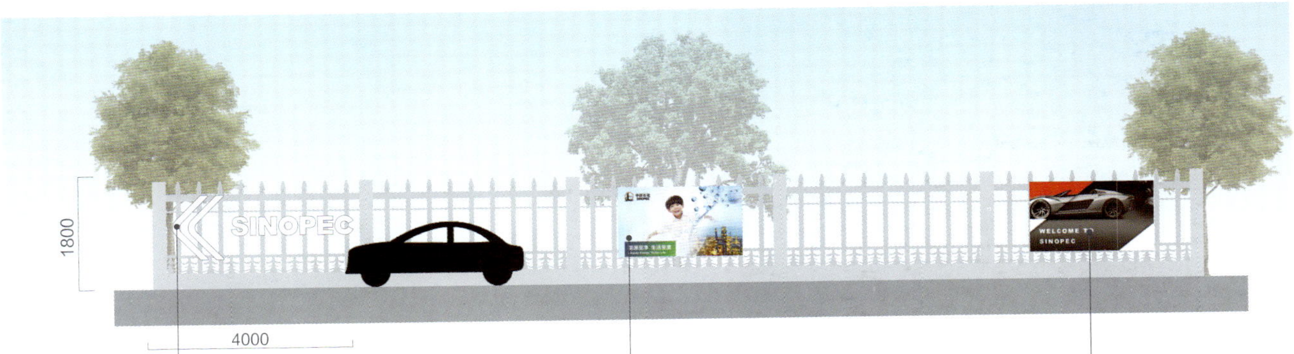

D.10.25
白色反光膜指示

D.10.26
白色乳胶漆指示

D.10.27
卡布灯箱广告

D.10.27
卡布灯箱广告

D.10.29

反光膜指示箭头尺寸及工艺说明

· 指示箭头安装在出入口最外侧墙面，上下左右居中安装。

单位：mm

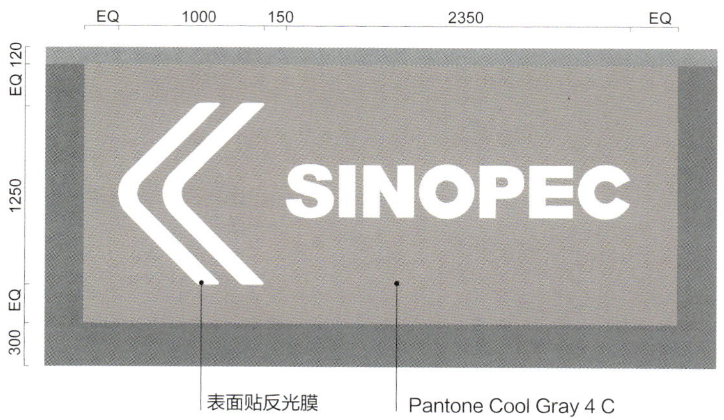

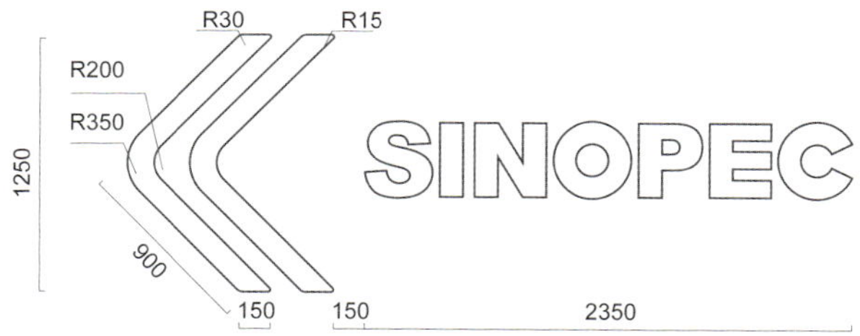

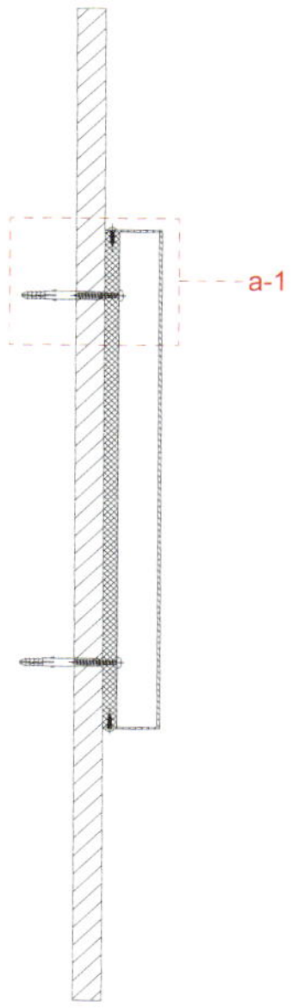

剖面图

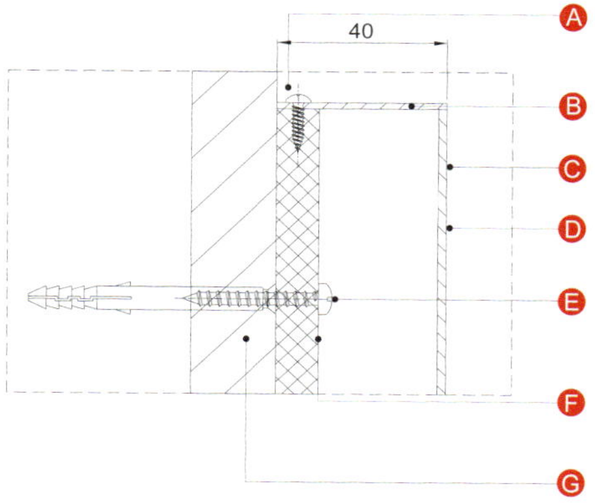

a-1

- **A** 侧面锁螺丝外露螺丝头专色白喷漆
- **B** 围边:1.5mm铝板表面专色白喷漆
- **C** 正面:2.0mm铝板表面专色白喷漆
- **D** 3M工程级反光贴
- **E** 英文字:ST4.2mm × 32mm 自攻螺丝配塑料，膨胀箭头:ST4.8mm × 32mm 自攻螺丝配塑料膨胀
- **F** 10mm雪弗板雕刻
- **G** 现场基层

材料色号：

高光白
WHITE

浅灰色
PANTONE COOL GRAY 4 C

D.10.30

乳胶漆指示箭头尺寸及工艺说明

· 指示箭头白色乳胶漆为简易站配置。

· 指示箭头安装在出入口最外侧墙面，上下左右居中安装。

单位：mm

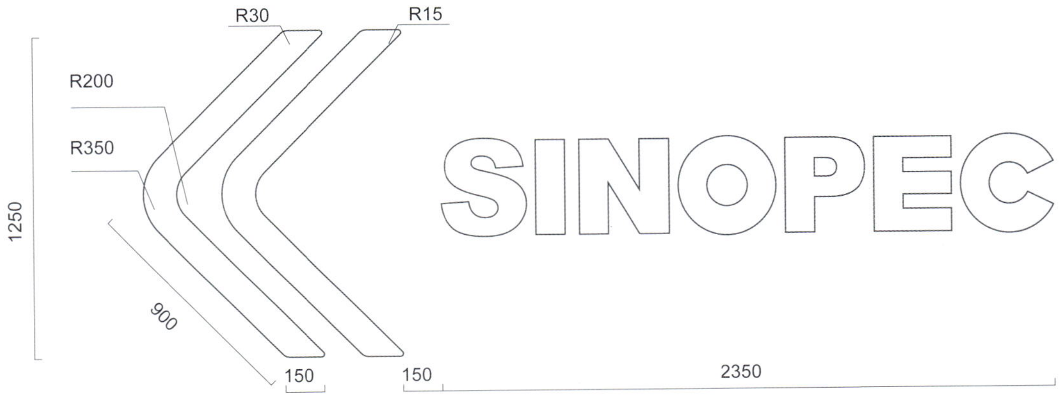

材料色号：

高光白
WHITE

浅灰色
PANTONE COOL GRAY 4 C

D.10.31

广告灯箱尺寸及工艺说明

· 卡布灯箱为旗舰站配置

· 卡布灯箱上下左右居中安装

· 间隔一面墙安装卡布灯箱

· 灯箱广告只在出口面展示

· 灯箱比例为 16 ： 9

单位：mm

· 注：更多广告宣传布置内容
详见附录《广告宣传布置设计专篇》

材料色号：

浅灰色
PANTONE COOL GRAY 4 C

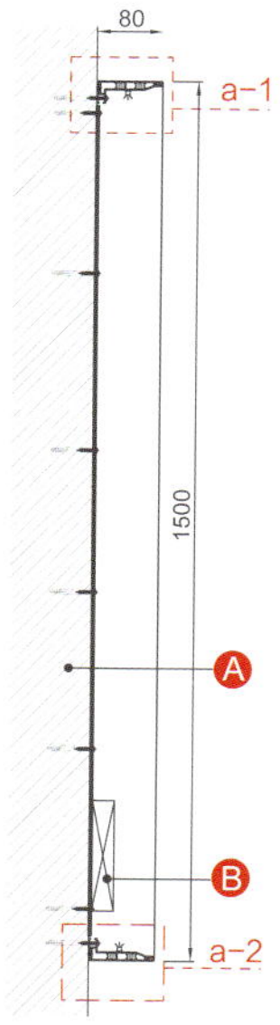

剖面图

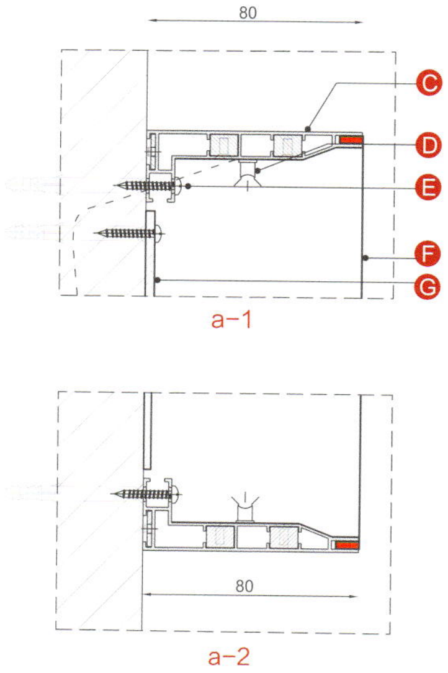

- A 现场基层
- B 超薄型户外型变压器，防护等级IP65以上，置于灯箱下侧便于维修
- C 卡布灯箱型材厚度80mm，表面&内部均做白色喷涂
- D 户外型大功率LED侧入式射灯，色温6500K，照度5000lx以上，防护级别IP65以上
- E ST4.8mm × 32mm自攻螺钉(配塑料膨胀)，间距1500mm均匀分布，保证安装强度
- F 画面为抗污型3P布，表面做UV喷绘
- G 4mm(0.3mm铝材厚度)光学铝塑板背板，长度:4110mm 高度:1510mm ST4.8mm × 32mm自攻螺钉(配塑料膨胀)均匀分布，保证牢固

D.10.32

围墙警示牌
尺寸及工艺说明

· 围墙警示牌采用 2mm 白色高光铝板，表面图标及文字内容采用贴膜工艺。

· 中文字体：方正兰亭黑体。

· 安装高度：
警示牌建议在标识牌中心处离地 1500mm 处安装，可根据实际情况调整安装高度。

单位：mm

· 注：图中文字及图标内容仅为示意，请根据实际情况进行生产制作。

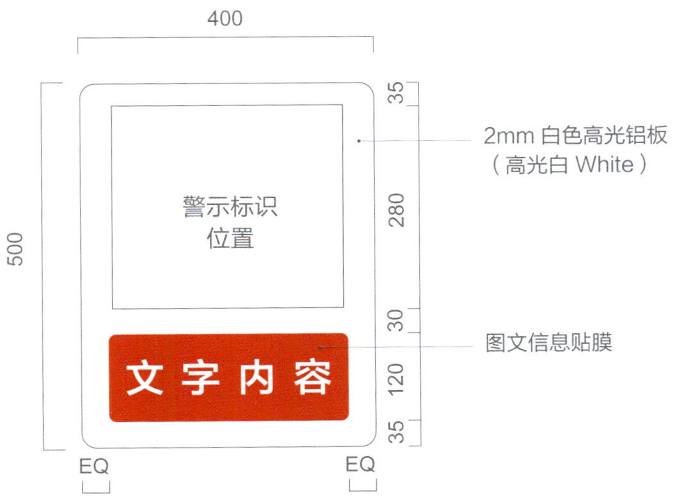

标识牌示例

安装示意

材料色号：

石化红
PANTONE 185 C

高光白
WHITE

D.10.33

橇装加油设施外观形象标准

· 右图橇装加油设施为长度 18m，宽度 3.8m，高 3.95m，外观图形及品牌标识采用贴膜形式。

单位：mm

长 18000mm、宽3800mm、高3950mm

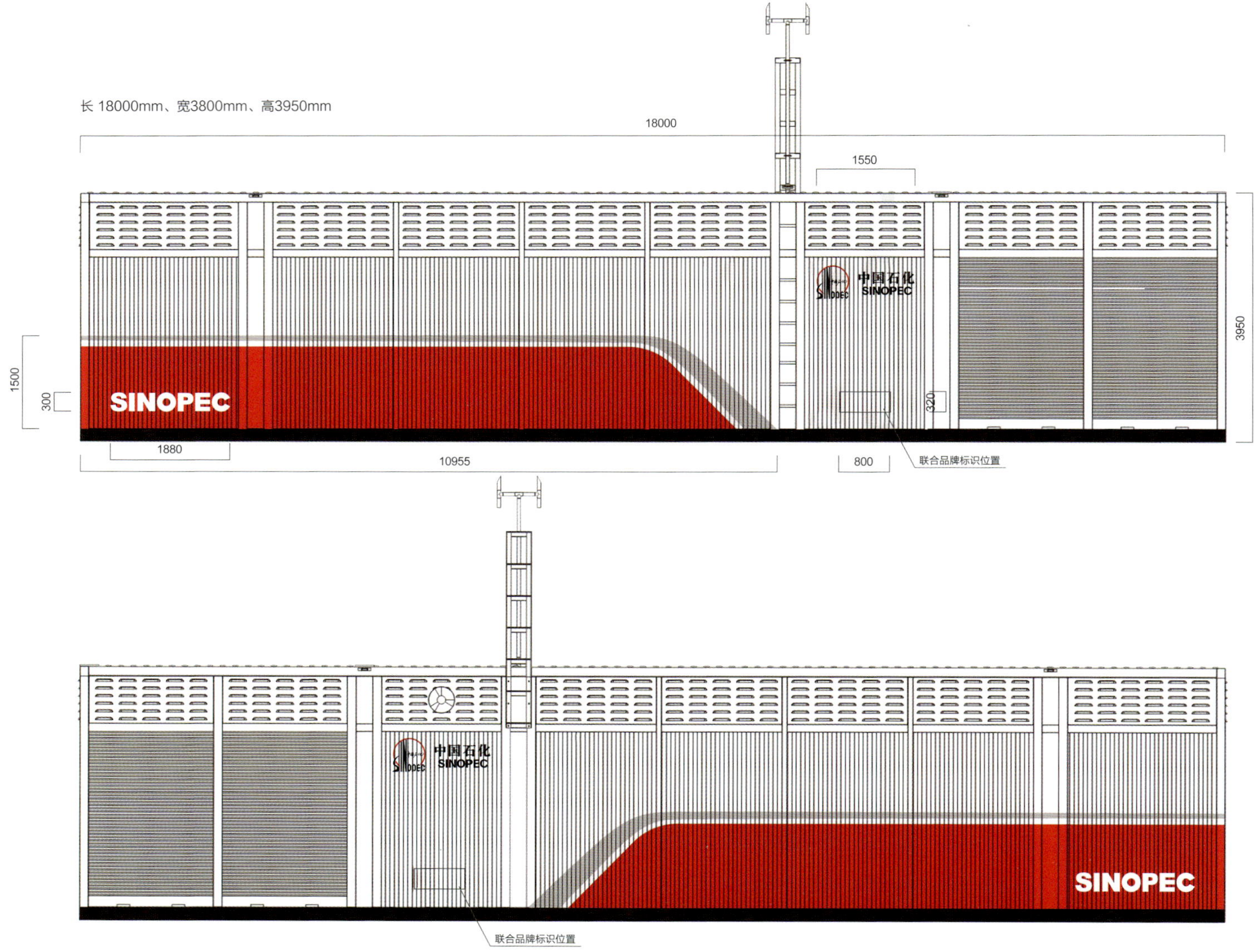

材料色号：

石化红
PANTONE 185 C

高光白
WHITE

中灰色
PANTONE COOL GRAY 8 C

D.10.34

橇装加气设施外观形象标准

· 右图橇装加气设施外观图形及品牌标识采用贴膜形式。

· 注：橇装加气设施外观形象示例，其余新能源橇装加气设施将新能源 LOGO 替换即可。

单位：mm

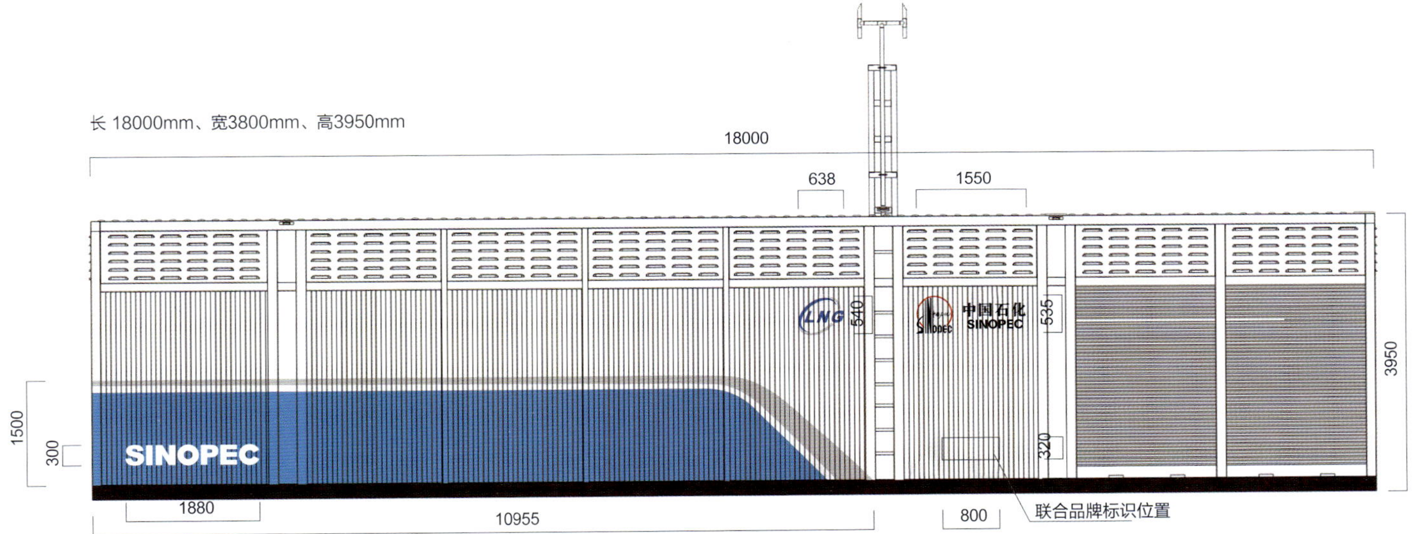

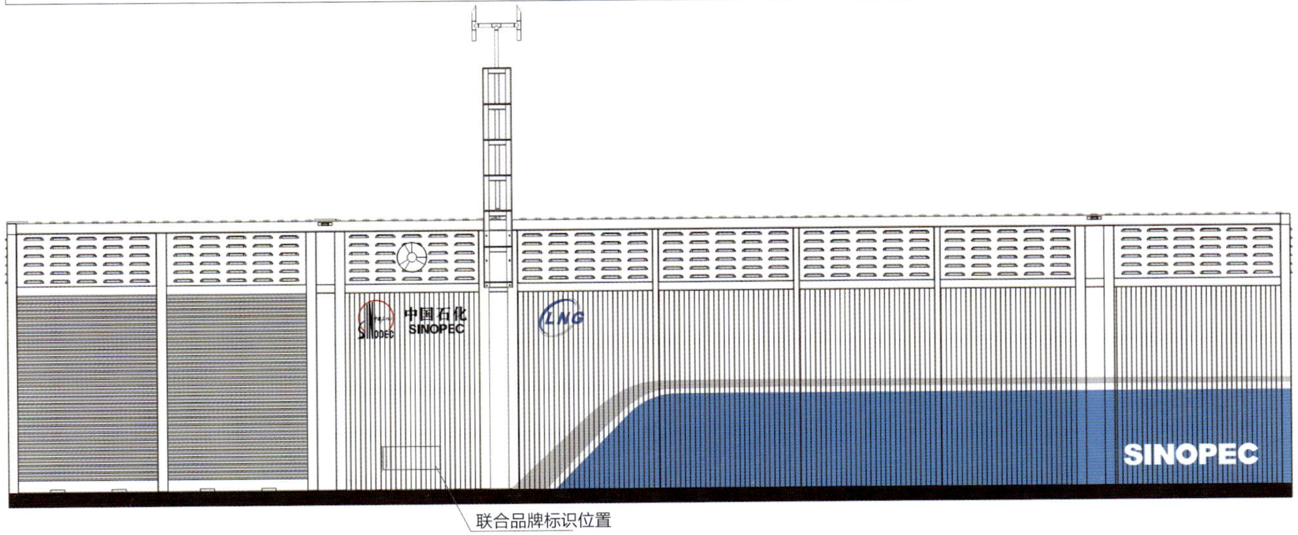

/ D.11 水上站形象设计规范

D.11.01

设计概述

· 水上站形象设计，要更侧重对水源的保护以及污染源控制，应遵从企业“洁净低碳、传承呼应、品质高效、创新智慧”的品牌定位，秉承“形象统一、成本优先、便捷维护”的设计理念，以 2021 版综合加能站形象标准为基础，结合水上站实际情况有针对性地调整设计用材和工艺，使水上加能站形象更具亲和力和适用性。

· 水上站形象分为三种类型，分别为岸基站、一般水上趸船和水上绿色综合服务趸船。

· 水上站设计内容包含：
中国石化品牌形象、水上站站名、服务信息、加油机贴膜画面、趸船船身涂装等。

· 针对利旧的水上站，檐口外打灯实现夜间亮化；针对整体改造或新建的水上站，建议檐口采用拉布灯箱工艺实现亮化。

岸基站

一般水上趸船

水上绿色综合服务趸船

D.11.02

岸基站效果展示

· 岸基站主要利用陆地码头为载体，沿岸建设加油站。其外观形象遵循陆地加油站标准，执行《中国石化综合加能站形象标准手册》（2023 版）规范。夜晚以 LOGO 标识、立体字、檐口灯带作为发光光源，即檐口标识可采取铝塑板 + 洗墙灯、灯箱布 + 内置灯带、钢板 + 外打灯、利旧夜间亮化外打灯四种做法。岸基站罩棚多以混凝土结构为主，考虑到目前水上站的经营情况，应充分考虑低成本、抗风性能以及能耗因素；外观形象上，新建项目檐口标识可选用铝塑板形式，优先推荐拉布灯箱形式；旧站改造的，应尽量原始利旧原结构，可采取外打灯实现亮化的工艺做法，同时应尽量做到单站单设计。

铝塑板型檐口

灯布型檐口

钢板外打灯型檐口

D.11.03

岸基站工艺材质装饰要求

· 设计制作时，请参考右图材质工艺，以确保整体视觉效果。

- A 铝塑板包柱 / 喷白色漆
- B 中国石化品牌标识（立体发光）
- C 原建筑结构喷白色漆
- D 暗藏灯槽
- E 铝塑板

材料色号：

石化红
PANTONE 185 C

高光白
WHITE

D.11.04

岸基站檐口类型
铝塑板型檐口

· 右图为铝塑板型檐口工艺示意。

· 岸基站从抗风防腐角度考虑，原则上要求使用混凝土罩棚，除利旧通过外打灯实现夜间亮化以外，檐口标识材料和施工工艺可根据实际需要，选择铝塑板 + 洗墙灯、灯箱布 + 内置灯带、钢板 + 外打灯三种工艺做法。

单位：mm

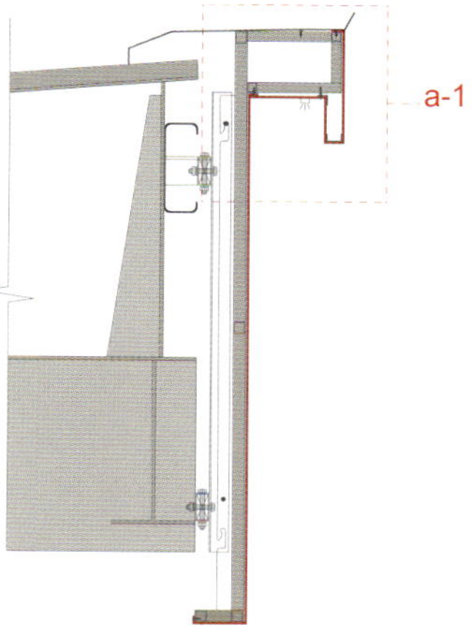

剖面图

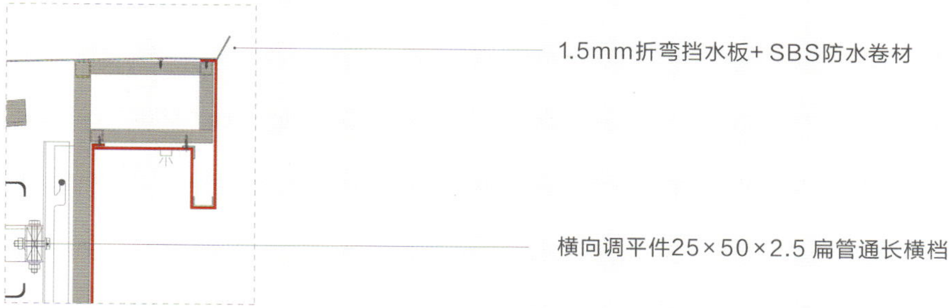

a-1

材料色号：

石化红
PANTONE 185 C

高光白
WHITE

D.11.04

岸基站檐口类型
灯布型檐口

· 右图为灯布型檐口工艺示意。

· 岸基站从抗风防腐角度考虑，原则上要求使用混凝土罩棚，除利旧通过外打灯实现夜间亮化以外，檐口标识材料和施工工艺可根据实际需要，选择铝塑板 + 洗墙灯、灯箱布 + 内置灯带、钢板 + 外打灯三种工艺做法。

单位：mm

剖面图

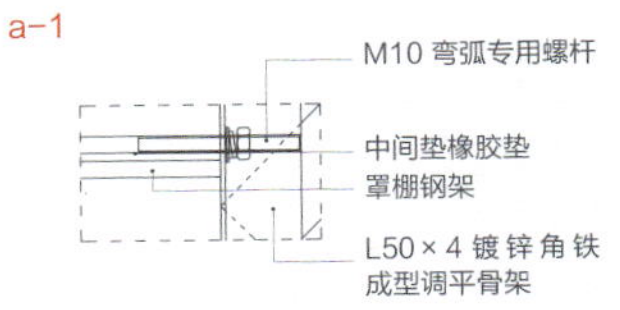

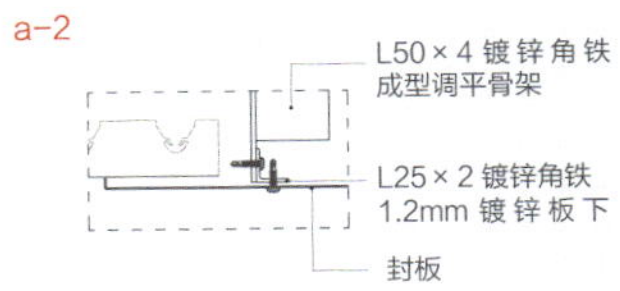

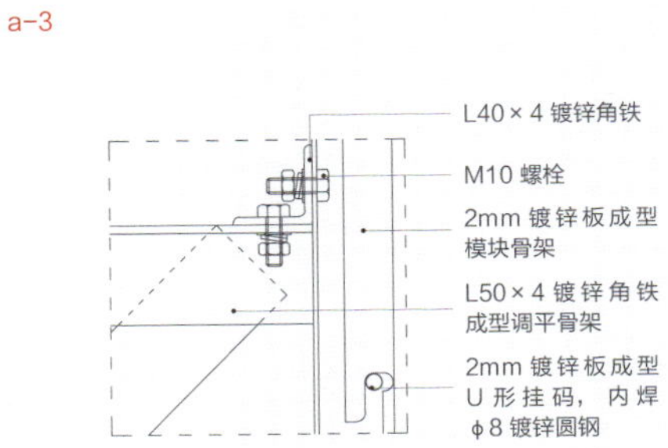

材料色号：

石化红
PANTONE 185 C

高光白
WHITE

D.11.04

岸基站檐口类型

钢板型檐口

· 右图为钢板型檐口工艺示意。

· 岸基站从抗风防腐角度考虑，原则上要求使用混凝土罩棚，除利旧通过外打灯实现夜间亮化以外，檐口标识材料和施工工艺可根据实际需要，选择铝塑板 + 洗墙灯、灯箱布 + 内置灯带、钢板 + 外打灯三种工艺做法。

安装方式

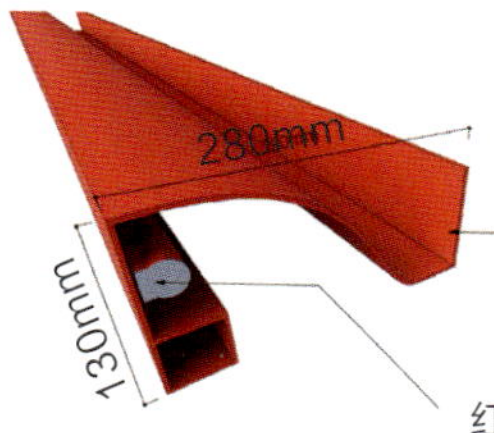

材料色号：

石化红
PANTONE 185 C

高光白
WHITE

D.11.05

一般水上加油趸船效果展示

· 一般水上加油趸船，作为形象主体的檐口标识，从夜间效果、美观程度、施工工期、以及成本优先考虑，我们对趸船檐口标识进行了灯箱布、利旧夜间亮化两种形式设计。船舱四面使用石化白、底部船身涂装灰色进行美化。在场景营造上，以白灰两色显衬出檐口的石化红，无论日间、夜间均可达到可视度较高的效果。

灯布型檐口

彩钢板外打灯型檐口（利旧外打灯）

D.11.06

一般水上加油趸船工艺材质装饰要求

· 设计制作时，请参考右图材质工艺，以确保整体视觉效果。

· 灯布型檐口工艺材质说明：

A 3M 灯布檐口中国石化品牌标识（通体发光）

B 船身涂装：Pantone Cool Gray 8 C

C 船身涂装：Pantone Cool 7622 C

D 3M 灯布

· 彩钢板外打灯型檐口工艺材质说明：

E 船身涂装：Pantone 7622 C

F 利旧檐口（铝塑板 / 钢板）中国石化品牌标识（立体发光）

G 洗墙灯槽

H 站名

材料色号：

名称	色号
石化红	PANTONE 185 C
高光白	WHITE
中灰色	PANTONE COOL GRAY 8C
深红色	PANTONE 7622 C

灯布型檐口

彩钢板外打灯型檐口（利旧外打灯）

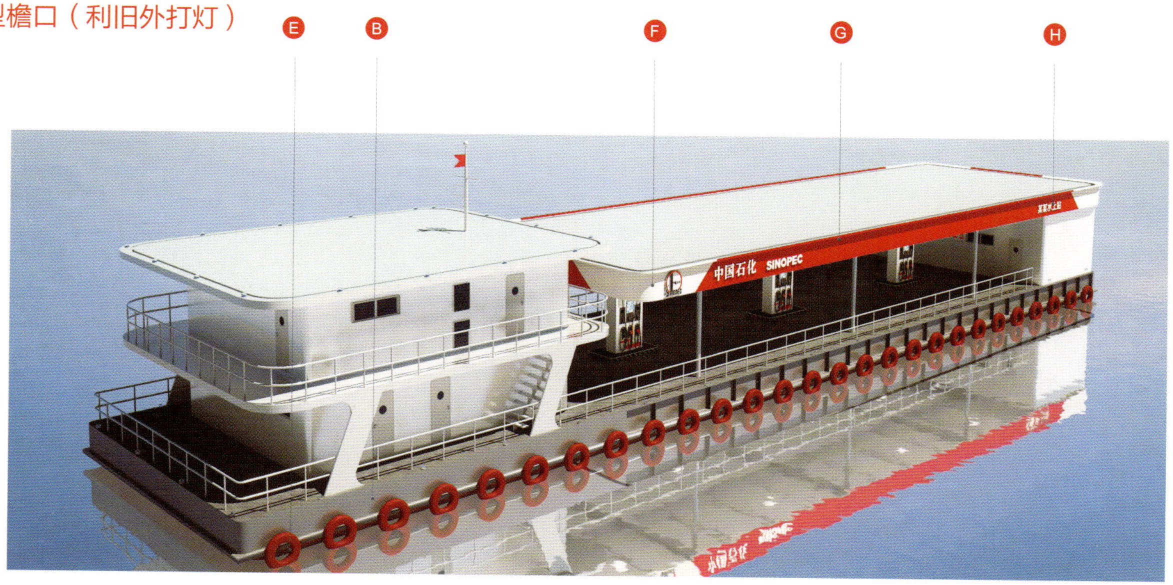

D.11.07

水上服务区趸船效果展示

· 水上服务区趸船，作为形象主体的檐口标识，从夜间效果、美观程度、施工工期、以及成本优先考虑，建议采取趸船灯箱布、利旧夜间亮化两种形式。另外船舱四面使用石化白、底部船身涂装灰色。在场景营造上，以白灰两色显衬出檐口标识的石化红，达到可视度高的效果。

灯布型檐口

D.11.08

水上服务区趸船工艺材质装饰要求

· 设计制作时，请参考右图材质工艺，以确保整体视觉效果。

· 灯布型檐口工艺材质说明：

- Ⓐ 船身涂装：Pantone Cool Gray 8 C
- Ⓑ 3M 灯布服务区
- Ⓒ 3M 中国石化品牌标识
- Ⓓ 吊挂灯箱 易捷店招
- Ⓔ 站名

材料色号：

石化红
PANTONE 185 C

高光白
WHITE

中灰色
PANTONE COOL GRAY 8C

D.11.09

水上服务区趸船功能服务标识

· 服务功能图标如右图材所示。

单位：mm

· 注：尺寸可根据实际情况进行调整。

二层正面灯布檐口

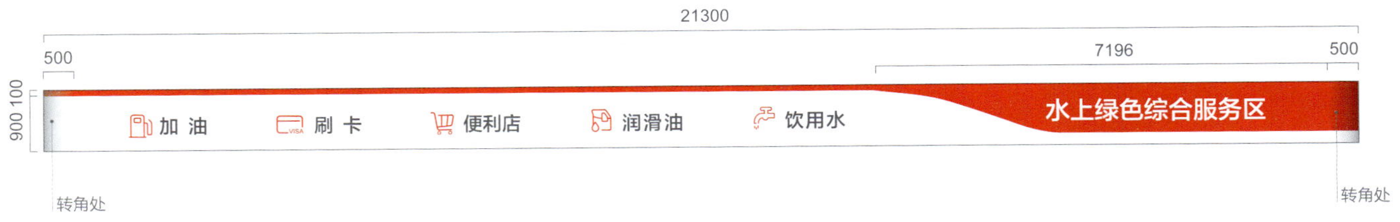

二层侧面灯布檐口

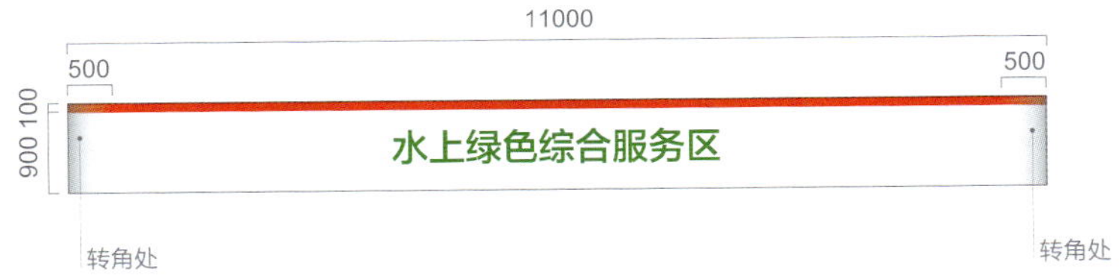

材料色号：

石化红
PANTONE 185 C

高光白
WHITE

油品绿
PANTONE 355 C

D.11 水上站形象设计规范

/ D.12 自助加油设计规范

D.12.01

自助加油整站效果展示

· 自助加油整站效果如右图所示，可根据实际情况选用品牌柱标识或矮标识。

品牌柱场景应用展示

低标识场景应用展示

D.12.02

自助加油标识应用索引

· 自助加油品牌柱应用如右图所示。

A 标识应用品牌柱

B 标识应用加油机

C 地画线应用

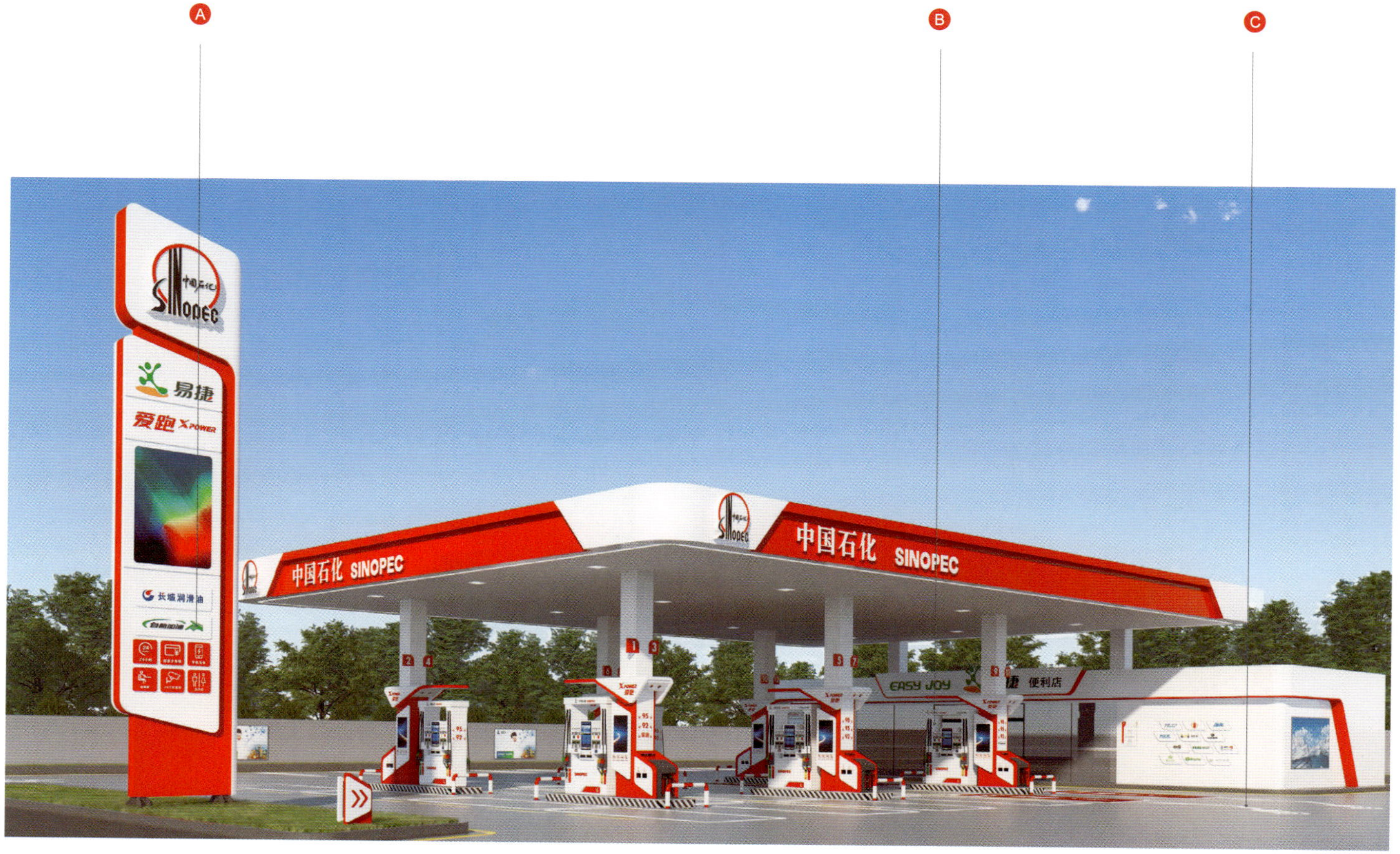

材料色号：

石化红
PANTONE 185 C

高光白
WHITE

D.12.03

品牌柱自助加油标识应用

· 自助加油标识在品牌柱上的应用如右图所示。

· 以服务功能图标形式，在品牌柱呈现。

单位：mm

自助服务标识模块

材料色号：

石化红
PANTONE 185 C

高光白
WHITE

油品绿
PANTONE 355 C

D.12.04

低标识自助加油标识应用

· 自助加油标识在低标识上的应用如右图所示。

· 全彩屏低标识在显示页面上增加自助加油标识，数显屏低标识单独增加自助加油标识模块。

全彩屏低标识

数显屏低标识

材料色号：

石化红
PANTONE 185 C

高光白
WHITE

D.12.05

自助加油加油机应用场景效果展示

· 自助加油加油机应用场景效果图如右图所示。

D.12.06

自助加油加油机标识应用

· 自助加油加油机标识应用如右图所示。

单位：mm

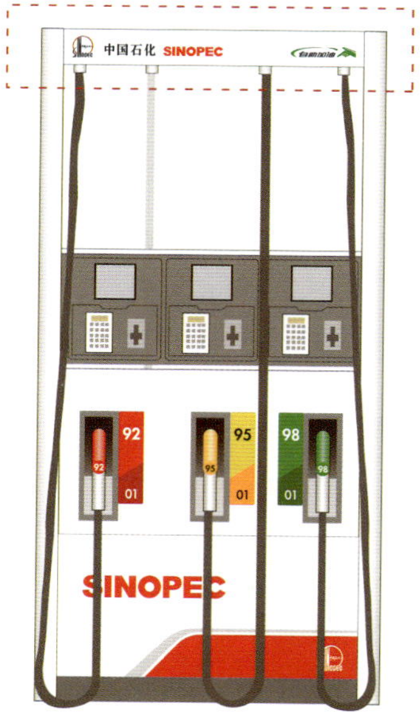

材料色号：

石化红
PANTONE 185 C

高光白
WHITE

油品绿
PANTONE 355 C

D.12.07

自助加油油品导向标识应用

· 自助加油油品标识应用如右图所示。

· 自助加油标识优先设置立柱上，如立柱油品导向标识太满，则可设置防撞柱的自助导视牌。

单位：mm

材料色号：

石化红
PANTONE 185 C

高光白
WHITE

油品绿
PANTONE 355 C

油品导视

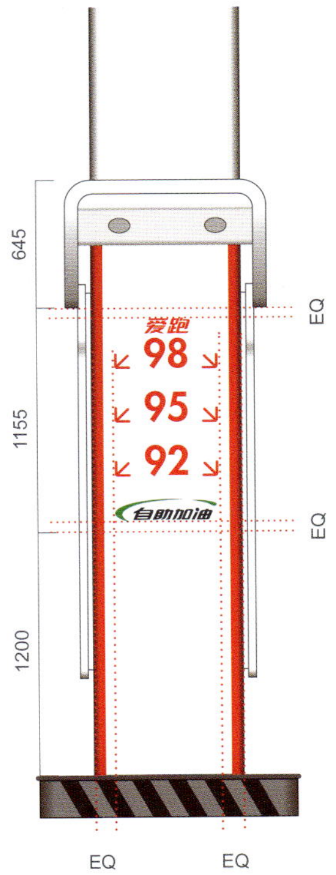

防撞柱导视牌

D.12.08

地面线应用

· 自助加油地区画线标准如右图所示，采用白色热熔 / 冷喷画线。

单位：mm

6 米标准箭头

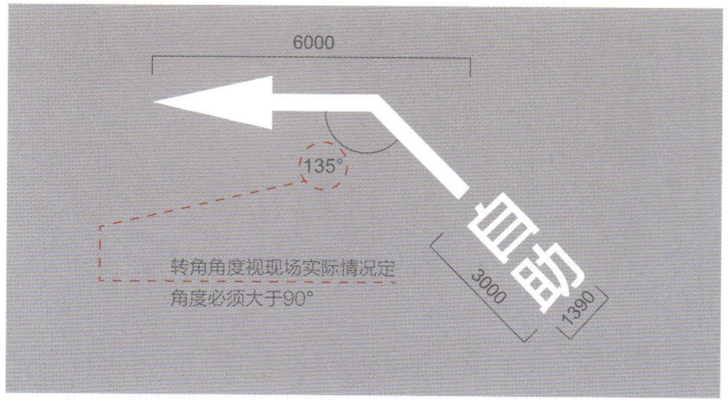

3 米标准箭头

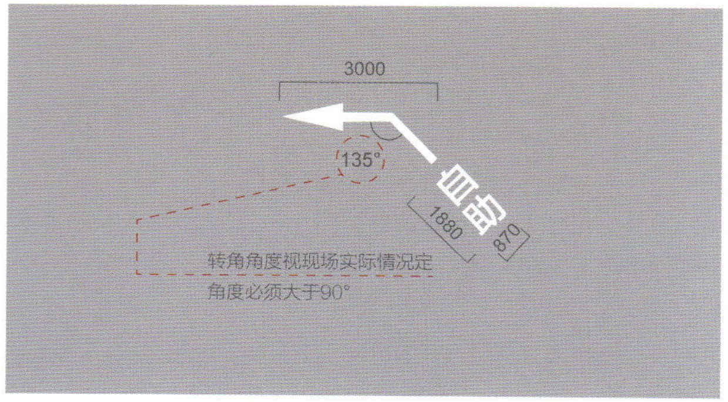

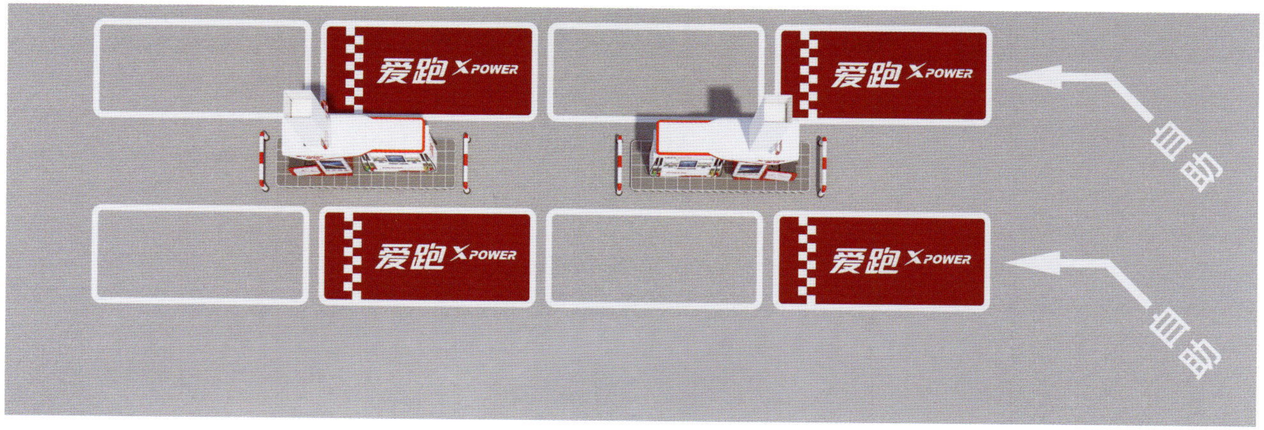

材料色号：

深红色
PANTONE 7622 C

高光白
WHITE

D.12.09

自助加油操作流程

· 自助加油操作流程设计如右图所示。

· 自助加油操作流程有两种展示形式：

1. 形式一：可采用加油岛造型的广告模块进行展示；

2. 形式二：采用白膜喷绘，粘贴在加油机上。

· 注：可根据实际情况调整自助加油流程。

单位：mm

形式一

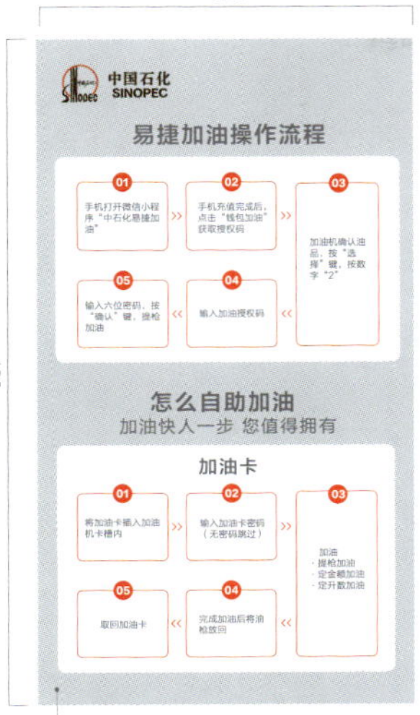
526
937
中国石化
SINOPEC
易捷加油操作流程
01 手机打开微信小程序“中石化易捷加油”
02 手机充值完成后，点击“钱包加油”获取授权码
03 加油机确认油品，按“选择”键，按数字“2”
04 输入加油授权码
05 输入六位密码，按“确认”键，提枪加油
怎么自助加油
加油快人一步 您值得拥有
加油卡
01 将加油卡插入加油机卡槽内
02 输入加油卡密码（无密码跳过）
03 加油 · 提枪加油 · 定金额加油 · 定升数加油
04 完成加油后将油枪放回
05 取回加油卡

LED 屏幕显示 / 广告画

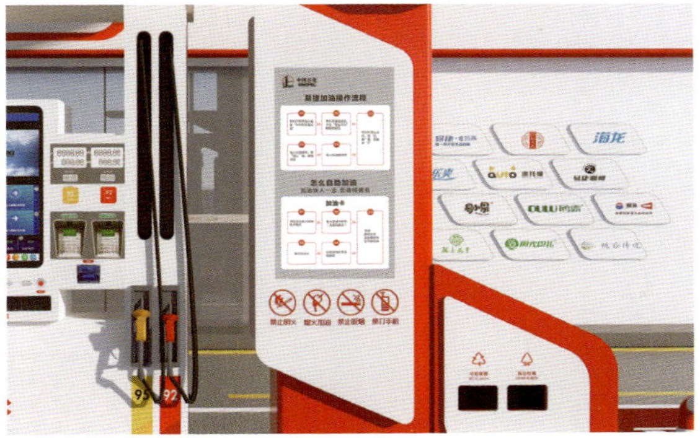

效果展示

形式二

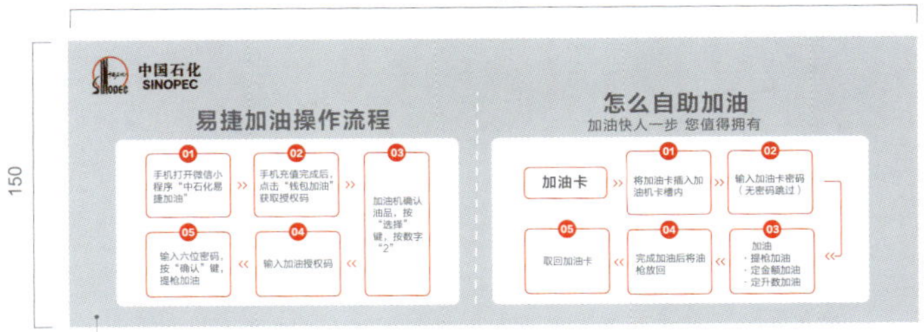
450
150
中国石化
SINOPEC
易捷加油操作流程
01 手机打开微信小程序“中石化易捷加油”
02 手机充值完成后，点击“钱包加油”获取授权码
03 加油机确认油品，按“选择”键，按数字“2”
04 输入加油授权码
05 输入六位密码，按“确认”键，提枪加油
怎么自助加油
加油快人一步 您值得拥有
加油卡
01 将加油卡插入加油机卡槽内
02 输入加油卡密码（无密码跳过）
03 加油 · 提枪加油 · 定金额加油 · 定升数加油
04 完成加油后将油枪放回
05 取回加油卡

白膜喷绘，粘贴在加油机上

SINOPEC

效果展示

材料色号：

石化红
PANTONE 185 C

高光白
WHITE

新能源灰
PANTONE COOL GRAY 3 C

SINOPEC

中国石化综合加能站形象标准手册（2023 版）

（下册）

中国石化销售股份有限公司 著

中国石化出版社
HTTP://WWW.SINOPEC-PRESS.COM

图书在版编目（C I P）数据

中国石化综合加能站形象标准手册．2023 / 中国石化销售股份有限公司著．一北京：中国石化出版社，2023.6
ISBN 978-7-5114-7141-3

Ⅰ．①中… Ⅱ．①中… Ⅲ．①加油站－运营管理－标准－中国－手册 Ⅳ．① F426.22-65

中国国家版本馆 CIP 数据核字 (2023) 第 111930 号

中国石化出版社出版发行

地　　址：北京市东城区安定门外大街 58 号
邮　　编：100011
电　　话：（010）57512500
发行部电话：（010）57512575
网　　址：http://www.sinopec-press.com
电子邮箱：E-mail：press@sinopec.com

印　　刷：北京科信印刷有限公司印刷

开　　本：16
印　　张：66.25
字　　数：1427 千字
尺　　寸：880×1230 毫米
版　　次：2023 年 10 月第 1 版
印　　次：2023 年 10 月第 1 次印刷
责任编辑：田　曦　　韩　勇
责任校对：李　伟

定　　价：580.00 元（上、下两册）
书　　号：ISBN 978-7-5114-7141-3

《中国石化综合加能站形象标准手册》

撰写委员会

主　　任： 李玉杏

执行副主任： 张　刚

副 主 任： 宋云昌　叶慧青　阚　箔　刘迎新　王　欣

撰 写 人： 谢慧生　周　凯　高　鹏　李丽剑

编　　委：

王维民　张少华　赵运林　王剑波　刘　野　刘　栋　阳仕舟　李　翔　李　宏　刘志华

高劲松　王九宁　操德平　徐　敏　何宇泽　连　勇　朱兆宏　鲁　东　尤　卉　文　琦

设计单位：

广州震雄装饰工程有限公司

上海金标文化创意股份有限公司

参编单位：

华为技术有限公司

广西大学设计院有限公司（原广西大学设计研究院）

湖南伊格尔装饰设计工程有限公司

昕诺飞（中国）投资有限公司

深圳紫光照明技术股份有限公司

《中国石化综合加能站形象标准手册（2023 版）》
重点修改内容说明

《中国石化综合加能站形象标准手册（2023 版）》，是在 2021 版基础上修改而成的，重点修改内容说明如下：

1. 修改爱跑 X POWER 标识内容（详见手册 B.2）；
2. 修改爱心驿站标识内容（详见手册 B.6）；
3. 新能源标识系列增加石化易电标识内容（详见 B.7）；
4. 增加自助加油标识内容（详见手册 B.8）；
5. 修改加能站油品色彩标准（柴油选用棕色 ,95 油品采用黑色文字显示，详见手册 C.6）；
6. 增加品牌柱类型说明，分别为曲面款品牌柱与平面款品牌柱，其中平面款品牌柱为新增设计（详见手册 D.2）；
7. 品牌柱增加合作单位联合标识设计（详见手册 D.3.37，D.3.38）；
8. 增加灯布型檐口设计（详见手册 D.3.04~D.3.06，D.3.25~D.3.31）；
9. 檐口增加“合资”“加盟”“特许”檐口布置规范，增加少数民族文字檐口标识规范，增加檐口合作单位联合标识规范（详见手册 D.3.36~D.3.42）；
10. 檐口增加充电檐口布置规范（详见手册 D.3.46，D.3.47）；
11. 增加加油岛造型能源模块边缘折角化设计（详见手册 D.4.12，D.4.14，D.4.15）；
12. 增加油品导向标识安装位置（详见手册 D.4.18）；
13. 增加油品导向标识排布方案示意（详见手册 D.4.19，D.4.20）；
14. 增加加油机包柱灯箱（底封板）尺寸及工艺说明（详见手册 D.4.21）；
15. 修改综合服务箱 A/B 款设计（详见手册 D.4.27~D.4.30）；
16. 修改加油岛颜色（详见手册 D.4.33）；
17. 修改大号及小号移动推车的尺寸及工艺说明（详见手册 D.4.42，D.4.43）；
18. 修改简易站站房外立面设计（详见手册 D.5.06，D.5.07）；
19. 修改红色装饰条设计，可适用于标准站与简易站（详见手册 D.5.11）；
20. 增加价格立牌的方案设计（详见手册 D.5.26）；
21. 修改卫生间标识牌（详见手册 D.6.33）；
22. 增加站外卫生间方案设计以及相应标识产品设计（详见手册 D.6.36~D.6.38）；
23. 增加站房联合易捷养车规范设计（详见手册 D.7.36）；
24. 增加柴油车位地面画线尺寸及工艺说明（详见手册 D.8.03）；
25. 增加充电柱外观设计效果示意（详见手册 D.9.19）；
26. 增加砖砌消防五大件设计（详见手册 D.10.01，D.10.02）；
27. 修改成品消防五大件设计（详见手册 D.10.04~D.10.14）；
28. 增加橇装加气设施外观形象和橇装加油设施外观形象设计（详见手册 D.10.33，D.10.34）；
29. 增加水上站和自助加油形象设计规范（详见手册 D.11，D.12）。

Foreword
前言

制定综合加能站形象标准和不定期对标准进行更新迭代，是中国石化销售企业构建产业新格局、实现世界领先方略以及数字化转型的必然要求，而更新综合加能站视觉识别标准、统一外观形象、升级服务功能，是增强企业品牌建设、提高品牌影响力和竞争力的有效手段。在此背景下，我们组织编写了《中国石化综合加能站形象标准手册》（以下简称《手册》）。

《手册》秉承“洁净低碳、传承呼应、品质高效、创新智慧”的品牌定位、遵循“国际领先、形象提升、经济选材、便捷维护”的设计原则，在大量研读国内外先进同行的形象设计基础上，充分吸纳了中国石化海外版先进经验，从而提升加能站形象活力和亲和力，并从中国传统技术文化中汲取灵感，结合销售企业多年来的形象改造经验，同时兼顾境外、新能源等新业务需求重新编制而成，是中国石化综合加能站外观形象最新的标准和依据。

《手册》共上下两个分册，包含形象标准手册使用指引、中国石化相关品牌标识使用规范、加能站形象展示、形象功能区设计规范、附录 A~E 五个部分，其中“E. 附录”部分又包含综合加能站形象标准工艺安装说明、综合加能站照明设计说明、综合加能站户外广告设计说明、综合加能站形象标准矢量文件四个篇章。《手册》适用于中国石化销售企业传统加油（气）站及综合能源站新建、重建、扩建和改造的装饰设计与施工，为中国石化相关工程项目管理部门及其合作的设计单位、工程承包商、材料供应商等第三方公司提供相关形象技术指导。除应执行本标准外，还应遵循国家现行法律法规和相关标准规定。

《手册》在编制过程中，收集大量资料，研读了国内外先进同行的相关标准、文献规范，组织了市场调研和现场考察，聘请了企内外专家、高校顾问、知名设计师和相关设备设施厂家进行指导和技术交流，在充分学习借鉴 2010 版系列标准手册的基础上，广泛征求了销售公司以及省市公司和一线员工意见，经多次修改最终形成本稿。尽管如此，其中一定还会存在不足，希望各单位在使用过程中及时反馈问题，以便今后进一步调整完善。

这本《手册》的编制完成，是在集团公司、销售公司领导的深切关怀下，由零售管理部牵头，各级部门目标一致、齐心协力、上下参与、辛勤付出后换取的成果，凝聚了企业内部各级领导、专家和各相关岗位专业人员以及外部咨询团队和技术支持团队的心血，是集体智慧的结晶，对加强中国石化综合加能站品牌形象建设、提高品牌影响力和竞争力具有重要意义，中国石化对本手册享有知识产权。最后，我们向为《手册》编写献计、献策的各位领导、专家、员工以及关心中国石化综合加能站品牌形象的广大消费者表示衷心的感谢！

本形象标准手册由中国石化销售股份有限公司负责解释。

中国石化销售股份有限公司

CONTENTS

目 录

A 形象标准手册使用指引
RVI MANUAL INSTRUCTION

B 中国石化相关品牌标识使用规范
SPECIFICATION FOR THE USE OF SINOPEC BRAND SIGNAGE

B 中国石化相关品牌标识使用规范

SPECIFICATION FOR THE USE OF SINOPEC BRAND SIGNAGE

C 加能站形象展示

IMAGE DISPLAY OF THE FUELLING STATION

D 形象功能区设计规范

SPECIFICATION FOR DESIGN OF IMAGE FUNCTIONAL AREA

D 形象功能区设计规范

SPECIFICATION FOR DESIGN OF IMAGE FUNCTIONAL AREA

D 形象功能区设计规范

SPECIFICATION FOR DESIGN OF IMAGE FUNCTIONAL AREA

E 附录 APPENDIX

附录
APPENDIX

/ E.1 工艺安装说明

* 手册内容如没有特殊要求，单位均为 mm。

E.1 规范性引用文件（一）

· GB/T 5237.1—2017
《铝合金建筑型材 第1部分 基材 》

· GB/T 5237.4—2017
《Powder Coating for Alumium Profile 粉末喷涂型材》

· GB/T 3880—2006 GB/T 3190—2008
《Aluminum Strip Panel Technical Standard Composite-5052 一般工业用铝及铝合金板》

· GB/T 17748—2016
《建筑幕墙用铝塑复合板》

· GB/T 706—2016
《Steel C Channel-Q235 热轧型钢》

· GB/T 700—2006
《Steel Sheet -Q235 碳素结构钢》

· GB/T 708—2019
《冷轧钢板和钢带的尺寸、外形、重量及允许偏差》

· GB/T 11253—2019
《碳素结构钢冷轧钢板及钢带》

· GB/T 3274—2017
《碳素结构钢和低合金结构钢热轧钢板和钢带》

· GB/T 3094—2012
《Cold Drawn Shape Steel Pipe-Q235 冷拔钢管》

· GB/T 2518—2019
《连续热镀锌和锌合金镀层钢板及钢带》

· GB/T 4238—2015
《耐热钢钢板和钢带》

· GB/T 6725—2017
《冷弯型钢通用技术要求》

· GB/T 6728—2017
《结构用冷弯空心型钢》

· GB/T 3280—2015 JIS G430 5
《Stainless Steel 不锈钢冷轧钢板和钢带》

· GB/T 24909—2010
《装饰照明用LED灯》

· GB/T 4208—2017
《外壳防护等级》

· 国标CCC认证
《LED Power Supply 变压器》

· GB/T 15763.2—2005
《建筑用安全玻璃 第二部分：钢化玻璃》

· GB/T 18915.1—2013
《镀膜玻璃 第一部分：阳光控制镀膜玻璃》

E.1 规范性引用文件（二）

- GB/T 18915.2—2013
《镀膜玻璃 第二部分：低辐射镀膜玻璃》

- GB/T 14683—2017
《硅酮建筑密封胶》

- GB/T 16776—2005
《建筑用硅酮结构密封胶》

- GB/T 3098.1—2010
《Fastener 紧固件机械性能 螺栓、螺钉和螺柱》

- GB/T 3098.2 5 6 10 11 15 19—2015
《紧固件机械性能(含螺母，螺钉，螺栓，螺柱，抽芯铆钉，自攻自转螺钉）》

- GB/T 13912—2020
《Hot Galvanization 金属覆盖层钢铁制作热浸镀锌技术要求及试验方法》

- As per KB internal Standard
《Thermal Form 吸塑》

- JB T5000.3—2007
《Welding Quality 焊接》

- GB/T 1804—2000
《Tolerance for Linear and angular dimensions without individual toler. ance indications 国标线性公差》

- GB/T 1184—1996
《General Tolerance for feature without individual Tolerance Indication 形状和位置公差》

- GB/T 9761 GB/T 11186.2
《Color Tolerance 色差》

/ E.1.1 品牌柱

E.1.1.01 12m 品牌柱（曲面款）形象三视图

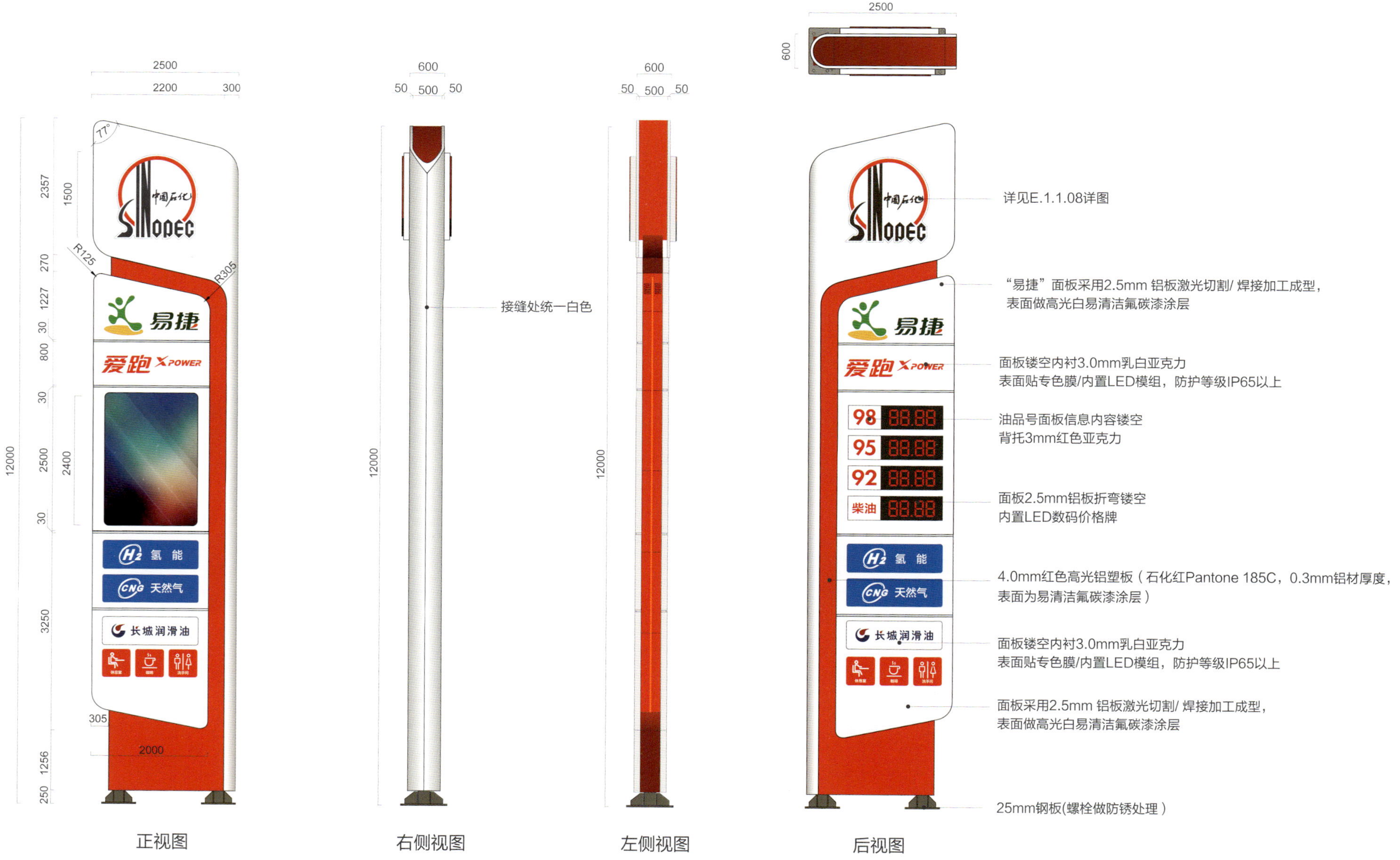

E.1.1.02 12m 品牌柱横向剖面图

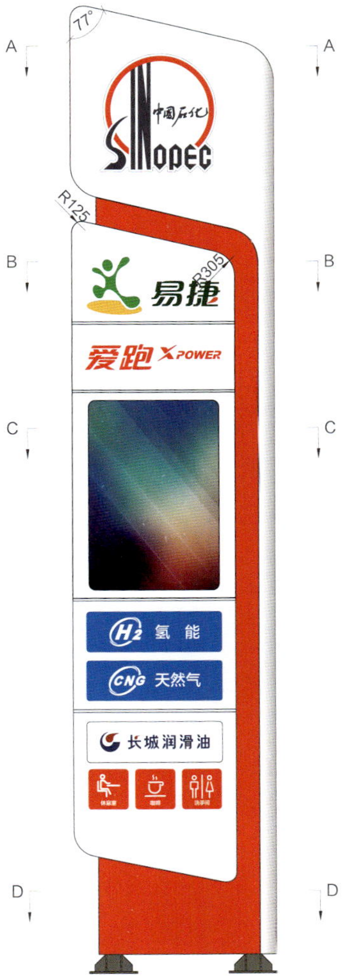

正视图

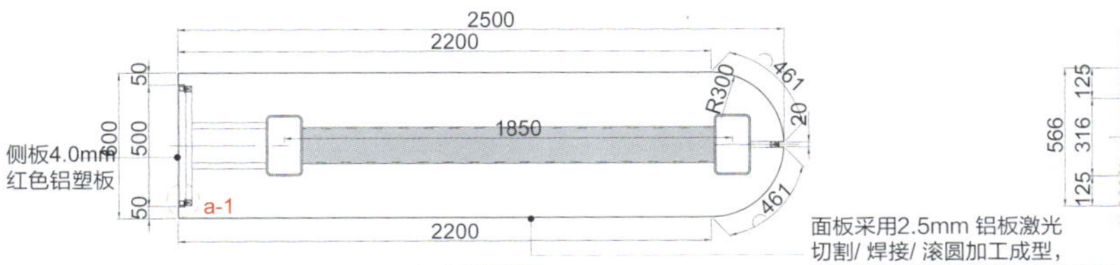

A-A剖面图

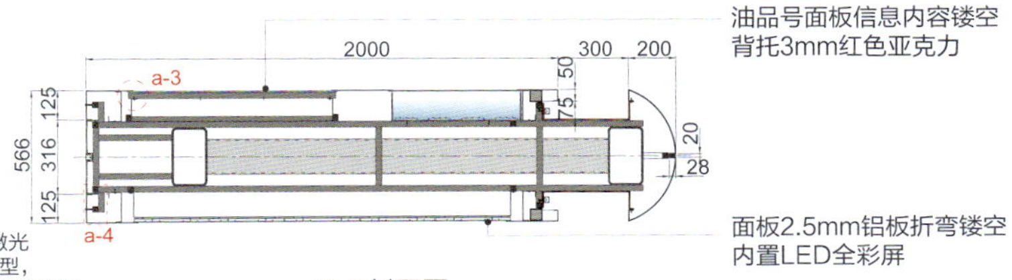

C-C剖面图

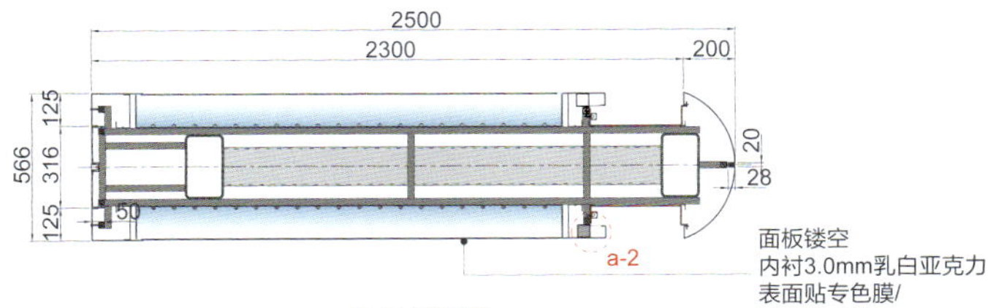

B-B剖面图

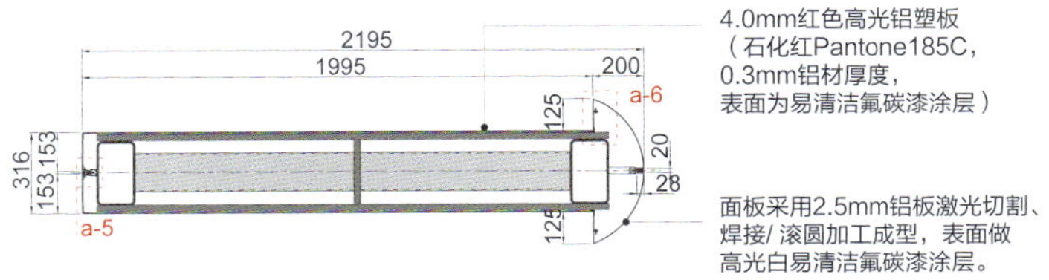

D-D剖面图

a-1

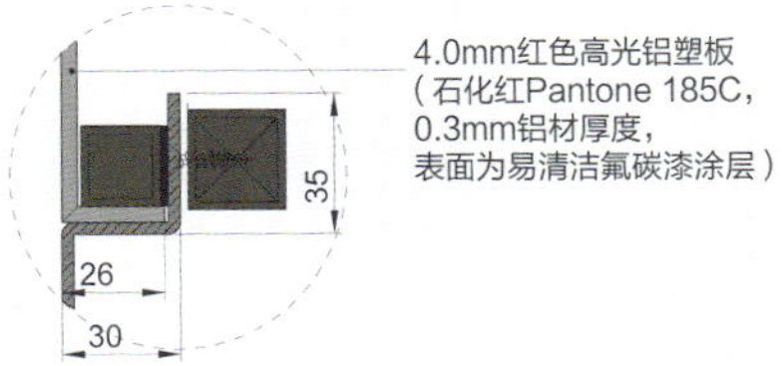

a-2

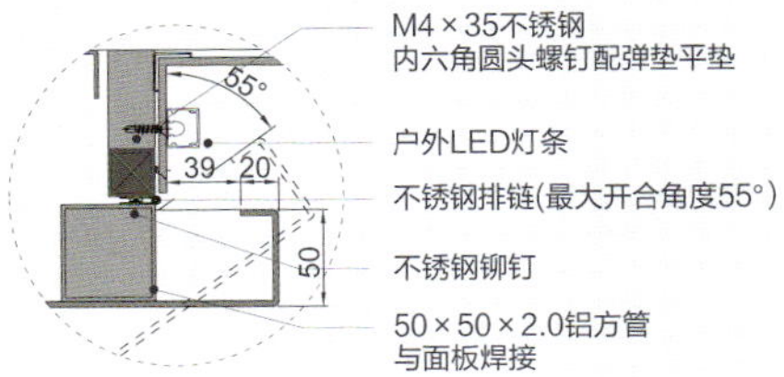

a-3

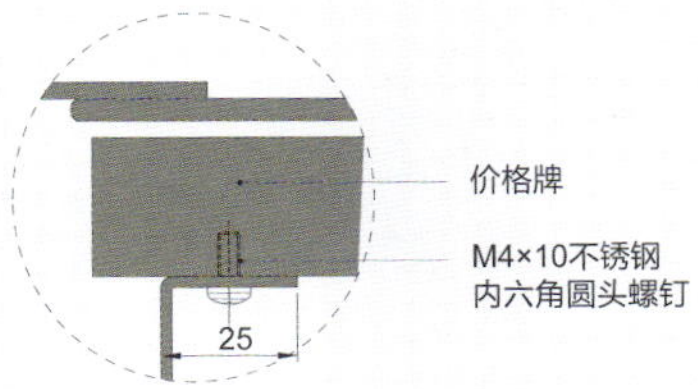

a-4

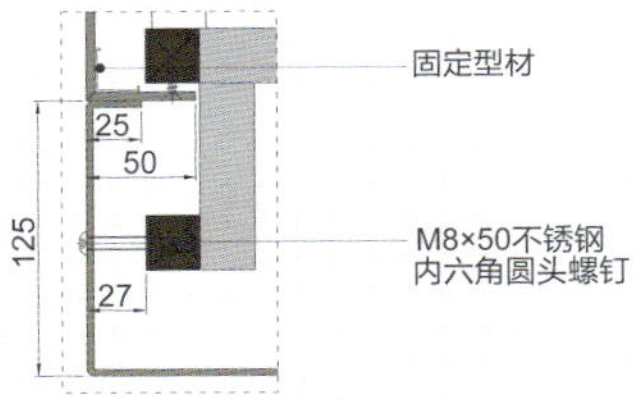

a-5

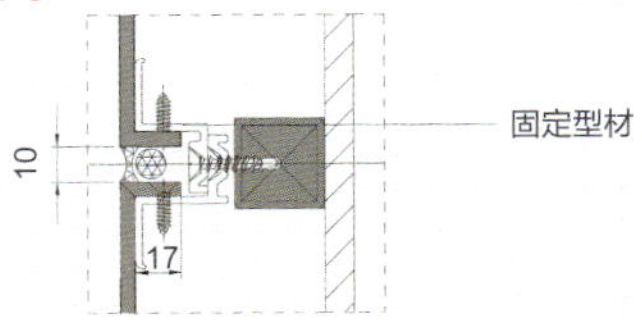

a-6

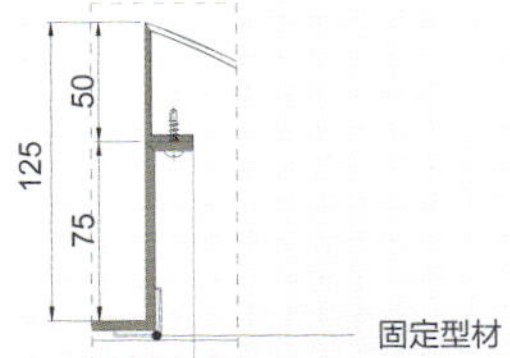

E.1.1.03 12m 品牌柱竖向剖面图

正视图

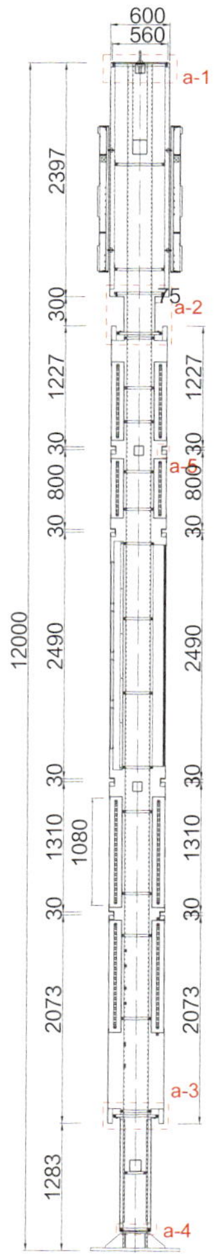

B-B剖面图

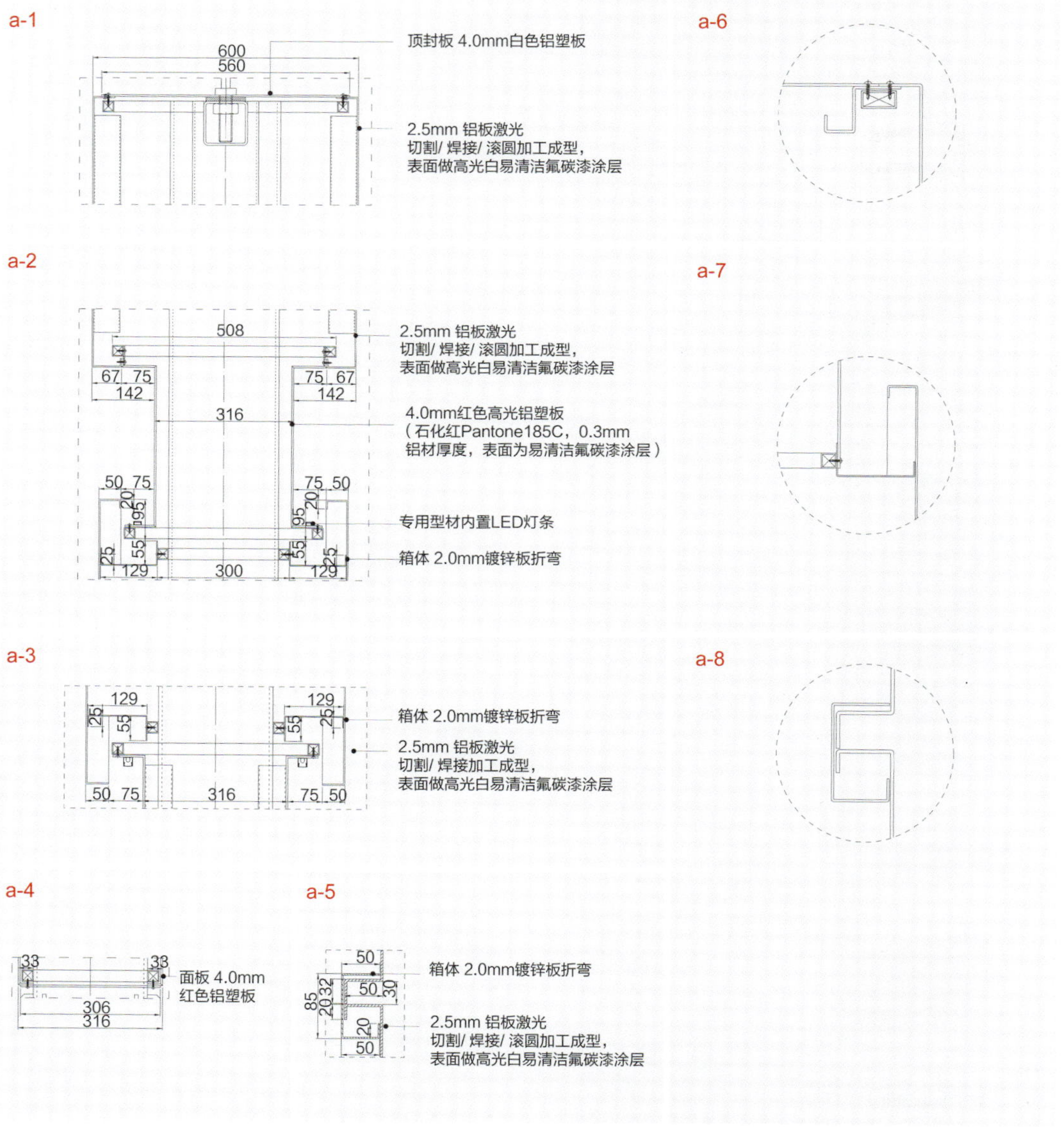

E.1.1.04 12m 品牌柱支架总图（一）

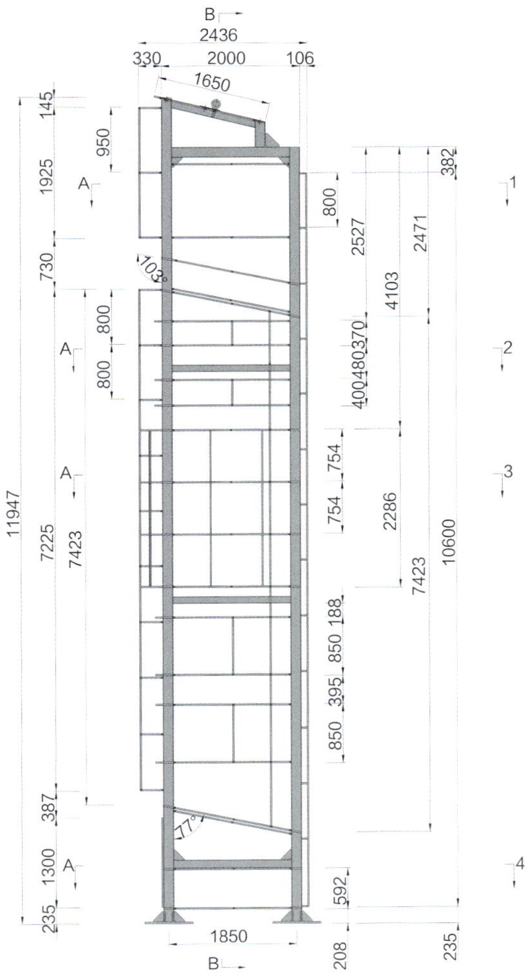

正视图

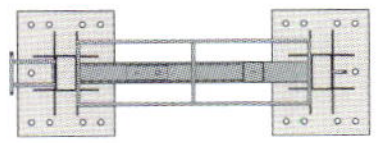

俯视图

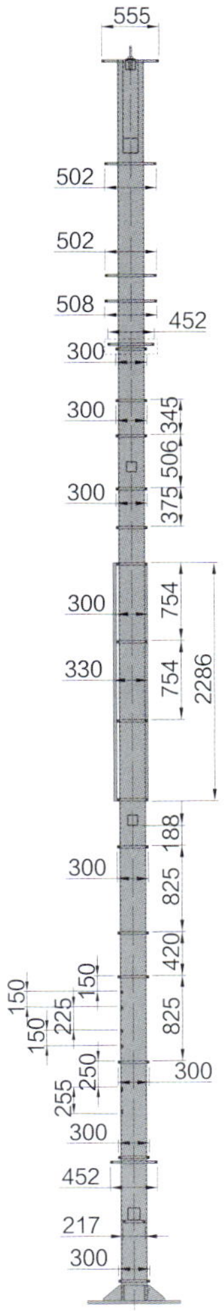

B-B剖面图

A-1剖面图

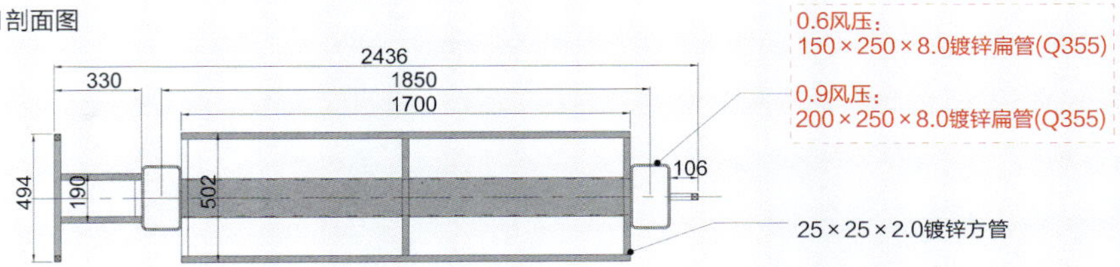

A-2剖面图

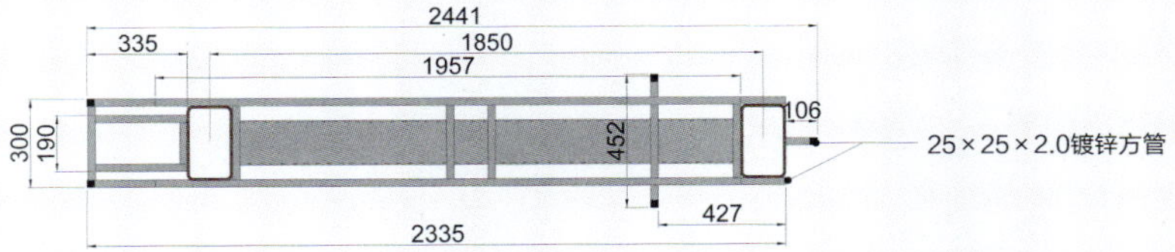

A-3剖面图

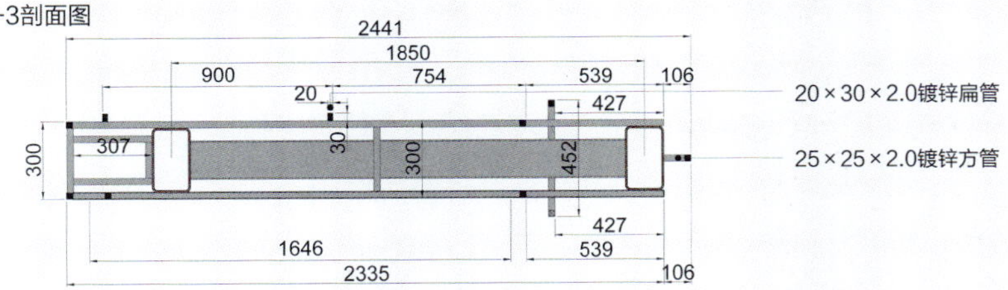

A-4剖面图

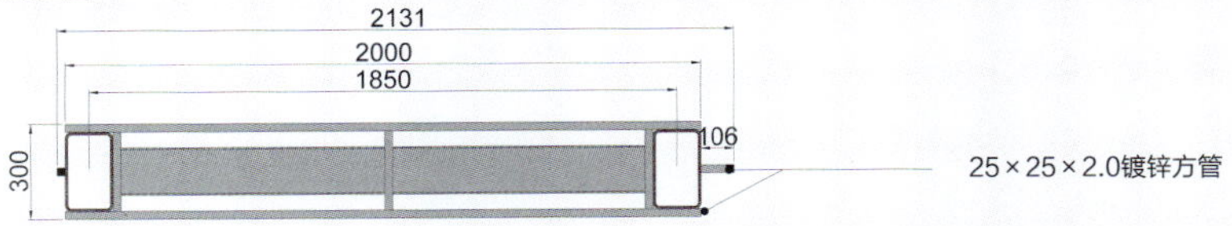

a-1

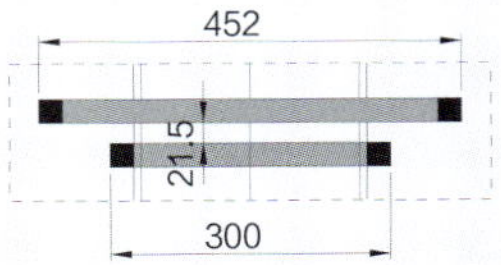

a-2

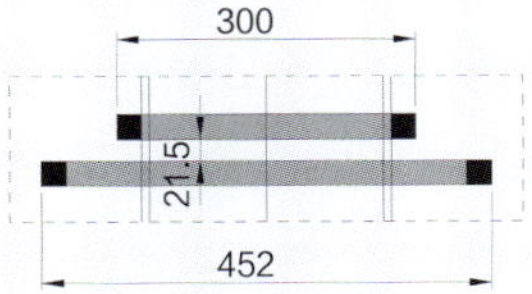

E.1.1.05 12m 品牌柱支架总图（二）

0.9风压

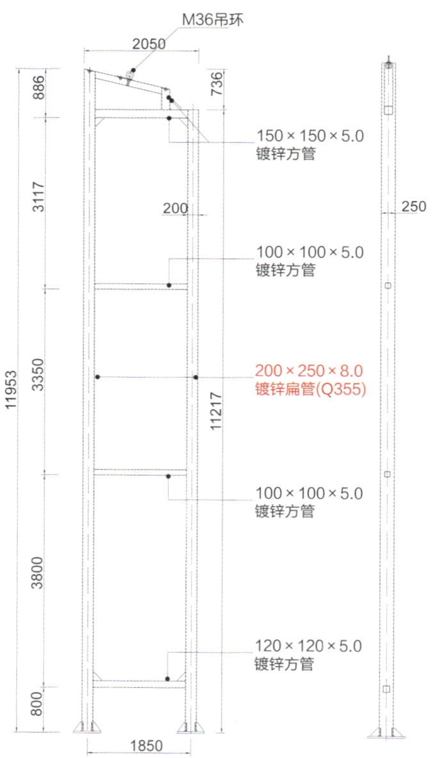

正视图　　侧视图

俯视图

0.6风压

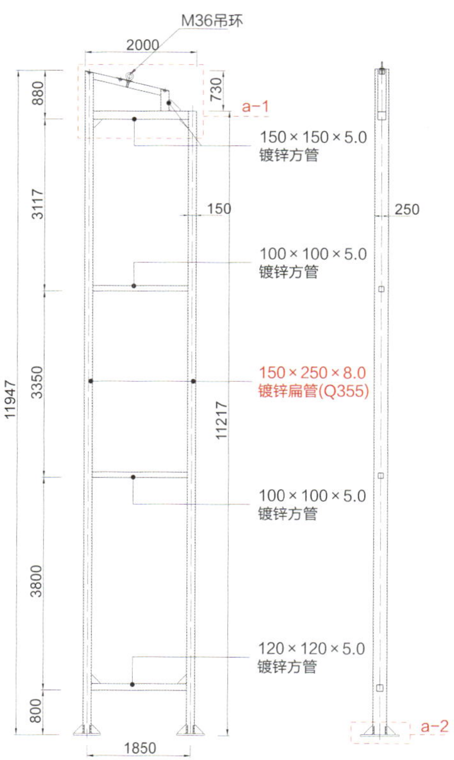

正视图　　侧视图

俯视图

a-1（0.6风压）

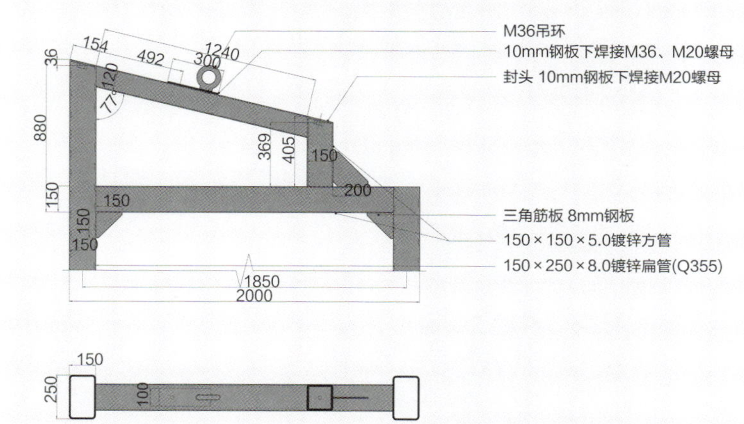

法兰25mm钢板

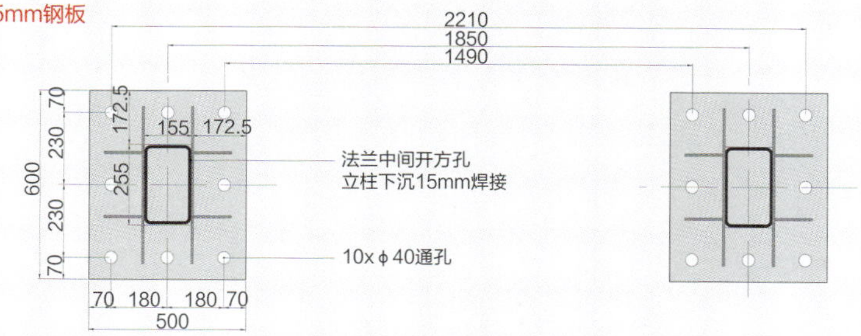

a-2

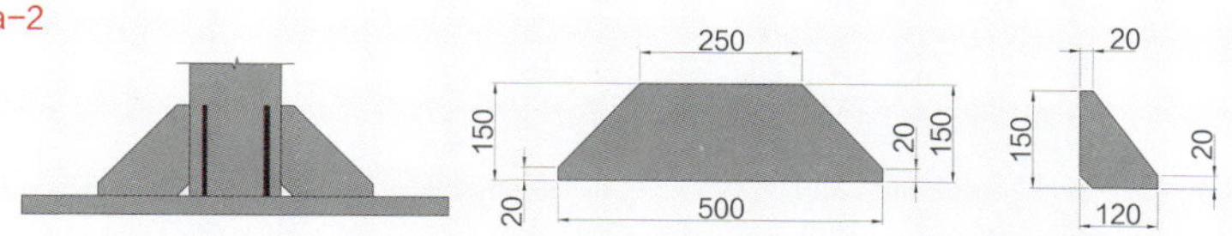

法兰25mm钢板　　法兰筋板8.0mm钢板　　法兰筋板8.0mm钢板

E.1.1.06 12m 品牌柱顶面板 + 圆装饰罩制作图（一）

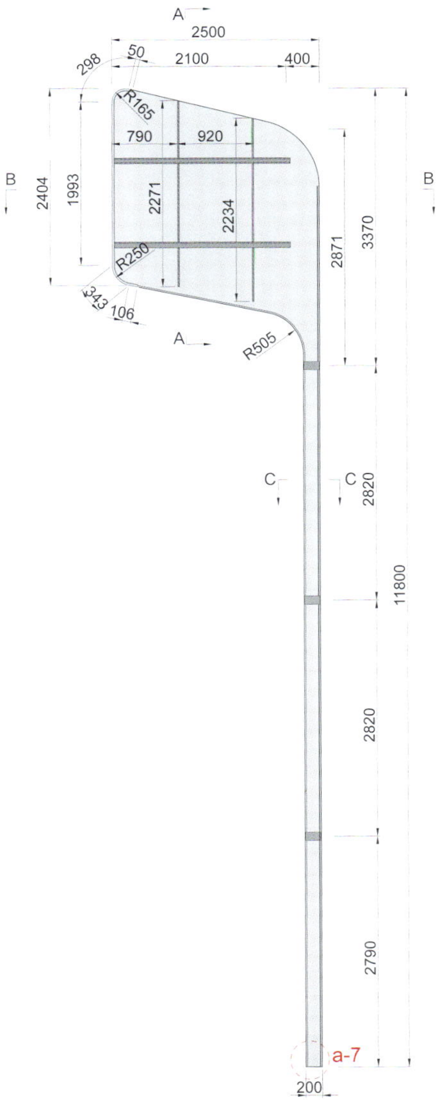

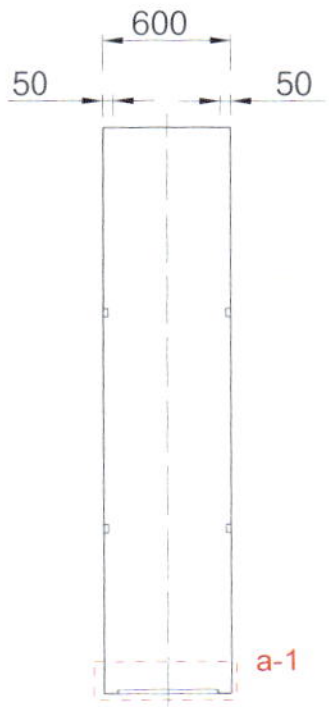

A-A剖面图

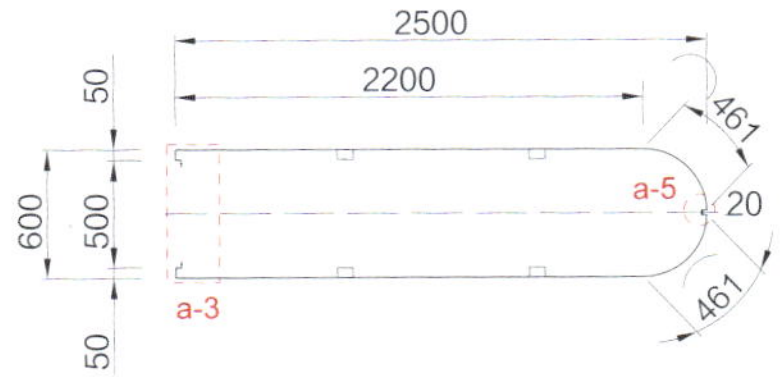

B-B剖面图

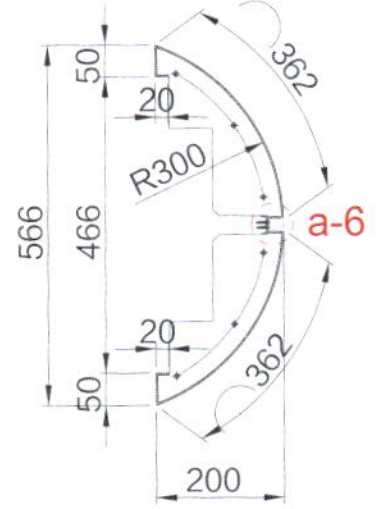

C-C剖面图

a-1

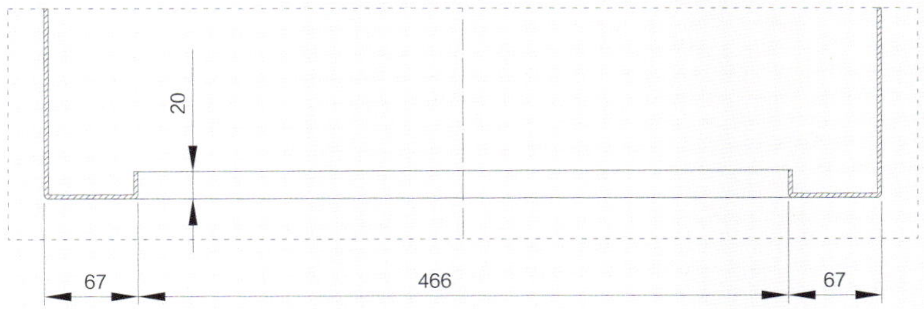

a-3

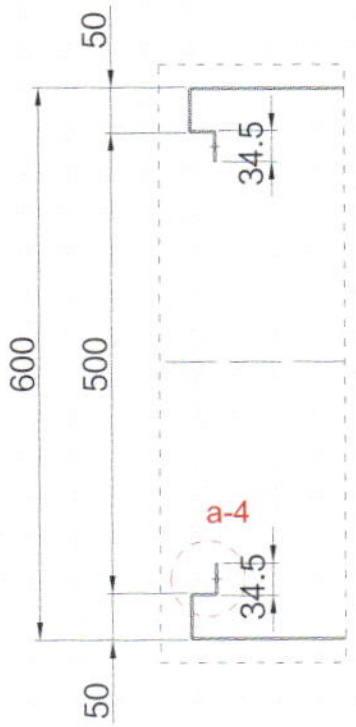

a-4

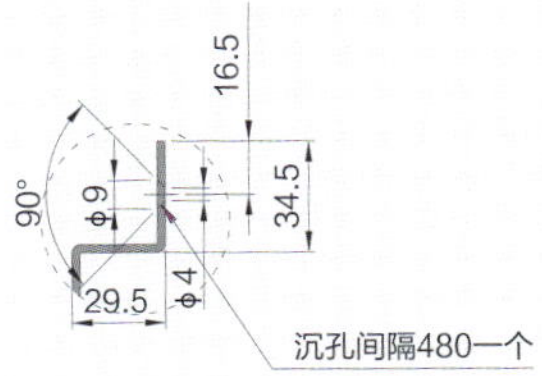

a-5

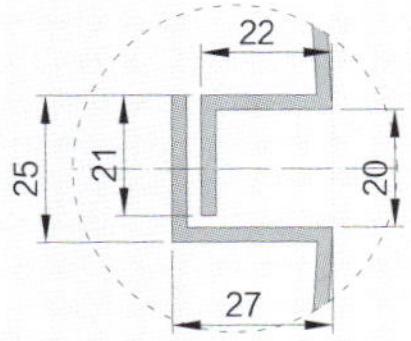

a-6

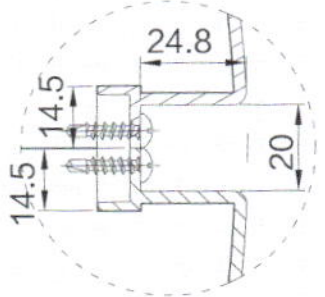

a-7

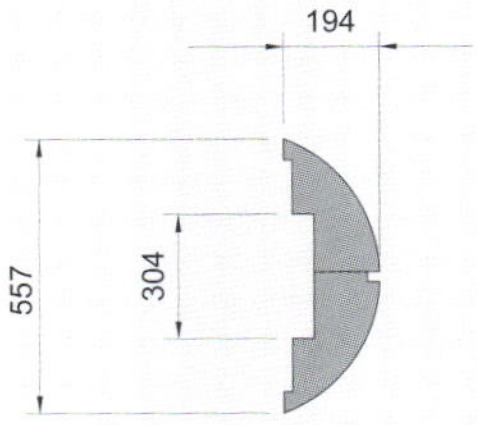

E.1.1.07 12m 品牌柱顶面板 + 圆装饰罩制作图（二）

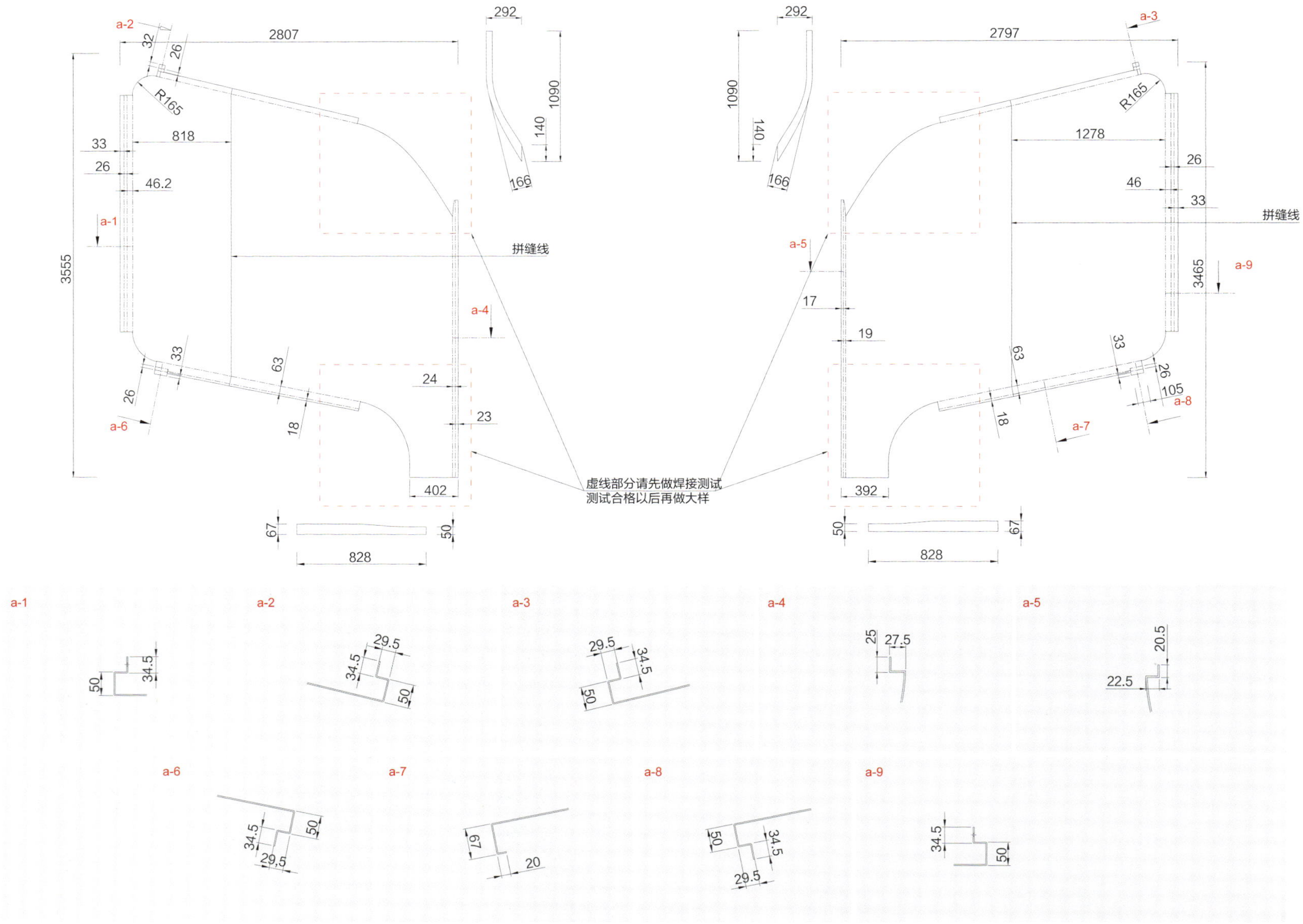

E.1.1.08 12m 品牌柱 LOGO 安装制作图

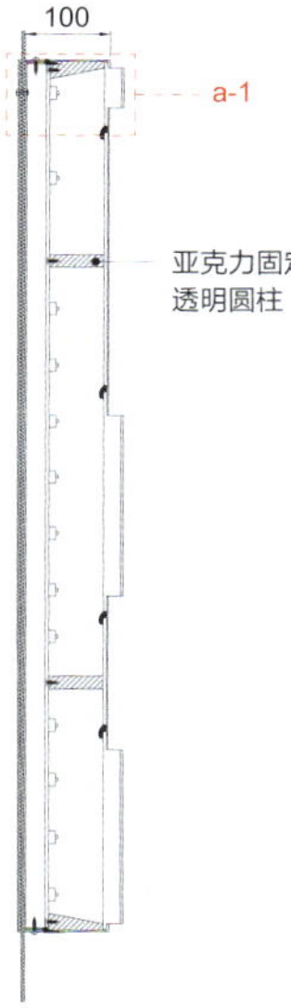

A-A剖面图

a−1

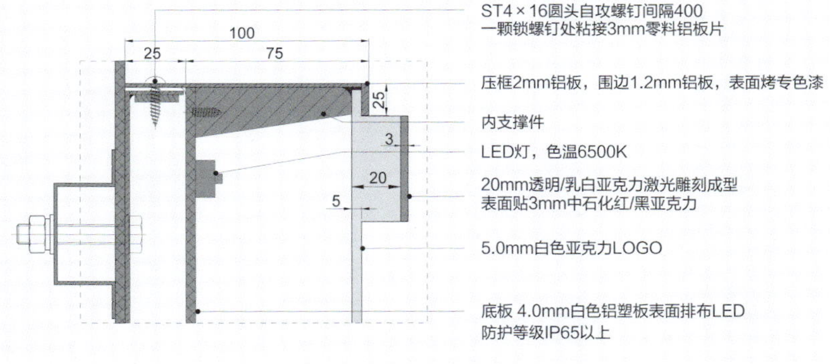

实景图

E.1.1.09 12m 品牌柱红色铝塑板制作图

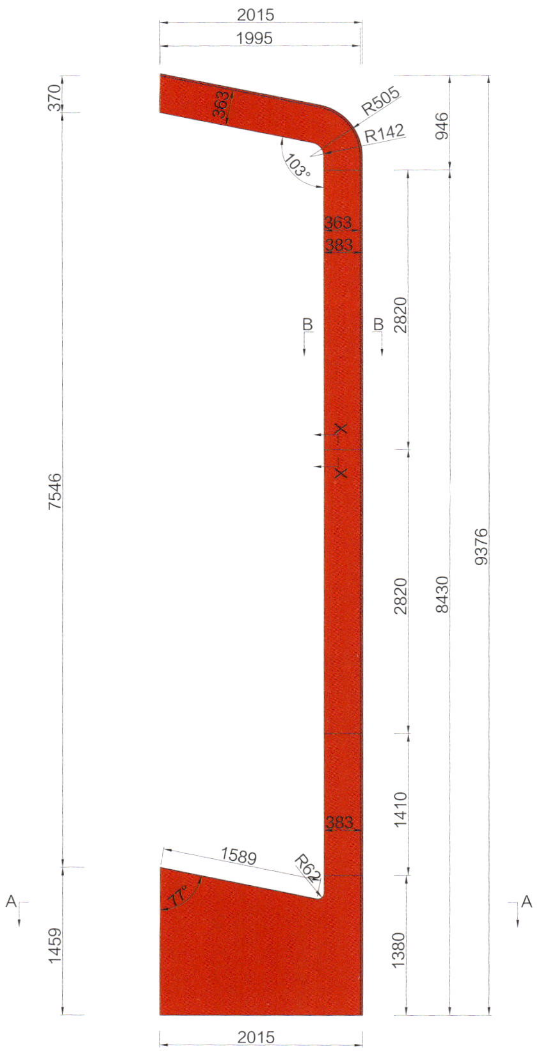

正视图

A-A剖面图

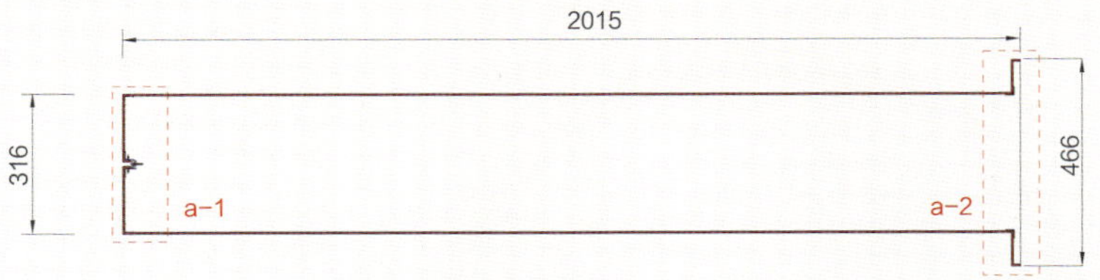

a-1

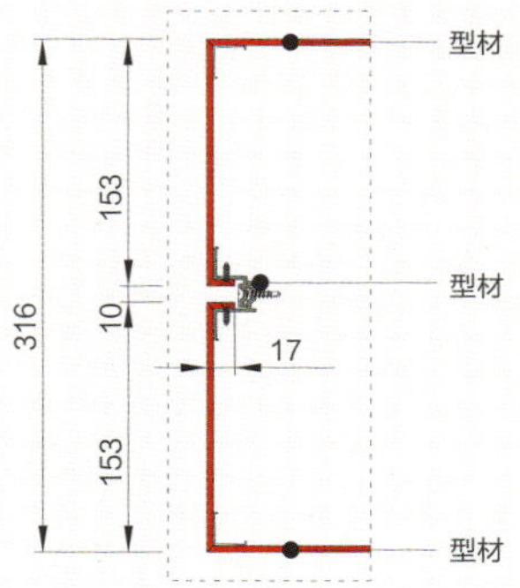

a-2

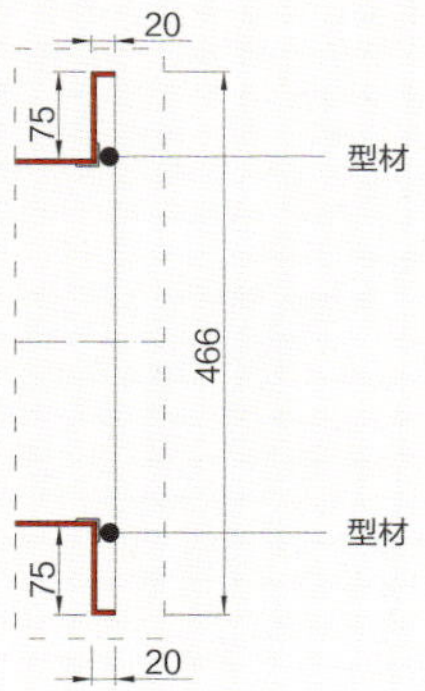

B-B剖面图

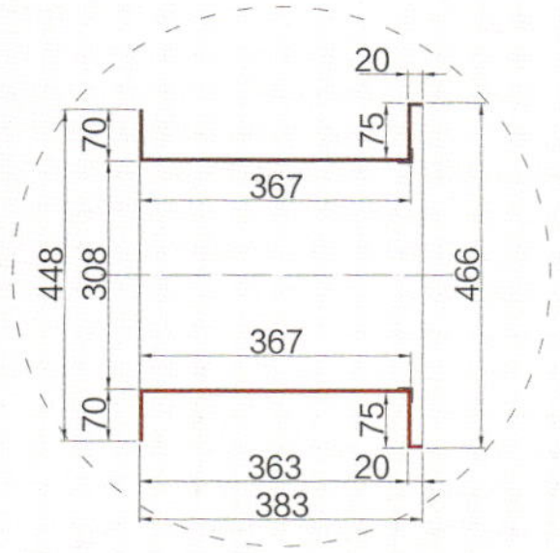

X-X剖面图

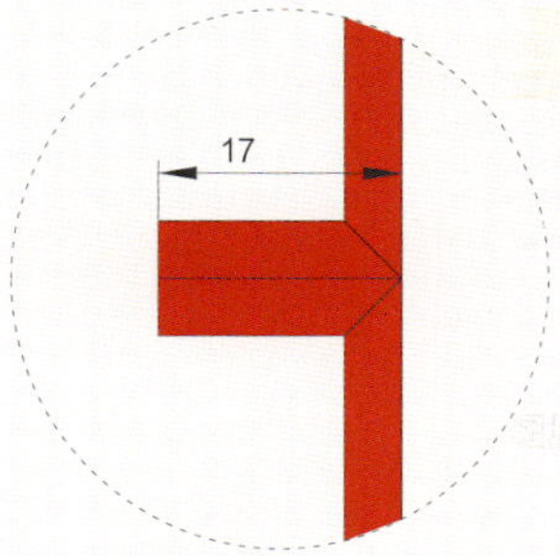

E.1.1.10 12m 品牌柱正面面板制作图、展开图

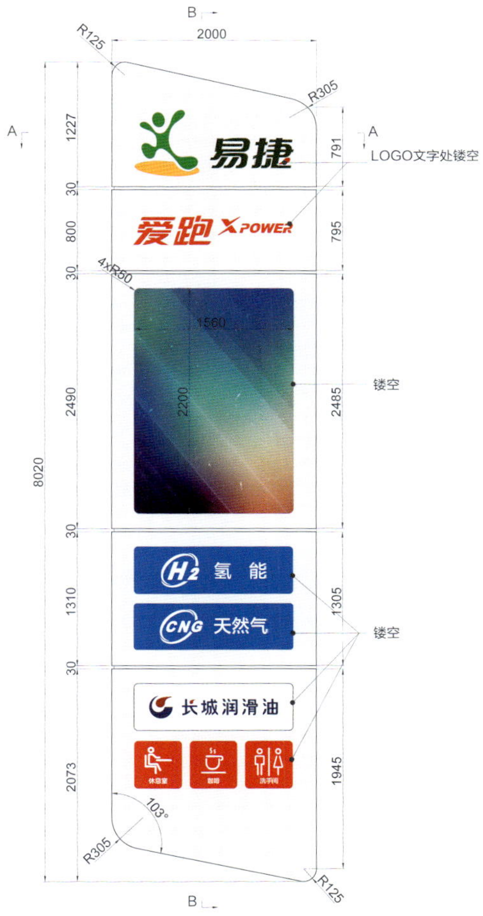

正视图

B–B剖图

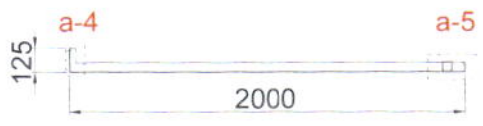

A–A剖图

a-1

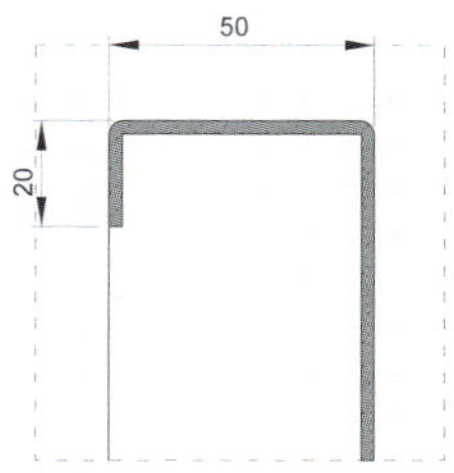

a-2

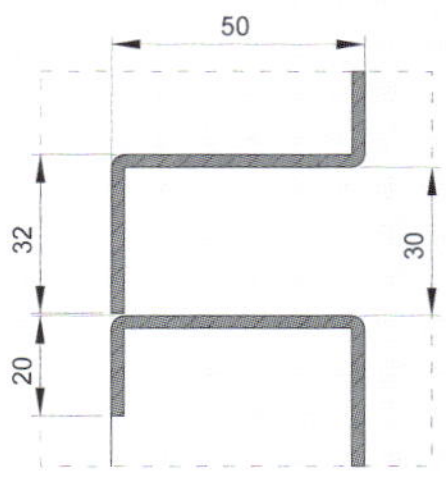

a-3

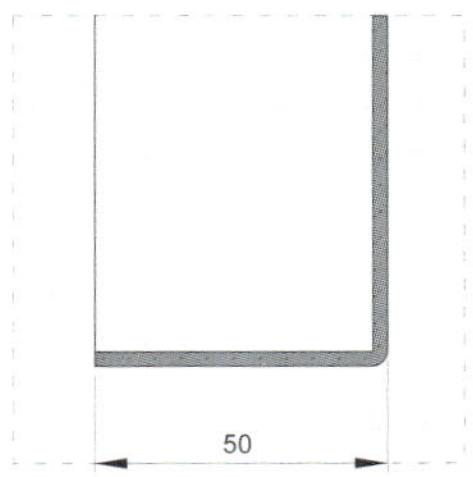

a-4

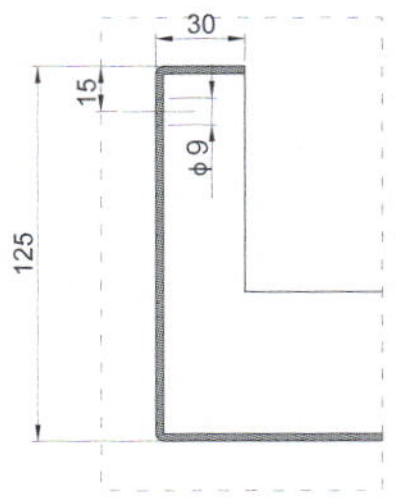

a-5

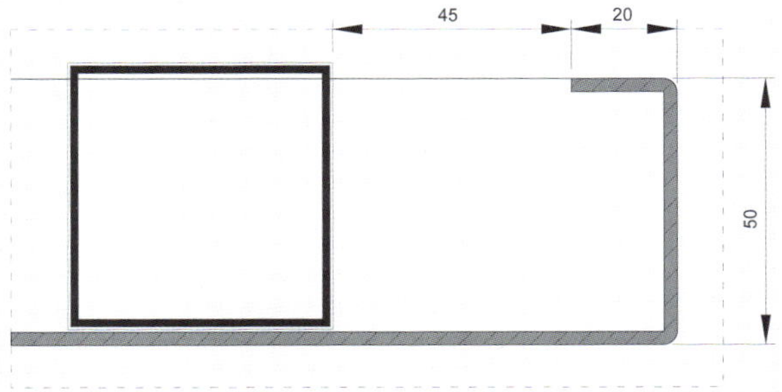

正面面板展开图

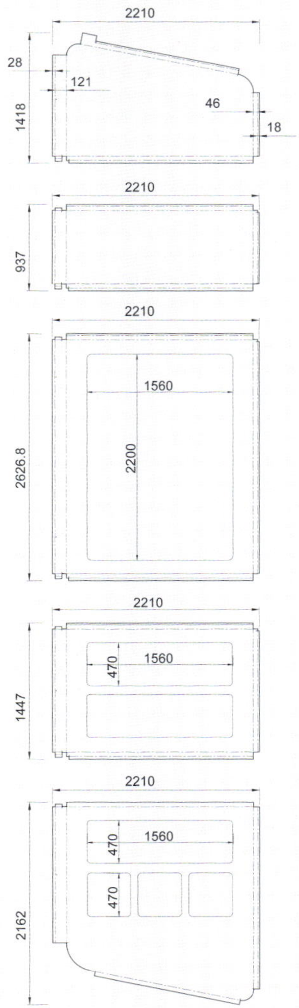

E.1.1.11 12m 品牌柱全彩屏面板

价格模块（LED彩屏）

LED彩屏模组参数

像素间距：	5mm
像素密度：	40000Dots/㎡
像素构成：	R:G:B=3:6:1
屏幕亮度：	≥5000cd/㎡
尺　寸：	320mm×160mm×18mm
解 析 度：	64点×32点
换帧频率：	≥60Hz
防护等级：	IP65及以上
屏体寿命：	10万h
工作温度：	-20 ~ 50℃
工作电压：	220V AC±15% 50Hz
平均功耗：	220W/m²
最大功耗：	650W/m²

LED单元件

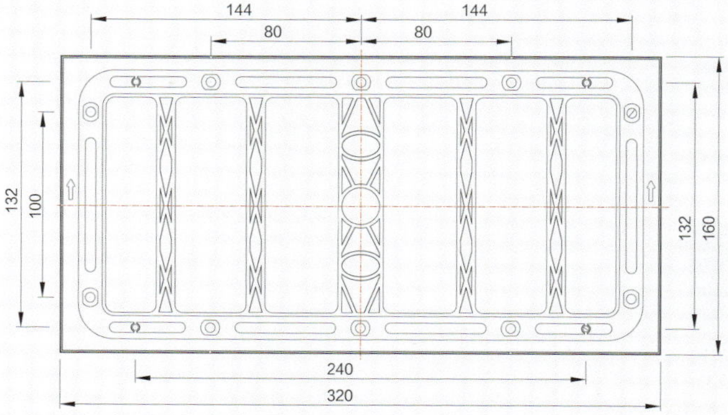

正视图

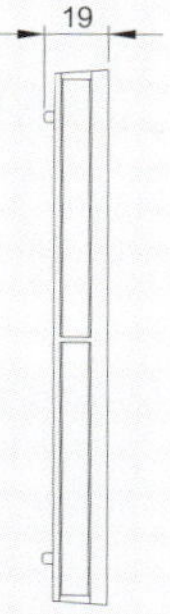

侧视图

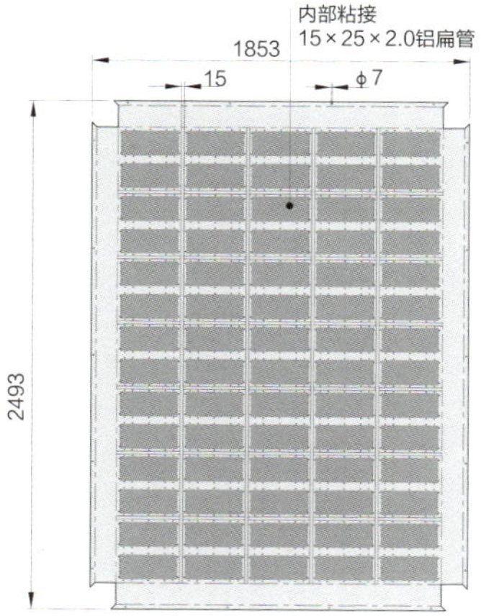

支架展开图

显示屏支架

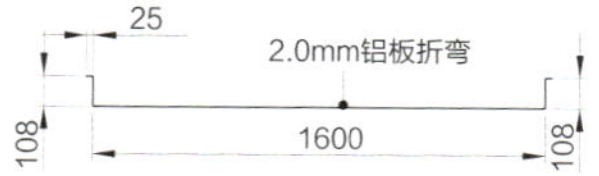

显示屏支架

价格牌支架

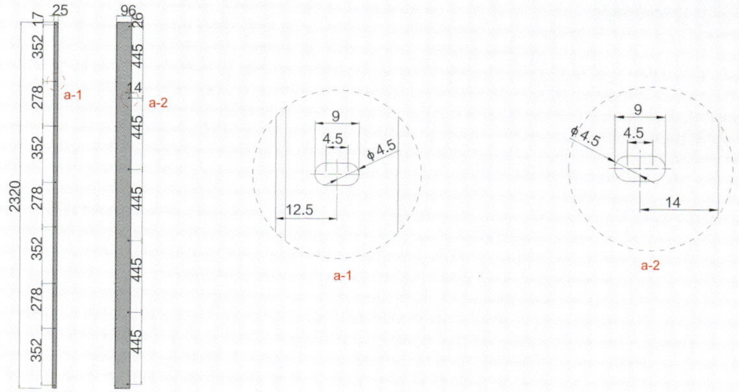

E.1.1.12 12m 品牌柱背面面板制作图、展开图

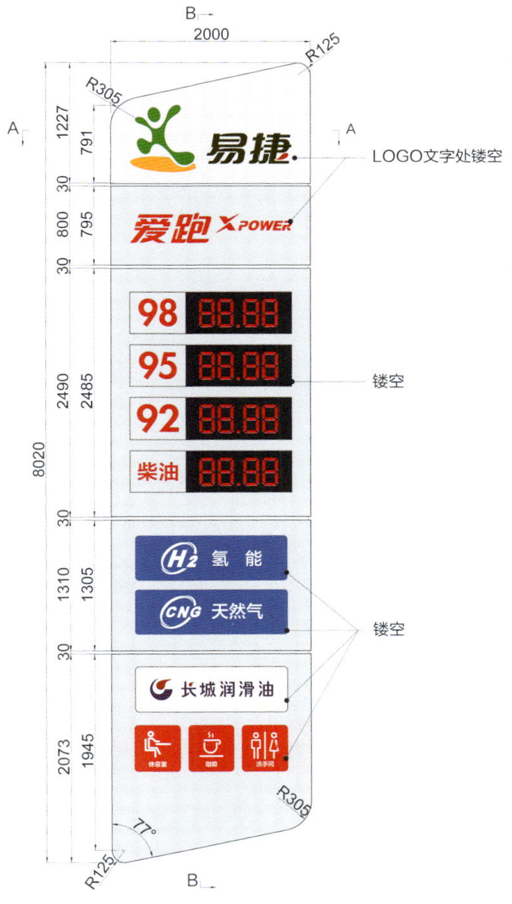

正视图

B-B剖面图

A-A剖面图

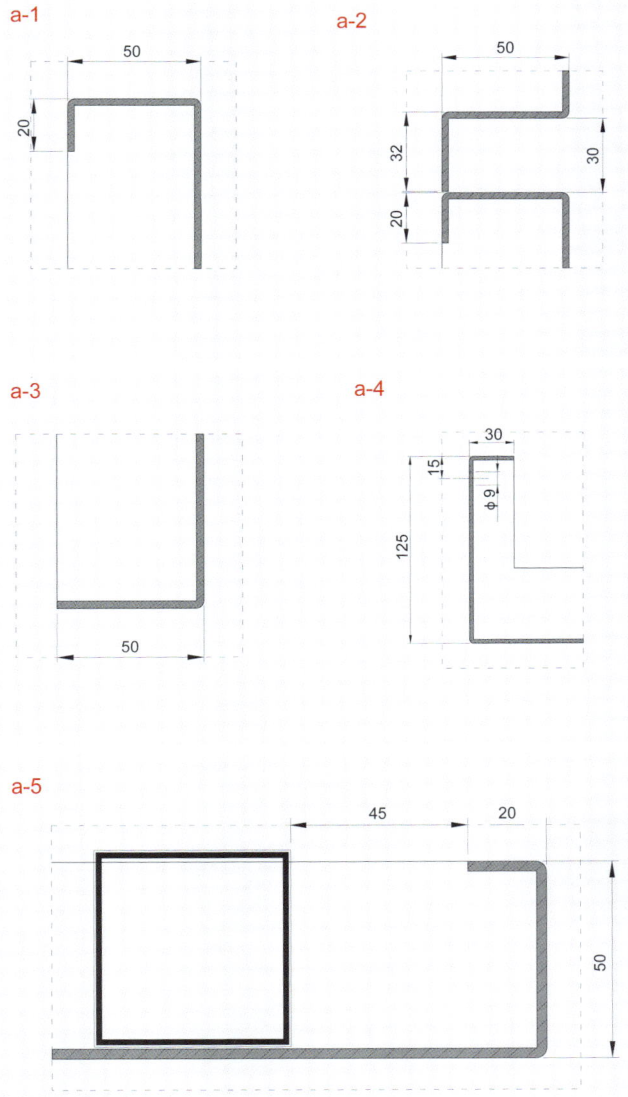

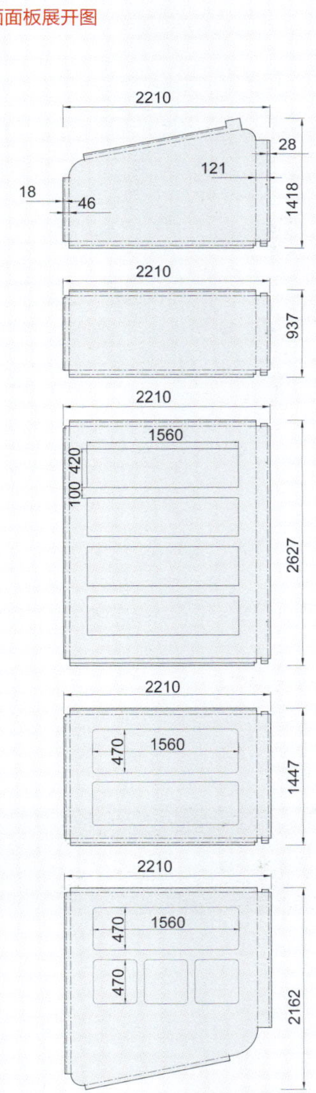

E.1.1.13 12m 品牌柱数显面板

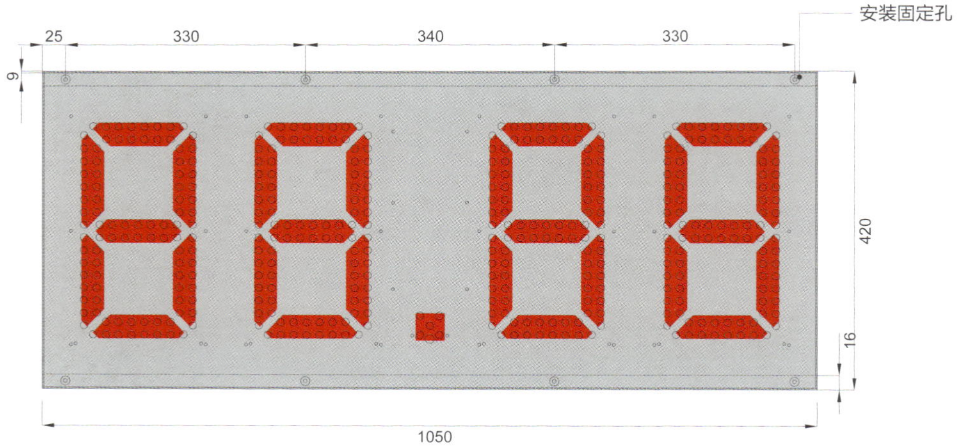

正视图

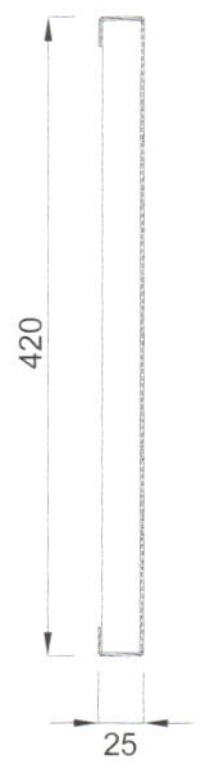

侧视图

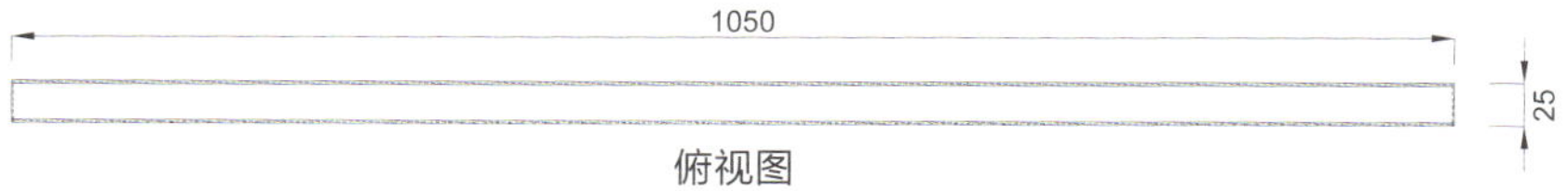

俯视图

数显示意

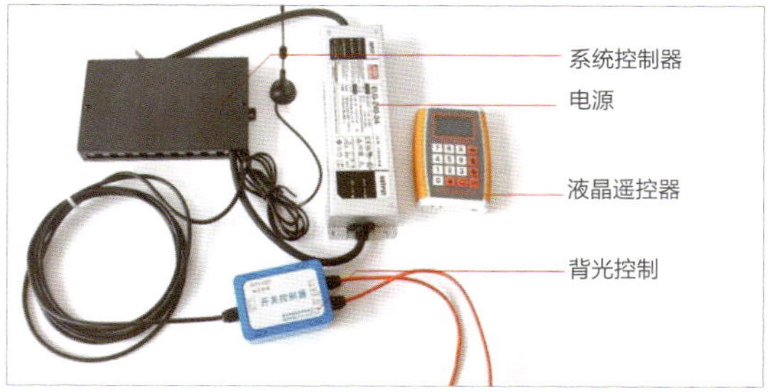

LED灯珠

尺寸	346mm
封装	椭圆直插
芯片	红灯
芯片连接线	金线
角度	水平大于80°，竖直大于40°
波长	620~625nm
亮度(I=20mA)	红灯>1700mcd
工作温度	-30~60℃
寿命	10万h，户外三年质保，光衰小于30%

LED价格单元

防护等级	IP65及以上
供电电压	24V DC
亮度	大于5000cd/m^2
模块	8字板整体封装灌胶（非7段码拼接）
连接方式	单根网线连接
驱动方式	恒流恒压
亮度调节	256级光感亮度调节
字段类型	七段码
冷却方式	自然风冷
面板材料	铝板户外喷粉
设定电流	I_{max}<20mA
平均无故障时间	大于50000h
光衰标准	20000h 小于20%
工作温度	-30~60℃
存储温度	-10~40℃
平均功率	<25W
维护方式	前维护
安装	表面安装或嵌入式安装
常规尺寸	1050×420×25
功能	用于显示数字及价格，连接系统控制

E.1.1.14 12m 品牌柱开启式箱体制作图、展开图

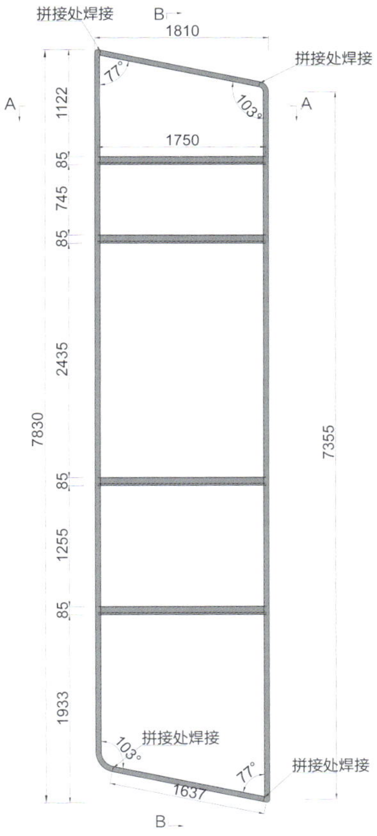

开启式箱体骨架

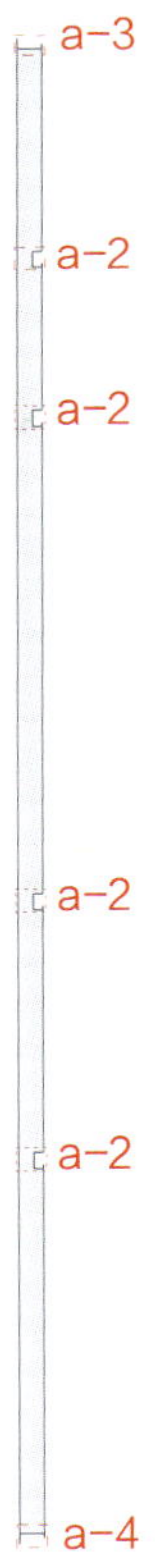

B-B剖面图

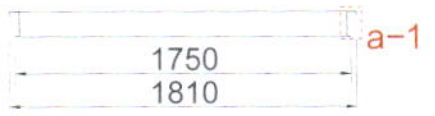

A-A剖面图

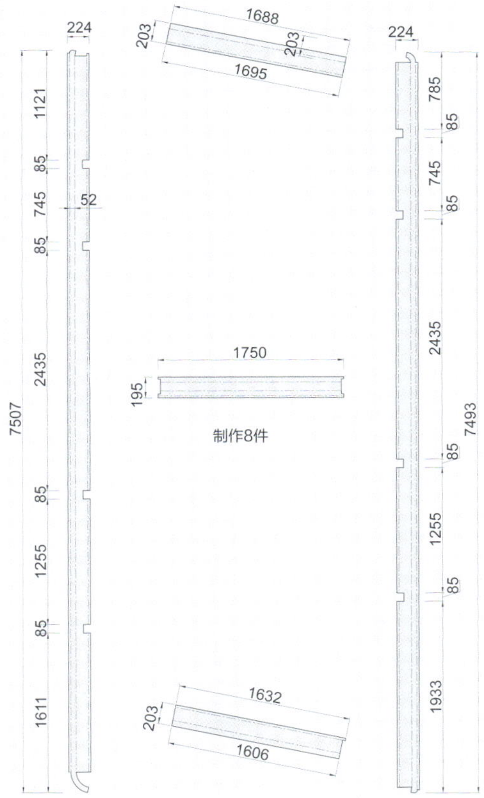

开启式箱体展开图
（左右对称制作）

a-1

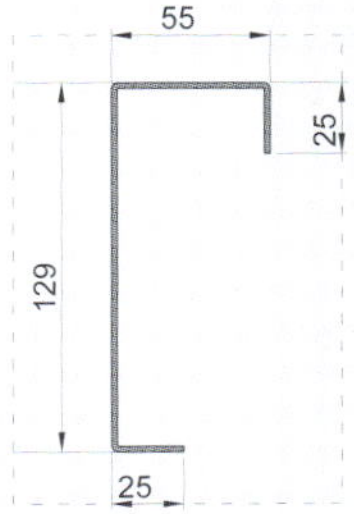

a-2

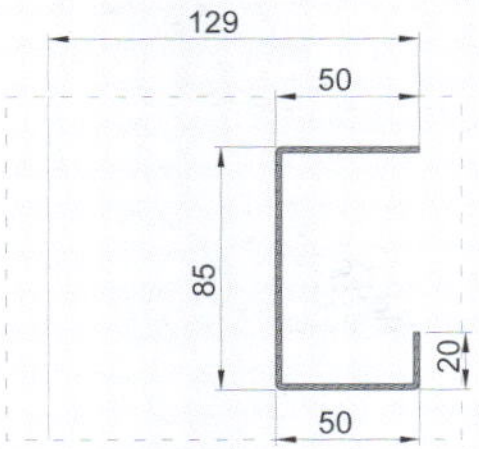

a-3

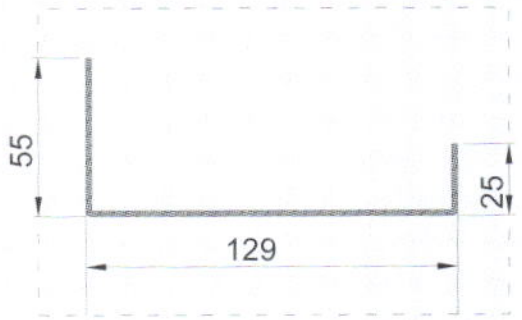

a-4

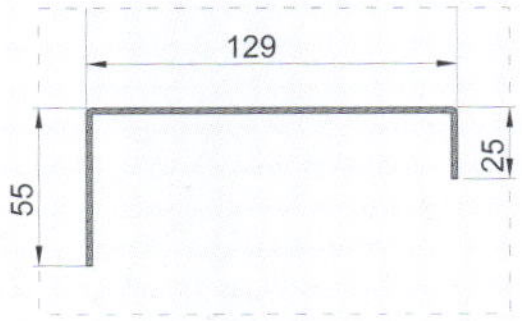

E.1.1.15 12m 品牌柱包边板制作图

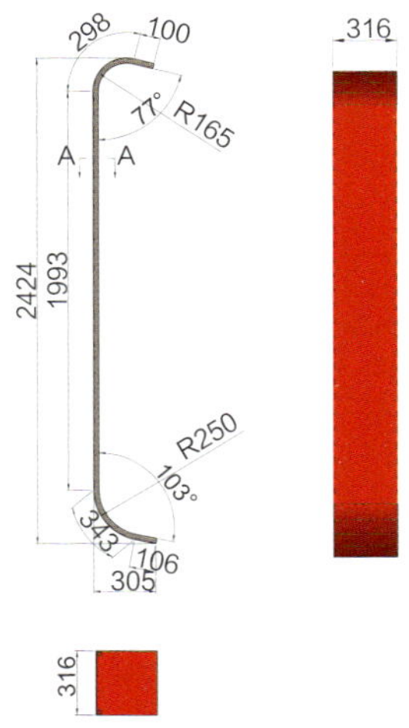

A−A剖面图

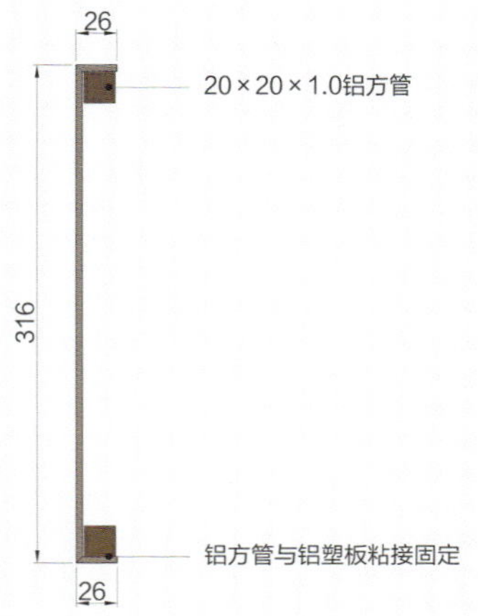

B−B剖面图

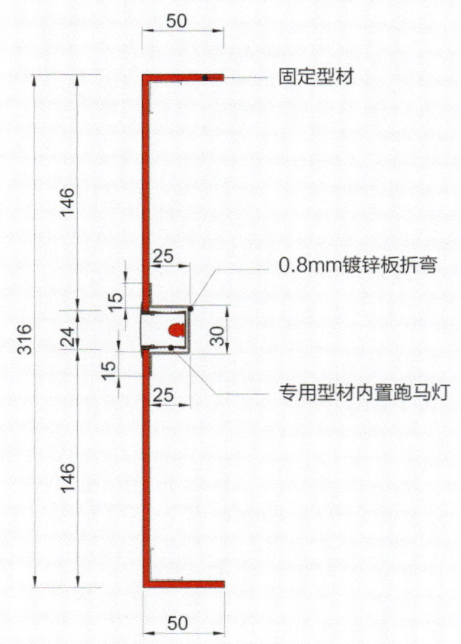

E.1.1.16 12m 品牌柱防水 LED 灯条制作图

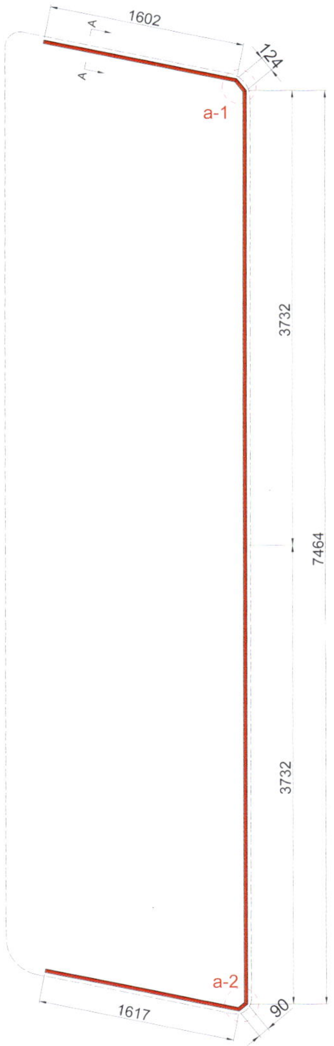

正视图

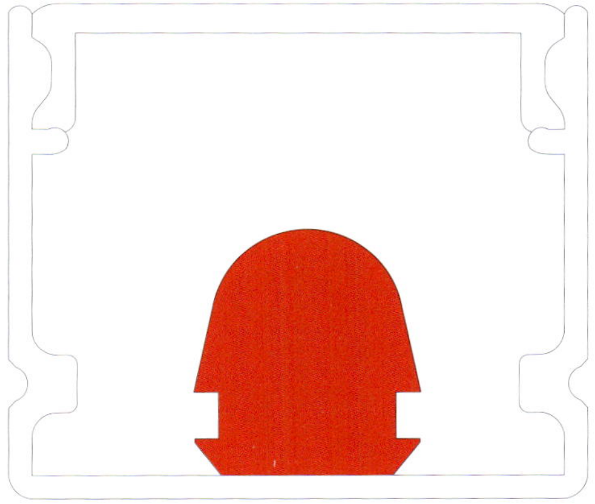

A–A剖面图

灯条参数

产品名称：	恒压24V柔性照明灯条
发光颜色：	红色
波　　长：	620~625nm
功　　率：	8W/m
标准长度：	5m
电　　压：	24V
防护等级：	IP65及以上
运行环境：	-25 ~ 60 ℃
显色指数：	≥80
发光角度：	≥120°

跑马灯实物图

灯条实物图

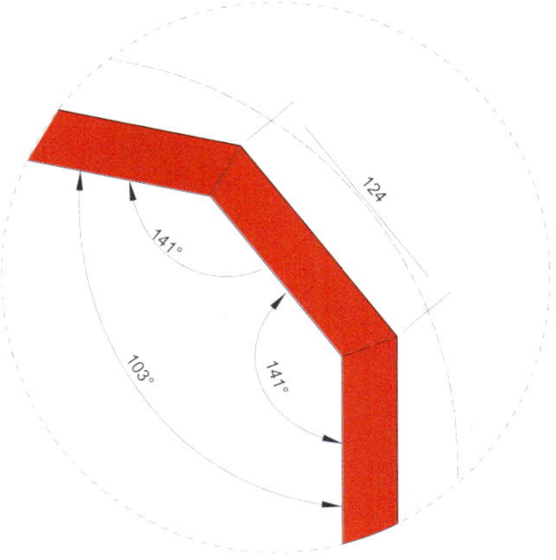

a-1

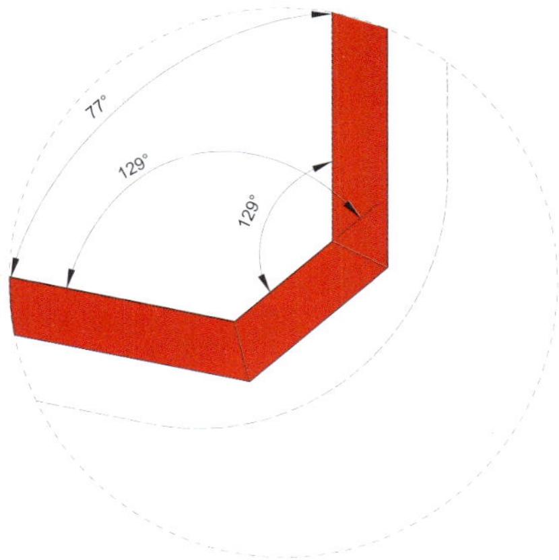

a-2

E.1.1.17 12m 品牌柱地基

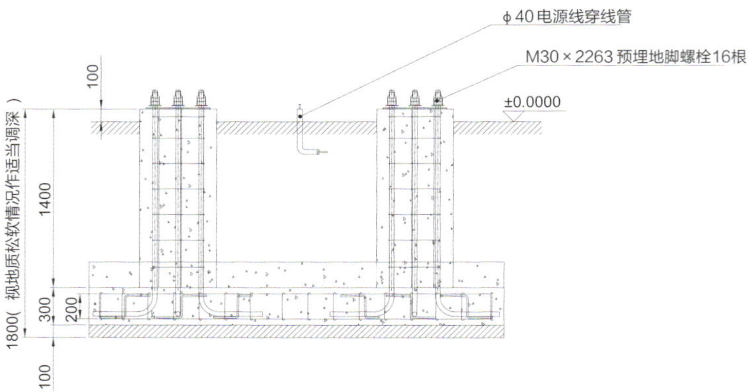

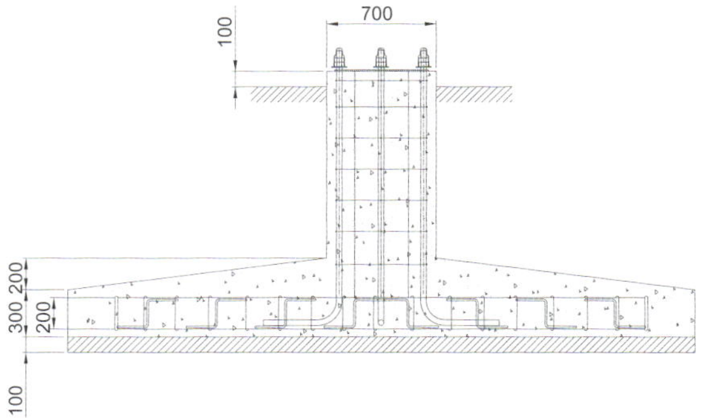

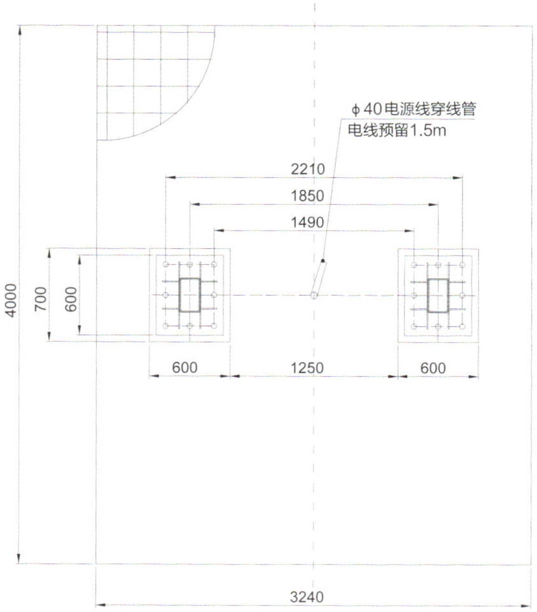

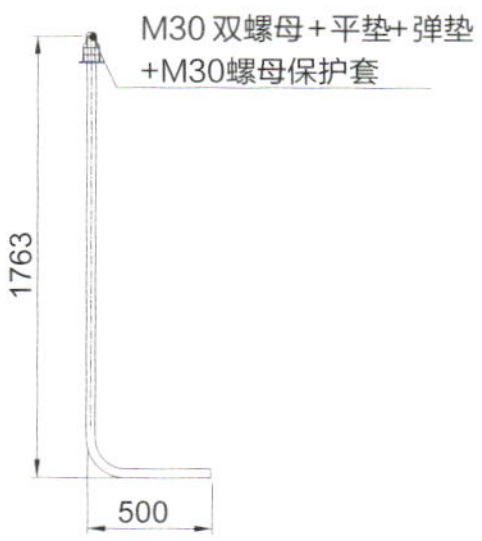

M30地脚螺栓

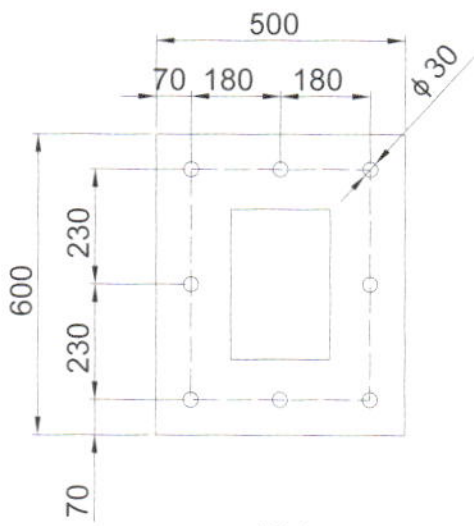

10mm模板

说明：

- 基础设计标高为相对标高，且要埋于实土上，基坑开挖后，应会同相关人员到现场确认；
- 预埋地脚螺栓16根，10mm模板2块，2个柱头模板按十字线定位，孔距偏差控制在4mm以内；
- 品牌柱吊装前,在品牌柱底板与基础底座接触面先用水泥浆抹平；
- 户外大型立柱用电量为2kW，电源线选用AC220V 3x2.5mm²铜芯线送至基础电线管出口预留1.5m；
- 布线时接地线必须与整个建筑的接地线保持一致，并设防雷装置；
- 此图可根据当地气候，环境等因素做适当调整，但地基承载力要求大于80kPa；
- 基础浇筑完成后应拆除模板后安装；
- 基础结构完成后，需要根据当地的环境、气候等情况，保养时间7天以上；
- 需要复核牢固度；
- 需要复核现场地脚螺栓尺寸是否与右图相同；
- 需要复核地脚螺丝是否M30。

注:各站在进行品牌柱基础设计时应由专业设计单位根据相关法律法规、国家规范、行业及地方规定、当地水文地质及环境气候等因素做专业测算并出具专业结构施工图纸。

E.1.1.18 12m 品牌柱旧基础

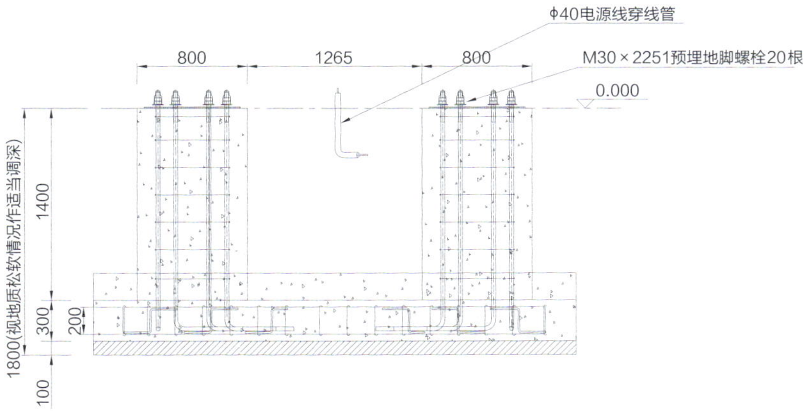

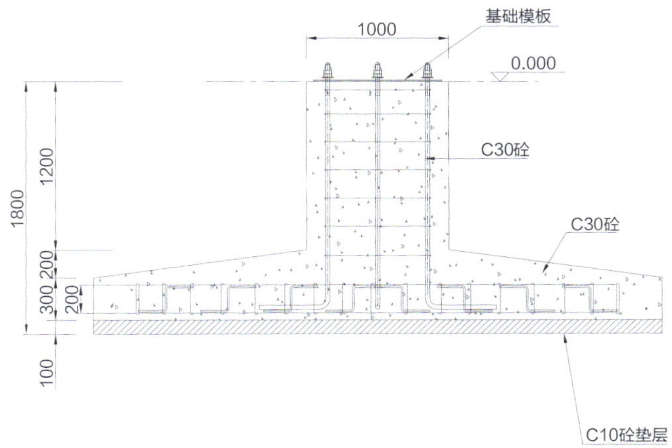

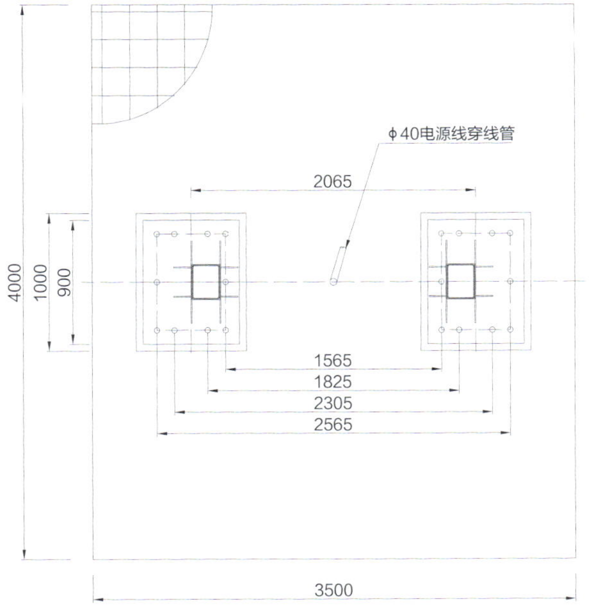

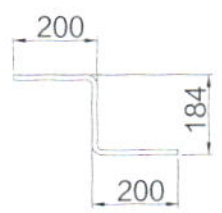

马凳-ф10圆钢

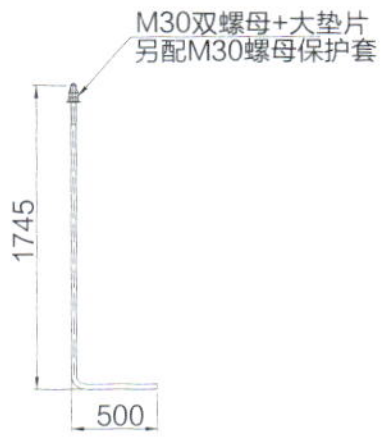

M30地脚螺栓

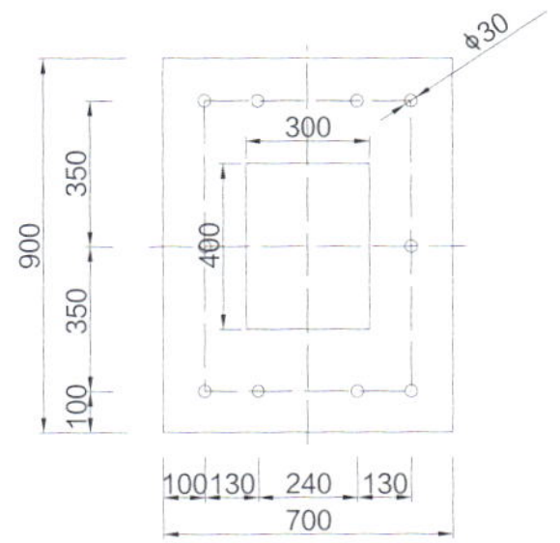

10mm模板

注：

各站在进行品牌柱基础设计时应由专业设计单位根据相关法律法规、国家规范、行业及地方规定、当地水文地质及环境气候等因素做专业测算并出具专业结构施工图纸。

E.1.1.19 12m 品牌柱旧基础法兰盘

说明:

· 基础设计标高为相对标高，基础应埋于实土上，基坑开挖后，应会同有关人员现场确定；

· 焊条选用E43型，焊缝满足设计及规范要求（除图中特殊注明外）；

· 品牌柱吊装前，在品牌柱底板与基础底座接触面先用20mm厚水泥砂浆抹平；

· 除标高单位为m外，其余均为mm；

· 布线时接地线必须与整个建筑的接地线保持一致；

· 此图仅作为参考，实际制作可根据当地气候、环境等因素因地制宜；

· 基础结构完成后，需要根据当地的环境、气候等情况，保养时间7天以上；

· 需要复核牢固度；

· 需要复核现场地脚螺栓尺寸是否与右图相同；

· 需要复核地脚螺丝是否M30。

注：各站利旧原有品牌柱基础时应由专业设计单位进行设计复合后实施。

法兰 25mm钢板

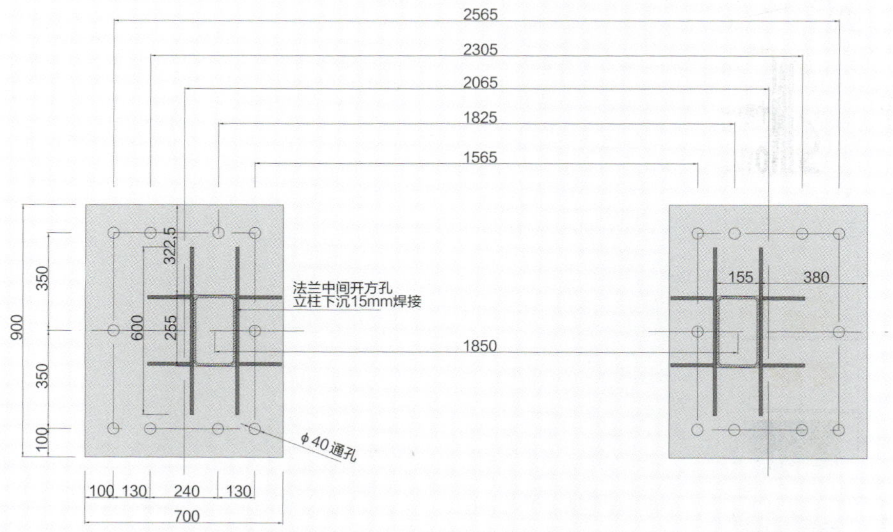

a-1

12m品牌柱示意图

a-1

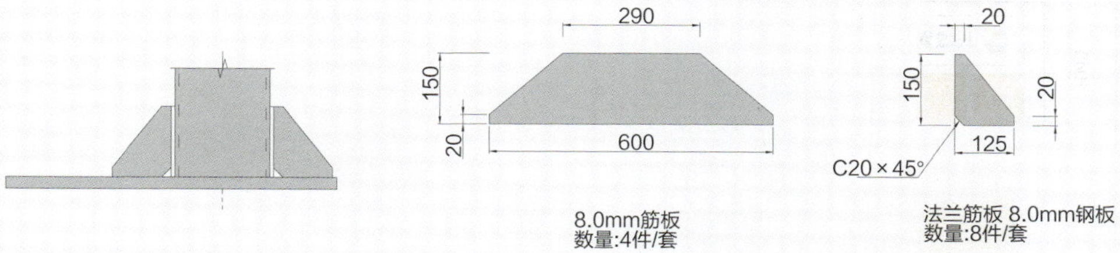

E.1.1.20 10m 品牌柱（曲面款）形象三视图

正视图　右侧视图　左侧视图　后视图

E.1.1.21 10m 品牌柱横向剖面图

正视图

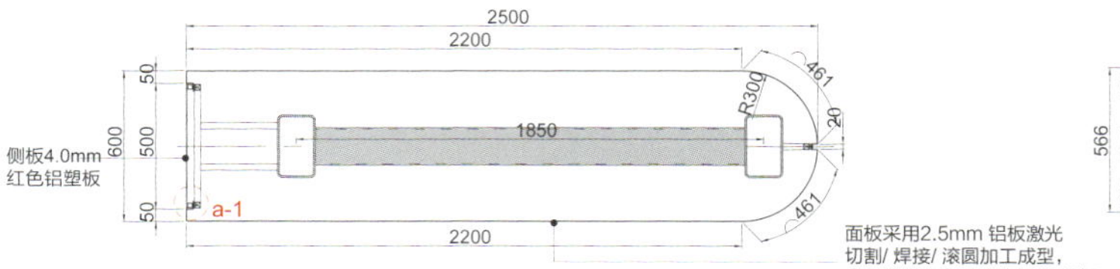

A-A剖面图

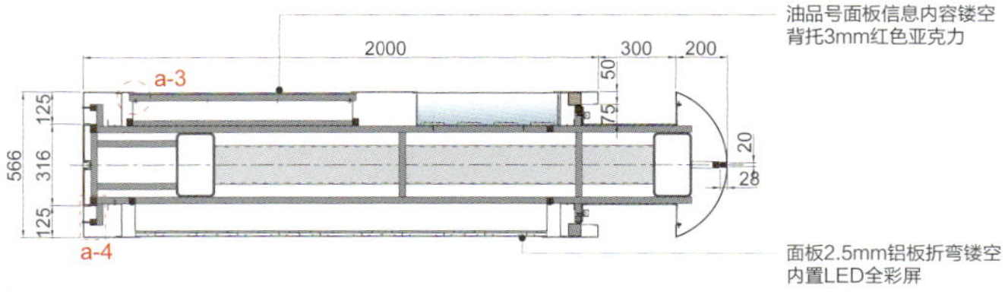

C-C剖面图

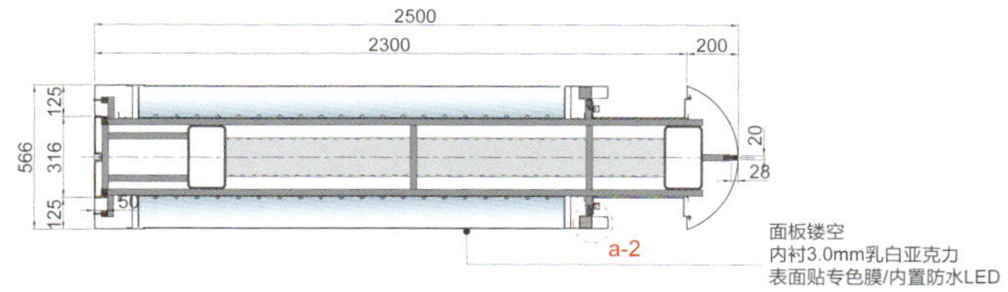

B-B剖面图

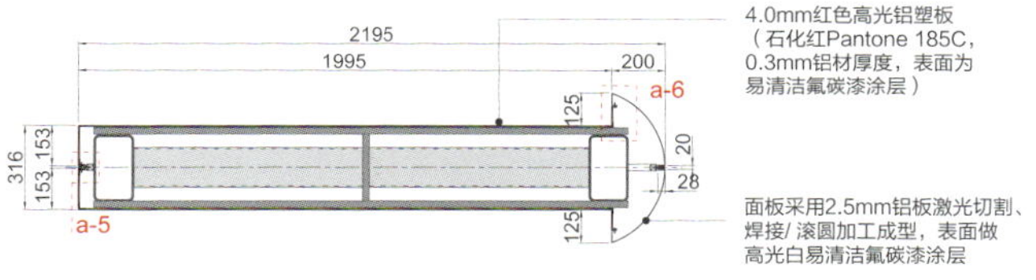

D-D剖面图

a-1

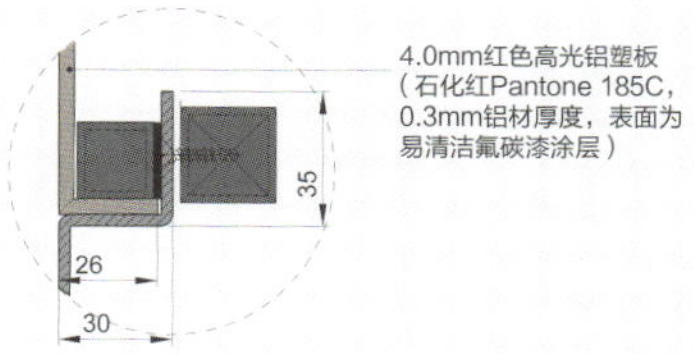

a-2

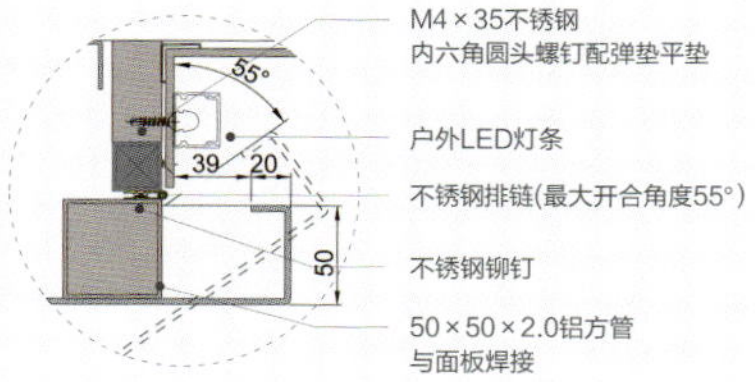

a-3

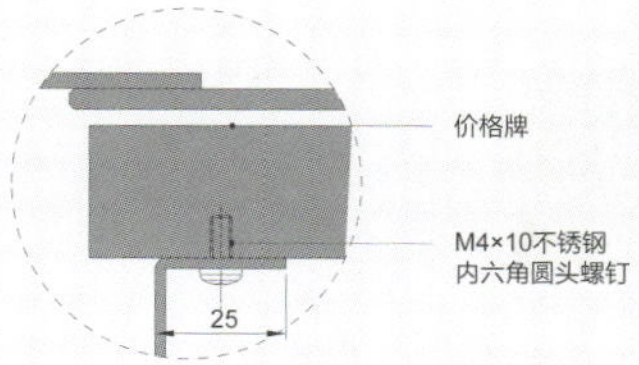

a-4

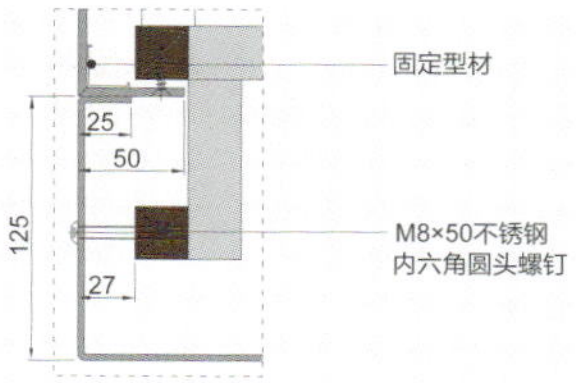

a-5

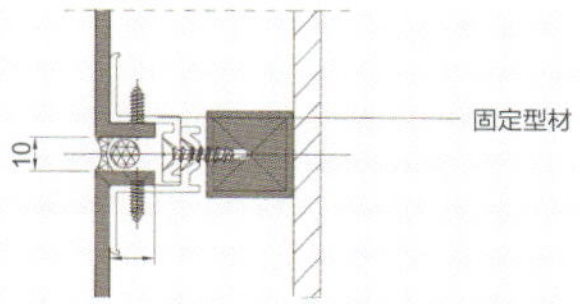

a-6

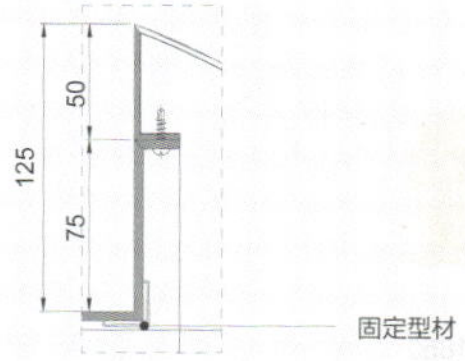

E.1.1.22 10m 品牌柱竖向剖面图

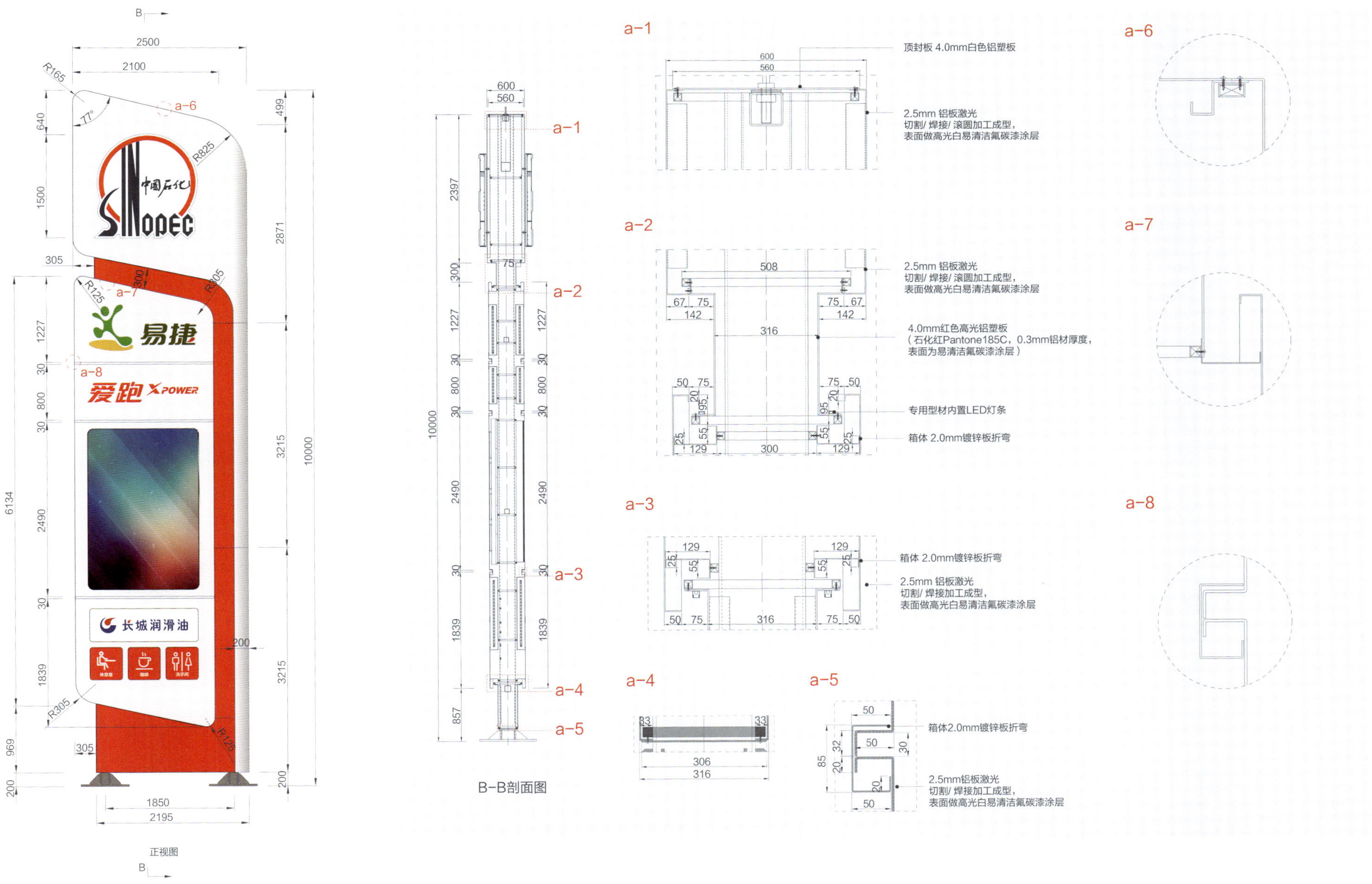

E.1.1.23 10m 品牌柱支架总图（一）

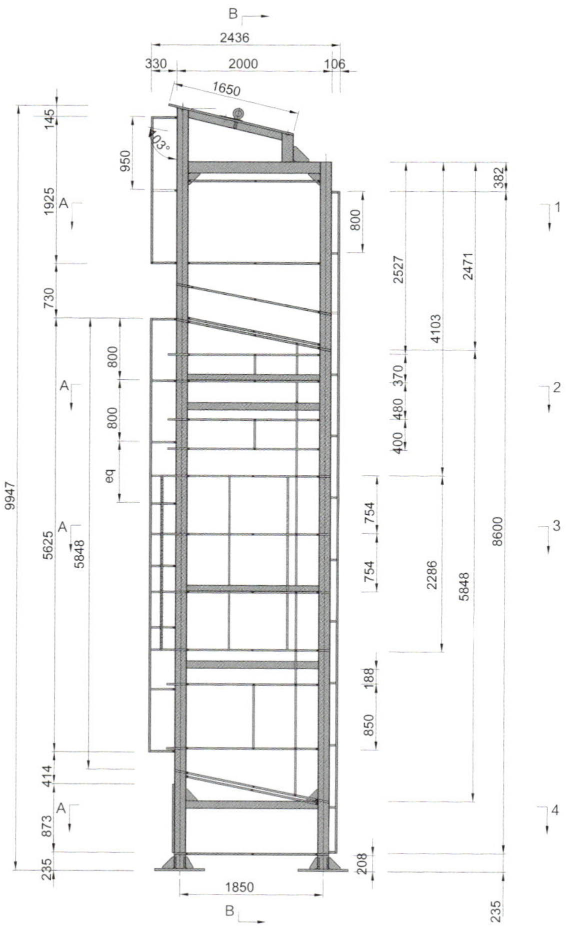

正视图

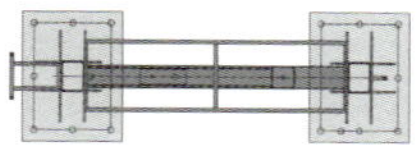

俯视图

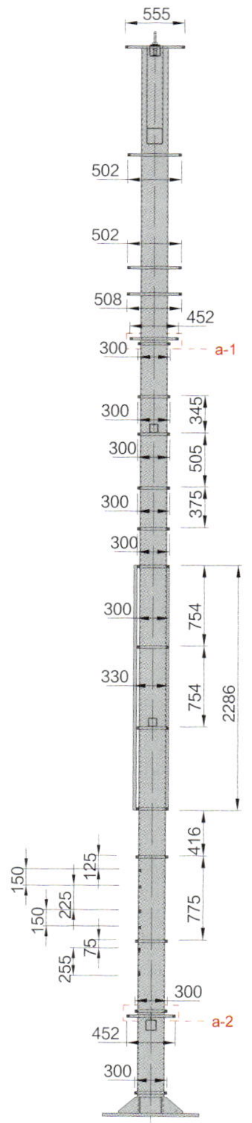

B−B剖面图

A−1剖面图

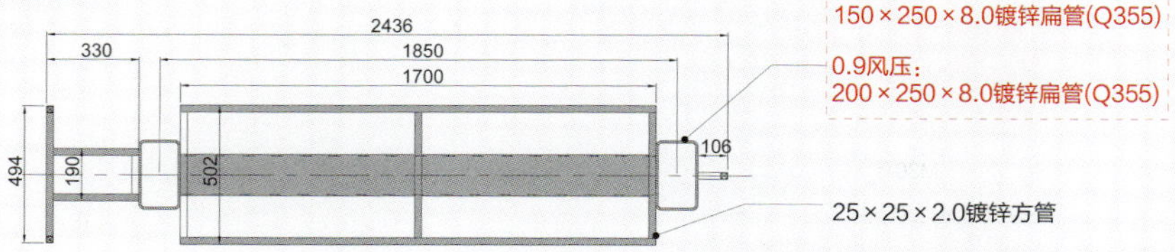

A−2剖面图

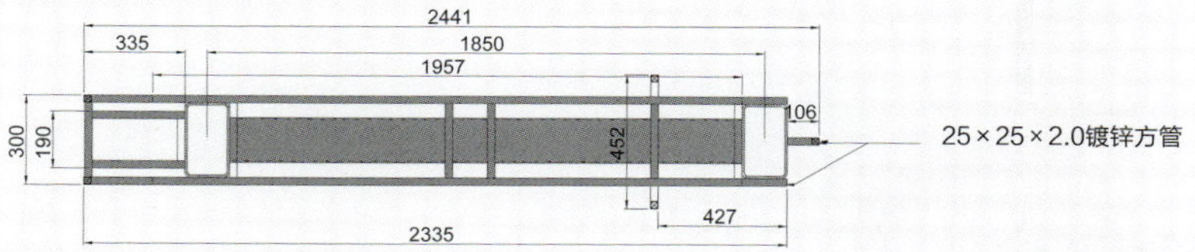

A−3剖面图

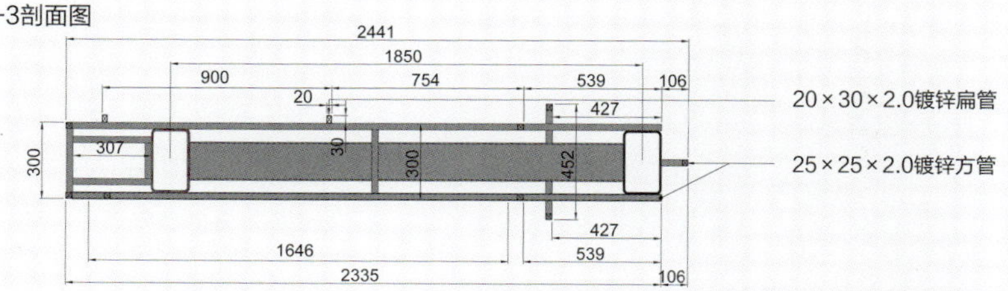

A−4剖面图

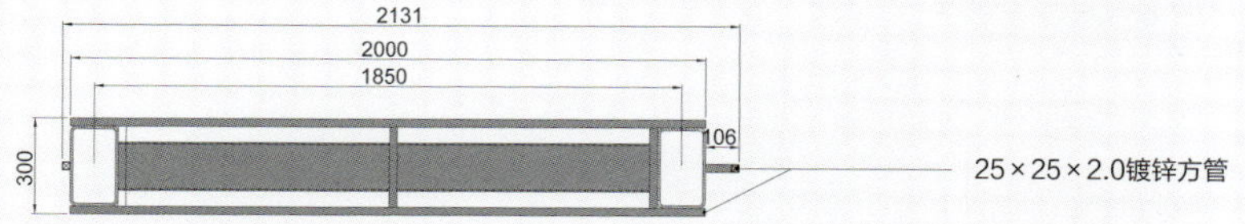

a-1

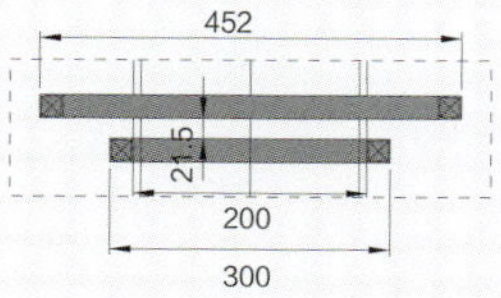

a-2

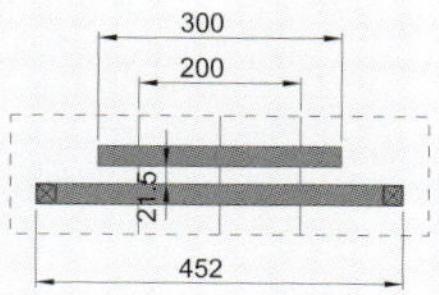

E.1.1.24 10m 品牌柱支架总图（二）

0.9风压

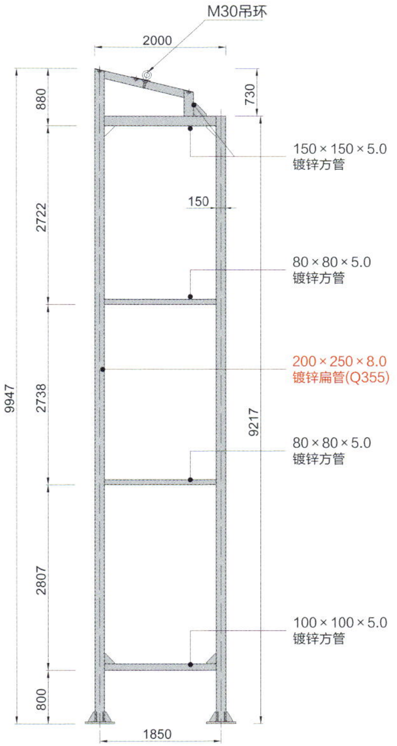

正视图

侧视图

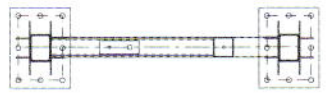

俯视图

0.6风压

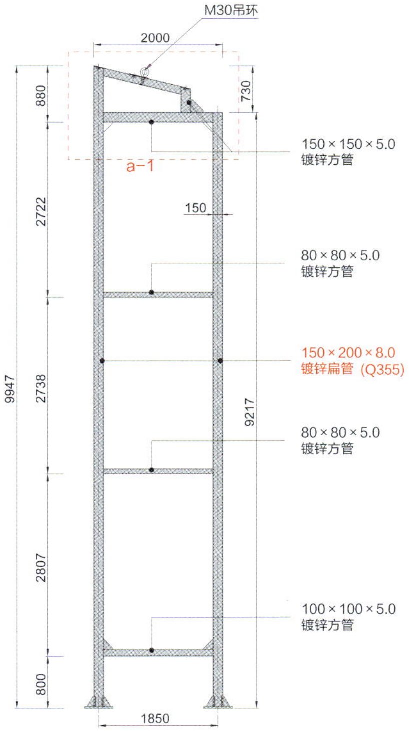

正视图

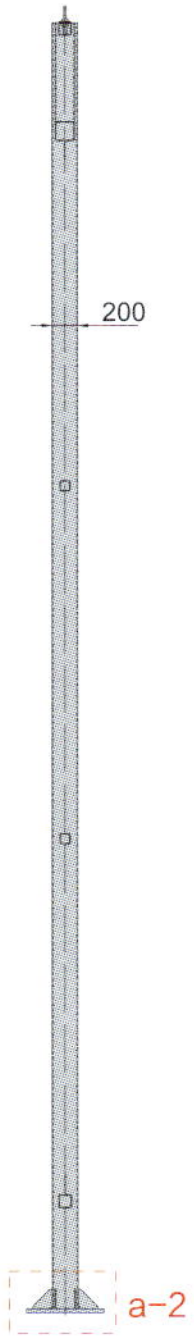

侧视图

俯视图

a-1（0.6风压）

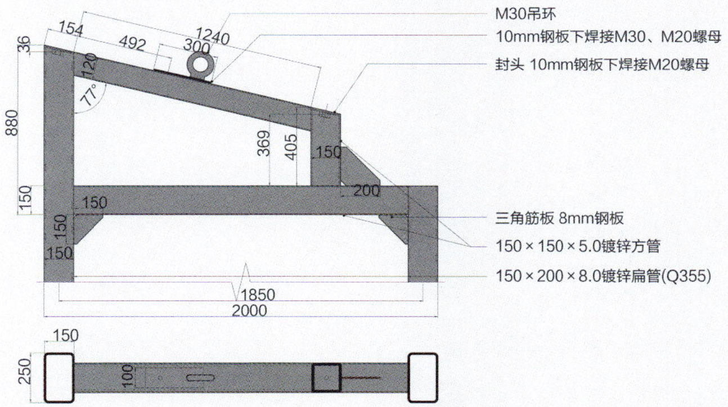

法兰25mm钢板

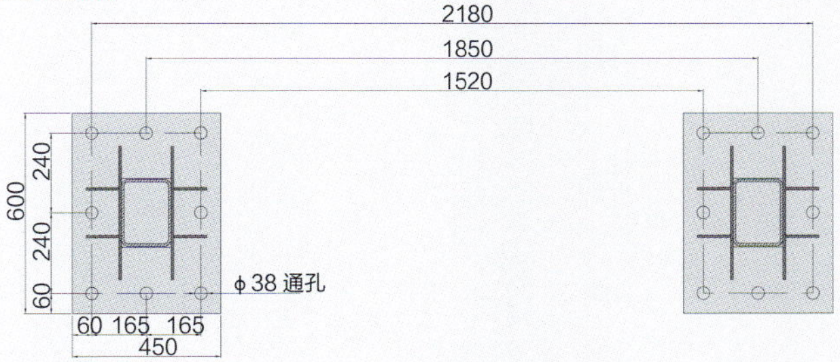

a-2

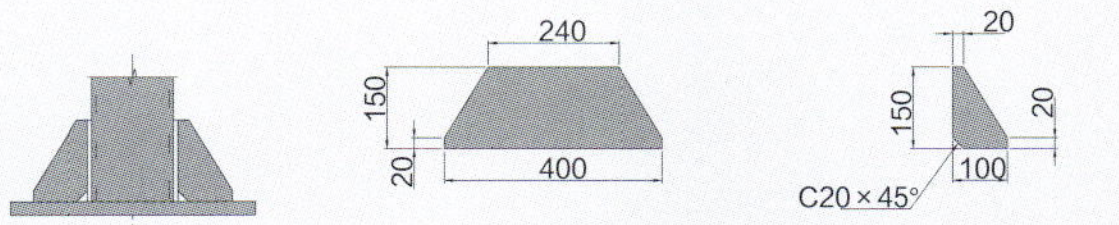

8.0mm筋板
数量:4件/套

法兰筋板 8.0mm钢板
数量:8件/套

E.1.1.25 10m 品牌柱顶面板 + 圆装饰罩制作图（一）

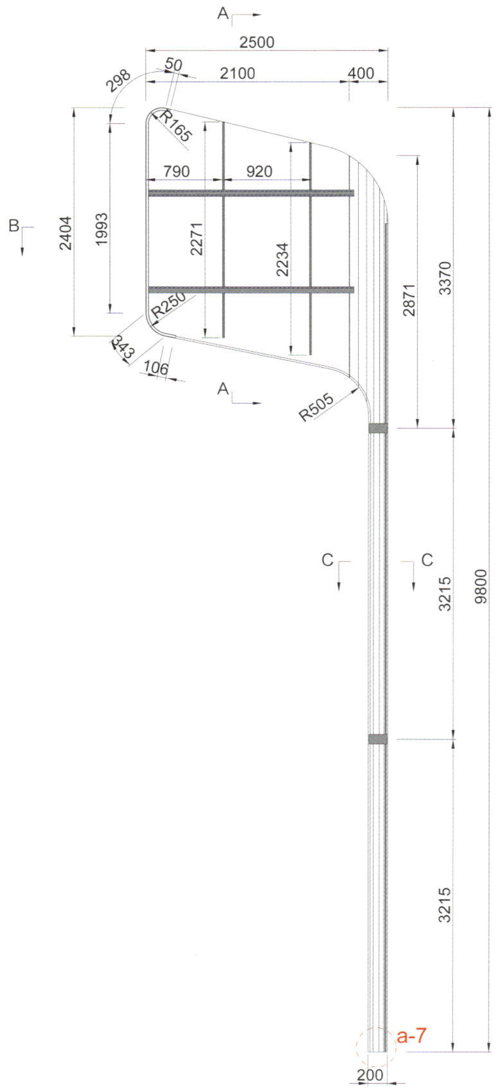

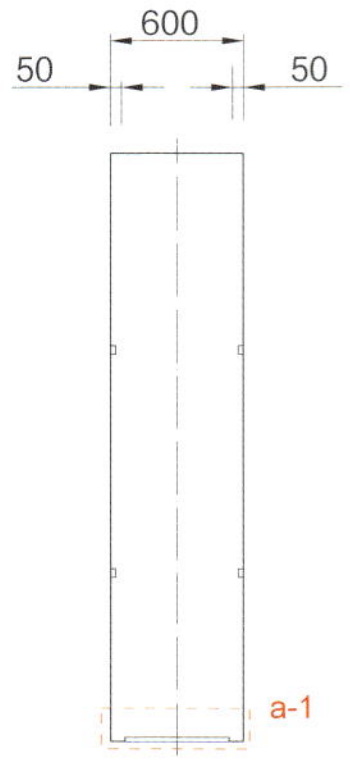

A–A剖面图

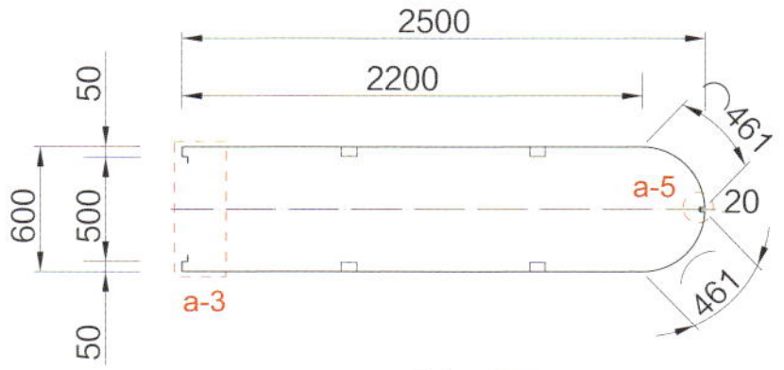

B–B剖面图

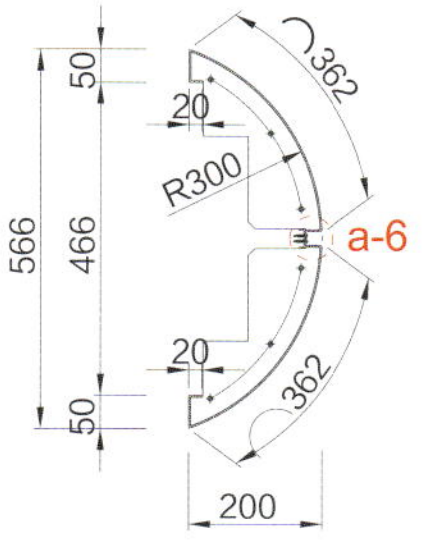

C–C剖面图

a-1

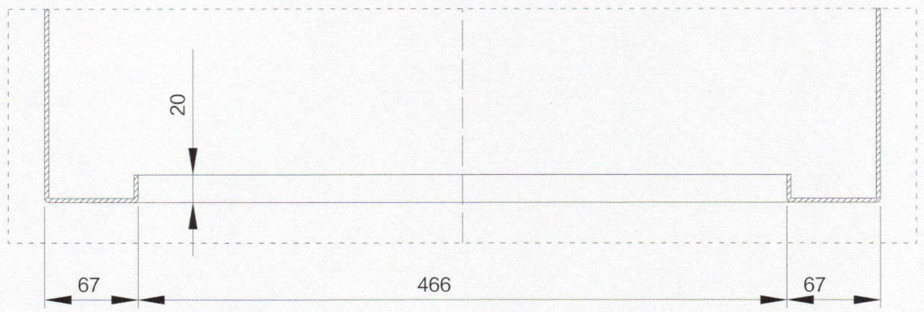

a-3

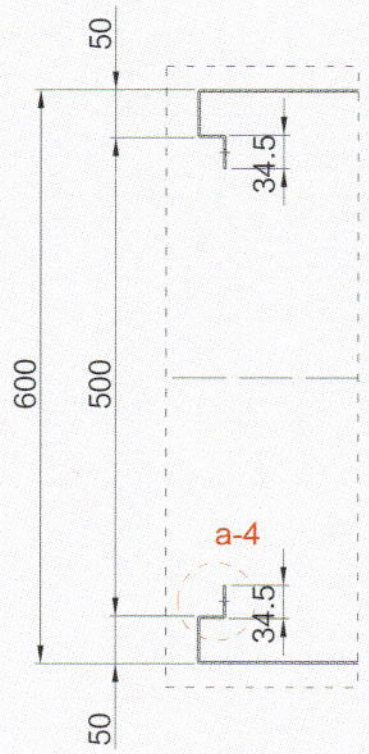

a-4

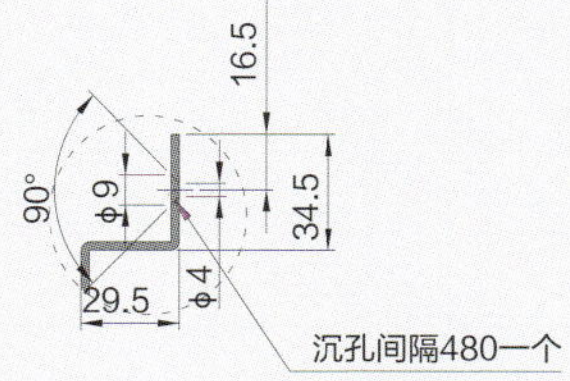

a-5

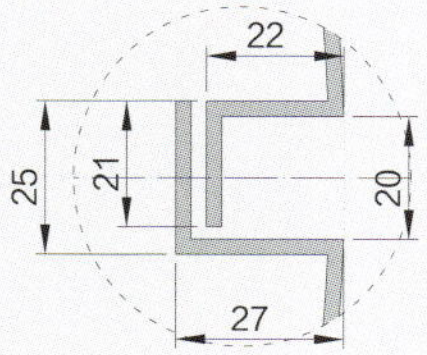

a-6

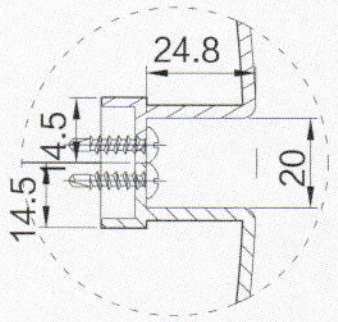

a-7

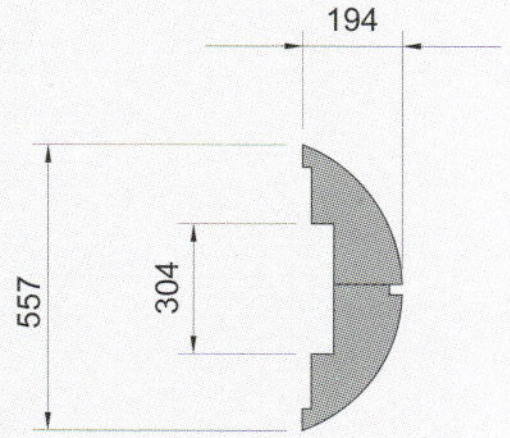

E.1.1.26 10m 品牌柱顶面板 + 圆装饰制作图（二）

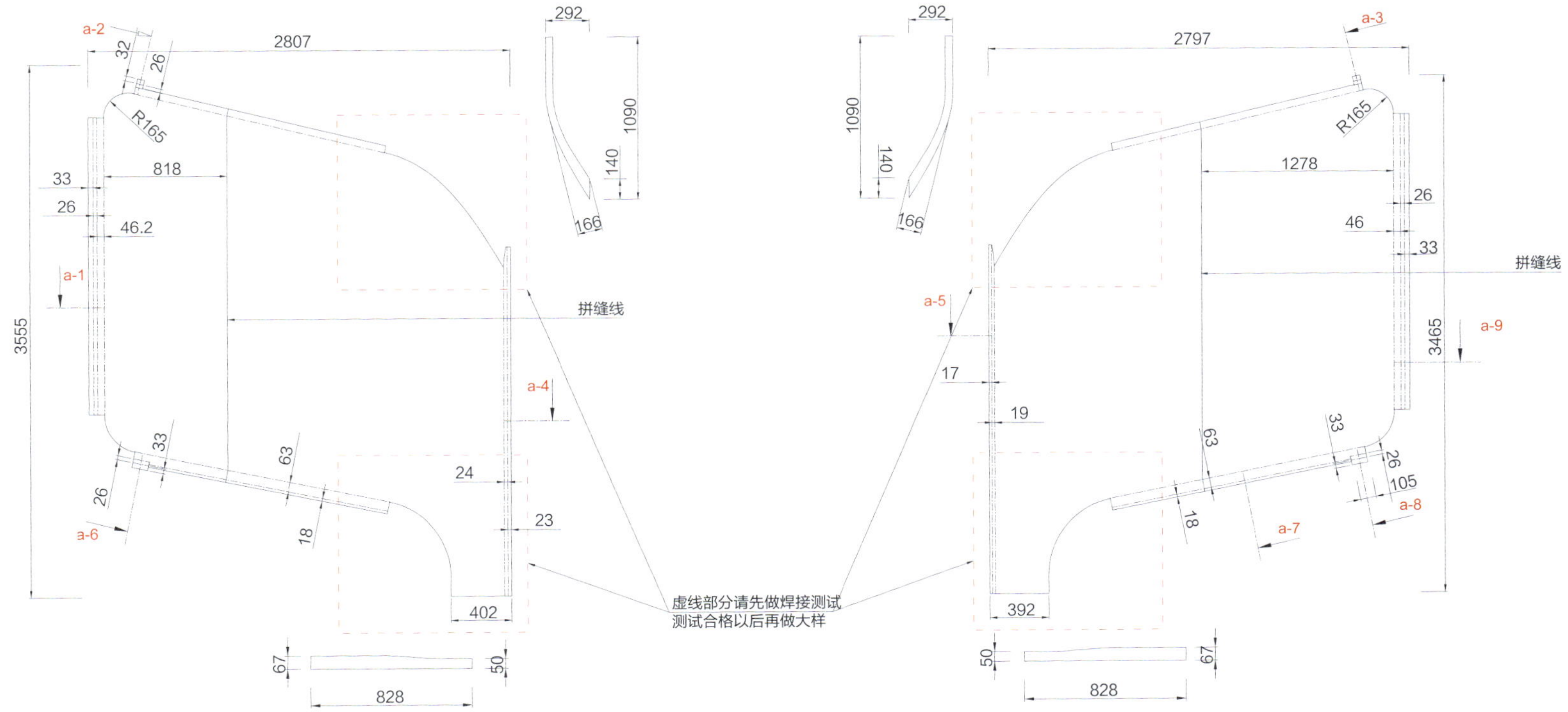

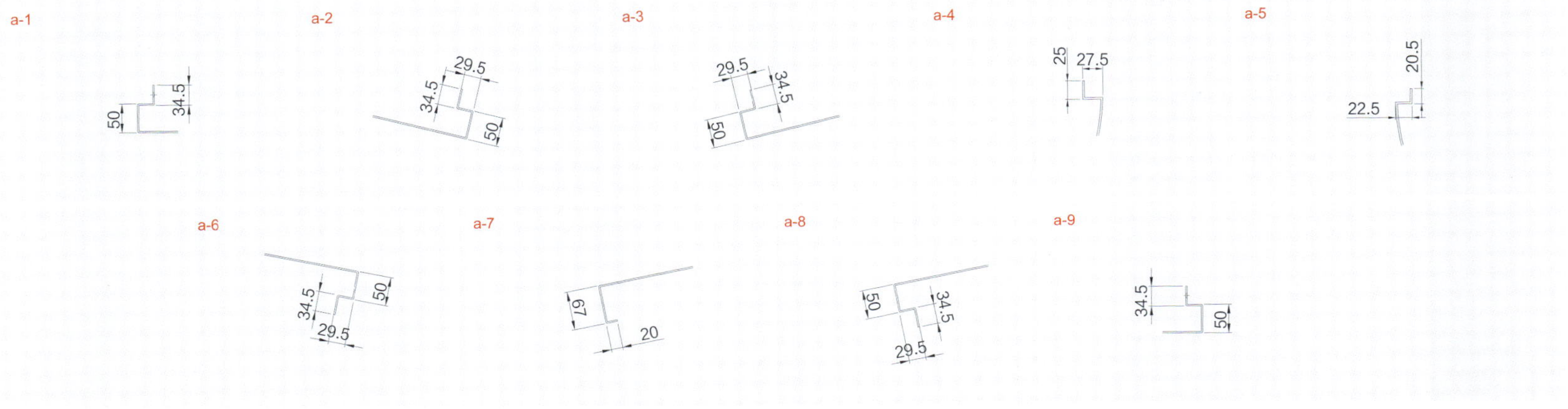

E.1.1.27 10m 品牌柱 LOGO 安装制作图

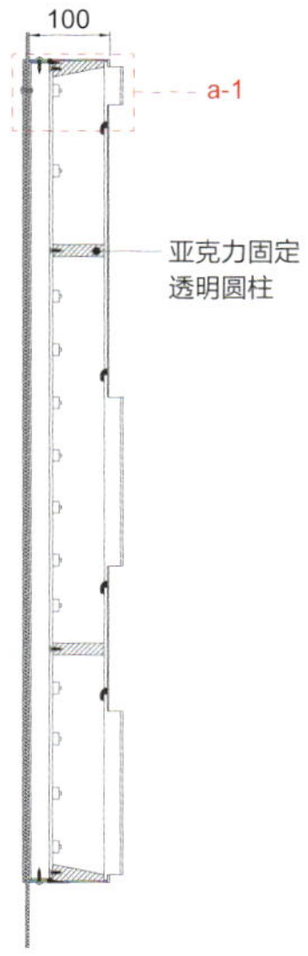

A-A剖面图

a−1

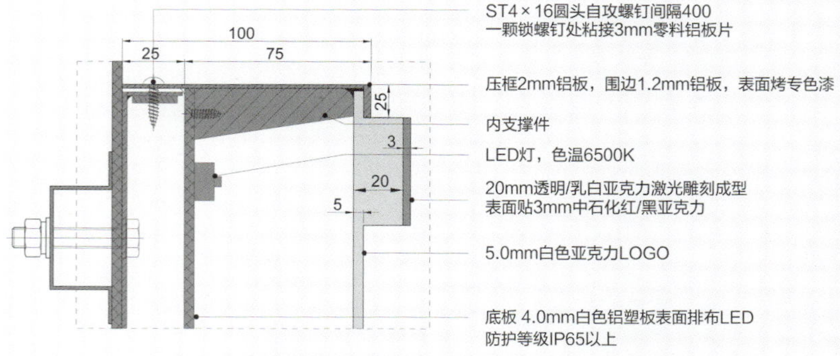

实景图

E.1.1.28 10m 品牌柱红色铝塑板制作图

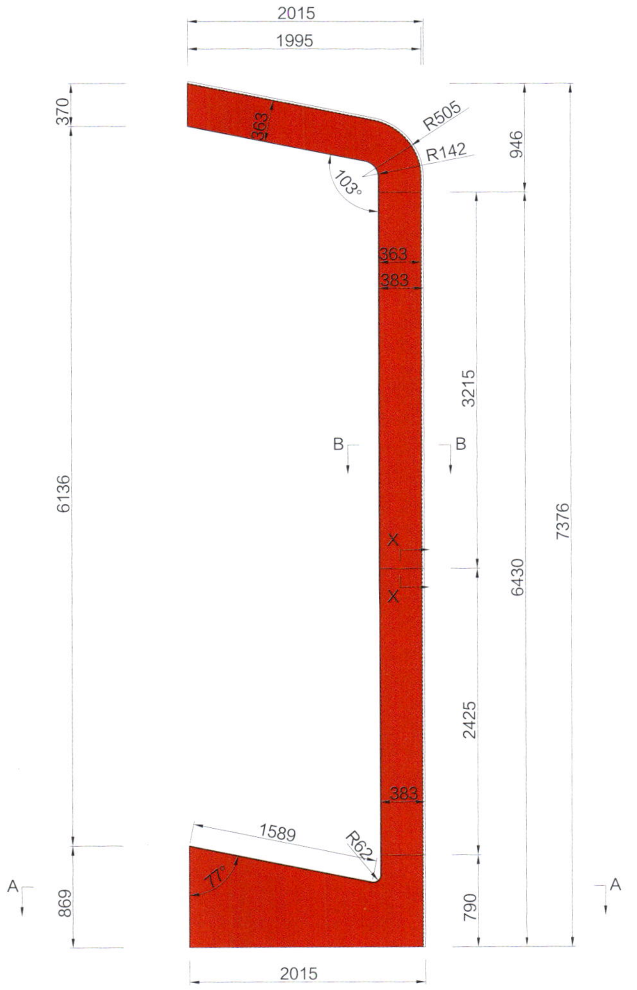

正视图

A-A剖面图

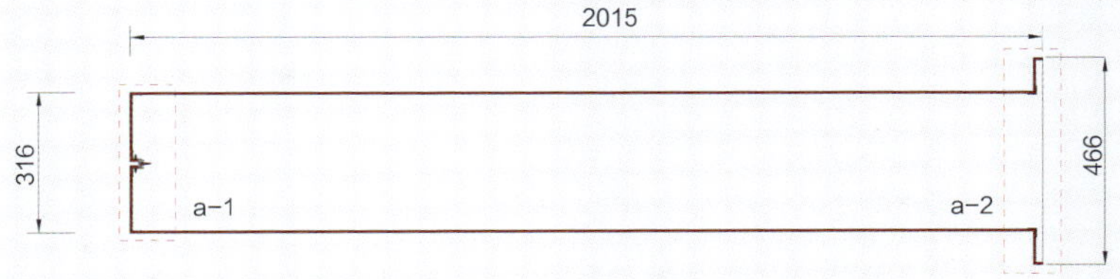

a-1

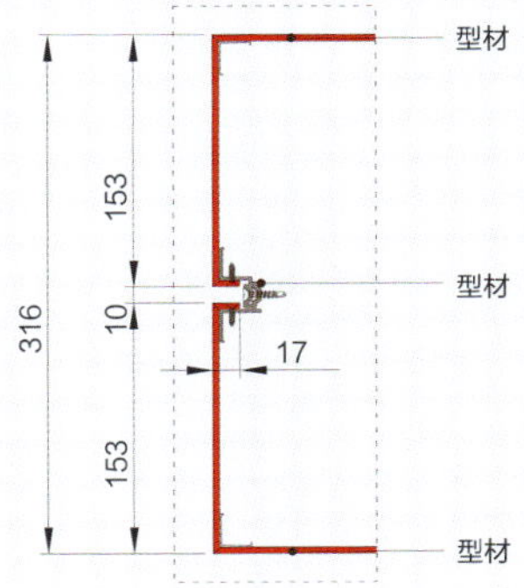

a-2

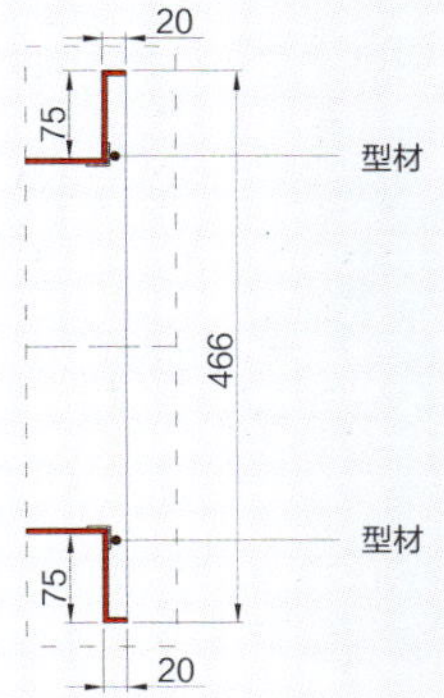

B-B剖面图

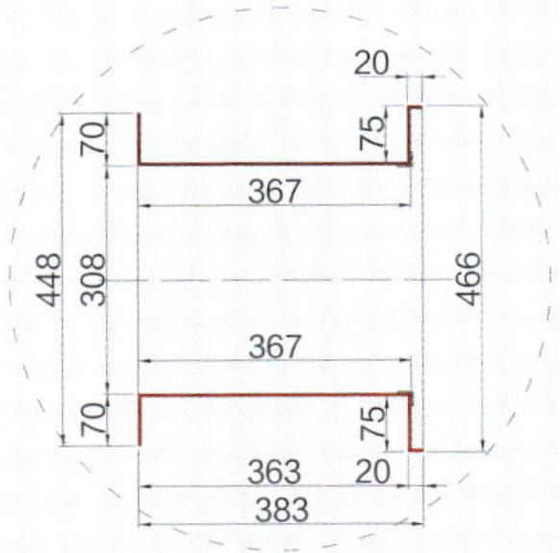

X-X剖面图

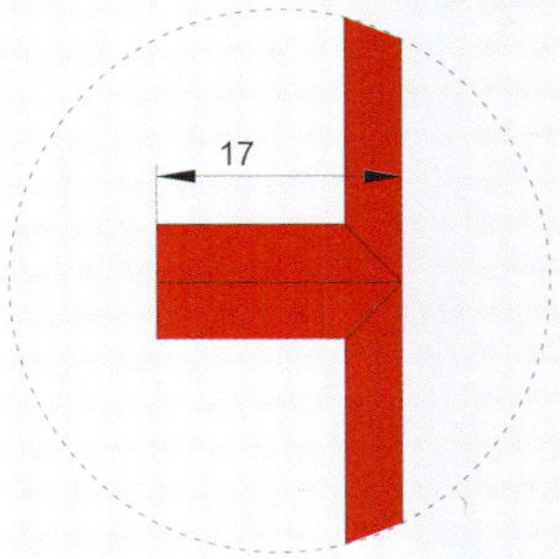

E.1.1.29 10m 品牌柱正面面板制作图、展开图

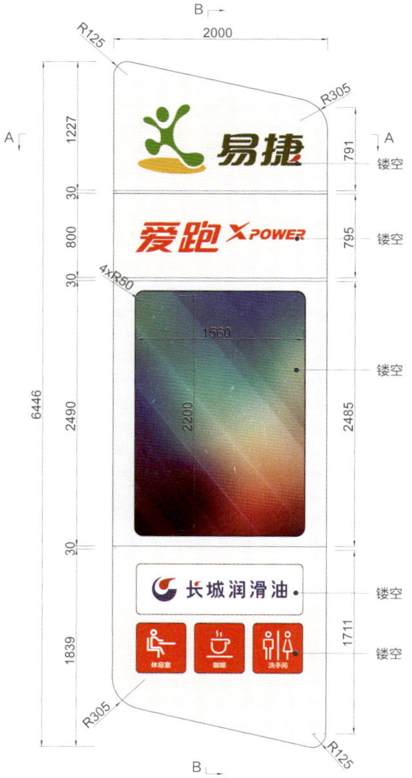

正视图

B-B剖面图

A-A剖面图

a-1

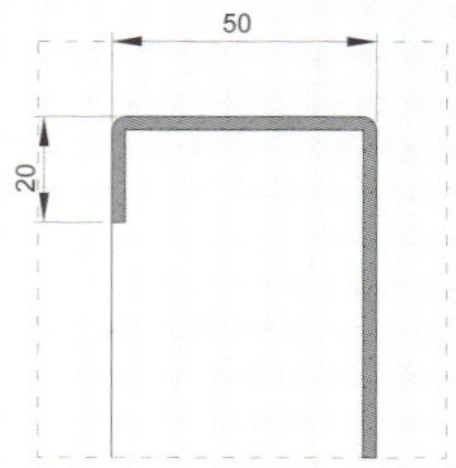

a-2

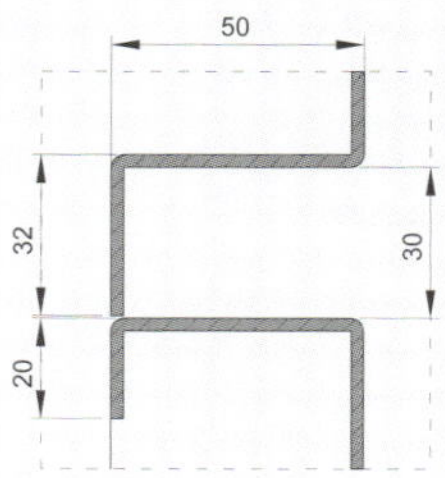

正面面板展开图

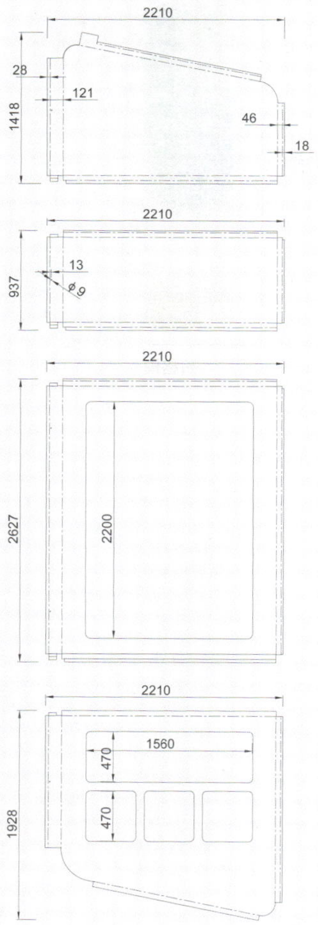

a-3

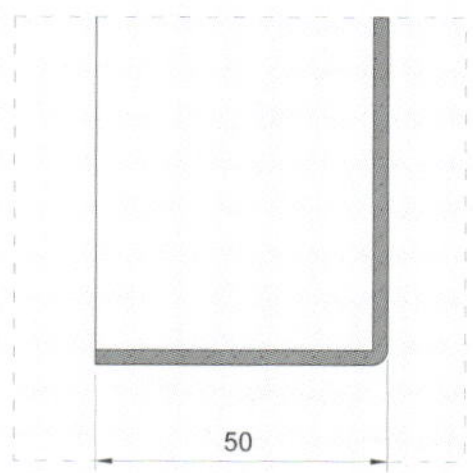

a-4

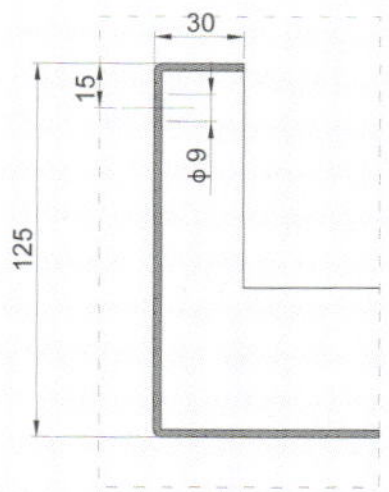

a-5

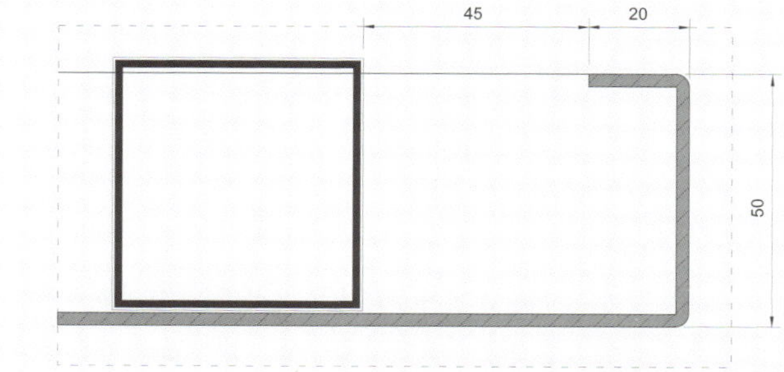

E.1.1.30 10m 品牌柱全彩屏面板

价格模块（LED彩屏）

LED彩屏模组参数

像素间距：	5mm
像素密度：	40000Dots/㎡
像素构成：	R:G:B=3:6:1
屏幕亮度：	≥5000cd/㎡
尺　　寸：	320mm×160mm×18mm
解 析 度：	64点×32点
换帧频率：	≥60Hz
防护等级：	IP65及以上
屏体寿命：	10万h
工作温度：	-20～50℃
工作电压：	220V AC ±15% 50Hz
平均功耗：	220W/m²
最大功耗：	650W/m²

LED单元件

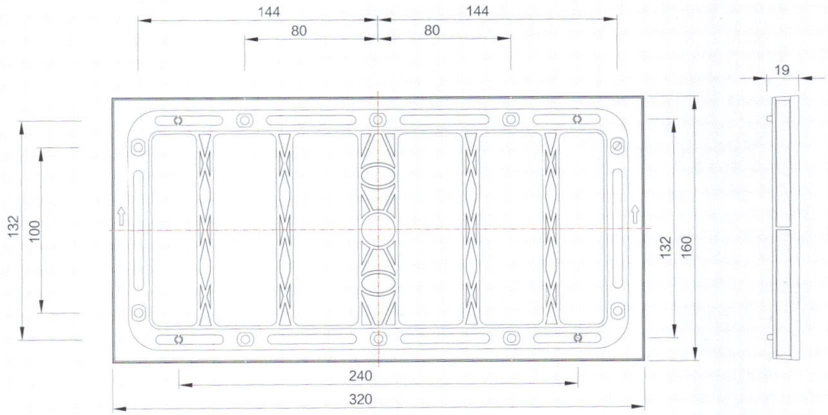

正视图　　侧视图

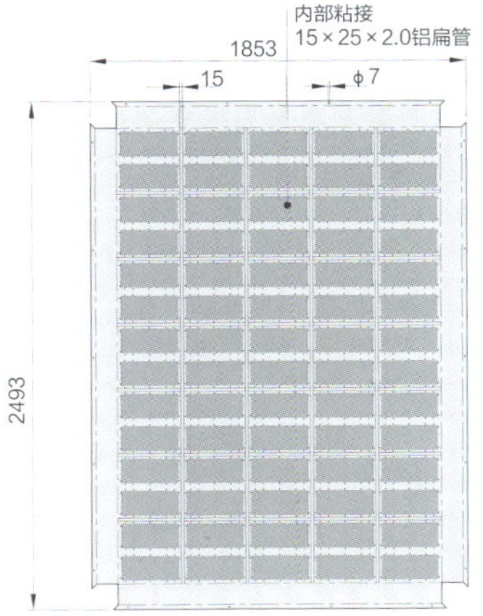

支架展开图

显示屏支架

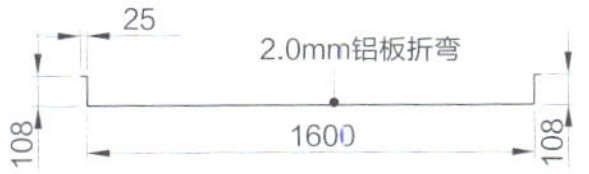

显示屏支架

价格牌支架

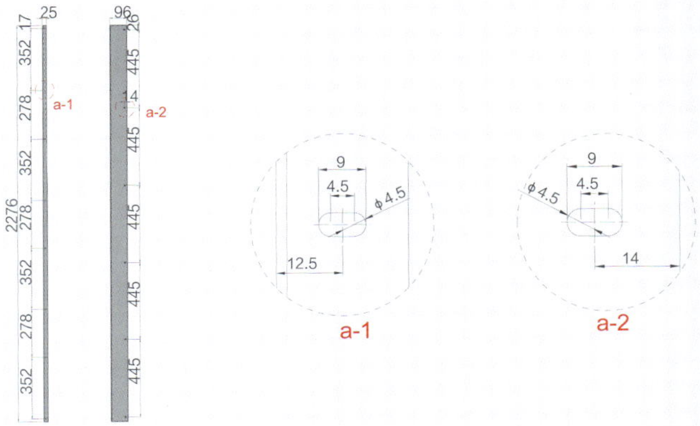

E.1.1.31 10m 品牌柱背面面板制作图、展开图

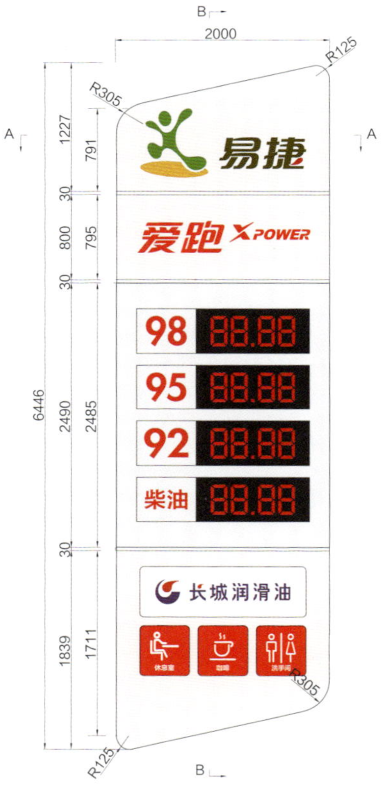

正视图

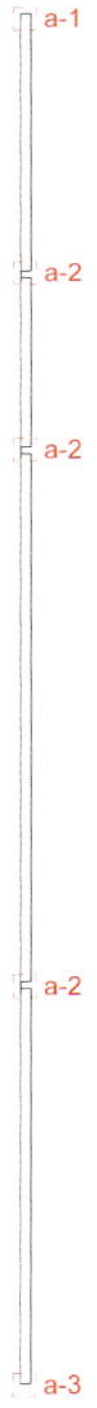

B-B剖面图

A-A剖面图

a-1

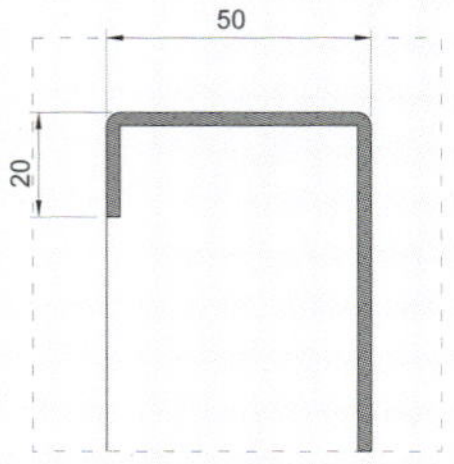

a-2

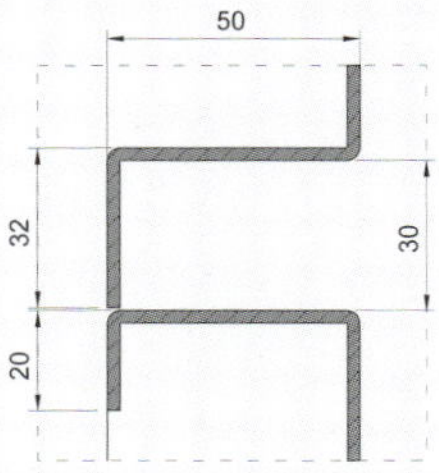

a-3

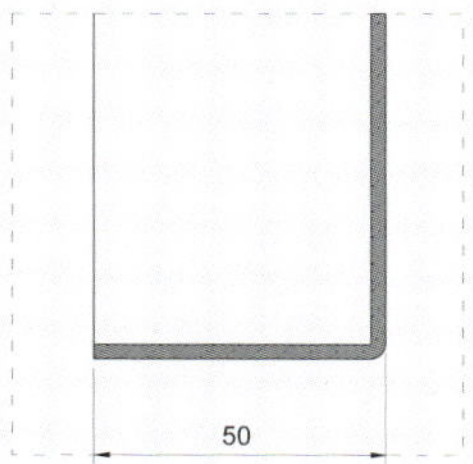

a-4

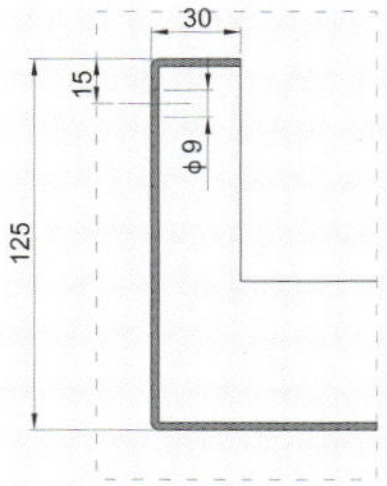

a-5

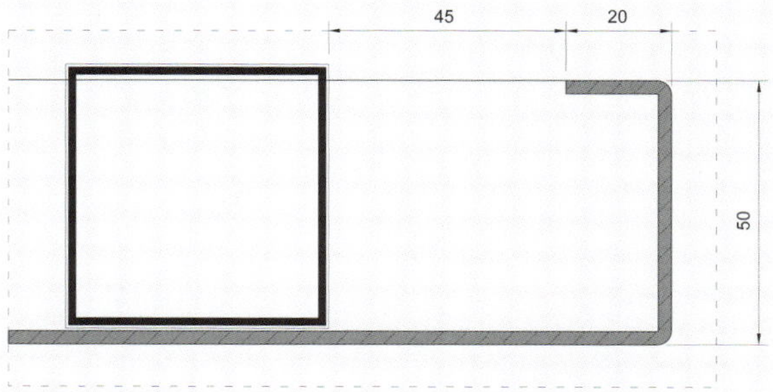

正面面板展开图

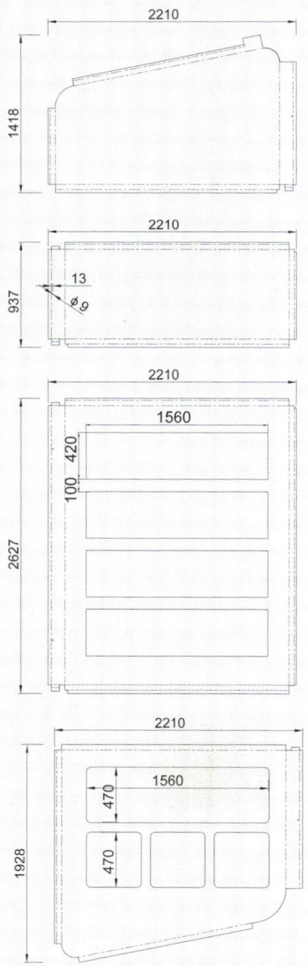

E.1.1.32 10m 品牌柱数显面板

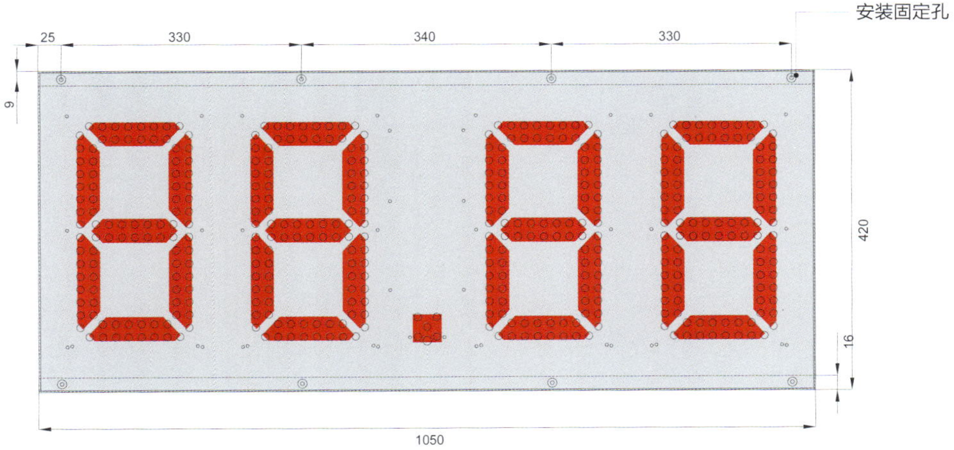

正视图

侧视图

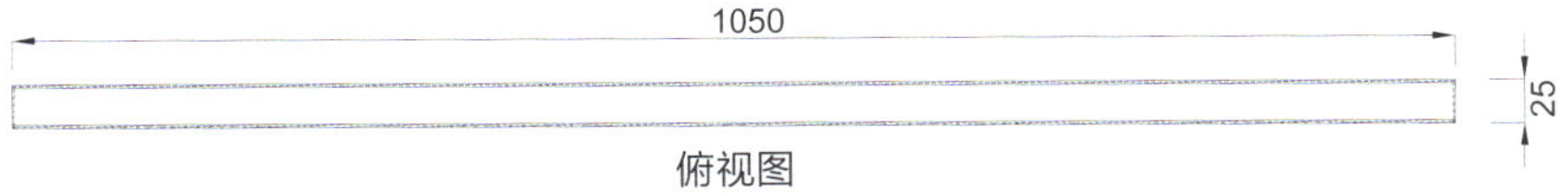

俯视图

数显示意

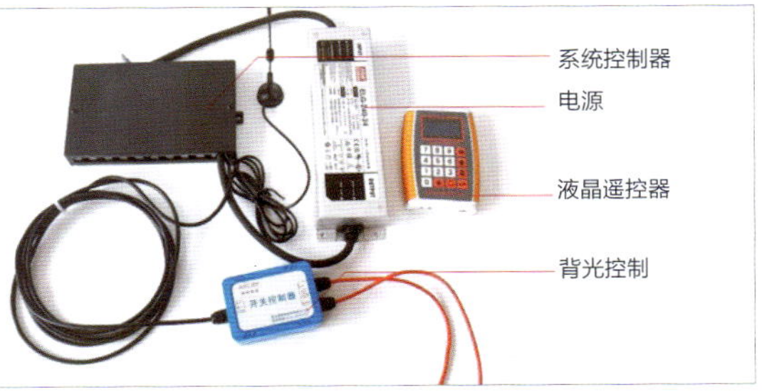

LED灯珠

尺寸	346mm
封装	椭圆直插
芯片	红灯
芯片连接线	金线
角度	水平大于80°，竖直大于40°
波长	620~625nm
亮度(I=20mA)	红灯>1700mcd
工作温度	-30~60℃
寿命	10万h，户外三年质保，光衰小于30%

LED价格单元

防护等级	IP65及以上
供电电压	24V DC
亮度	大于5000cd/m²
模块	8字板整体封装灌胶（非7段码拼接）
连接方式	单根网线连接
驱动方式	恒流恒压
亮度调节	256级光感亮度调节
字段类型	七段码
冷却方式	自然风冷
面板材料	铝板户外喷粉
设定电流	I_{max}<20mA
平均无故障时间	大于5万h
光衰标准	2万h 小于20%
工作温度	-30~60℃
存储温度	-10~40℃
平均功率	<25W
维护方式	前维护
安装	表面安装或嵌入式安装
常规尺寸	1050×420×25
功能	用于显示数字及价格，连接系统控制

E.1.1.33 10m 品牌柱开启式箱体制作图、展开图

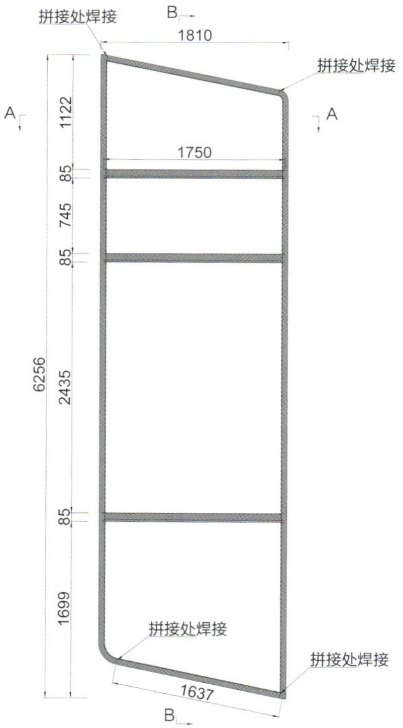

开启式箱体骨架

B-B剖面图

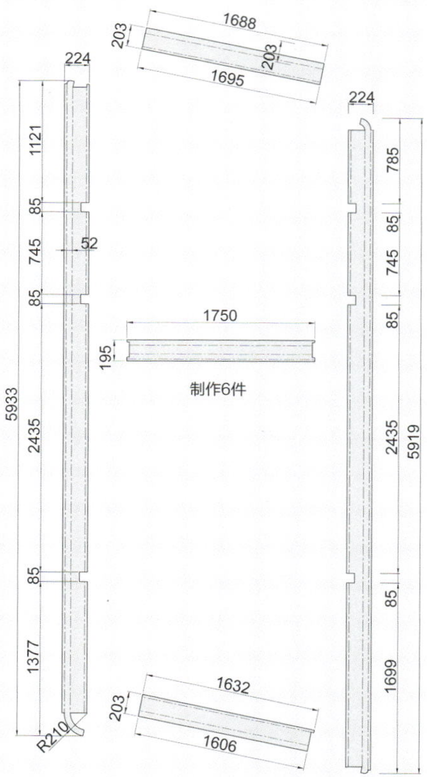

开启式箱体展开图
（左右对称制作）

A-A剖面图

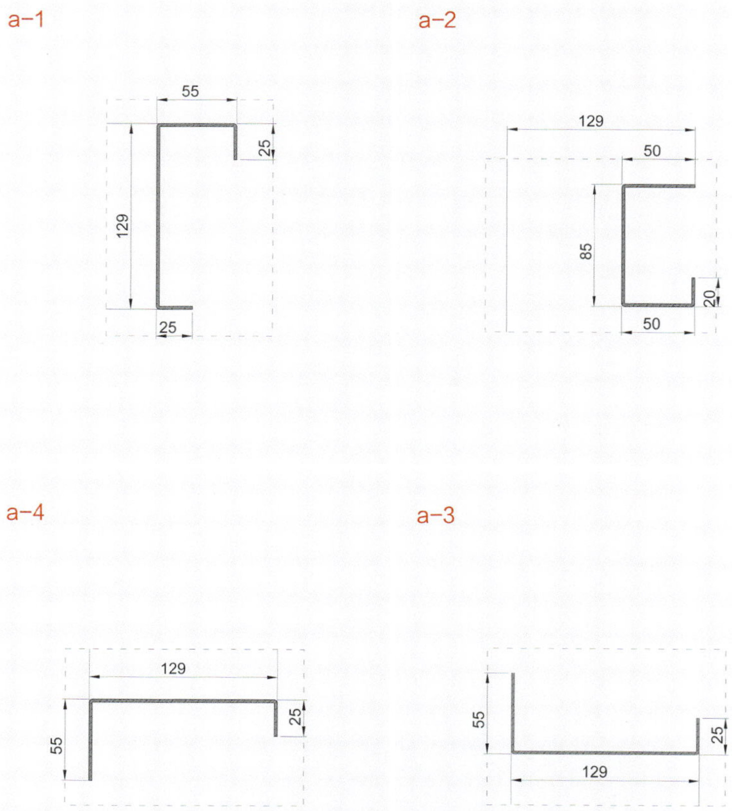

E.1.1.34 10m 品牌柱包边板制作图

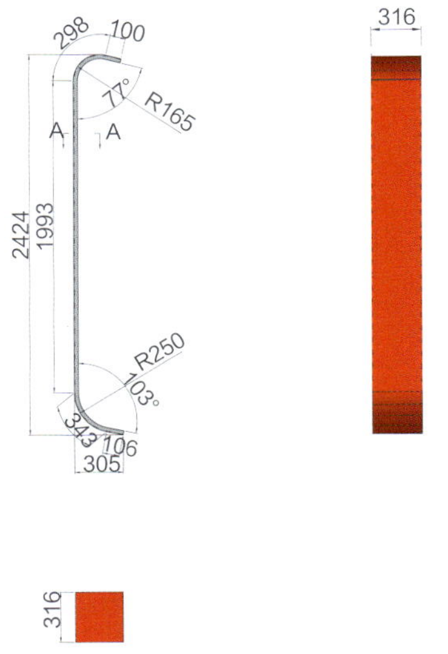

A-A剖面图

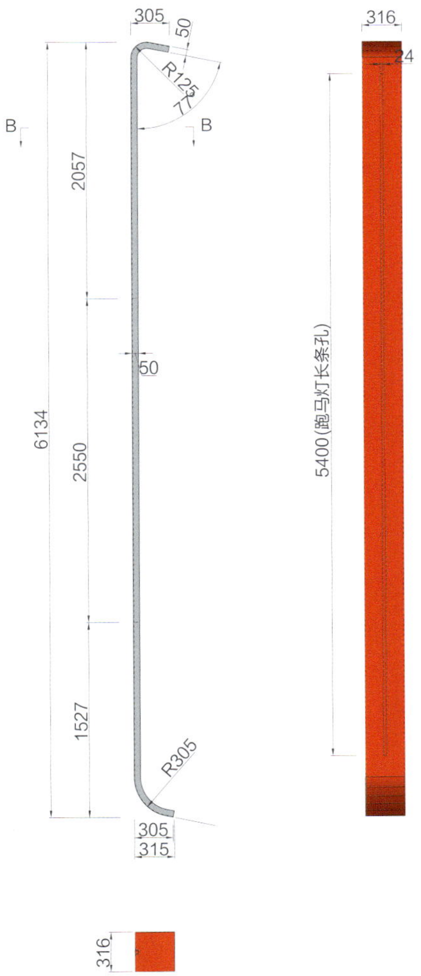

B-B剖面图

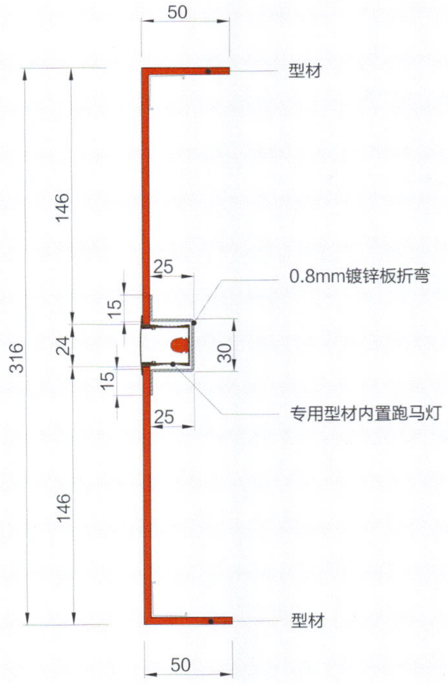

E.1.1.35 10m 品牌柱防水 LED 灯条制作图

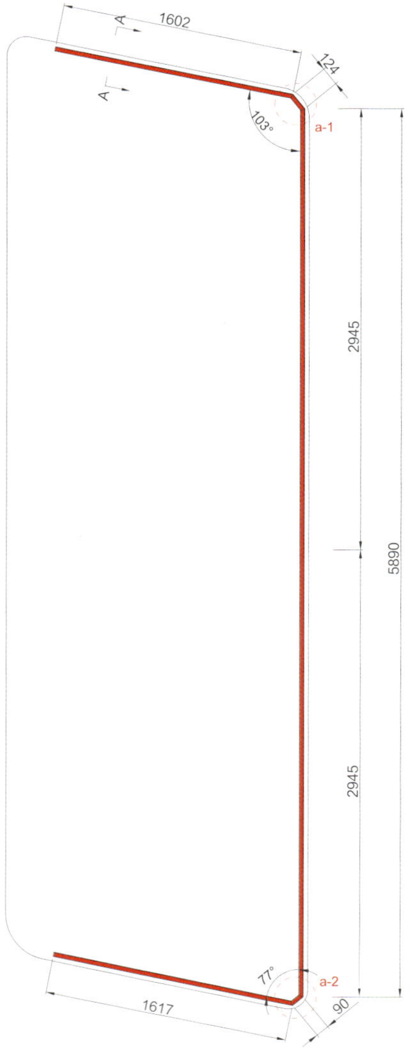

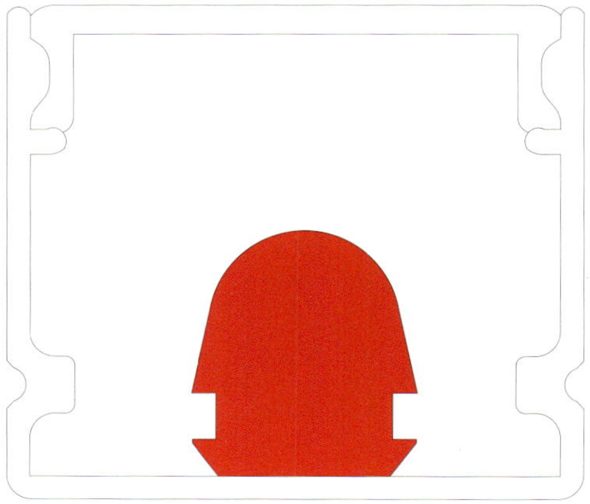

A–A剖面图

灯条参数

产品名称：	恒压24V柔性照明灯条
发光颜色：	红色
波　　长：	620 ~ 625nm
功　　率：	8W/m
标准长度：	5m
电　　压：	24V
防护等级：	IP65及以上
运行环境：	-25 ~ 60 ℃
显色指数：	≥80
发光角度：	≥120°

跑马灯实物图

灯条实物图

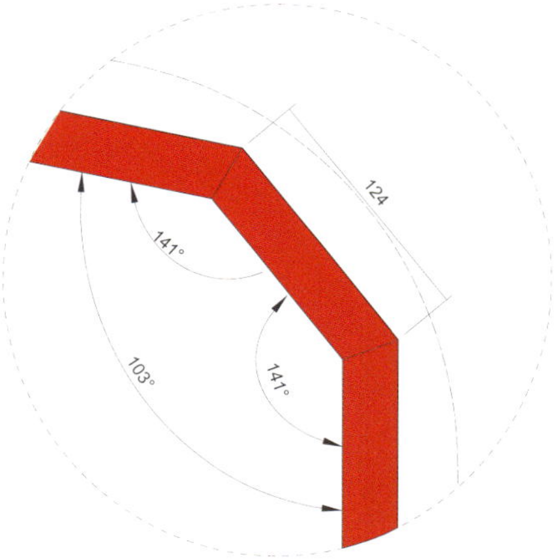

a-1

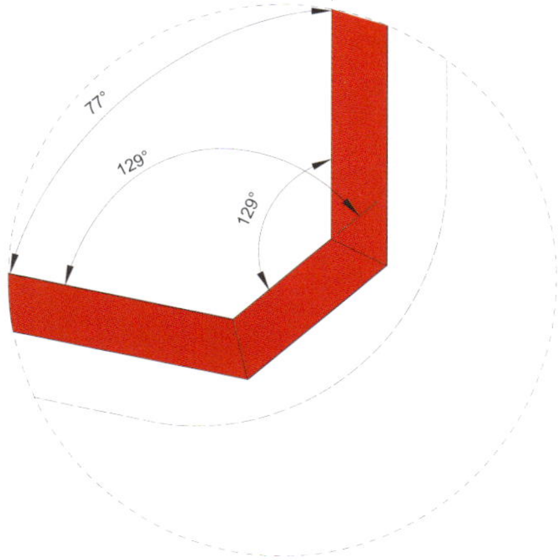

a-2

E.1.1.36 10m 品牌柱地基

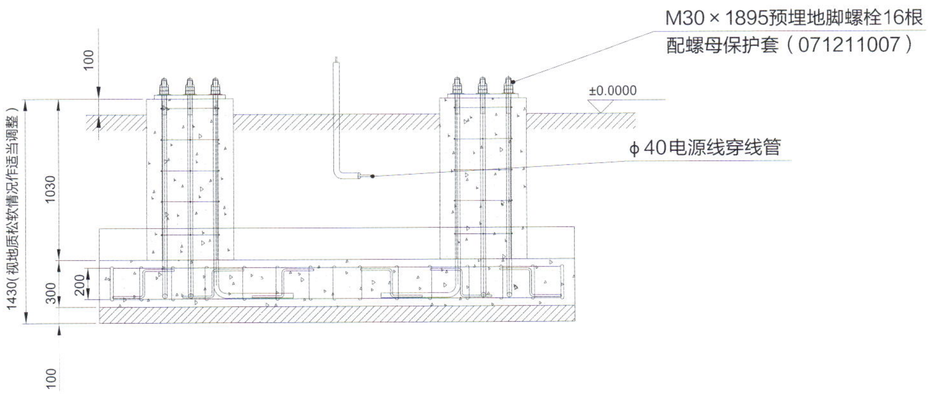

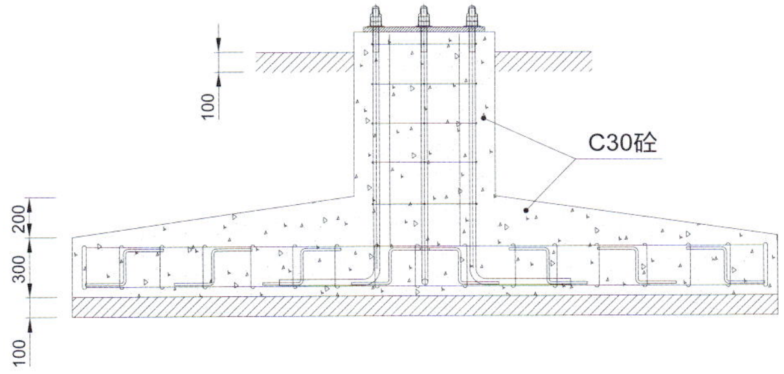

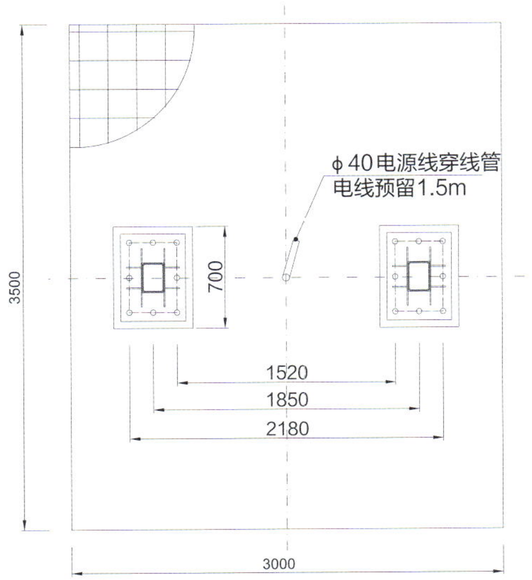

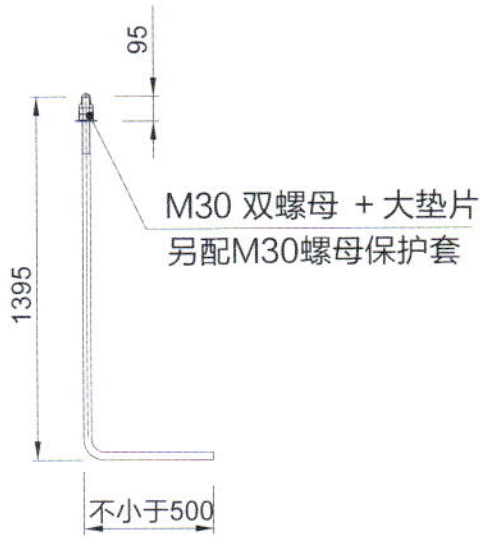

M30地脚螺栓

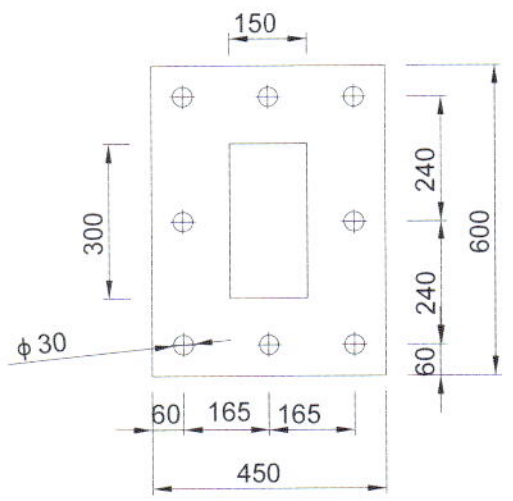

10mm模板

说明：

· 基础设计标高为相对标高，且要埋于实土上，基坑开挖后，应会同相关人员到现场确认；

· 基础、砼柱C30砼,垫层C10砼，马凳（ϕ10圆钢）每平方大于等于2.5个；

· 预埋地脚螺栓16根，2个柱头用10mm模板定位，孔位偏差控制在3-4mm以内；

· 品牌柱吊装前,在品牌柱底板与基础底座接触面先用水泥浆抹平；

· a.双面电子显示屏品牌柱用电量小于2700W，电源进线选用220V AC 3x6平方铜芯线，送至基础电线管出口预留1.5m；

b.一面电子显示屏一面价格牌品牌柱用电量小于2000W，电源进线选用220V AC 3x4平方铜芯线，送至基础电线管出口预留1.5m；

c.双面数码显示牌品牌柱用电量约1150W，电源进线选用220V AC 3x2.5平方铜芯线送至基础电线管出口预留1.5m；以上分不清的情况下，避免超负荷，电源进线均选用220V AC 3x6平方铜芯线送至基础电线管出口预留1.5m；

· 布线时接地线必须与整个建筑的接地线保持一致，并设防雷装置；

· 此图可根据当地气候、环境等因素作适当调整，但地基承载力要求大于80kPa。

注:各站在进行品牌柱基础设计时应由专业设计单位根据相关法律法规、国家规范、行业及地方规定、当地水文地质及环境气候等因素做专业测算并出具专业结构施工图纸。

E.1.1.37 10m 品牌柱旧基础

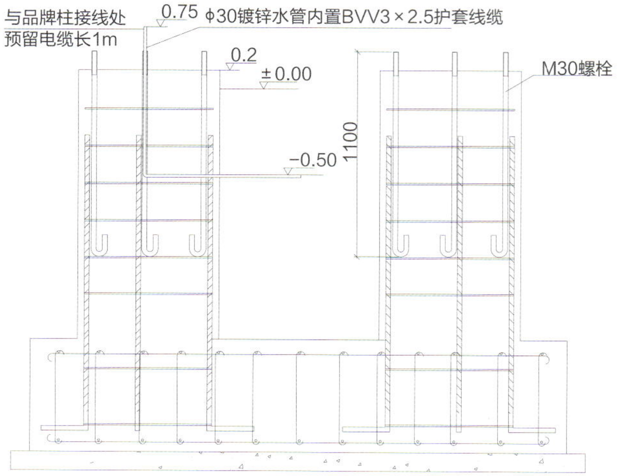

H-H截面

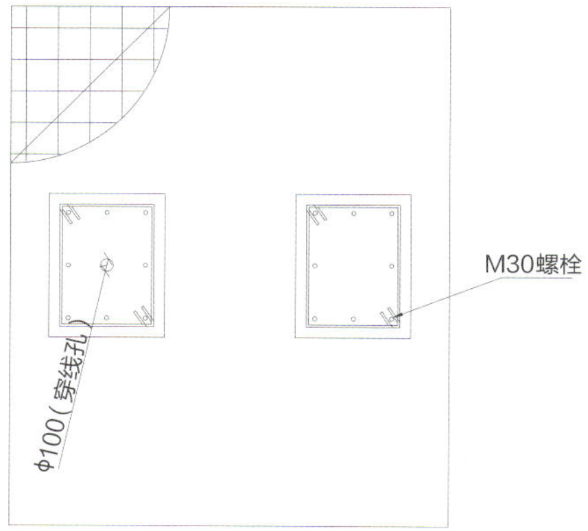

钢筋平面图

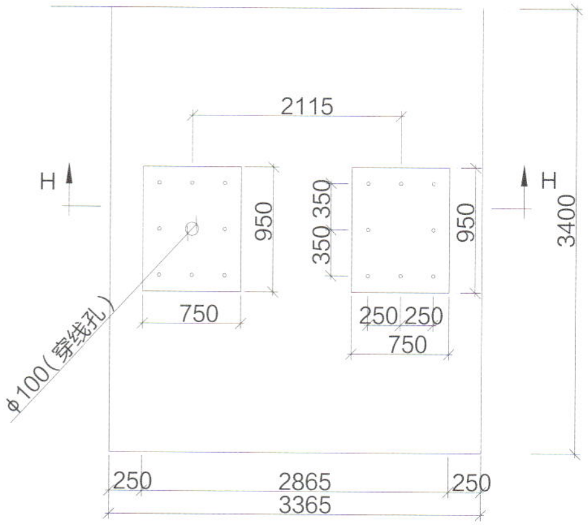

10m双柱基础平面图

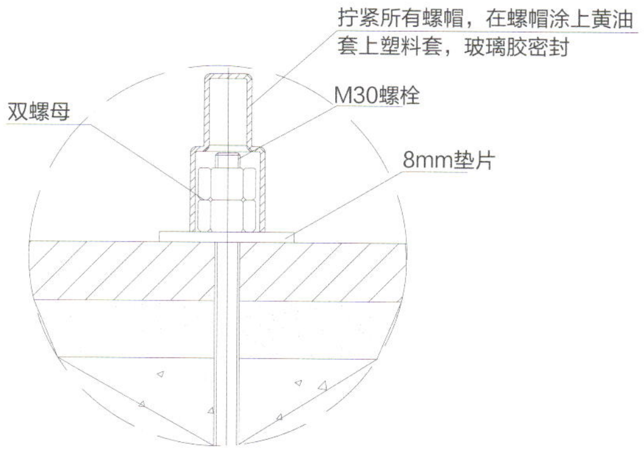

螺栓大样图

注：

各站在进行品牌柱基础设计时应由专业设计单位根据相关法律法规、国家规范、行业及地方规定、当地水文地质及环境气候等因素做专业测算并出具专业结构施工图纸。

E.1.1.38 10m 品牌柱旧基础法兰盘

说明:

· 基础设计标高为相对标高，基础应埋于实土上，基坑开挖后，应会同有关人员现场确定；
· 焊条选用E43型，焊缝满足设计及规范要求（除图中特殊注明外）；
· 品牌柱吊装前，在品牌柱底板与基础底座接触面先用20mm厚水泥砂浆抹平；
· 布线时接地线必须与整个建筑的接地线保持一致；
· 此图仅作为参考，实际制作可根据当地气候、环境等因素因地制宜；
· 基础结构完成后，需要根据当地的环境、气候等情况，保养时间7天以上；
· 需要复核牢固度；
· 需要复核现场地脚螺栓尺寸是否与右图相同；
· 需要复核地脚螺丝是否为M30。

注：各站利旧原有品牌柱基础时应由专业设计单位进行设计复合后实施。

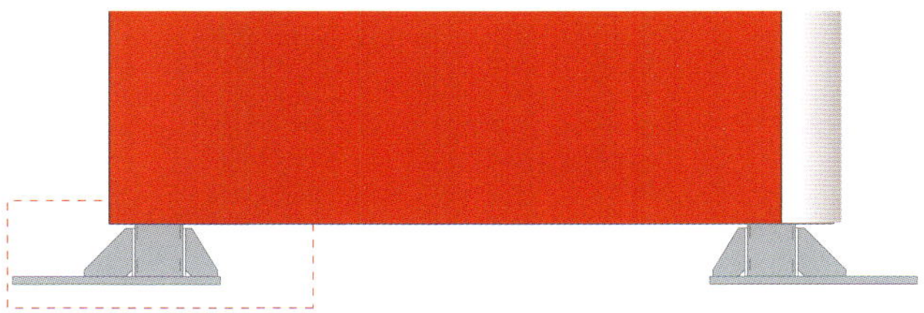

10m品牌柱示意图

法兰 25mm钢板

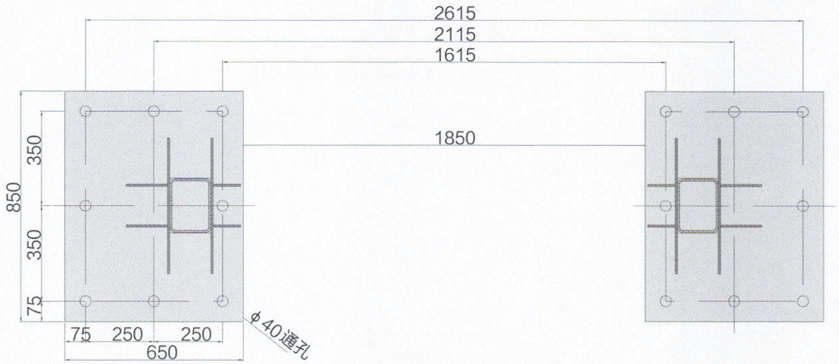

a-1

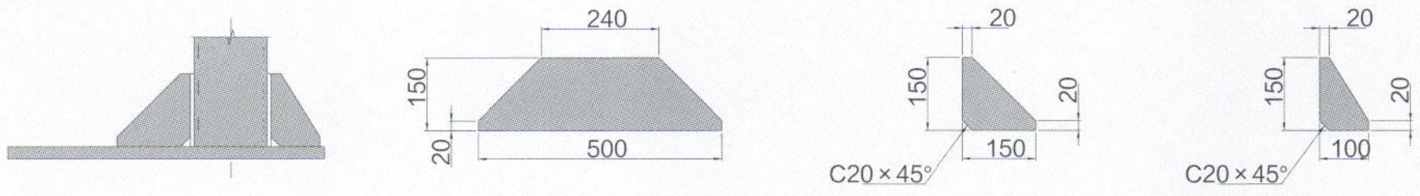

8.0mm筋板
数量:4件/套

法兰筋板 8.0mm钢板
数量:4件/套

法兰筋板 8.0mm钢板
数量:4件/套

E.1.1.39 8m 品牌柱（曲面款）形象三视图

正视图　右侧视图　左侧视图　后视图

E.1.1.40 8m 品牌柱横向剖面图

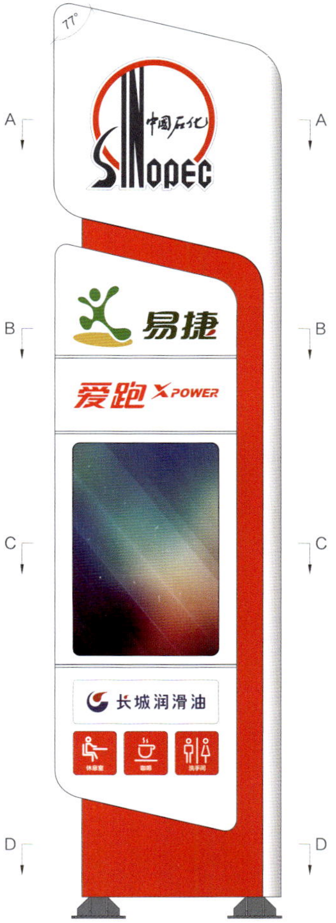

正视图

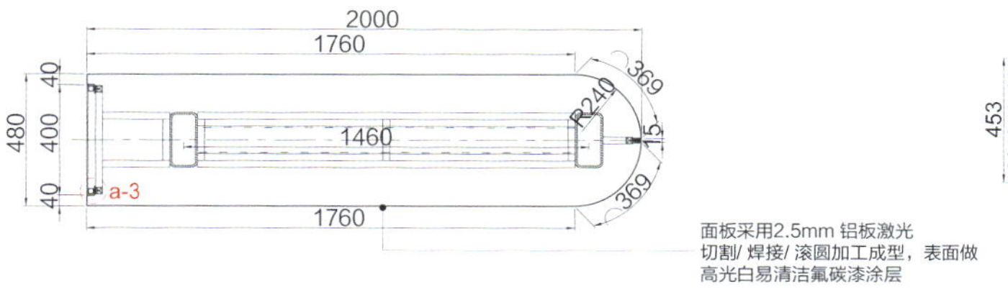

A-A剖面图

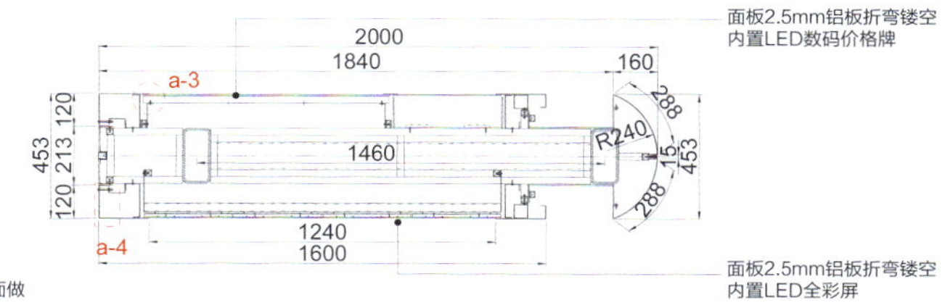

C-C剖面图

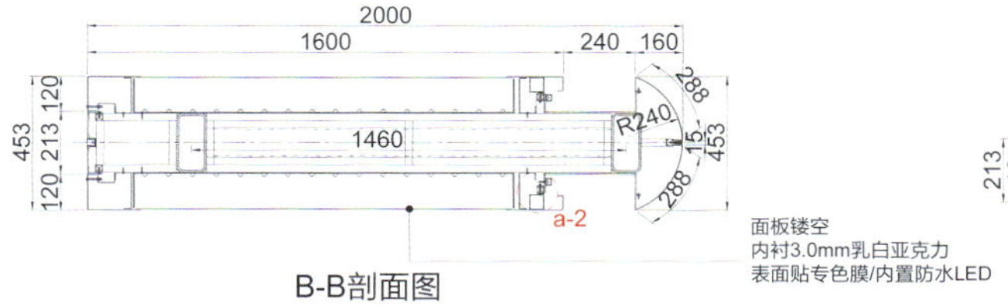

B-B剖面图

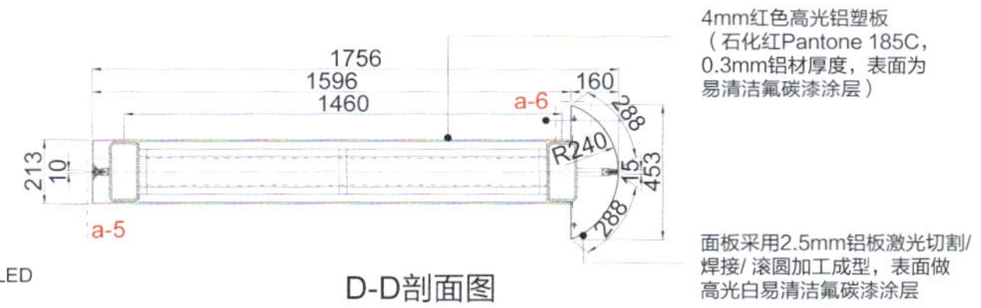

D-D剖面图

a-1

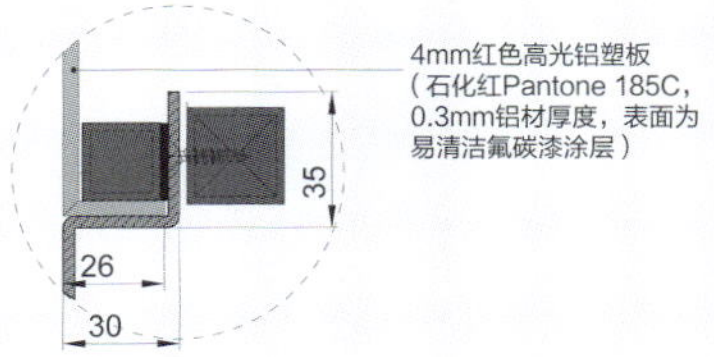

a-2

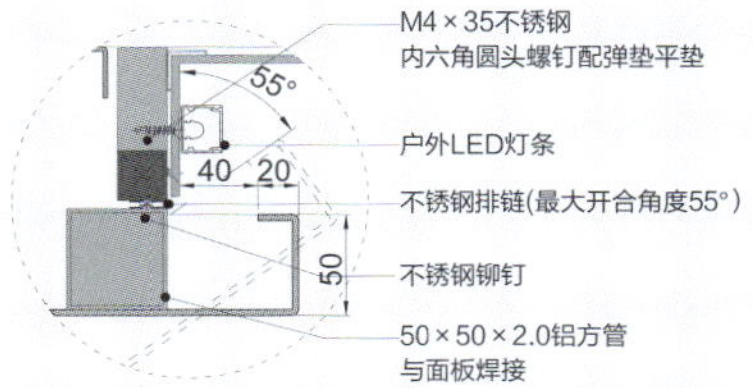

a-3

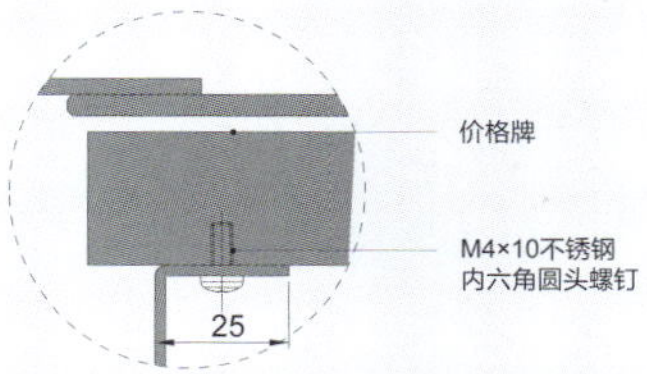

a-4

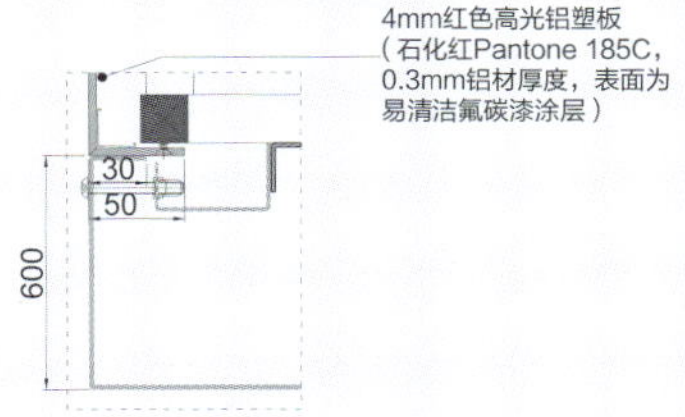

a-5

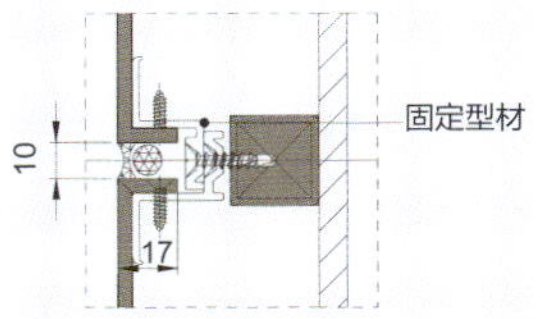

a-6

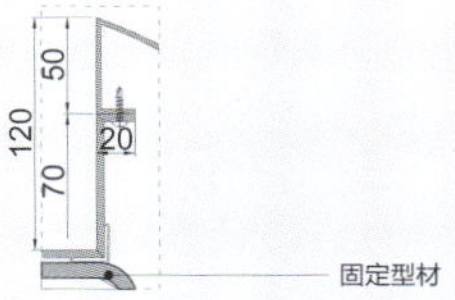

E.1.1.41 8m 品牌柱竖向剖面图

正视图

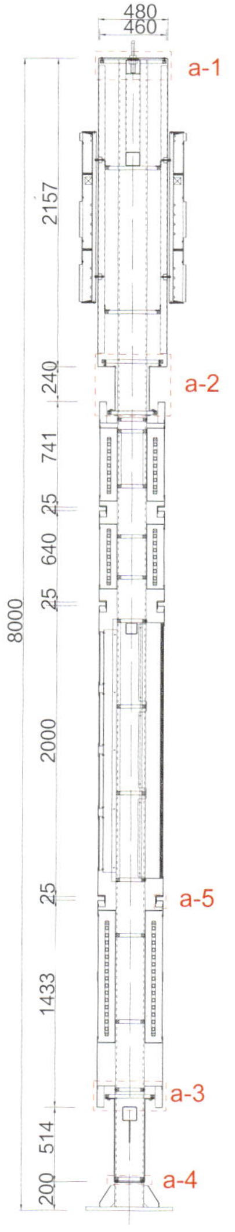

B-B剖面图

a-1

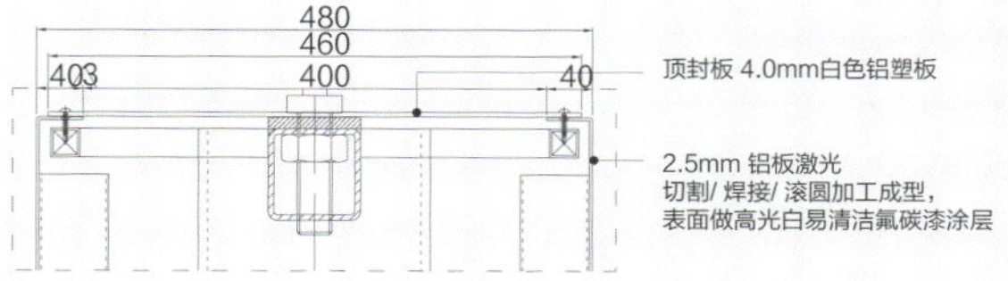

a-2

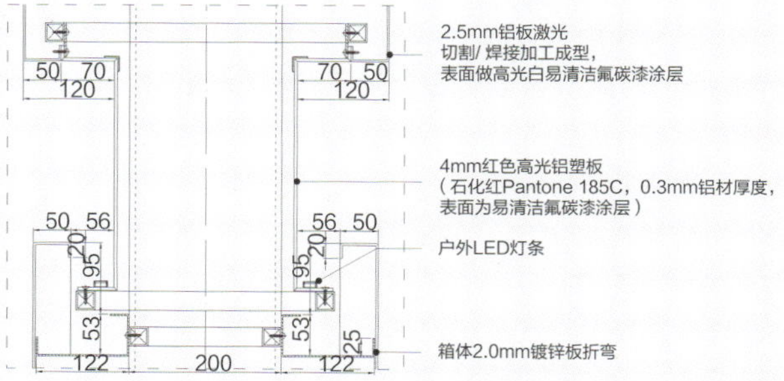

a-3

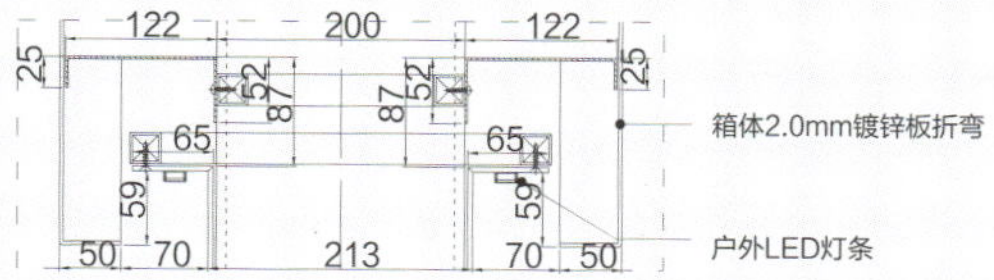

a-4

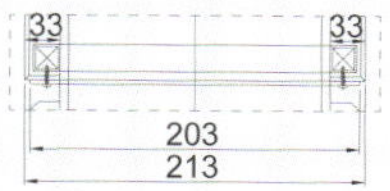

a-5

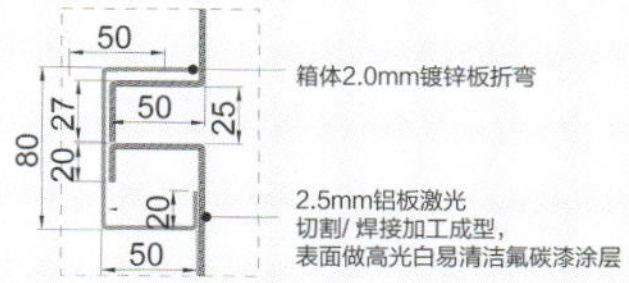

a-6

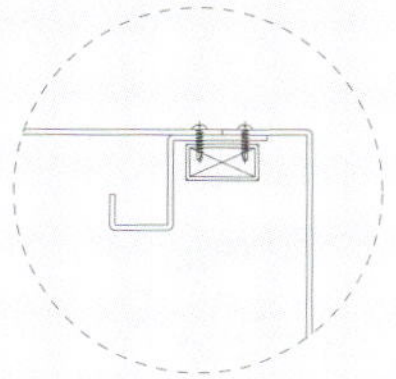

a-7

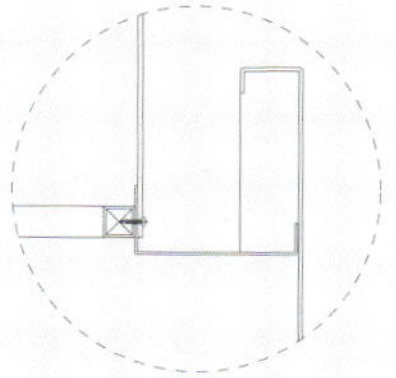

a-8

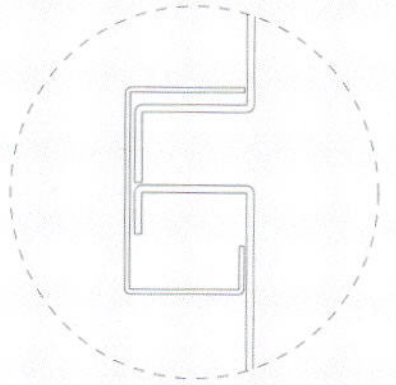

E.1.1.42 8m 品牌柱支架总图（一）

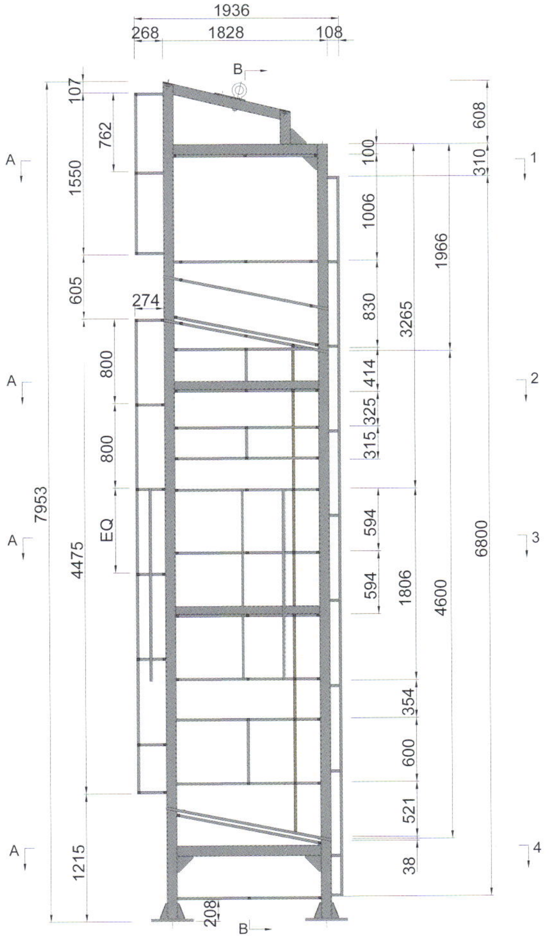

正视图

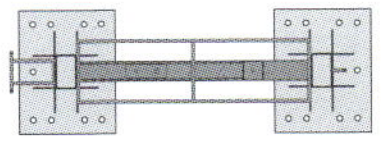

俯视图

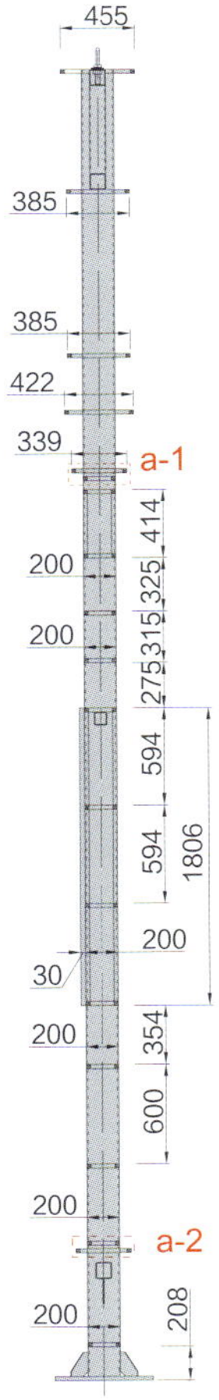

B−B剖面图

A−1剖面图

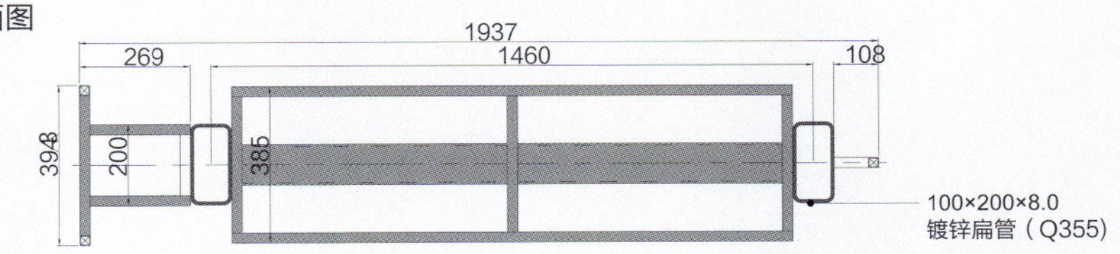

A−2剖面图

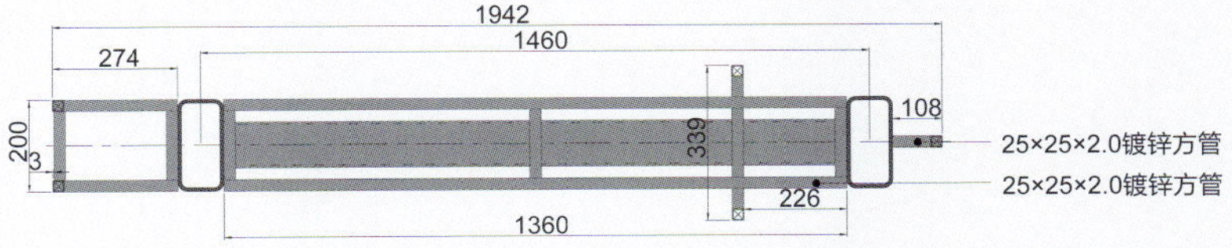

A−3剖面图

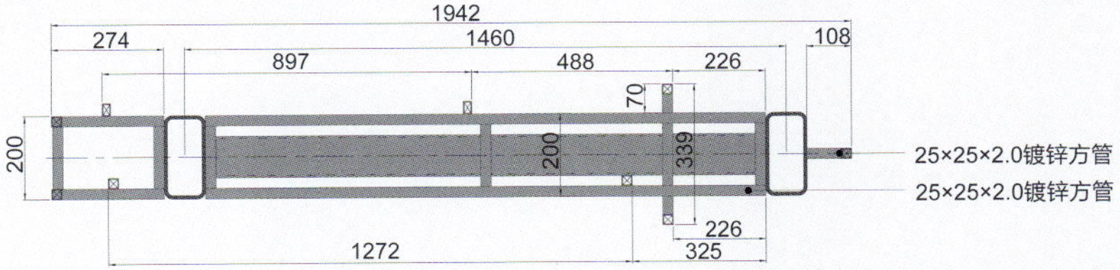

A−4剖面图

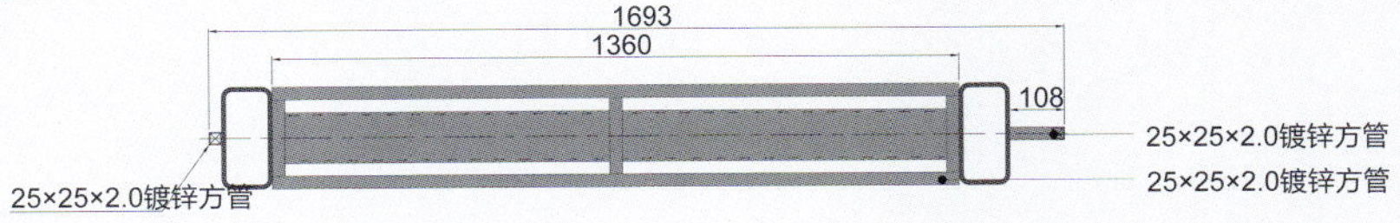

a-1

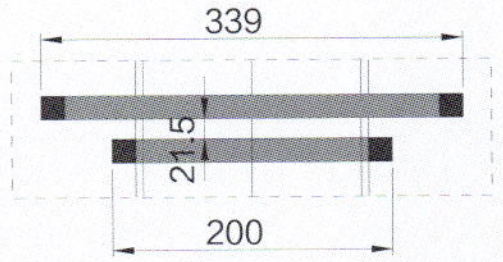

a-2

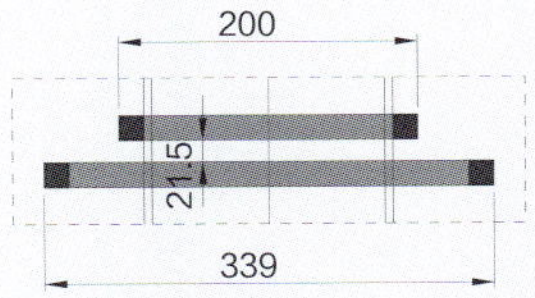

E.1.1.43 8m 品牌柱支架总图（二）

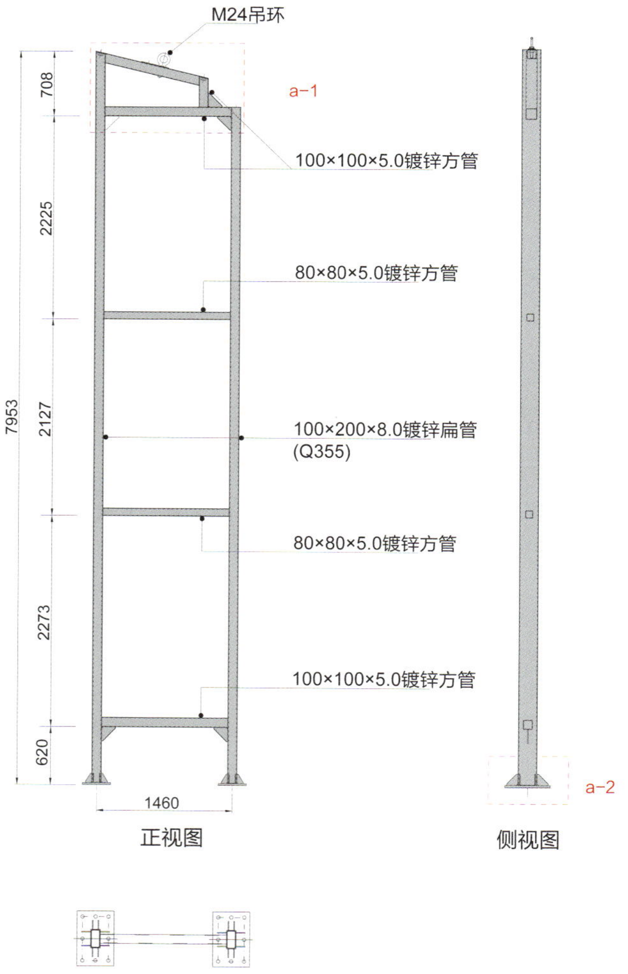

正视图

侧视图

俯视图

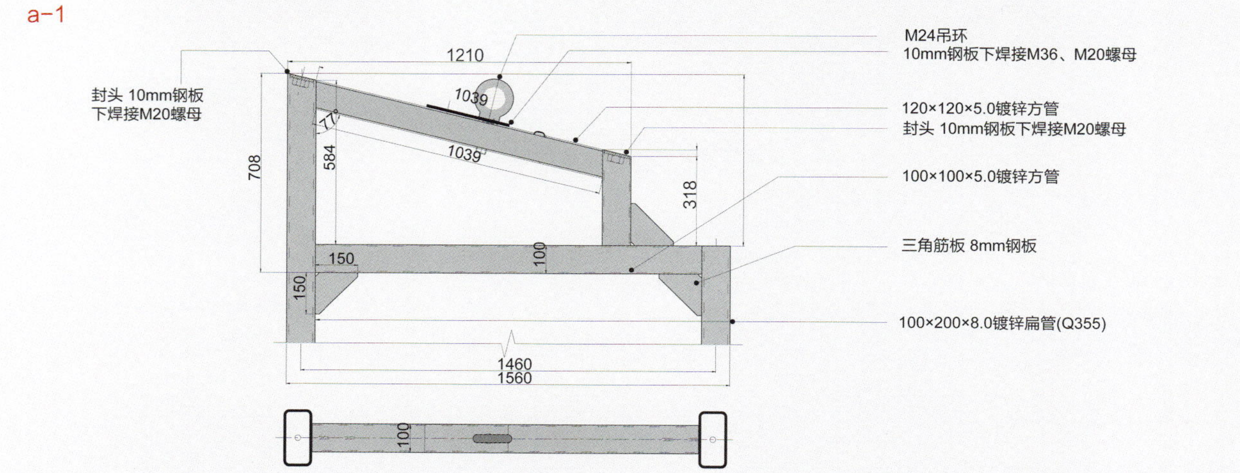

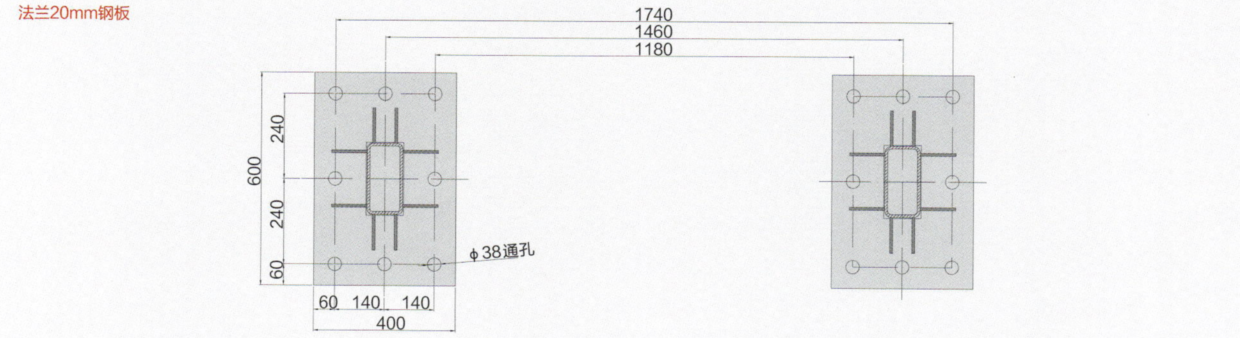

法兰筋板 8.0mm钢板
数量:16件/套

E.1.1.44 8m 品牌柱顶面板 + 圆装饰罩制作图

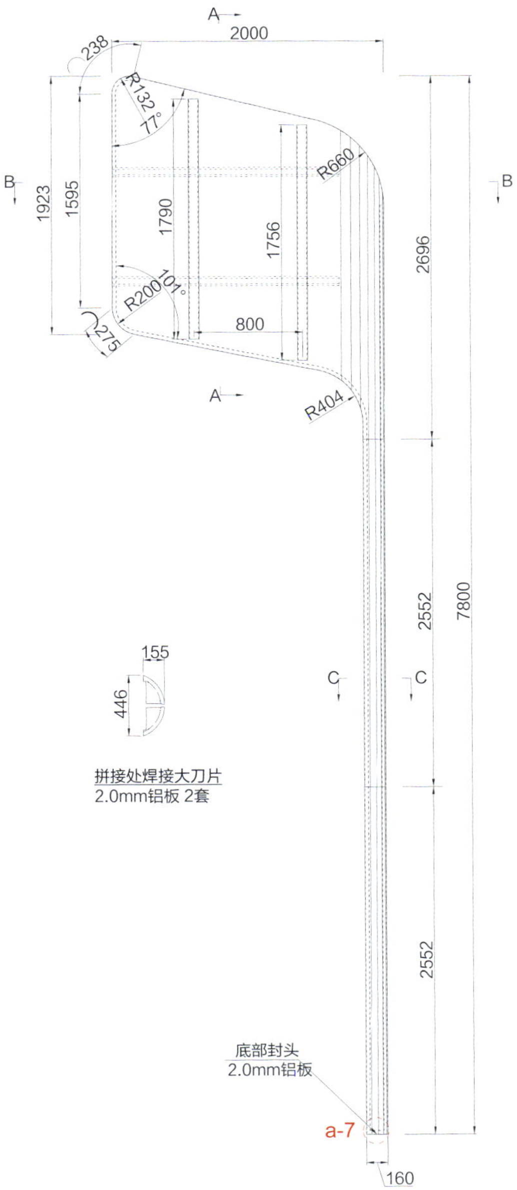

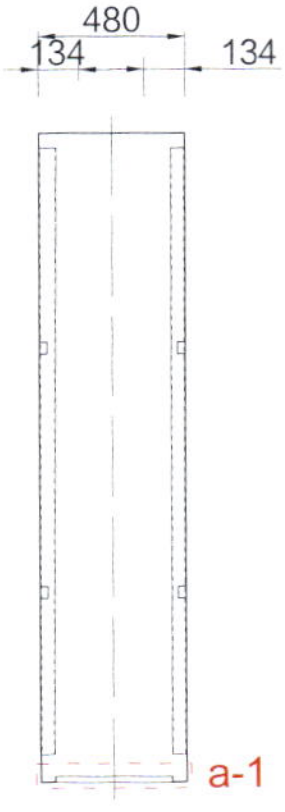

A-A剖面图

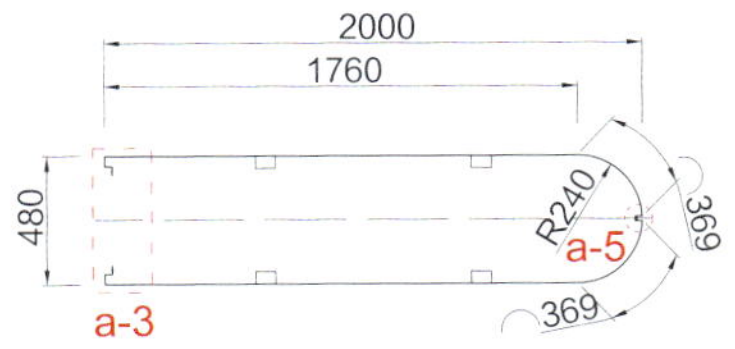

B-B剖面图

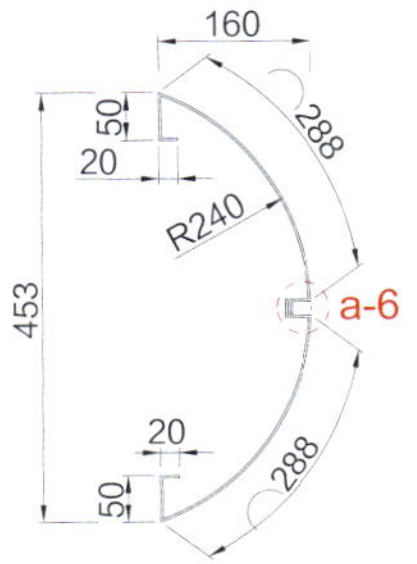

C-C剖面图

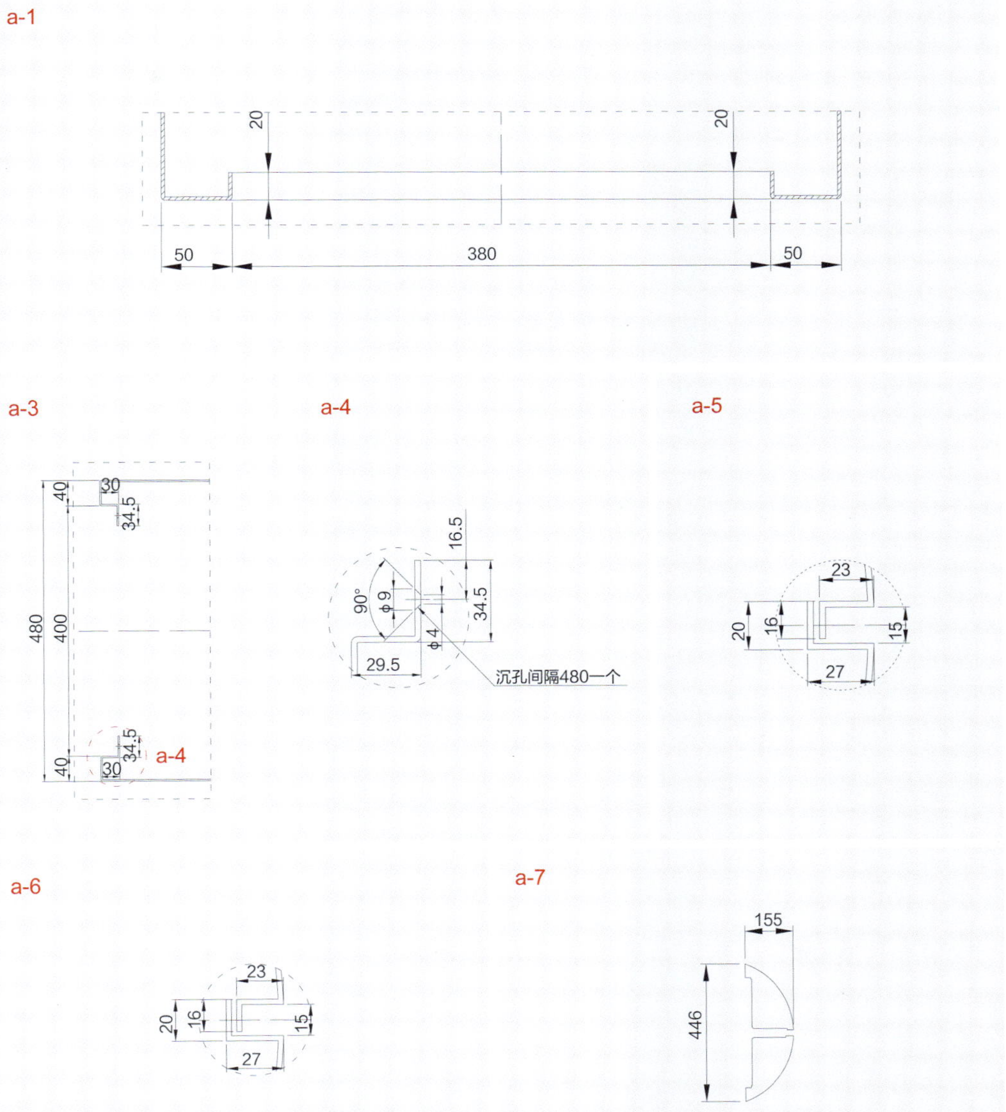

E.1.1.45 8m 品牌柱 LOGO 安装制作图

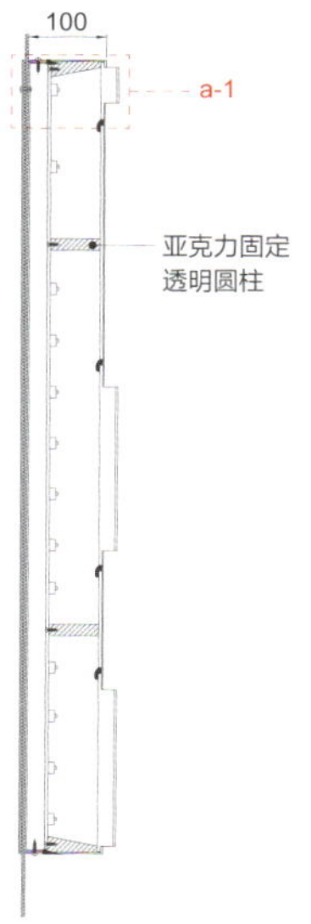

A-A剖面图

a−1

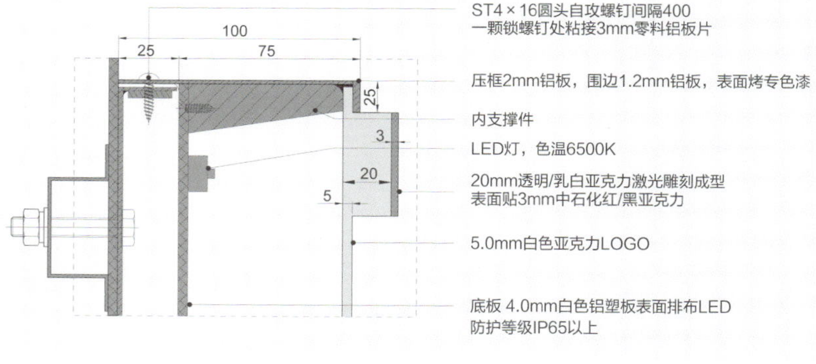

实景图

E.1.1.46 8m 品牌柱红色铝塑板制作图

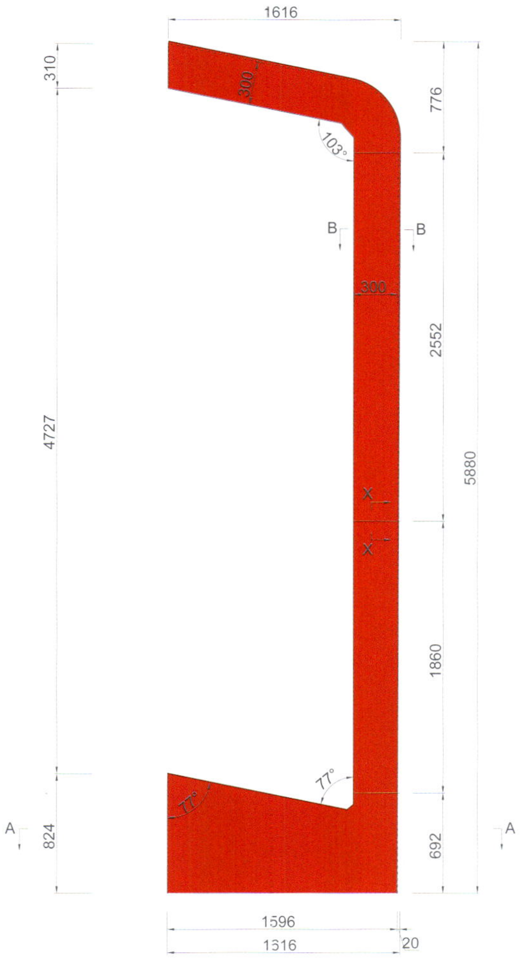

正视图

A–A剖面图

a–1

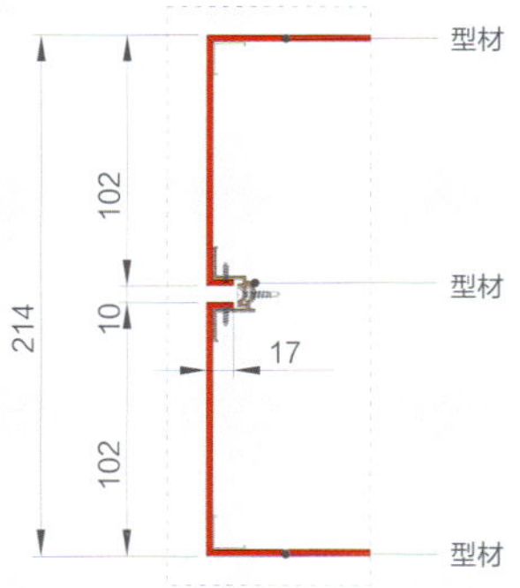

a–2

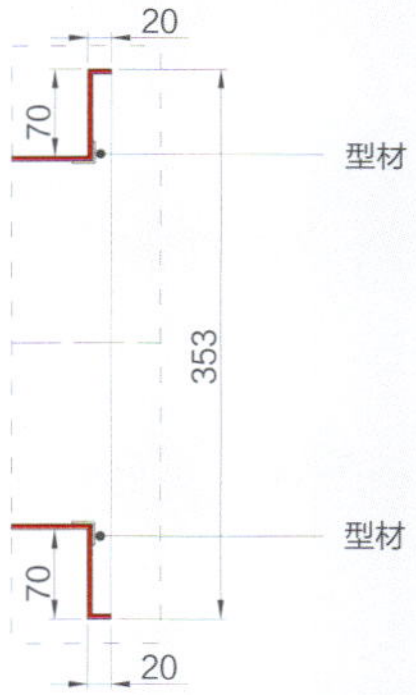

B–B剖面图

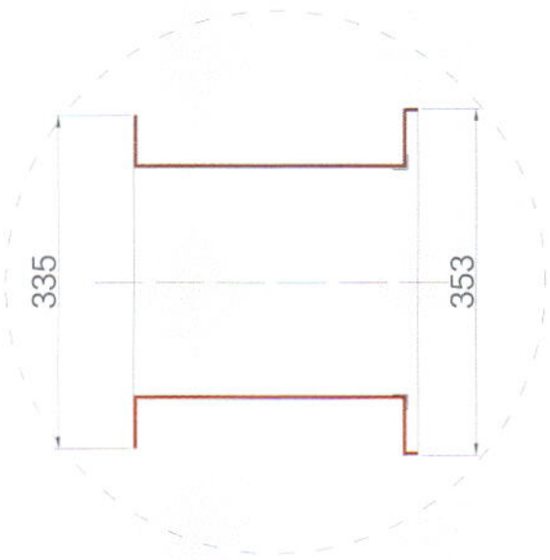

X–X剖面图

E.1.1.47 8m 品牌柱背面面板制作图

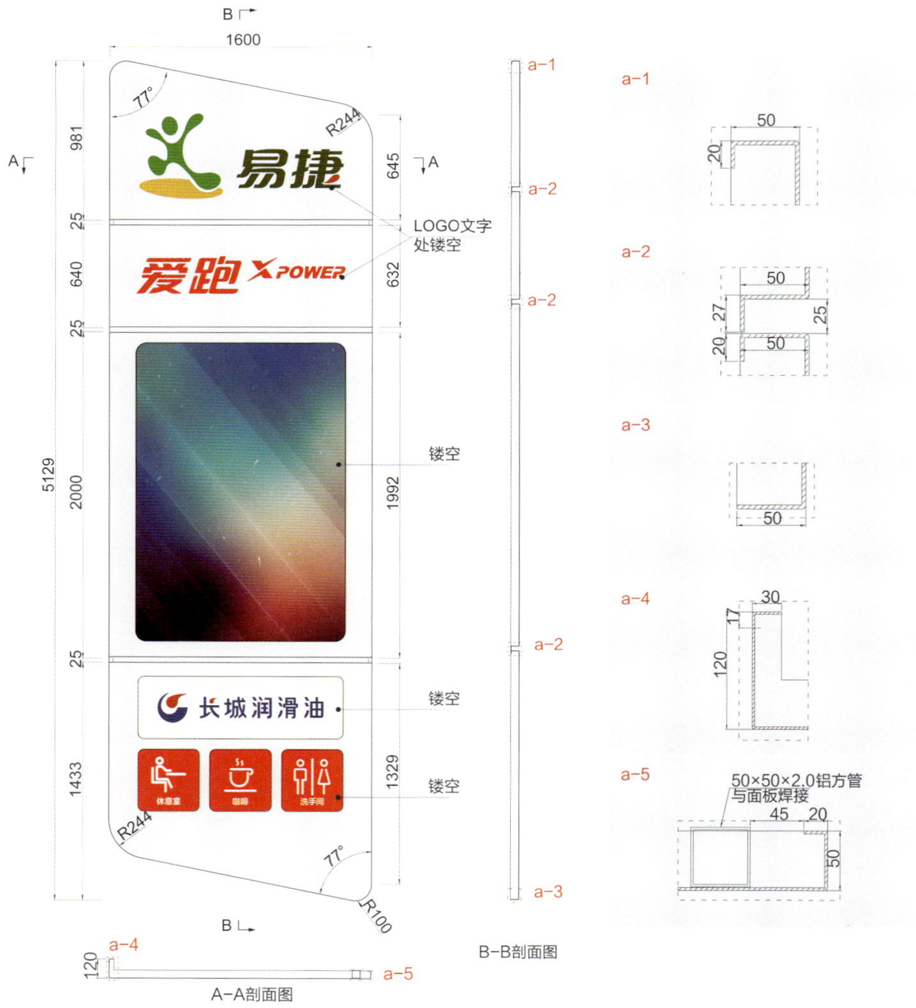

材料：2.5mm铝板折弯，圆弧处围板焊接，折弯扣除3.8mm；
数量：1套

正视图

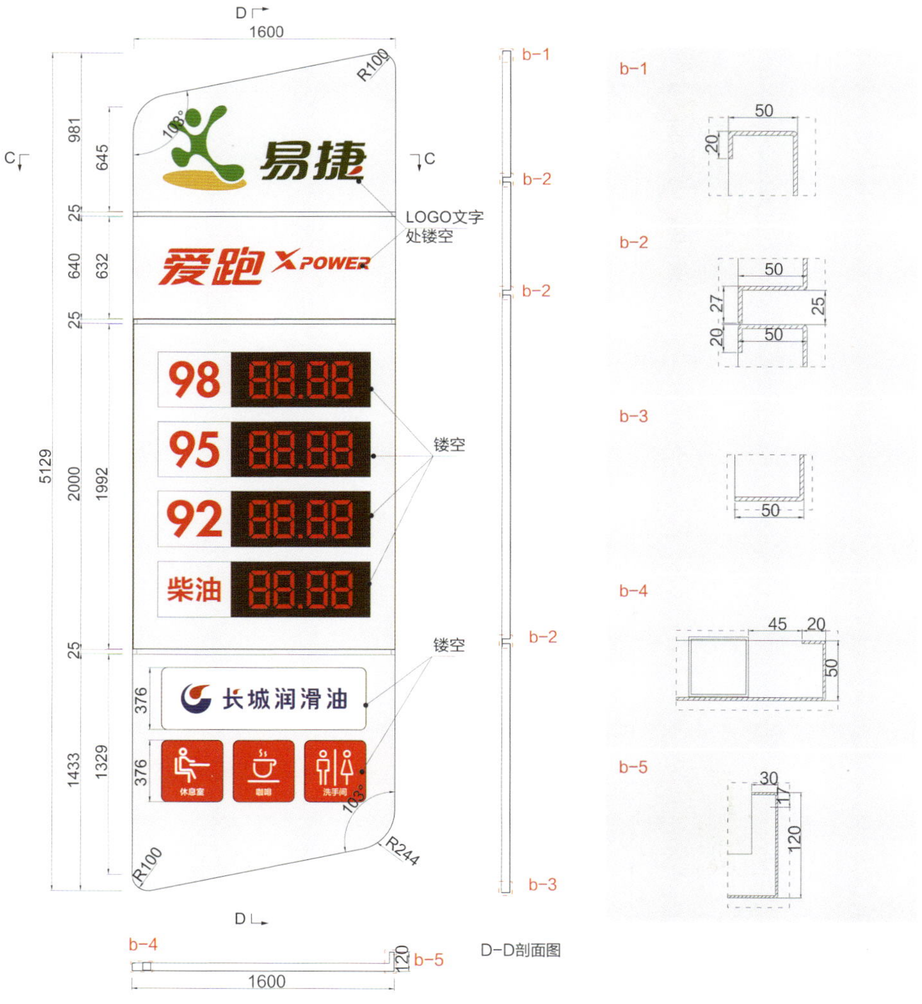

材料：2.5mm铝板折弯，圆弧处围板焊接，折弯扣除3.8mm；
数量：1套

后视图

E.1.1.48 8m 品牌柱数显面板

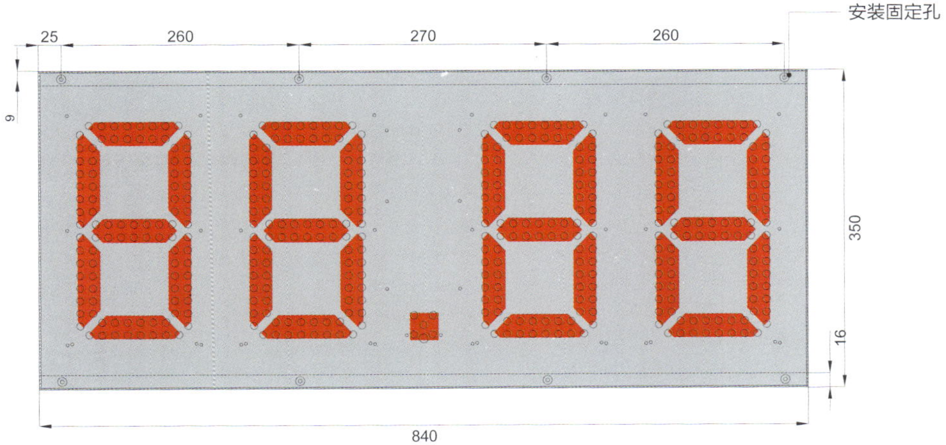

正视图

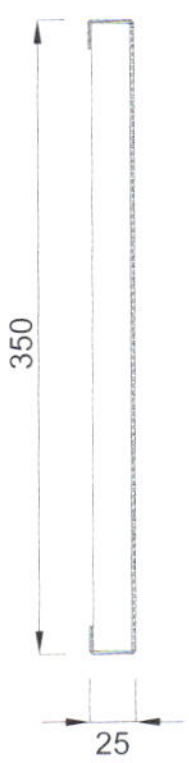

侧视图

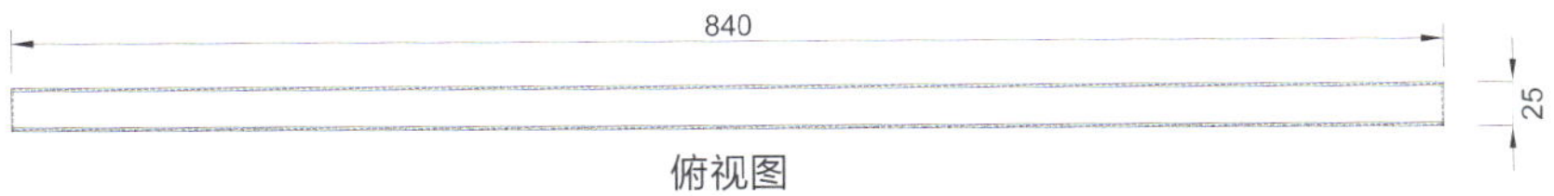

俯视图

数显示意

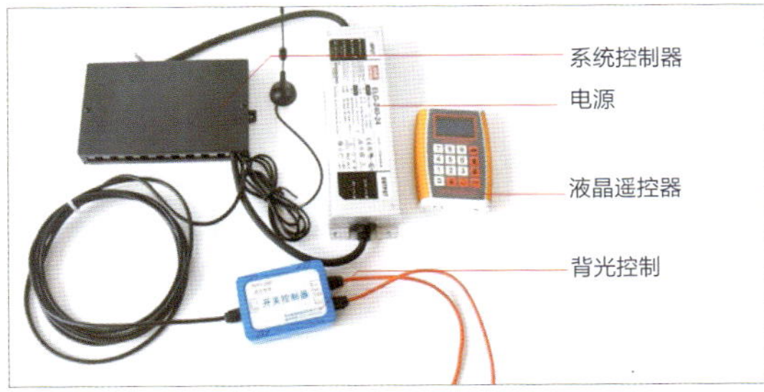

LED灯珠

尺寸	346mm
封装	椭圆直插
芯片	红灯
芯片连接线	金线
角度	水平大于80°，竖直大于40°
波长	620~625nm
亮度(I=20mA)	红灯>1700mcd
工作温度	-30~60℃
寿命	10万h，户外三年质保，光衰小于30%

LED价格单元

防护等级	IP65及以上
供电电压	24V DC
亮度	大于5000cd/m^2
模块	8字板整体封装灌胶（非7段码拼接）
连接方式	单根网线连接
驱动方式	恒流恒压
亮度调节	256级光感亮度调节
字段类型	七段码
冷却方式	自然风冷
面板材料	铝板户外喷粉
设定电流	I_{max}<20mA
平均无故障时间	大于5万h
光衰标准	2万h 小于20%
工作温度	-30~60℃
存储温度	-10~40℃
平均功率	<25W
维护方式	前维护
安装	表面安装或嵌入式安装
常规尺寸	1050×420×25
功能	用于显示数字及价格，连接系统控制

E.1.1.49 8m 品牌柱包边板制作图

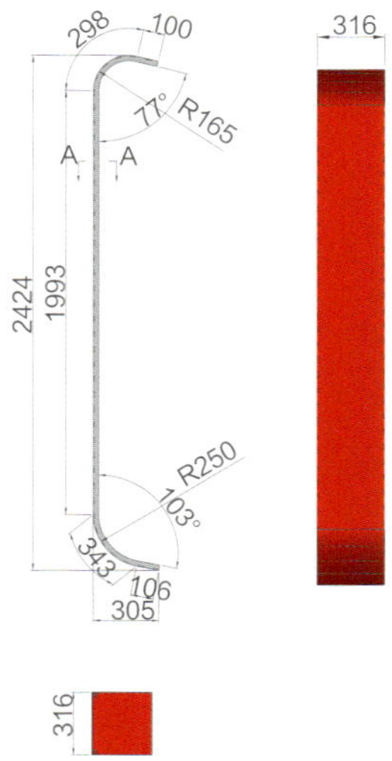

A–A剖面图

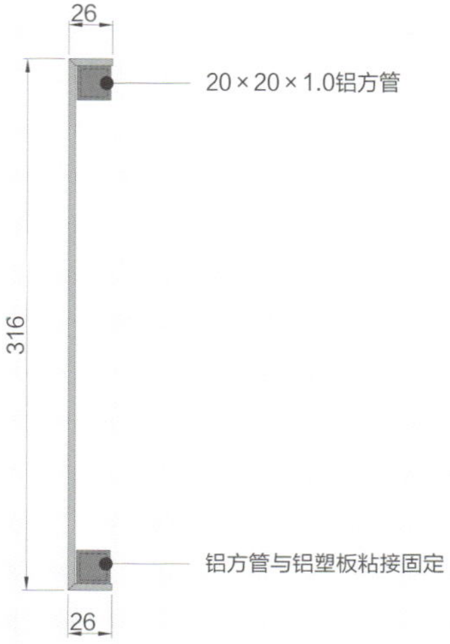

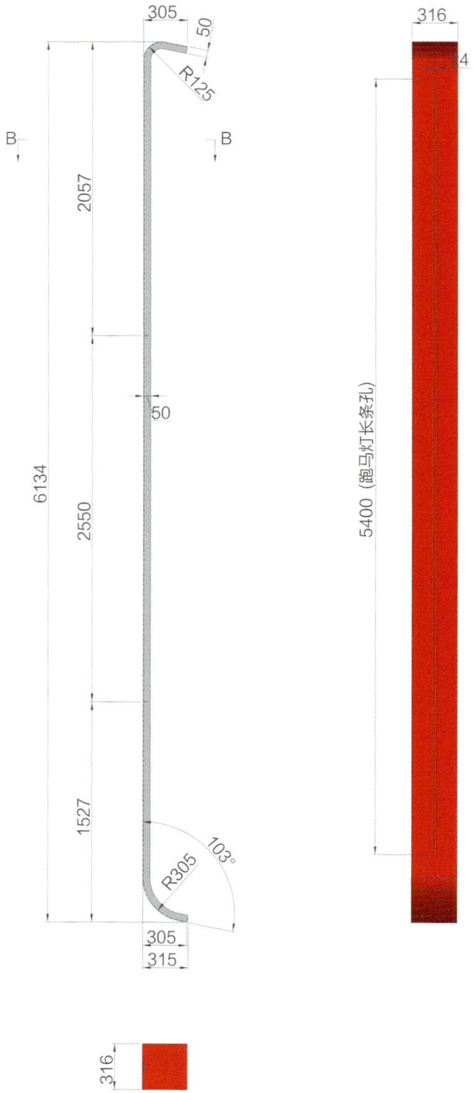

B–B剖面图

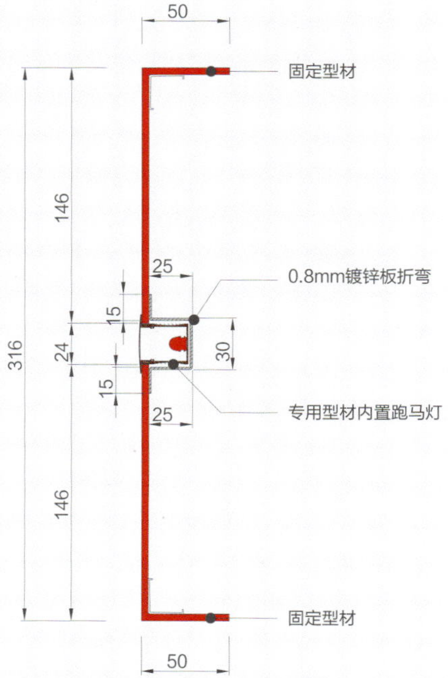

E.1.1.50 8m 品牌柱防水 LED 灯条制作图

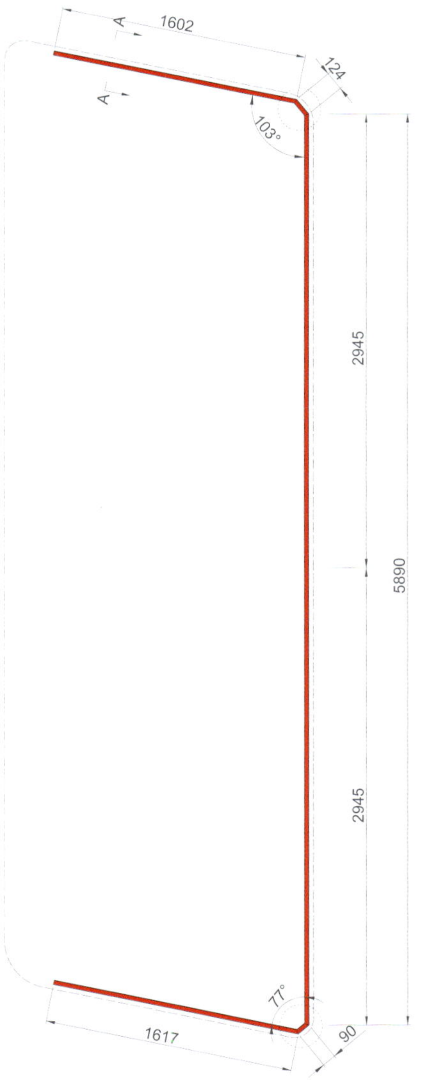

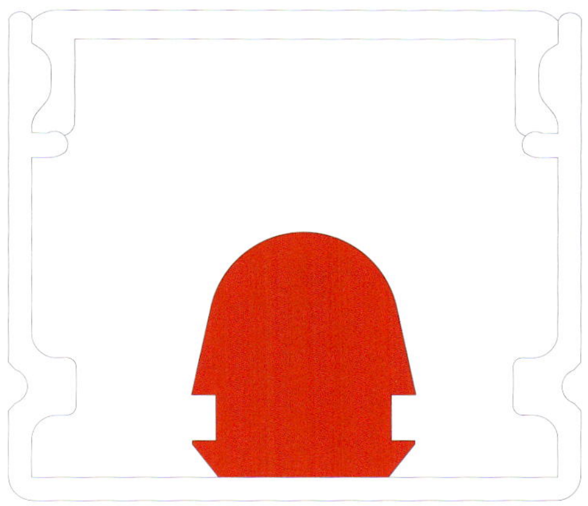

A–A剖面图

灯条参数

产品名称：	恒压24V柔性照明灯条
发光颜色：	红色
波　　长：	620~625nm
功　　率：	8W/m
标准长度：	5m
电　　压：	24V
防护等级：	IP65及以上
运行环境：	-25 ~ 60 ℃
显色指数：	≥80
发光角度：	≥120°

跑马灯实物图

灯条实物图

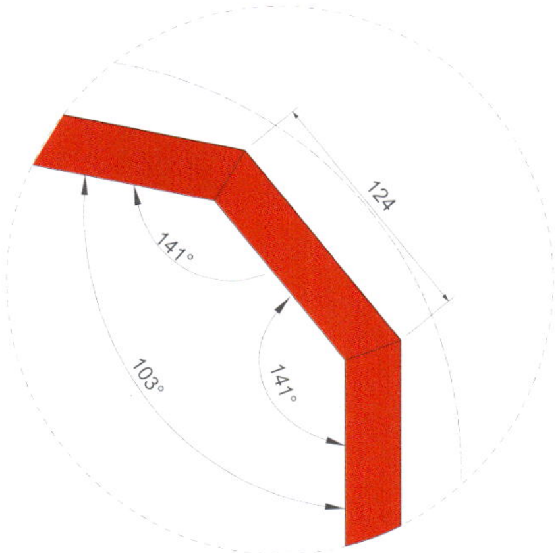

a-1

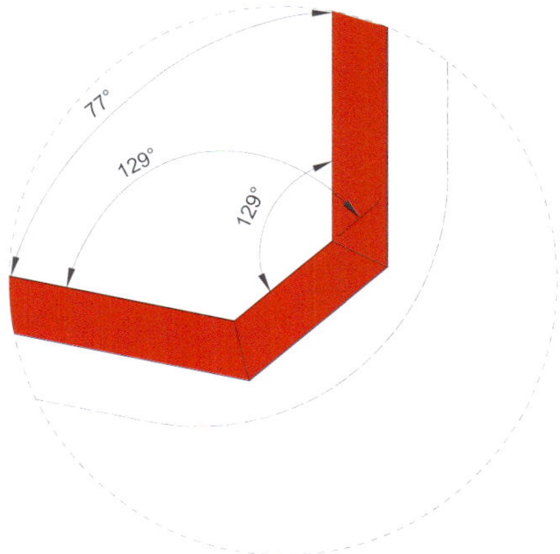

a-2

E.1.1.51 8m 品牌柱地基

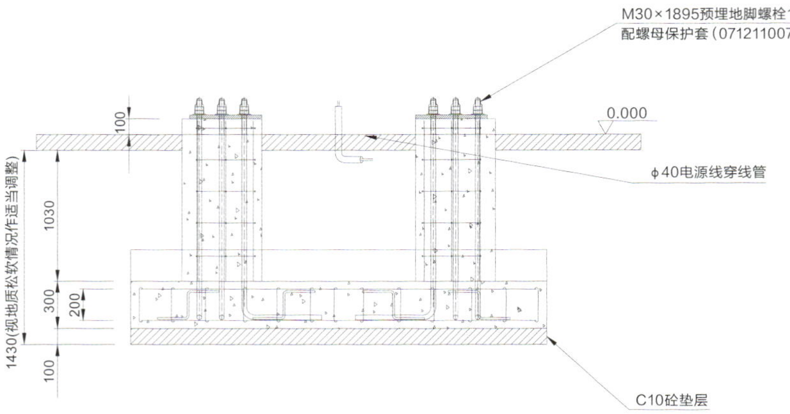

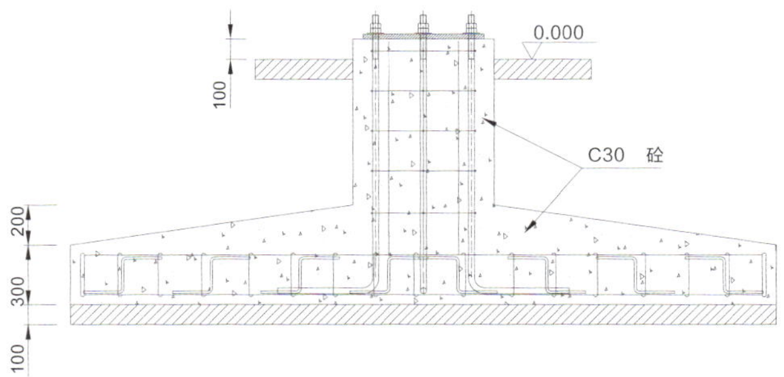

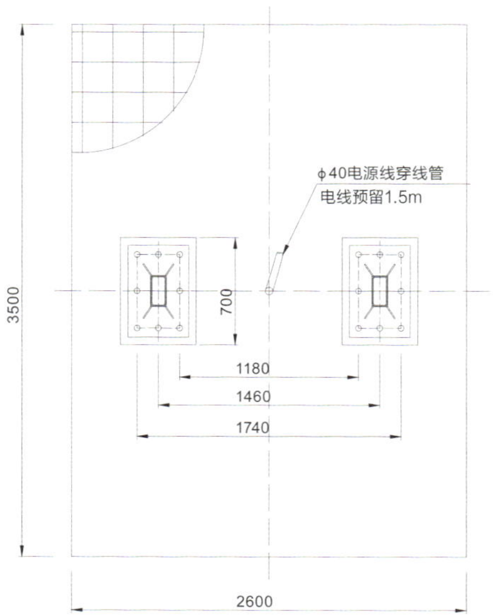

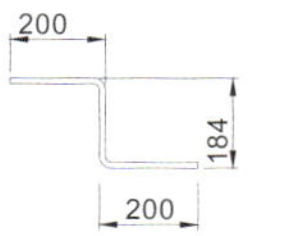

马凳-ϕ10圆钢
比例：2：1

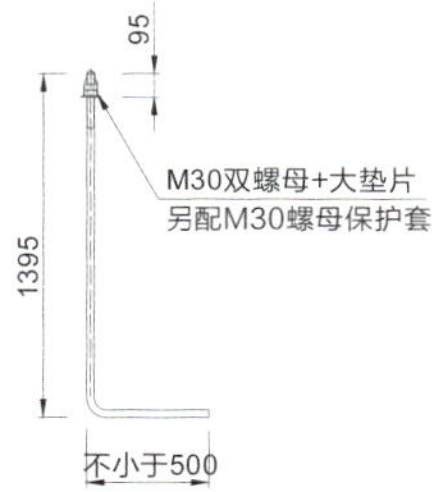

M30地脚螺栓

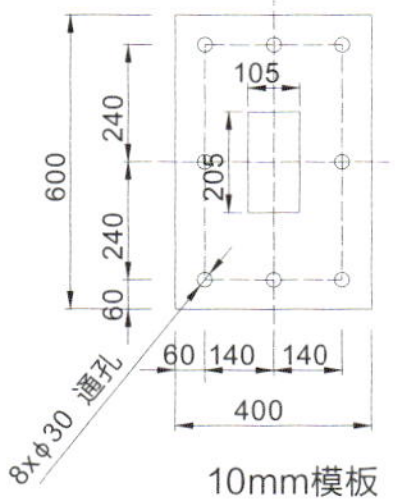

10mm模板

说明：

· 基础设计标高为相对标高，且要埋于实土上，基坑开挖后，应会同相关人员到现场确认；

· 基础、砼柱C30砼,垫层C10砼，马凳（ϕ10圆钢）每平方大于等于2.5个；

· 预埋地脚螺栓16根，2个柱头用10mm模板定位，孔位偏差控制在3~4mm以内；

· 品牌柱吊装前,在品牌柱底板与基础底座接触面先用水泥浆抹平；

· 户外大型立柱用电量为2kW，电源线选用220V AC 3x2.5mm^{2}铜芯线，送至基础电线管出口预留1.5m；

· 布线时接地线必须与整个建筑的接地线保持一致,并设防雷装置；

· 此图可根据当地气候.环境等因素作适当调整,但地基承载力要求大于80kPa；

· 基础浇筑完成后应拆除模板后安装。

注:各站在进行品牌柱基础设计时应由专业设计单位根据相关法律法规、国家规范、行业及地方规定、当地水文地质及环境气候等因素做专业测算并出具专业结构施工图纸。

E.1.1.52 12m 品牌柱（平面款）尺寸及工艺说明

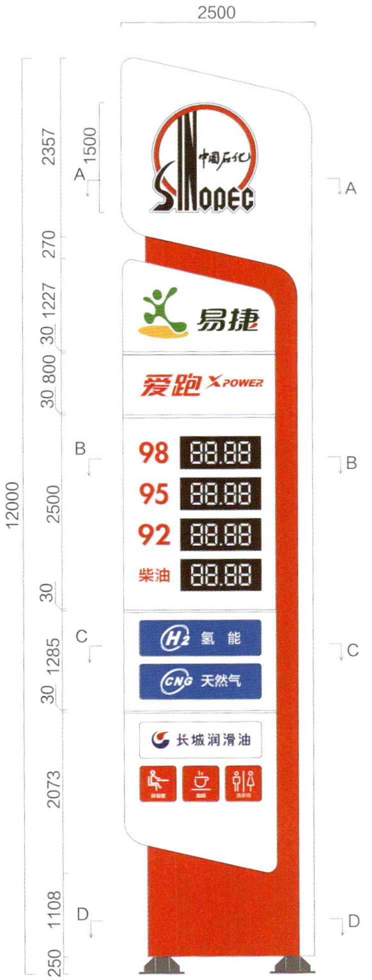

正视图

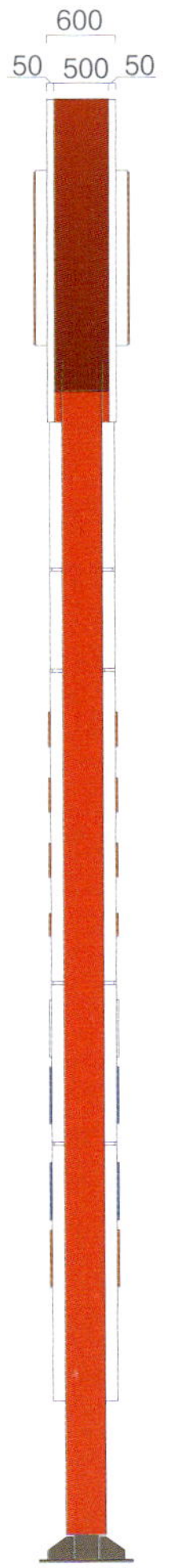

左视图

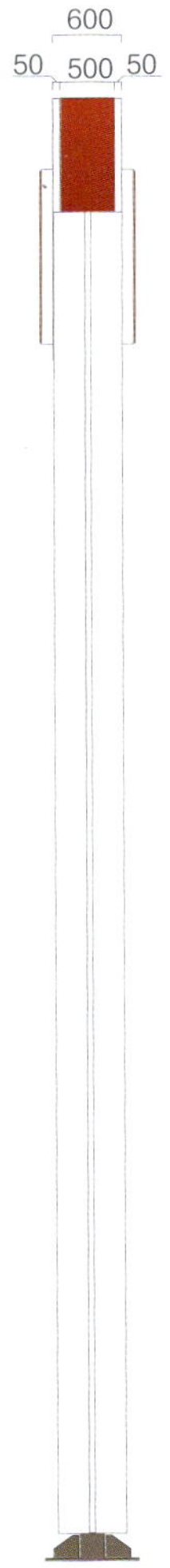

右视图

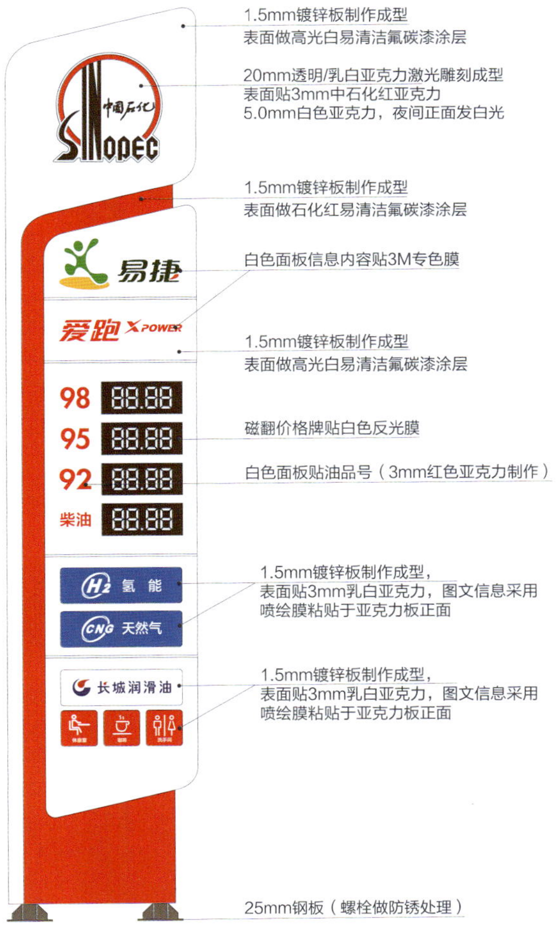

背视图

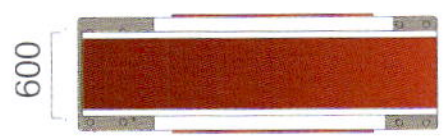

俯视图

E.1.1.53 12m 品牌柱（平面款）横剖图（一）

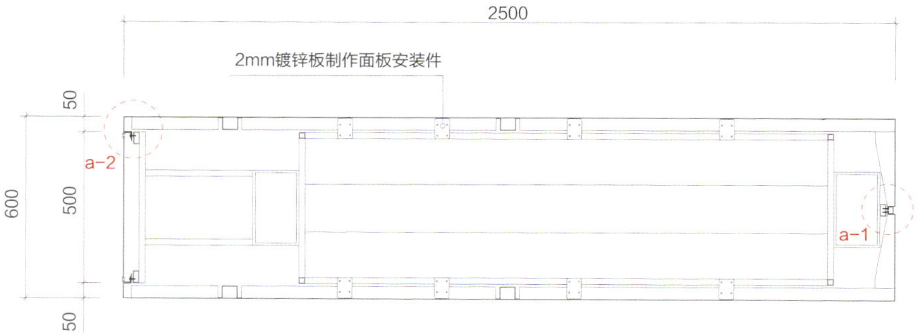

A-A剖面图

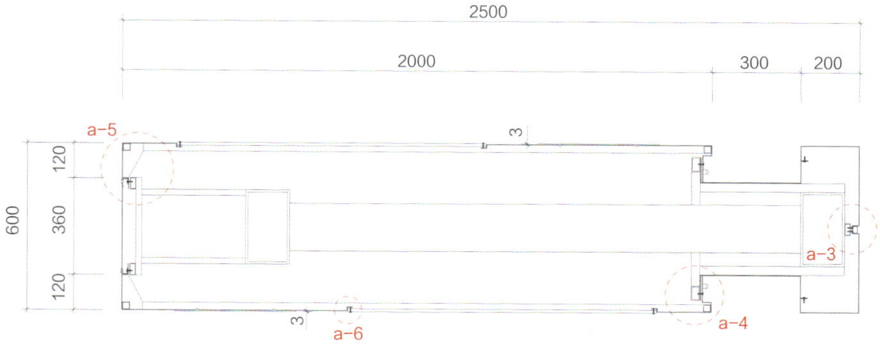

B-B剖面图

a-1

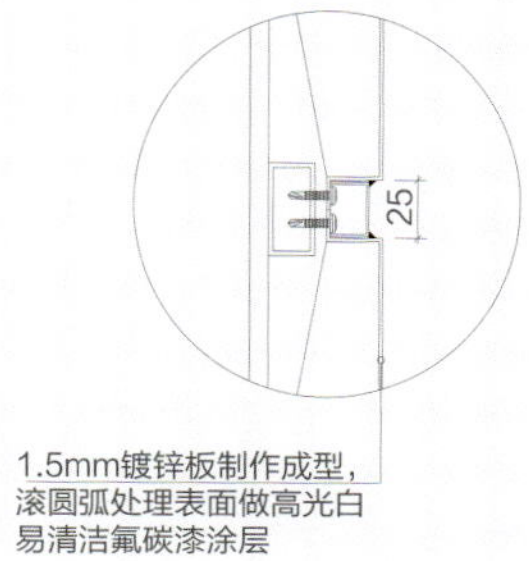

a-2

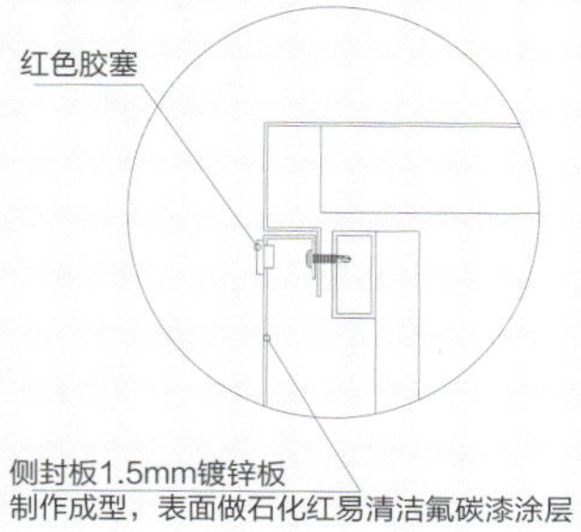

a-3

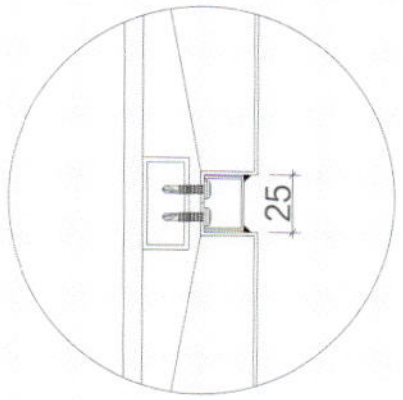

a-4

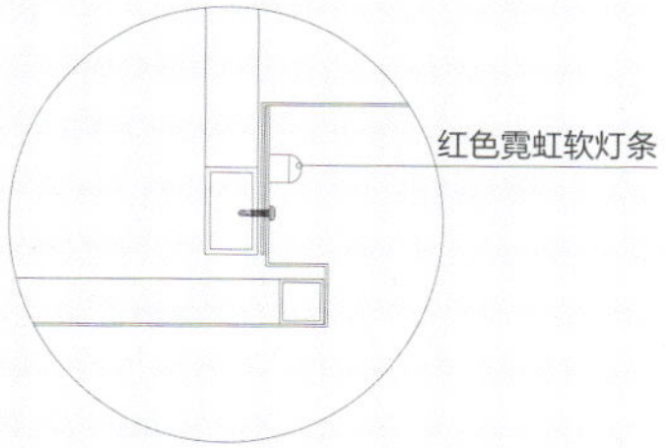

a-5

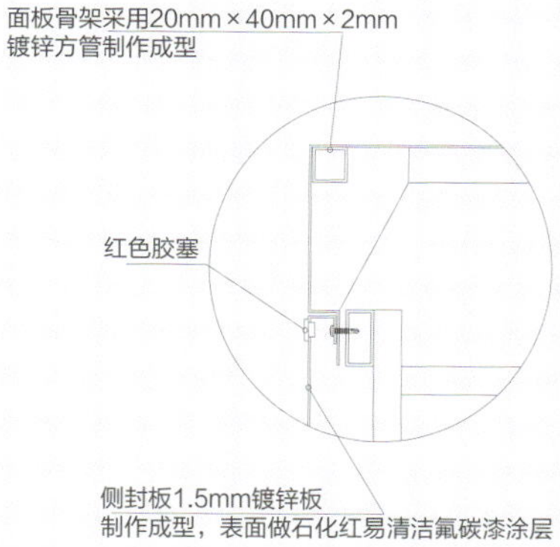

a-6

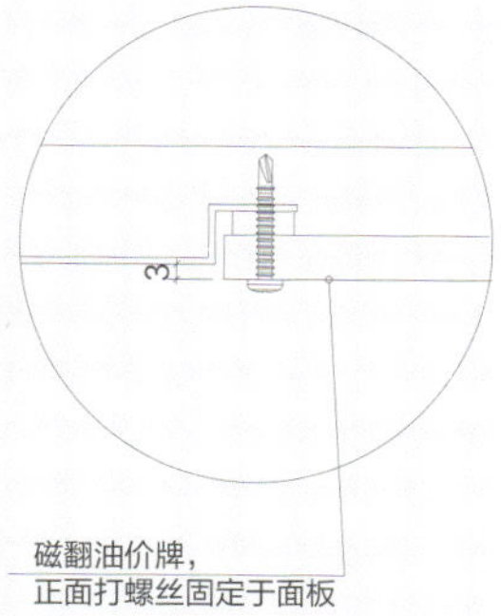

E.1.1.54 12m 品牌柱（平面款）横剖图（二）

C-C剖面图

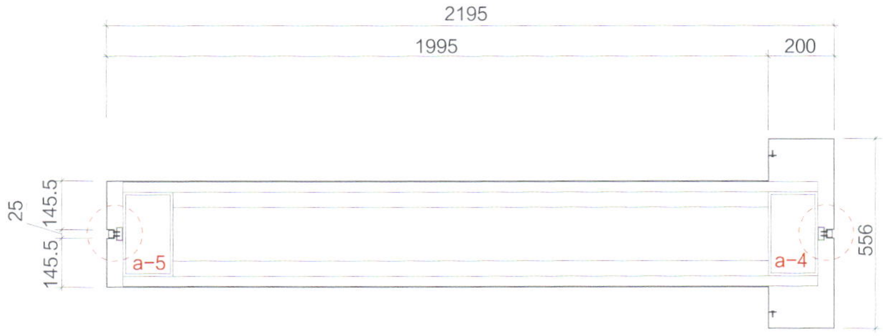

D-D剖面图

a-1

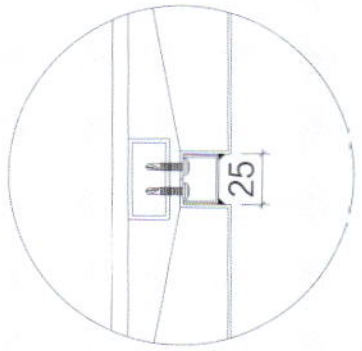

a-2

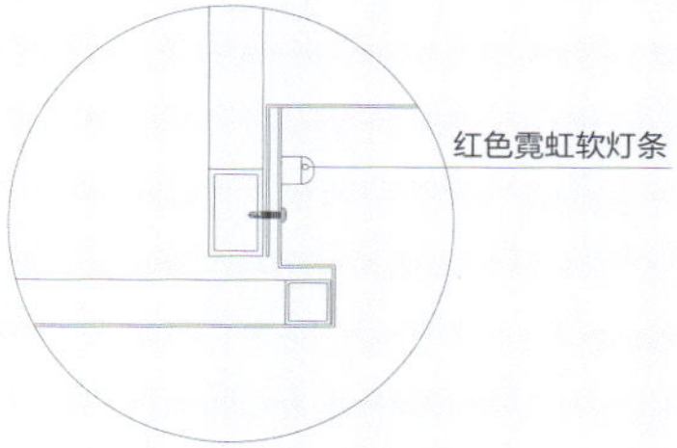

a-4

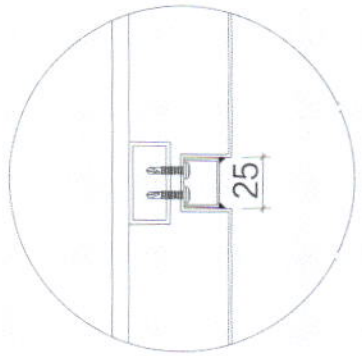

a-3

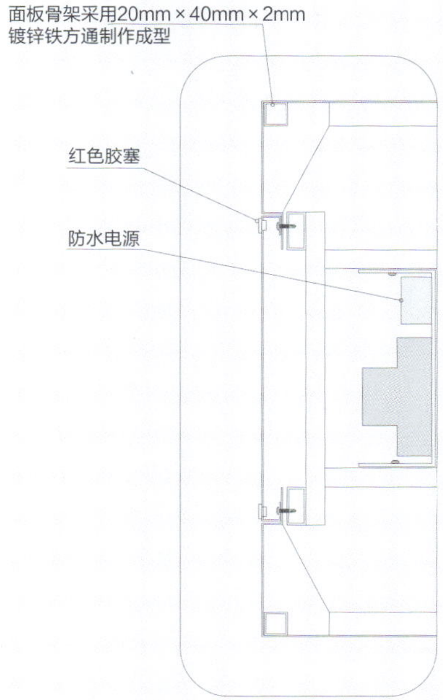

a-5

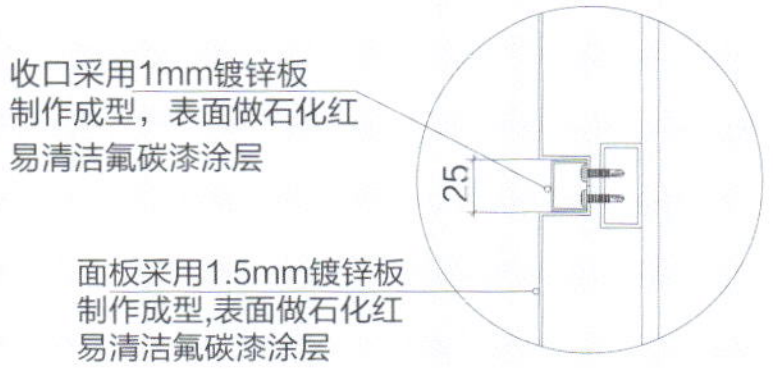

E.1.1.55 12m 品牌柱（平面款）局部剖面图

正视图

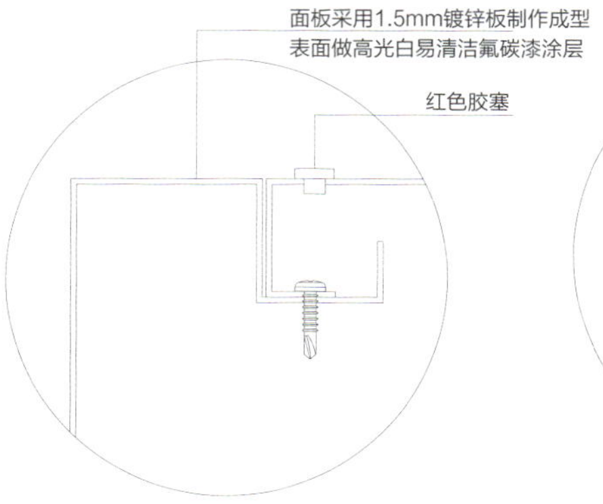

E 局部剖面图

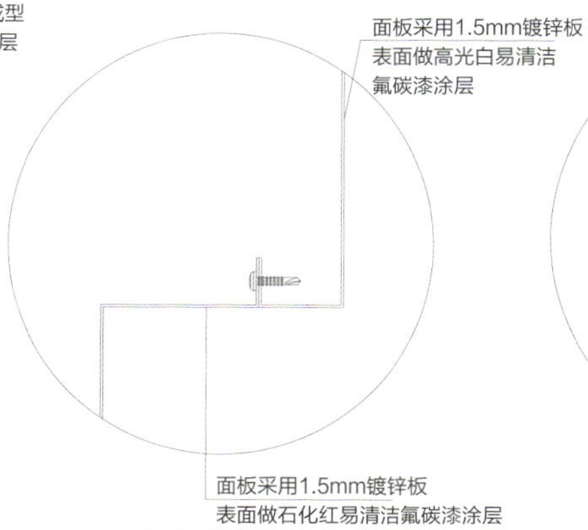

F 局部剖面图

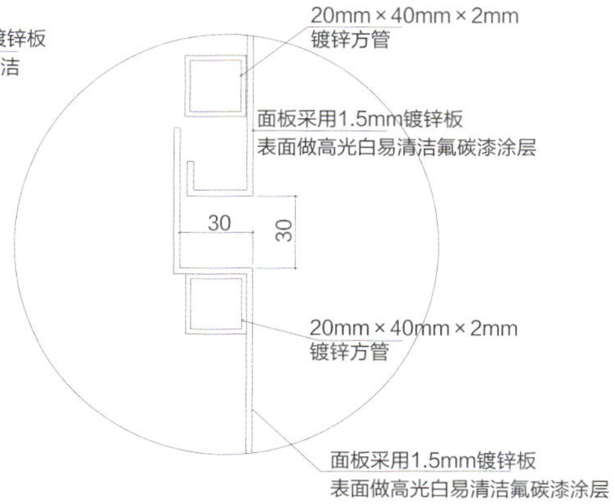

G 局部剖面图

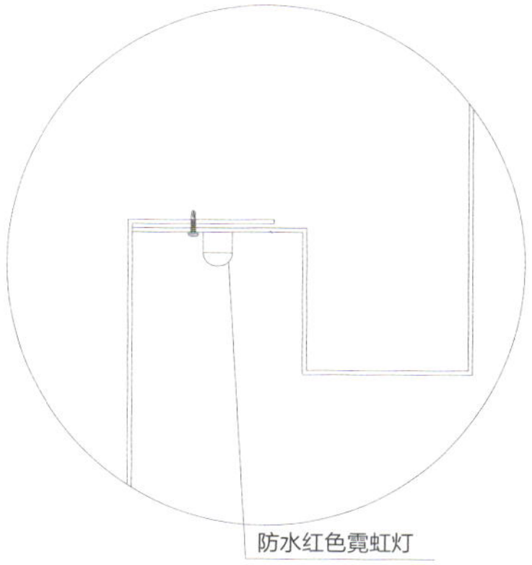

H 局部剖面图

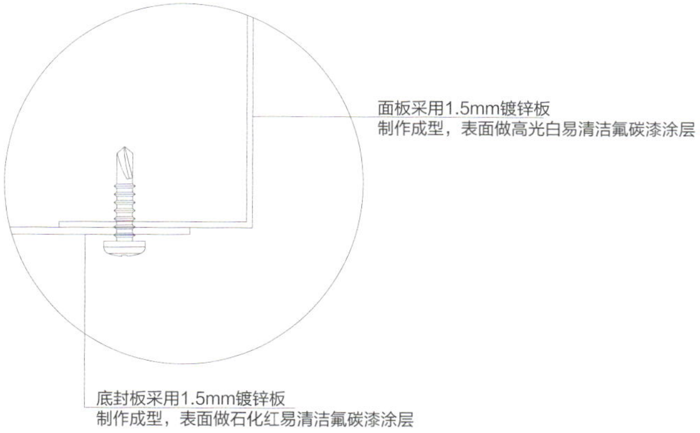

J 局部剖面图

E.1.1.56 12m 品牌柱（平面款）钢架图展示

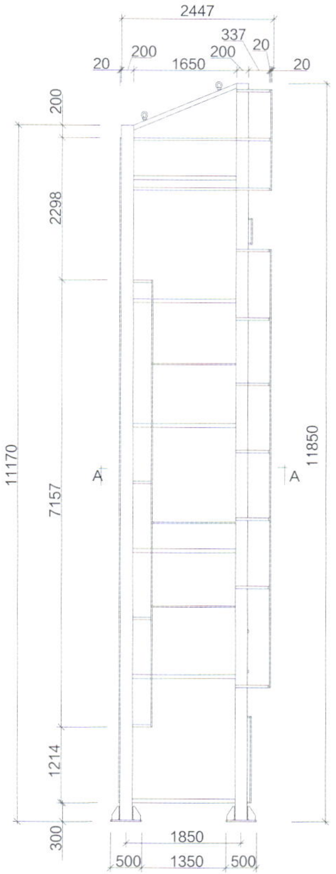

正视图

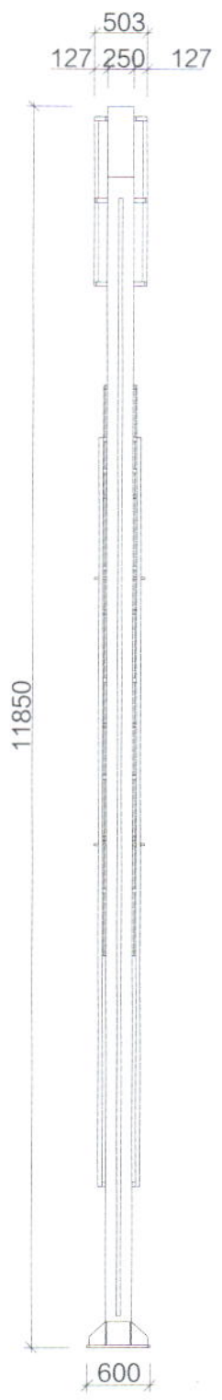

侧视图

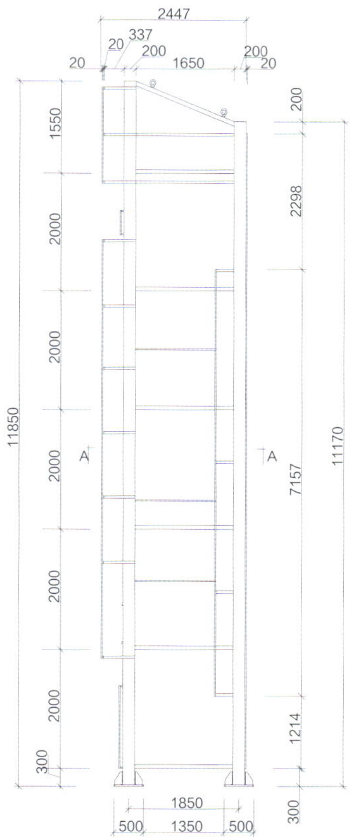

后视图

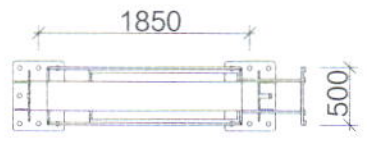

俯视图

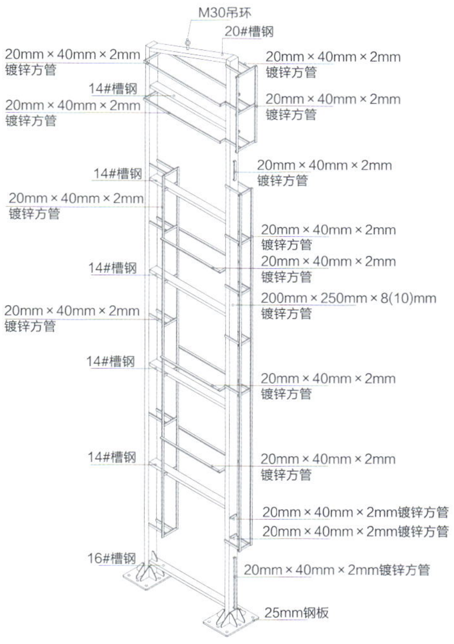

轴侧图

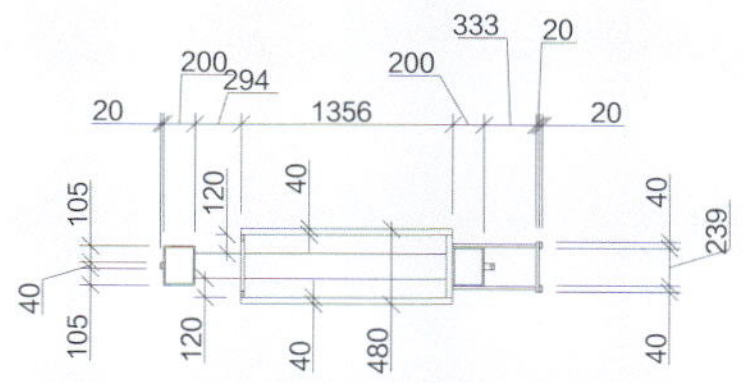

A-A剖面图

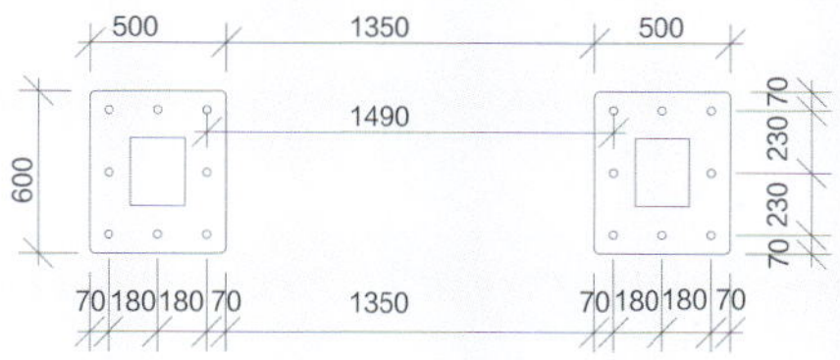

地脚板俯视图

注：

骨架焊接后，做防锈处理

0.6风压：200mm × 250mm × 8mm镀锌方管（Q355）

0.9风压：200mm × 250mm × 10mm镀锌方管（Q355）

E.1.1.57 10m 品牌柱（平面款）尺寸及工艺说明

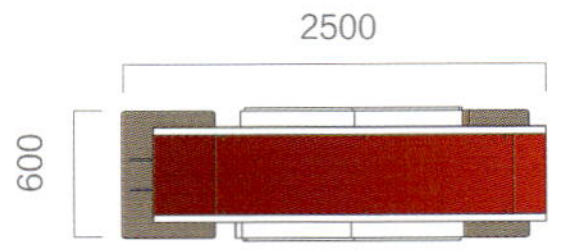

俯视图

正视图

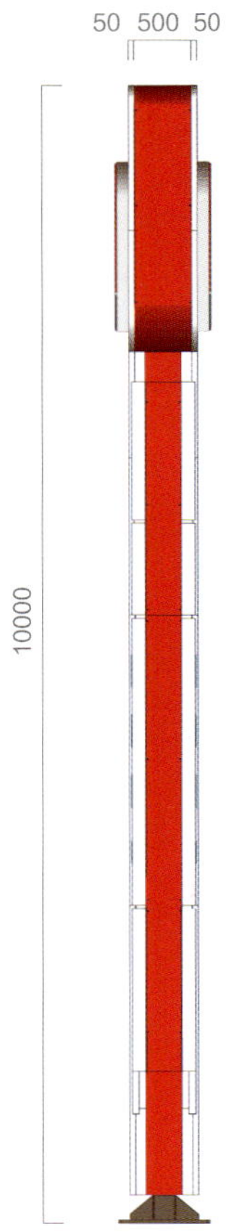

侧视图

后视图

E.1.1.58 10m 品牌柱（平面款）横剖图（一）

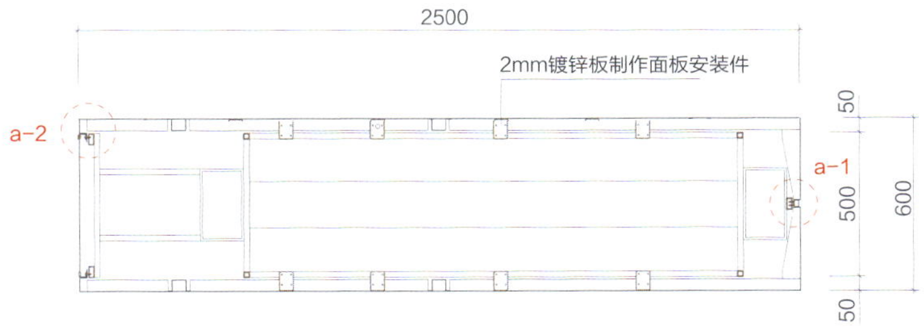

A-A剖面图

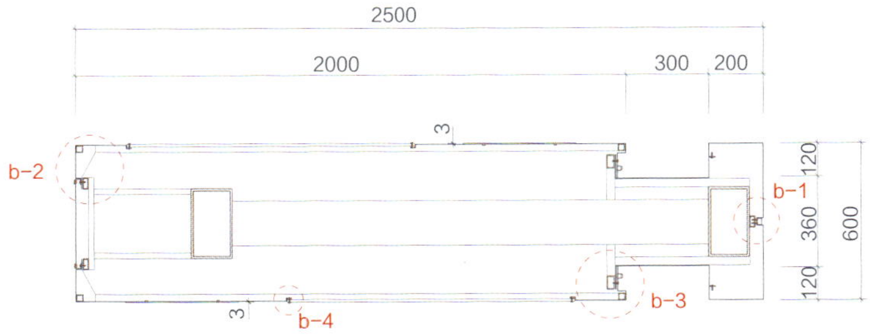

B-B剖面图

a-1

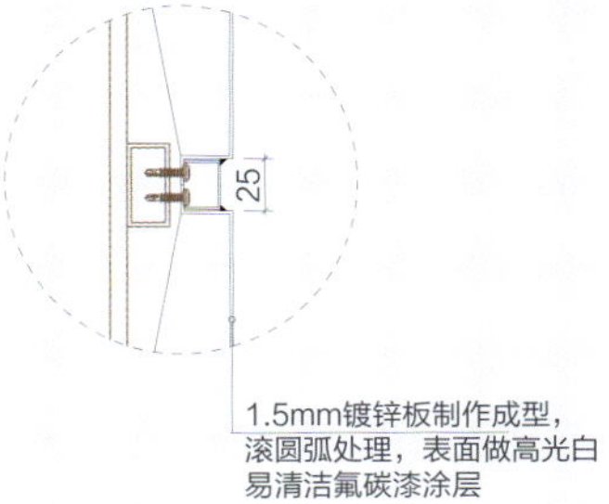

a-2

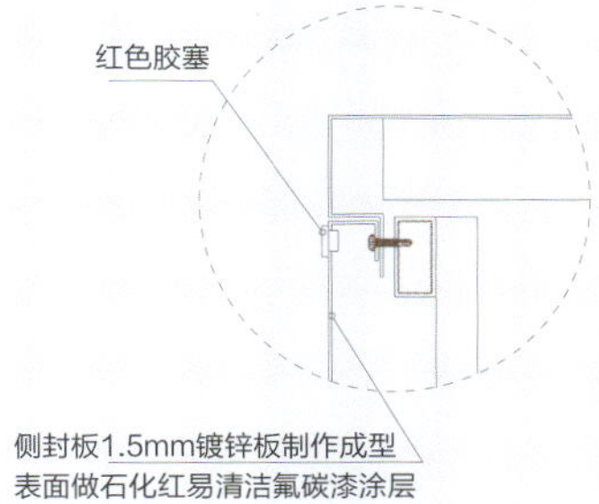

b-1

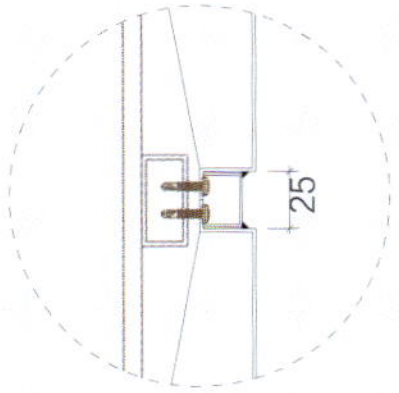

b-2

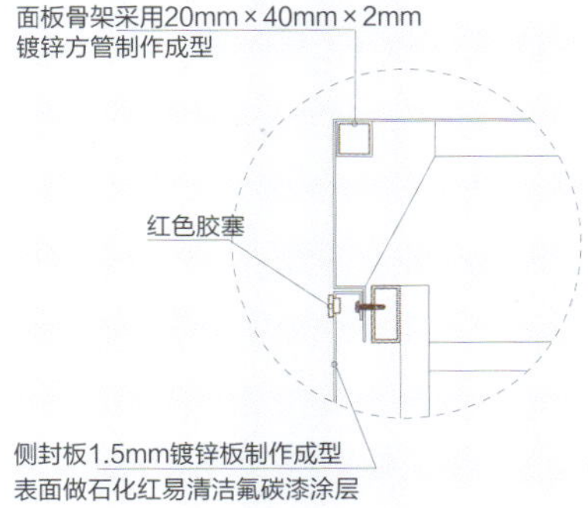

b-3

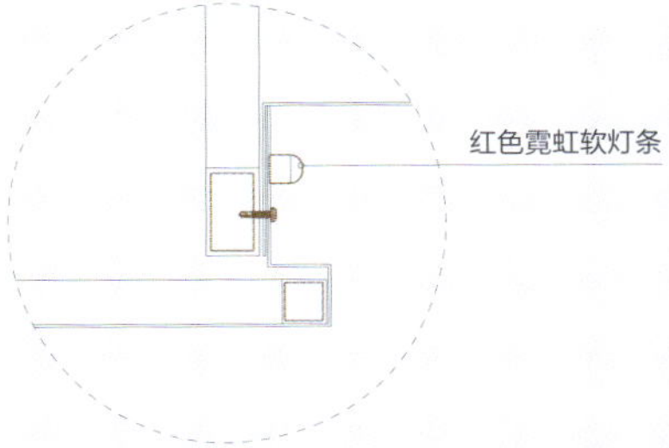

b-4

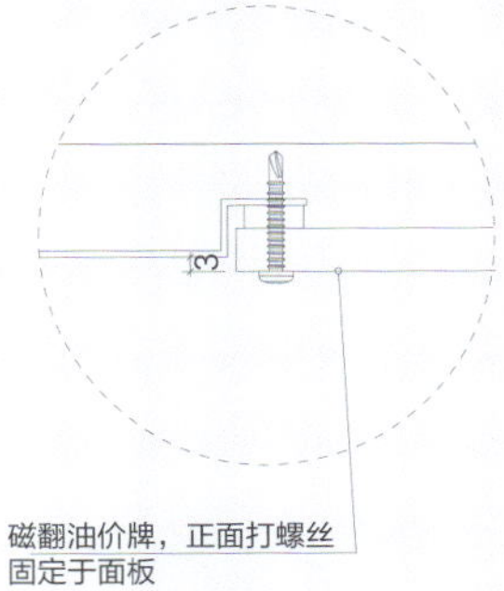

E.1.1.59 10m 品牌柱（平面款）横剖图（二）

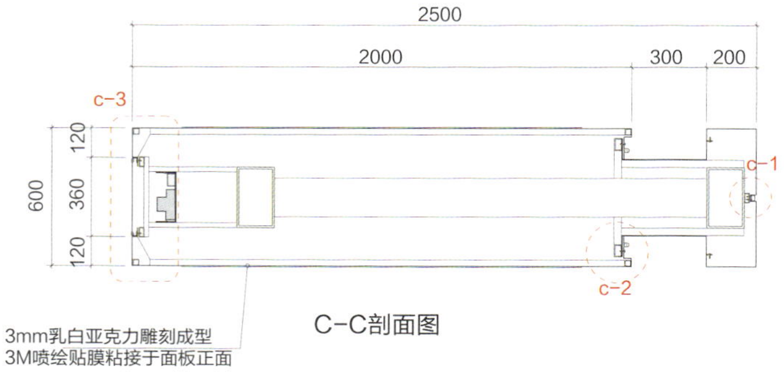

C-C剖面图

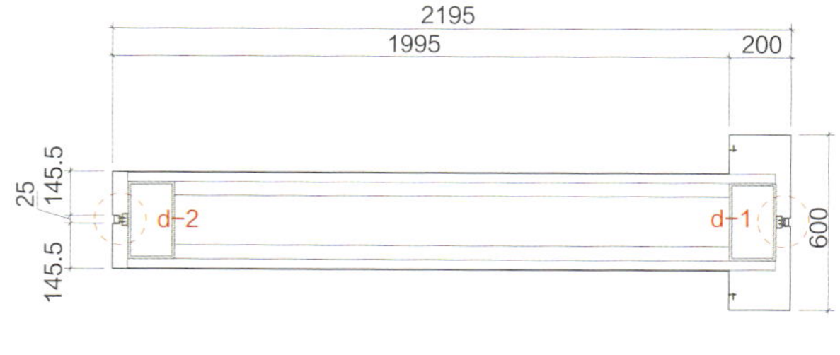

D-D剖面图

c-1

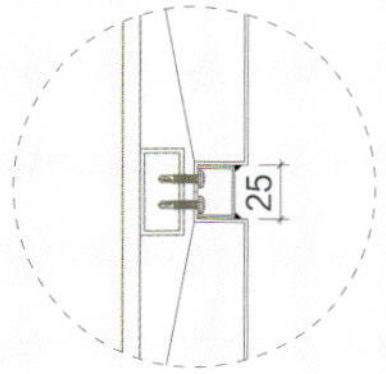

c-2

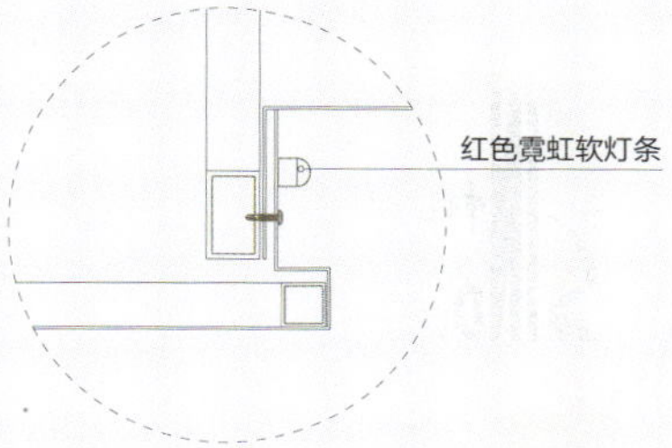

d-1

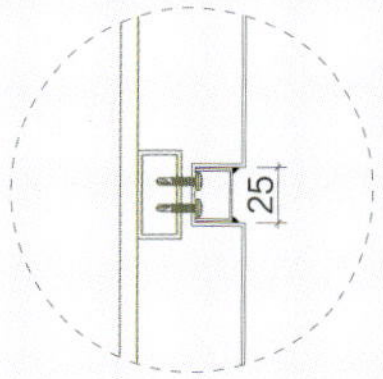

c-3

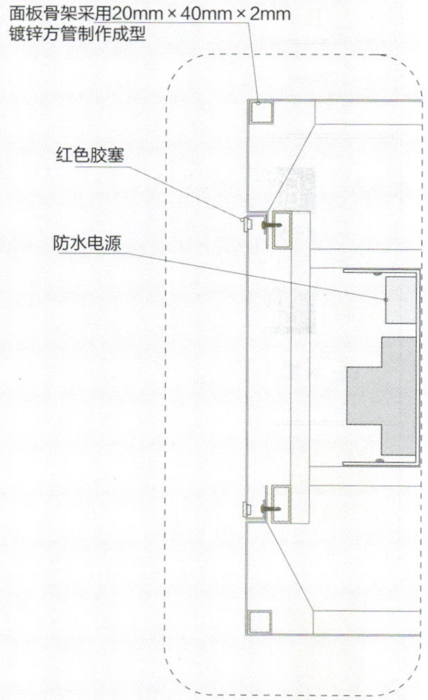

d-2

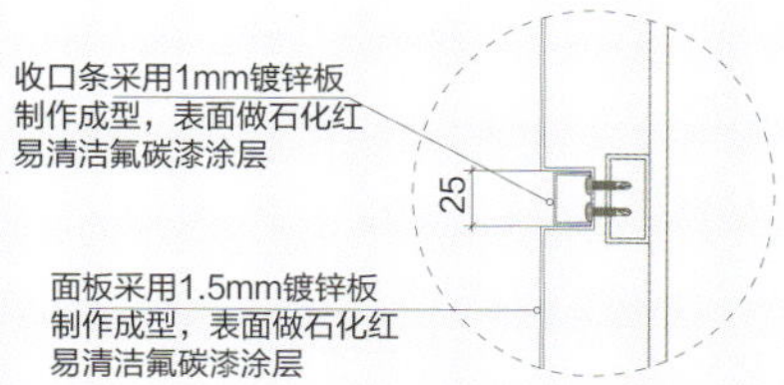

E.1.1.60 10m 品牌柱（平面款）局部剖面图

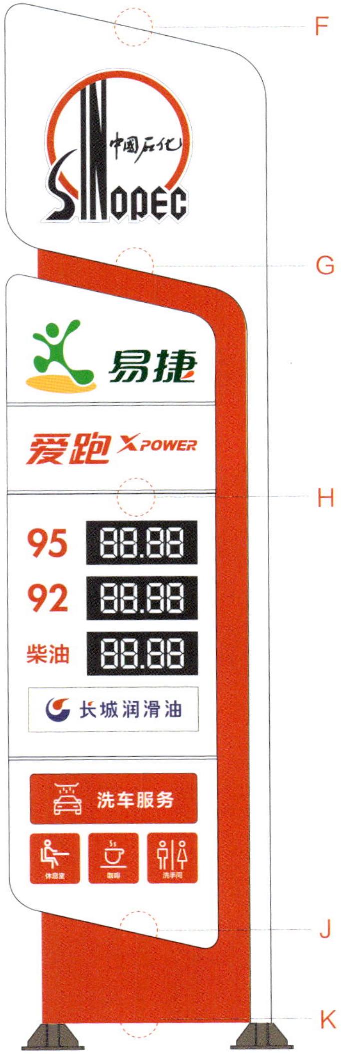

正视图

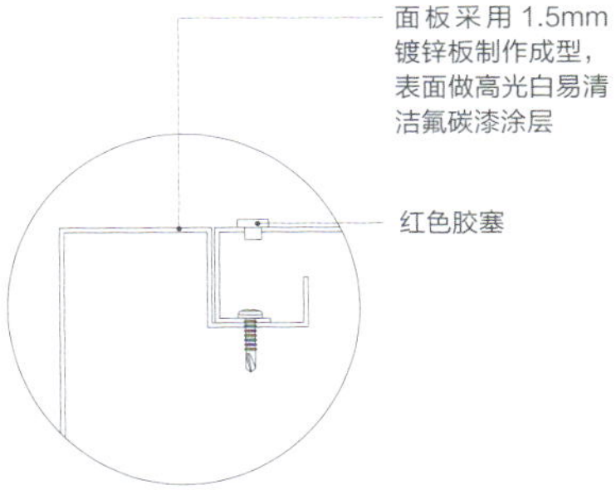

F 局部剖面图

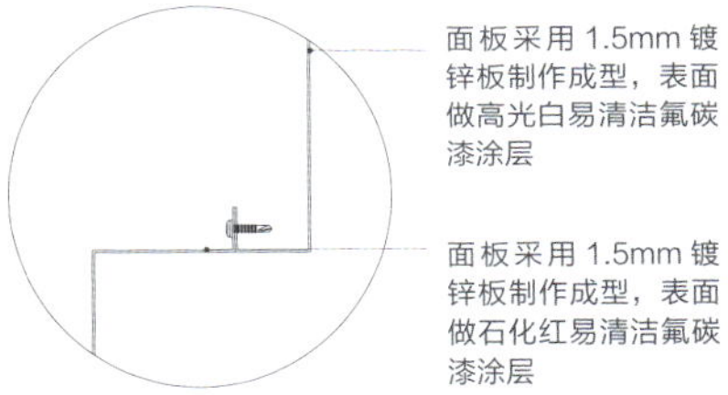

G 局部剖面图

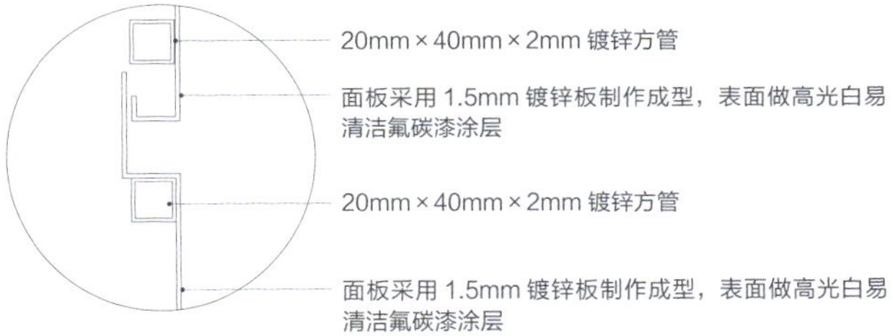

H 局部剖面图

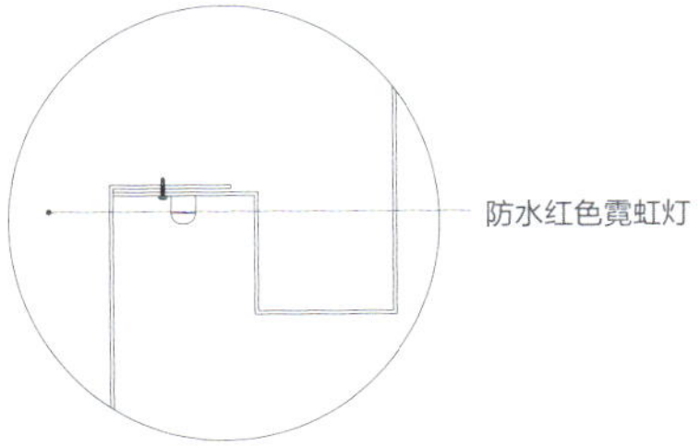

J 局部剖面图

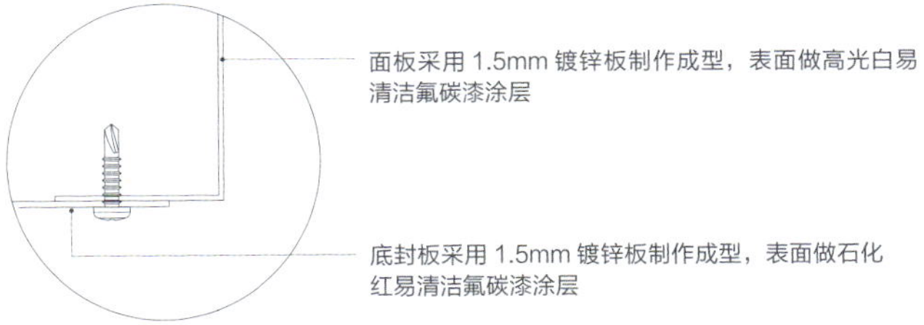

K 局部剖面图

E.1.1.61 10m 品牌柱（平面款）钢架图展示

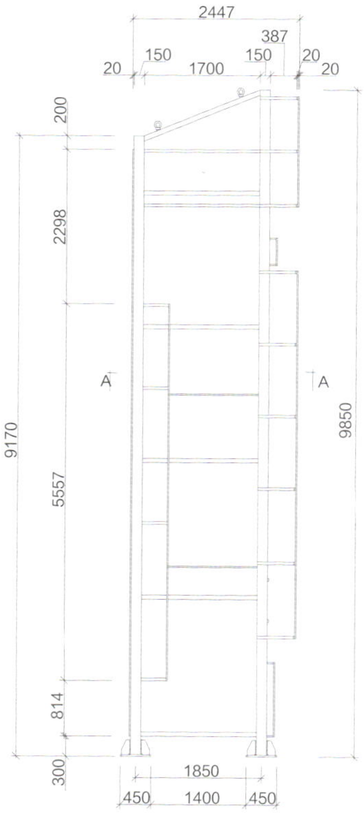

正视图

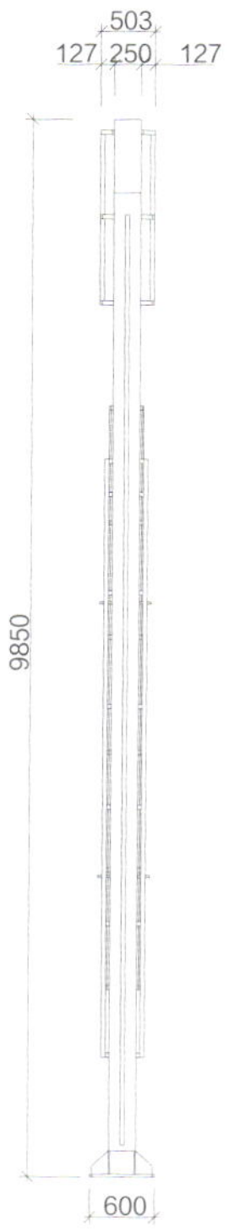

侧视图

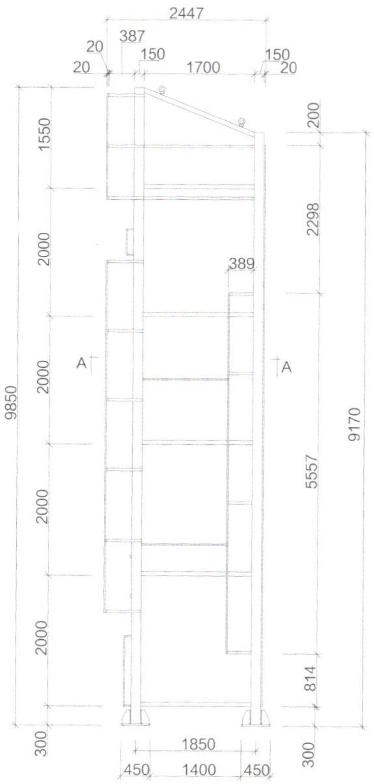

后视图

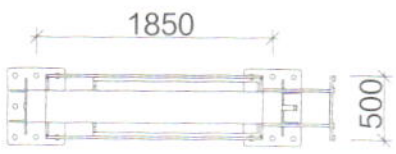

俯视图

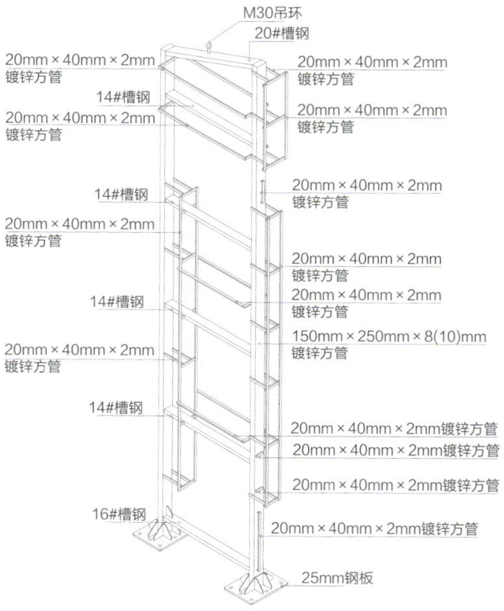

轴侧图

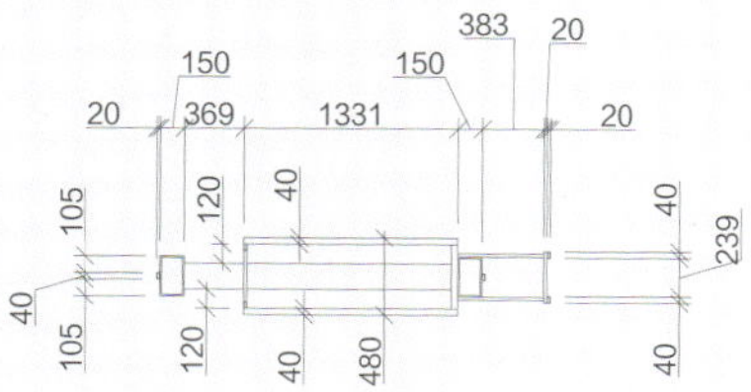

A–A剖面图

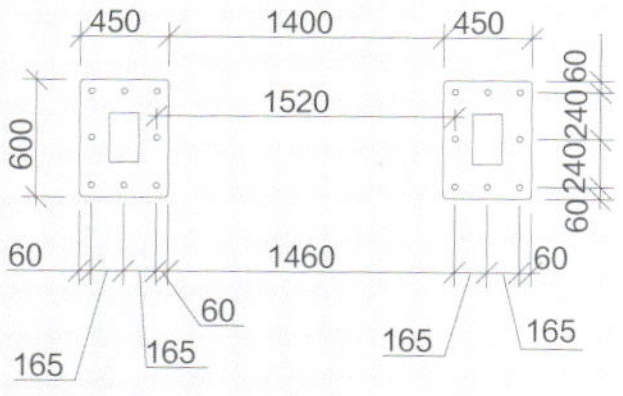

地脚板俯视图

注：骨架焊接后，做防锈处理；

0.6风压：150mm × 250mm × 8mm 镀锌方管（Q355）

0.9风压：150mm × 250mm × 10mm 镀锌方管（Q355）

E.1.1.62 8m 品牌柱（平面款）尺寸及工艺说明

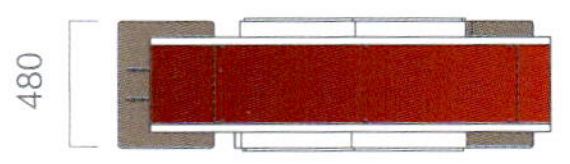

俯视图

正视图

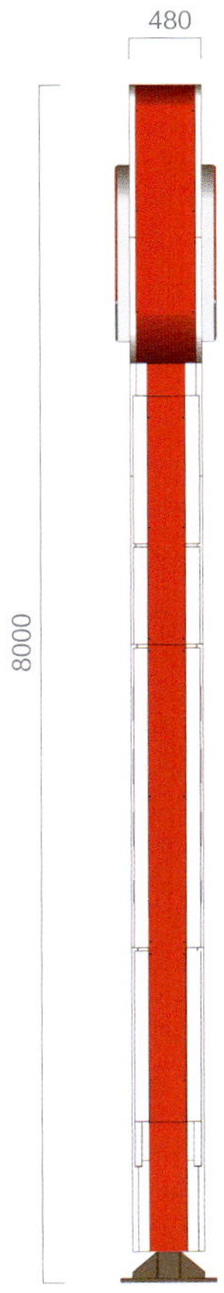

侧视图

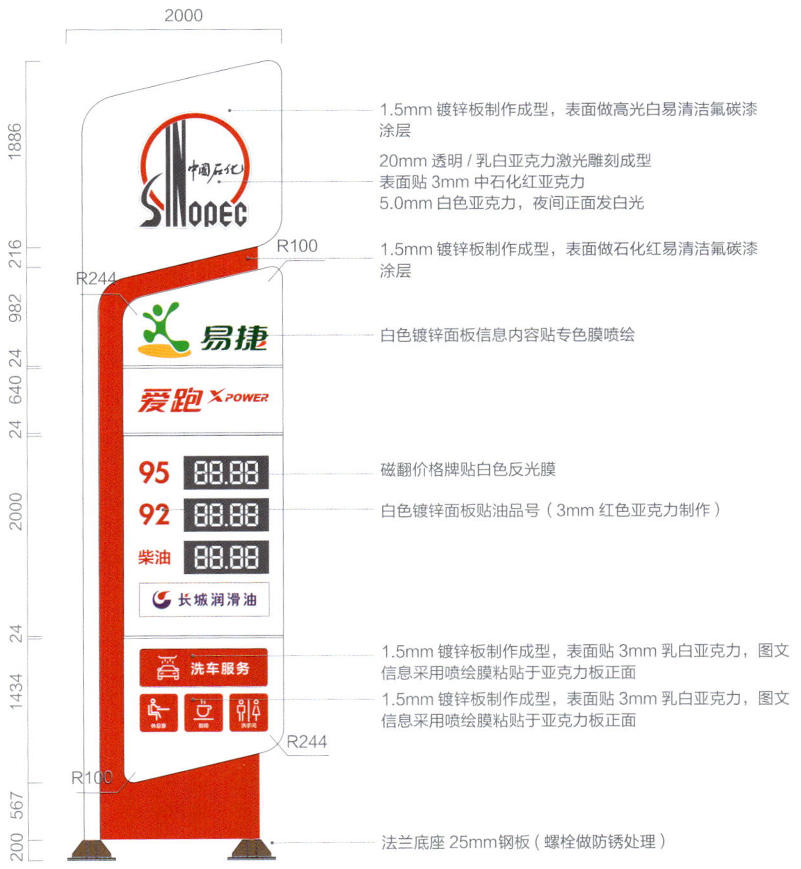

后面视图

E.1.1.63 8m 品牌柱（平面款）横剖图（一）

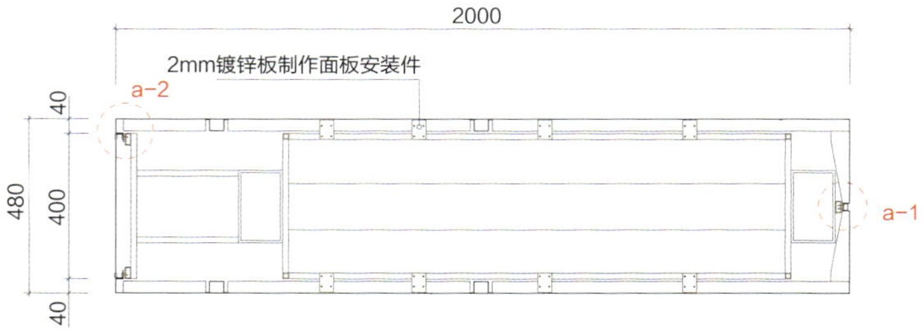

A-A剖面图

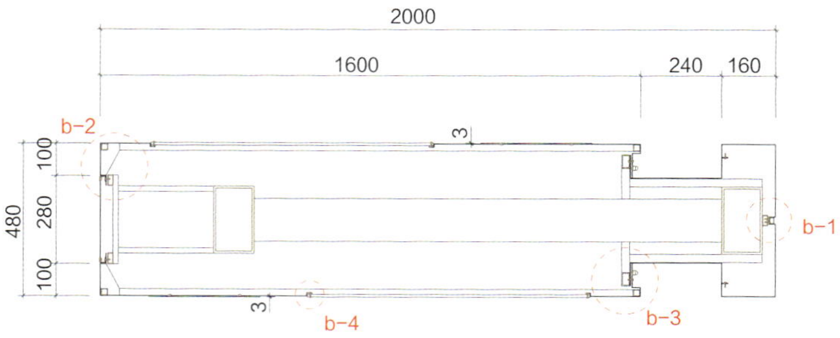

B-B剖面图

a-1

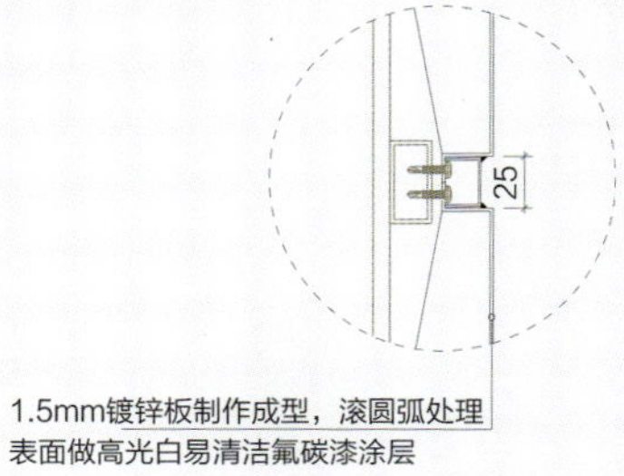

a-2

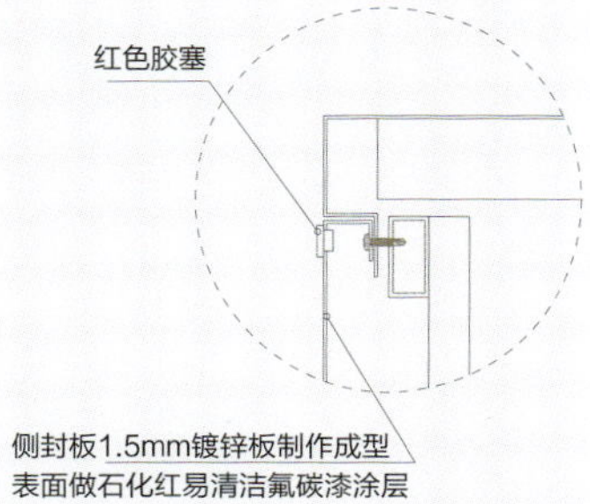

b-1

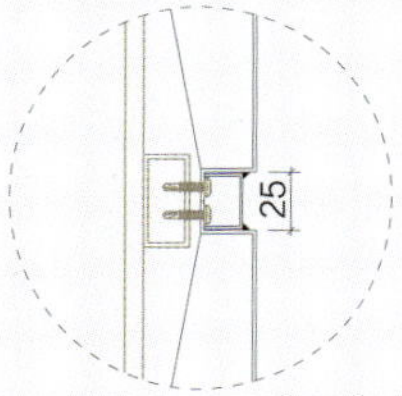

b-2

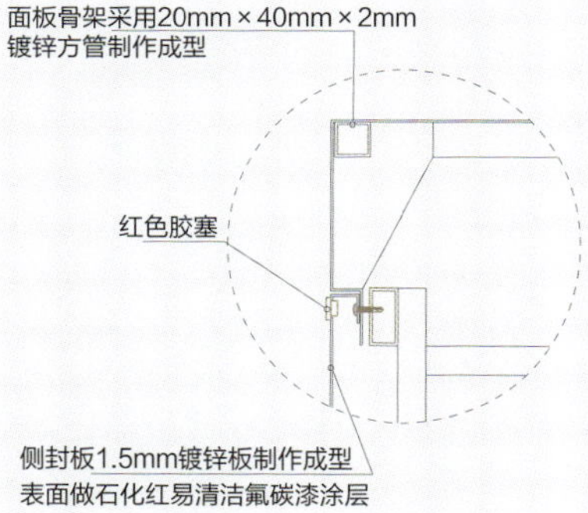

b-3

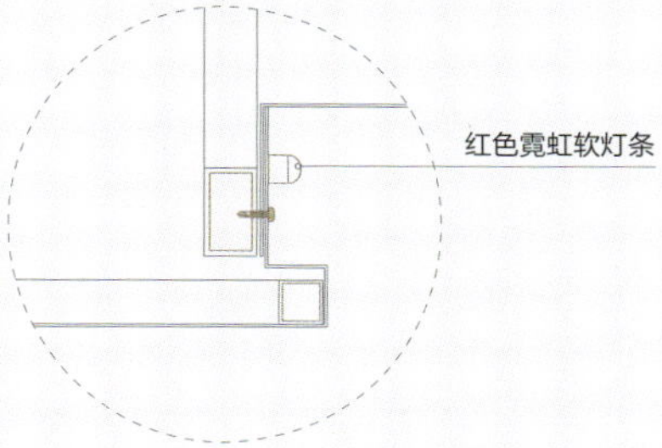

b-4

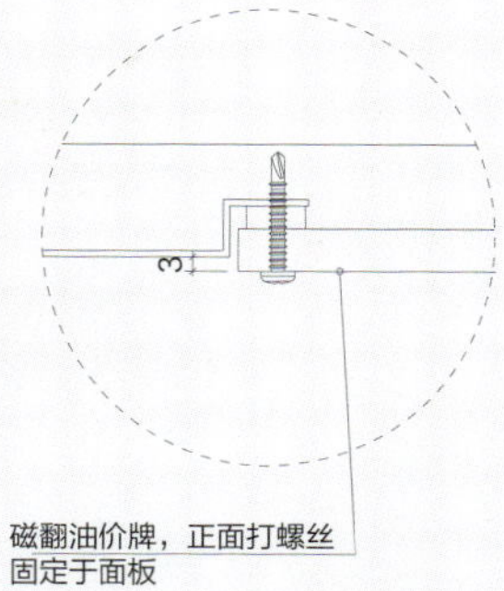

E.1.1.64 8m 品牌柱（平面款）横剖图（二）

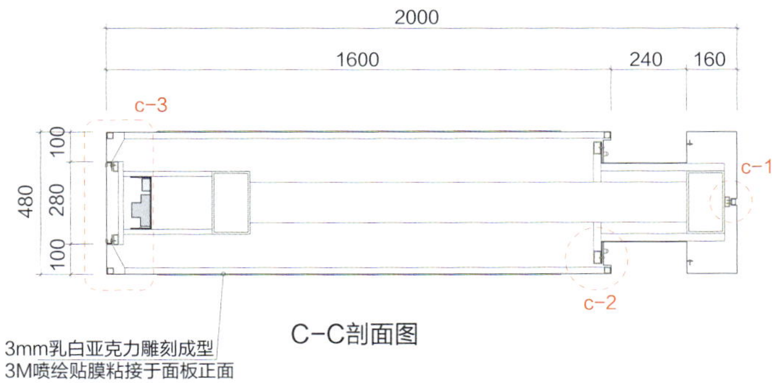

C-C剖面图

D-D剖面图

c-1

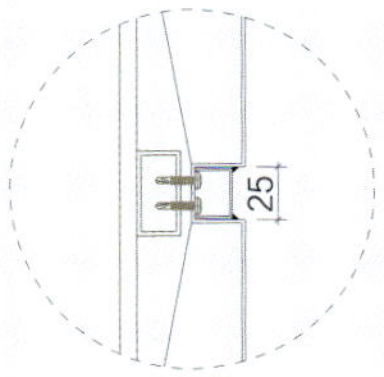

c-2

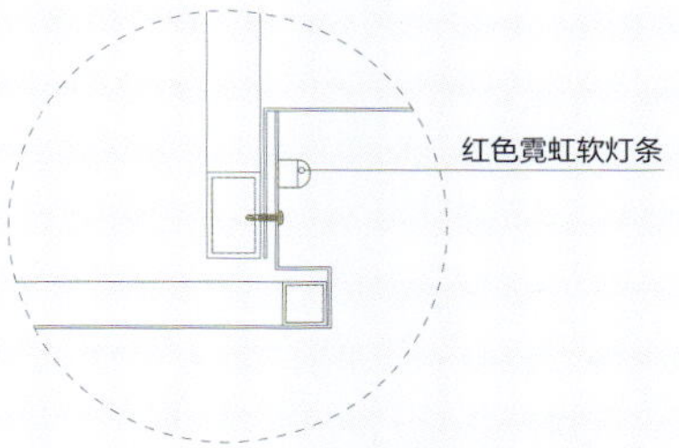

d-1

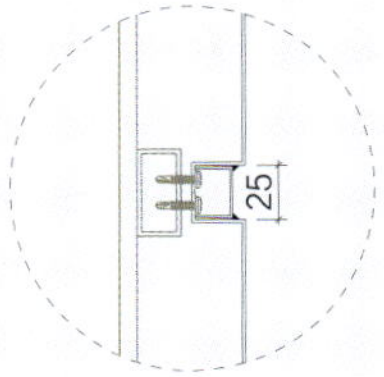

c-3

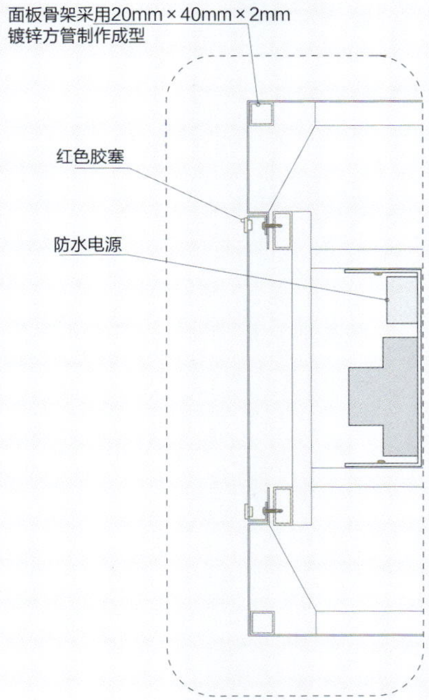

d-2

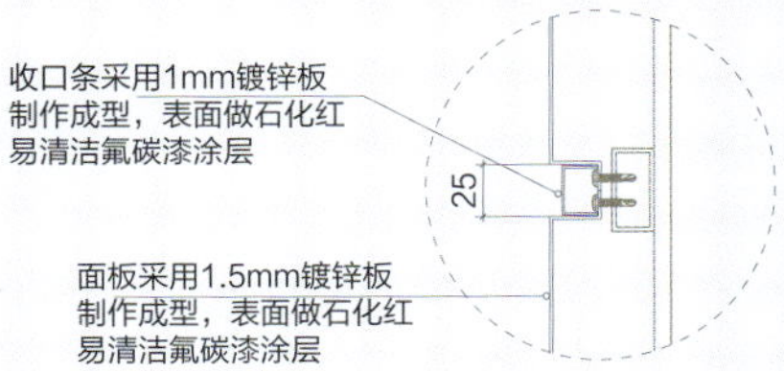

E.1.1.65 8m 品牌柱（平面款）局部剖面图

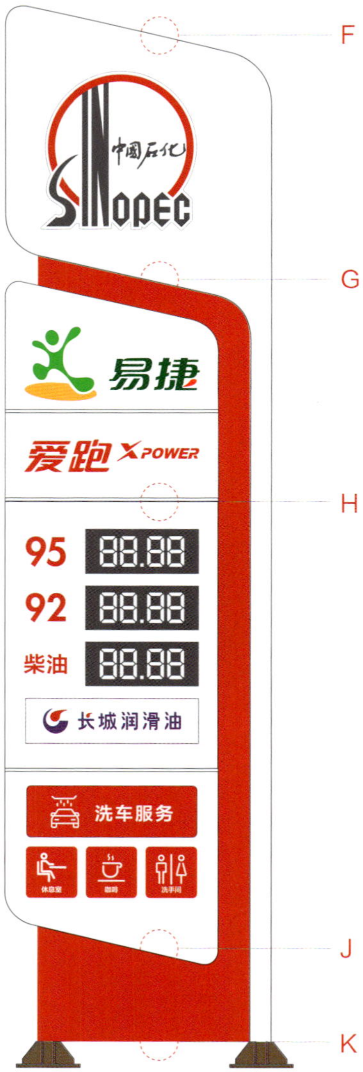

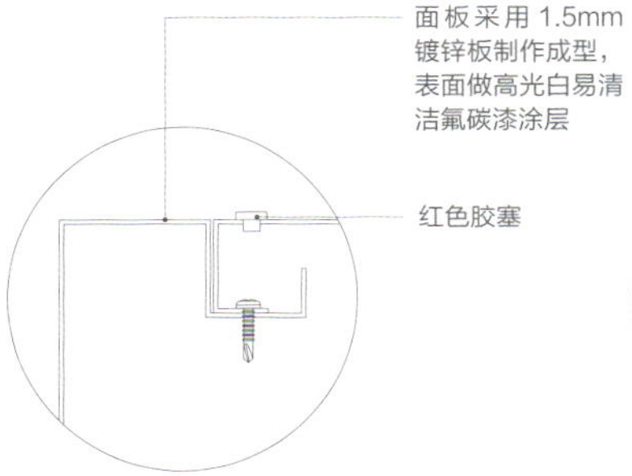

F 局部剖面图

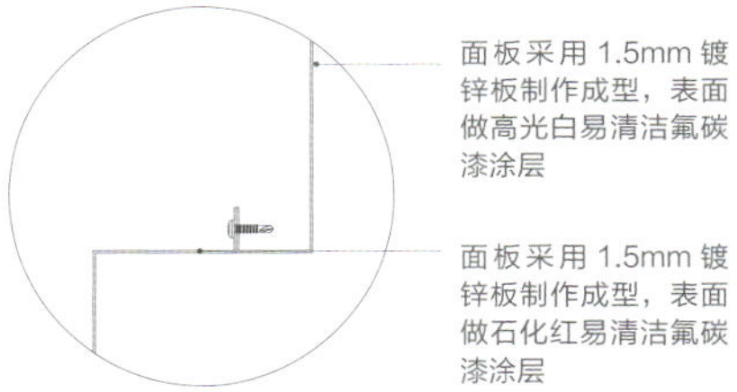

G 局部剖面图

H 局部剖面图

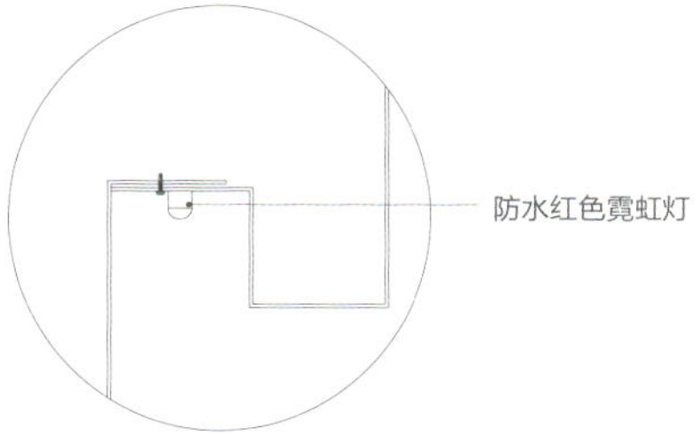

J 局部剖面图

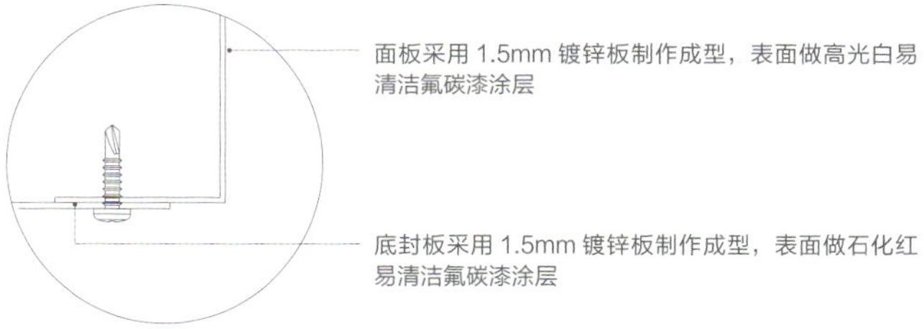

K 局部剖面图

E.1.1.66 8m 品牌柱（平面款）钢架图展示

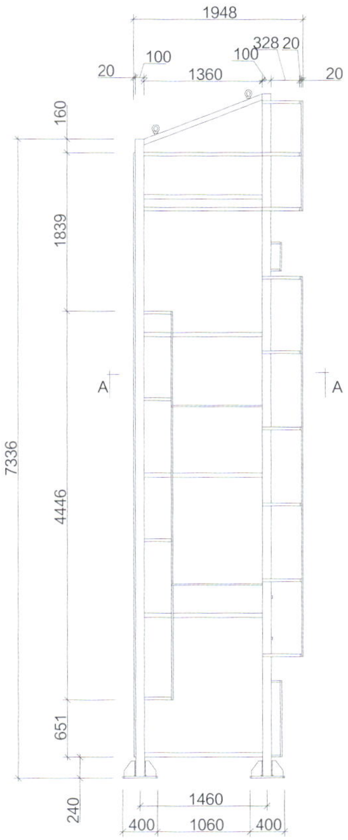

正视图

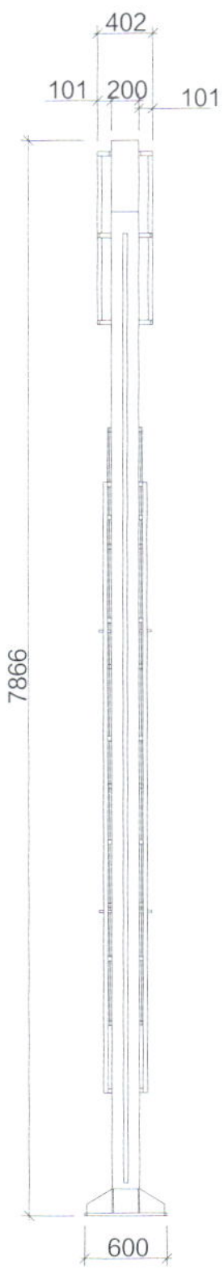

侧视图

后视图

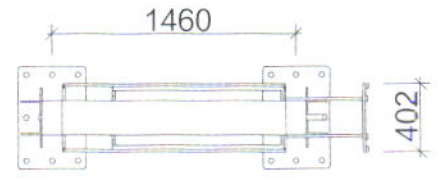

俯视图

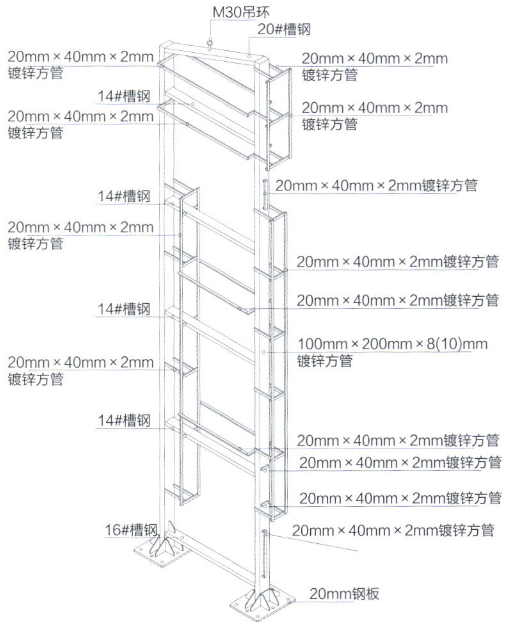

轴侧图

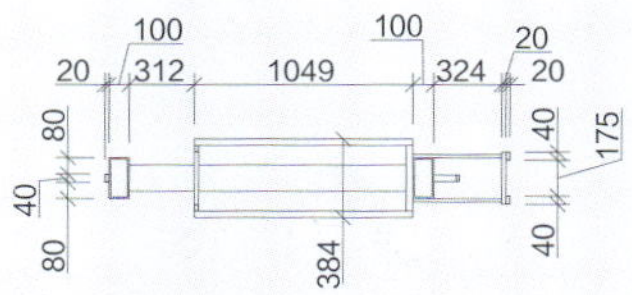

A–A剖面图

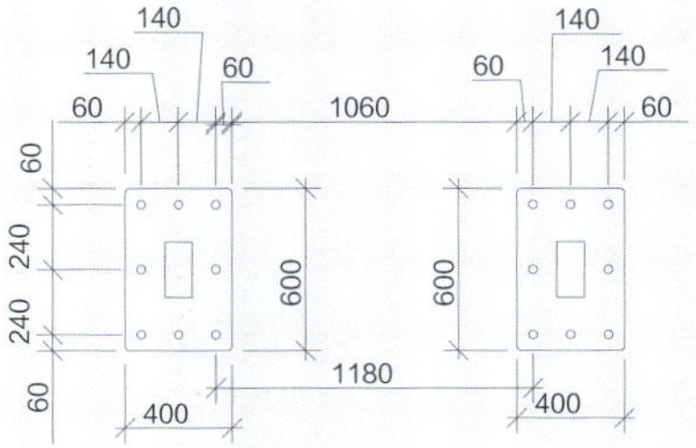

地脚板俯视图

注：铁骨架焊接后，做防锈处理

0.6风压：100mm × 200mm × 8mm镀锌方管（Q355）

0.9风压：100mm × 200mm × 10mm镀锌方管（Q355）

E.1.1.67 新能源品牌柱三视图

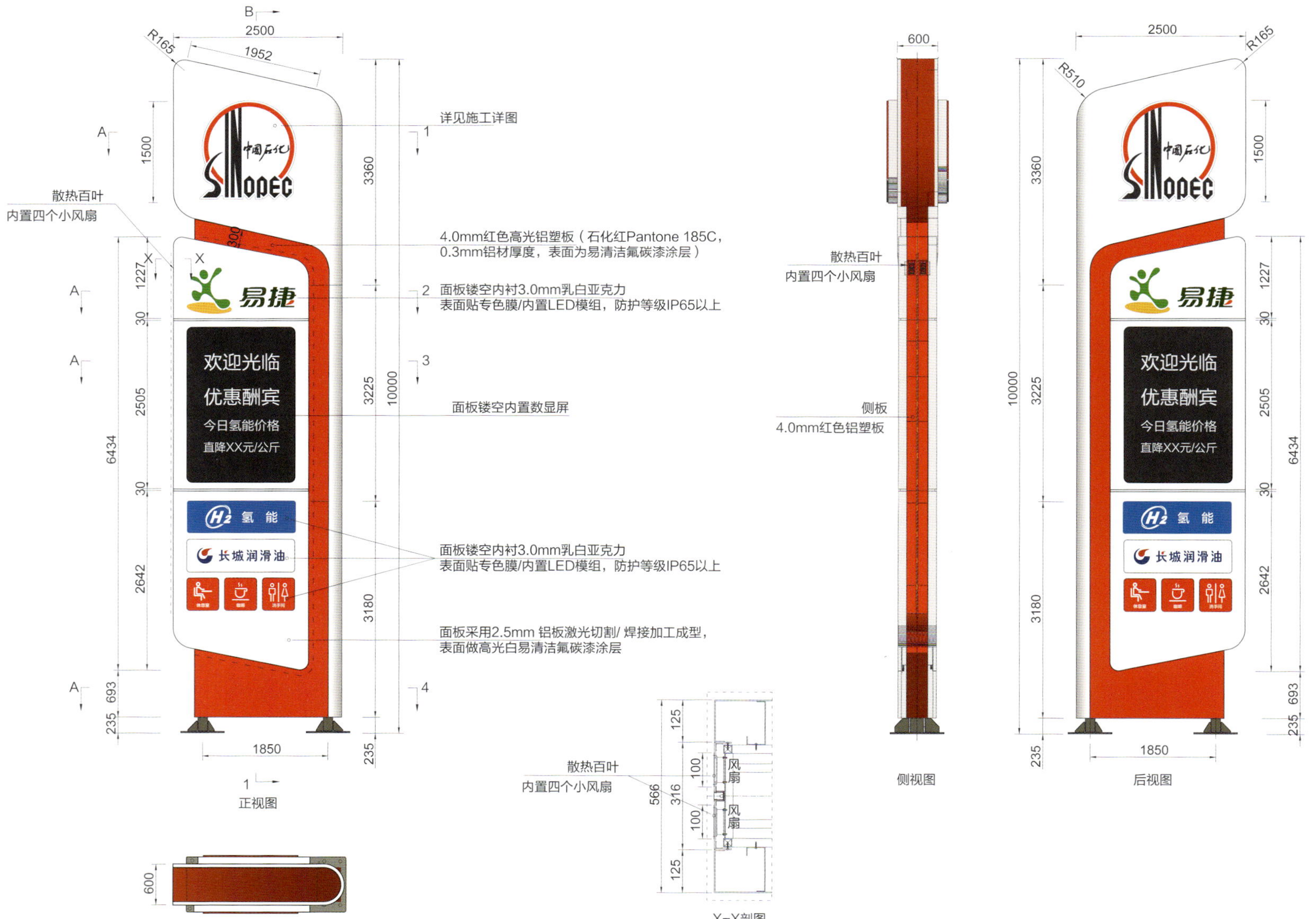

正视图
侧视图
后视图
俯视图
X-X剖图

E.1.1.68 新能源品牌柱竖剖图

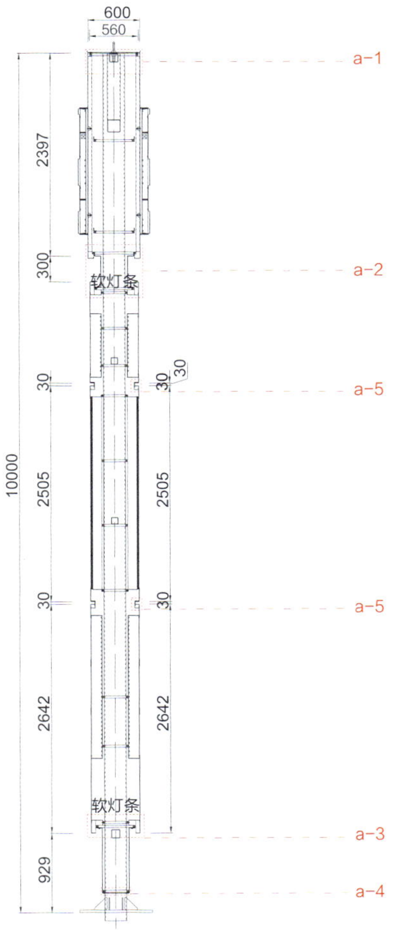

B-1剖图

a-1

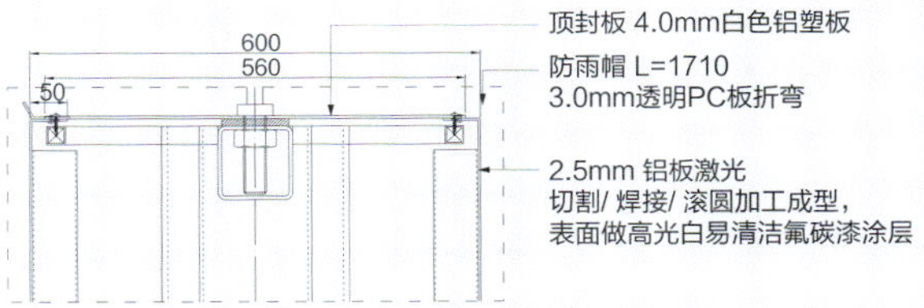

a-2

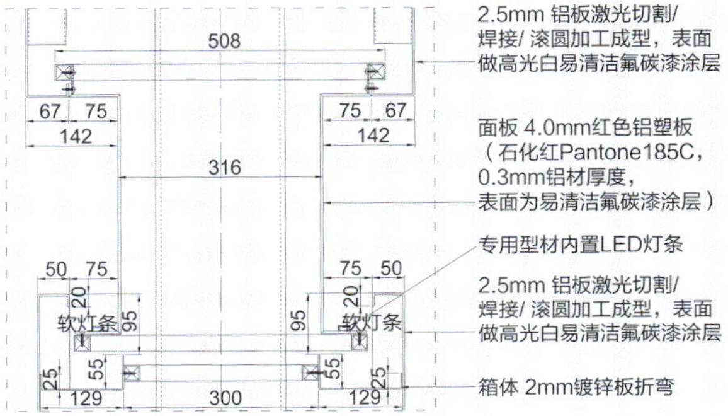

a-3

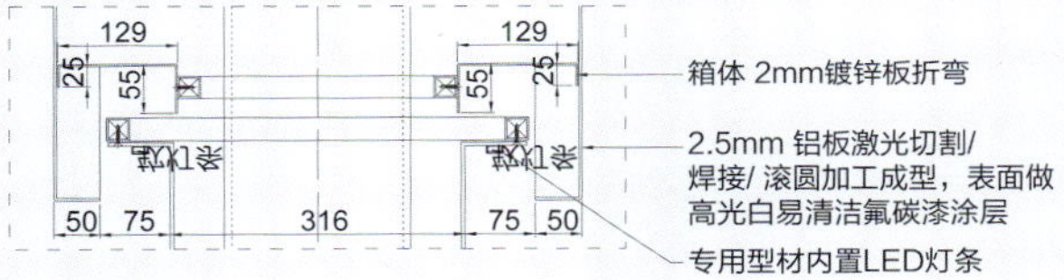

a-4

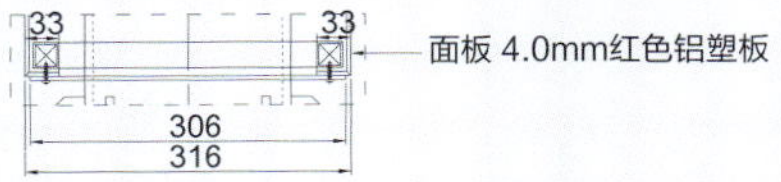

a-5

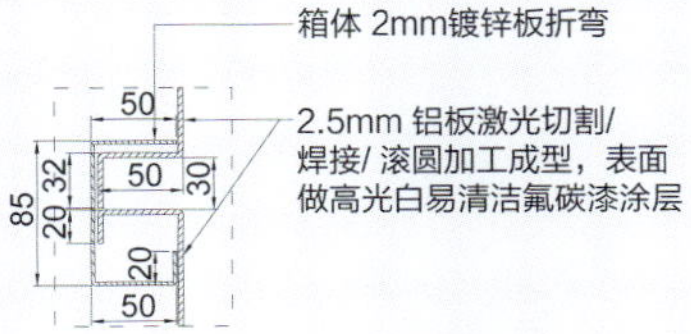

E.1.1.69 新能源品牌柱横剖图

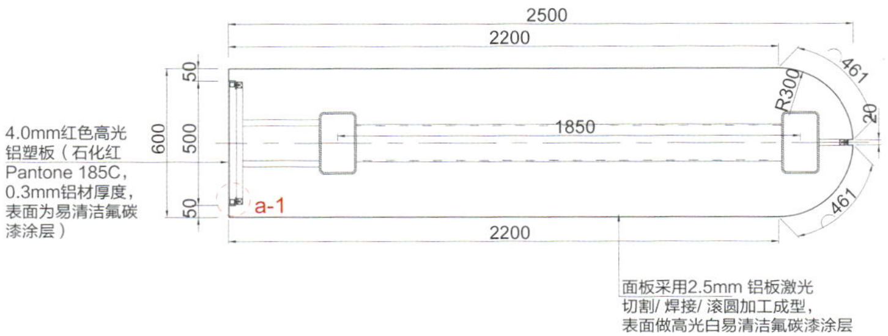

A−1剖图

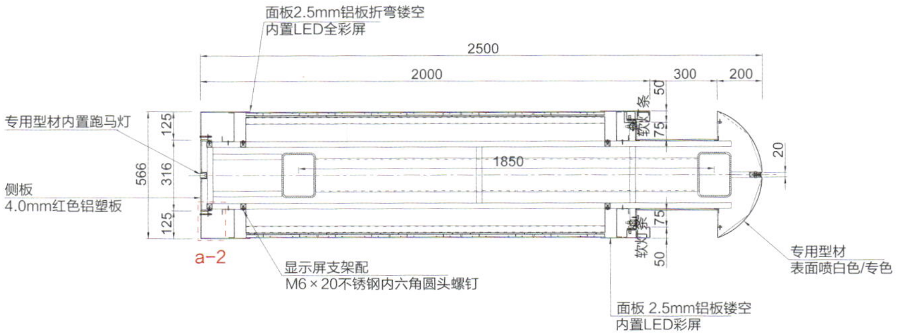

A−3剖图

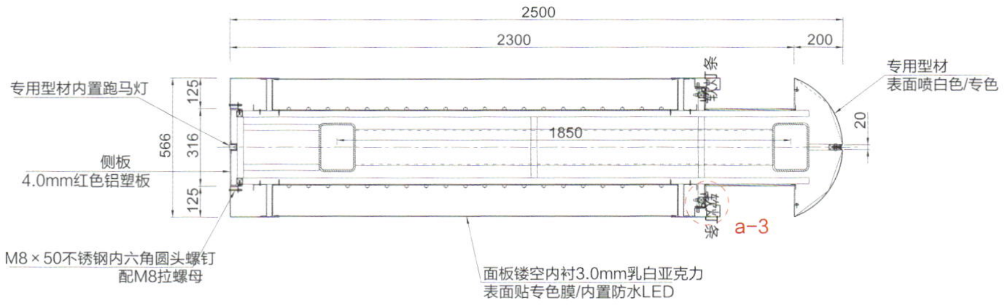

A−2剖图

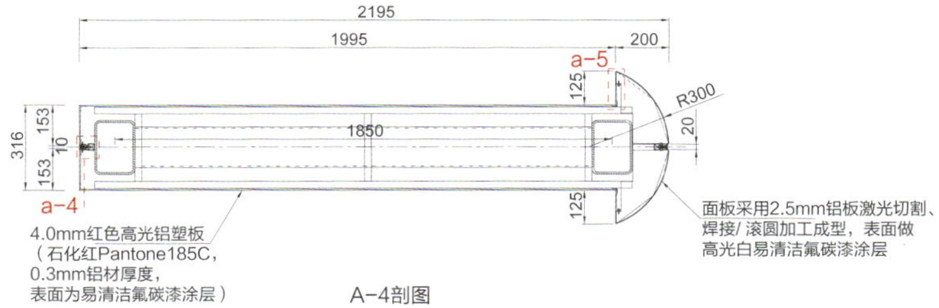

A−4剖图

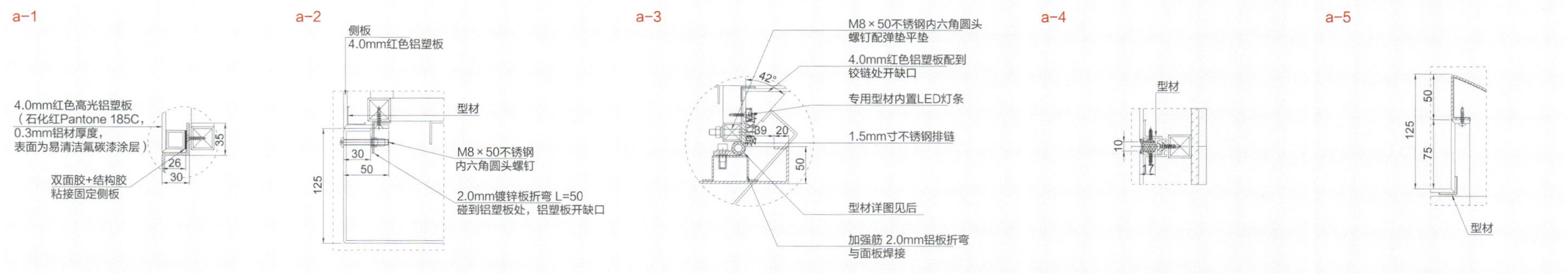

E.1.1.70 新能源品牌柱骨架图

0.9风压

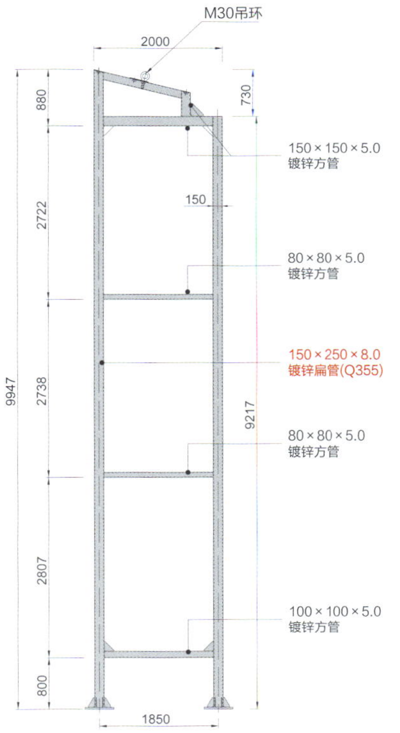

正视图

侧视图

俯视图

0.6风压

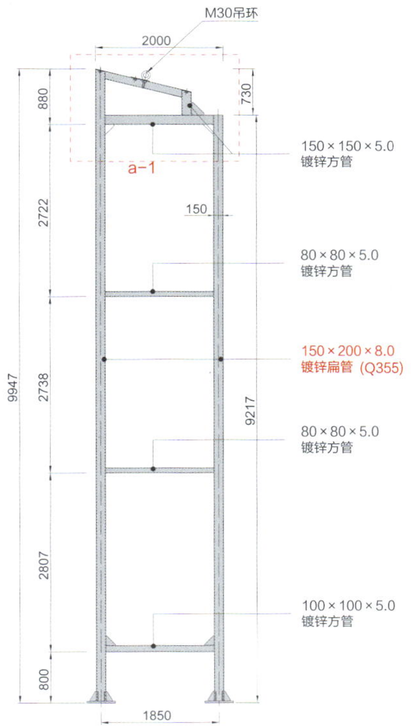

正视图

侧视图

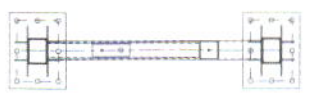

俯视图

a-1（0.6风压）

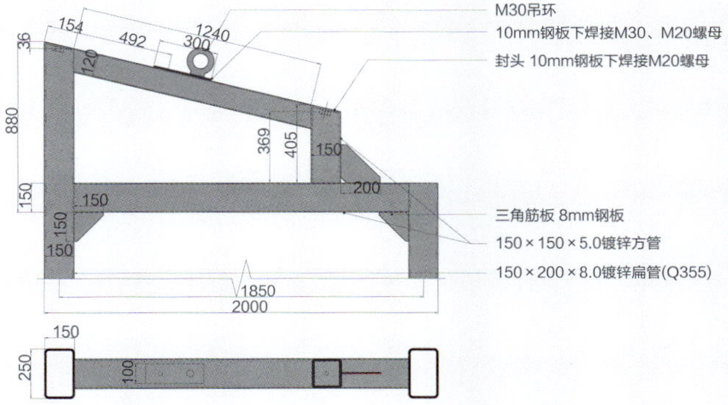

法兰25mm钢板

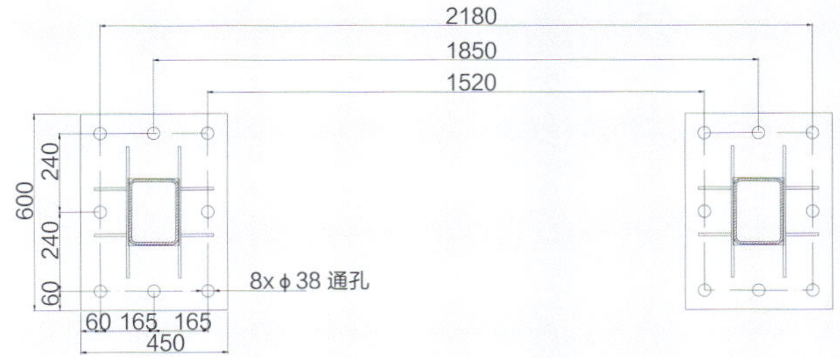

E.1.1.71 新能源品牌柱骨架横剖图

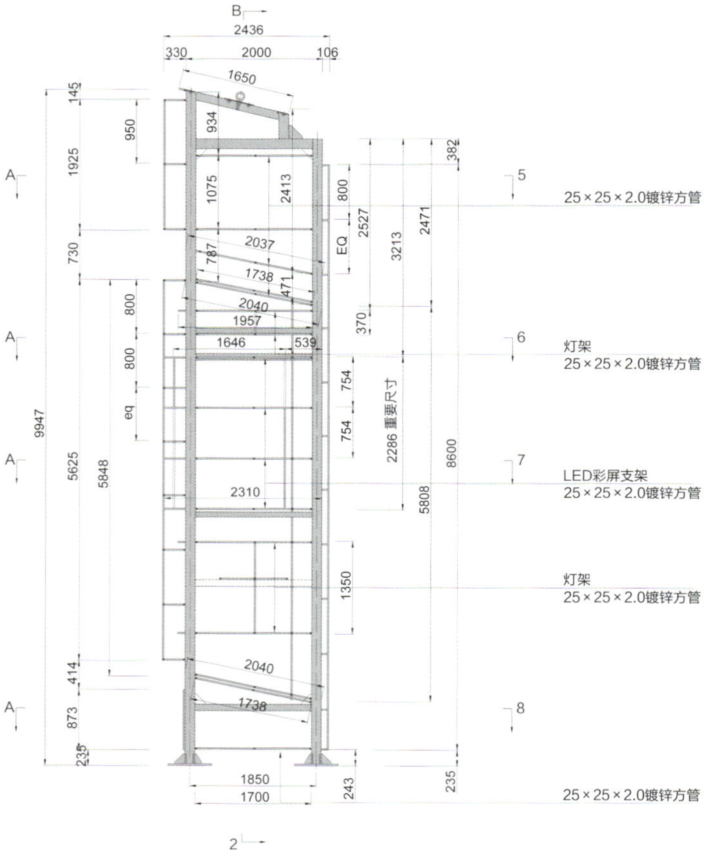

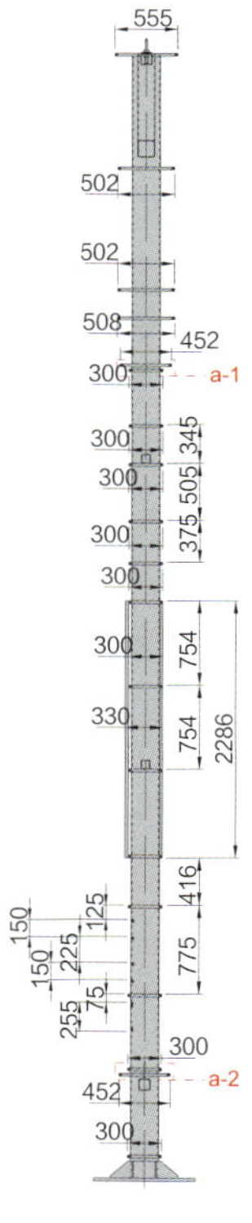

B-2剖图

A-5剖图（0.6风压）

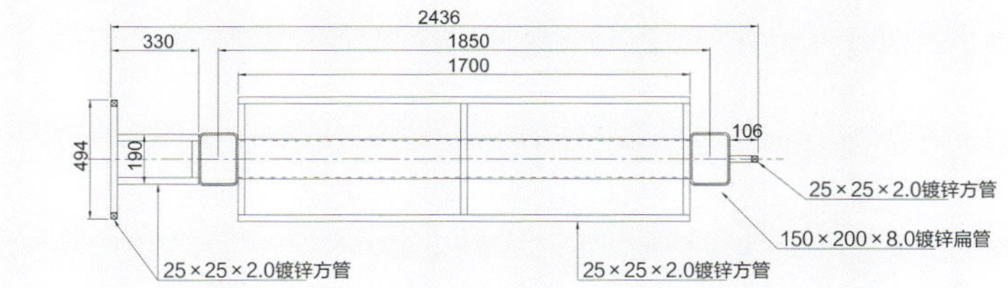

A-6剖图

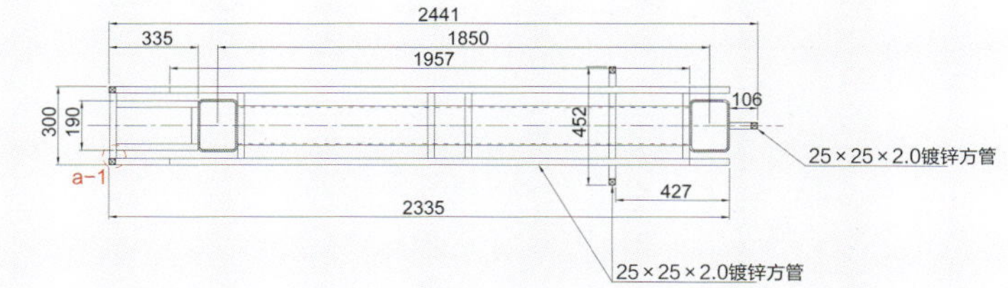

A-7剖图

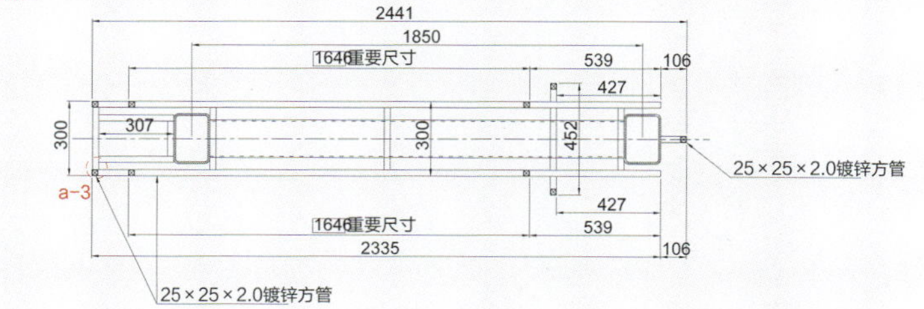

A-8剖图

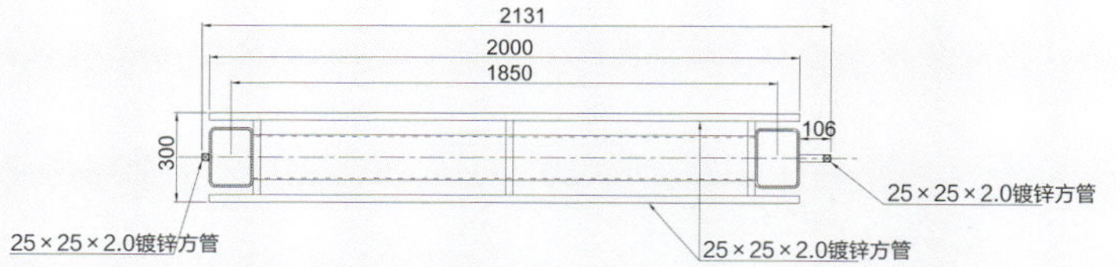

a-1

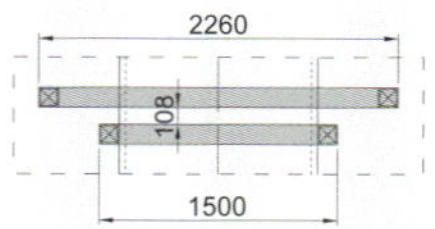

a-2

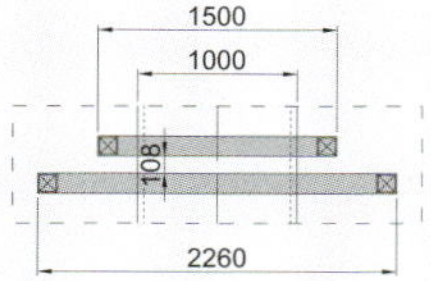

a-3

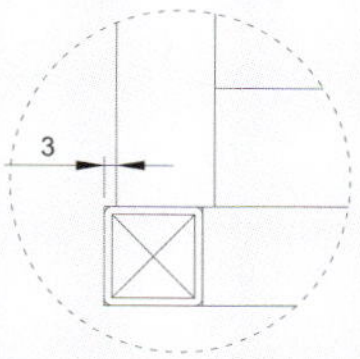

E.1.1.72 品牌柱合作单位联合标识 – ESSO 三视图

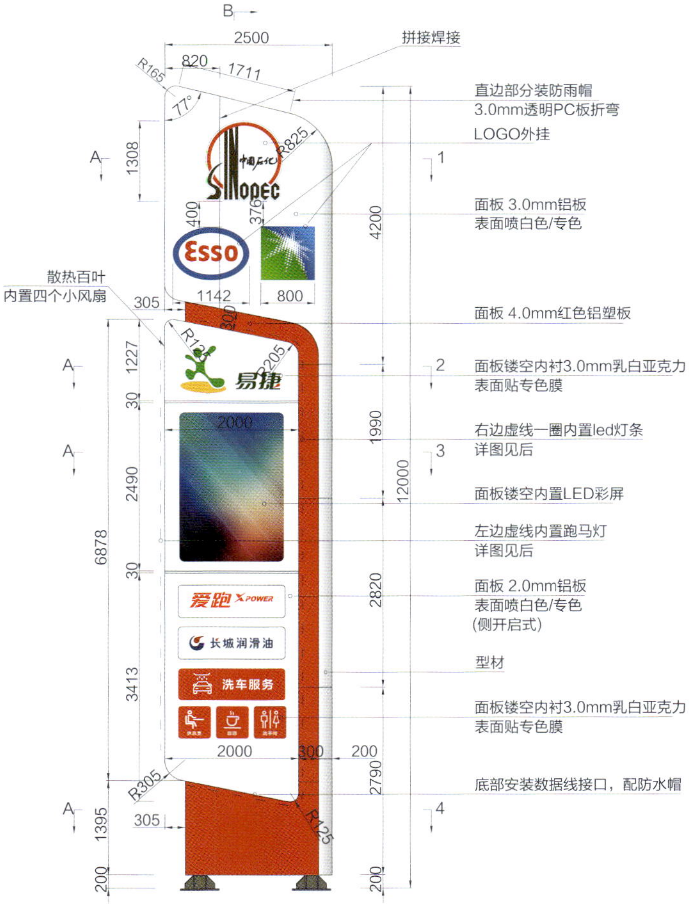

正视图

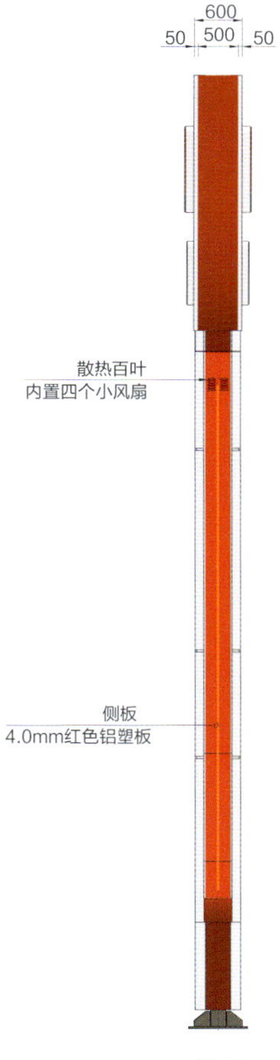

侧视图

后视图

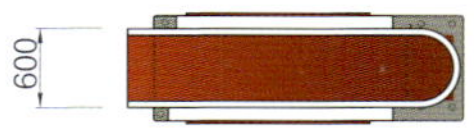

俯视图

说明：
1. 毛坯件试装以后，再做喷粉；
2. 首件确认以后，再批量生产。

E.1.1.73 品牌柱合作单位联合标识横向剖面图

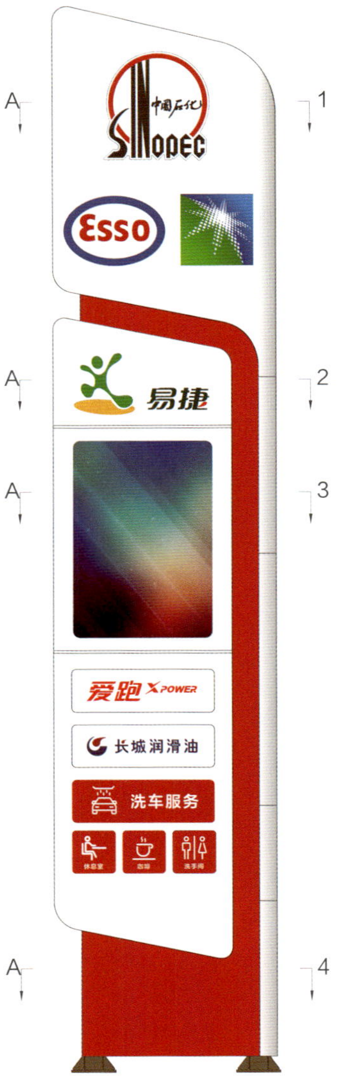

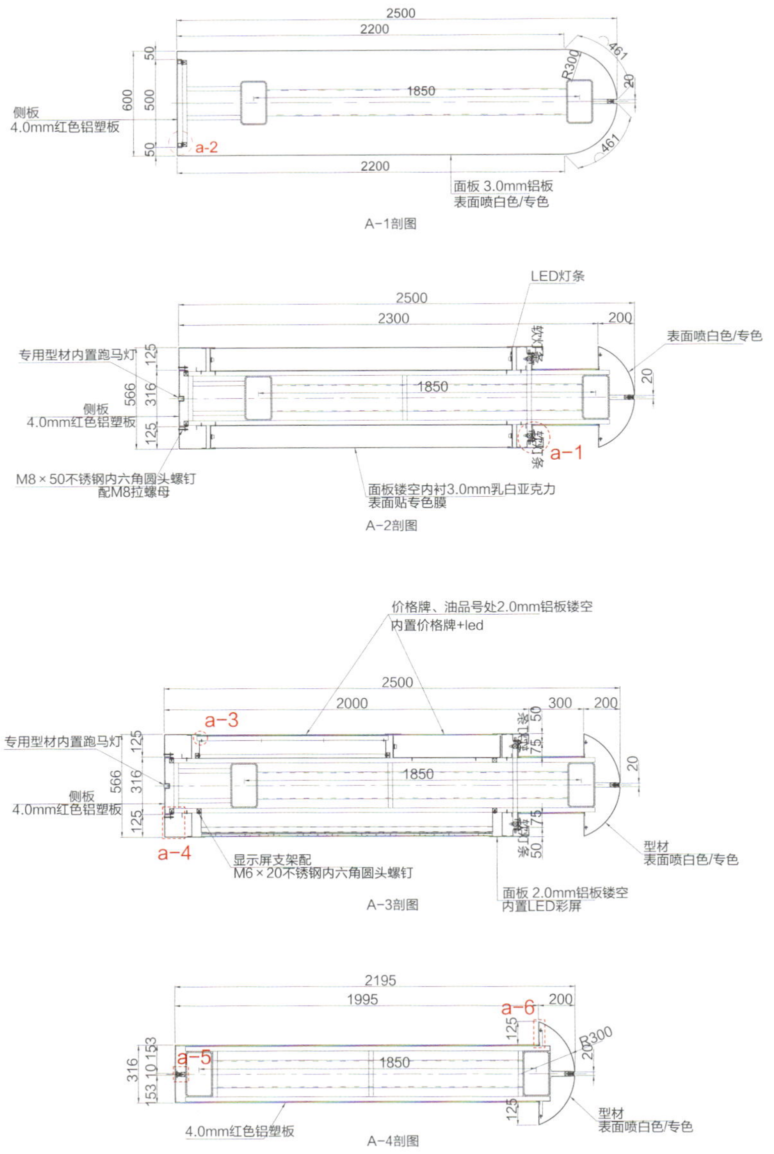

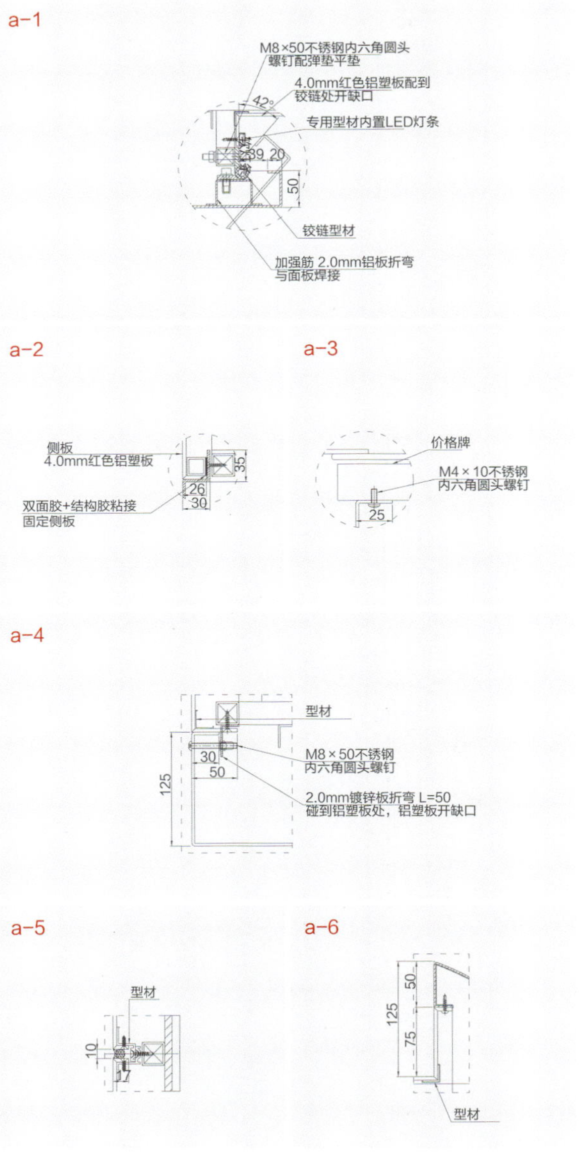

E.1.1.74 品牌柱合作单位联合标识竖向剖面图

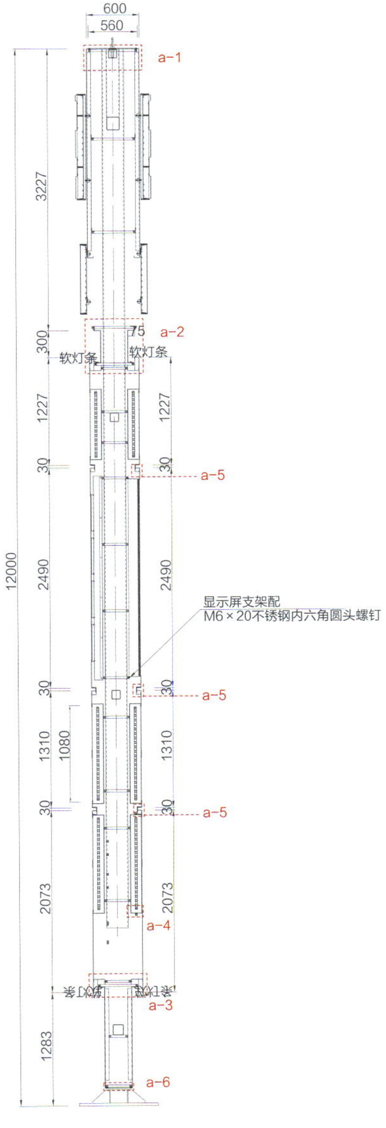

B-1剖图

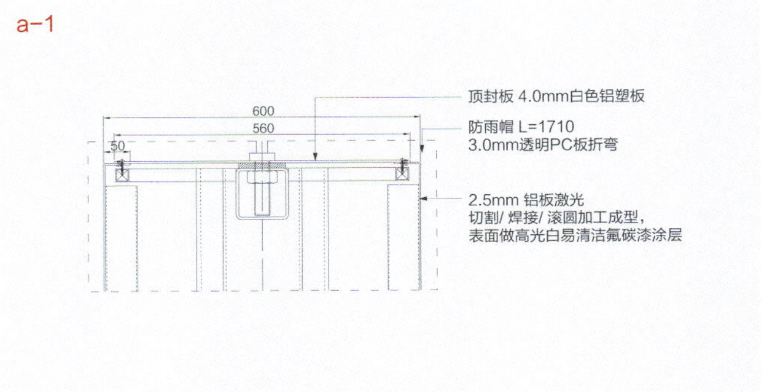

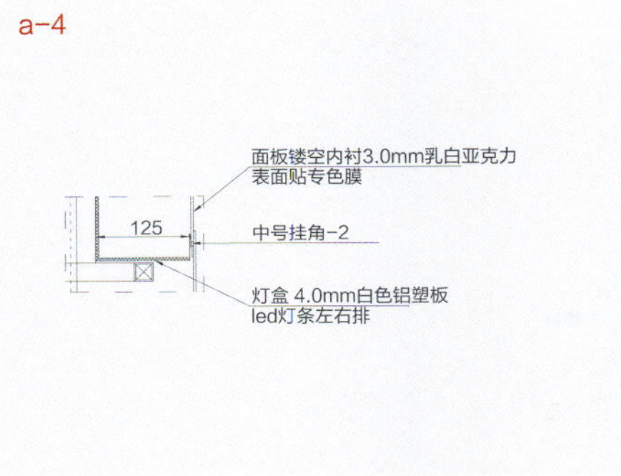

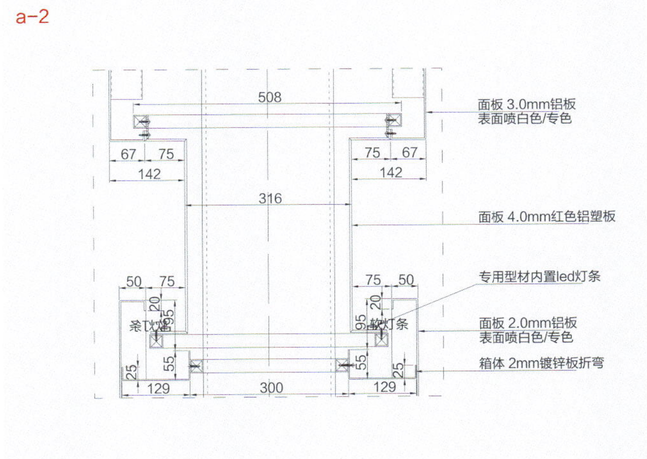

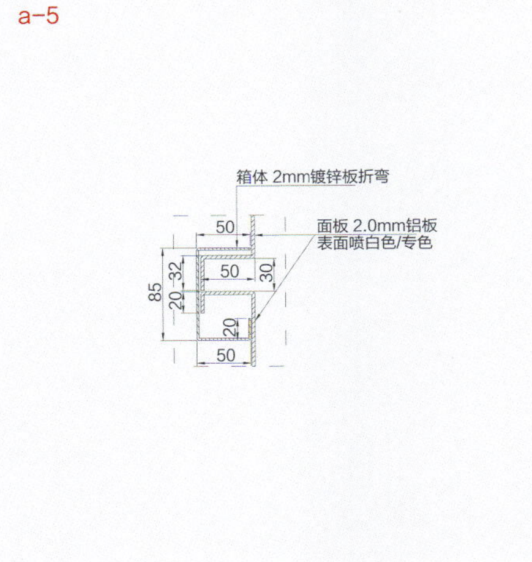

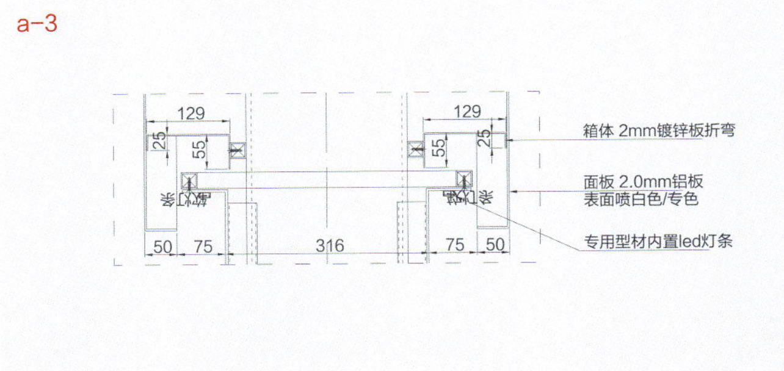

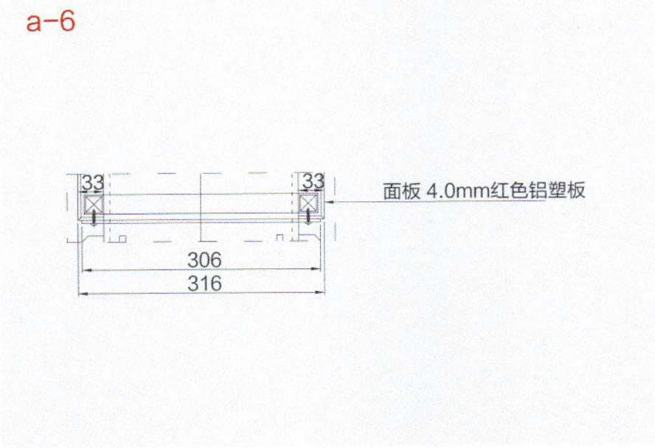

E.1.1.75 品牌柱合作单位联合标识支架总图

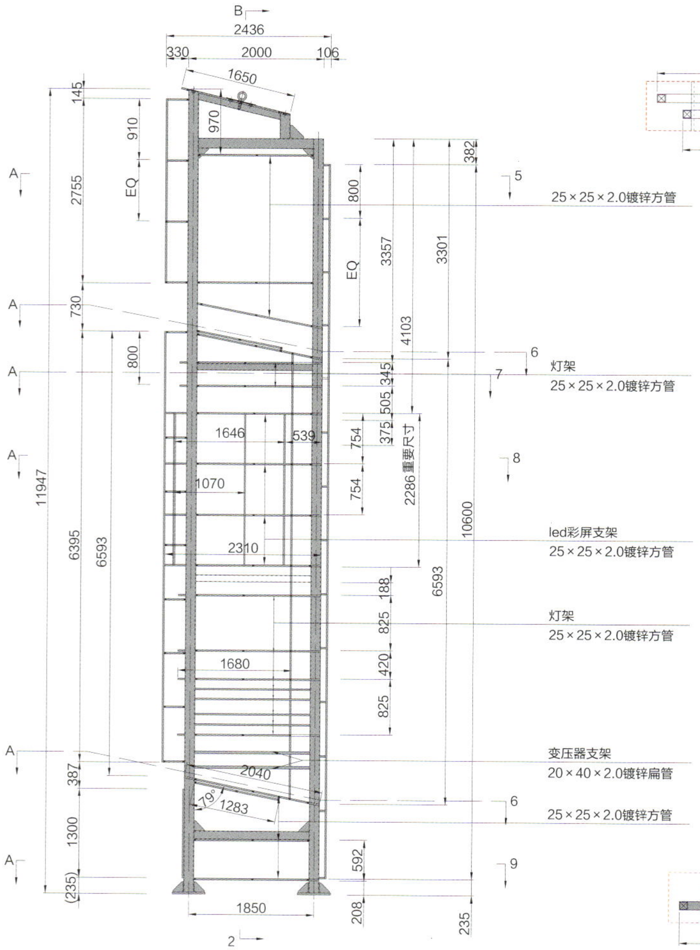

正视图

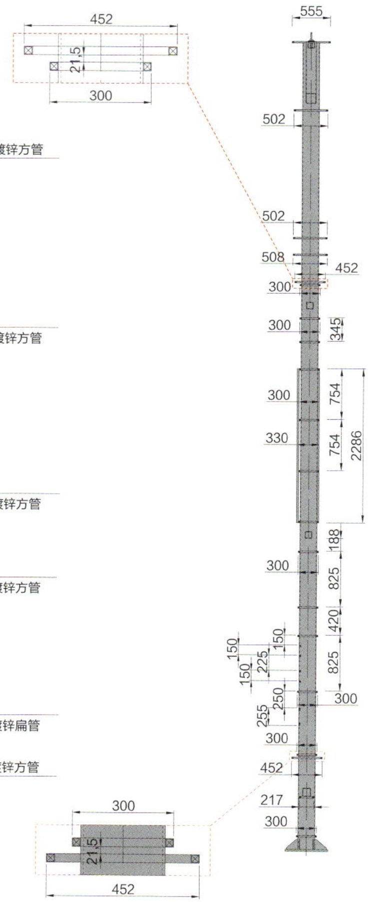

B-2剖面图

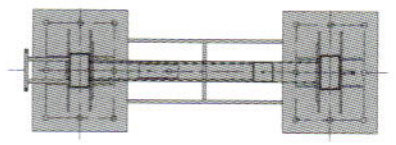

俯视图

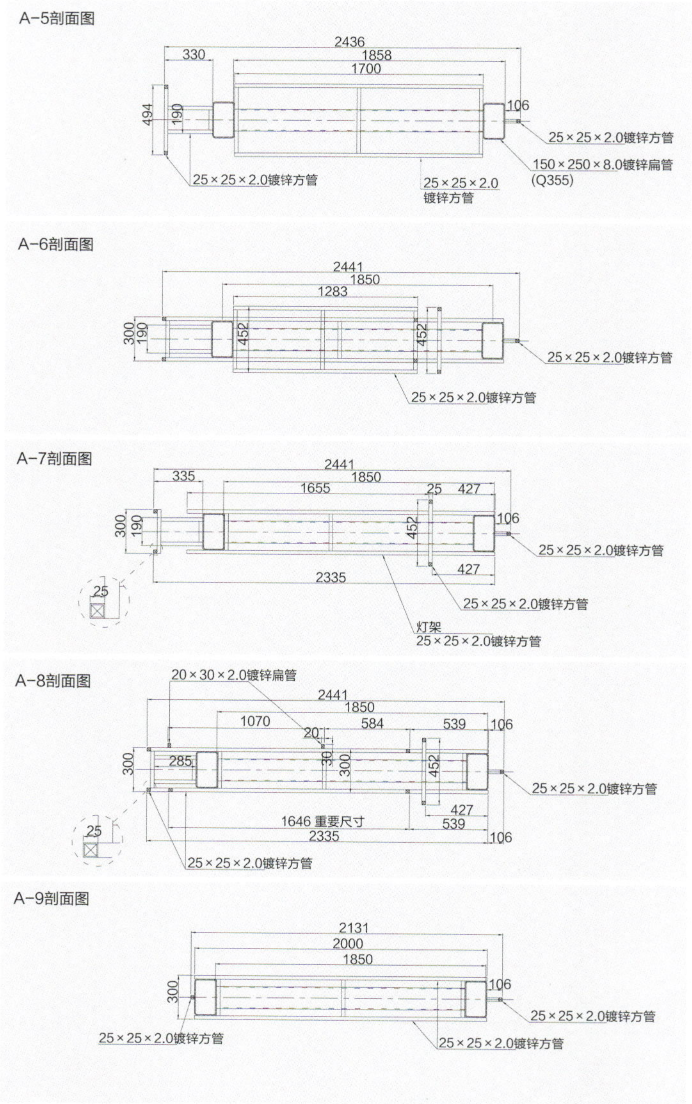

E.1.1.76 品牌柱合作单位联合标识支架总图（二）

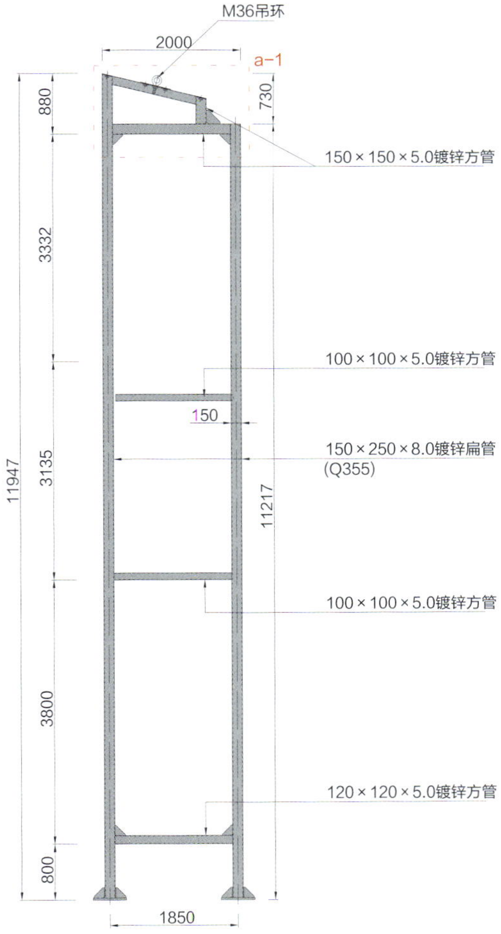

正视图

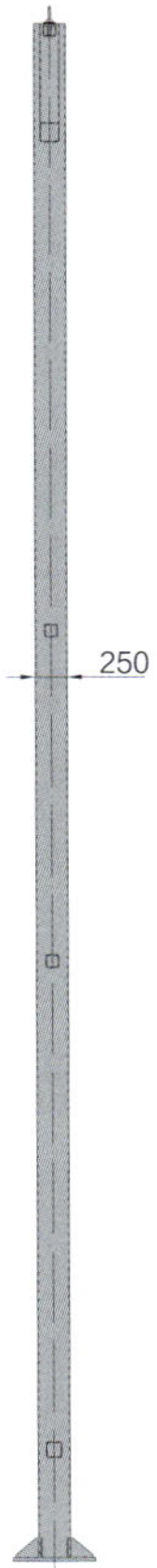

侧视图

俯视图

a-1

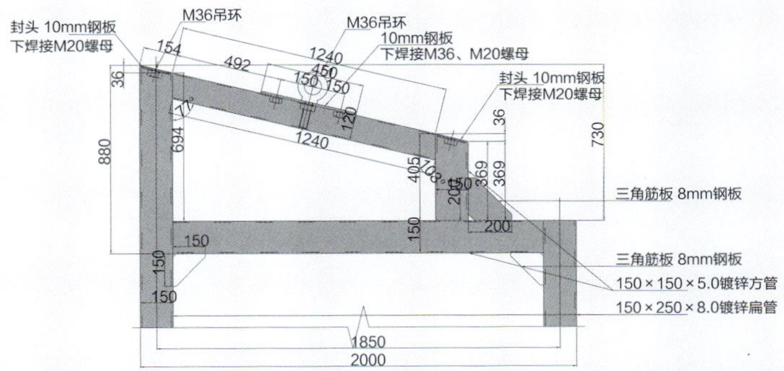

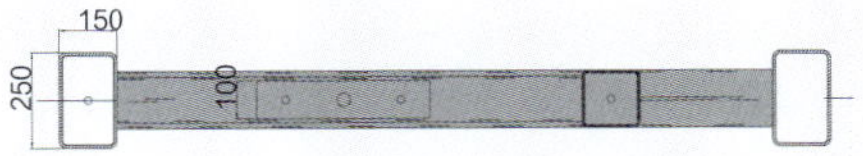

底座法兰：25mm钢板

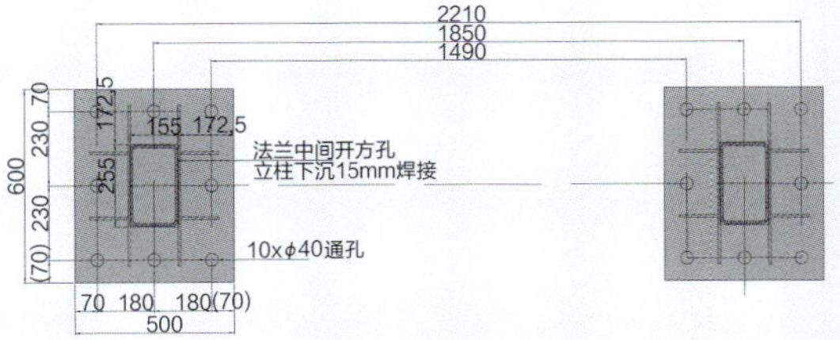

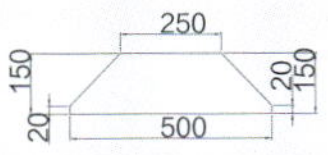

法兰筋板 8.0mm钢板

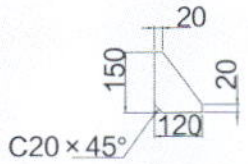

法兰筋板 8.0mm钢板

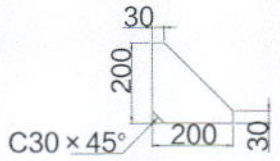

搭接板-1 8.0mm钢板

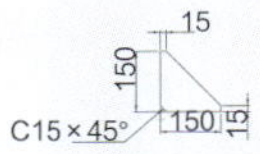

搭接板-2 8.0mm钢板

E.1.1.77 品牌柱合作单位联合标识 LOGO 安装制作图

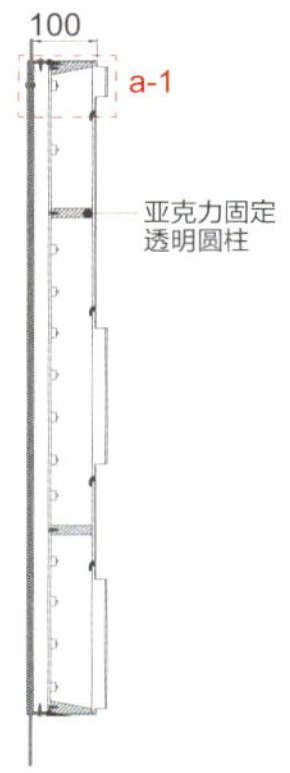

A-A剖面图

a-1

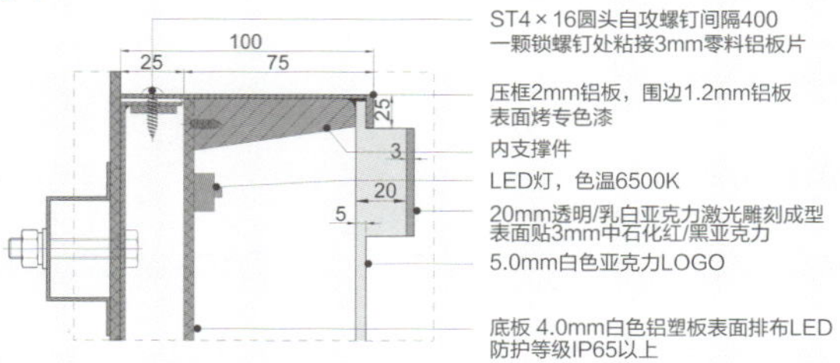

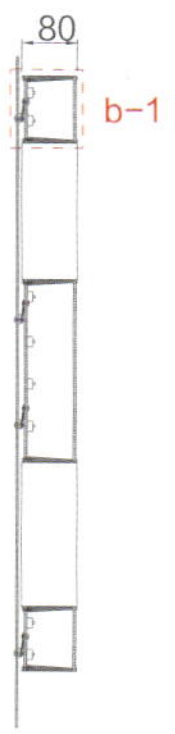

b-1

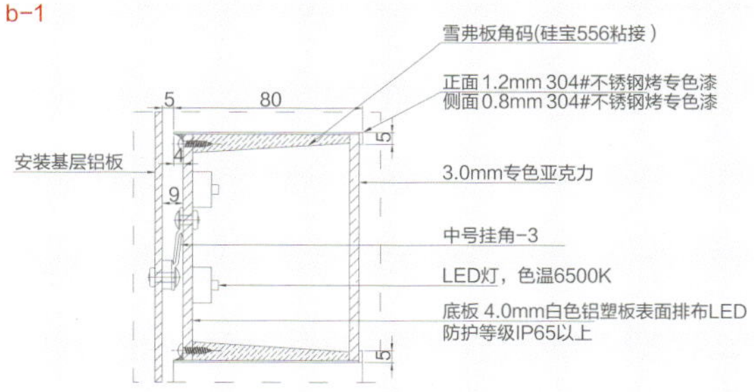

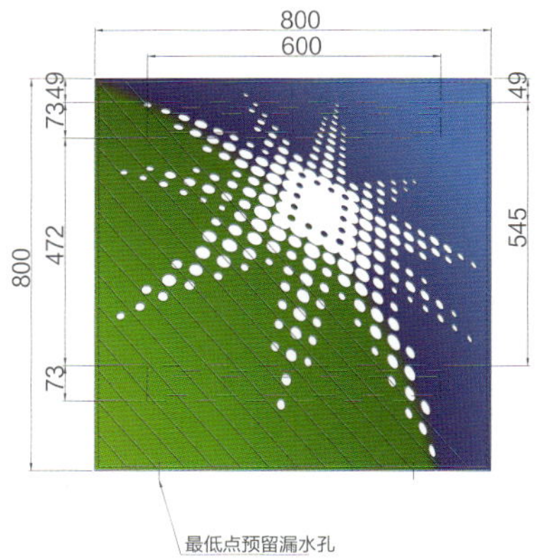

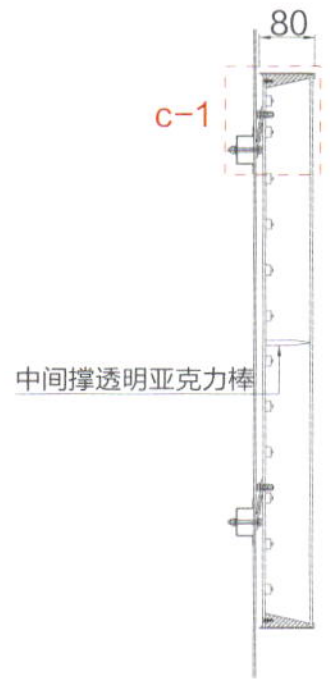

c-1

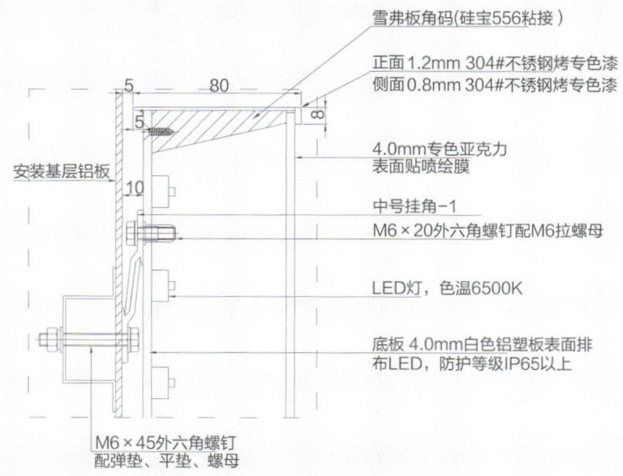

E.1.1.78 18m 超高标识

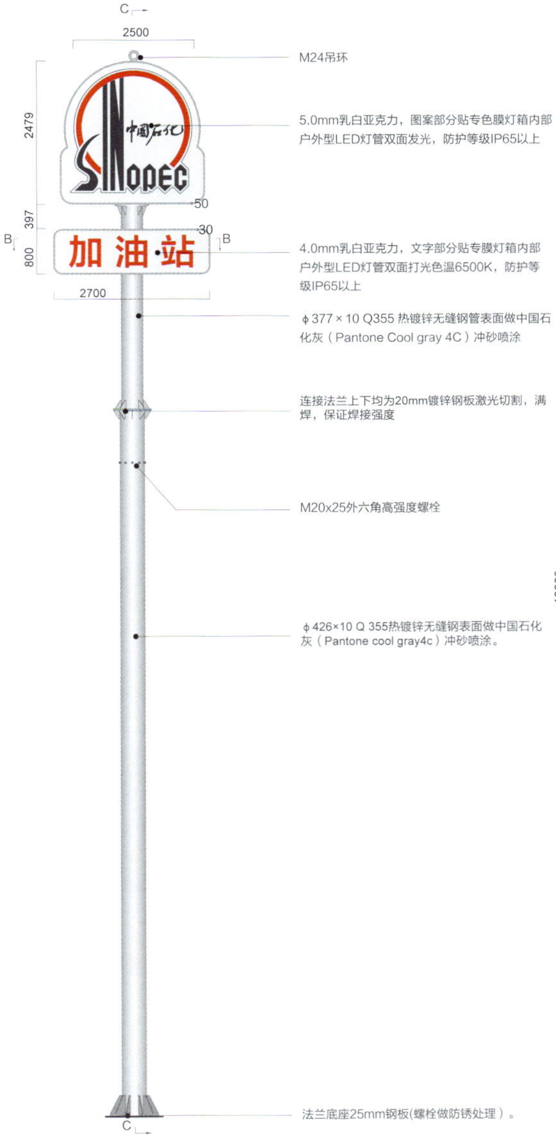

正视图

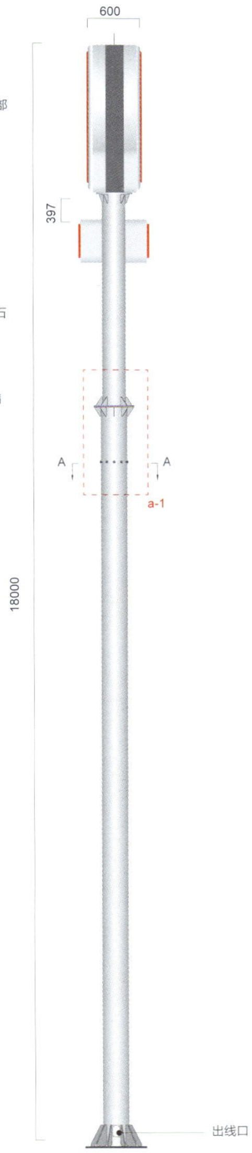

侧视图

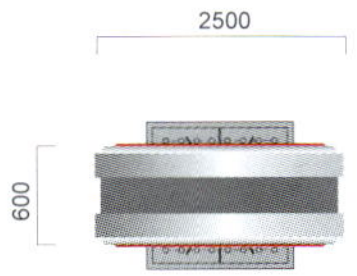

俯视图

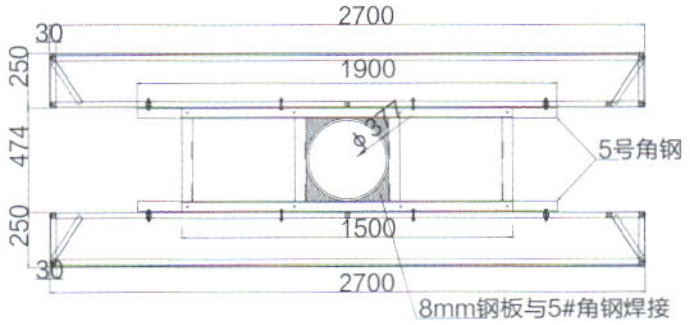

B-B剖图

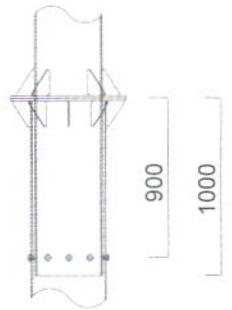

a-1

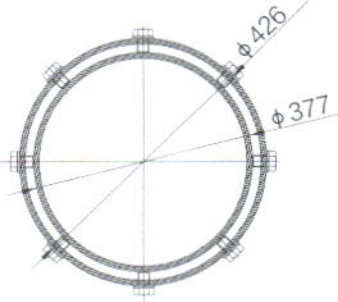

A-A剖面图

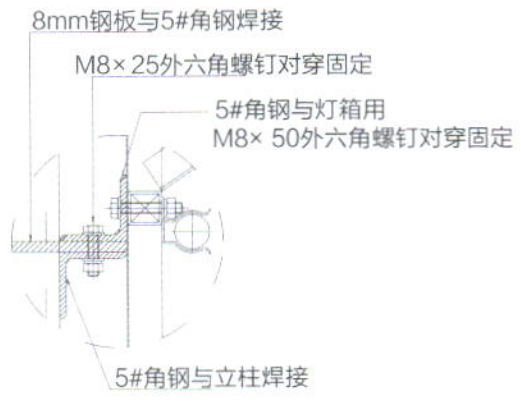

a-2

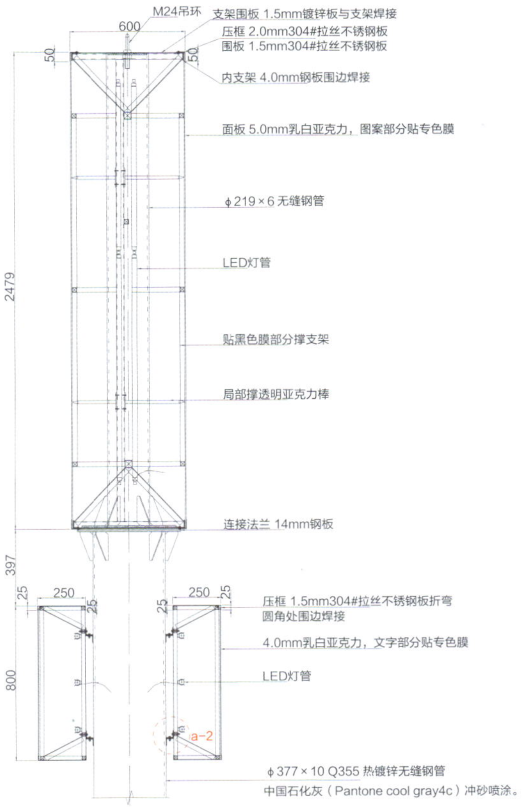

C-C剖面图

E.1.1.79 18m 超高标识地基

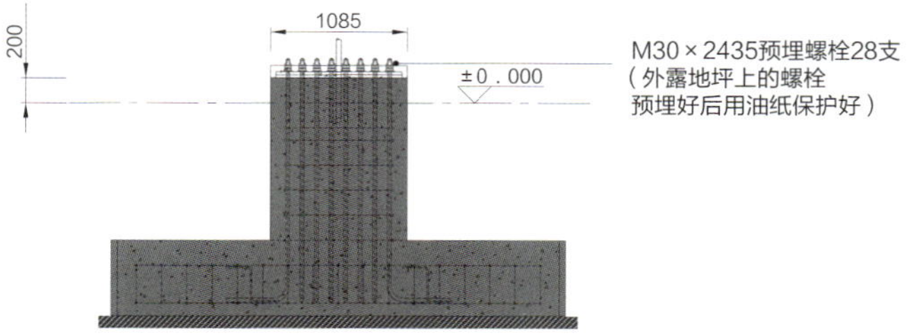

正视图

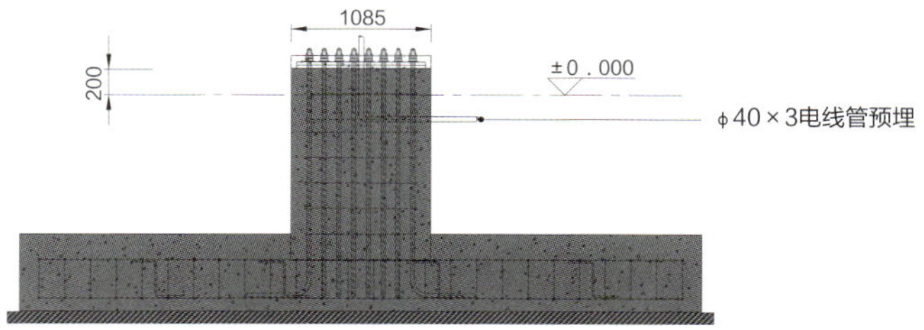

侧视图

工艺说明：

· 基础设计标高为相对标高，且要埋于实土上，基坑开挖后，应会同相关人员到现场确认。

· 品牌柱吊装前，在品牌柱底板与基础底座接触面先用水泥浆抹平。

· 布线时接地线必须与整个建筑的接地线保持一致，并设防雷装置。

· 此图可根据当地气候、环境等因做适当调整，但地基承载力要求大于 80kPa。

注：各站在进行品牌柱基础设计时应由专业设计单位根据相关法律法规、国家规范、行业及地方规定、当地水文地质及环境气候等因素做专业测算并出具专业结构施工图纸。

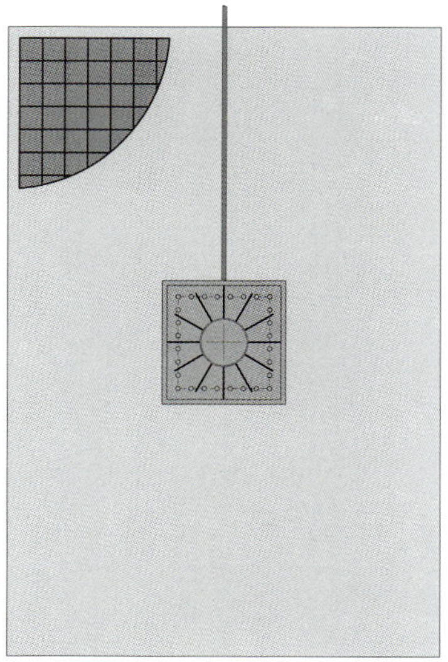

俯视图

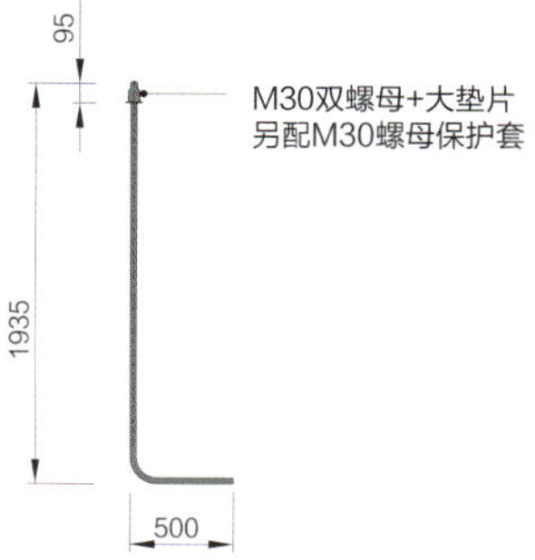

M30×2809地脚

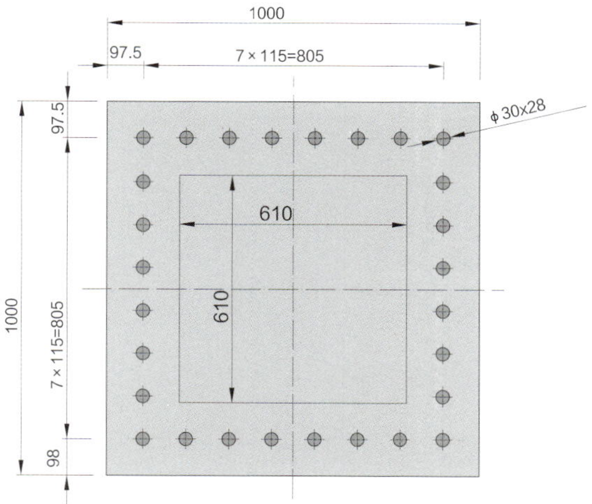

模板15mm钢板

E.1.1.80 18m 超高标识运输示意图

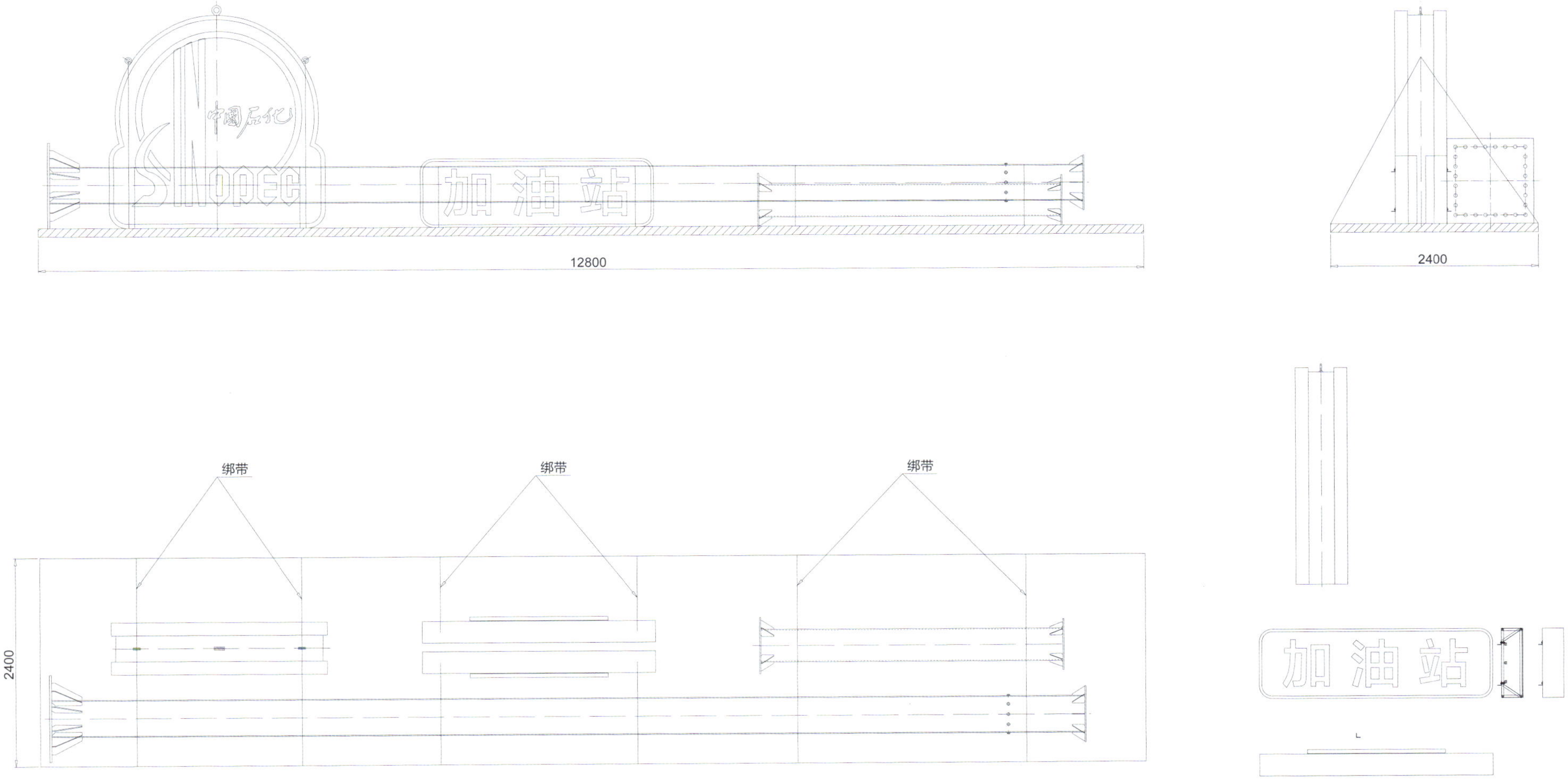

E.1.1.81 18m 超高标识安装示意图

安装步骤:

1. 制作基础，基础做好以后需保养15天后才可以安装18m高标识;（示意图一）

2. 复核基础，检查基础水平度，检查地脚螺栓孔心距尺寸是否与图纸吻合，检查电源进线是否和图纸吻合;

3. 货运到现场，用吊车把车上货物吊到空旷的平地上，去掉运输支架及保护膜，做好清洁并亮灯调试;（示意图二）

4. 吊车先吊起立柱一套入基础地脚螺栓，依次套入弹垫、平垫、双螺母锁紧，外露螺杆螺母涂上黄油再套入螺母保护套，完成安装;（示意图三）

5. 在空旷的平地上把加油站及脑袋灯箱和立柱二安装好，然后吊车吊起插入立柱一依次套入弹垫、平垫、双螺母锁紧，完成安装;（示意图四）

6. 立柱一底部拉出电线和基础预留电线连接到开关电源并测试灯光至无误;

7. 清理现场，完成安装。

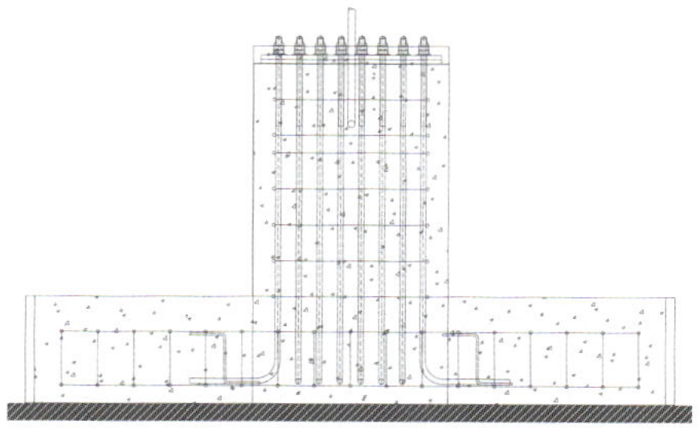

示意图一

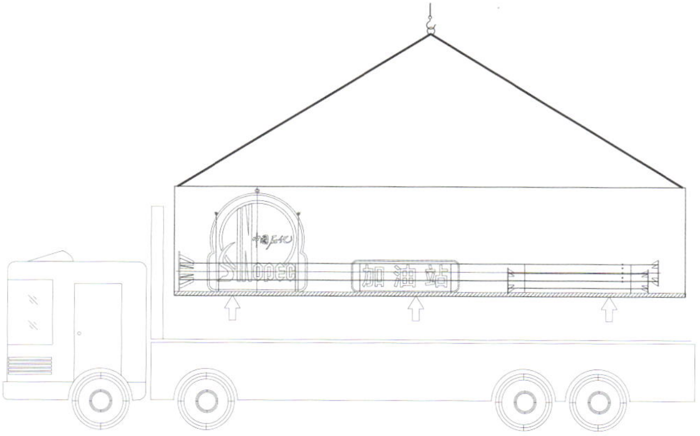

示意图二

示意图三

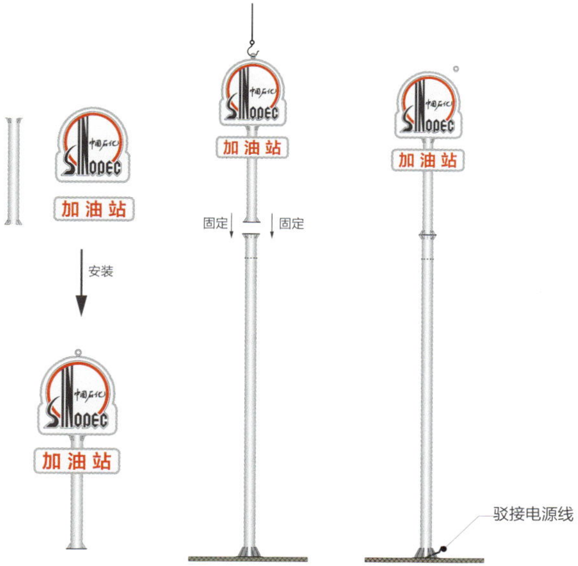

示意图四

E.1.1.82 3m 低标识

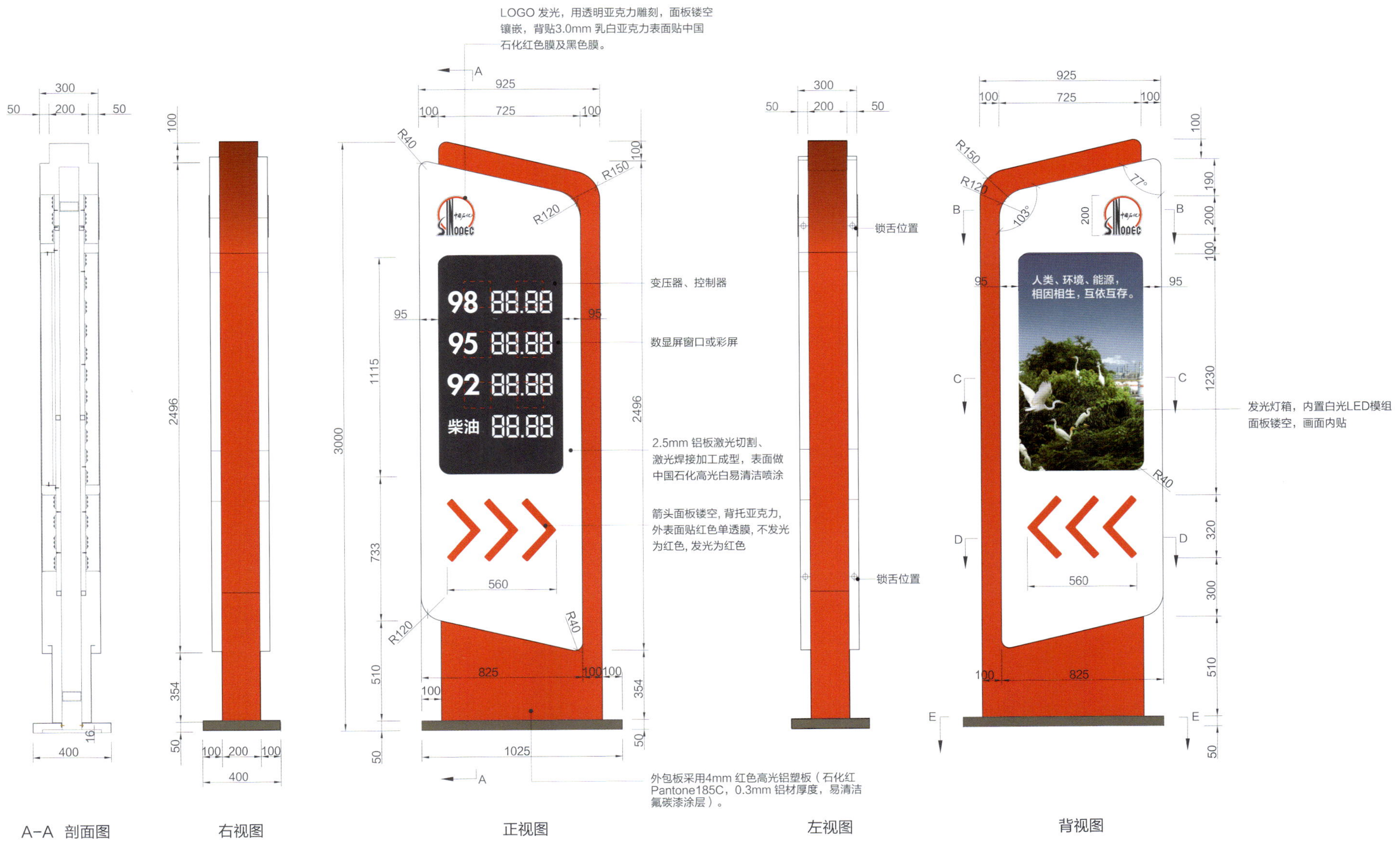
LOGO 发光，用透明亚克力雕刻，面板镂空镶嵌，背贴3.0mm 乳白亚克力表面贴中国石化红色膜及黑色膜。
变压器、控制器
数显屏窗口或彩屏
2.5mm 铝板激光切割、激光焊接加工成型，表面做中国石化高光白易清洁喷涂
箭头面板镂空，背托亚克力，外表面贴红色单透膜，不发光为红色，发光为红色
外包板采用4mm 红色高光铝塑板（石化红 Pantone185C，0.3mm 铝材厚度，易清洁氟碳漆涂层）。
锁舌位置
锁舌位置
发光灯箱，内置白光LED模组面板镂空，画面内贴
人类、环境、能源，相因相生，互依互存。
98 88.88
95 88.88
92 88.88
柴油 88.88
A–A 剖面图
右视图
正视图
左视图
背视图

E.1.1.83 3m 低标识剖面图

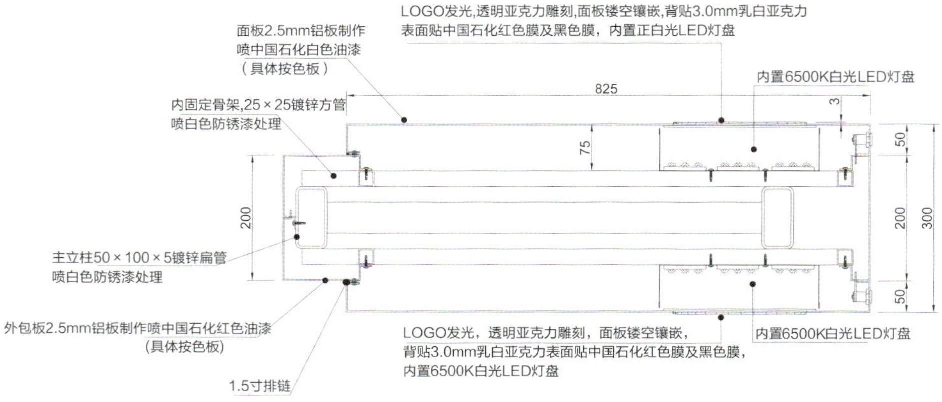

B-B剖面图

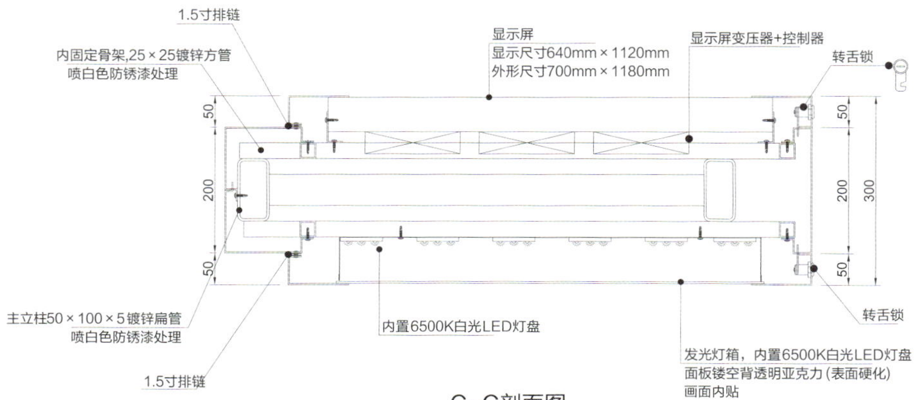

C-C剖面图

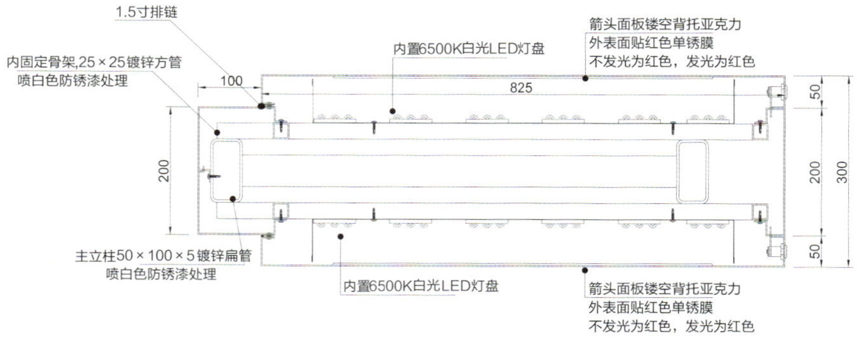

D-D剖面图

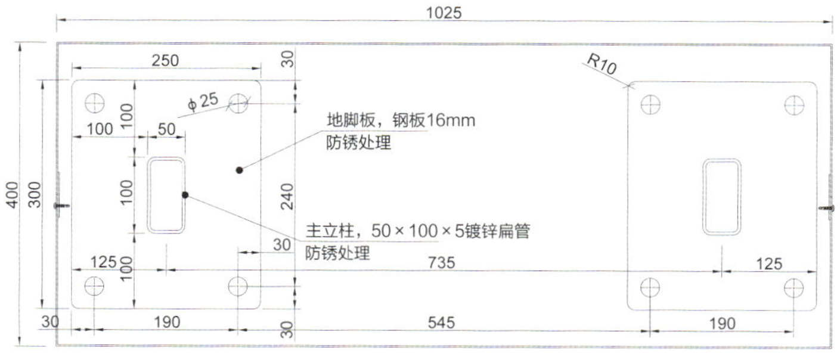

E-E剖面图

E.1.1.84 3m 低标识地基

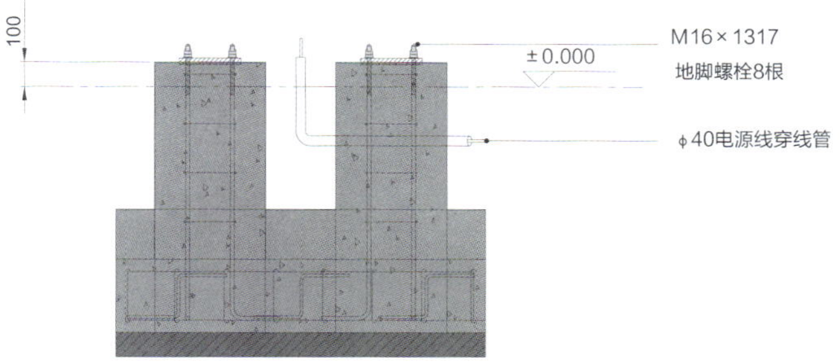

正视图

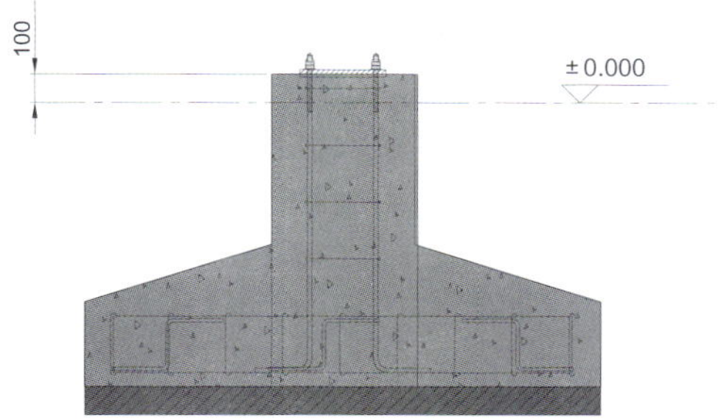

侧视图

工艺说明：

· 基础设计标高为相对标高，且要埋于实土上，基坑开挖后，应会同相关人员到现场确认。

· 品牌柱吊装前，在品牌柱底板与基础底座接触面先用水泥浆抹平。

· 布线时接地线必须与整个建筑的接地线保持一致，并设防雷装置。

· 此图可根据当地气候、环境等因素做适当调整，但地基承载力要求大于 80kPa。

注：各站在进行品牌柱基础设计时应由专业设计单位根据相关法律法规、国家规范、行业及地方规定、当地水文地质及环境气候等因素做专业测算并出具专业结构施工图纸。

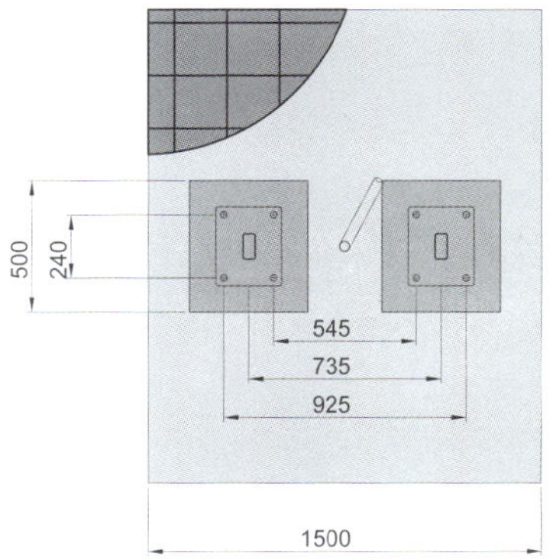

俯视图

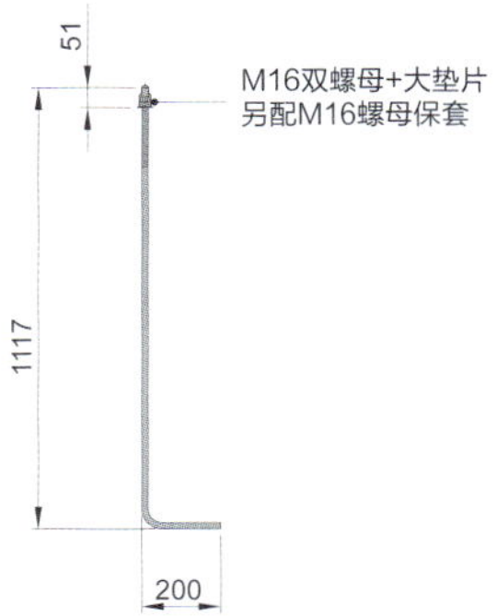

M16地脚螺栓

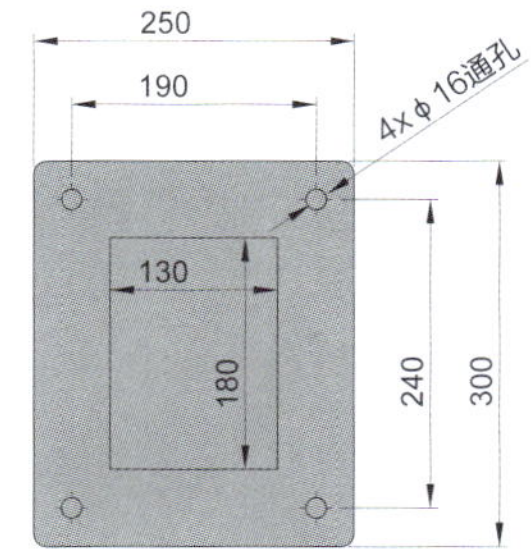

10mm模板

E.1.1.85 品牌柱运输支架图

注：产品出厂前，厂家出具产品安装说明，按厂家安装说明安装。

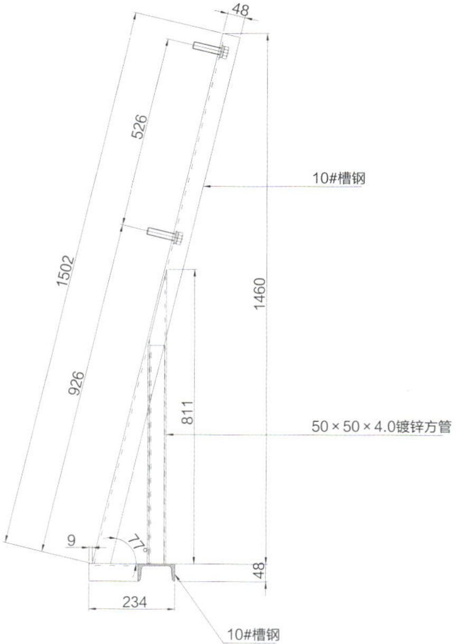

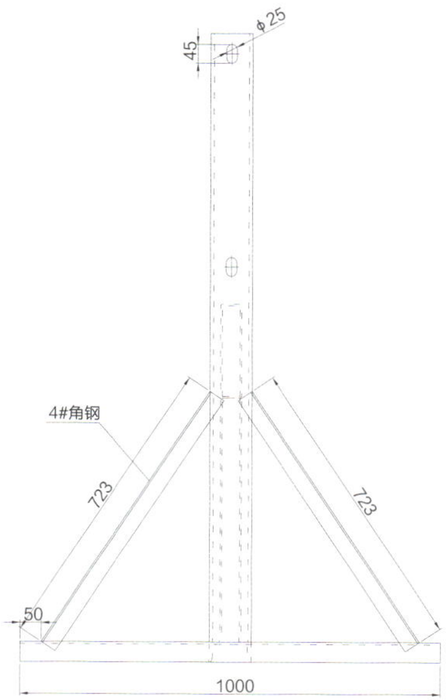

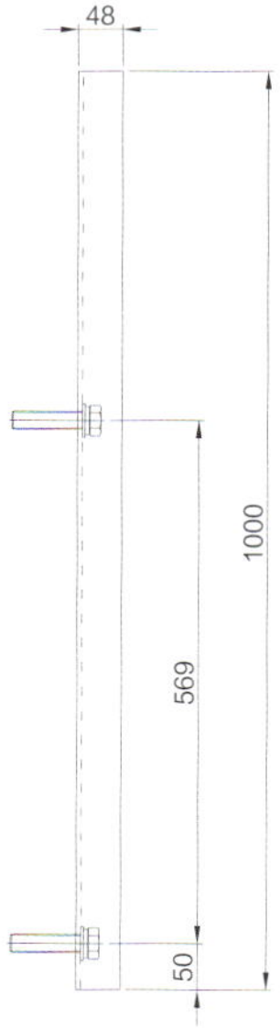

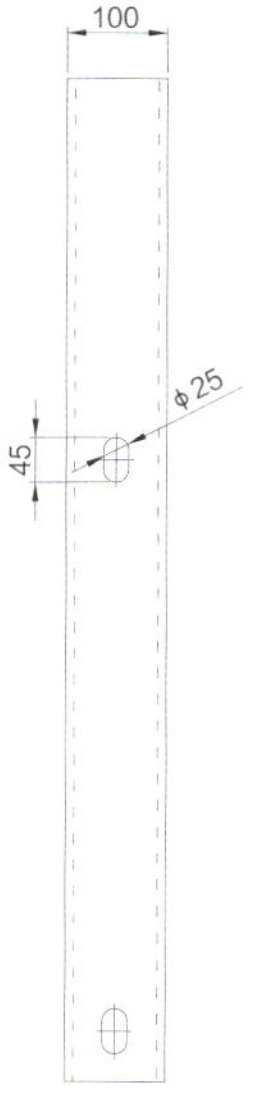

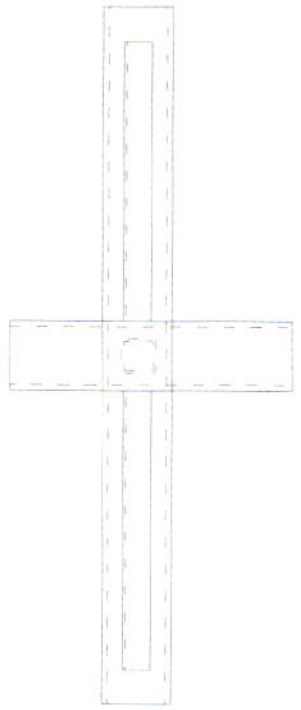

安装示意图

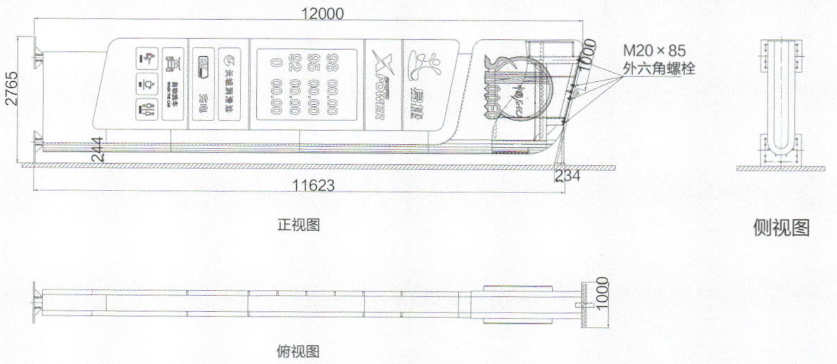

E.1.1.86 曲面款品牌柱线路图

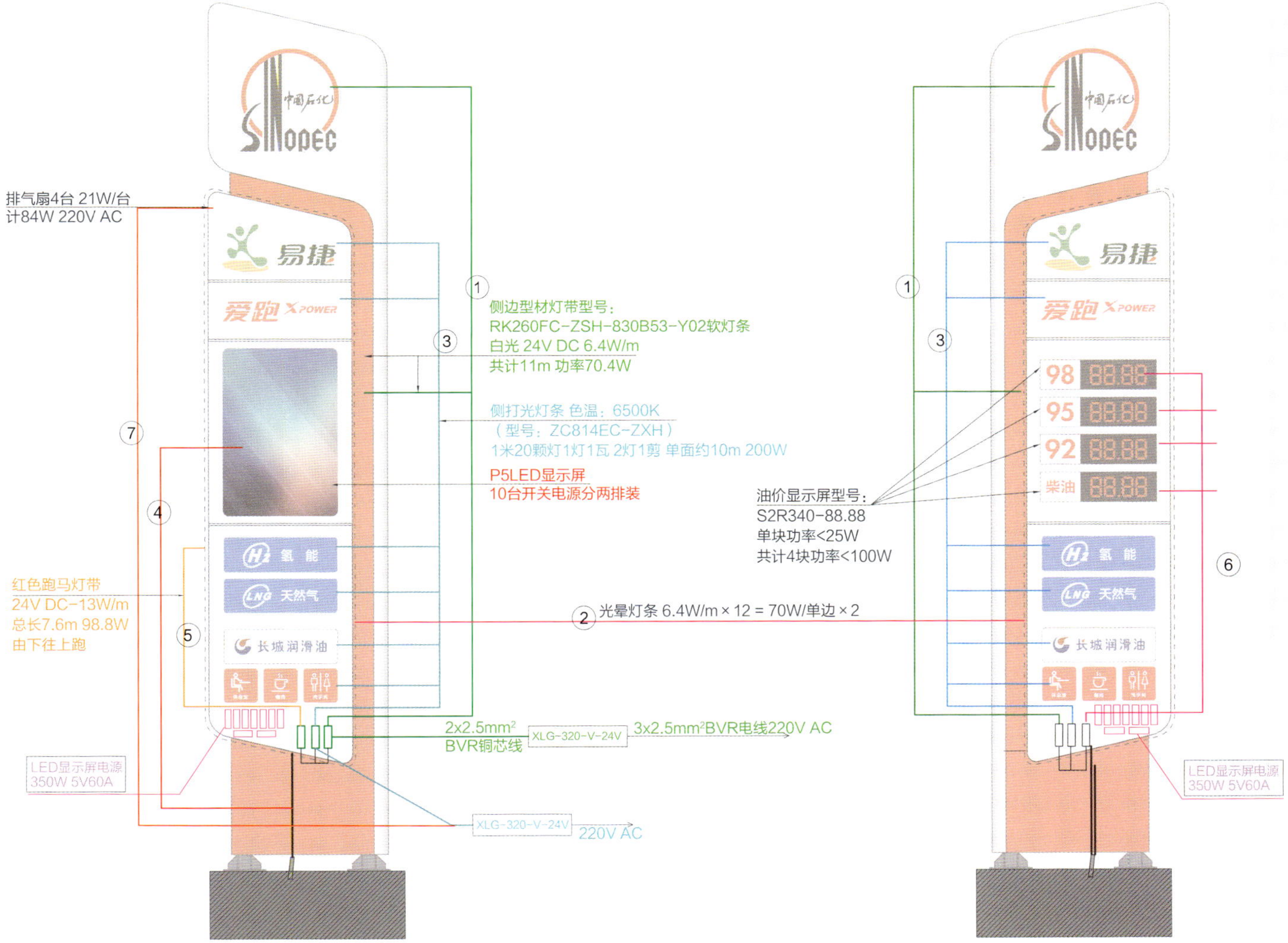

正视图　　背面视图

线路一：LOGO功率160W/套，配置一台200W-24V电源 × 2台（进出口双面）

线路二：光晕灯条单边70W，进出口双面配置200W-24V电源 × 1台

线路三：“易捷（62W）、X-POWER（70W）、自动洗车（96W）”面板单面功率228W，配置320-V-24V电源 × 2台（进出口双面）

12米品牌柱：“易捷（62W）、X-POWER（70W）、长城润滑油+充电（96W）、自动洗车（96W）”面板单面功率324W，配置400W-24V电源 × 2台（进出口双面）

线路四：LED显示屏70块 平均功耗220W/M² 最大功耗650W/M²，连接12台 300W-5V60A专用电源（或10台 350W-5V70A）

线路五：红色跑马灯带24V DC-13W/米总长7.6m 60.8W 由下往上跑，控制器 × 1套 24V DC 带遥控

线路六：数码显示牌：总功率＜100W，连接150W-24V × 1台，控制器 × 1套 24V DC 带遥控

线路七：排风扇：84W，直接连接高压线

总功率：LED显示屏品牌柱总功率＜2000W，双面数码显示牌品牌柱总功率约1150W

电子产品：LED显示屏&数码显示牌为全天全亮模块，

其他模块为夜间发光

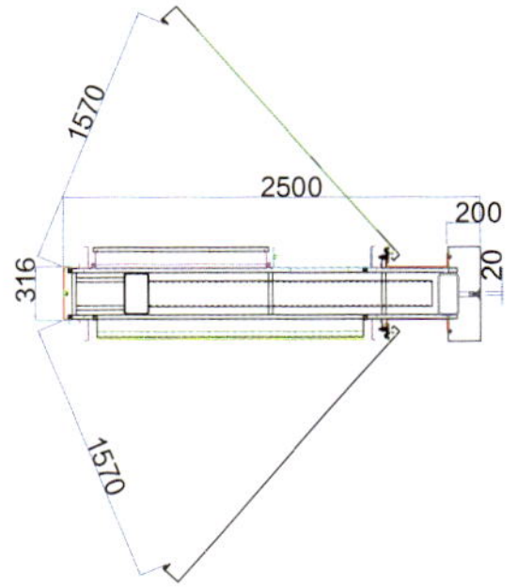

打开方式

E.1.1.87 平面款品牌柱线路图

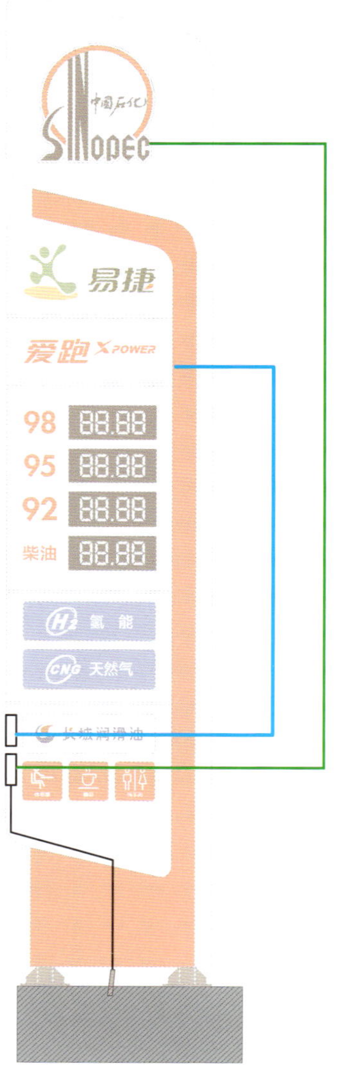

平面款品牌柱（磁翻价格牌）

品牌柱用电量：

线路一：LOGO功率200W/套，连接变压器300W–12/24/48V电源 IP65/67，正反两面LOGO各需2台；

线路二：灯条功率224W/套（单面），连接变压器300W–12/24/48V电源 IP65/67；

总合计约：单套品牌柱总功率848W。

检修口位于侧封板内，采用螺丝固定，检修时需拆开侧封板进行检修。

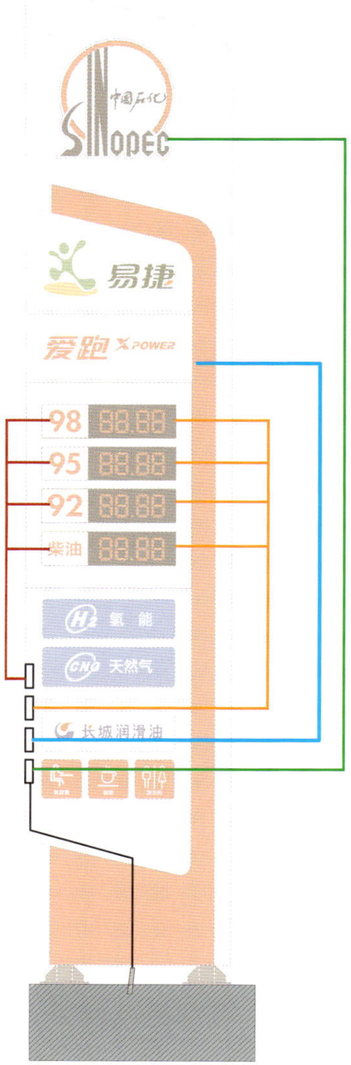

平面款品牌柱（数显屏）

品牌柱用电量：

线路一：LOGO功率200W/套，连接变压器300W–12/24/48V电源IP65/67，正反两面LOGO各需2台；

线路二：灯条功率224W/套（单面），连接变压器300W–12/24/48V电源IP65/67；

线路三：:数显屏功率20W/套（共8套），总功率160W，连接变压器200W/–12/24/48V电源IP65/67；

线路四：油品号功率100W/套（单面），连接变压器300W12V–12/24/48V电源IP65/67；

总合计约：单套品牌柱总功率约1200W。

/ E.1.2 檐口

E.1.2.01 铝塑板型檐口 [H900]

标准檐口（长边模组）

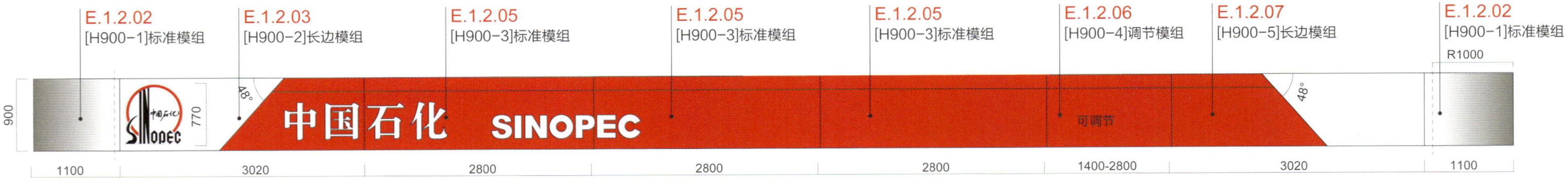

非标檐口（短边模组）

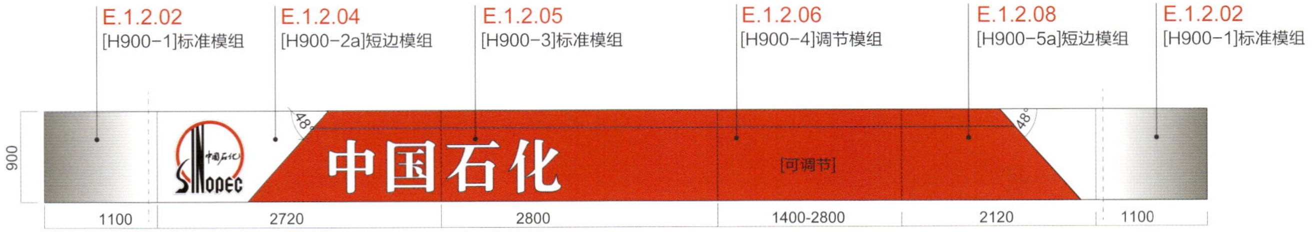

E.1.2.02 铝塑板型檐口标准模组 [H900-1]

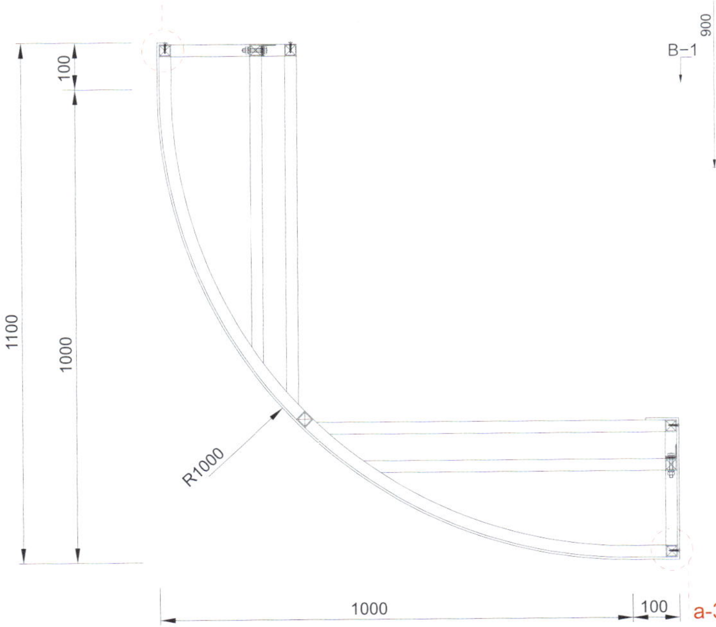

B-1剖面图

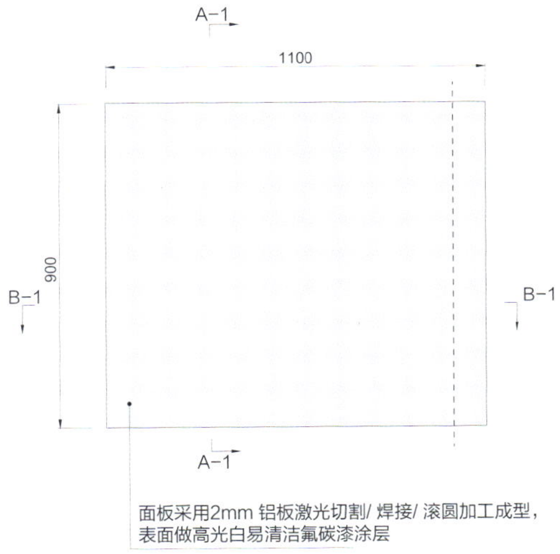

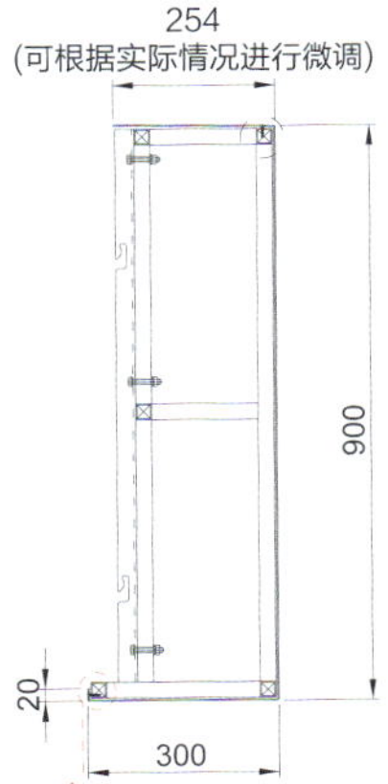

A-1剖面图

a-1

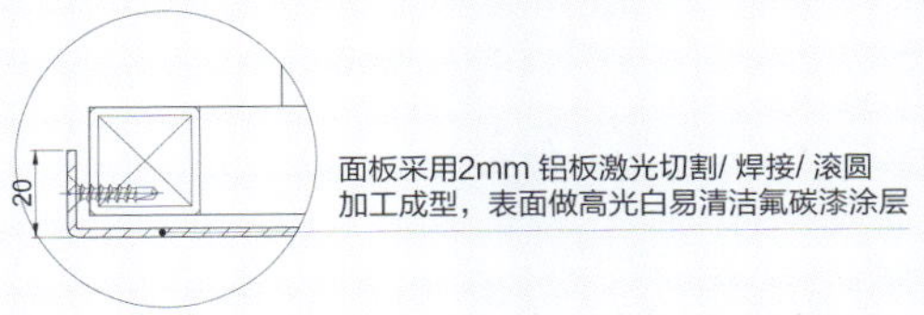

a-2

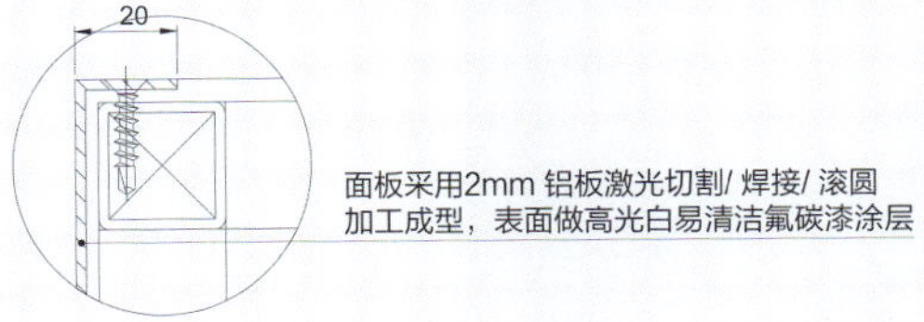

a-3

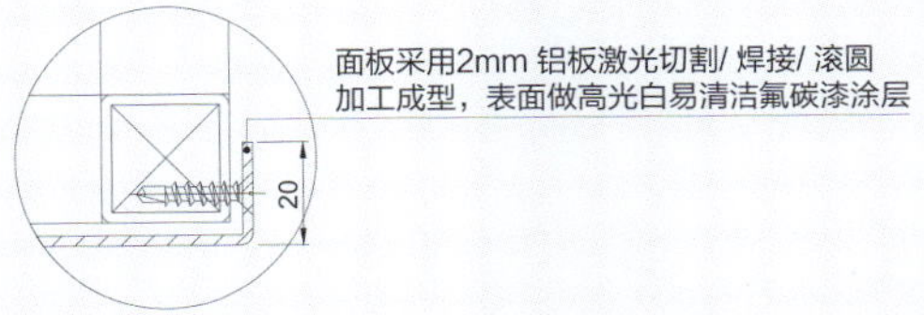

E.1.2.03 铝塑板型檐口长边模组 [H900-2]

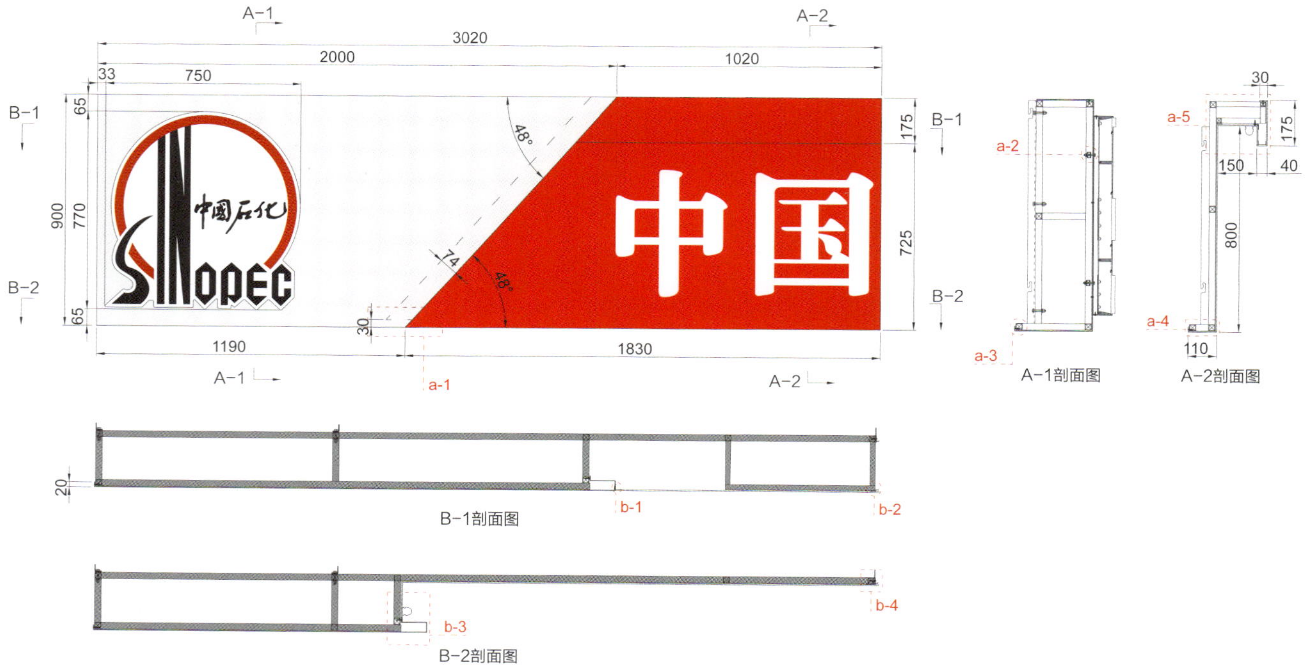

a-1

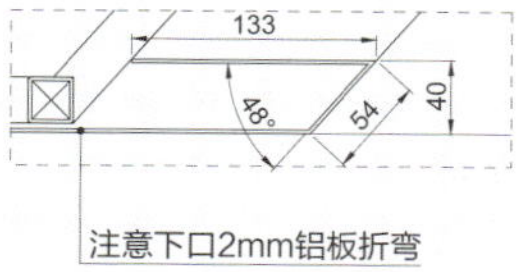

a-2

a-3

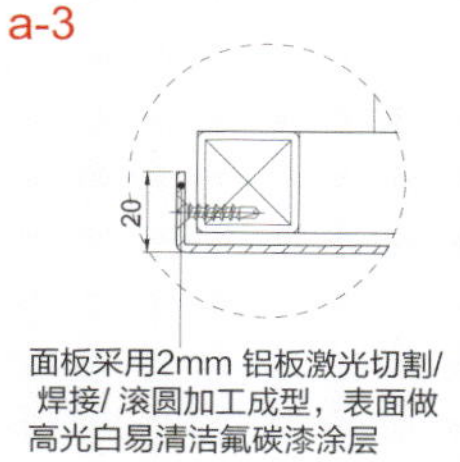

a-4

b-1

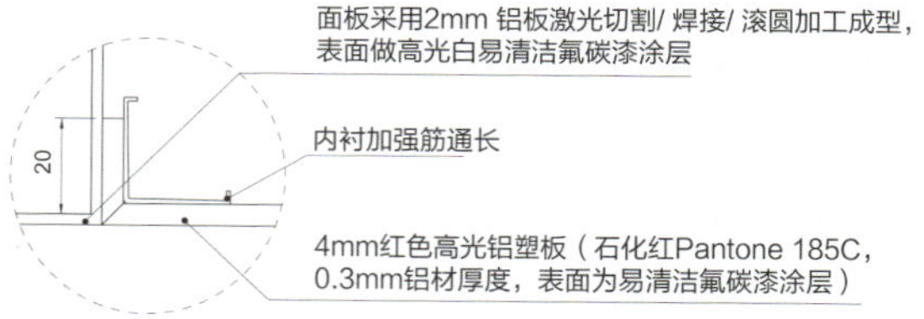

b-2

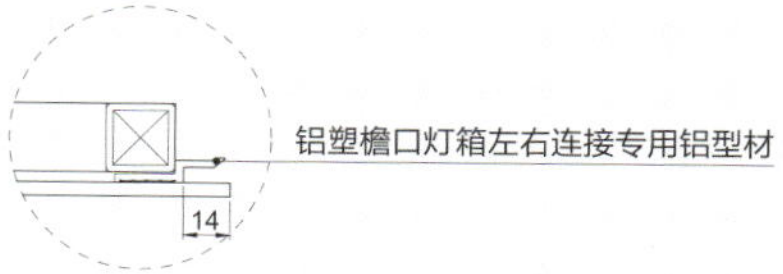

a-5

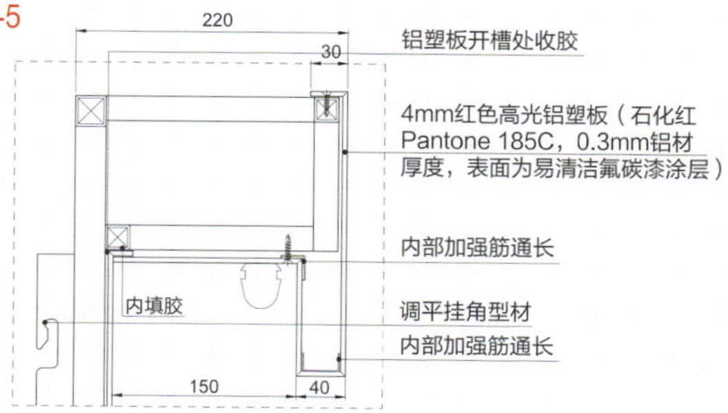

b-3

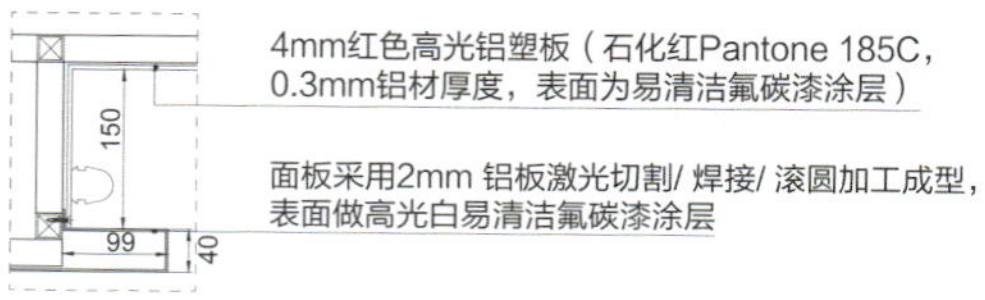

b-4

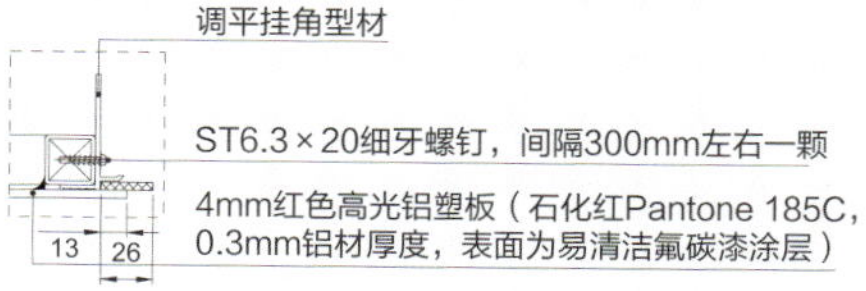

E.1.2.04 铝塑板型檐口短边模组 [H900-2a]

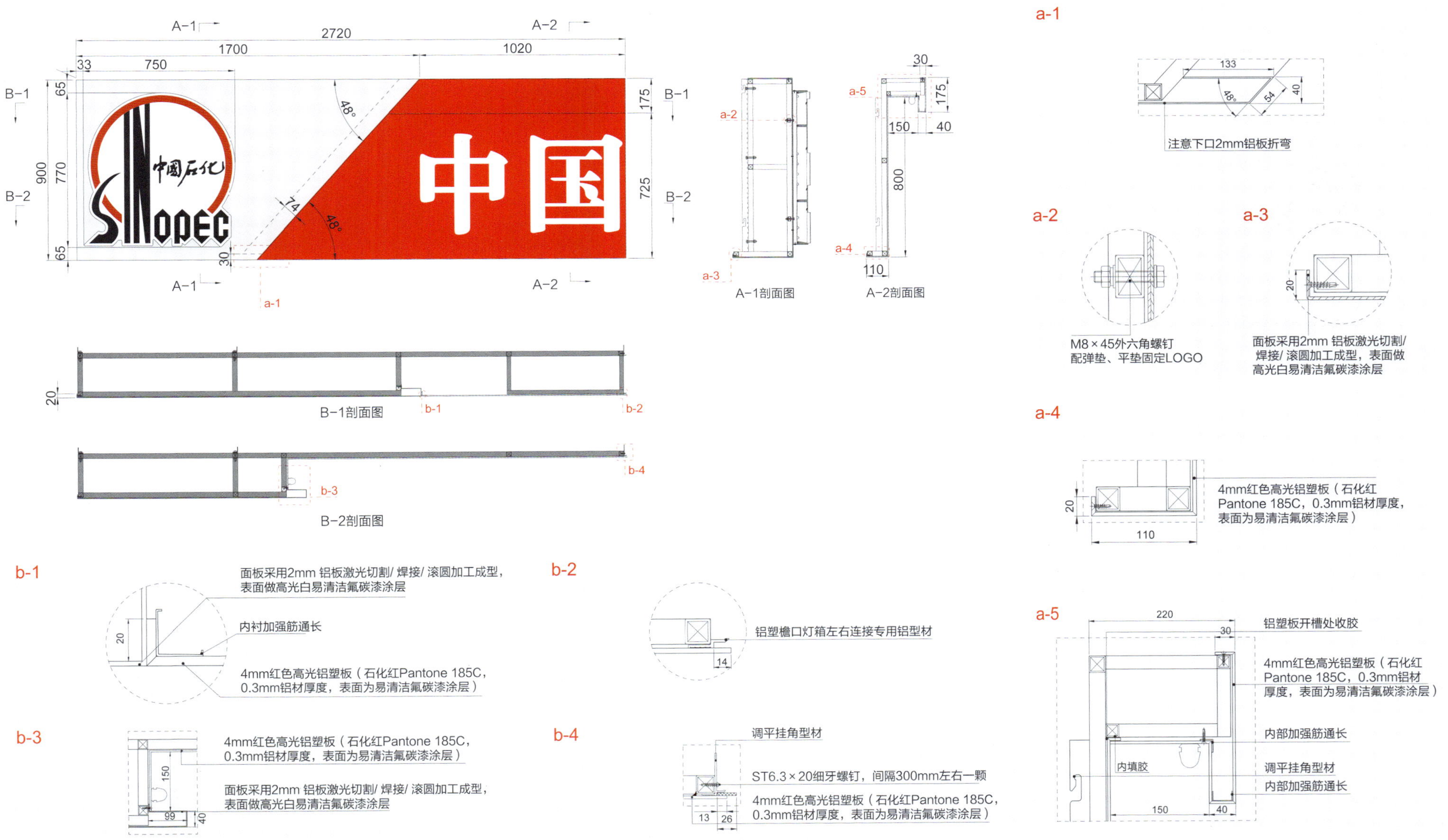

E.1.2.05 铝塑板型檐口标准模组 [H900-3]

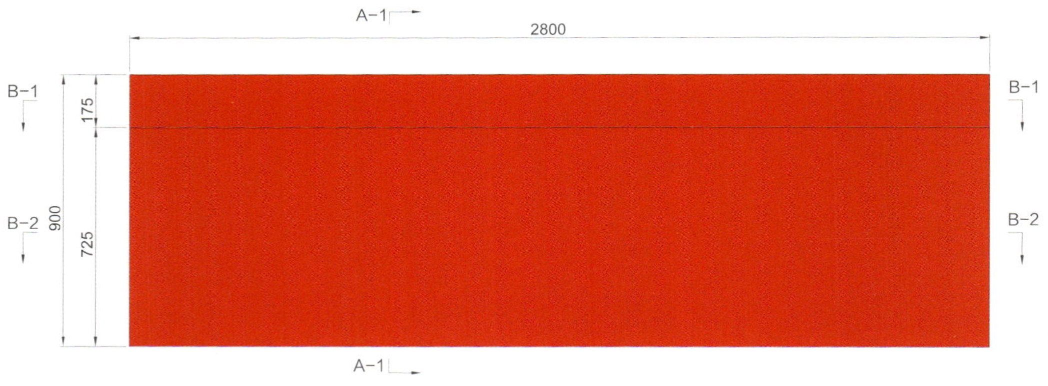

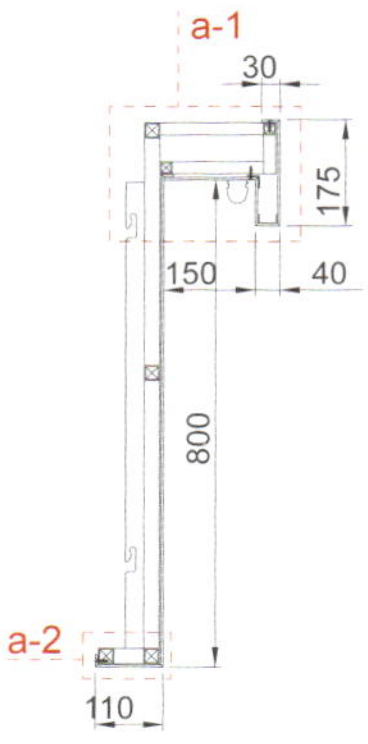

A-1剖面图

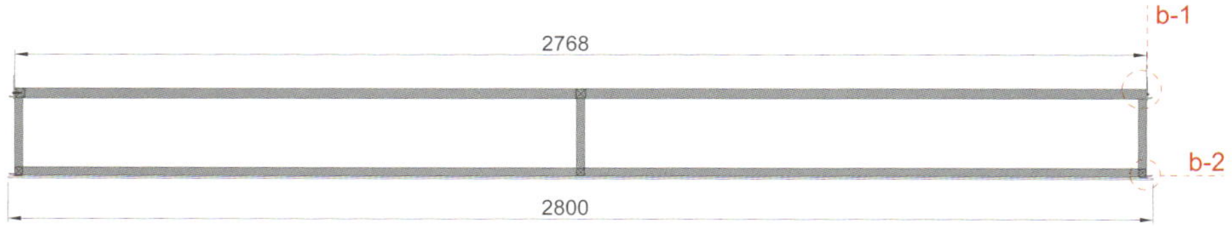

B-1剖面图

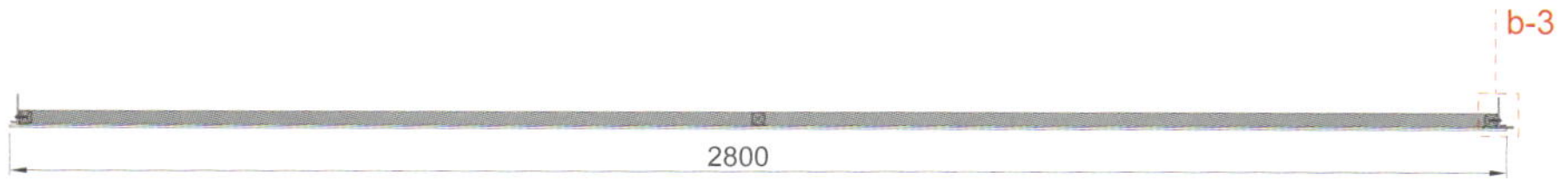

B-2剖面图

a-1

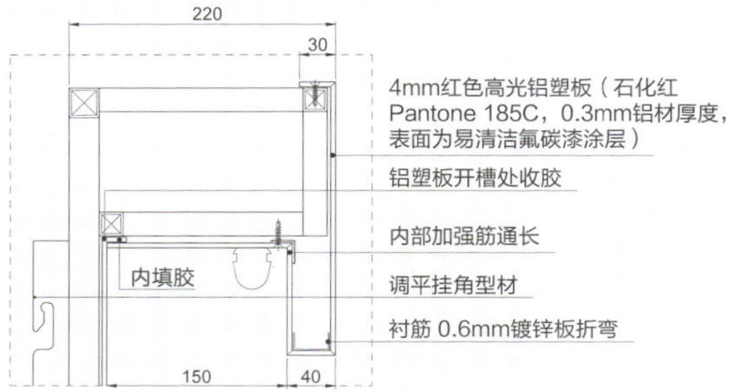

a-2

b-1

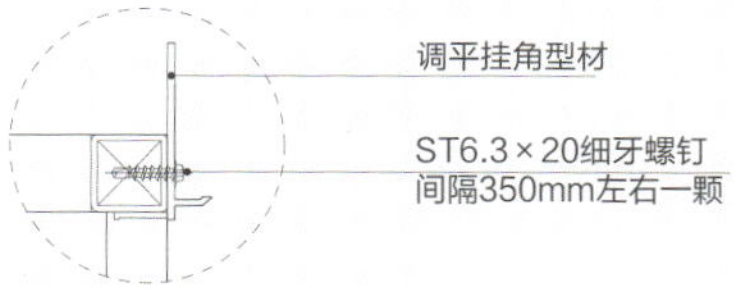

b-2

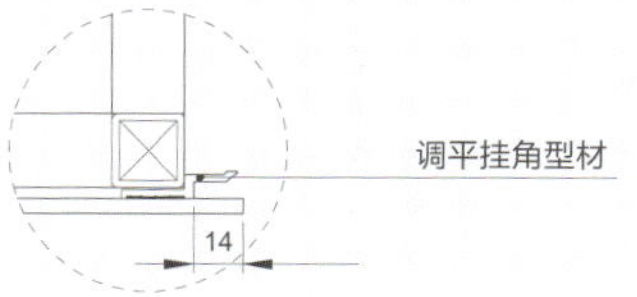

b-3

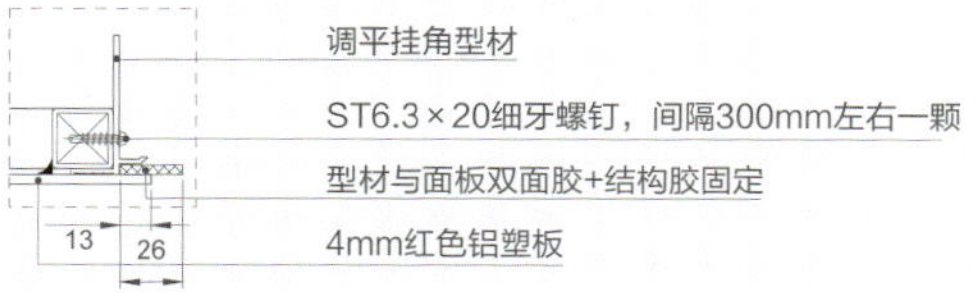

E.1.2.06 铝塑板型檐口调节模组 [H900-4]

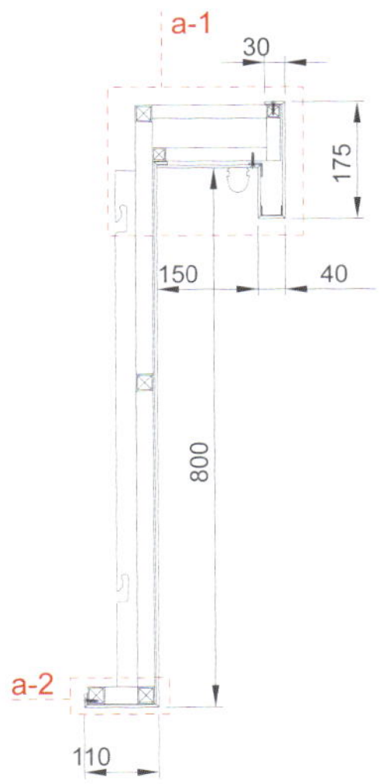

A-1剖面图

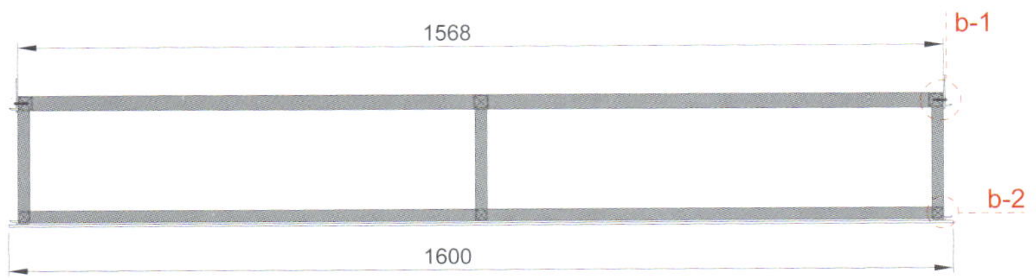

B-1剖面图

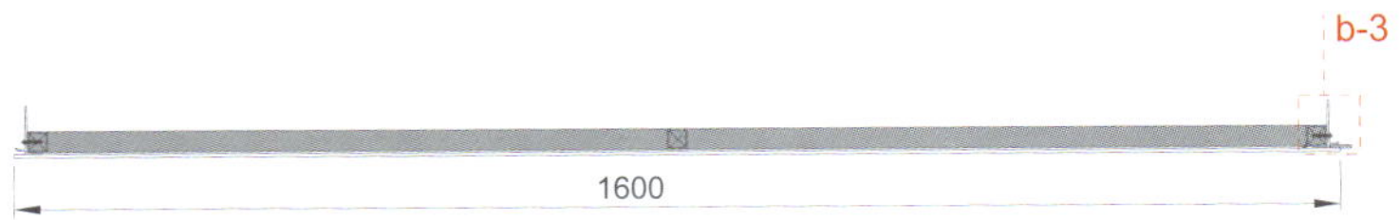

B-2剖面图

a-1

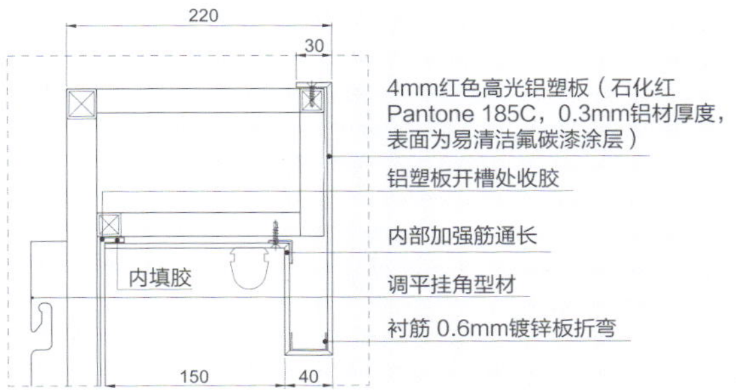

a-2

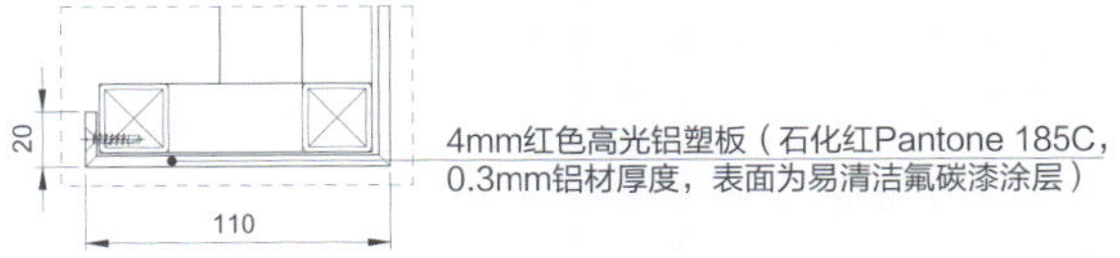

b-1

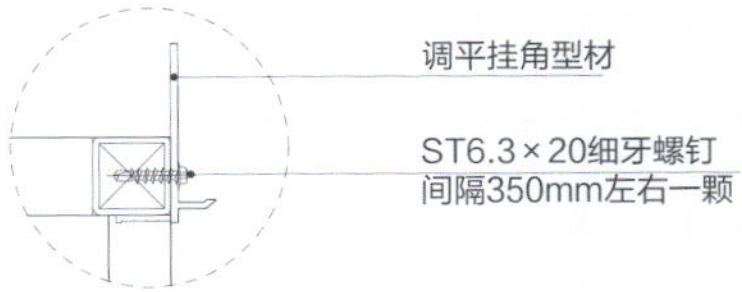

b-2

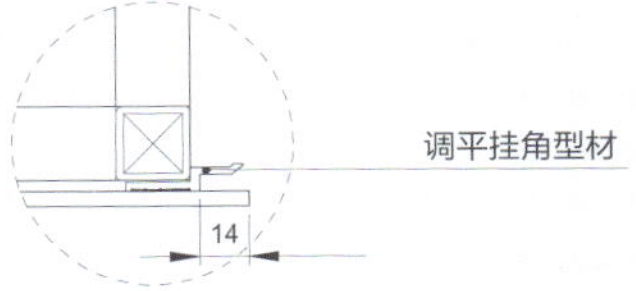

b-3

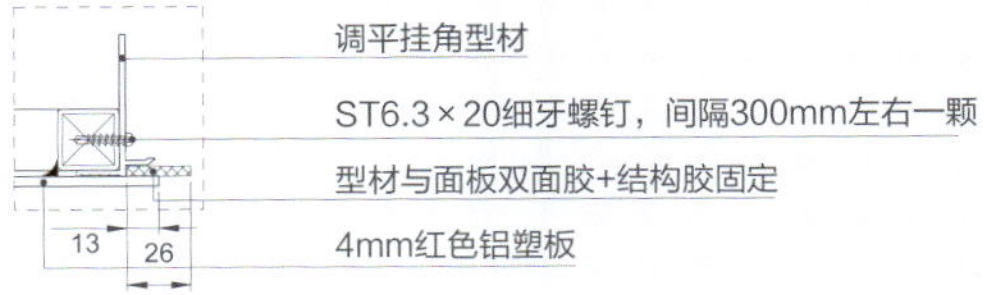

E.1.2.07 铝塑板型檐口长边模组 [H900-5]

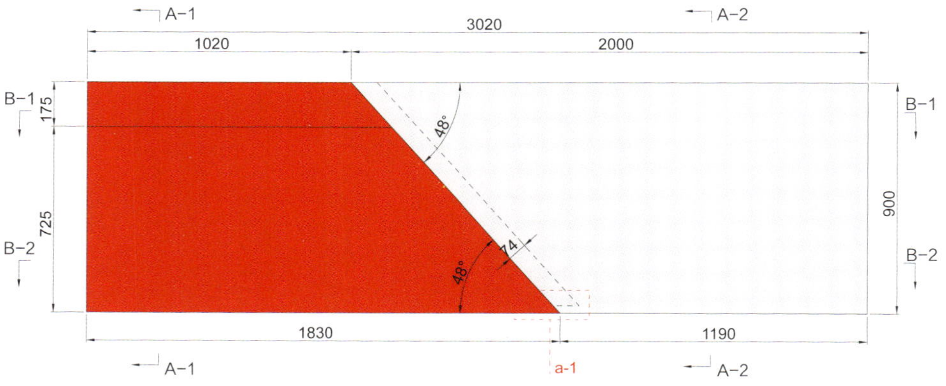

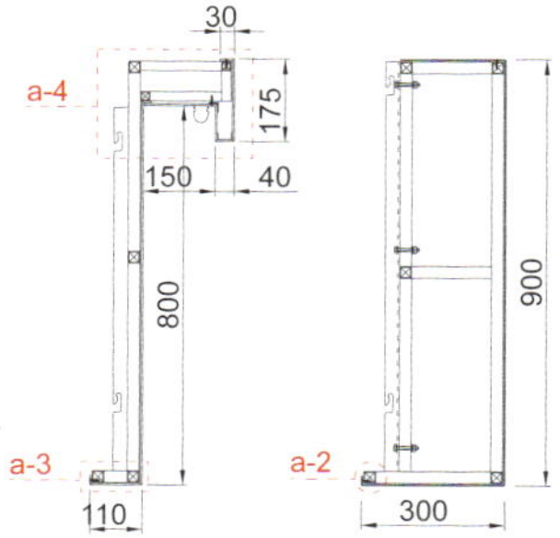

A-1剖面图　　A-2剖面图

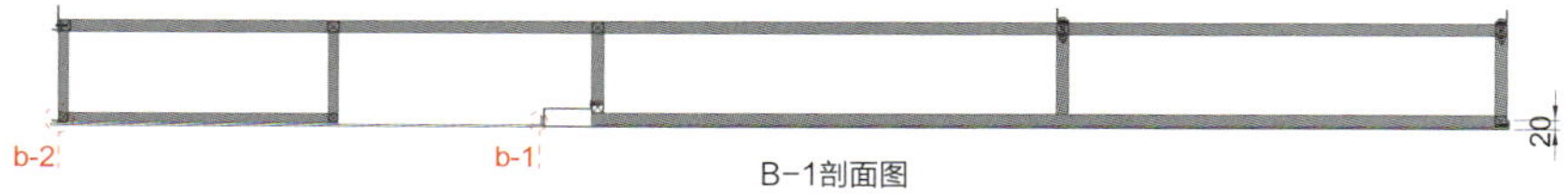

B-1剖面图

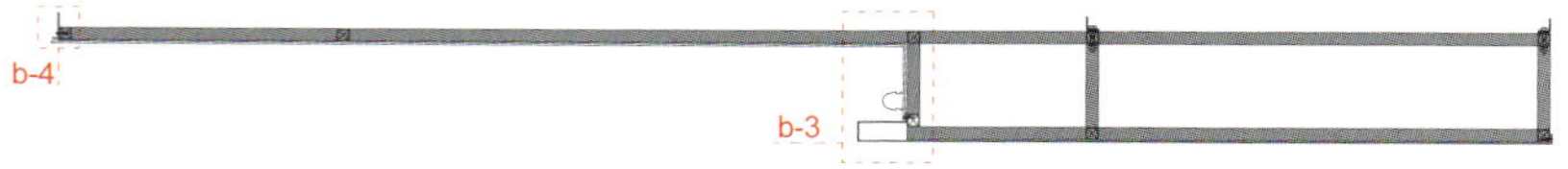

B-2剖面图

a-1

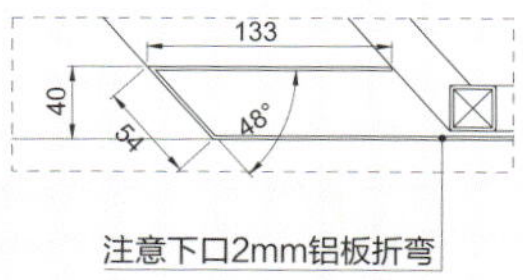

a-2

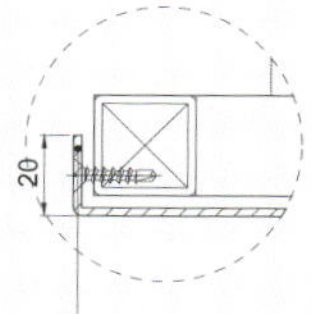

a-3

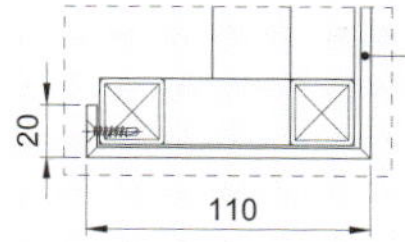

b-1

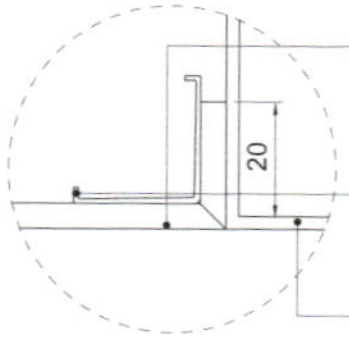

b-2

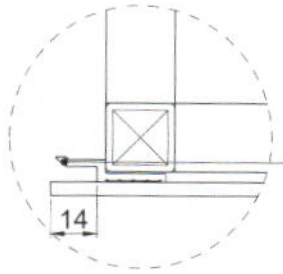

a-4

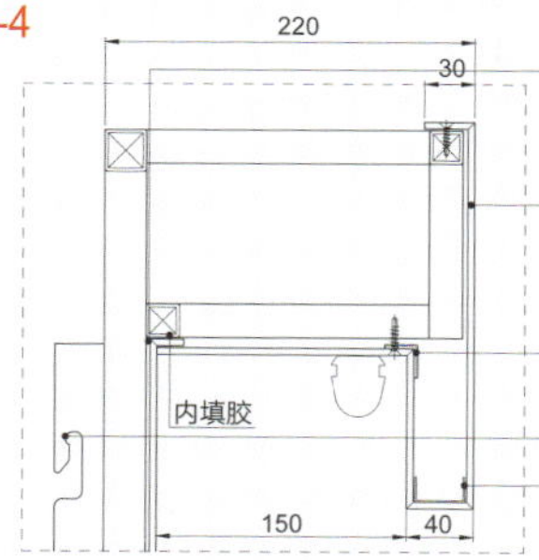

b-3

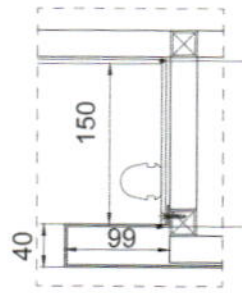

b-4

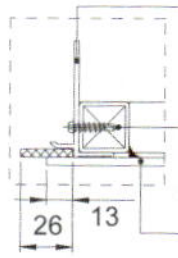

E.1.2.08 铝塑板型檐口短边模组 [H900-5a]

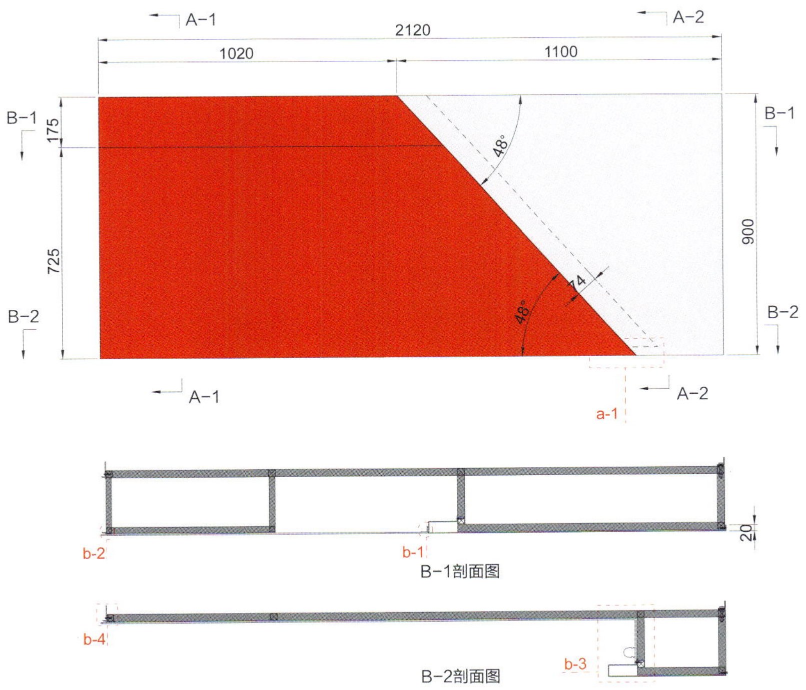

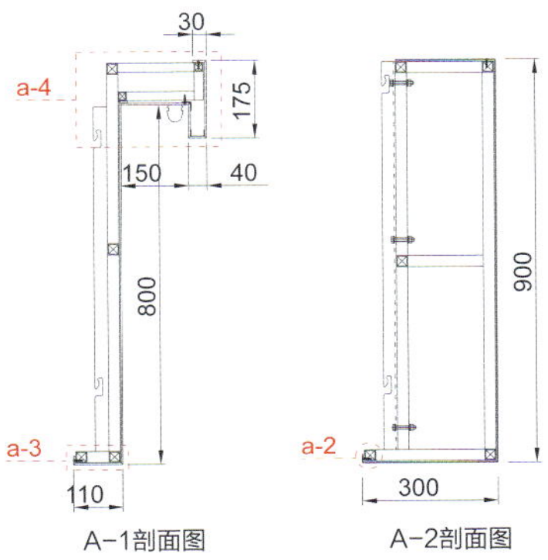

a-1

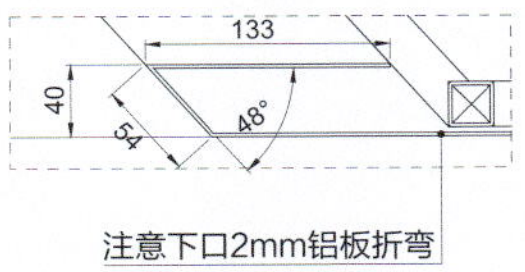

a-2

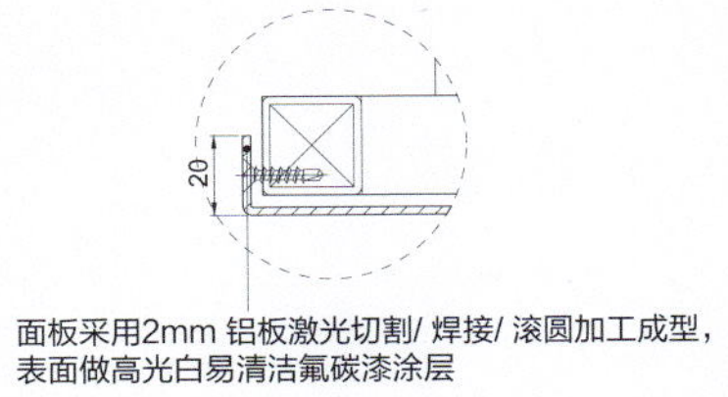

a-3

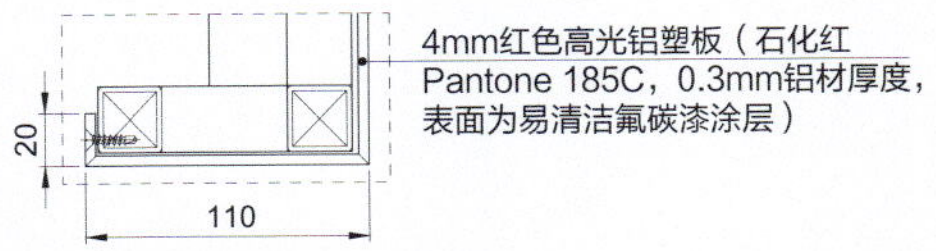

b-1

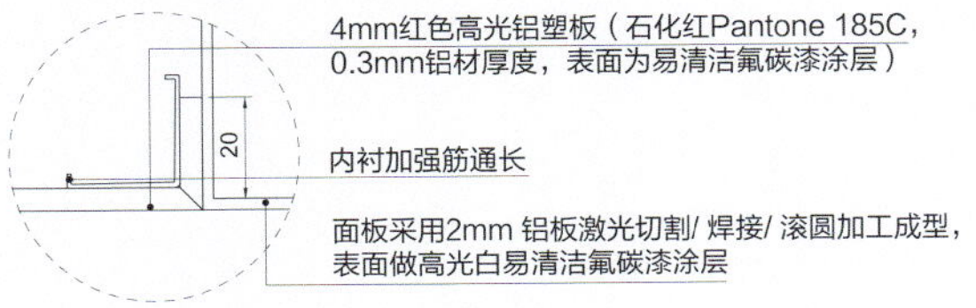

b-2

a-4

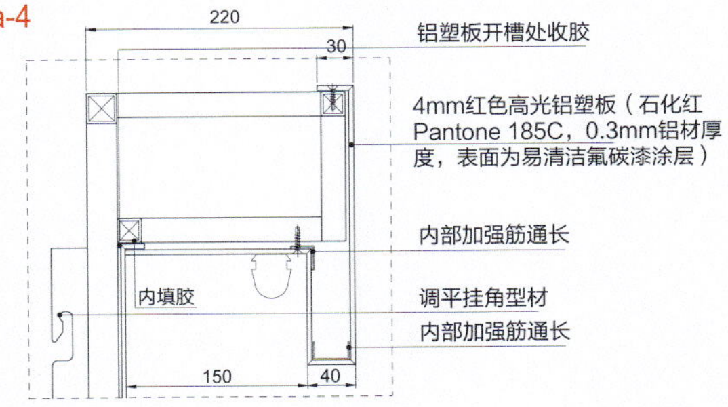

b-3

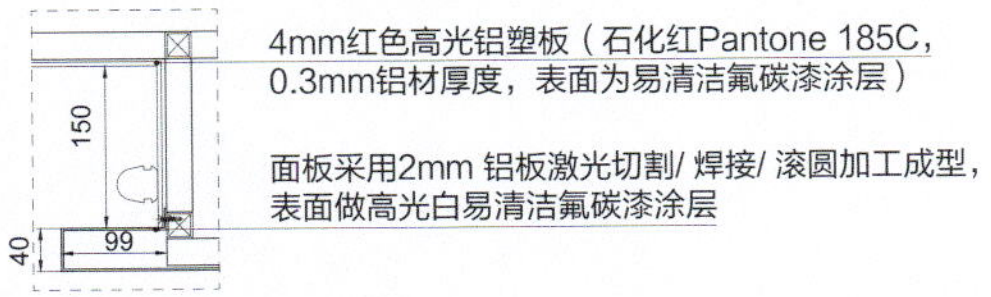

b-4

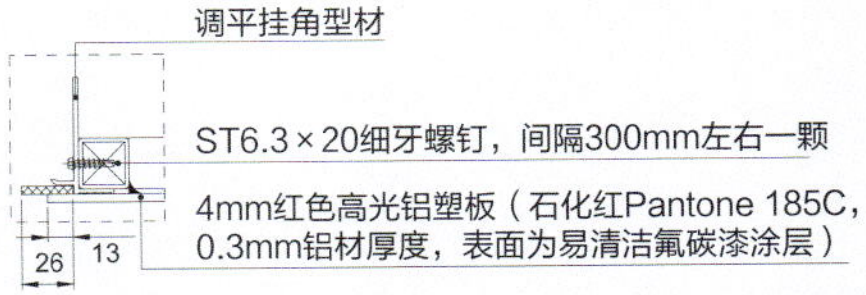

E.1.2.09 铝塑板型檐口 [H1050]

标准檐口（长边模组）

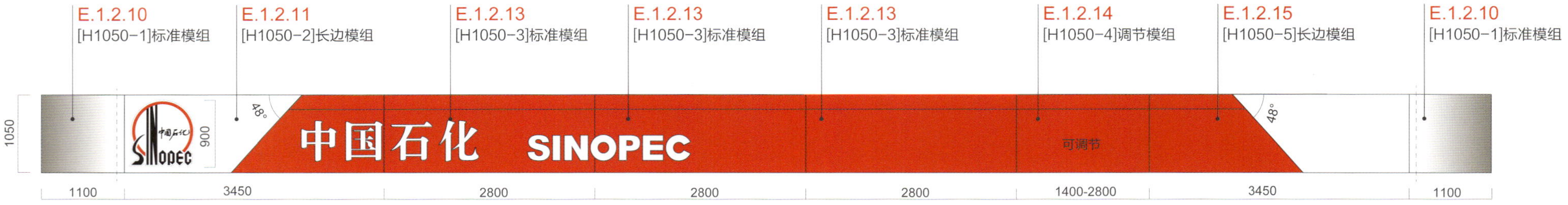

非标檐口（短边模组）

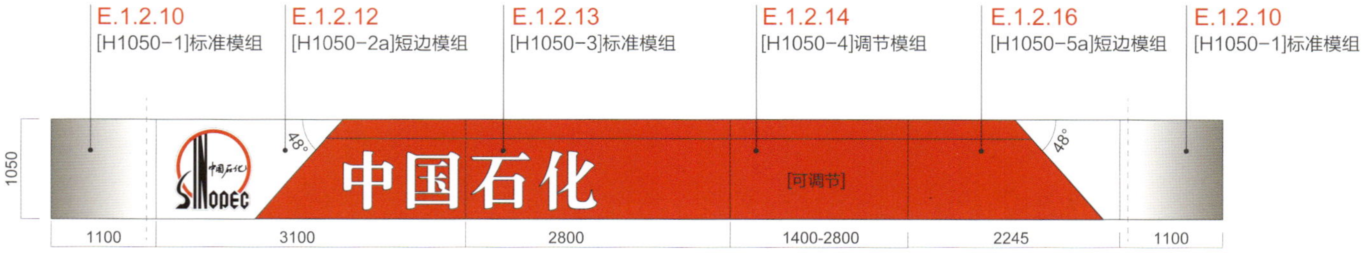

E.1.2.10 铝塑板型檐口标准模组 [H1050-1]

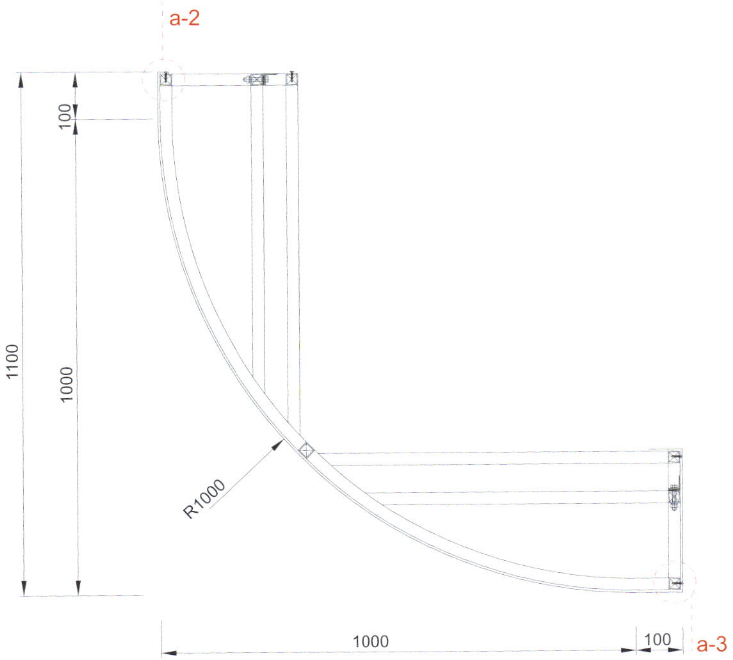

B-1剖面图

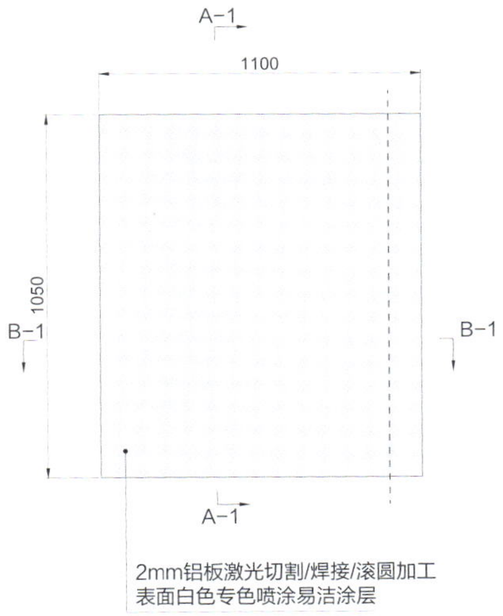

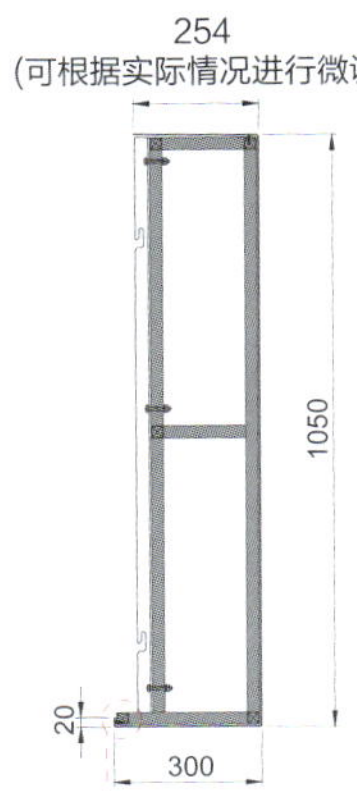

a-1

A-1剖面图

a-1

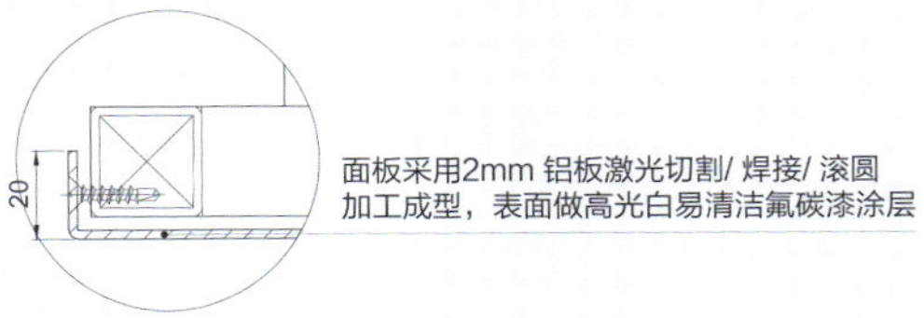

a-2

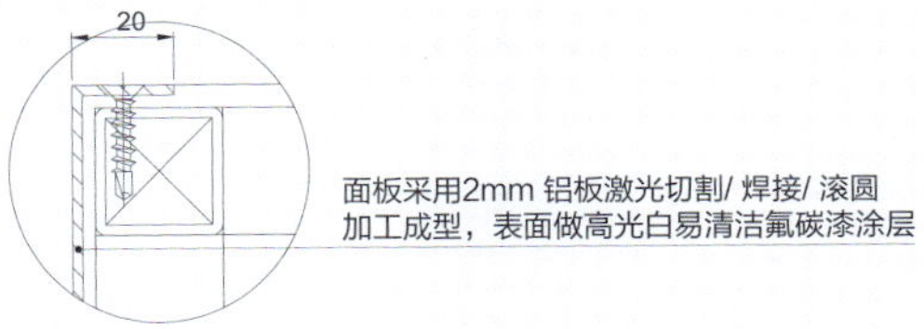

a-3

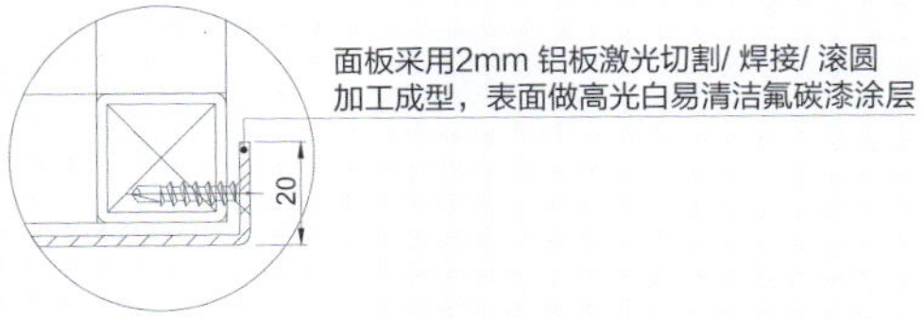

E.1.2.11 铝塑板型檐口长边模组 [H1050-2]

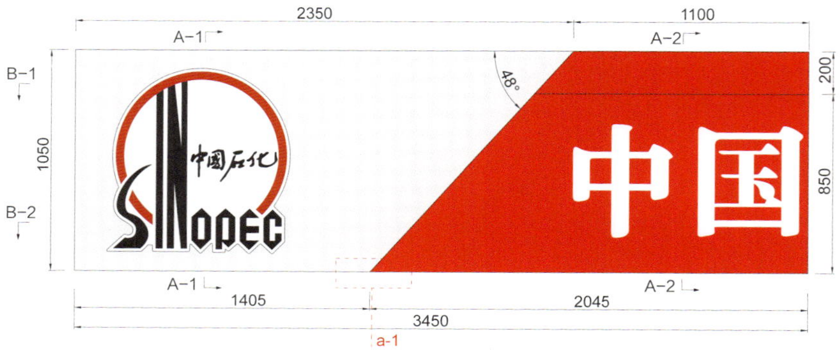

立面图

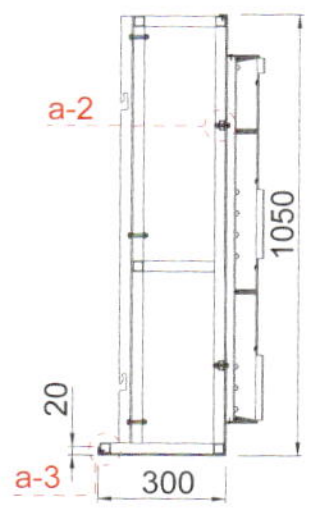

A-1剖面图

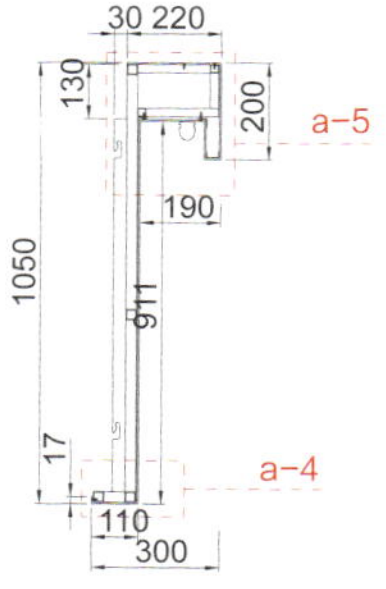

A-2剖面图

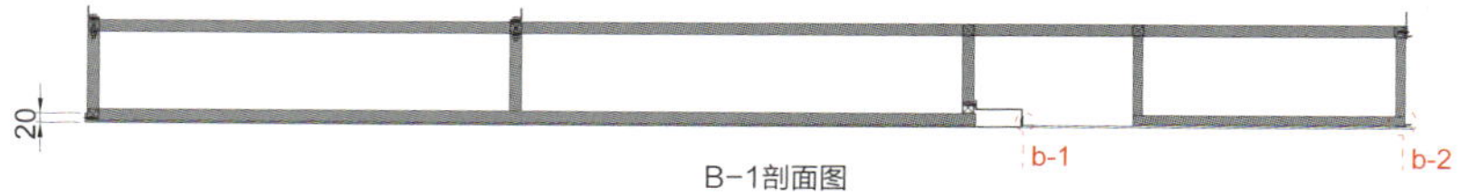

B-1剖面图

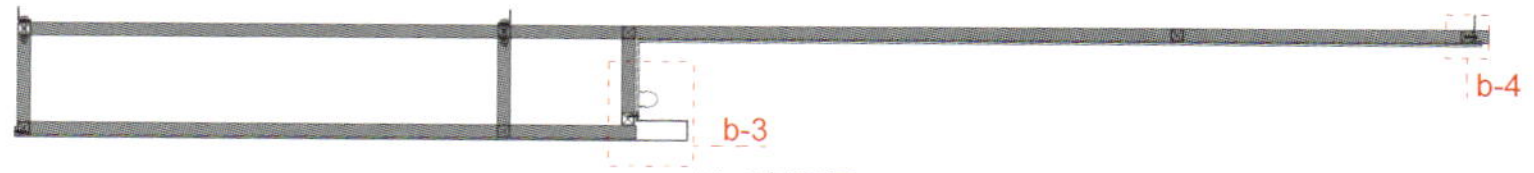

B-2剖面图

a-1

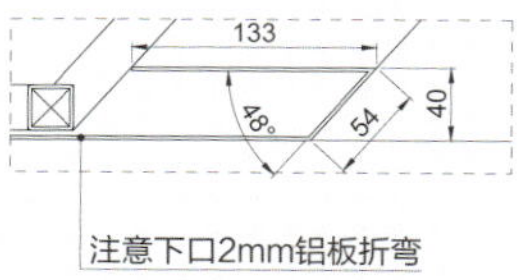

a-2

a-3

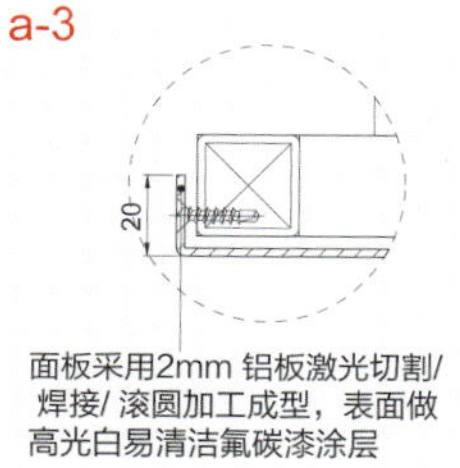

a-4

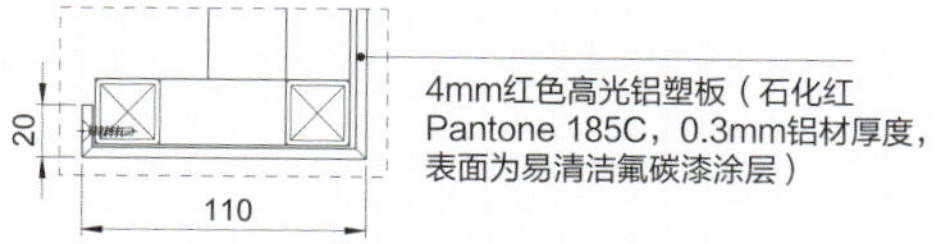

b-1

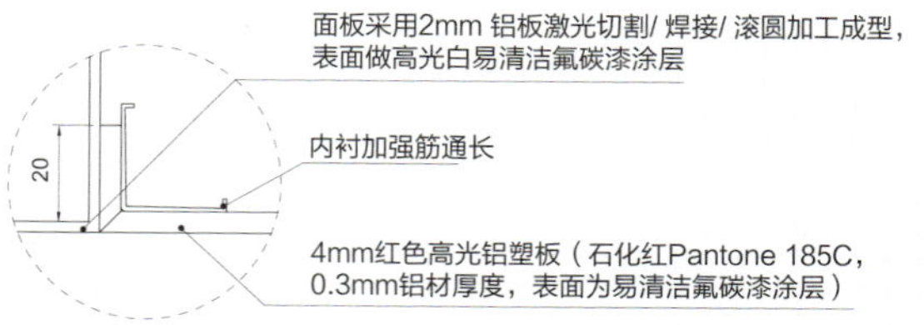

b-2

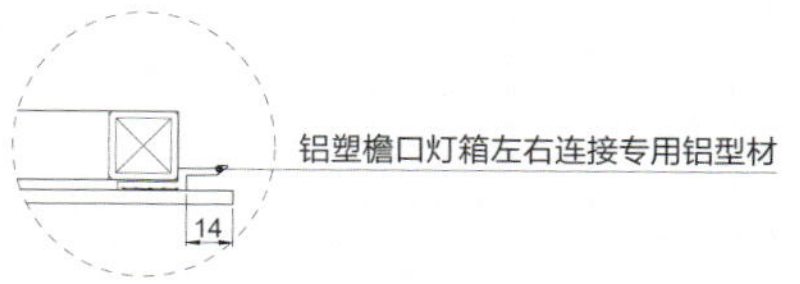

a-5

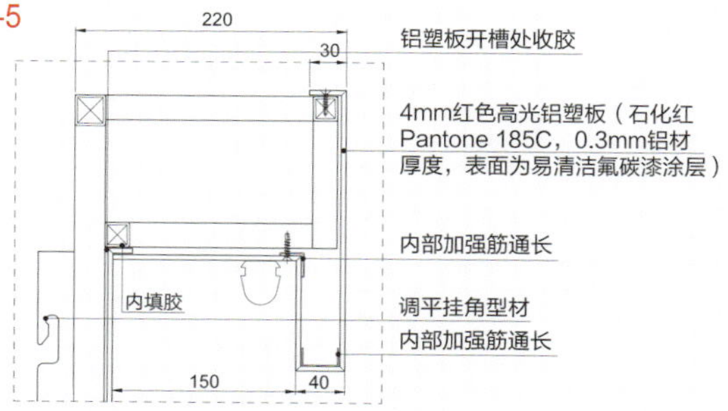

b-3

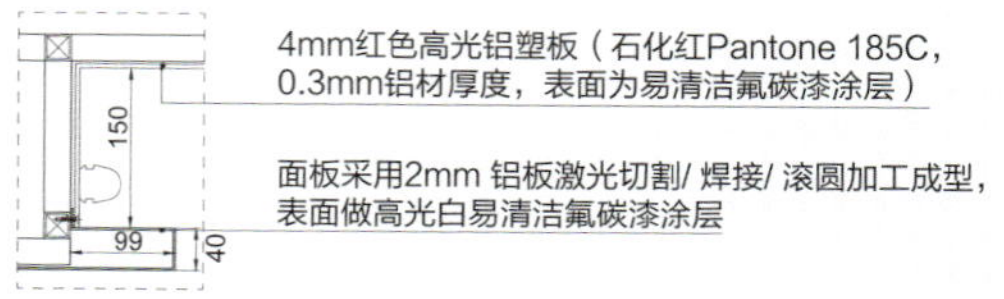

b-4

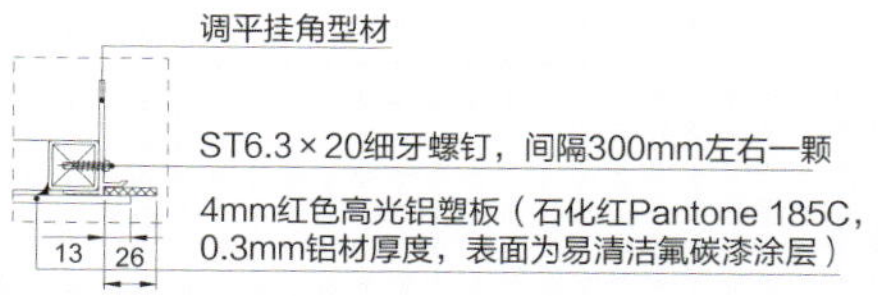

E.1.2.12 铝塑板型檐口短边模组 [H1050-2a]

立面图

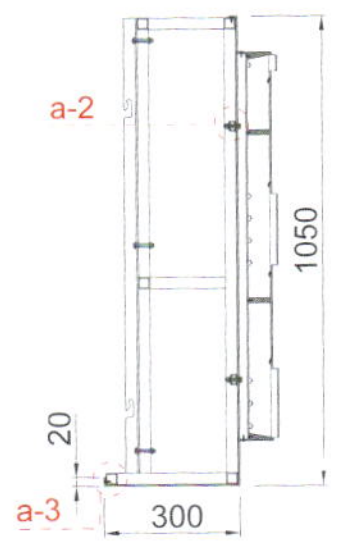

A-1剖面图

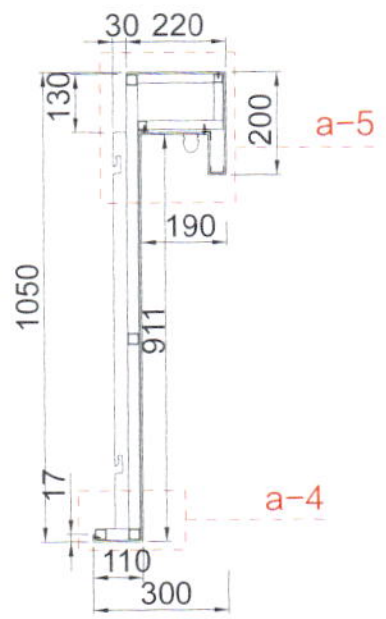

A-2剖面图

a-1

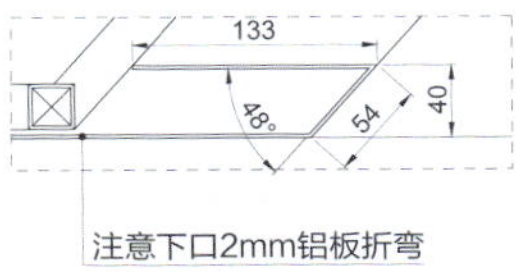

a-2

a-3

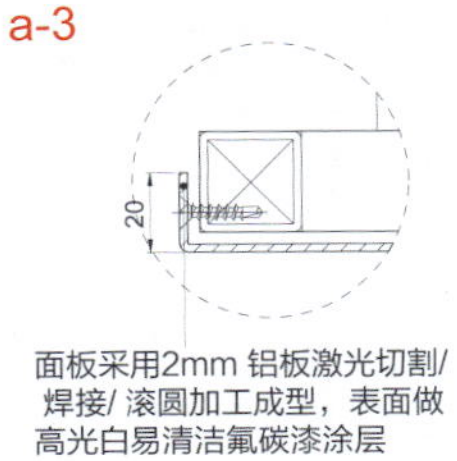

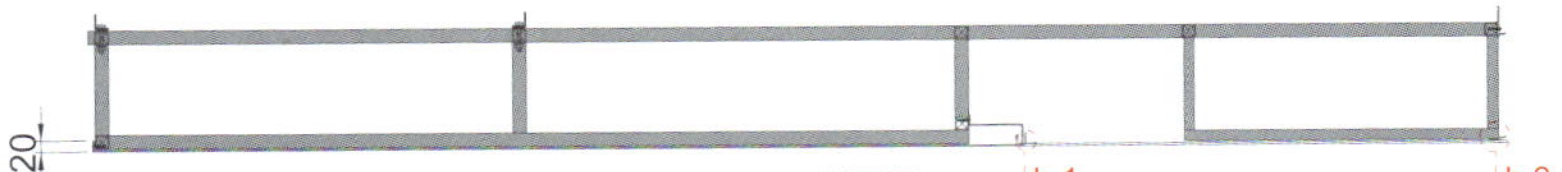

B-1剖面图

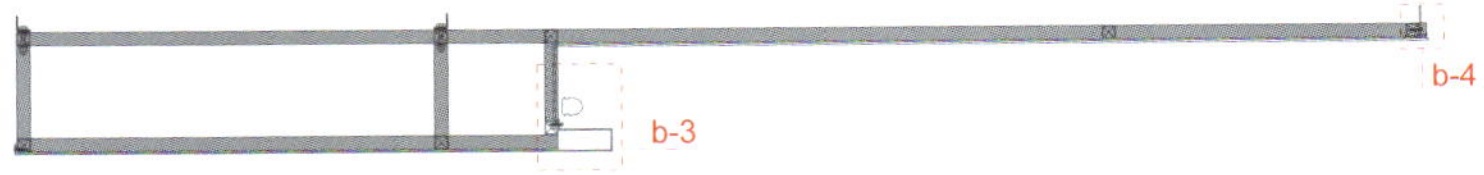

B-2剖面图

a-4

b-1

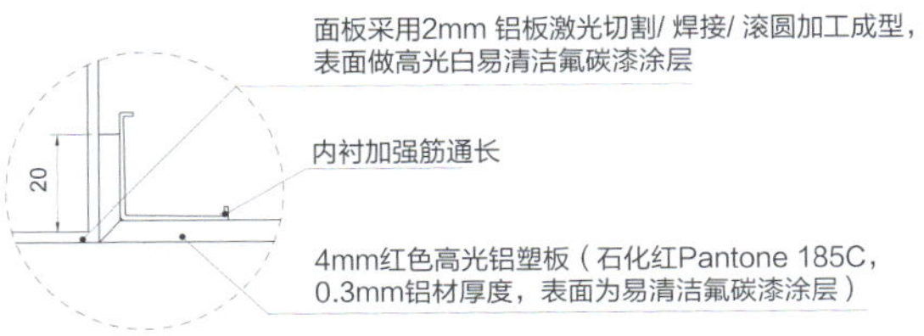

b-2

a-5

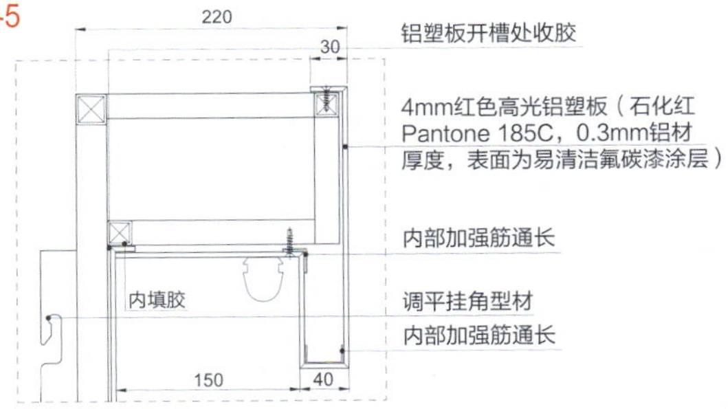

b-3

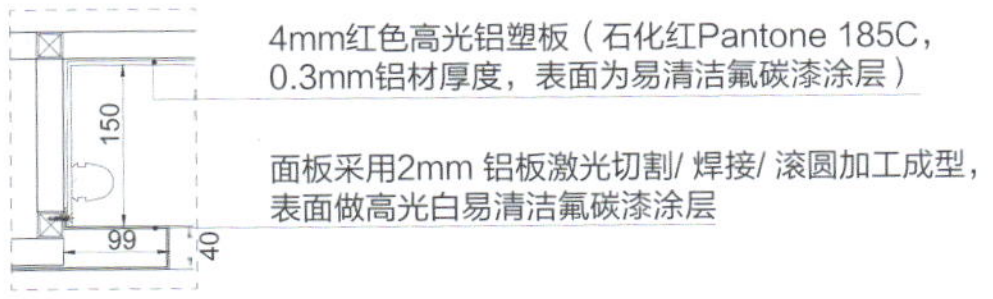

b-4

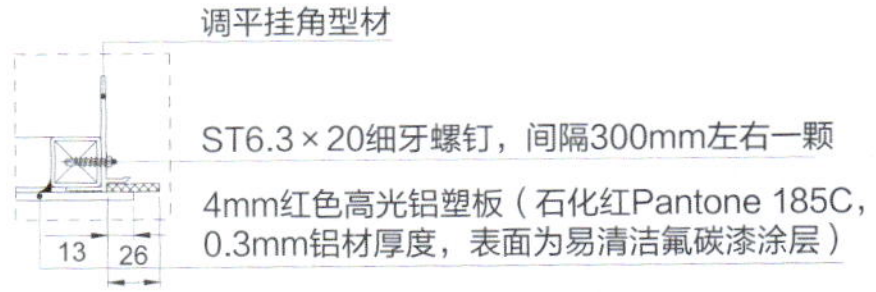

E.1.2.13 铝塑板型檐口标准模组 [H1050-3]

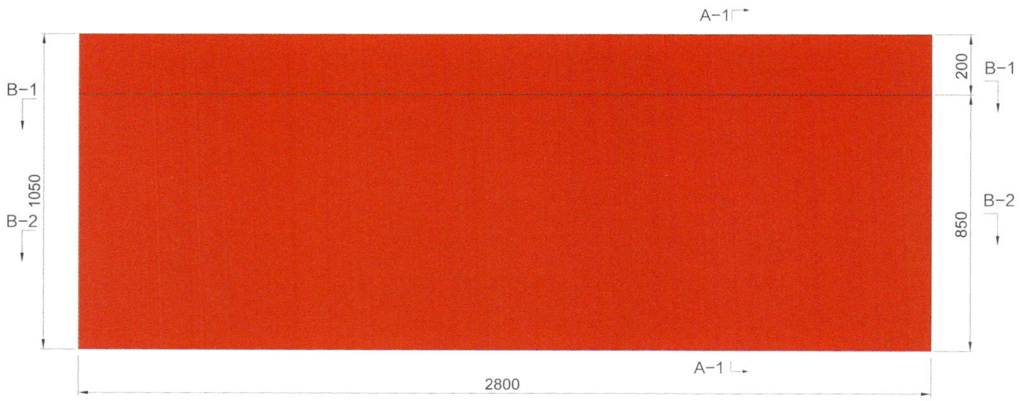

立面图

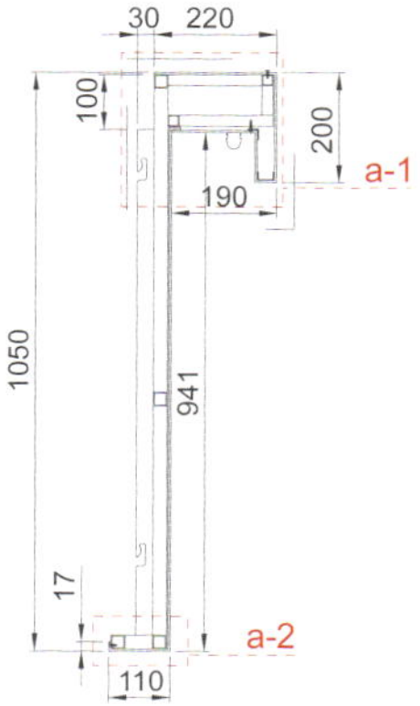

A-1剖面图

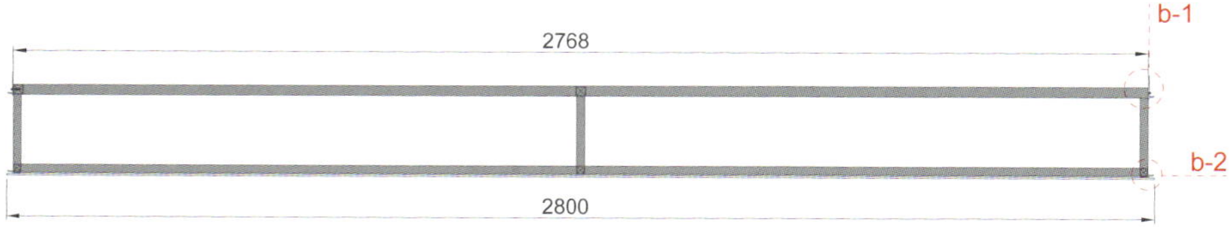

B-1剖面图

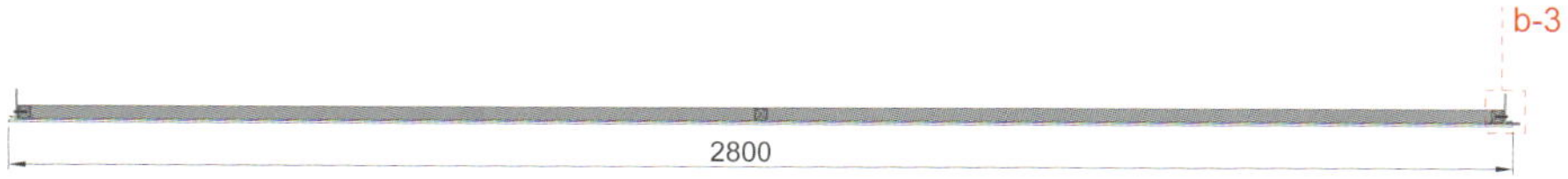

B-2剖面图

a-1

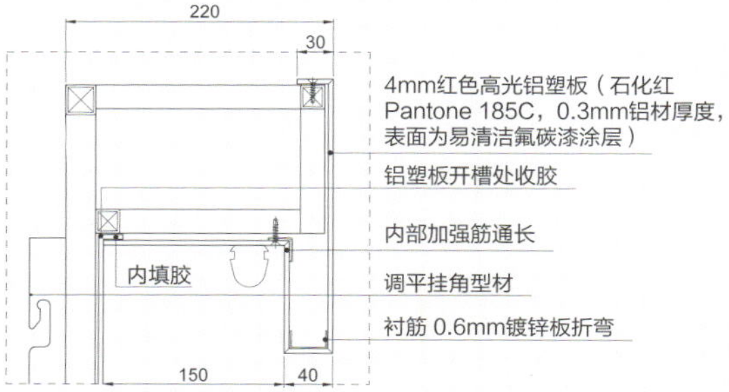

a-2

b-1

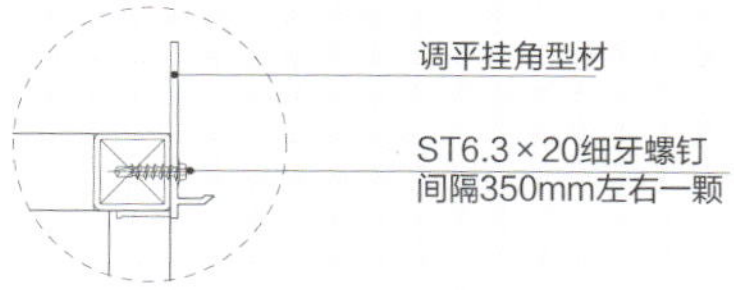

b-2

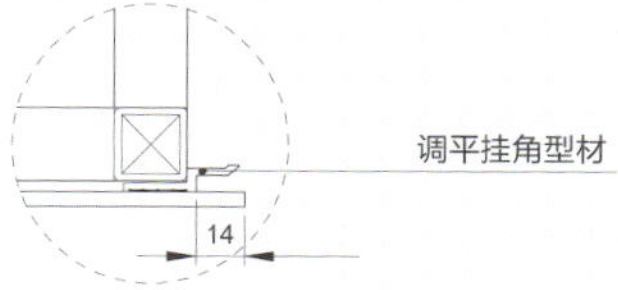

b-3

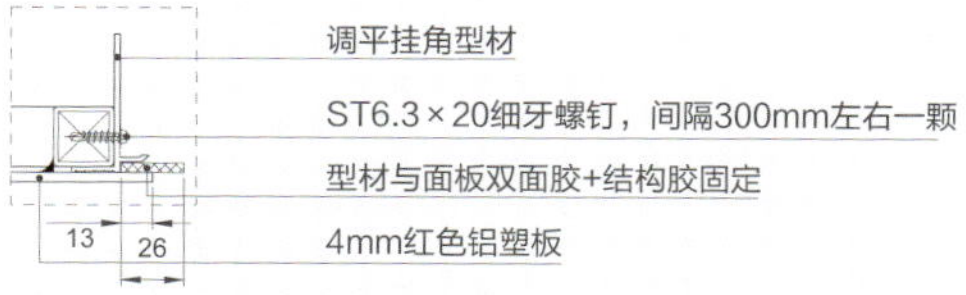

E.1.2.14 铝塑板型檐口调节模组 [H1050-4]

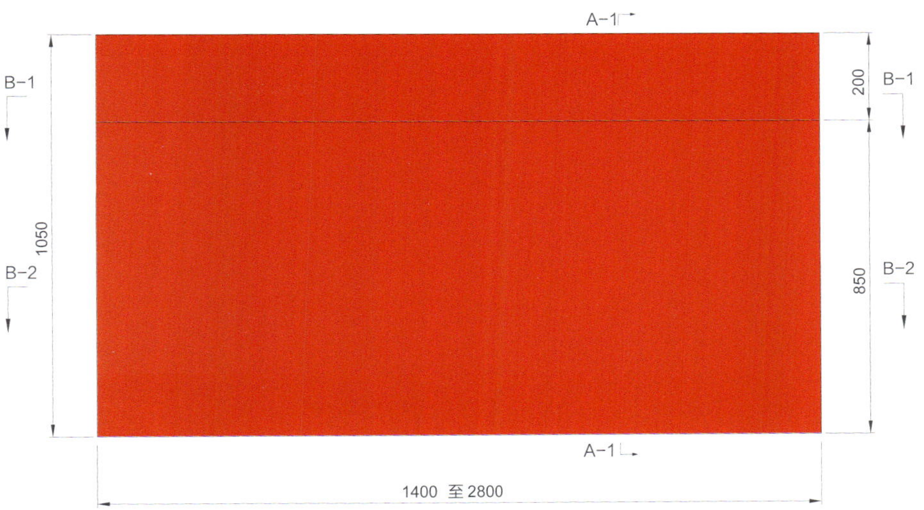

立面图

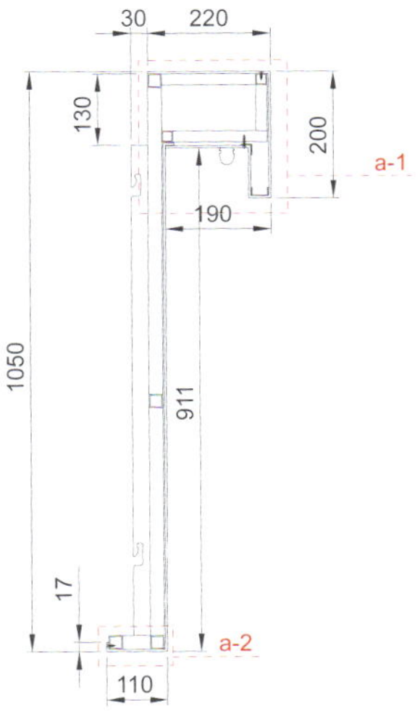

A-1剖面图

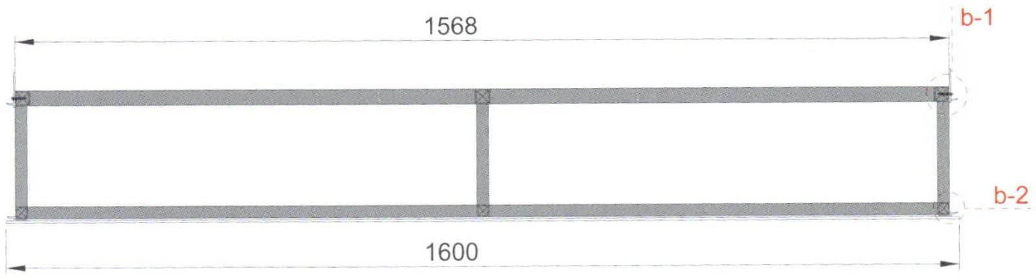

B-1剖面图

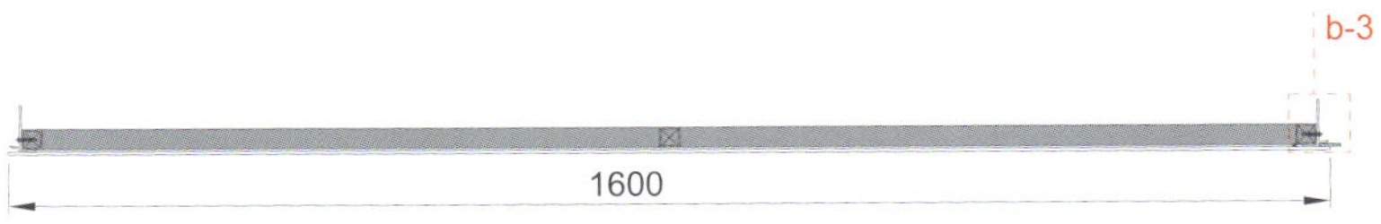

B-2剖面图

a-1

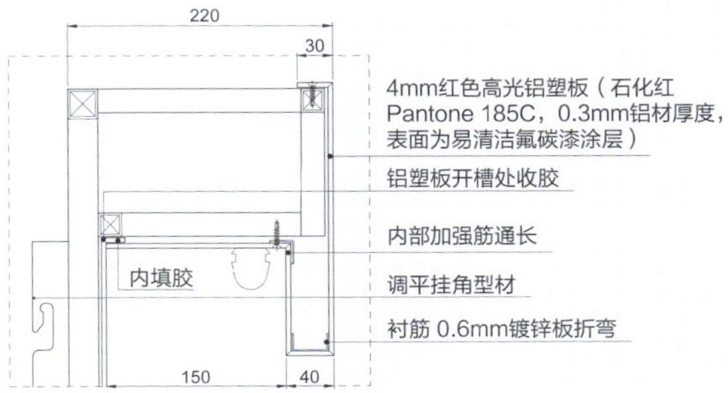

a-2

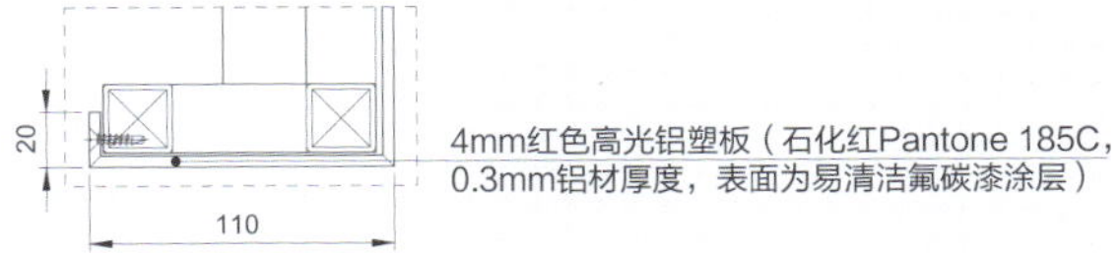

b-1

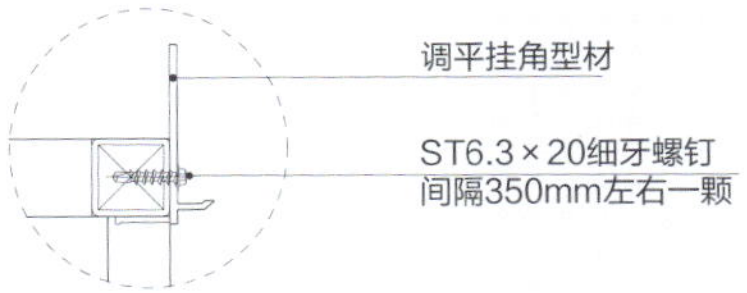

b-2

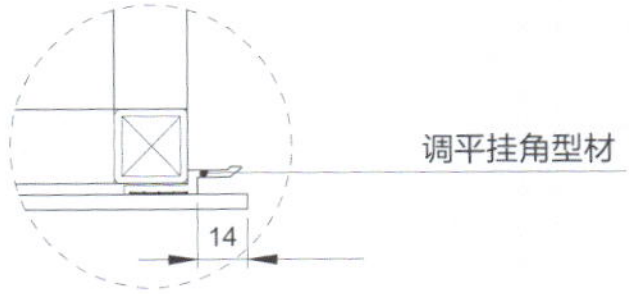

b-3

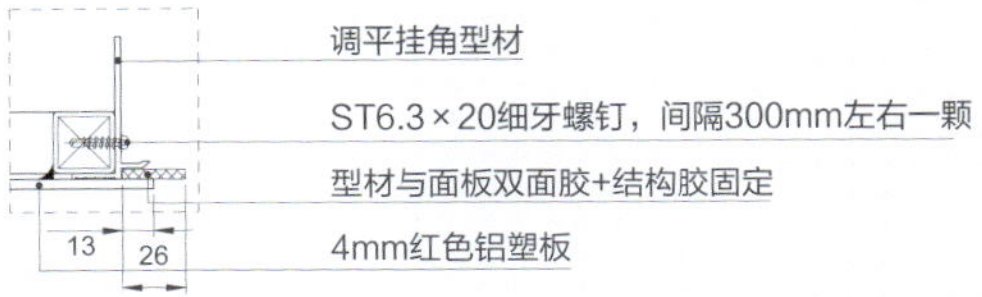

E.1.2.15 铝塑板型檐口长边模组 [H1050-5]

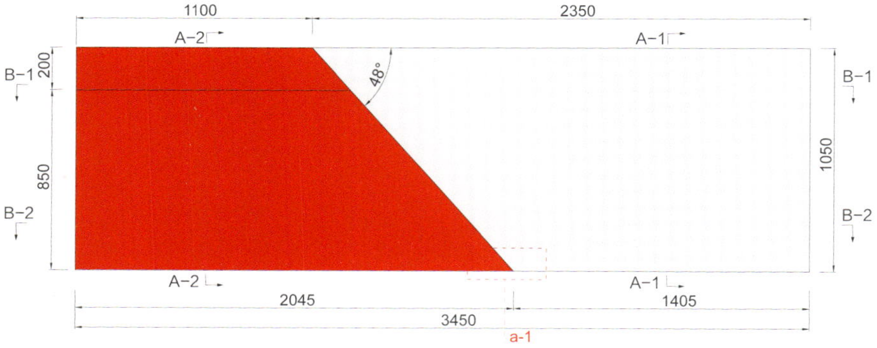

立面图

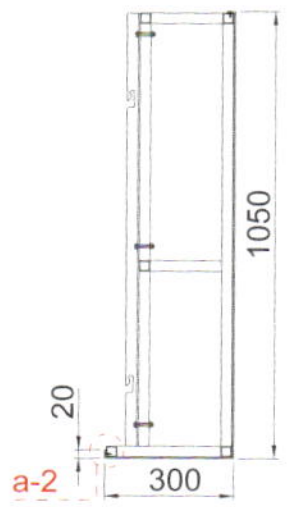

A-1剖面图

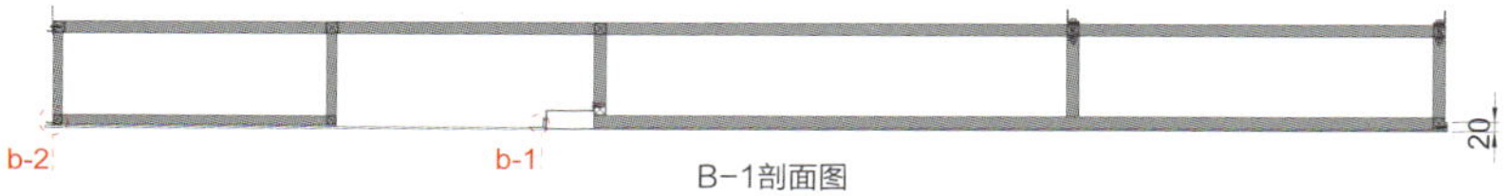

B-1剖面图

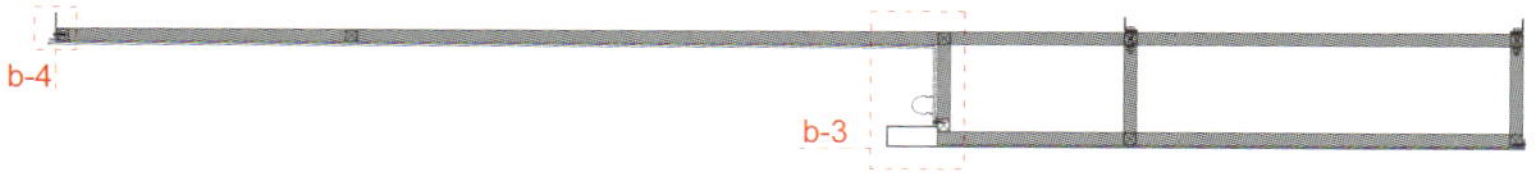

B-2剖面图

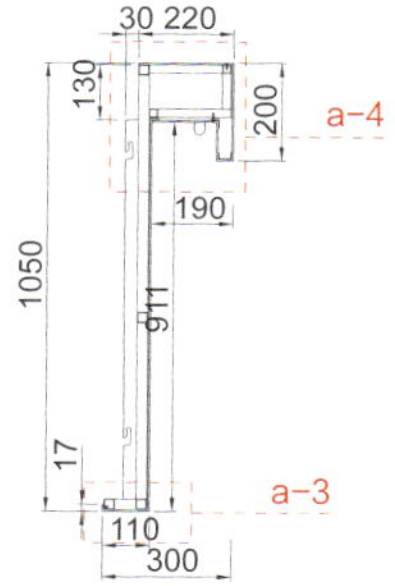

A-2剖面图

a-1

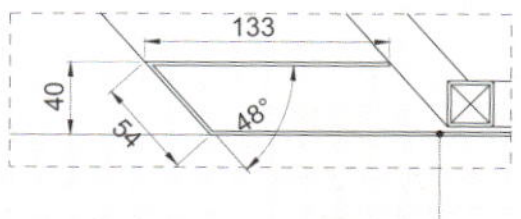

a-2

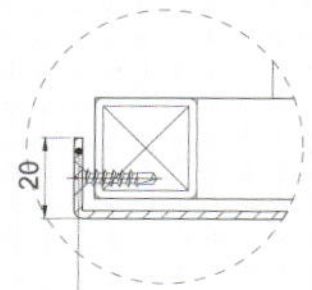

a-3

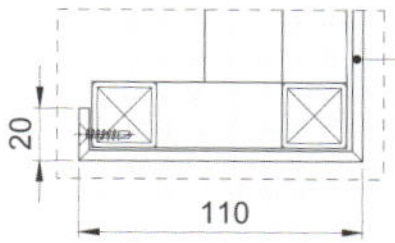

b-1

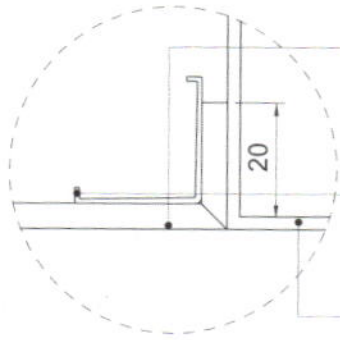

b-2

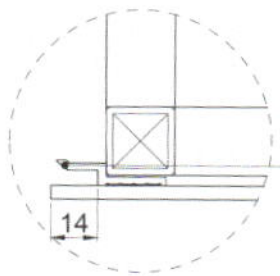

b-3

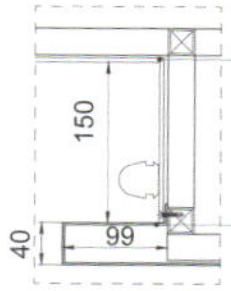

b-4

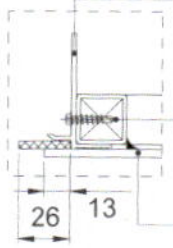

a-4

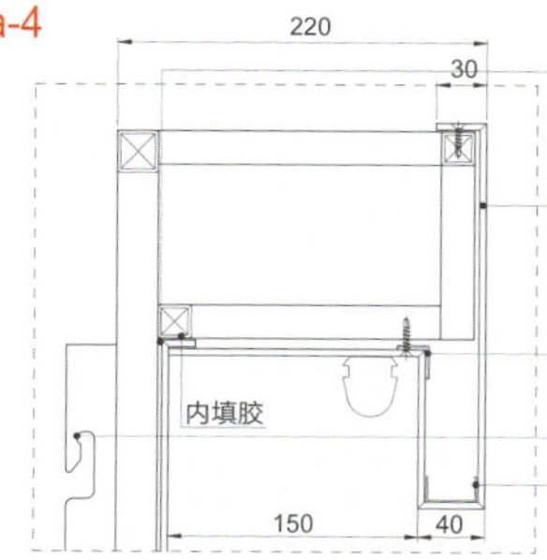

E.1.2.16 铝塑板型檐口短边模组 [H1050-5a]

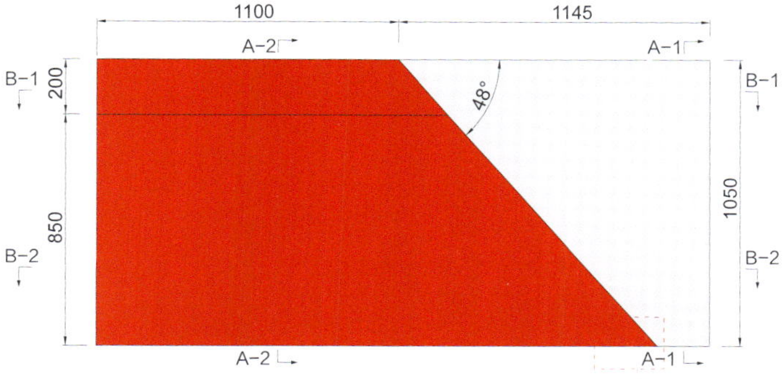

立面图

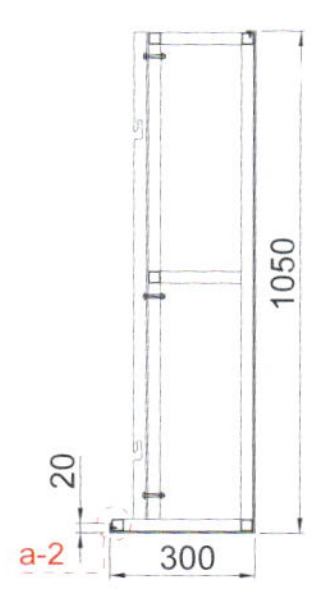

A-1剖面图

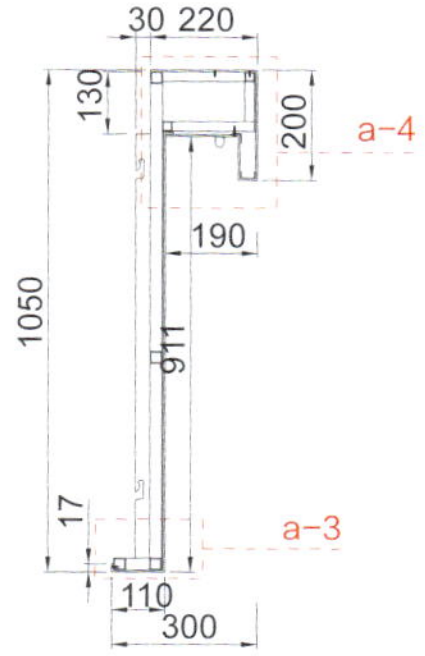

A-2剖面图

a-1

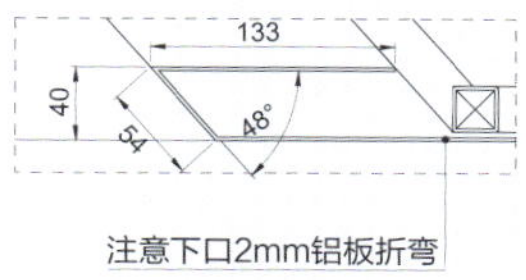

a-2

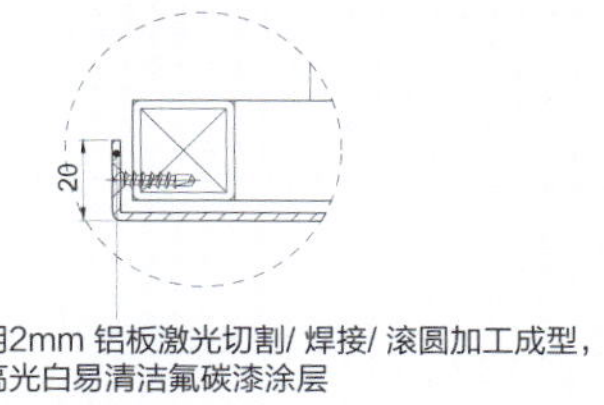

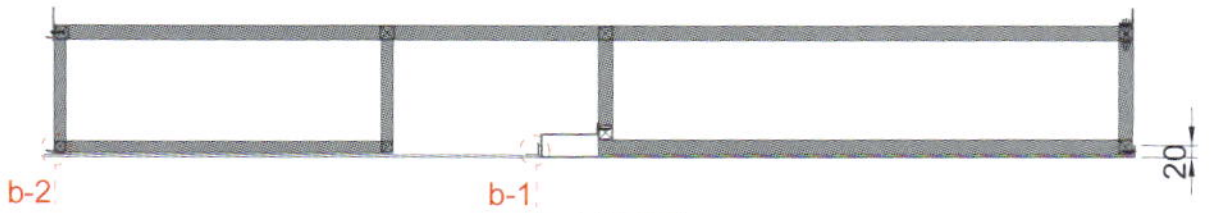

B-1剖面图

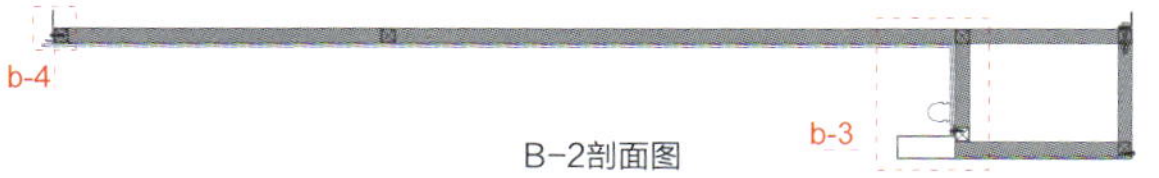

B-2剖面图

a-3

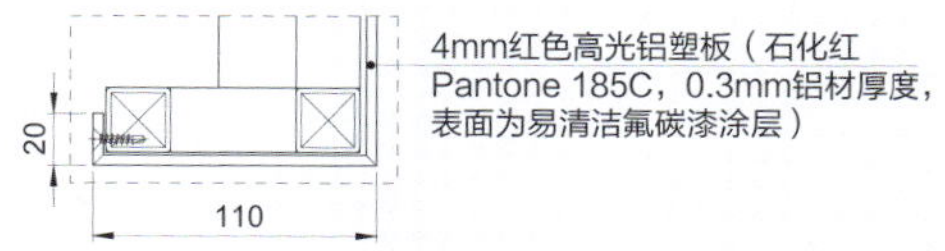

b-1

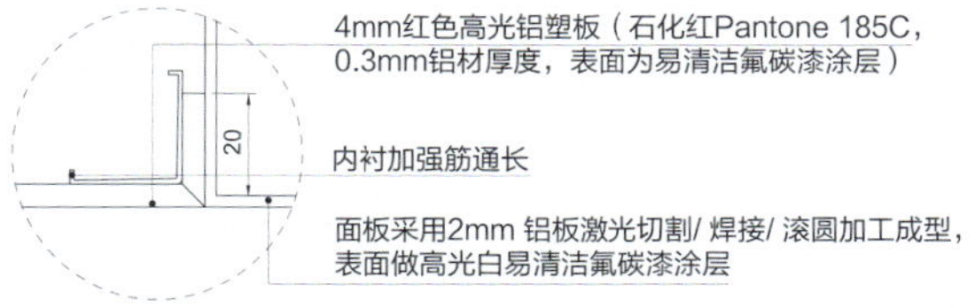

b-2

a-4

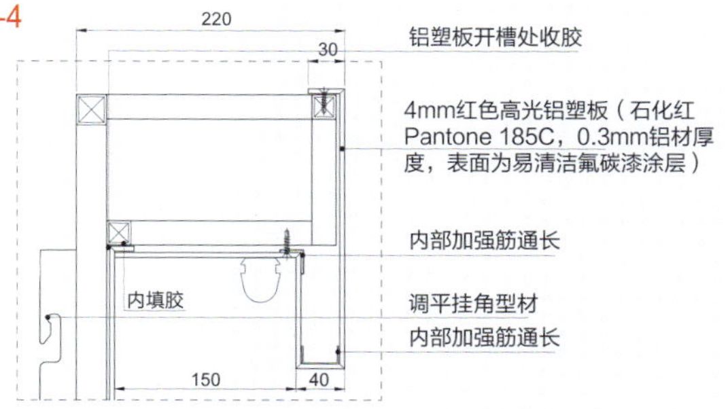

b-3

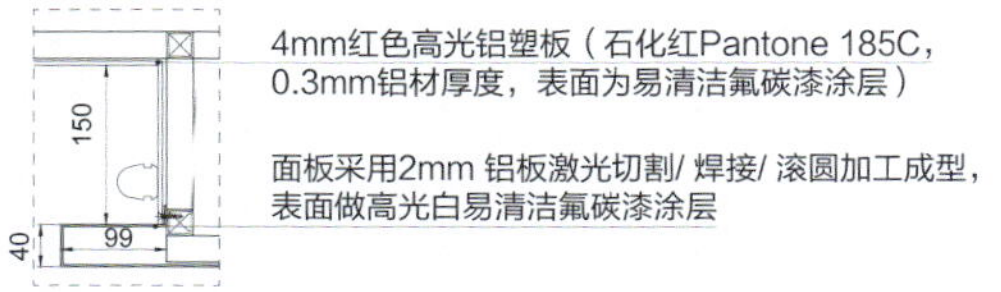

b-4

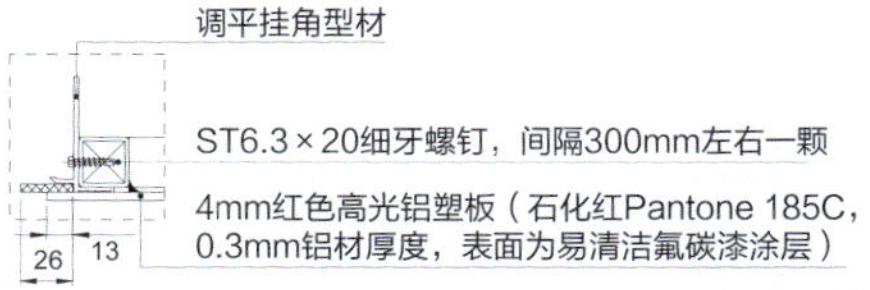

E.1.2.17 铝塑板型檐口 [H1200]

标准檐口（长边模组）

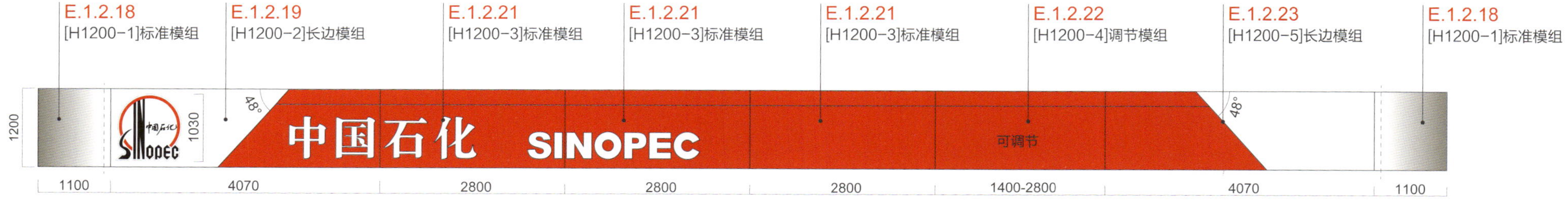

非标檐口（短边模组）

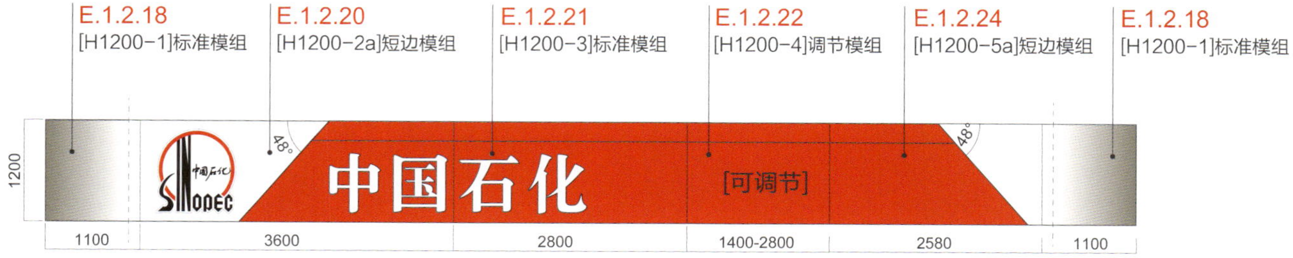

E.1.2.18 铝塑板型檐口标准模组 [H1200-1]

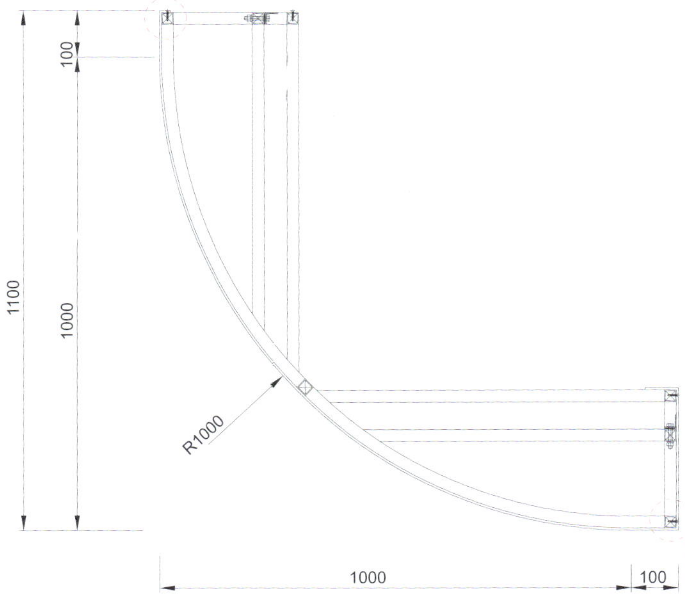

B-1剖面图

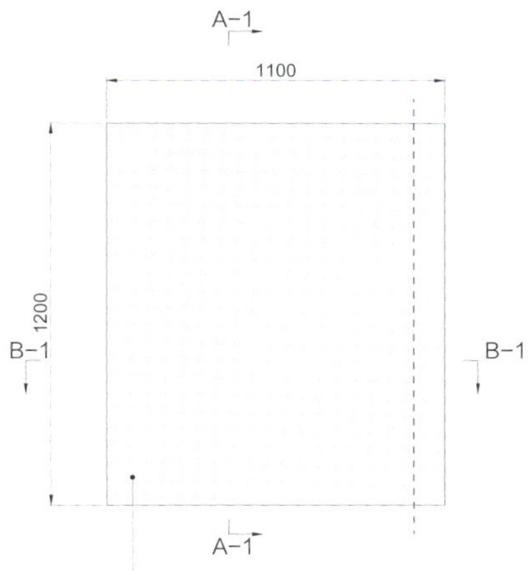

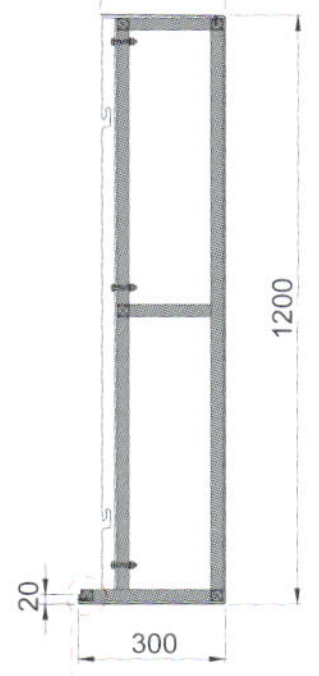

A-1剖面图

a-1

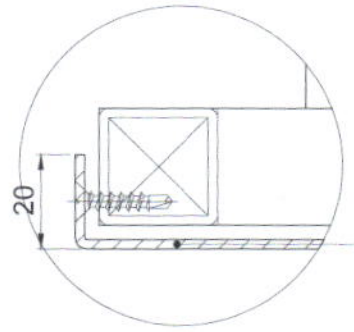

a-2

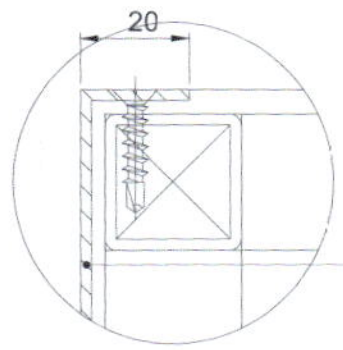

a-3

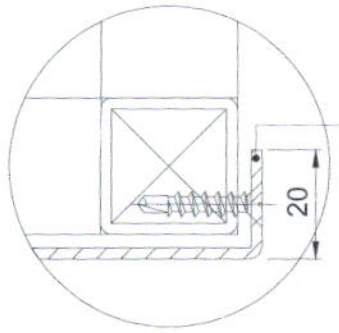

E.1.2.19 铝塑板型檐口长边模组 [H1200-2]

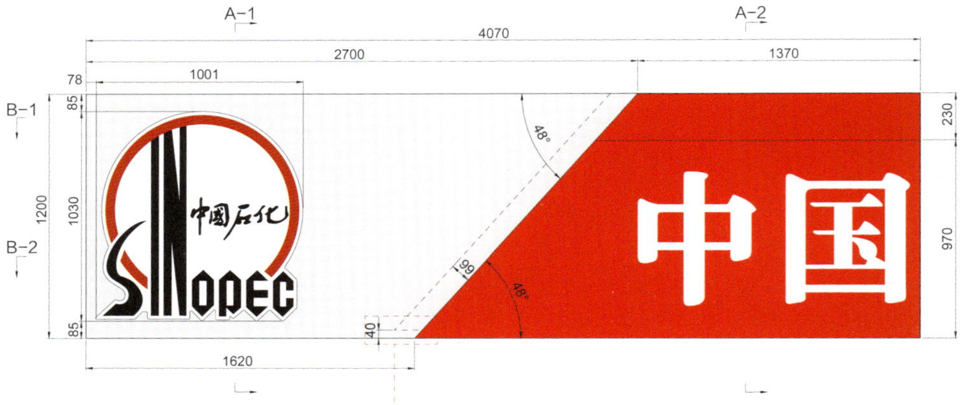

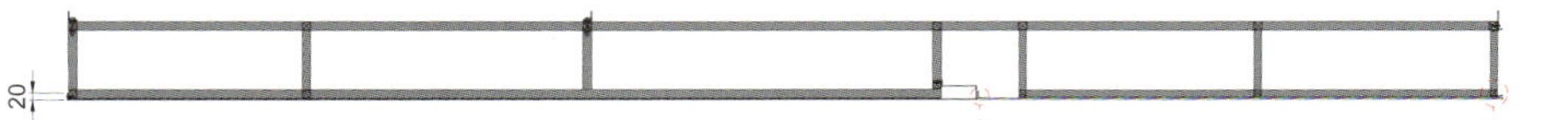

B-1剖面图

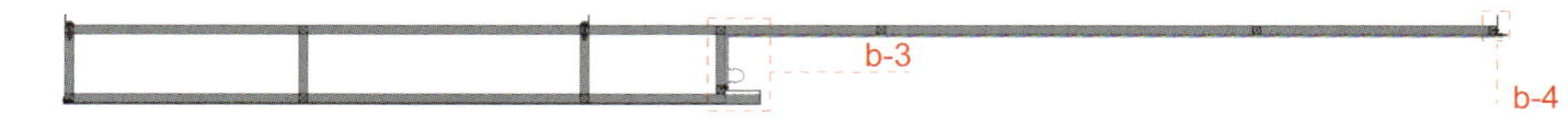

B-2剖面图

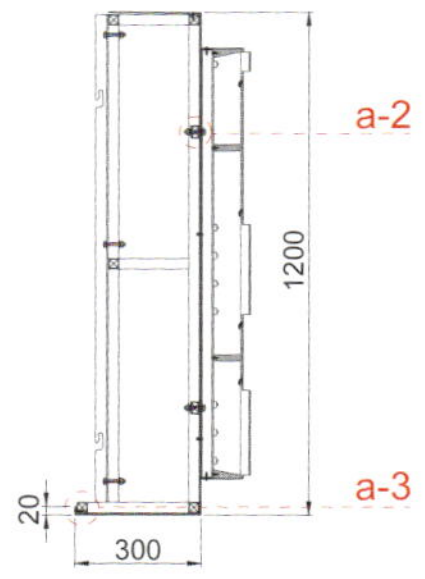

A-1剖面图

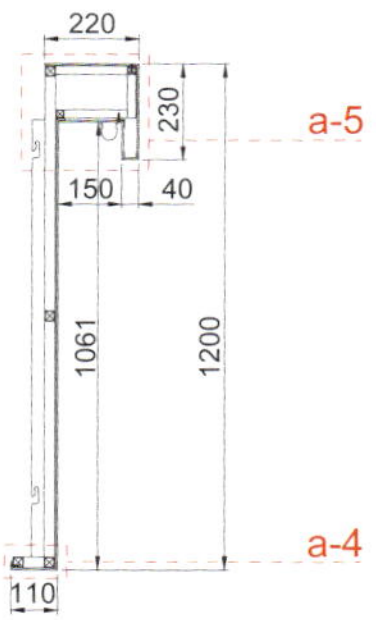

A-2剖面图

a-1

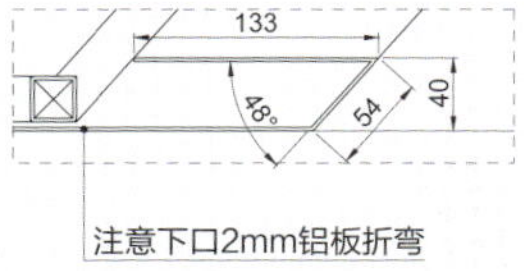

a-2

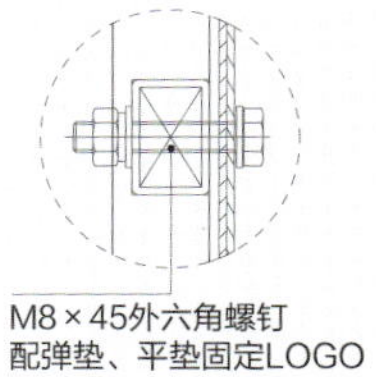

a-3

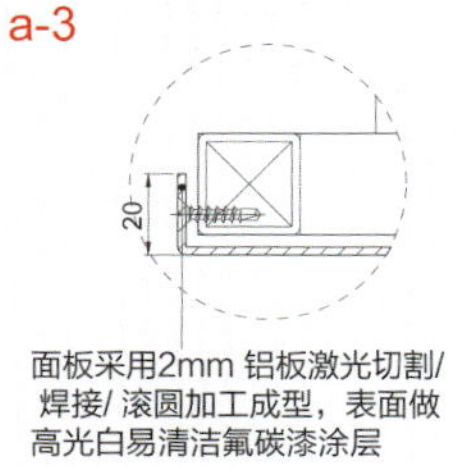

a-4

b-1

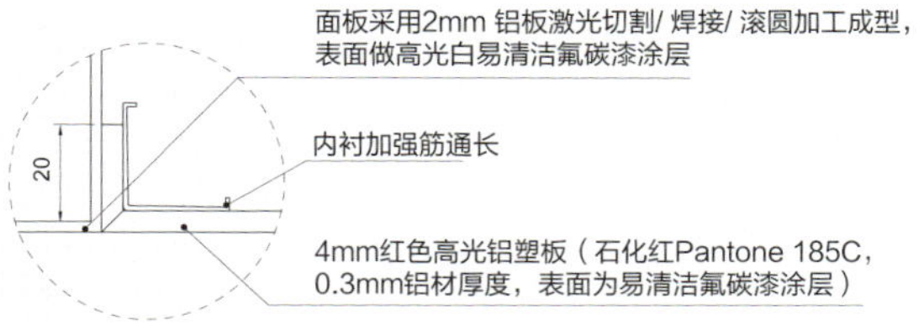

b-2

a-5

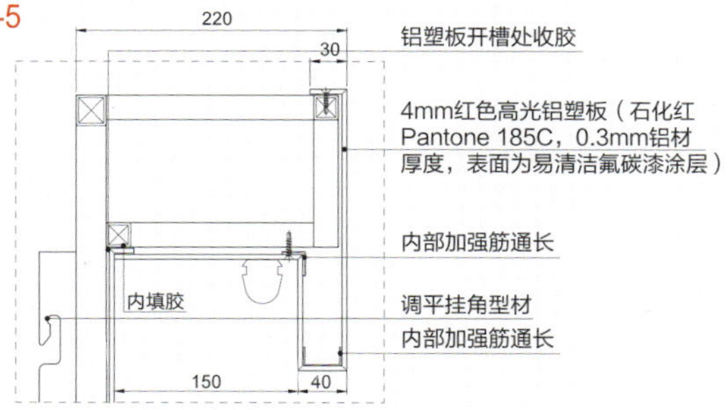

b-3

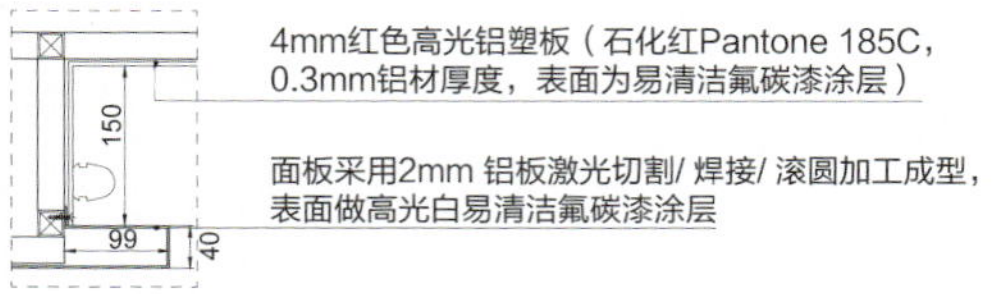

b-4

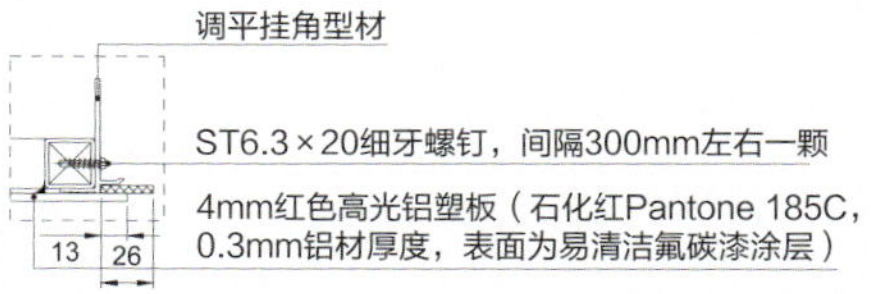

E.1.2.20 铝塑板型檐口短边模组 [H1200-2a]

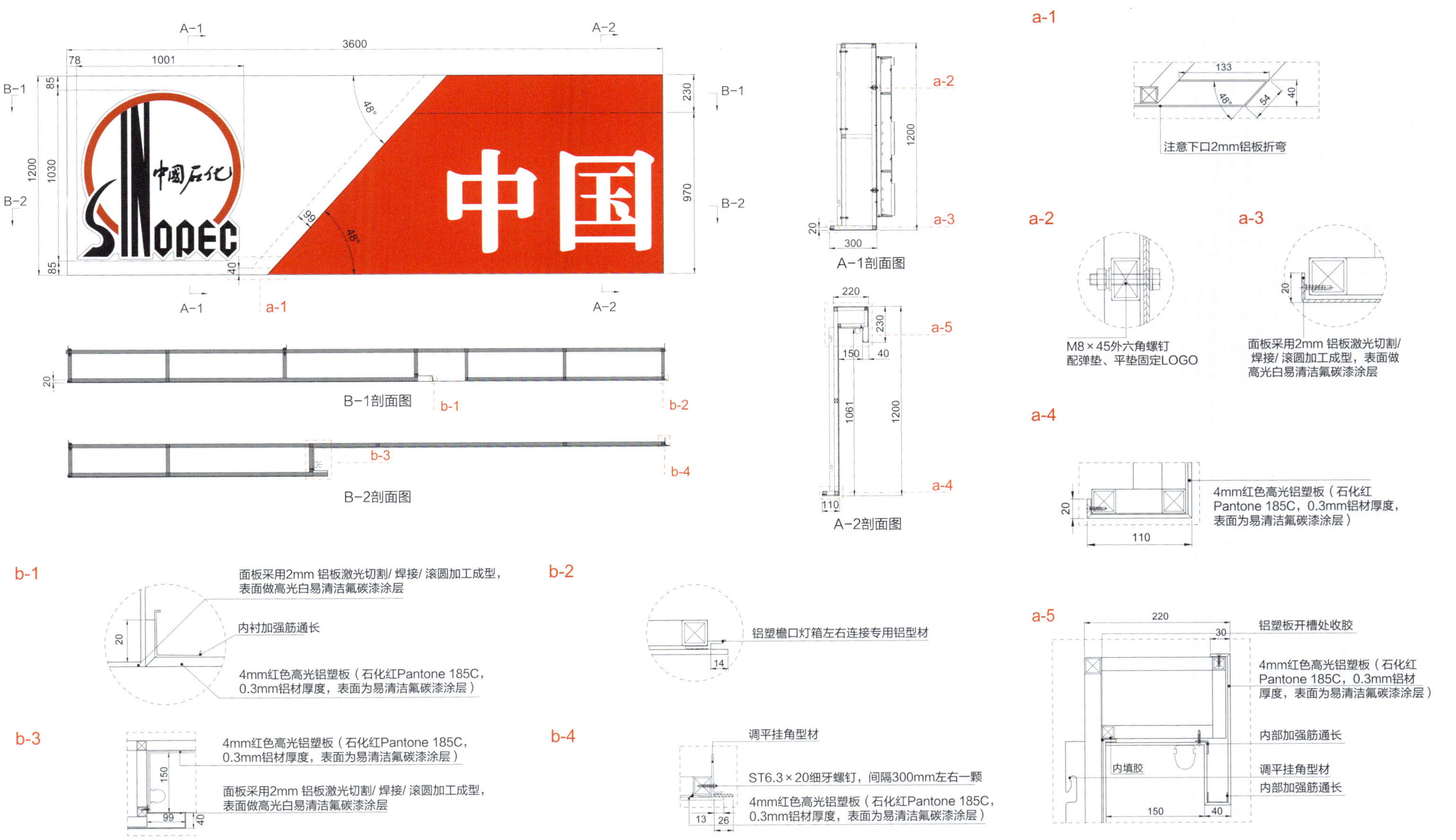

E.1.2.21 铝塑板型檐口标准模组 [H1200-3]

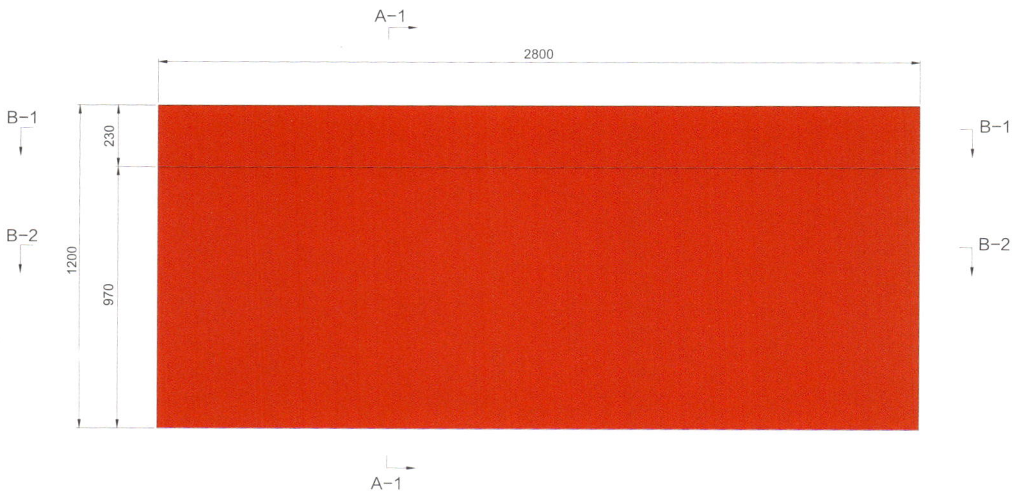

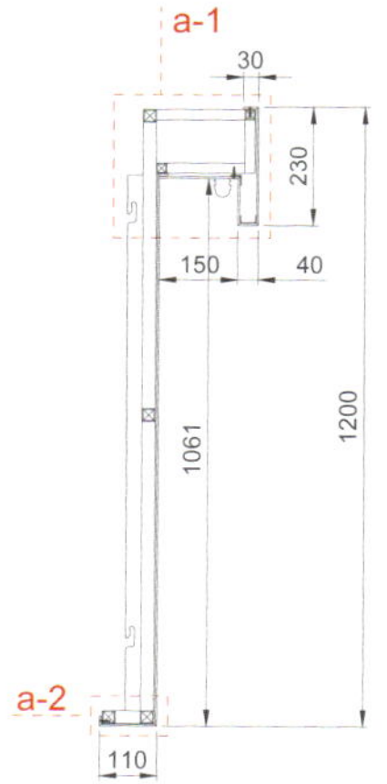

A-1剖面图

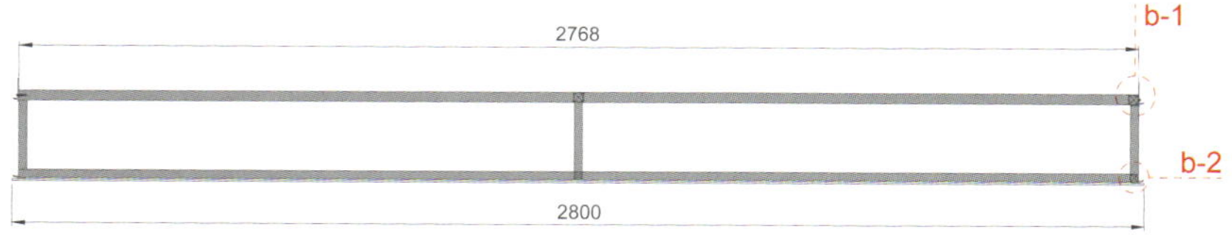

B-1剖面图

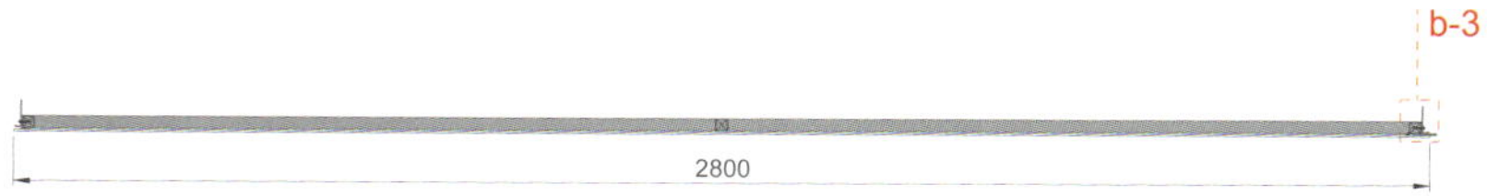

B-2剖面图

a-1

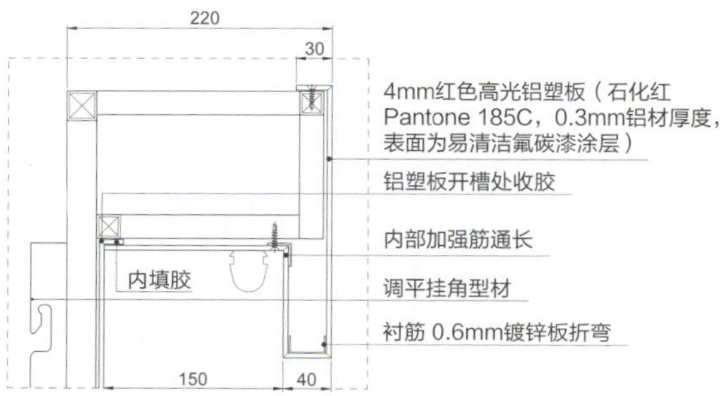

a-2

b-1

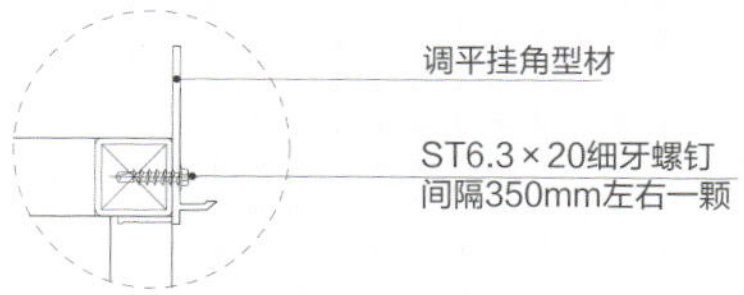

b-2

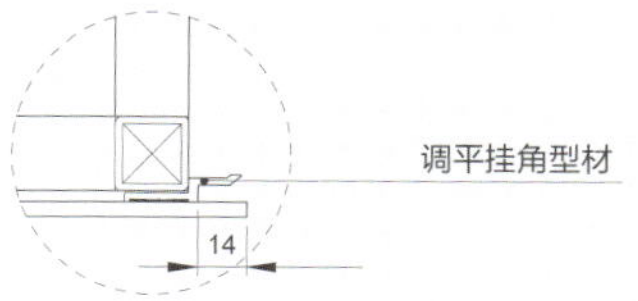

b-3

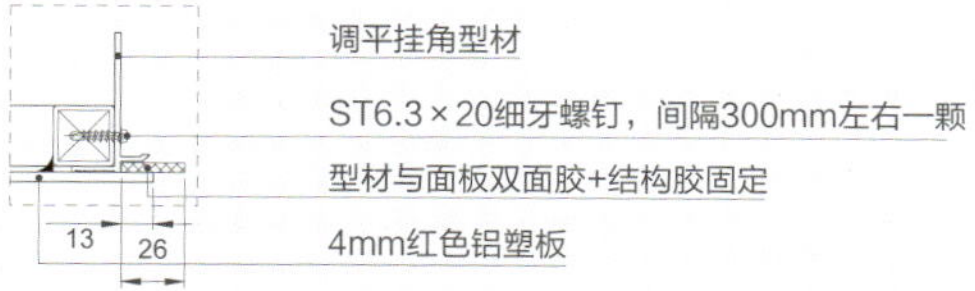

E.1.2.22 铝塑板型檐口调节模组 [H1200-4]

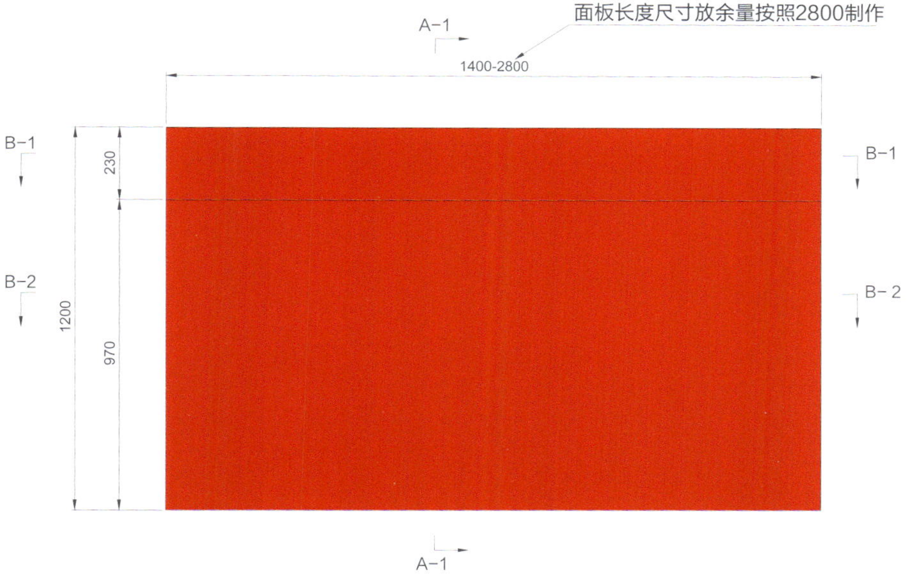

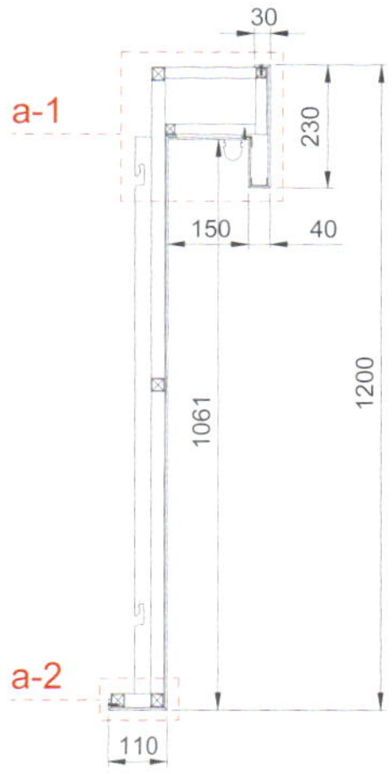

A-1剖面图

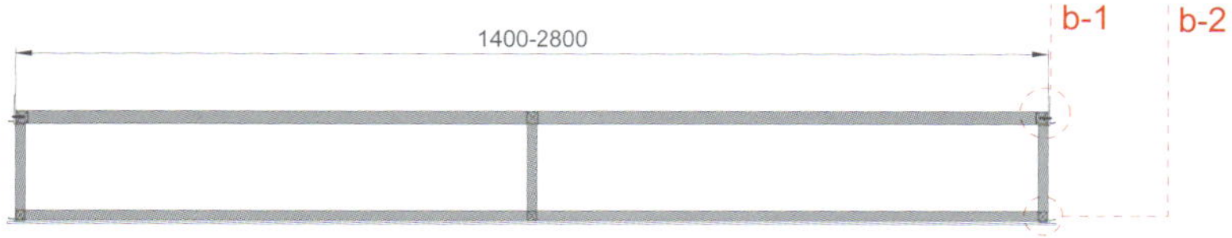

B-1剖面图

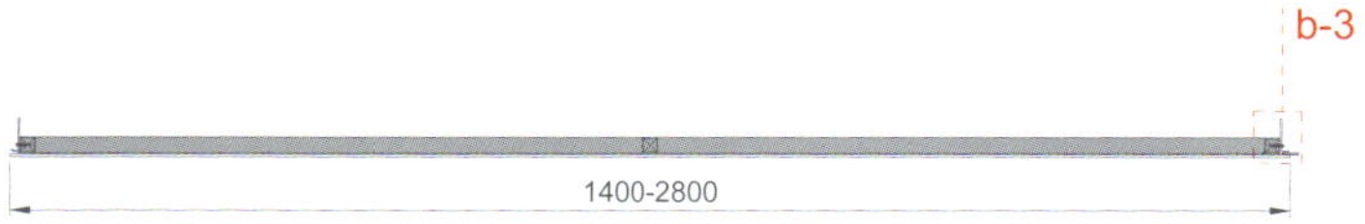

B-2剖面图

a-1

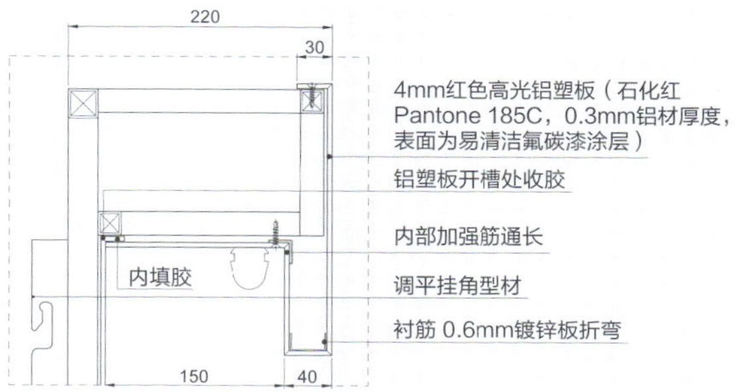

a-2

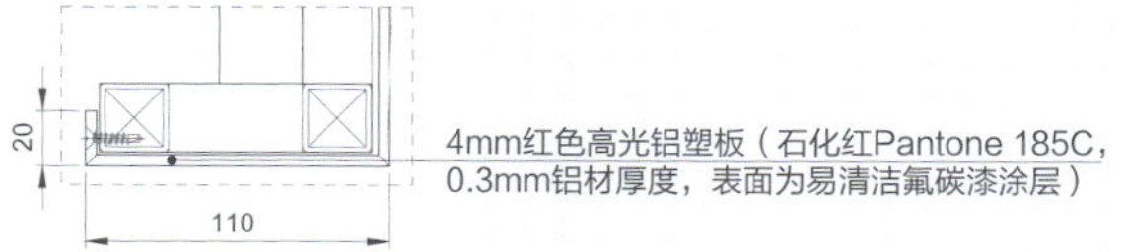

b-1

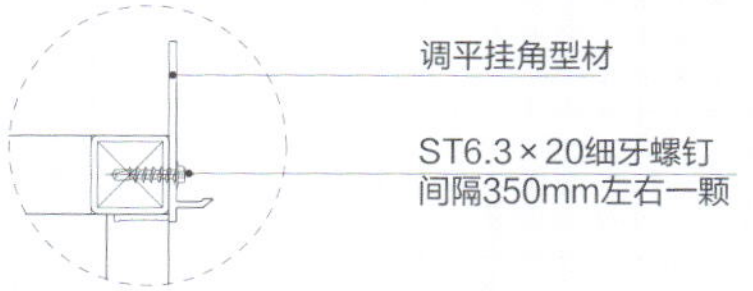

b-2

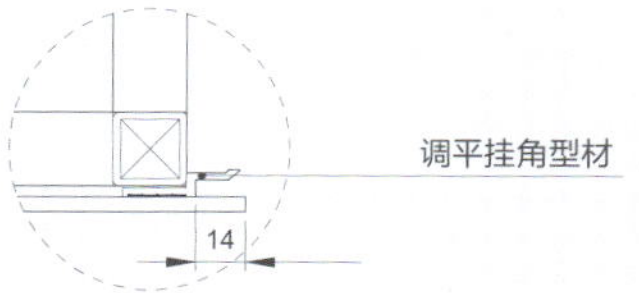

b-3

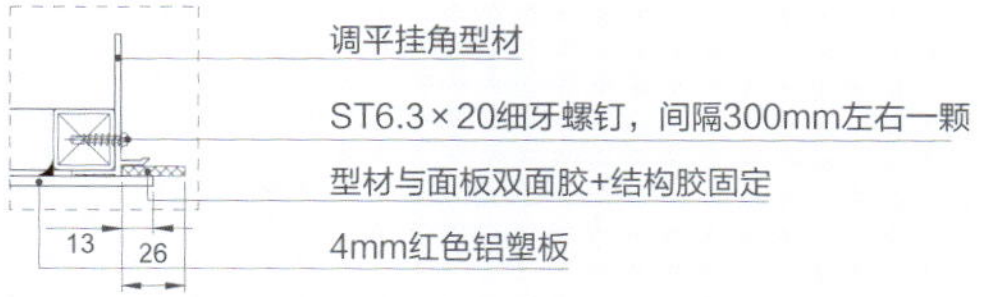

E.1.2.23 铝塑板型檐口长边模组 [H1200-5]

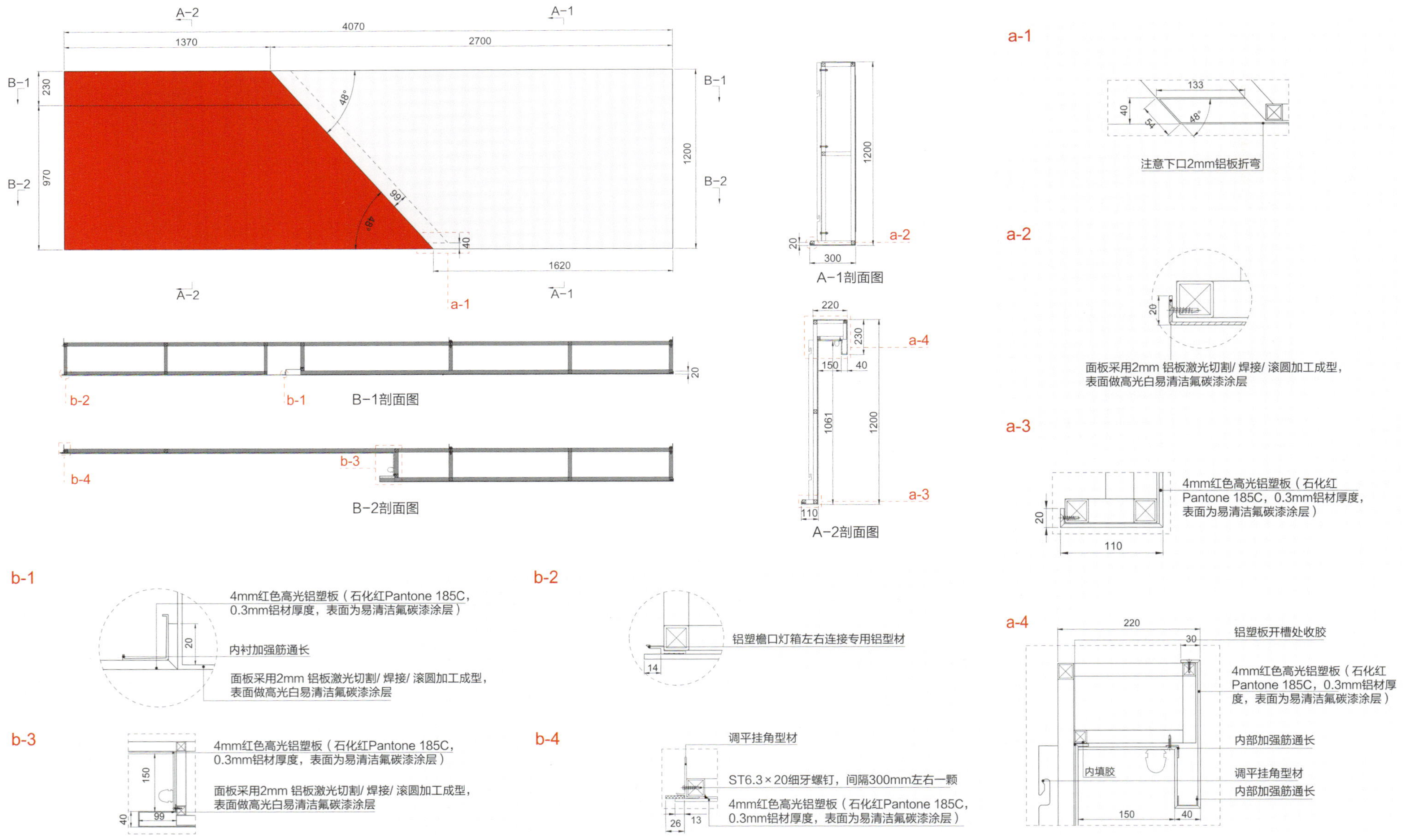

E.1.2.24 铝塑板型檐口短边模组 [H1200-5a]

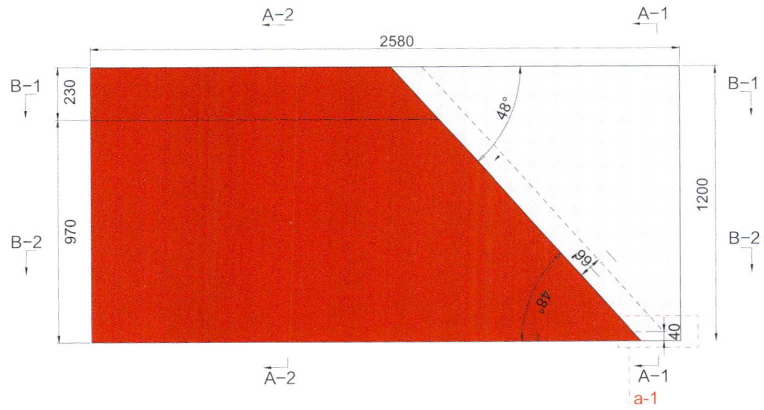

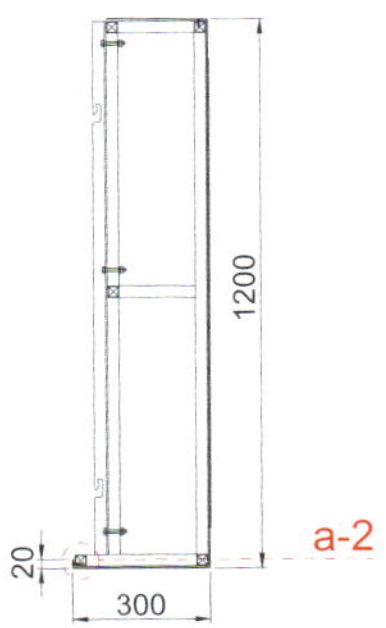

A-1剖面图

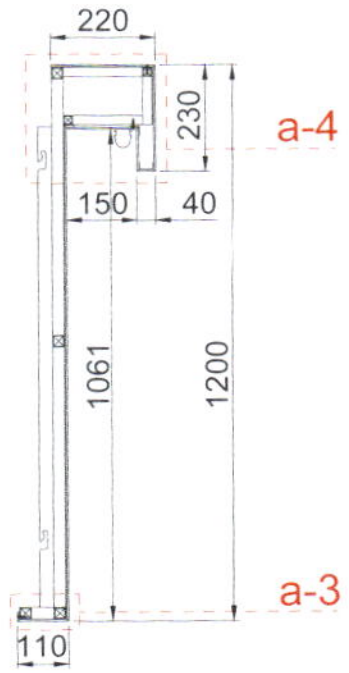

A-2剖面图

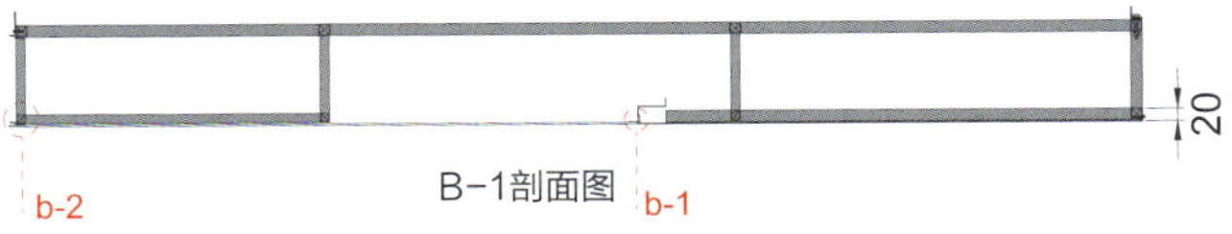

B-1剖面图

B-2剖面图

a-1

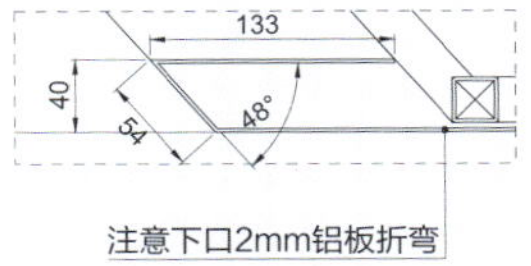

a-2

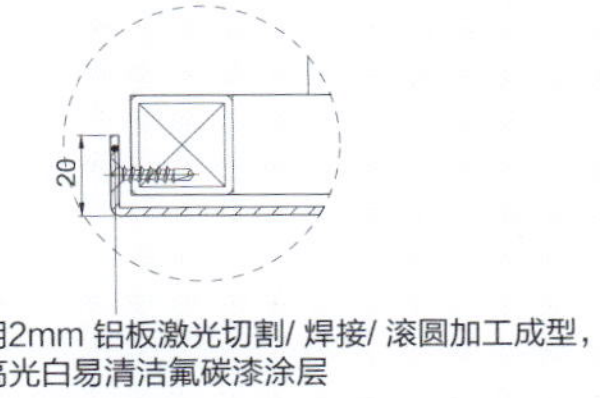

a-3

a-4

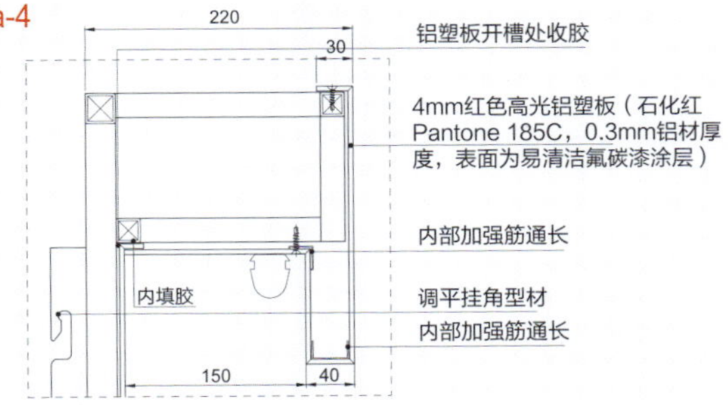

b-1

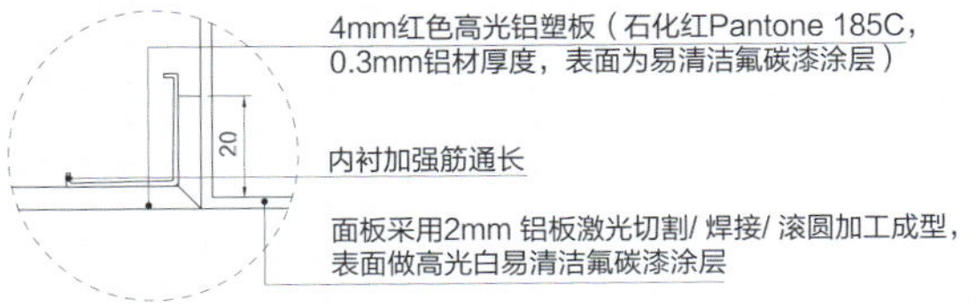

b-2

b-3

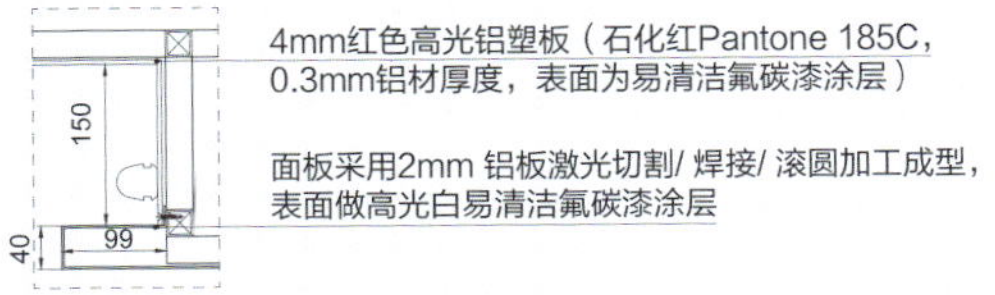

b-4

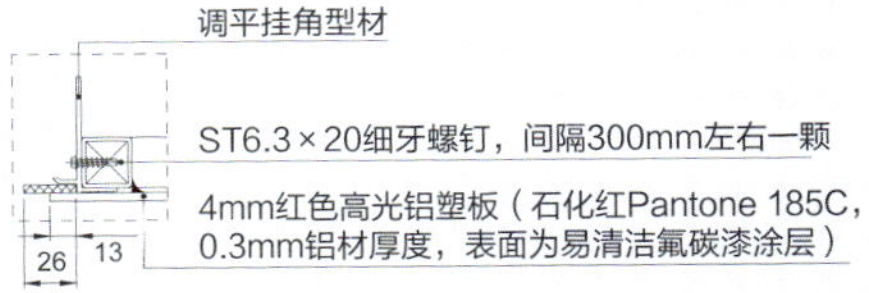

E.1.2.25 铝塑板型檐口 [H1350]

标准檐口（长边模组）

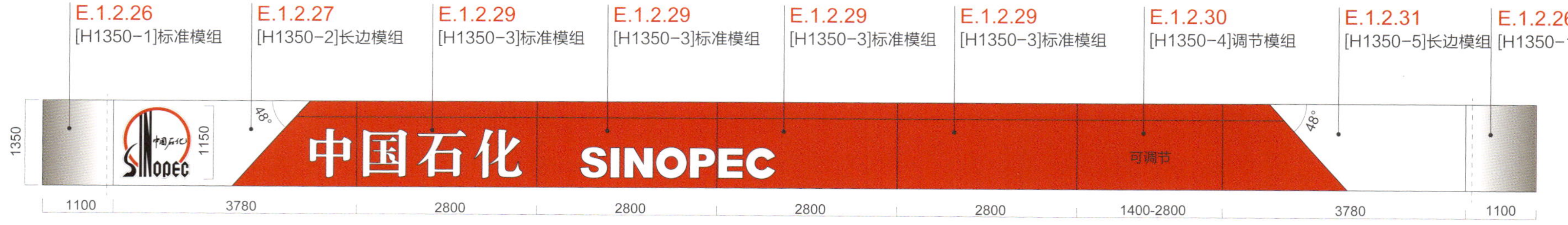

非标檐口（短边模组）

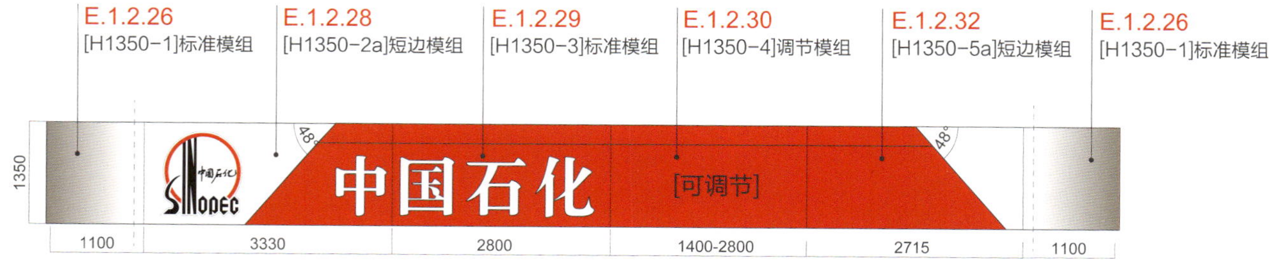

E.1.2.26 铝塑板型檐口标准模组 [H1350-1]

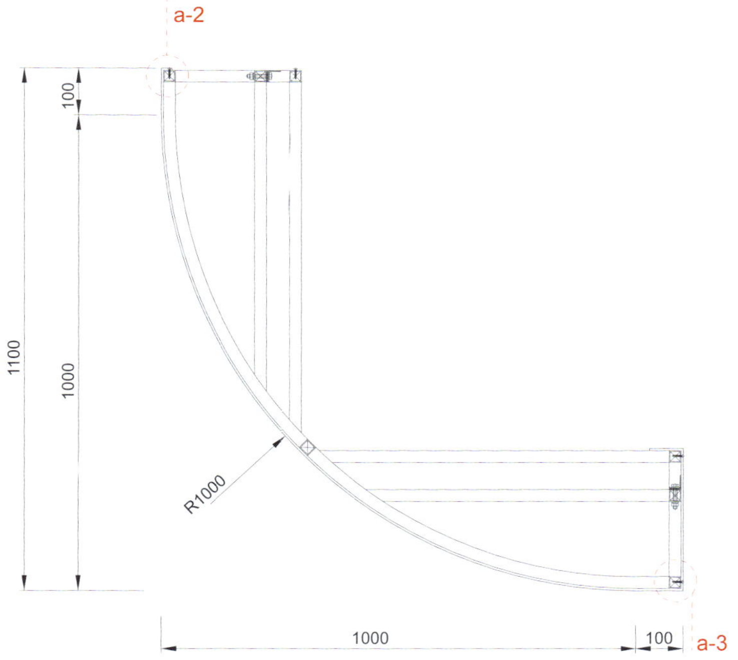

B-1剖面图

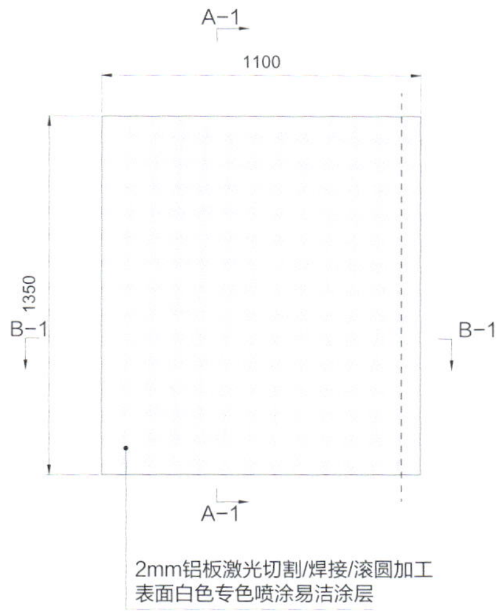

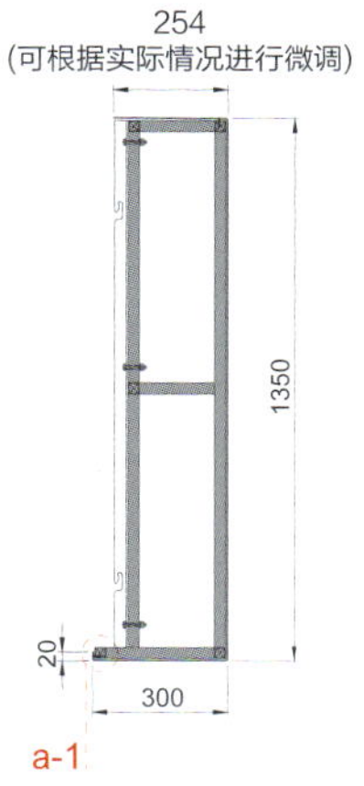

A-1剖面图

a-1

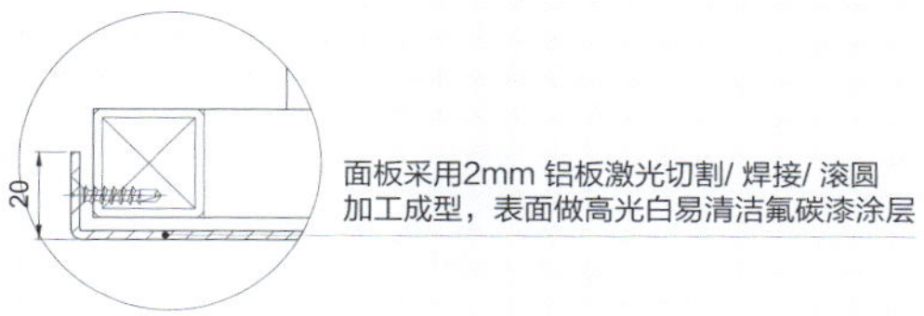

a-2

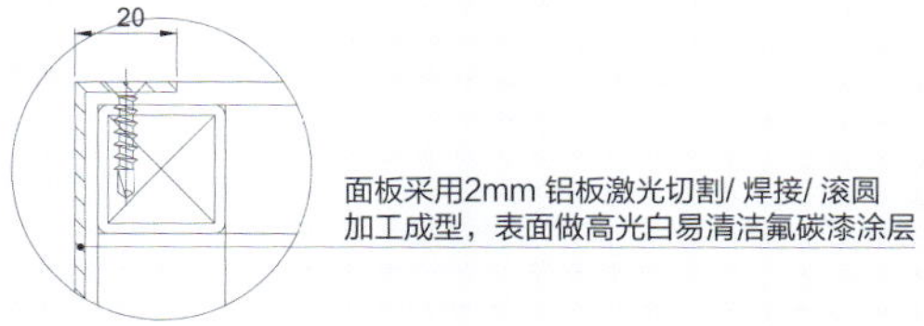

a-3

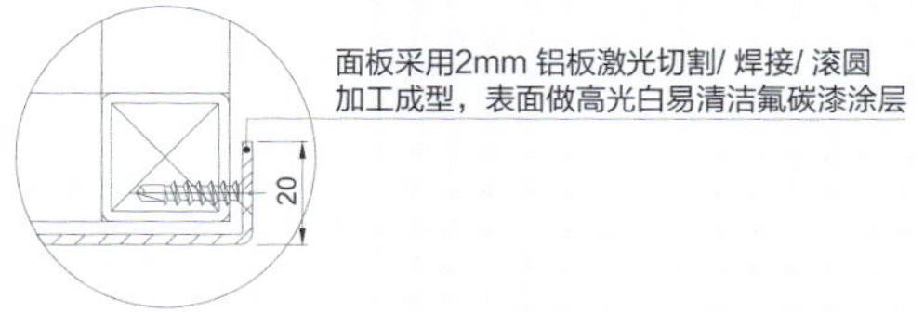

E.1.2.27 铝塑板型檐口长边模组 [H1350-2]

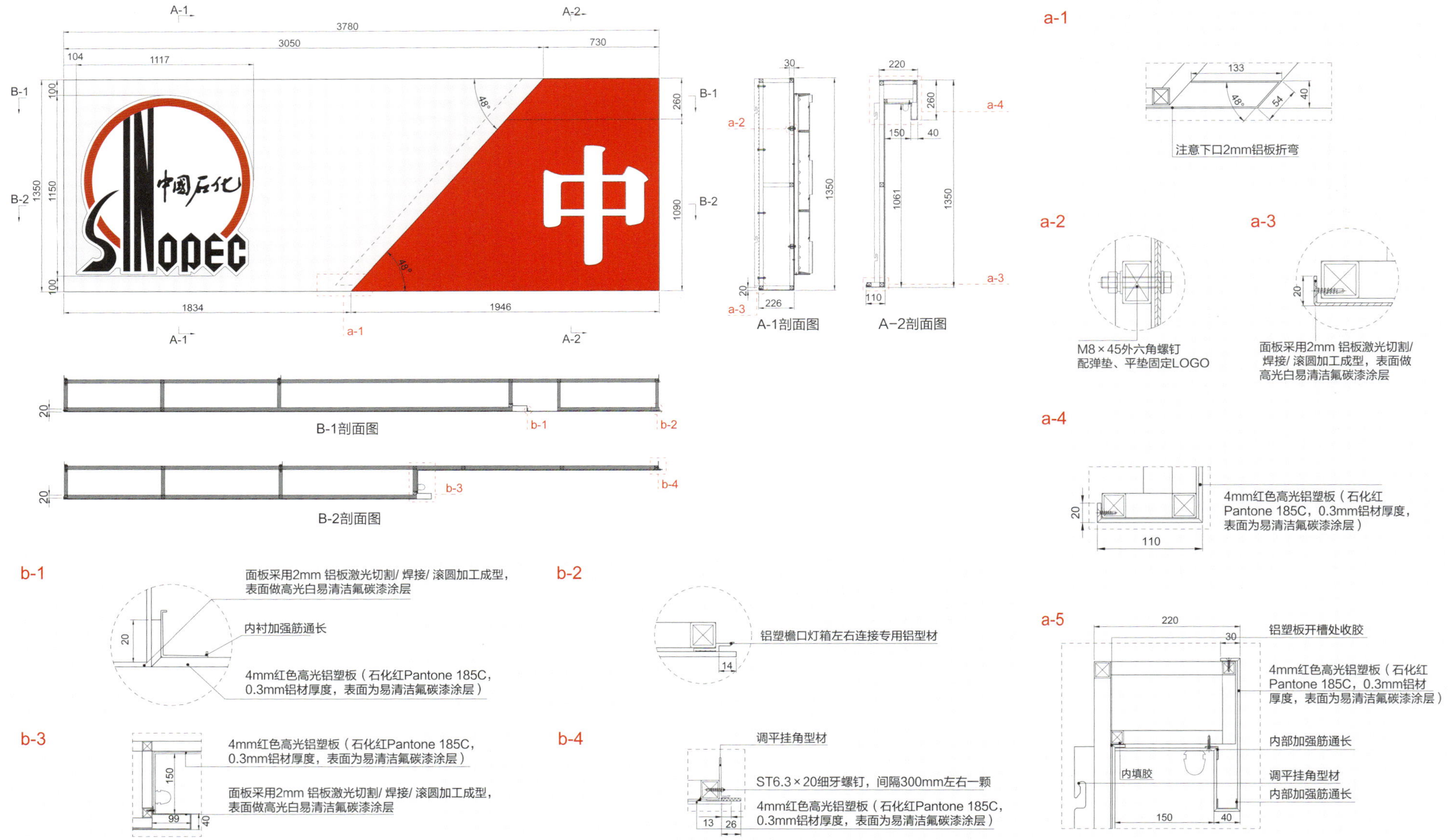

E.1.2.28 铝塑板型檐口短边模组 [H1350-2a]

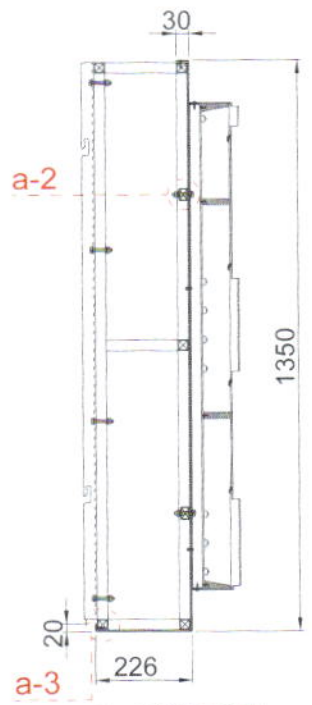

A-1剖面图

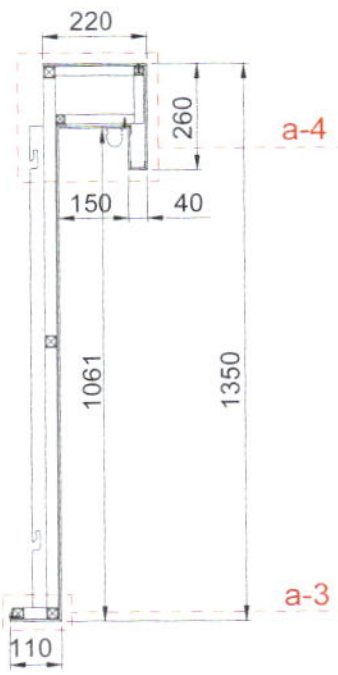

A-2剖面图

B-1剖面图

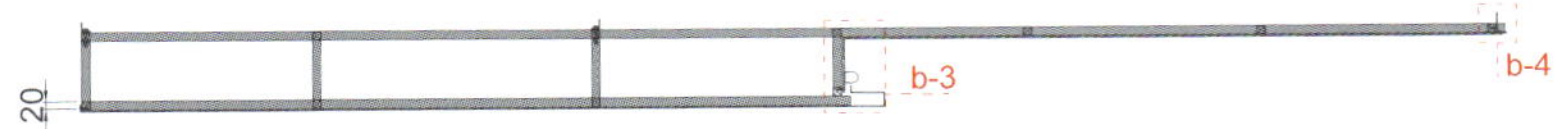

B-2剖面图

a-1

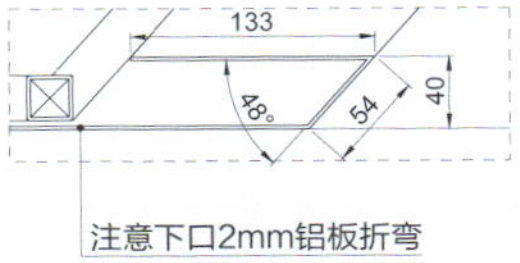

a-2

a-3

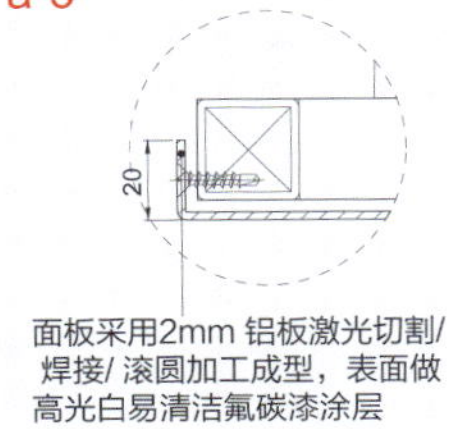

a-4

b-1

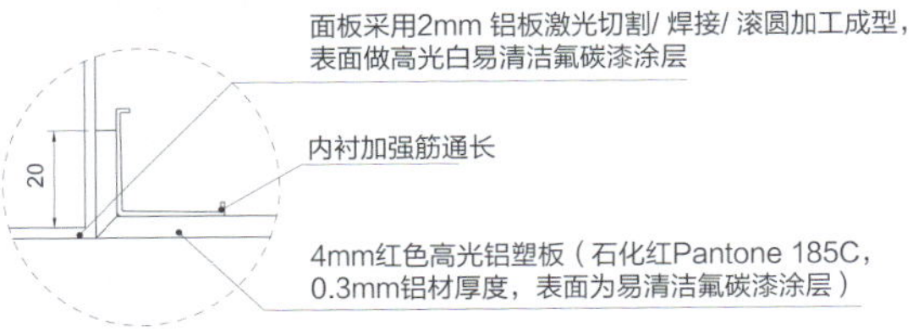

b-2

a-5

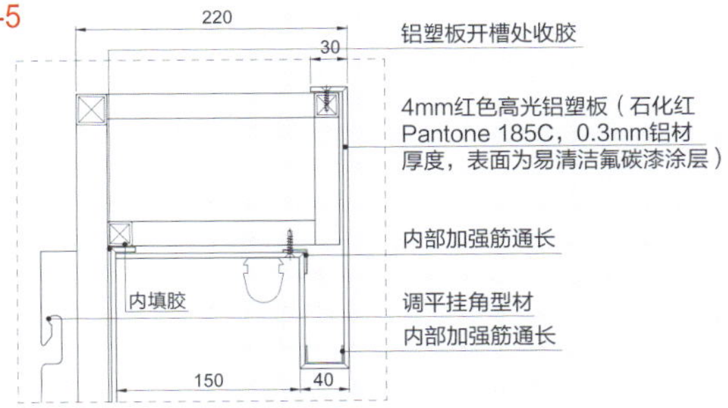

b-3

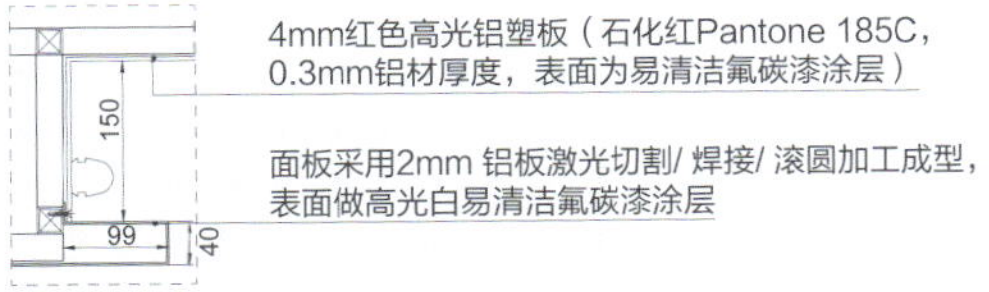

b-4

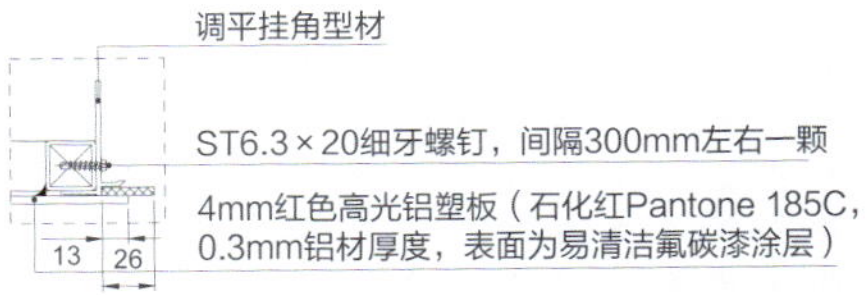

E.1.2.29 铝塑板型檐口标准模组 [H1350-3]

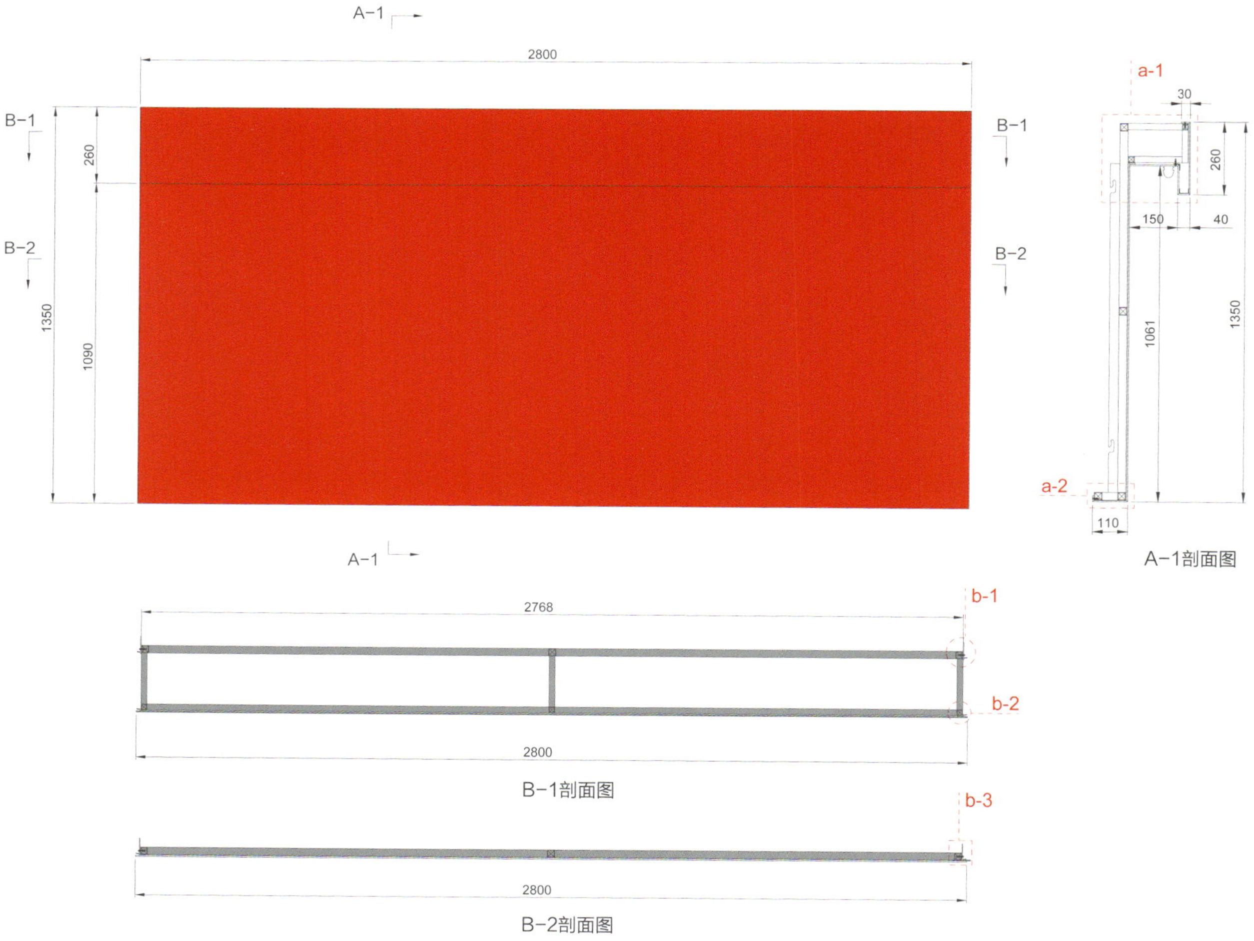

a-1

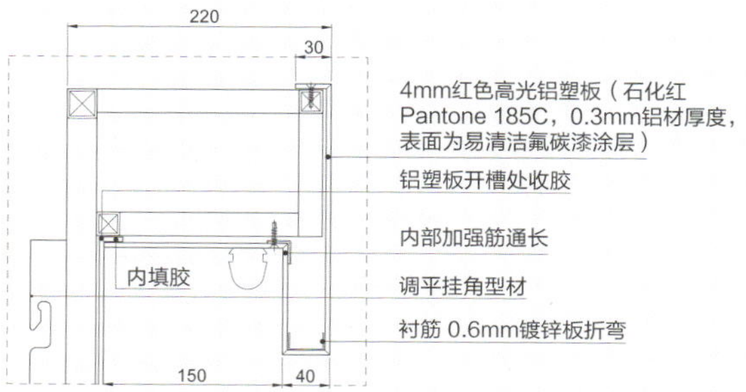

a-2

b-1

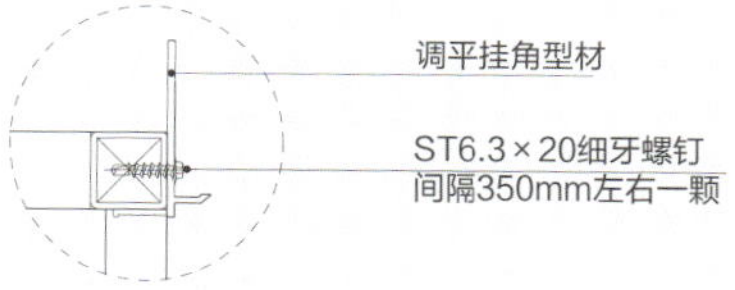

b-2

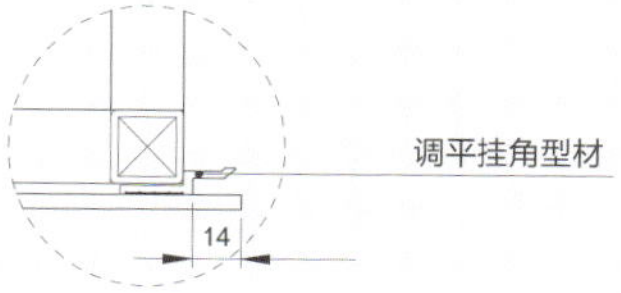

b-3

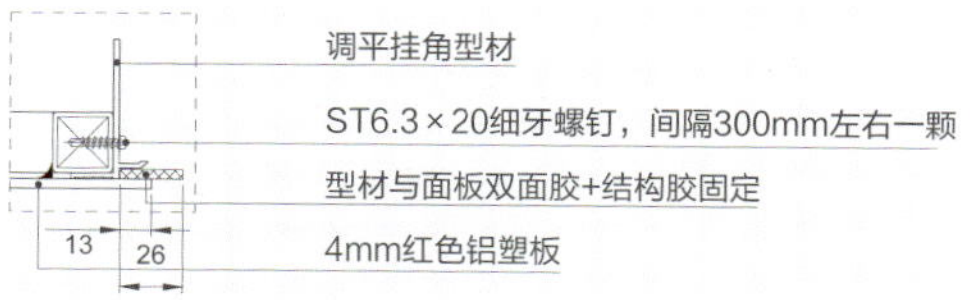

E.1.2.30 铝塑板型檐口调节模组 [H1350-4]

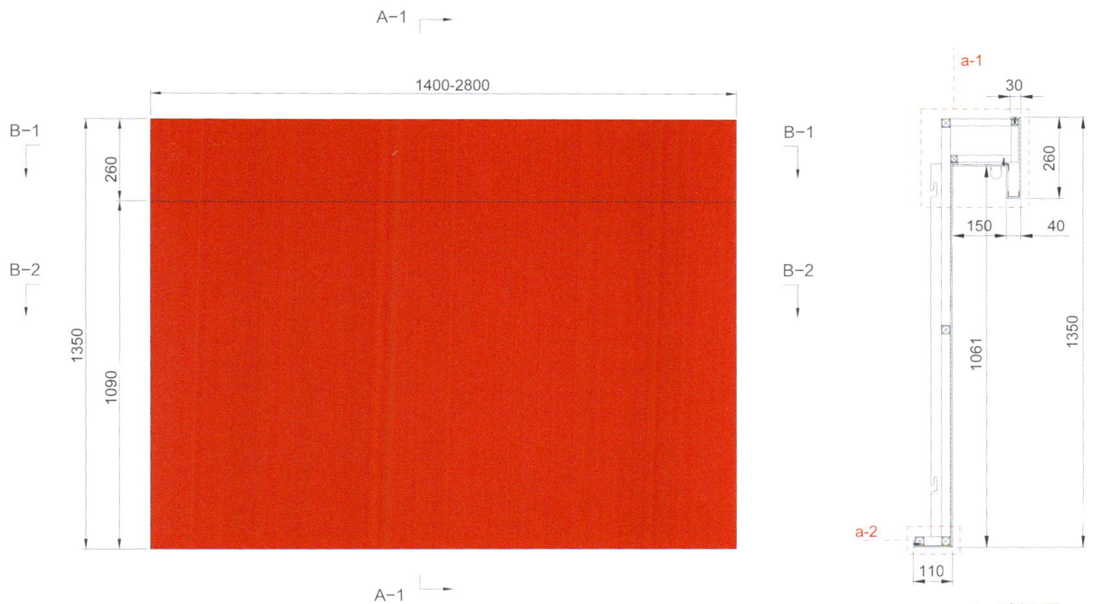

A-1剖面图

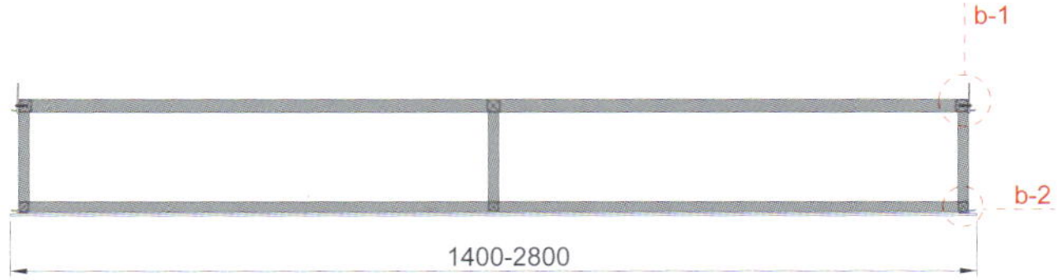

B-1剖面图

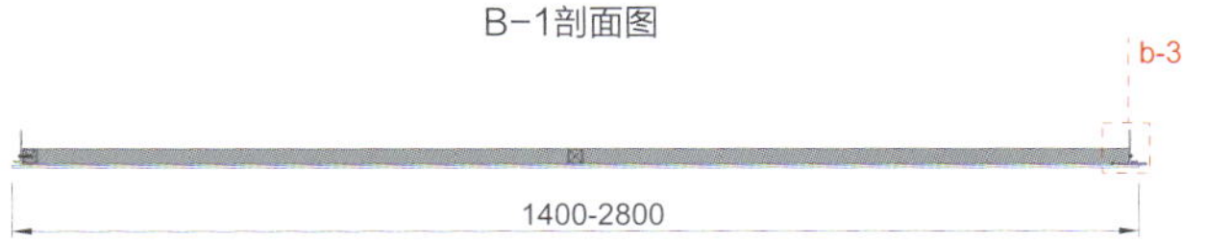

B-2剖面图

a-1

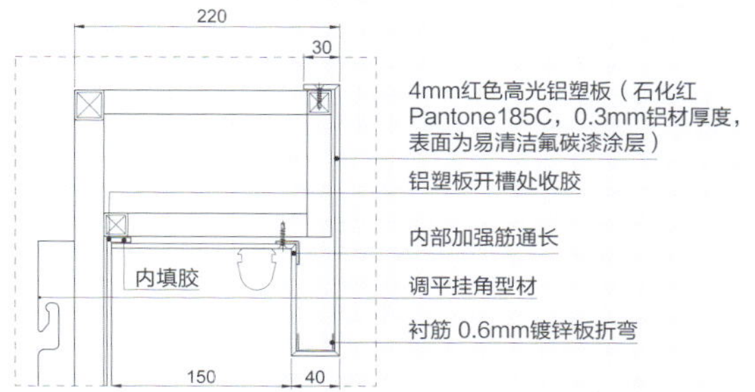

a-2

b-1

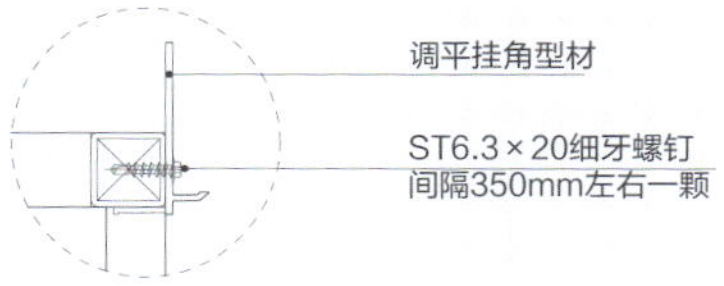

b-2

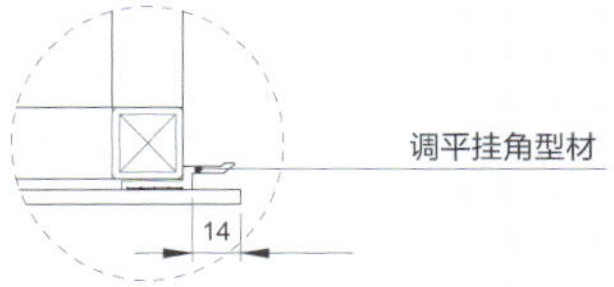

b-3

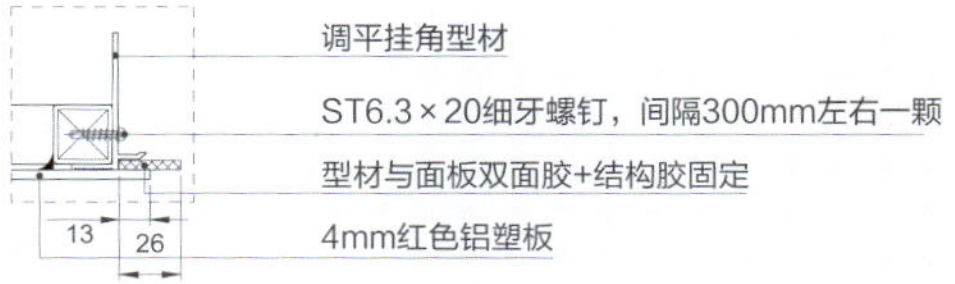

E.1.2.31 铝塑板型檐口长边模组 [H1350-5]

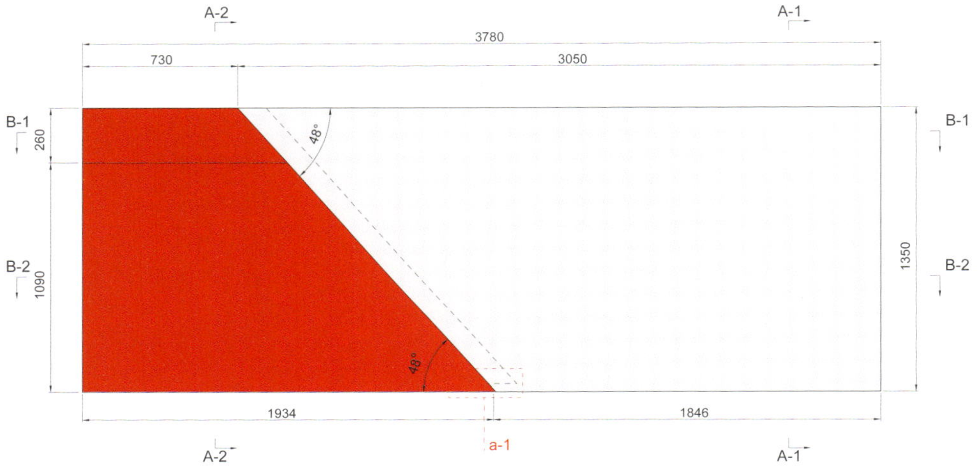

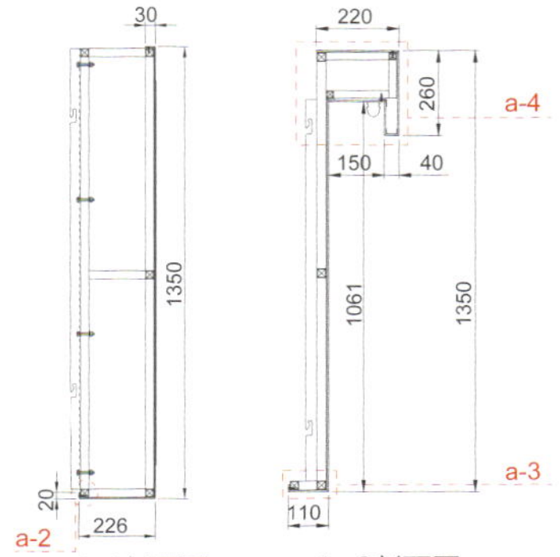

A-1剖面图 A−2剖面图

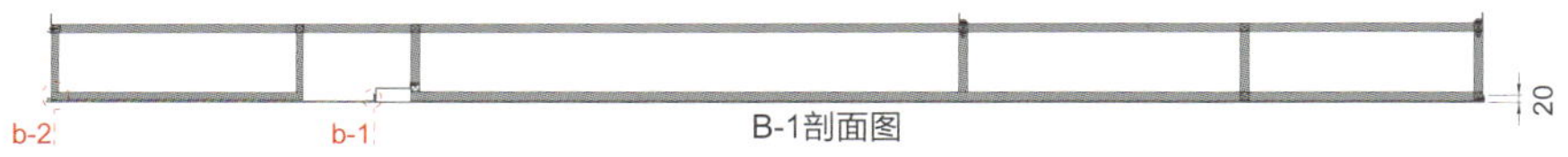

B-1剖面图

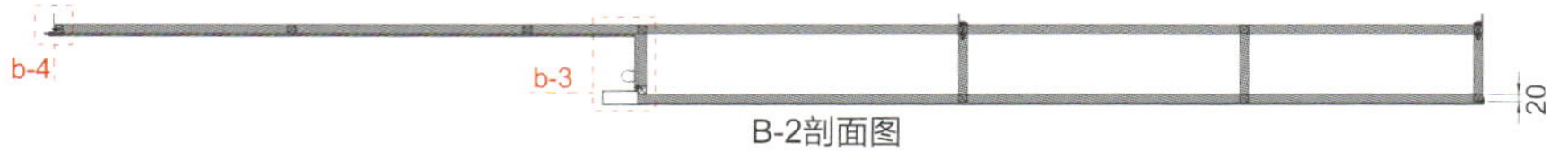

B-2剖面图

a-1

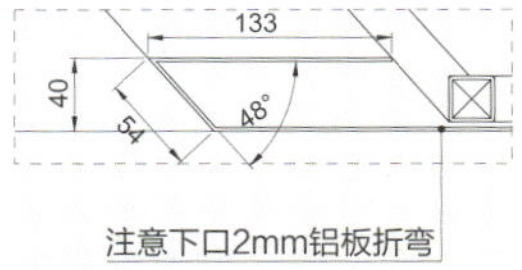

a-2

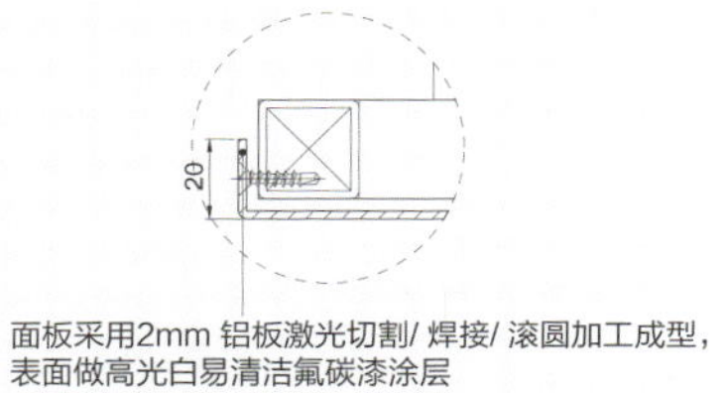

a-3

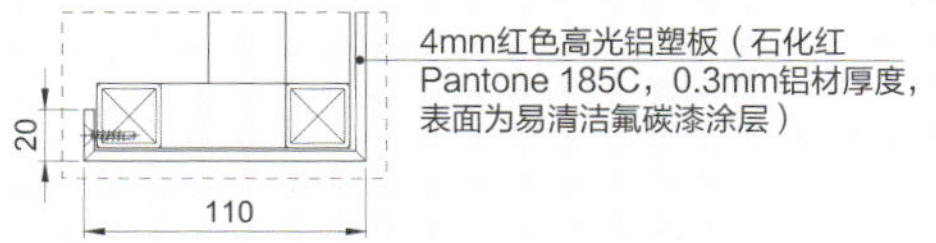

b-1

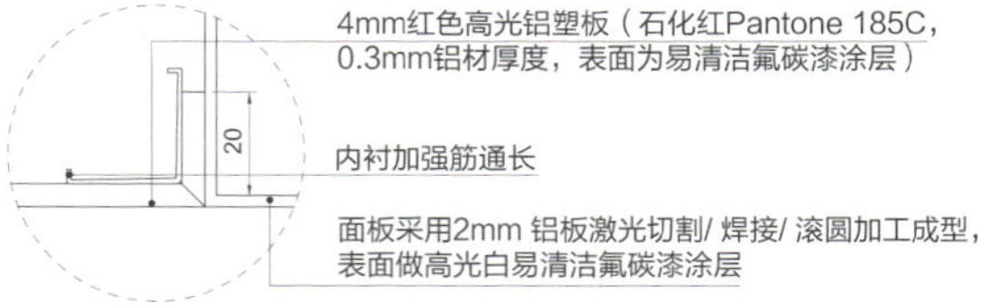

b-2

a-4

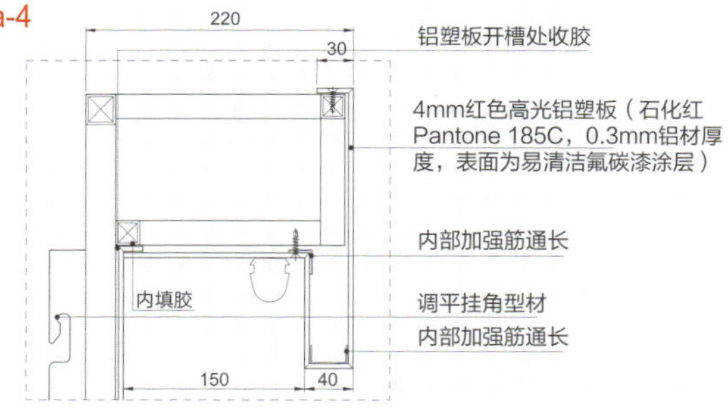

b-3

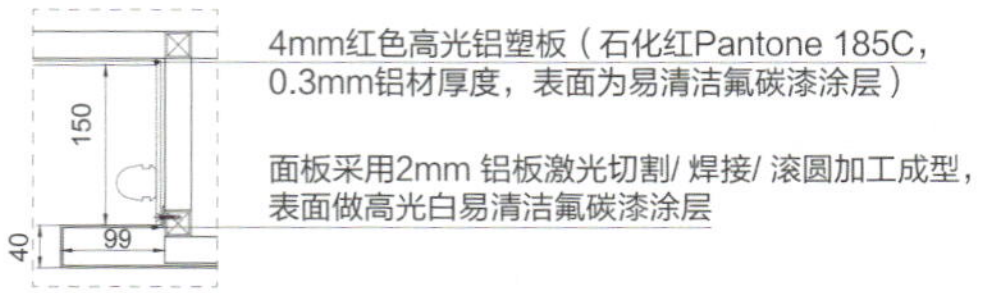

b-4

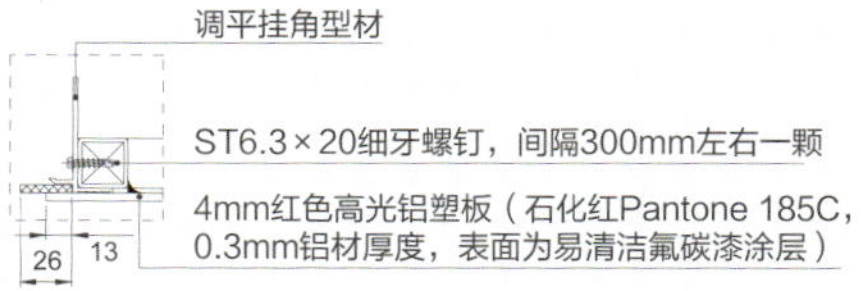

E.1.2.32 铝塑板型檐口短边模组 [H1350-5a]

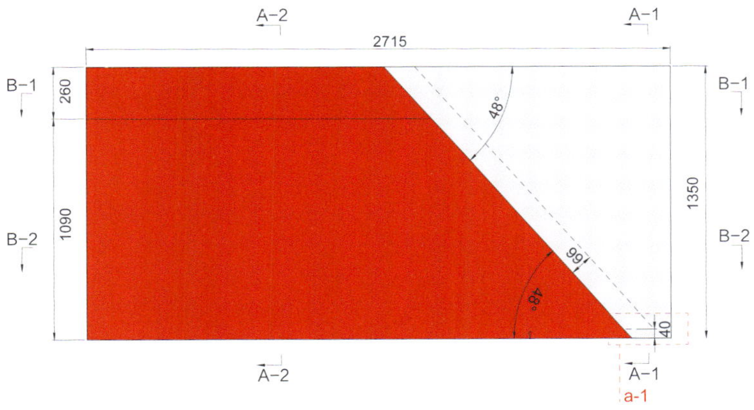

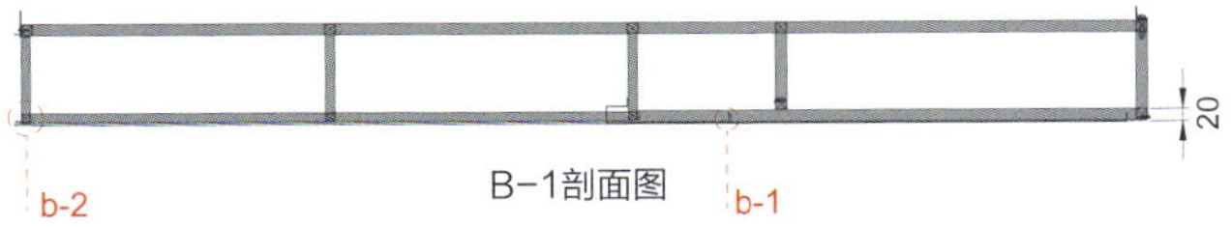

B-1剖面图

B-2剖面图

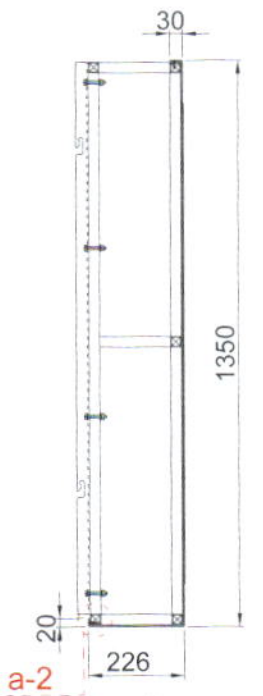

A-1剖面图

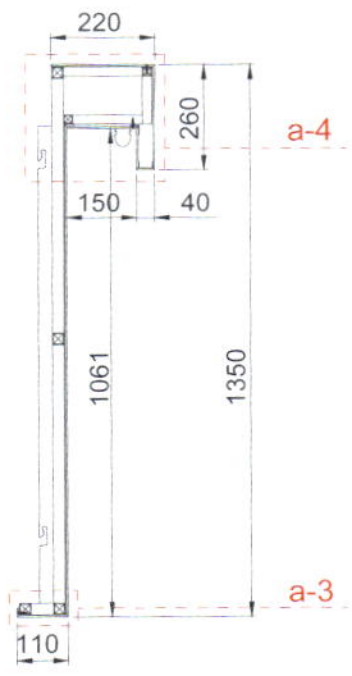

A-2剖面图

a-1

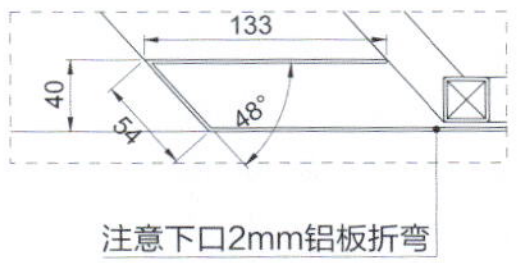

a-2

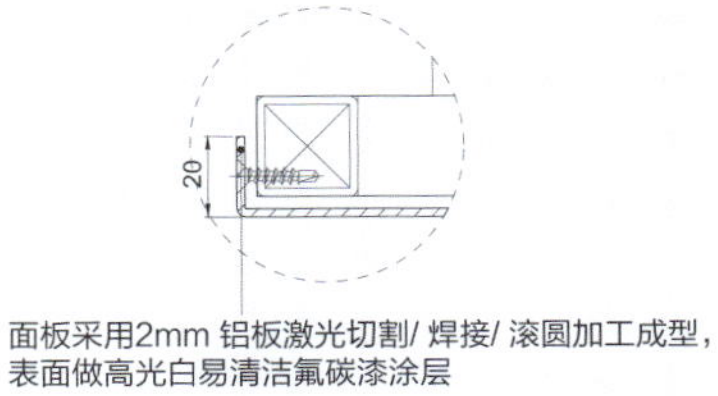

a-3

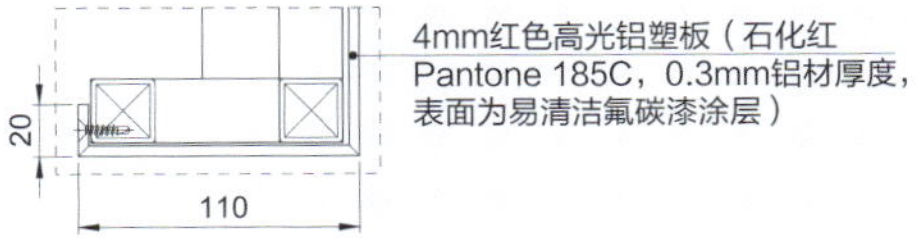

a-4

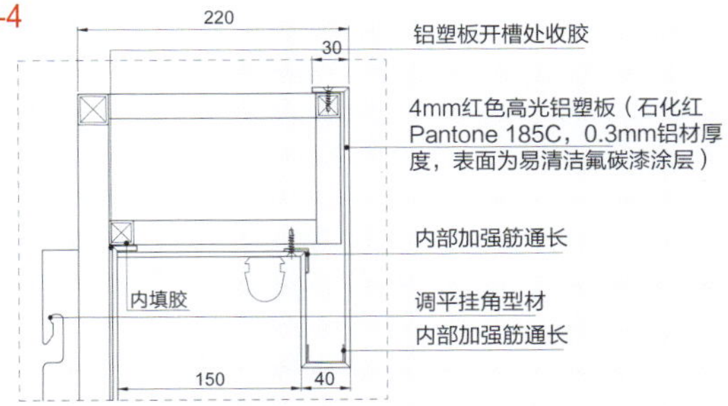

b-1

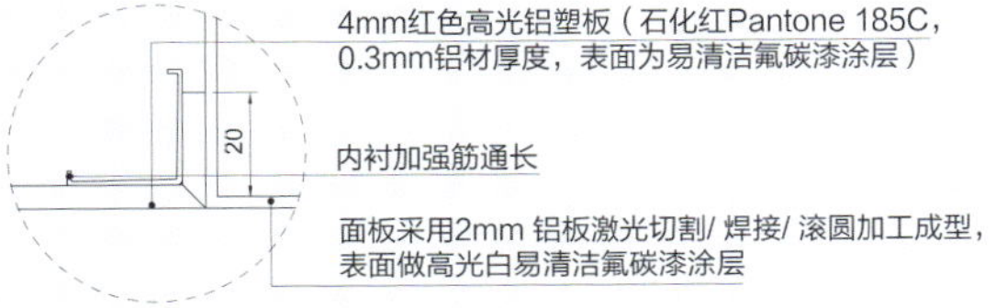

b-2

b-3

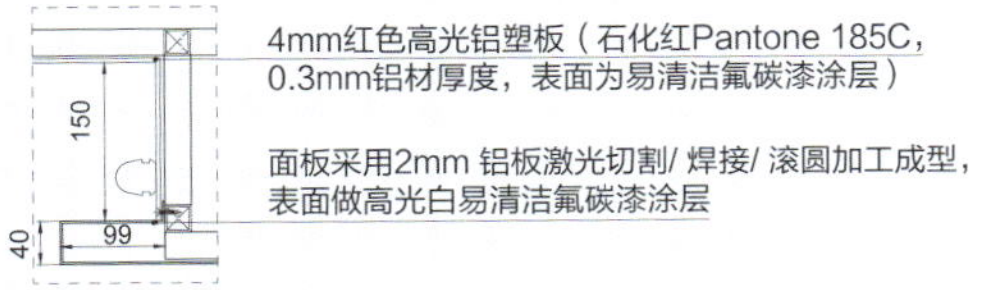

b-4

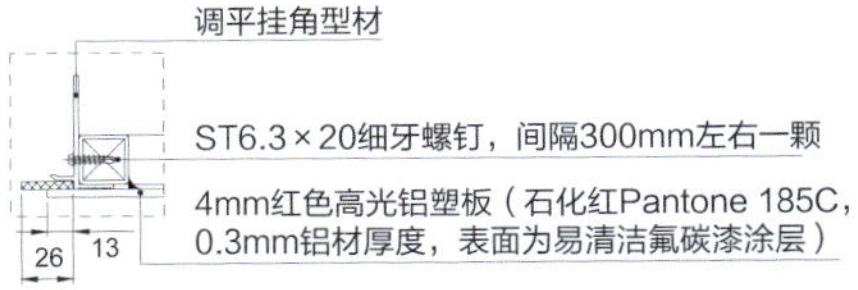

E.1.2.33 铝塑板型檐口 LOGO 工艺

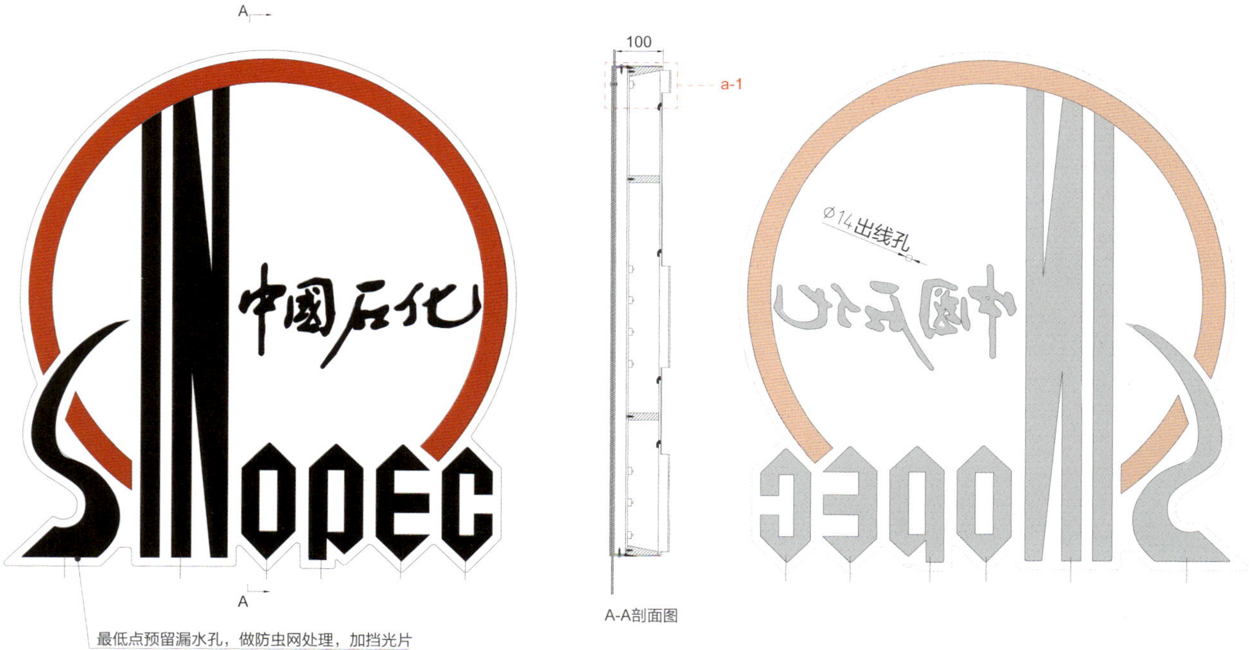

a-1

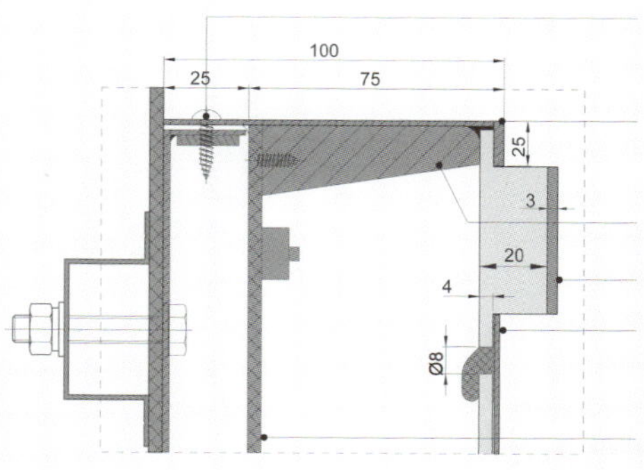

檐口高度应用原则：

檐口高度	LOGO高度	文字高度	英文高度
900	770	470	300
1050	900	550	350
1200	1030	660	420
1350	1150	770	490
1350以上	1150	770	490

实景图

E.1.2.34 铝塑板型檐口中英文发光字工艺

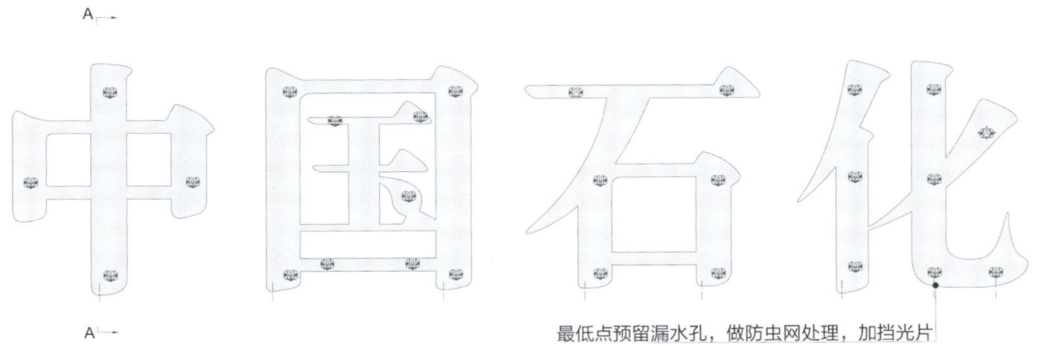

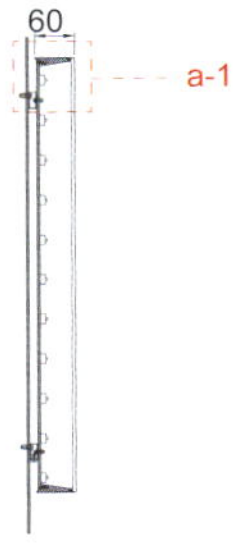

A-A剖面图

a-1

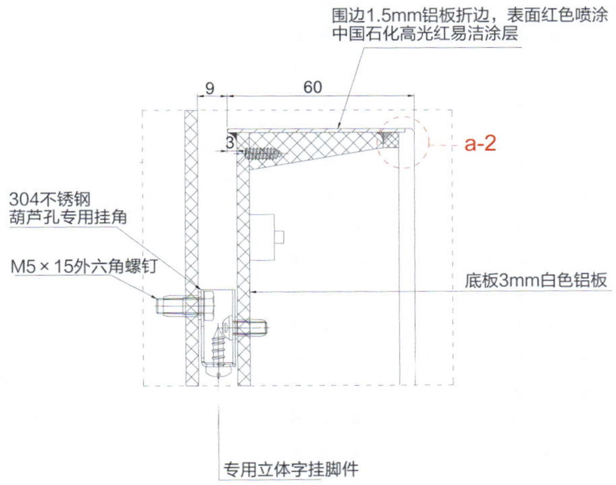

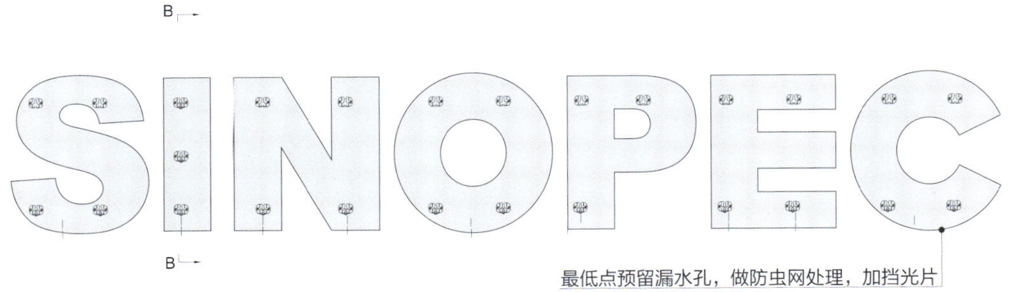

B-B剖面图

a-2

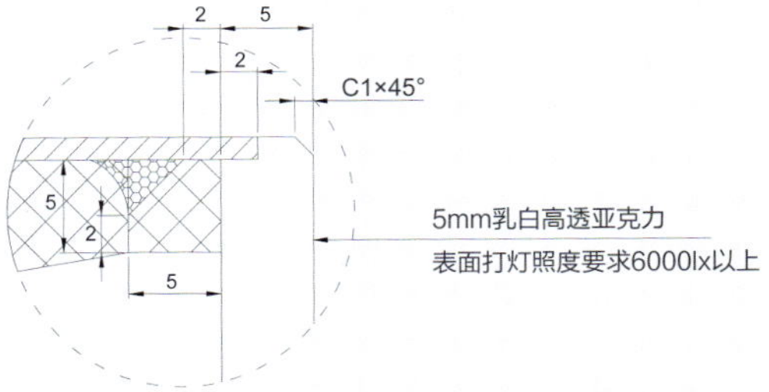

檐口高度应用原则：

檐口高度	LOGO高度	文字高度	英文高度
900	770	470	300
1050	900	550	350
1200	1030	660	420
1350	1150	770	490
1350以上	1150	770	490

E.1.2.35 铝塑板型檐口调平挂件型材

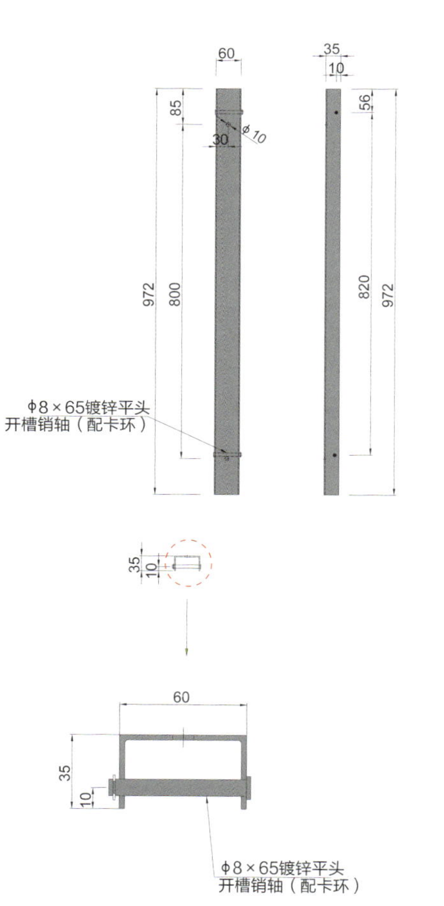

竖向调平件

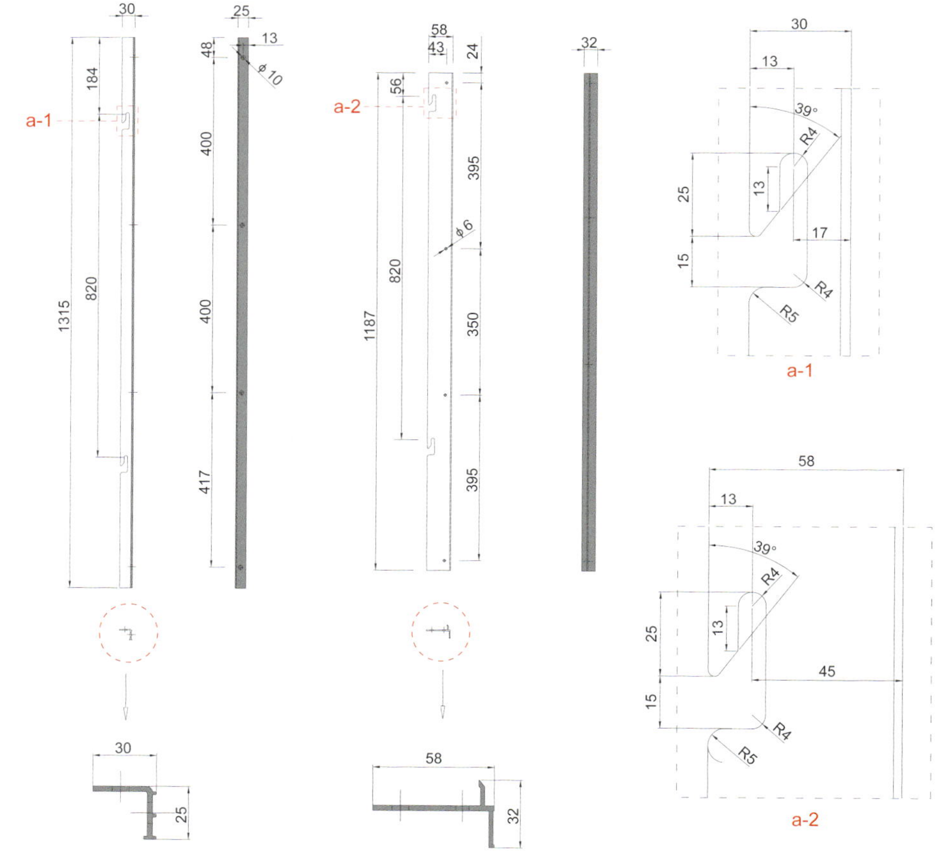

用于檐口白色部分

用于檐口红色部分

调平挂件型材

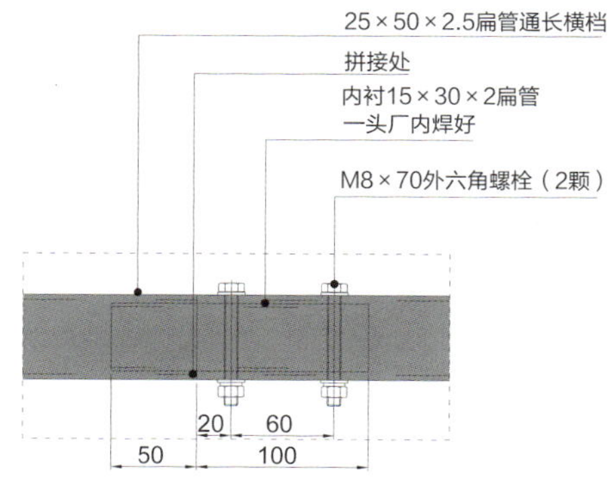

25×50×2.5扁管拼接处节点
(按6000mm一支分段)

横向调平件

E.1.2.36 铝塑板型檐口底部收边条

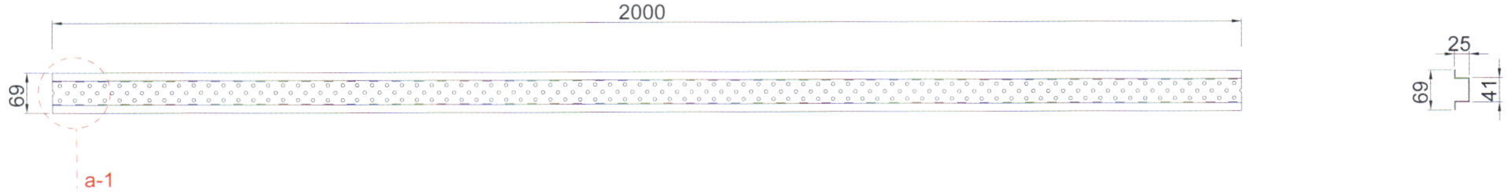

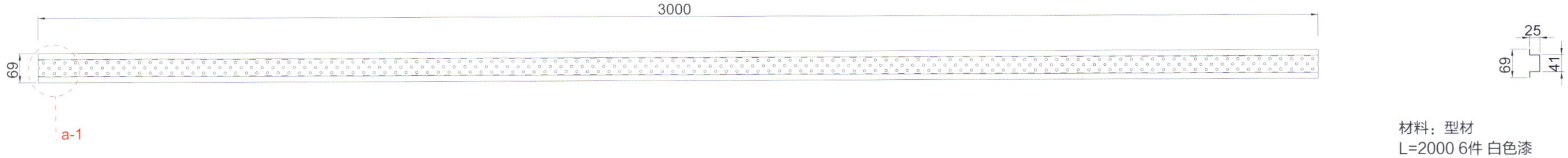

材料：型材
L=2000 6件 白色漆
L=3000 22件 红色漆

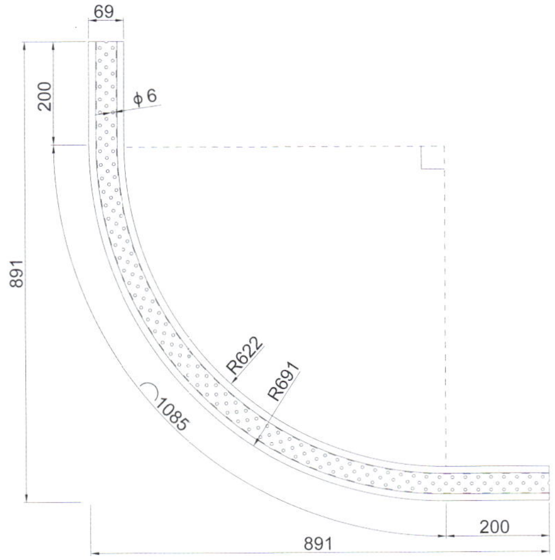

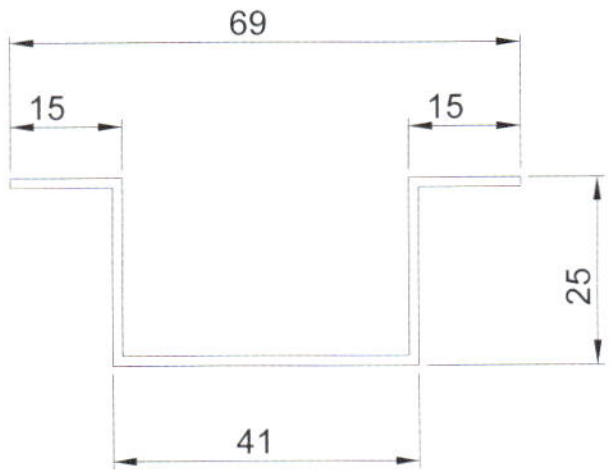

铝型材围板焊接 4件
白色烤漆

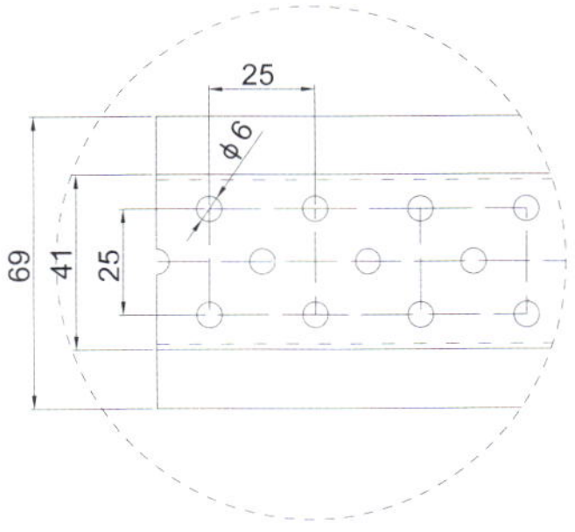

a-1

E.1.2.37 铝塑板型超高檐口解决方案（一）

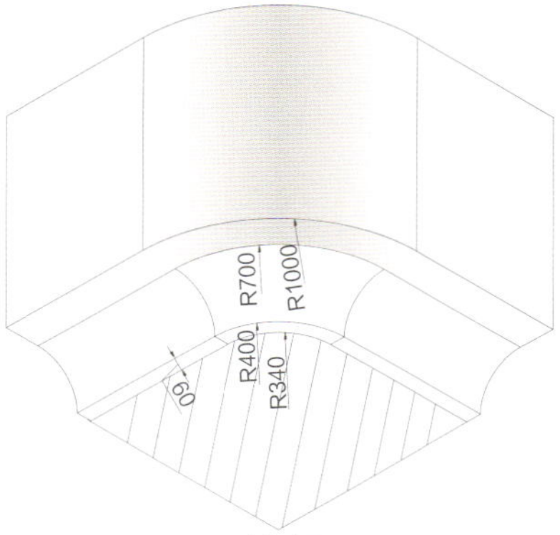

轴测图

· 适用原则：

1. 当 1350mm ＜檐口高度≤ 1500mm 时，采用高度为 1200mm 的檐口，檐口下方使用白色铝板补板方式；
2. 当 1500mm ＜檐口高度≤ 1650mm 时，采用高度为 1350mm 的檐口，檐口下方使用白色铝板补板方式。

注：下补板高度为 300mm。

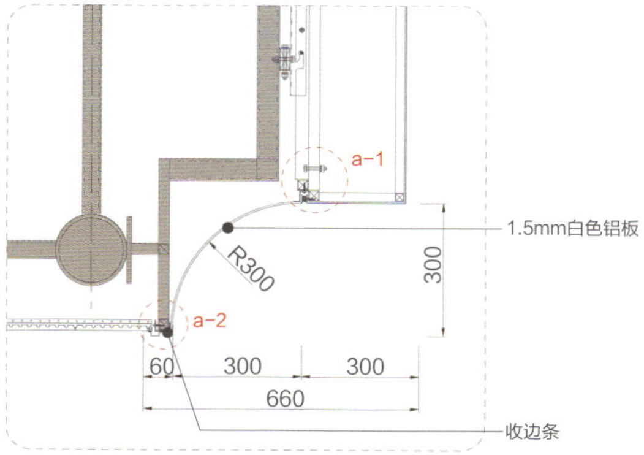

A-1剖面图

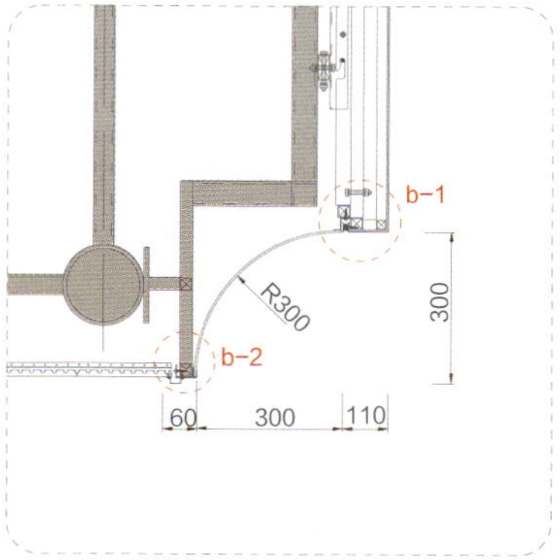

A-2剖面图

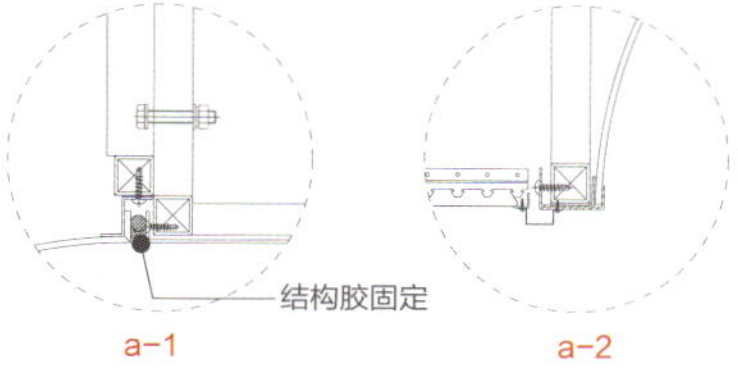

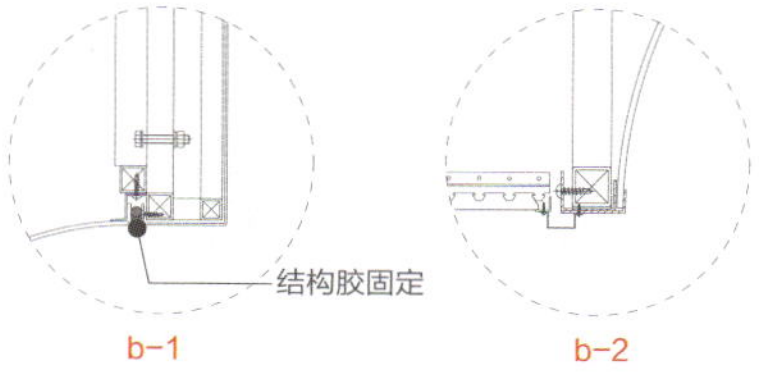

E.1.2.38 铝塑板型超高檐口解决方案（二）

· 适用原则：

当实际檐口高度 > 1650mm，采用高度为 1350mm 的檐口进行上下补板。上补板采用灰色铝塑板，下补板采用白色铝板。（下补板的曲面造型高度最高为 300mm）

· 工艺要求：

铝塑板颜色为灰色 Pantone Cool Gray 4C

补板铝塑板转角半径为 780mm，保证与檐口为同心圆。

补板铝塑板留灰效果图

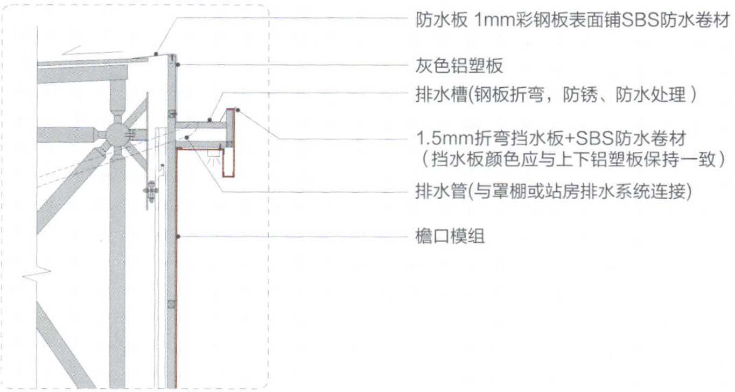

剖面图

E.1.2.39 铝塑板型第四面非临街檐口解决方案

站房连接式檐口效果图

站房连接式檐口示意

第四面非临街檐口处理原则：

· 取消洗墙灯带，红色铝塑板做平

· 取消 LOGO 部分

注：

非临街檐口标准站、简易站可选配经防锈处理的铁板或彩钢瓦。

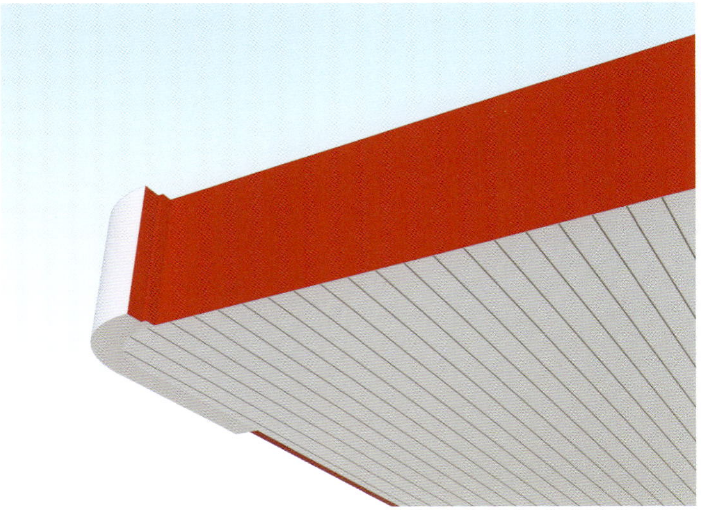

非临街檐口效果图

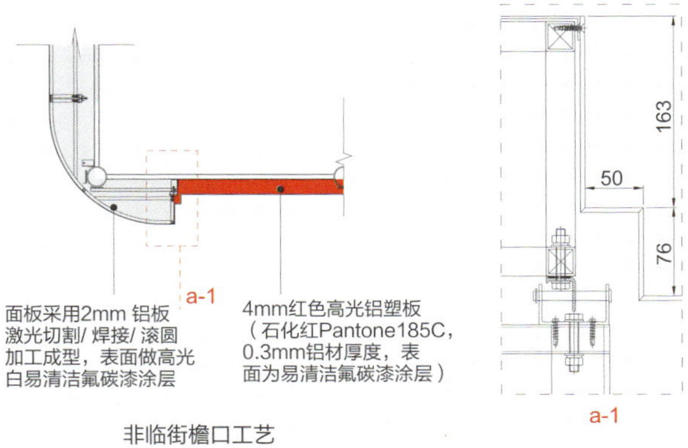

非临街檐口工艺

E.1.2.40 铝塑板型檐口红色转角模块的应用示意

· T 形、L 形等多边型檐口长度不足10m 时，可设置红色檐口部分转角R=600mm。

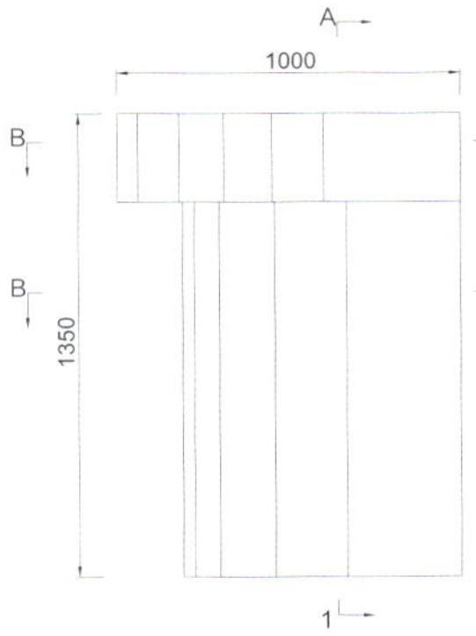

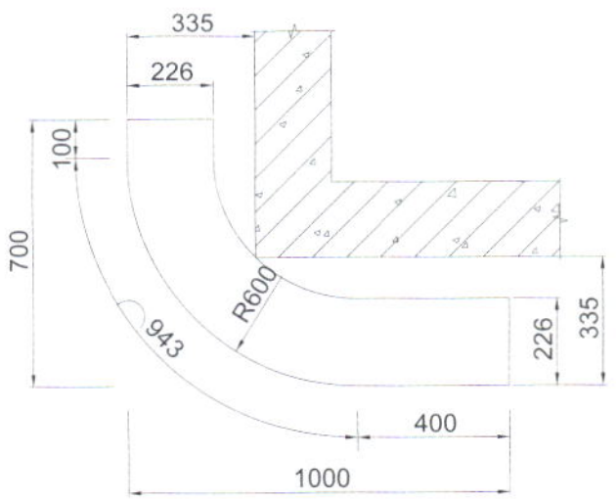

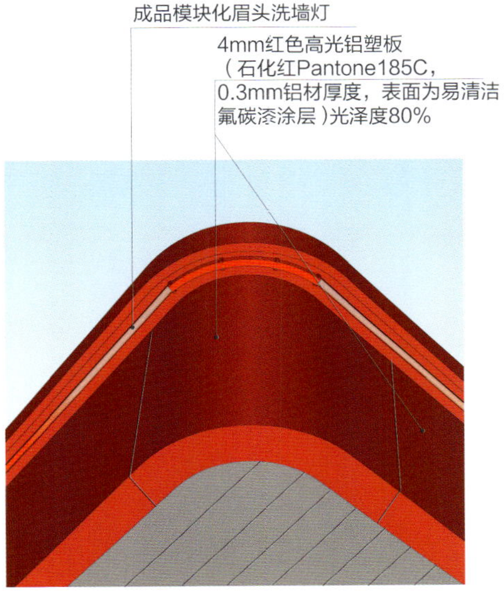

红色转角灯具示意

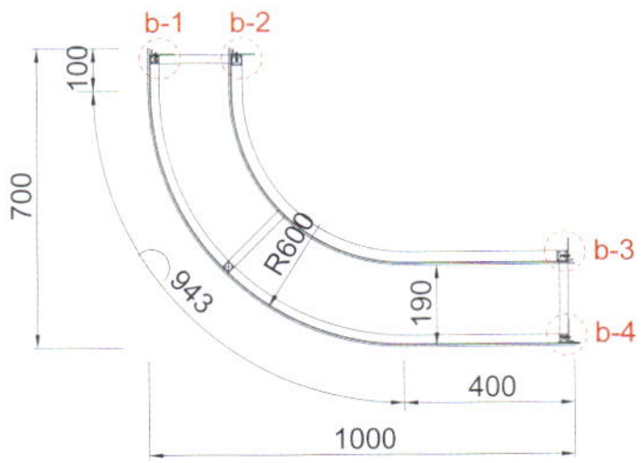

B-1剖面图

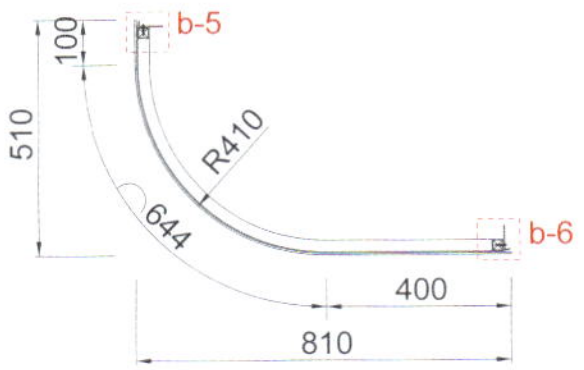

B-2剖面图

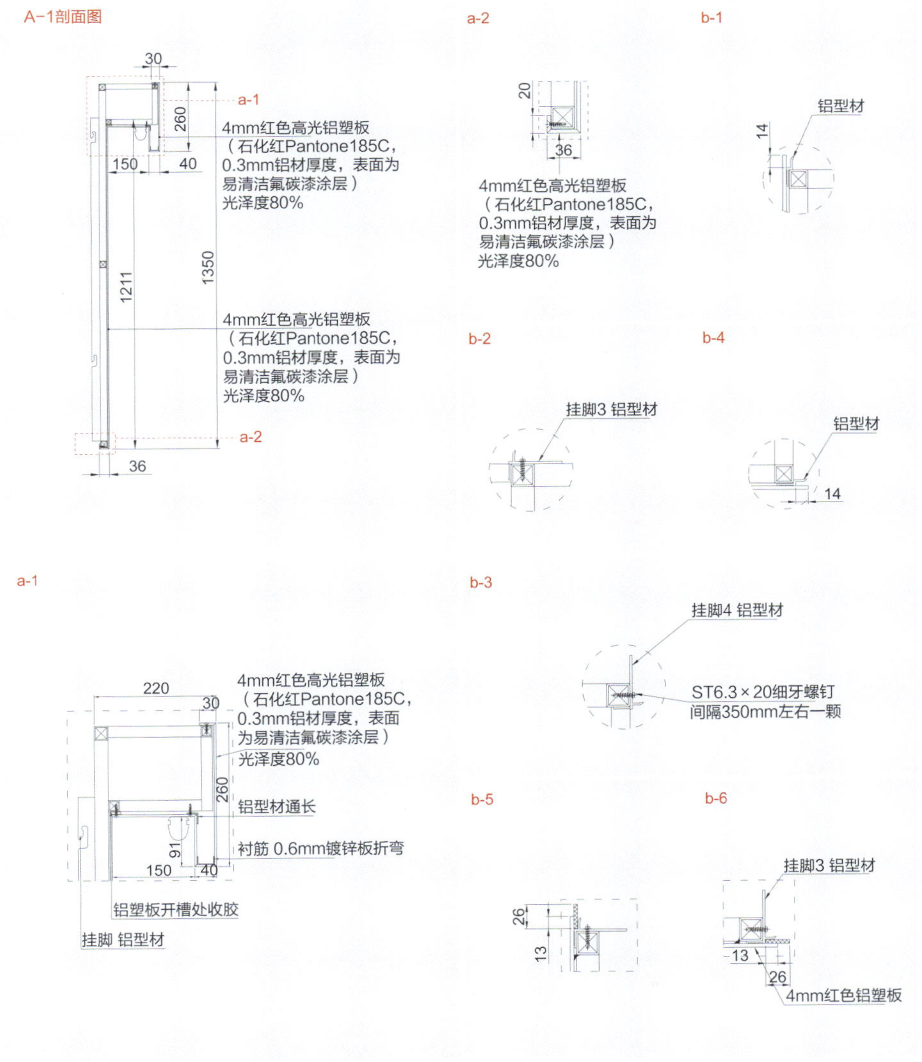

E.1.2.41 铝塑板型檐口锐角白色转角模块的应用示意

· 锐角处理原则: 当檐口角度在90° 以下时，R 角的部分相应的改变。

80° 角 R=750mm
70° 角 R=650mm
60° 角 R=550mm
50° 角 R=450mm
40° 角 R=400mm
30° 角 R=380mm

· 锐角结构模块需要单独定制。

锐角檐口转角处理

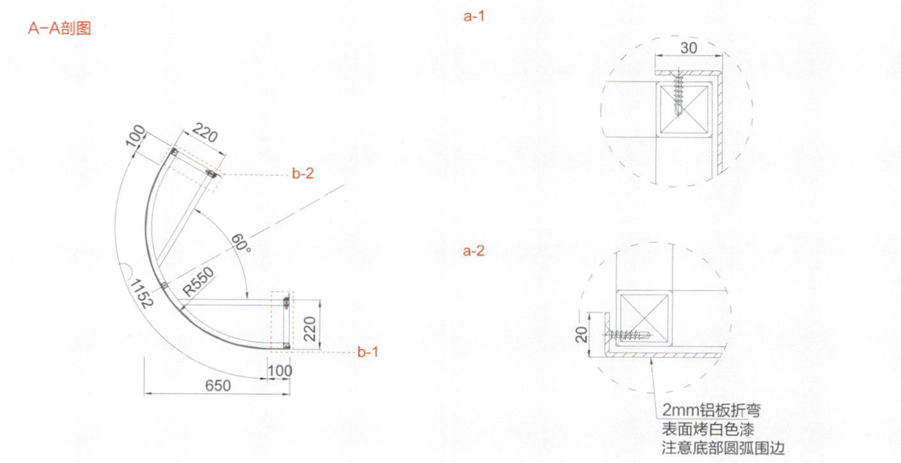

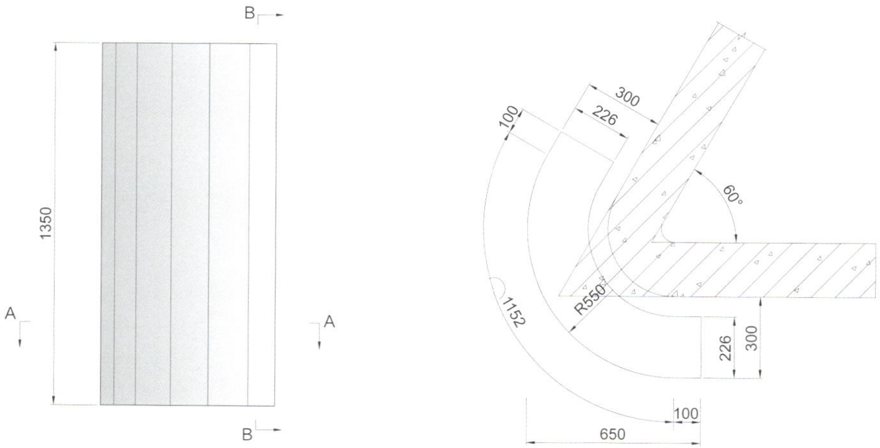

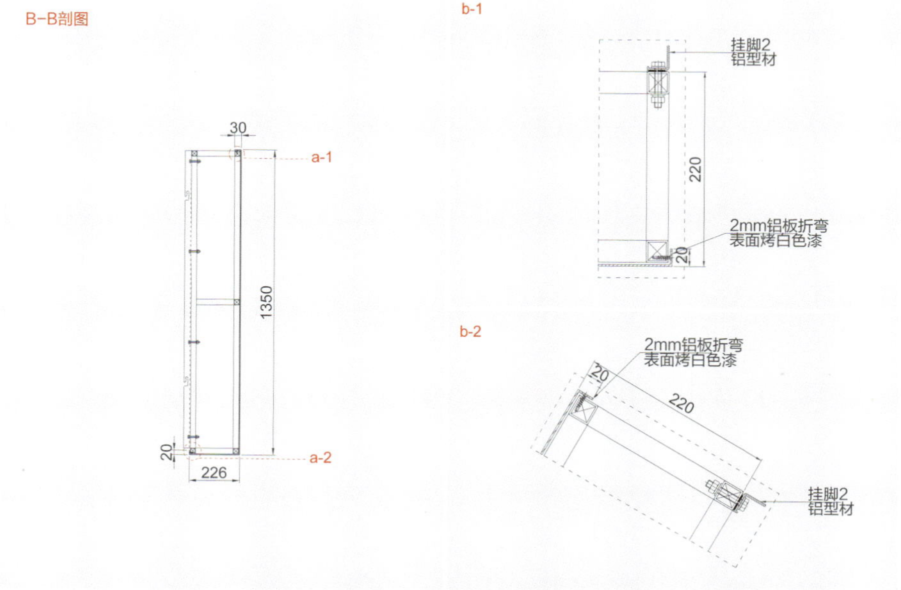

E.1.2.42 铝塑板型檐口钝角白色转角模块的应用示意

· 钝角处理原则：
当檐口角度90° ~120° 时，R 角为1000mm; 当檐口角度大于120° 时，不设置白色转角，应设置红色铝塑板对接处理。

· 钝角结构模块需要单独定制

钝角檐口转角处理

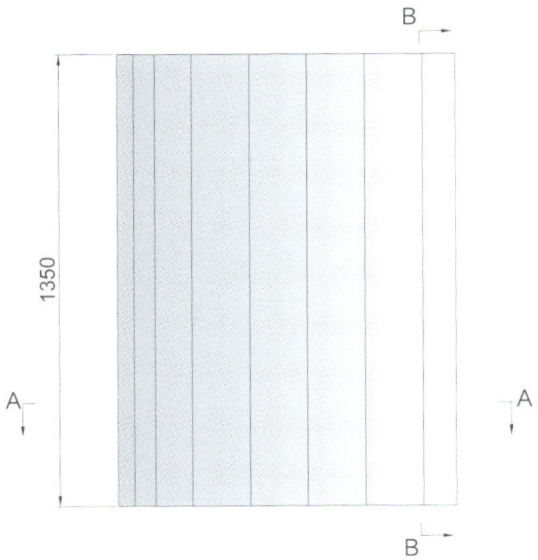

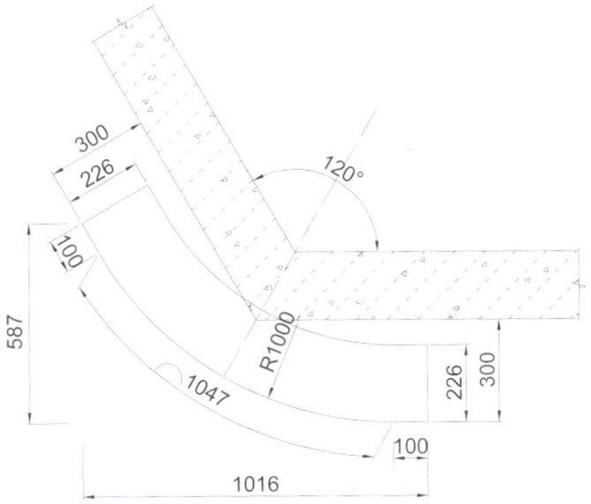

A–A剖图

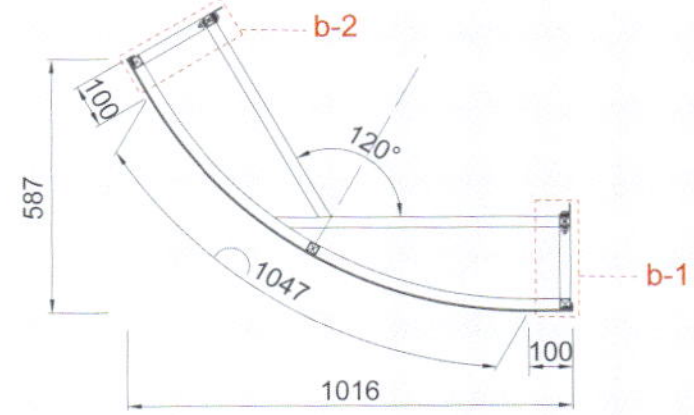

a-1

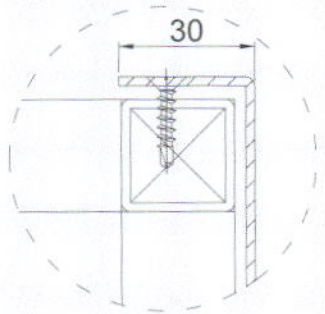

a-2

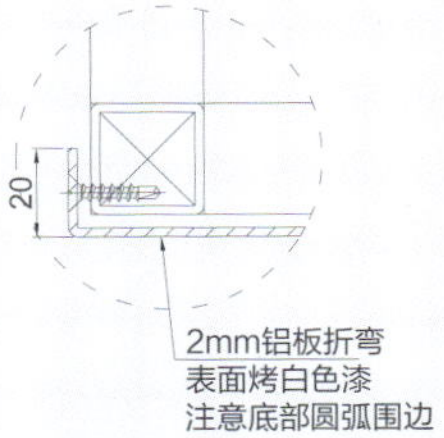

B–B剖图

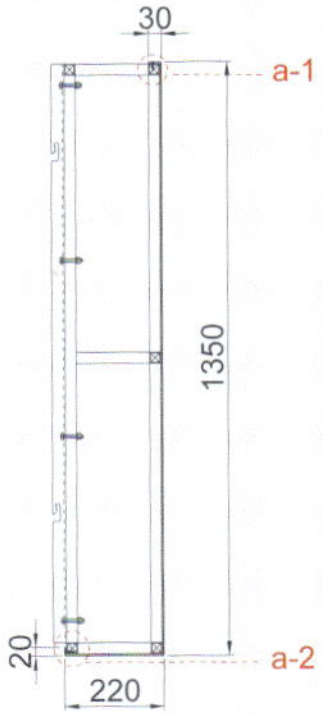

b-1

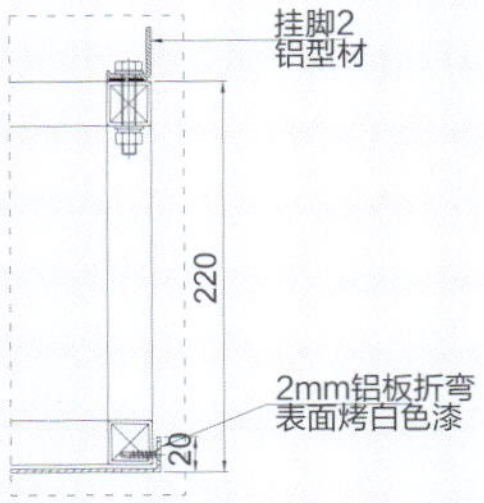

b-2

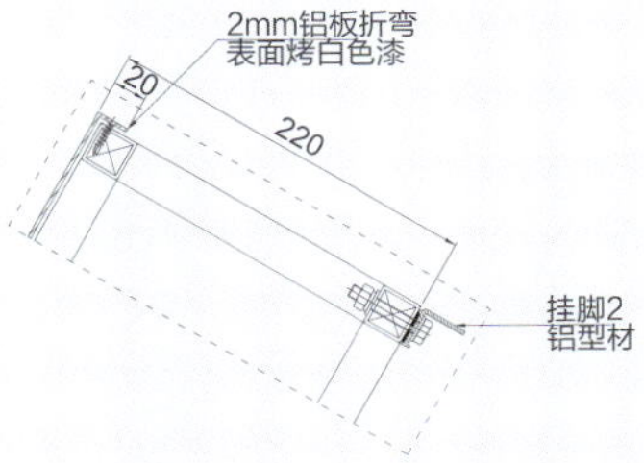

E.1.2.43 铝塑板型檐口灯光规范

成品模块化眉头洗墙灯

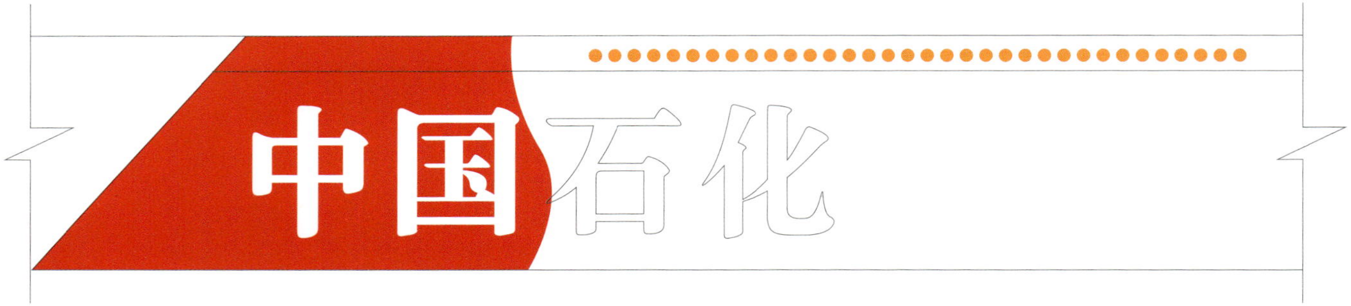

· 灯管的连接间距不得大于 10mm，保证灯光的连续性；

· 作为关键视觉面，檐口需要有红色光幕效果，≤ H1200 檐口垂直照明亮度在 50~4cd/m²，底部亮度 >4cd/m²；H1350 檐口垂直照明亮度在 35~3cd/m²，底部亮度 >3cd/m²；

· 地面受光面的红光照度 <8lx；

· 罩棚灯地面（檐口滴水线位置）照度 >100lx 最佳，低于 100lx 地面红光有所增强。

产品名称	成品模块化眉头洗墙灯
质保年限	整体5年(含光源&灯罩)
红色波长	620 ~625nm
技术规格	红光芯片：光效 33lm/W 灯管：抗冲磨砂PC挤出管 D30mm 功率：7~14W/m 电压：220V AC/灯管：24~48V DC 防护等级：IP67及以上 运行环境：-40~50℃ 发光角度：25°

檐口灯光效果图

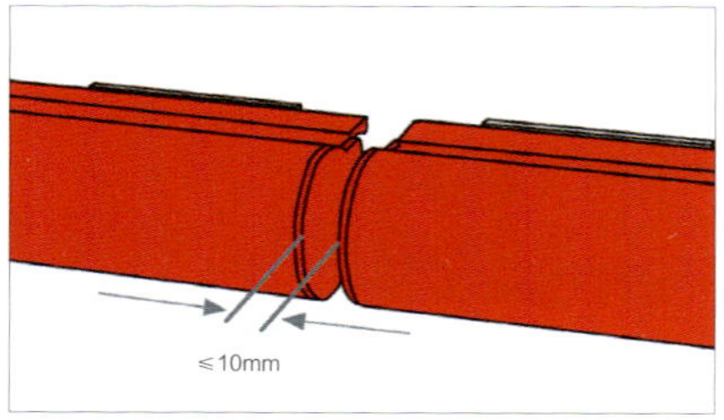

剖面图

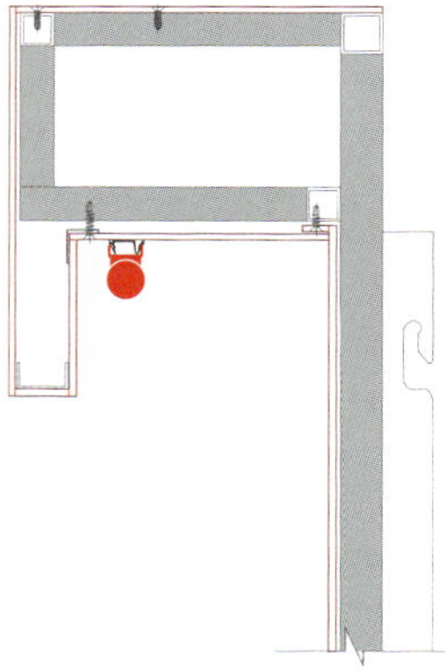

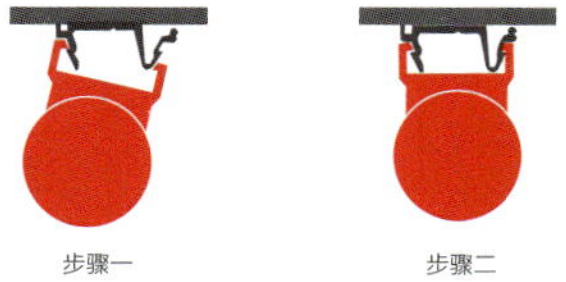

灯管安装步骤

E.1.2.44 灯布型檐口转角尺寸及工艺及工艺说明

灯布檐口：R1000 转角

· 灯布檐口转角为 R1000；设计制作时，请参考尺寸，以确保檐口转角处的视觉效果。
（以 1200 型檐口为例）

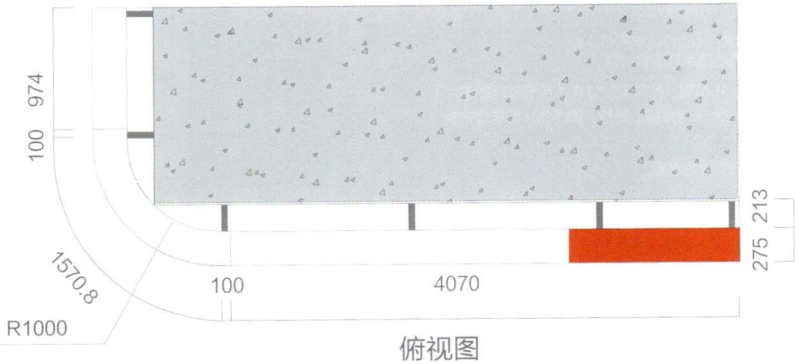

俯视图

正视图

E.1.2.45 灯布型檐口尺寸及工艺说明

· 在设计制作时，请参考下图尺寸，以确保拉布檐口的视觉效果。（以 1200 型檐口为例）

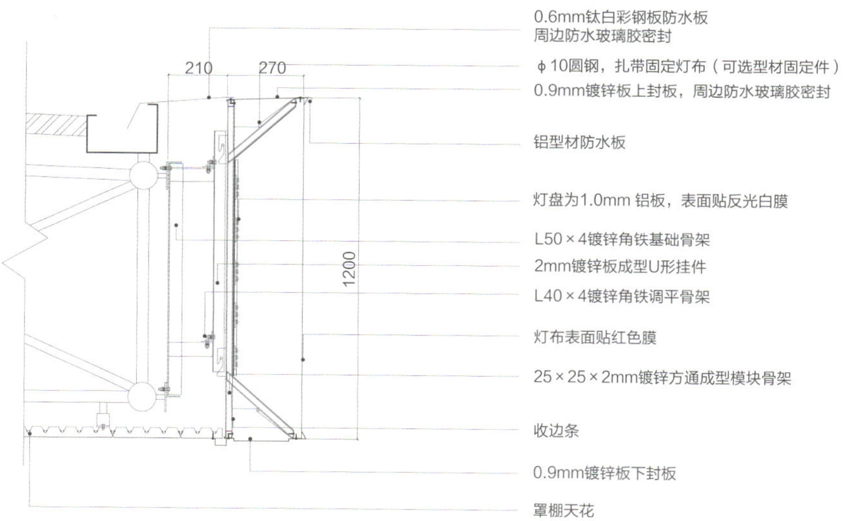

A-A剖面图

E.1.2.46 灯布型檐口标准模块骨架尺寸及工艺说明

· 在设计制作时，请参考下图尺寸，以确保檐口模块骨架的视觉效果。（以 1200 型檐口为例）
· 应以实际尺寸灯具特性调整间距，不应出现光斑、排骨纹。

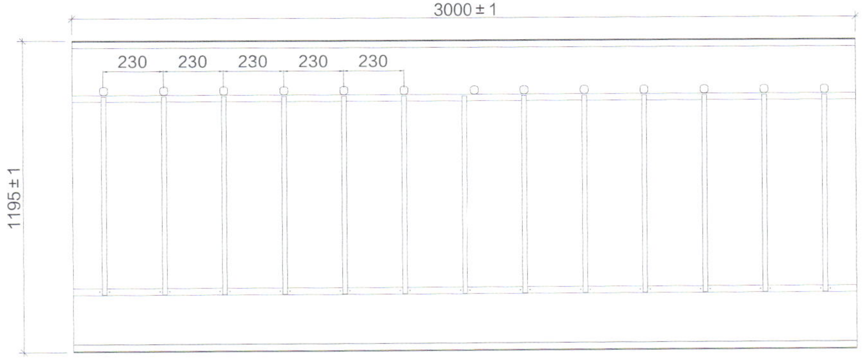

正视图

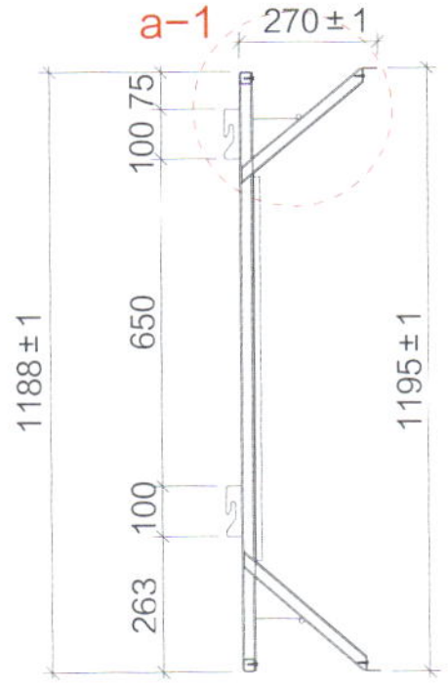

侧剖图

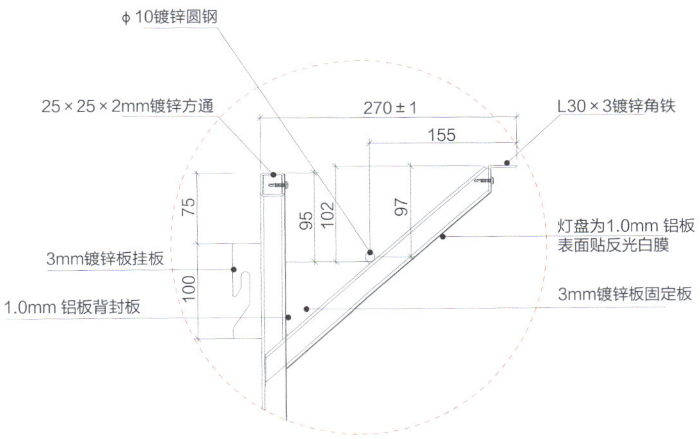

a-1

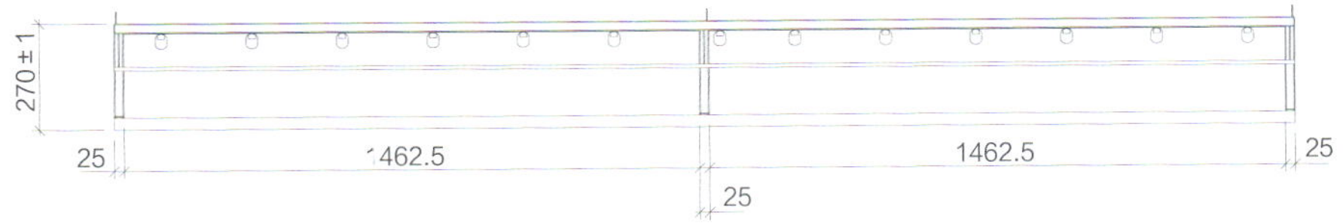

俯视图

轴测图

E.1.2.47 灯布型檐口转角处模块骨架尺寸及工艺说明

· 在设计制作时，请参考右图尺寸，以确保檐口模块骨架的视觉效果。

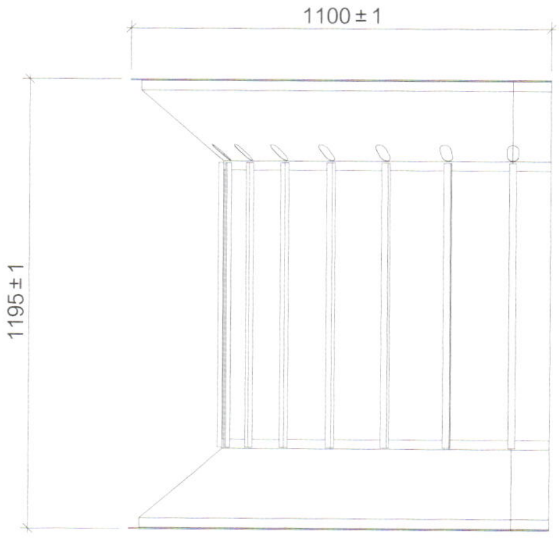

正视图

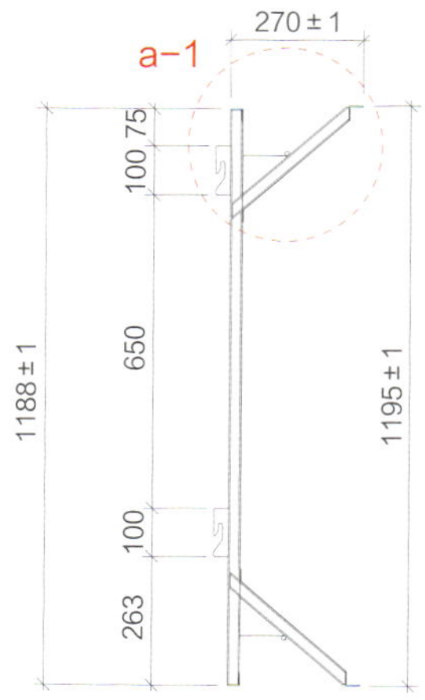

侧视图

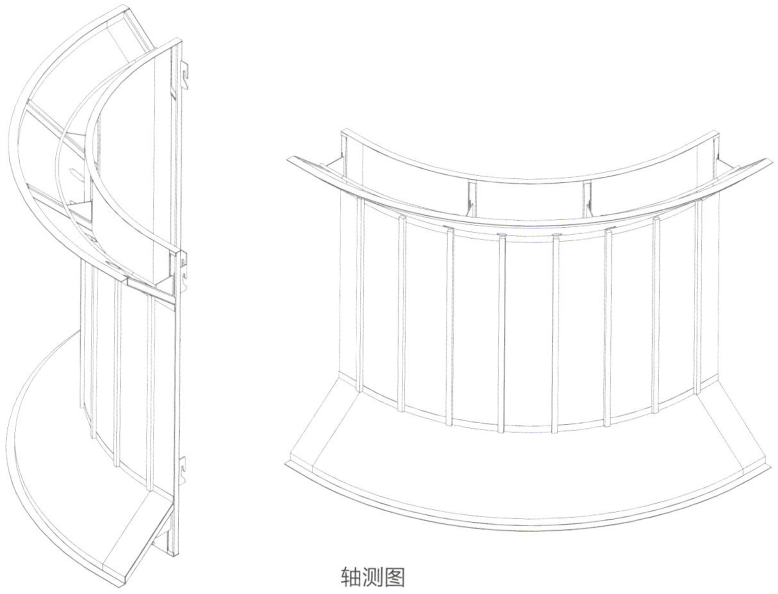

轴测图

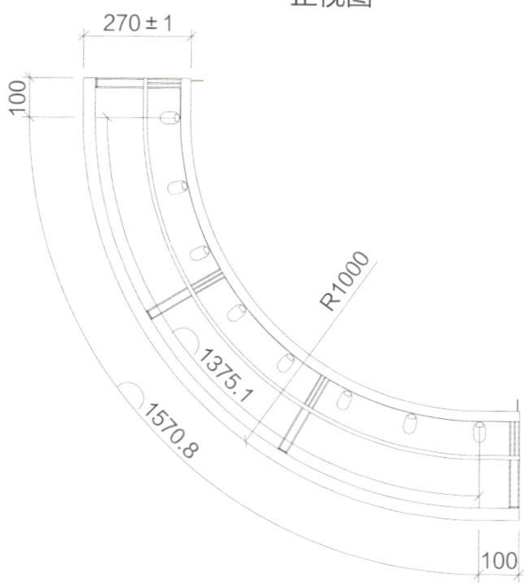

俯视图

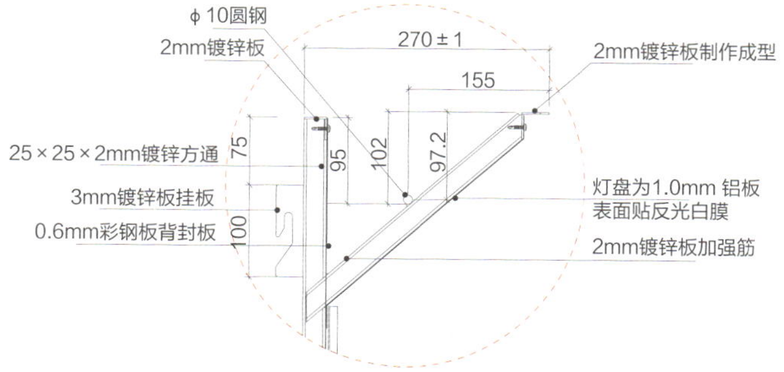

a-1

E.1.2.48 灯布型檐口灯盘尺寸及工艺说明

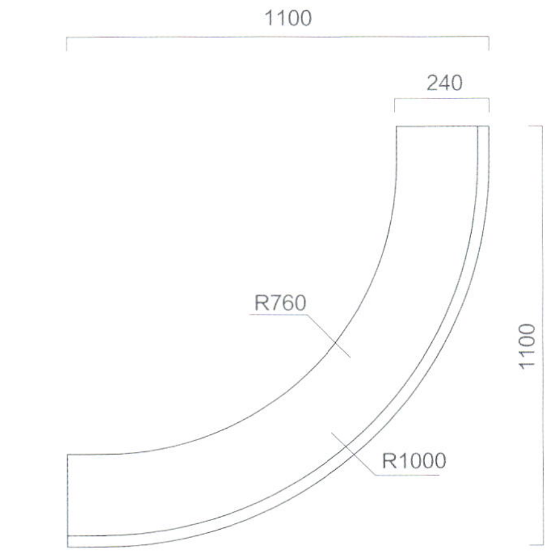

俯视图

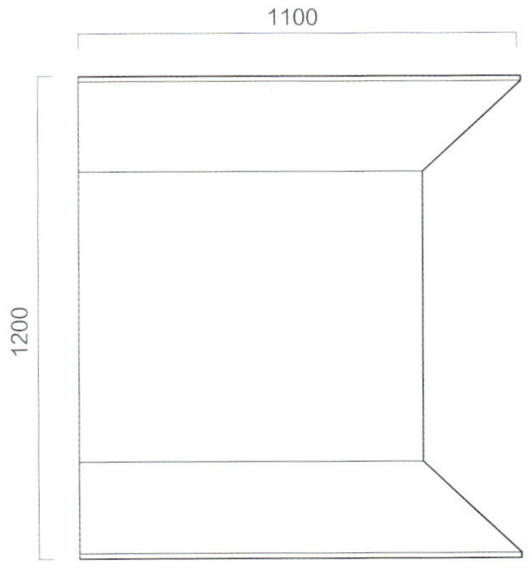

正视图

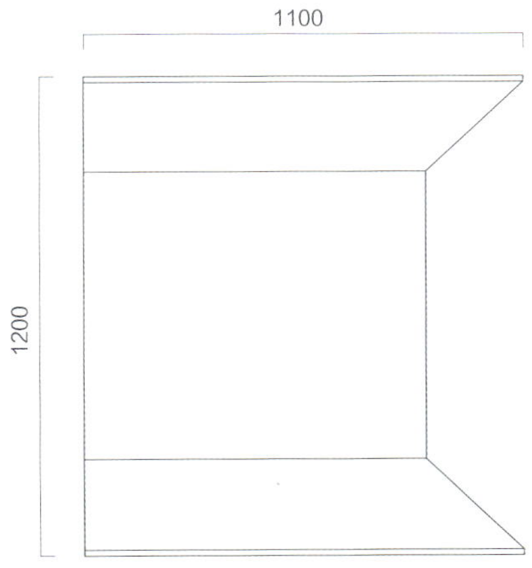

左视图

竖剖图

· 在设计制作时，请参考右图尺寸，以确保檐口转角处灯盘的视觉效果。

· 施工说明：

· 灯盘为 1.0mm 铝板，表面贴反光白膜，型材模组直条灯 21.8mm × 6.2mm × 762mm 单面发光，带 5 片模组。

· 此灯盘厂内准模块骨架上，并连接相应的防水 T 型连接线。

E.1.2.49 灯布型檐口结构（钢结构形式）

· 在设计制作时，请参考右图尺寸，以确保钢结构檐口的视觉效果。（以 1200 型檐口为例）

a–1

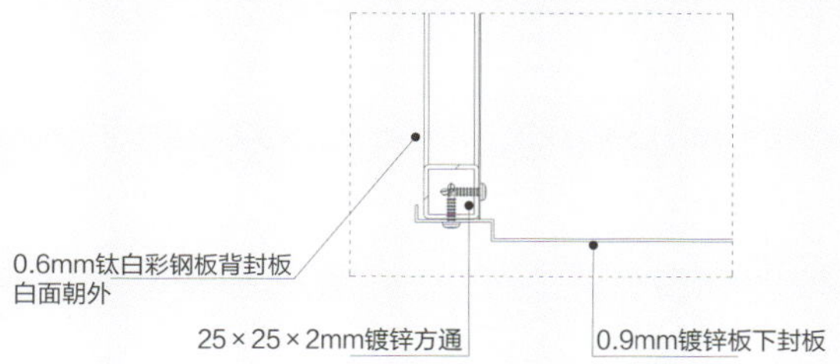

a–2

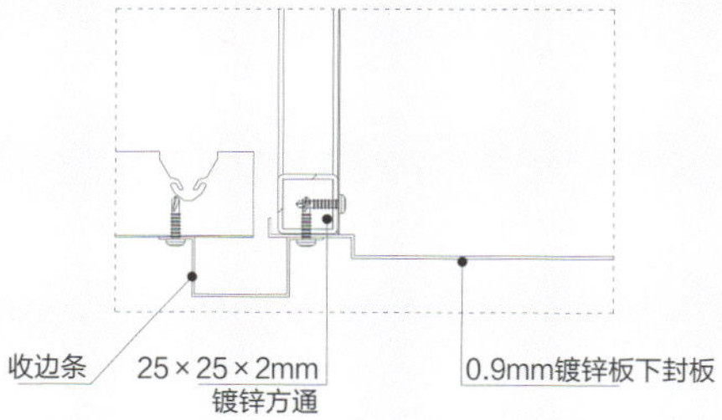

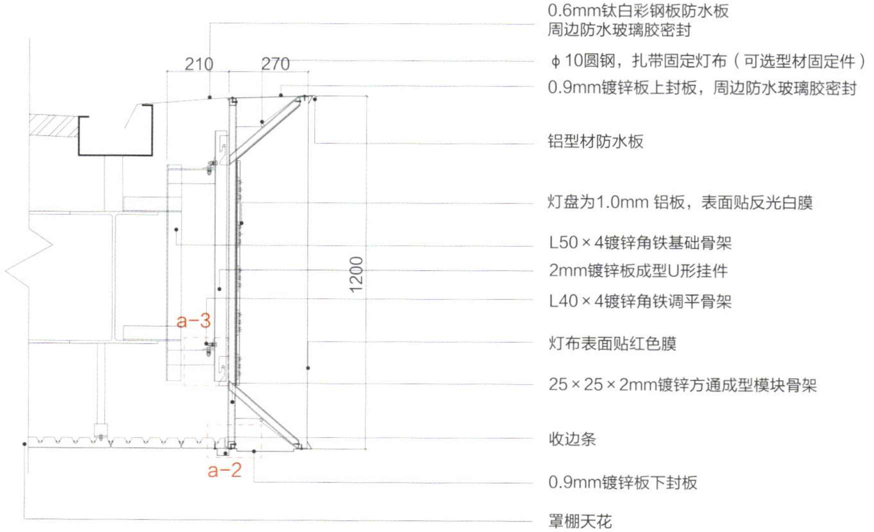

a–3

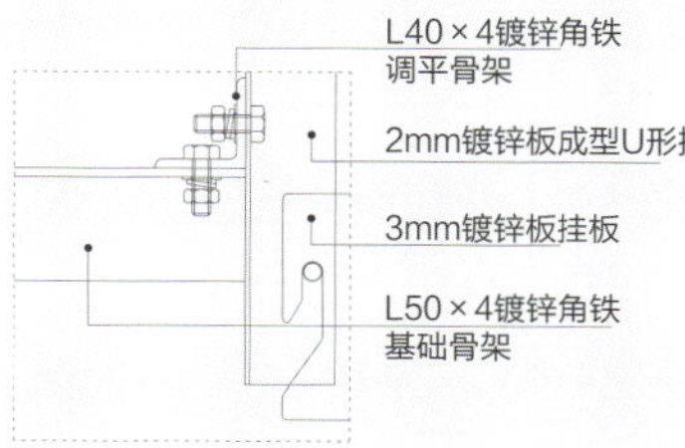

E.1.2.50 灯布型檐口结构（网架结构形式）

· 在设计制作时，请参考右图尺寸，以确保网架结构檐口的视觉效果。（以 1200 型檐口为例）

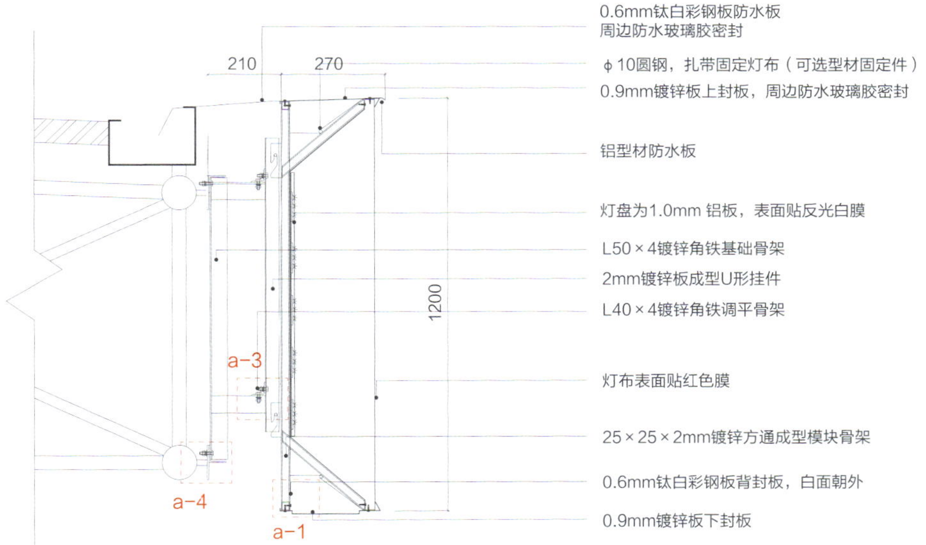

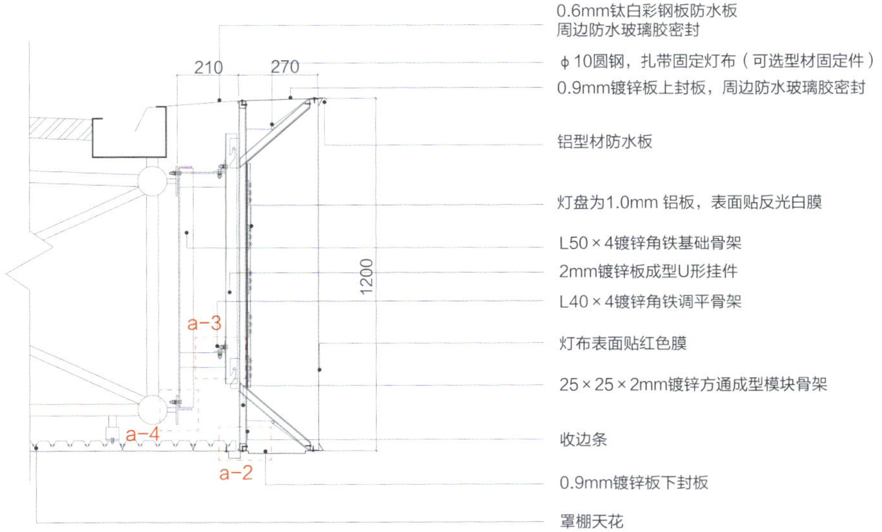

a–1

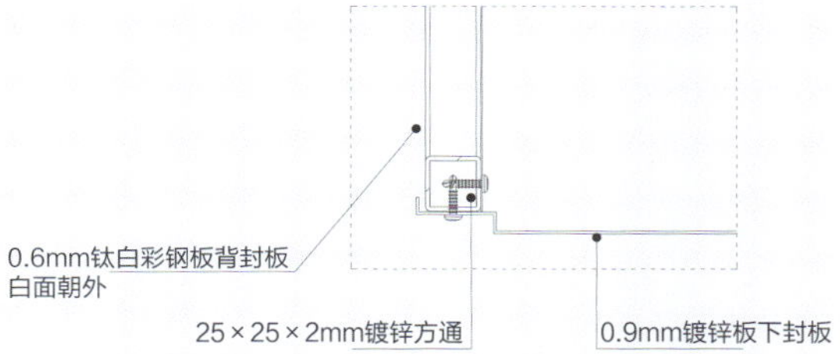

a–2

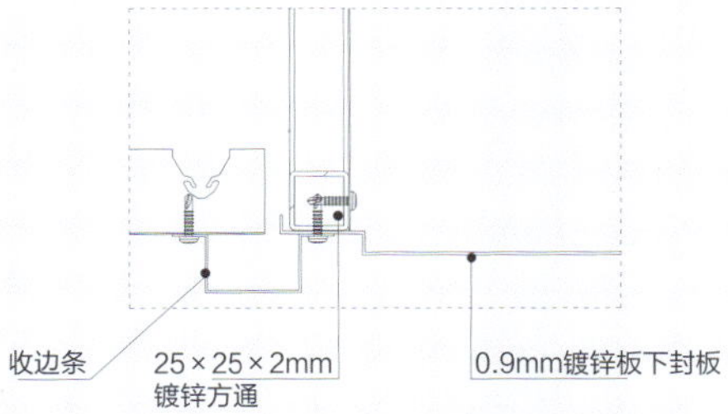

a–3

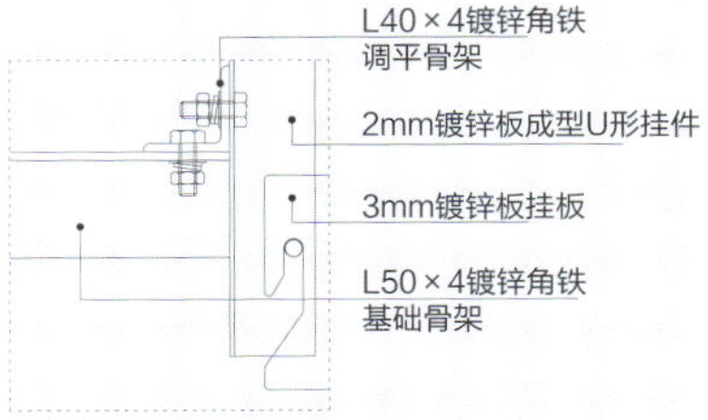

a–4

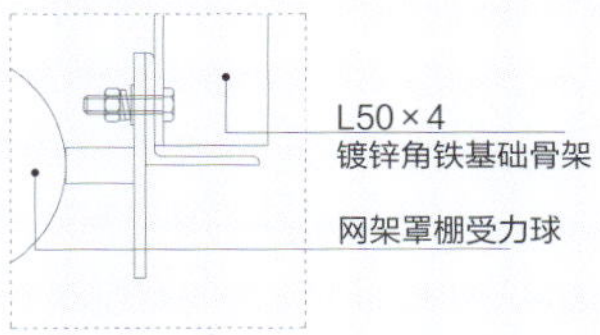

E.1.2.51 灯布型檐口结构（混凝土结构形式）

· 在设计制作时，请参考右图尺寸，以确保混凝土檐口的视觉效果。（以 1200 型檐口为例）

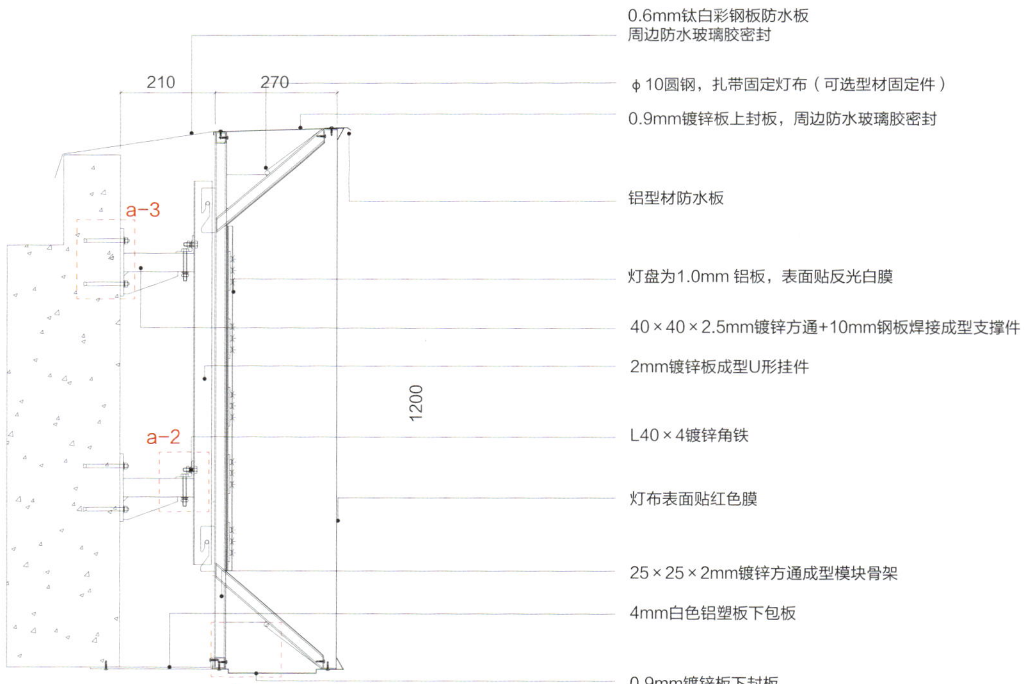

a-1

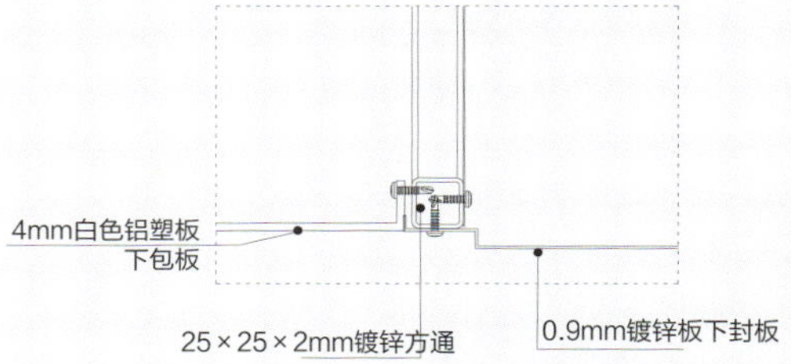

a-2

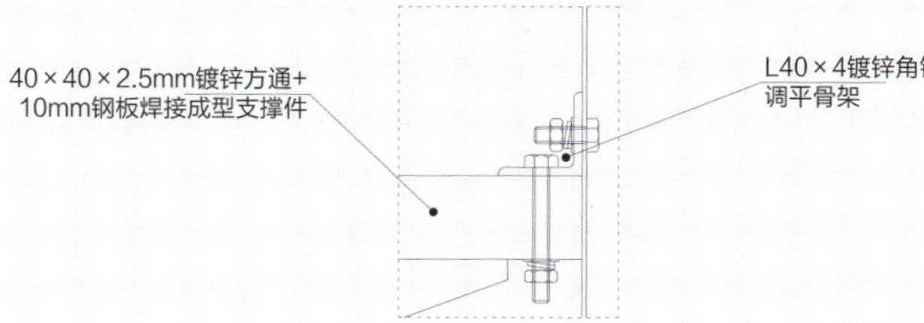

a-3

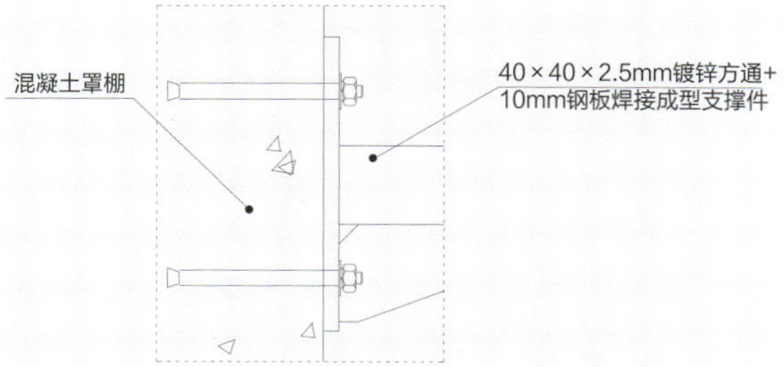

E.1.2.52 灯布型超高檐口解决方案（一）

· 工艺要求：

1. 当 1350mm ＜实际檐口高度≤ 1500mm 时，采用高度为 1200mm 的檐口，檐口下方使用白色铝板补板方式；
2. 当 1500mm ＜实际檐口高度≤ 1650mm 时，采用高度为 1350mm 的檐口，檐口下方使用白色铝板补板方式。

· 下补板高度最高为 300mm。

注：下补板方案可单独应用，根据项目实际情况有针对性的进行设计。

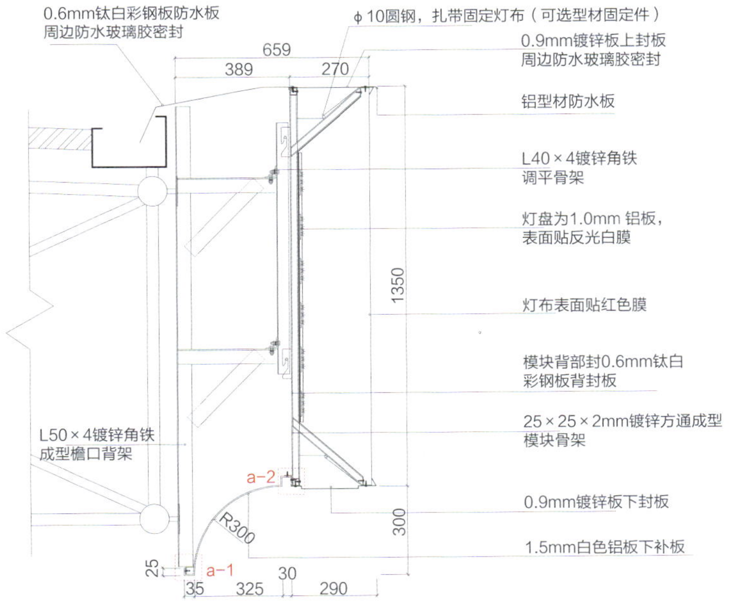

剖面图

a–1

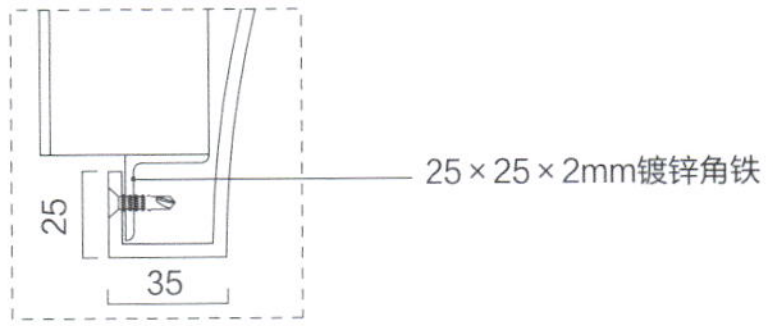

a–2

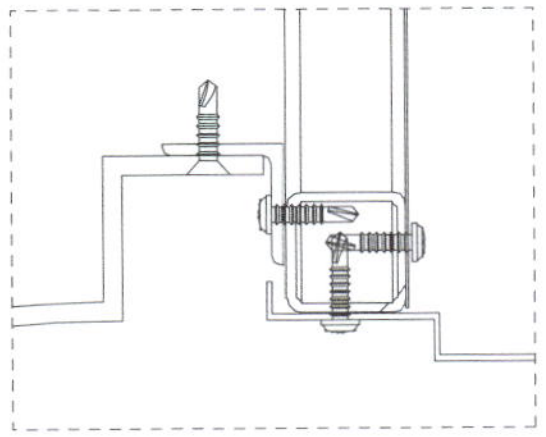

E.1.2.53 灯布型超高檐口解决方案（二）

· 工艺要求：
当檐口实际高度＞1650mm 时，采用高度为 1350mm 的檐口进行上下补板。上补板采用灰色铝塑板，下补板采用白色铝板。

· 铝塑板颜色：
灰色 Pantone Cool Gray 4C。

· 下补板高度最高为 300mm。

补板铝塑板留灰效果图

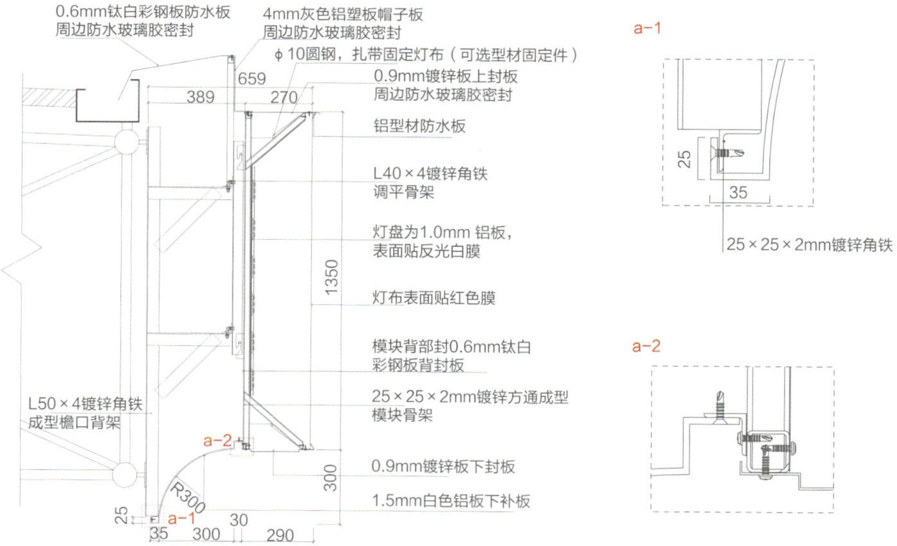

剖面图

E.1.2.54 灯布型檐口灯布图尺寸及工艺说明

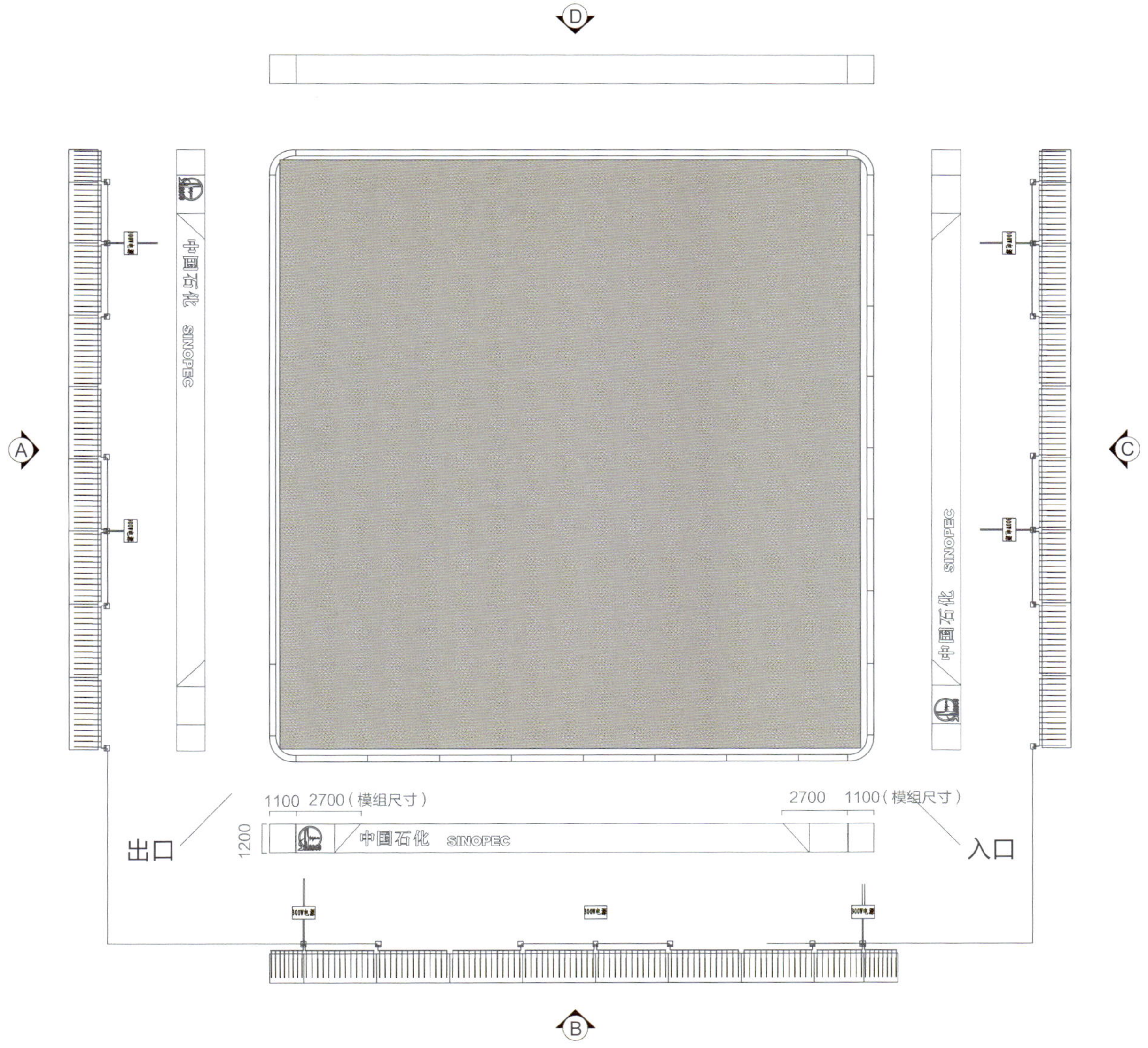

· 在设计制作时，请参考右图尺寸，以确保灯布檐口的视觉效果。（以 1200 型檐口为例）

· 转角灯带间距为 180mm，平面灯带间距为 230mm。

注：布灯间距根据所选择灯具产品特性，会存在差异，须根据色温、照度等数据要求进行打样测试，确保整体发光均匀、统一；参数区间需要测试。

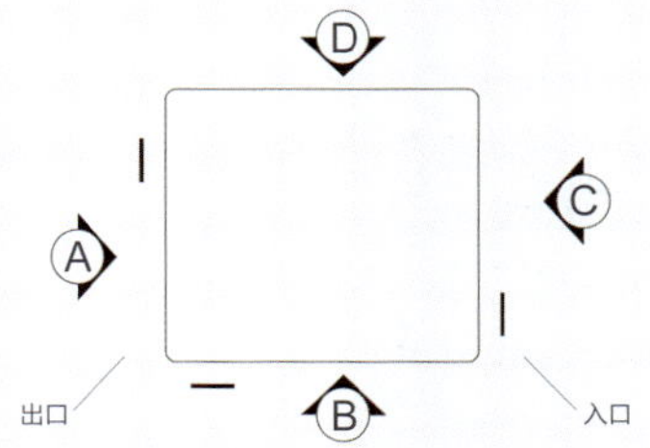

E.1.2.55 灯布型檐口灯布图尺寸及工艺说明

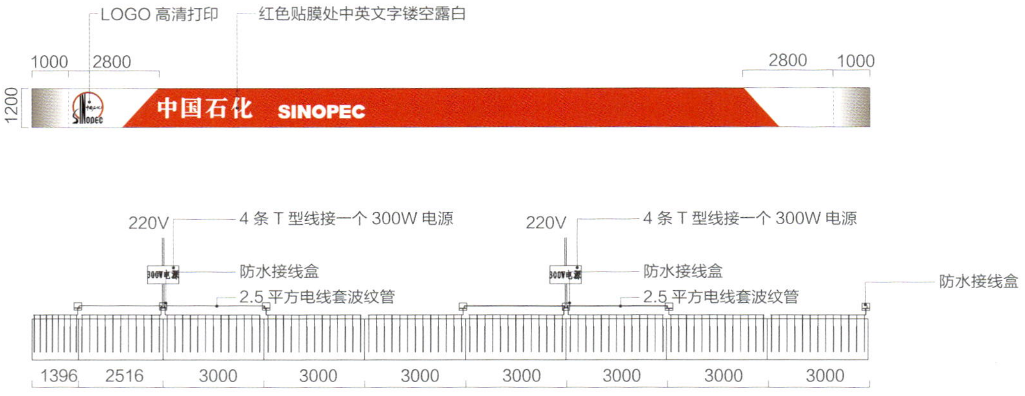

A 面正视图

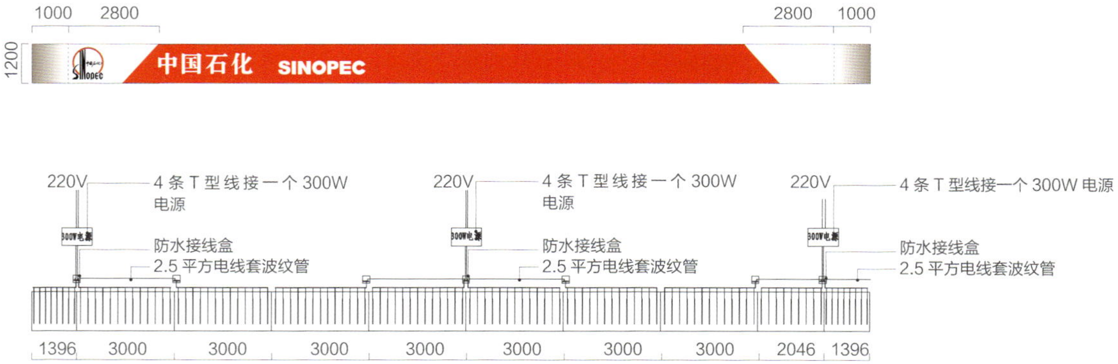

B 面正视图

D 面正视图

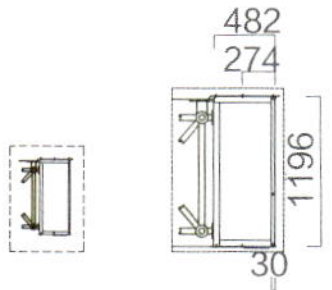

D 面侧剖图

· 在设计制作时，请参考右图尺寸，以确保灯布檐口的视觉效果。（以 1200 型檐口为例）

LED直条灯性能参数

光　　源：	CREE、NICHI、三安、蓝景、日上、BOSON或同等品牌
色　　温：	6500K
功　　率：	5W
色 容 差：	<5
亮　　度：	白色部分：550~650；红色部分：30~40cd/m²
整灯光效：	≥140lm/W
显色指数：	≥Ra80
配光类型：	≥170°
输入电压：	24V DC
使用寿命：	≥50000h
防护等级：	IP65及以上
材　　质：	灯体高强度挤出铝型材，专业设计光学部件
安装方式：	嵌入
电气类型：	Class III
安装辅助材　料：	预装不锈钢安装卡扣，2.5平方防水T型线（公母对接头）

注：布灯间距根据所选择灯具产品特性，会存在差异，须根据色温、照度等数据要求进行打样测试，确保整体发光均匀、统一；参数区间需要测试。

E.1.2.56 罩棚天花工艺标准

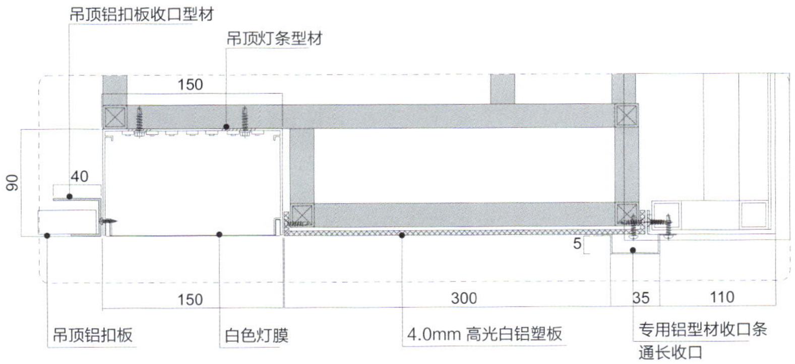

铝塑板檐口灯膜位置

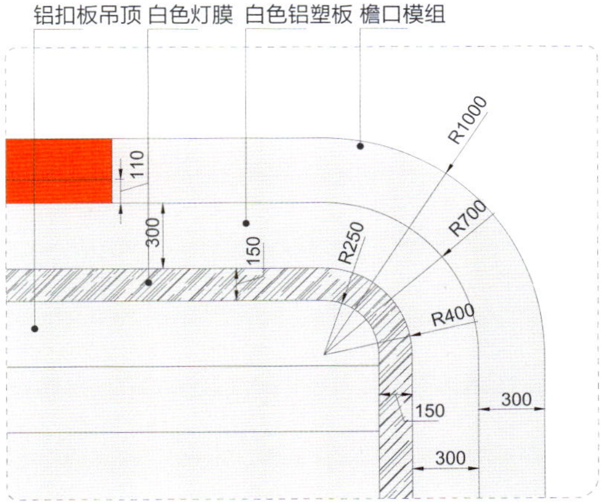

罩棚天花放样图

旗舰站配置：吊顶天花、罩棚灯、LED 发光灯膜。

标准站配置：吊顶天花、罩棚灯。

简易站配置：罩棚灯。

注：

吊顶可根据站的地理位置及竞争对手情况进行选配。

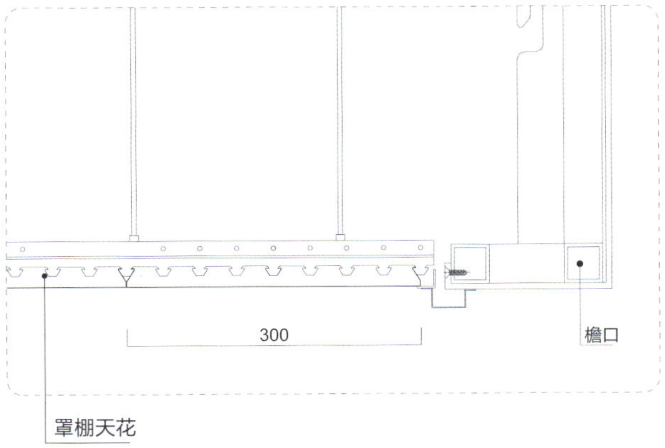

铝塑板檐口全吊顶罩棚剖面图

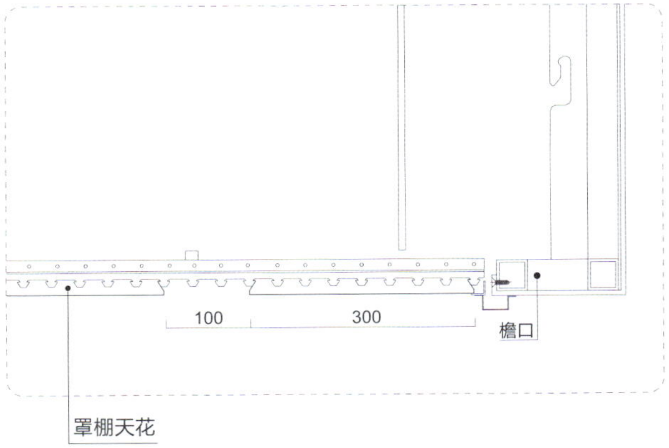

铝塑板檐口半吊顶罩棚剖面图

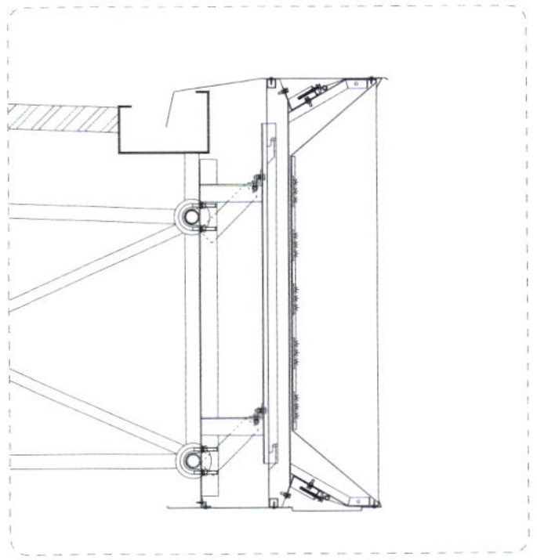

灯布檐口罩棚剖面图

E.1.2.57 罩棚限高标识安装说明

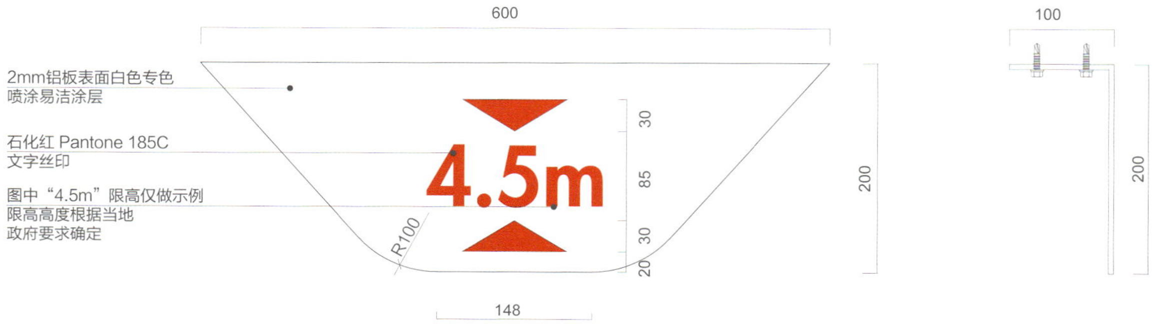

· 罩棚低于 4.5m 时增设限高标识，放置于柴油车道；

· 图中“4.5m”限高仅做示例限高高度根据当地政府要求确定；

· 限高标识定位标准为：柴油车道中轴线正上方。

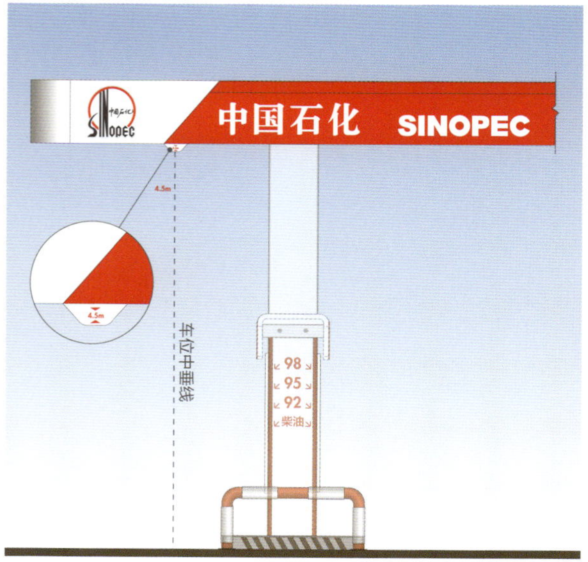

定位标准

效果图

E.1.2.58 音响布置及安装说明

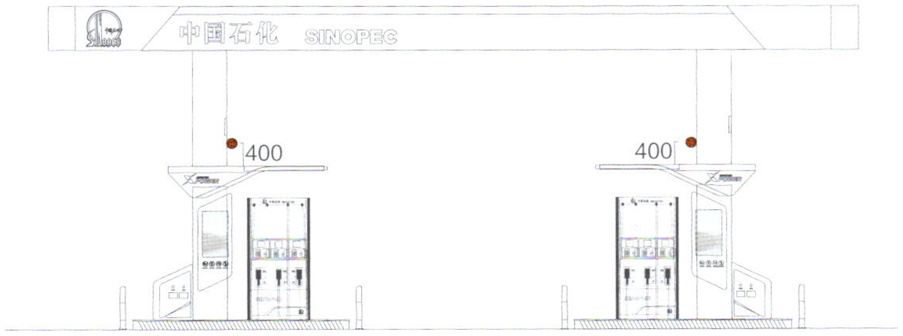

音响布置立面图

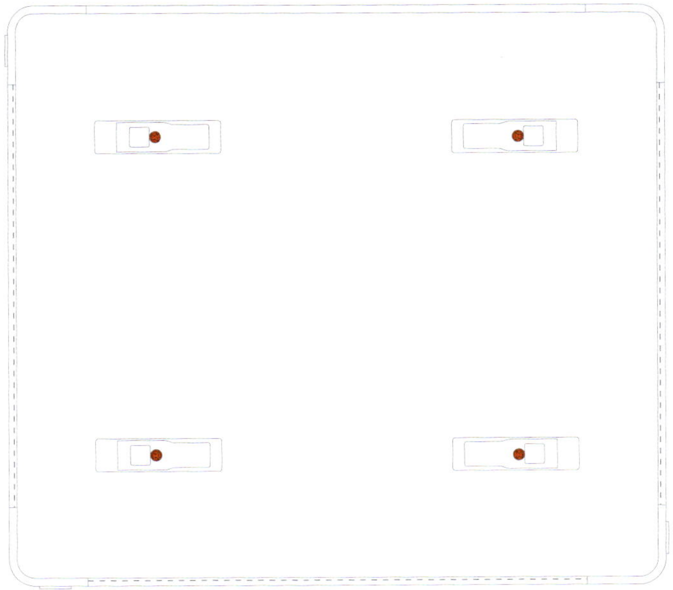

音响　　音响布局图

安装示意图

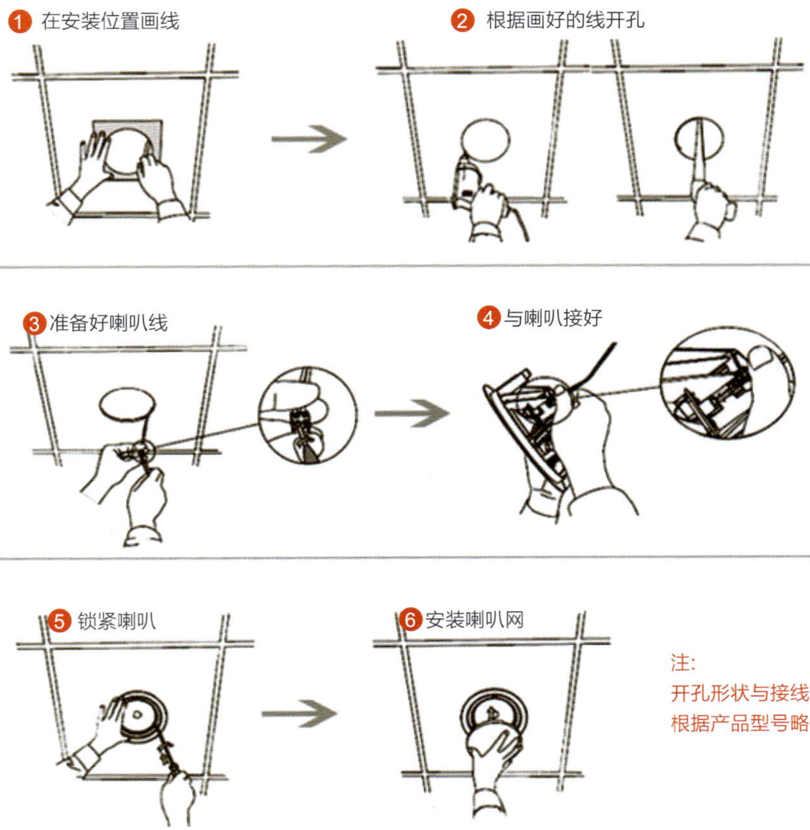

注:
开孔形状与接线方式
根据产品型号略有不同。

E.1.2.59 檐口合作单位联合标识 – ESSO

· 檐口合作单位联合标识：

中国石化 &ESSO；

· 檐口白色转角外径标准为 R=1000mm；

· 檐口白色底板斜切角度为 48°；

· 檐口立体发光 LOGO 定位标准：位于白色底板模块上下居中位置；

· 檐口中国石化中文立体字与上方切角处垂直线对齐。

单位：mm

注：此联合标识仅限中石化森美合资公司使用。

联合檐口规范（以1350类型为例）

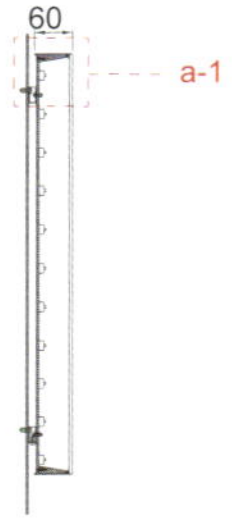

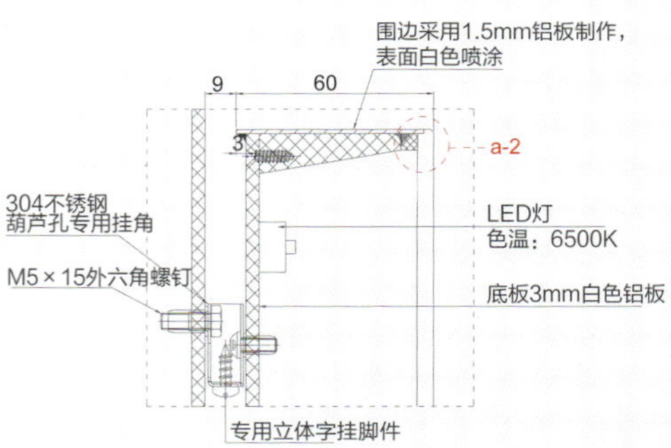

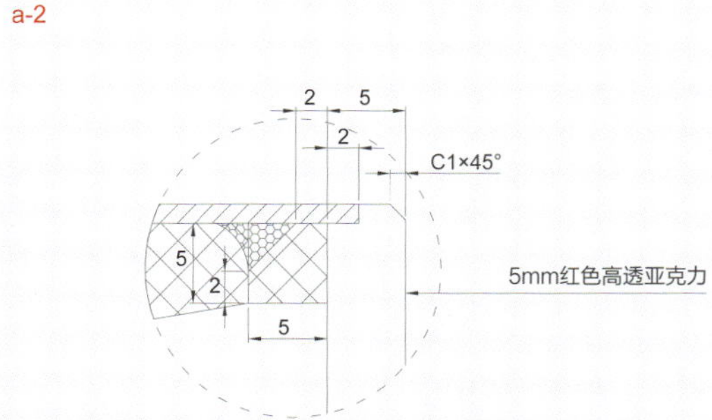

檐口高度	LOGO 高度	文字高度	ESSO 高度
900	770	470	450
1050	900	550	525
1200	1030	660	600
1350	1150	770	675

E.1.2.60 新能源铝塑板檐口标识规范

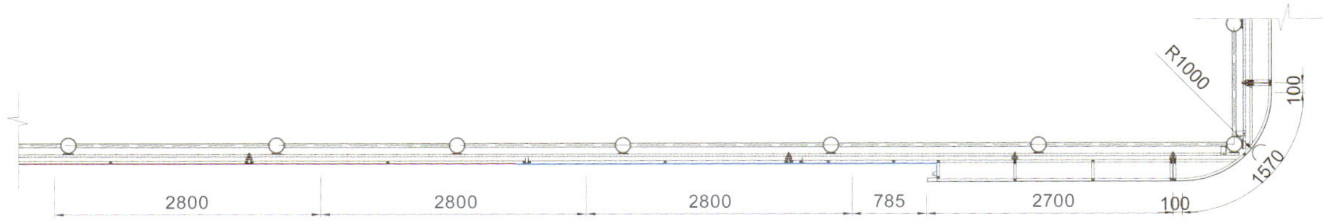

檐口平面图

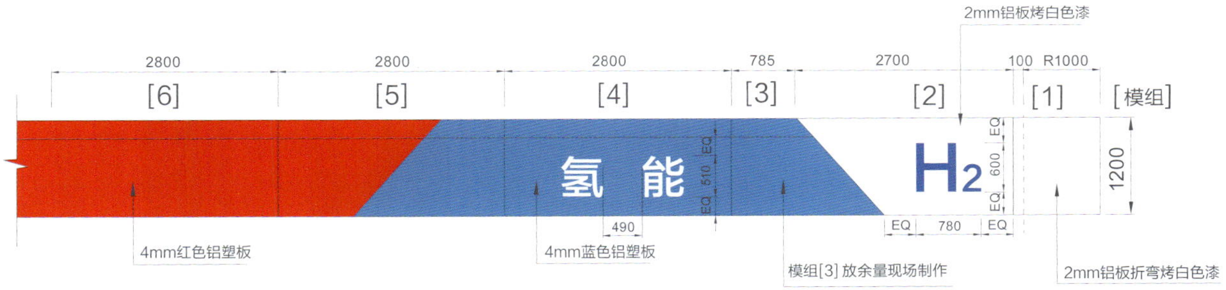

檐口立面图

·施工要求：原罩棚基层找平，预埋钢架，模组式安装；

·工艺材质：LOGO 亚克力发光字（“氢能、H_2”亚克力发光字厚度与“中国石化 SINOPEC”厚度一致），铝塑板。

·注：防爆区域内应选取防爆灯具。

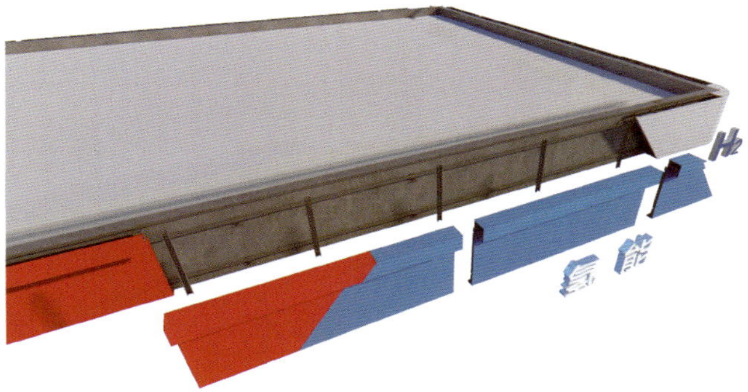

安装示意图

铝塑板成品模块化檐口工艺要求：

·4mm 红色高光铝塑板（石化红 Pantone185C，0.3mm 铝材厚度，表面为易清洁氟碳漆涂层）；

·4mm 蓝色高光铝塑板（新能源浅蓝 Pantone2925C，0.3mm 铝材厚度，表面为易清洁氟碳漆涂层）；

· 钢结构支架实现模块化制作现场简易安装；

· 模块化檐口制作符合国标 GB/T 1804 线性加工要求“高精级”，铝塑板檐口成品要求表面平整无明显凹凸瑕疵；

· 转角白色铝板造型模块由 2mm 铝板激光切割焊接钣金加工成型，拐角模块要求不超过 2 块拼装，加工线性要求及烤漆要求与铝塑板等同。

E.1.2.61 新能源铝塑板檐口发光字工艺说明

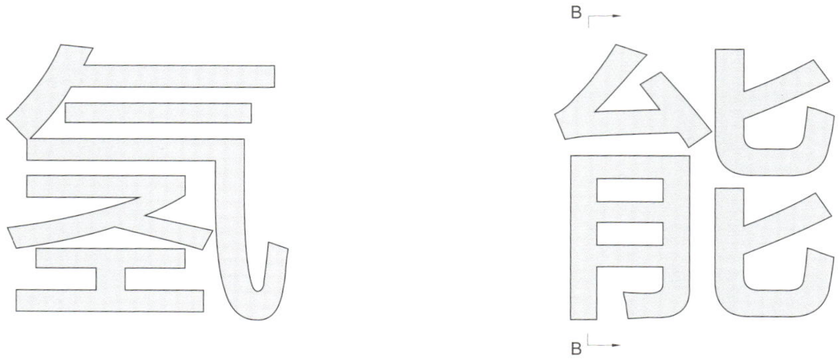

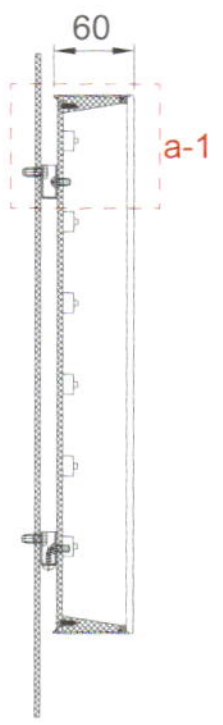

B-B剖面图

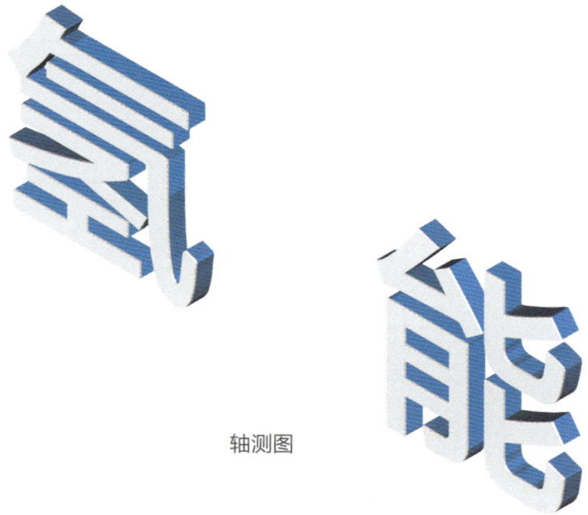

轴测图

a-1

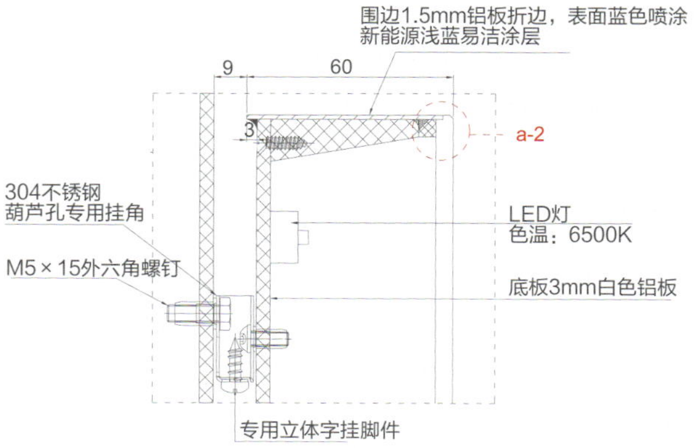

a-2

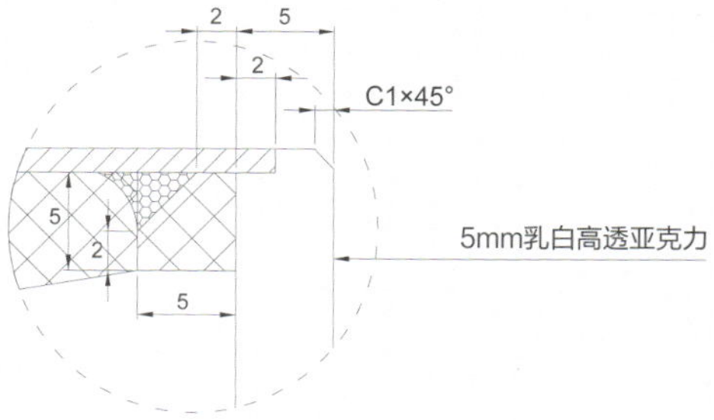

E.1.2.62 新能源铝塑板檐口发光 LOGO 工艺说明

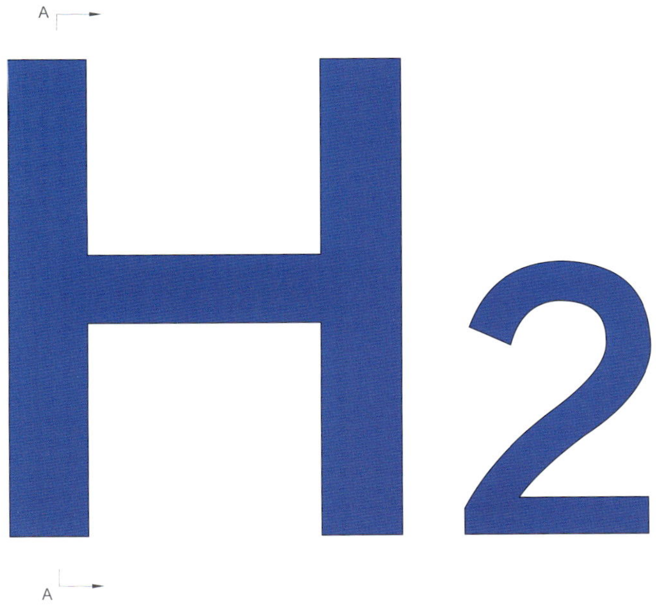

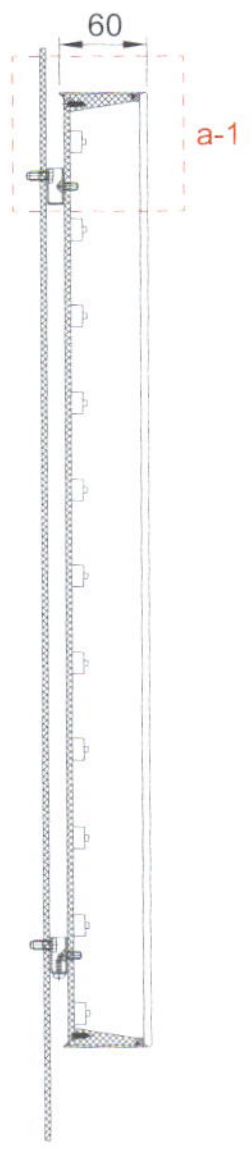

A−A剖面图

轴测图

a-1

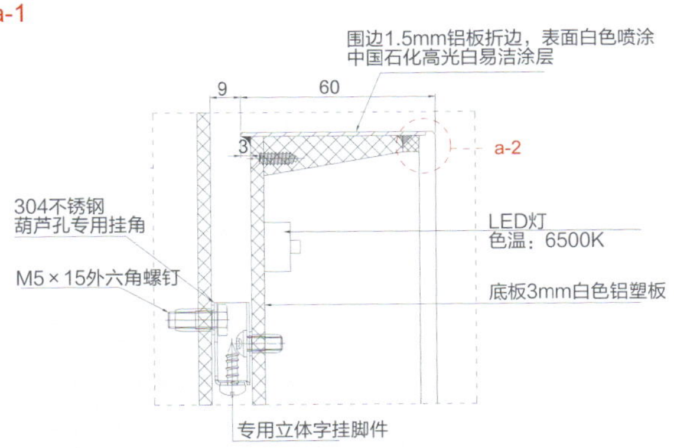

a-2

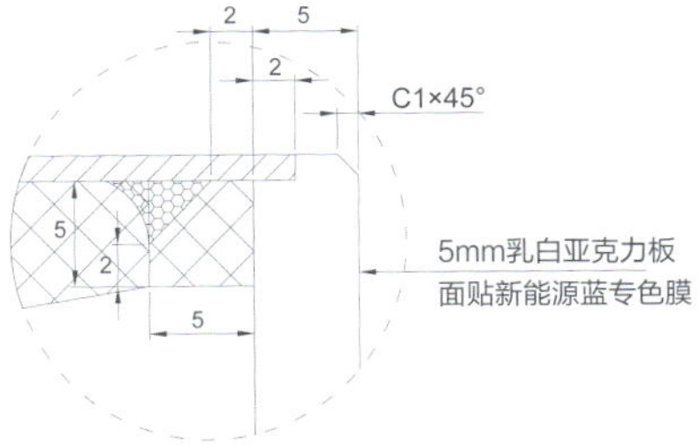

E.1.2.63 新能源灯布檐口工艺说明

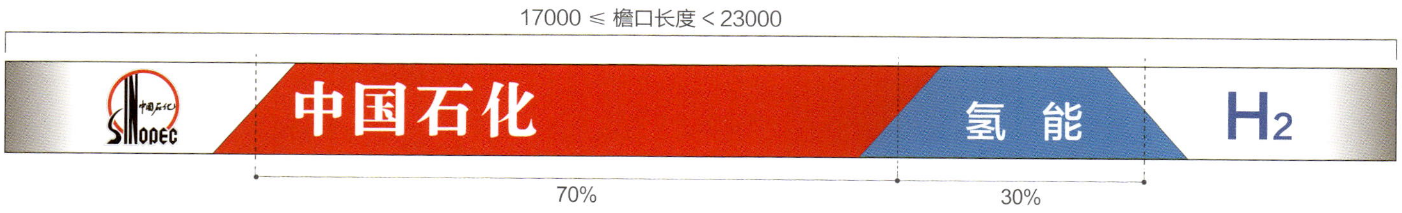

1. 原则上红色灯布部分与蓝色部分比例为 7:3，按以上比例计算，当蓝色部分长度大于 7.8m，则蓝色部分保持不变（原则上蓝色氢能模块最大长度为 7.8m）；当蓝色部分长度小于 3m，则取消蓝色部分。

2. 当檐口长度低于 13m，“氢能”“H_2”不上檐口。

3. 檐口仅限于设置氢能源，其他能源不可设置于檐口。

E.1.2.64 铝塑板檐口安装示意（一）

步骤一：

根据图纸位置在基础上进行钻孔，采用 M8 × 90 铁膨胀螺丝固定钢板法兰，

上下挑脚必须保证同一水平面。

步骤二：

25mm × 50mm × 2.5mm 镀锌扁管通长横挡用红外水平仪做水平调整，用对穿螺丝

与挑脚固定。

施工说明：

1.现场施工请优先确认安装基准线，具体位置现场进行确认；

2.先焊接5#镀锌角钢挑脚,再栓接25mm × 50mm × 2.5mm扁管通长横档；

3.钢架应满足招牌承载不小于40kg/㎡,保证垂直度和水平度误差不能超过正负2mm；

4.发光字处预埋3 × 2.5mm²电源线，变压器置于就近配电箱内，接线标准参照国标GB/T 12706—2008；

5.檐口铝塑店招完成面下口低于罩棚不超过10~30mm，便于调节水平；

6.罩棚吊顶铝扣板收口在滴水条上口，做收胶处理；

7.现场安装时需考虑铝塑板热胀冷缩因素，故对铝塑板模块拼缝做如下要求:

[1] 冬季0℃左右时，留2mm缝；

[2] 20℃左右时，留1mm缝；

[3] 夏季30℃左右时，不留缝。

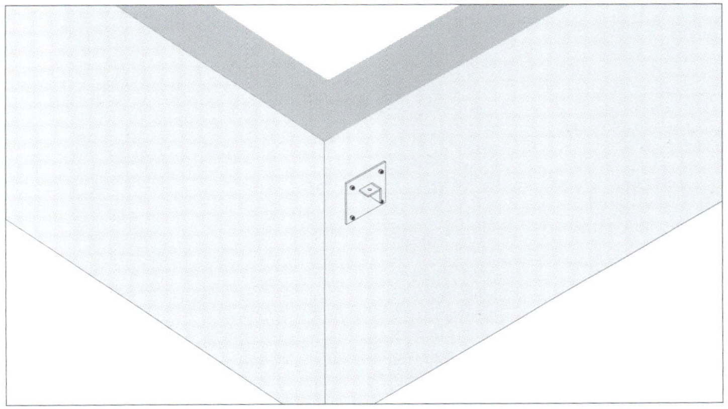

步骤一

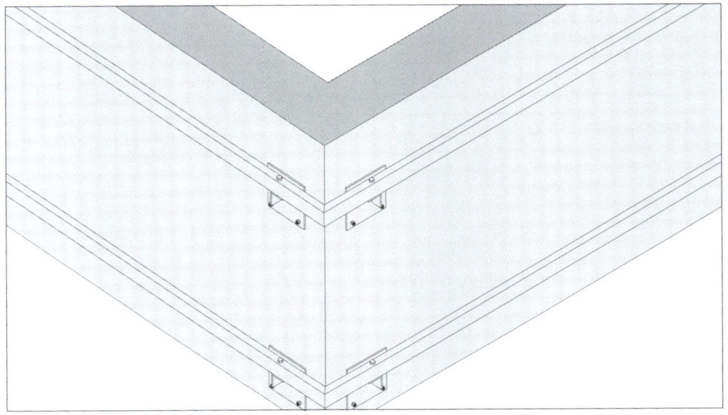

步骤二

E.1.2.65 铝塑板檐口安装示意（二）

步骤三：

安装脚铝型材配 M8 × 45mm 对穿螺栓与横档固定，并采用平头螺丝加固；

根据图纸间距完成铝型材安装。

步骤四：

先安装转角模块，将模块挂脚铝型材扣入安装脚的镀锌销轴；

安装第二个模块，扣入后在内部采用对穿螺丝将两模块固定。

步骤五：

先将所有转角模块及临近第一模块完成安装；

内衬宽 24mm 铝塑板条，统一一端粘接，第三模块扣入后靠齐并采用对穿螺丝固定调节模块；

安装防雨板钢架，固定彩钢挡板挡水板、白色铝板折弯帽檐、沥青防水卷材；

固定洗墙灯，平均 2400mm/ 支，先安装顶部灯条，按檐口灯箱长度依次安装，最后一支非标管，可现场切断。

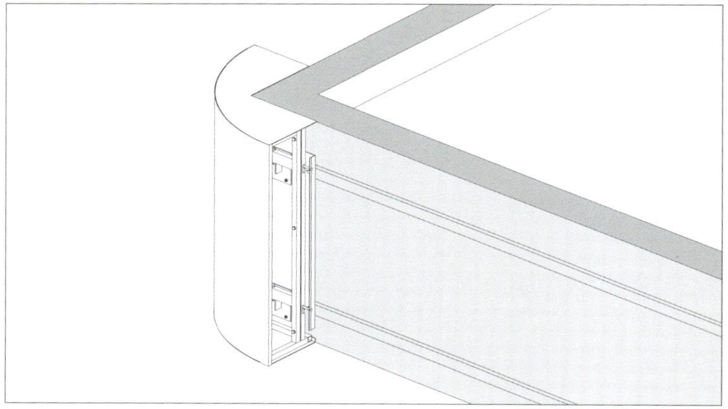

步骤四

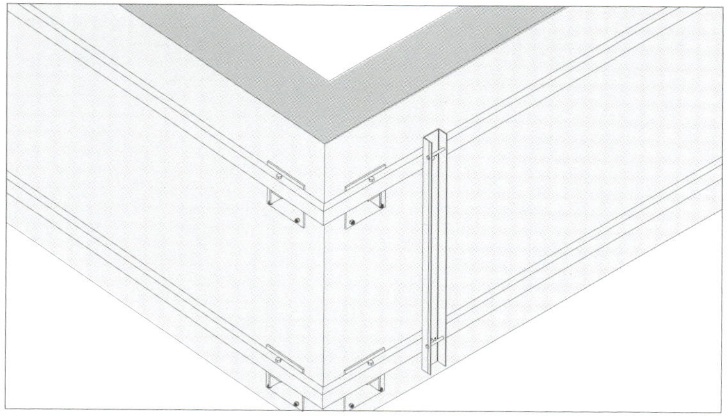

步骤三

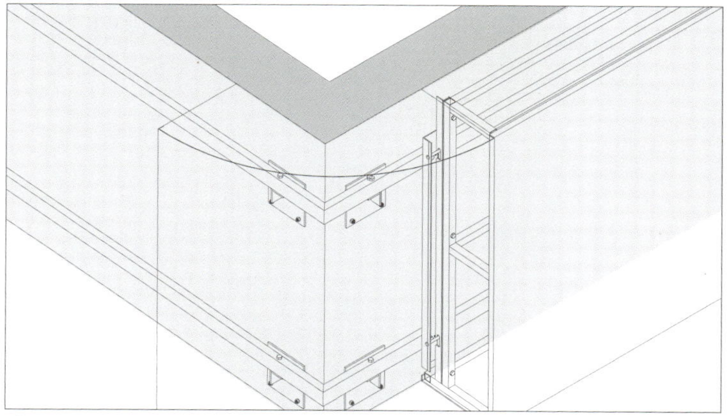

步骤五

E.1.2.66 加能站罩棚特点

加能站罩棚除站房外三面没有围挡，并且周围比较开阔，吊顶系统需要满足防风设计要求；

加能站经营的产品为柴油、汽油、液化石油气等易燃易爆物，吊顶系统需要满足防火要求；另外，施工单位应根据国家规范选用防火材料对内部结构进行防护和保养；

加能站罩棚一般分为混凝土结构、钢结构和球形网架结构三种形式，每种结构其罩棚吊顶的安装形式存在差异性；

加能站罩棚为户外建筑，吊顶材料需采用耐候性好、结构强度高、易清洁的材料；

对于新建加能站，设计单位应考虑吊顶系统的荷载并对罩棚结构进行设计；对于改造加能站，设计单位应根据吊顶系统的荷载，对原有罩棚结构重新进行受力计算。

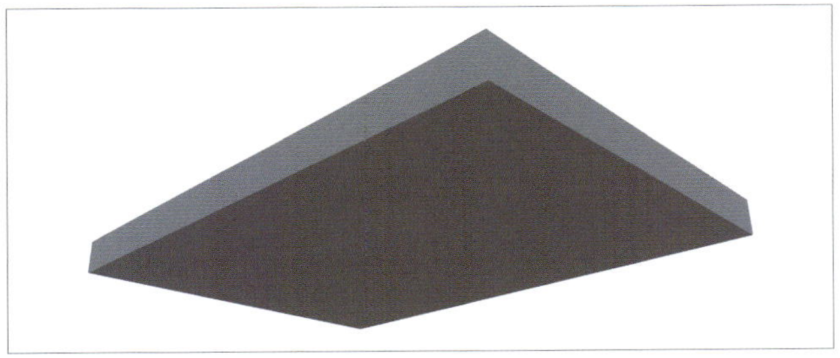
混凝土结构罩棚

钢结构罩棚

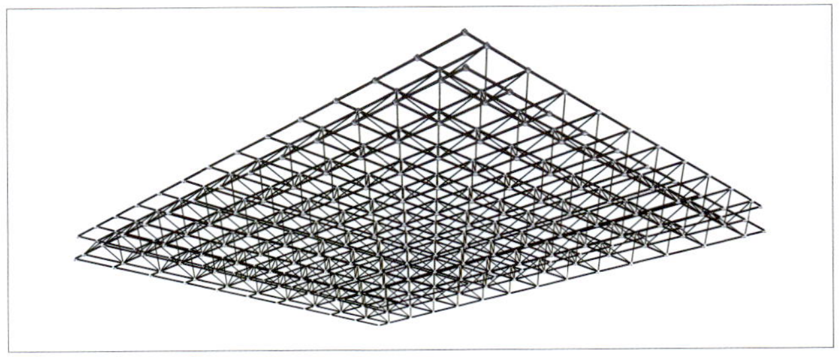
球形网架结构罩棚

E.1.2.67 罩棚金属吊顶技术要求

吊顶条板涂层性能

1	涂层类型	预滚涂聚酯烤漆
2	正面厚度	≥25μm
3	漆膜附着力	（1mm规格）0级
4	耐冲击性(10次)	50cm · kg涂层无开裂、裂纹
5	铅笔硬度	3H
6	光泽度	≤30
7	柔韧性	2~3T
8	防火性能	A级
9	耐酸性能	表面无气泡和明显变化
10	耐碱性能	无变化
11	耐溶剂性能	无变化

本技术要求中，所涉及的一些标准名录如下:

GB/T 232	金属弯曲试验方法
GB/T 3190	变形铝及铝合金化学成分
GB/T 3199	铝及铝合金加工产品 包装、标志、运输、贮存
GB 1561	金属吊顶
GB 1720	漆膜附着力测定法
GB 1732	漆膜耐冲击测定法
GB 1764	漆膜厚度测定法
GB 6739	涂膜硬度铅笔测定法
GB 9274	色漆与清漆耐液体介质的测定
GB 1958	形状和位置公差检测规定
GB 5928	轻工产品金属镀层和铝氧化膜的厚度测试方法
GB 5938	轻工产品金属镀层和化学处理层的耐腐蚀试验方法-中性盐雾试验(NSS)法
GB 5944	轻工产品金属镀层腐蚀试验结果评价

· 条板材料选用：条板材料要求选用高等级铝镁锰合金，合金牌号AA3005，铝镁锰合金具有良好的强度、延展性和刚度，适用于加油站金属吊顶。

· 条板表面处理：所有条板吊顶表面采用预滚涂聚酯烤漆的处理工艺，保证涂层附着力，避免色差。所有吊顶产品的正、背两面均应进行涂层处理，要求在正面进行涂层处理的同时对背面也要涂底漆进行保护，以保证板背面也具有良好的防腐抗蚀性能。涂层选用必须满足环保要求，不含苯等对人体有害的成分，吊顶产品要求具备环保机构颁发的绿色建材认证证书。涂层性能，其对应关系如表所示。

· 条板成型工艺：所有条板均要求采用连续滚压成型工艺加工而成，以保证铝板表面不会因加工产生附加应力。连续滚压成型工艺生产的铝合金条板采用滚压模具滚压渐变成型，不仅能保证铝板在加工中能够较好地释放加工应力，同时也能保证加工精度符合规定要求及加工过程中品质如一。

· 条板外观要求：条板表面光洁、平整、无明显损伤、划痕和污迹；烤漆层不得有露底与气泡、流挂，无肉眼可视色差、色斑；成型板面无波纹、明显凹凸，折边不起边。

· 龙骨安装系统：要求所采用的吊顶产品均为系统产品，即每一种产品均有成型的安装系统、有与之配套的龙骨、连接件和其他辅配件。不得采用通过自攻螺钉直接将金属板铆固于龙骨基架的做法来安装金属吊顶，且吊顶系统易于安装、保养；龙骨系统应满足抵抗10级台风或12级台风的要求。

· 配件要求：任何龙骨连接应有配套龙骨连接件；系统安装构造应便于安装、组合，针对各类龙骨应设计相应吊挂件、连接件及调校件等。

· 质量要求：罩棚结构及吊顶系统应经过防锈、防腐、防火处理。

E.1.2.68 龙骨系统要求

名 称	规 格	吊杆间距	
		抗10级台风	抗12级台风
专用龙骨	铝合金吊架龙骨	650~700mm	450~500mm
基架龙骨	30×30×3热镀锌角钢（国标）	450~500mm	450~500mm
吊杆	30×30×3热镀锌角钢（国标）长度≤1800mm	750~800mm	650~700mm
螺杆	ϕ8全螺纹镀锌（国标）	≤50mm	≤50mm
转换层龙骨	20×40×2热镀锌钢方管	次梁间距≤1200mm	
	ϕ8全螺纹镀锌（国标）		
吊顶条板	300mm×6000mm铝合金条板预滚涂聚酯烤漆涂层	12.1kg	13.4kg
每平方米荷载（包含面板）			

龙骨系统安装要求

· 安装结构的高度要求

罩棚吊顶设计标高应考虑吊顶系统安装结构的高度。
对于钢结构、混凝土结构，吊顶系统安装结构高度（不包含吊杆的长度）应至少保证从罩棚结构最低处到吊顶完成面180mm。
对于球形网架结构，吊顶系统安装结构高度（不包含吊杆的长度）应至少保证从罩棚结构最低处到吊顶完成面250mm。

· 罩棚立柱面标高要求
根据吊顶系统安装结构高度确定吊顶设计标高，从而确定立柱面标高控制线（用水准仪或经纬仪测定标高）。

· 龙骨间距要求
专用龙骨必须具有防风构造设计，专用龙骨、基架龙骨及吊杆的间距和吊杆的长度都需要满足抵抗风压的要求。

E.1.2.69 罩棚吊顶方案说明

面板组成说明

罩棚金属吊顶面板采用白色300C铝合金条板与白色150宽铝合金条板组合的形式，材质均为0.7mm厚高等级铝镁锰合金。

龙骨组成说明

龙骨系统采用专用龙骨（吊架龙骨+暗架龙骨），基架龙骨（30×30×3热镀锌角钢）及吊杆（30×30×3热镀锌角钢）三种形式。当罩棚结构为轻钢结构（面板排布平行于次钢梁）或网架结构时应增加转换层龙骨，龙骨系统应满足抵抗10级台风或12级台风要求。

转换层龙骨的概念

在满足抵抗风荷载，基架龙骨间距和吊杆间距的要求下，轻钢结构罩棚（面板排布方向与次钢梁平行的情况下），钢网架结构罩棚应增加转换层龙骨。转换层龙骨采用：50×50×5热镀锌角钢、20×40×2热镀锌钢方管、30×60×2热镀锌钢方管三种形式。

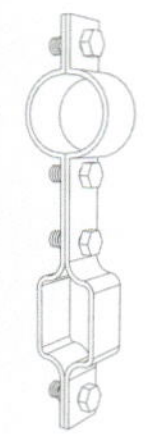
网架抱箍件

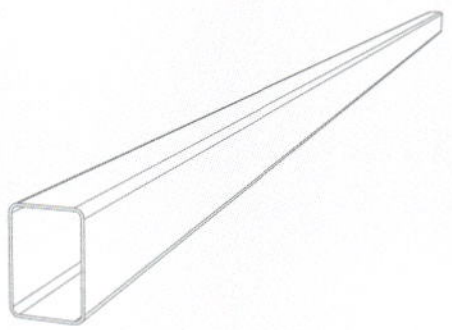
方通

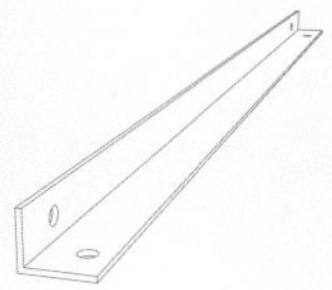
吊杆

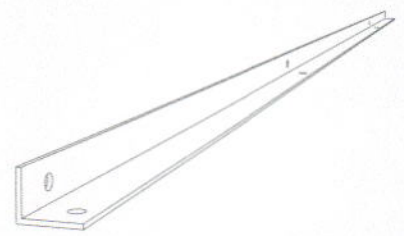
基架龙骨

暗架龙骨扣件

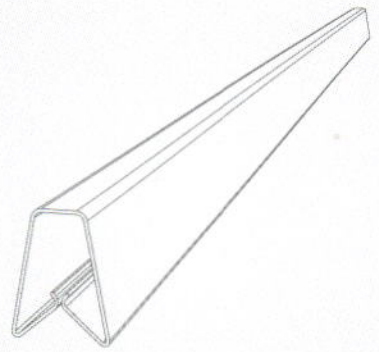
专用龙骨（暗架龙骨）

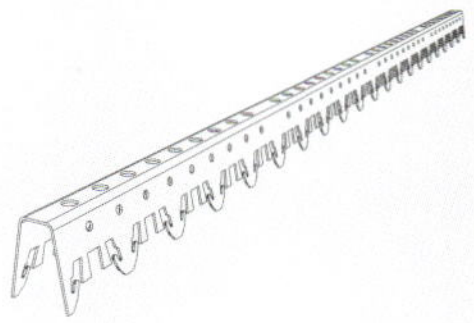
专用龙骨(300C吊架龙骨)

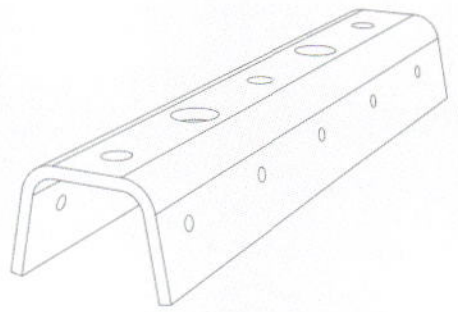
吊架龙骨专用连接件

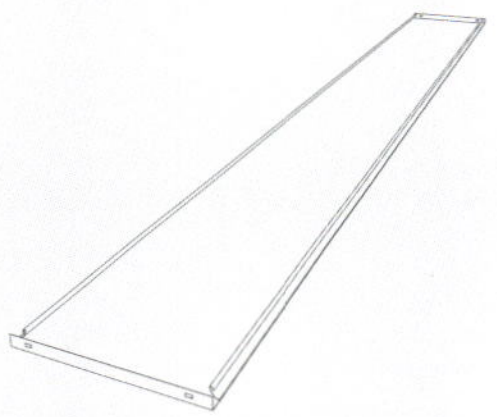
300铝合金条板

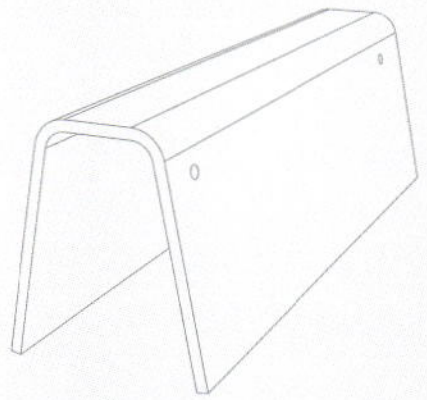
暗架龙骨连接件

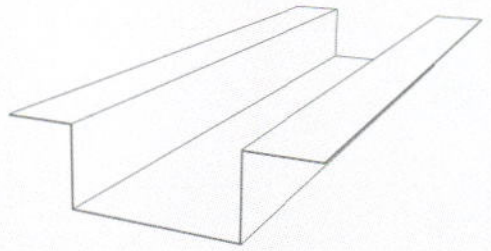
收口件

E.1.2.70 吊顶单件安装示意

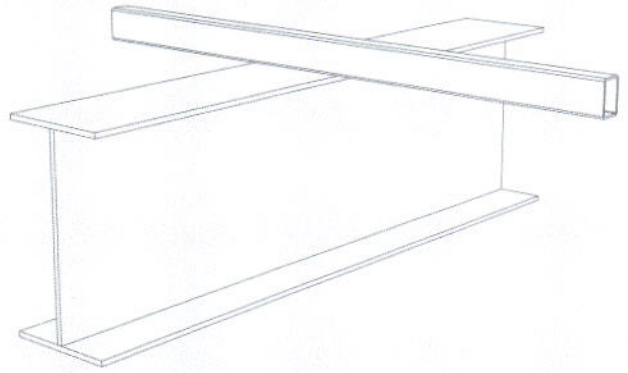

钢构架转换吊杆安装示意图

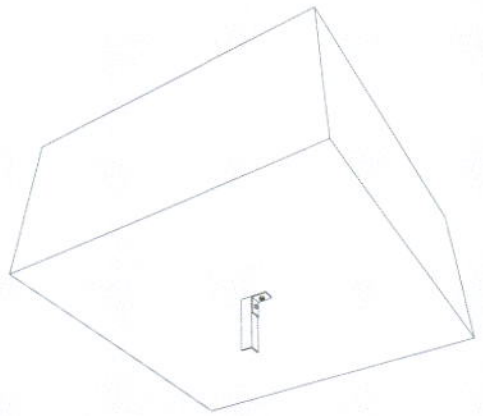

砖混结构吊杆安装示意图

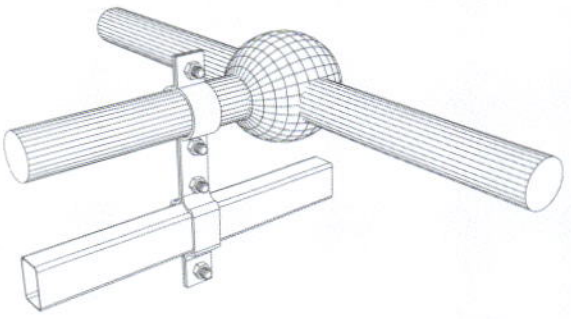

网架抱箍件安装示意图

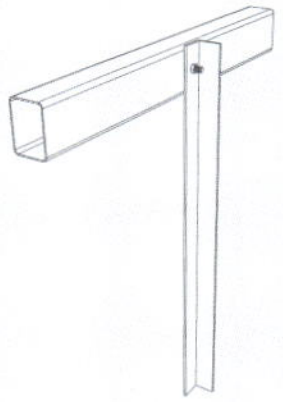

吊杆安装示意图

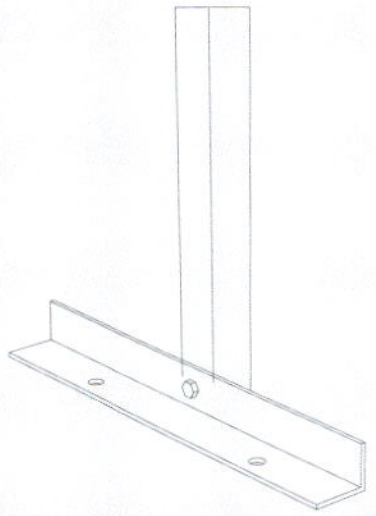

基架龙骨安装示意图

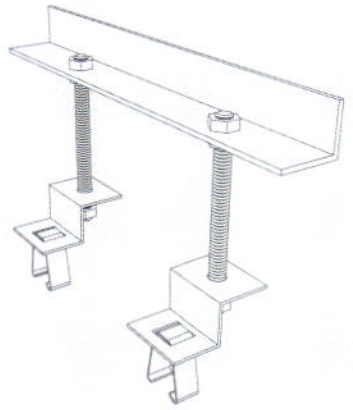

暗架龙骨扣件安装示意图

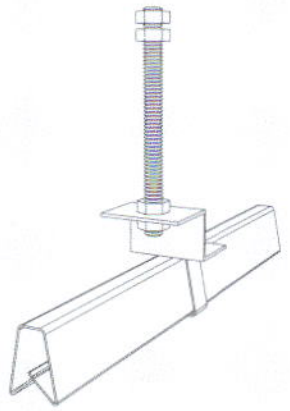

专用龙骨（暗架龙骨）安装示意图

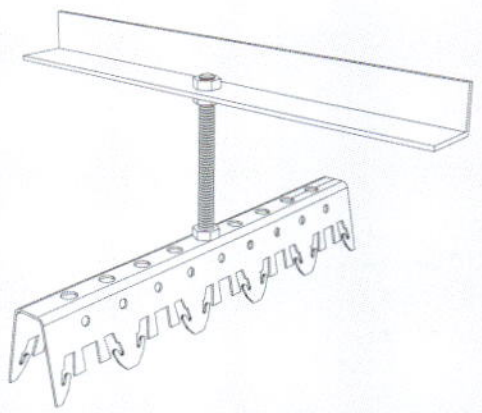

专用龙骨(300C吊架龙骨)安装示意图

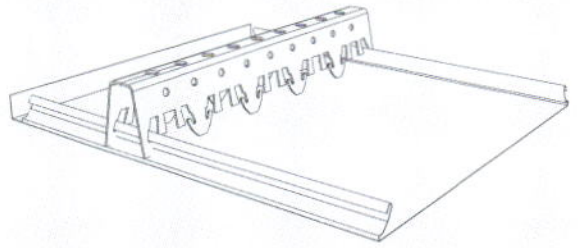

300铝合金条板安装示意图

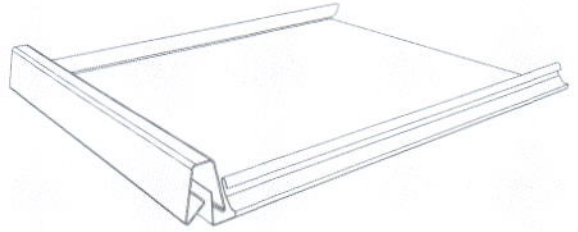

300宽铝合金条板拼接示意图

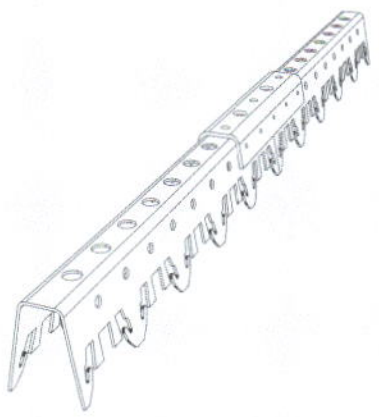

吊架龙骨专用连接示意图

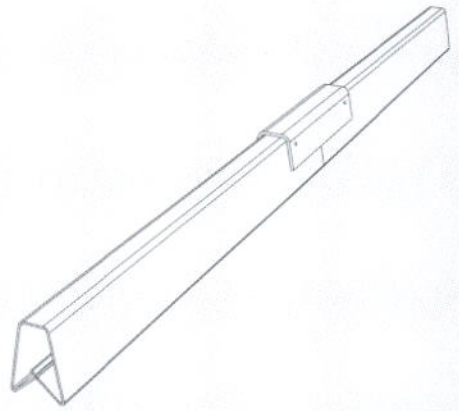

暗架龙骨连接安装示意图

E.1.2.71 混凝土结构吊顶安装示意

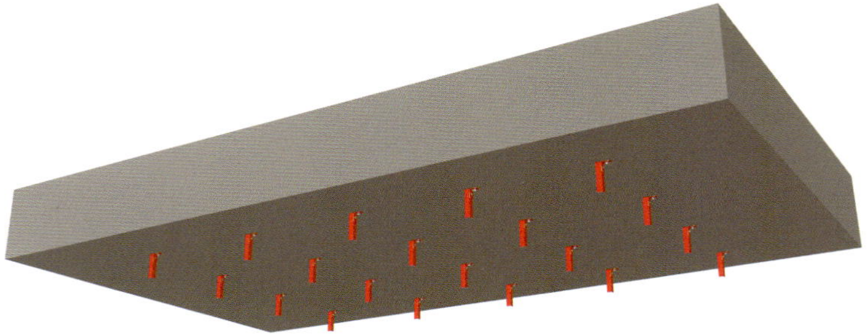

安装吊杆

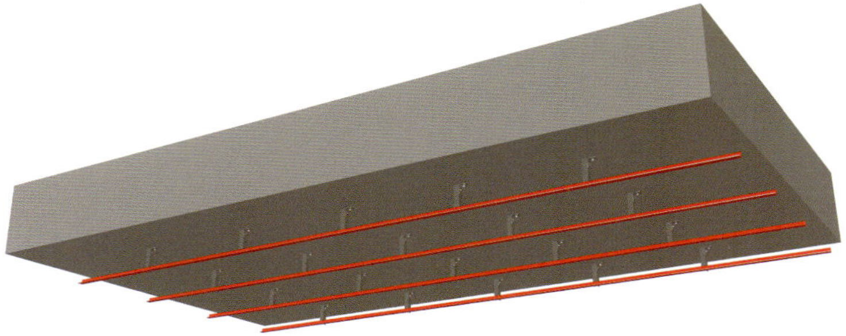

安装基架龙骨

注：基架龙骨安装完成后进行初步调平，用调平仪测量，调节吊杆，水平误差20~30mm。

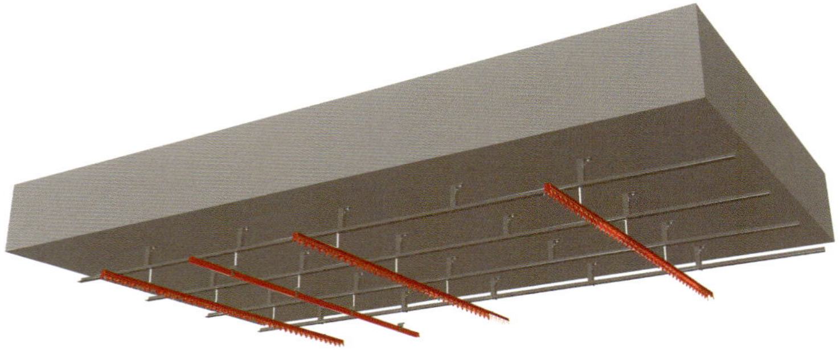

安装专用龙骨

注：专用龙骨安装完成后进行精准调平，用水平仪测量，调节螺杆，水平误差±2mm。

安装吊顶条板

E.1.2.72 网架结构吊顶安装示意

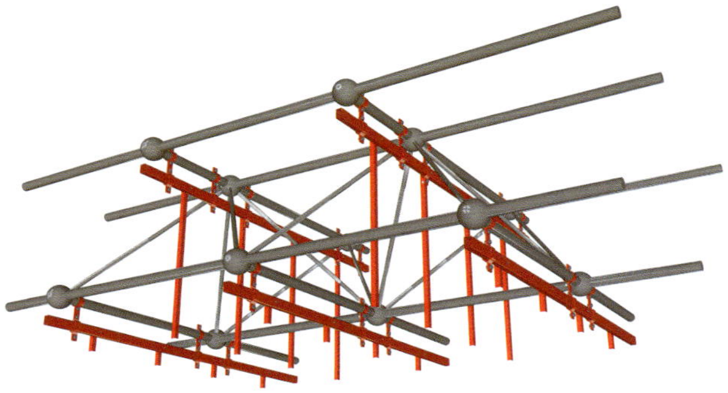

安装吊杆

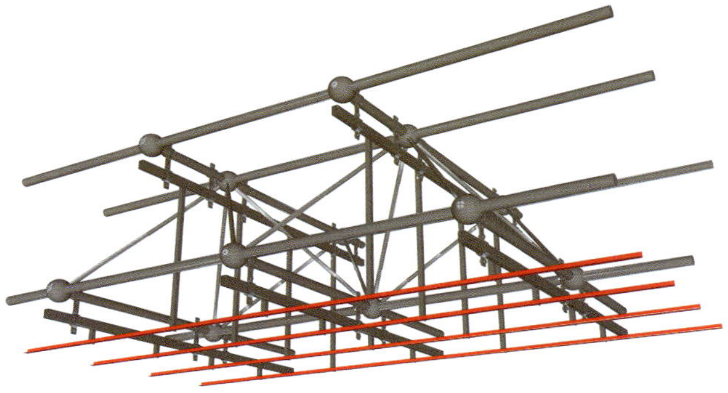

安装基架龙骨

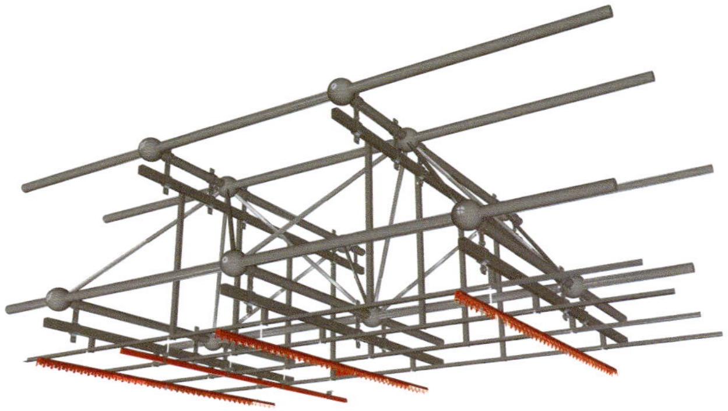

安装专用龙骨

安装吊顶条板

E.1.2.73 钢结构吊顶安装示意

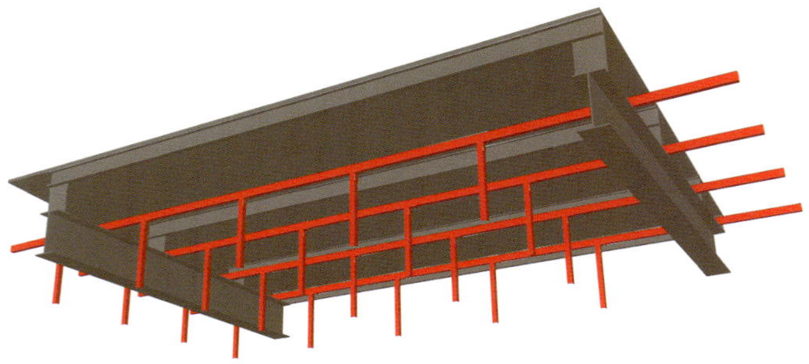

安装吊杆

安装基架龙骨

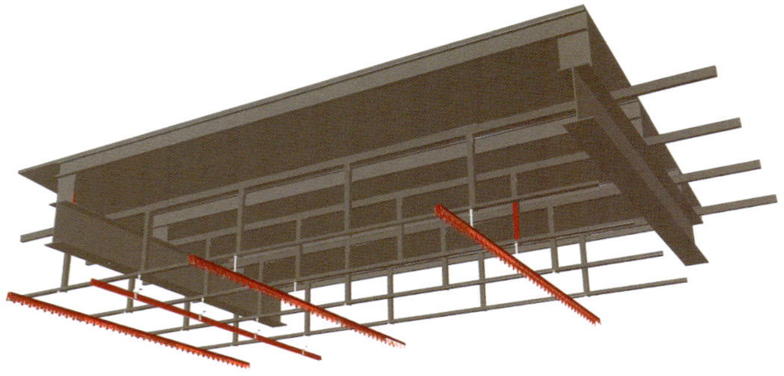

安装专用龙骨

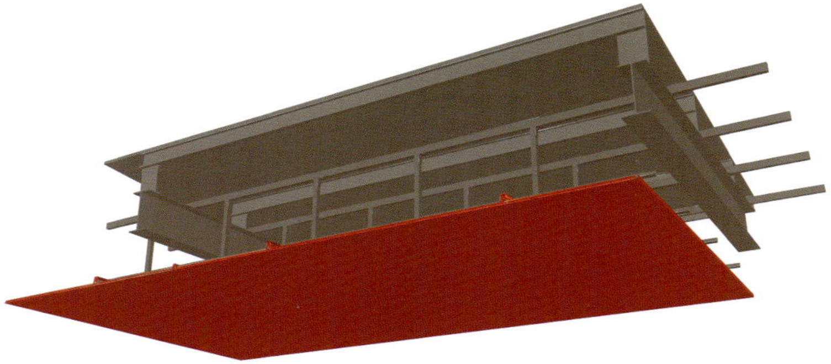

安装吊顶条板

E.1.2.74 吊顶条板排布原则

· 吊顶条板在排布前，应要求施工单位根据罩棚结构进行地面投影面找方，罩棚短边方向应满足300mm宽的模数。

· 吊顶条板排布方向应平行于罩棚长边方向。

· 吊顶条板排布应从主迎客面开始排布，需裁切条板应预留于非迎客面。

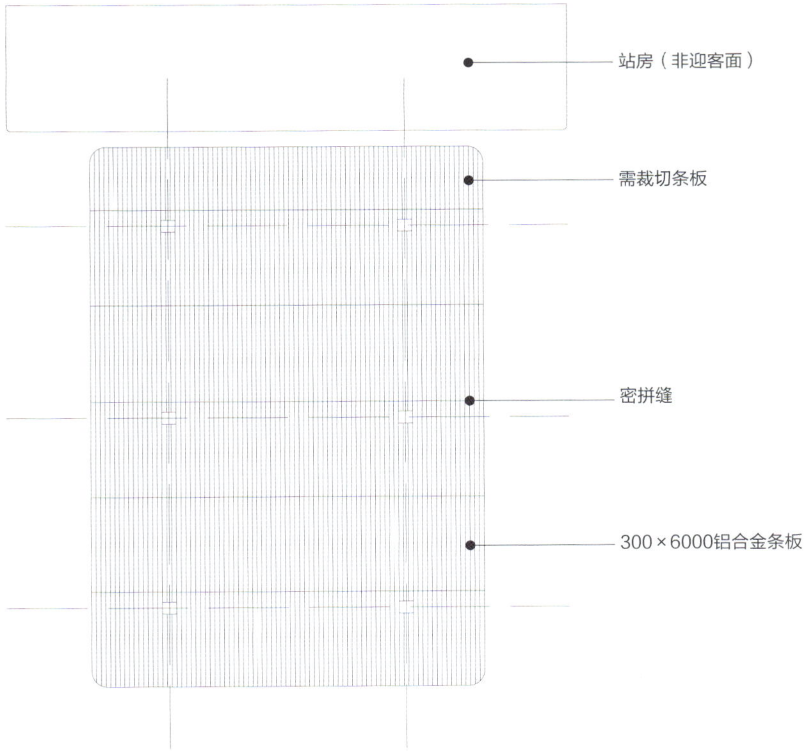

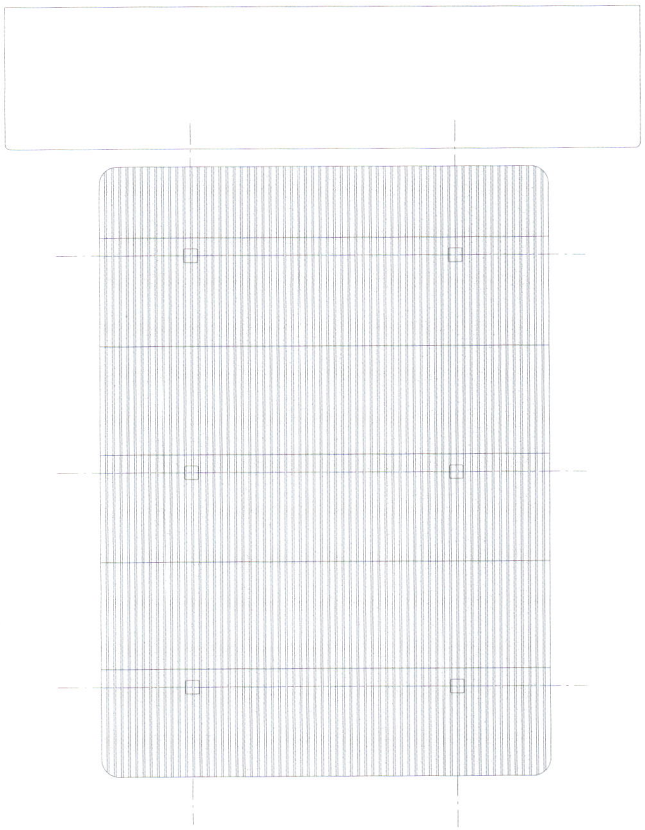

E.1.2.75 铝塑板檐口轻钢罩棚工艺图

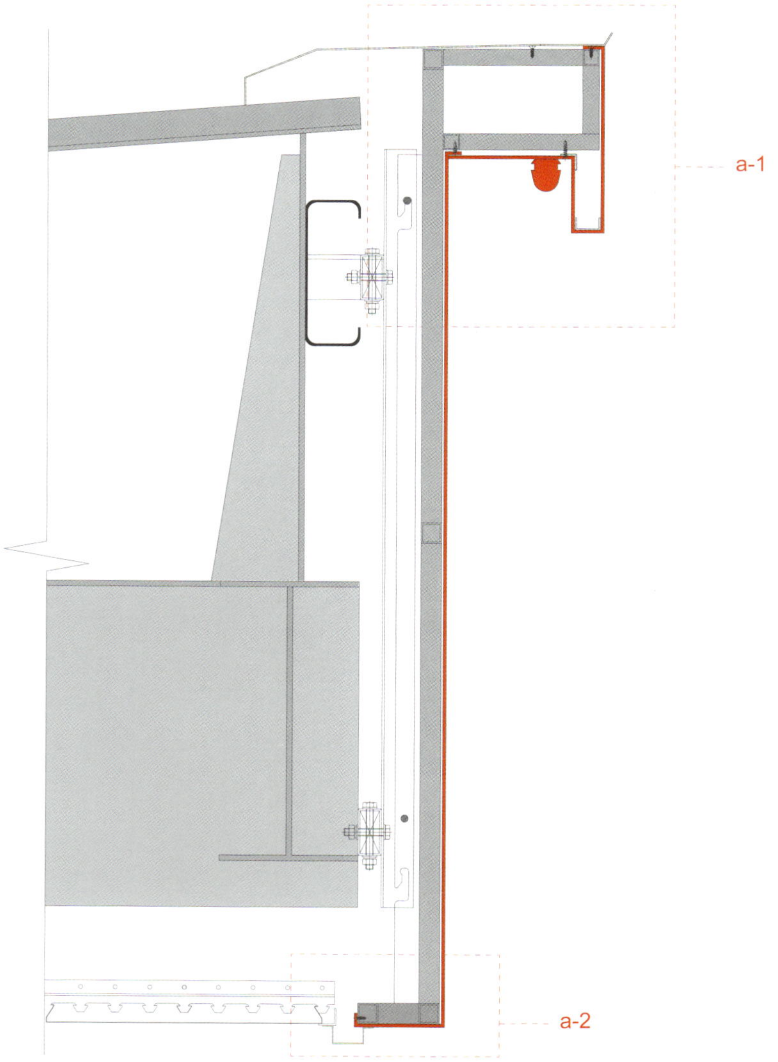

a-1

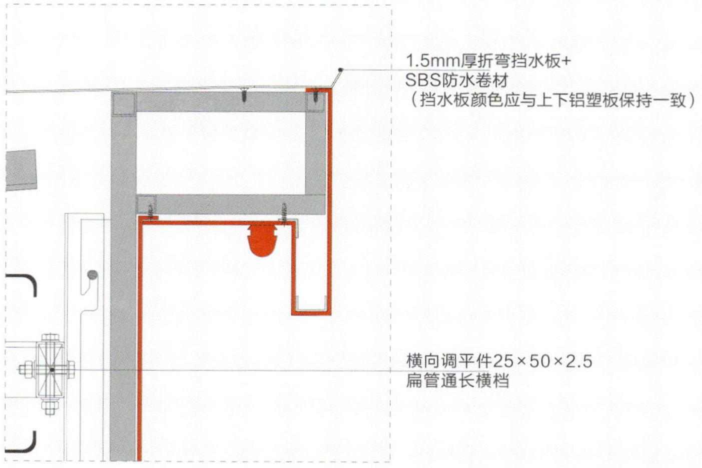

a-2

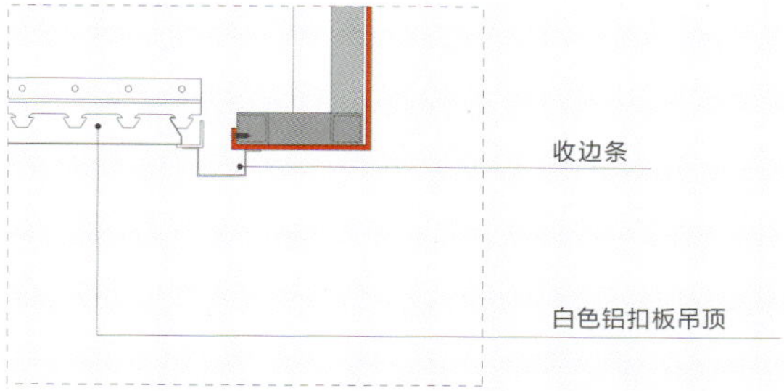

E.1.2.76 铝塑板檐口球形网架罩棚工艺图

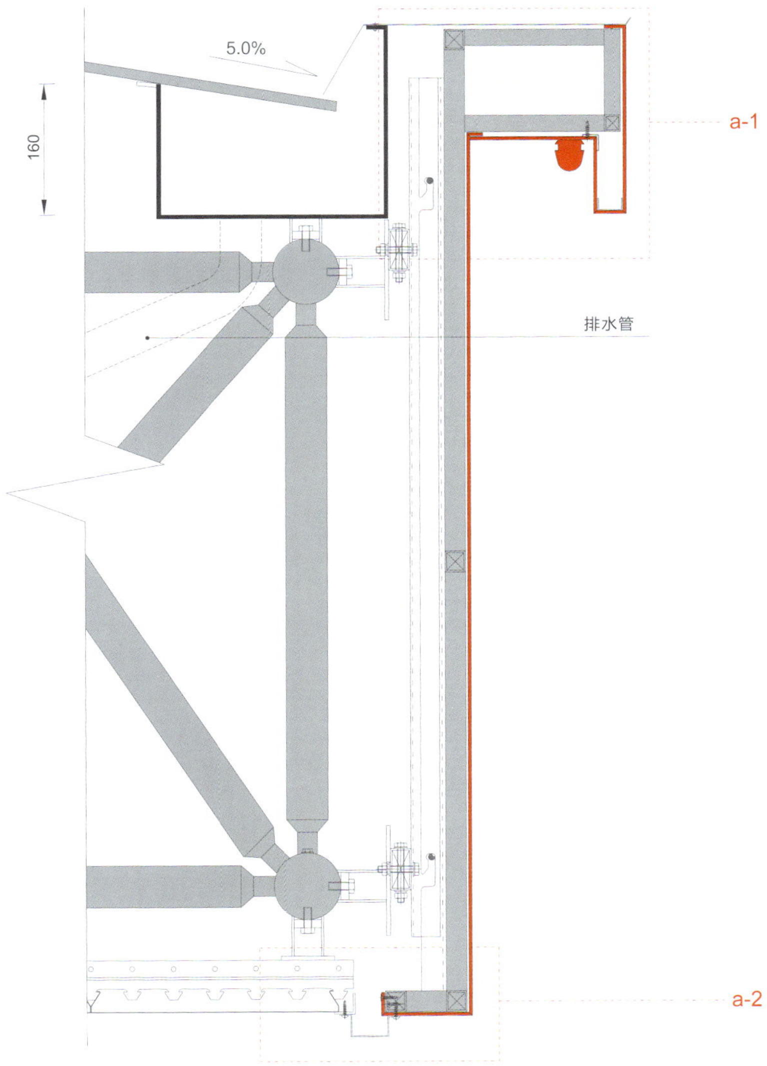

a-1

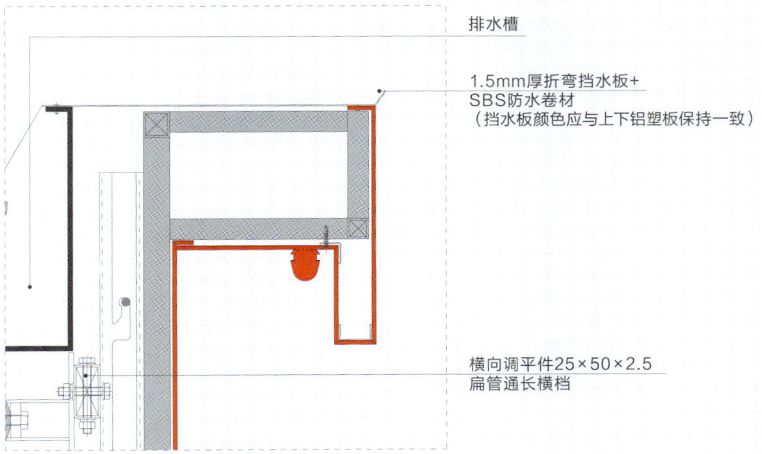

a-2

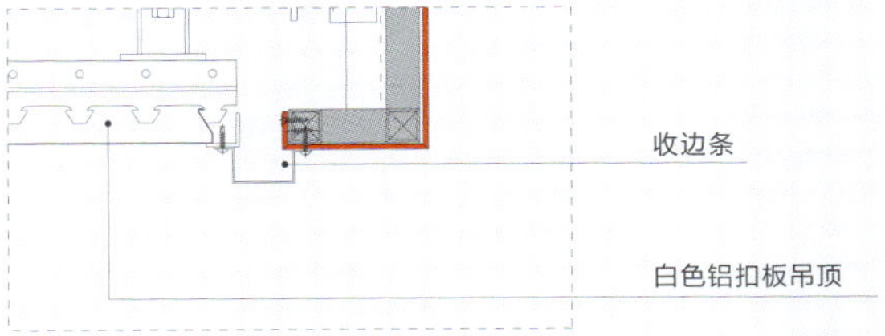

E.1.2.77 铝塑板檐口混凝土罩棚工艺图

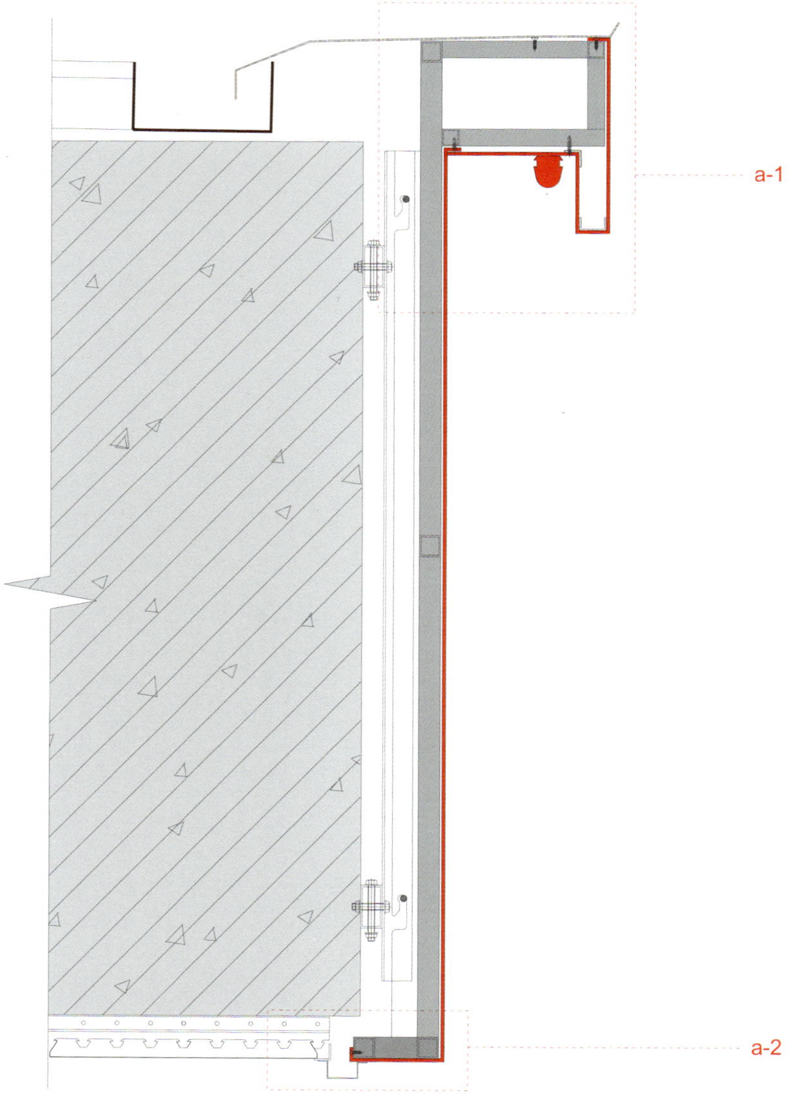

a-1

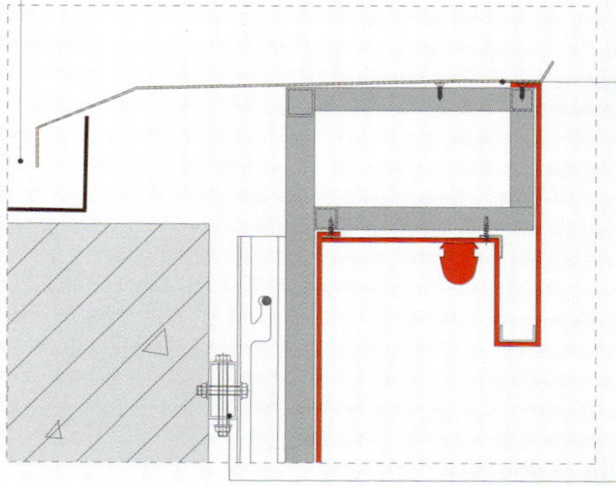

a-2

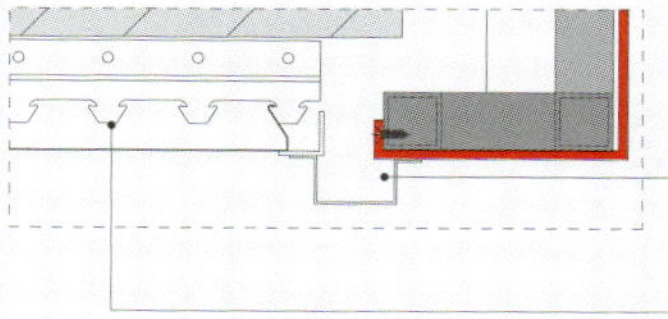

E.1.2.78 灯布型檐口安装示意（一）

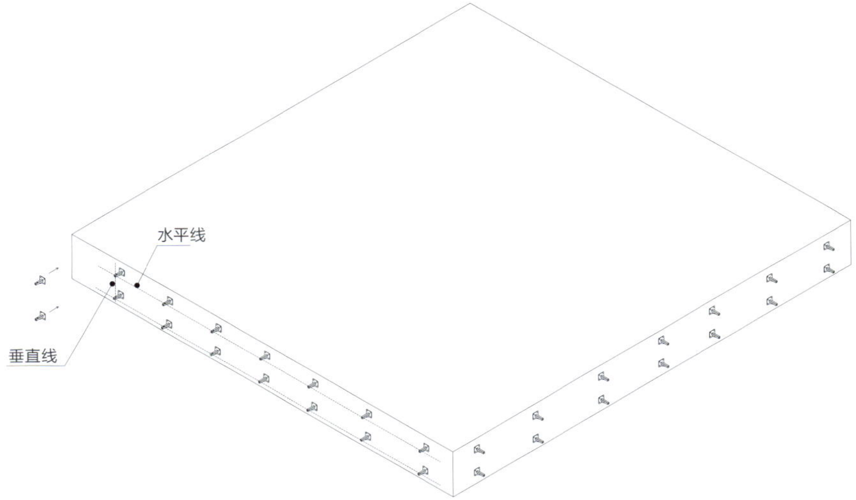

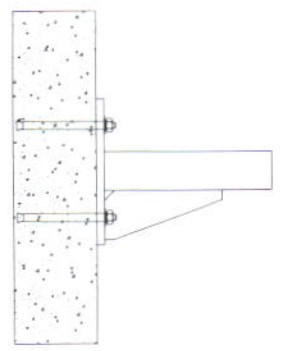

安装剖面图

安装步骤一：
用M8膨胀螺丝在罩棚混凝土墙面上固定好预埋底撑支架，使用红外线测量调平支架的水平度和垂直线。

安装前注意事项：
1. 安装需使用作业平台车，做好警示区等安全工作，须注意安全问题；
2. 检查个人安全防护用品，检查登高作业车及其他设备，围闭施工范围。

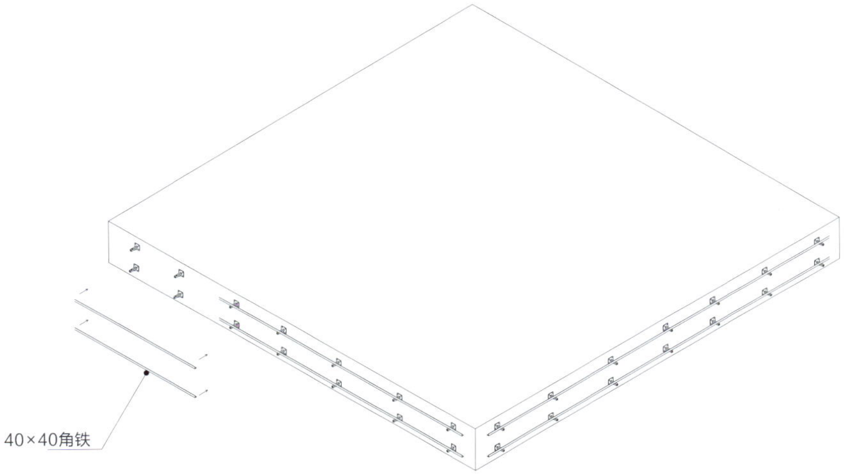

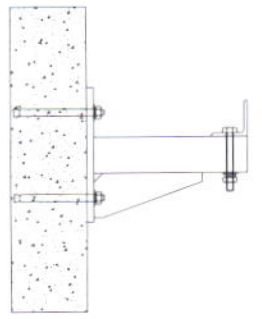

安装剖面图

安装步骤二：
安装40×40角铁调平骨架，用M8×65螺丝杆连接底撑支架固定，使用红外线测量调平。

安装前注意事项：
按各站实际情况，拆除原有檐口，加固原有灯箱骨架或安装全新调平支架。

E.1.2.79 灯布型檐口安装示意（二）

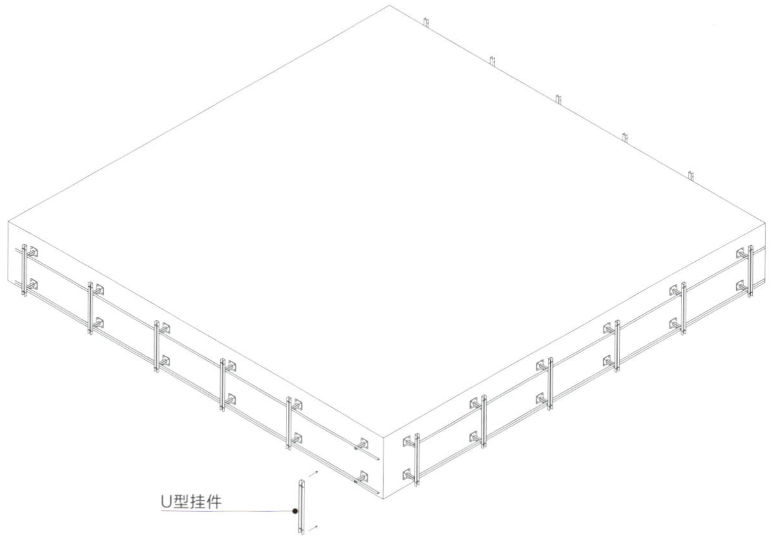

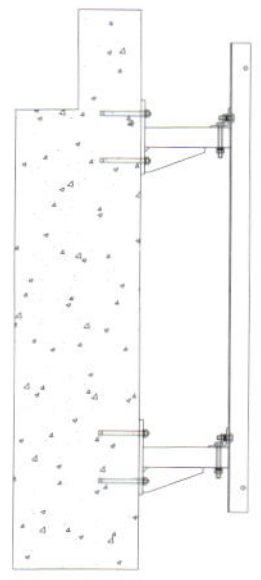

安装剖面图

安装步骤三：
用M8×25螺丝杆固定好U形挂件。

安装前注意事项：
检查支架牢固度，加固原有支架或安装U形挂件高度。

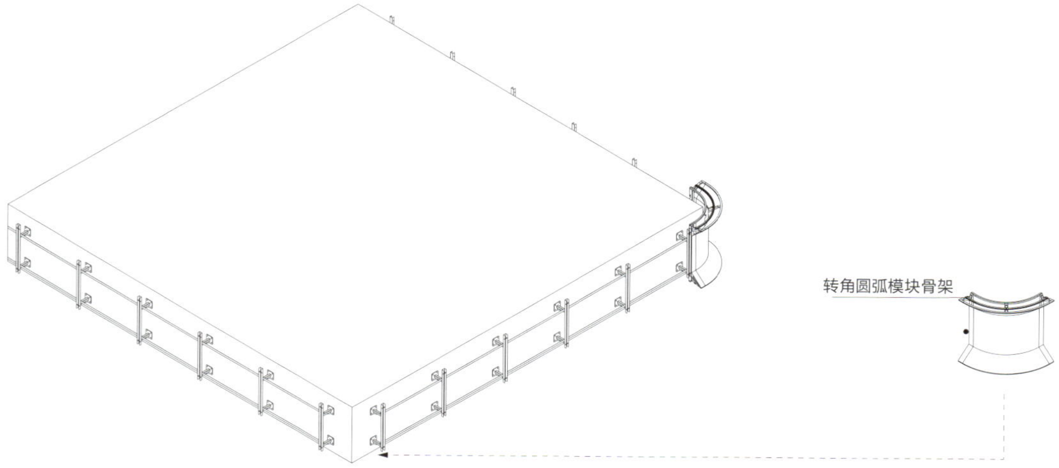

安装步骤四：
安装两侧的转角圆弧模块骨架。

安装前注意事项：
从转角位开始安装转角模块，调整水平度。

E.1.2.80 灯布型檐口安装示意（三）

注：因檐口施工周期短，测量难度高，或超长檐面等情况需要灯布分段安装，现场拼接时，需注意临街面不可留接缝，入口面接缝位置建议为中国石化中英文字之间，出口面接缝位置建议为红色膜之上，距离右侧白色灯布斜角位置约 3m 处，严禁在白色灯布区域拼接。

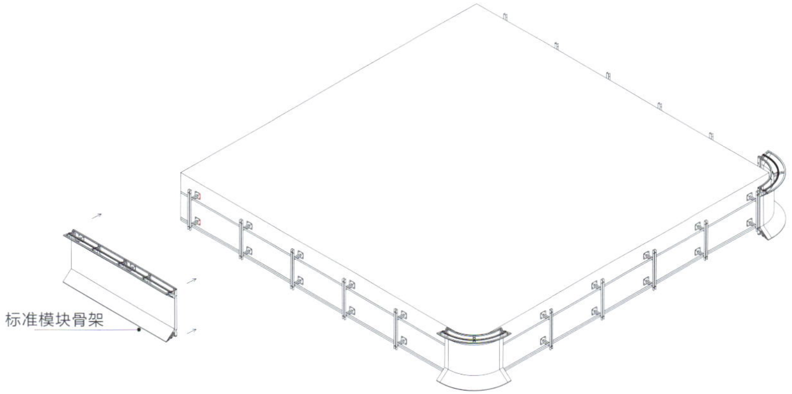

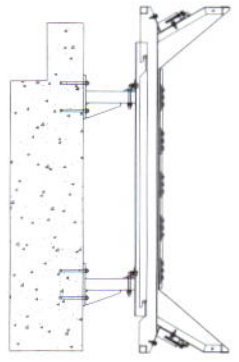

安装竖剖图

安装步骤五：
1. 从左往右开始挂装标准模块骨架；
2. 调节模块根据现场实际尺寸裁切；
3. 裁切处需做防锈漆。

安装前注意事项：
1. 从转角位开始安装转角模块，安装收尾模块，调整水平度；
2. 一次安装标准模块及调节模块，保证每一个模块的水平度及垂直度；
3. 同时保证模块下檐口与罩棚天花齐平。

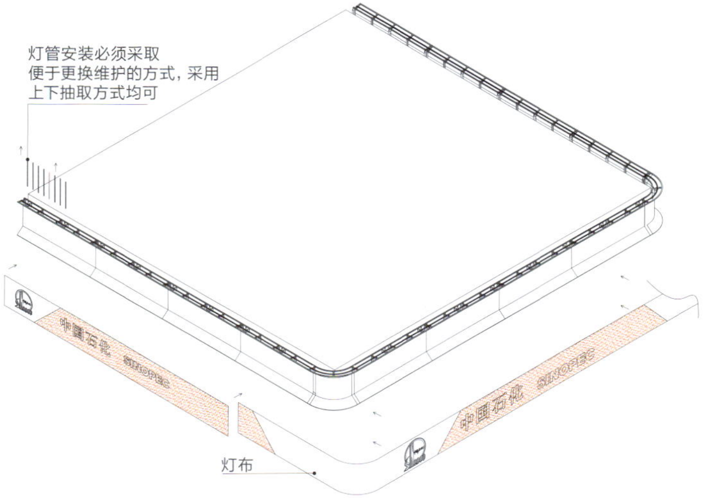

安装步骤六：
1. 挂装完成模块骨架，检查灯盘光源无误；
2. 灯布从左到右顺序安装，同时注意灯布的接驳位置。

安装前注意事项：
1. 光源安装完成检查无误，固定灯布起头，所有灯布按从左到右的顺序安装；
2. 特别注意灯布起头尺寸不得有误，按要求固定好起头位，松散固定灯布上部，亮灯测试亮光效果，无灯影；
3. 再次固定整面灯布，灯布固定平整牢固。

E.1.2.81 灯布型檐口安装示意（四）

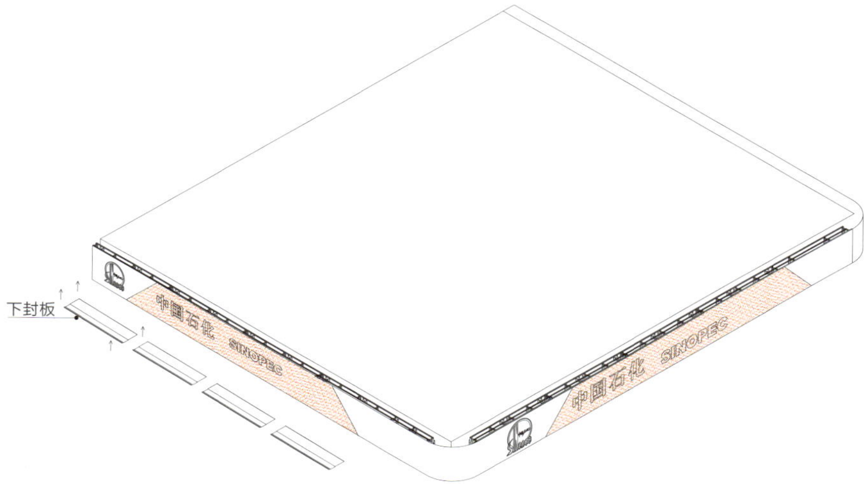

安装步骤七：
灯布用螺丝杆调节，调解时注意布面平整度，再安装下封板。

安装前注意事项：
安装时注意封板需拼接好，需要安装平整，防止灯箱漏光。

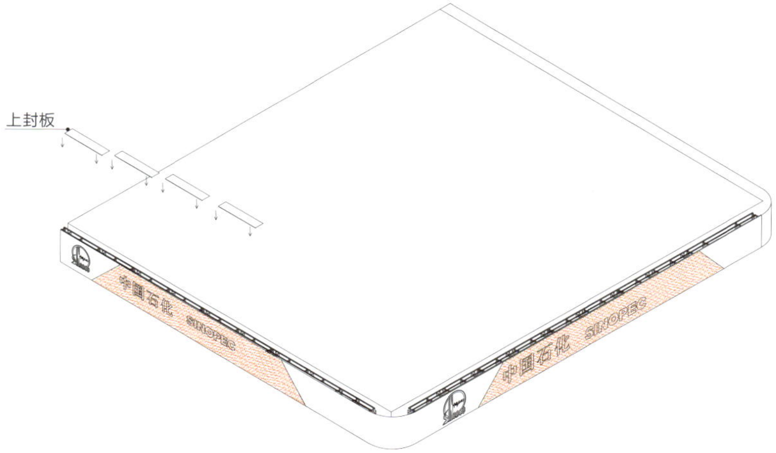

安装步骤八：
安装上封板，螺丝钉固定。

安装前注意事项：
安装时注意封板需拼接好，防止灯箱漏光。

E.1.2.82 灯布型檐口安装示意（五）

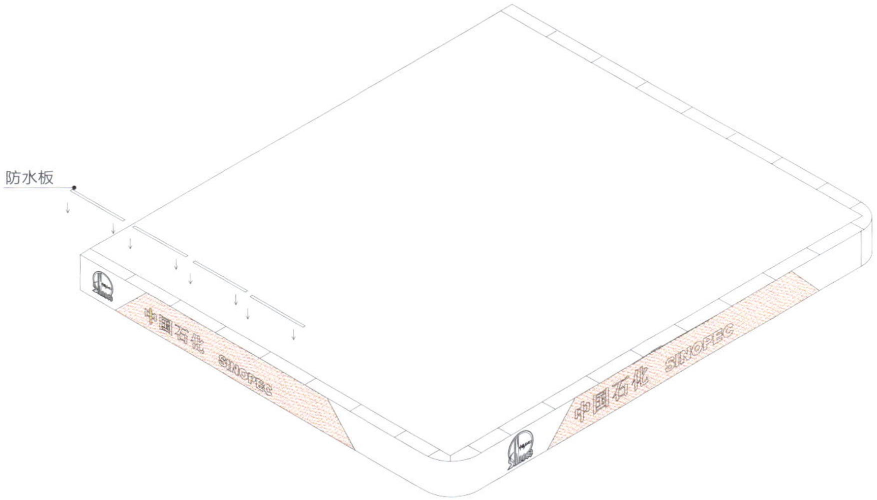

安装步骤九：
安装灯箱顶部铝型材防水板，螺丝钉固定。

安装前注意事项：
安装拼接好，注意平整度。

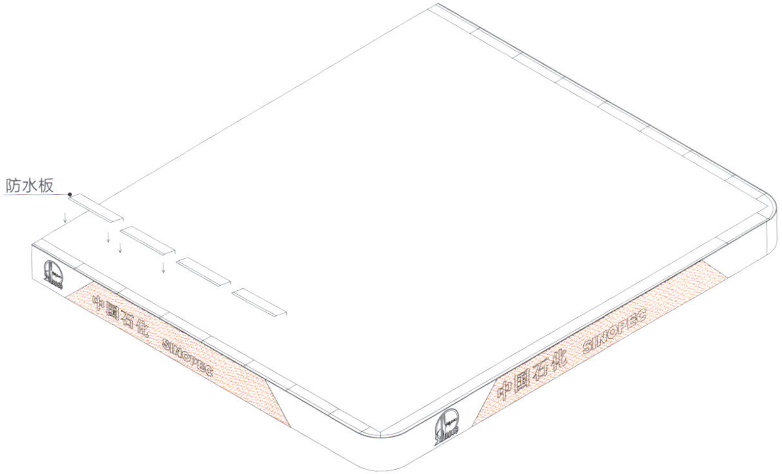

安装步骤十：
安装防水板，打胶做好防水。

安装前注意事项：
注意各接缝防水处理，做到100%防水处理。

E.1.2.83 灯布型檐口安装示意（六）

安装步骤十一：
1. 连接主电源线，测试整站发光效果，效果合格后即安装完毕；
2. 做好清洁。

E.1.2.84 灯布型檐口灯板技术要点

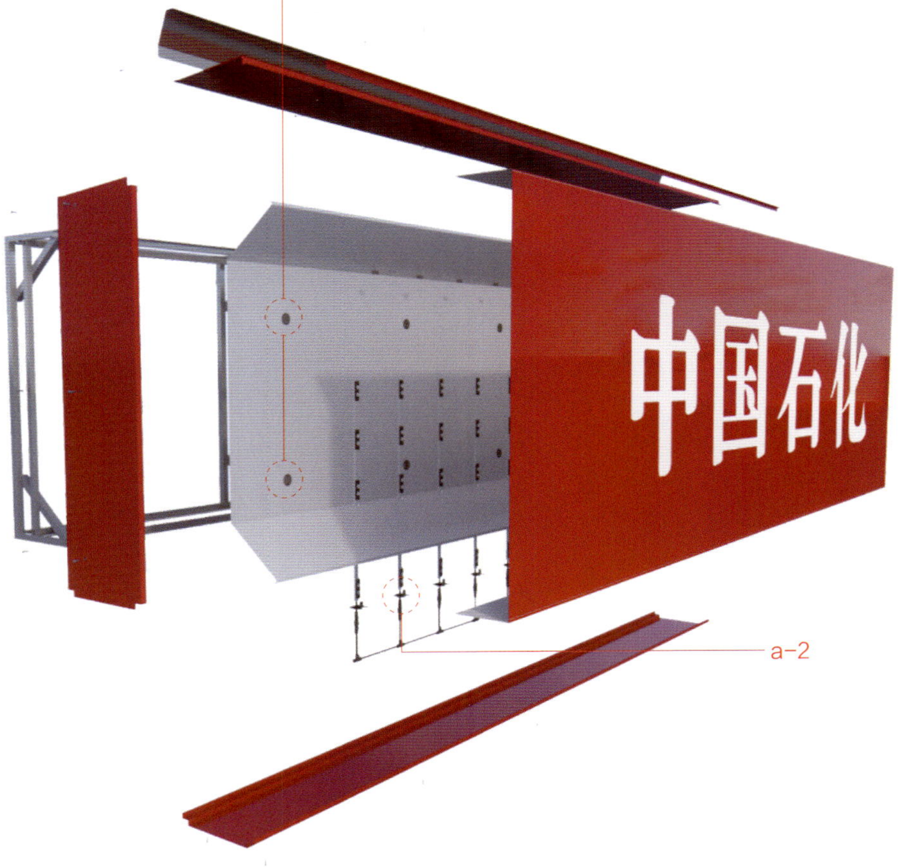

a-1

零件实物
每延米灯板开透气孔
上下对称 2 个

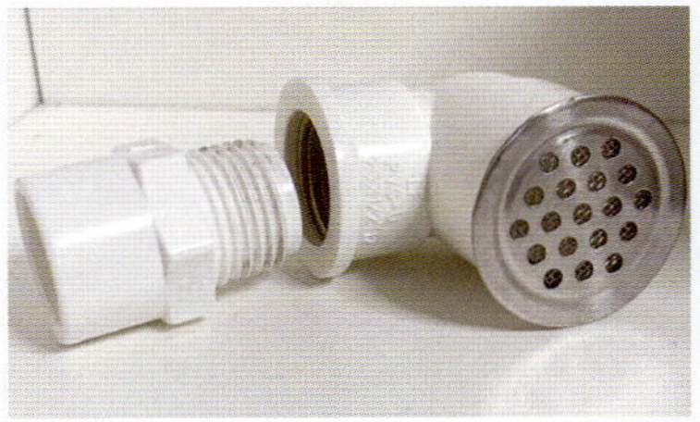

零件实物
开孔直径 ϕ25mm

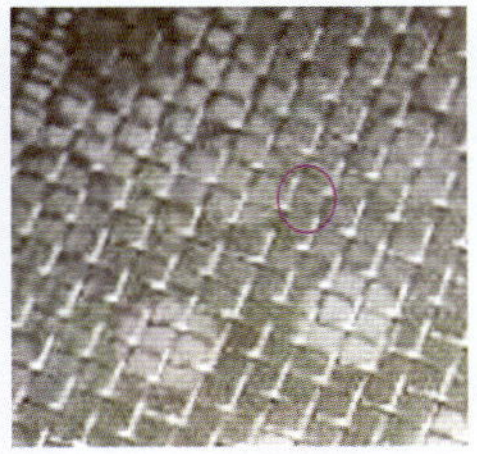

零件实物
另配防虫网直径
≤ 1mm

a-2

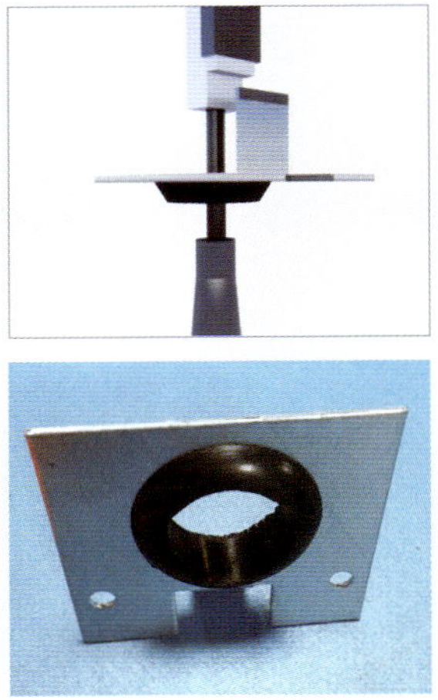

零件实物
必须安装护线圈
进行标准走线

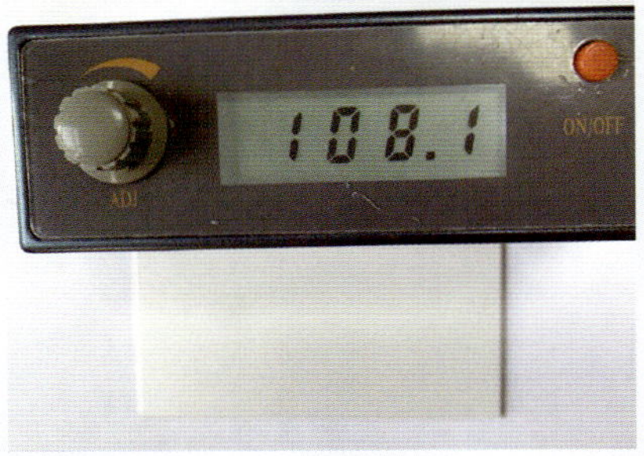

零件实物
（灯板面贴反光膜，光泽度超过 100%）
灯板建议贴 3M 反光膜
或用高光漆（光泽度 70%~90%）
进行预涂烤漆，保证打灯光效

E.1.2.85 铝塑板型檐口线路图

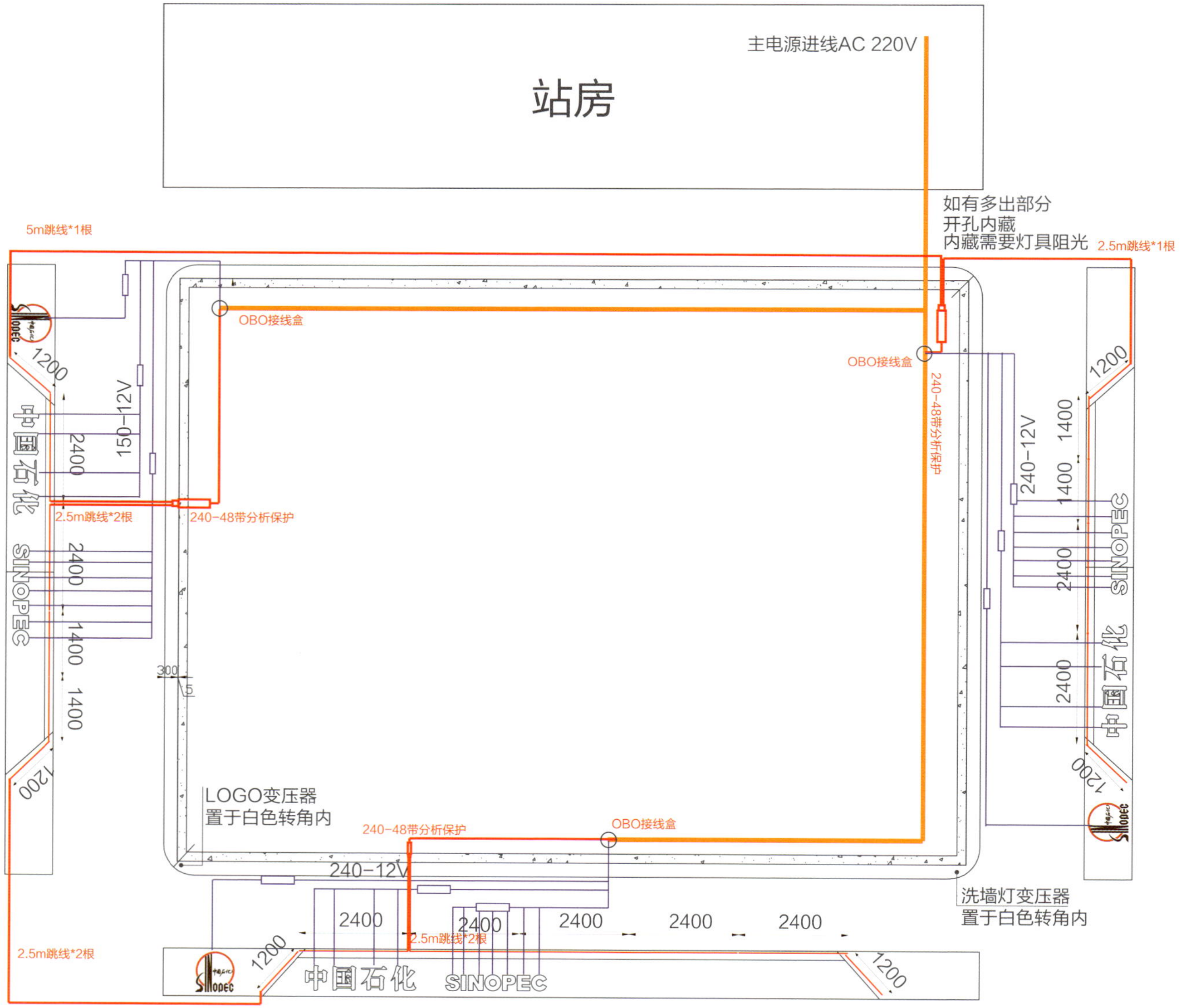

檐口灯条12/24/48V电源 IP65/67（红色走线）：

标准灯条L2400=14支，约403.2W；

非标灯条L1400=4支，约67.2W；

侧面灯条L1200=8支，约115.2W；

每米12W，合计功率：585.6W；

240-48电源3个，一个电源有两个输出口，

每一个接口可连接9.6m以内的灯带，合计9.6m+9.6m=17.2m内；

OBO接线盒3个；

2.5m跳线7根；

5m跳线1根。

LOGO+中国石化+SINOPEC字为12V电源(蓝色走线）

LOGO连接 150-12V电源

SIN连接 150-12V电源

OPEC连接 240-12V电源

3套LOGO+中国石化+SINOPEC合计：387W×3=1161W

整站檐口总功率：1161W+585.6W=1746.6W

E.1.2.86 灯布型檐口线路图

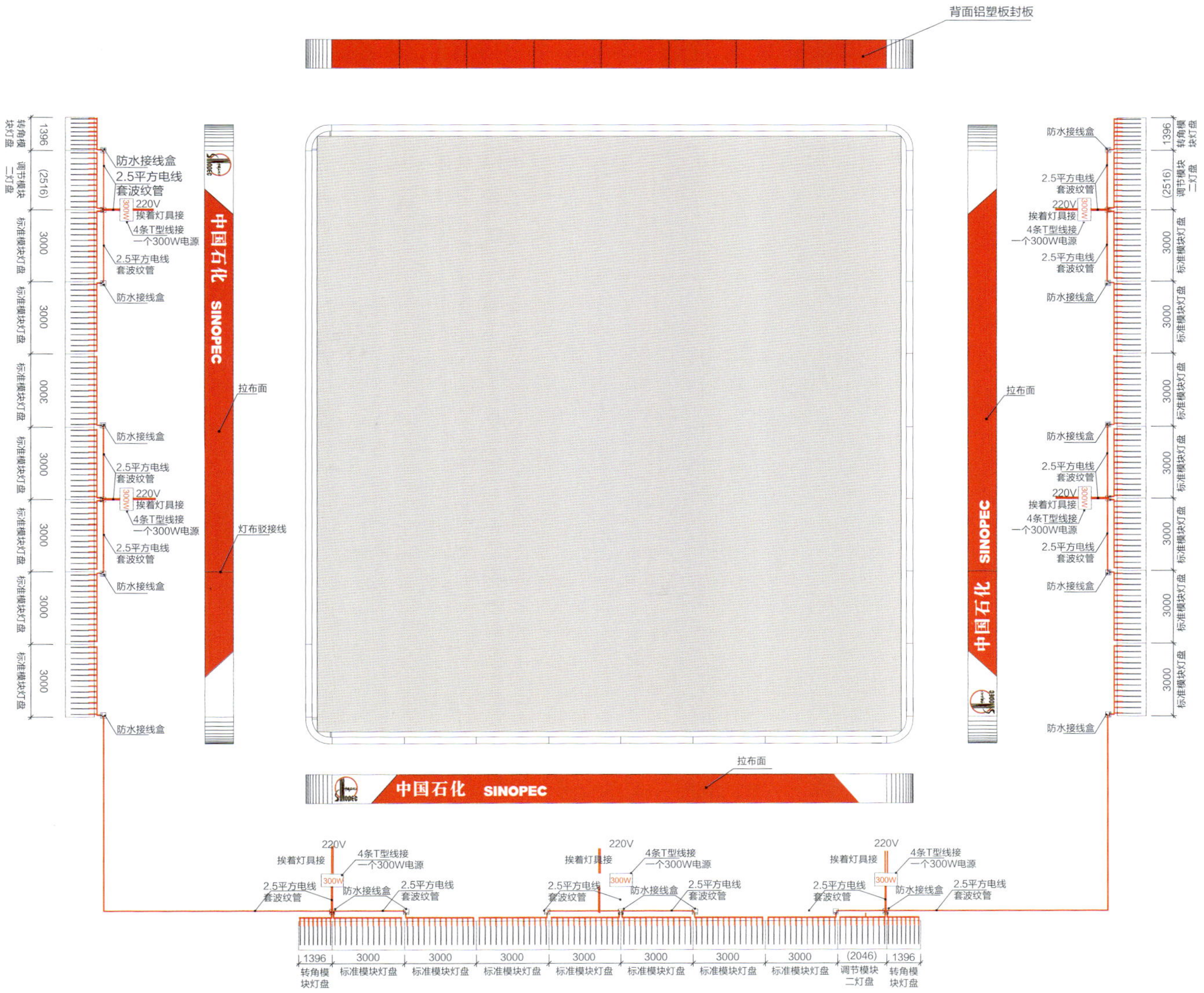

檐口灯盘7支，220V电源 IP65/67（红色走线）约300W；

4条T型线接一个300W电源

防水接线盒21个；

2.5平方电线套波纹管；

整站檐口总功率：2100W

/ E.1.3 加油岛

E.1.3.01 加油岛造型三视图（圆角造型形象）

以包柱 700mm 形象为例。

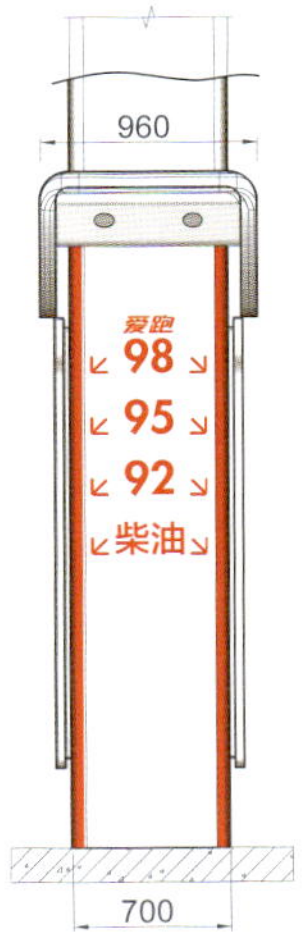

左视图

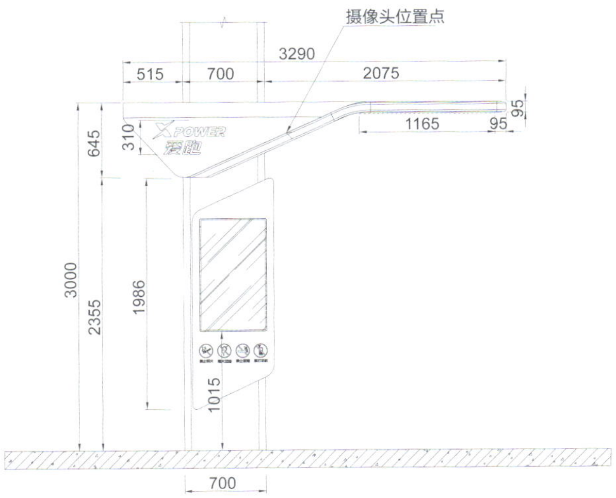

主视图

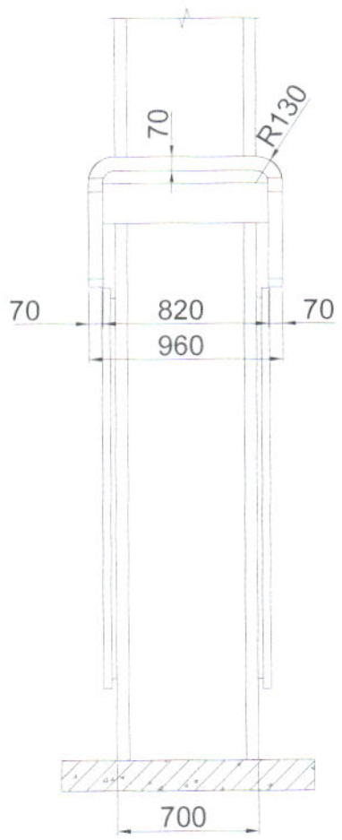

右视图

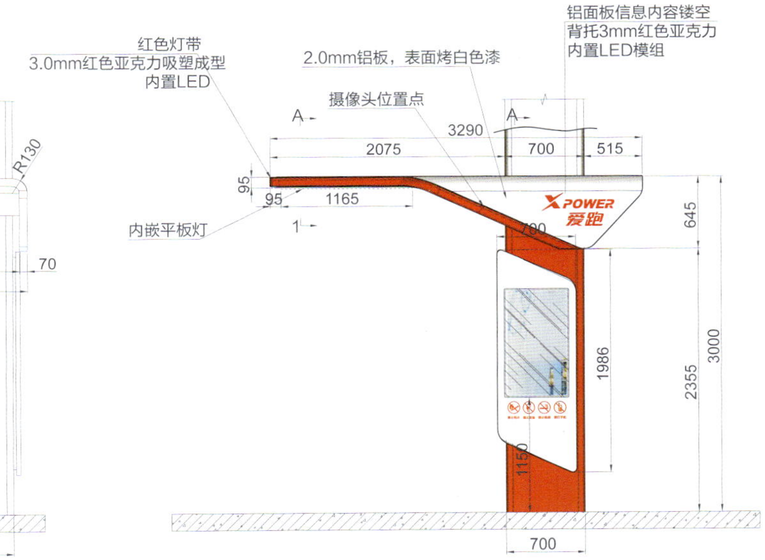

后视图

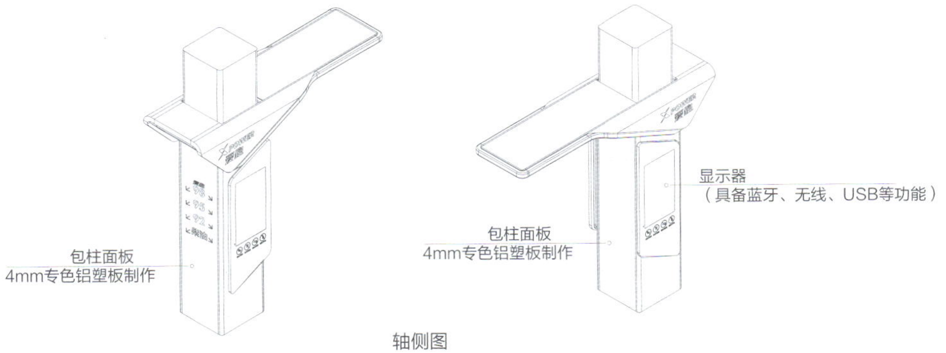

轴侧图

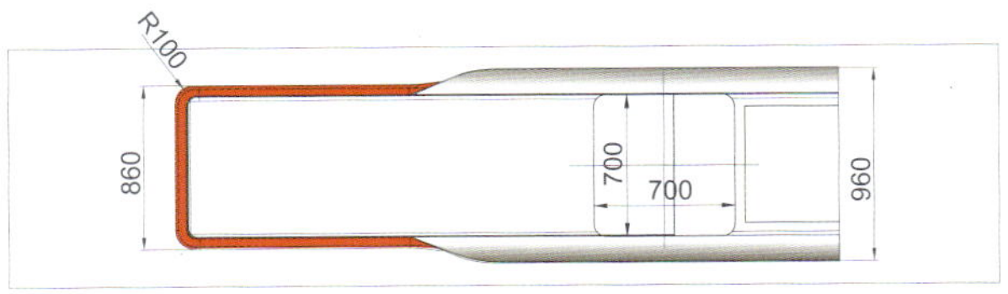

俯视图

说明：
1.加油岛分模块制作，能源信息模块正面组合、能源信息模块背面组合、支架、跳脚、摄像头面板、顶部左右封板、外圈红色灯带、平板灯八部分组成；
2.公司组装好发货，现场拆掉右边顶封板、右边摄像头面板、支架右边两根活动管安装；
3.跳脚与立柱内部钢架焊接或者M10螺栓连接；
4.显示屏具备蓝牙、无线、USB等功能。

E.1.3.02 加油岛造型（圆角造型形象）能源信息模块爆炸图

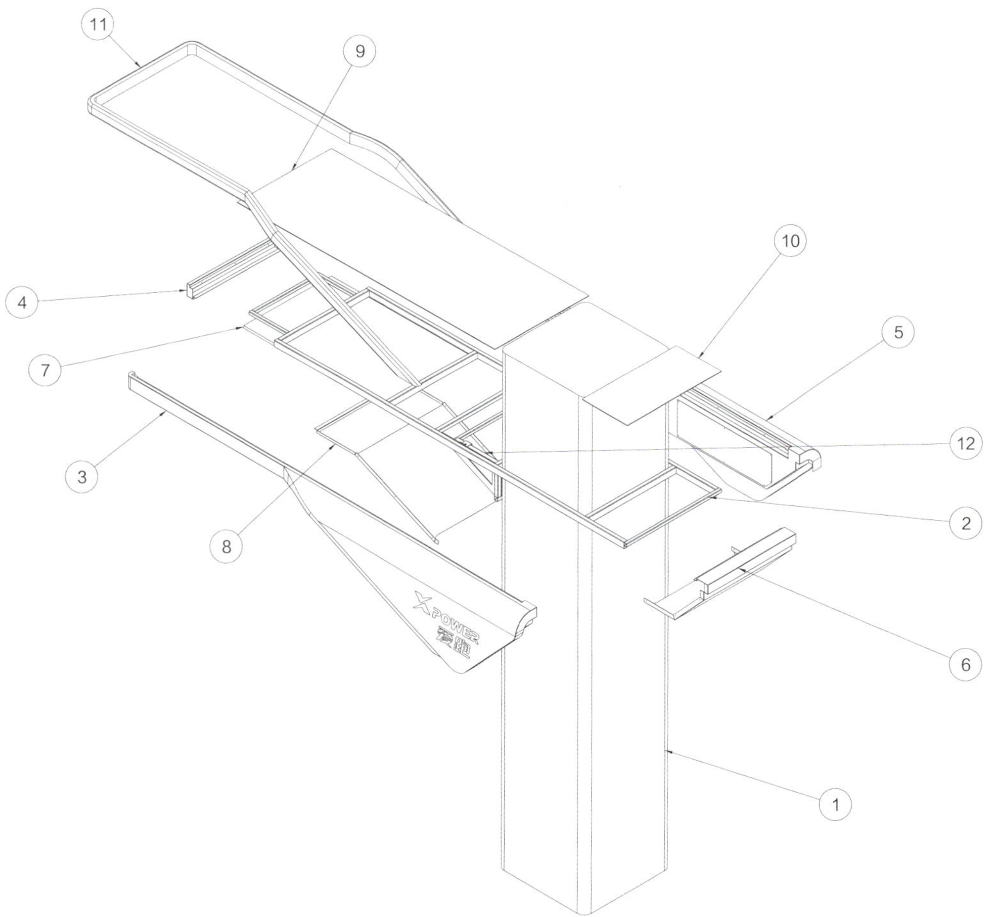

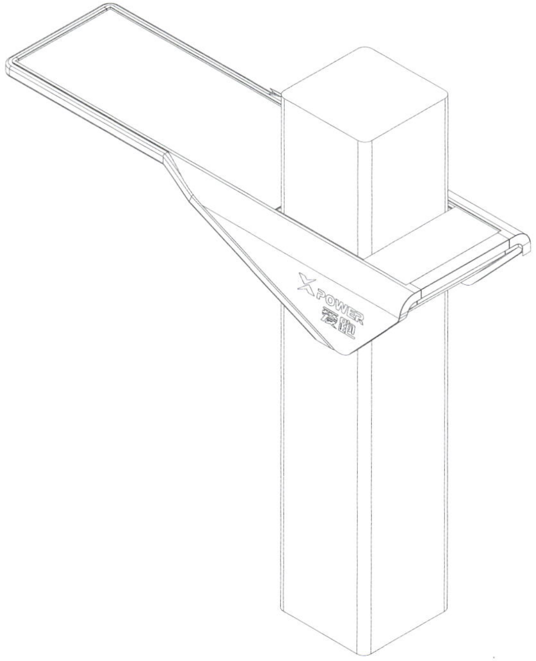

序号	名称	材质
1	包柱	
2	中国石化–内支架	
3	中国石化–能源信息模块正面组合	铝板T=2mm
4	中国石化–左上面板	铝板T=2mm
5	中国石化–能源信息模块背面组合	铝板T=2mm
6	中国石化–右摄像头面板	铝板T=2mm
7	平板灯	L1165×W753
8	中国石化–左摄像头面板	铝板T=2mm
9	中国石化–左边顶封板	白色铝塑板T=4mm
10	中国石化–右边顶封板	白色铝塑板T=4mm
11	中国石化–能源信息模块红色灯带	
12	跳脚	

E.1.3.03 加油岛造型（圆角造型形象）能源信息模块剖面图

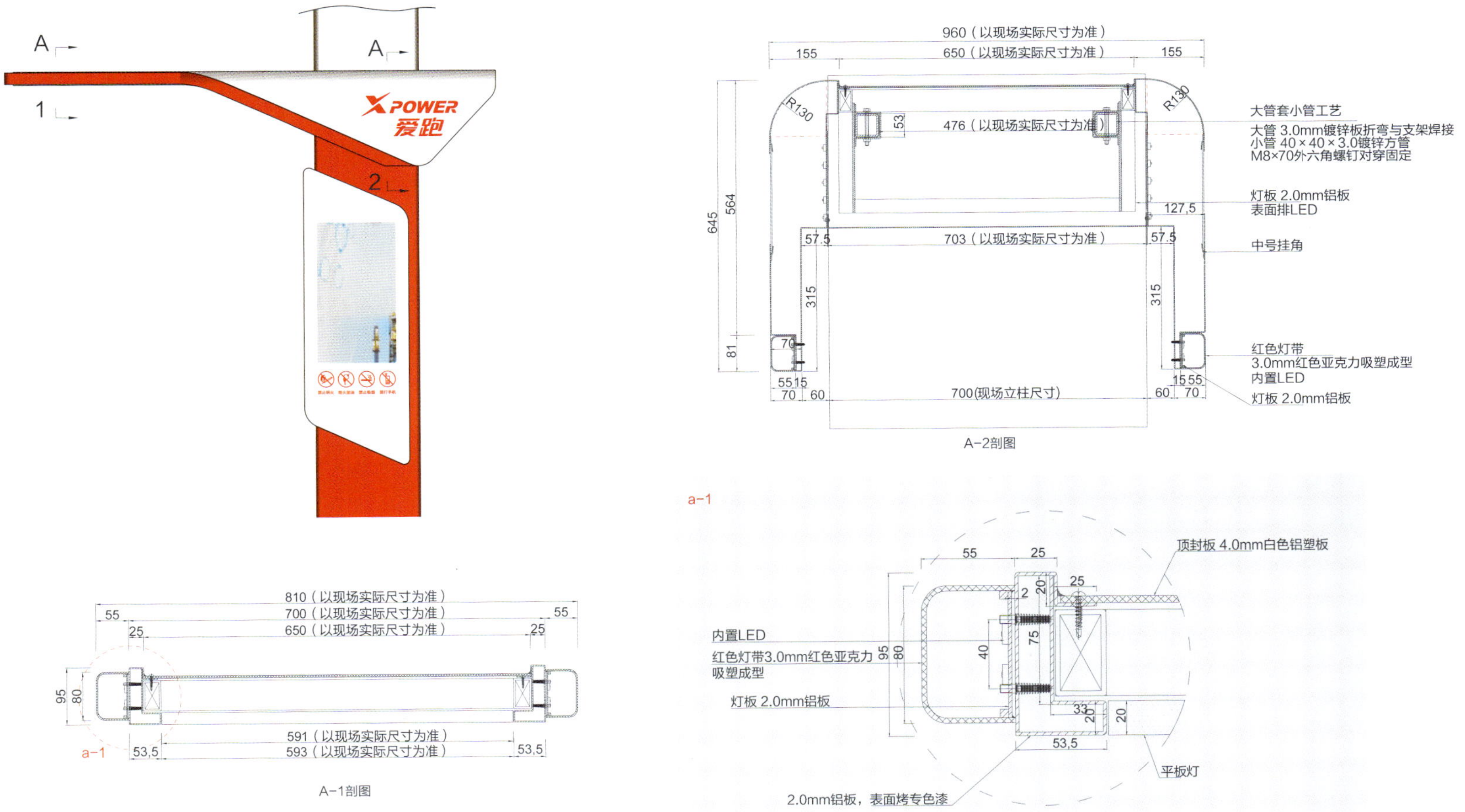

E.1.3.04 加油岛造型（圆角造型形象）能源信息模块透视图

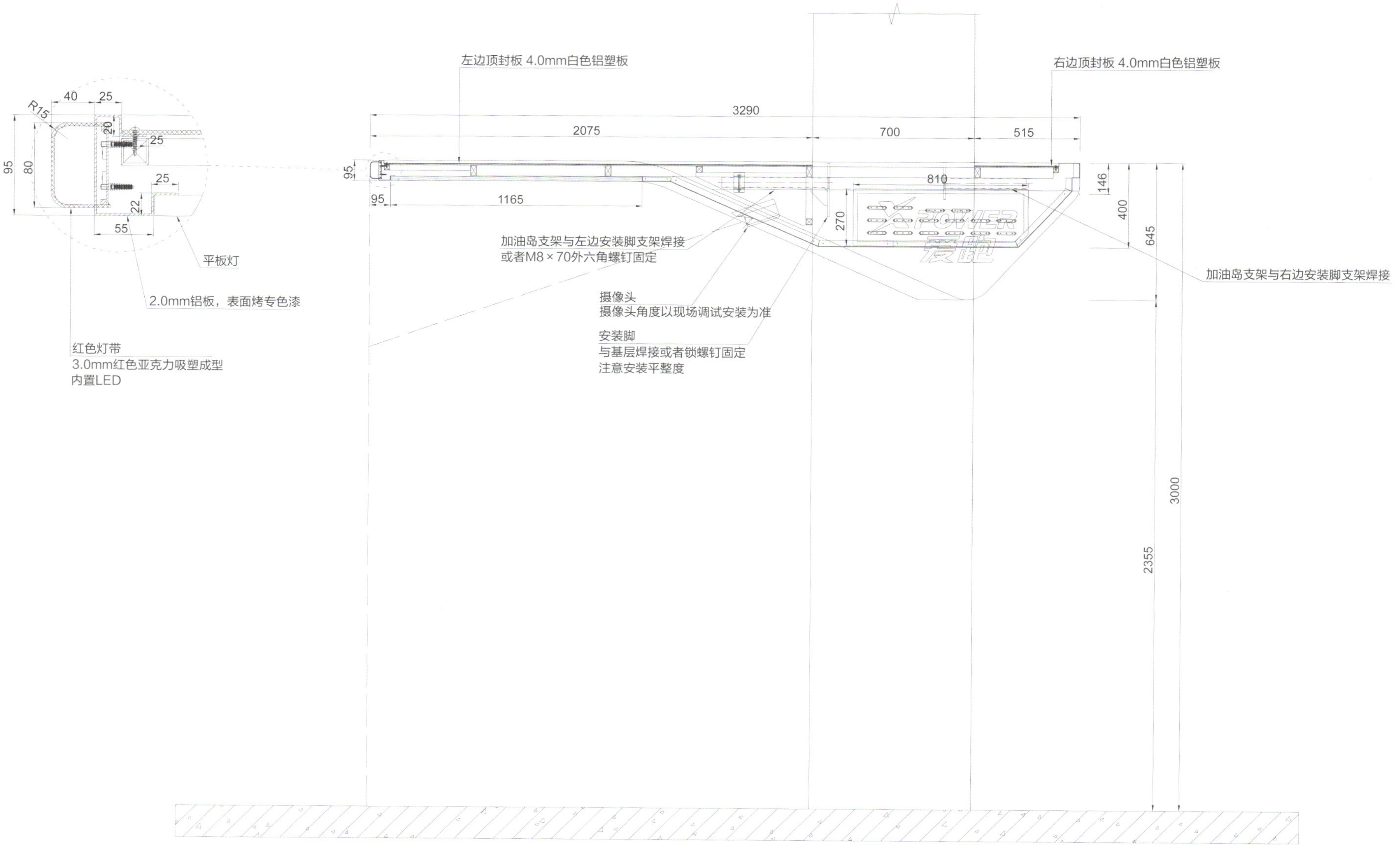

E.1.3.05 加油岛造型（圆角造型形象）能源信息模块支架图

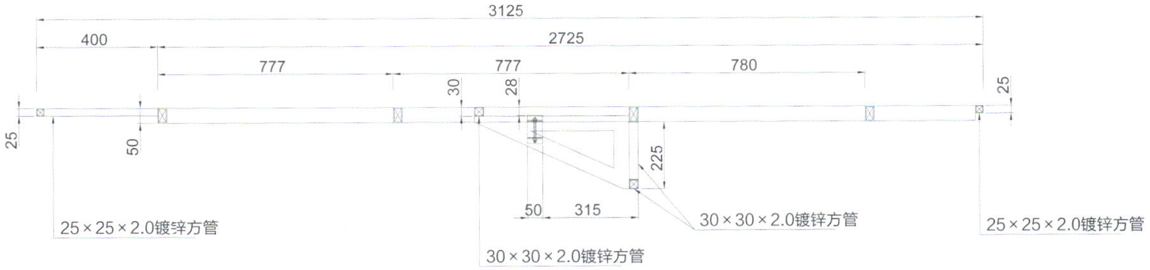

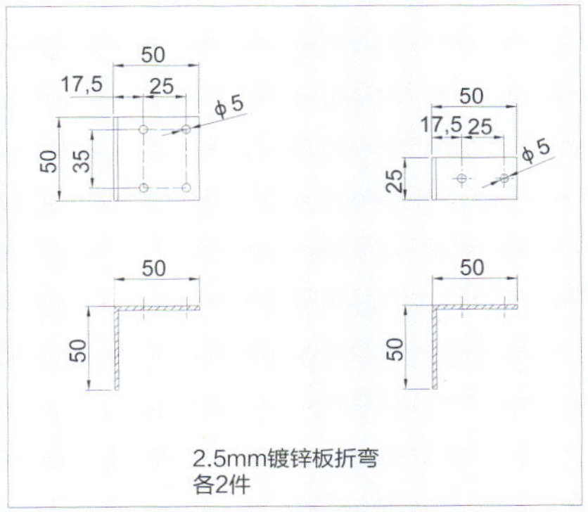

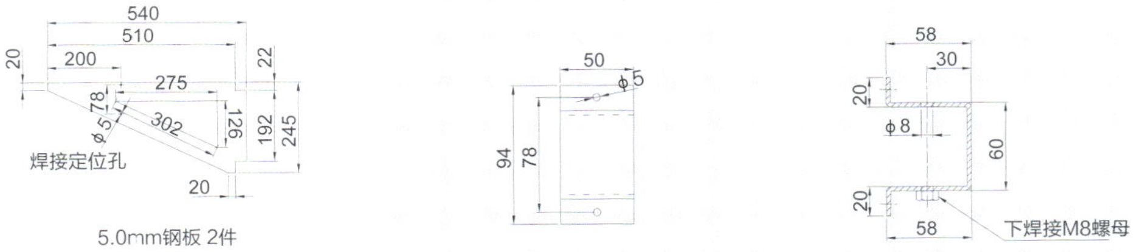

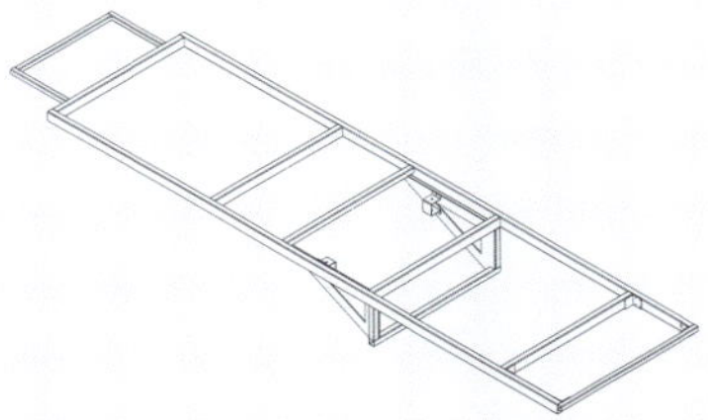

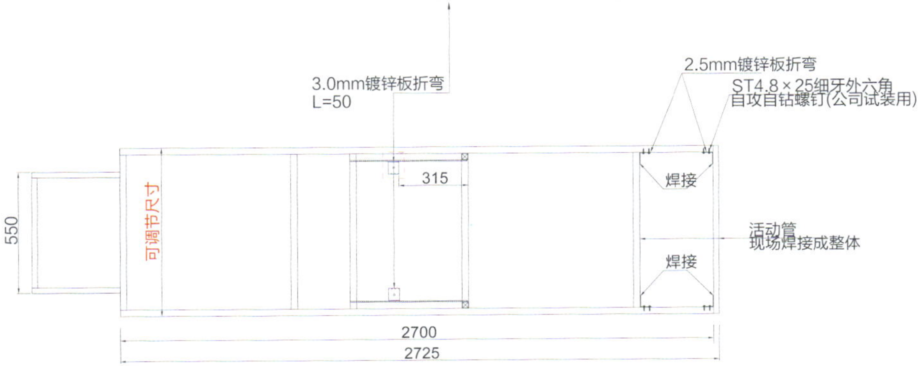

顶视图

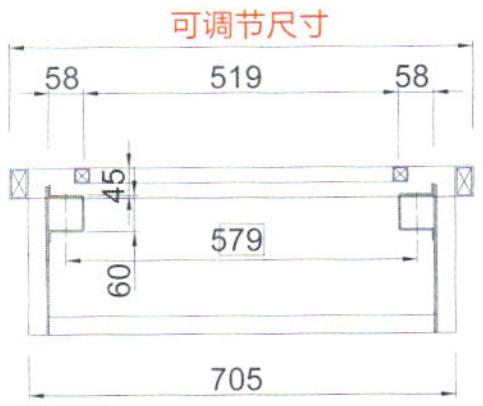

侧视图

配套柱子尺寸	支架 可调节尺寸规格
600mm×600mm	665mm×2725mm
700mm×700mm	765mm×2725mm
750mm×750mm	815mm×2725mm
800mm×800mm	865mm×2725mm

材料：未标注扁管均为50×30×3.0镀锌扁管
数量：1套

E.1.3.06 加油岛造型（圆角造型形象）能源信息模块安装脚

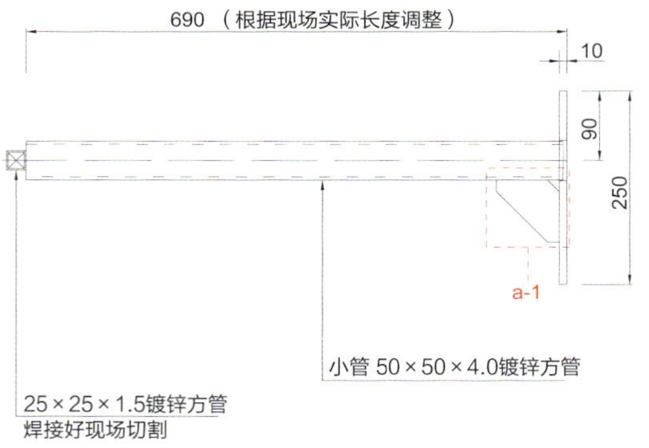

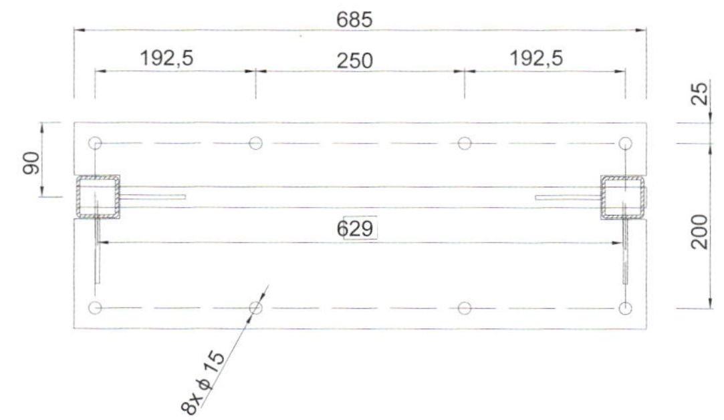

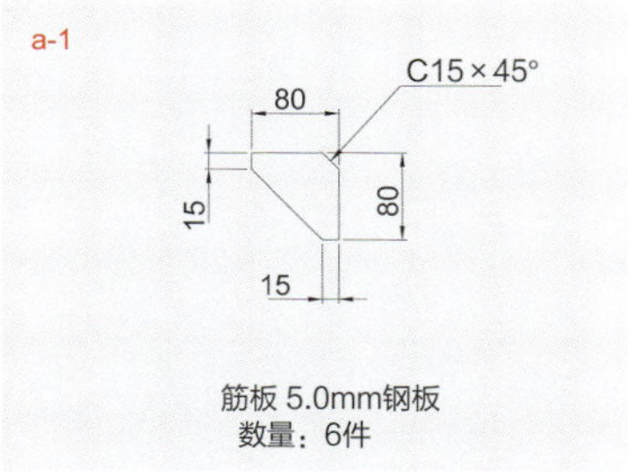

左边安装脚

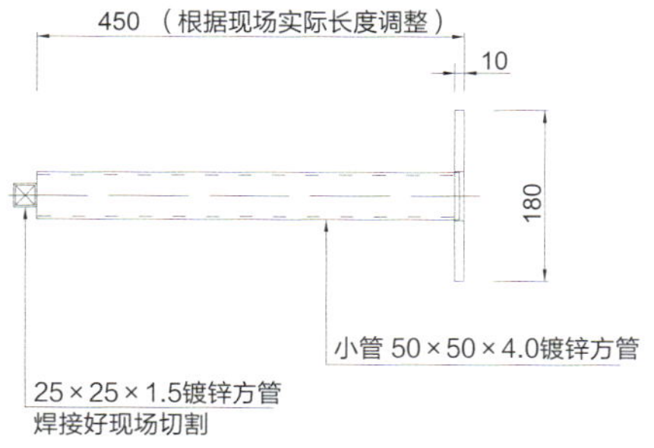

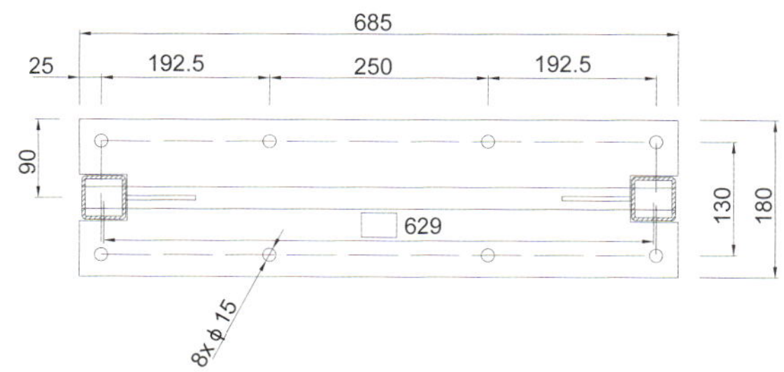

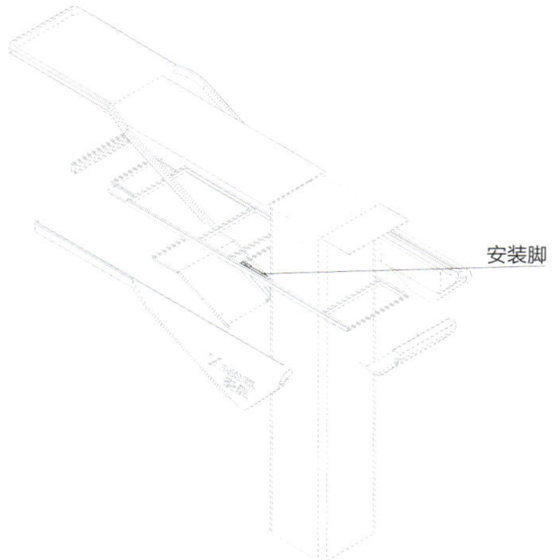

右边安装脚

E.1.3.07 加油岛造型（圆角造型形象）摄像头安装位置示意

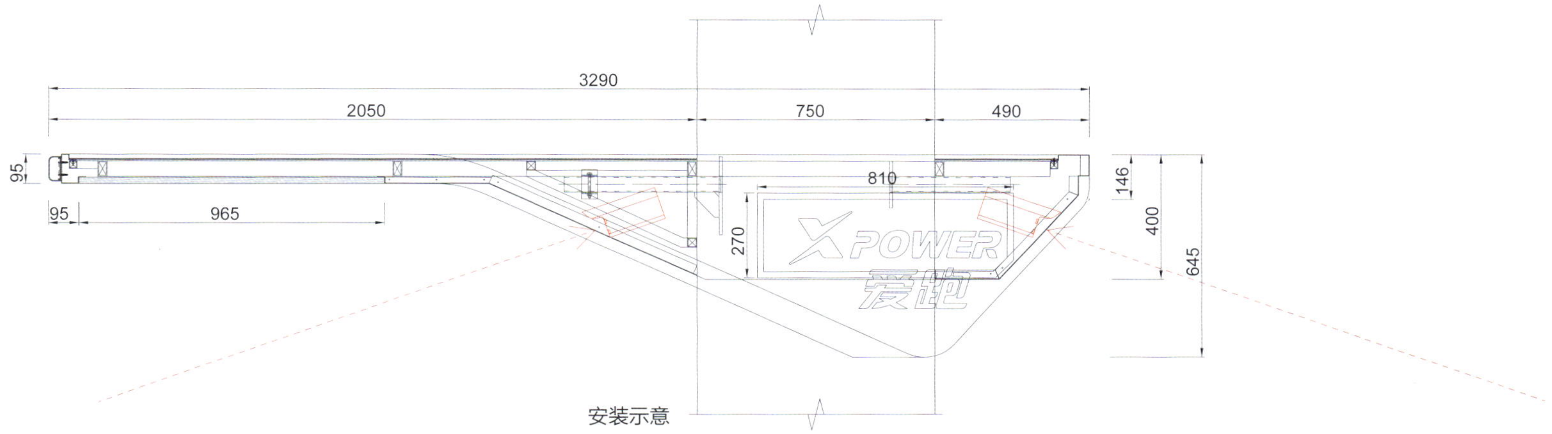

安装示意

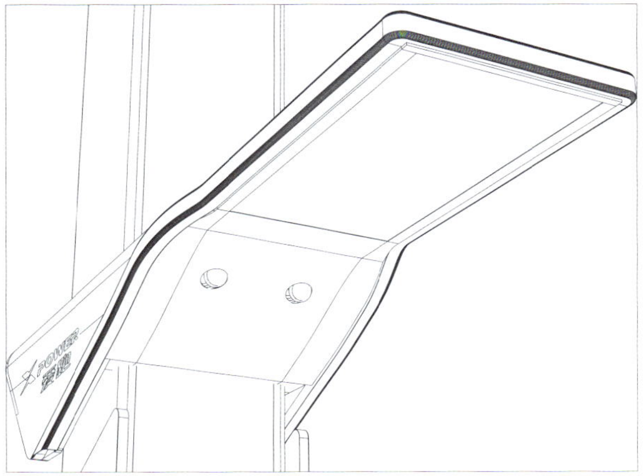

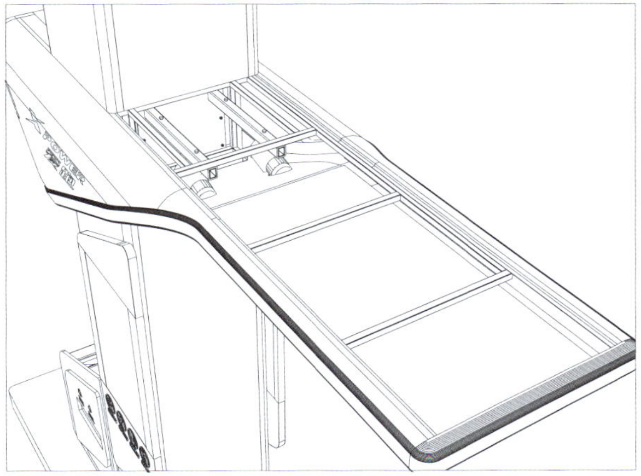

摄像头位置示意

E.1.3.08 加油岛造型（圆角造型形象）能源信息模块组合

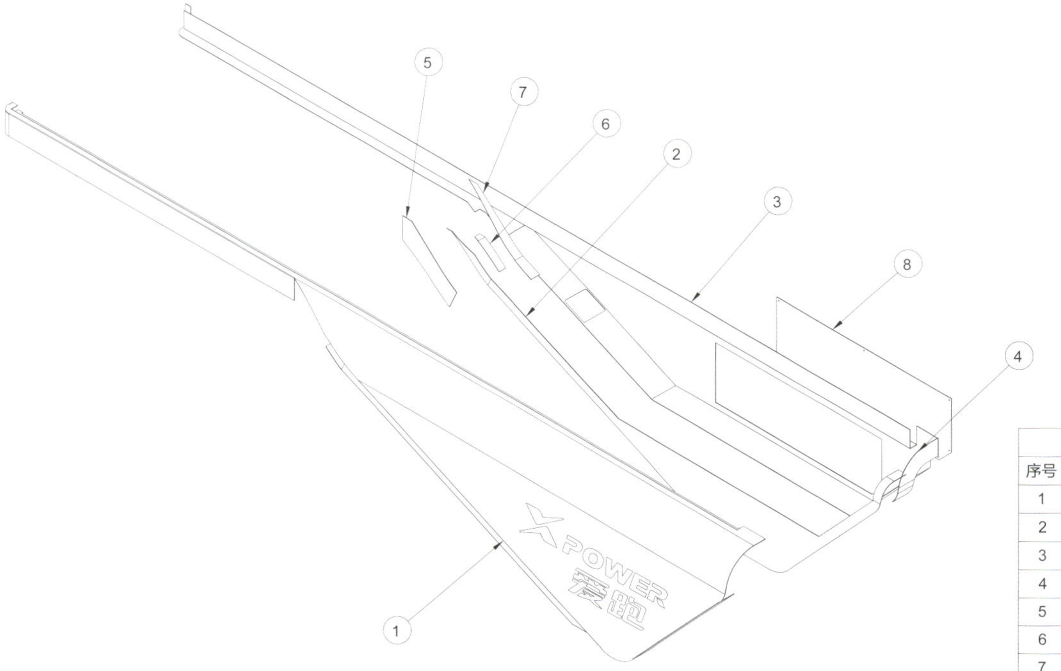

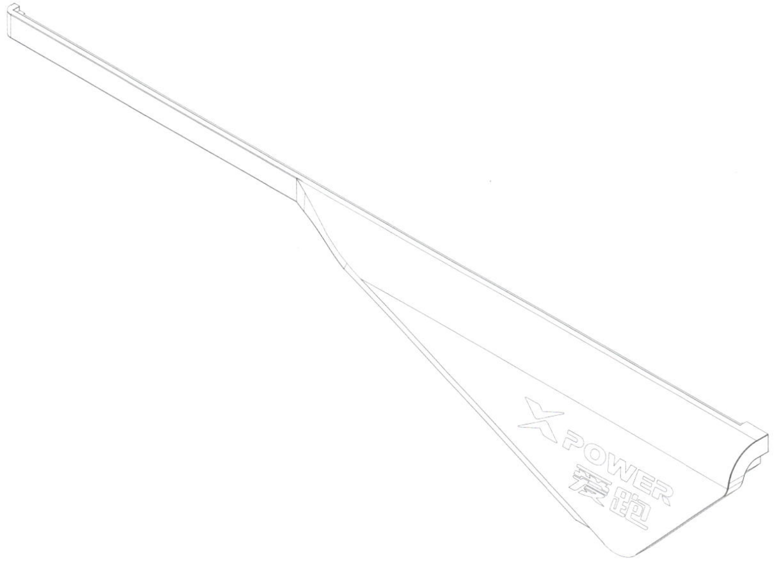

中国石化-能源信息模块			
序号	名称	材质	数量
1	中国石化-能源信息模块正面	铝板 T=2.0	1
2	中国石化-能源信息模块内板-1	铝板 T=2.0	1
3	中国石化-能源信息模块内板-2	铝板 T=2.0	1
4	中国石化-能源信息模块右侧封板	铝板 T=2.0	1
5	中国石化-能源信息模块左侧封板	铝板 T=2.0	1
6	中国石化-能源信息模块左侧下封板	铝板 T=2.0	1
7	中国石化-能源信息模块左侧上封板	铝板 T=2.0	1
8	中国石化-能源信息模块灯板	铝板 T=2.0	1

E.1.3.09 加油岛造型（圆角造型形象）能源信息模块正面透视图

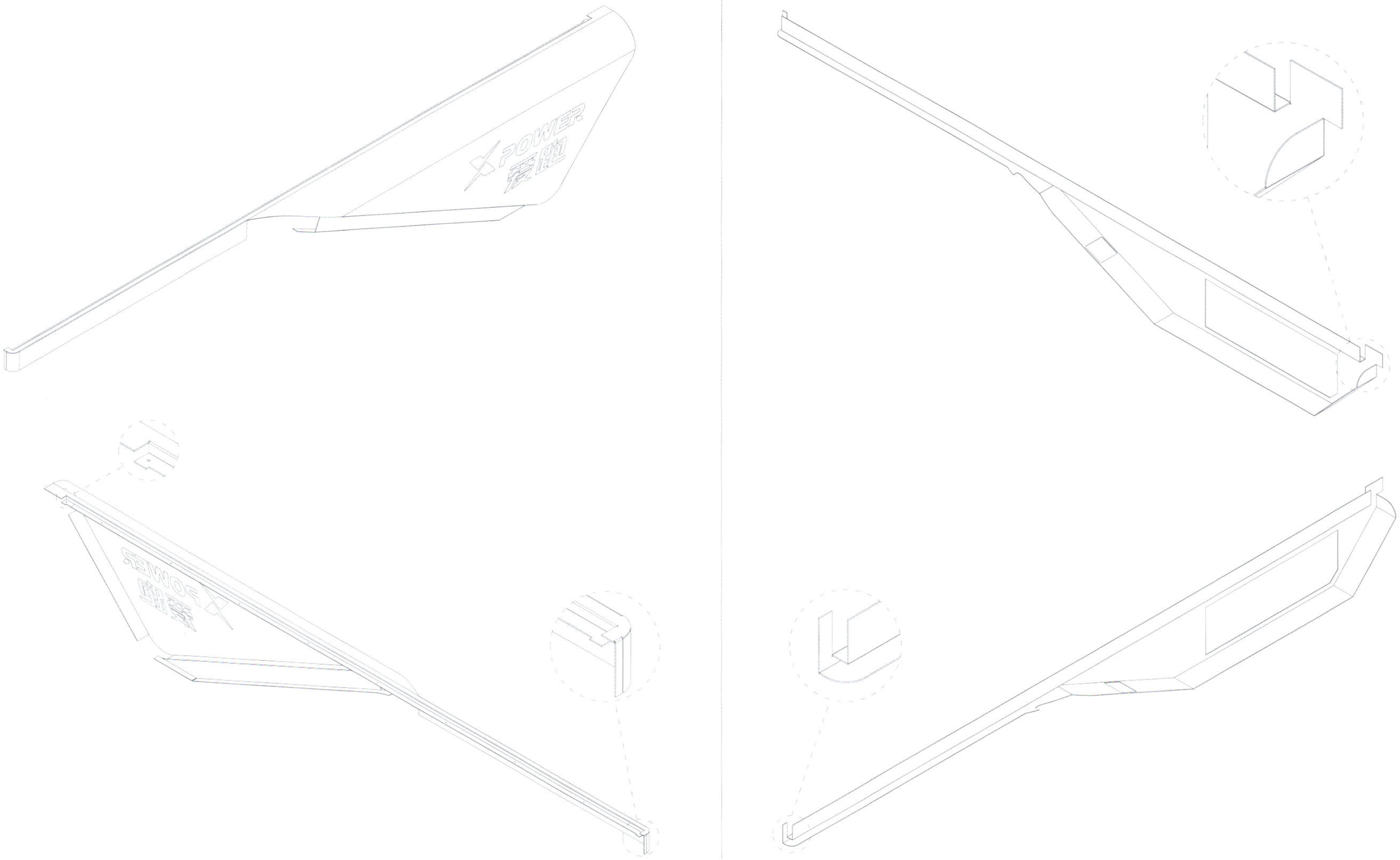

E.1.3.10 加油岛造型（圆角造型形象）能源信息模块正面

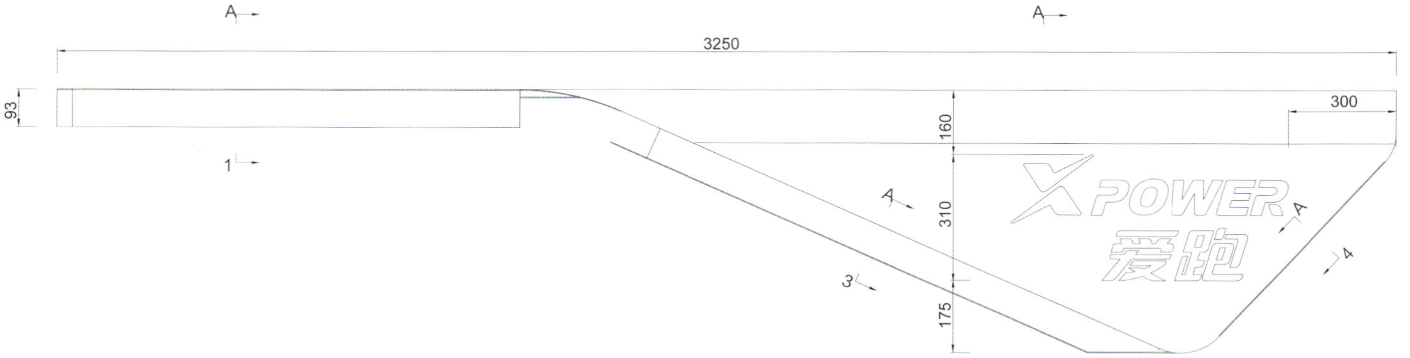

正视图

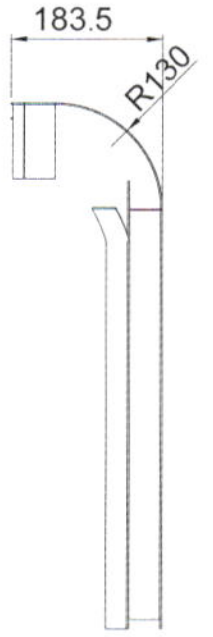

侧视图

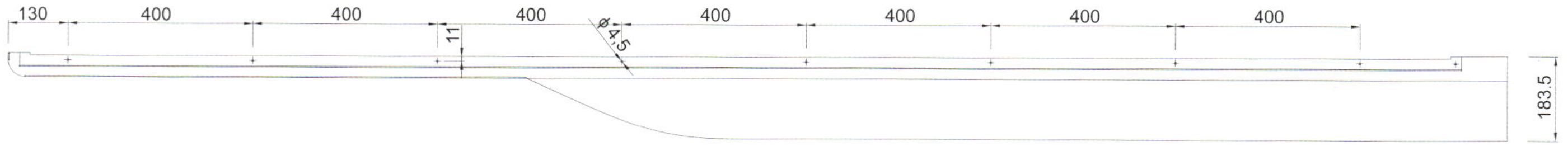

俯视图

材料：2.0mm铝板折弯，折弯扣除3.2mm

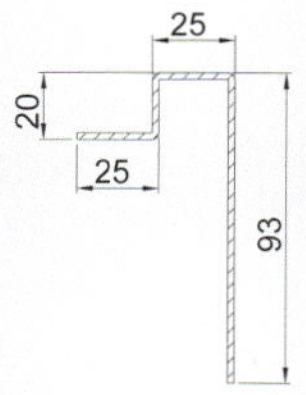

A−1剖图

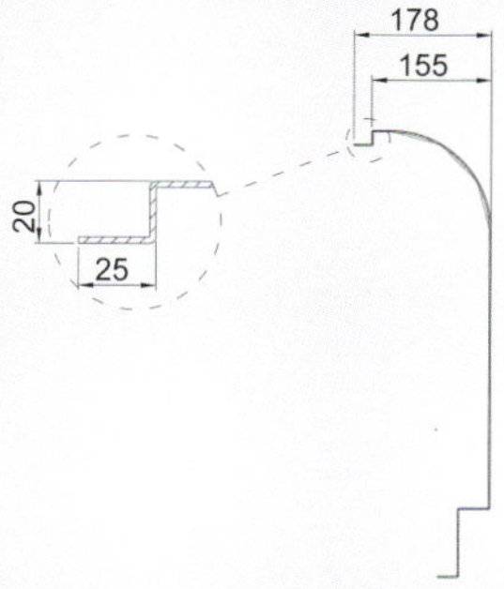

A−2剖图

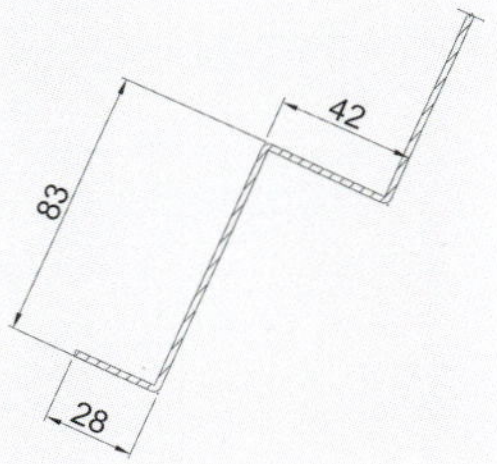

A−3剖图

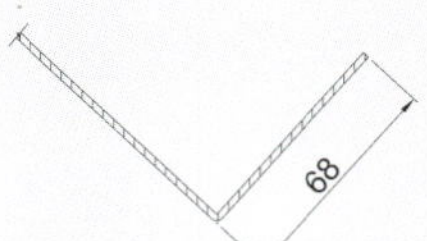

A−4剖图

E.1.3.11 加油岛造型（圆角造型形象）能源信息模块正面展开图

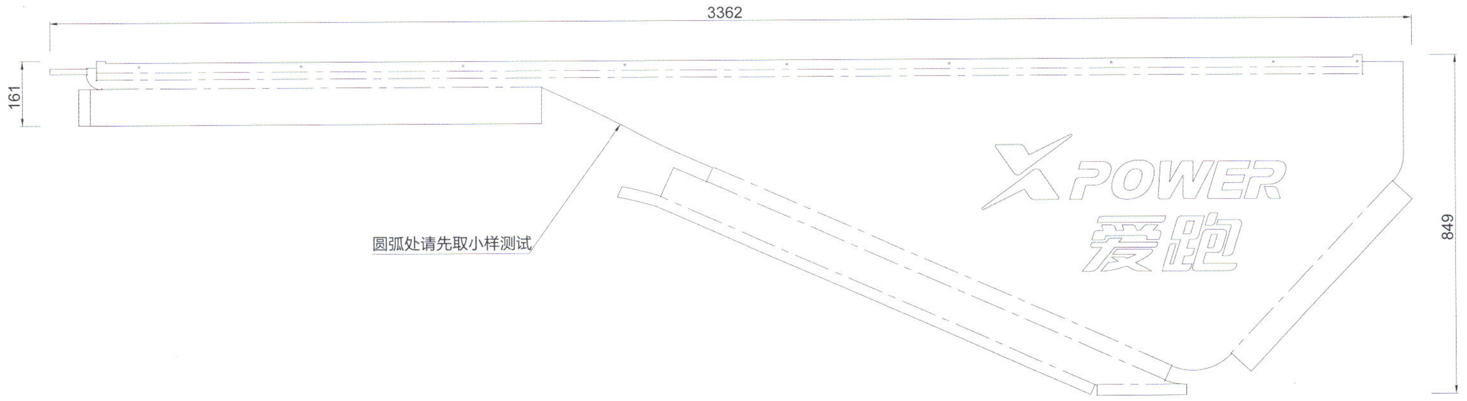

正面能源信息模块展开图

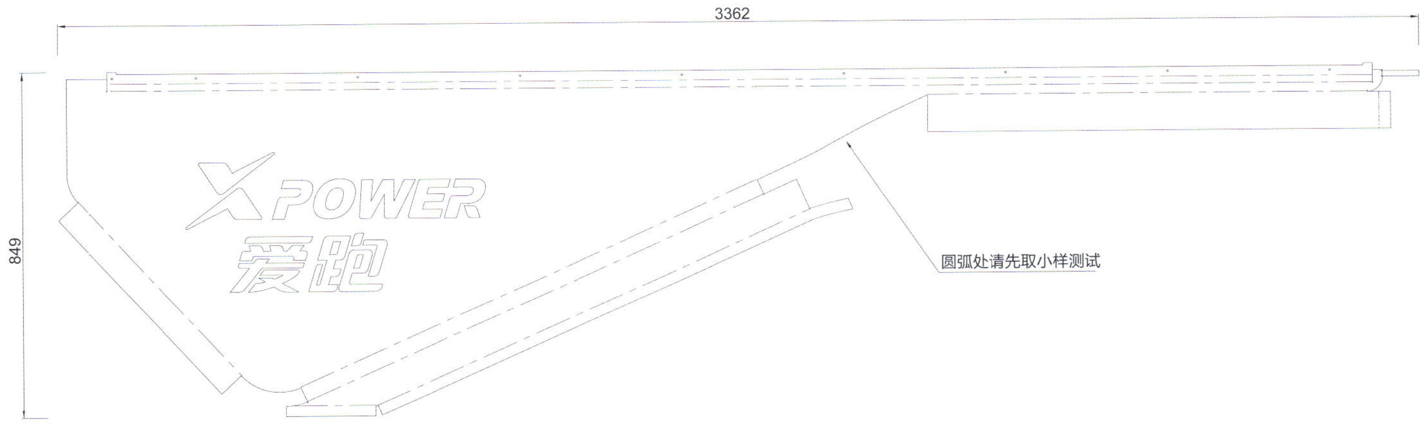

背面能源信息模块展开图

E.1.3.12 加油岛造型（圆角造型形象）能源信息模块正面内板（一）

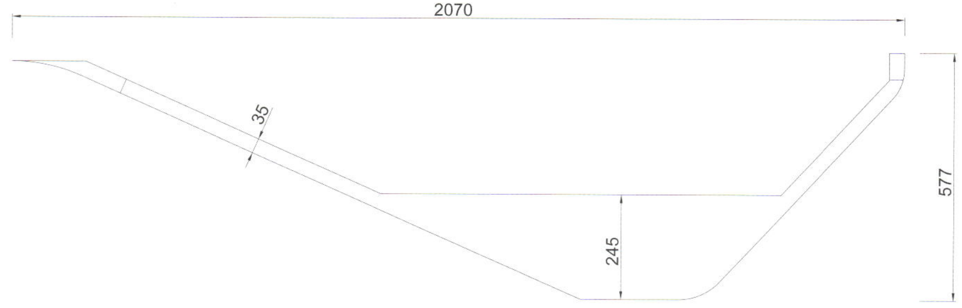

正视图

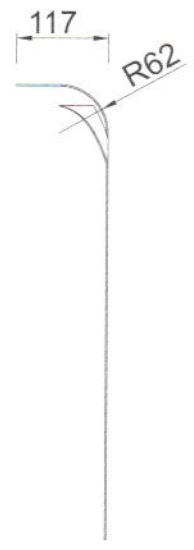

侧视图

俯视图

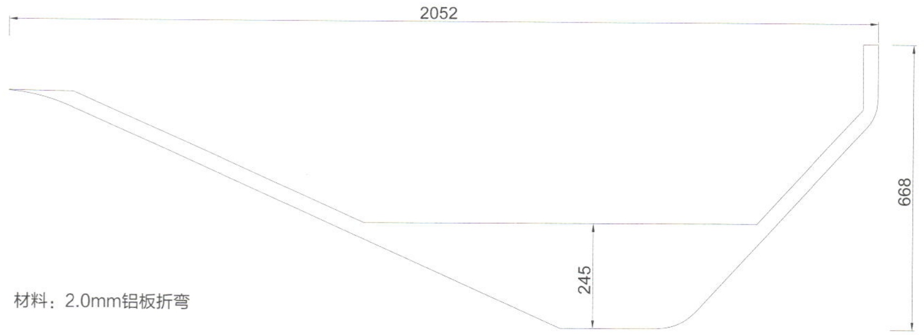

材料：2.0mm铝板折弯

展开图

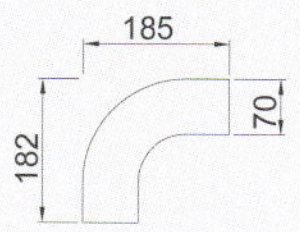

正面翅膀造型右侧封板

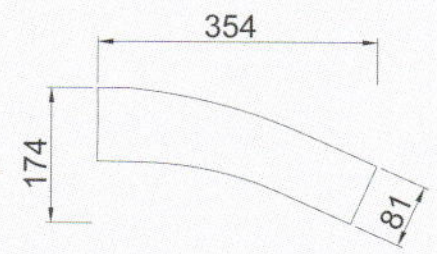

正面翅膀造型左侧封板

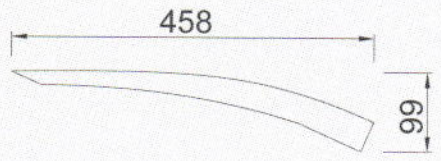

正面翅膀造型左侧上封板

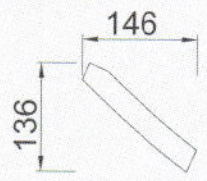

正面翅膀造型左侧下封板

E.1.3.13 加油岛造型（圆角造型形象）能源信息模块正面内板（二）

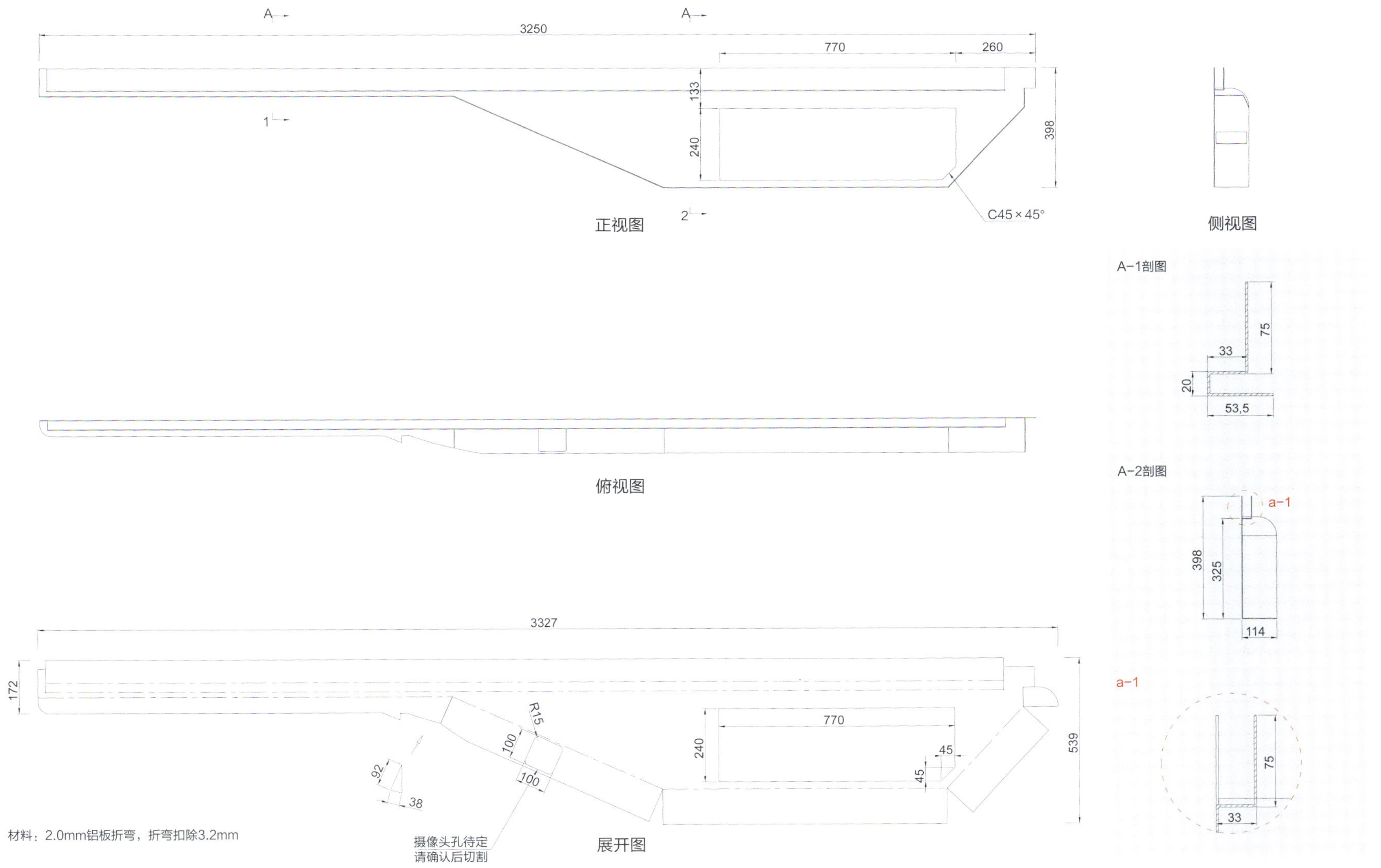

材料：2.0mm铝板折弯，折弯扣除3.2mm

E.1.3.14 加油岛造型（圆角造型形象）能源信息模块正面灯板

材料：2.0mm铝板

数量：2件

E.1.3.15 加油岛造型（圆角造型形象）摄像头面板

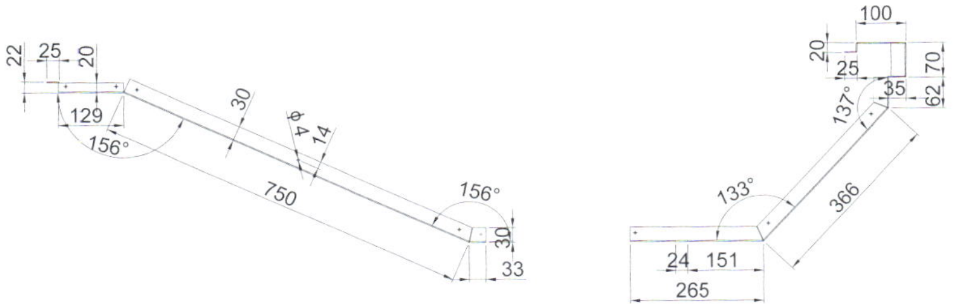

正视图

俯视图

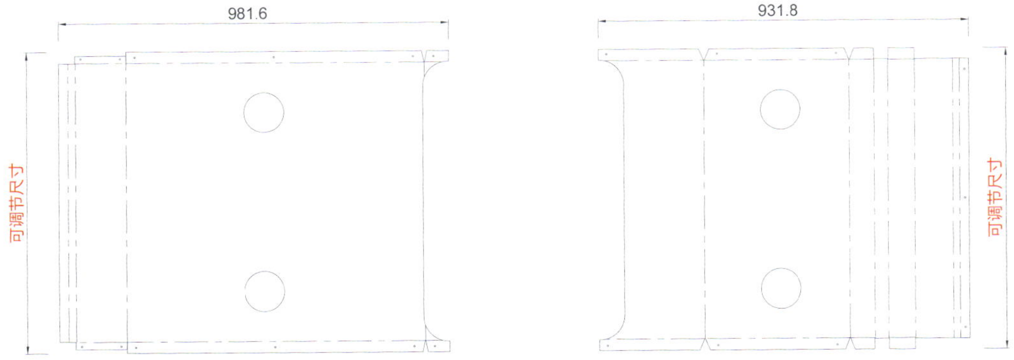

展开图

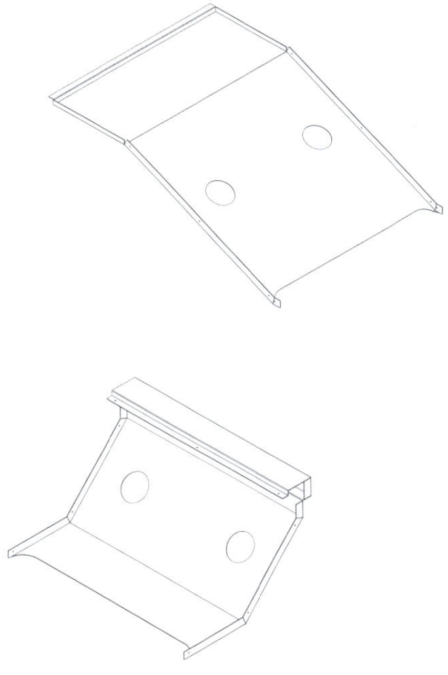

材料：2.0mm铝板折弯，折弯扣除3.2mm

配套柱子尺寸	左摄像头面板 可调节尺寸规格	右摄像头面板 可调节尺寸规格
600mm × 600mm	600mm × 981.6mm	600mm × 931.8mm
700mm × 700mm	700mm × 981.6mm	700mm × 931.8mm
750mm × 750mm	750mm × 981.6mm	750mm × 931.8mm
800mm × 800mm	800mm × 981.6mm	800mm × 931.8mm

E.1.3.16 加油岛造型（圆角造型形象）左右顶封板

T=4mm，白色铝塑板

配套柱子尺寸	左顶封板 可调节尺寸规格	右顶封板 可调节尺寸规格
600mm×600mm	600mm×2006mm	600mm×412mm
700mm×700mm	700mm×2006mm	700mm×412mm
750mm×750mm	750mm×2006mm	750mm×412mm
800mm×800mm	800mm×2006mm	800mm×412mm

E.1.3.17 加油岛造型（圆角造型形象）能源信息模块红色外圈灯带

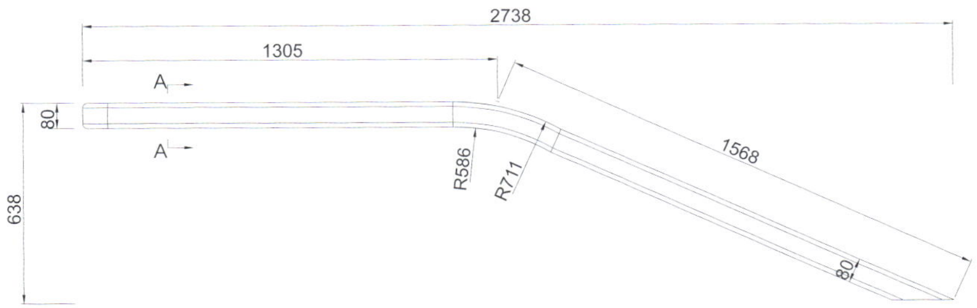

正视图

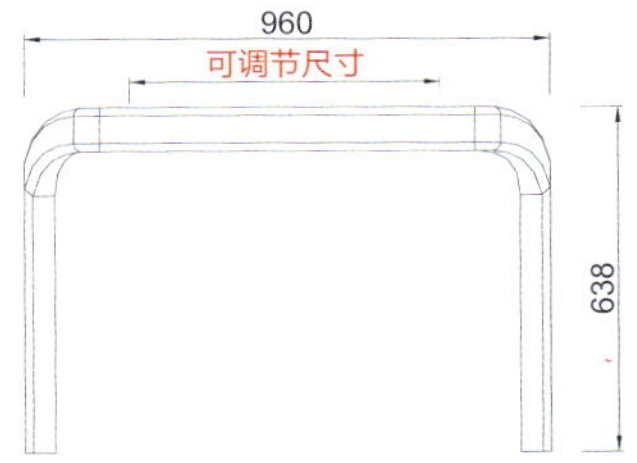

侧视图

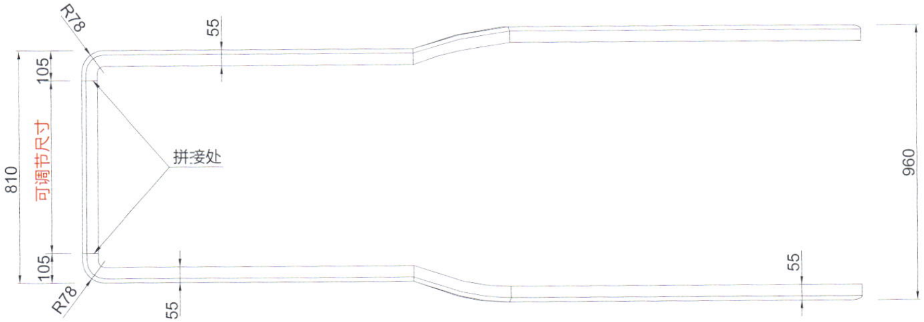

俯视图

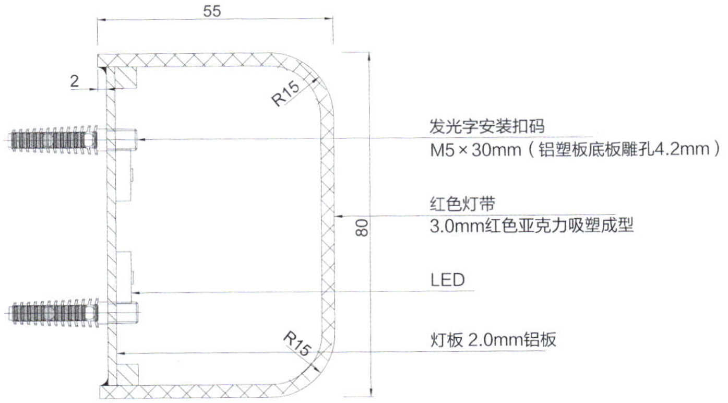

A-A剖面图

配套柱子尺寸	红色灯带 可调节尺寸规格
600mm×600mm	500mm×2738mm
700mm×700mm	600mm×2738mm
750mm×750mm	650mm×2738mm
800mm×800mm	700mm×2738mm

E.1.3.18 加油岛造型（圆角造型形象）能源信息模块左上面板

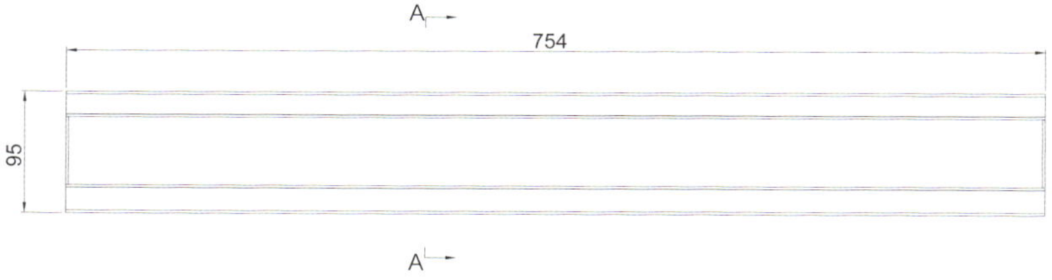

正视图

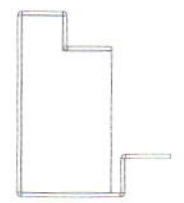
侧视图

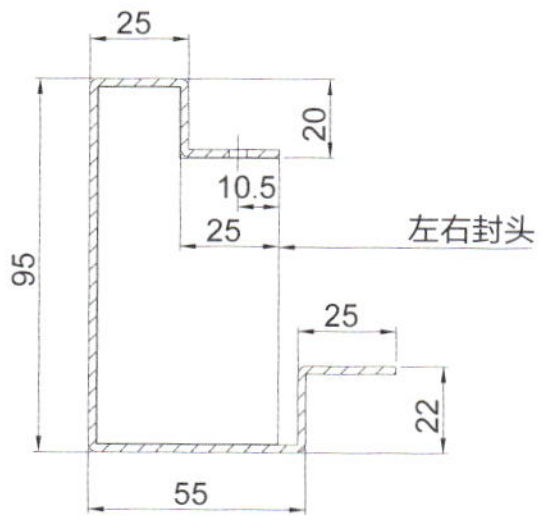

A-A剖面图

俯视图

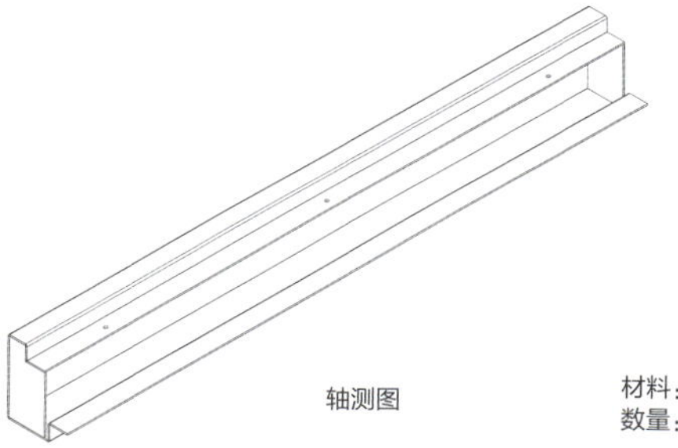
轴测图

材料：2.0mm铝板折弯，折弯扣除3.2mm
数量：1件

展开图

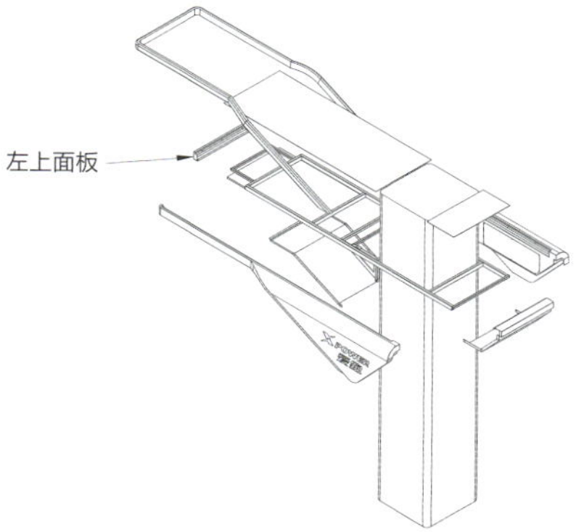

E.1.3.19 加油岛造型（圆角造型形象）包柱白色 / 红色两侧包柱面板

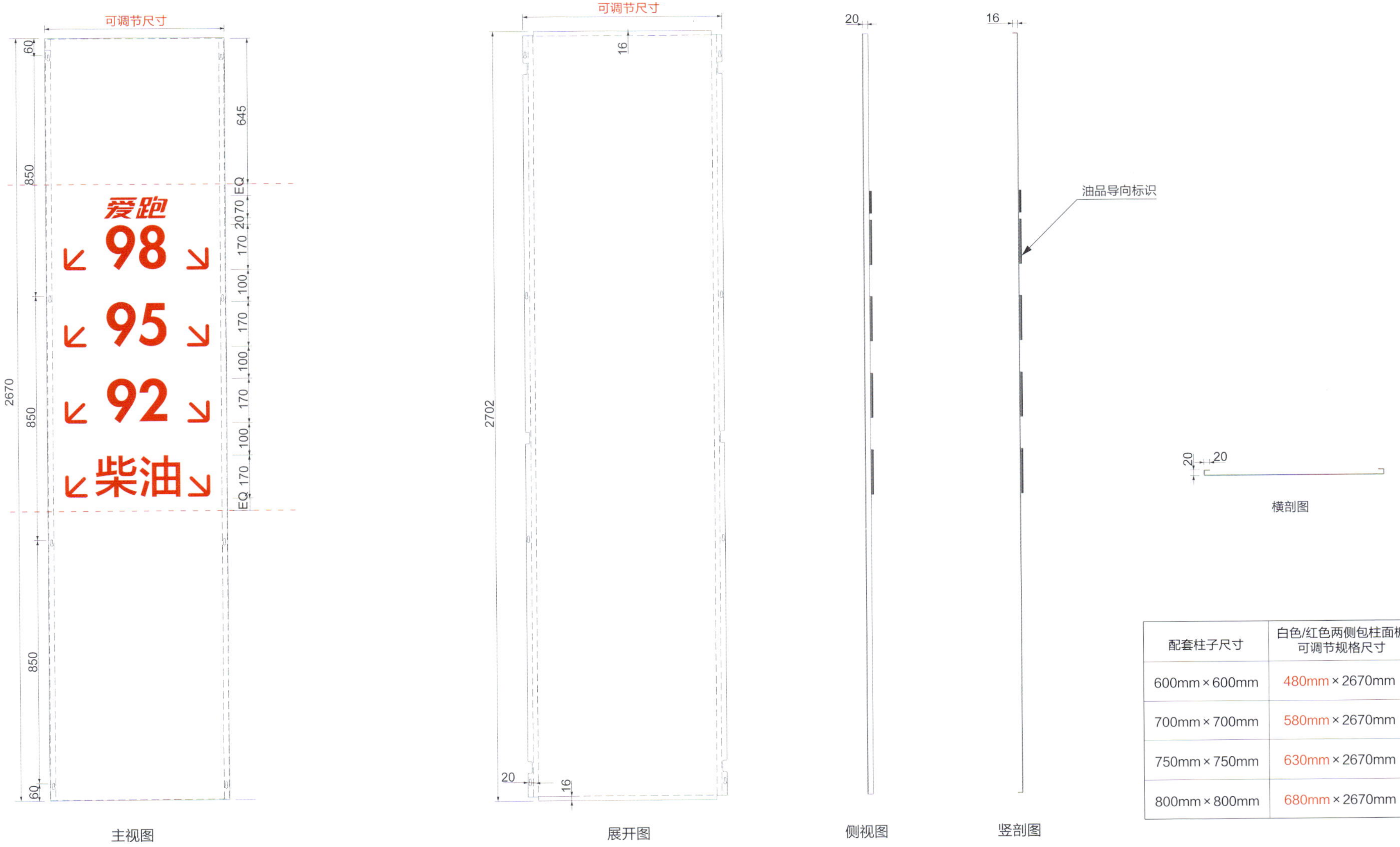

配套柱子尺寸	白色/红色两侧包柱面板可调节规格尺寸
600mm × 600mm	480mm × 2670mm
700mm × 700mm	580mm × 2670mm
750mm × 750mm	630mm × 2670mm
800mm × 800mm	680mm × 2670mm

E.1.3.20 加油岛造型（圆角造型形象）油品导向标识尺寸及工艺说明

尺寸一：当包柱柱宽≥ 650mm 时，采用以下尺寸

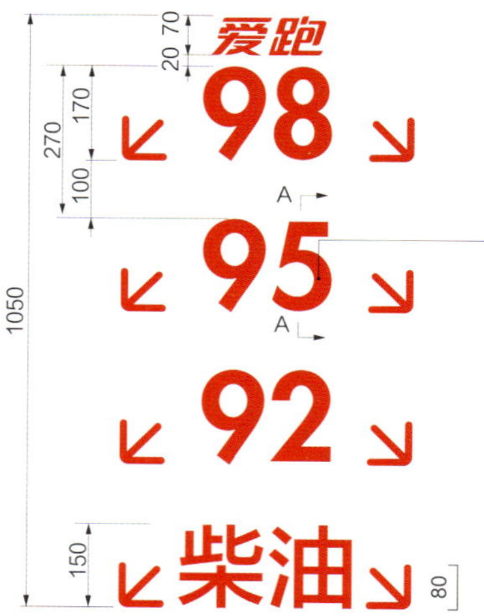

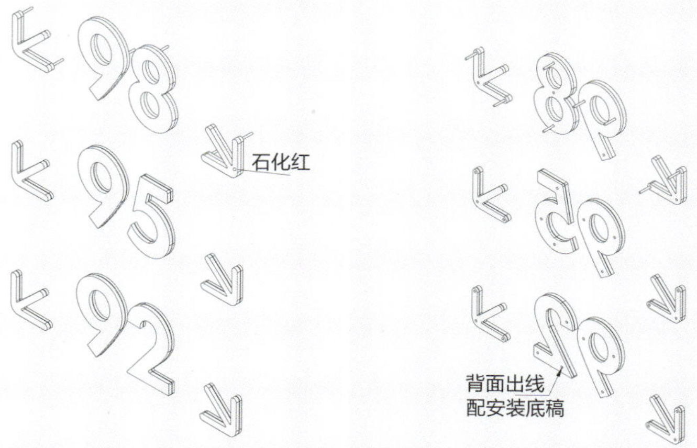

发光水晶字工艺：15mm 乳白亚克力铣槽内置 LED 灯珠，字体侧面喷红色油漆，正面贴专色膜，立体字为正面发光。

水晶字工艺：底部 5mm 透明亚克力，正面 3mm 红色亚克力，面贴红色反光膜；立体字雕刻后，侧面打磨抛光。

贴膜工艺：红色发光膜

尺寸二：当包柱柱宽 <650mm 时，采用以下尺寸

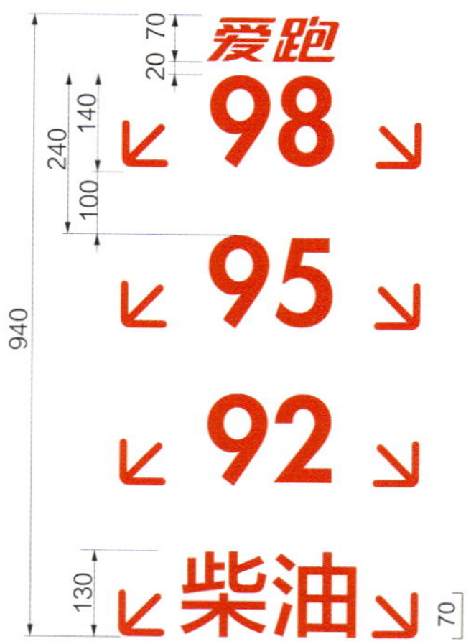

A–A剖面图（发光水晶字）

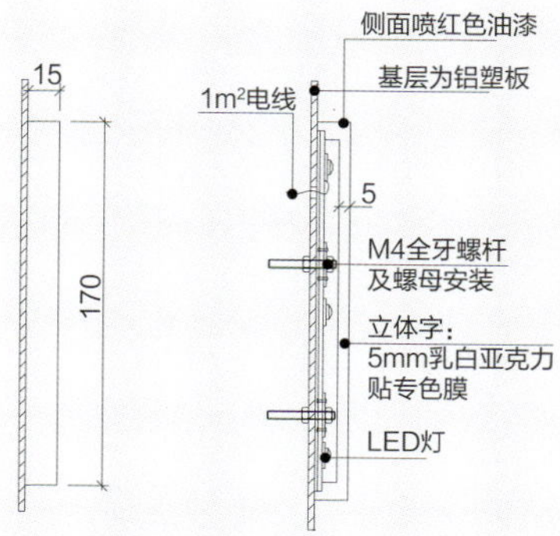

侧视图　侧剖图

A–A剖面图（水晶字）

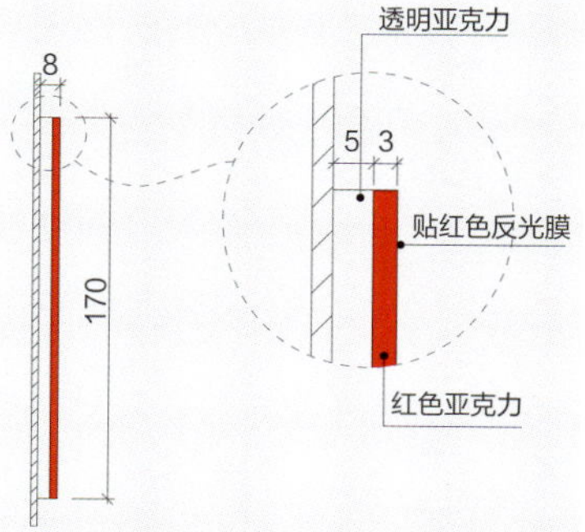

E.1.3.21 加油岛造型（圆角造型形象）广告模块显示器面板

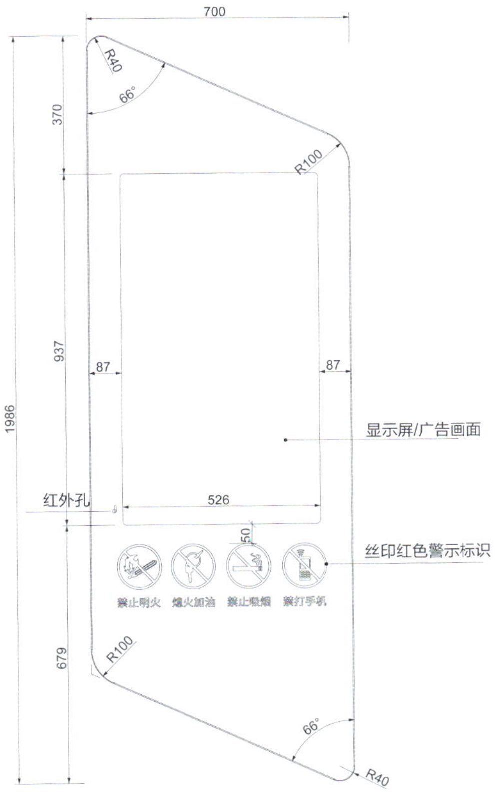

主视图

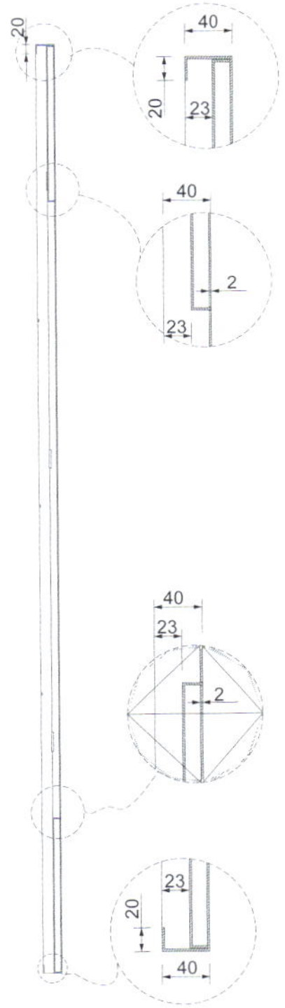

竖剖图

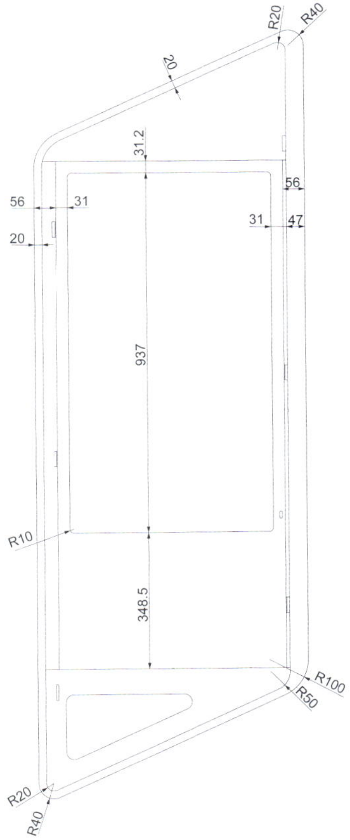

后视图

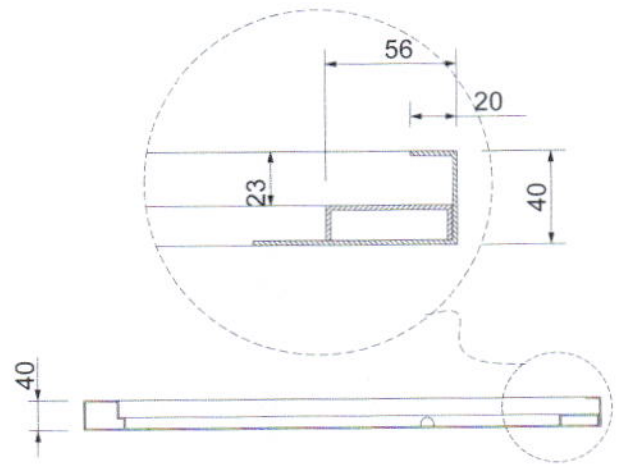

横剖图

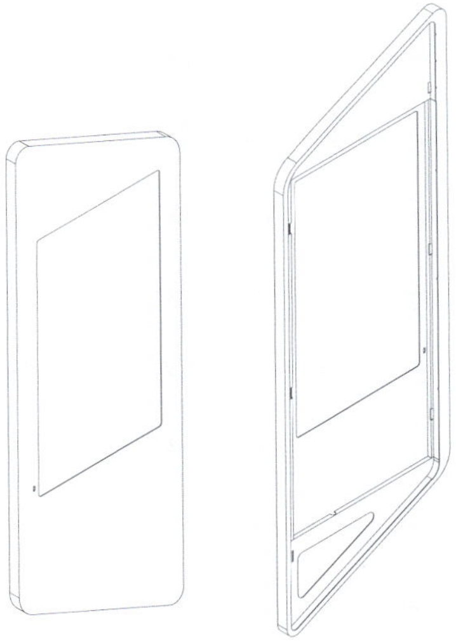

轴测图

注：发布广告内容需打开此面板，
插入U盘进行广告发布。

技术说明：
1.面板使用2mm铝板焊接制作，表面白色油漆(按色板调色)；
2.面板除红外孔外，其余部位对称制作各1件，共2件；

E.1.3.22 加油岛造型（圆角造型形象）广告模块显示器面板展开图

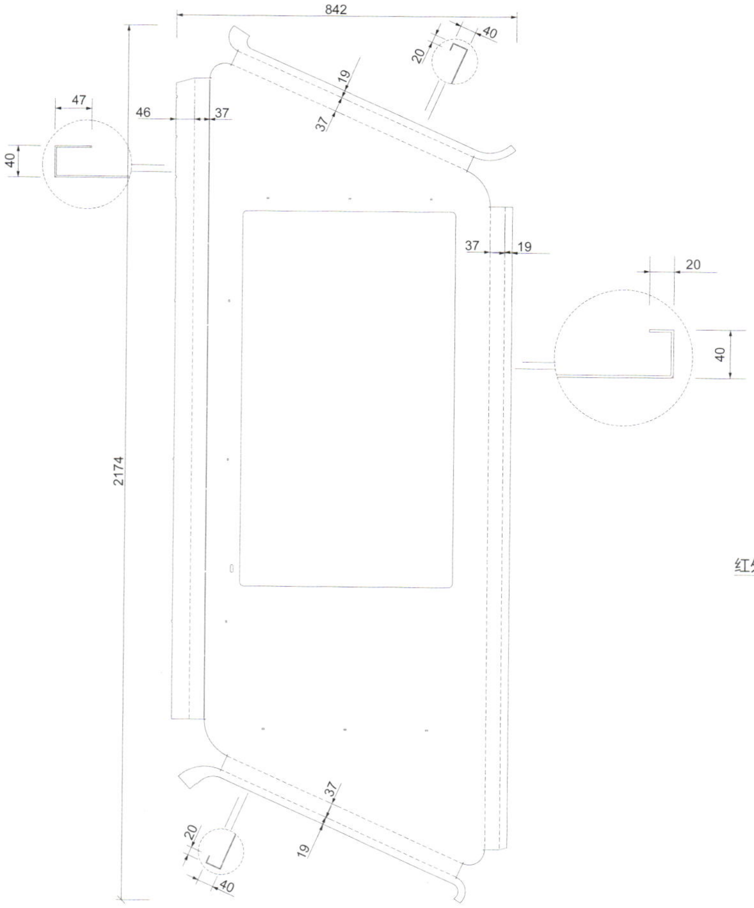

显示器挂板1展开图

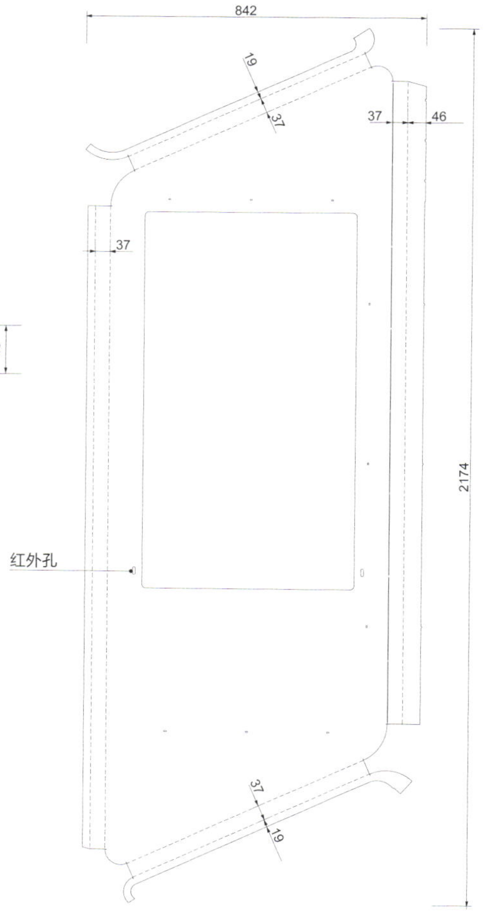

显示器挂板2展开图

筋板1展开图

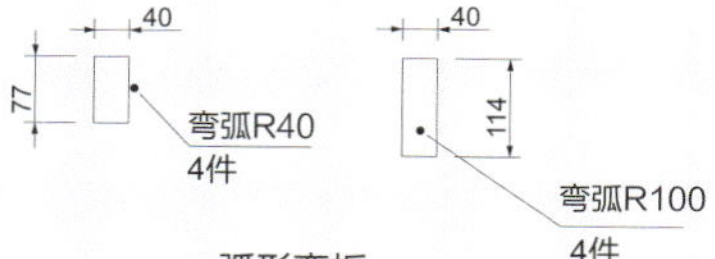

弧形弯板

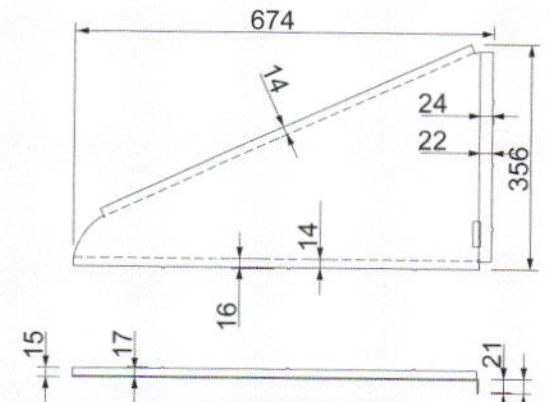

封板1展开图

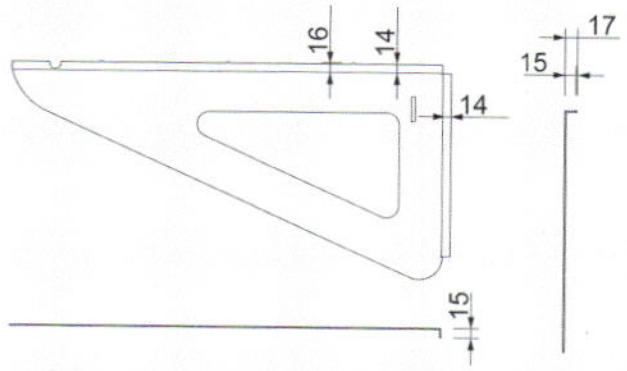
封板2展开图

E.1.3.23 加油岛造型（圆角造型形象）广告模块显示器正反面安装底板

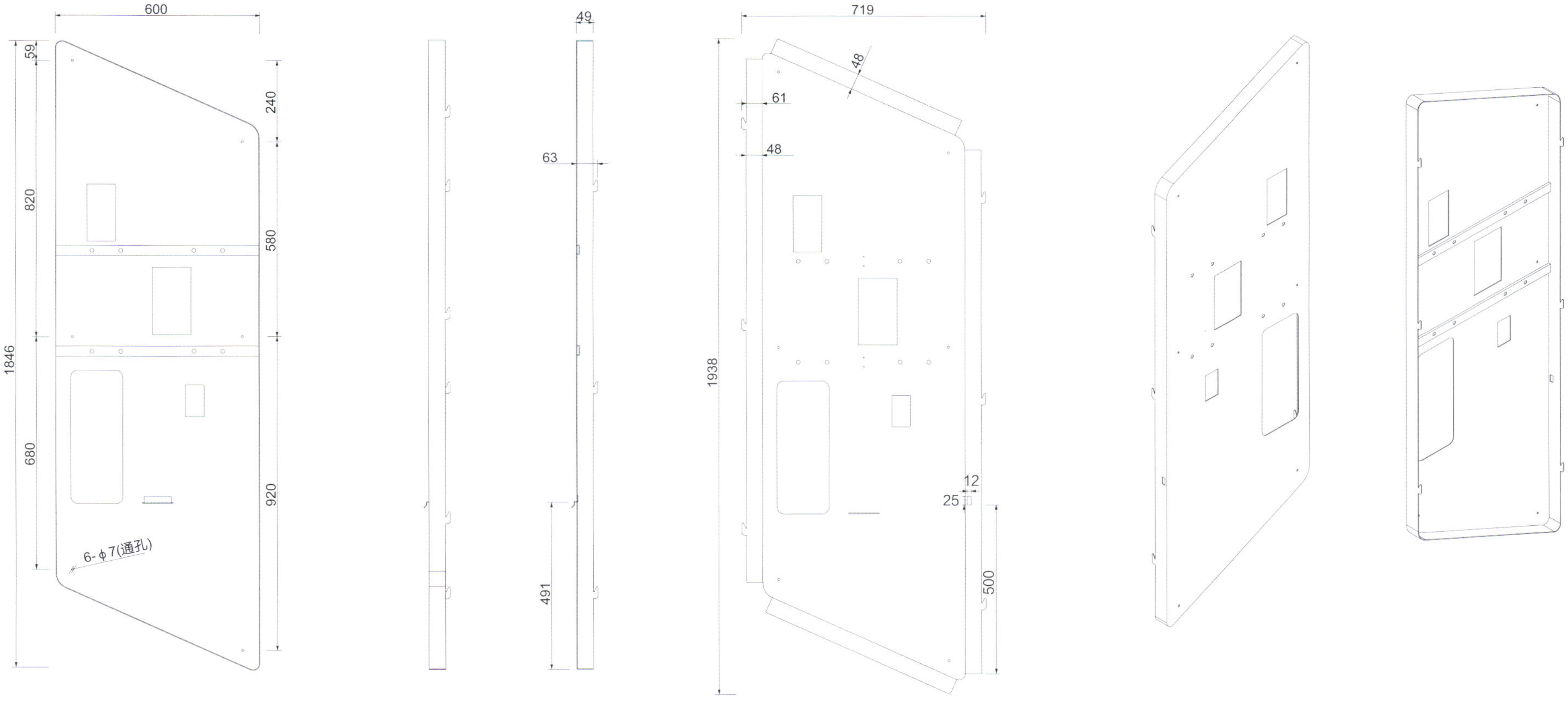

主视图　侧视图　竖剖图　展开图　轴测图

技术说明：
1.面板使用2mm铝板焊接制作，表面白色油漆(按色板调色)；
2.面板除红外孔外，其余部位对称制作各1件，共2件；

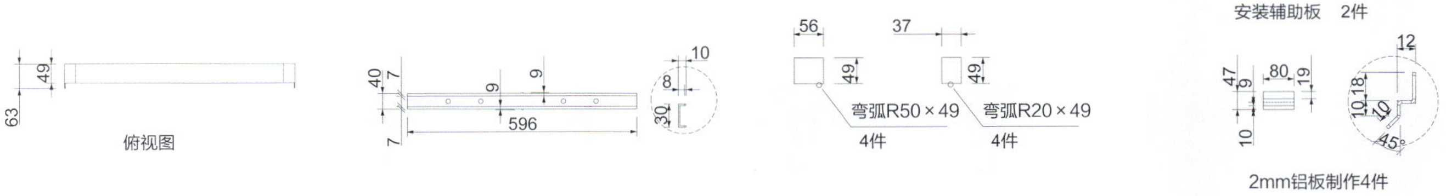

E.1.3.24 加油岛造型（圆角造型形象）双柱形象一尺寸及工艺说明

以包柱 600mm 形象为例。

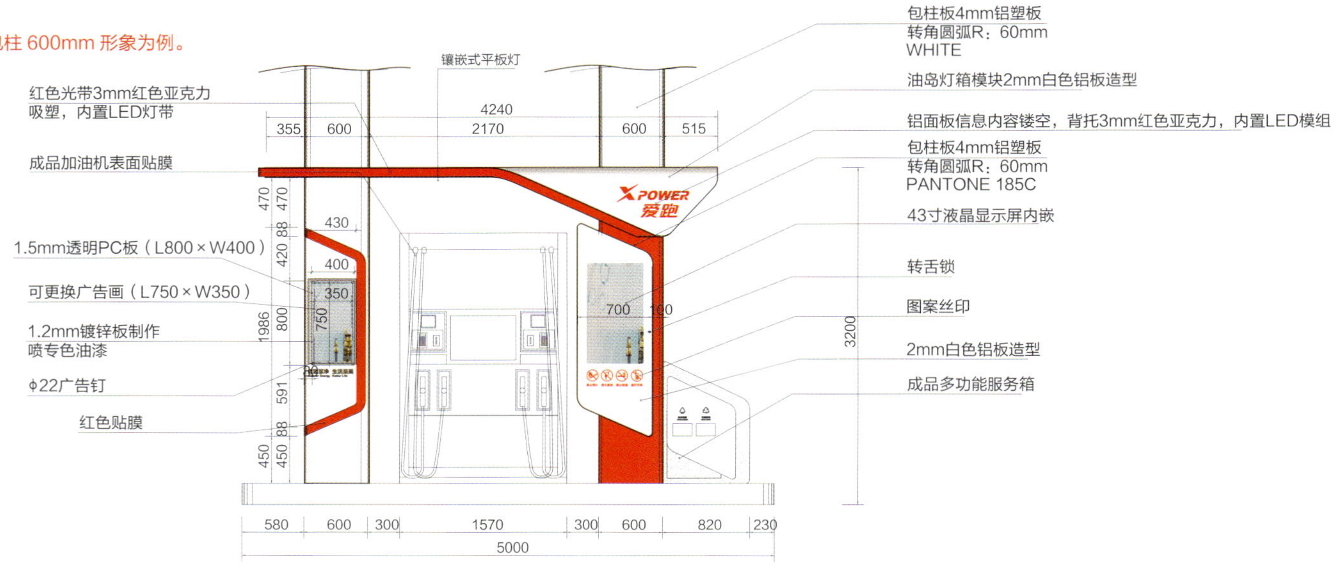

正视图

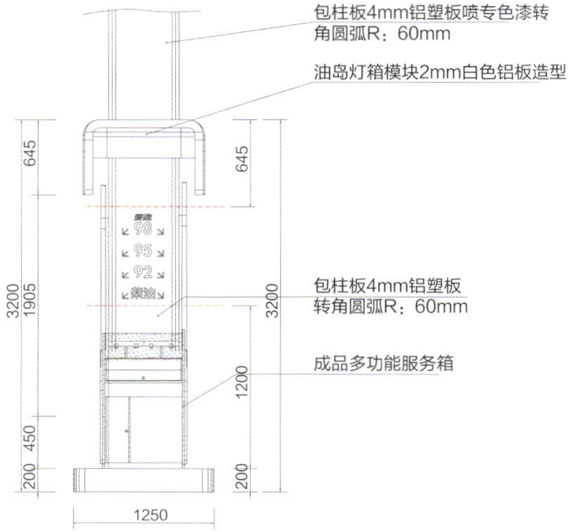

右视图

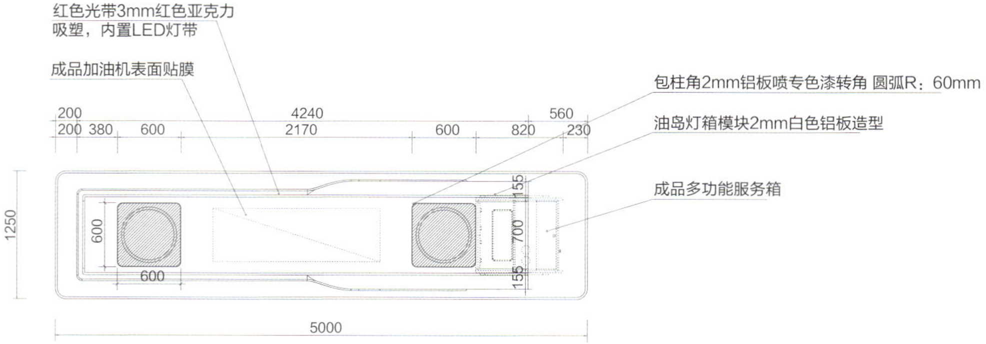

俯视图

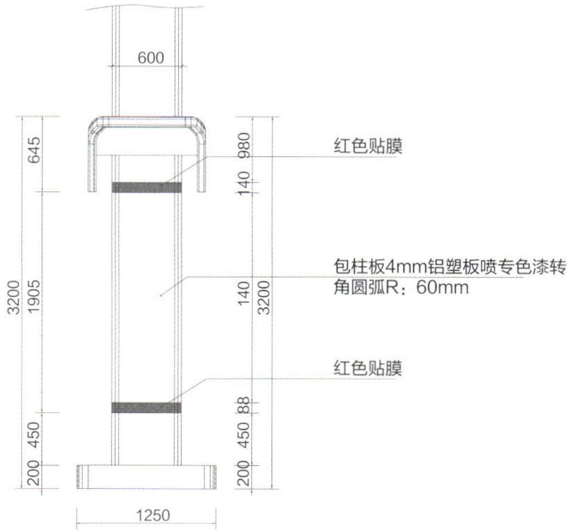

左视图

E.1.3.25 加油岛造型（圆角造型形象）双柱形象二尺寸及工艺说明

以包柱 600mm 形象为例。

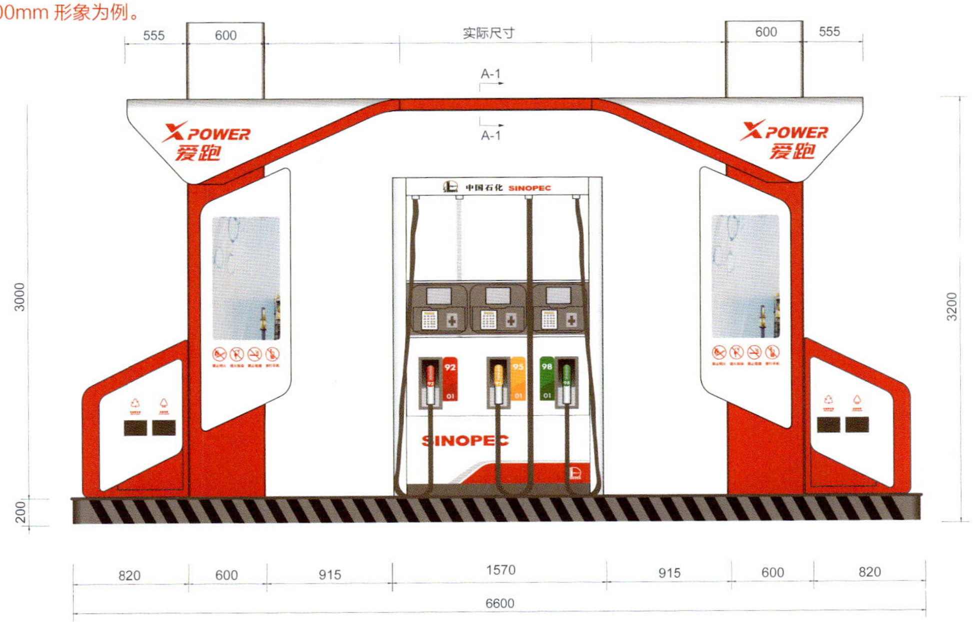

正视图

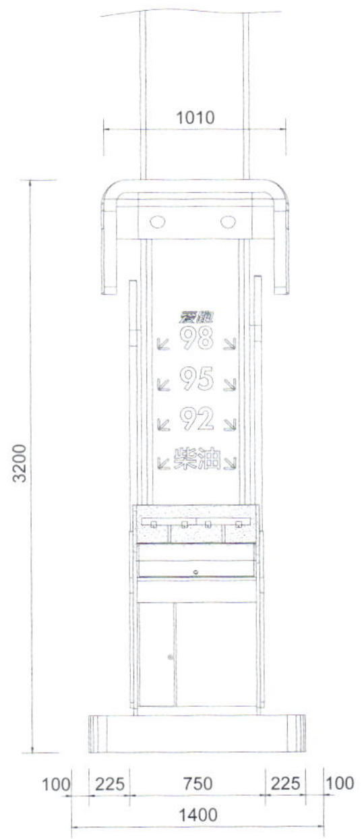

侧视图

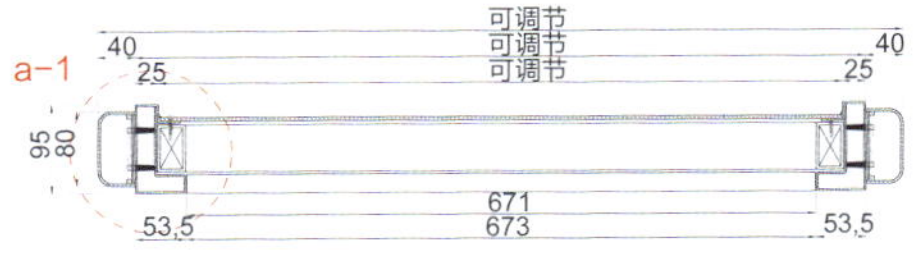

A-1剖面图

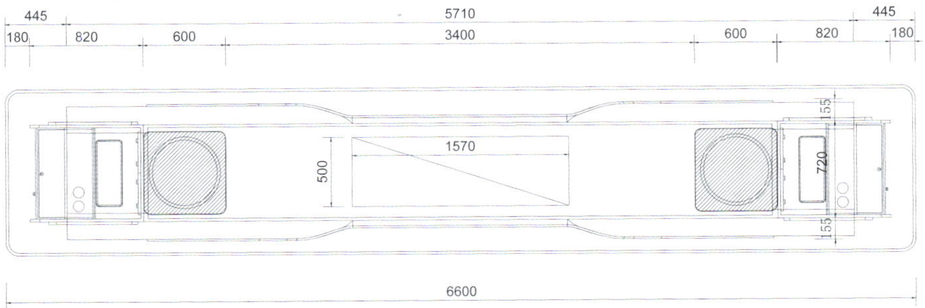

俯视图

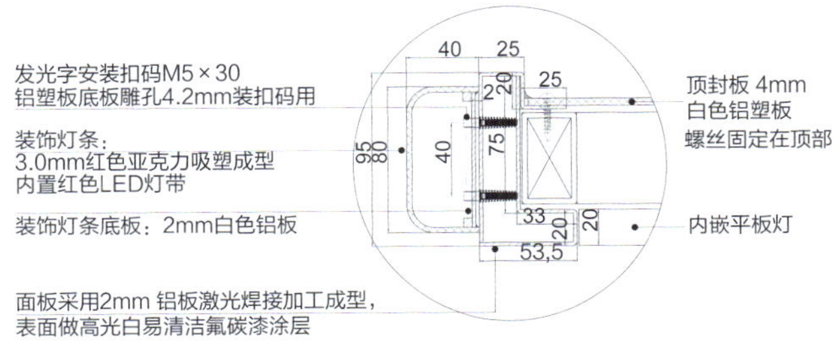

a-1

E.1.3.26 加油岛造型（圆角造型形象）单柱双机形象尺寸及工艺说明

以包柱 700mm 形象为例。

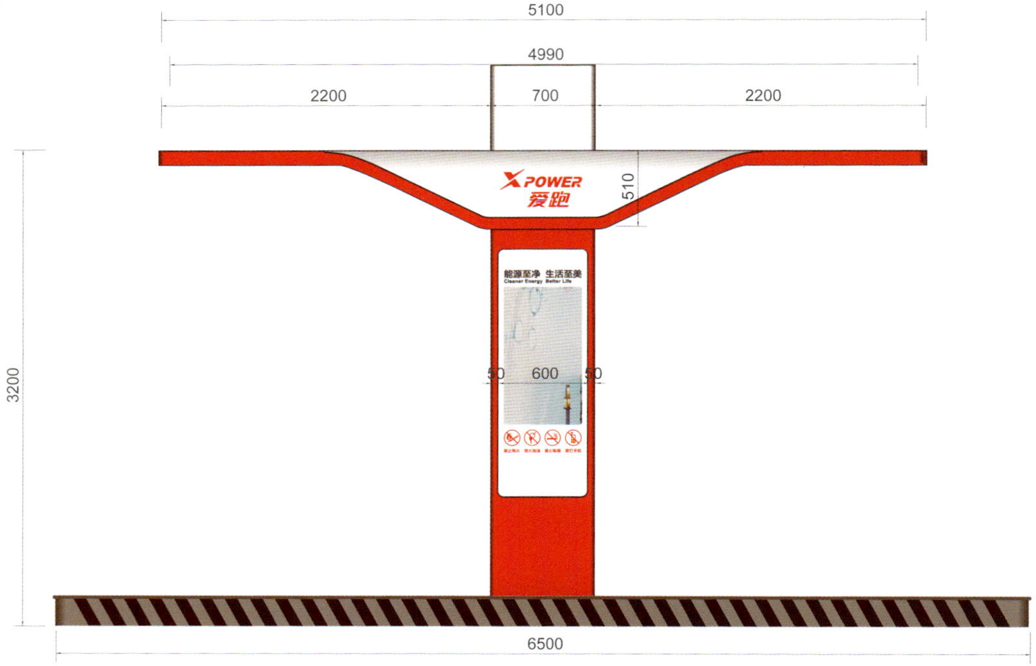

正视图

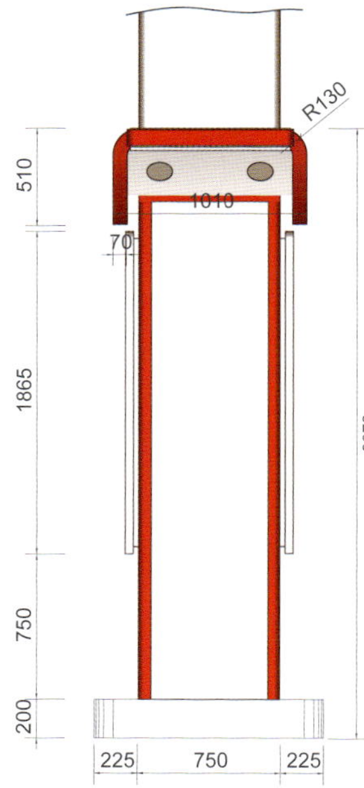

侧视图

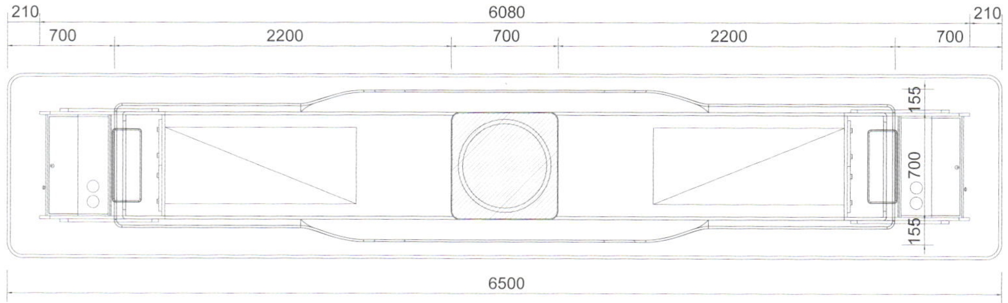

俯视图

E.1.3.27 加油岛造型（圆角造型形象）单柱双机工艺图

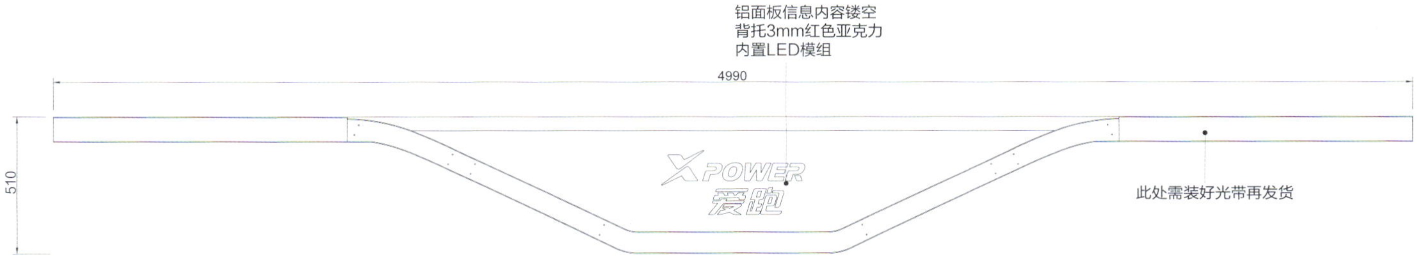

主视图

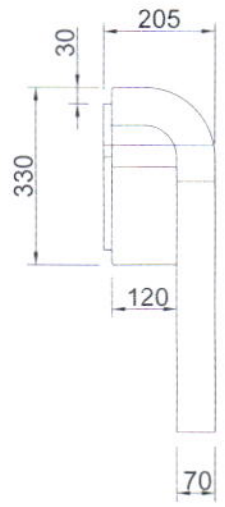

侧视图

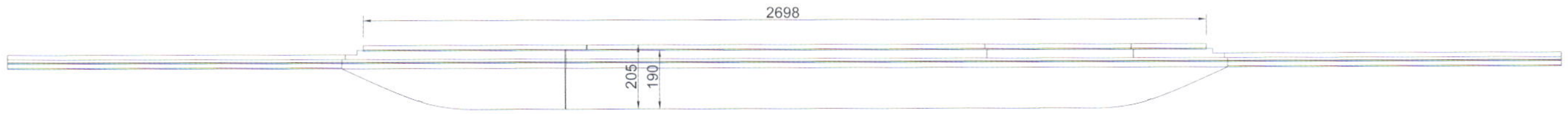

俯视图

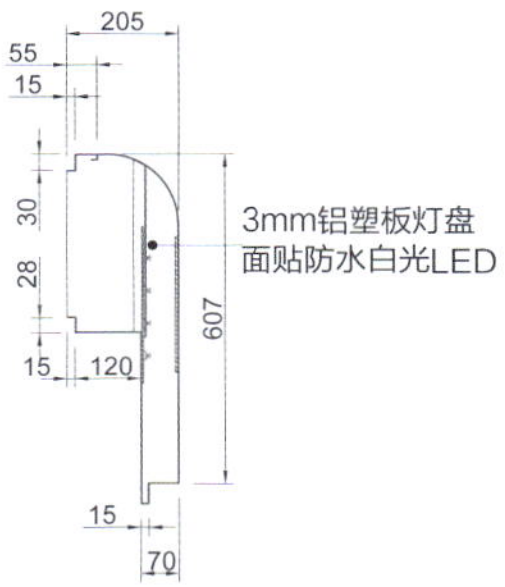

A-A剖视图

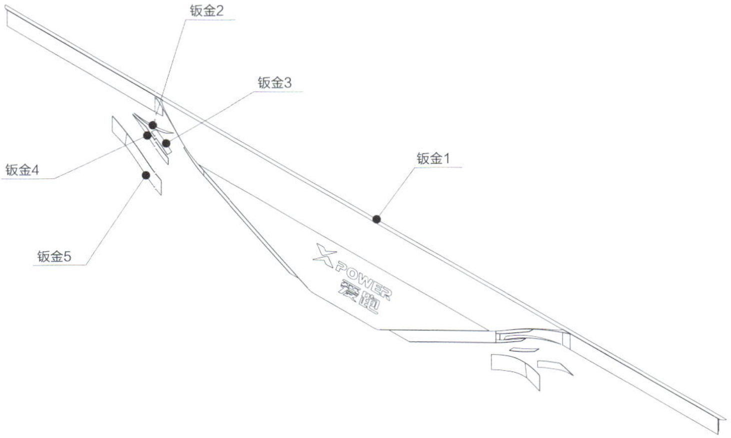

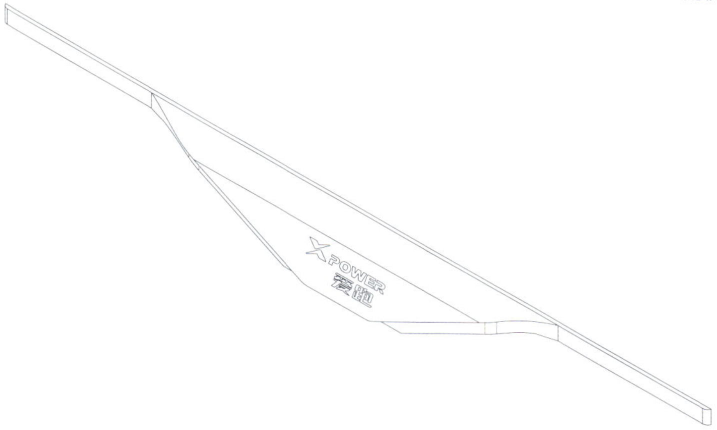

E.1.3.28 加油岛造型（圆角造型形象）单柱双机展开图

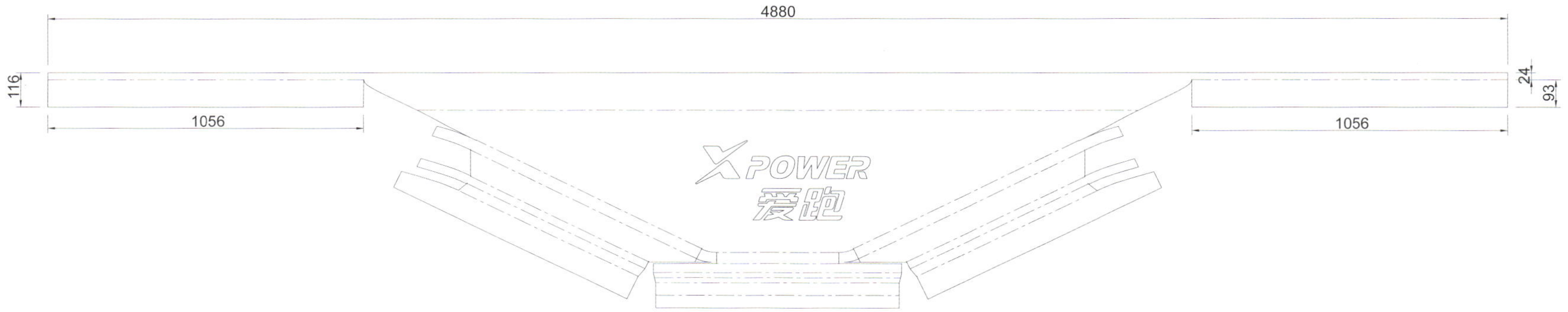

钣金1

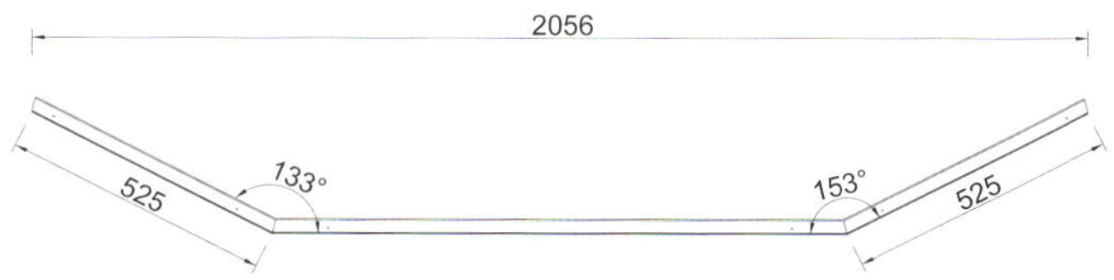

钣金1背板

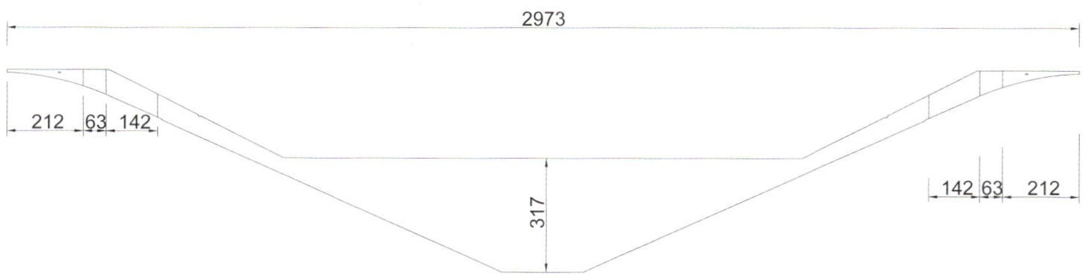

钣金1加强筋

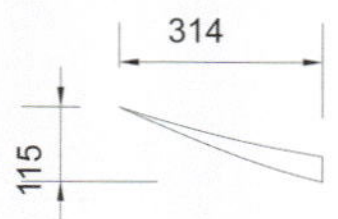

钣金2

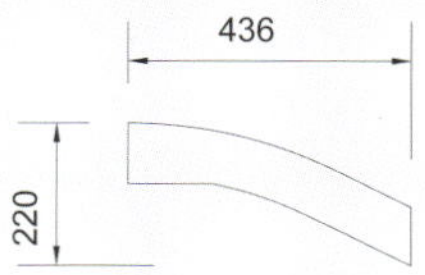

钣金3

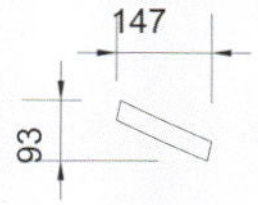

钣金4

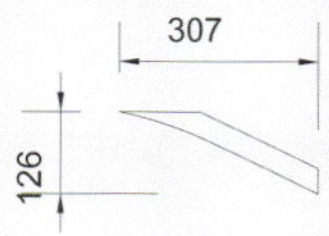

钣金5

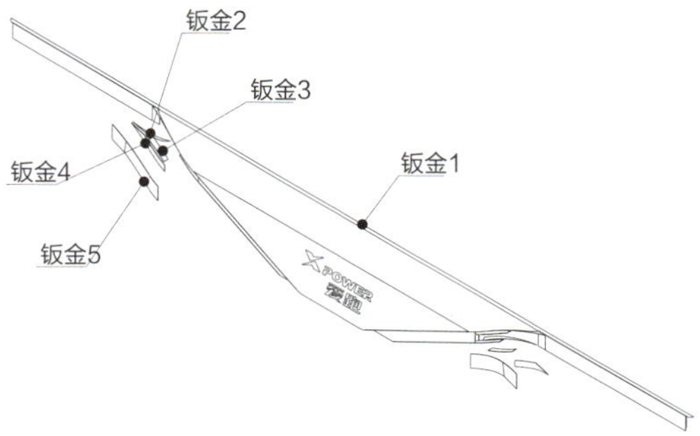

E.1.3.29 加油岛造型（圆角造型形象）单柱双机结构图

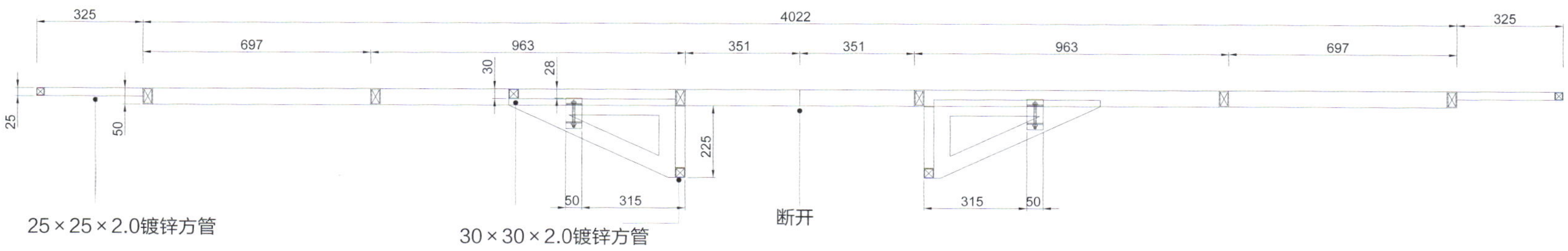

正视图

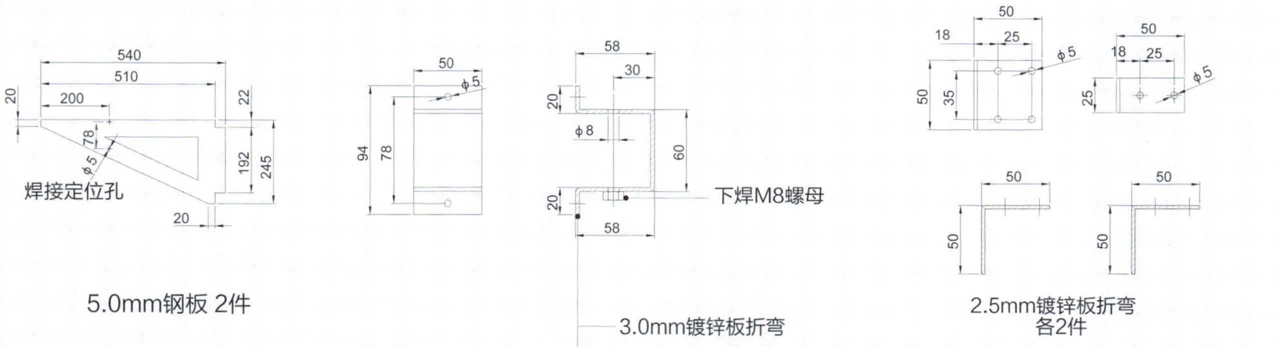

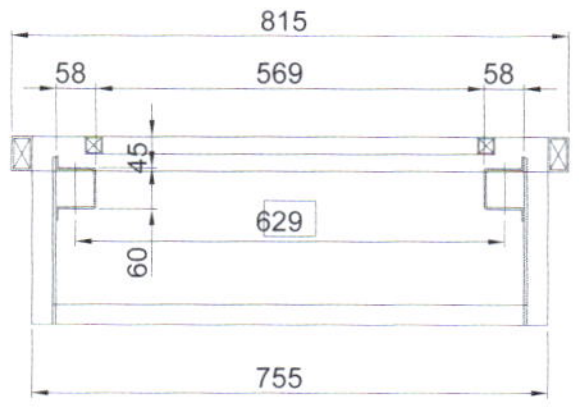

侧视图

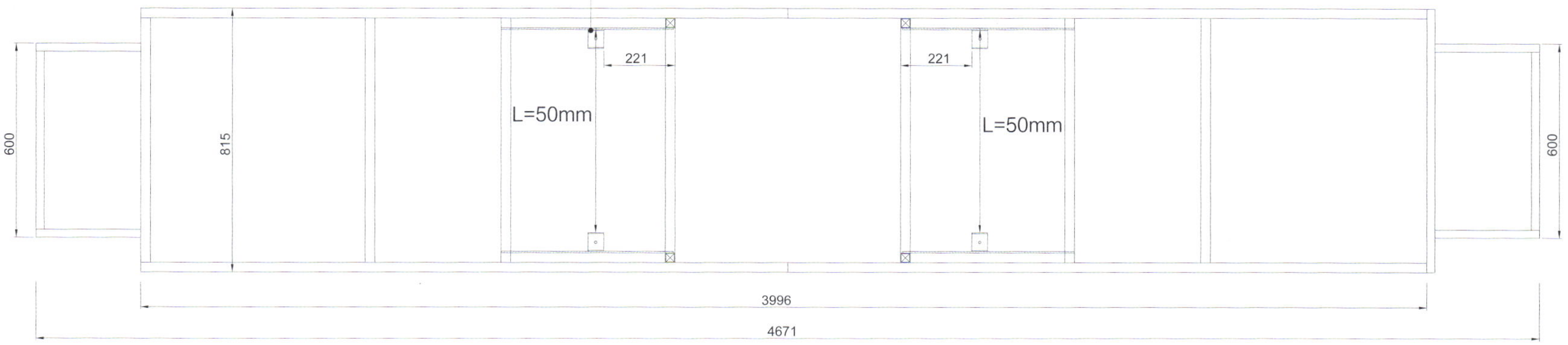

俯视图

E.1.3.30 加油岛造型（圆角造型形象）单柱双机广告屏

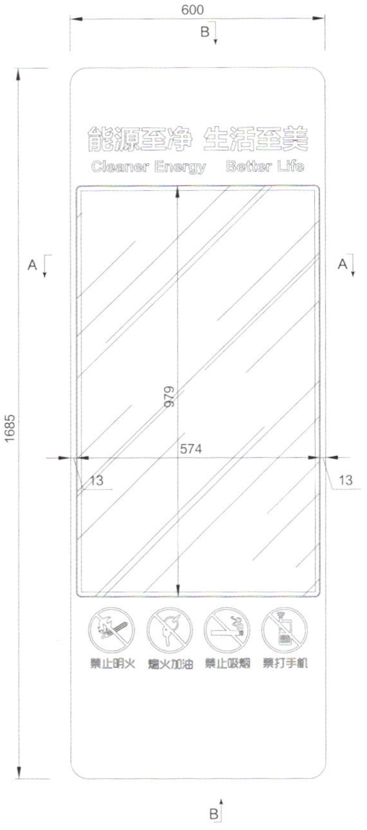

正视图

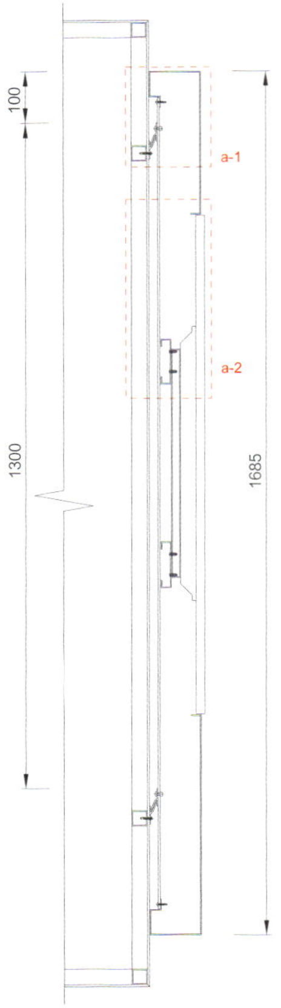

B-B剖面图

a-1

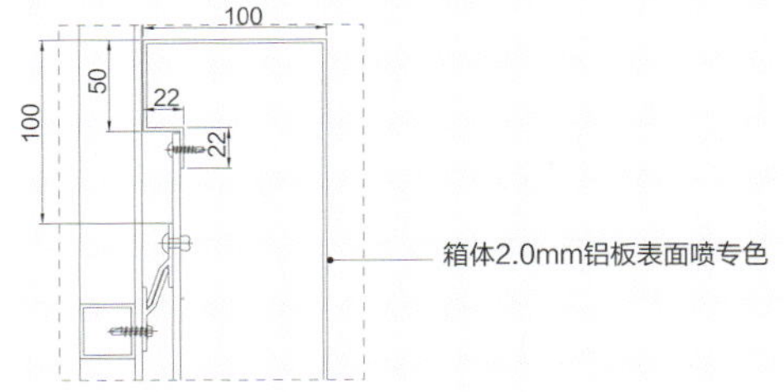

a-2

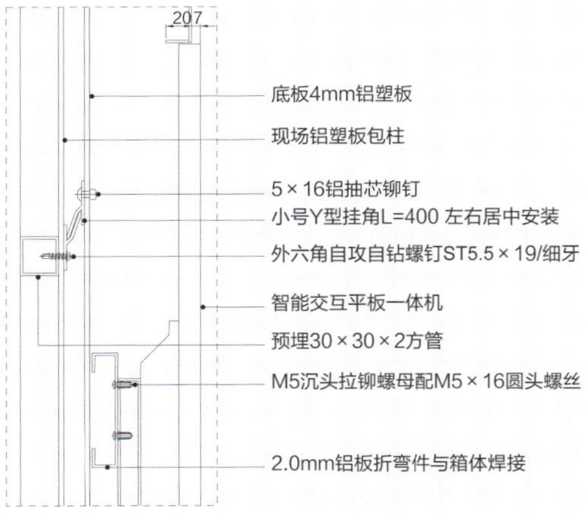

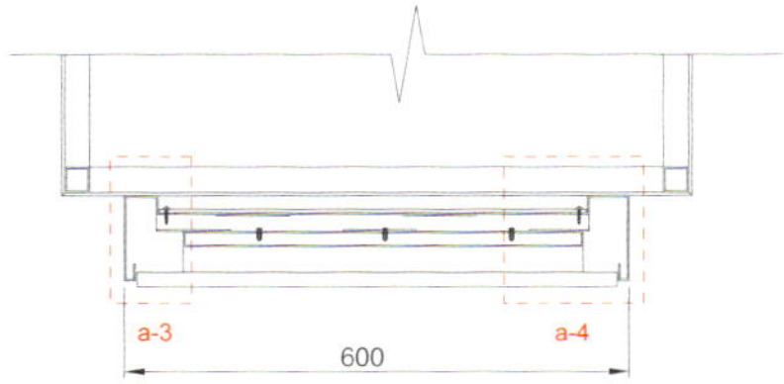

A-A剖面图

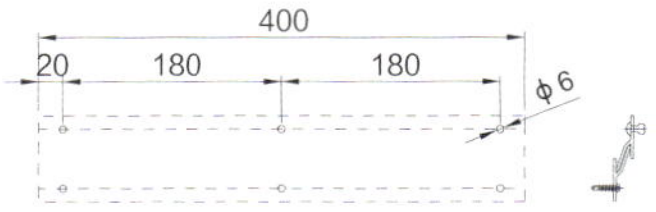

小号Y型挂角
L=400 左右居中安装

a-3

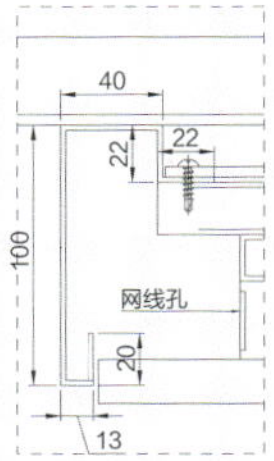

a-4

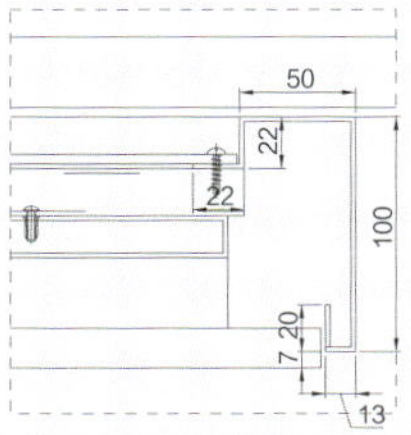

E.1.3.31 加油岛造型（圆角造型形象）无柱形象尺寸及工艺说明

以包柱 600mm 形象为例。

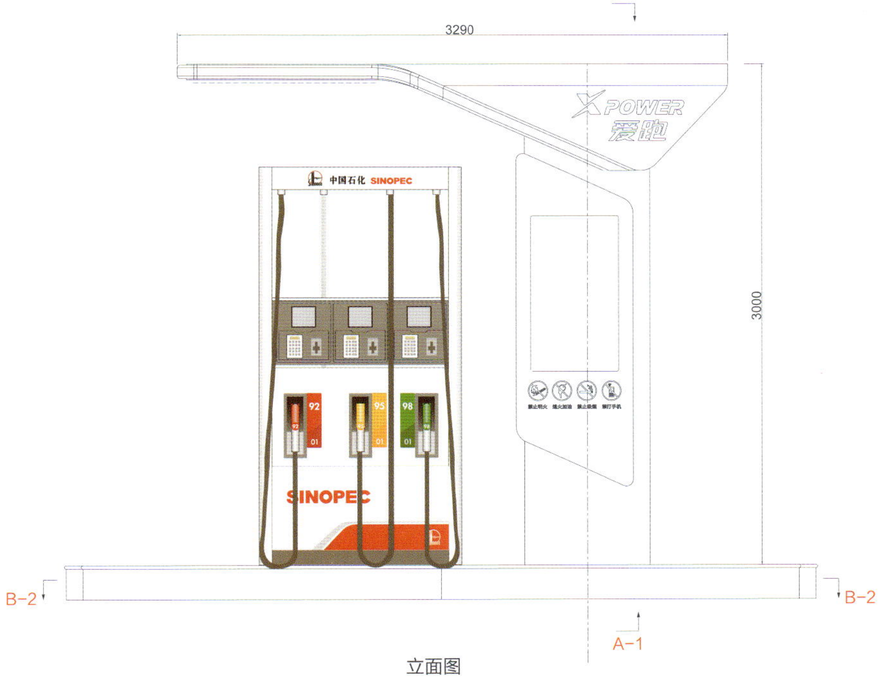

立面图

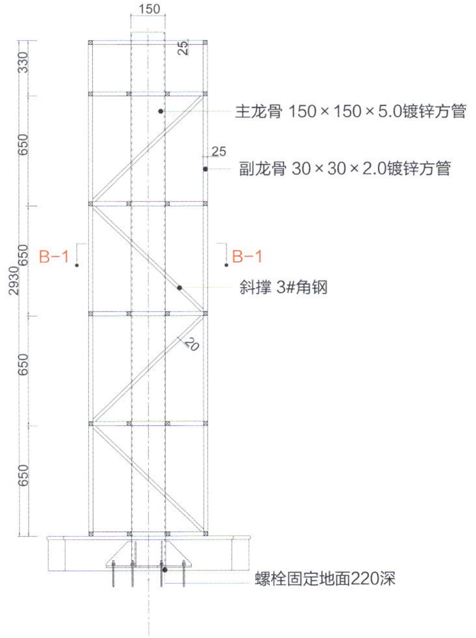

A-1剖面图

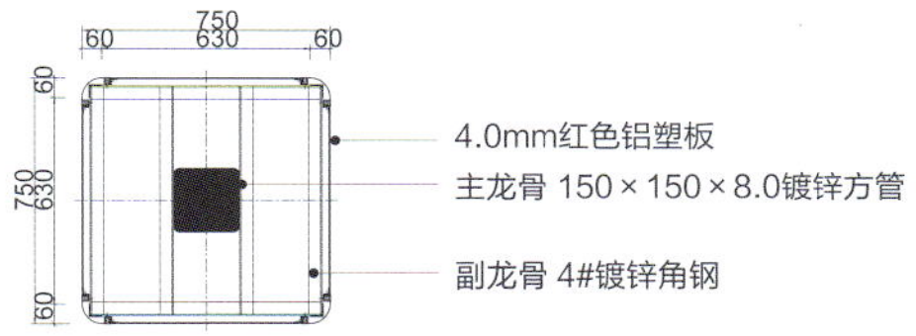

B-1剖面图

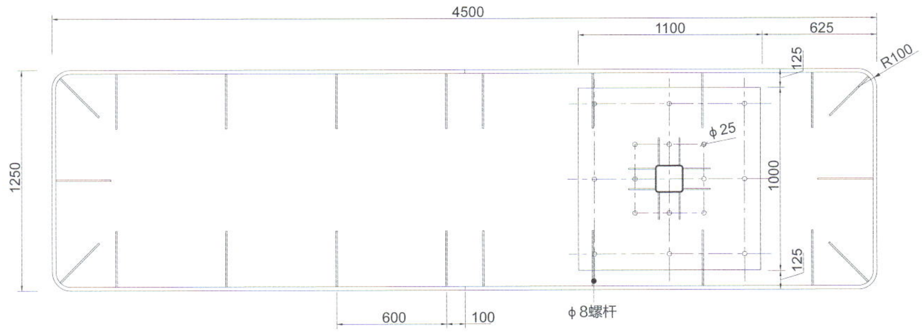

B-2剖面图

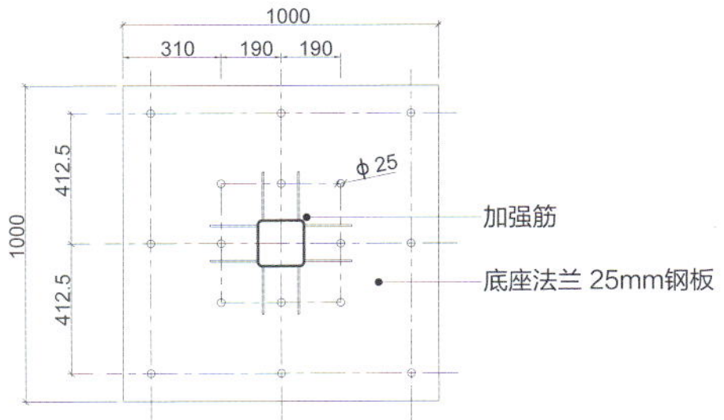

底座法兰 25mm钢板 平面图

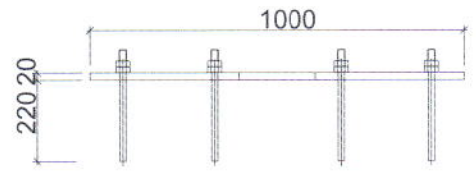

底座法兰 25mm钢板 立面图

E.1.3.32 加油岛造型（折角造型形象）尺寸及工艺说明

以包柱 750mm 形象为例。

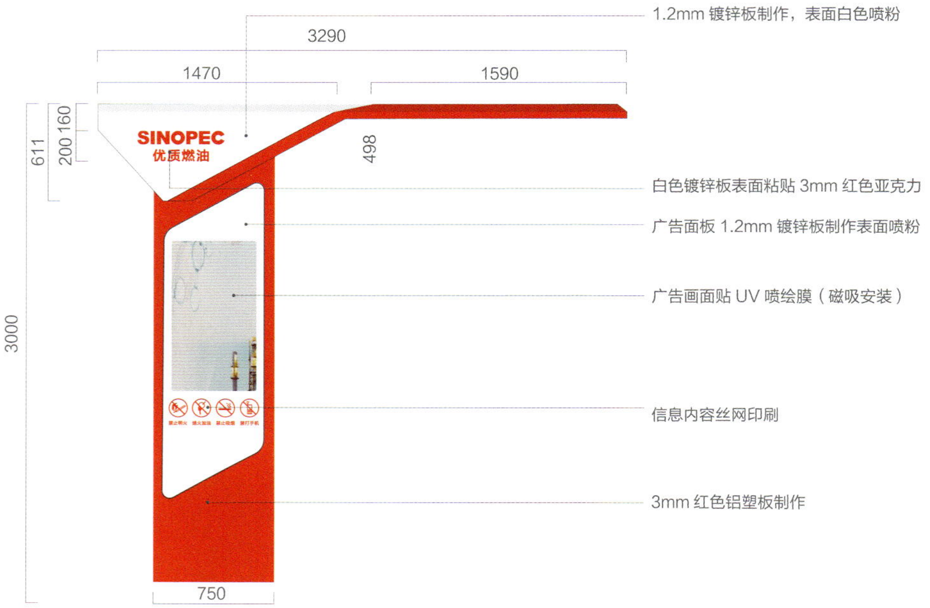

正视图

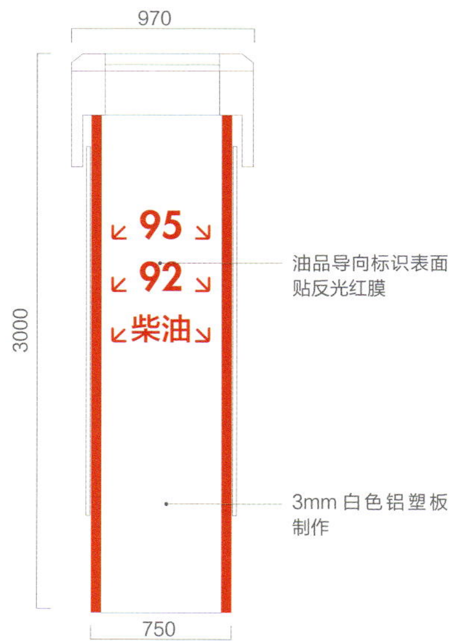

左视图

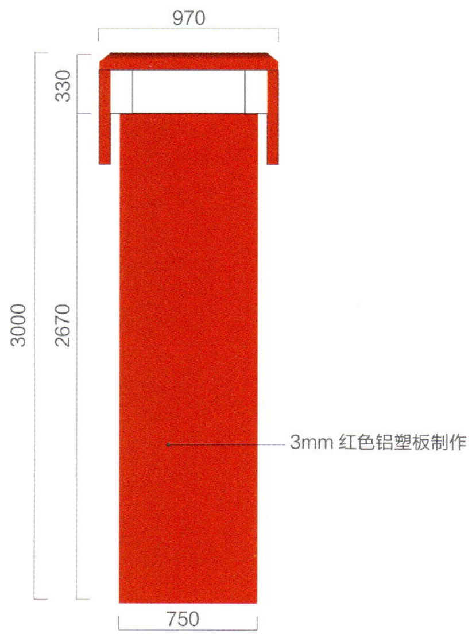

右视图

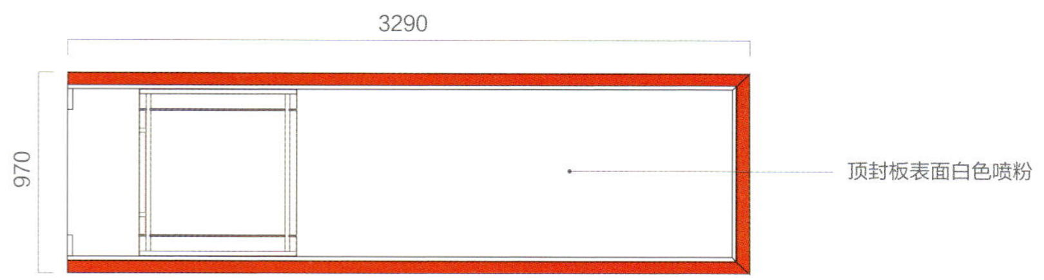

俯视图

E.1.3.33 加油岛造型（折角造型形象）剖面图

以包柱 750mm 形象为例。

正视图

A–A 剖面图

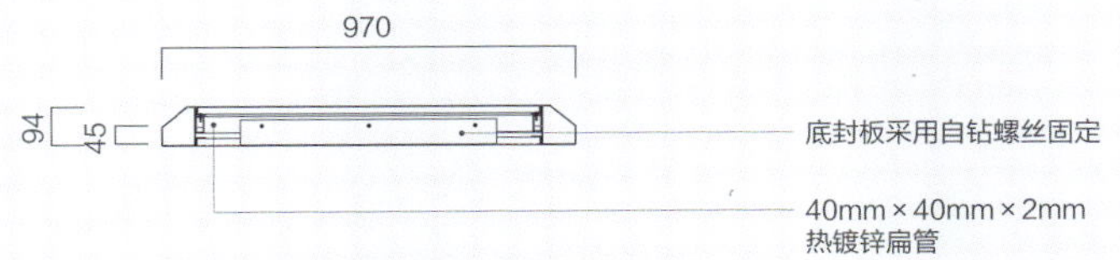

B–B 剖面图

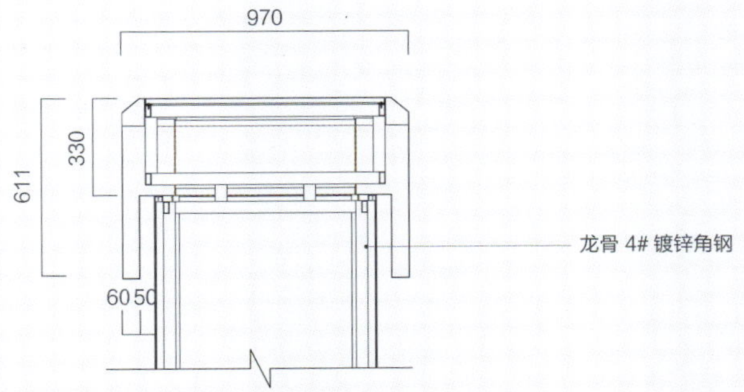

C–C 剖面图

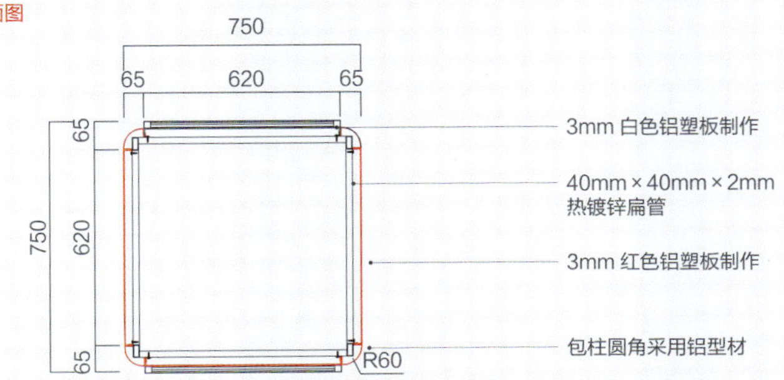

E.1.3.34 加油岛造型（折角造型形象）能源信息模块尺寸及工艺说明

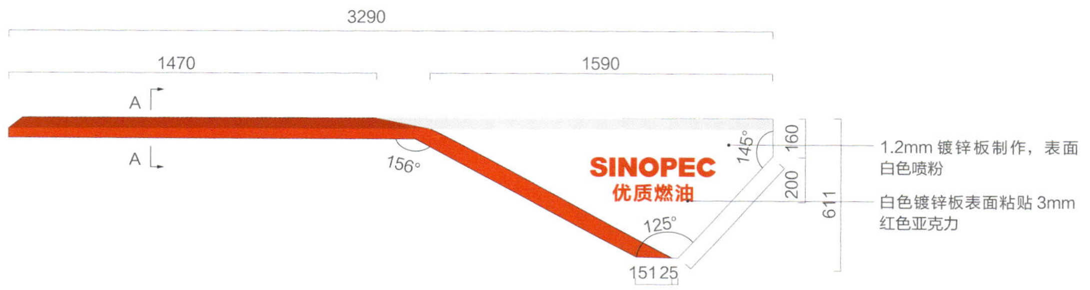

主视图

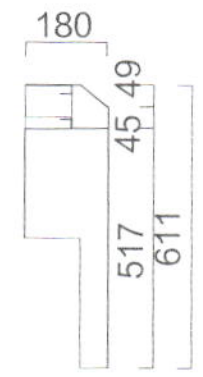

侧视图

俯视图

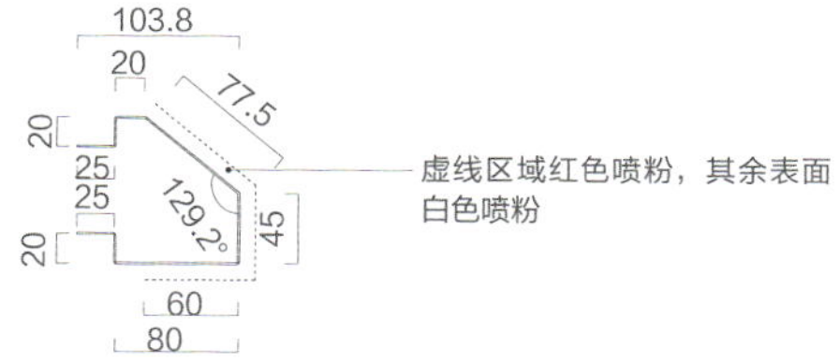

A–A 剖面图

正视图

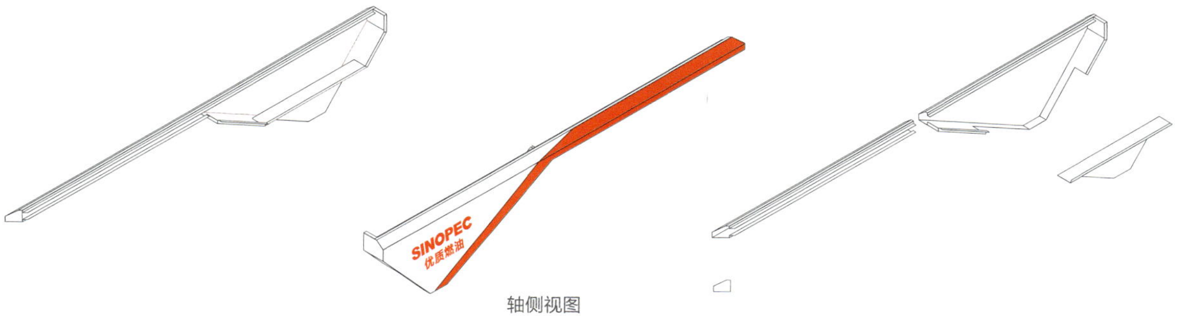

轴侧视图

E.1.3.35 加油岛造型（折角造型形象）广告模块尺寸及工艺说明

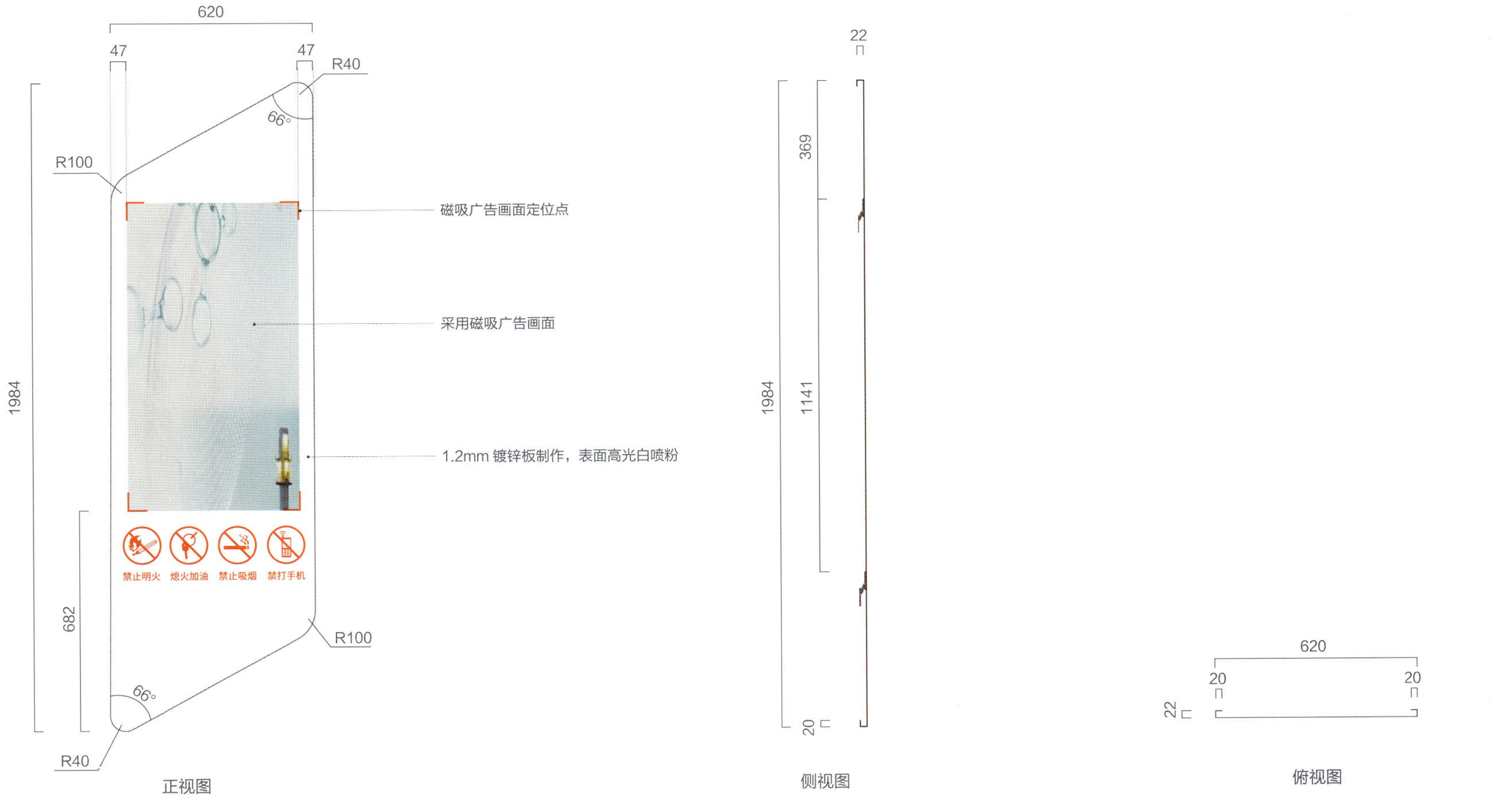

E.1.3.36 加油岛造型（折角造型形象）能源信息模块骨架图

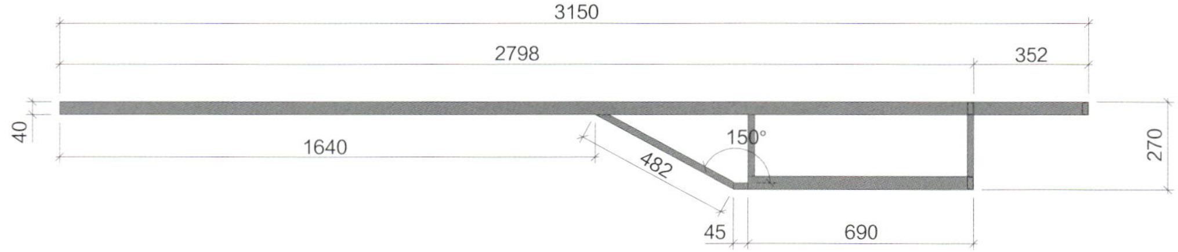

正视图

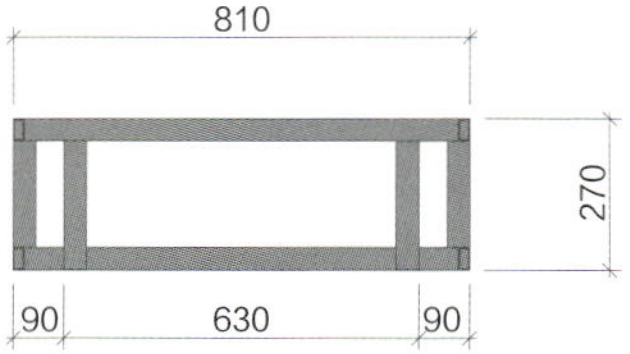

侧视图

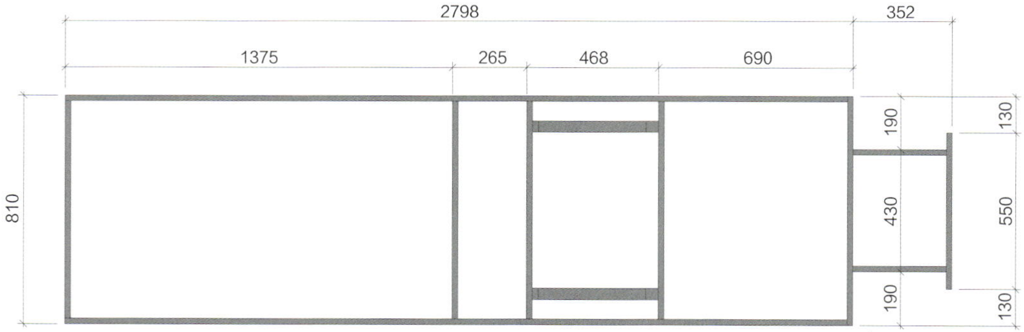

俯视图

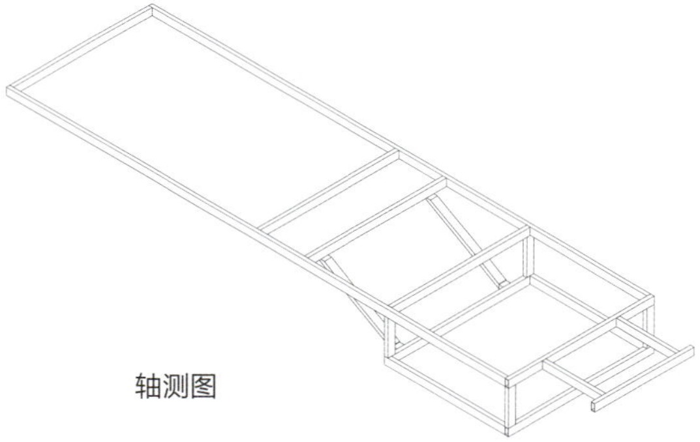

轴测图

技术说明：
横骨架采用40×20×2mm镀锌扁通焊接成型，焊接处防锈漆处理。

E.1.3.37 加油岛造型（折角造型形象）立柱骨架图

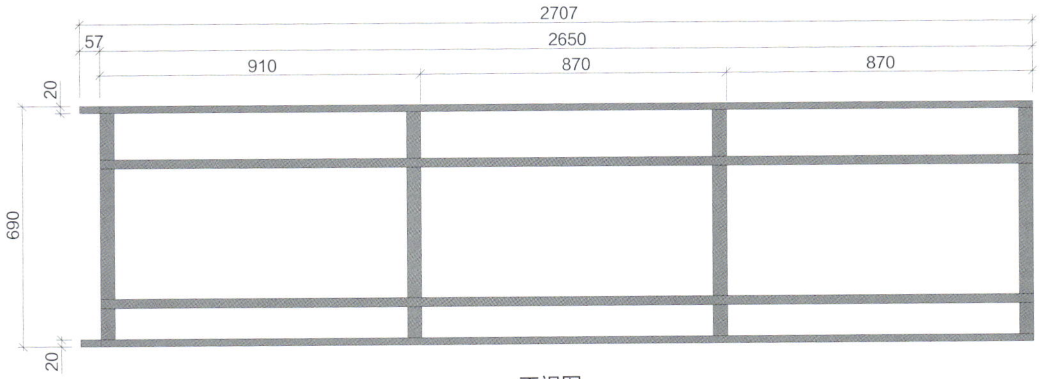

正视图

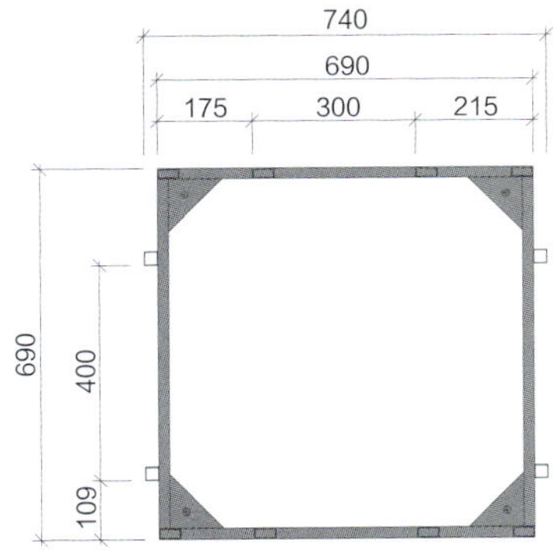

侧视图

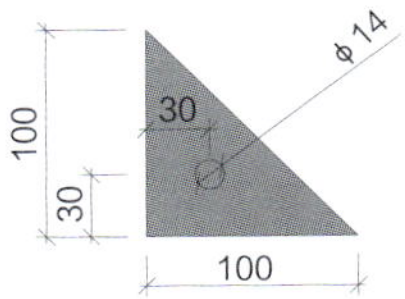

固定板
10mm钢板制作
共4件

俯视图

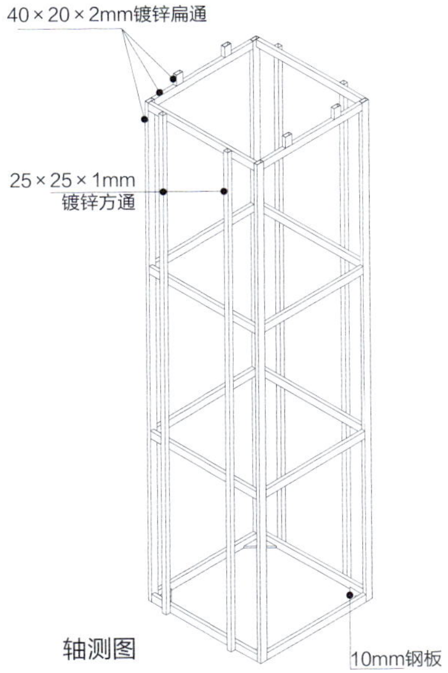

轴测图

技术说明：
立柱骨架采用40×20×2mm镀锌扁通与25×25×1mm镀锌方通焊接成型，焊接处防锈漆处理。

E.1.3.38 立柱装饰尺寸及工艺说明

立柱装饰立面

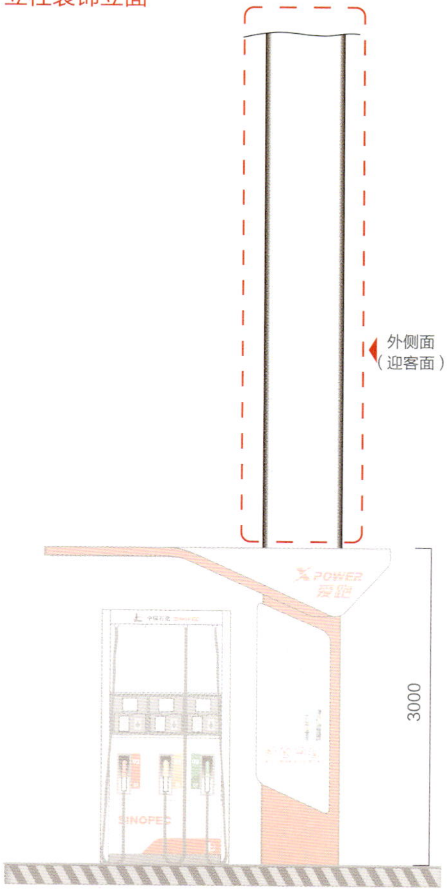

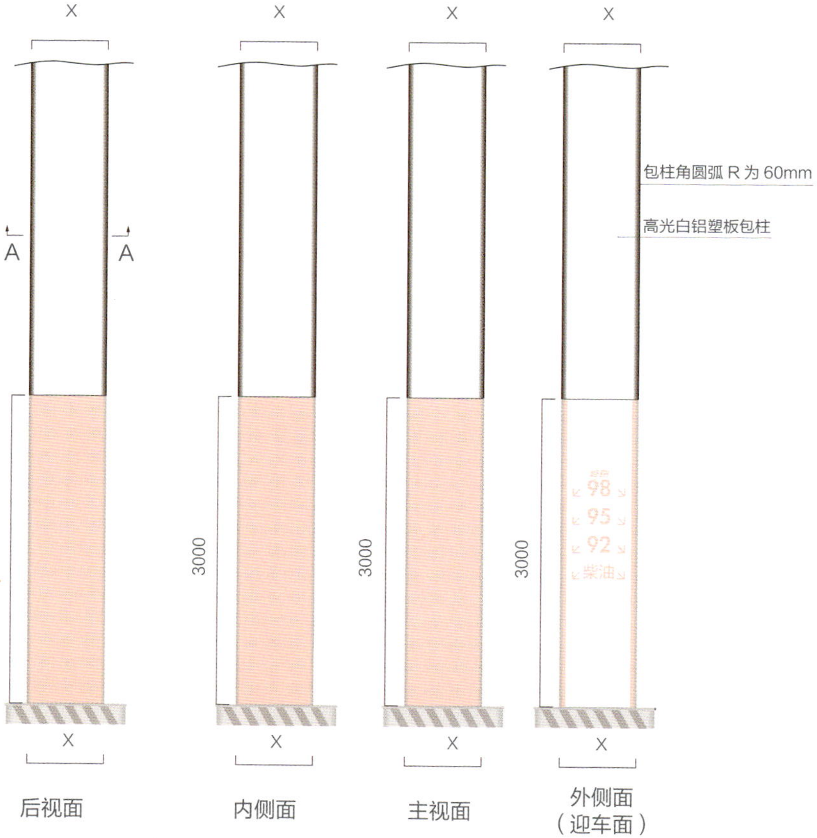

立柱俯视图

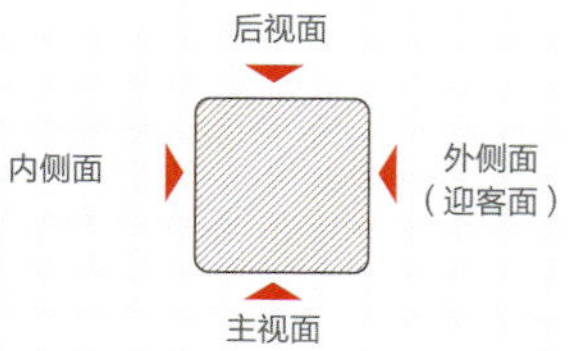

A–A

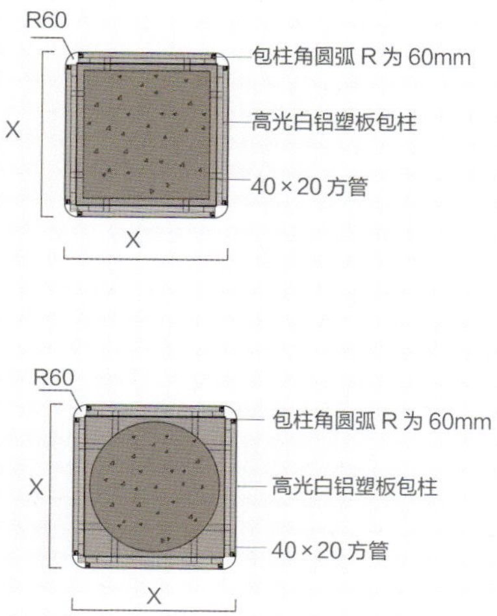

E.1.3.39 立柱装饰（利旧翻新）尺寸及工艺说明

在改造站包柱利旧的情况下，可采用贴膜方式翻新。白色立柱部分采用白膜全包，红色立柱部分采用彩膜全包。

立柱装饰立面

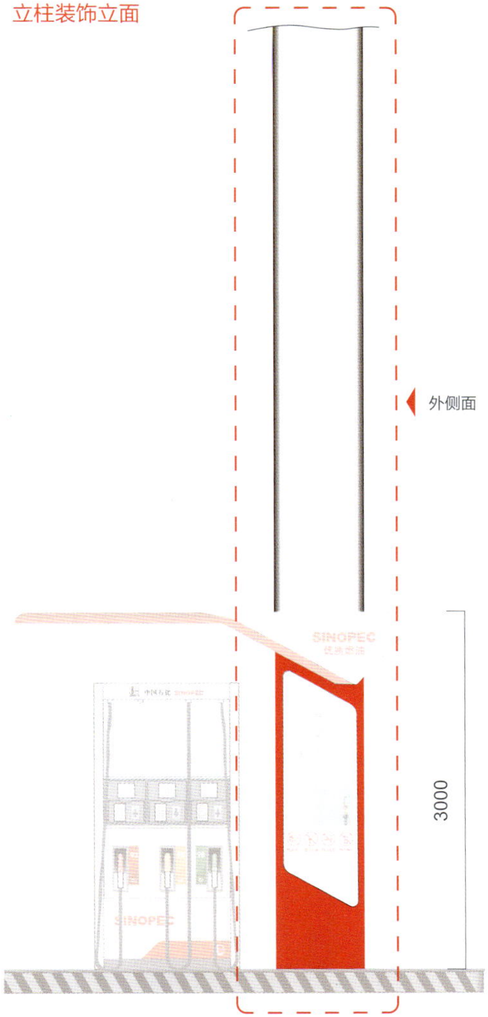

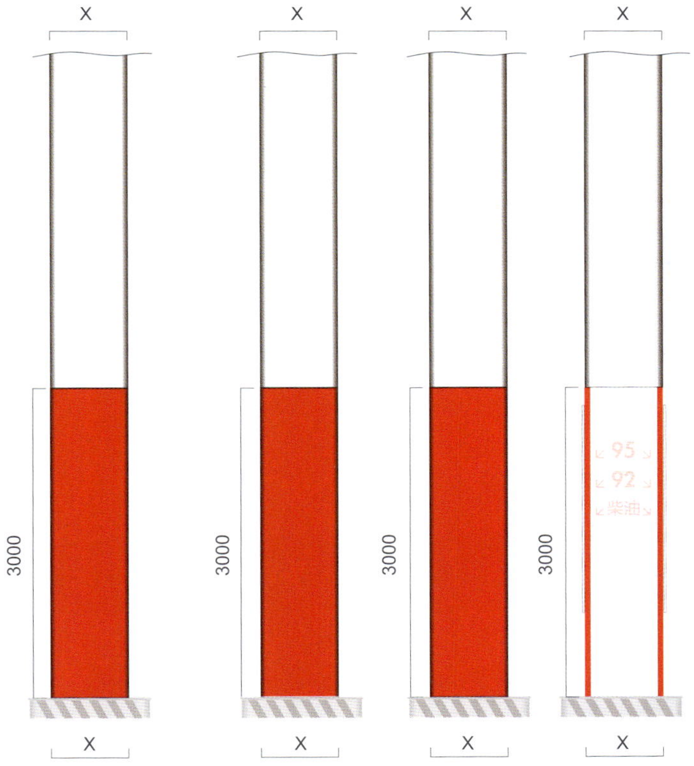

后视面　内侧面　主视面　外侧面

E.1.3.40 油机号码牌尺寸及工艺说明

俯视图

安装示意

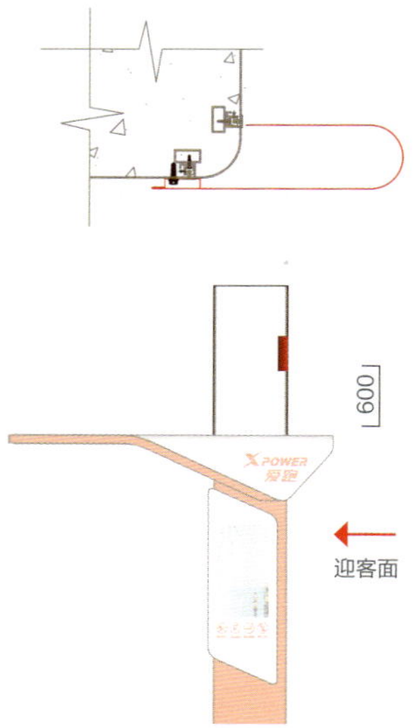

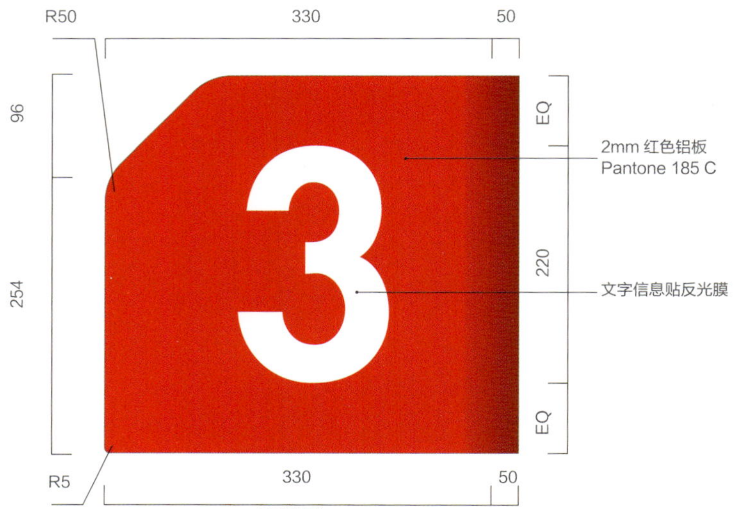

正视图

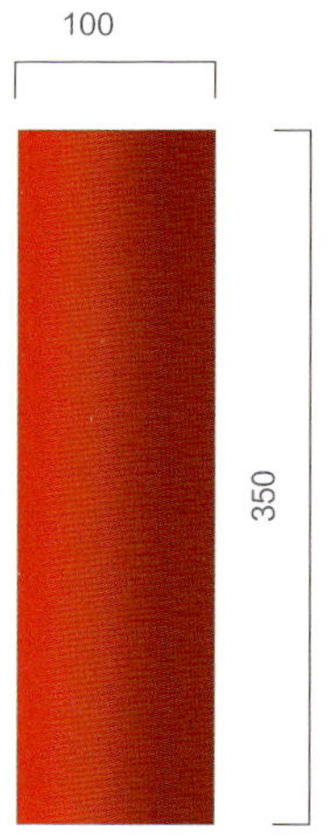

侧视图

后面视图

· 设计施工时，请参考右图尺寸，
以确保油机号码牌的视觉效果。

· 工艺说明：

1. 2mm 红色铝板激光切割折弯成型（石化红 Pantone 185 C）；
2. 数字编号贴交通级白色反光膜，字体采用 Futura std medium；
3. 在离加油岛造型顶部 600mm 处安装。

E.1.3.41 加油岛尺寸及工艺说明

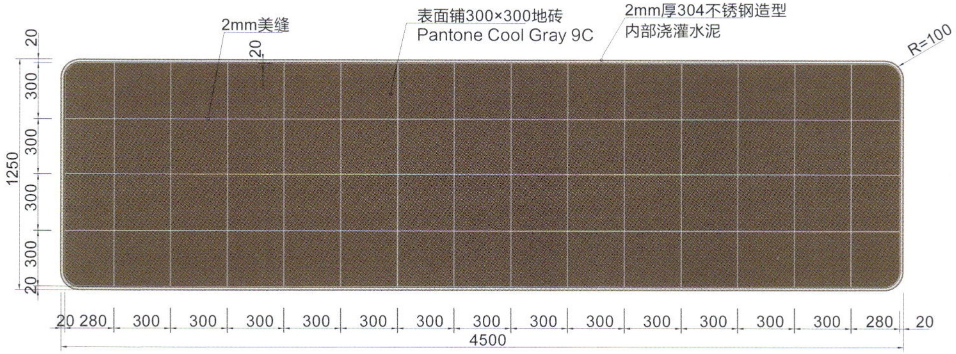

加油岛平面图

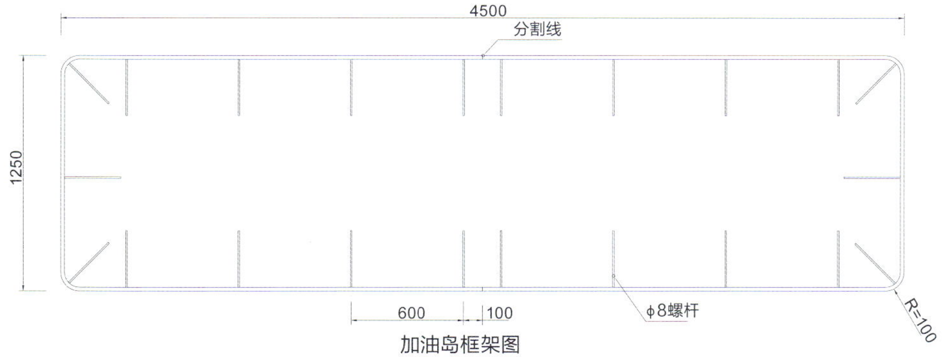

加油岛框架图

加油岛立面图

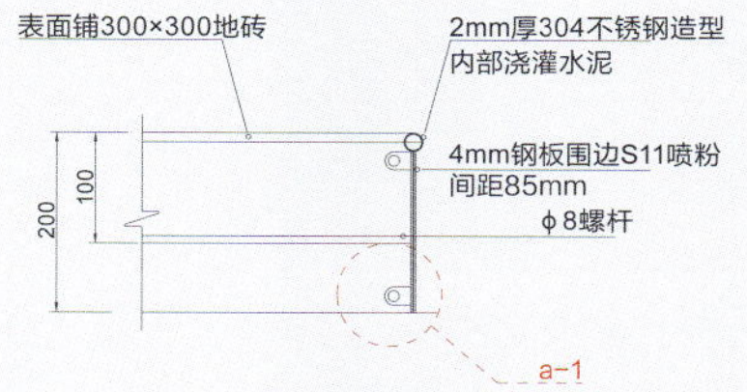

油岛剖面图

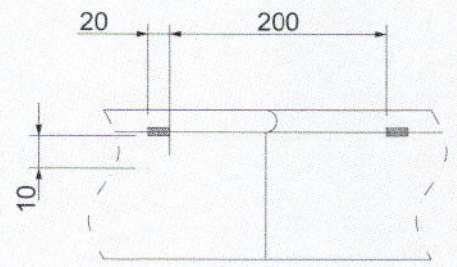

焊接点示意图

a-1

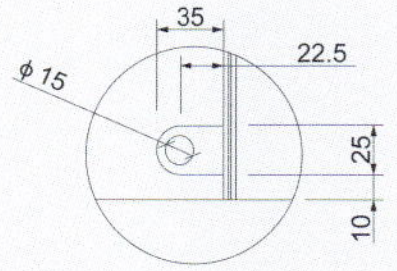

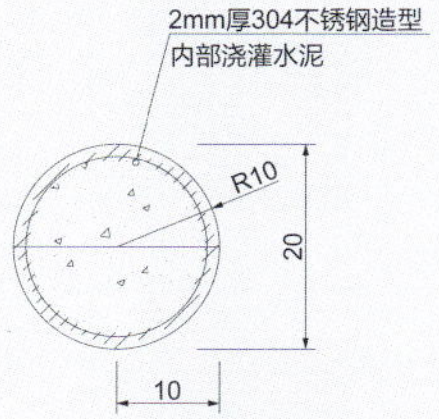

不锈钢造型

E.1.3.42 加油岛造型安装示意（一）

步骤一：

1. 如果现场包柱是钢结构，加油岛跳脚与现场钢结构用螺钉栓接固定，跳脚必须用红外线水平仪调平，保证同一水平面。
2. 如果现场包柱是混凝土结构，加油岛跳脚与现场包柱用铁膨胀固定，跳脚必须用红外线水平仪调平，保证同一水平面。

步骤二：

将油机灯箱内部支架钢结构用红外水平仪水平固定在已安装的支架上。

步骤三：

前后对称安装油机灯箱内部支架钢结构。

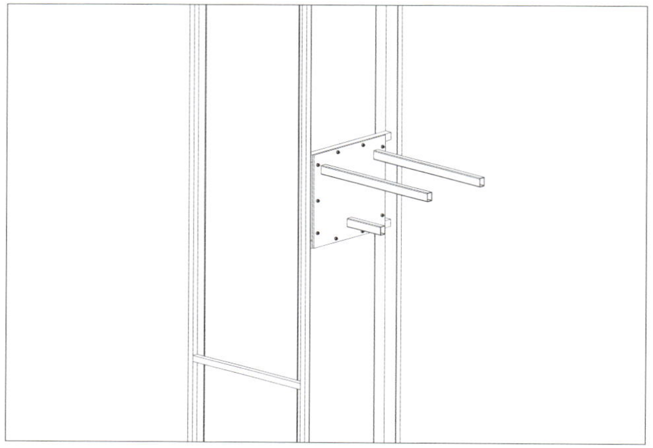
步骤一

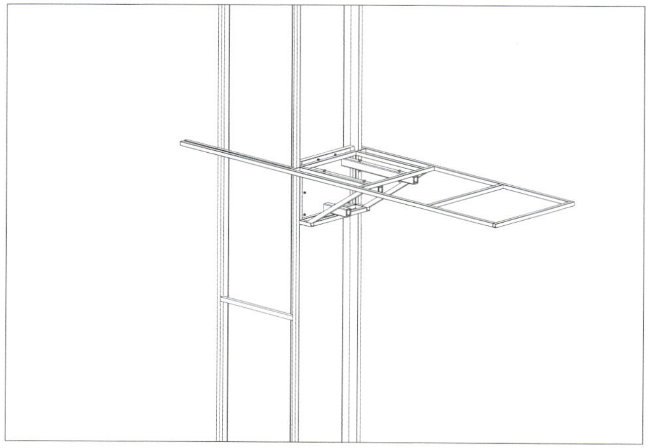
步骤二

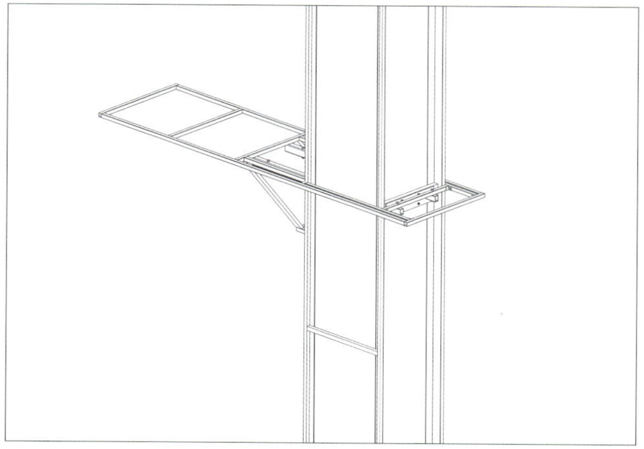
步骤二

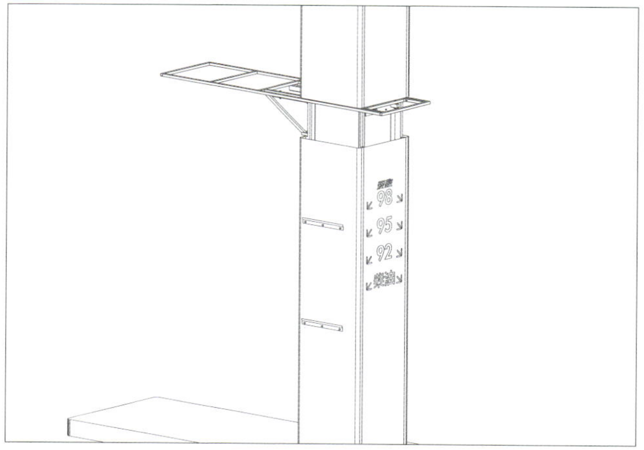
步骤三

E.1.3.43 加油岛造型安装示意（二）

步骤四：
将油机灯箱的前后铝板装配在钢结构支架上，并做固定。

步骤五：
安装下封板。

步骤六：
安装封口条。

步骤七：
接线，安装上封板，安装广告灯箱。

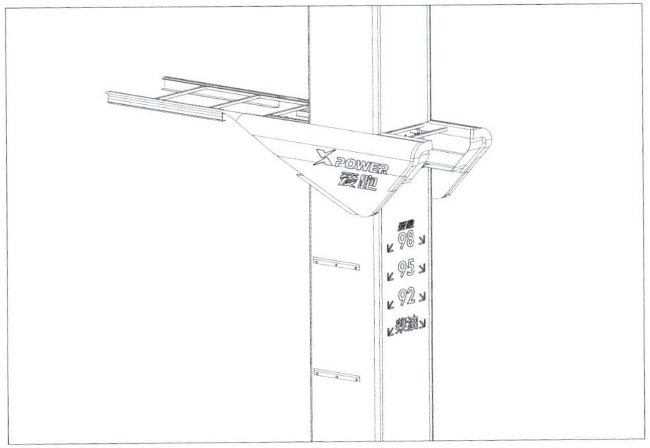

步骤四

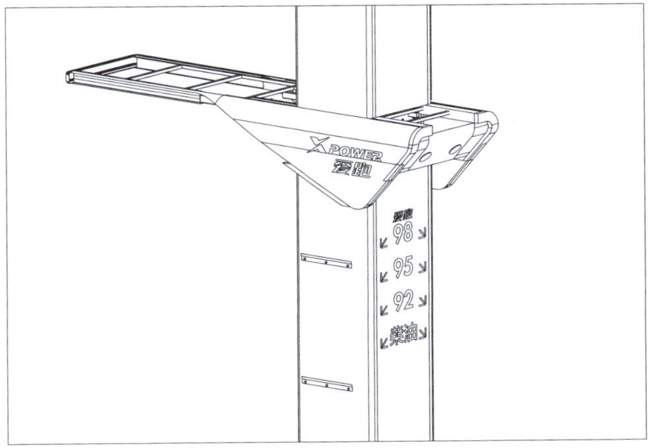

步骤五

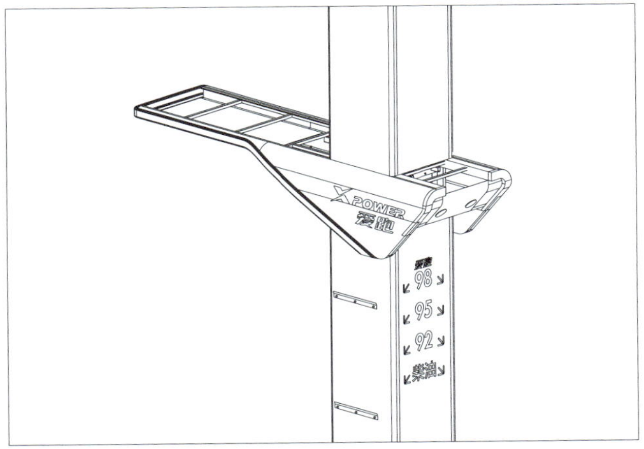

步骤六

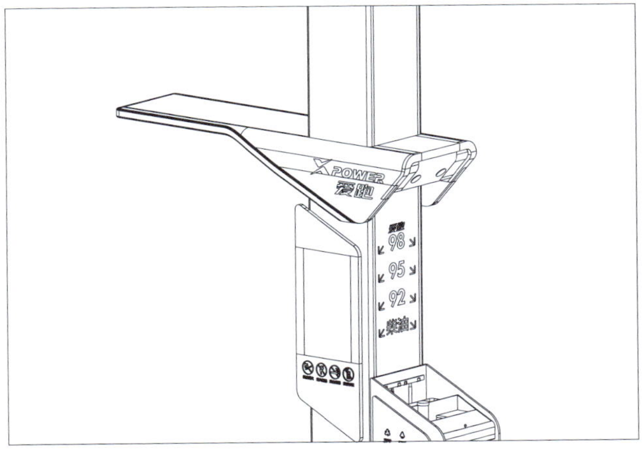

步骤七

E.1.3.44 综合服务箱 A 款三视图

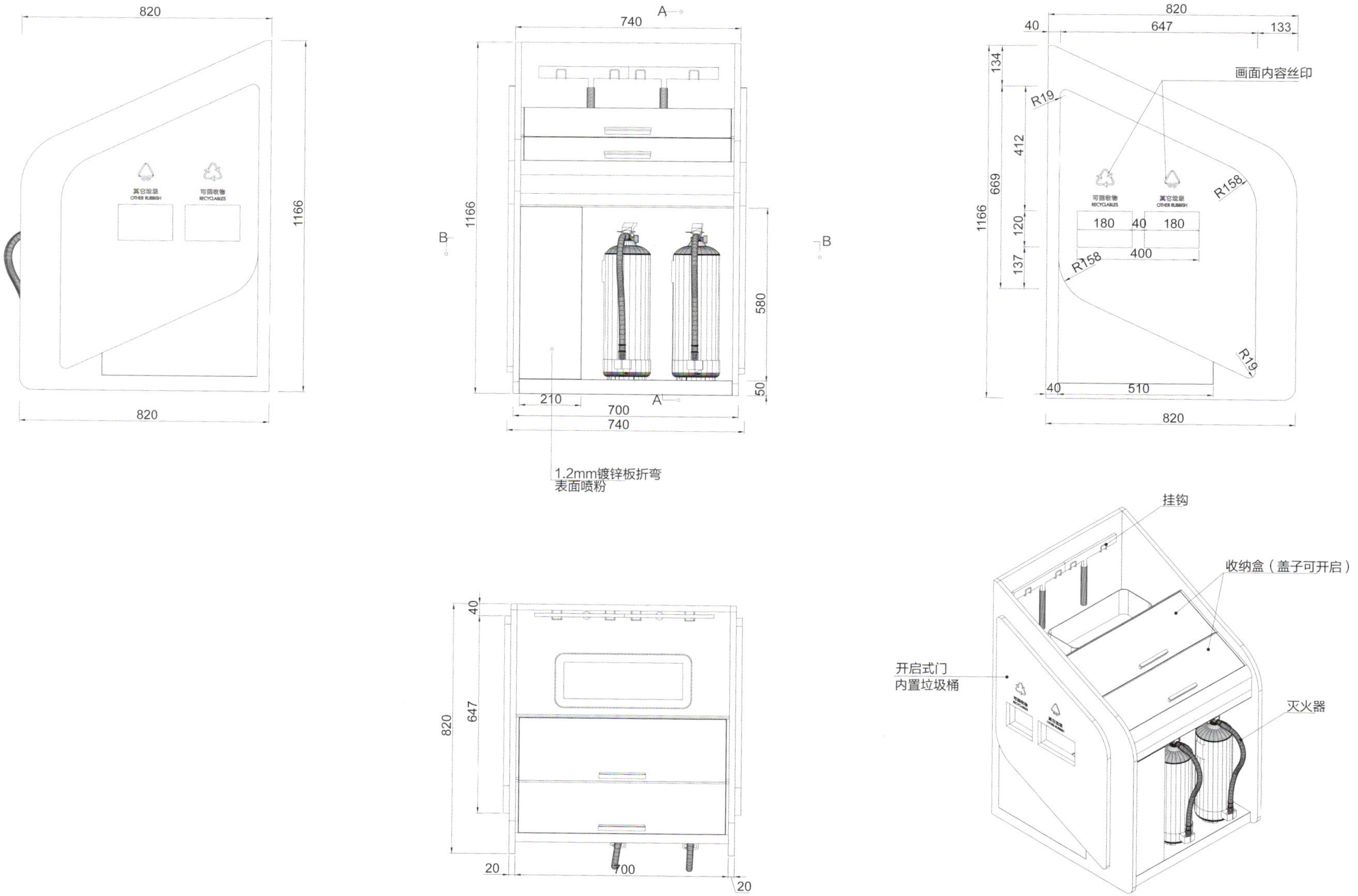

E.1.3.45 综合服务箱 A 款剖面图

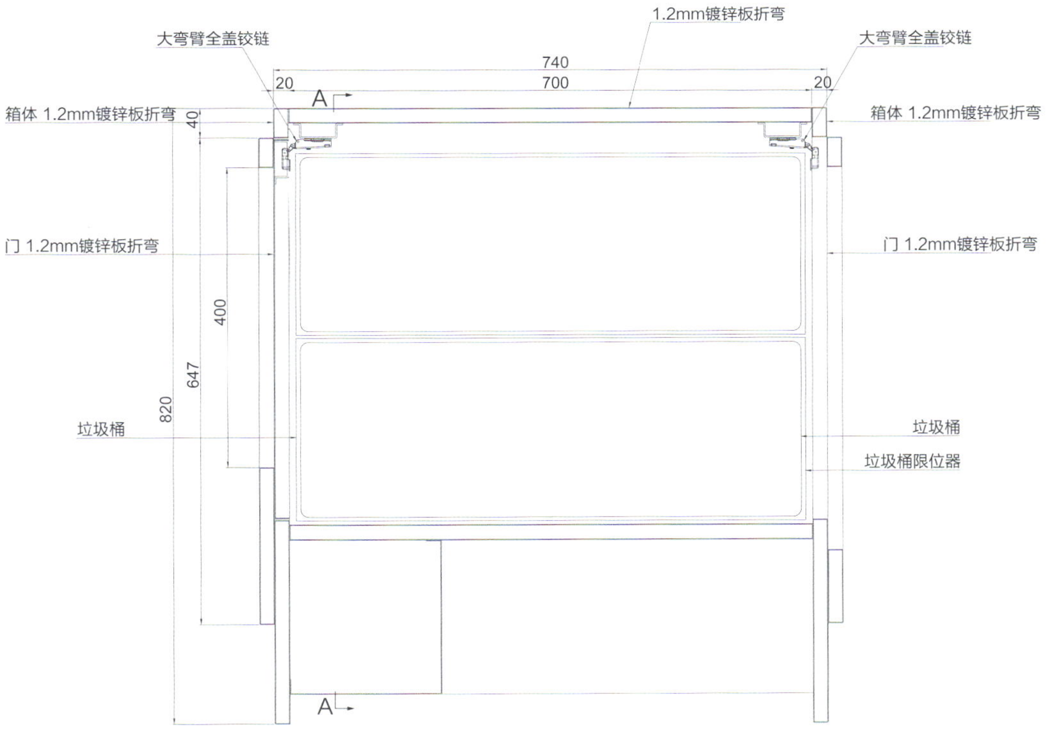

平面图

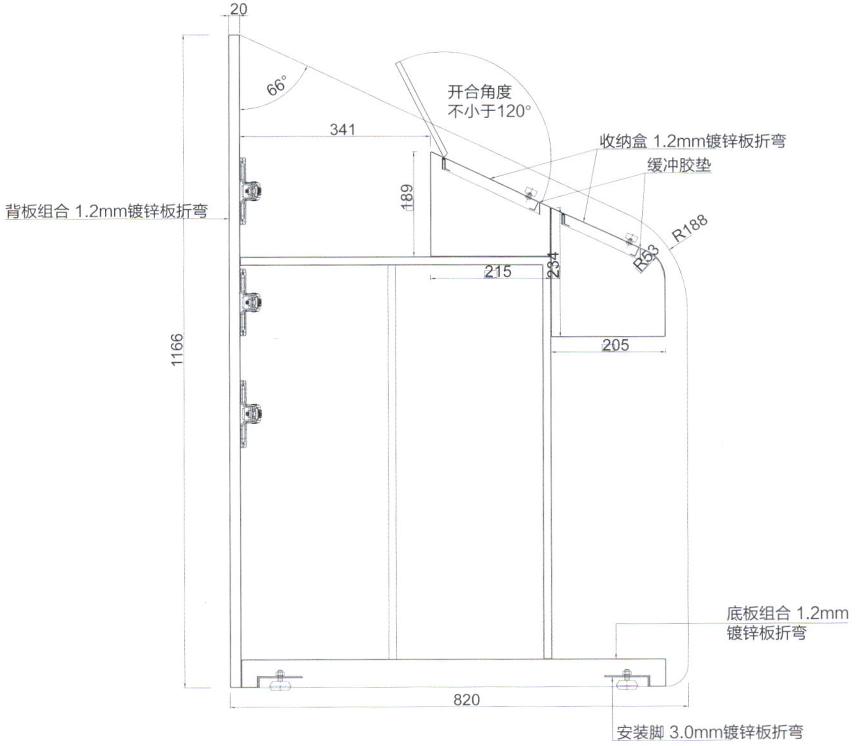

A–A剖面图

E.1.3.46 综合服务箱 A 款炸开图

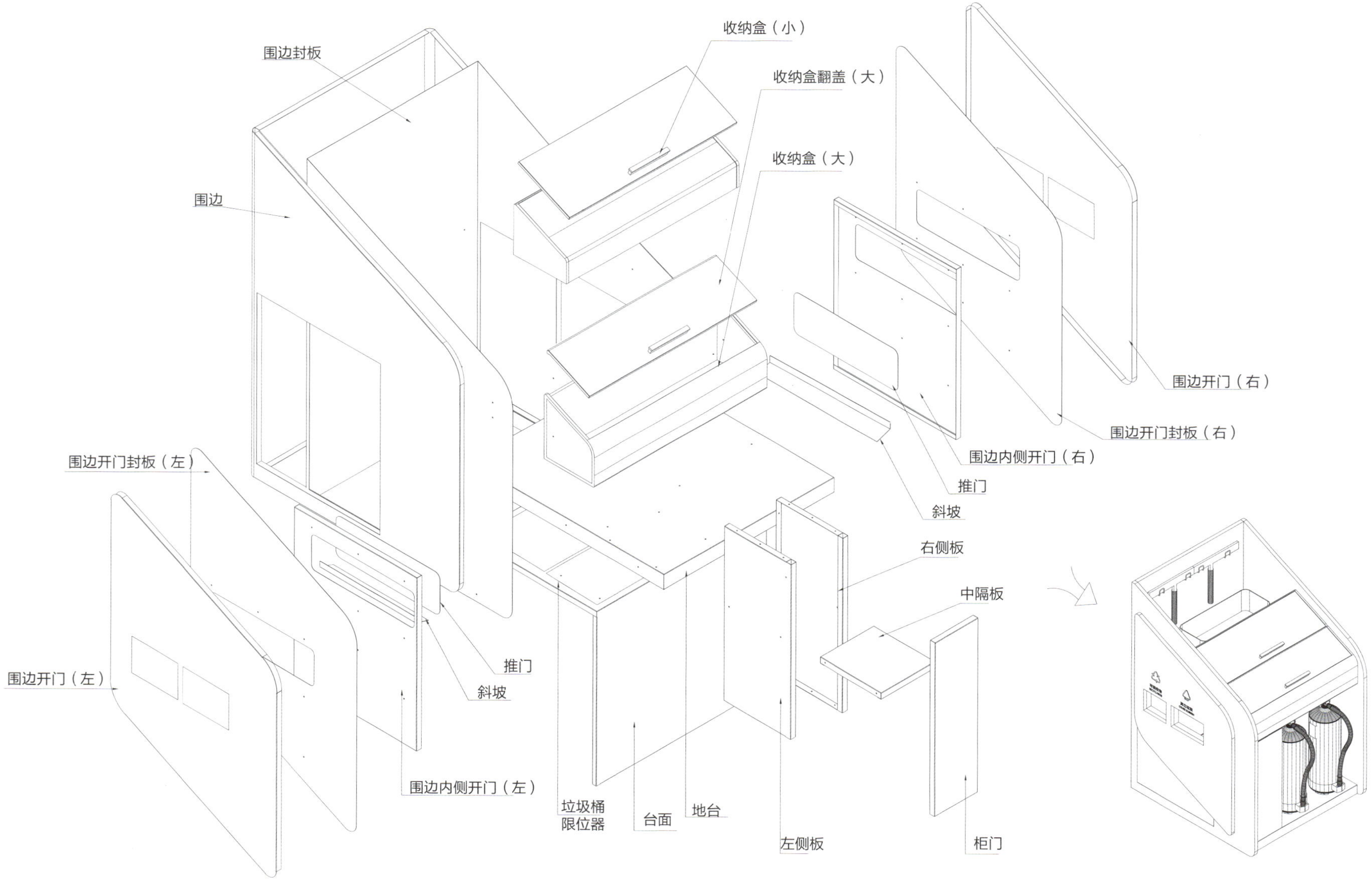

E.1.3.47 综合服务箱 B 款三视图

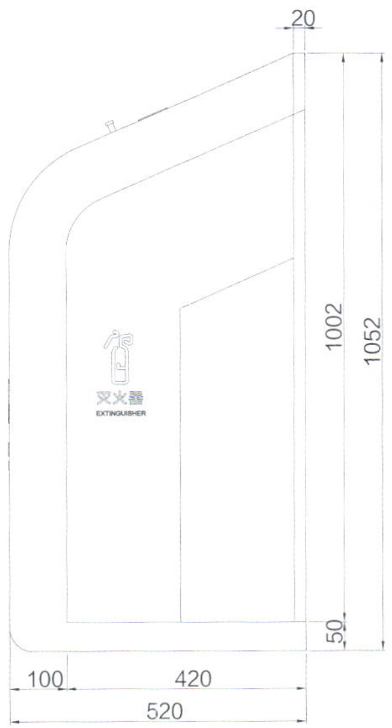

左视图

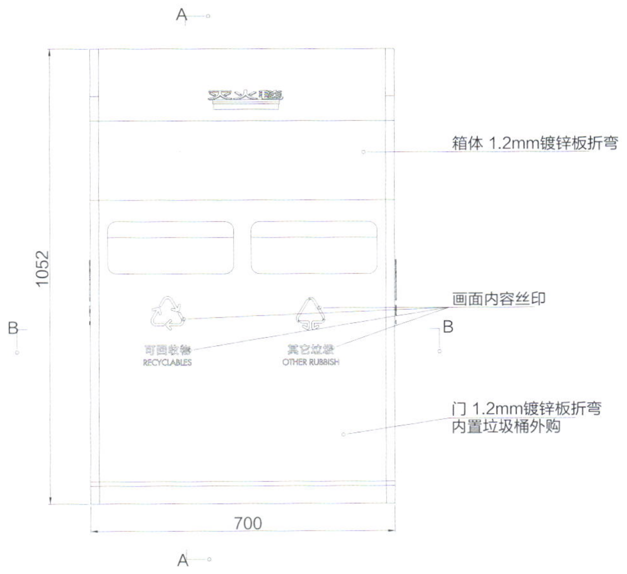

正视图

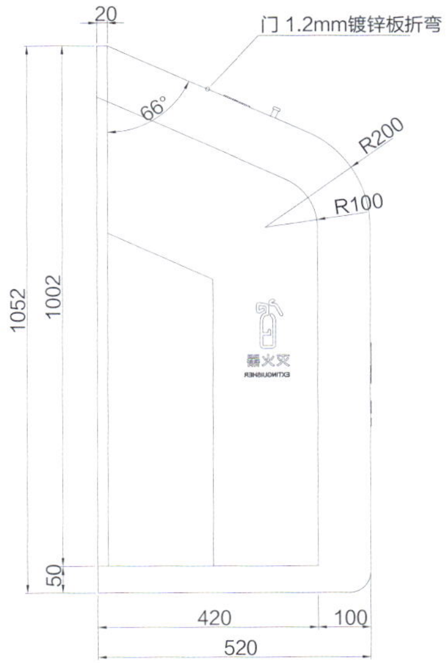

右视图

顶视图

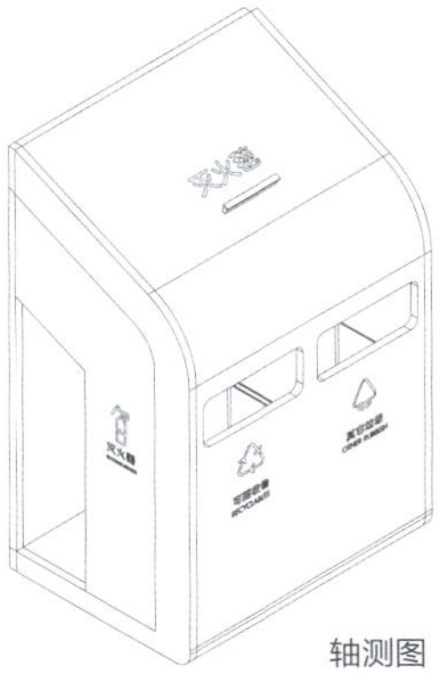

轴测图

E.1.3.48 综合服务箱 B 款剖面图

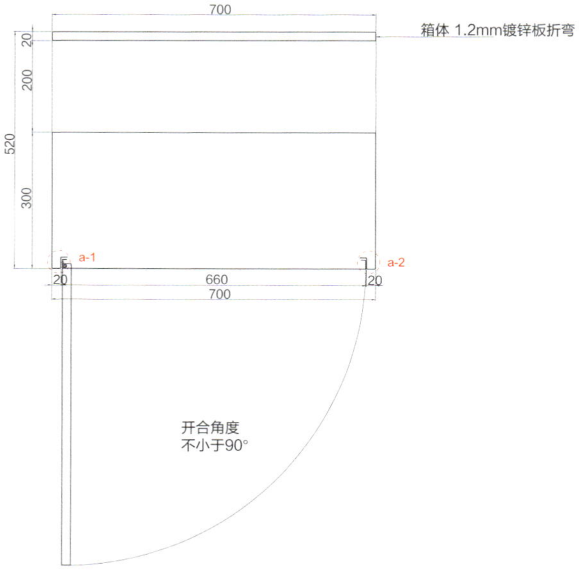

B–B剖图

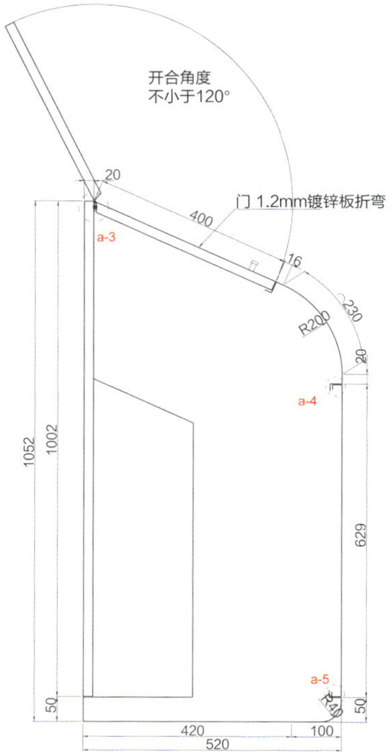

A–A剖图

a-1

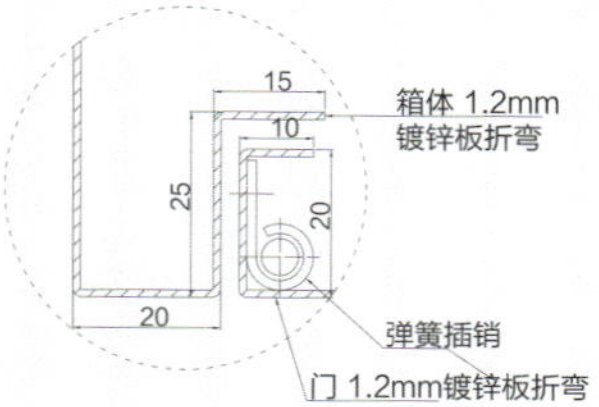

a-2

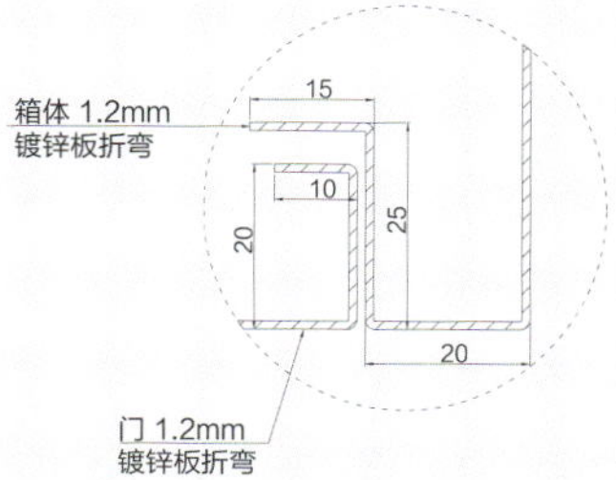

a-3

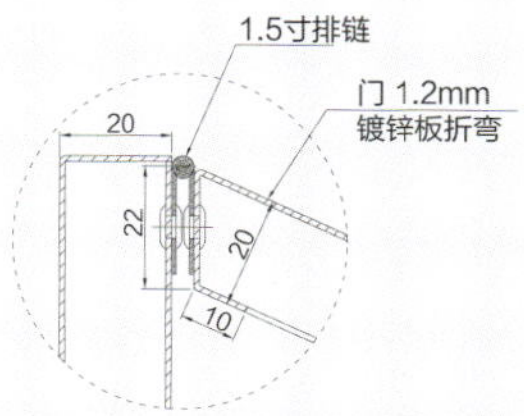

a-4

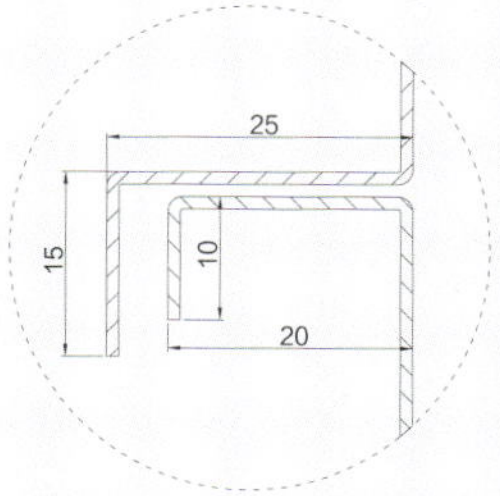

a-5

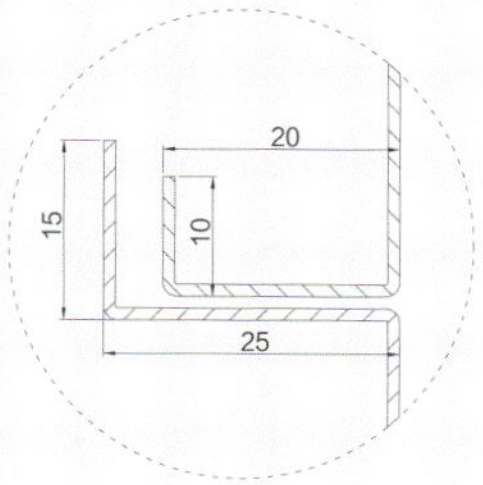

E.1.3.49 综合服务箱 B 款炸开图

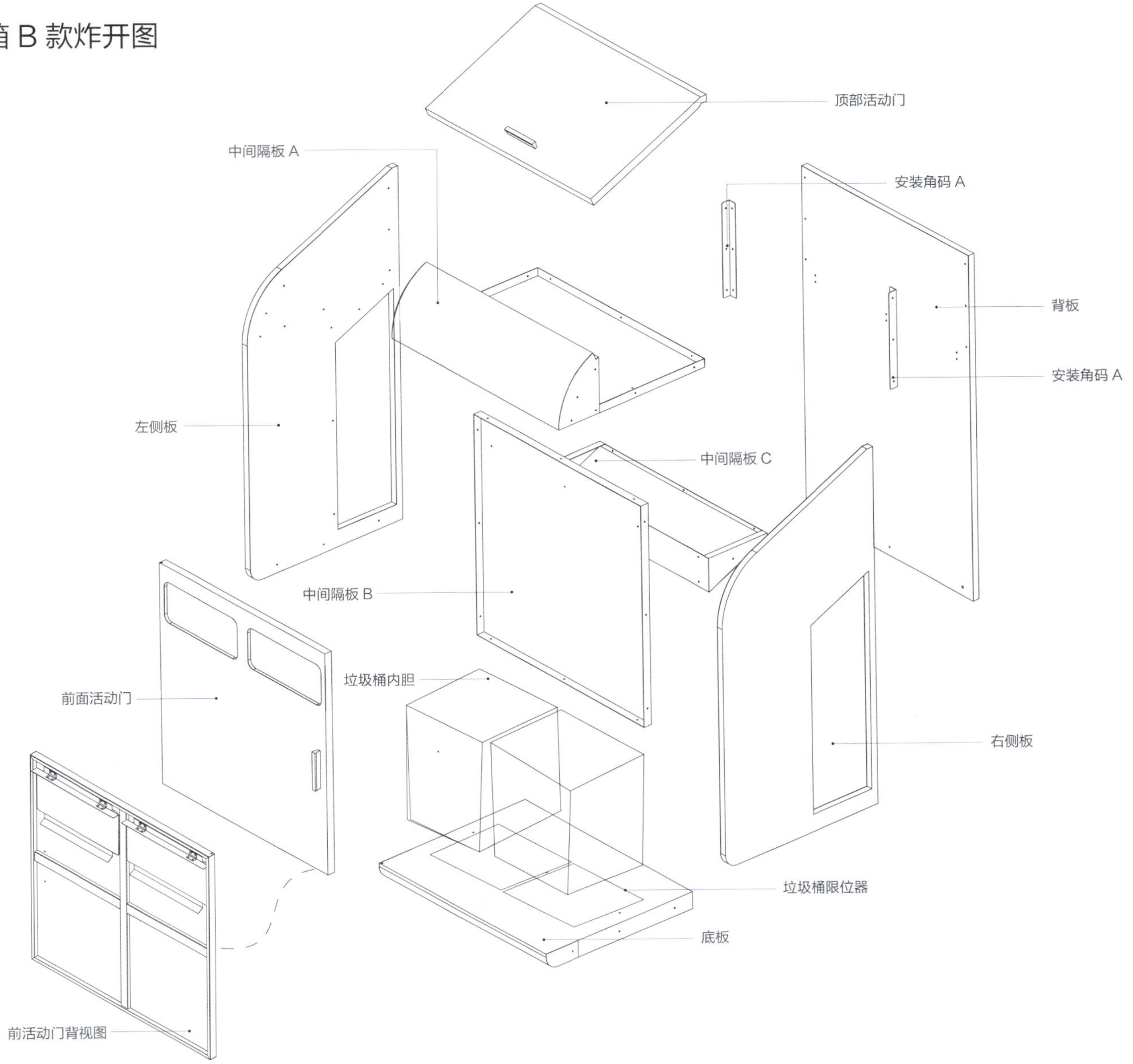

E.1.3.50 隐藏式检修口尺寸及工艺说明

油气回收阀门检修口500 × 500

油气回收阀门检修口（以实际位置为准）

油气回收阀门检修口尺寸为 500 × 500，可布置在综合服务箱内侧，或根据现场实际情况布置在立柱广告模块可开合铰链结构内部。

E.1.3.51 隐藏式检修口尺寸及工艺说明

以 500 × 500 油气回收阀门检修口为例。

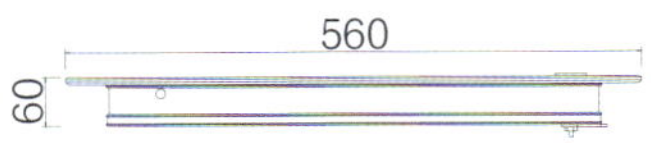

左视图

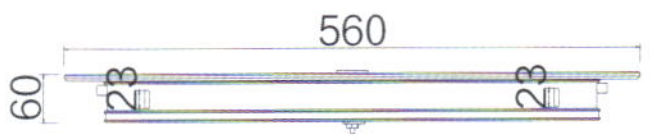

正视图

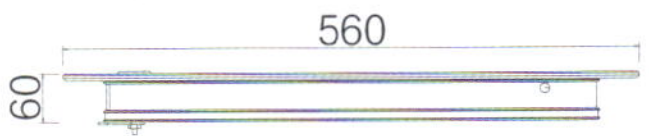

右视图

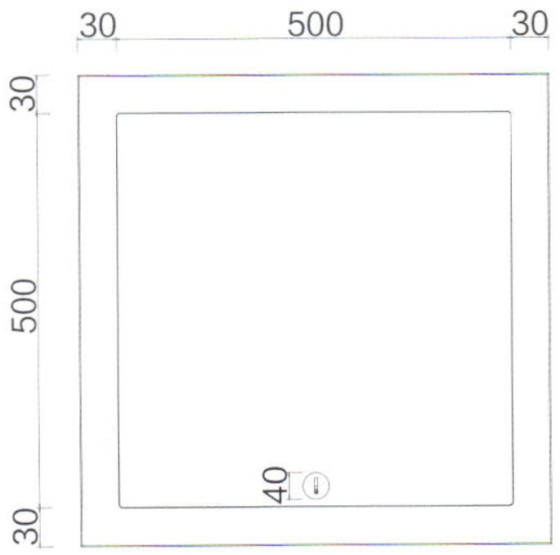

俯视图

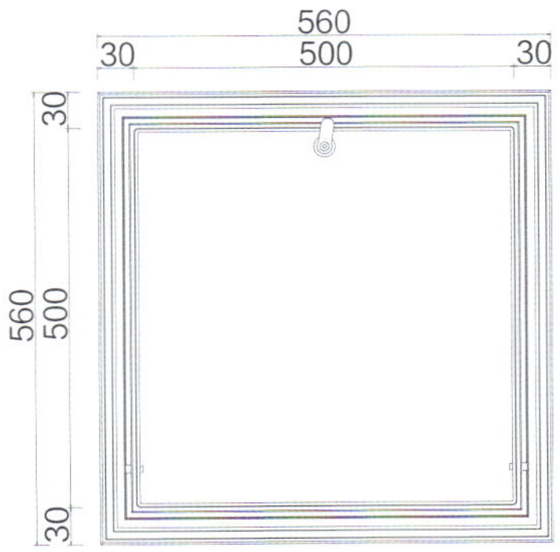

仰视图

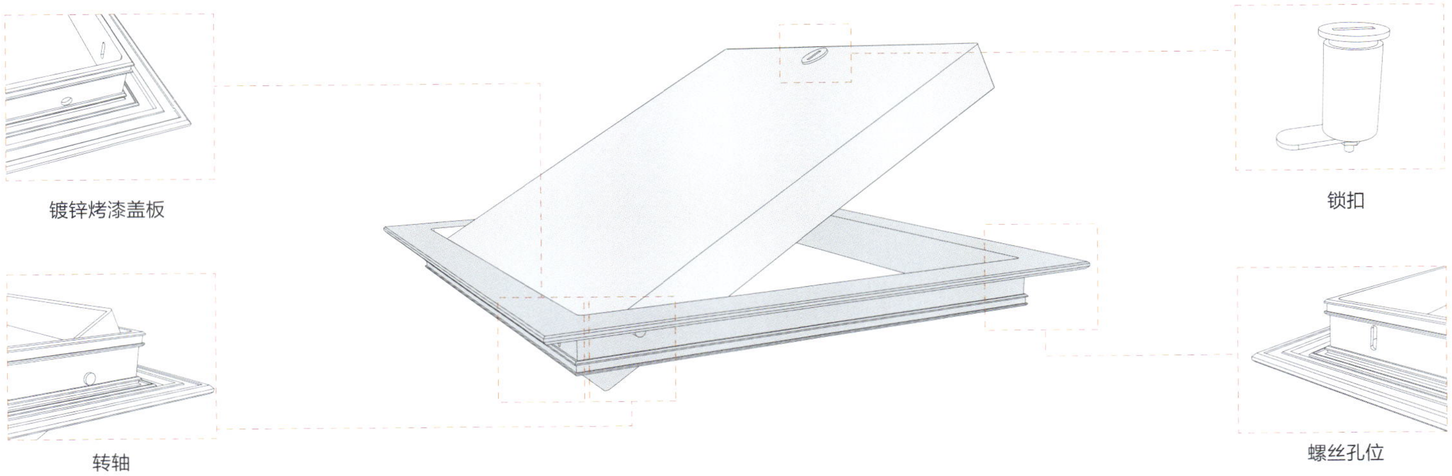

E.1.3.52 大号移动推车尺寸及工艺说明

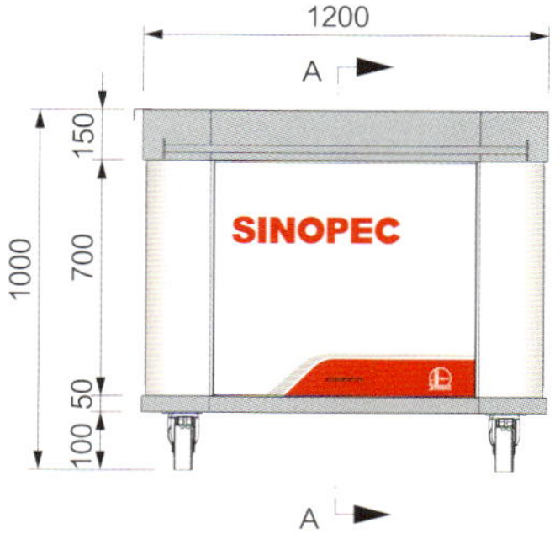

正视图

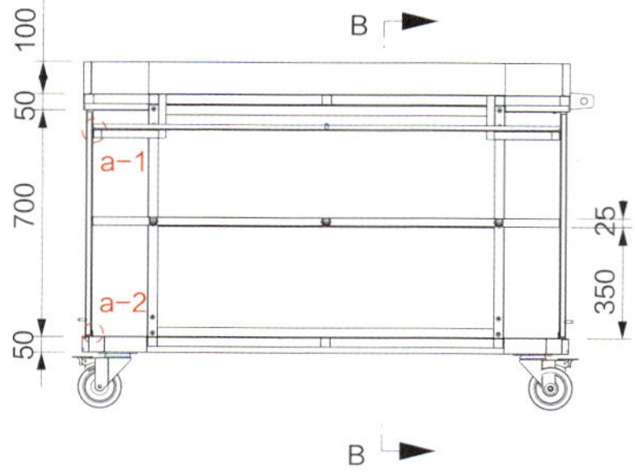

A–A 剖面图

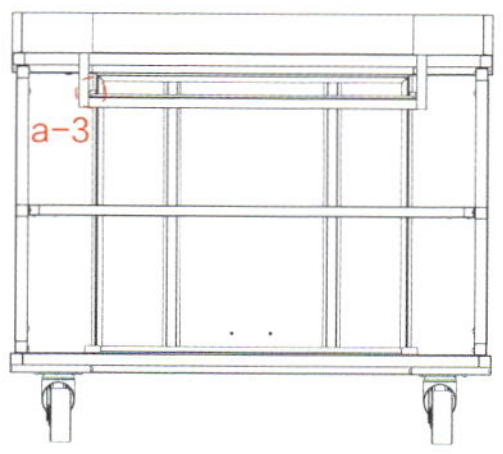

B–B 剖面图

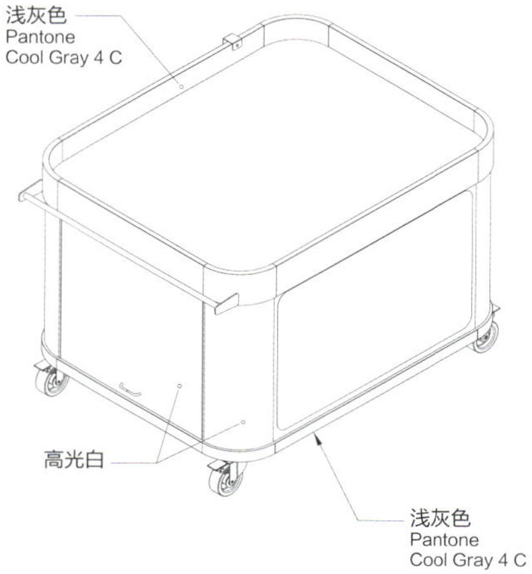

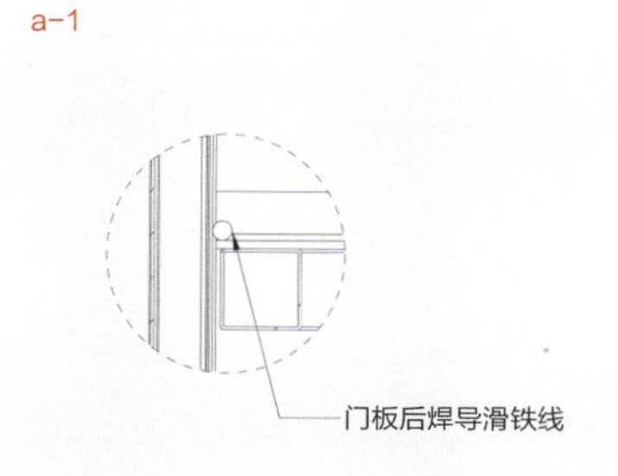

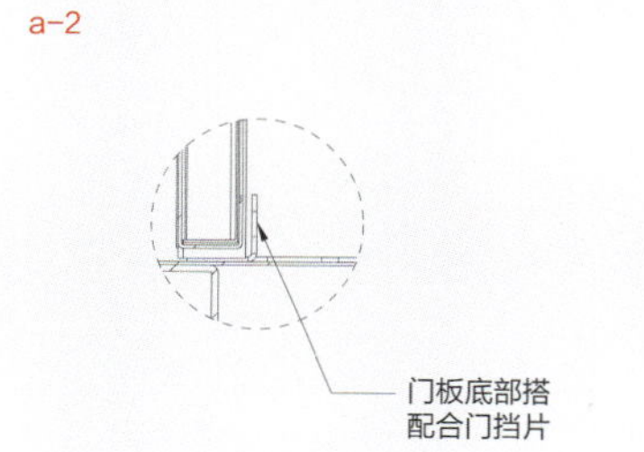

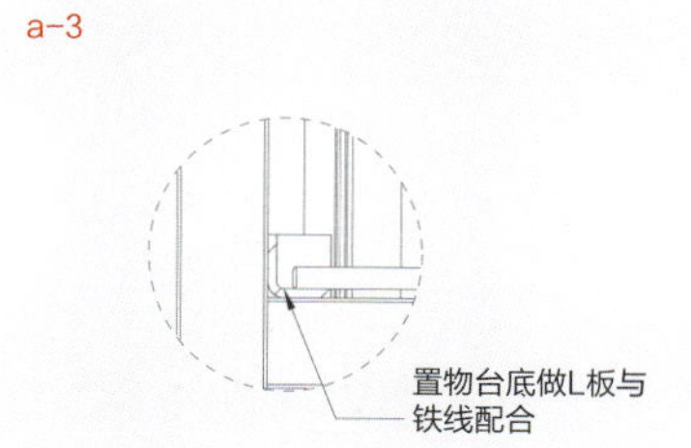

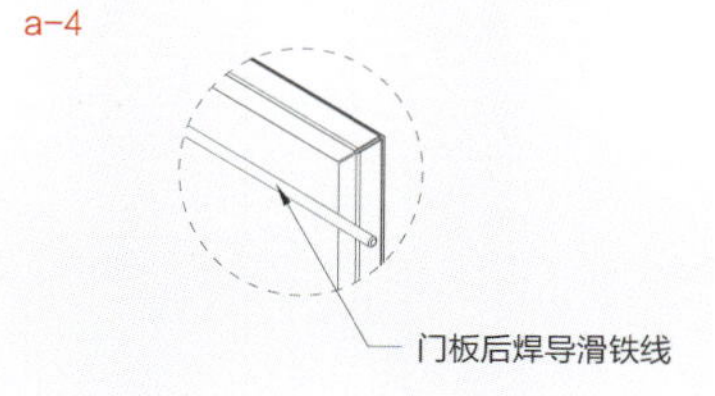

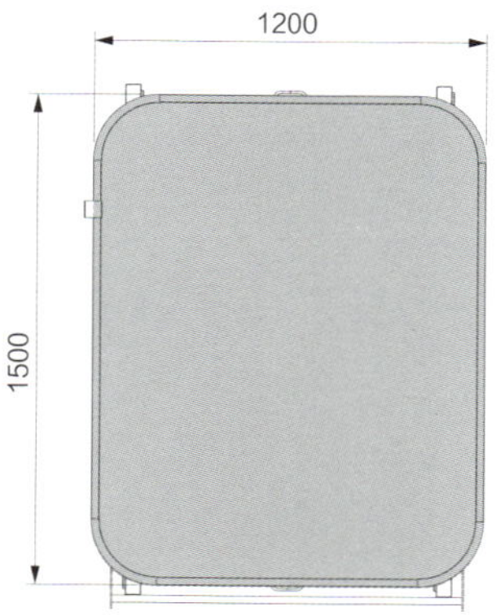

顶视图

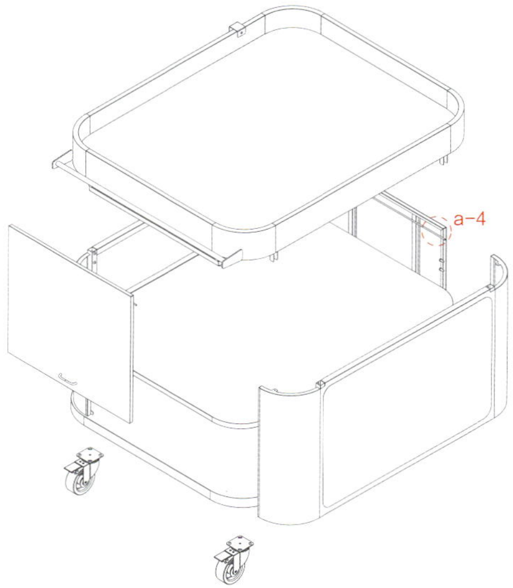

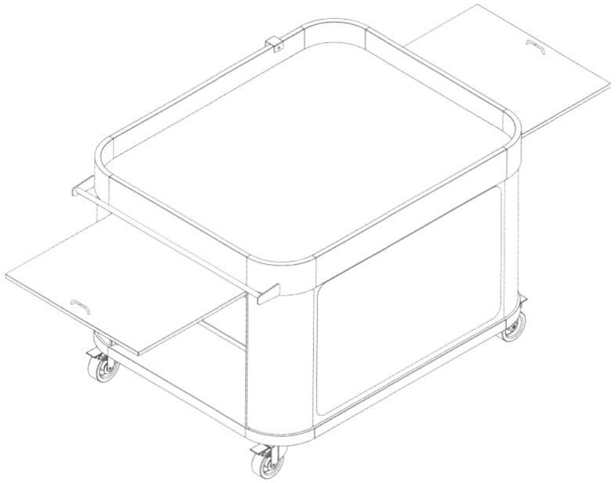
开门状态，门板推入置物台底部

E.1.3.53 小号移动推车尺寸及工艺说明

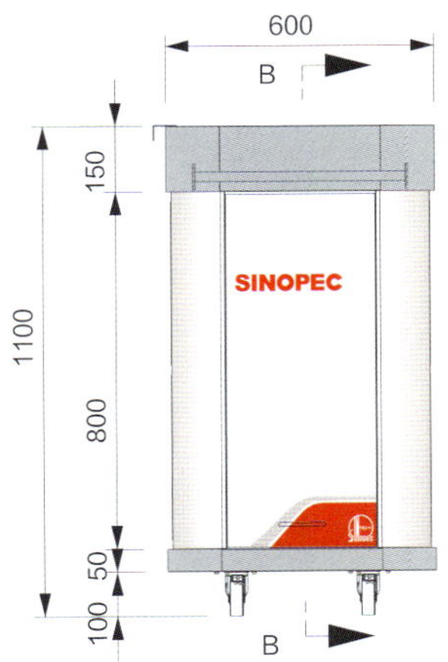

正视图

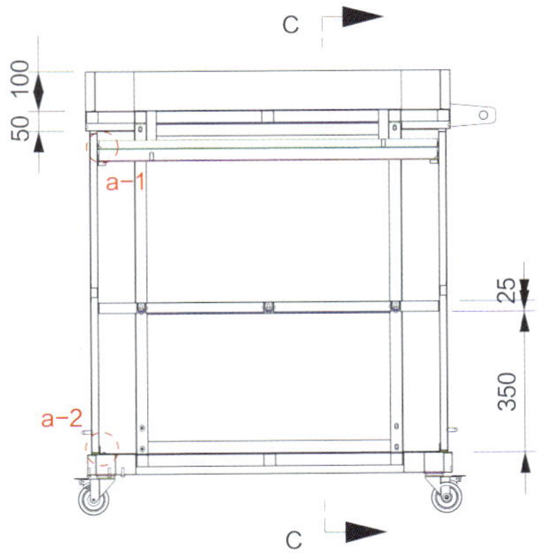

B-B剖面图

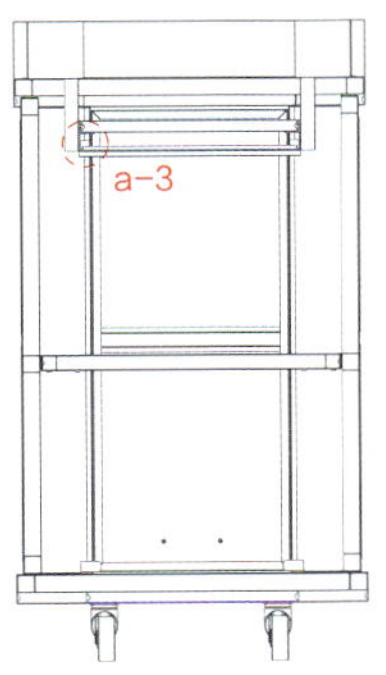

C-C剖面图

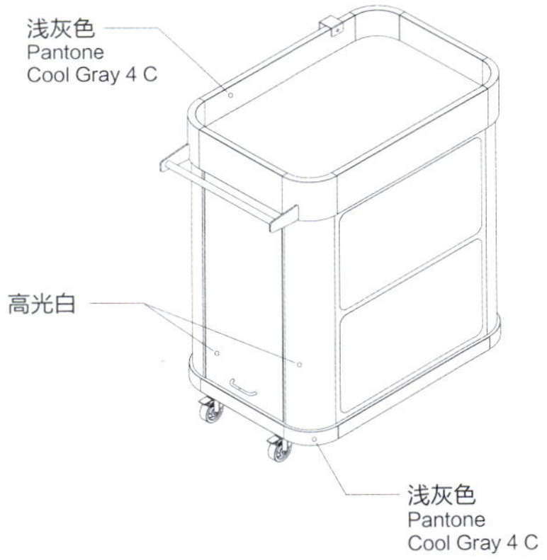

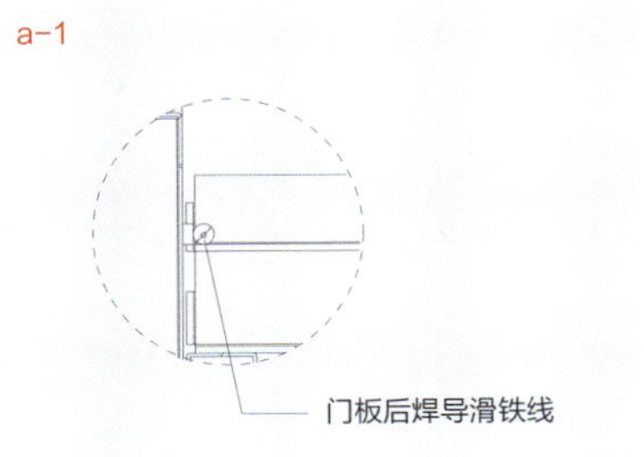

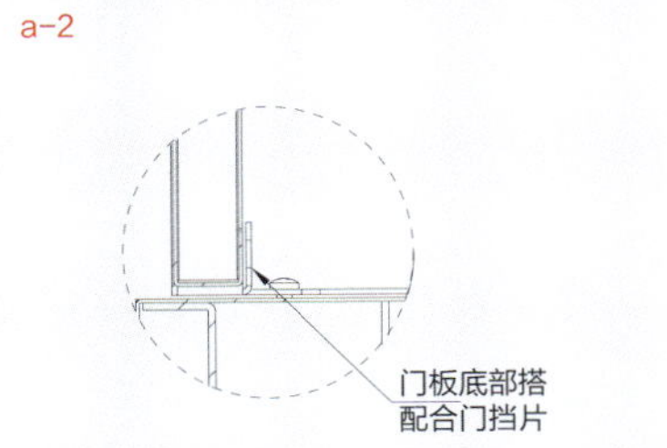

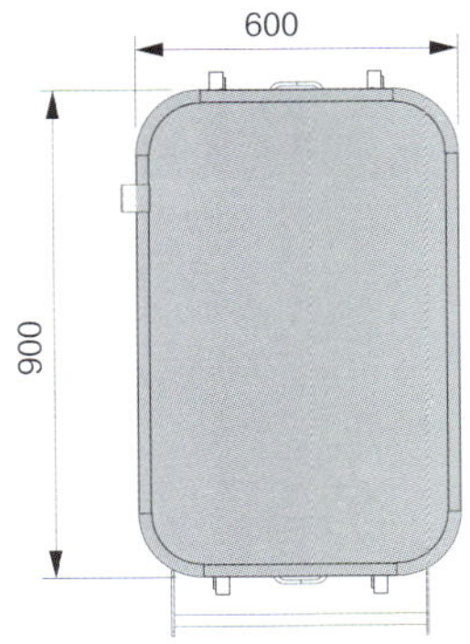

顶视图

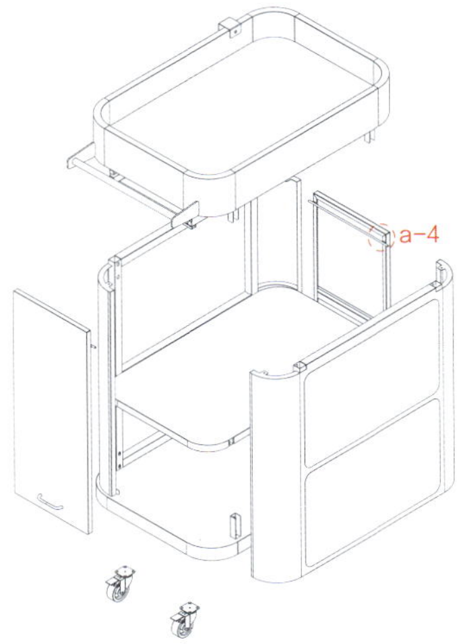

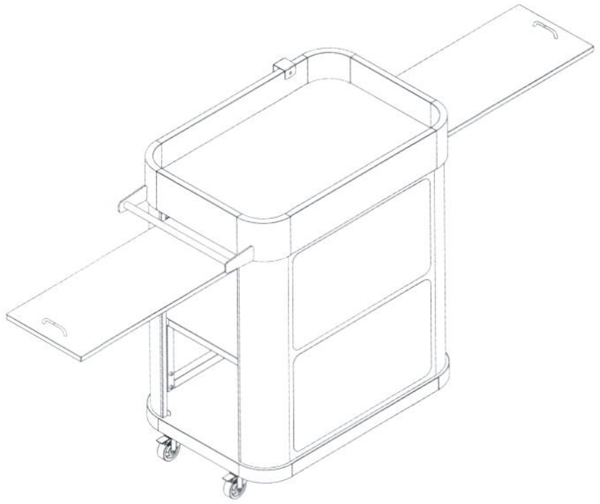
开门状态，门板推入置物台底部

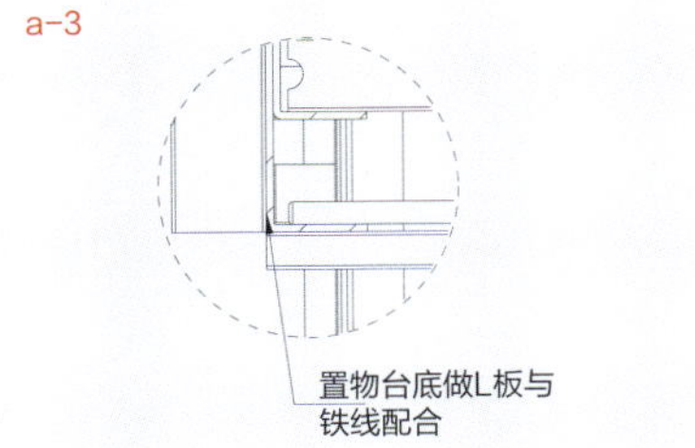

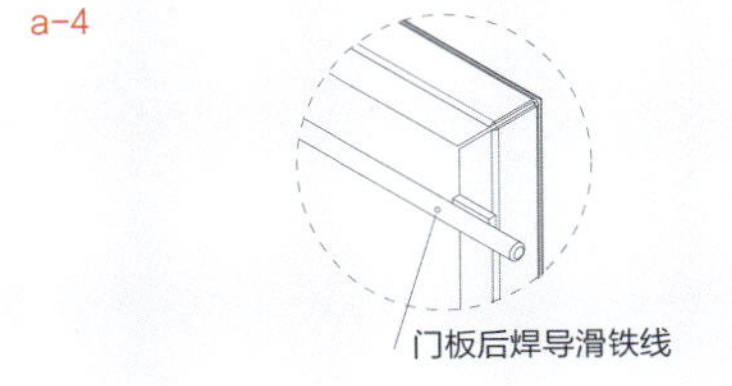

/ E.1.4 站房外立面

E.1.4.01-E.1.4.11	站房外立面
E.1.4.12-E.1.4.17	站房外立面店招尺寸及工艺说明
E.1.4.18-E.1.4.24	站房外立面红色灯带尺寸及工艺说明
E.1.4.25-E.1.4.26	LED 显示屏尺寸及工艺说明
E.1.4.27-E.1.4.29	卡布灯箱尺寸及工艺说明
E.1.4.30	菱形灯箱尺寸及工艺说明
E.1.4.31	广告形象尺寸及工艺说明
E.1.4.32-E.1.4.34	站房玻璃门尺寸及工艺说明
E.1.4.35	绿植墙尺寸及工艺说明
E.1.4.36	站房台阶尺寸及工艺说明
E.1.4.37	站房外立面排水工艺说明
E.1.4.38	站铭牌尺寸及工艺说明
E.1.4.39-E.1.4.40	公告栏尺寸及工艺说明
E.1.4.41	站房背面勒脚 / 墙面收口工艺说明
E.1.4.42	价格立牌尺寸及工艺说明

E.1.4.01 站房外立面三视图

正视图

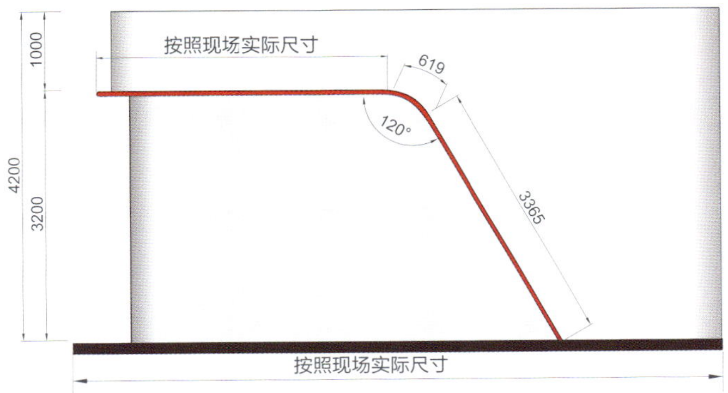

右视图

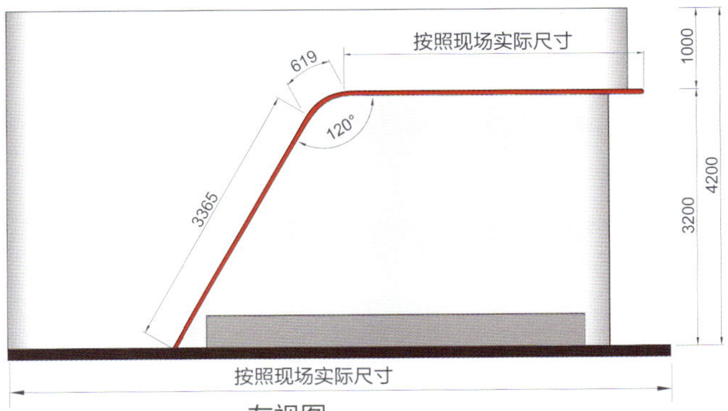

左视图

E.1.4.02 站房外立面装饰底板（一）

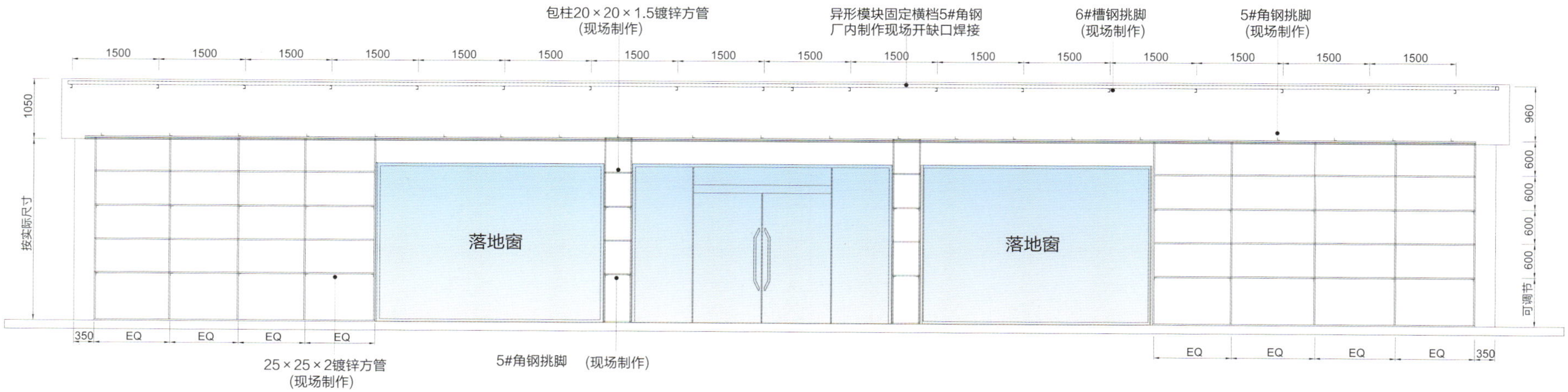

正立面

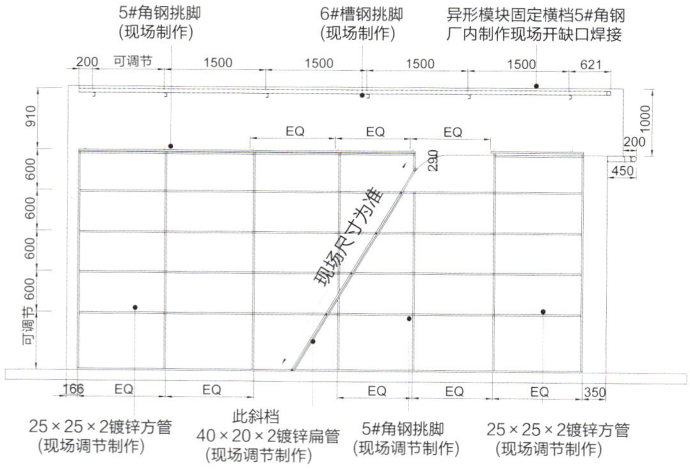

左立面

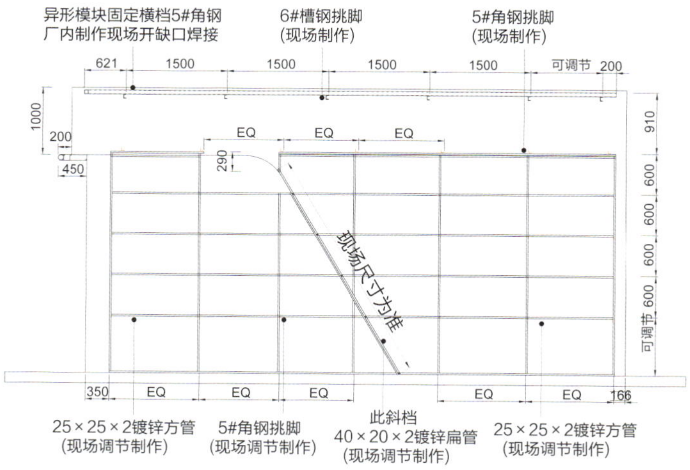

右立面

E.1.4.03 站房外立面装饰底板（二）

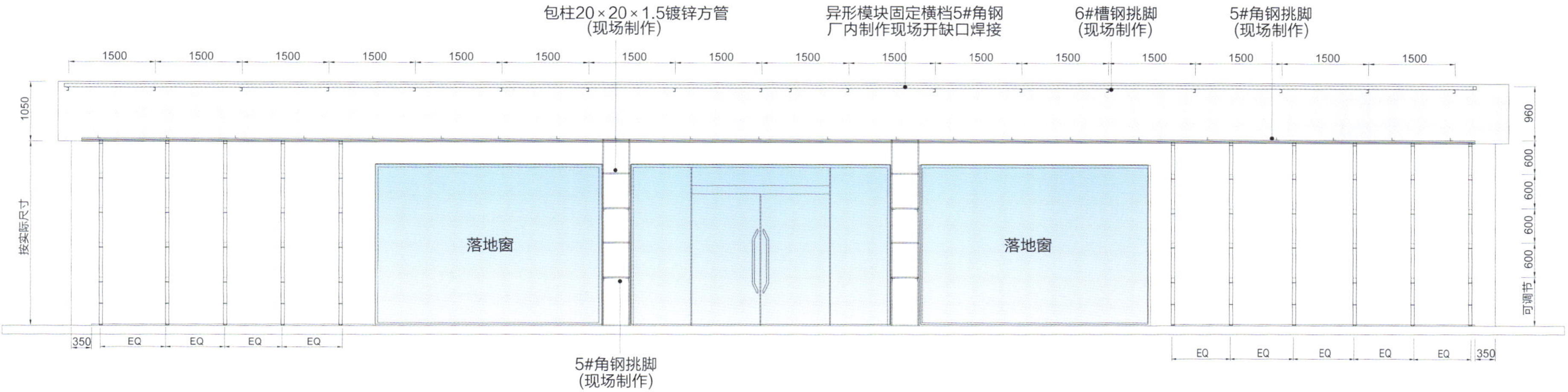

正立面

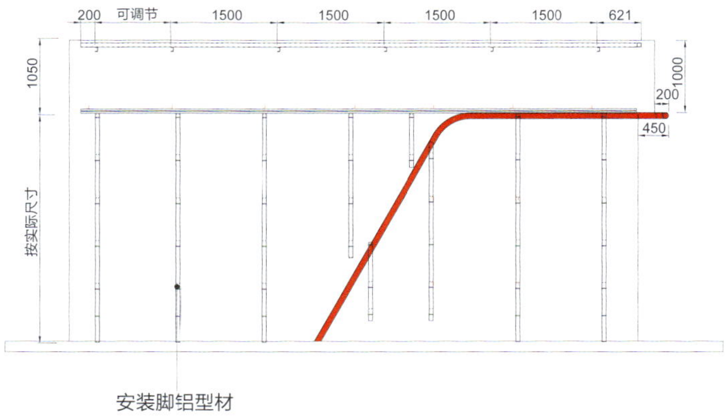

左立面

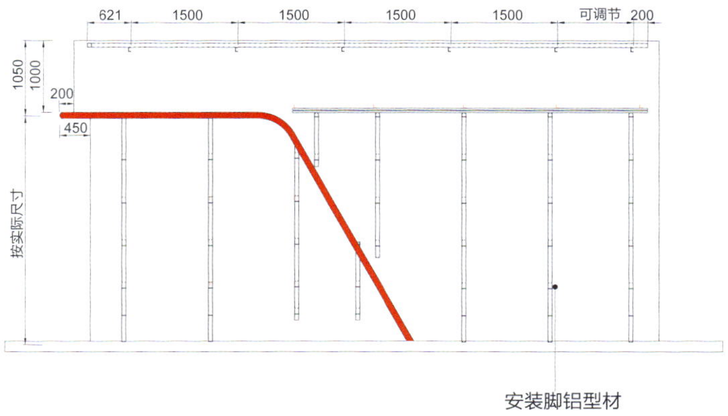

右立面

E.1.4.04 站房外立面转角剖面图

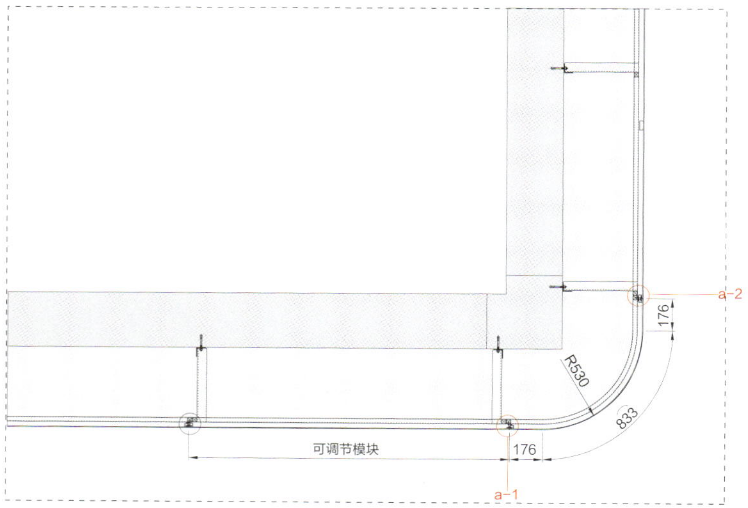

门头转角剖面图

a-1

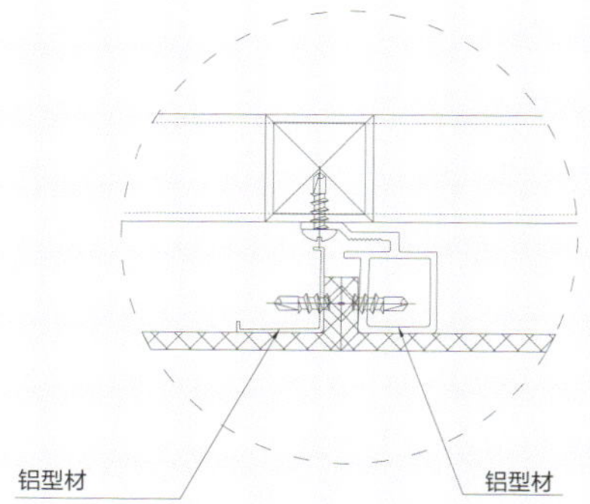

a-2

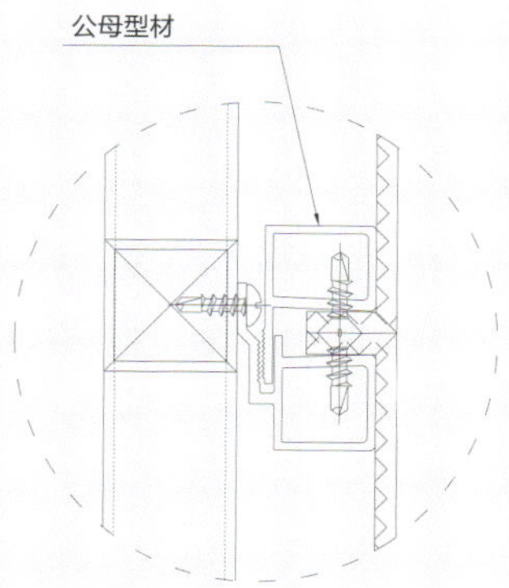

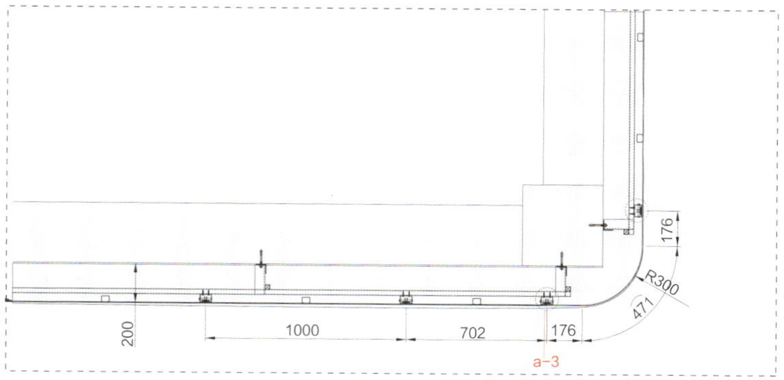

站房转角剖面图

a-3

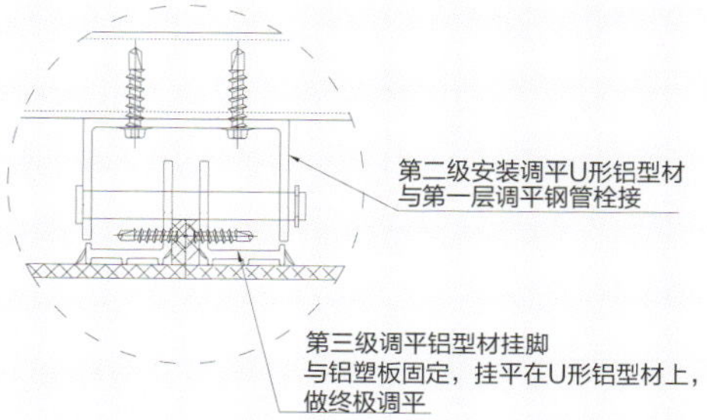

固件大样图

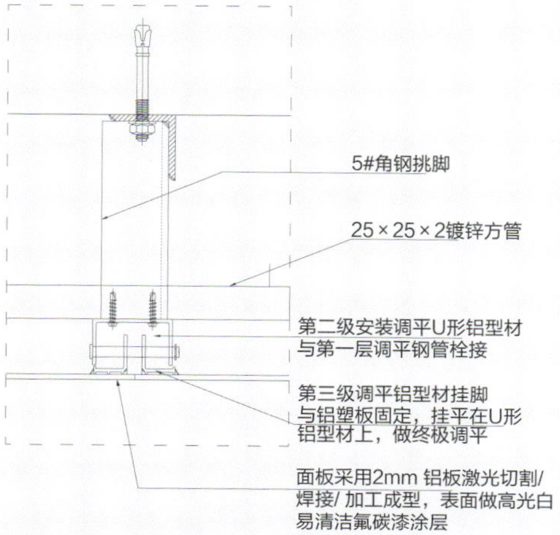

E.1.4.05 站房外立面正立面门楣转角背板

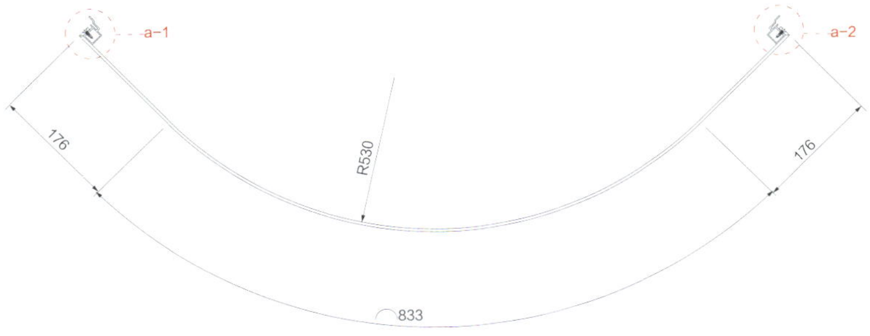

正立面门楣转角背板

a-1

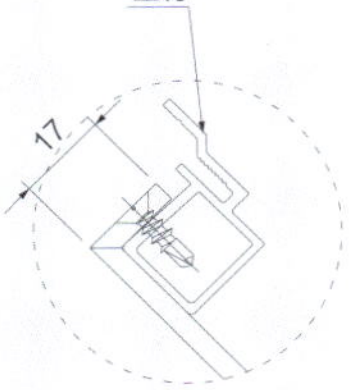

a-2

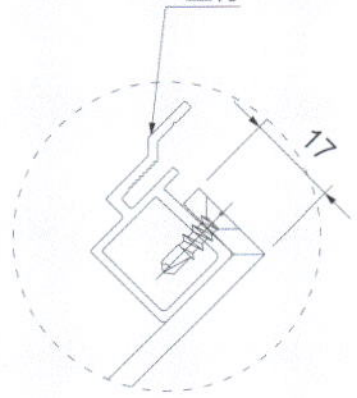

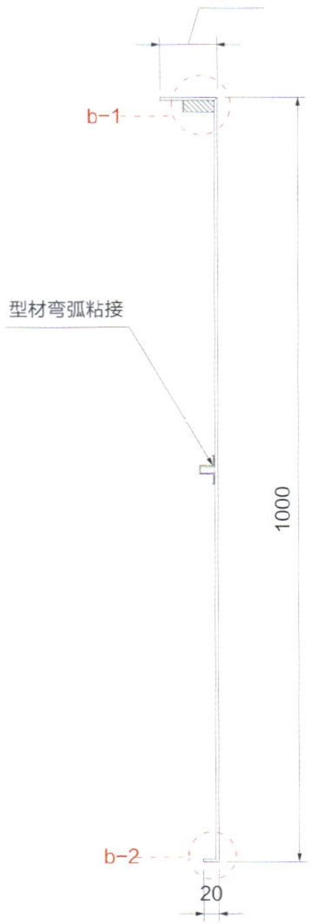

正立面门楣剖面图

b-1

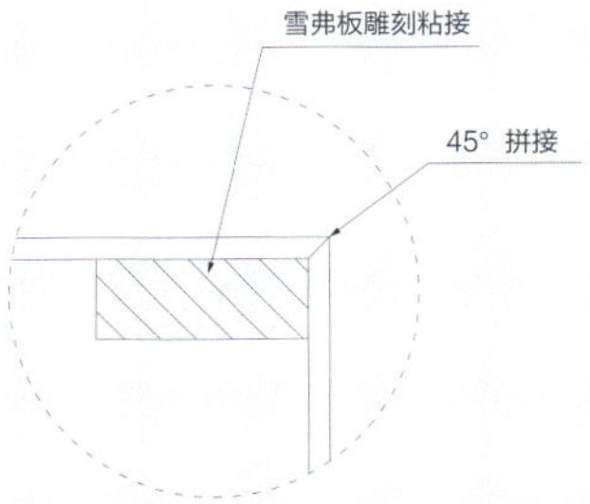

b-2

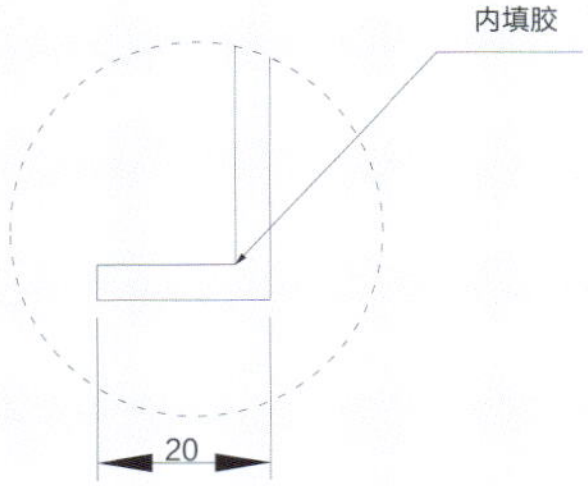

E.1.4.06 站房外立面转角铝塑板

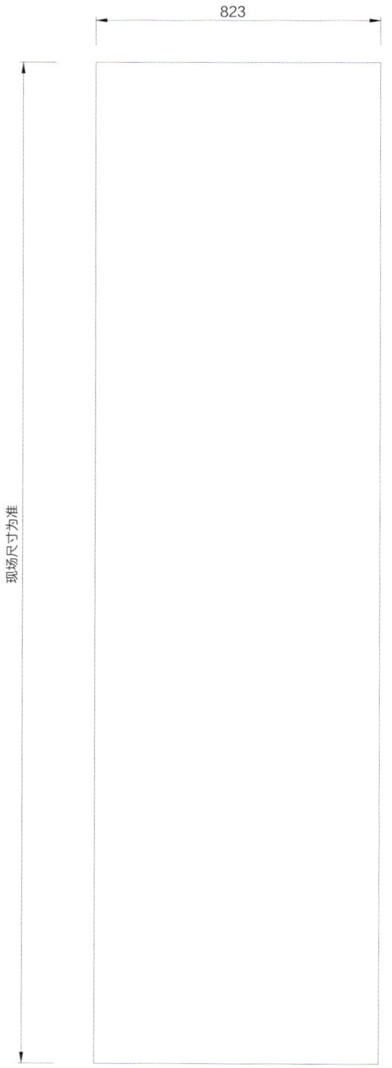

正视图

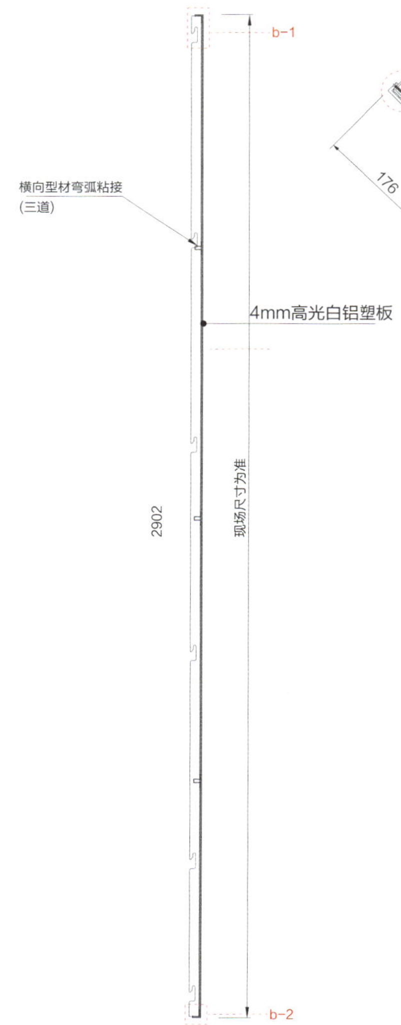

侧视图

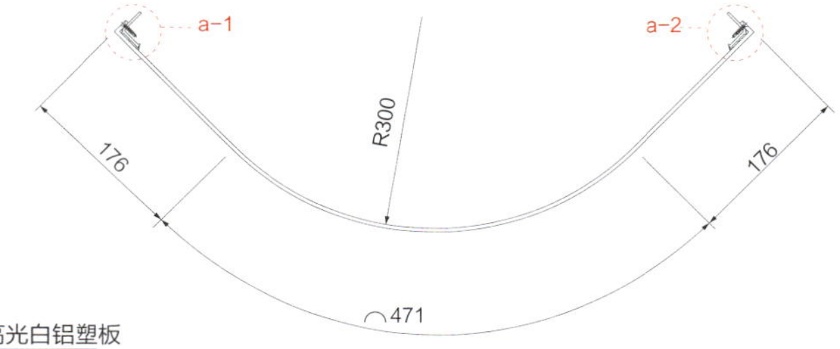

俯视图

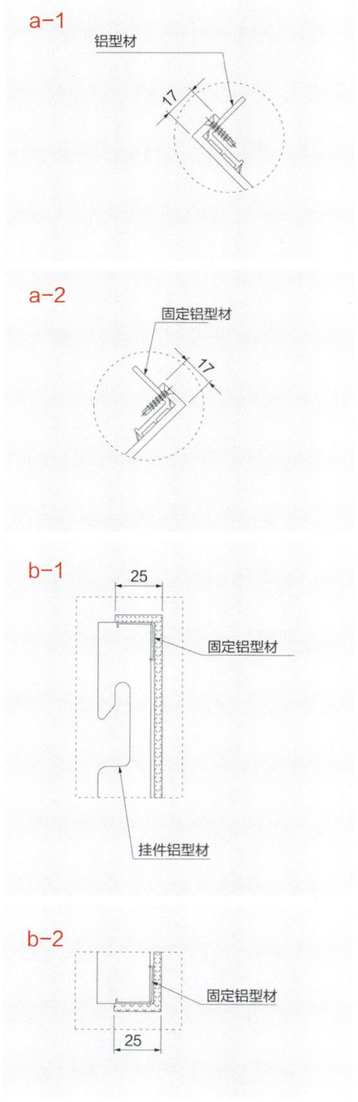

E.1.4.07 站房外立面墙面铝塑板

墙面4mm白色高光易清洁铝塑板

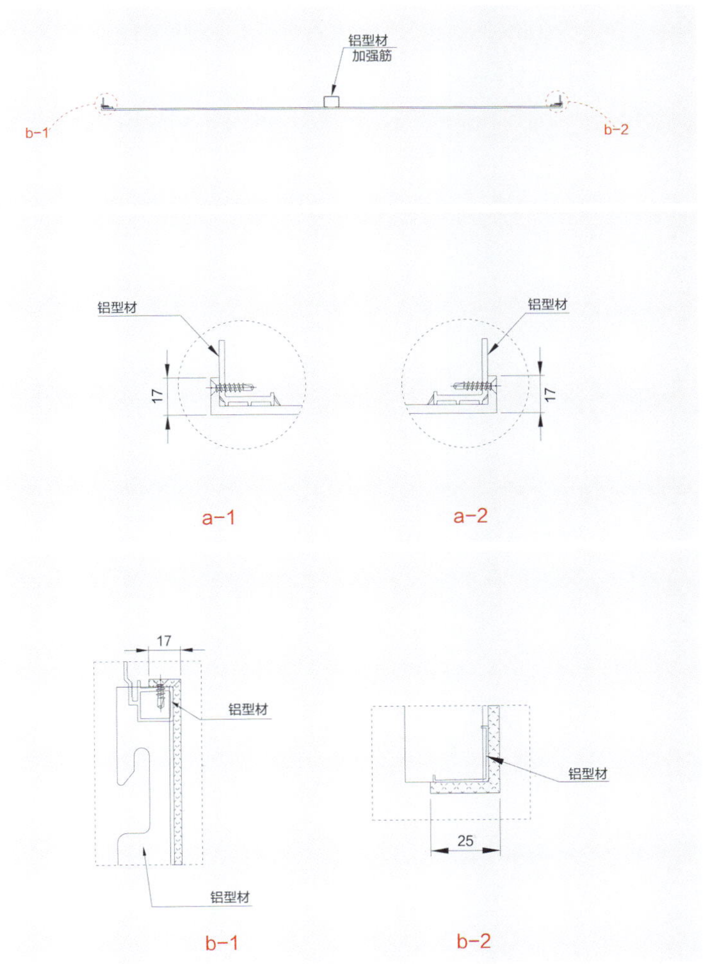

E.1.4.08 站房外立面外立面包柱

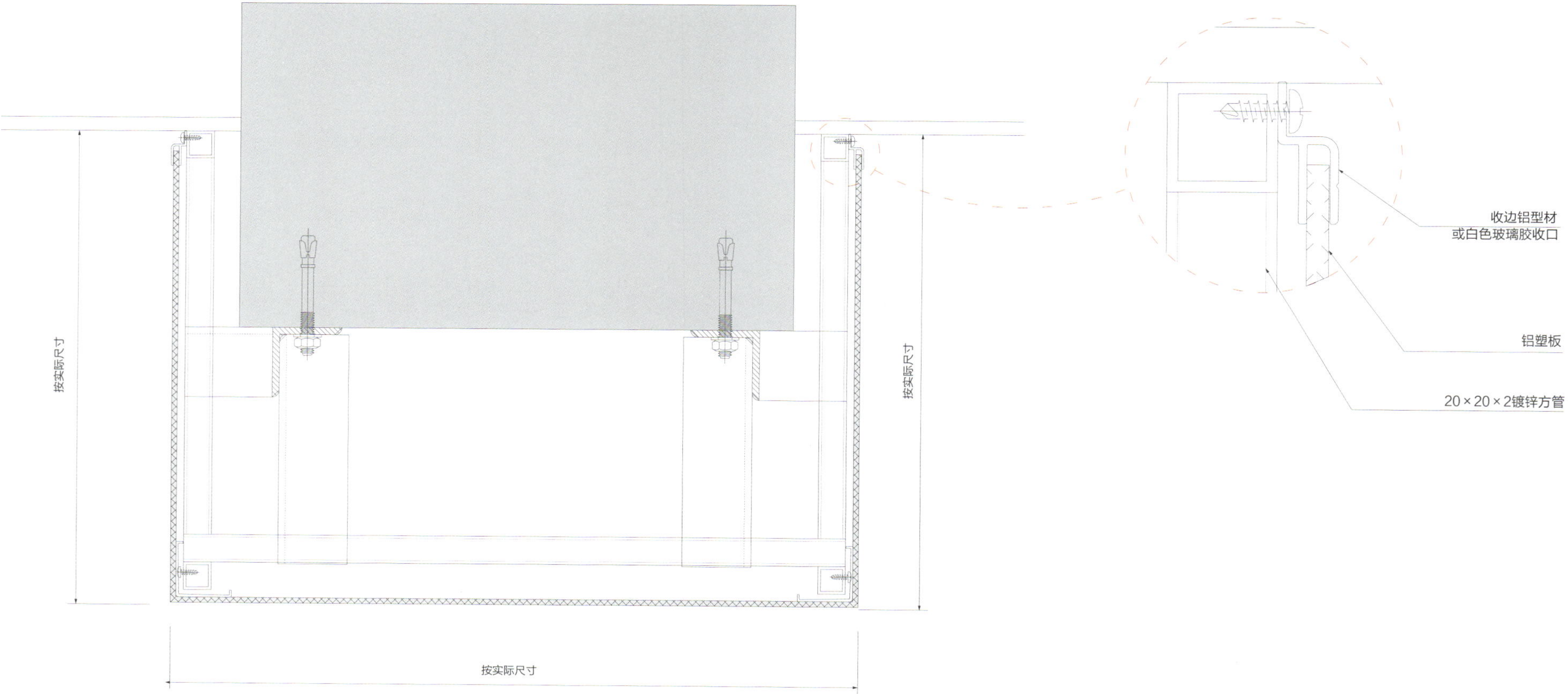

E.1.4.09 站房外立面竖向调平件铝型材

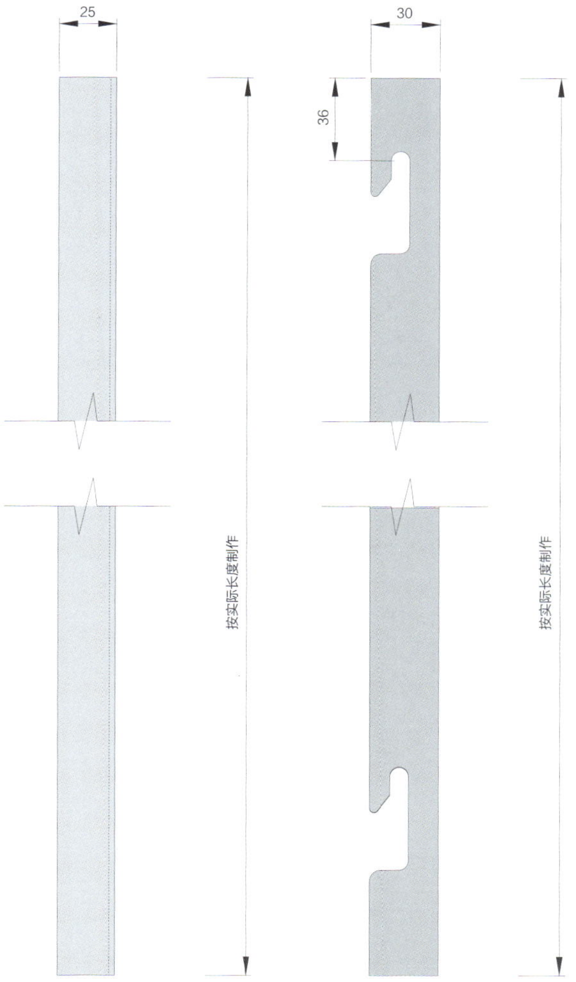

A 安装挂件铝型材

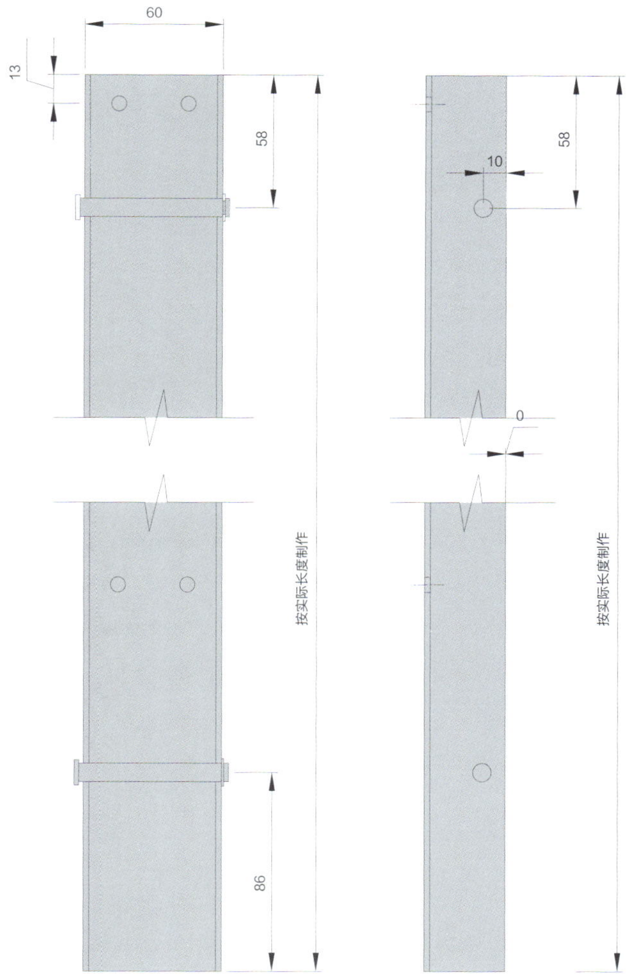

B 竖向调平件铝型材

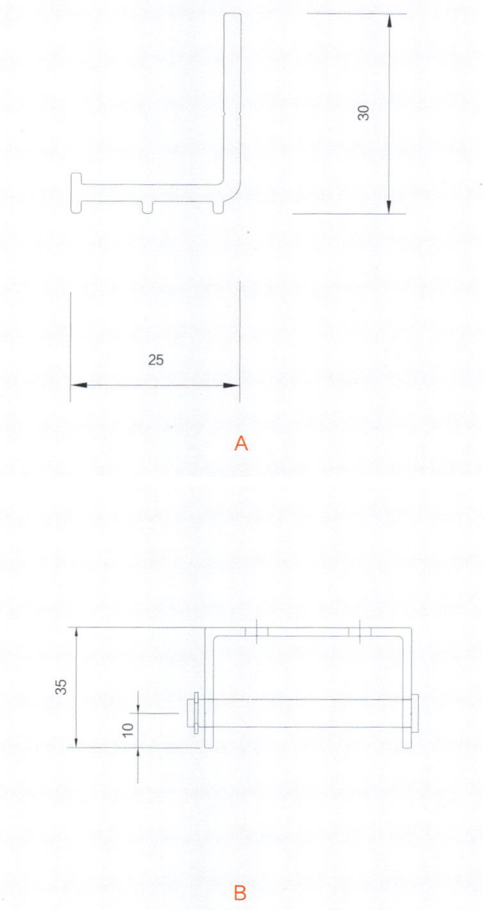

E.1.4.10 站房外立面门楣背板装饰底板（一）

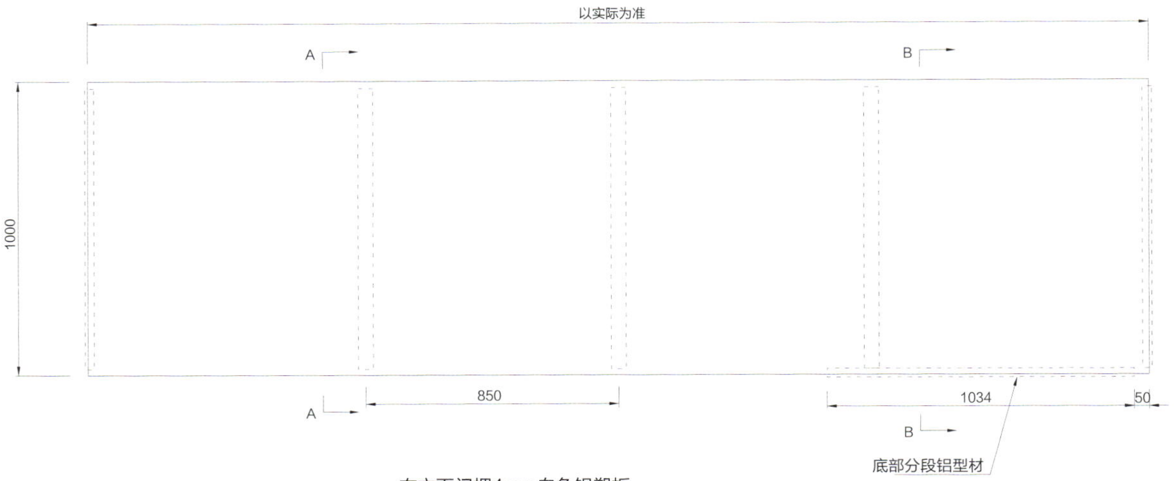

右立面门楣4mm白色铝塑板一
数量：1件

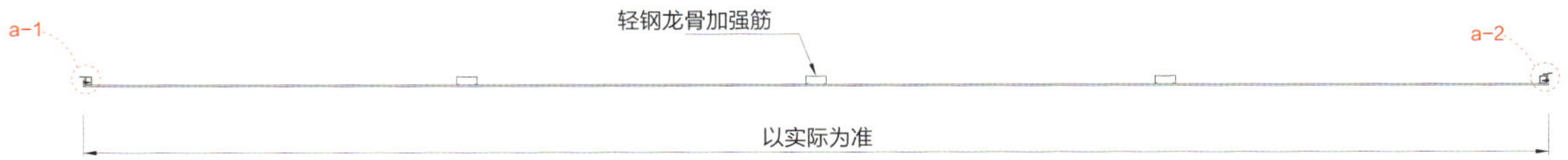

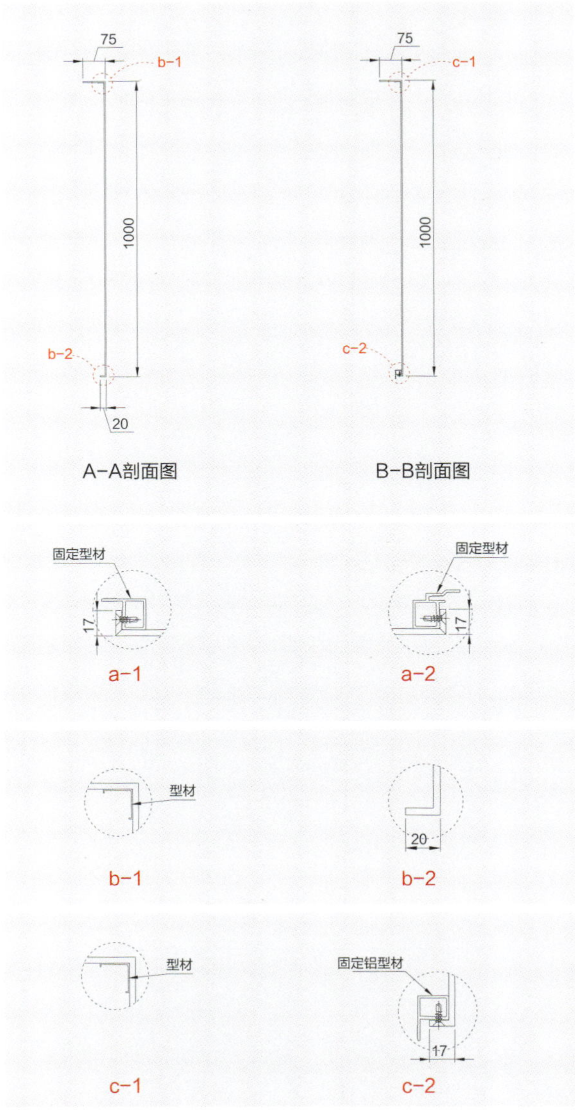

备注：模块长宽超过1m²，建议需要加固，小于1m²，可以不加固

E.1.4.11 站房外立面门楣背板装饰底板（二）

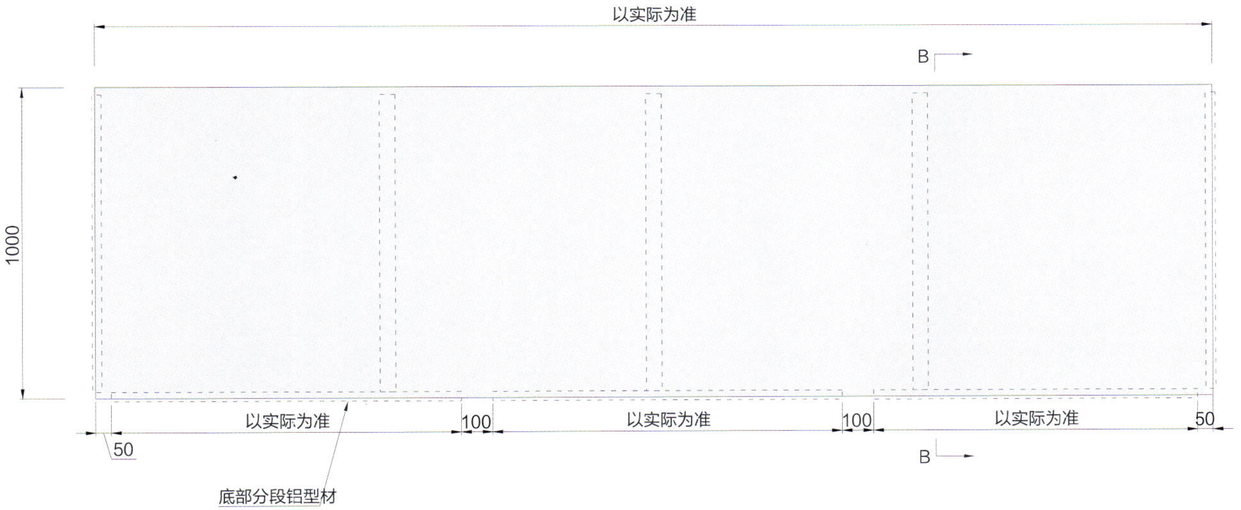

右立面门楣4mm白色铝塑板二

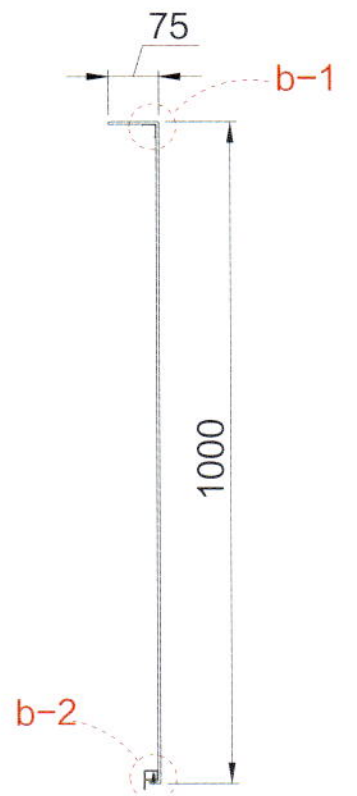

B−B剖面图

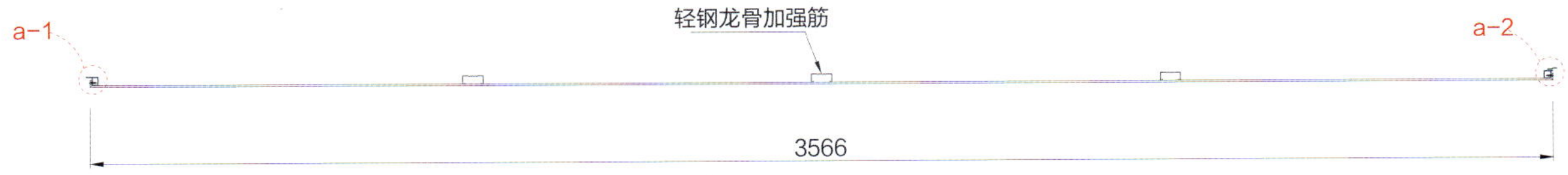

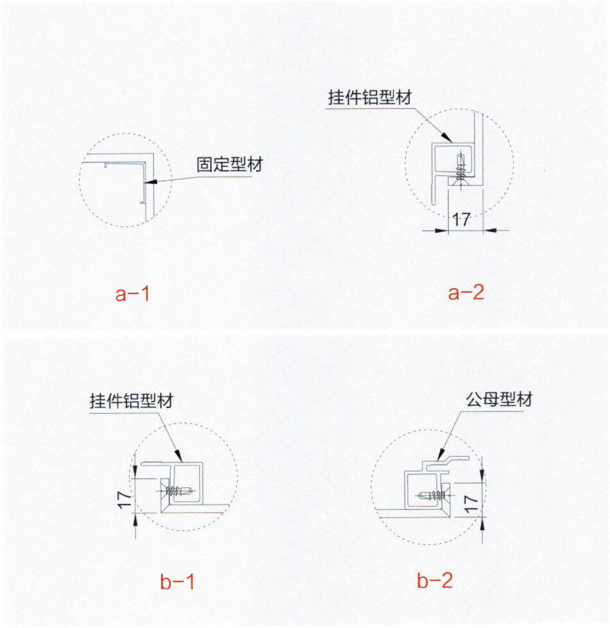

E.1.4.12 站房外立面 10m 店招尺寸及工艺说明

注：10m店招为三块铝塑板拼接，拼接处应避开LOGO位置。

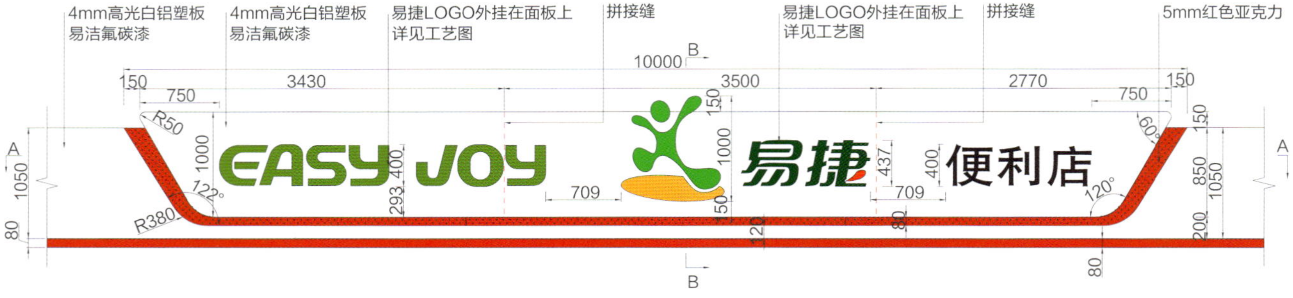

店招立面图

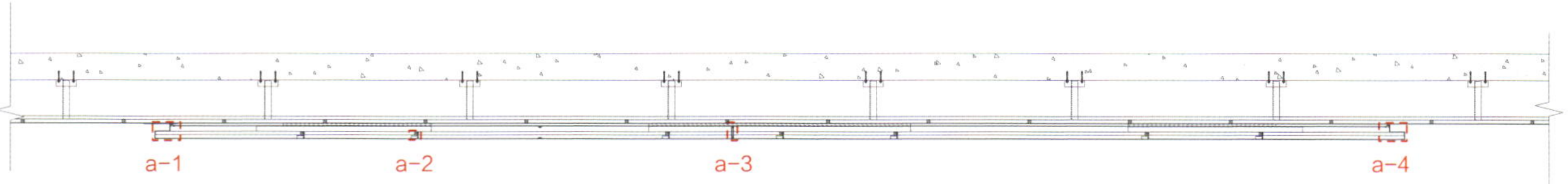

A-A剖面图

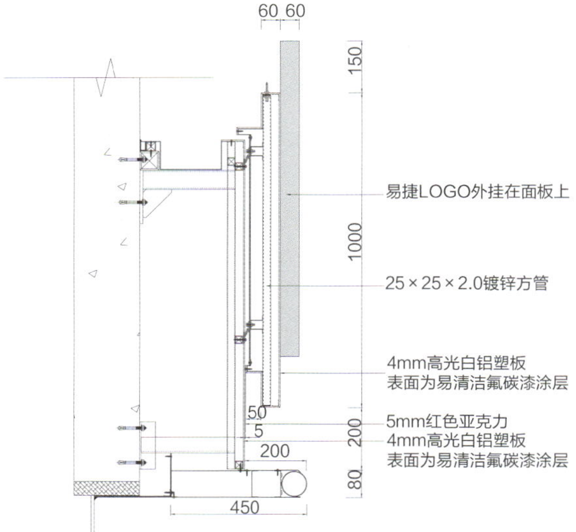

B-B剖面图

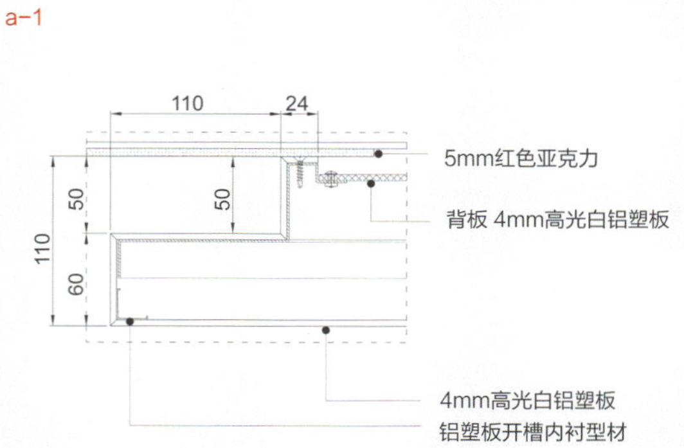

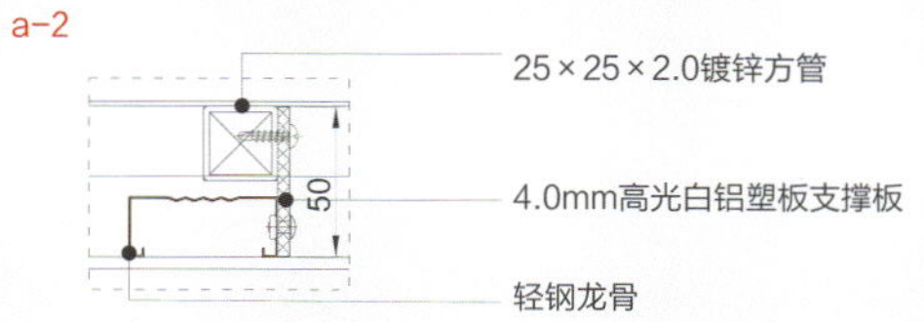

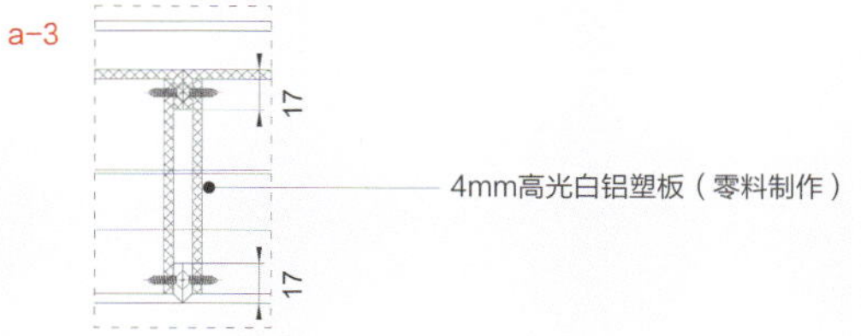

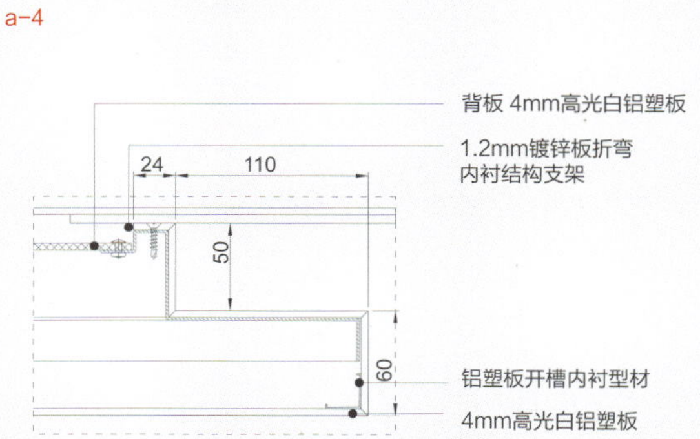

E.1.4.13 站房外立面 8m 店招尺寸及工艺说明

注：8m店招为两块铝塑板拼接，拼接处应避开LOGO位置。

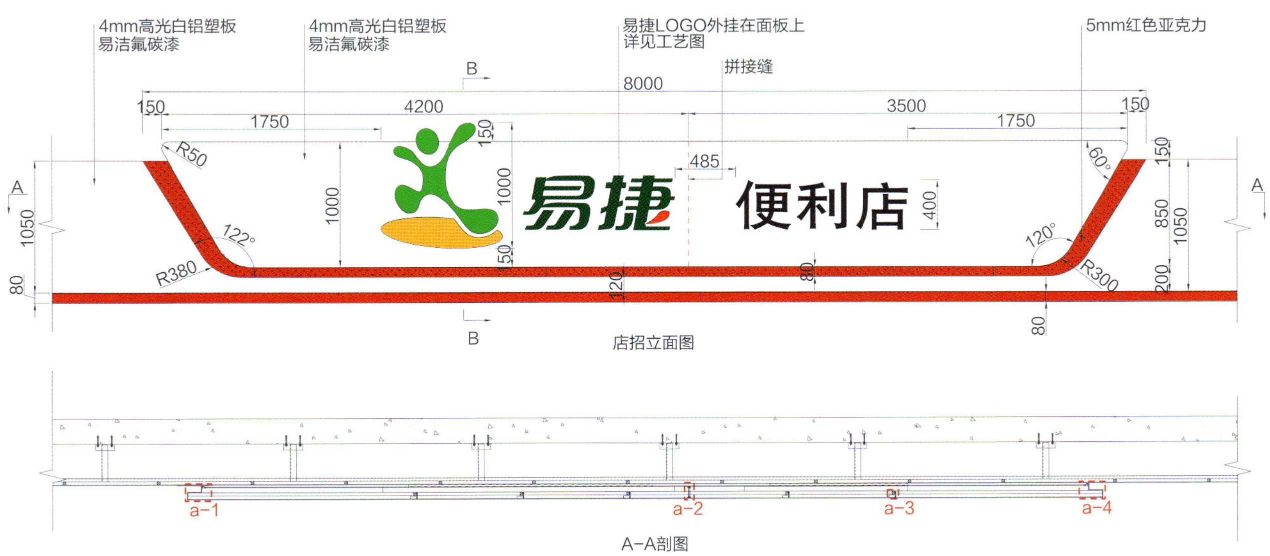

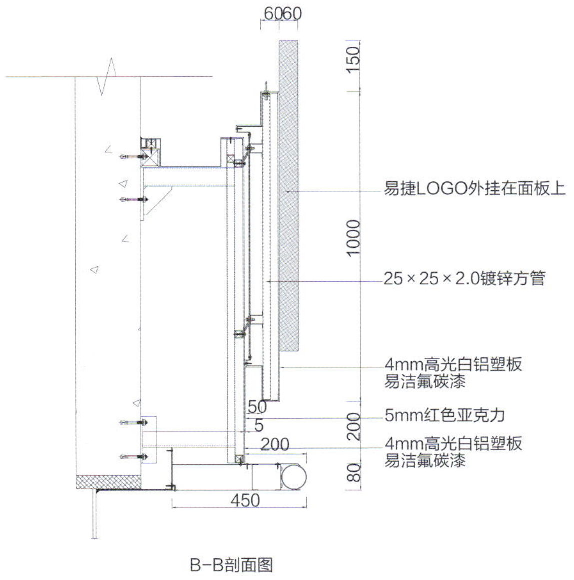

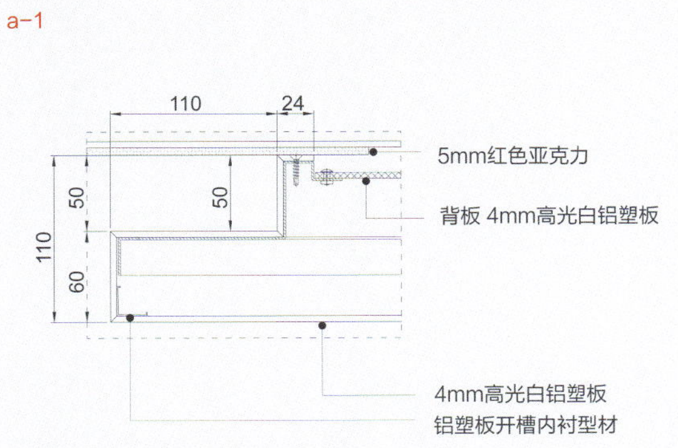

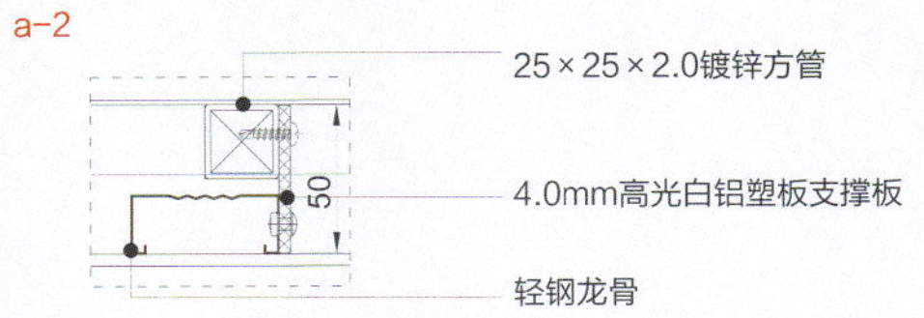

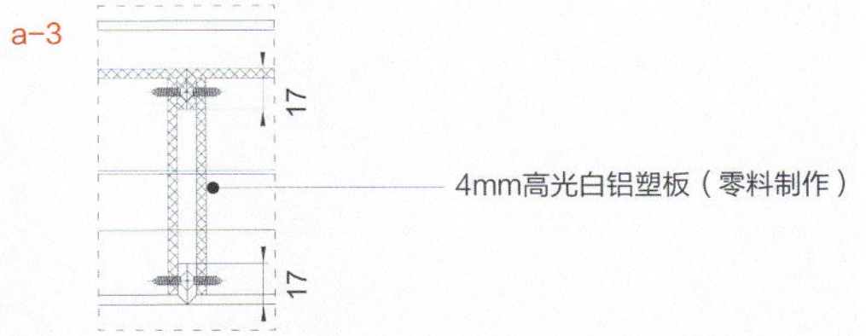

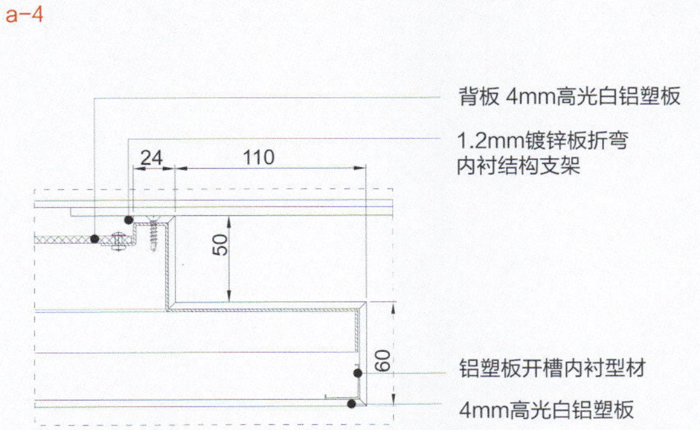

E.1.4.14 站房外立面 6m 店招尺寸及工艺说明

注：6m店招为两块铝塑板拼接，拼接处应避开LOGO位置。

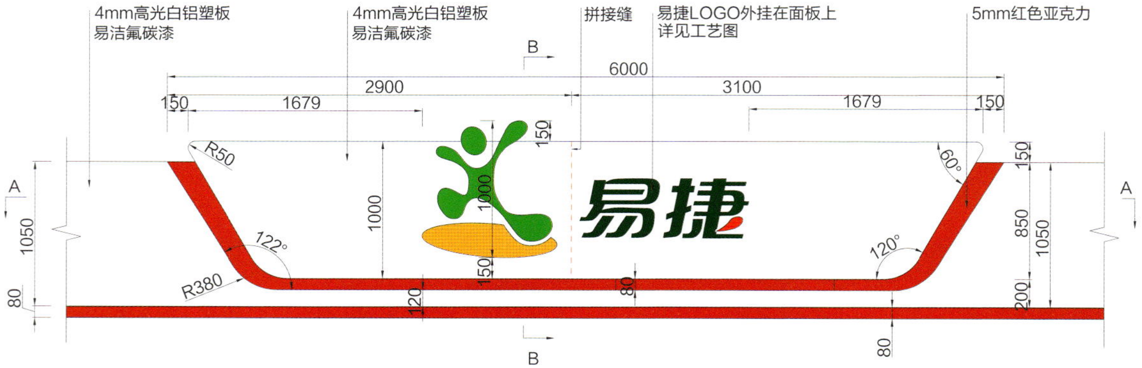

店招立面图

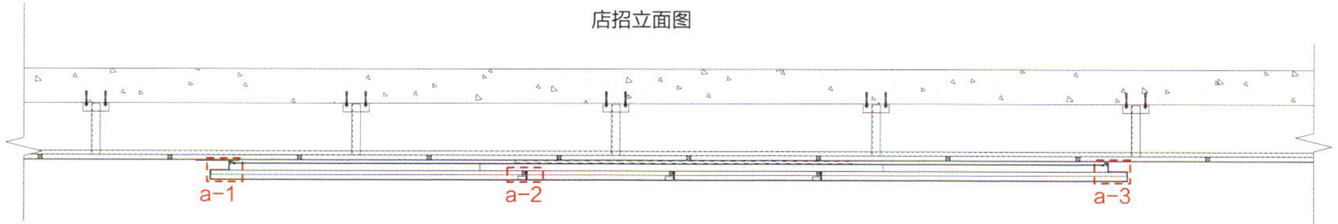

A−A剖面图

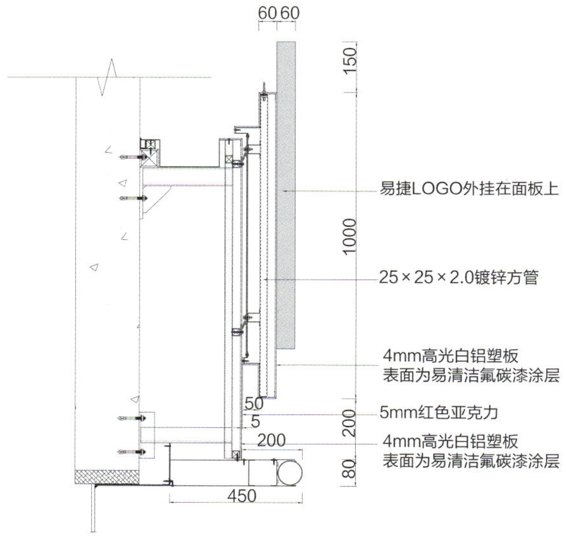

B−B剖面图

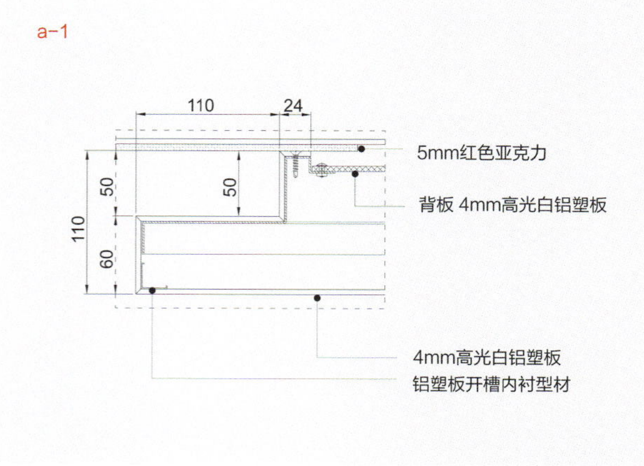

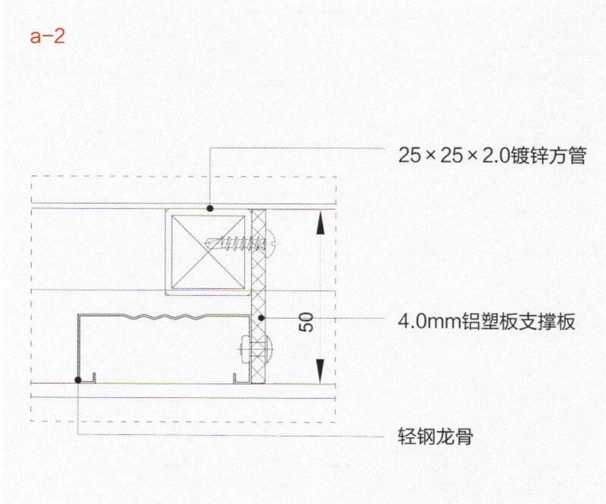

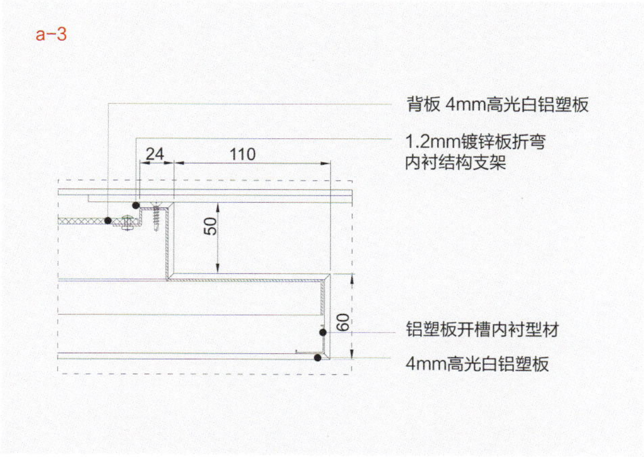

E.1.4.15 站房外立面易捷店招结构图

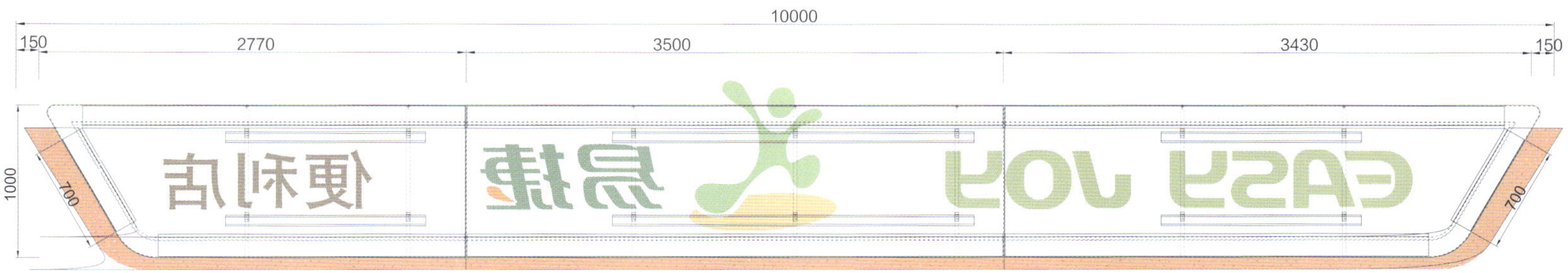

背面骨架图

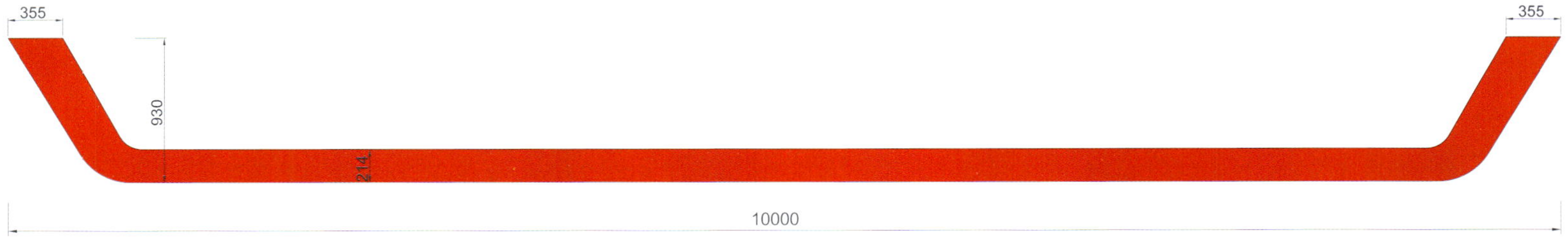

5.0mm红色亚克力

E.1.4.16 站房外立面发光字制作图

注：工艺统一为 A–A 剖面图发光字。

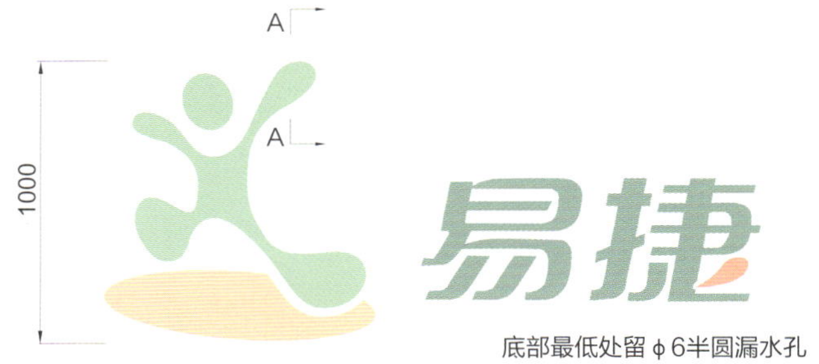

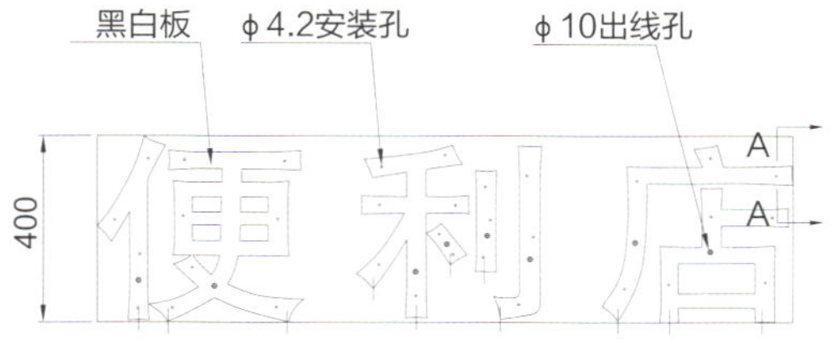

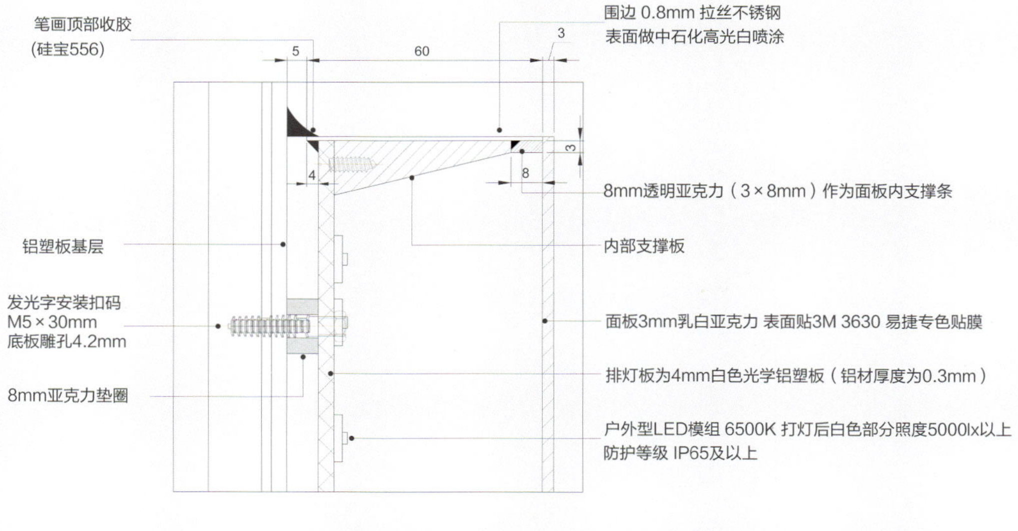

A–A剖面图

E.1.4.17 站房外立面剖面图

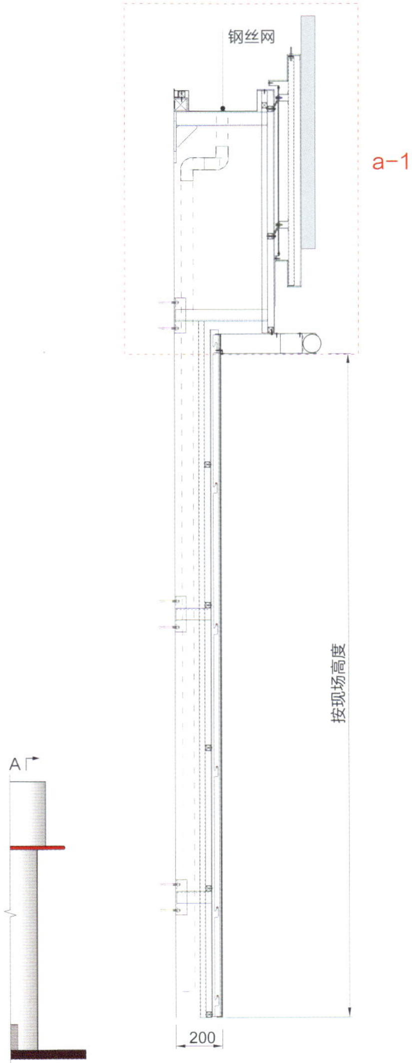

A-A剖面图

a-1

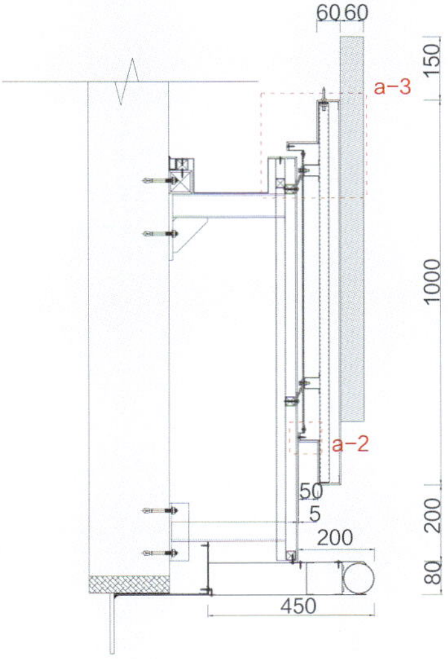

a-2

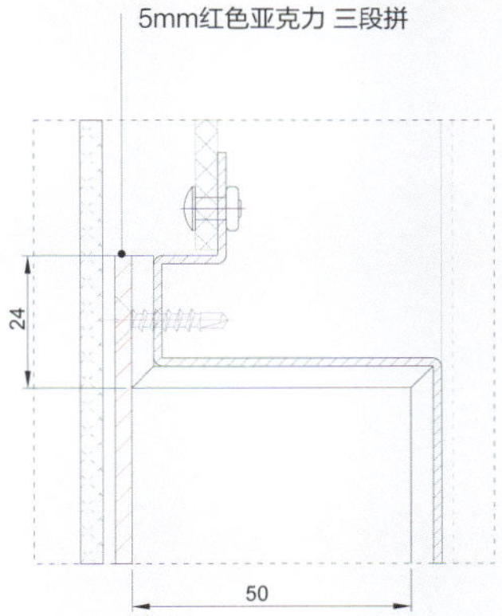

a-3

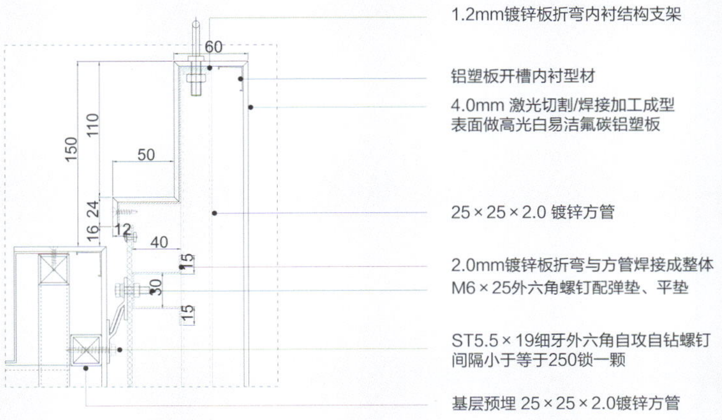

E.1.4.18 站房外立面红色装饰灯条布置尺寸

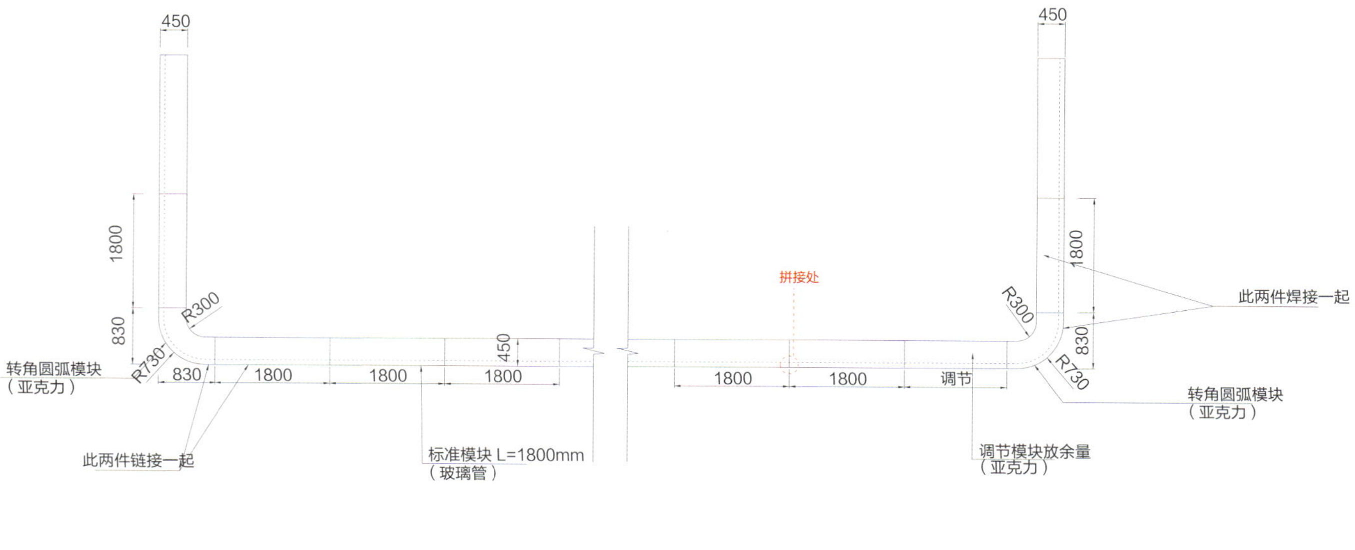

俯视图

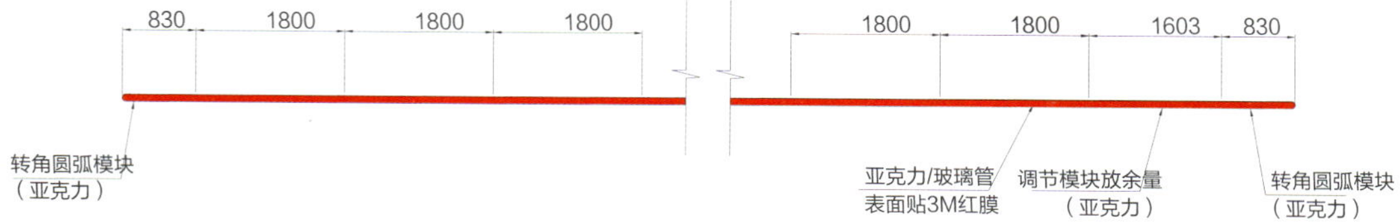

正视图

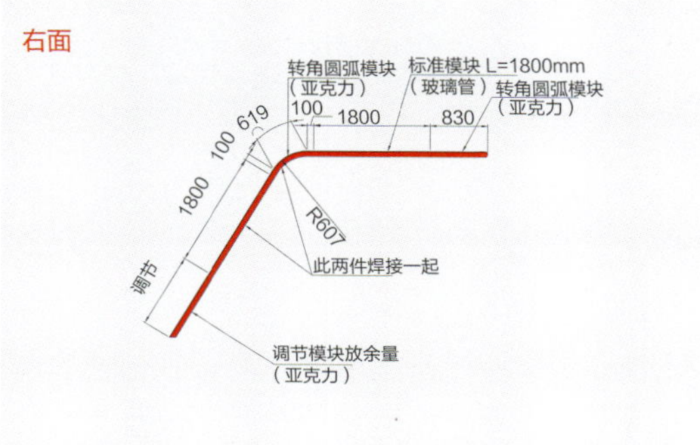

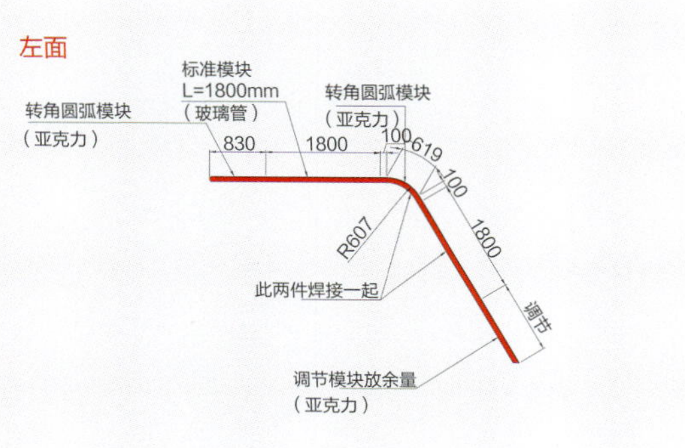

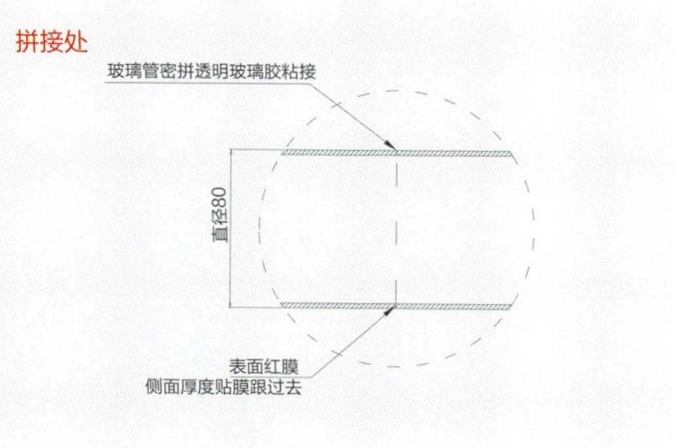

E.1.4.19 站房外立面红色装饰灯条（含洗墙灯带）尺寸及工艺说明

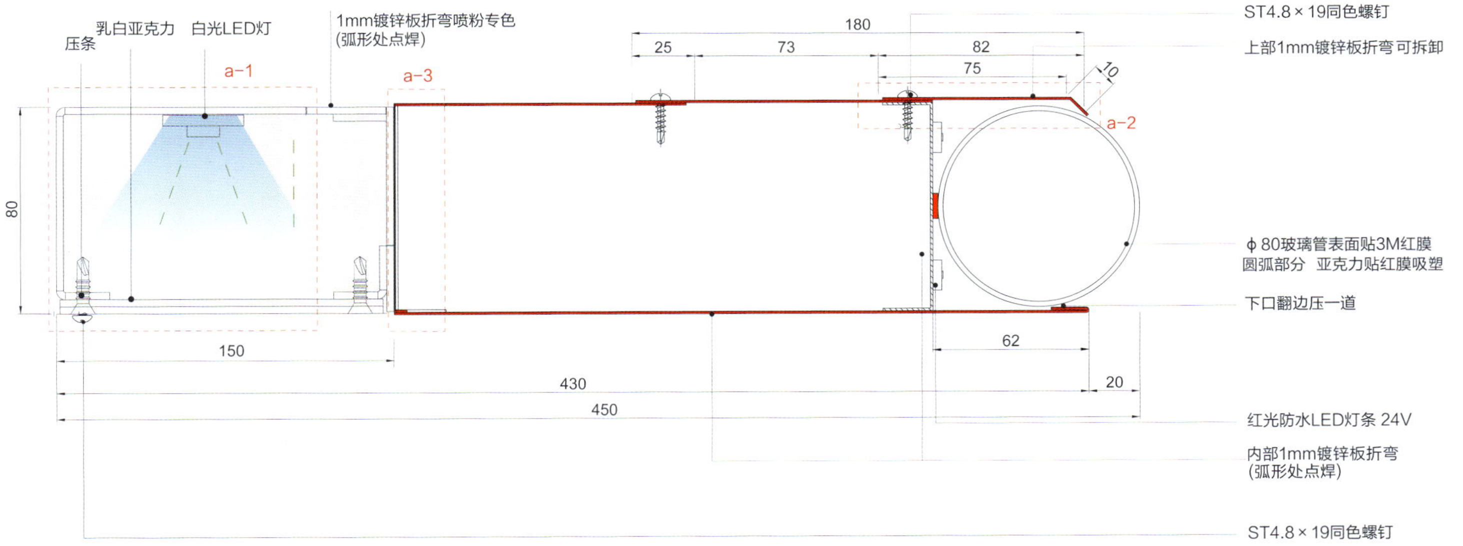

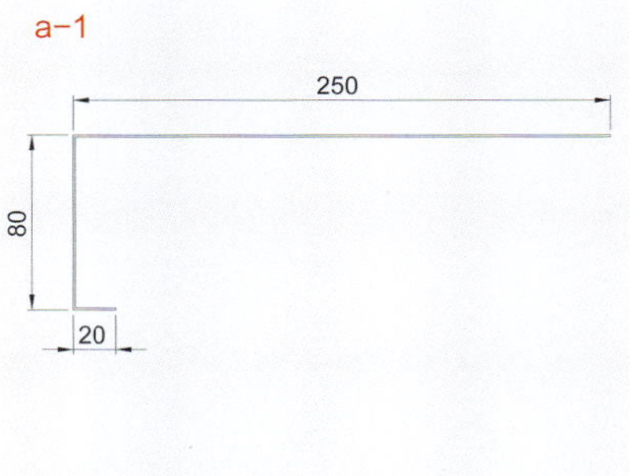

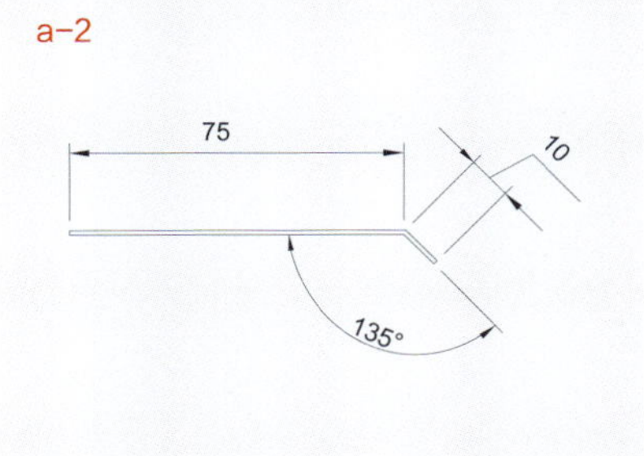

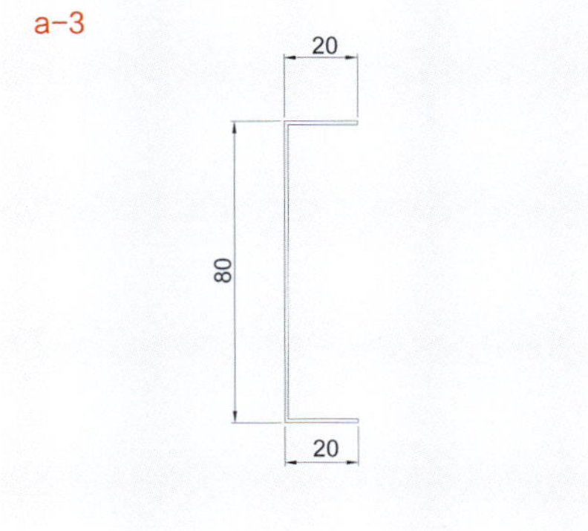

E.1.4.20 站房外立面红色装饰灯条尺寸及工艺说明

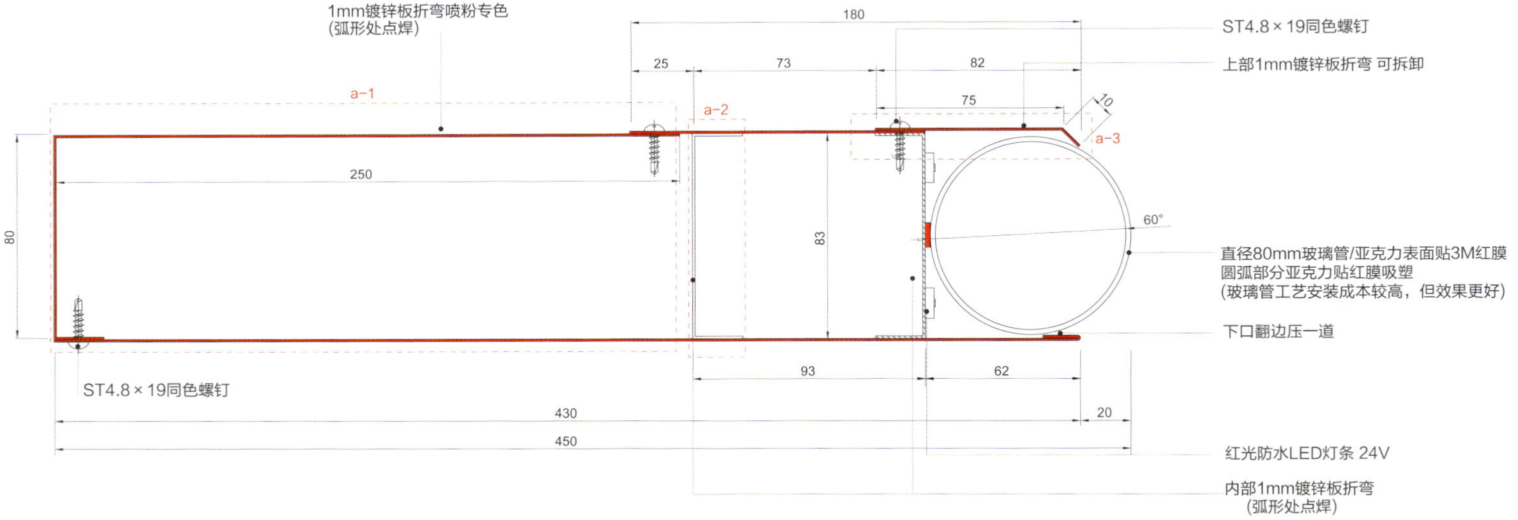

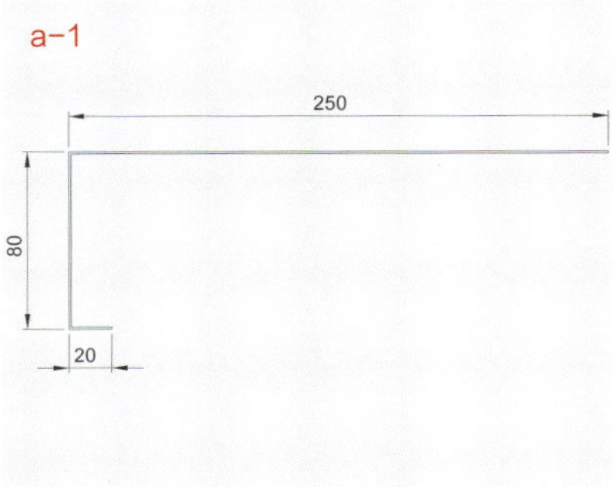

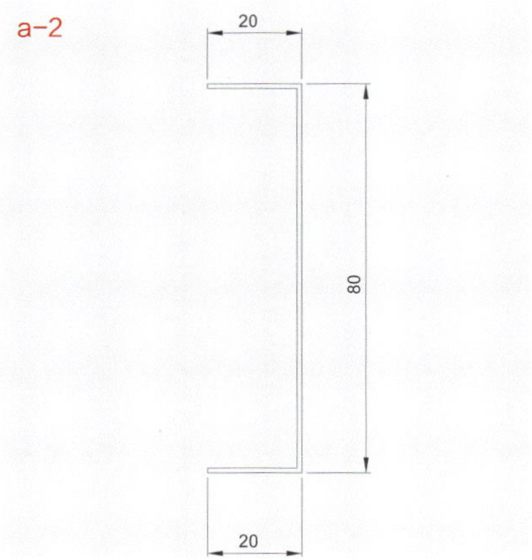

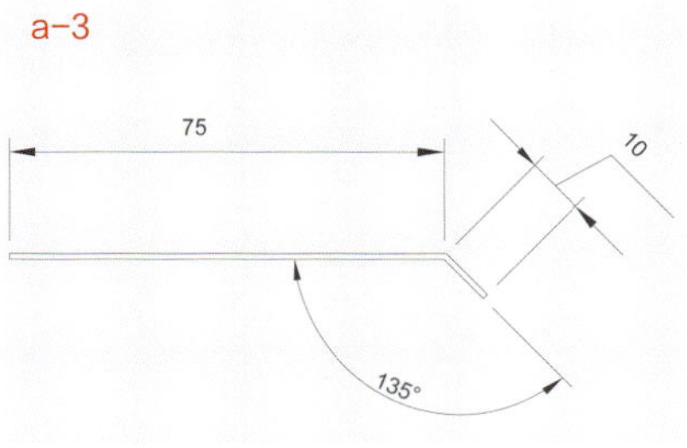

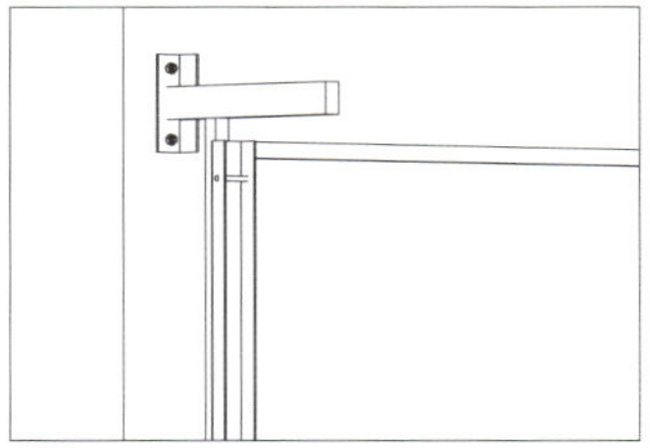
步骤一

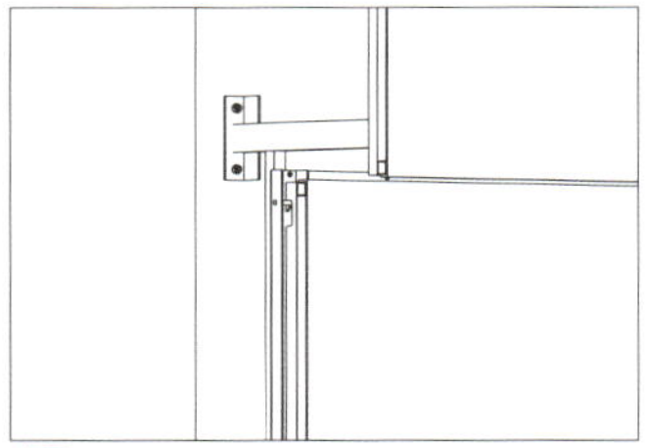
步骤二

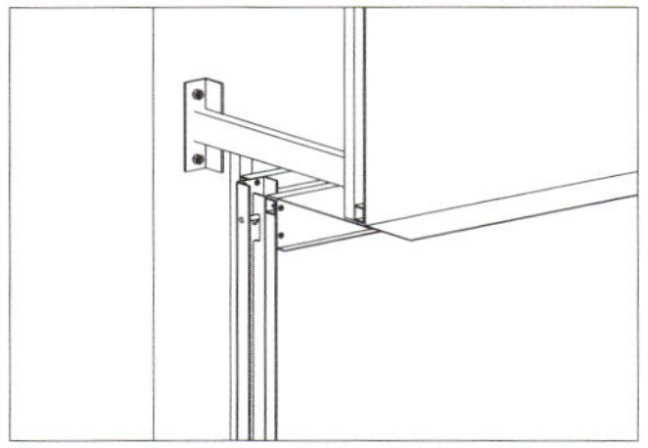
步骤三

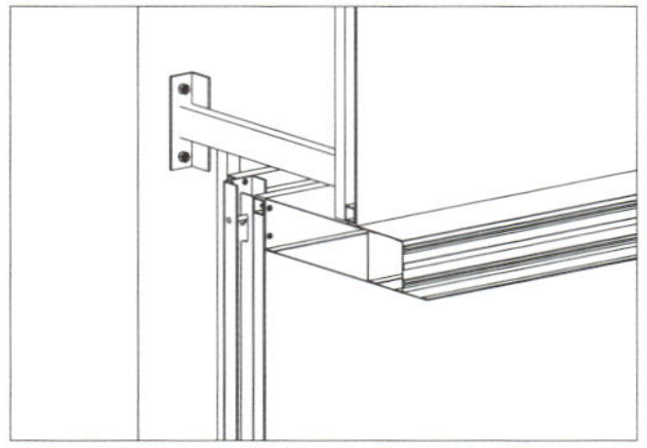
步骤四

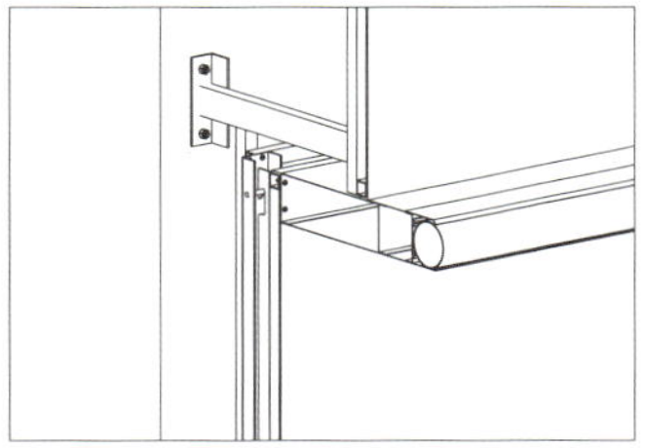
步骤五

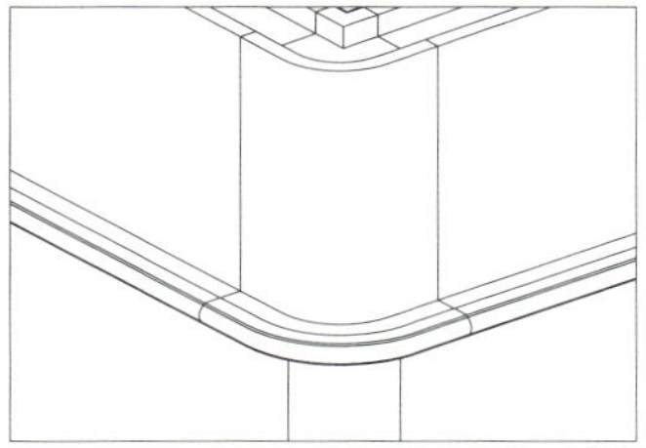
步骤六

E.1.4.21 一字型红色装饰条（发光版）

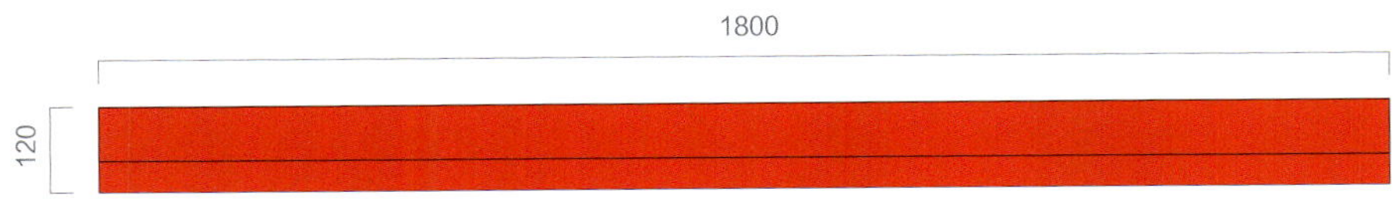

俯视图

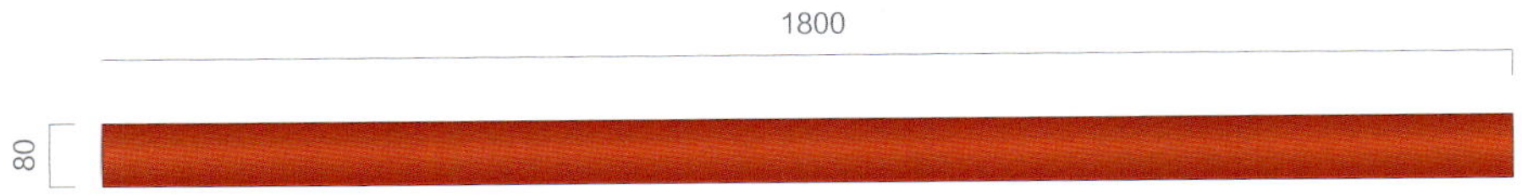

正视图

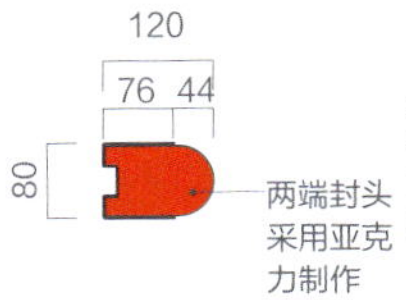

侧视图

竖剖图

E.1.4.22 一字型红色装饰条（发光版）尺寸及工艺说明

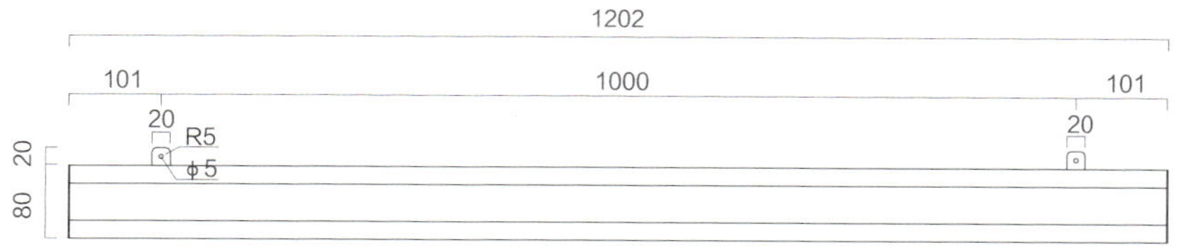

正视图

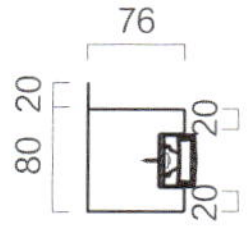

侧剖图

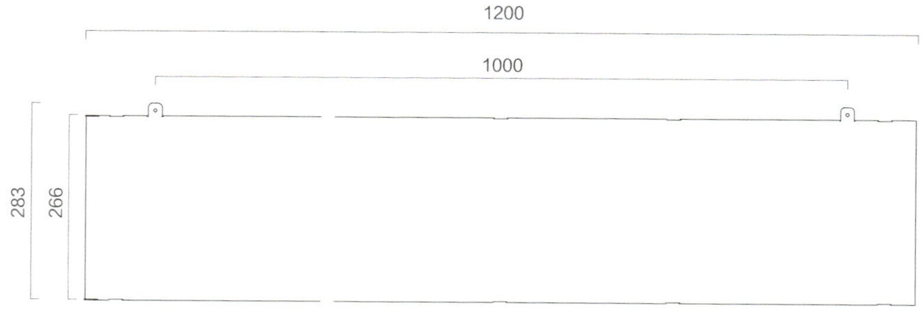

灯盒展示图

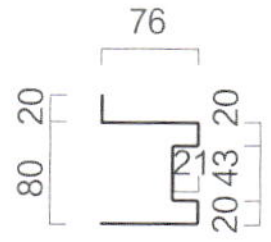

折弯示意图

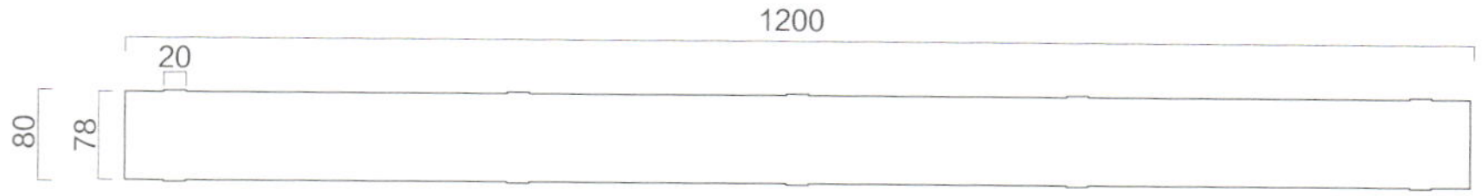

灯盒背封板展开图

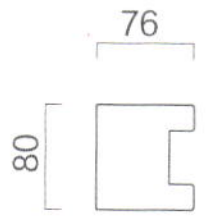

灯盒侧封板

E.1.4.23 一字型红色装饰条（不发光版）

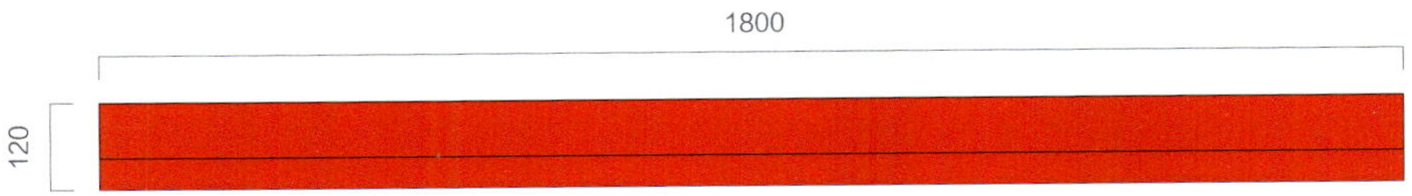

俯视图

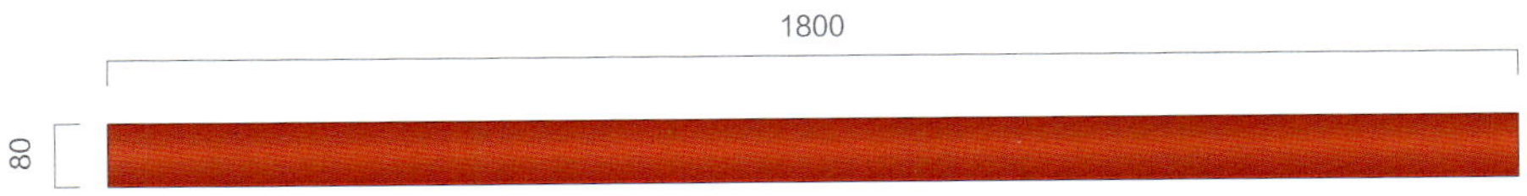

正视图

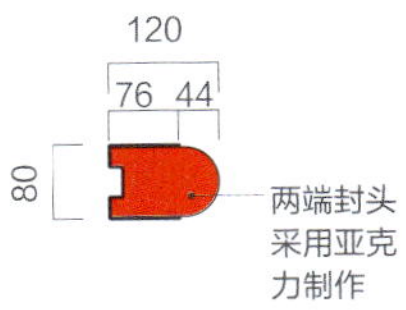

侧视图

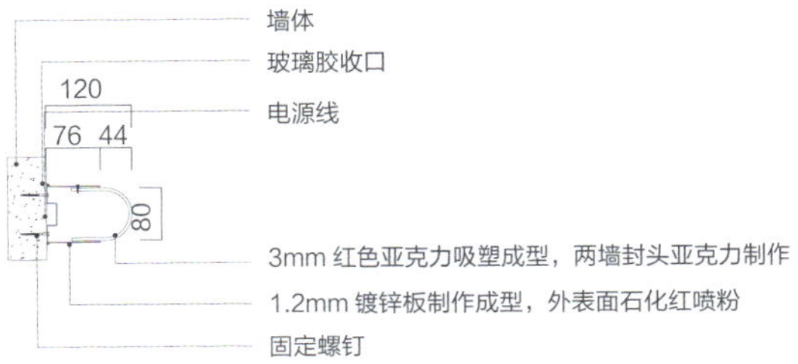

竖剖图

E.1.4.24 一字型红色装饰条（不发光版）尺寸及工艺说明

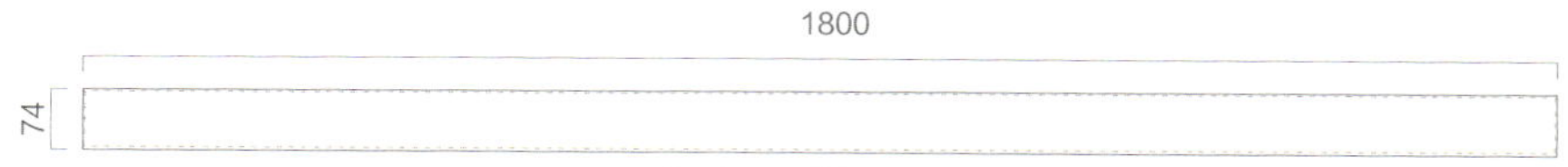

红色面盖正视图

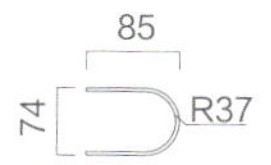

剖面图

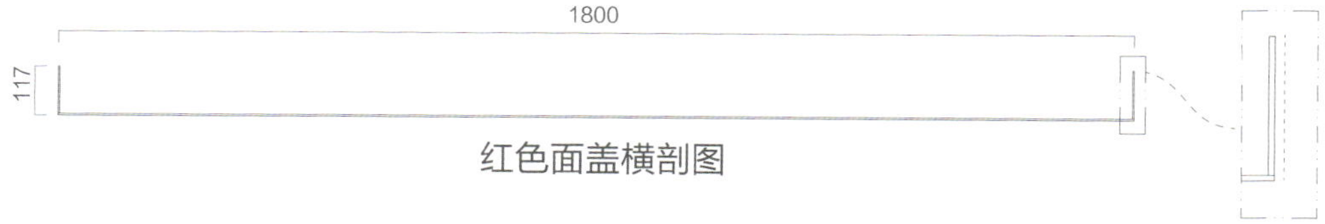

红色面盖横剖图

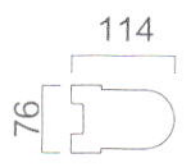

封头板

标准灯盒

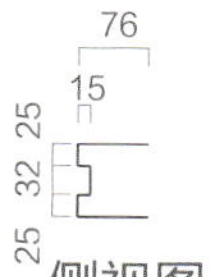

侧视图

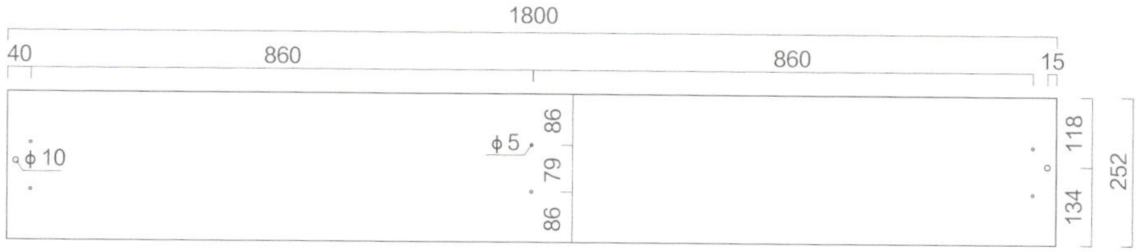

标准灯盒展开图

E.1.4.25 LED 显示屏

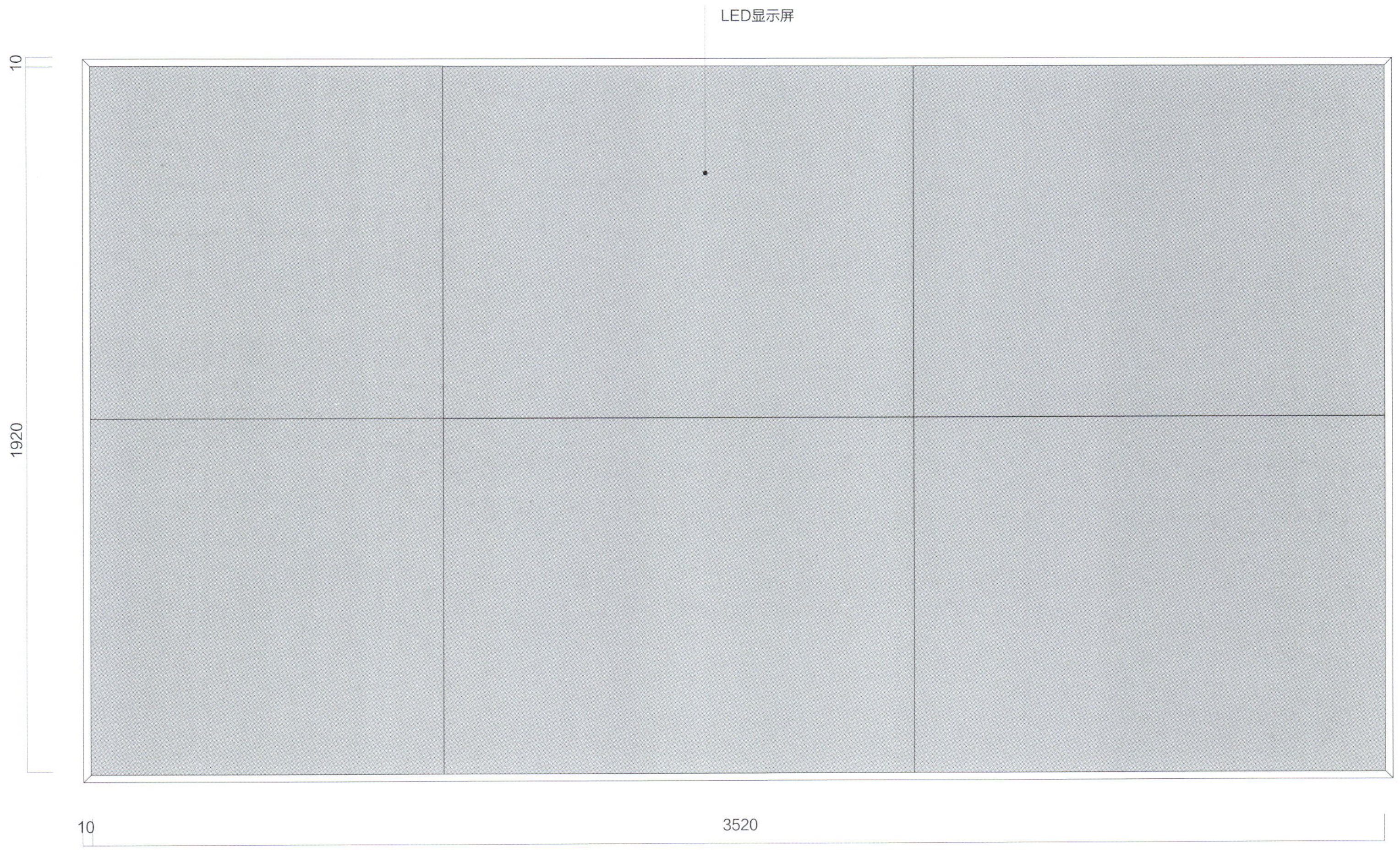

正视图

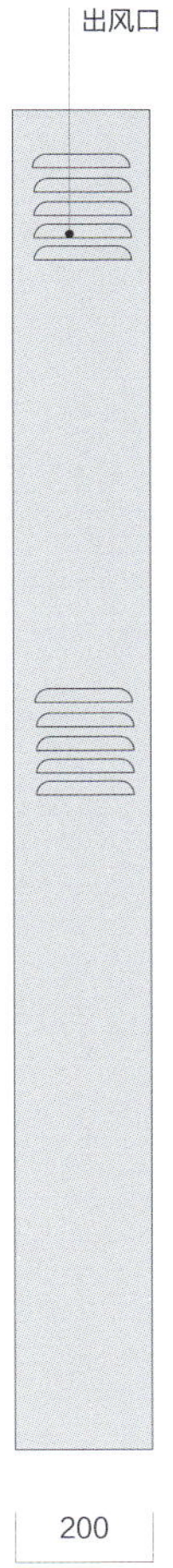

侧视图

E.1.4.26 LED P5 屏电路图

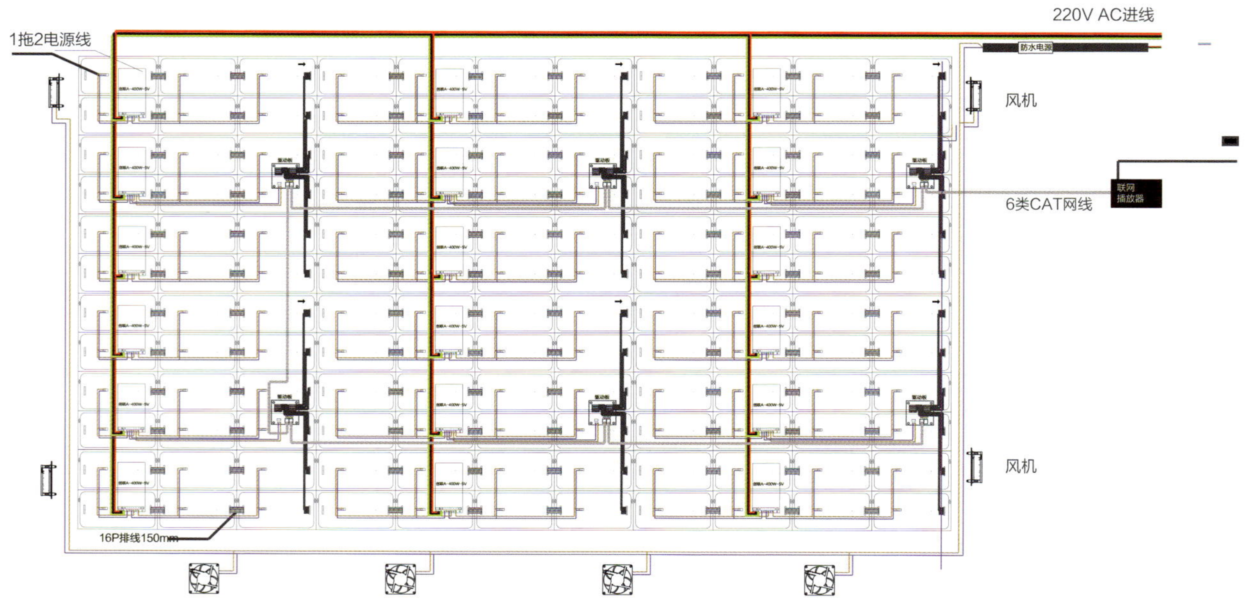

正视图

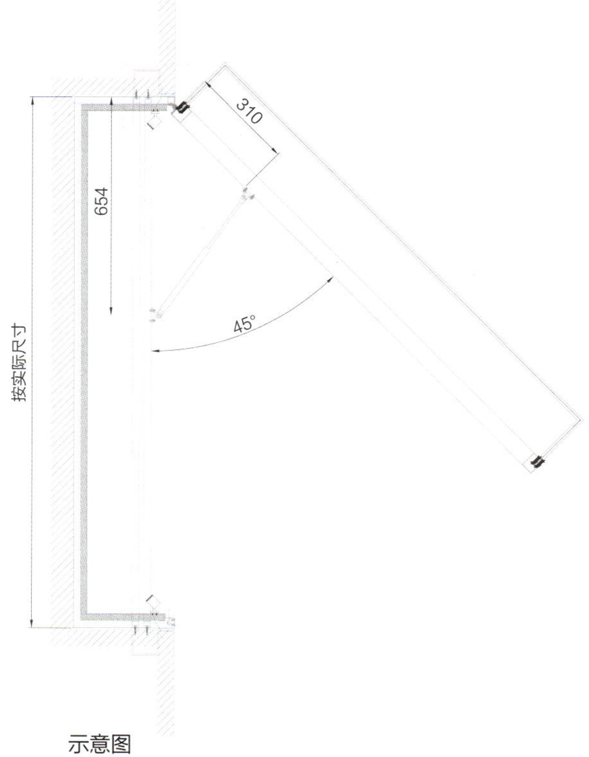

示意图

220V 火线L
220V 零线N
地线P
5V 正极线
5V 负极线
视频信号排线
6类CAT网线E

BOM清单：

1.LED模块片132片
2.400W-5V电源18个
3.LED驱动板6片
4.播放盒1个
5.风机8个
预估平均总电量为：3360W　日常运行能耗：2600W

E.1.4.27 卡布灯箱

正视图

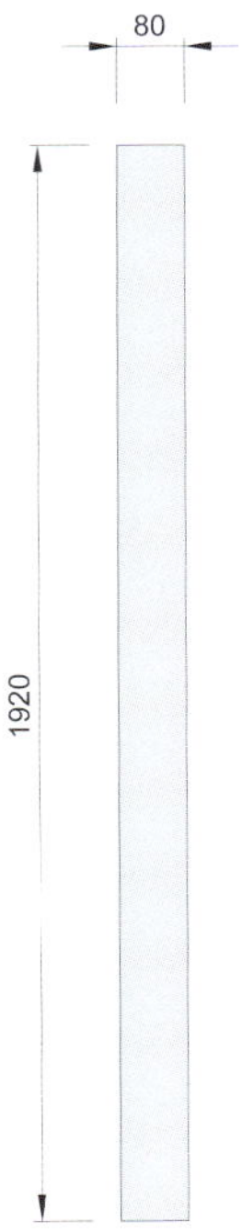

侧视图

俯视图

E.1.4.28 卡布灯箱结构图

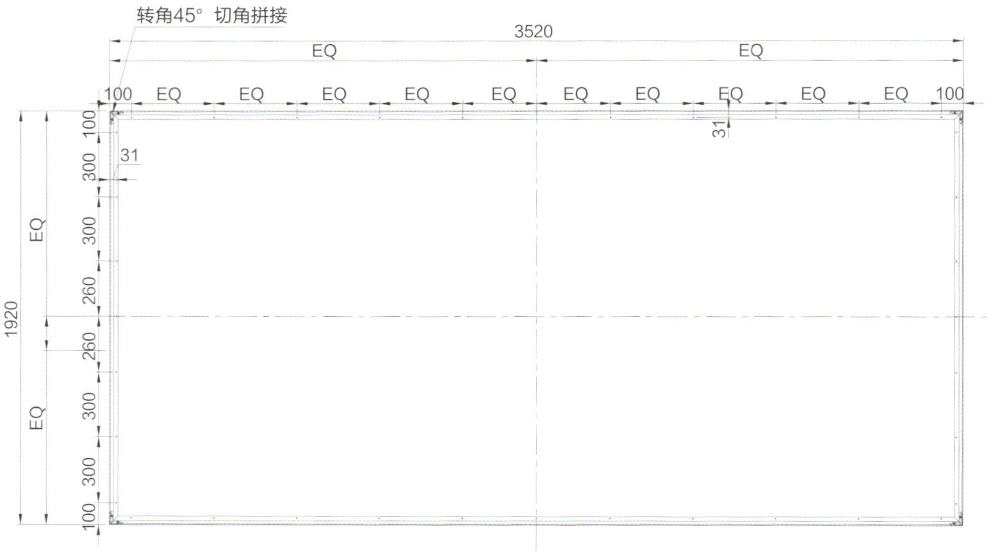

正视图

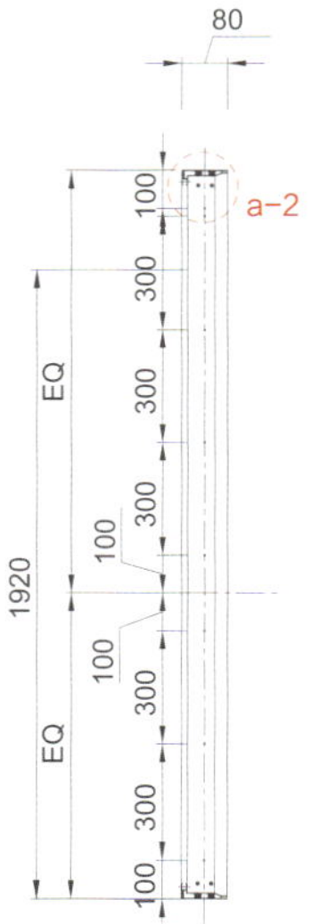

侧视图

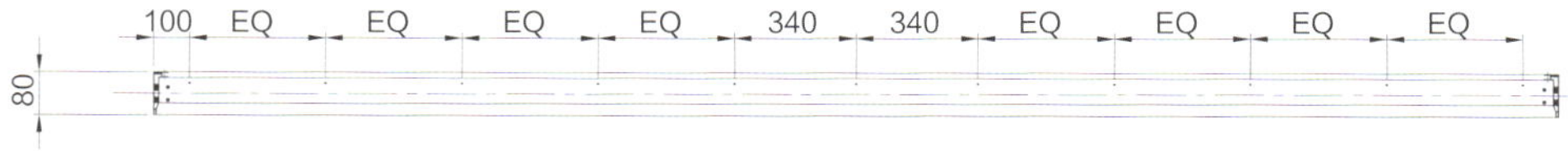

俯视图

型材角码

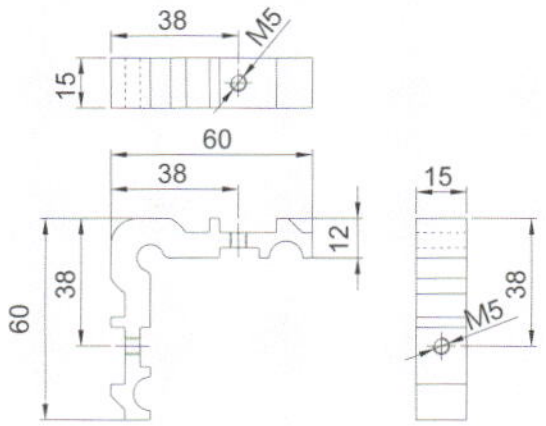

型材连接角码

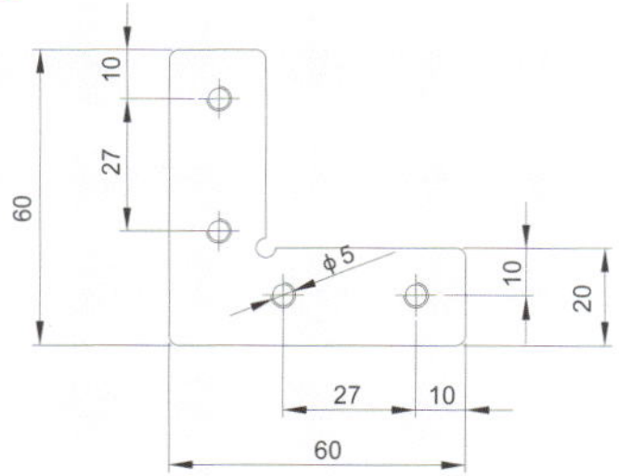

a-2

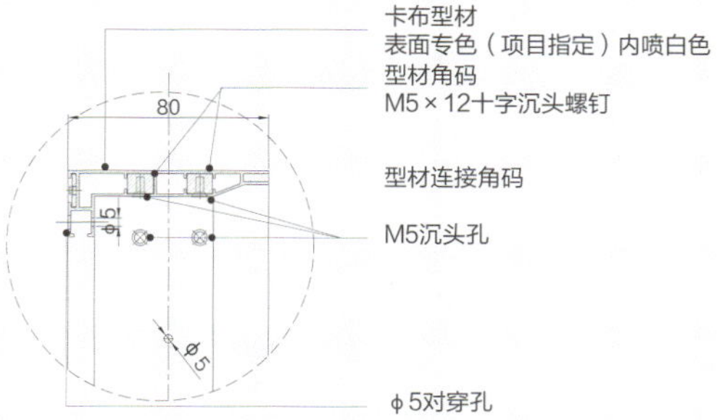

E.1.4.29 卡布灯箱剖面图

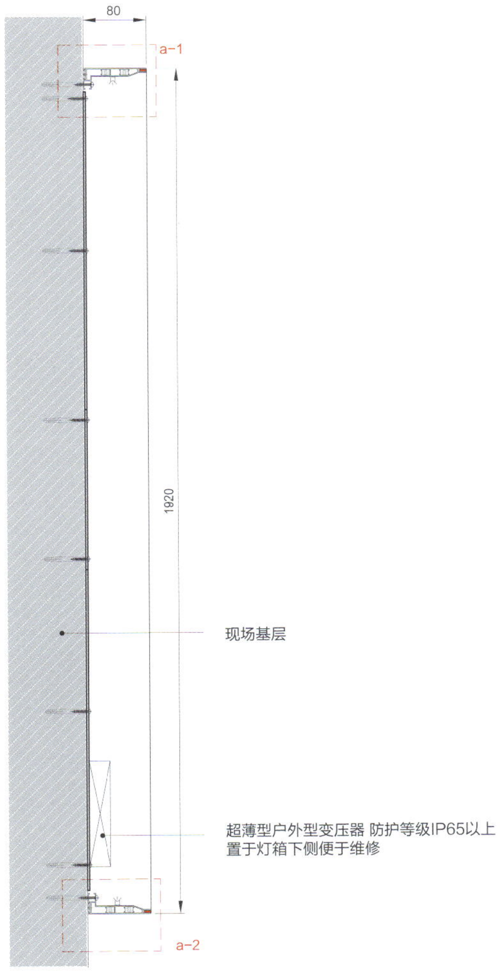

竖剖图

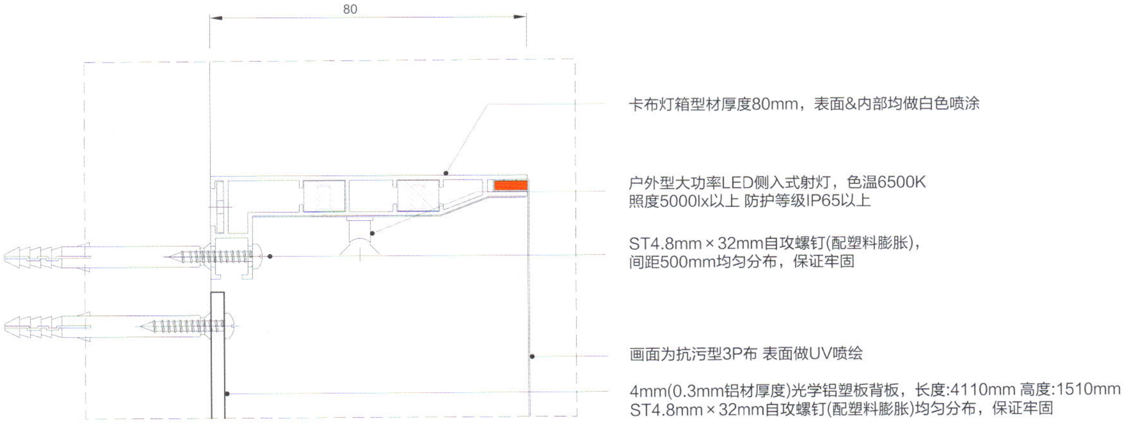

a−1

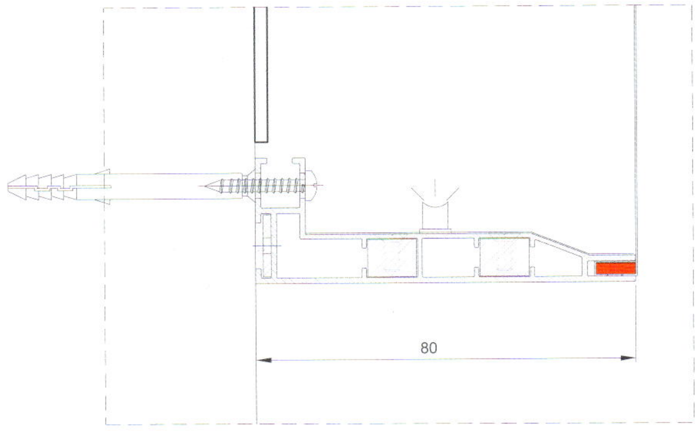

a−2

E.1.4.30 菱形灯箱尺寸及工艺说明

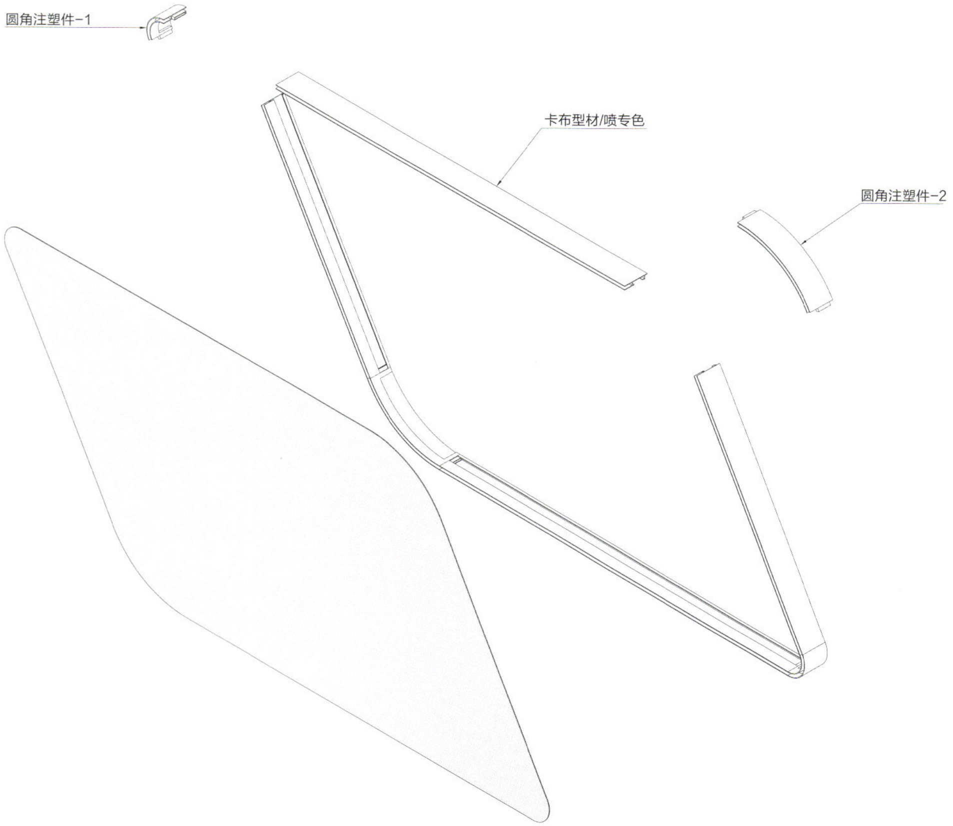

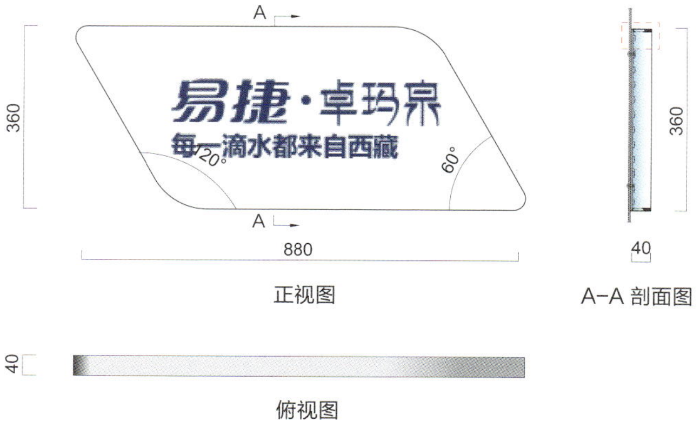

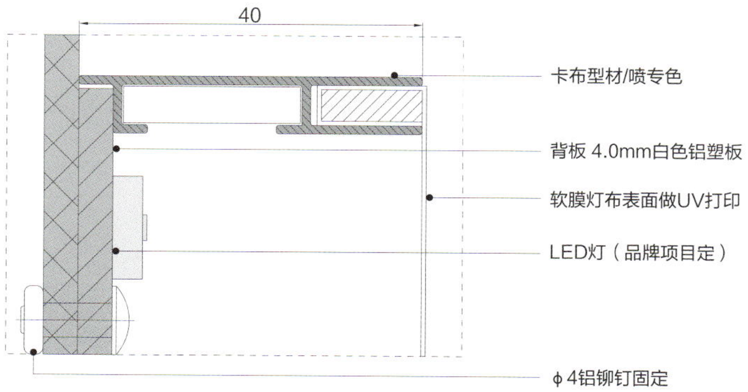

E.1.4.31 广告形象尺寸及工艺说明

正视图

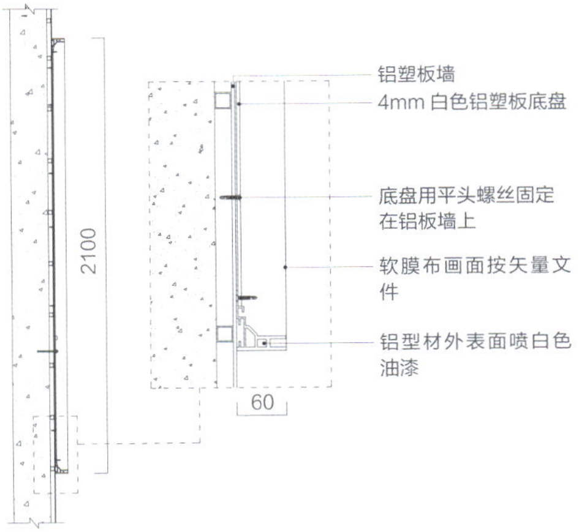

B-B 剖视图

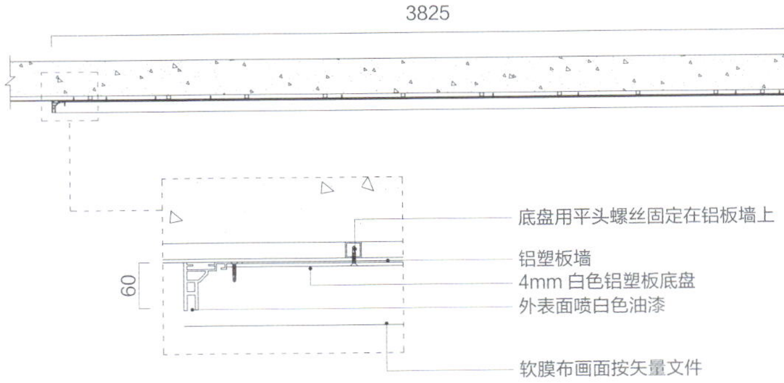

A-A 剖视图

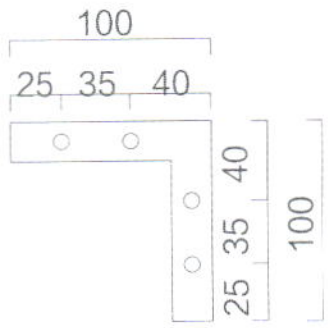

安装连接角码

工艺说明：

· 画面边框采用型材制作，外表面喷白色油漆。

E.1.4.32 玻璃地弹门尺寸及工艺说明

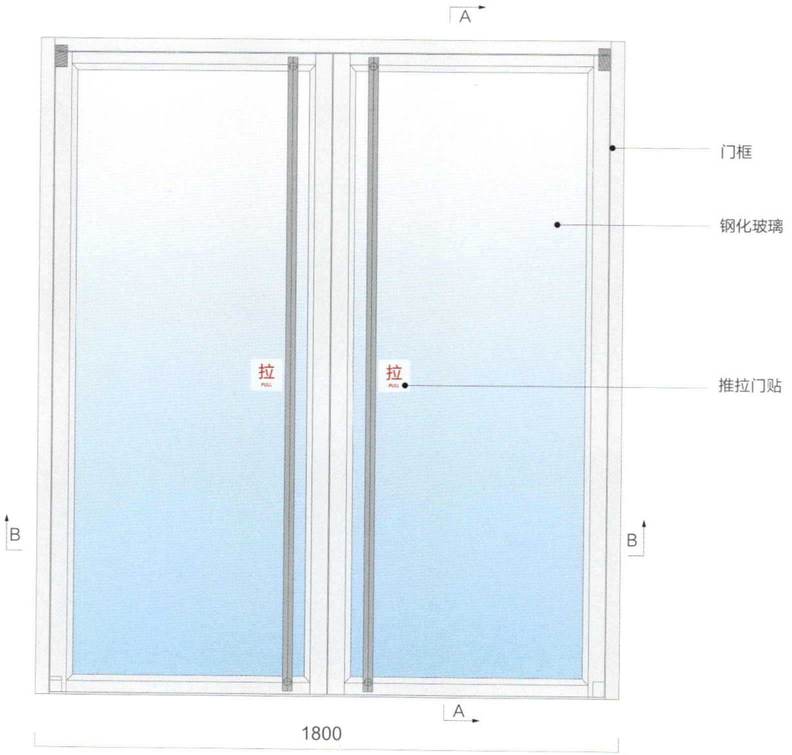

正视图

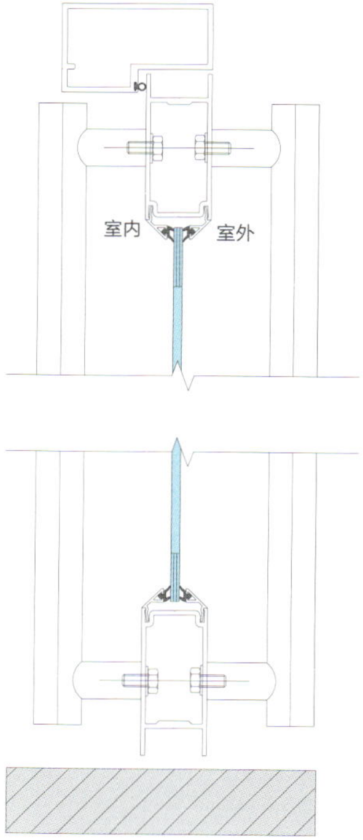

A-A剖面图

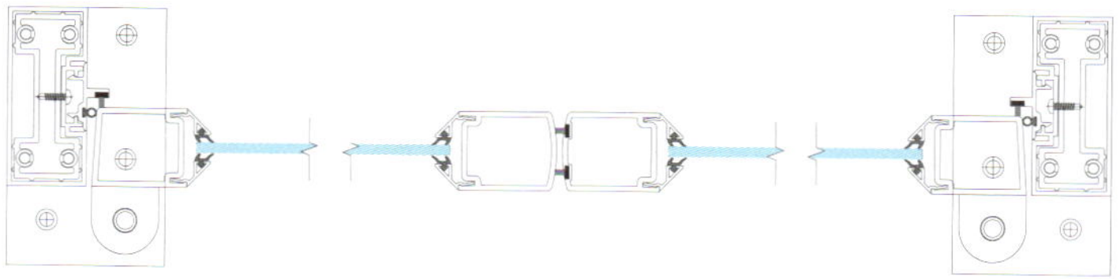

B-B 剖面图

说明：

· 根据南北方气候差异视实际情况可做相应调整。

E.1.4.33 麦当劳门尺寸及工艺说明

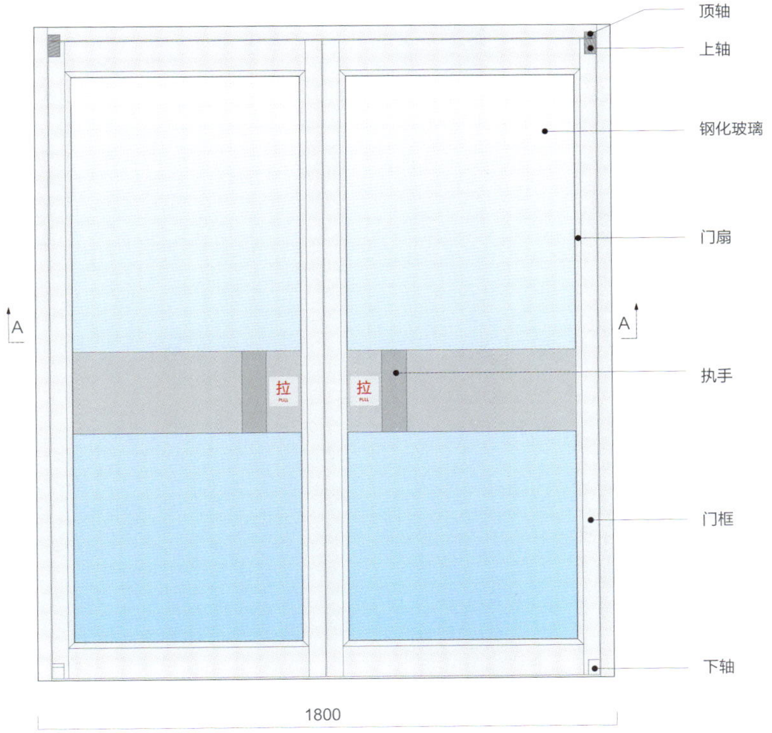

麦当劳门 正视图

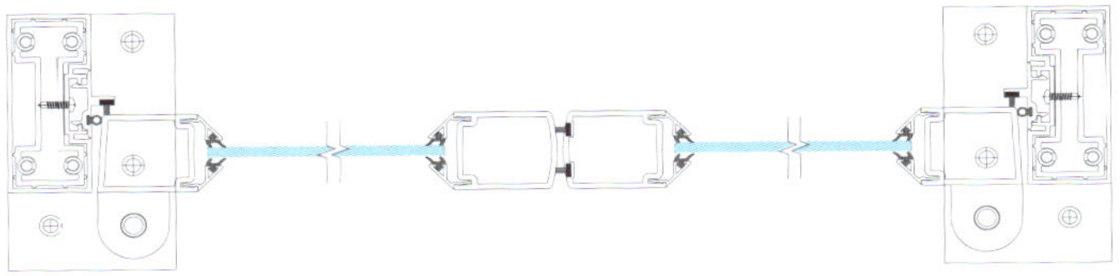

A-A 剖面图

说明：

· 根据南北方气候差异视实际情况可做相应调整。

· 需要风沙保暖的地方建议设置透明隔断磁吸帘。

E.1.4.34 自动门尺寸及工艺说明

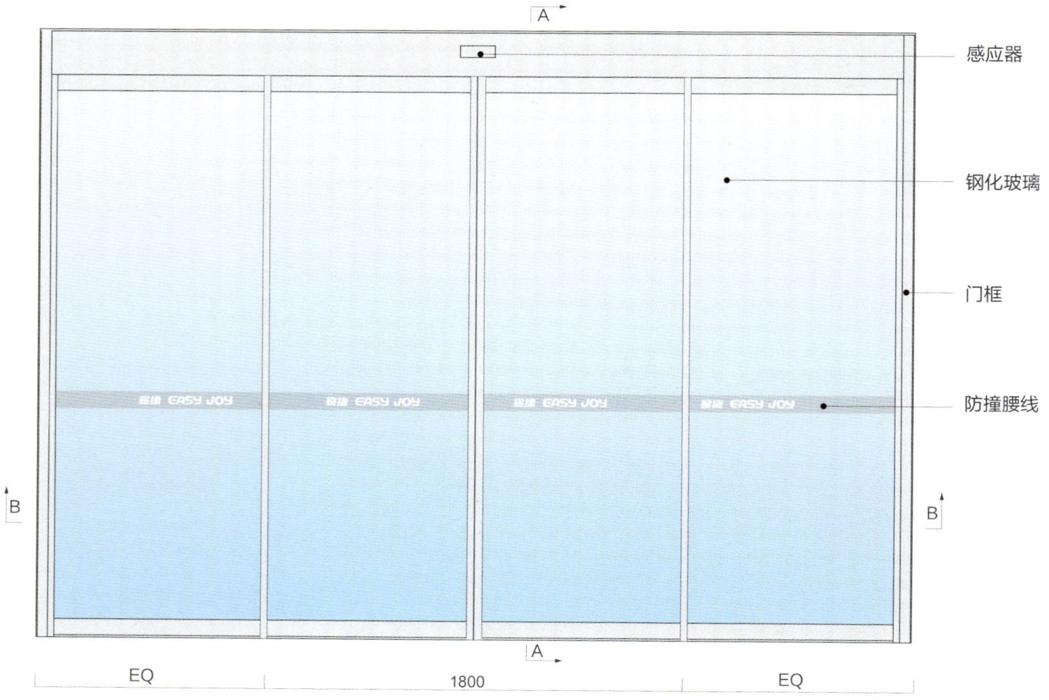

自动门 正视图

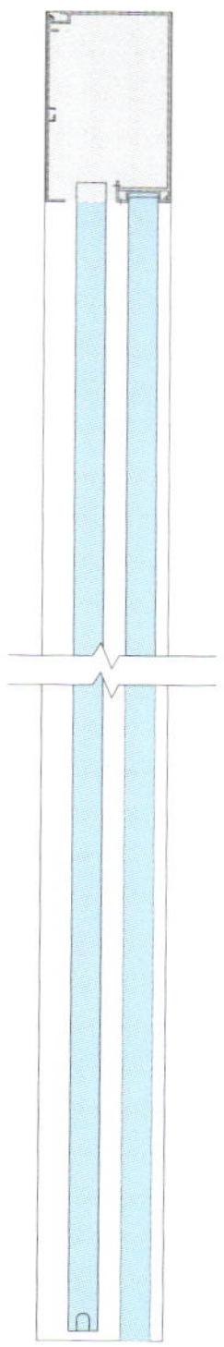

A–A 剖面图

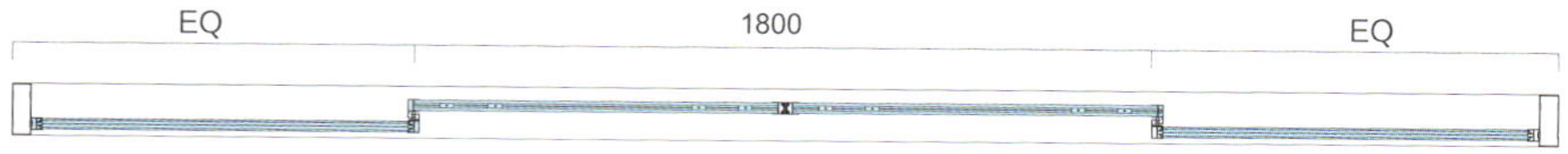

B–B 剖面图

说明：

- 根据南北方气候差异视实际情况可做相应调整。
- 需要风沙保暖的地方建议设置透明隔断磁吸帘。

E.1.4.35 绿植墙尺寸及工艺说明

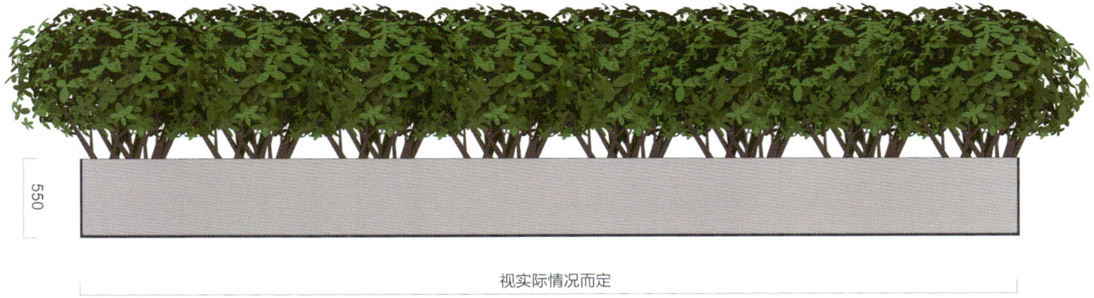

正视图

侧视图

植物品种选配要求：

少修剪、易管理、抗旱、抗病虫、含水量较多的优先，忌种油性植物。可根据当地环境选择合适的植物品类。

绿植墙参考植物：

冬青、石楠、小叶女贞、假连翘、黄杨、海桐等常绿阔叶灌木类植物。

植物花箱材质：塑钢、不锈钢、玻璃钢。

北方植物	A-1 **女贞** 能耐-12° 低温 花期5~7月，果期7月至翌年5月	A-2 **石楠** 能耐短期-15℃的低温 花期6~7月，果期10月	A-3 **矮生黄杨** -20℃左右度的严寒 花期3月，果期5~6月
南方植物	B-1**假连翘** 喜温暖湿润气候， 抗寒力较低 花果期5~10月，在南方可为全年	B-2 **鸭脚木** 每月施1~2次适量混合肥或液肥 花期11~12月，果期12月	B-3 **龟甲冬青** 每15~20天施一次稀薄的矾肥水 花期5 ~ 6月，果期8 ~ 10月

E.1.4.36 站房台阶尺寸及工艺说明

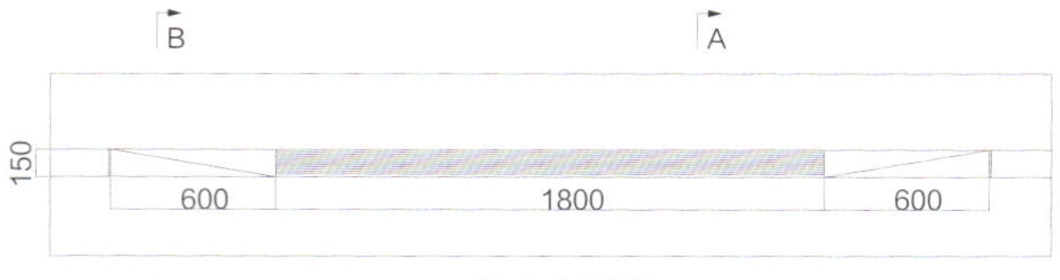

散水立面图

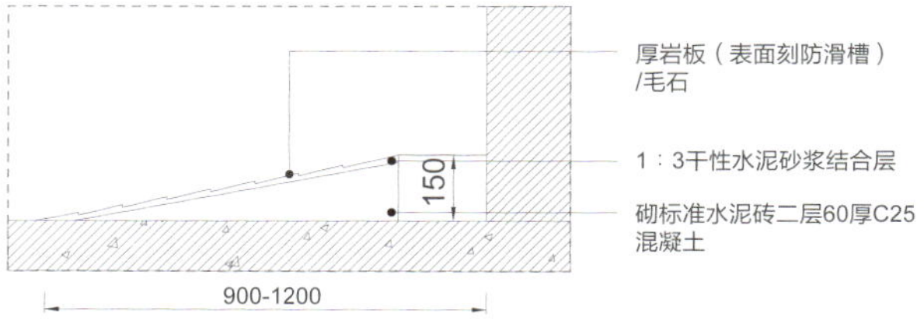

A−1剖面图

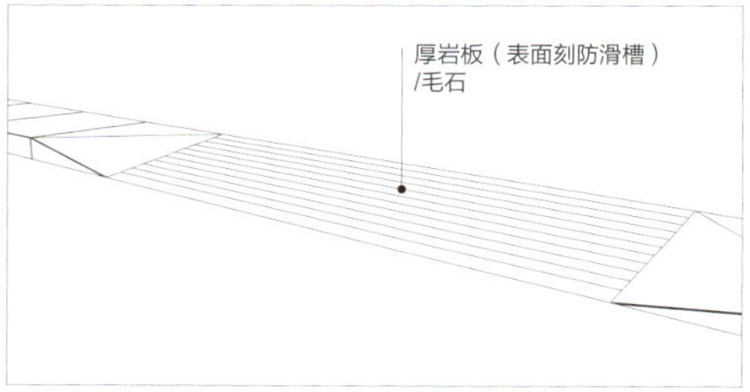

透视图

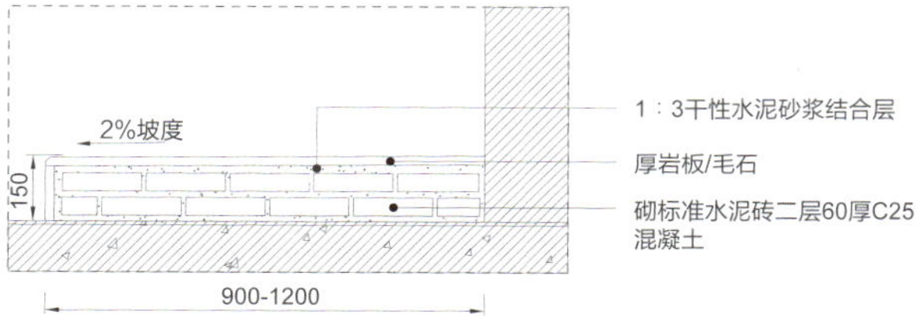

B−1剖面图

工艺说明：

· 入口处台阶设置防滑槽。

· 散水台面设置 2% 的坡度。

· 散水台材质可选厚岩板与毛石。

· 厚岩板 / 毛石 参数：
颜色：灰色（Pantone Cool Gray 8C）
尺寸：1800 × 1200mm/2400 × 1200mm
厚度：15mm/20mm

· 转角处散水地面和铝板墙面是以原始墙角为圆心的同心圆。

· 门打开不能超过散水台面最边缘。

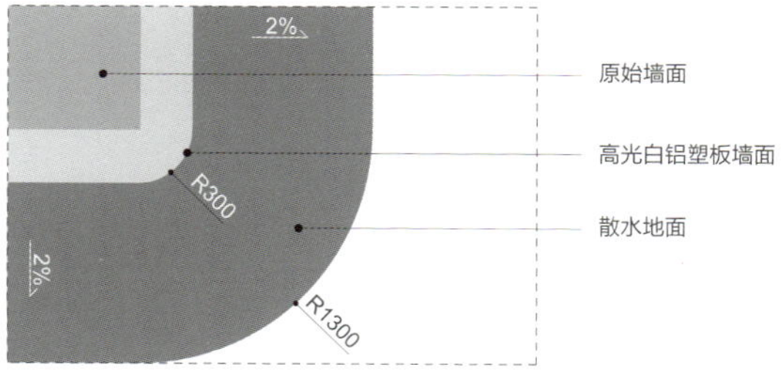

转角示意图

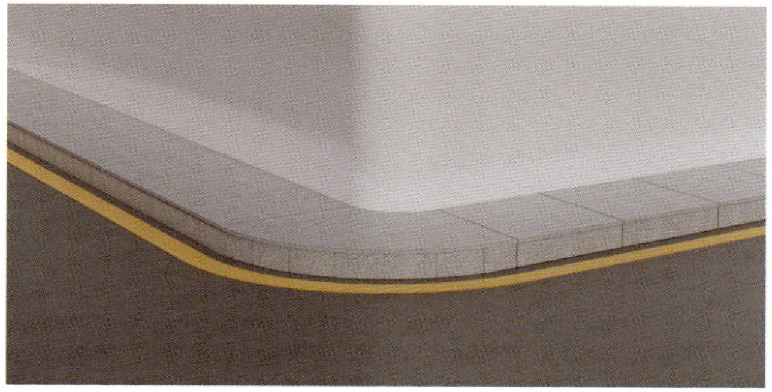

效果展示

E.1.4.37 站房外立面排水工艺说明

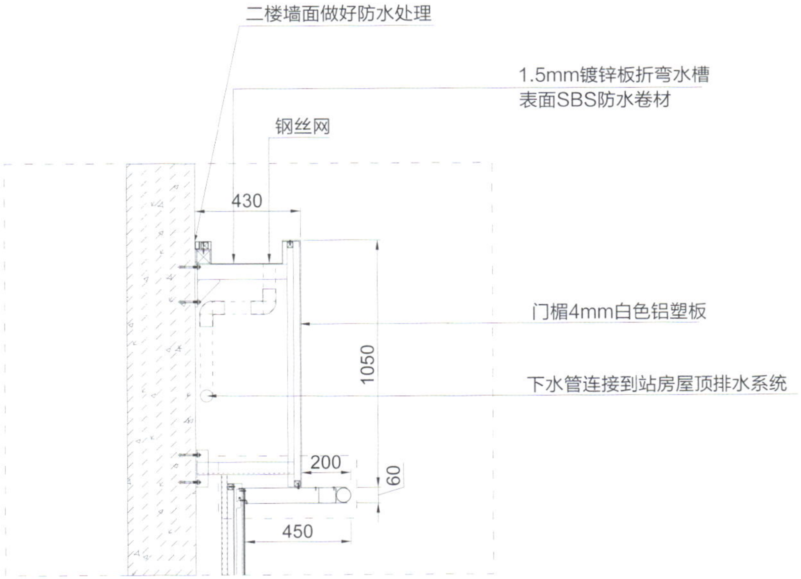

二层站房排水方式

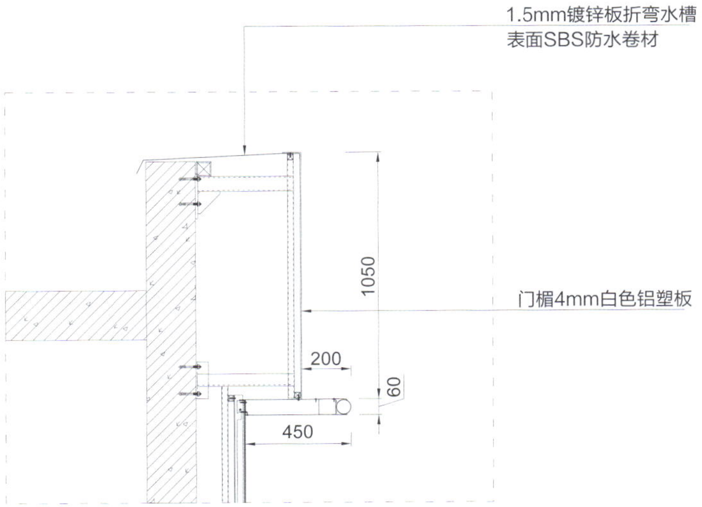

一层站房排水方式

E.1.4.38 站铭牌尺寸及工艺说明

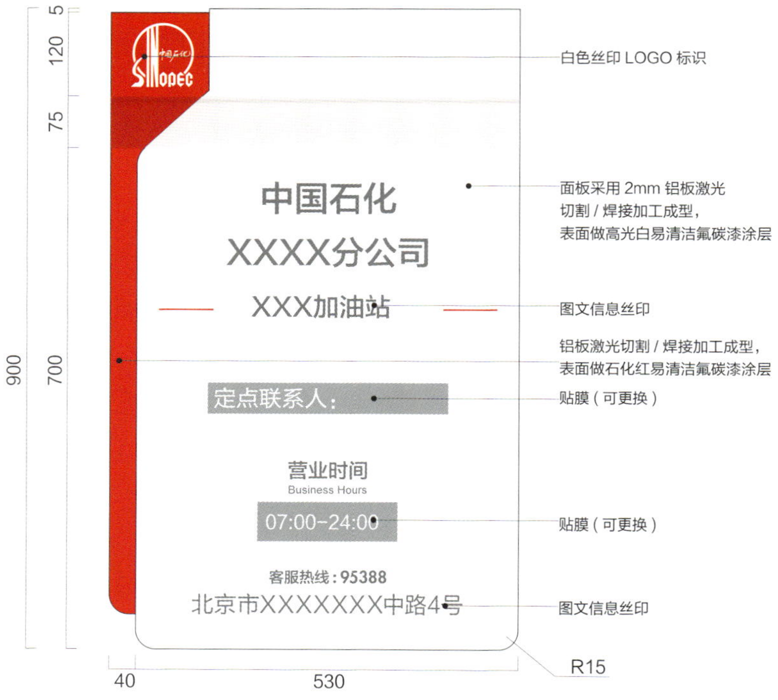

正视图

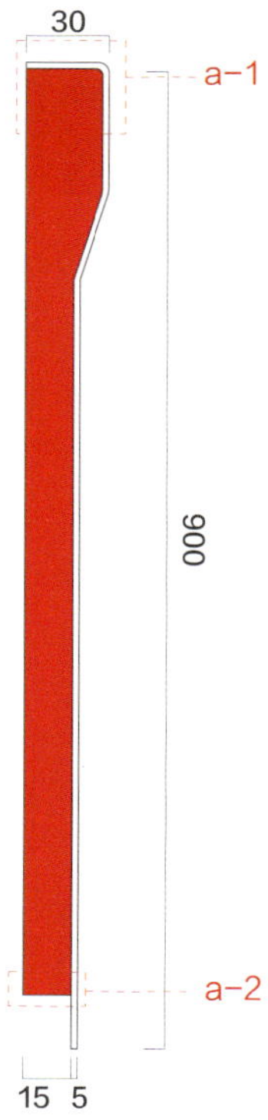

应用规范：

· 站铭牌采用面板采用2mm 铝板激光切割/ 焊接加工成型，表面做高光白易清洁氟碳漆涂层，图文信息丝印；

· 商号字体:方正兰亭中黑简体，内容信息字体：思源黑体；

· 站铭牌最低位置距离散水台面不小于1400mm，视实际情况可做相应调整；

· 图中文字内容仅作示意用途，图中文字仅为示意，站名和定点联系人按实际内容制作；

注：各省市根据实际情况适当调整文字内容。

a-1

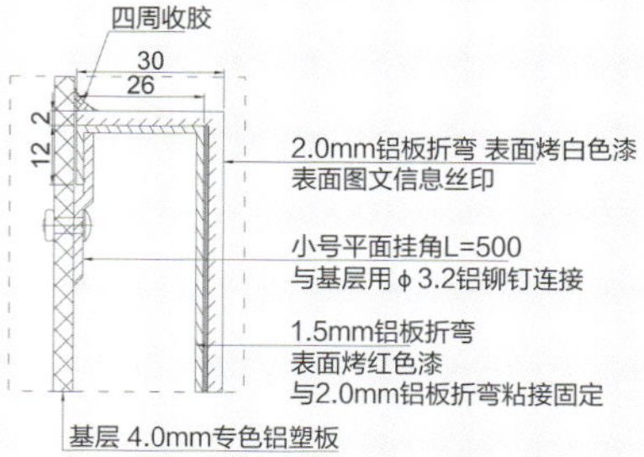

a-2

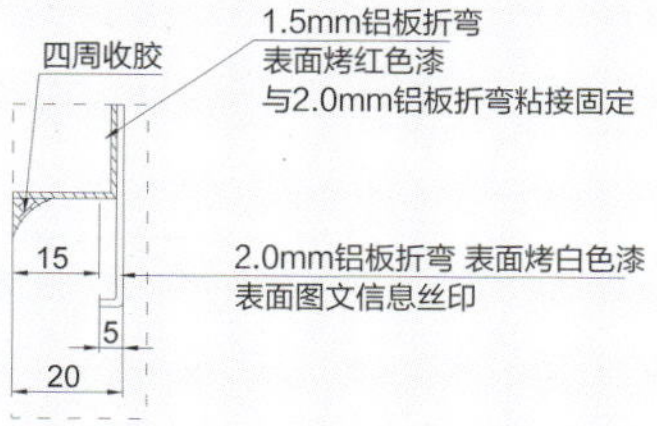

E.1.4.39 旗舰站公告栏尺寸及工艺说明

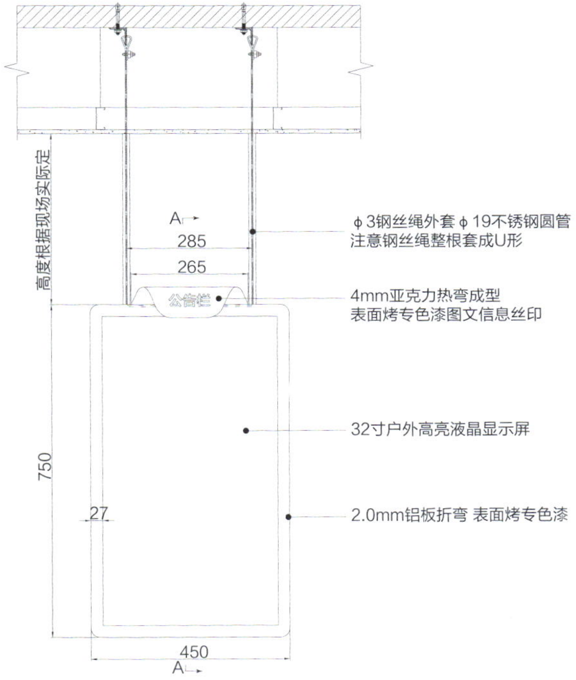

前视图

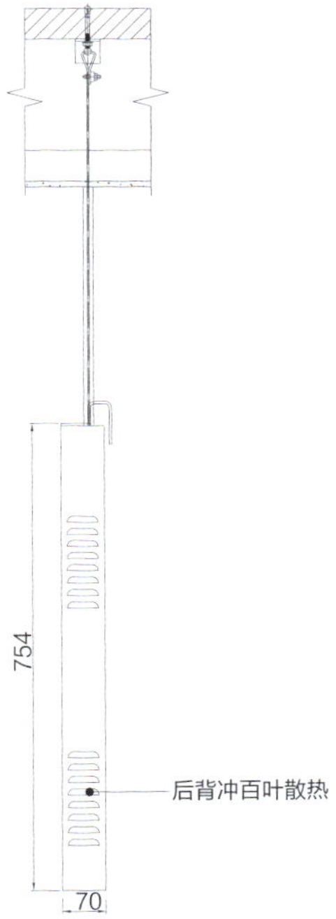

左视图

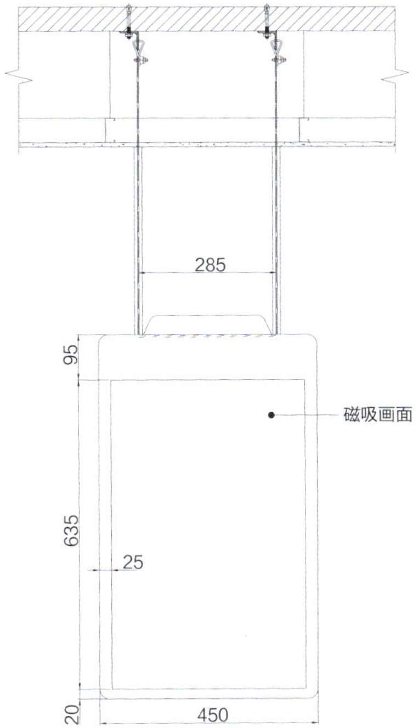

背视图

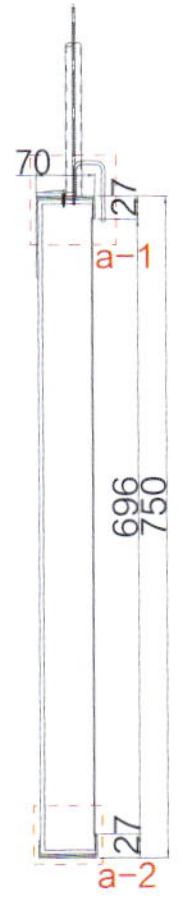

A-A剖面图

俯视图

a-1

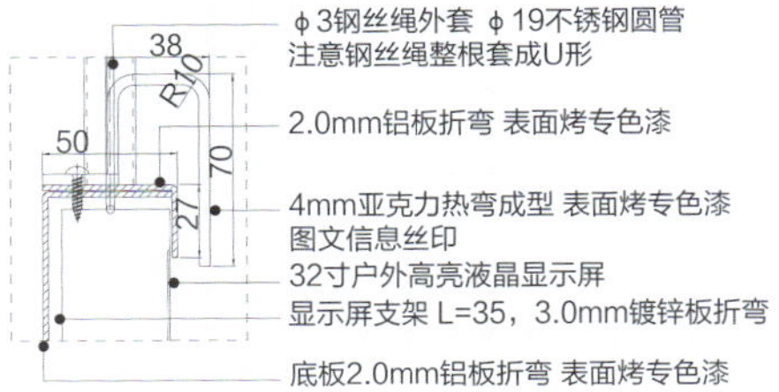

a-2

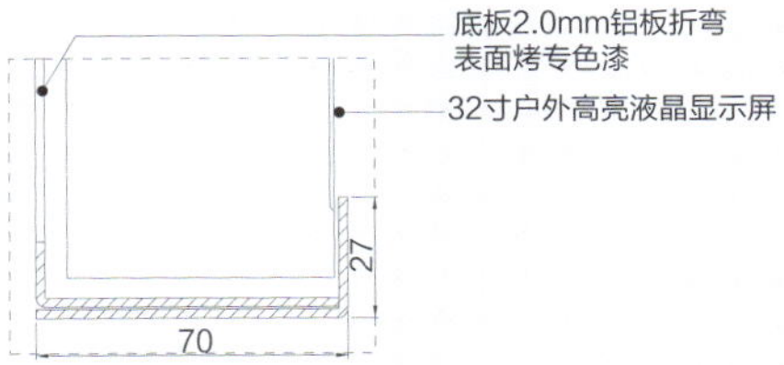

E.1.4.40 标准站\简易站公告栏尺寸及工艺说明

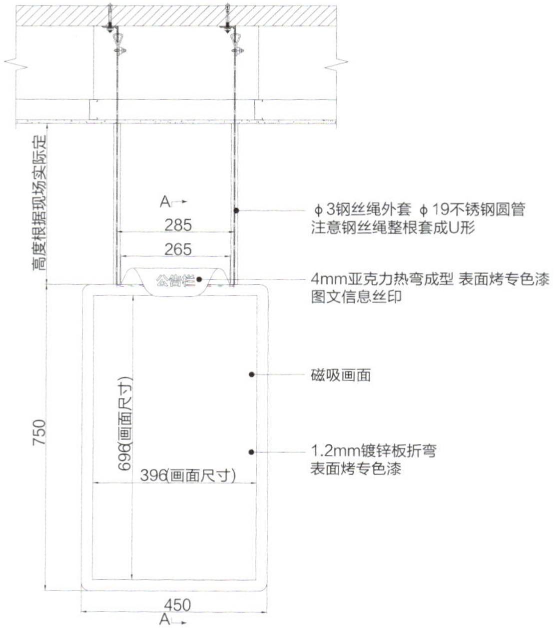

前视图

左视图

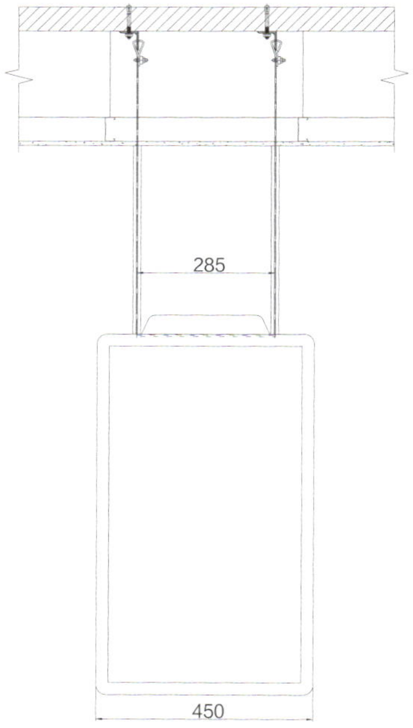

背视图

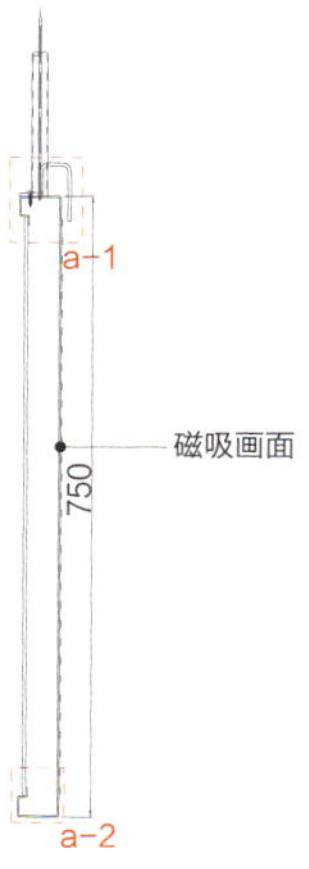

A-A剖面图

俯视图

a-1

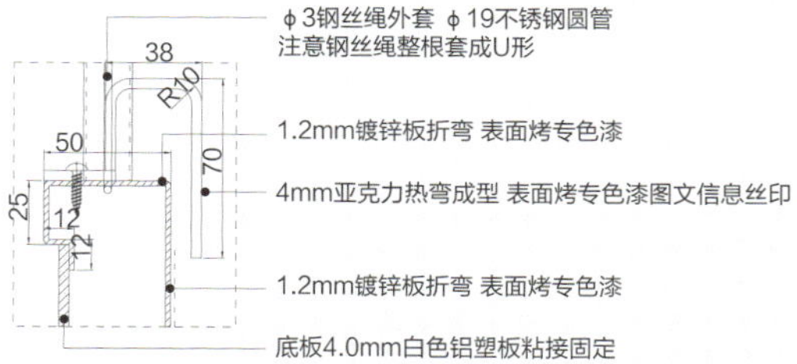

a-2

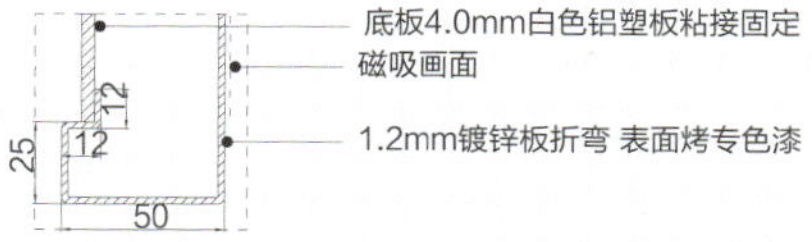

E.1.4.41 站房背面勒脚 / 墙面收口工艺说明

注：背面为白色外墙漆 / 真石漆，背面安装勒脚，高度为 150mm，材质为厚岩板 / 毛石。

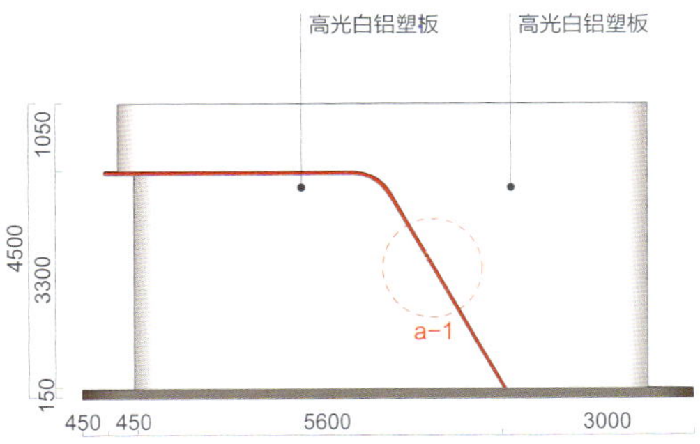

右视图

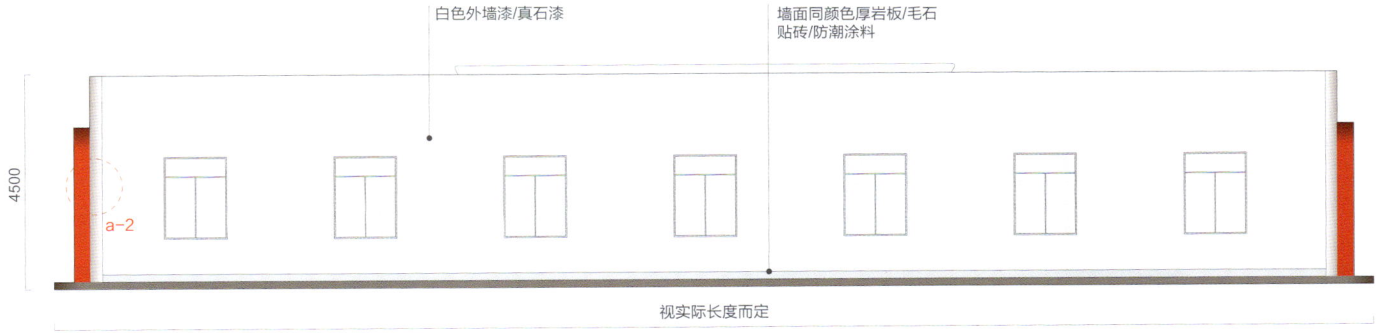

后视图

a-1

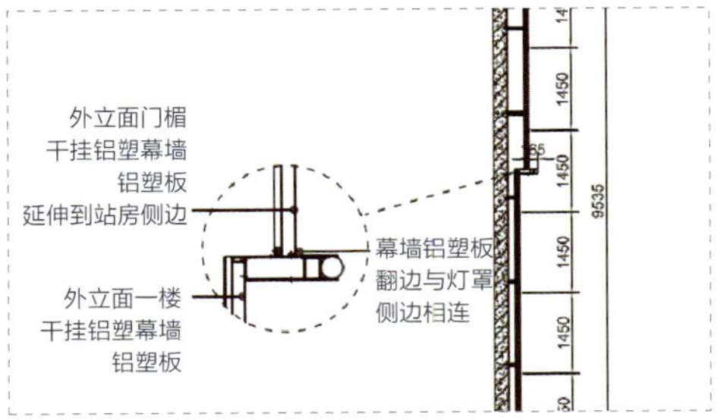

红色发光灯带收口

a-2

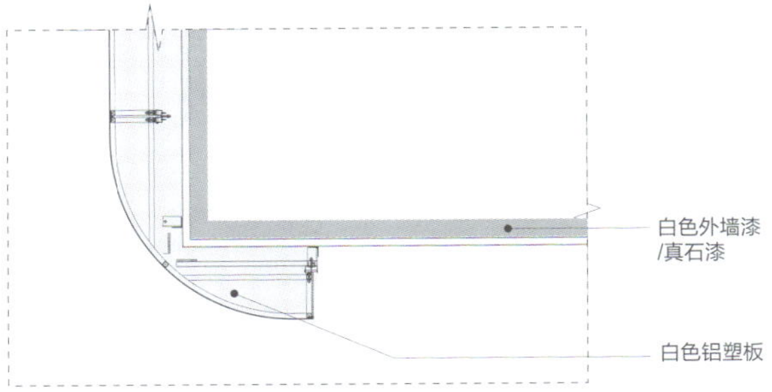

铝塑板收口

勒脚侧视图

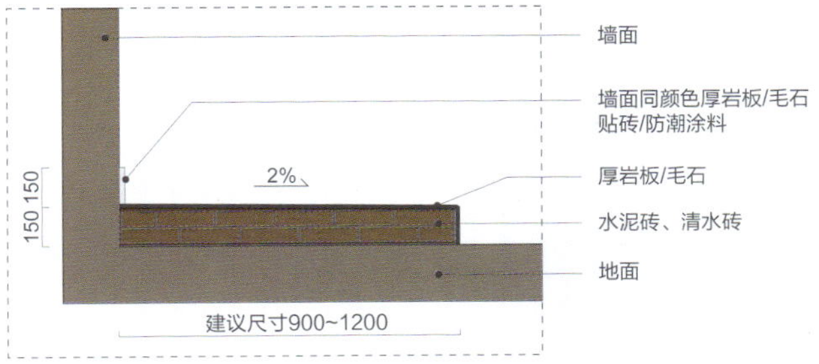

E.1.4.42 价格立牌尺寸及工艺说明

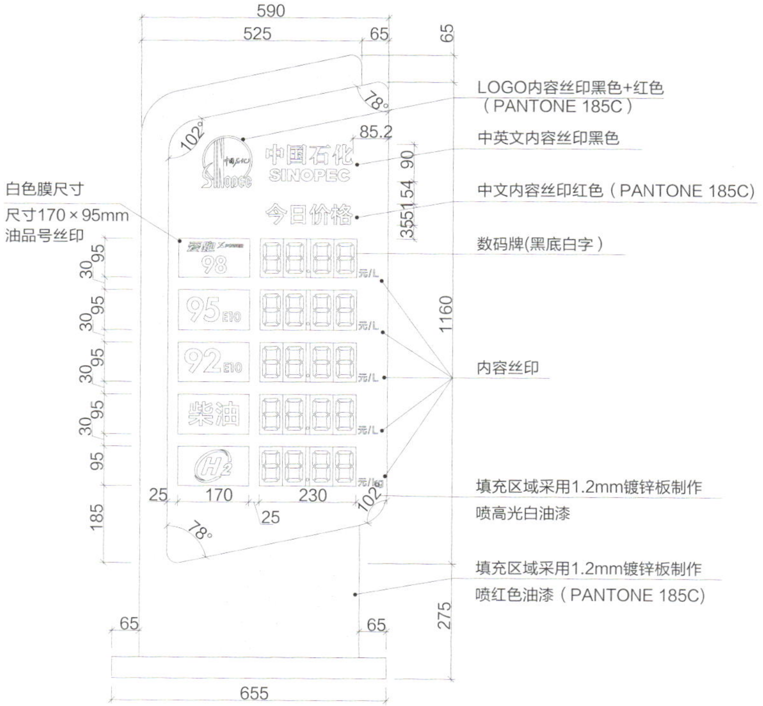

正视图

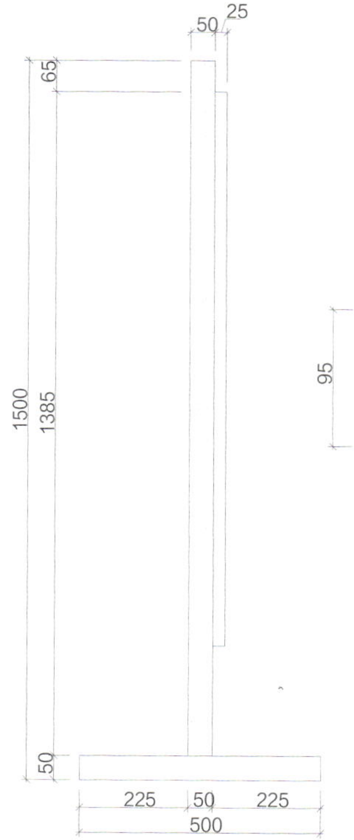

侧视图

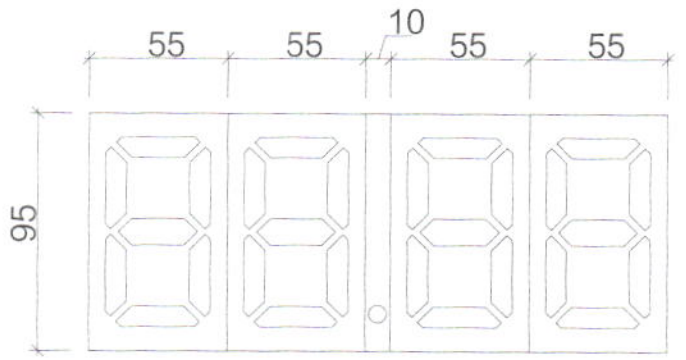

数码牌尺寸

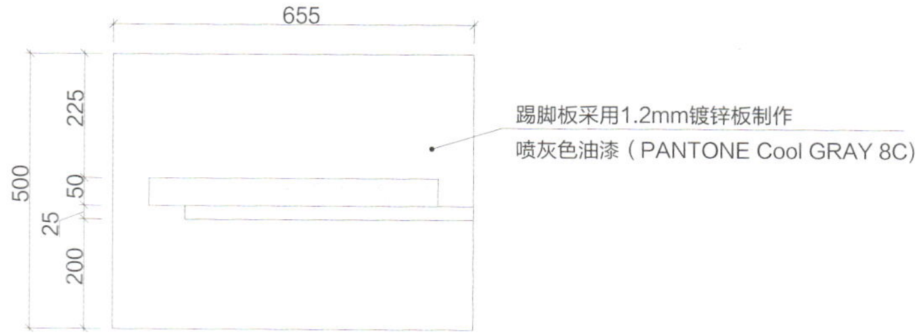

俯视图

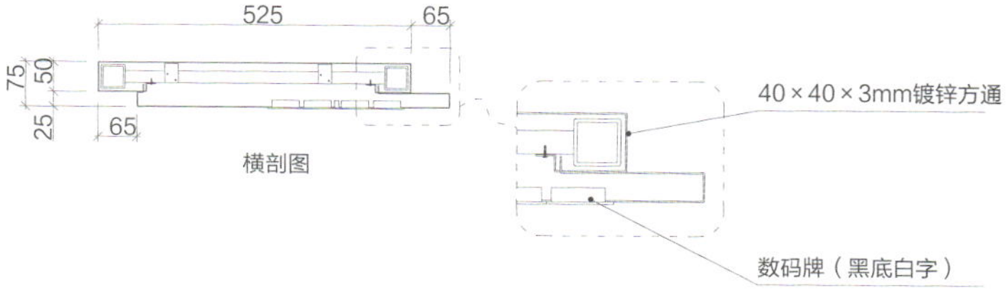

横剖图

/ E.1.5 卫生间

E.1.5.01–E.1.5.08　旗舰站卫生间
E.1.5.09–E.1.5.14　标准站卫生间
E.1.5.15–E.1.5.20　简易站卫生间

E.1.5.01 旗舰站 – 平面示意

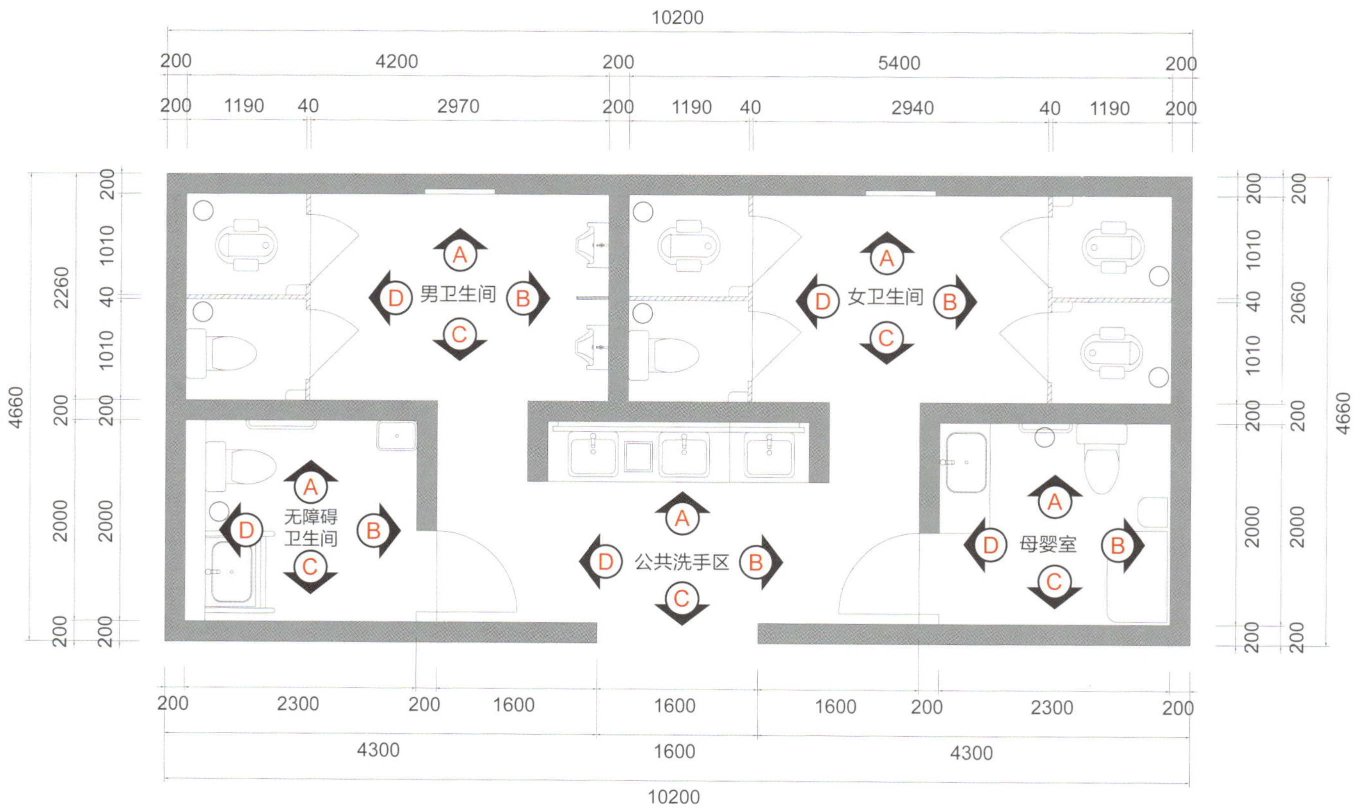

E.1.5.02 旗舰站 – 地面标准

注：卫生间瓷砖颜色、尺寸、防滑指数，以销售公司后期统招为准。

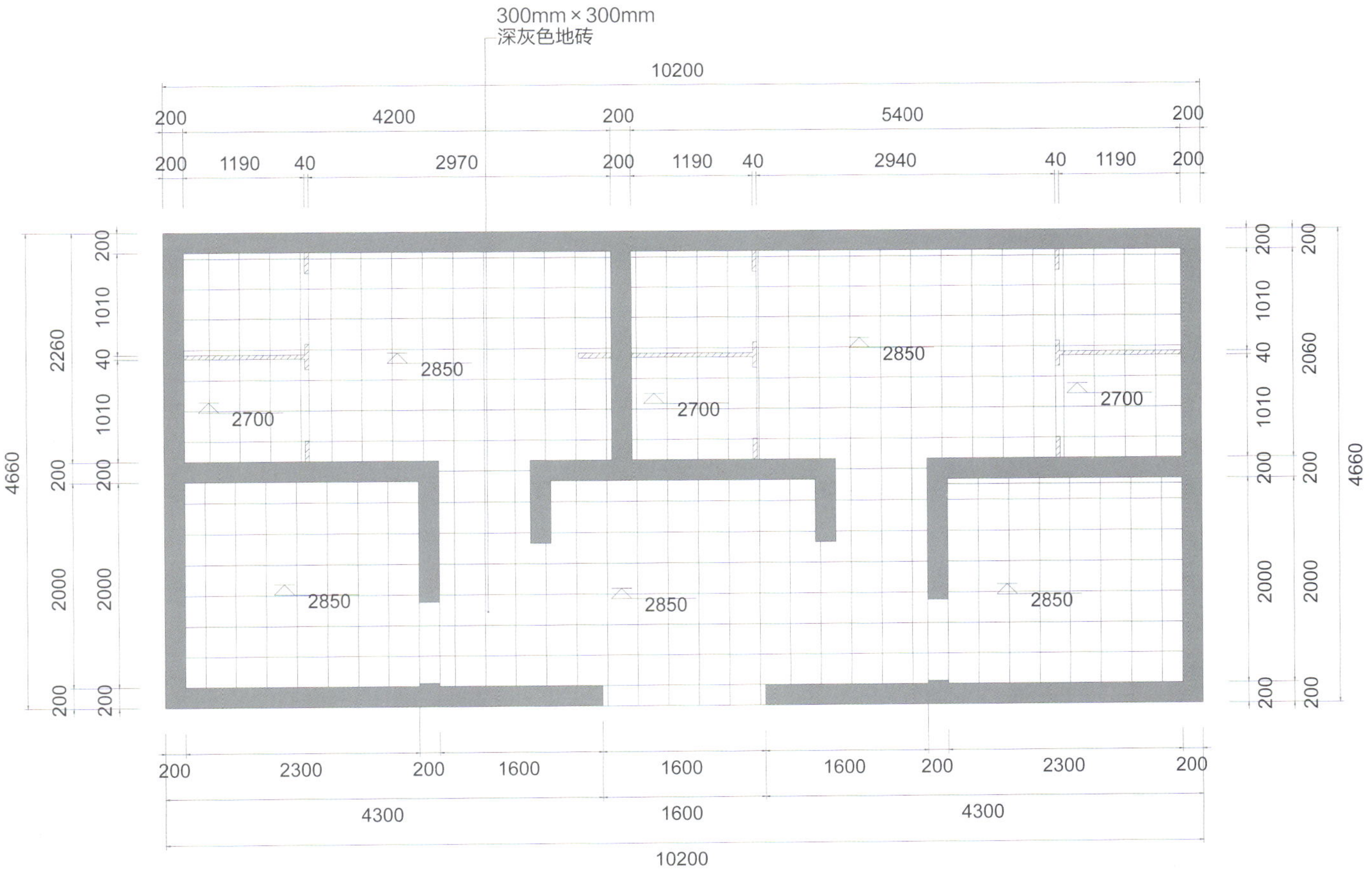

E.1.5.03 旗舰站 – 天花照明标准

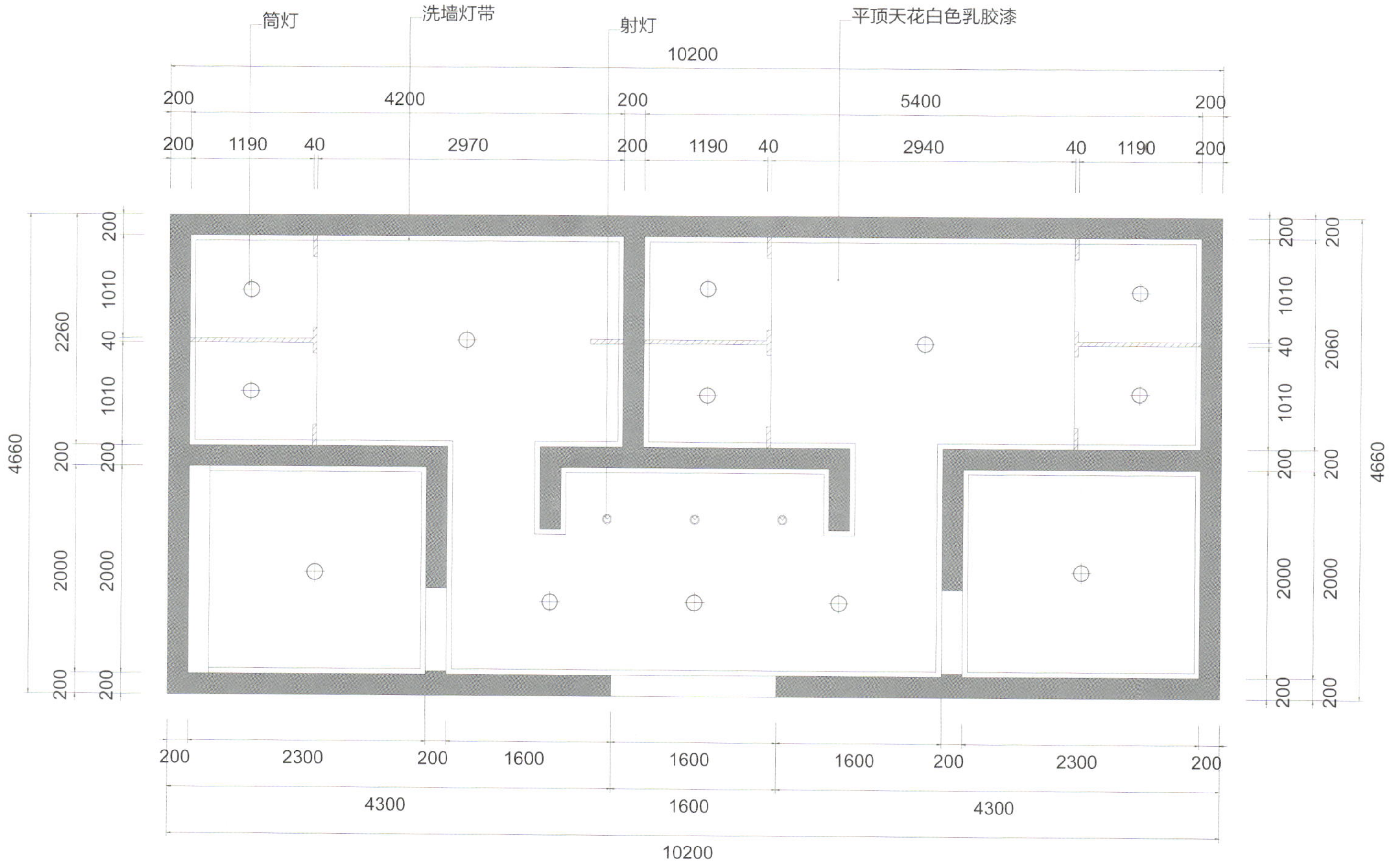

E.1.5.04 旗舰站－公共洗手区

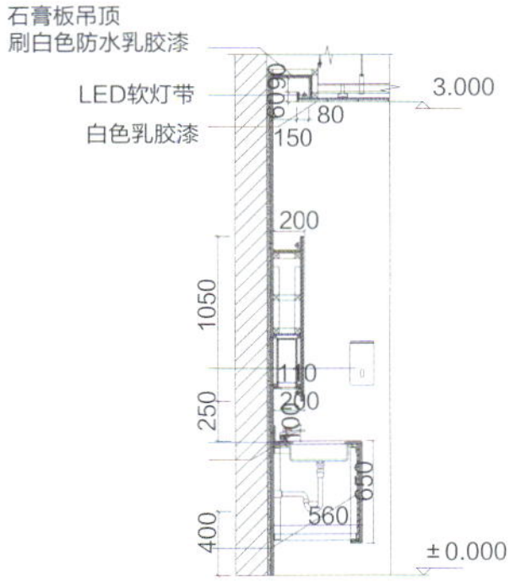

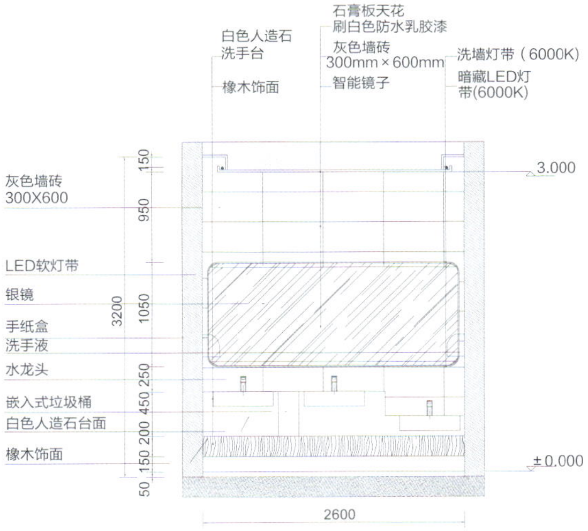

公共洗手区A立面图

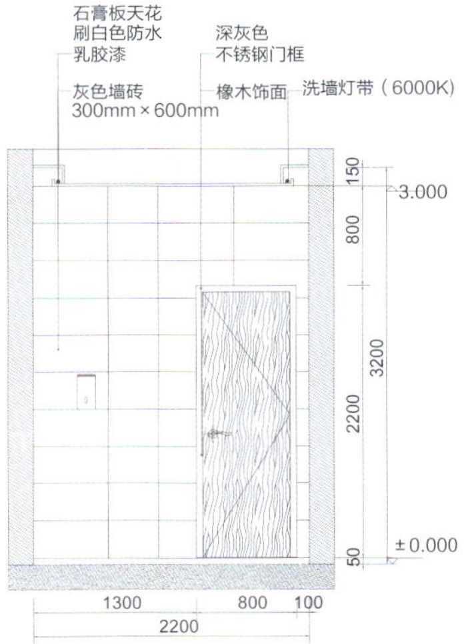

公共洗手区B立面图

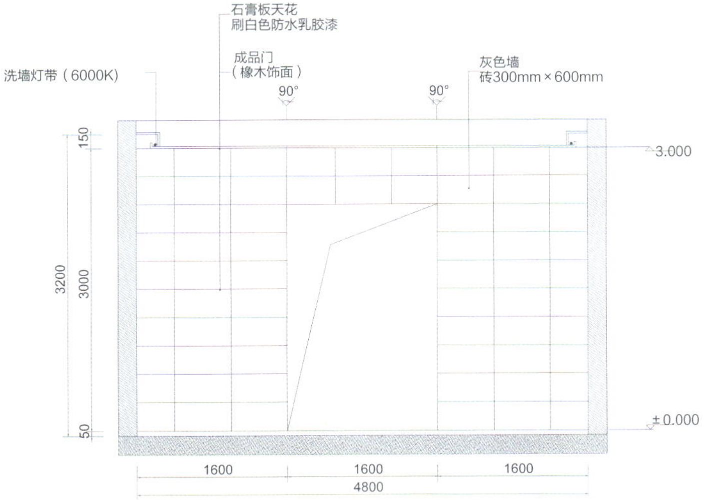

公共洗手区D立面图

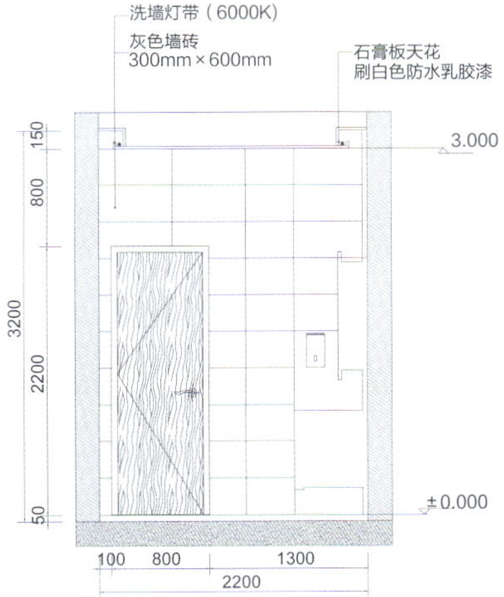

公共洗手区C立面图

E.1.5.05 旗舰站 – 男卫生间

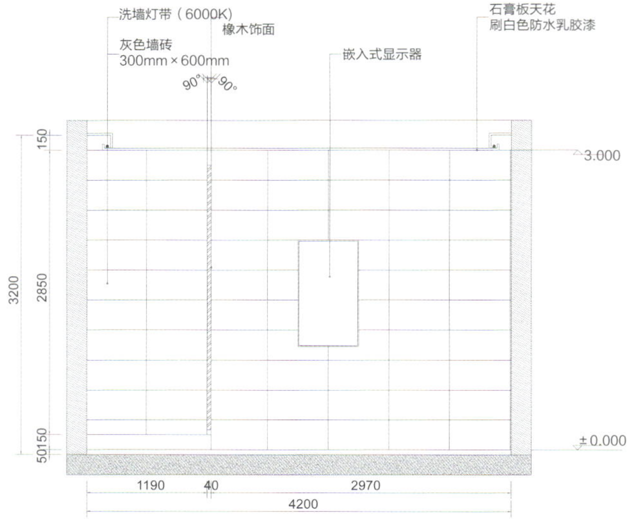

男卫生间A立面图

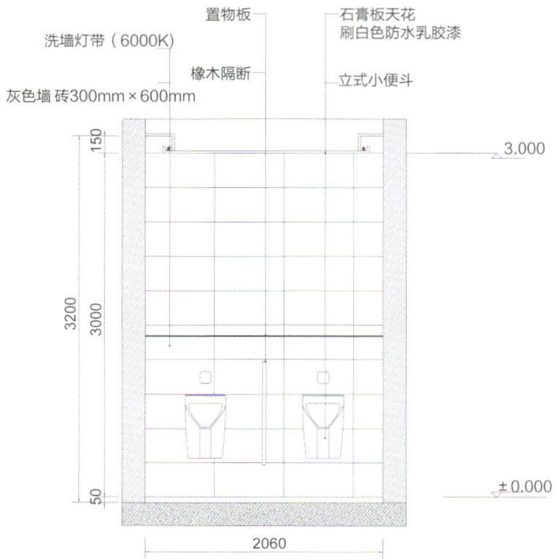

男卫生间B立面图

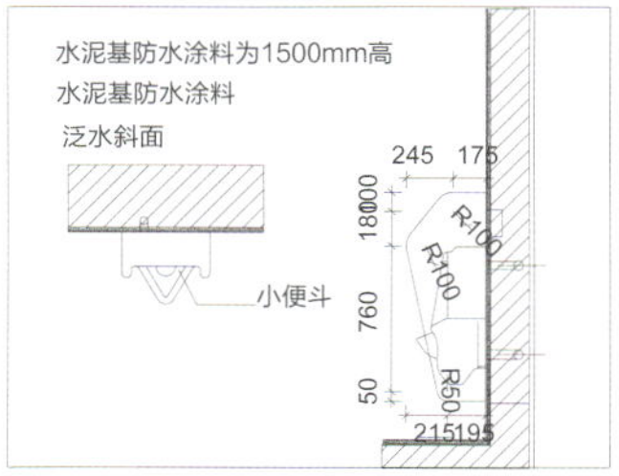

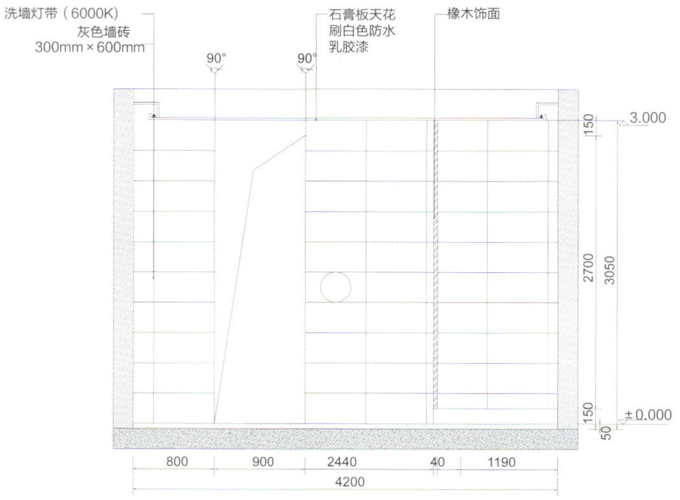

男卫生间C立面图

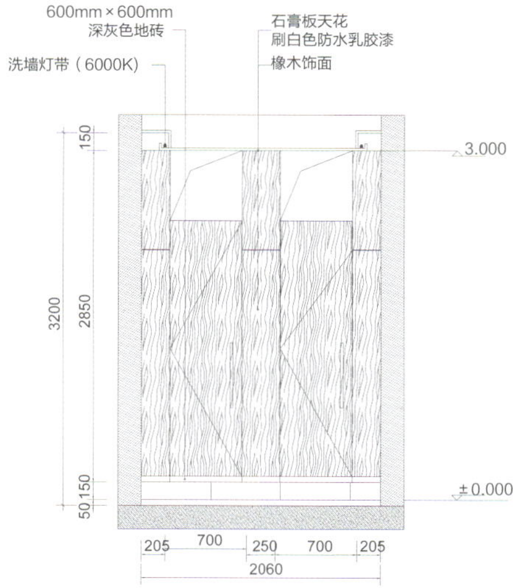

男卫生间D立面图

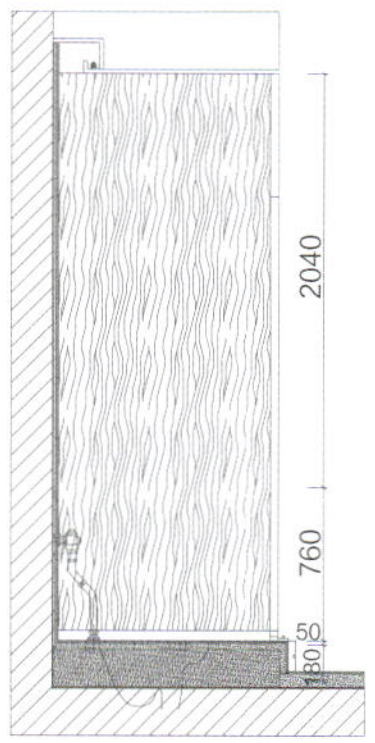

E.1.5.06 旗舰站－女卫生间

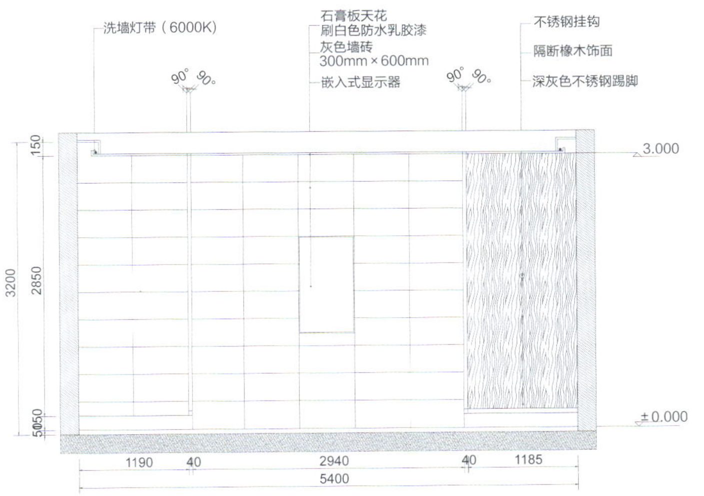

女卫生间 A立面图

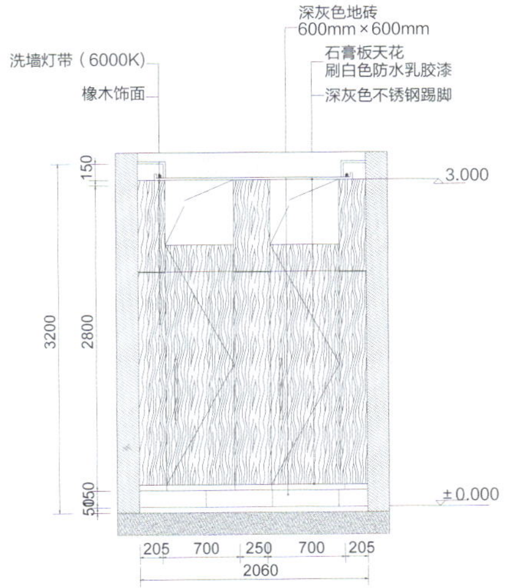

女卫生间 B立面图

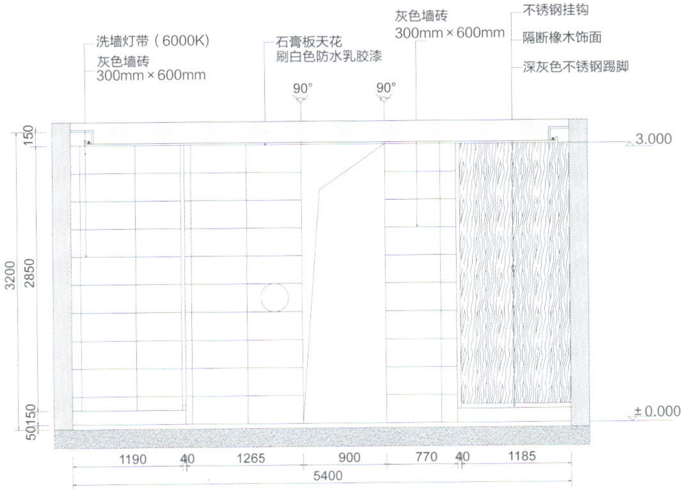

女卫生间 C立面图

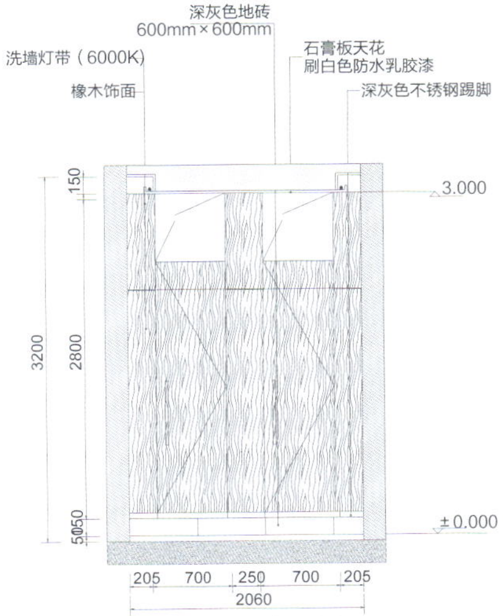

女卫生间 D立面图

E.1.5.07 旗舰站 – 无障碍卫生间

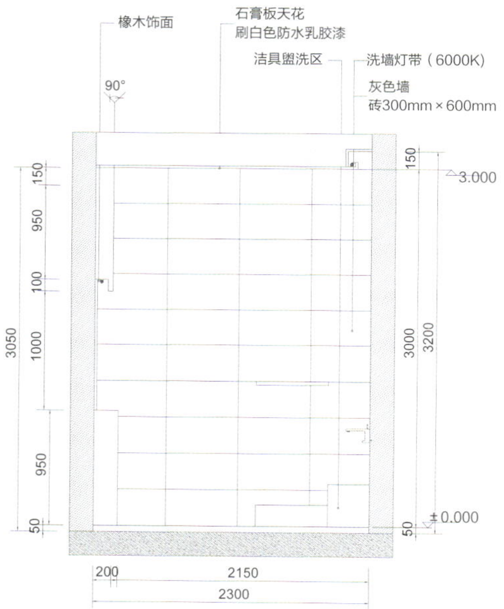

无障碍卫生间A立面图

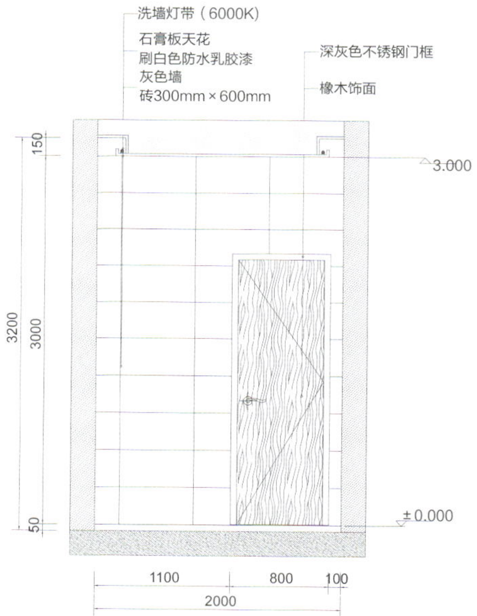

无障碍卫生间B立面图

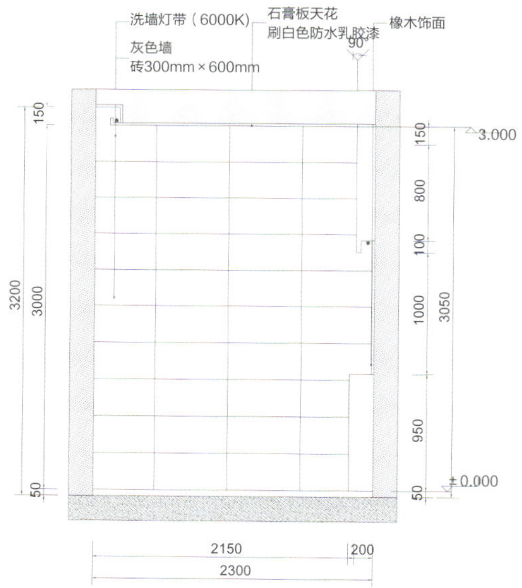

无障碍卫生间C立面图

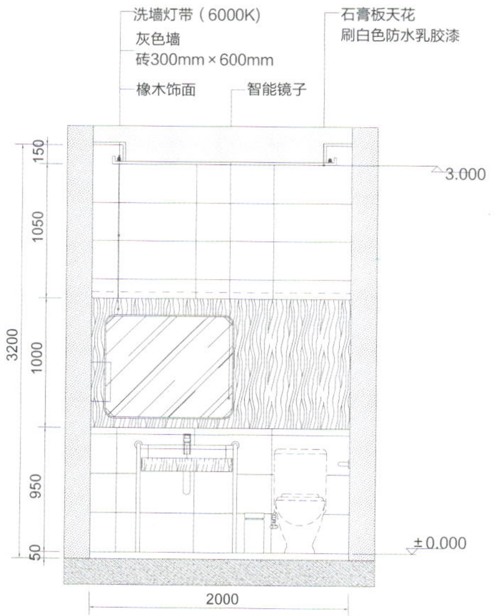

无障碍卫生间D立面图

E.1.5.08 旗舰站 – 母婴室

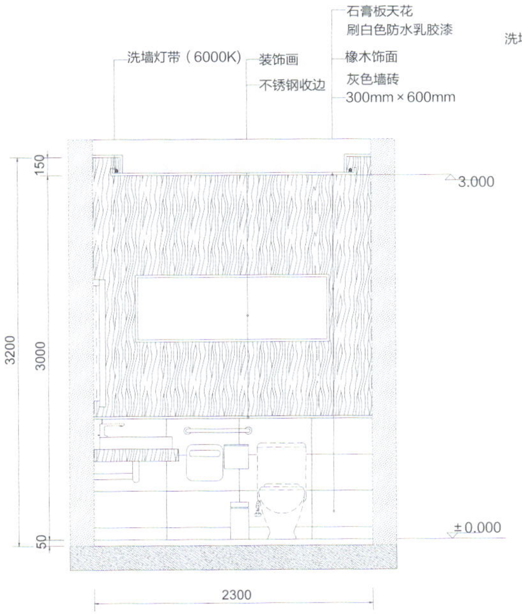

母婴室A立面图

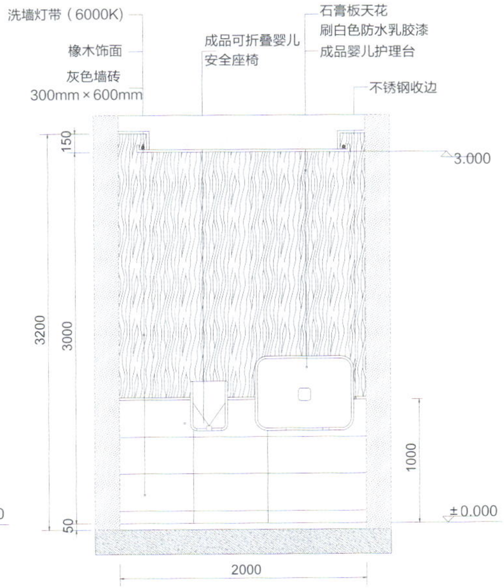

母婴室B立面图

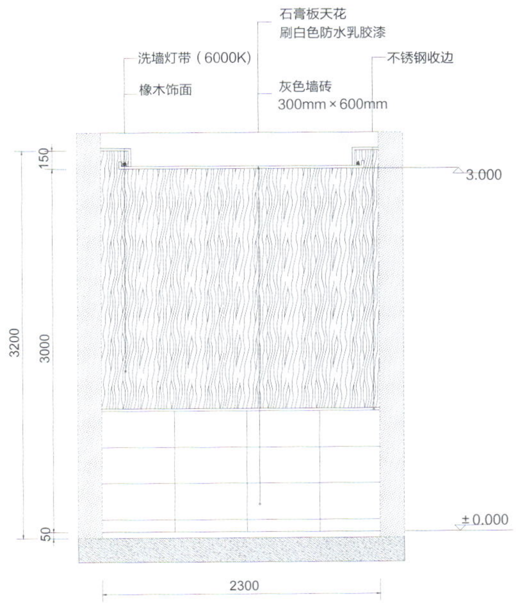

母婴室C立面图

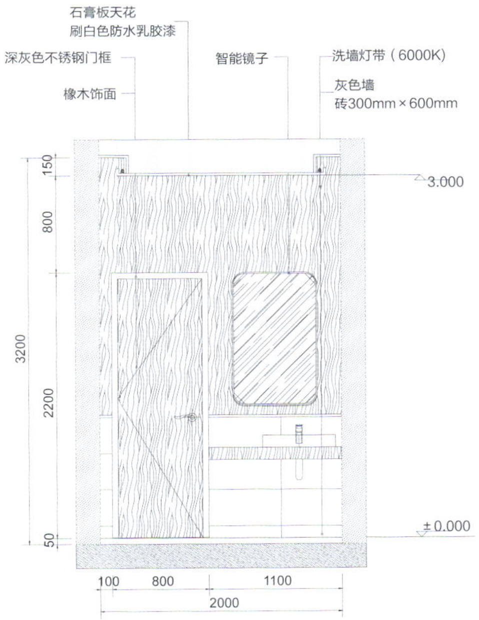

母婴室D立面图

E.1.5.09 标准站 – 平面示意

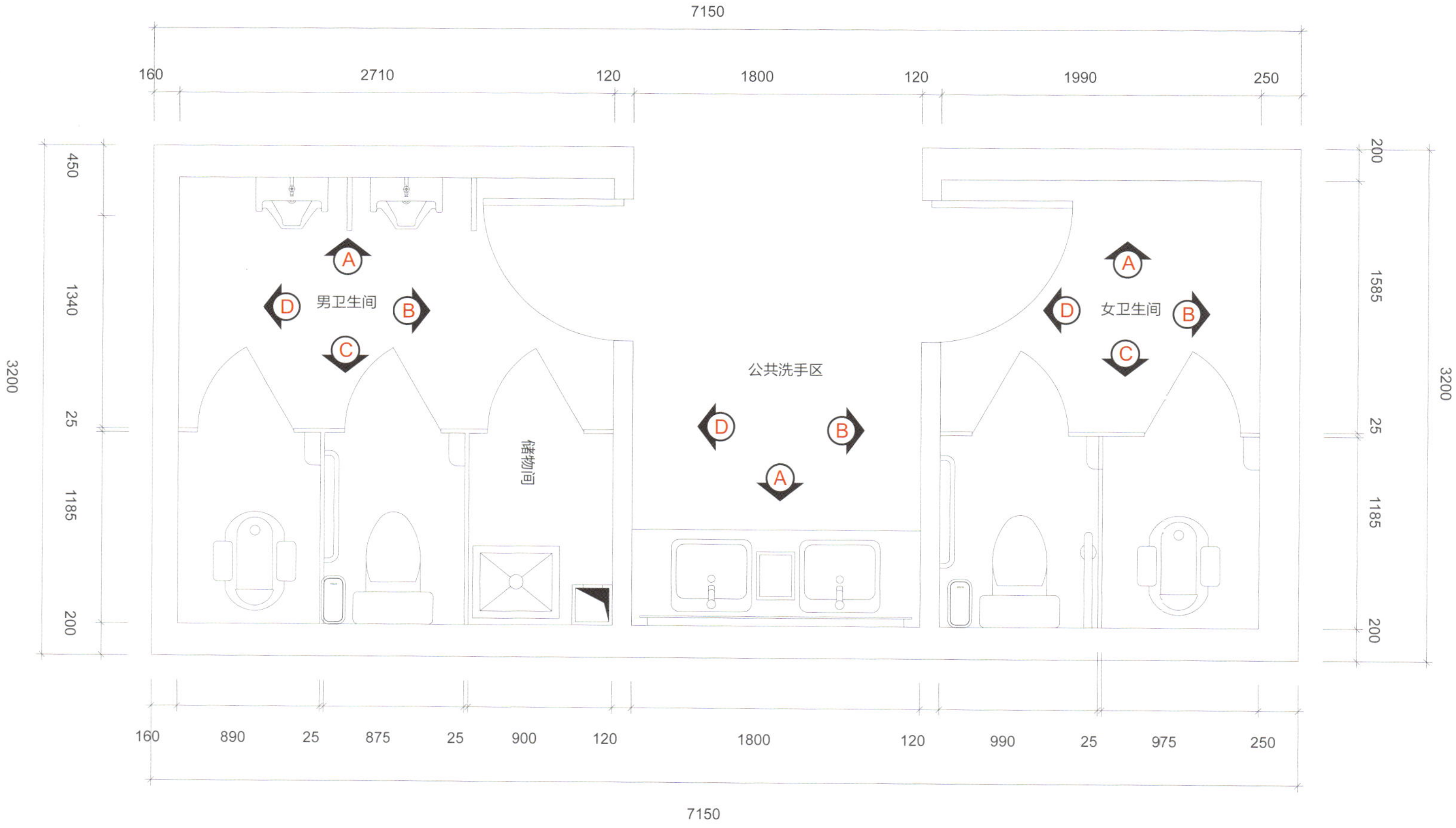

E.1.5.10 标准站－天花照明标准

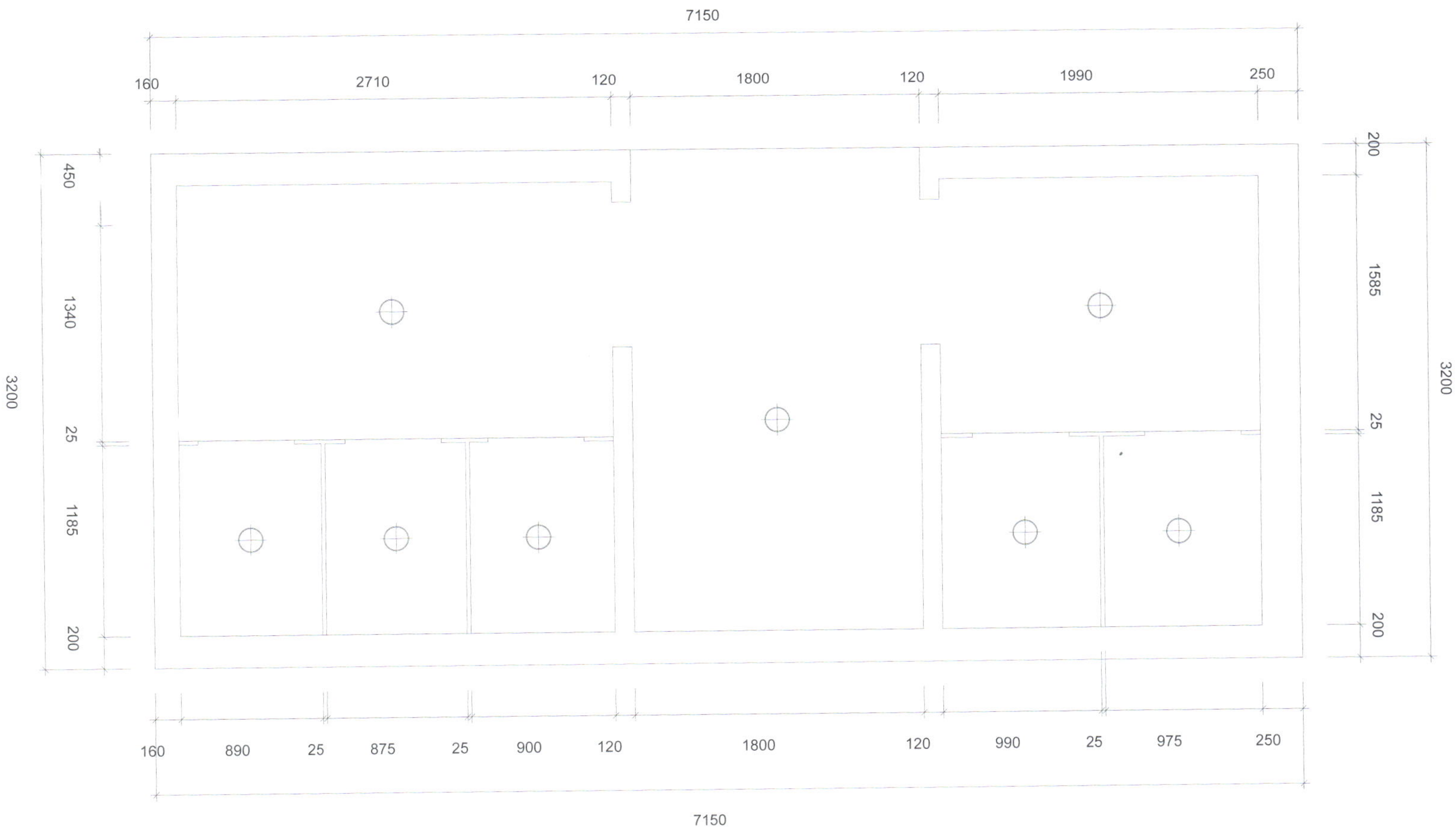

E.1.5.11 标准站－地面标准

注：卫生间瓷砖颜色、尺寸、防滑指数，以销售公司后期统招为准。

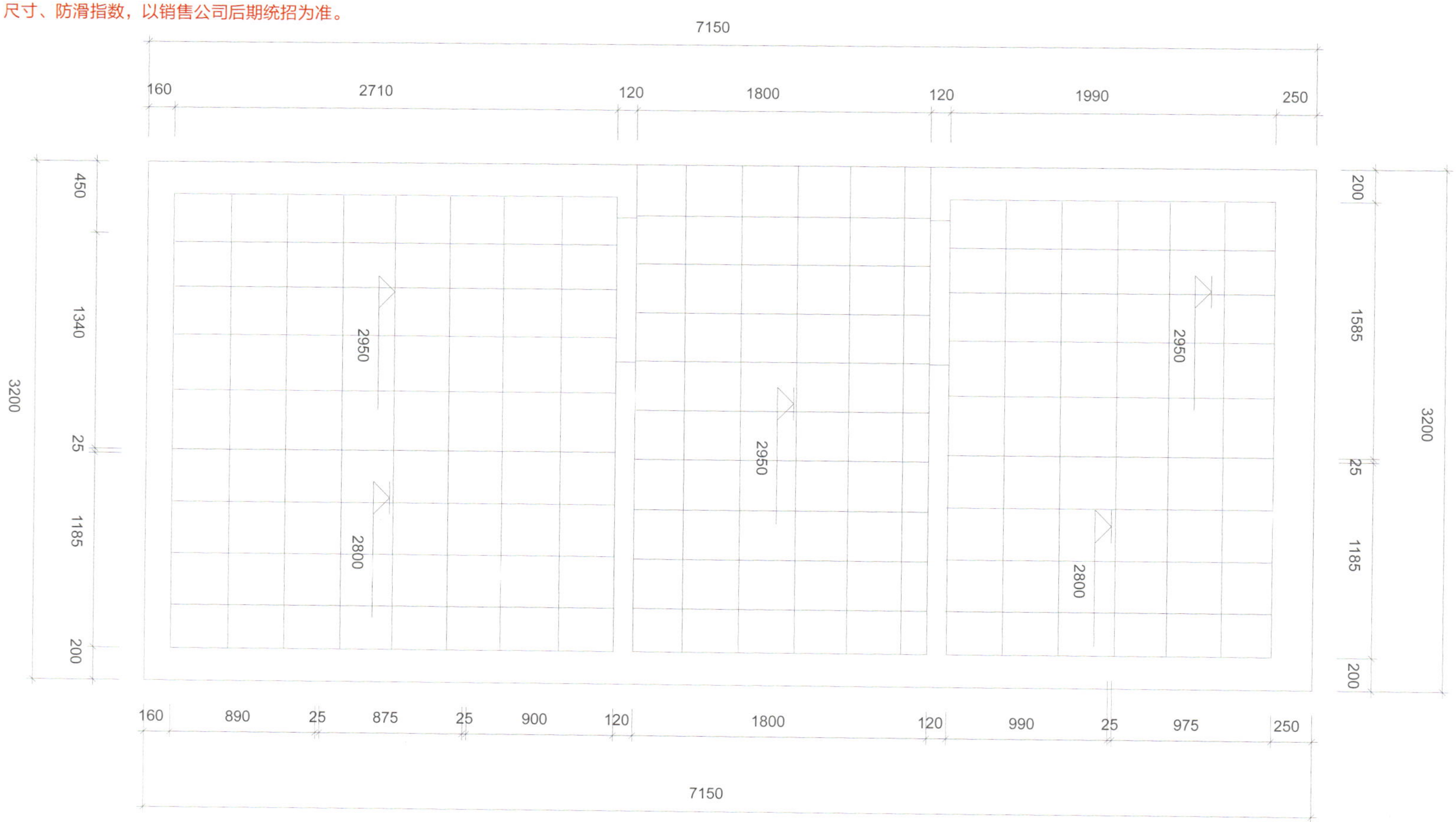

E.1.5.12 标准站－公共洗手区

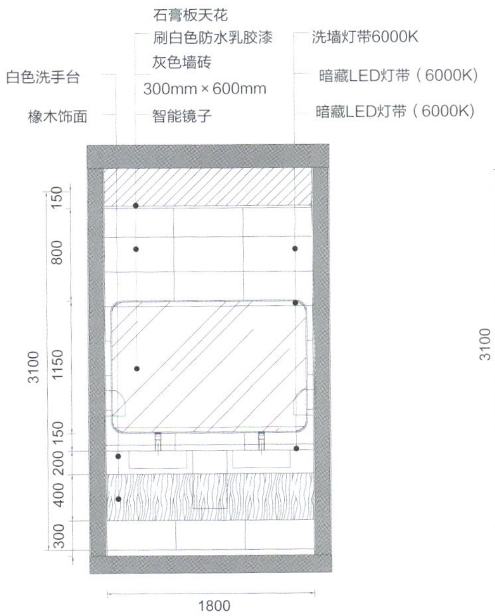

公共洗手区A立面图

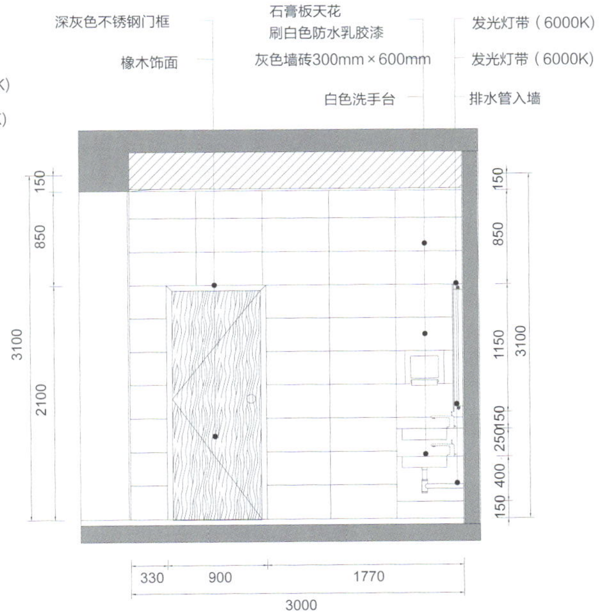

公共洗手区B立面图

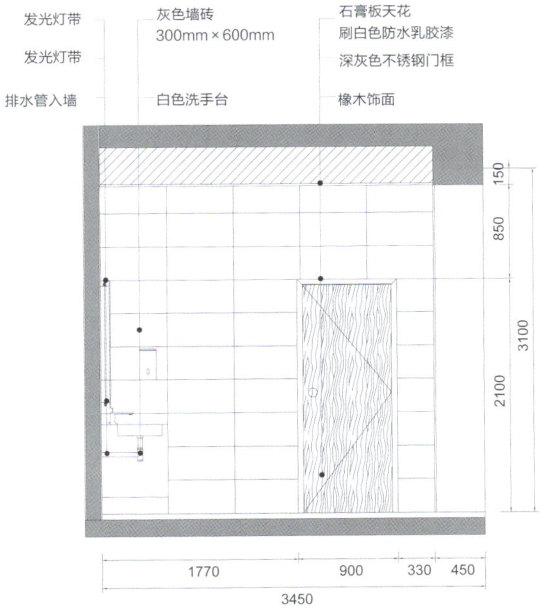

公共洗手区D立面图

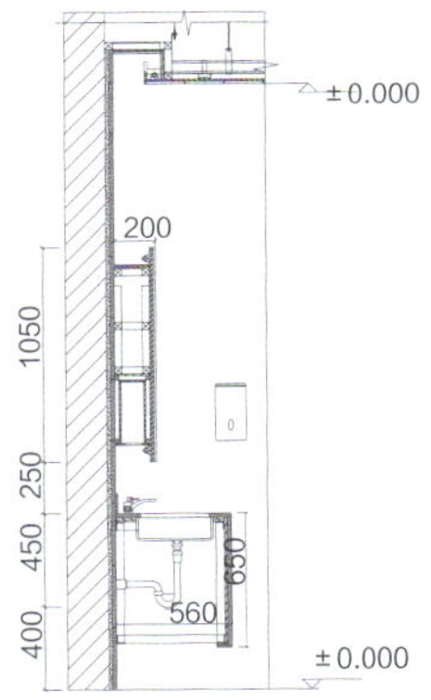

剖面图

E.1.5.13 标准站－男卫生间

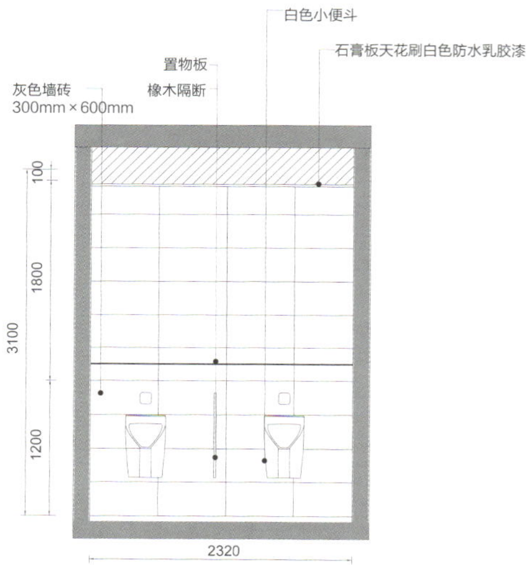

男卫生间A立面图

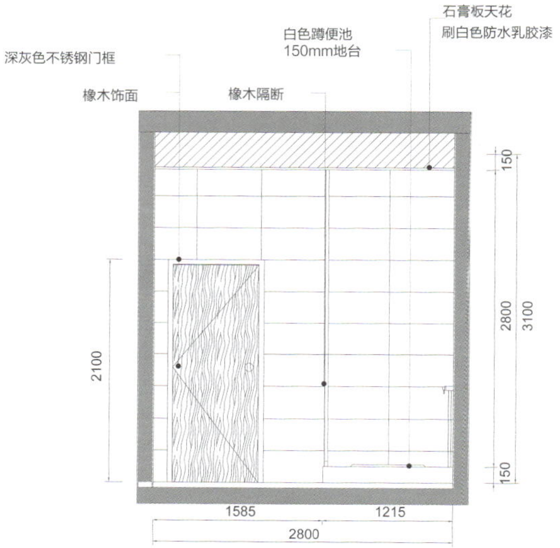

男卫生间B立面图

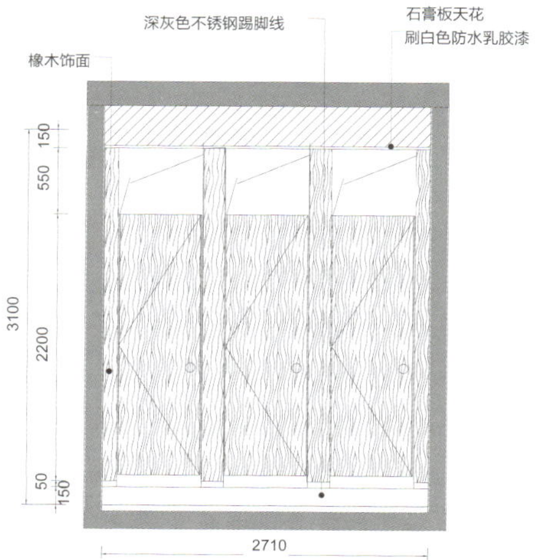

男卫生间C立面图

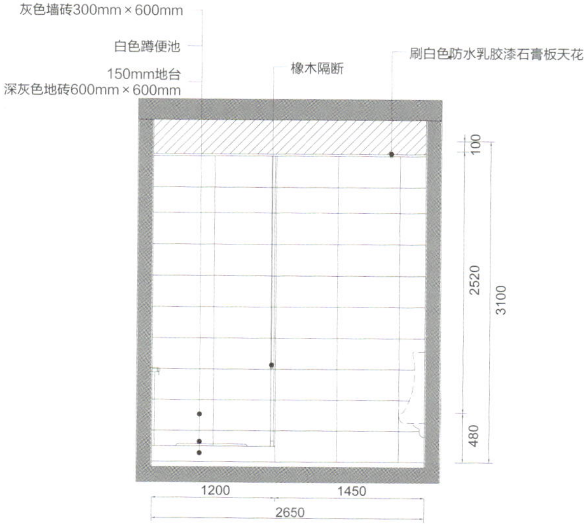

男卫生间D立面图

E.1.5.14 标准站－女卫生间

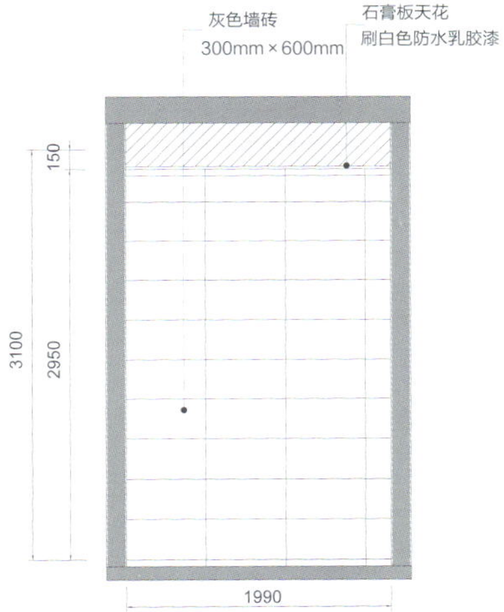

女卫生间A立面图

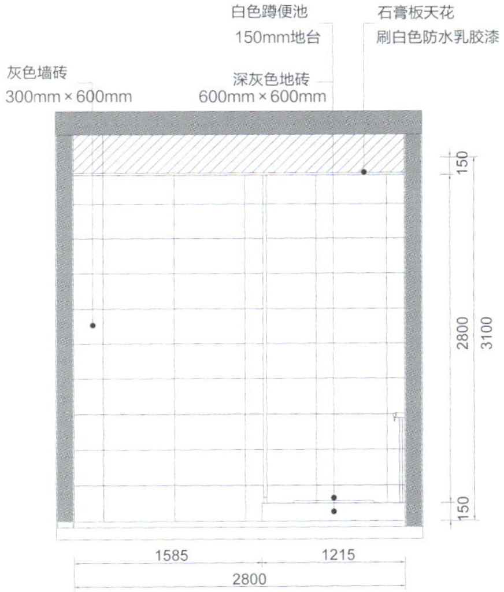

女卫生间B立面图

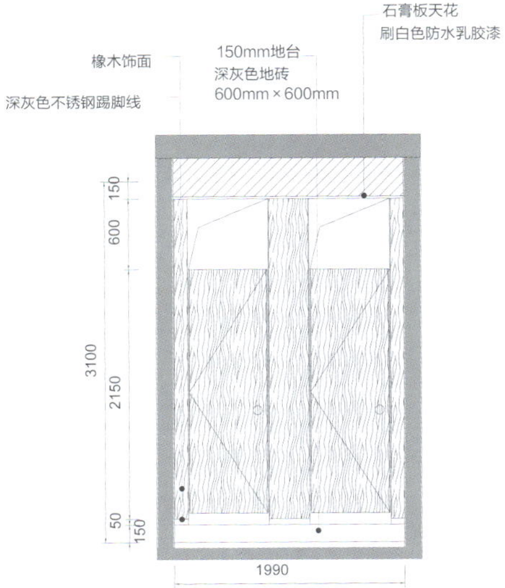

女卫生间C立面图

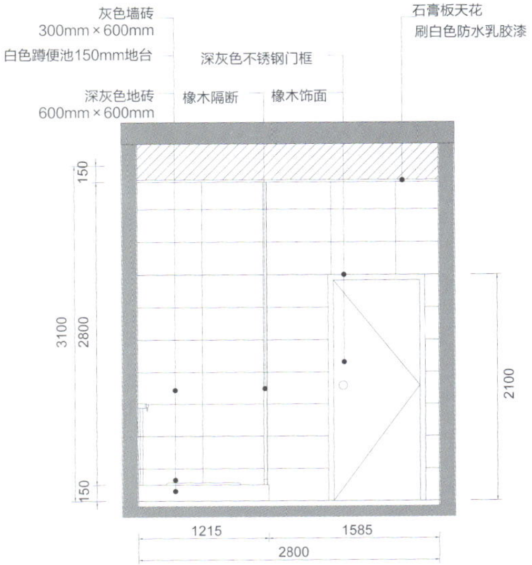

女卫生间D立面图

E.1.5.15 简易站 – 平面示意

E.1.5.16 简易站 – 地面标准

注：卫生间瓷砖颜色、尺寸、防滑指数，以销售公司后期统招为准。

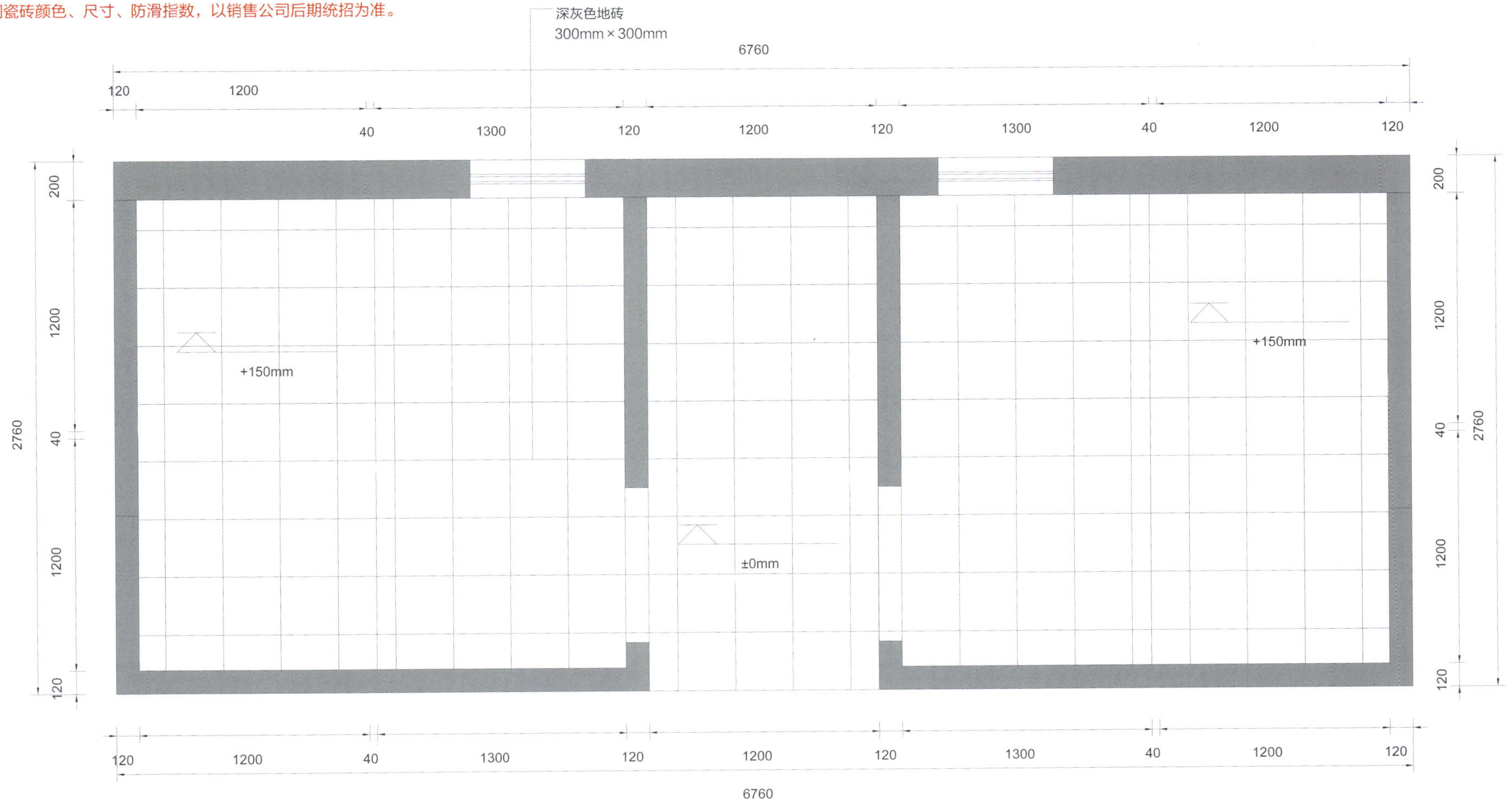

E.1.5.17 简易站 – 天花照明标准

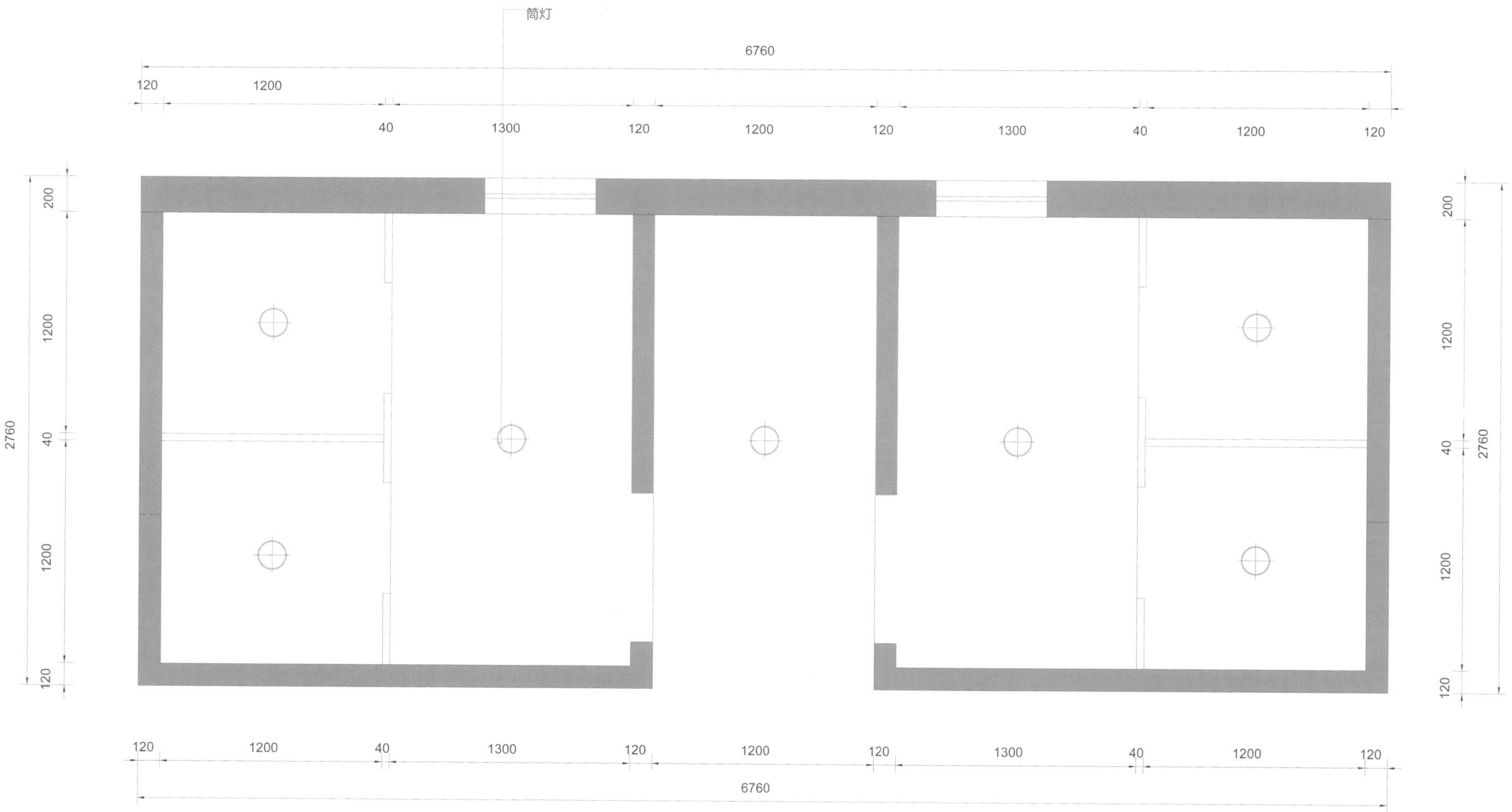

E.1.5.18 简易站－公共洗手区

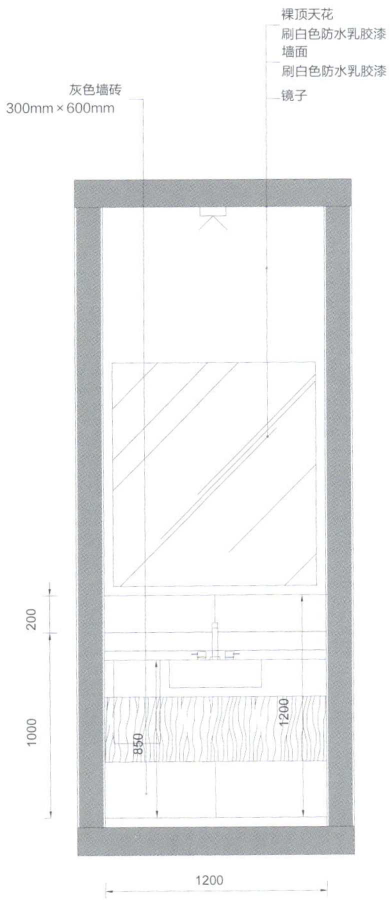

公共洗手区A立面图

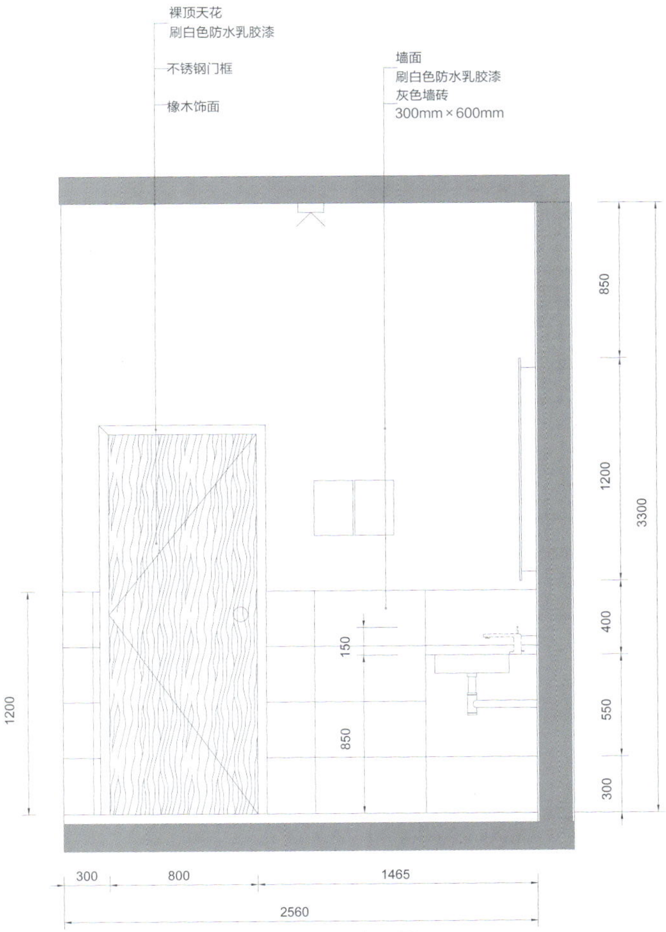

公共洗手区D立面图

E.1.5.19 简易站－男卫生间

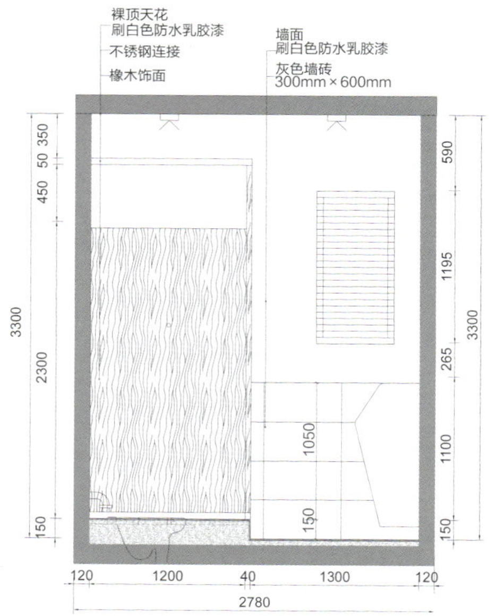

男卫生间A立面图

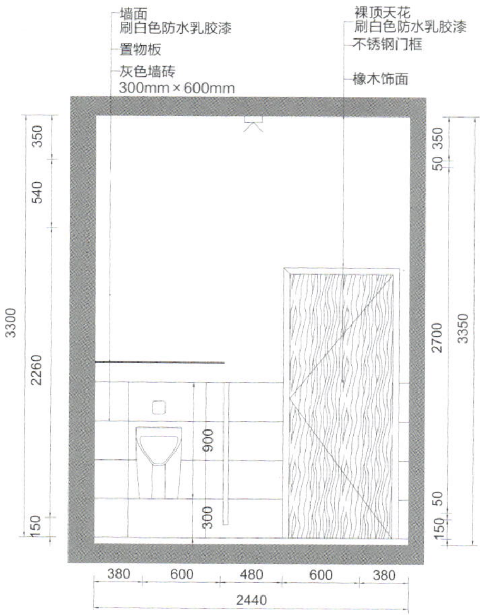

男卫生间B立面图

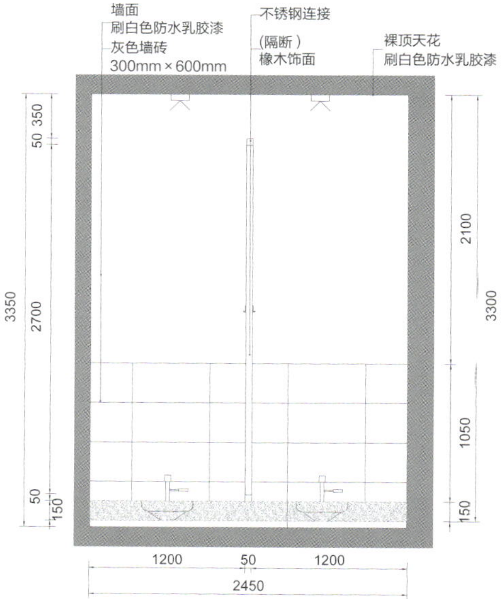

男卫生间D立面图(一)

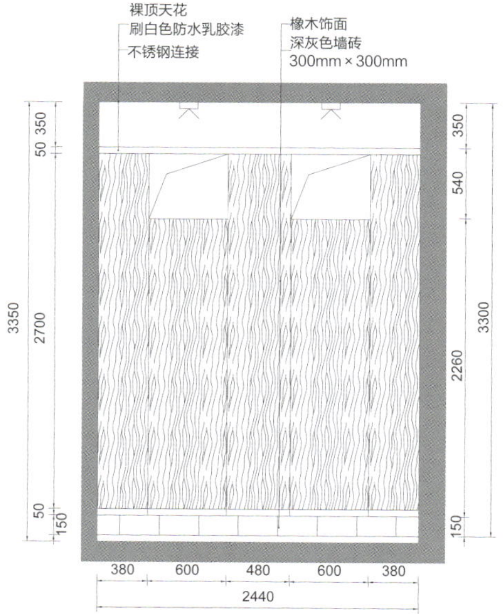

男卫生间D立面图(二)

E.1.5.20 简易站 – 女卫生间

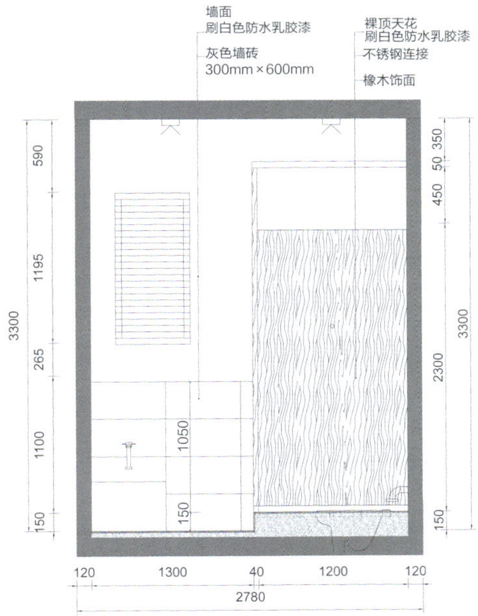

女卫生间A立面图

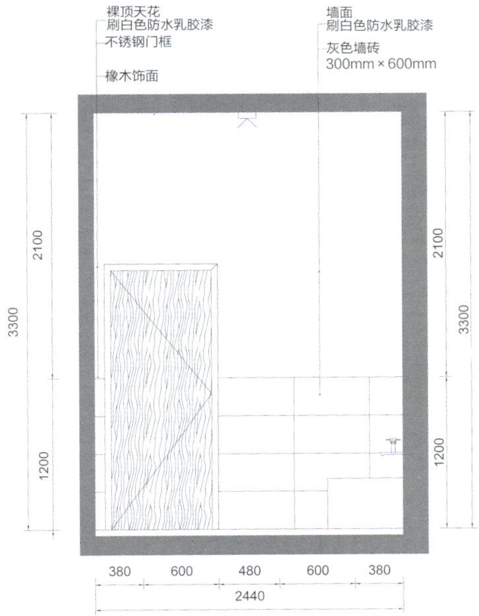

女卫生间D立面图

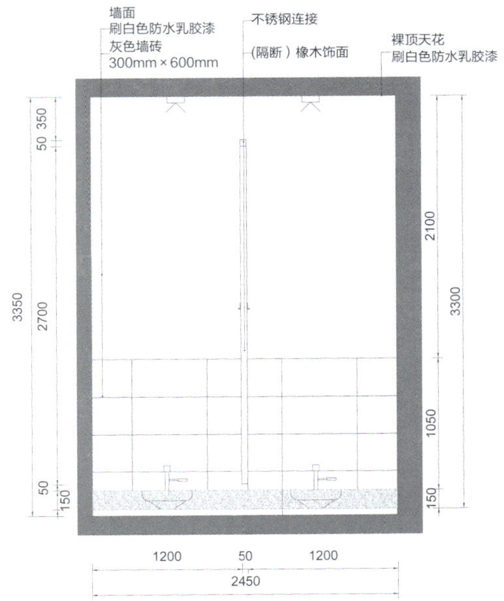

女卫生间B立面图(一)

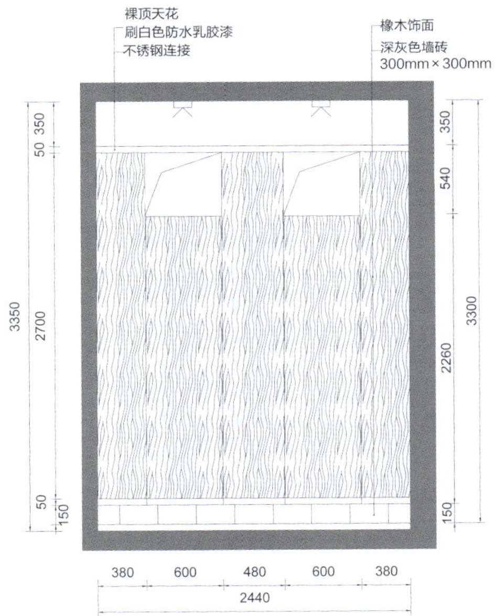

女卫生间B立面图(二)

/ E.1.6 汽服洗车区

E.1.6.01 隧道式自动洗车机形象索引

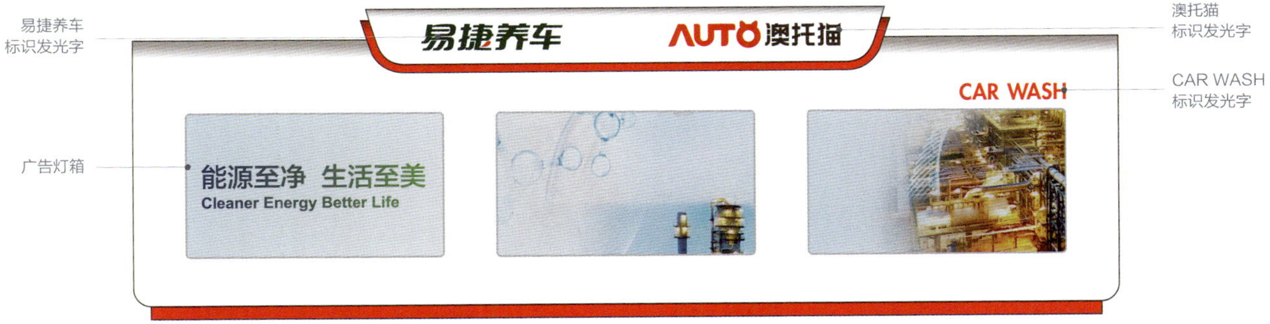

外立面正视图

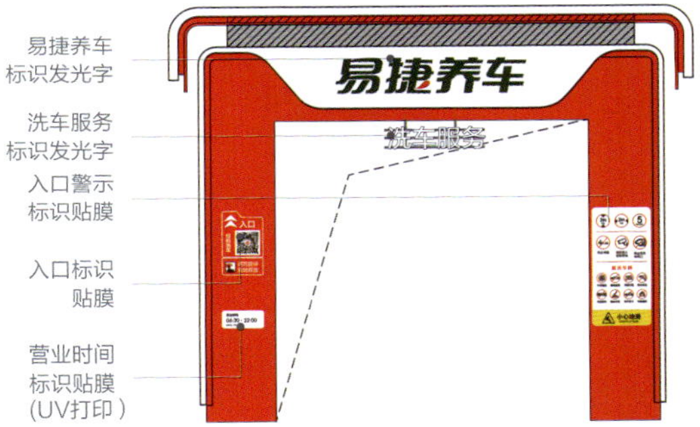

外立面入口视图

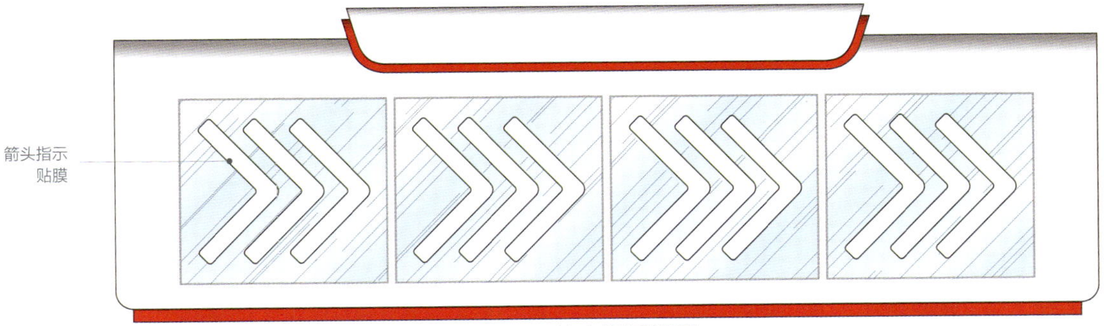

外立面后视图

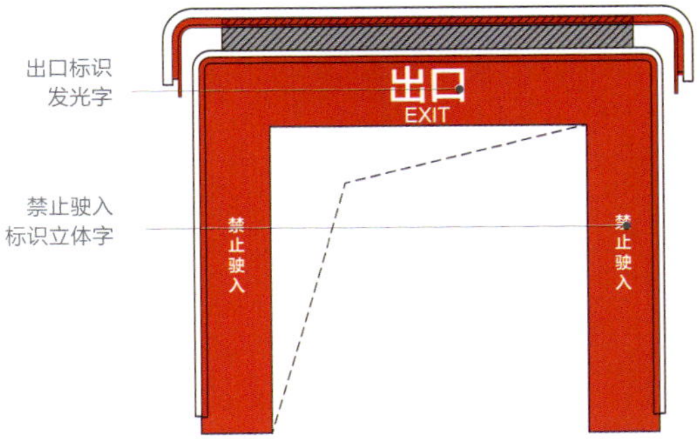

外立面出口视图

E.1.6.02 隧道式自动洗车机正视图、后视图

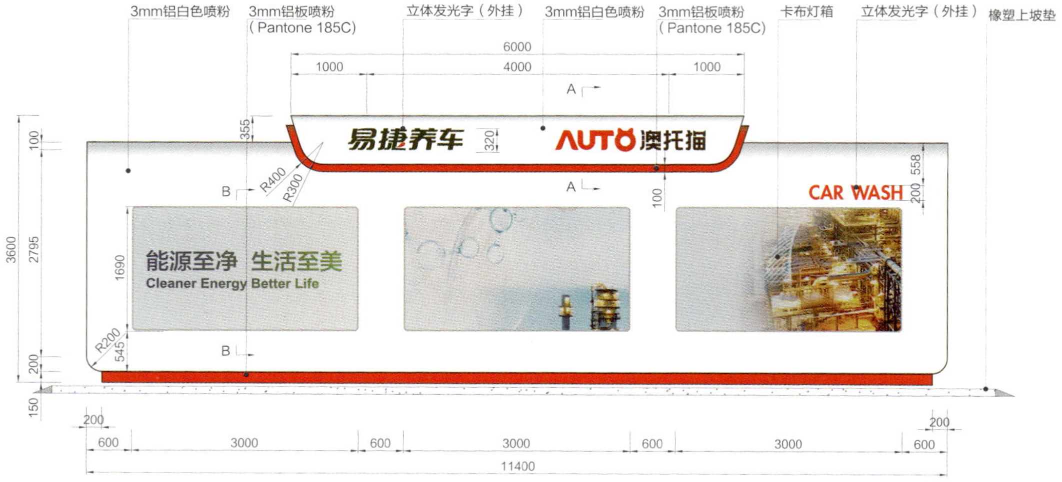

正视图

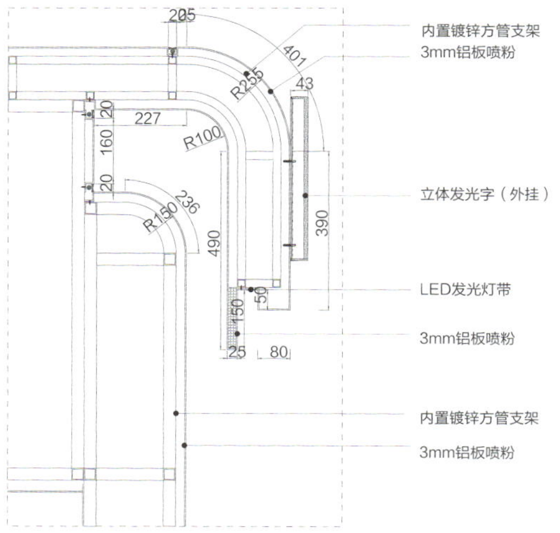

A–A剖面图

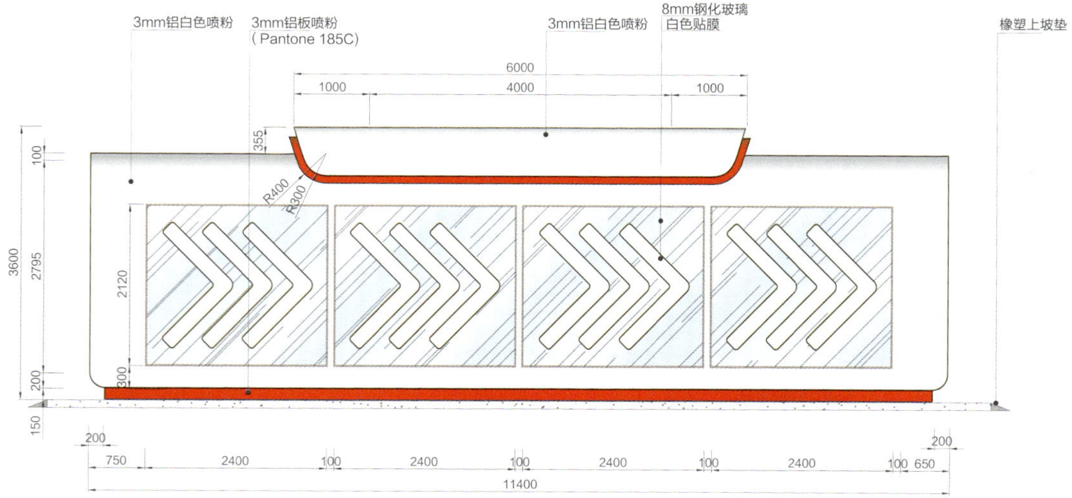

后视图

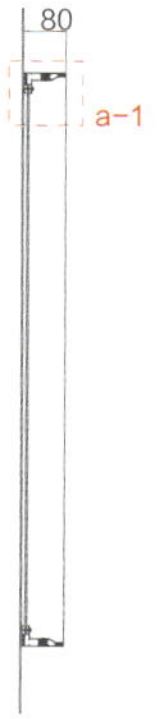

B–B剖面图

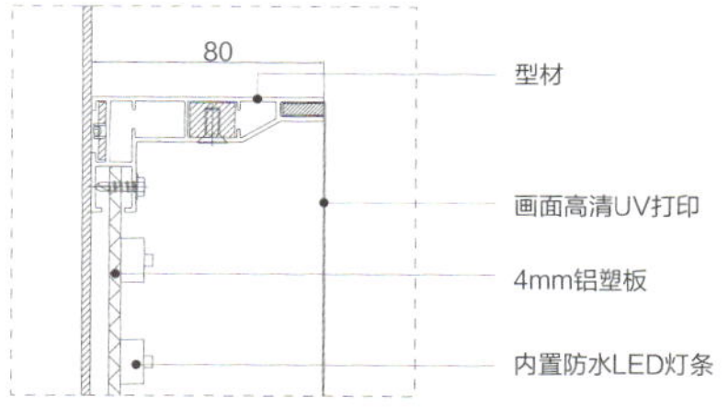

a–1

E.1.6.03 隧道式自动洗车机入口、出口

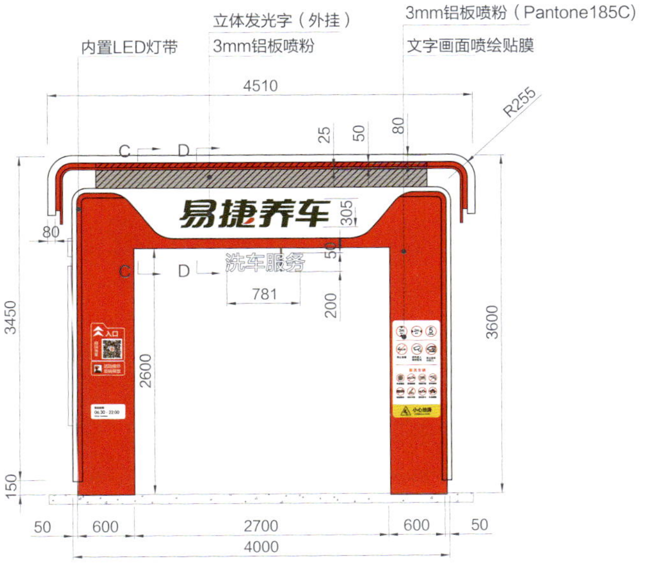

入口

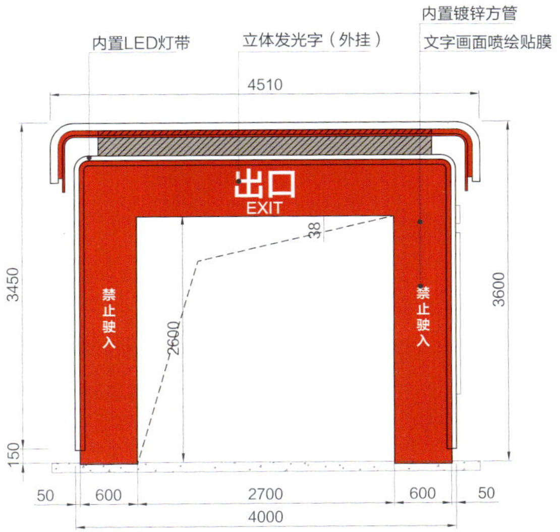

出口

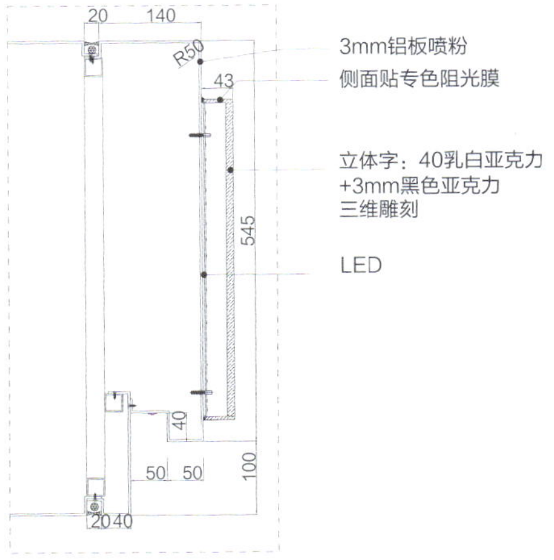

C-C剖面图

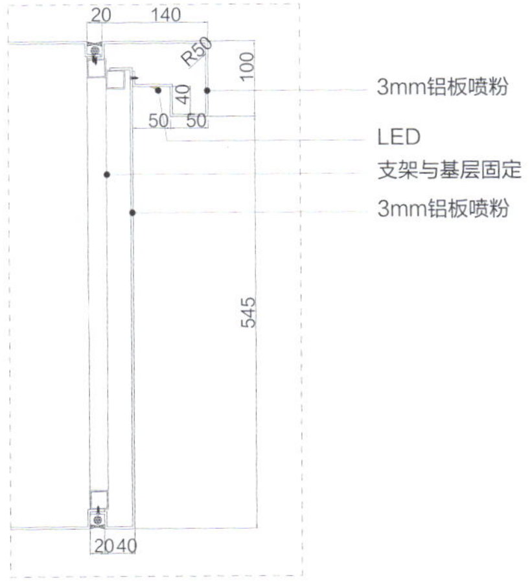

D-D剖面图

E.1.6.04 隧道式自动洗车机简易版形象索引

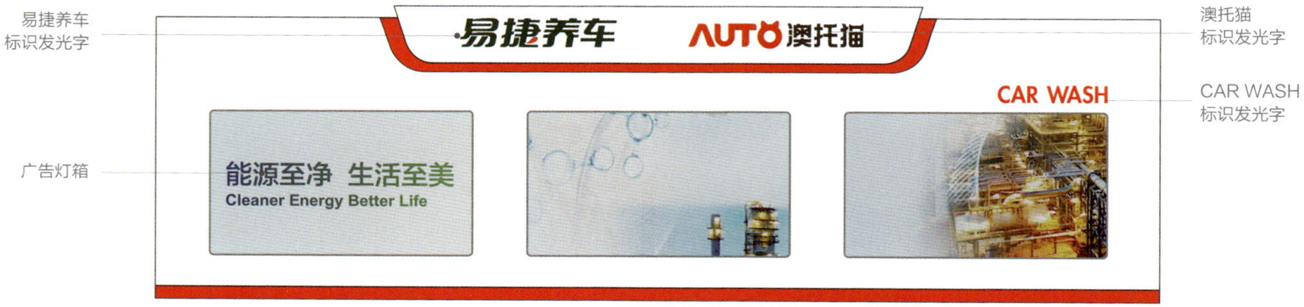

外立面正视图

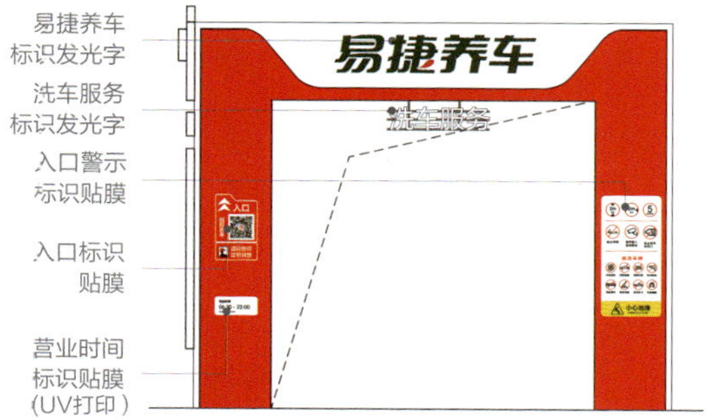

外立面入口视图

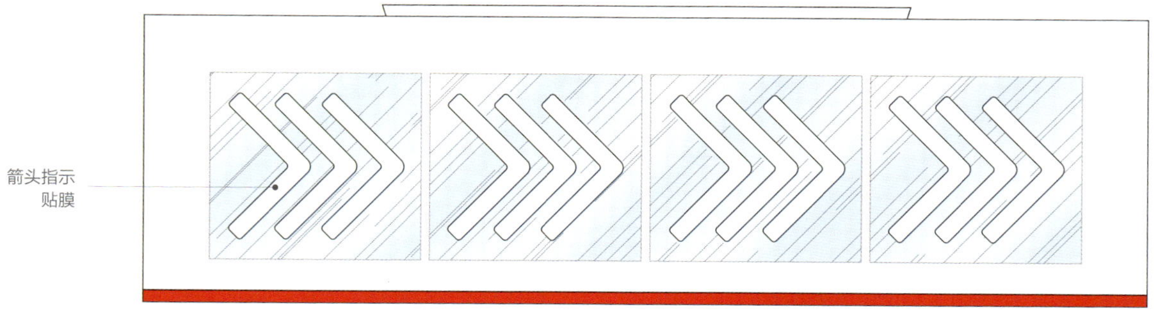

外立面后视图

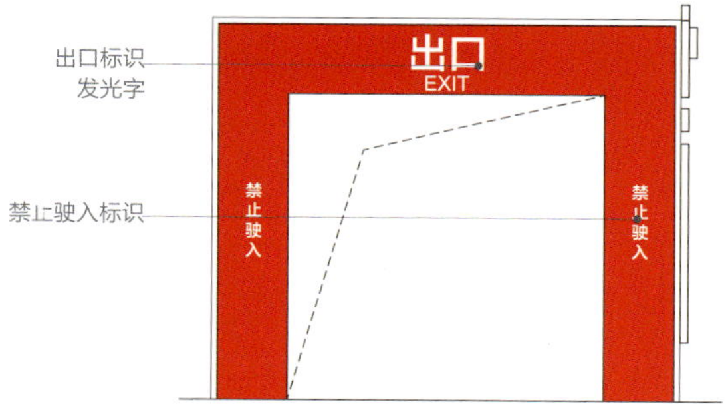

外立面出口视图

E.1.6.05 隧道式自动洗车机简易版正视图、后视图

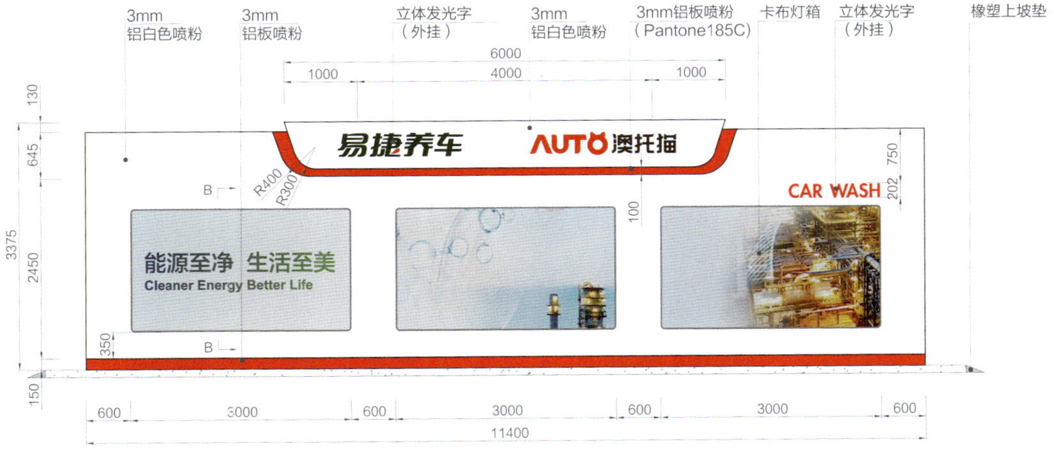

正视图

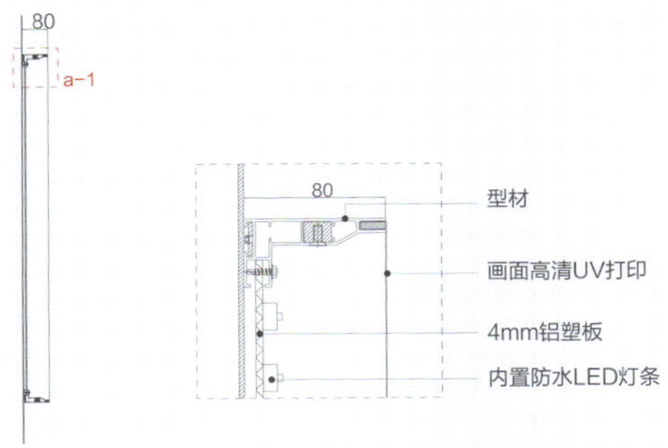

a–1

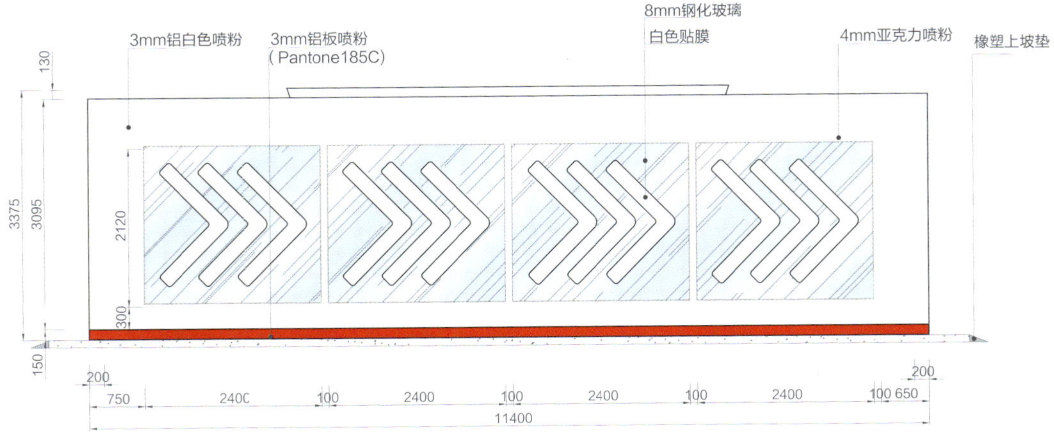

后视图

E.1.6.06 隧道式自动洗车机简易版入口、出口

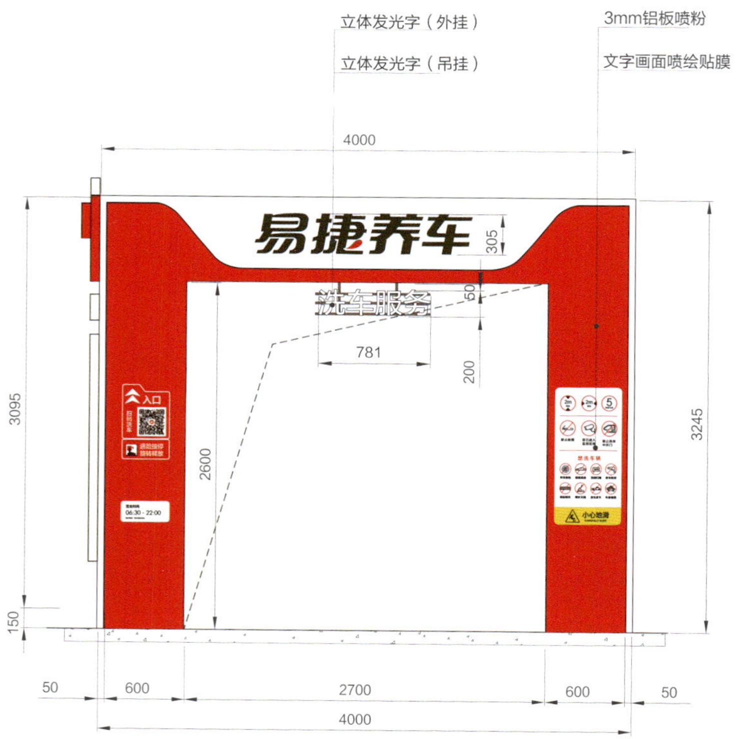

入口

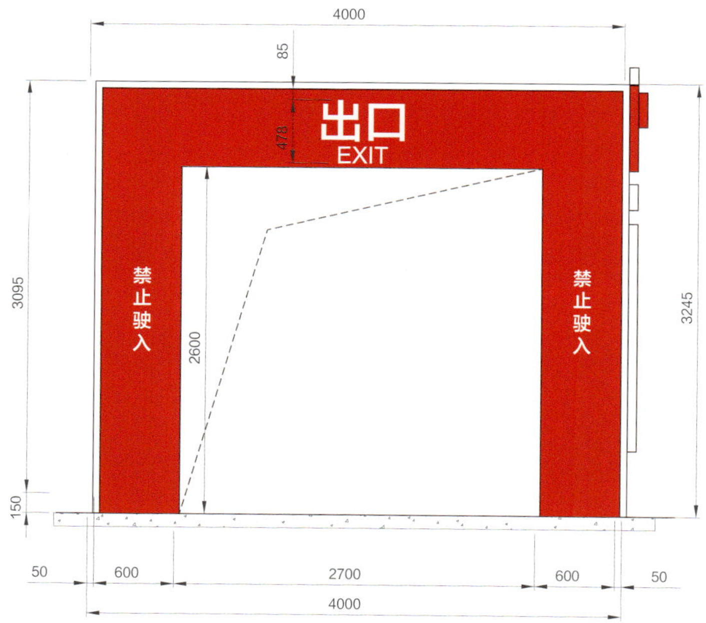

出口

E.1.6.07 隧道式自动洗车机立体字

正视图

侧视图

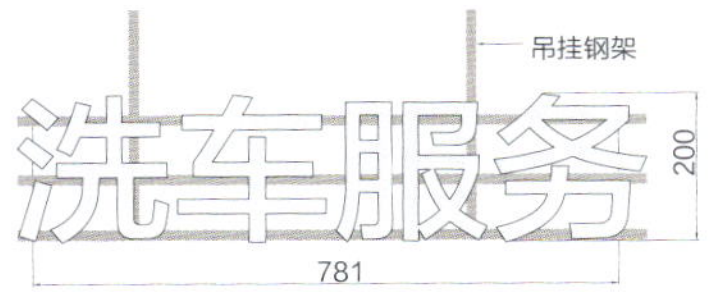

正视图

侧视图

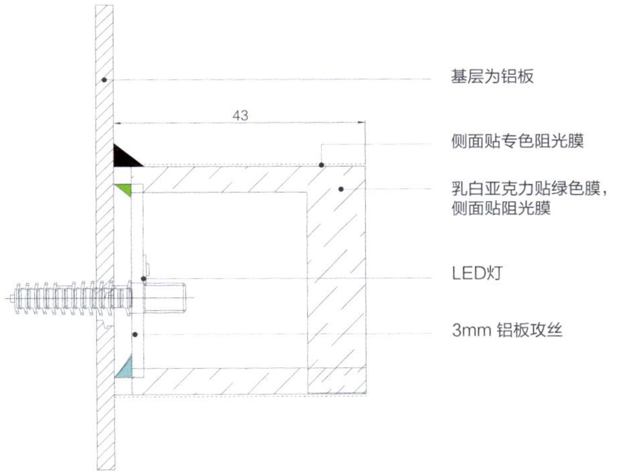

A–A剖面图

正视图

侧视图

正视图

侧视图

正视图

侧视图

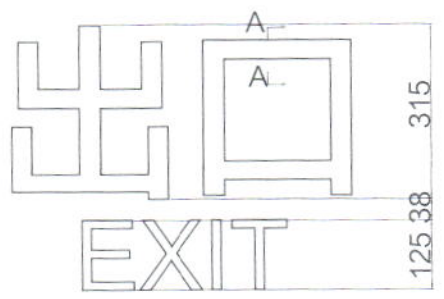

正视图

侧视图

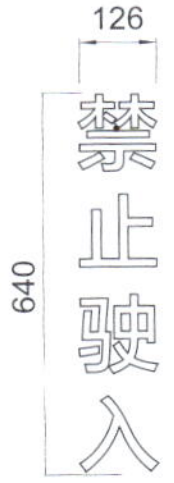

正视图

侧视图

E.1.6.08 龙门自动洗车机形象索引

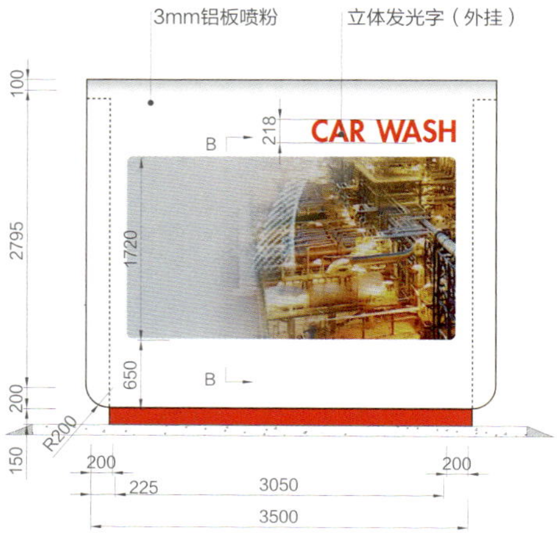

正视图

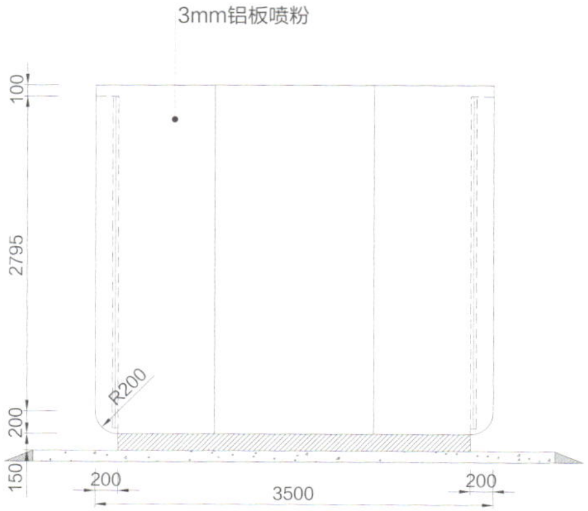

后面视图

B-B剖面图

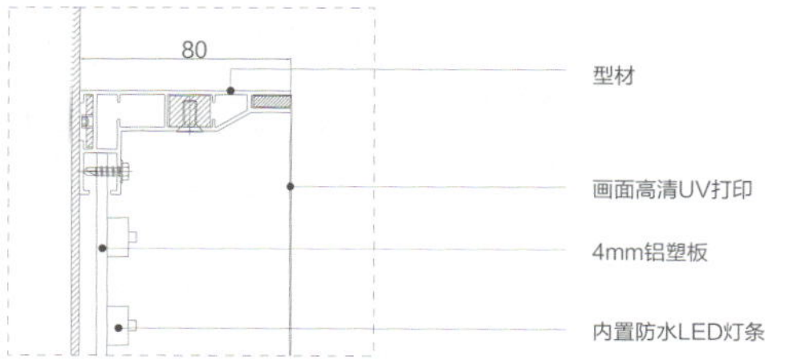

a-1

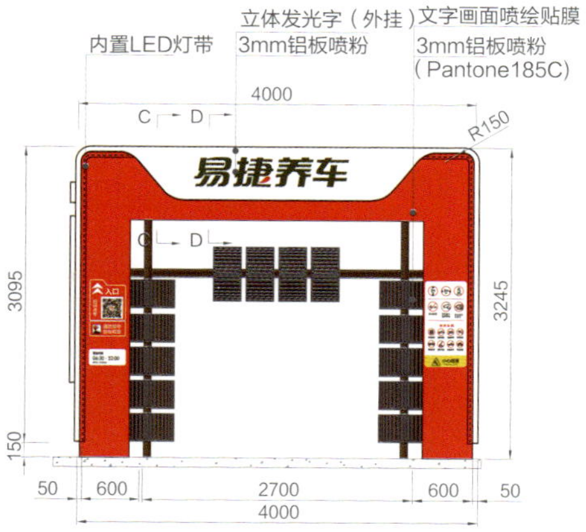

入口

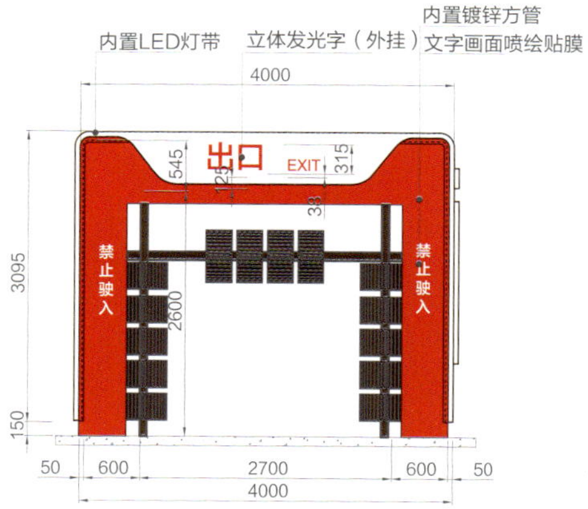

出口

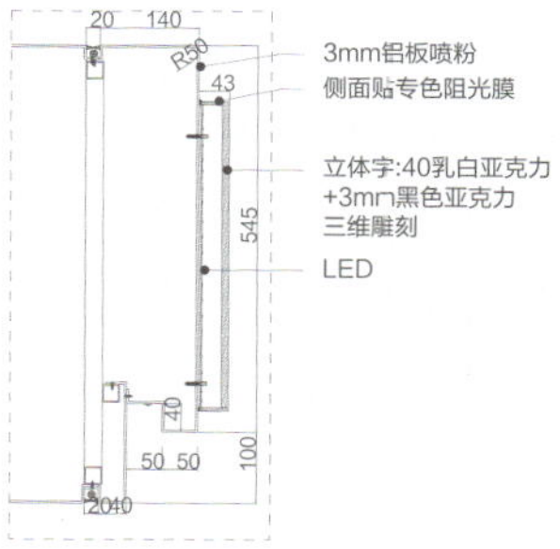

C-C剖面图

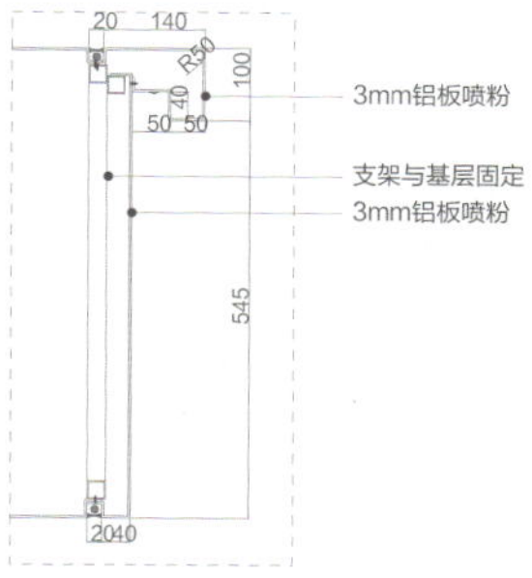

D-D剖面图

E.1.6.09 龙门自动洗车机简易版形象索引

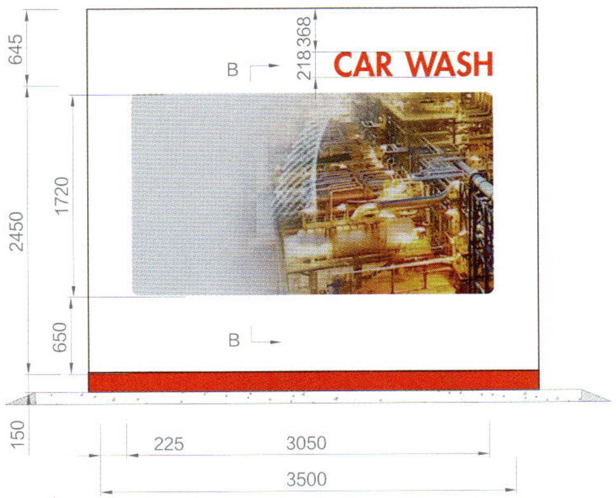

正视图

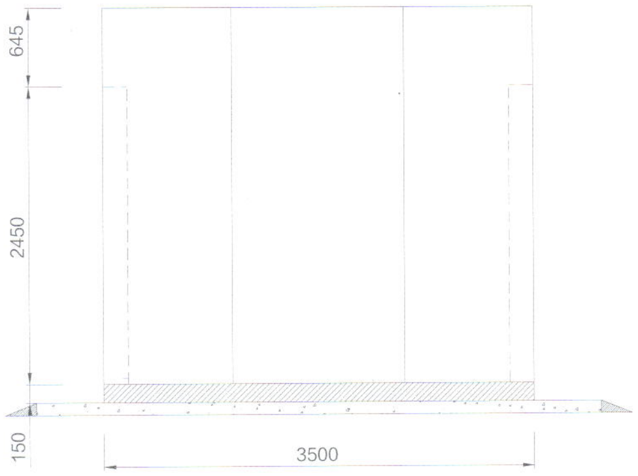

后视图

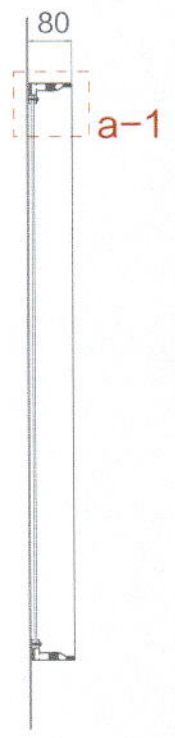

B-B剖面图

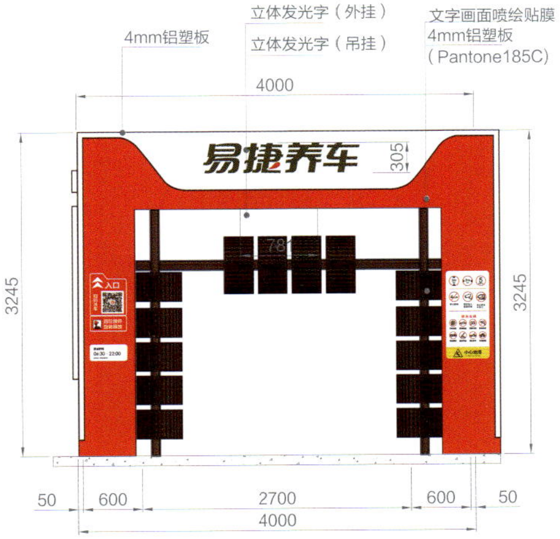

入口

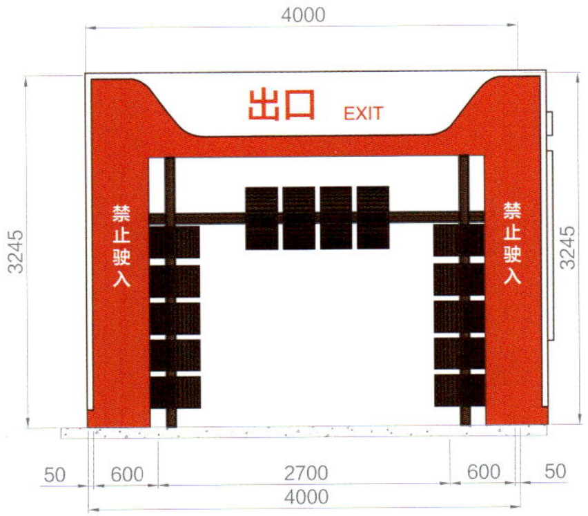

出口

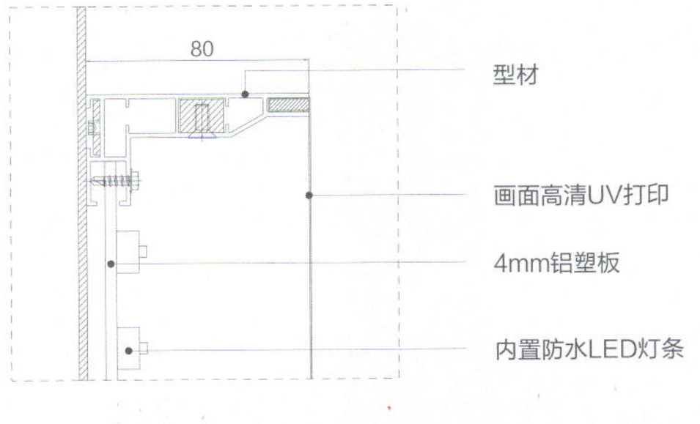

a-1

E.1.6.10 龙门自动洗车机立体字

正视图

侧视图

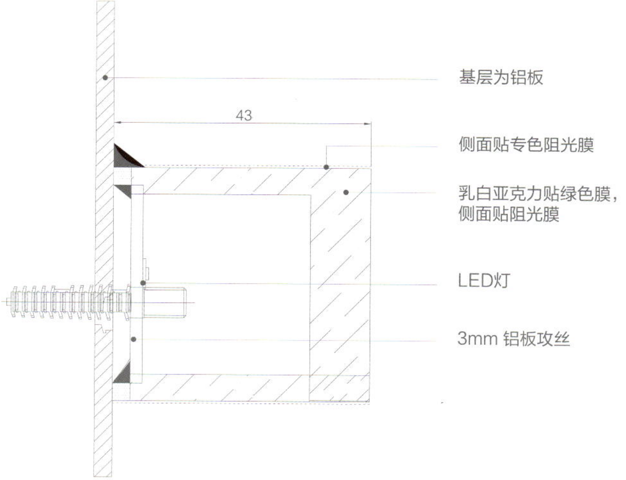

A–A剖面图

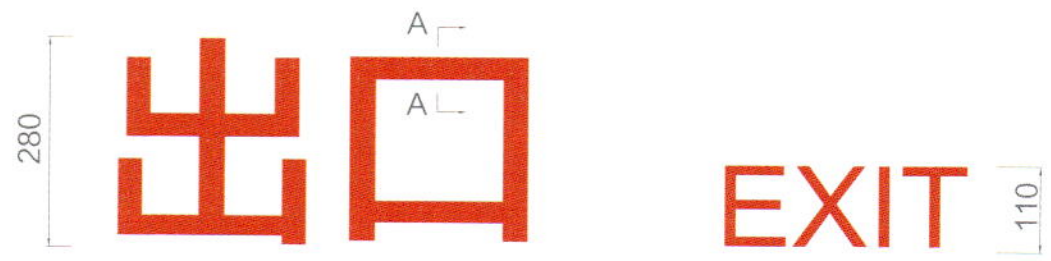

正视图

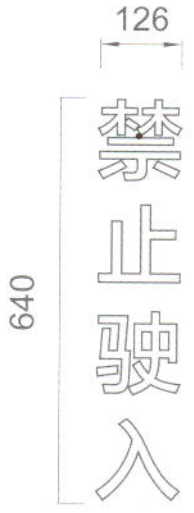

正视图

侧视图

正视图

E.1.6.11 易捷养车外立面尺寸及工艺说明

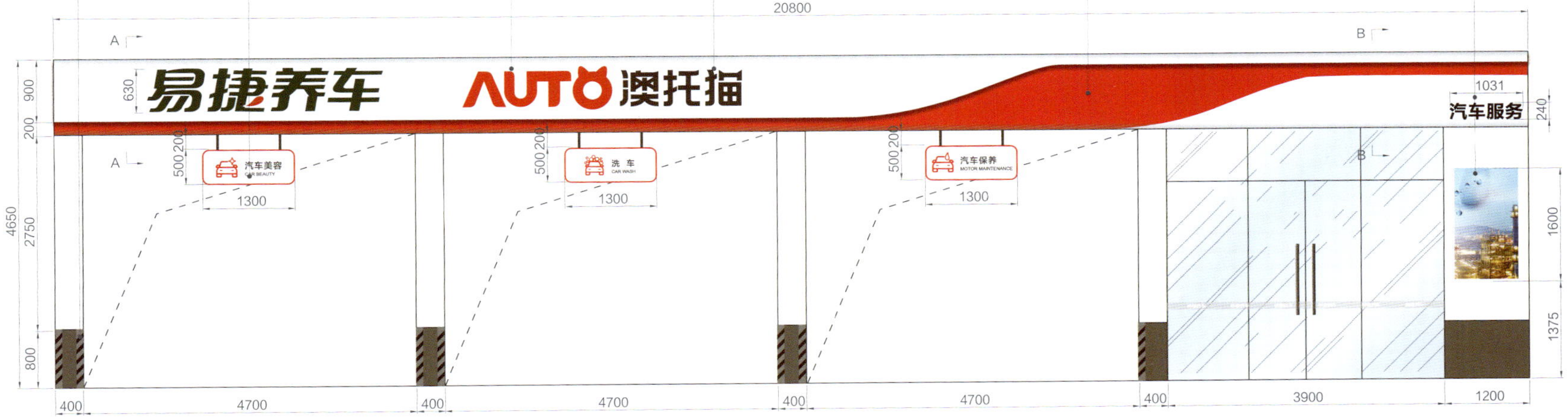

正视图

正视图

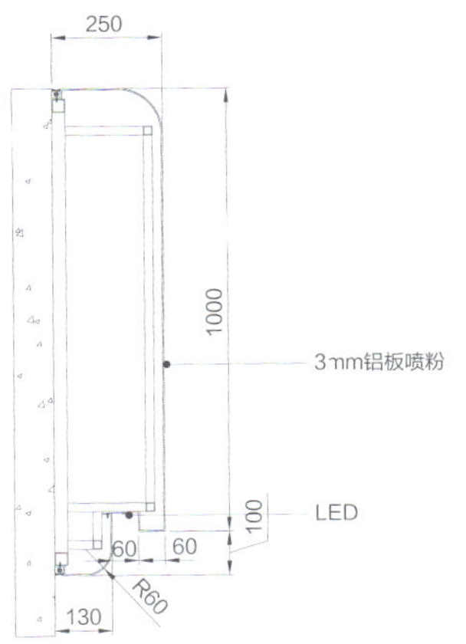

A–A剖面图

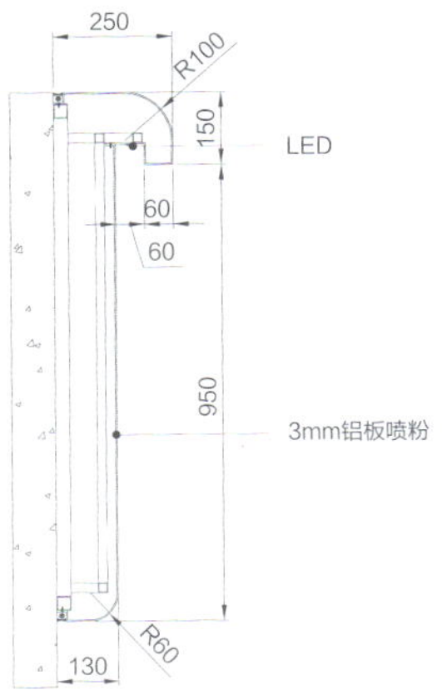

B–B剖面图

E.1.6.12 易捷养车门楣标识尺寸及工艺说明

正视图

侧视图

正视图

侧视图

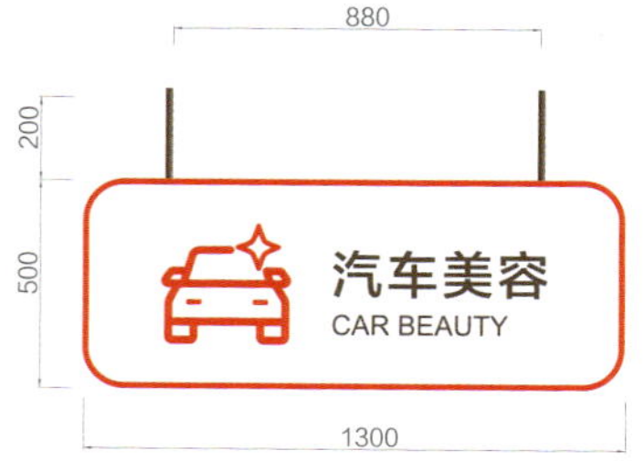

正视图

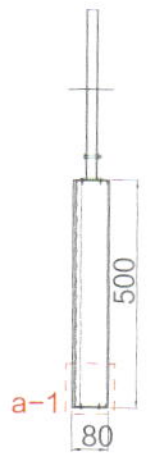

侧视图

正视图

侧视图

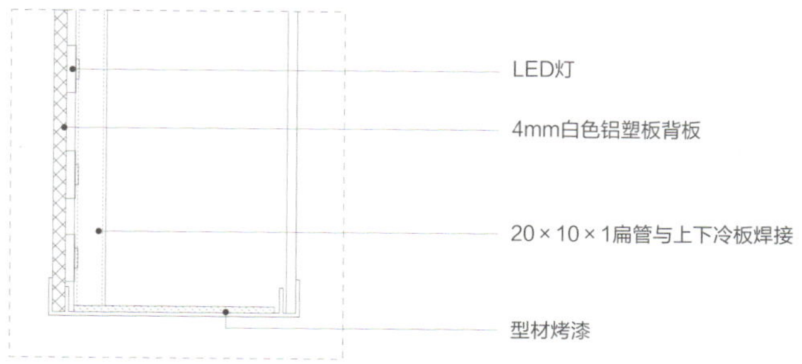

a-1

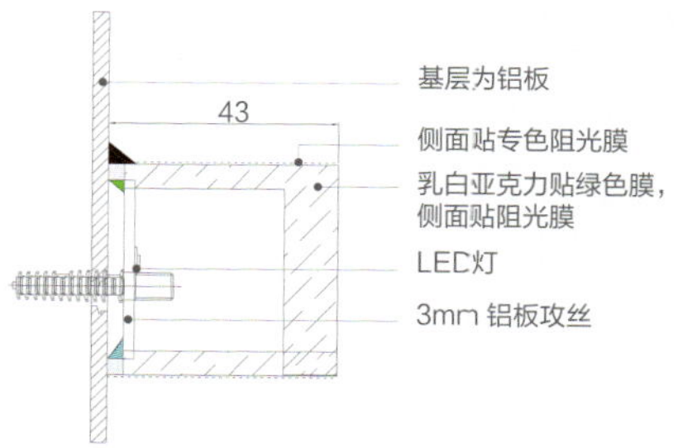

A-A剖面图

E.1.6.13 站房联合易捷养车规范

工艺说明

- A 32×2.0mm镀锌圆管与基层焊接固定
- B 1.2mm镀锌板折弯
- C 4.0mm高光白易洁铝塑板，厚度0.3mm，文字处镂空
- D 亚克力面板内支撑件
- E 文字10mm透明亚克力侧面冲砂，背衬3.0mm乳白亚克力，表面贴专色3M膜
- F 户外型LED模组，防护等级IP65以上
- G 中国石化高光白铝塑板底板（0.3mm铝材厚度，表面为易清洁氟碳漆涂层）
- H 卷帘门
- I 内嵌雕刻亚克力 表面绿色和黑色专色贴膜
- J 灯带(发光）
- K 4mm铝塑板

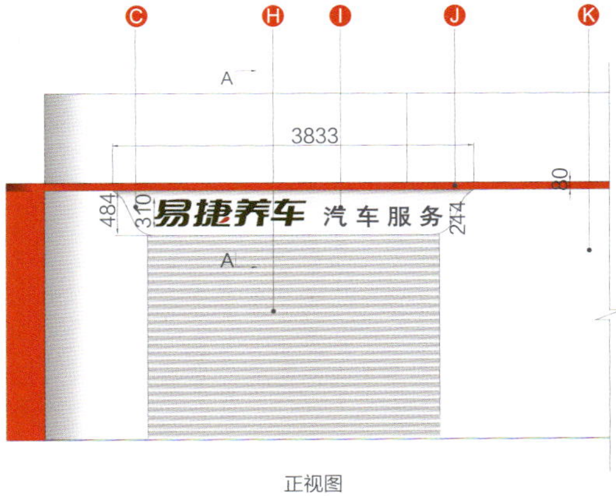

正视图

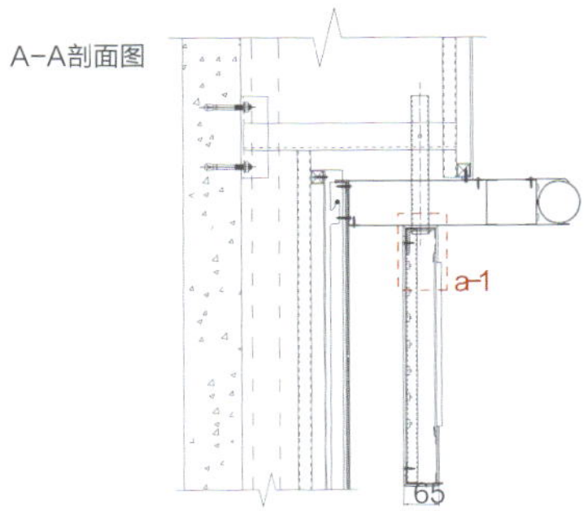

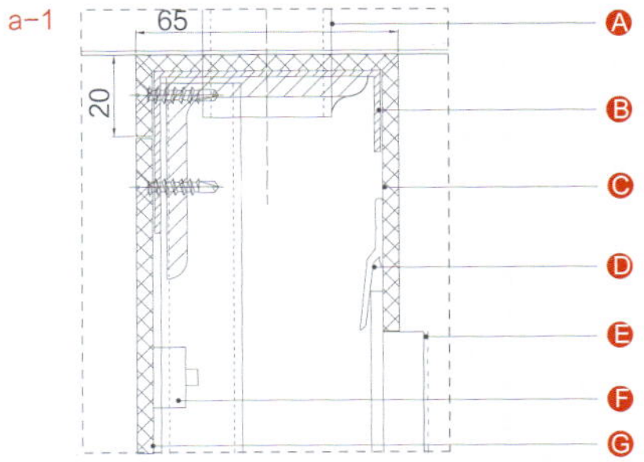

应用规范:

· 易捷养车门头灯箱以铝板白色喷粉为主体，内部以钢结构内支架组成。

· 发光LOGO和立体字为厚板亚克力雕刻成型，表面贴3M专色贴膜。

· 光源为户外型LED模组，安装在内部底板上。

站房联合易捷养车示意图

/ E.1.7 卸油区

E.1.7.01 砖砌消防五大件（白色版）尺寸及工艺说明

· 砖砌消防五大件（白色版）外观如图示，为保证视觉效果，应严格按照标准进行施工。

· 砖砌消防五大件外观可根据现场需求喷涂白色和灰色漆；安装位置设在站内围墙边上时，应喷涂与围墙一致的灰色漆；其余情况可选择喷涂白色漆。

· 计量工具箱内部隔板，可在施工时根据站内实际需求调整安装高度。

· 注：卸油口箱实际施工尺寸，应根据卸油口数量进行适当调整。

内部层板可根据实际情况调整高度位置

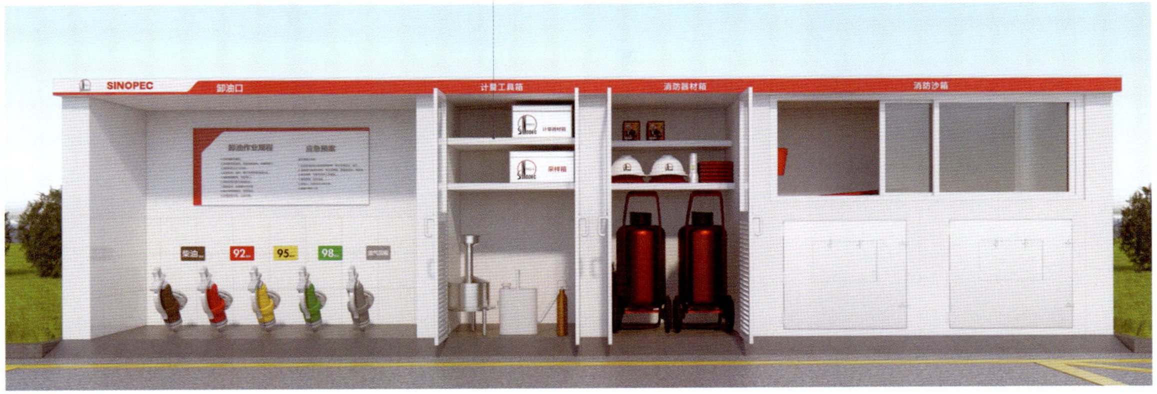

效果图

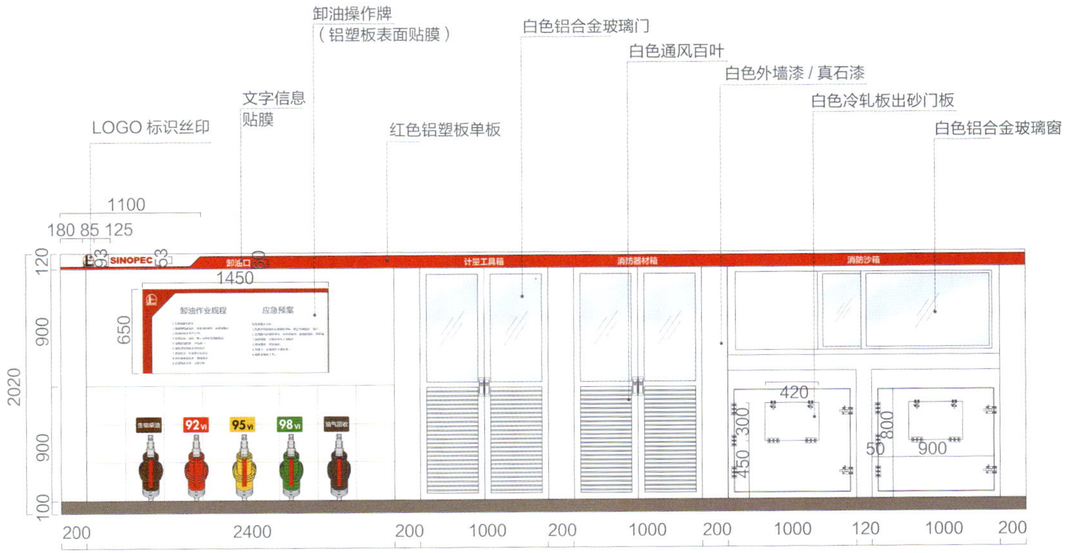

正视图

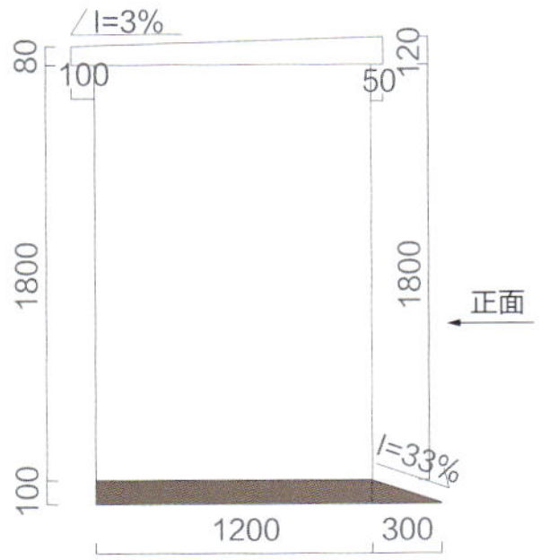

侧视图

E.1.7.02 砖砌消防五大件（白色版）土建规范

· 砖砌消防五大件（白色版）外观如图示，为保证视觉效果，应严格按照标准进行施工。

· 砖砌消防五大件外观可根据现场需求喷涂白色和灰色漆；安装位置设在站内围墙边上时，应喷涂与围墙一致的灰色漆；其余情况可选择喷涂白色漆。

· 计量工具箱内部隔板，可在施工时根据站内实际需求调整安装高度。

· 注：卸油口箱实际施工尺寸，应根据卸油口数量进行适当调整；
±0 以下基础由设计单位依据规范并结合项目地质情况进行相应设计。

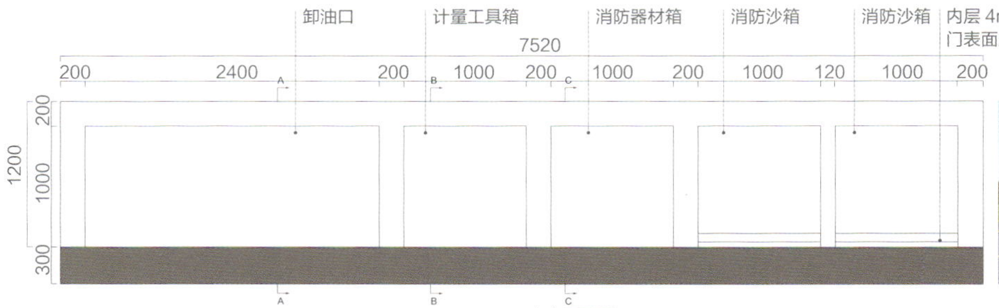

a-1 剖面图

效果图

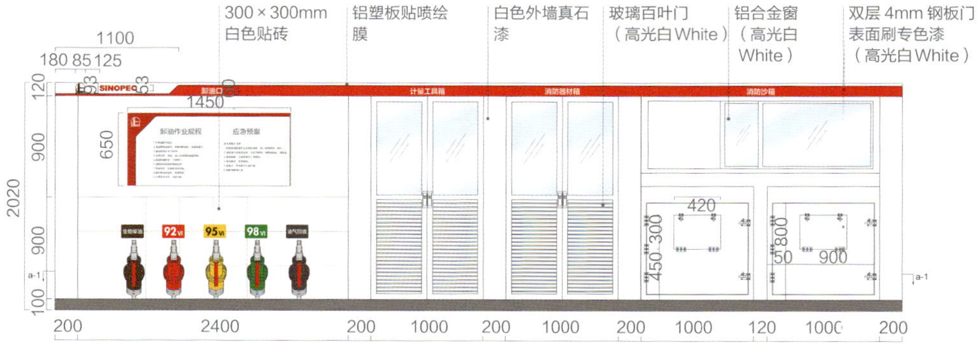

正视图

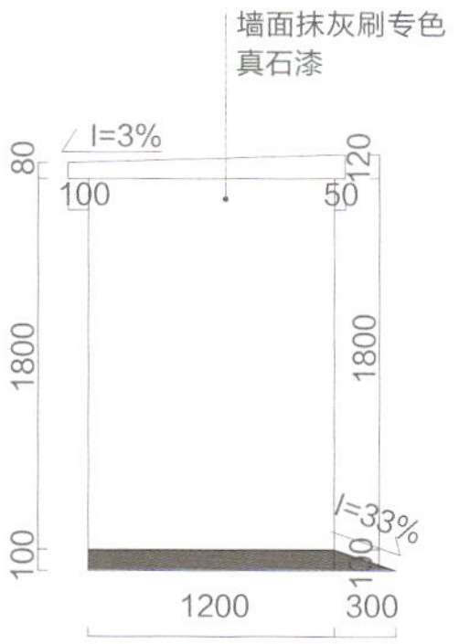

侧视图

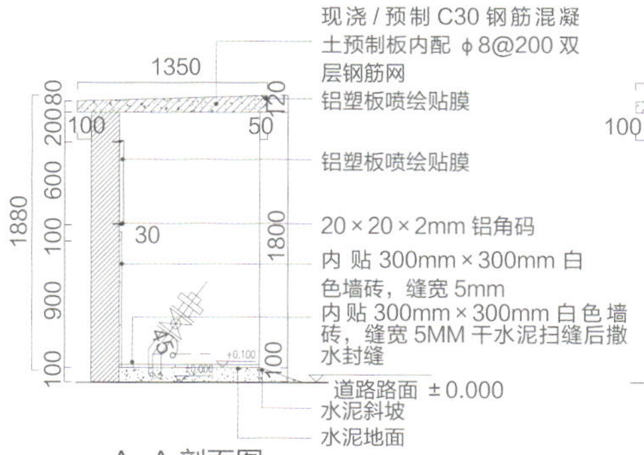

A-A 剖面图

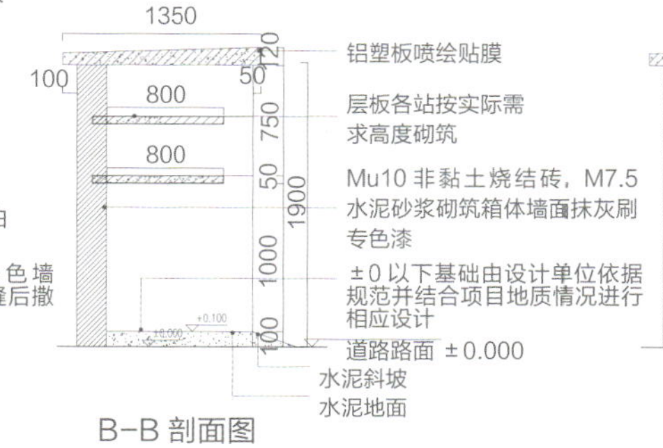

B-B 剖面图

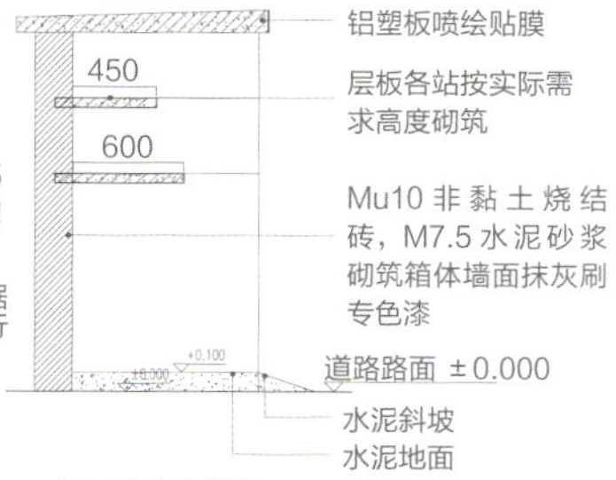

C-C 剖面图

E.1.7.03 砖砌消防五大件（灰色版）尺寸及工艺说明

· 砖砌消防五大件（灰色版）外观如图示，为保证视觉效果，应严格按照标准进行施工。

· 砖砌消防五大件外观可根据现场需求喷涂白色和灰色漆；安装位置设在站内围墙边上时，应喷涂与围墙一致的灰色漆；其余情况可选择喷涂白色漆。

· 计量工具箱内部隔板，可在施工时根据站内实际需求调整安装高度。

· 注：卸油口箱实际施工尺寸，应根据卸油口数量进行适当调整。

效果图

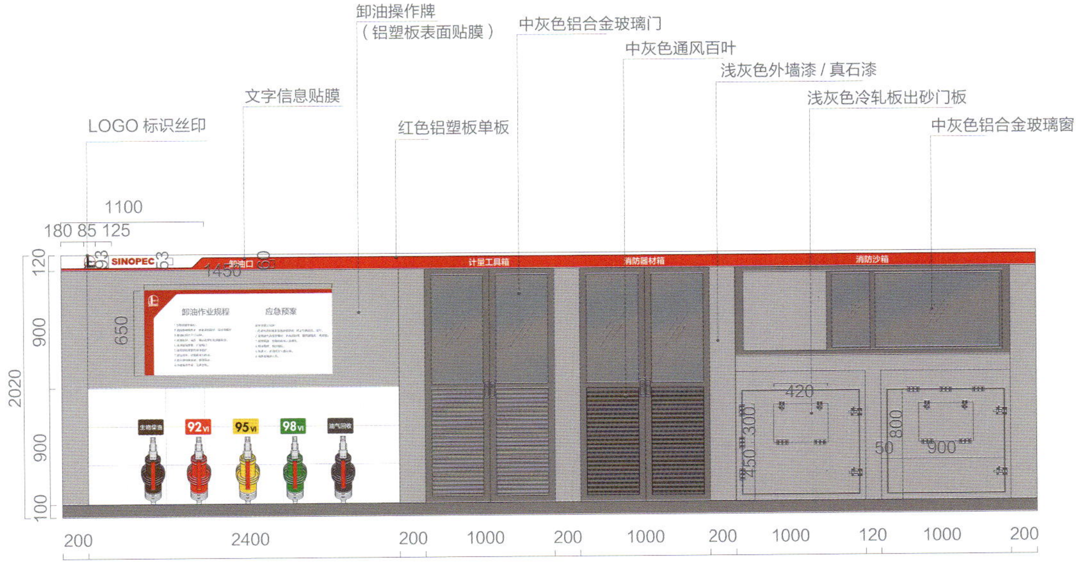

正视图

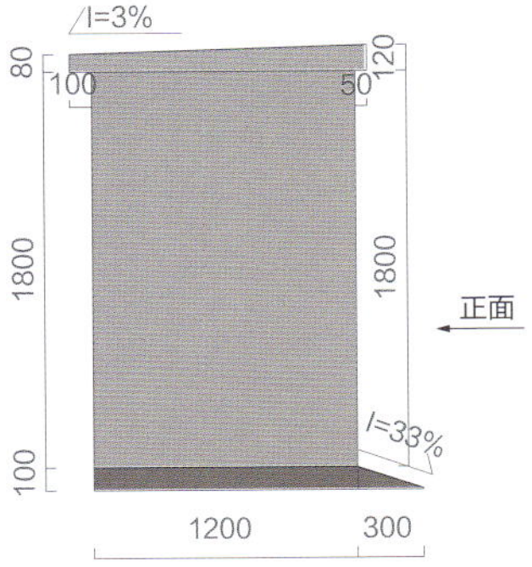

侧视图

E.1.7.04 砖砌消防五大件（灰色版）土建规范

· 砖砌消防五大件（灰色版）外观如图示，为保证视觉效果，应严格按照标准进行施工。

· 砖砌消防五大件外观可根据现场需求喷涂白色和灰色漆；安装位置设在站内围墙边上时，应喷涂与围墙一致的灰色漆；其余情况可选择喷涂白色漆。

· 计量工具箱内部隔板，可在施工时根据站内实际需求调整安装高度。

· 注：卸油口箱实际施工尺寸，应根据卸油口数量进行适当调整；
±0 以下基础由设计单位依据规范并结合项目地质情况进行相应设计。

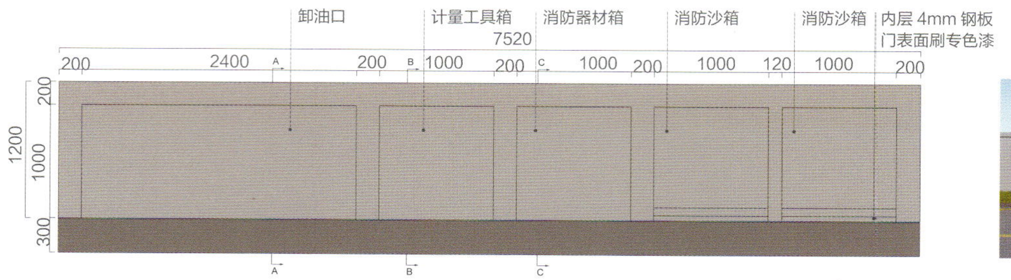

a-1 剖面图

效果图

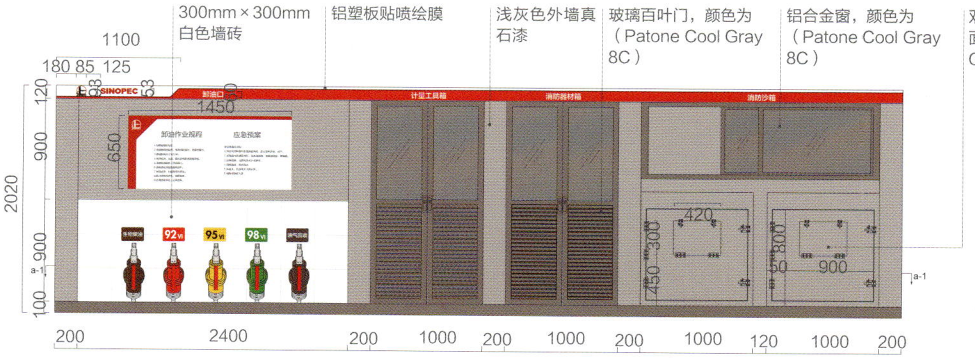

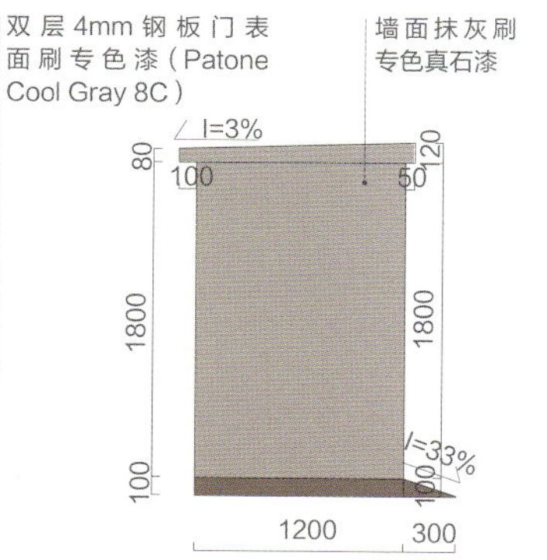

正视图

侧视图

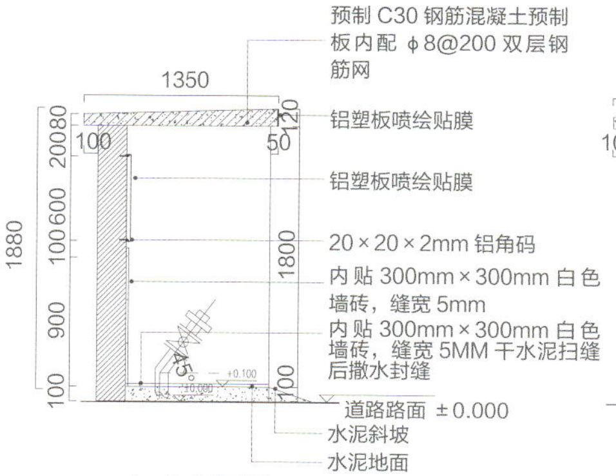

A-A 剖面图

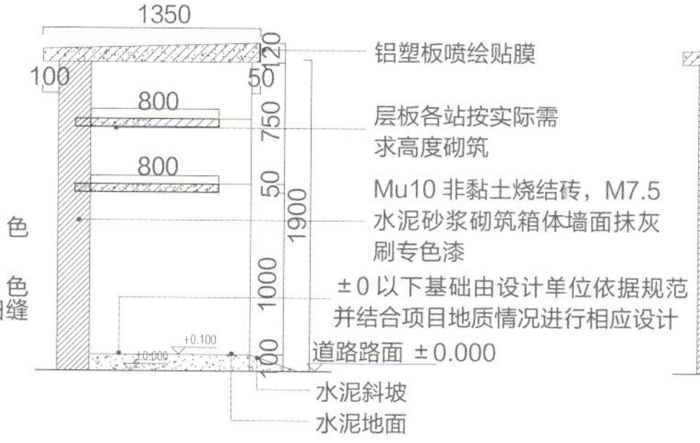

B-B 剖面图

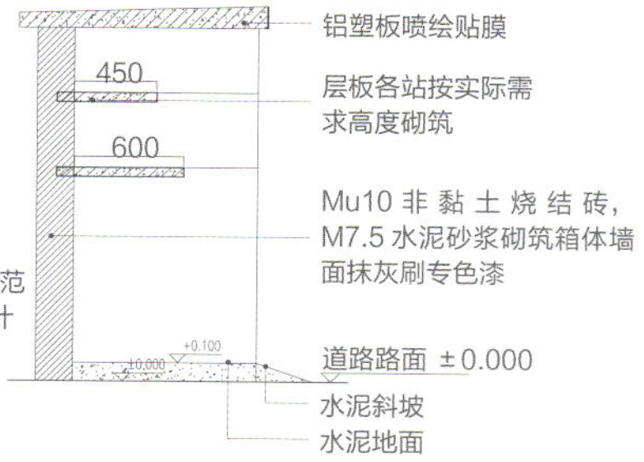

C-C 剖面图

E.1.7.05 成品消防五大件形象总览

现场场地不满足砖砌消防五大件设计条件或特殊情况下，可采用成品消防五大件产品。

卸油口箱

计量工具箱

消防沙箱

消防器材箱

E.1.7.06 卸油口箱尺寸及工艺说明

· 卸油口箱形象如图示，生产制作时，请参考右图尺寸，以确保卸油口箱的视觉效果。

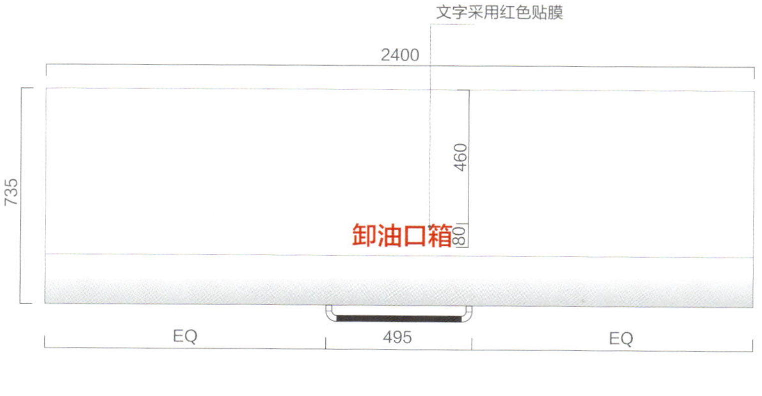

俯视图

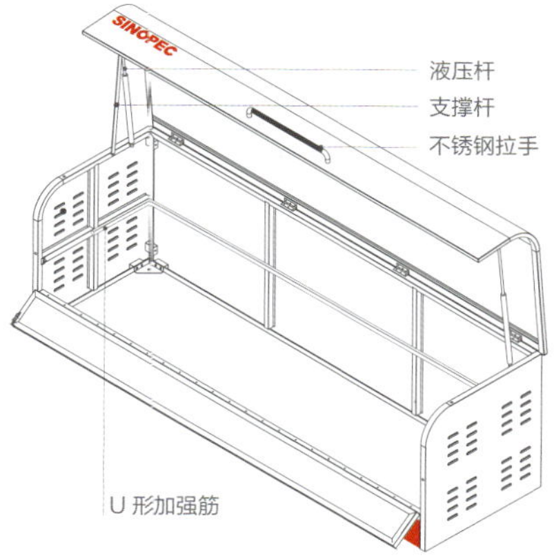

轴测图

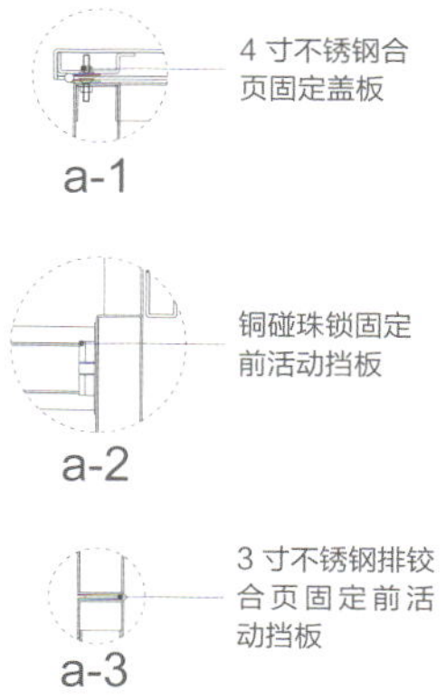

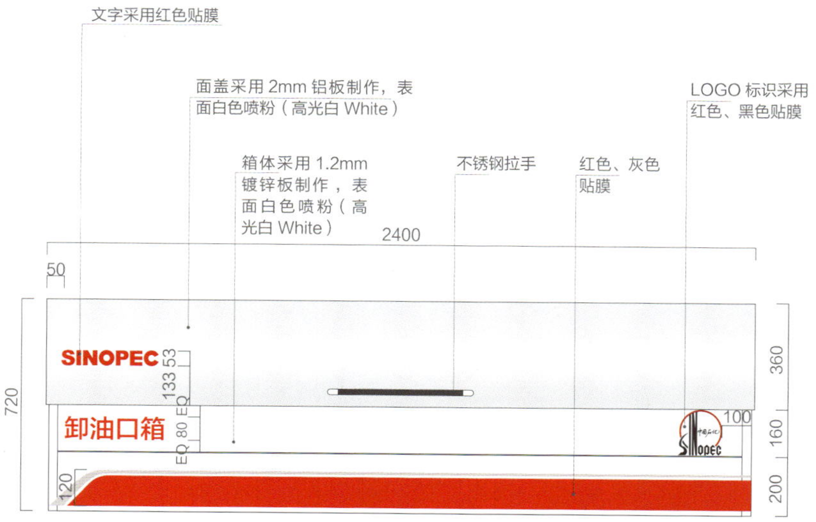

正视图

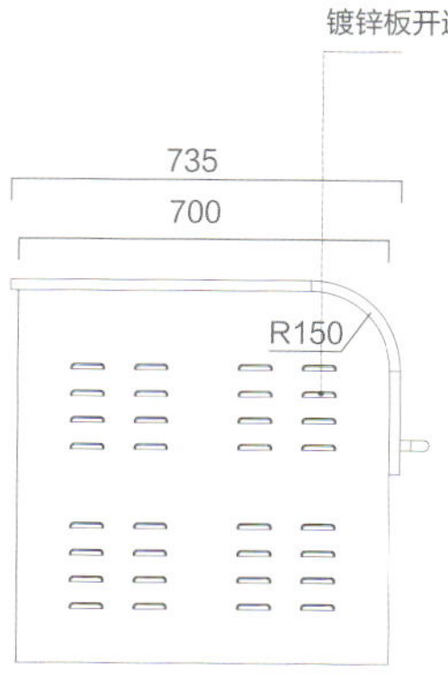

侧视图

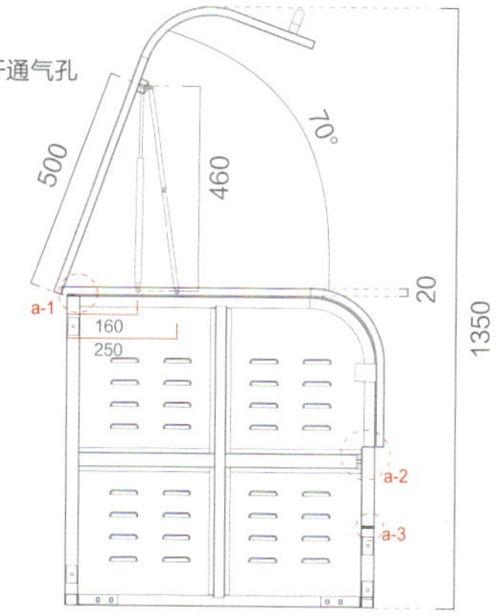

侧剖图

E.1.7.07 卸油口箱盖板

注：卸油口箱盖板采用 2mm 铝板制作。

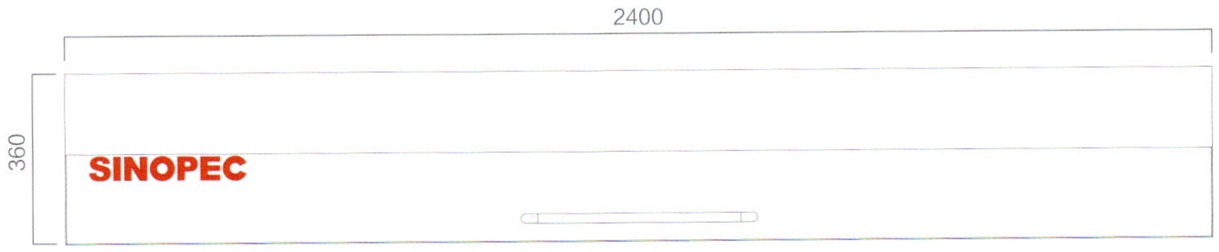

正视图

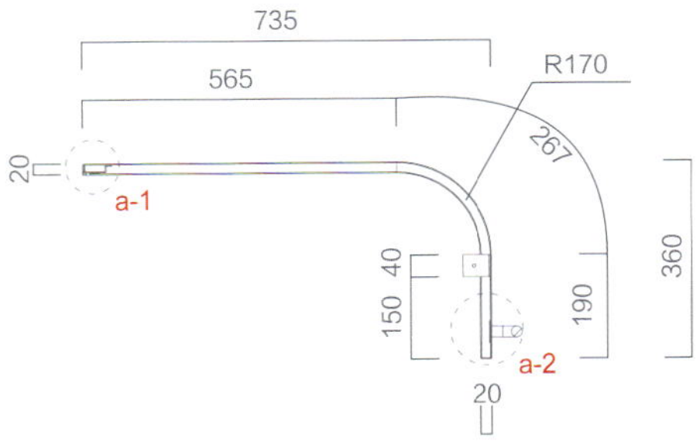

侧剖图

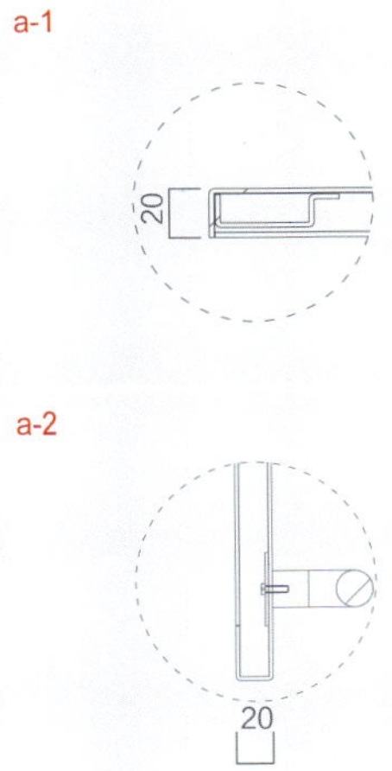

俯视图

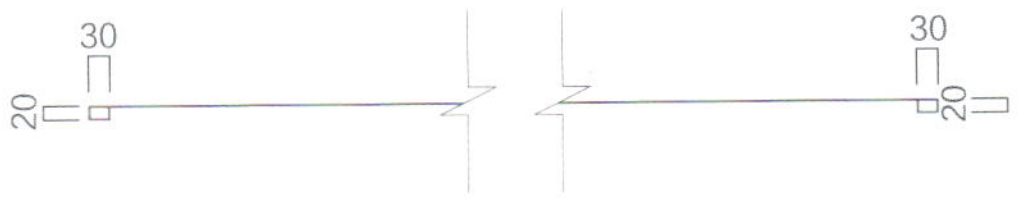

横剖图

E.1.7.08 卸油口箱背板

注：卸油口箱背板采用 1.2mm 镀锌板制作。

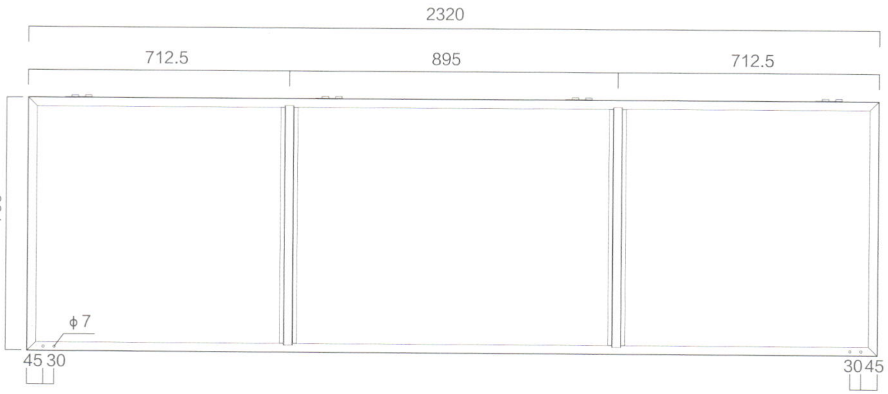

正视图

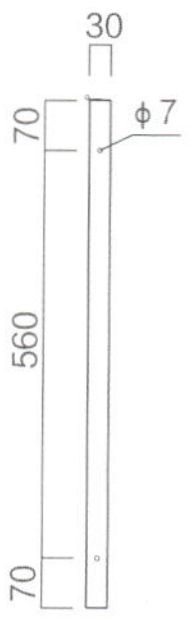

侧视图

侧剖图

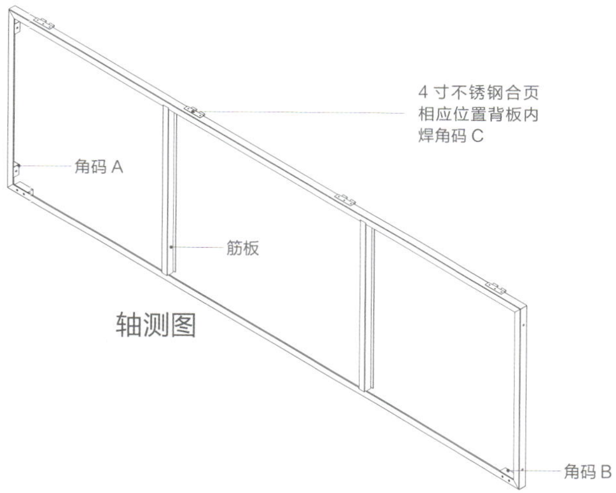

轴测图

顶视图

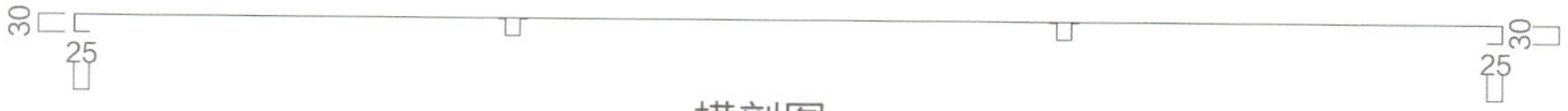

横剖图

E.1.7.09 卸油口箱侧板

注：卸油口箱侧板采用 1.2mm 镀锌板制作。

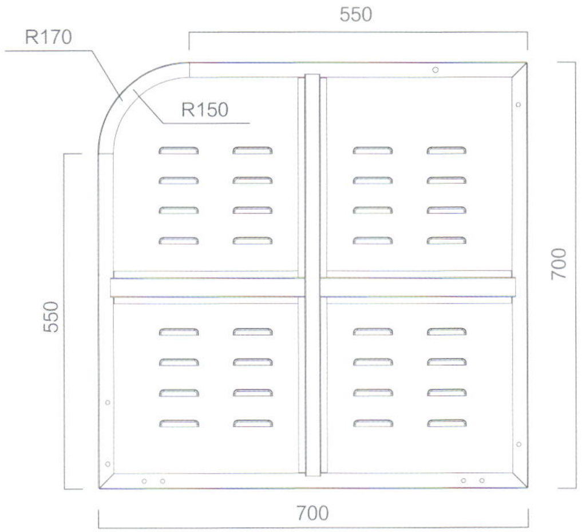

正视图

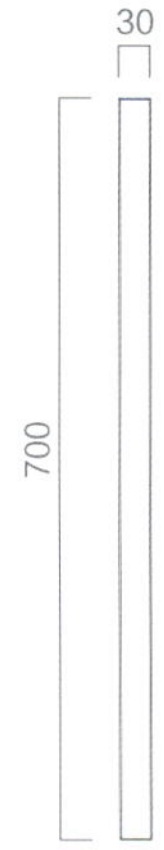

左视图

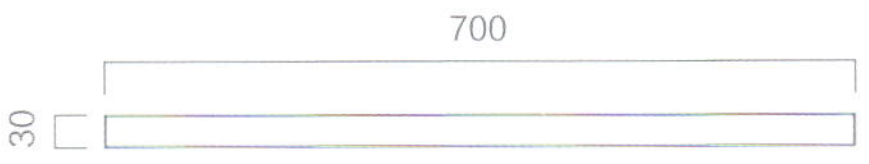

俯视图

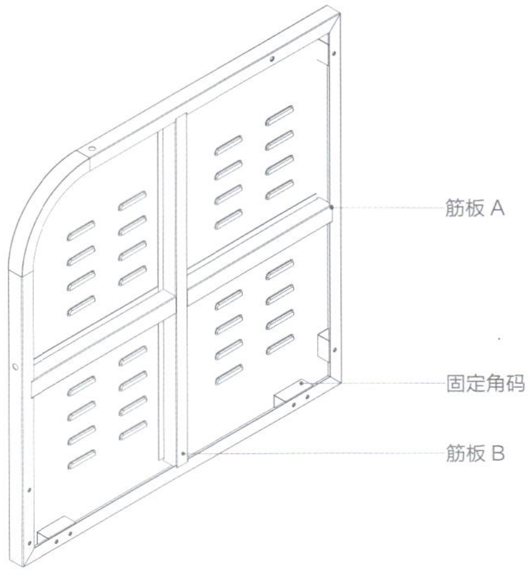

轴测图

E.1.7.10 卸油口箱挡板

注：卸油口箱挡板采用 1.2mm 镀锌板制作。

正视图

俯视图

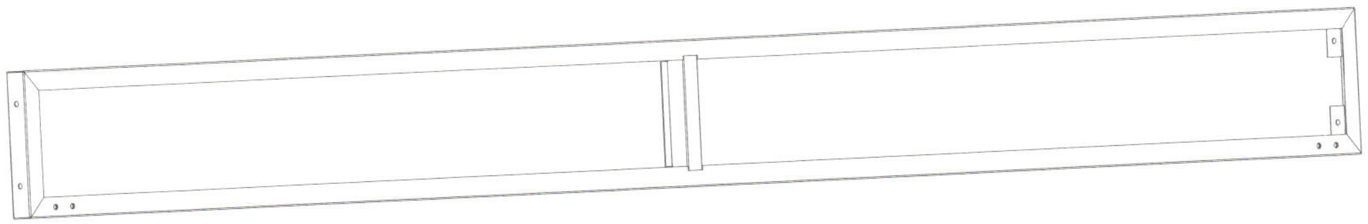

轴测图

E.1.7.11 消防沙箱尺寸及工艺说明

· 消防沙箱外观如图示，为保证视觉效果，应严格按照标准尺寸及工艺要求进行生产制作。

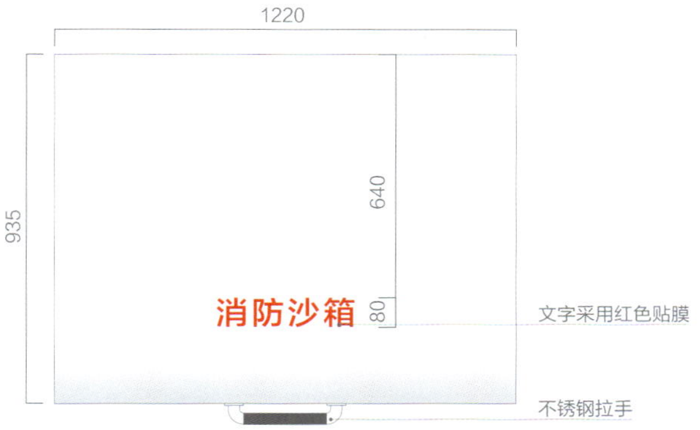

俯视图

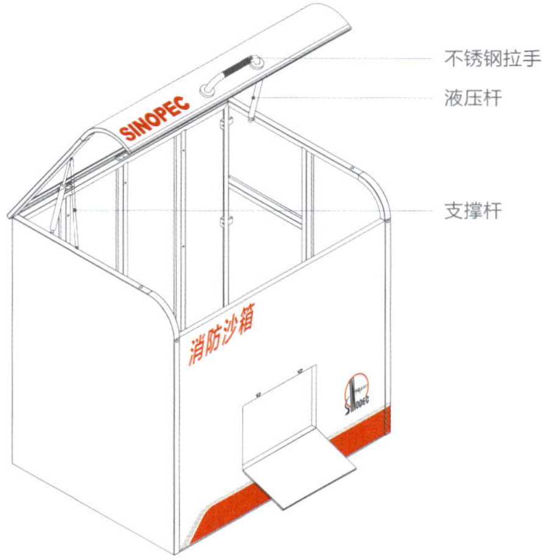

轴测图

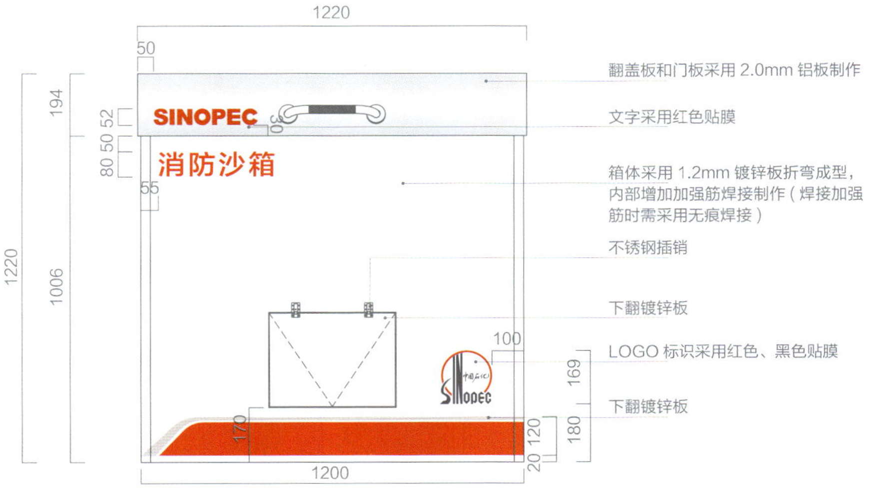

正视图

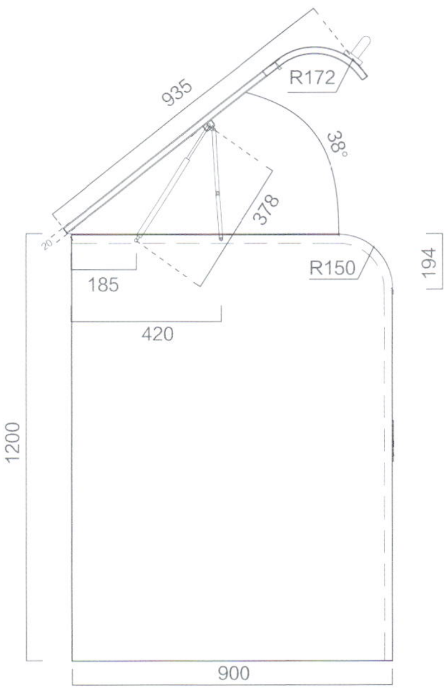

侧视图

E.1.7.12 消防沙箱侧板

注：消防沙箱侧板采用 1.2mm 镀锌板制作。

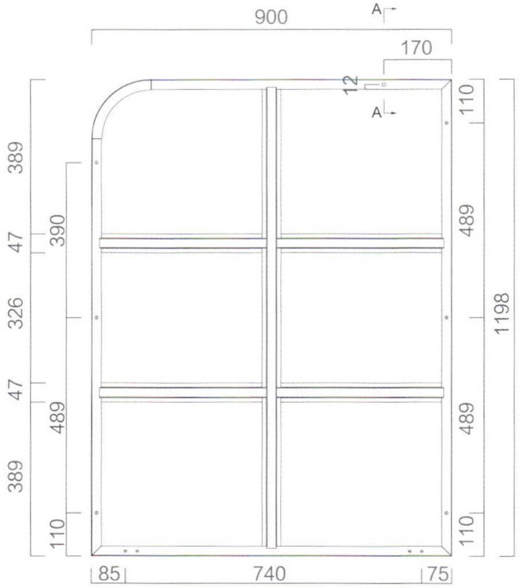

正视图

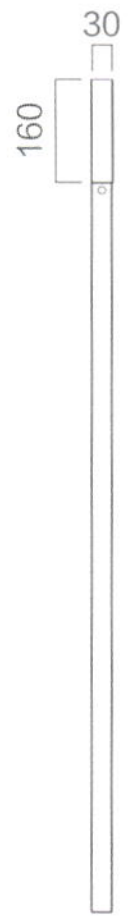

左视图

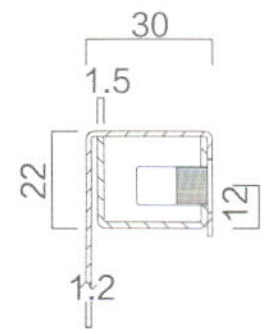

A–A 剖面图

俯视图

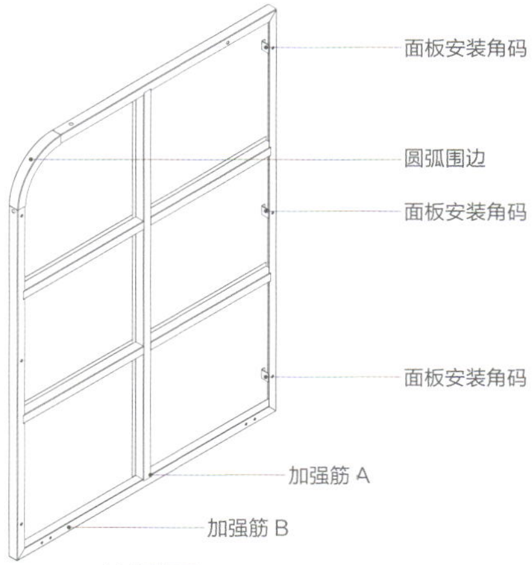

轴测图

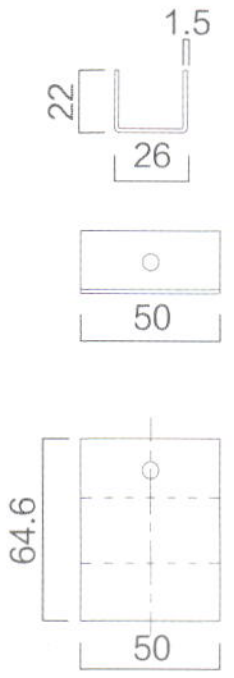

支撑杆加强筋

E.1.7.13 消防沙箱盖板

注：消防沙箱盖板采用 2mm 铝板制作。

正视图

左视图

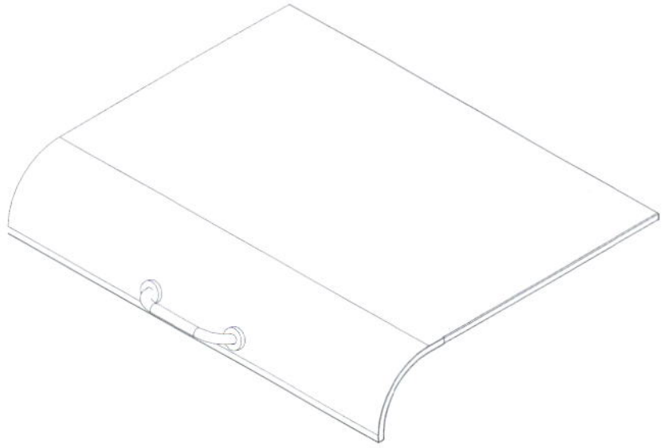

轴测图

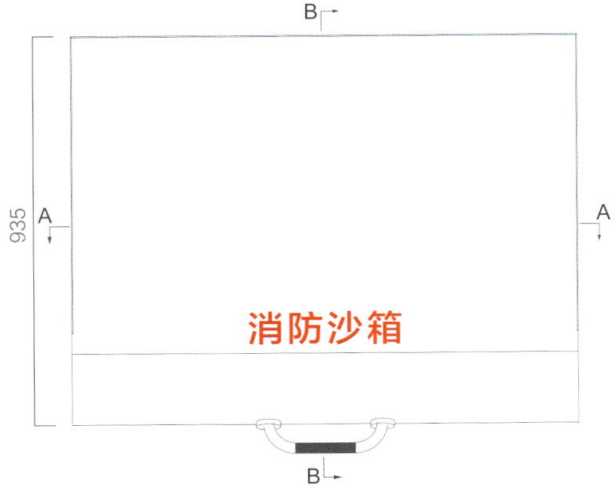

俯视图

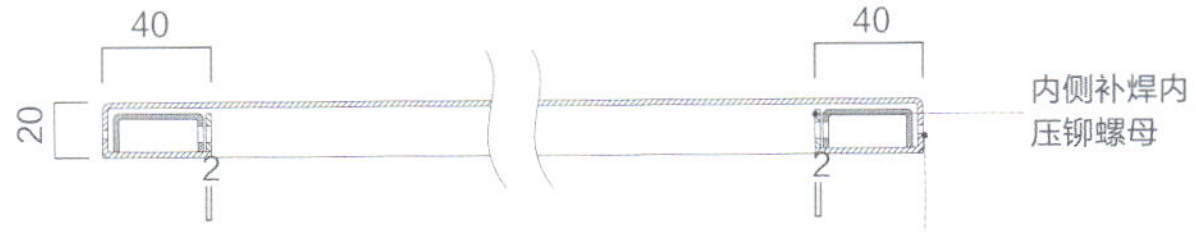

A–A 剖面图

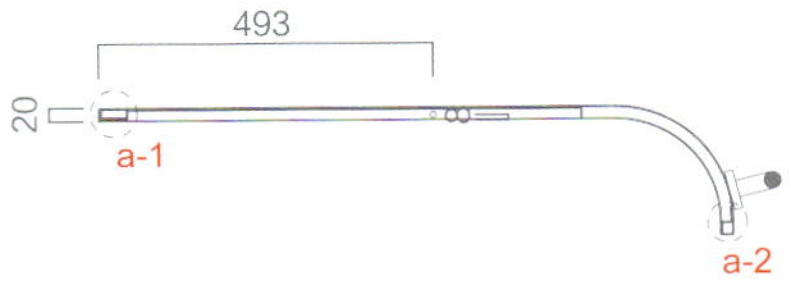

B–B 剖面图

a-1

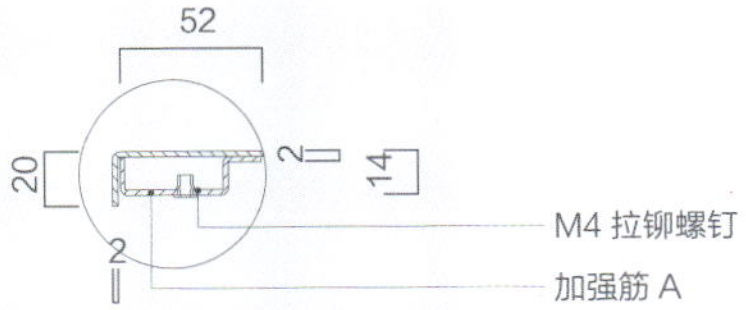

a-2

E.1.7.14 消防沙箱背板

注：消防沙箱背板采用 1.2mm 镀锌板制作。

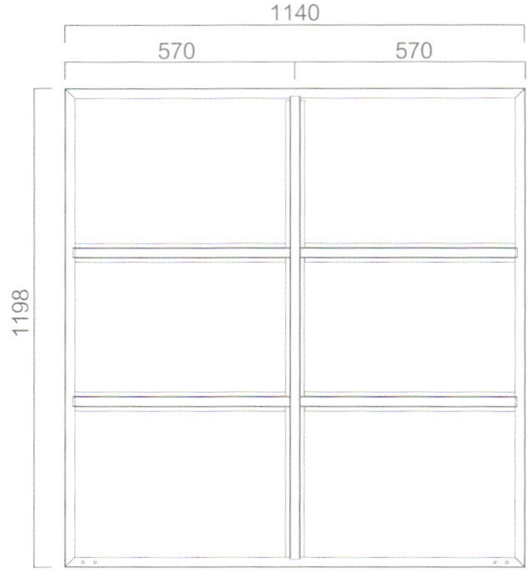

正视图

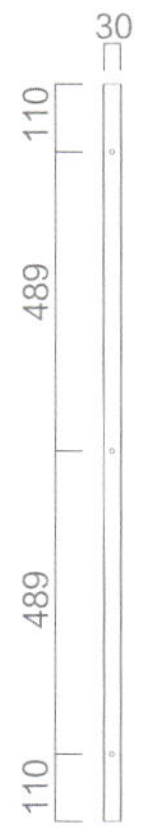

左视图

俯视图

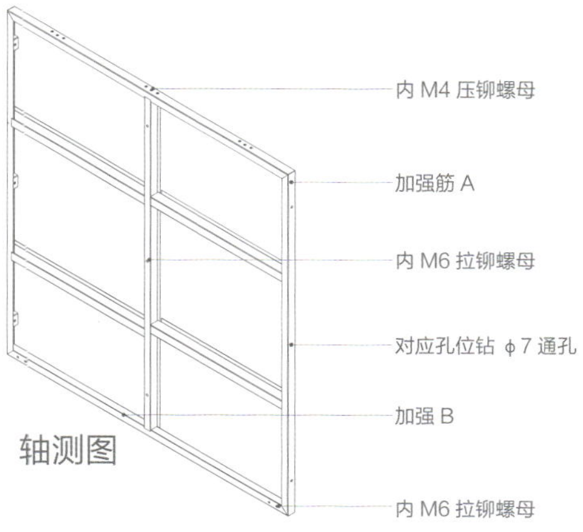

轴测图

E.1.7.15 消防沙箱底板

注：消防沙箱底板采用 1.2mm 镀锌板制作。

正视图

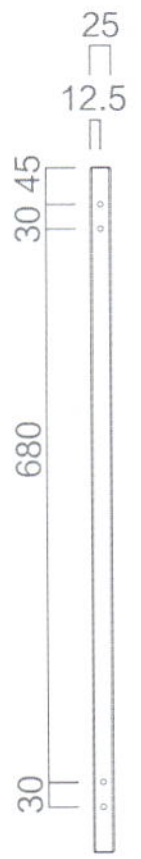

左视图

A–A 剖面图

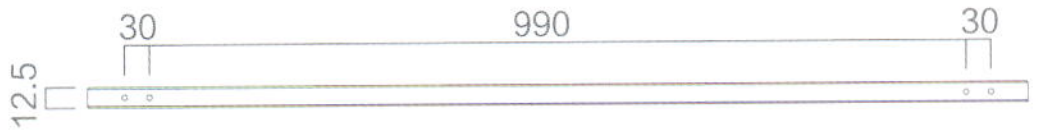

俯视图

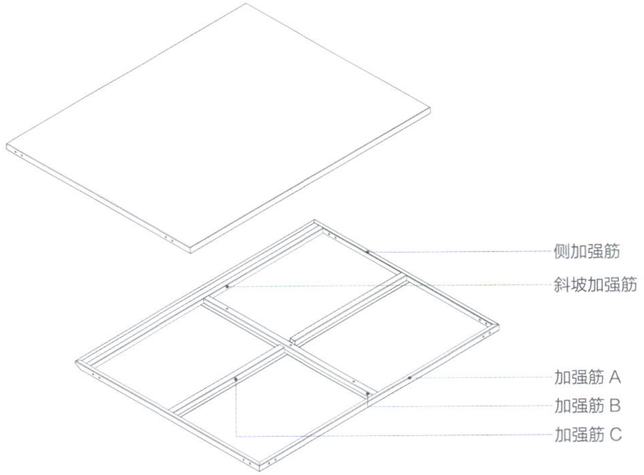

轴测图

E.1.7.16 消防沙箱挡板

注：消防沙箱挡板采用 1.2mm 镀锌板制作。

正视图

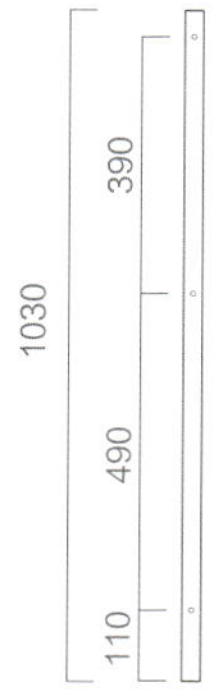

左视图

俯视图

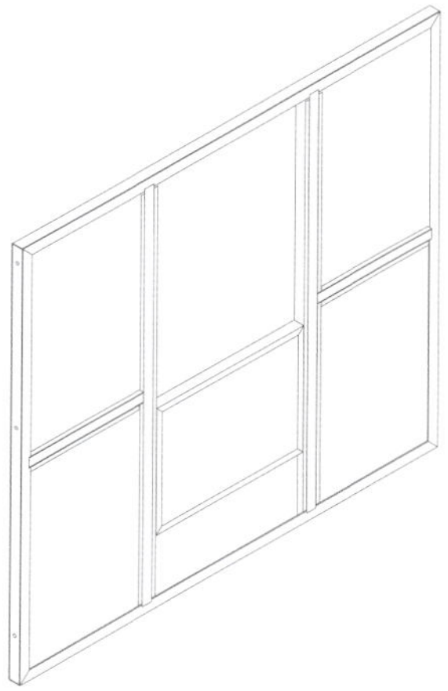

轴测图

E.1.7.17 消防沙箱挡板门

注：消防沙箱挡板门采用 1.2mm 镀锌板制作。

正视图

左视图

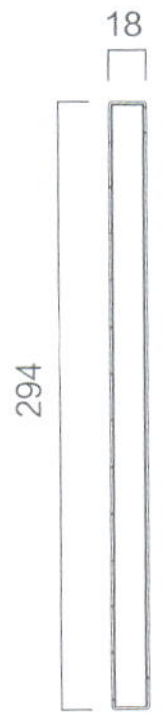

剖面图

俯视图

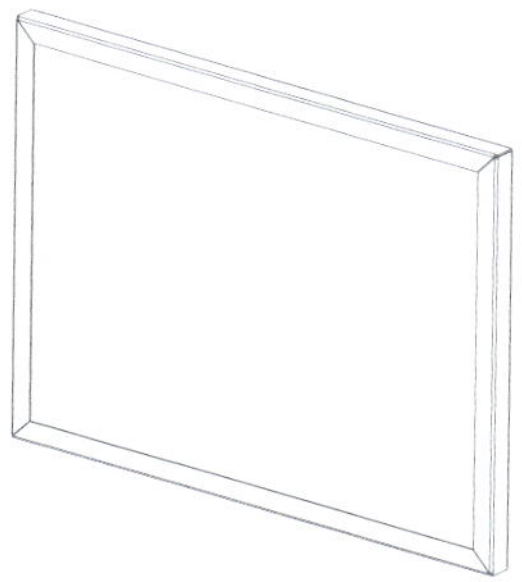

反面轴测图

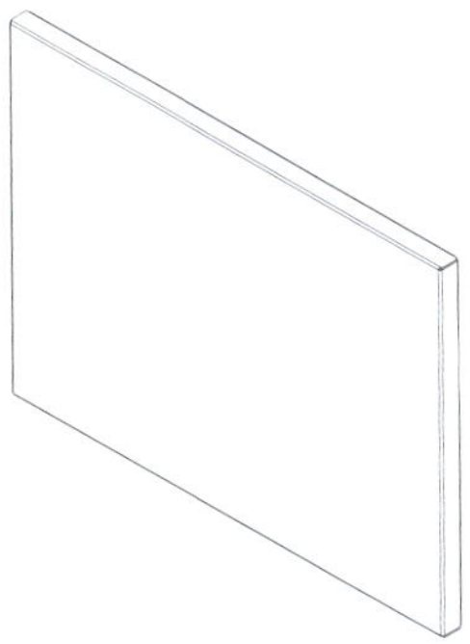

正面轴测图

E.1.7.18 消防器材箱尺寸及工艺说明

· 消防器材箱外观如图示，为保证视觉效果，应严格按照标准尺寸及工艺要求进行生产制作。

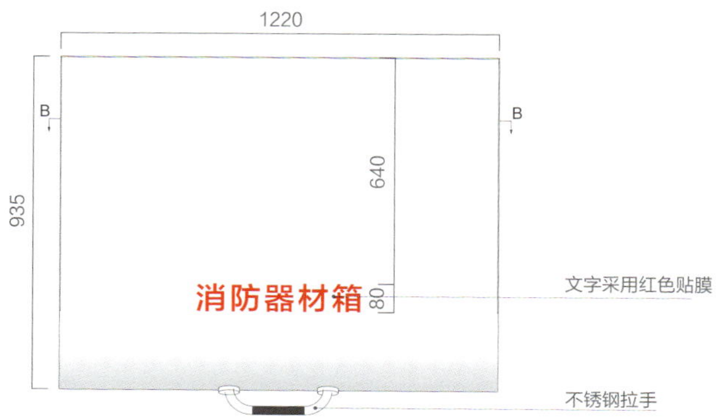

俯视图

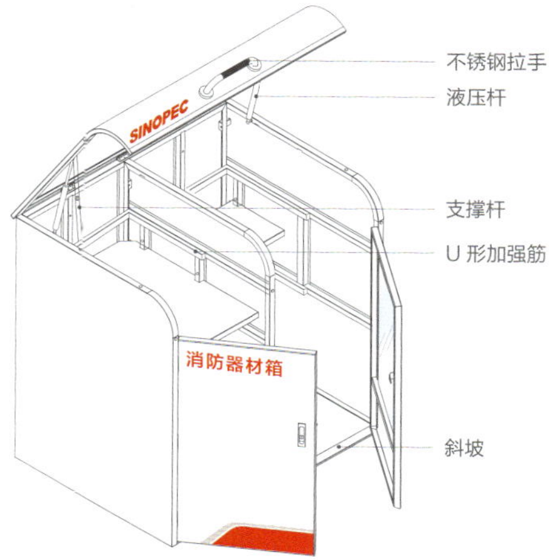

轴测图

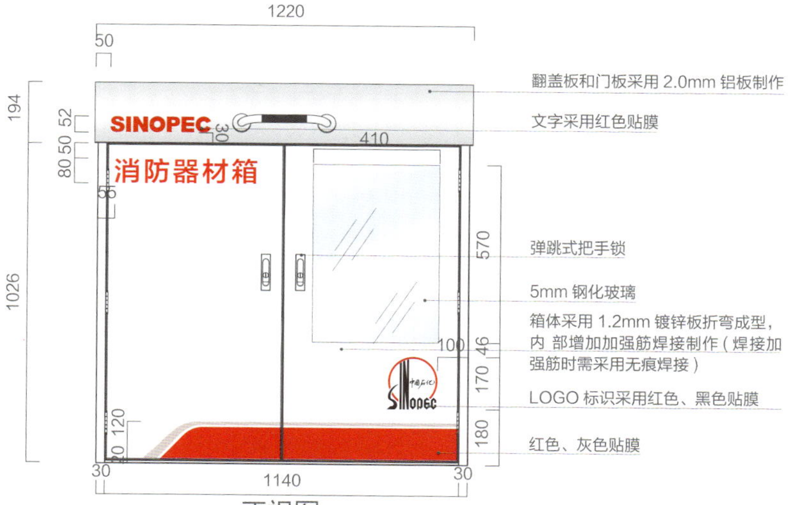

正视图

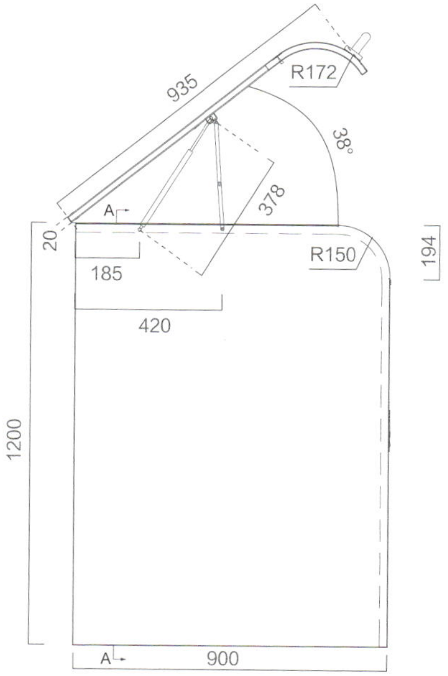

侧视图

E.1.7.19 消防器材箱尺寸及工艺说明

· 消防器材箱外观如图示，为保证视觉效果，应严格按照标准尺寸及工艺要求进行生产制作。

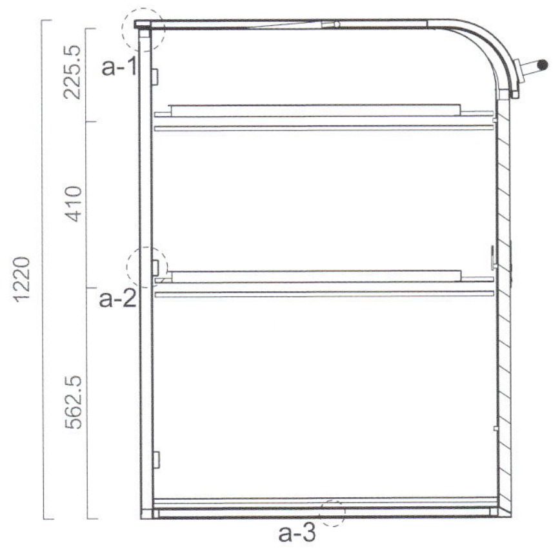

A−A 剖面图

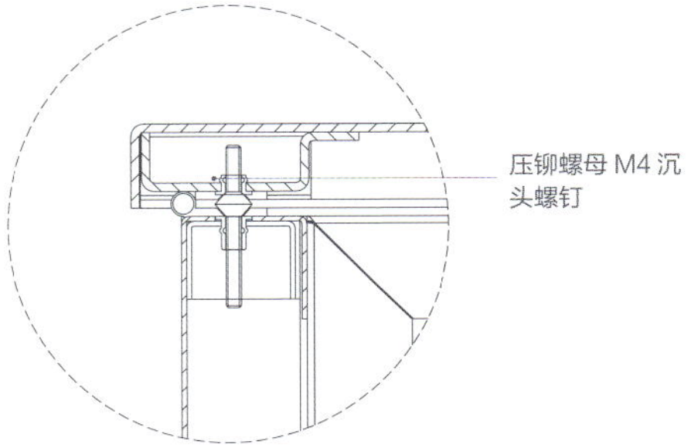

a−1

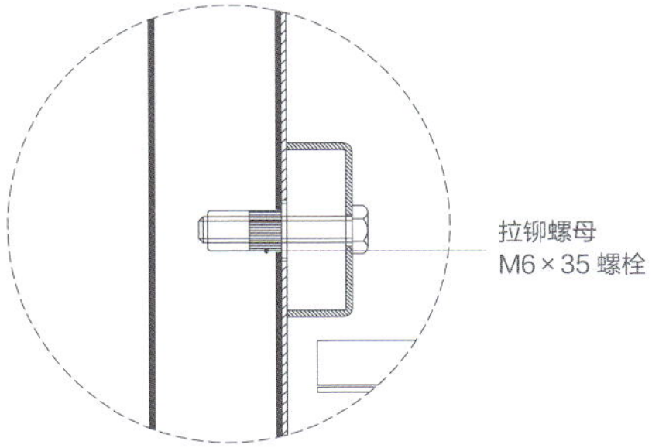

a−2

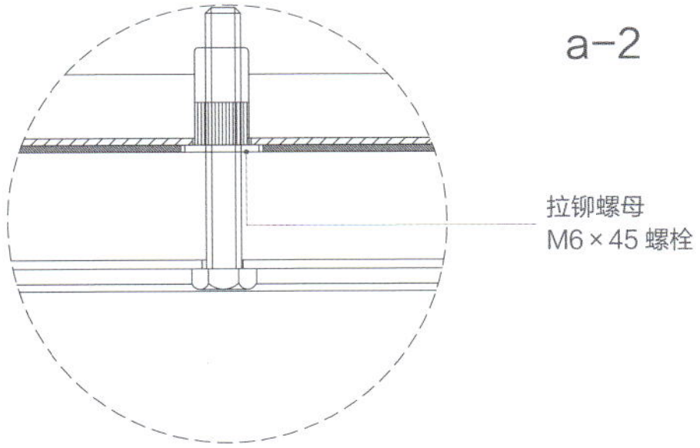

a−3

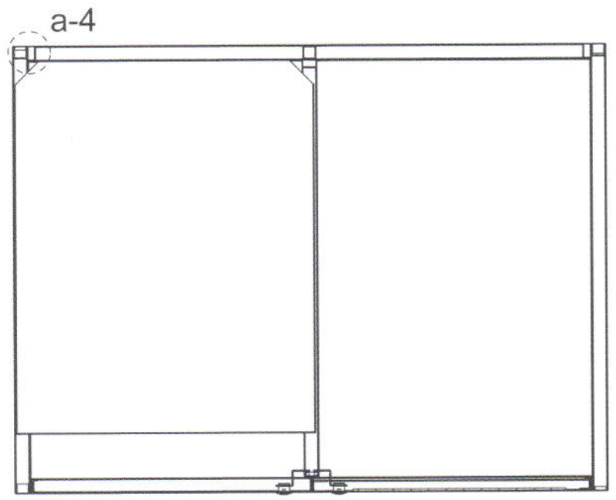

B−B 剖面图

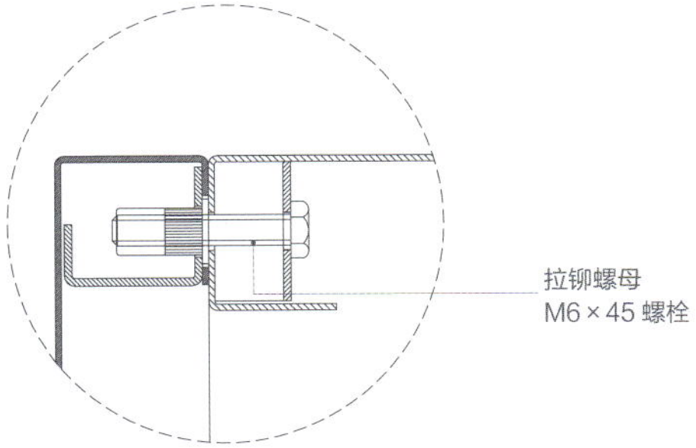

a−4

E.1.7.20 消防器材箱左侧板

注：消防器材箱左侧板采用 1.2mm 镀锌板制作。

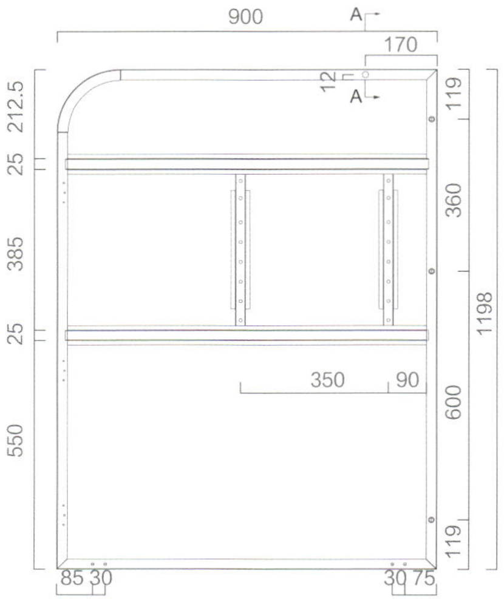

正视图

左视图

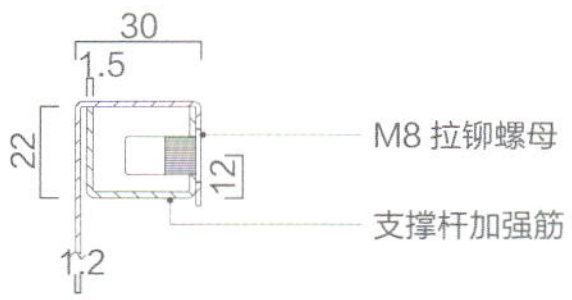

A–A 剖面图

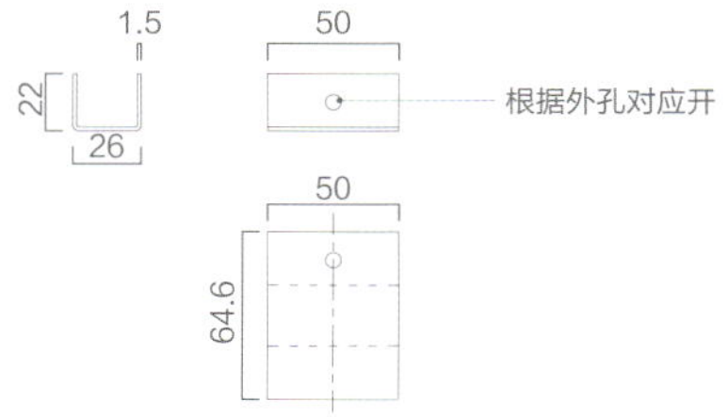

支撑杆加强筋

俯视图

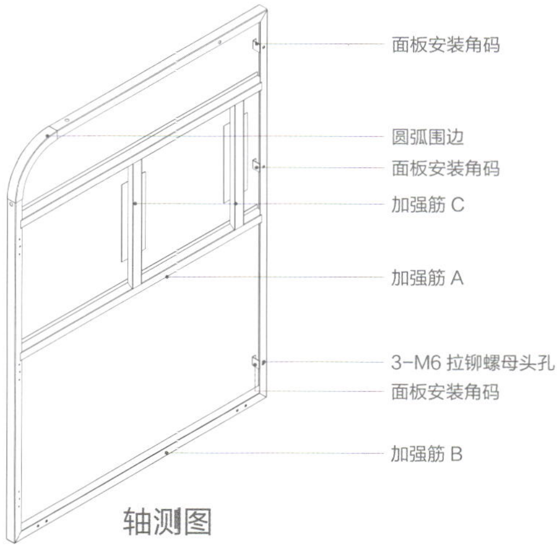

轴测图

E.1.7.21 消防器材箱背板

注：消防器材箱背板采用 1.2mm 镀锌板制作。

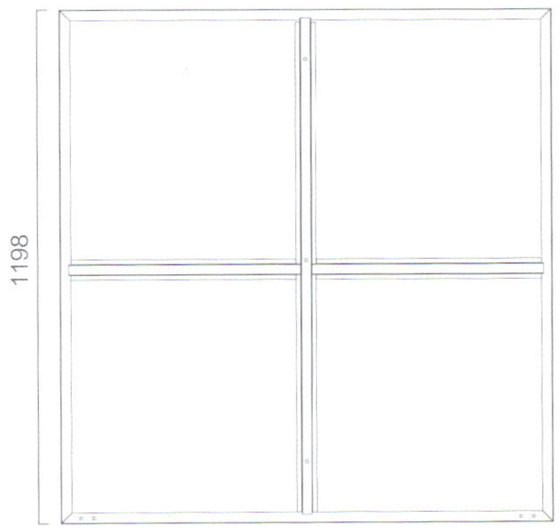

正视图

左视图

俯视图

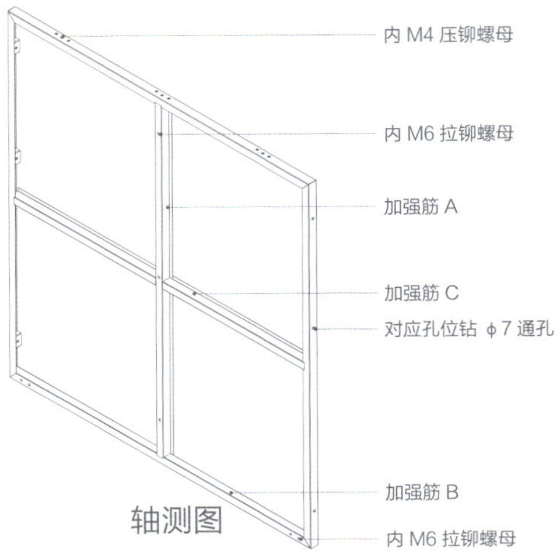

轴测图

E.1.7.22 消防器材箱盖板

注：消防器材箱盖板采用 2mm 铝板制作。

正视图

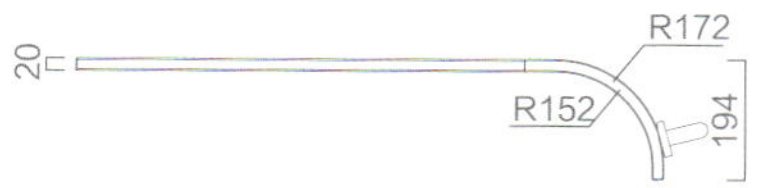

左视图

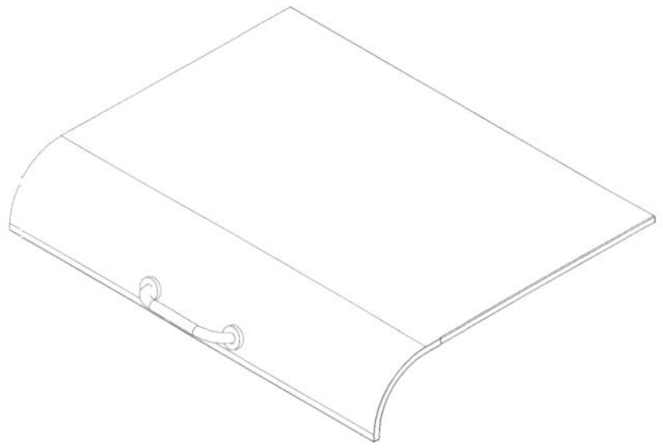

轴测图

俯视图

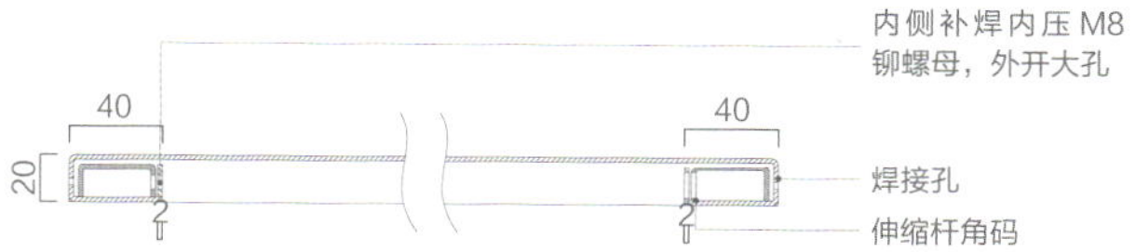

A–A 剖面图

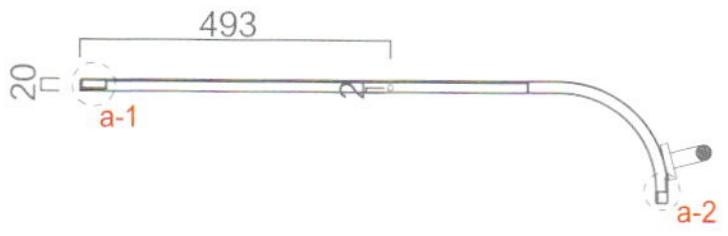

B–B 剖面图

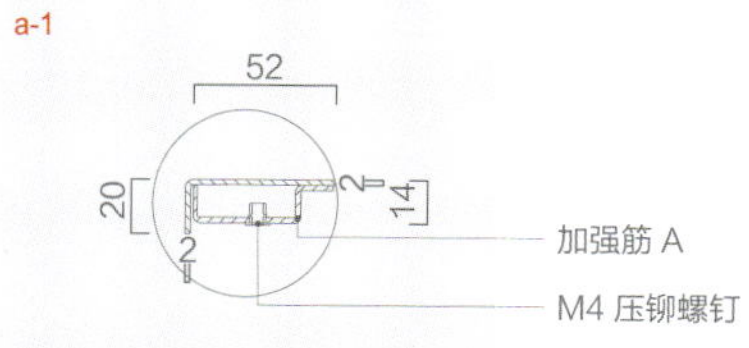

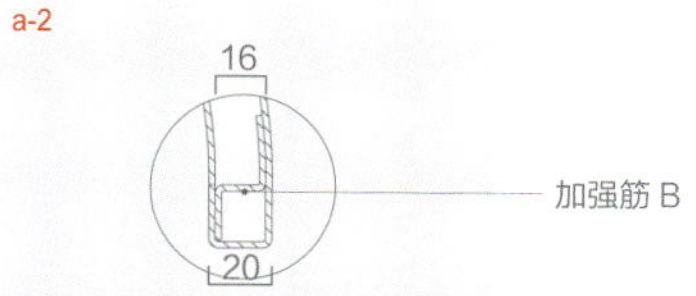

E.1.7.23 消防器材箱中立隔板

注：消防器材箱中立隔板采用 1.2mm 镀锌板制作。

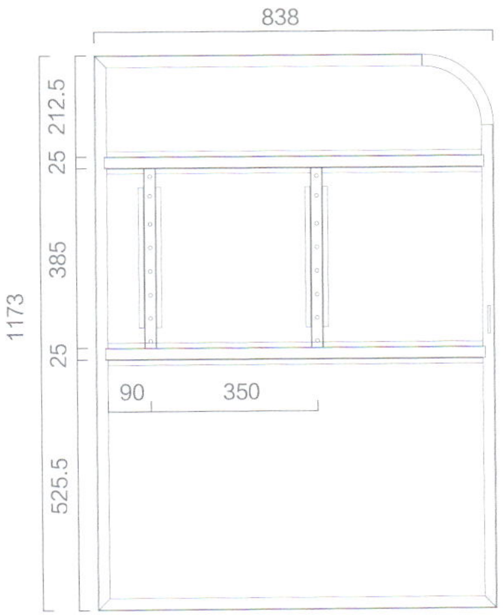

正视图

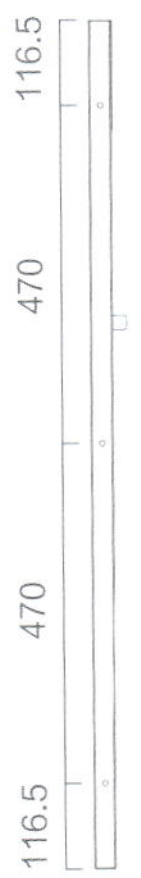

右视图

左视图

俯视图

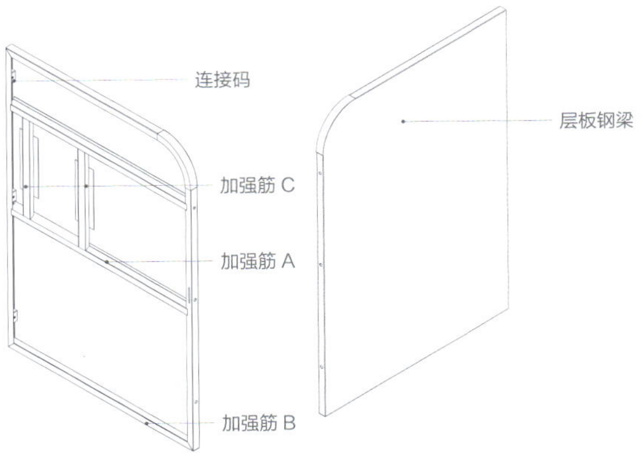

轴测图

E.1.7.24 消防器材箱右门板

注：消防器材箱右门板采用 1.2mm 镀锌板制作。

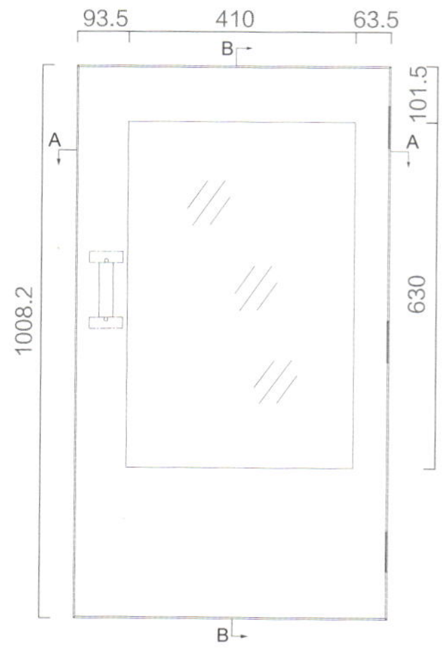

正视图

左视图

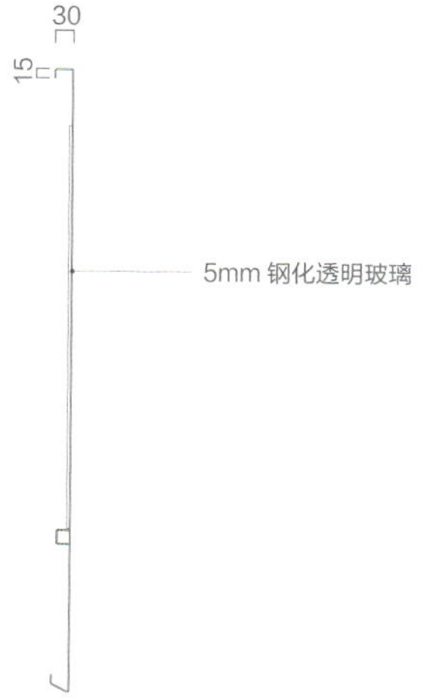

A-A 剖面图

俯视图

B-B 剖面图

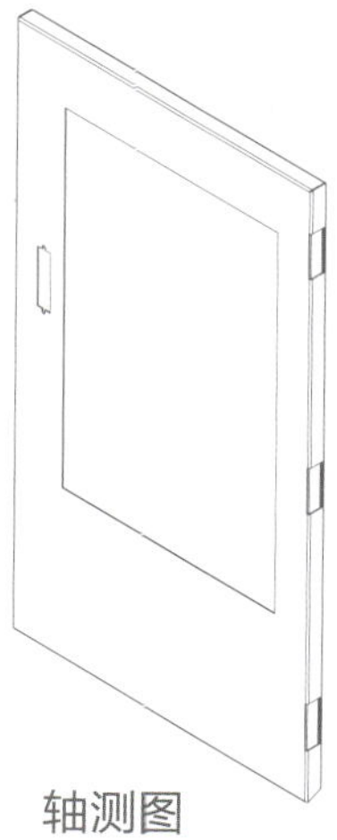

轴测图

E.1.7.25 消防器材箱底板

注：消防器材箱底板采用 1.2mm 镀锌板制作。

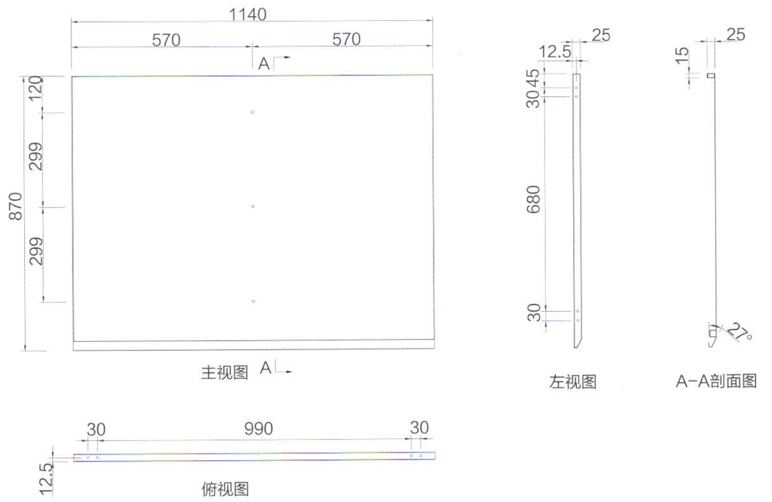

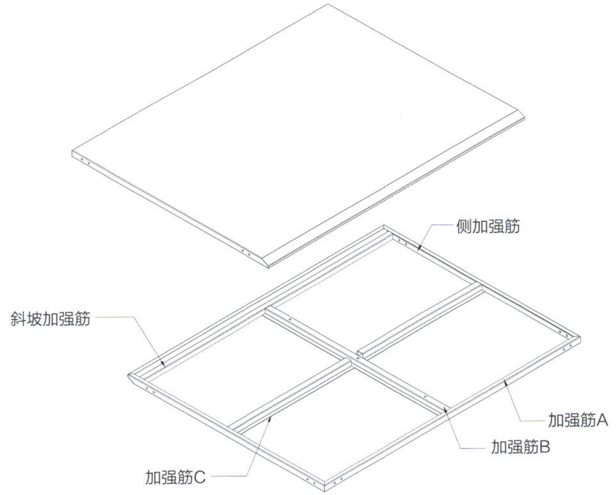

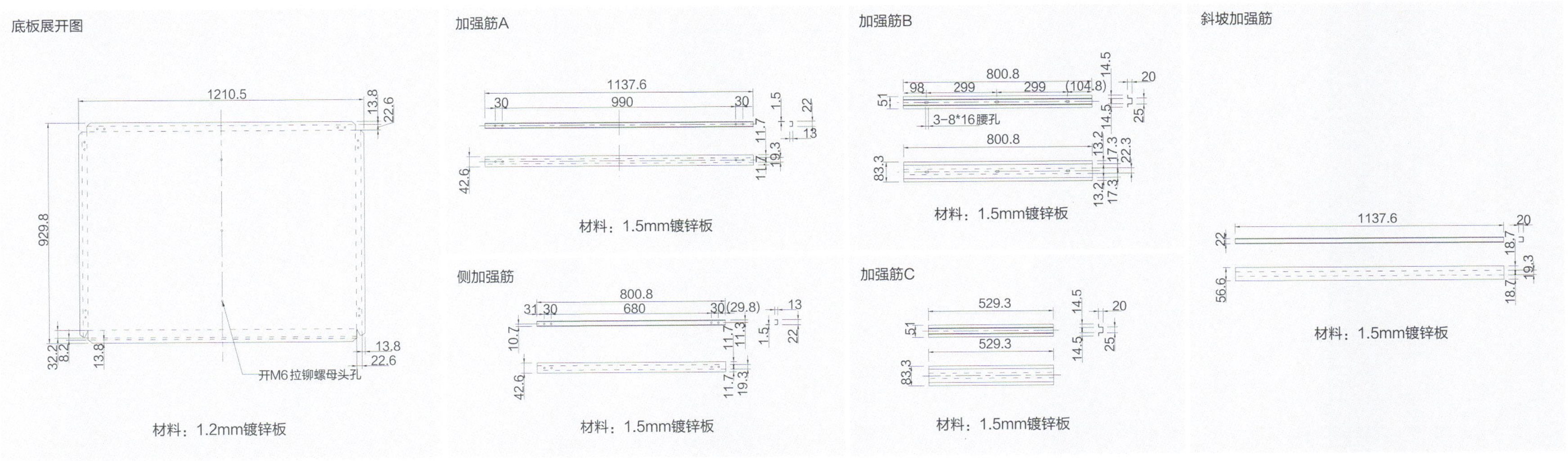

E.1.7.26 消防器材箱活动层板一

注：消防器材箱活动层板一采用 1.2mm 镀锌板制作。

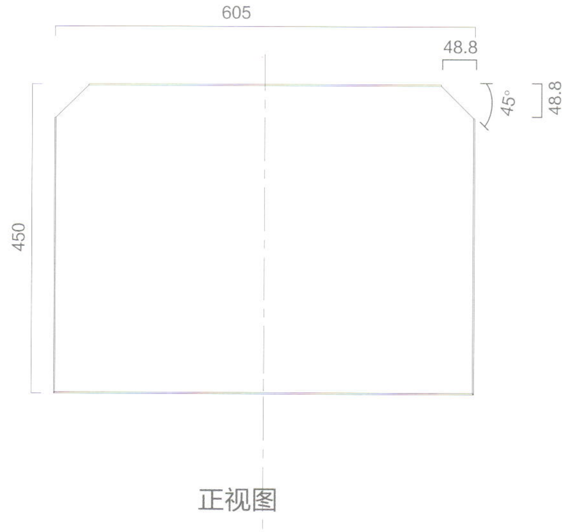

正视图

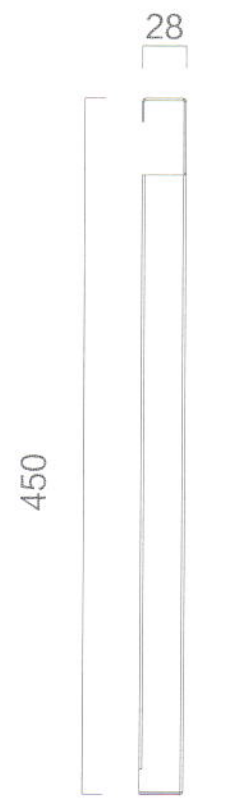

左视图

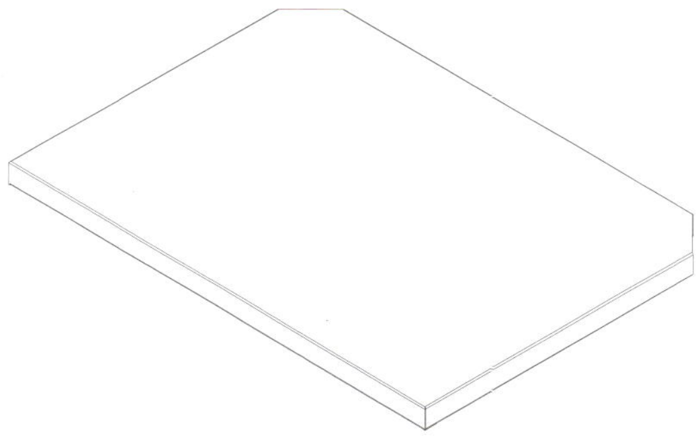

轴测图

E.1.7.27 消防器材箱活动层板二

注：消防器材箱活动层板二采用 1.2mm 镀锌板制作。

正视图

左视图

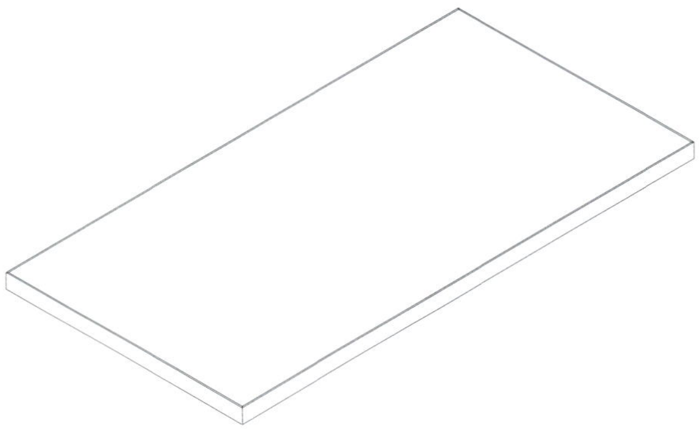

轴测图

E.1.7.28 消防器材箱（灭火器箱）尺寸及工艺说明

· 消防器材箱（灭火器箱）外观如图示，为保证视觉效果，应严格按照标准尺寸及工艺要求进行生产制作。

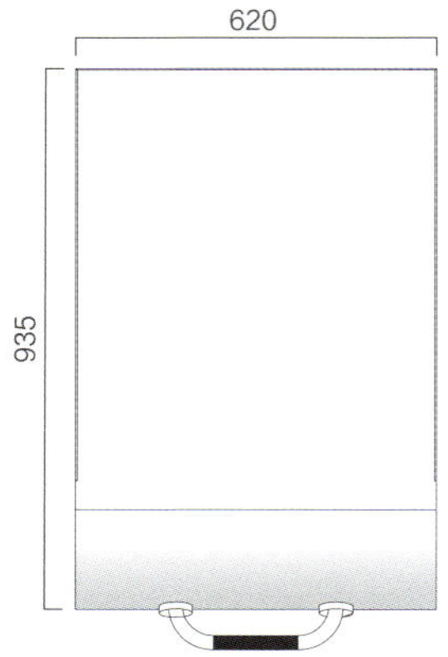

俯视图

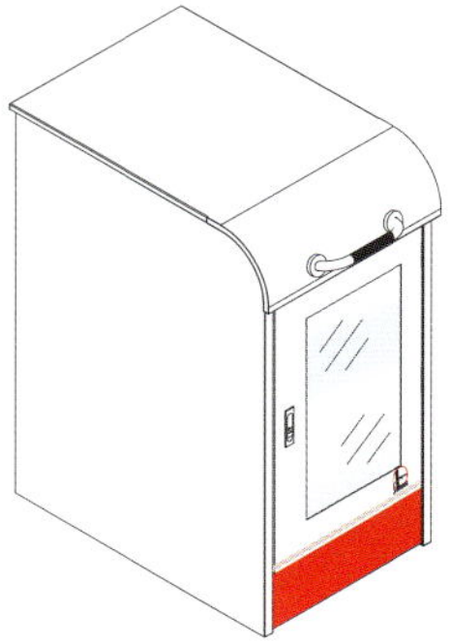
轴测图

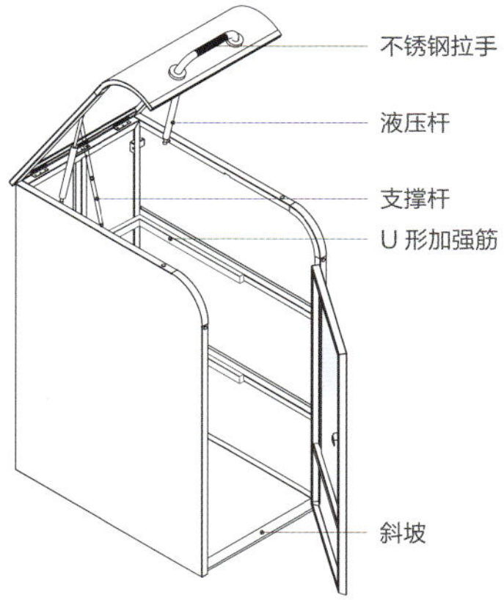

开合式轴测图

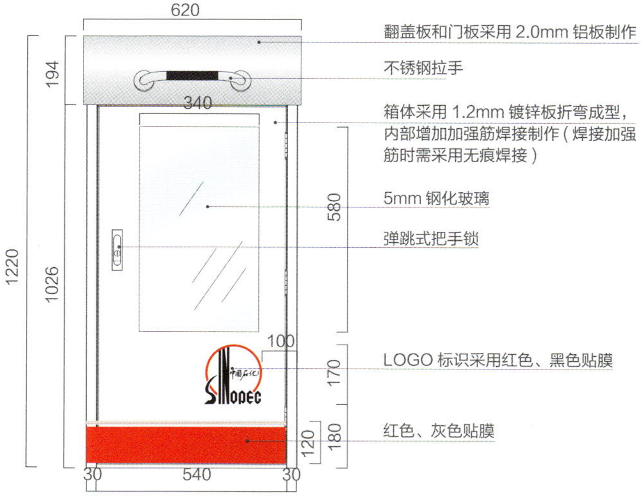

正视图

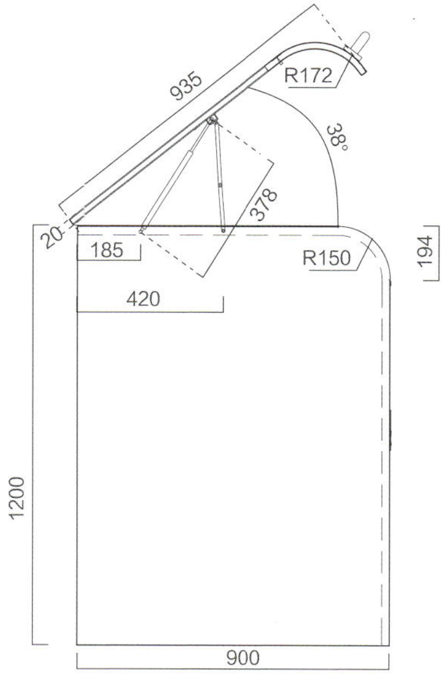

侧视图

E.1.7.29 消防器材箱（灭火器箱）左侧板

注：消防器材箱（灭火器箱）左侧板采用 1.2mm 镀锌板制作。

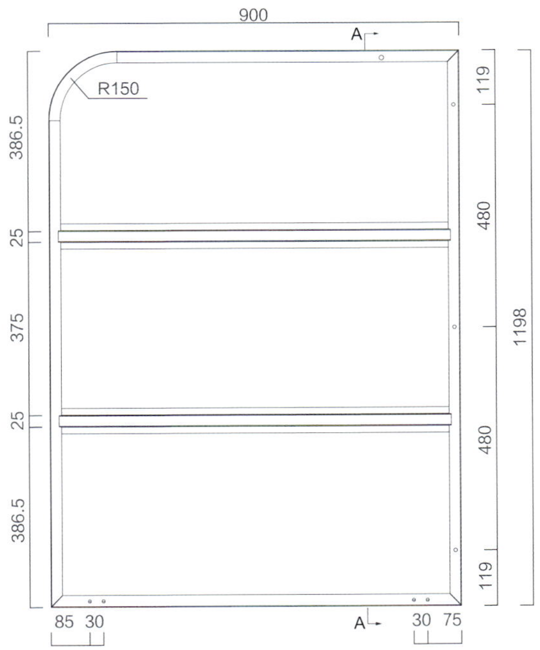

正视图

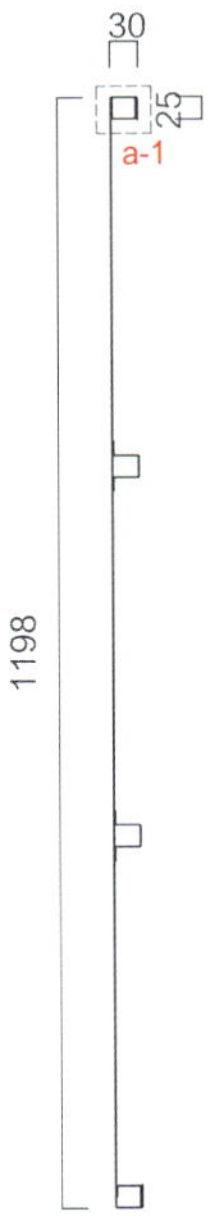

A–A 剖视图

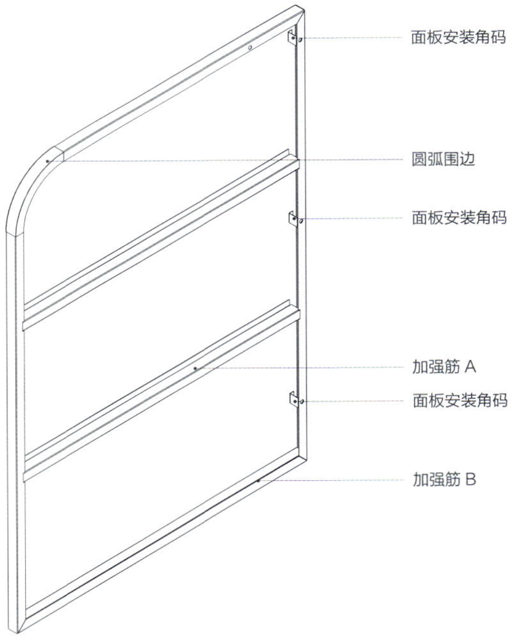

轴测图

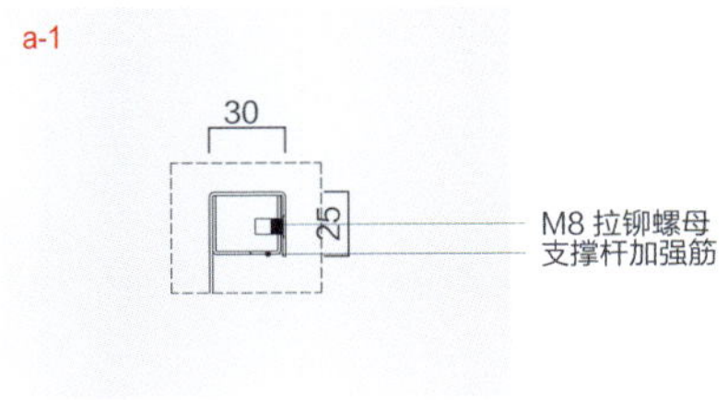

E.1.7.30 消防器材箱（灭火器箱）右侧板

注：消防器材箱（灭火器箱）右侧板采用 1.2mm 镀锌板制作。

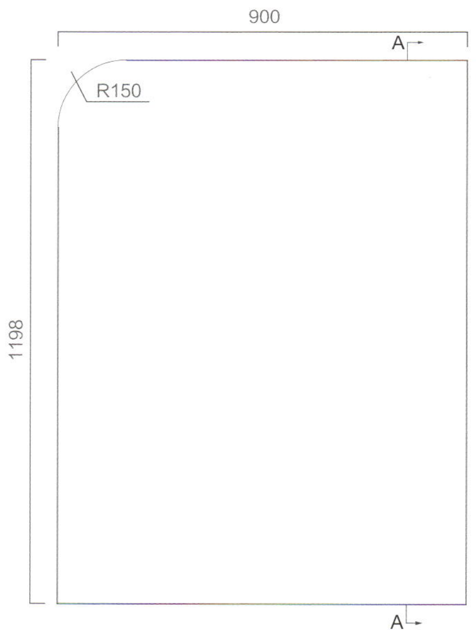

正视图

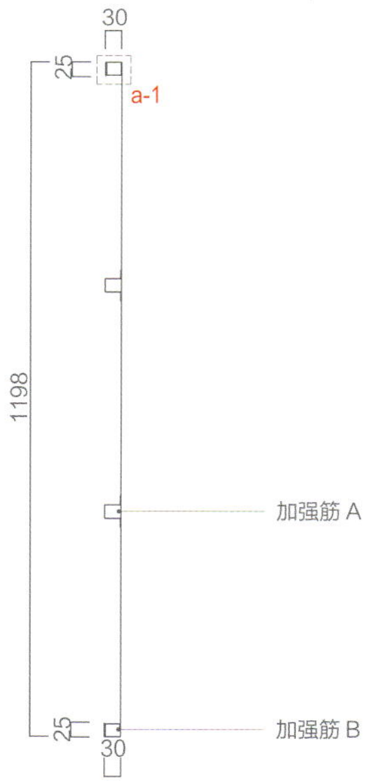

A–A 剖视图

轴测图

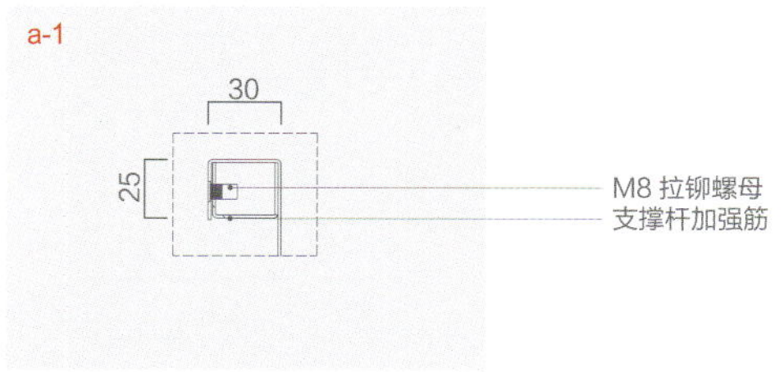

E.1.7.31 消防器材箱（灭火器箱）门板

注：消防器材箱（灭火器箱）门板采用 1.2mm 镀锌板制作。

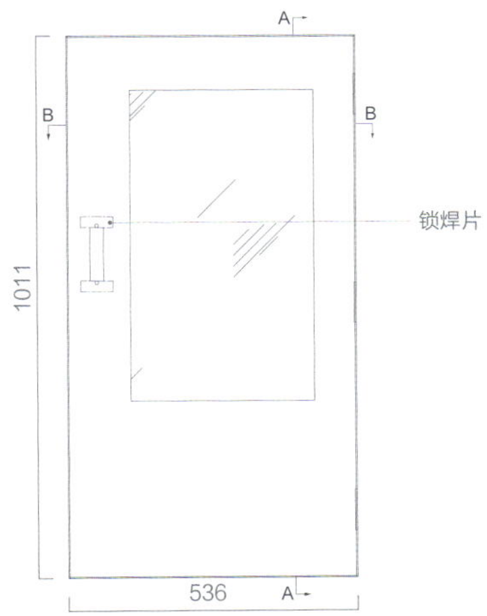

正视图

右视图

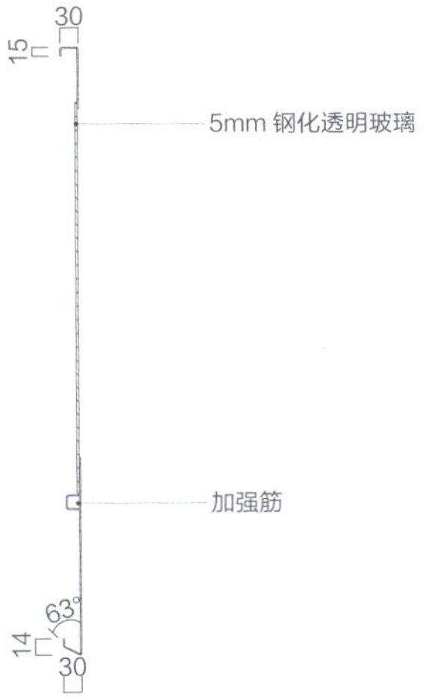

A–A 剖视图

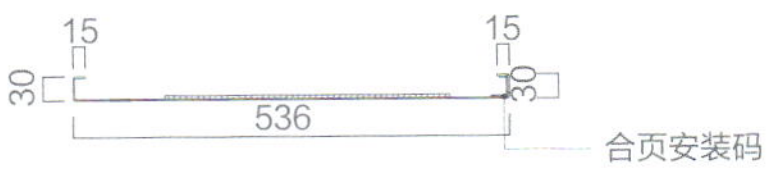

B–B 剖视图

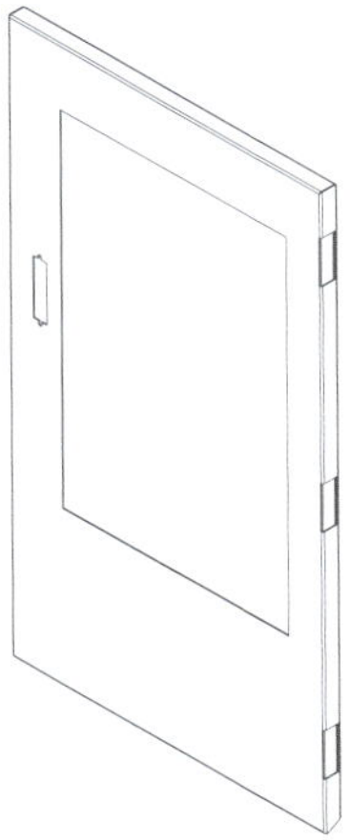

轴测图

E.1.7.32 消防器材箱（灭火器箱）背板

注：消防器材箱（灭火器箱）背板采用 1.2mm 镀锌板制作。

正视图

右视图

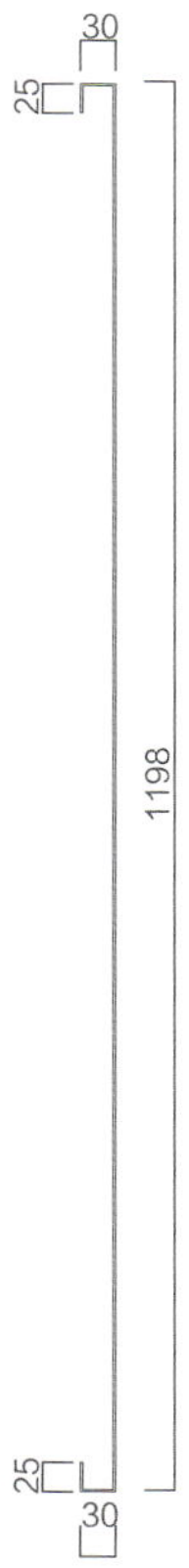

A–A 剖视图

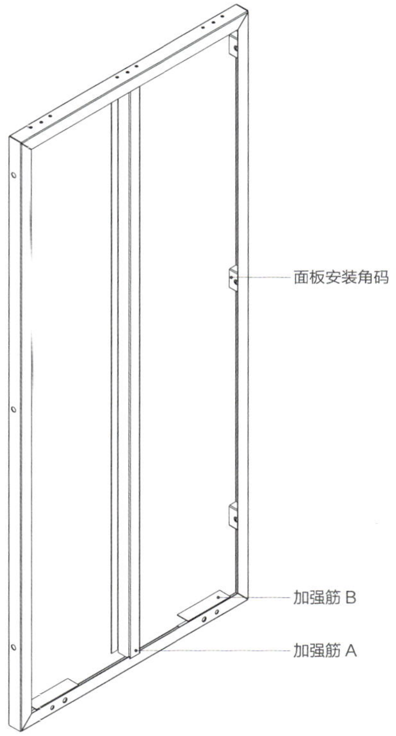

轴测图

E.1.7.33 消防器材箱（灭火器箱）盖板

注：消防器材箱（灭火器箱）盖板采用 2mm 铝板制作。

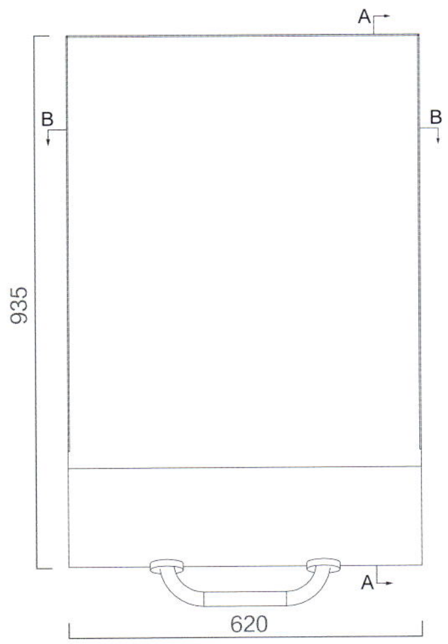

正视图

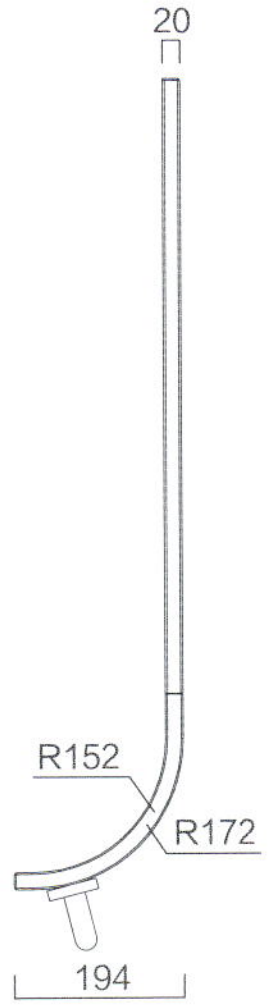

右视图

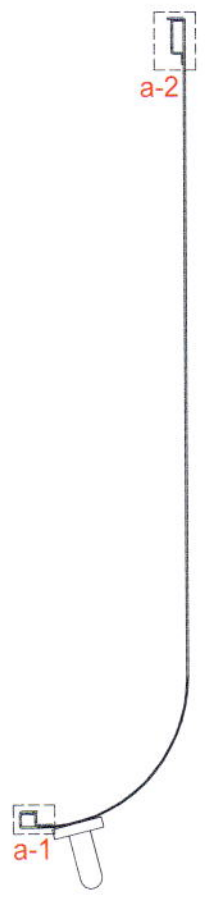

A–A 剖视图

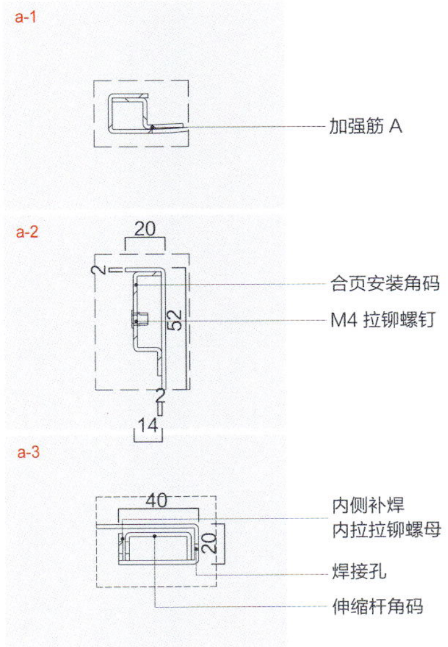

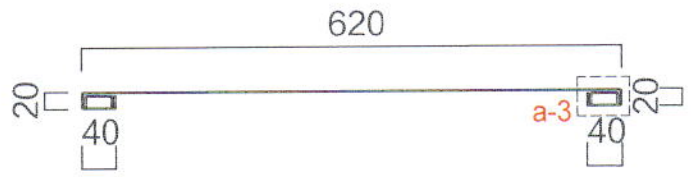

B–B 剖视图

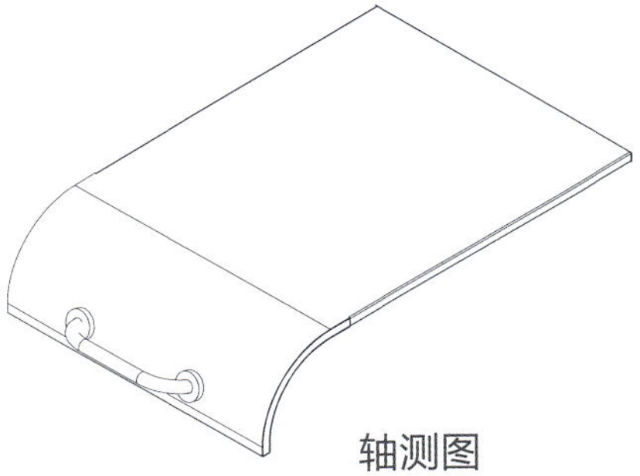

轴测图

E.1.7.34 消防器材箱（灭火器箱）底板

注：消防器材箱（灭火器箱）底板采用 1.2mm 镀锌板制作。

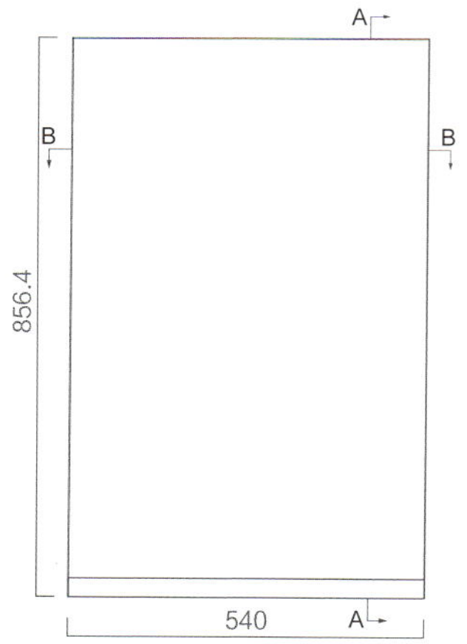

正视图

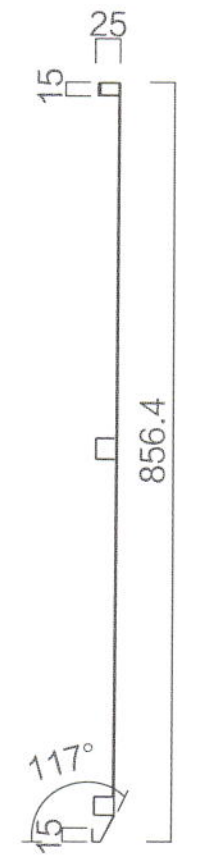

A-A 剖视图

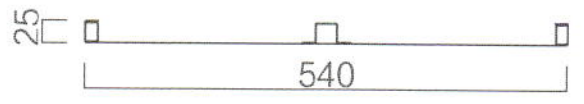

B-B 剖视图

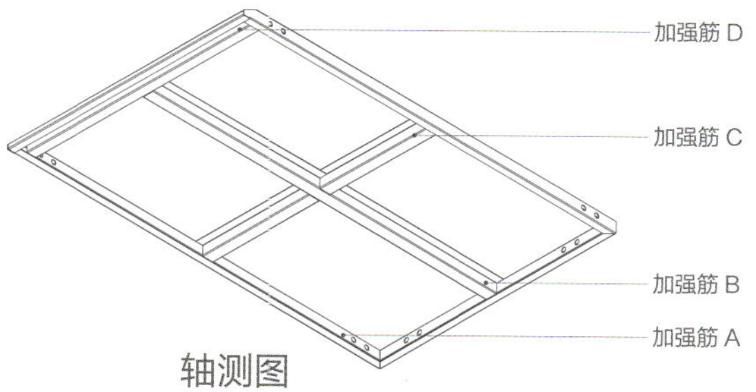

轴测图

E.1.7.35 计量工具箱尺寸及工艺说明

· 计量工具箱外观如图示，为保证视觉效果，应严格按照标准尺寸及工艺要求进行生产制作。

· 注：计量器材部分可增加链锁锁环。

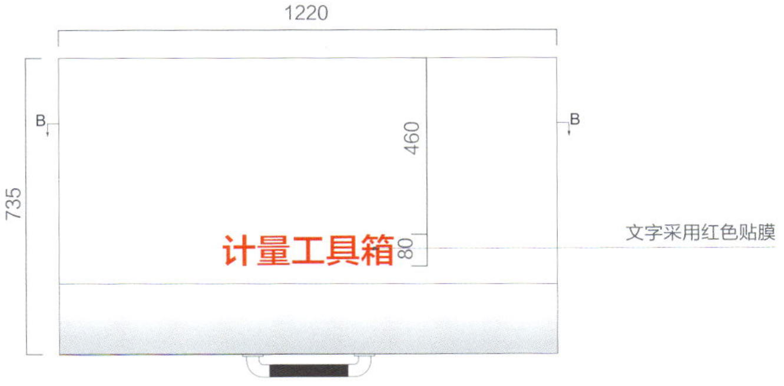

俯视图

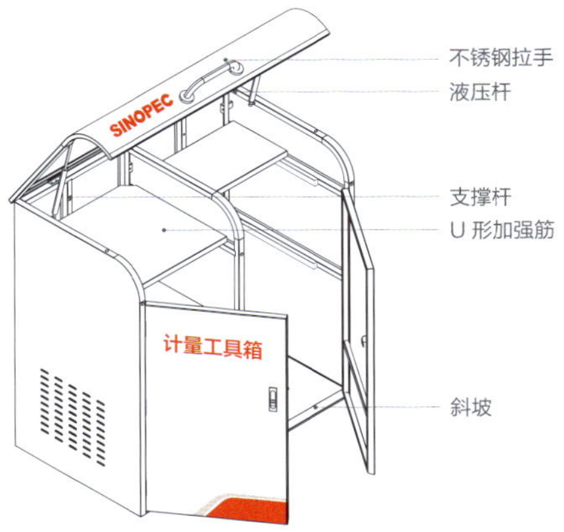

轴测图

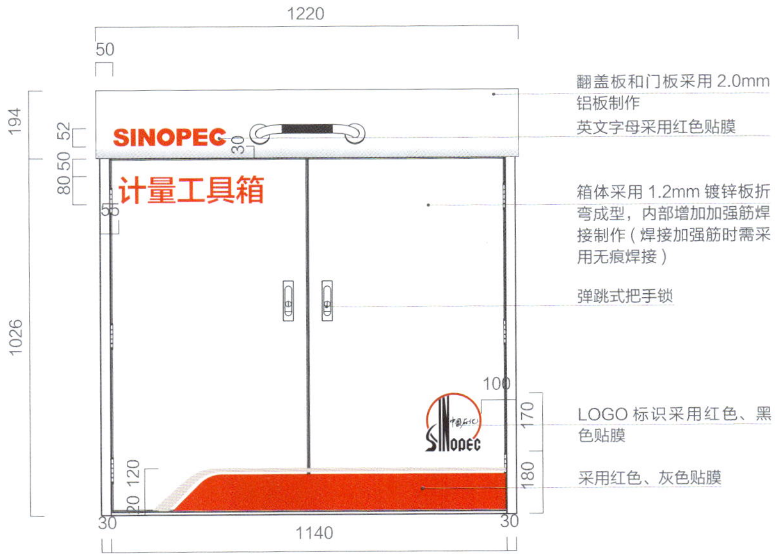

正视图

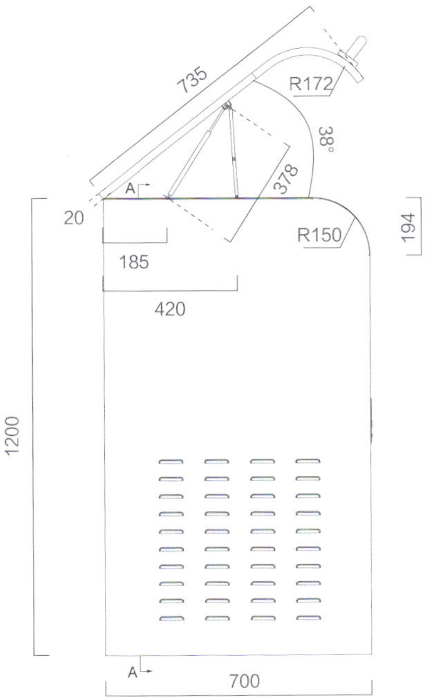

侧视图

E.1.7.36 计量工具箱尺寸及工艺说明

· 计量工具箱外观如图示，为保证视觉效果，应严格按照标准尺寸及工艺要求进行生产制作。

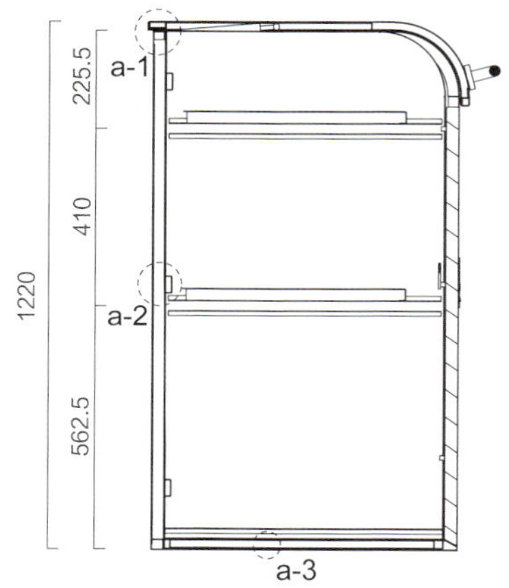

A−A 剖面图

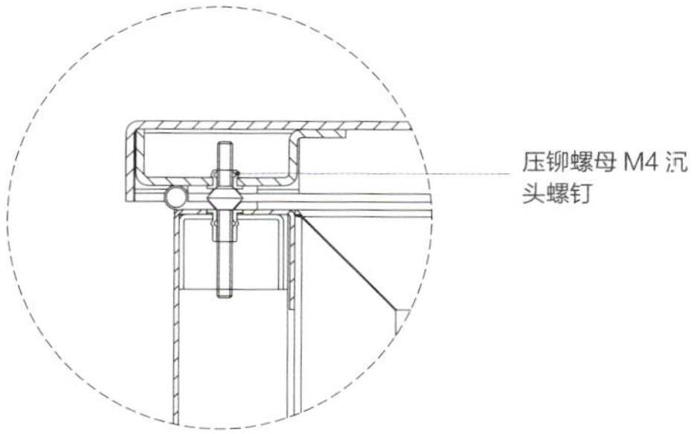

a−1

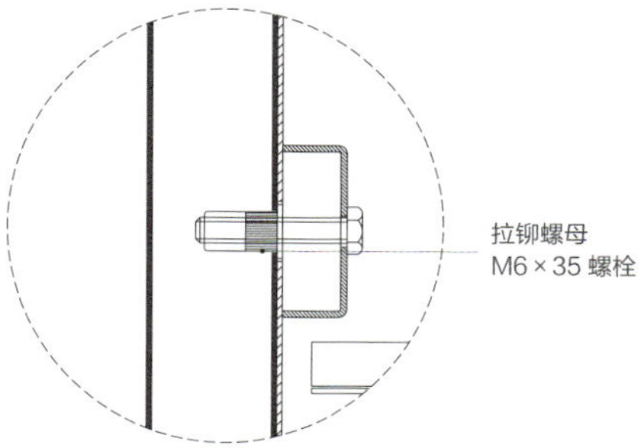

a−2

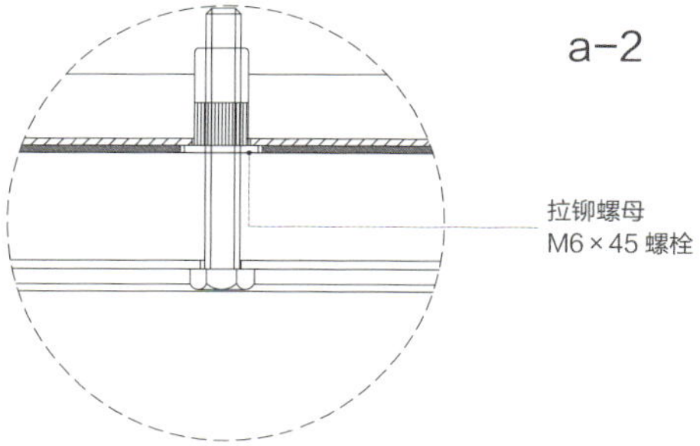

a−3

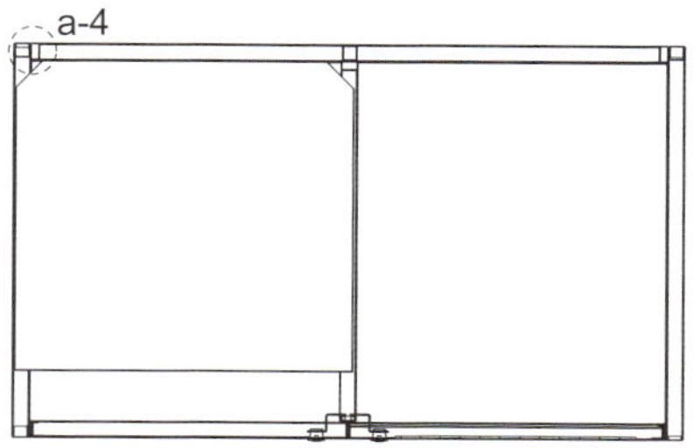

B−B 剖面图

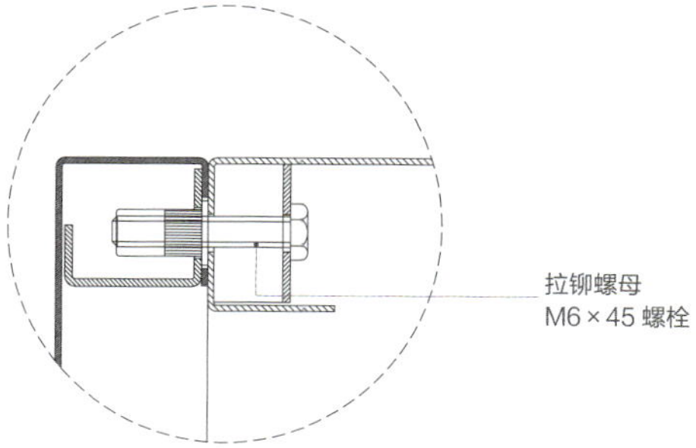

a−4

E.1.7.37 计量工具箱左侧板

注：计量工具箱左侧板采用 1.2mm 镀锌板制作。

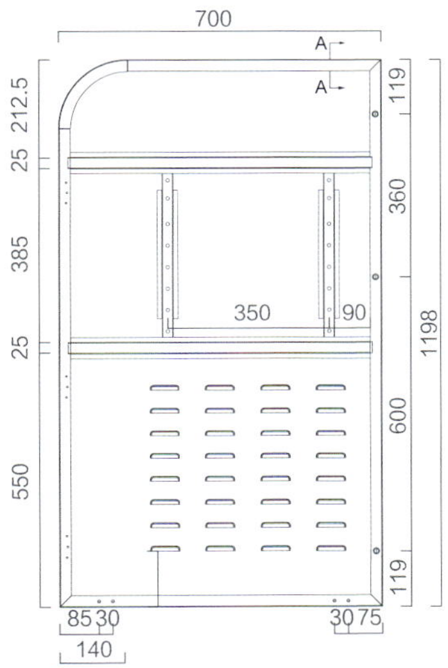

正视图

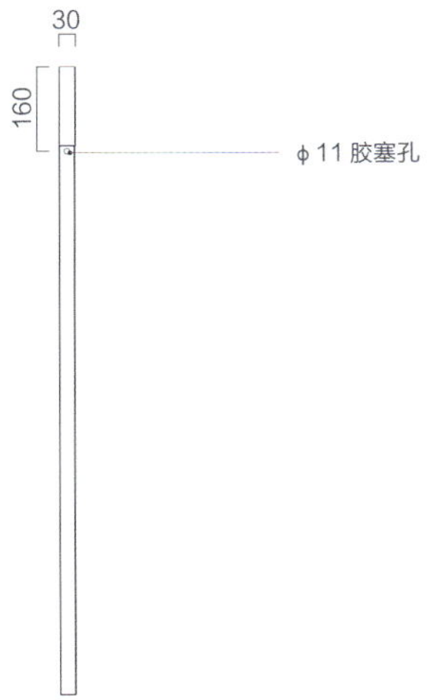

左视图

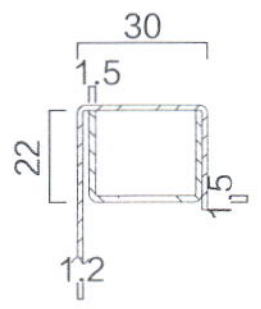

A–A 剖视图

俯视图

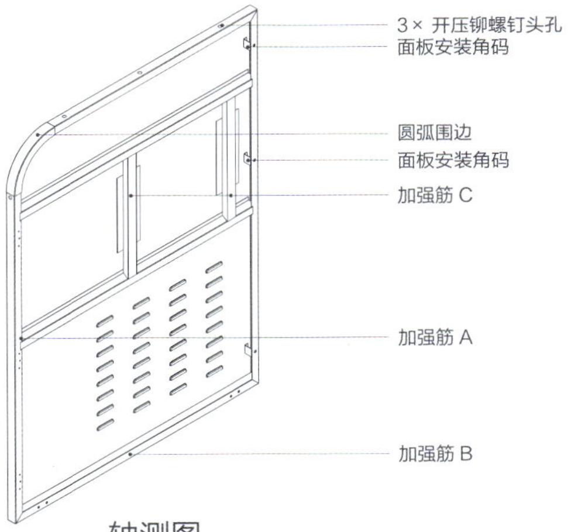

轴测图

E.1.7.38 计量工具箱右门板

注：计量工具箱右门板采用 1.2mm 镀锌板制作。

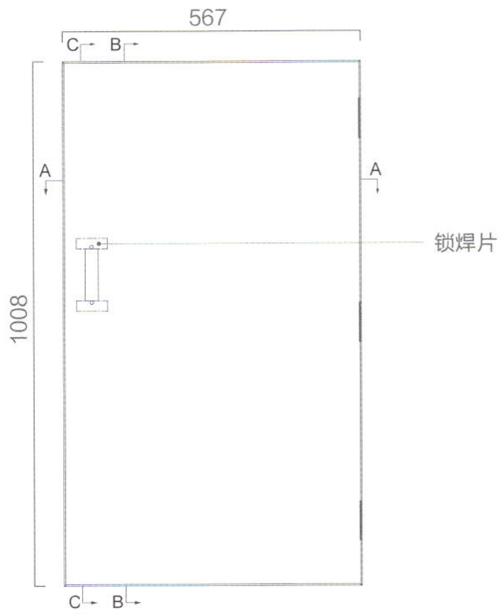

正视图

左视图

B–B 剖视图

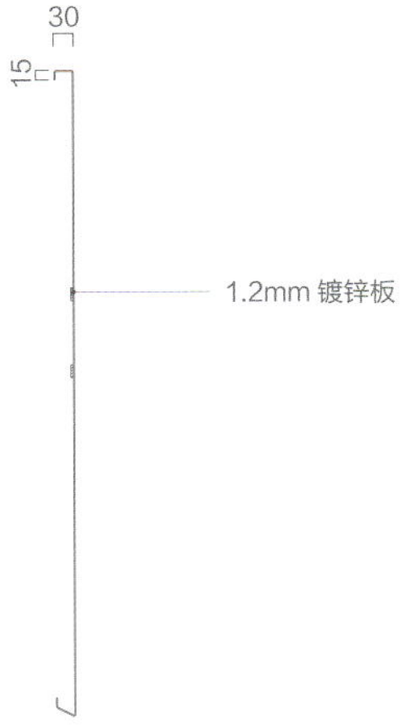

C–C 剖视图

俯视图

A–A 剖视图

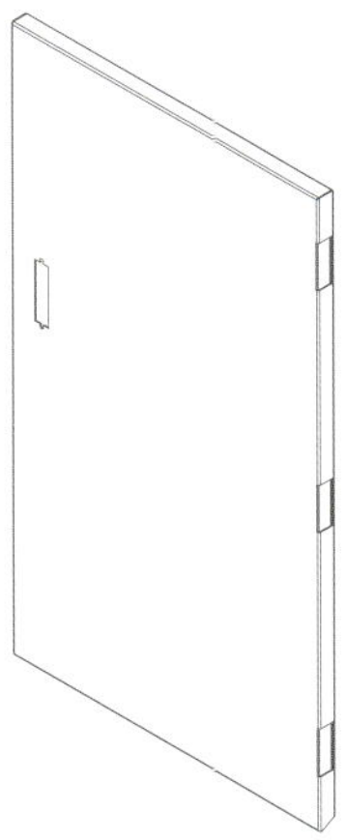

轴测图

E.1.7.39 计量工具箱盖板

注：计量工具箱盖板采用 2mm 铝板制作。

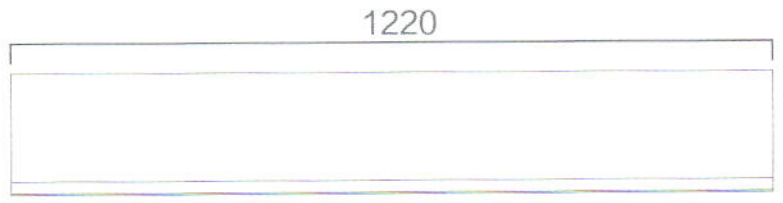

正视图

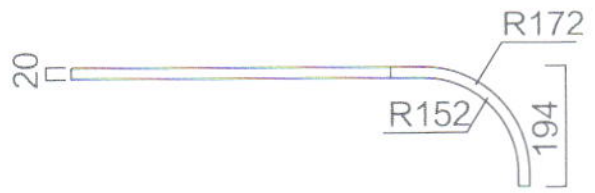

左视图

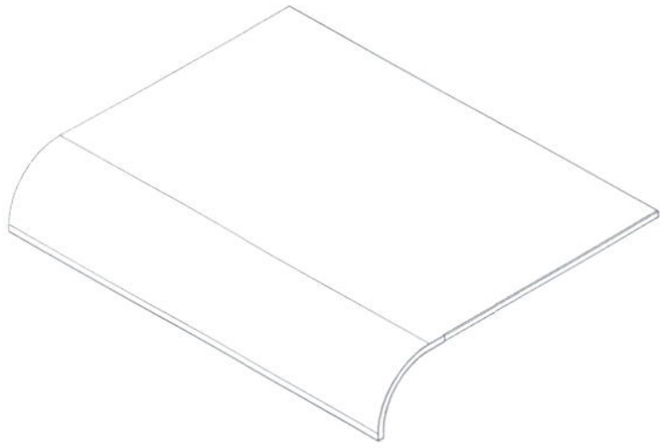

轴测图

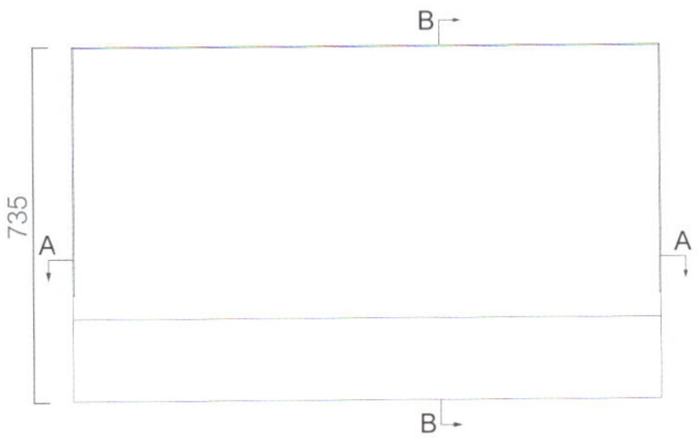

俯视图

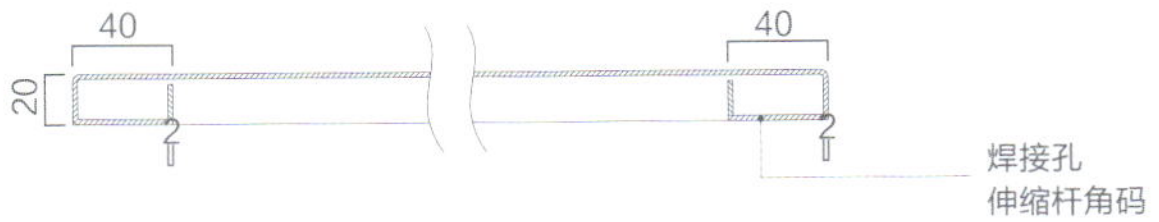

A–A 剖视图

B–B 剖视图

a-1

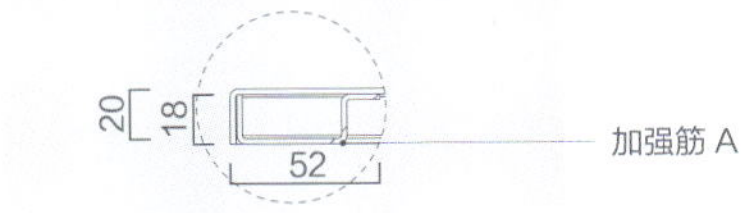

a-2

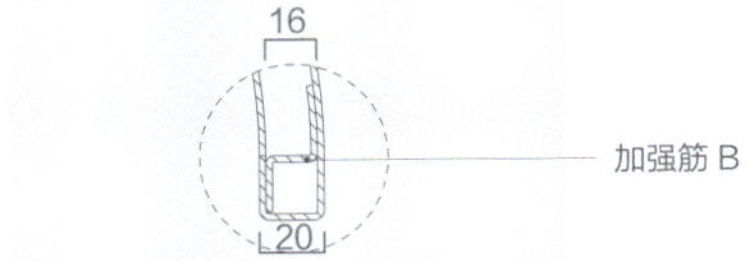

E.1.7.40 计量工具箱背板

注：计量工具箱背板采用 1.2mm 镀锌板制作。

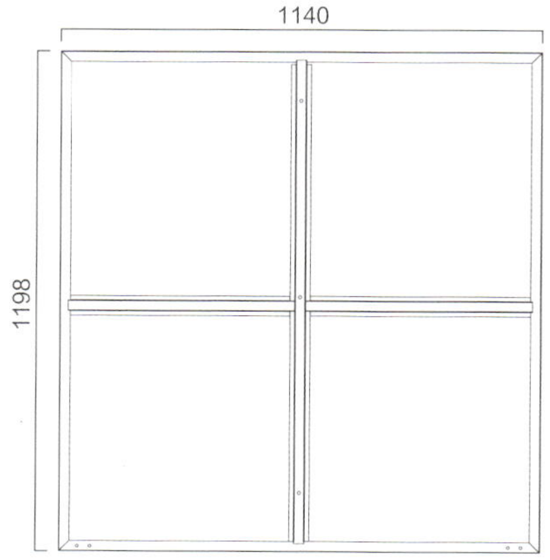

正视图

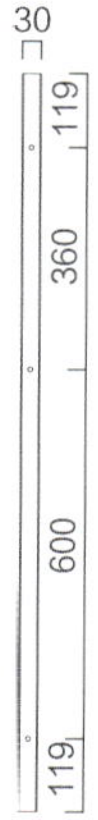

左视图

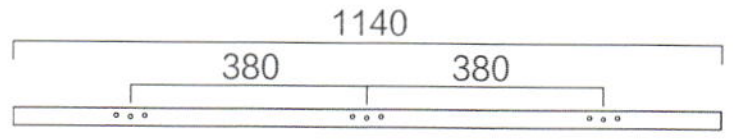

俯视图

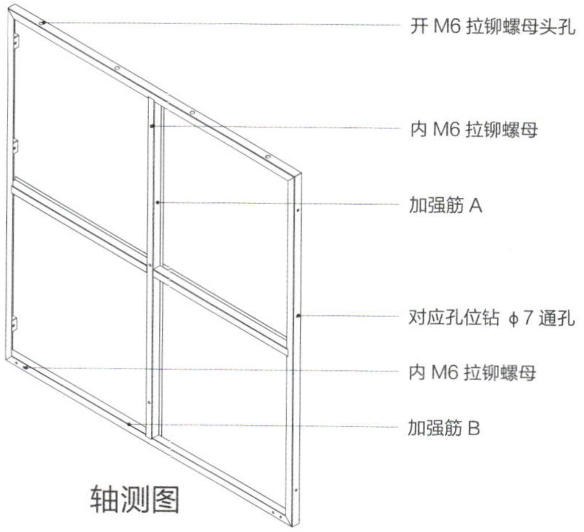

轴测图

E.1.7.41 计量工具箱中立隔板

注：计量工具箱中立隔板采用 1.2mm 镀锌板制作。

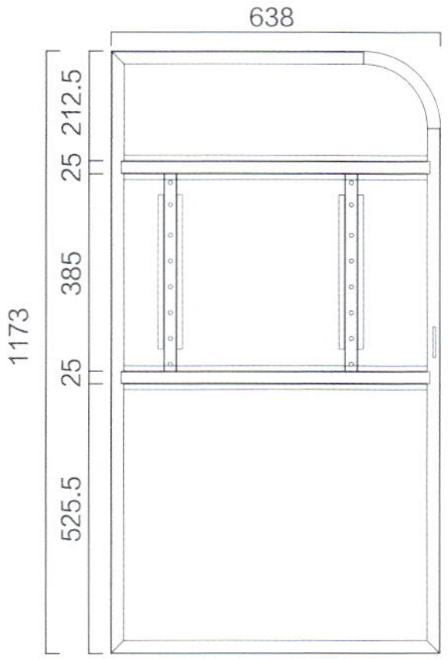

正视图

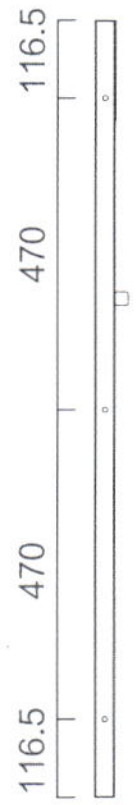

右视图

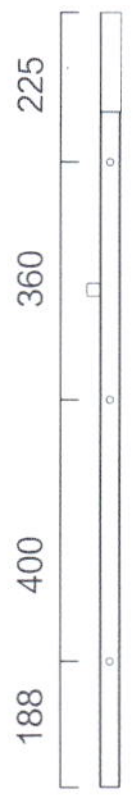

左视图

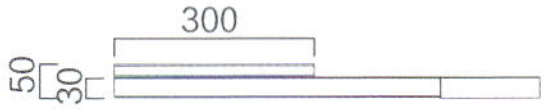

俯视图

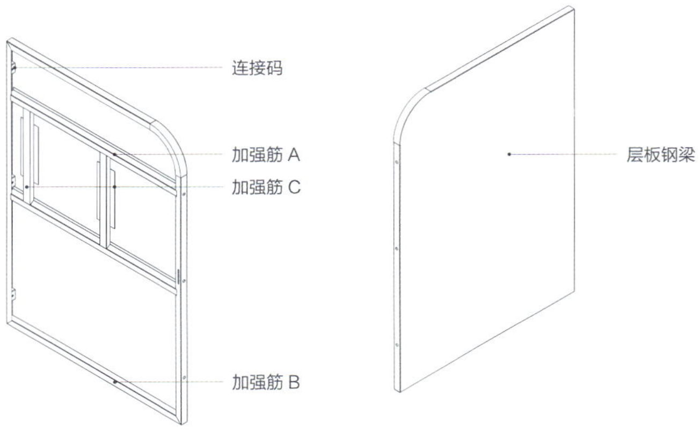

轴测图

E.1.7.42 计量工具箱底板

注：计量工具箱底板采用 1.2mm 镀锌板制作。

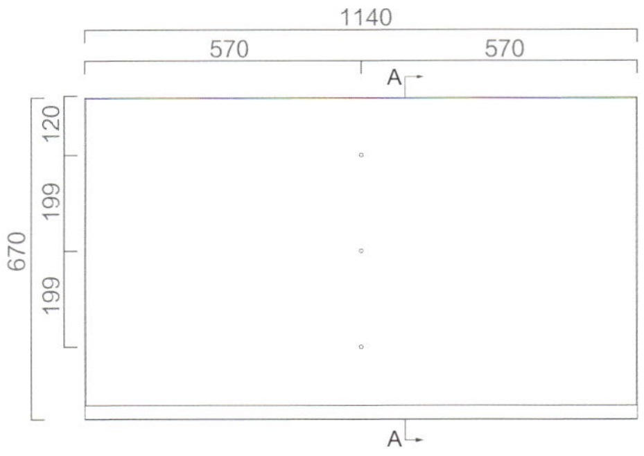

正视图

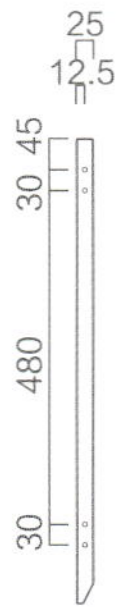

左视图

A–A 剖视图

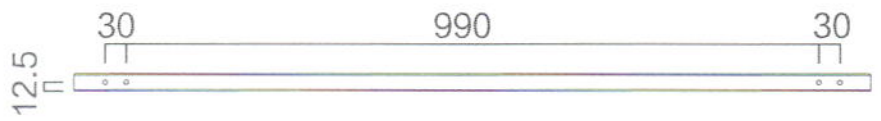

俯视图

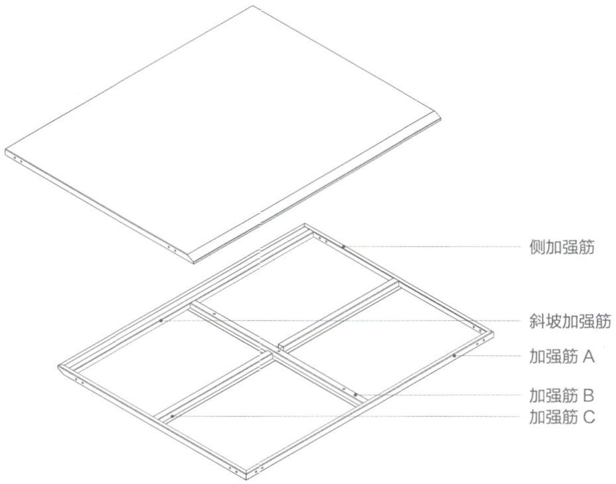

轴测图

/ E.1.8 其他设施

E.1.8.01-E.1.8.02	出入口指示标识
E.1.8.03-E.1.8.06	入口标语标识
E.1.8.07-E.1.8.09	充换电指示牌
E.1.8.10	移动式防冲撞拒马
E.1.8.11-E.1.8.15	地面画线及车位画线
E.1.8.16-E.1.8.19	防撞柱
E.1.8.20	减速带
E.1.8.21	通气管警示标识
E.1.8.22-E.1.8.27	标识牌、提示牌、警示牌
E.1.8.28-E.1.8.29	围墙指示箭头
E.1.8.30	围墙广告灯箱
E.1.8.31	围墙警示牌

E.1.8.01 出入口指示标识尺寸及工艺说明

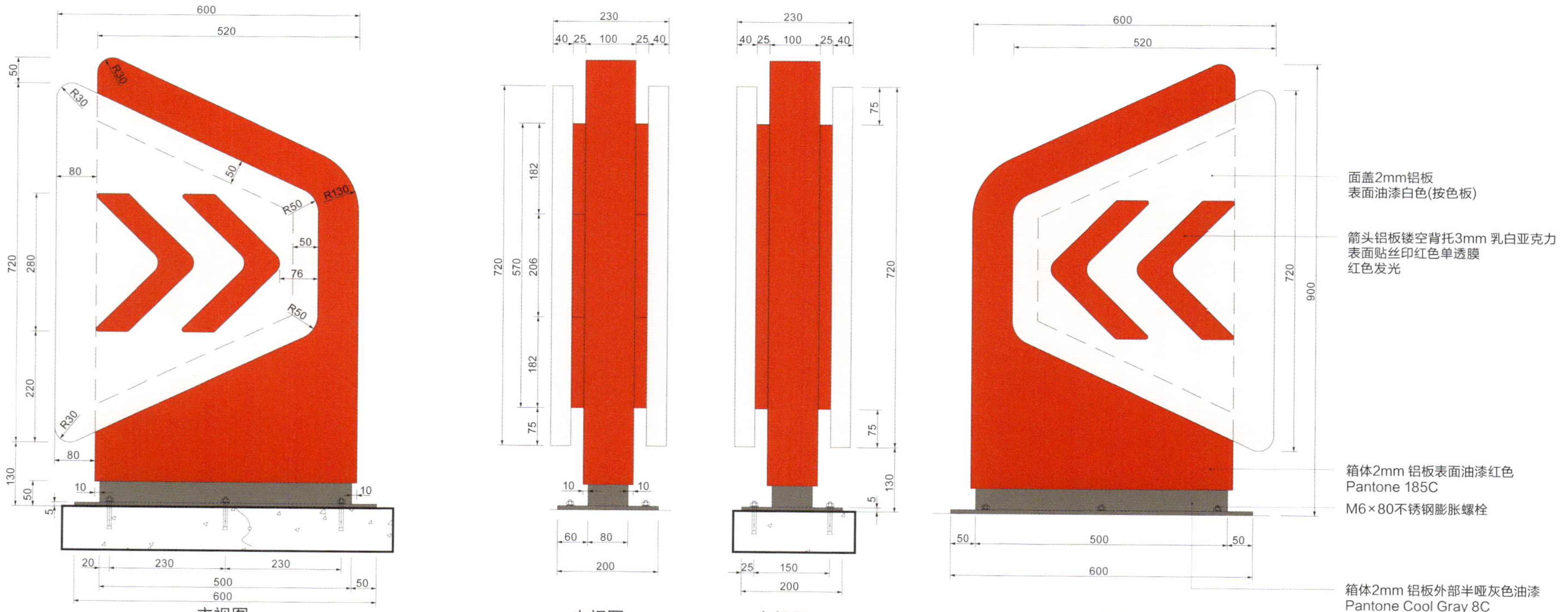

主视图　右视图　左视图　后视图

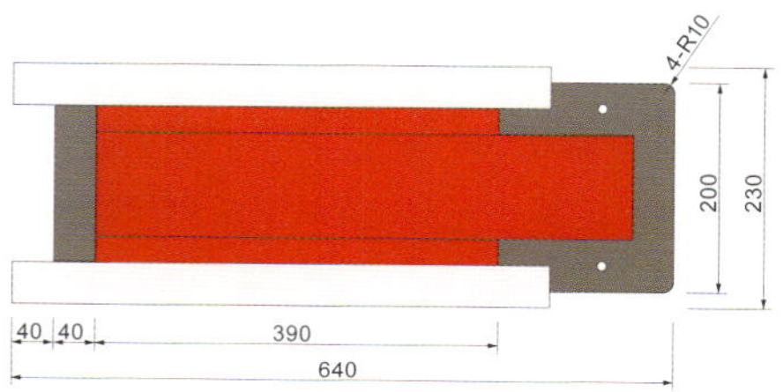

俯视图

技术说明

1. 箱体及面盖采用2mm铝板折弯制作，底板采用5mm底板与箱体焊接整体，箱体及面盖表面油漆红色/白色/灰色；
2. 箭头铝板镂空背托3mm 乳白亚克力，表面贴丝印红色单透膜(按色板)，红色发光；
3. 灯具采用白光防水LED模组(质保三年)，色温6500K，打光需要均匀明亮、无阴影，LED位置可根据实际情况相应调节；
4. 预留1.5米长1mm²多股电线，出线位加黄蜡管，配套膨胀螺丝发货现场安装；
5. 产品要求表面平整、美观，无焊接变形、刮花等缺陷；油漆不得有挂流、掉漆、色差等不合格缺陷。

E.1.8.02 出入口指示标识剖面图

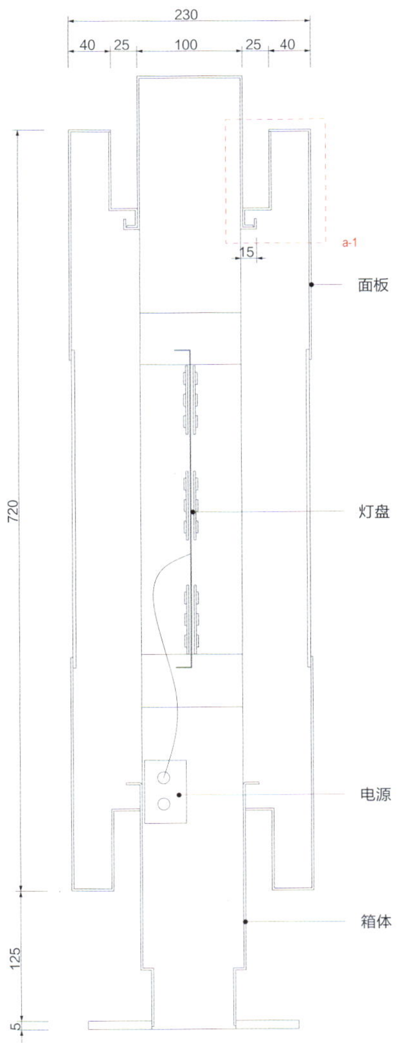

侧剖图

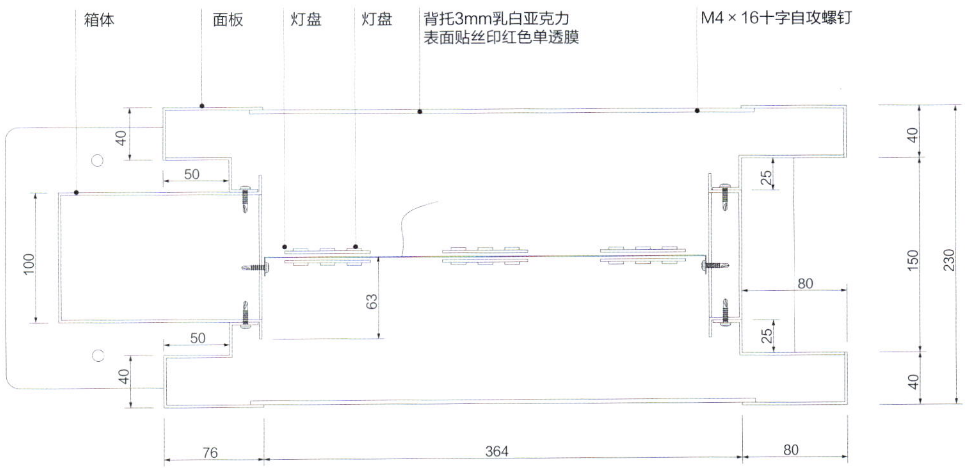

横剖图

a-1

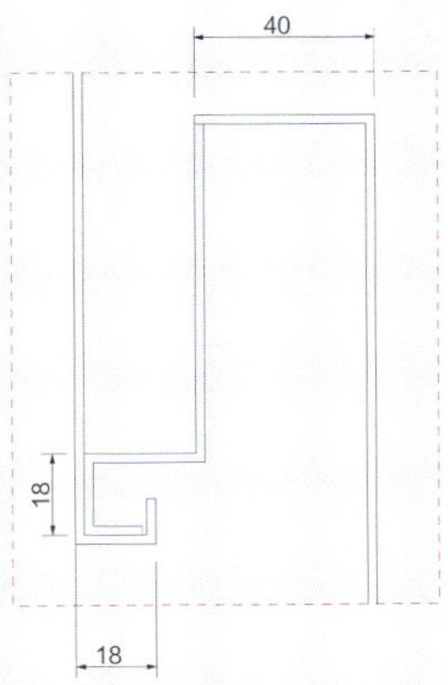

E.1.8.03 入口标语标识尺寸及工艺说明

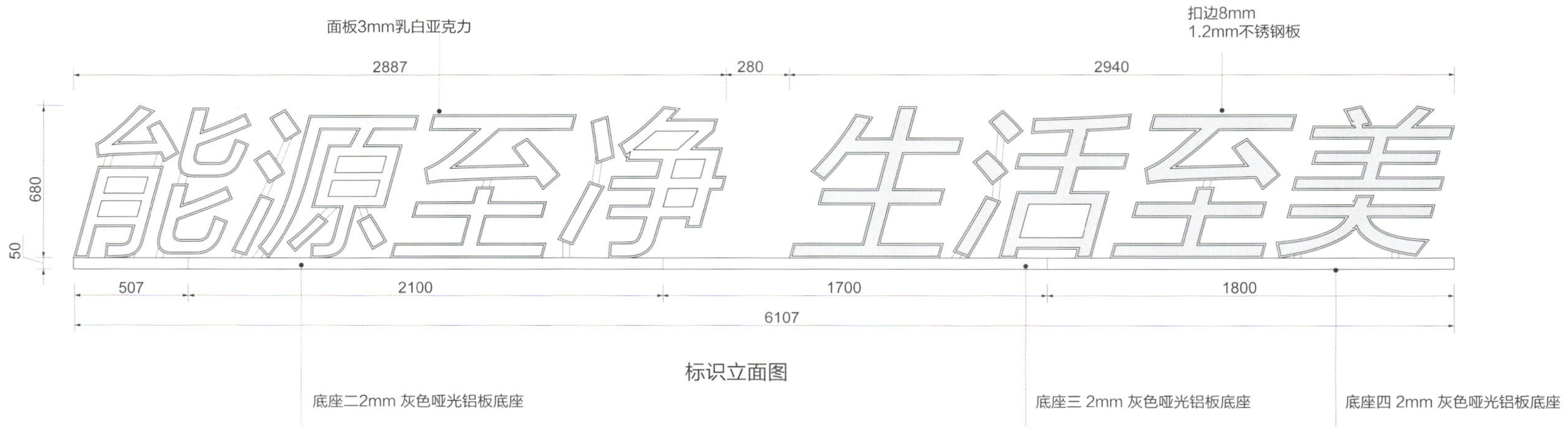

标识立面图

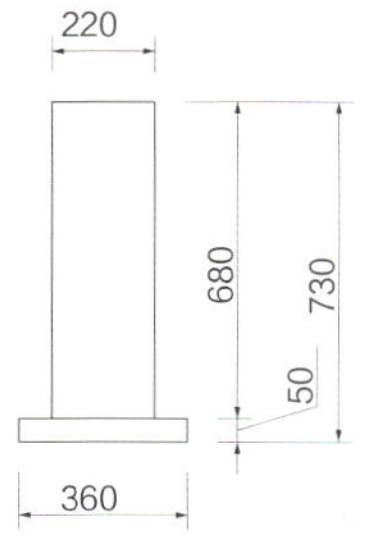

标识侧面图

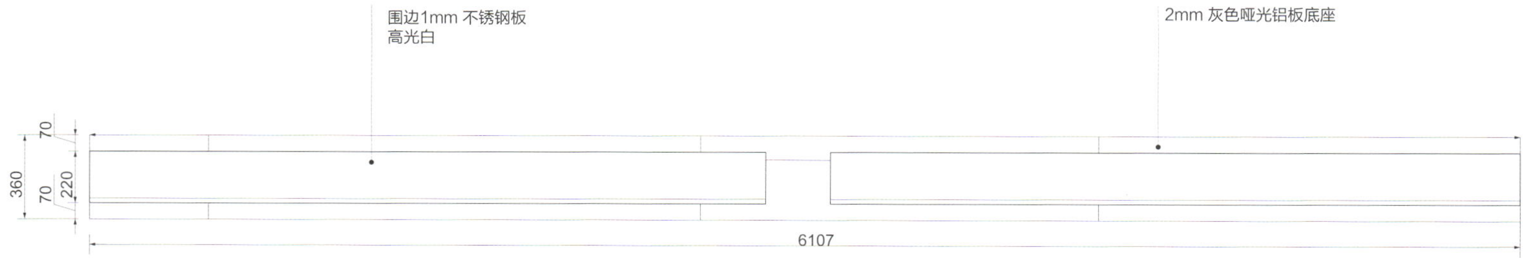

标识平面图

E.1.8.04 入口标语标识剖面图

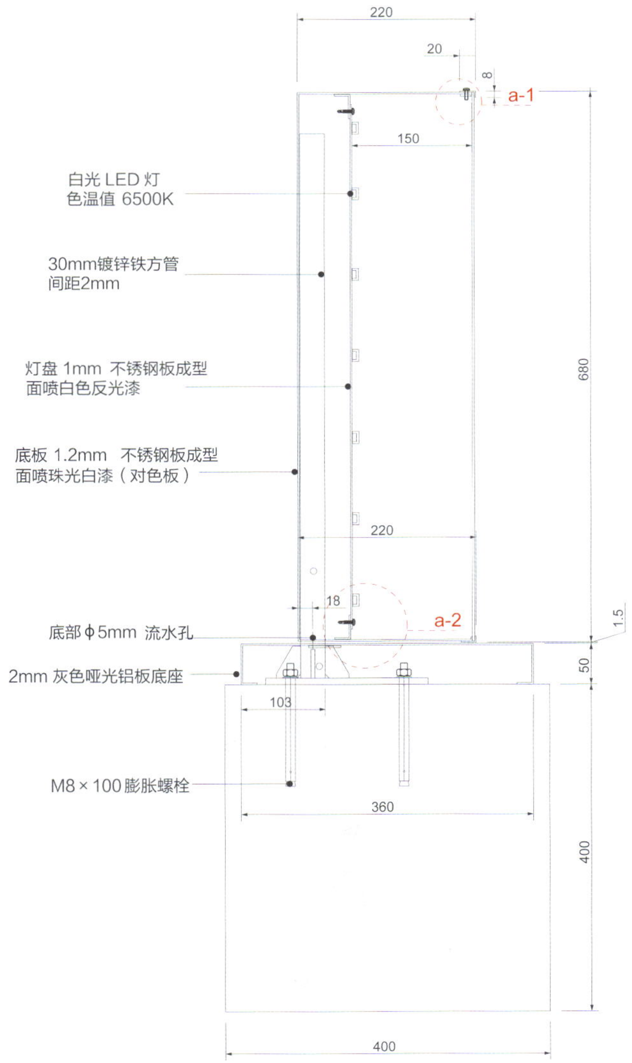

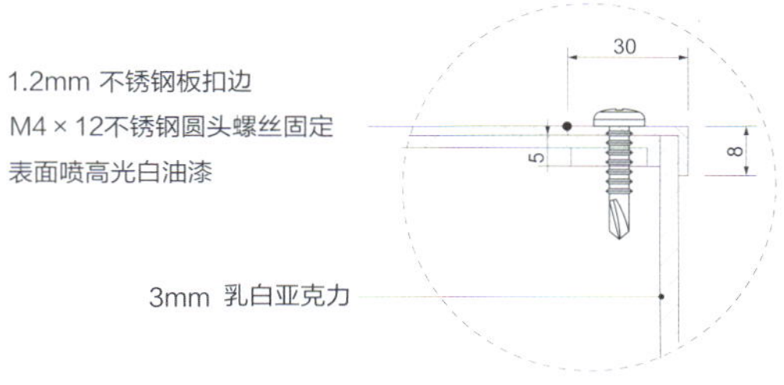

a-1

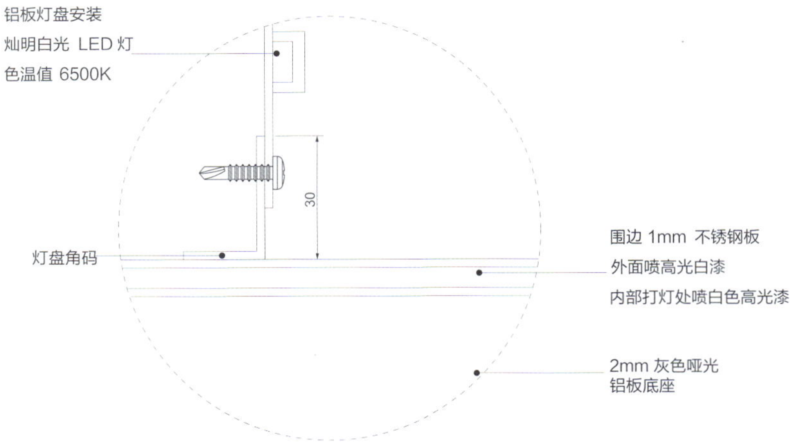

a-2

E.1.8.05 入口标语标识制作图（一）

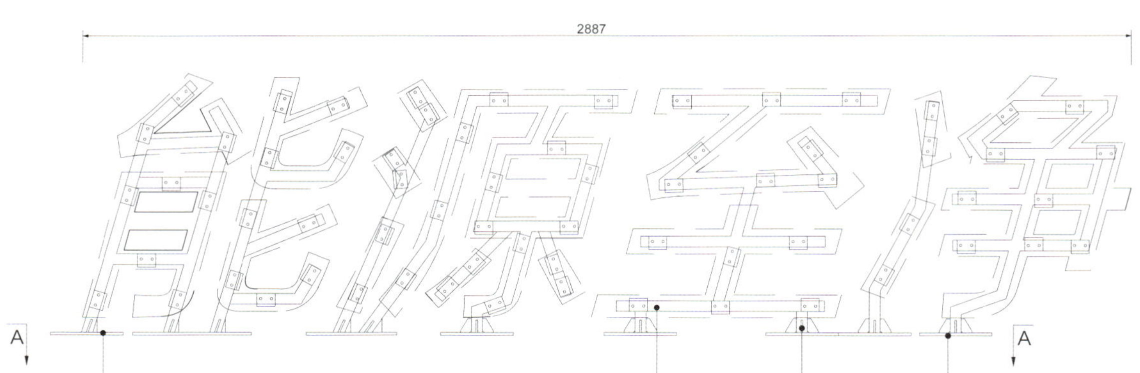

骨架立面示意

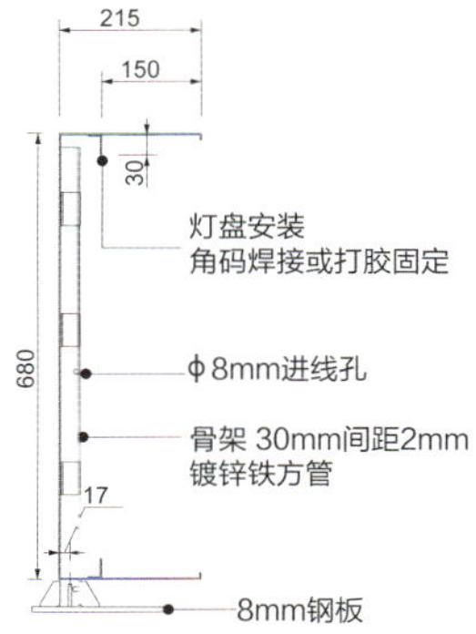

骨架侧面示意

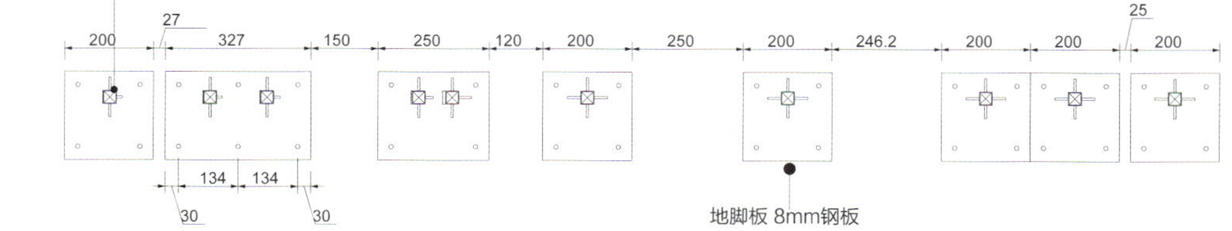

A–A剖面图

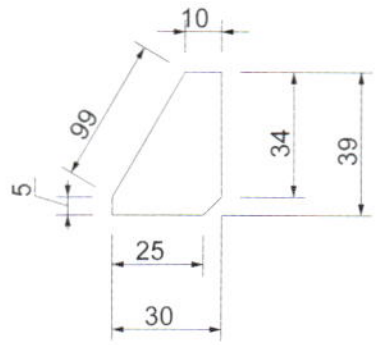

加强筋图1
5mm钢板

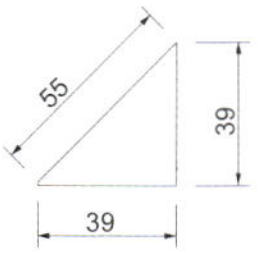

加强筋图2
5mm钢板

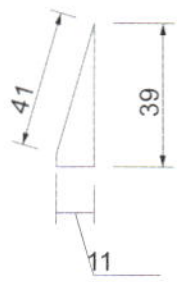

加强筋图3
5mm钢板

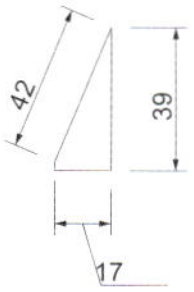

加强筋图4
5mm钢板

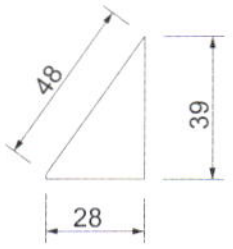

加强筋图5
5mm钢板

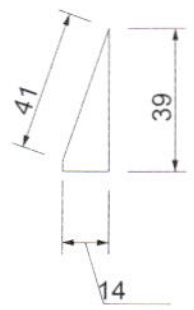

加强筋图6
5mm钢板

E.1.8.06 入口标语标识制作图（二）

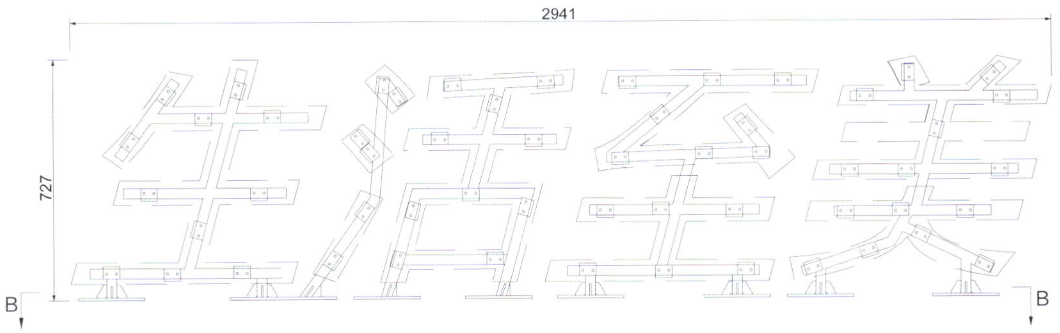

骨架立面示意

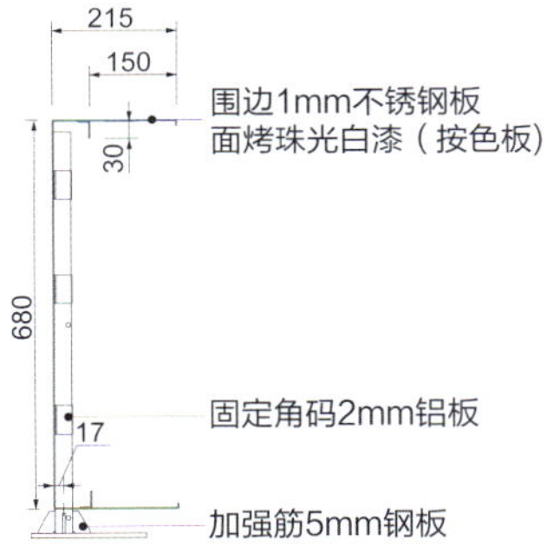

骨架侧面示意

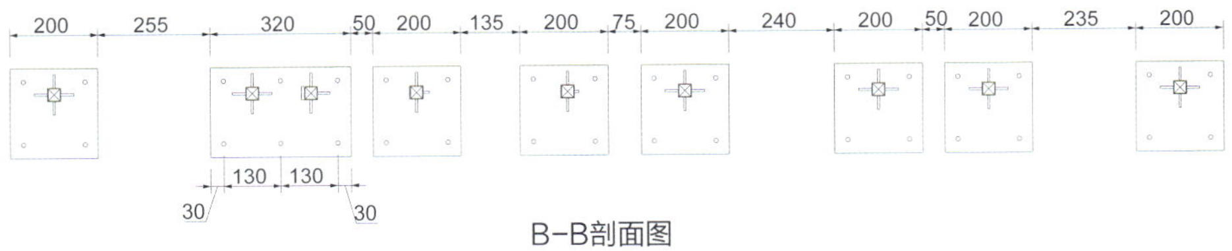

B–B剖面图

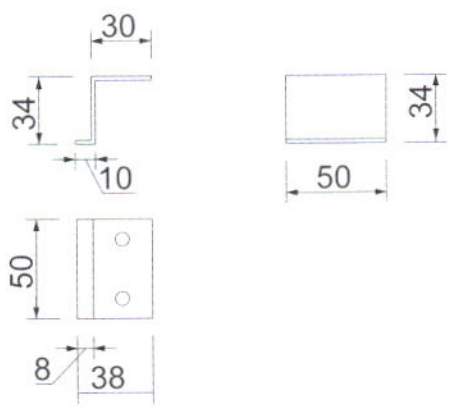

固定角码

2mm 铝板 135个
比例1：2

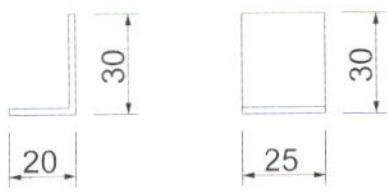

灯盘角码

2mm 铝板 100个
比例1：2

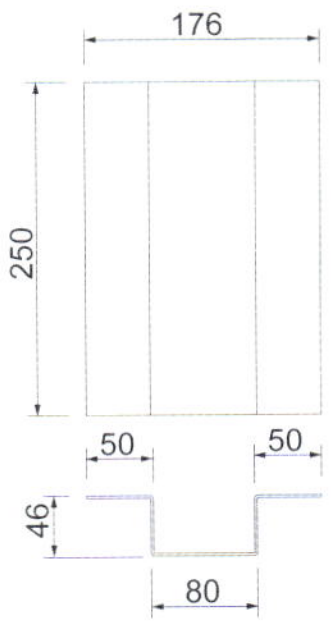

底座加强筋

2mm 铝板制作，共4件
比例1：2

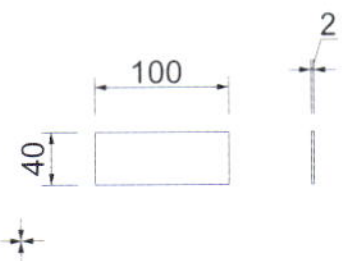

底座加强板

2mm 铝板制作，共14件
比例1：2

E.1.8.07 充换电指示牌三视图

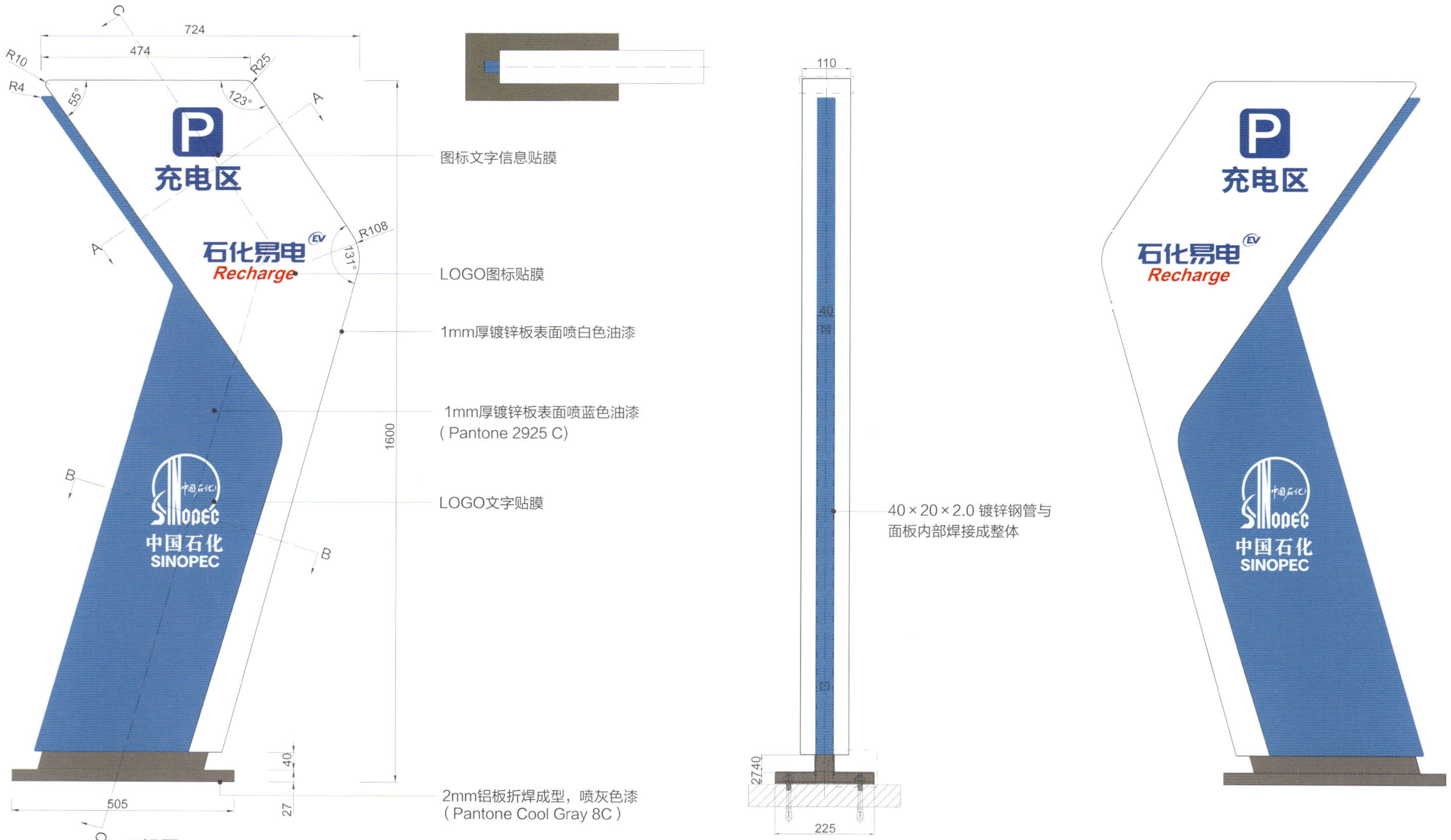

正视图　侧视图　后视图

E.1.8.08 充换电指示牌 A、B 剖面图

A–A剖面图

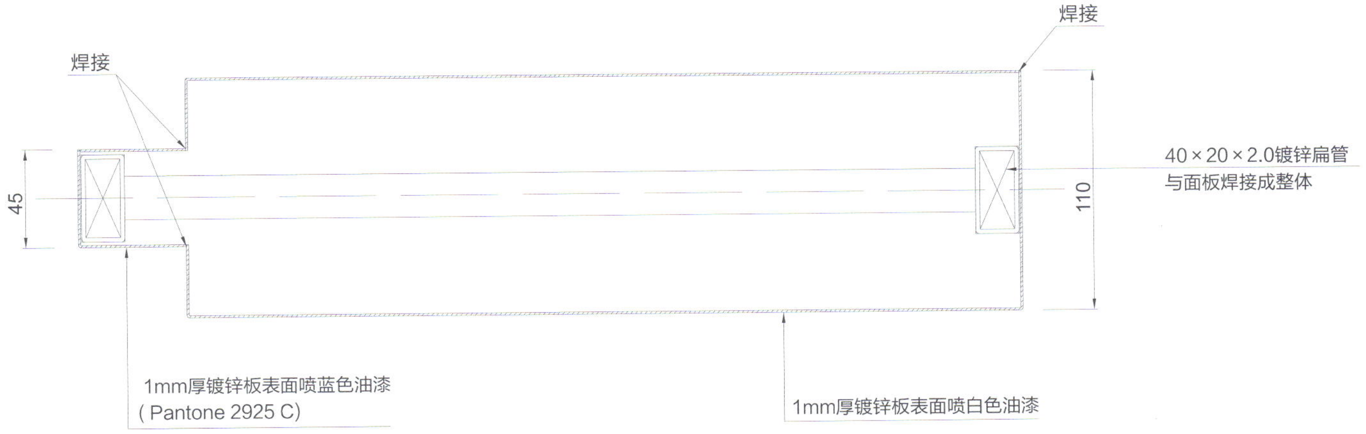

B–B剖面图

E.1.8.09 充换电指示牌剖面图 + 结构图

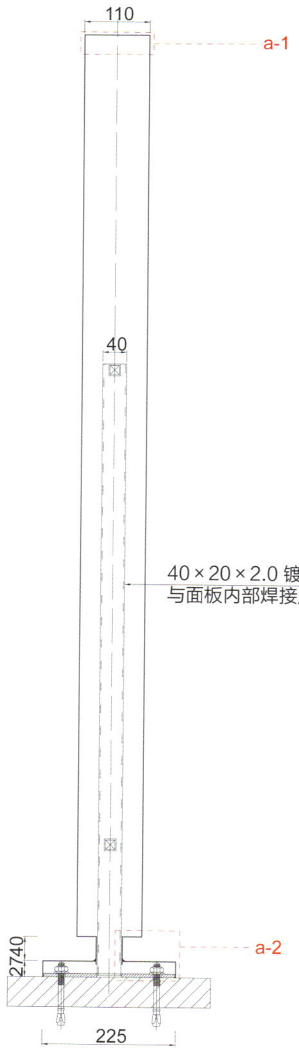

C-C剖面图

a-1

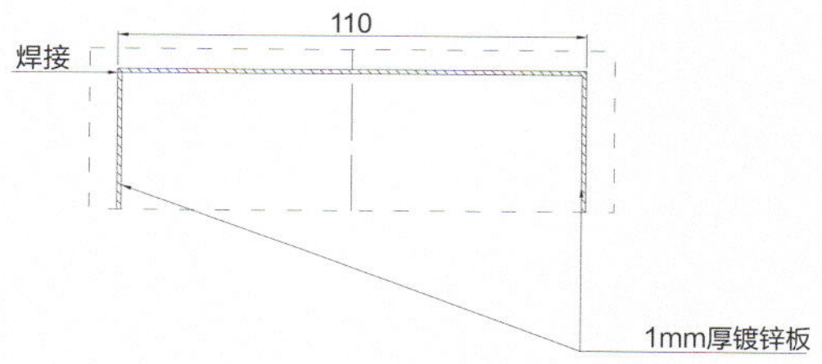

a-2

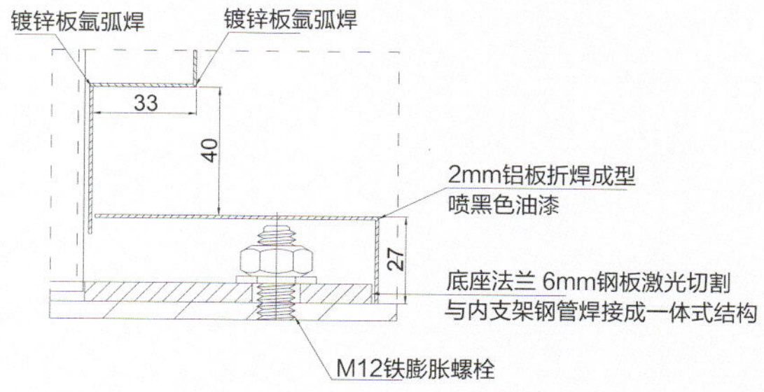

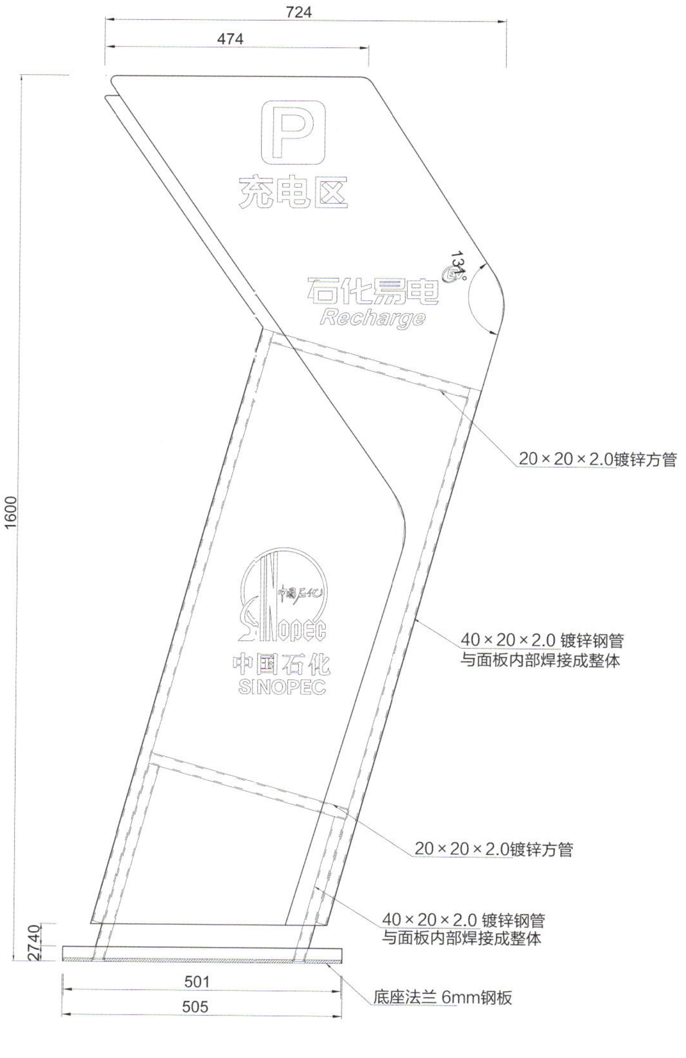

防腐要求：整体钢结构焊接成型后做镀锌处理

结构图

E.1.8.10 移动式防冲撞拒马

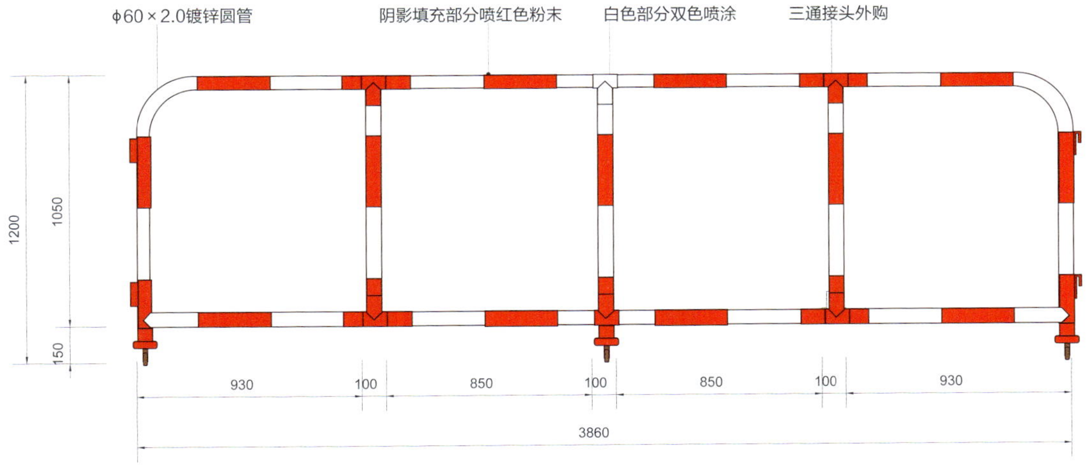

L3860型 正视图

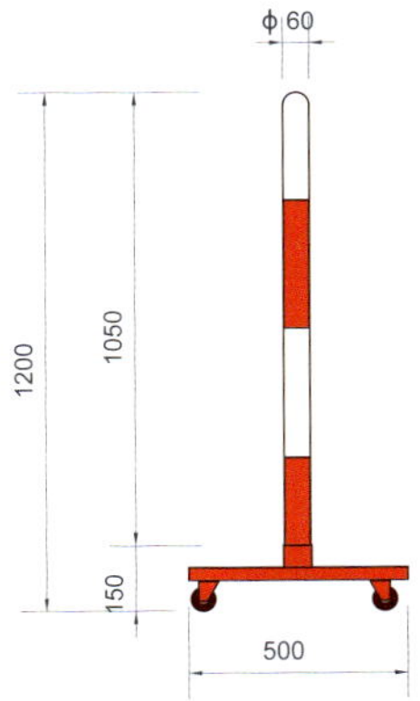

L3860型 侧视图

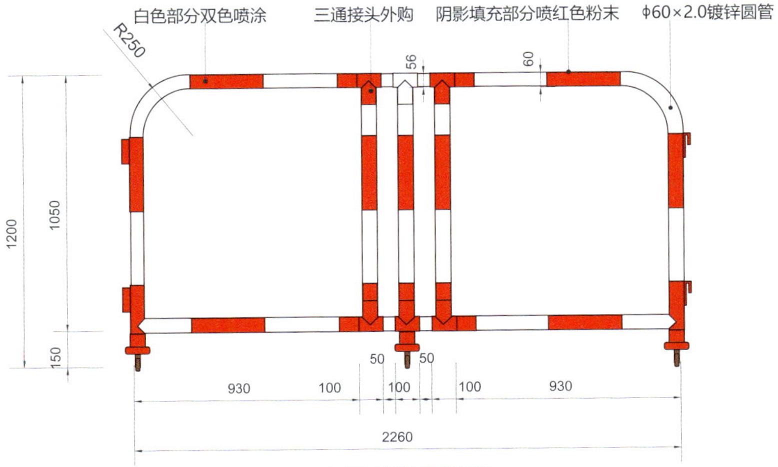

L2260型 正视图

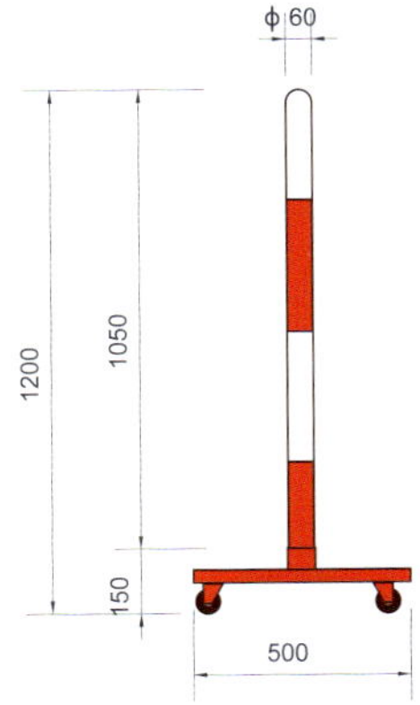

L2260型 侧视图

E.1.8.11 地面画线尺寸及工艺说明（一）

1. 方向指引地画线

2. 减速带地画线

3. 停车位地画线

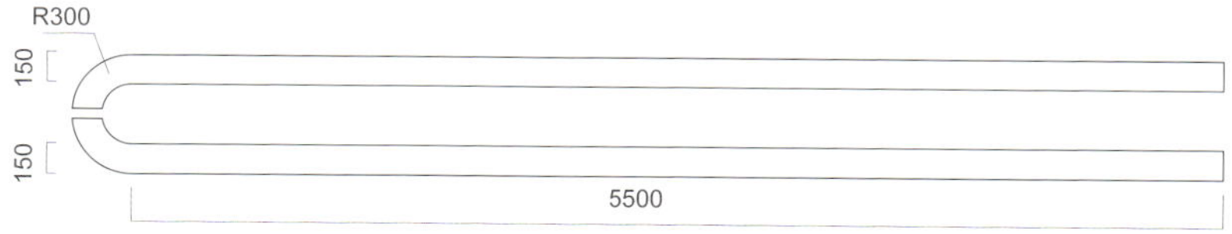

4. 加能区车位地画线

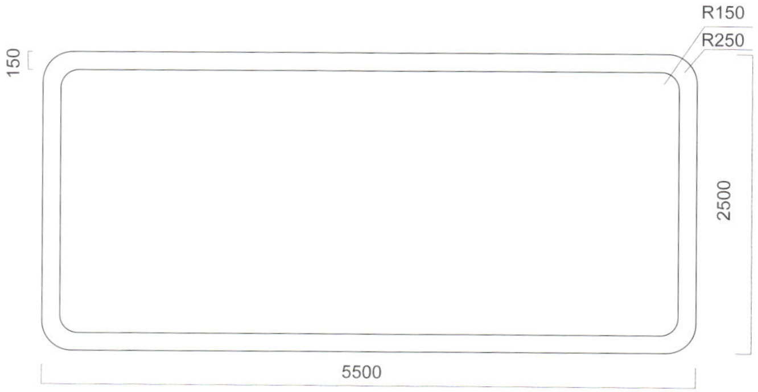

工艺说明：

· 白色地画线应用于加能站出入口，加能区导向箭头，停车位画线等。

· 工艺说明：

1. 方向指引地画线线宽为 200mm，采用白色热熔画线。

2. 减速带地画线线宽为 150mm，间隔距离为 150mm，采用白色热熔画线。

3. 停车位地画线线宽为 150mm，采用白色热熔 / 冷喷画线。

4. 加能区车位画线线宽为 150mm，采用白色热熔 / 冷喷画线。

E.1.8.12 地面画线尺寸及工艺说明（二）

柴油加注停车位画线平面图

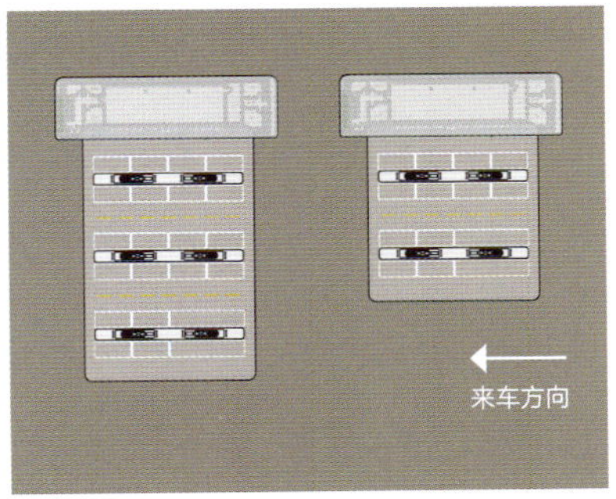

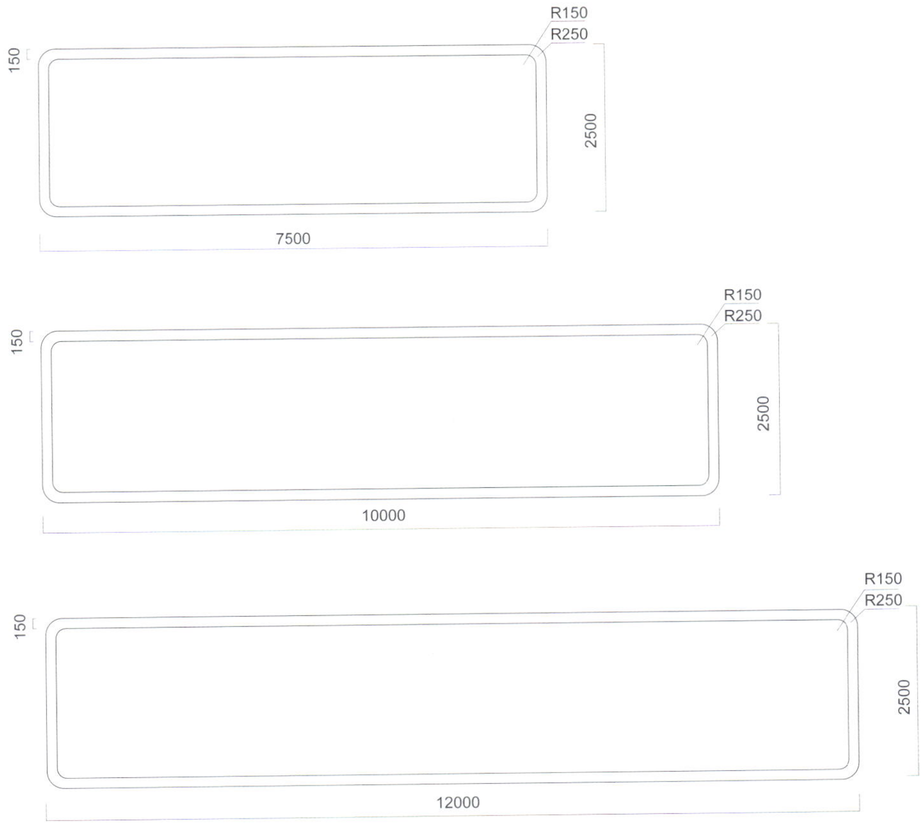

柴油加注停车位画线

柴油加注停车位画线规格说明：

柴油加注停车位画线原则上分为：
L7500mm、L10000mm、L12000mm 三种规格，
具体尺寸可由使用单位根据项目实际需要适当调整。

柴油加注停车位画线车位画线线宽为 150mm，采用白色热熔 / 冷喷画线。

E.1.8.13 地面画线尺寸及工艺说明（三）

1. 加能区车道地画线（平面示意）

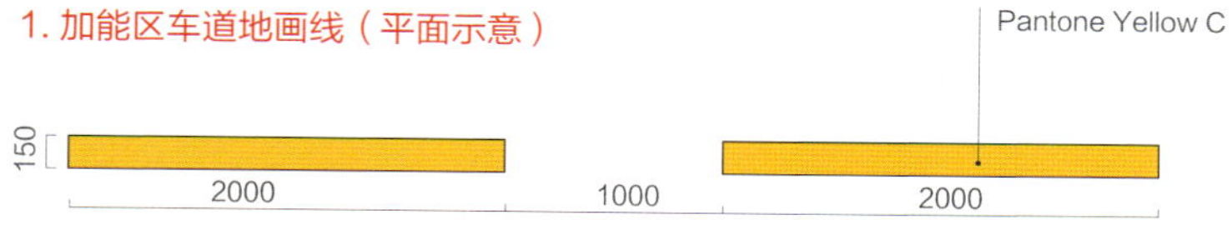

3. 黄色地画线（平面示意）

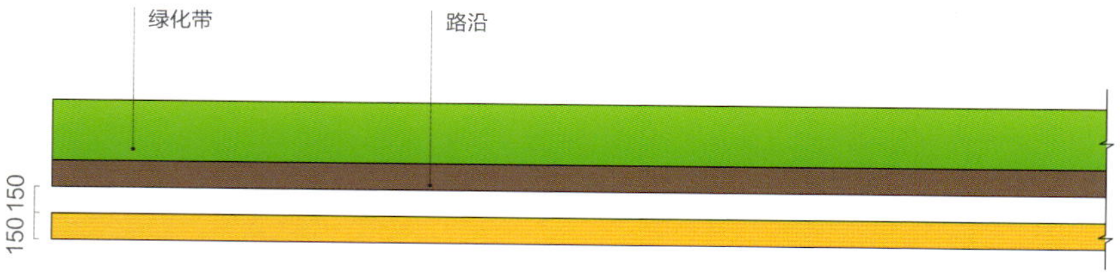

4. 路沿禁止地画线（立面示意）

2. 禁停车位画线（平面）

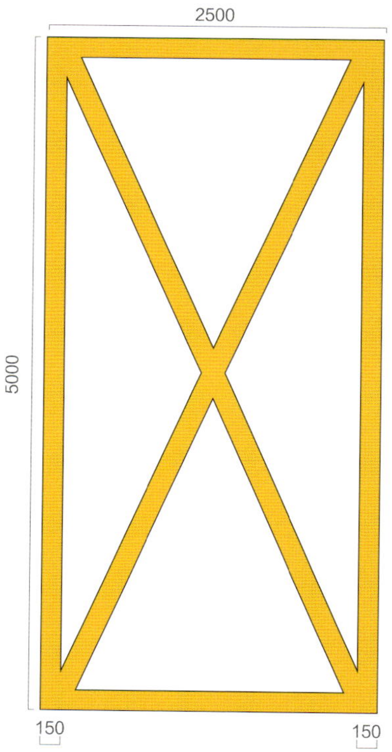

· 工艺说明：

1. 黄色地画线应用于油罐区、卸油区等（含禁停区边线）。油罐区设置禁停区，并为油罐车划定定点停车区。

2. 黄色车道线线宽为 150mm，采用黄色热熔 / 冷喷画线。

3. 禁停车位画线线宽为 150mm，采用黄色热熔 / 冷喷画线。

4. 路沿禁止画线采用黄黑相间地画线，整体线宽为 150mm，黄黑相隔距离为 300mm。

E.1.8.14 X POWER 车位画线尺寸及工艺说明

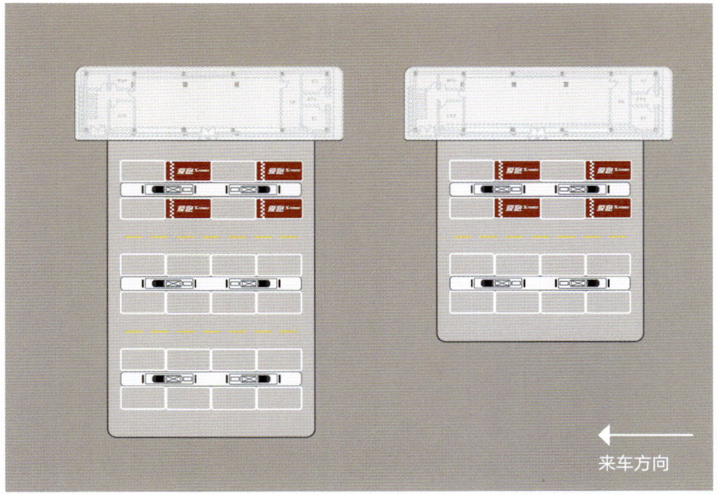

· 品牌汽油车位画线要求：

1. 车位遵循标准小车车位 2500mm × 5500mm 尺寸设置；
2. 车位由白色和深红色两种颜色组成，边框线和字体，图形为白色，其余部分填充深红色；
3. 车位白色边框线宽为 150mm；采用白色热熔 / 冷喷画线；
4. 车位画线施工采用 PU 防滑地坪漆 (PU 防滑地坪漆施工过程不需要加热)。

· 注：现场不具备地坪漆施工条件（如不能停业或作业工期不足 7 天）的情况下，可选防滑贴数码喷绘，白色凹凸平面可打印安全防滑贴膜，表面矿砂，背部带铝箔层的防滑贴，透明压敏背胶；4℃ < 施工温度 <79℃。

E.1.8.15 新能源车位画线尺寸及工艺说明

· 新能源车位画线：

1. 根据加注车型，车位画线分三种规格：L7500mm、L10000mm、L12000mm 三种；
2. 车位由白色和蓝色两种颜色组成，边框线和字体图形为白色，其余部分填充蓝色；
3. 车位白色边框线宽为 150mm；采用白色热熔 / 冷喷画线；
4. 车位画线施工采用 PU 防滑地坪漆 (PU 防滑地坪漆施工过程不需要加热)。

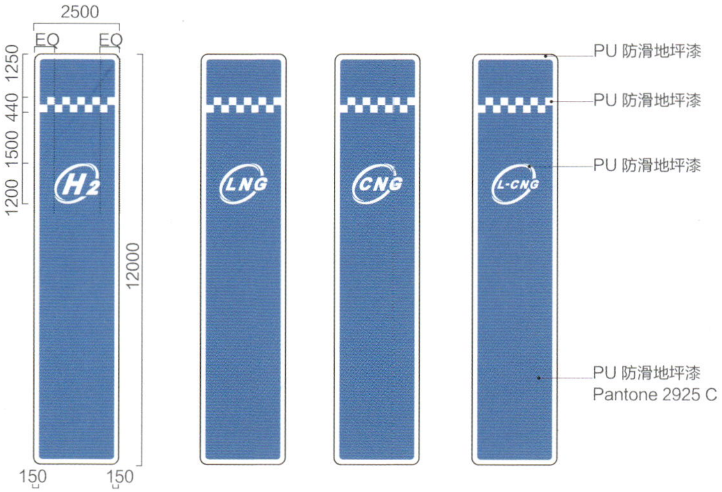

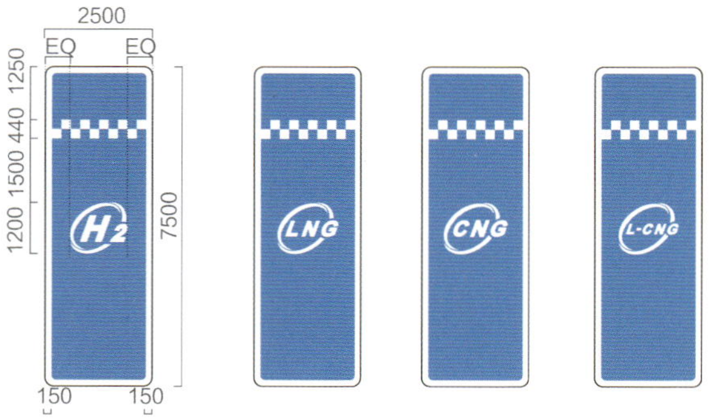

E.1.8.16 倒 U 形固定式防撞柱

倒 U 形红白款

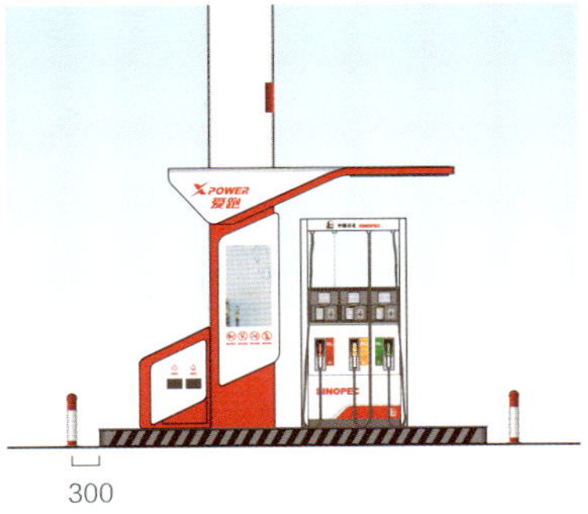

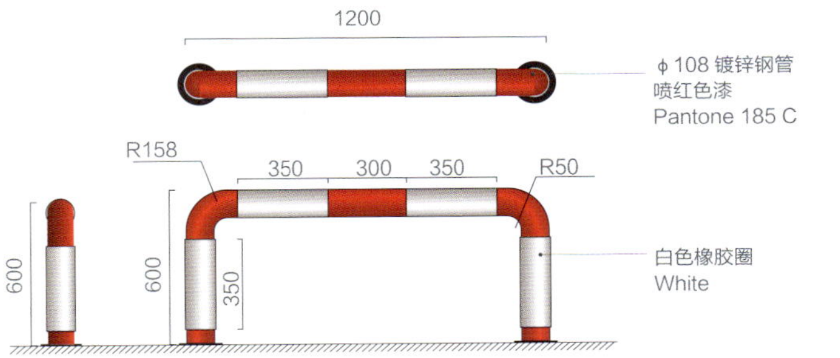

倒 U 形黄黑款

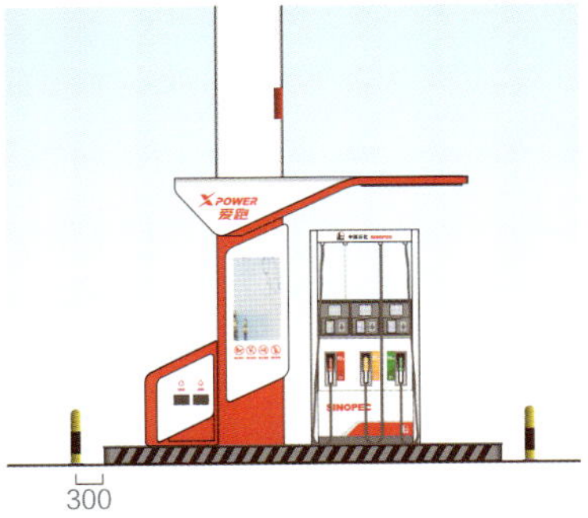

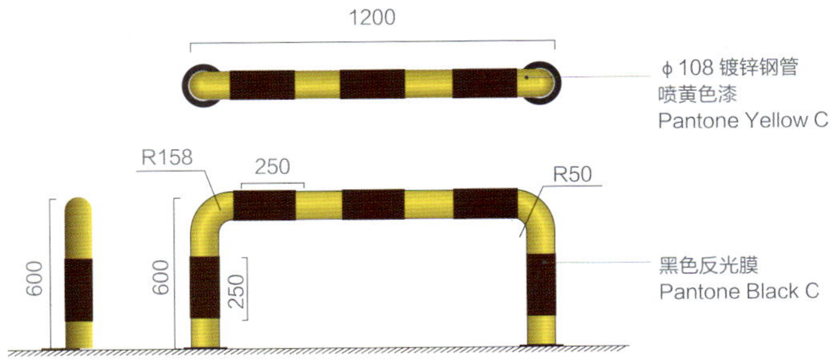

工艺说明：

· 倒 U 形固定式防撞柱由直径 108mm、壁厚 3mm 的镀锌钢管制作而成，根据需求，管面喷涂红色油漆、面贴白色橡胶圈或喷涂黄色油漆、面贴黑色反光膜（当地无特殊要求的，原则上应使用红白色防撞柱），同时可选配加装白色防撞胶圈，增强防撞保护。

· 倒 U 形固定式防撞柱通常安装在加油岛窄面两侧，每个加油岛配置 2 个。

· 安装前，应在相应位置做好预埋件处理。

E.1.8.17 倒 U 形固定式防撞柱安装示意

1. 法兰盘 + 螺丝 固定

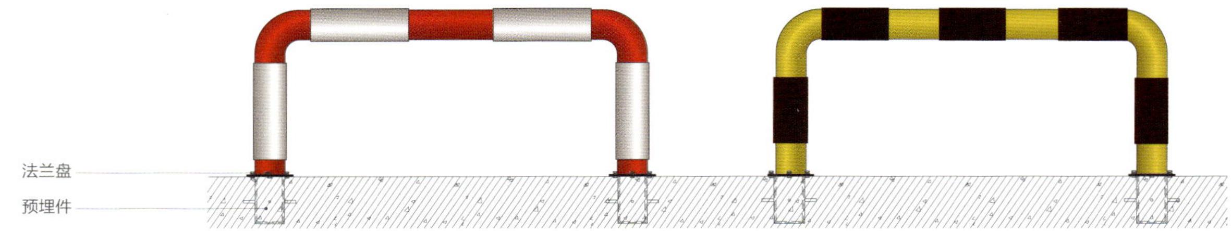

2. 法兰盘 + 膨胀螺丝 固定

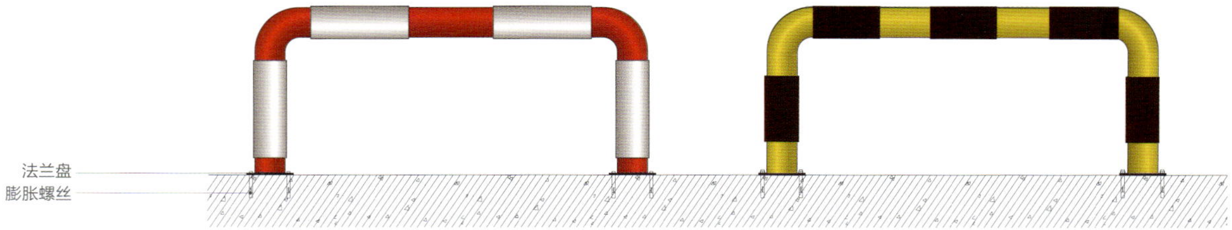

3. 直埋式

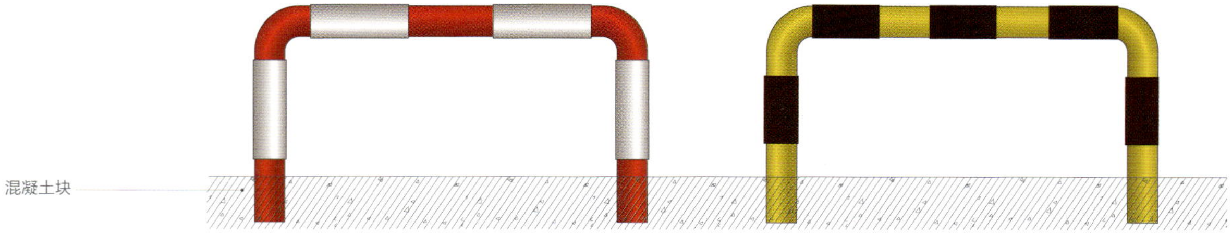

· 安装方式通常有以下三种：

1. 法兰盘 + 螺丝 固定安装；
2. 法兰盘 + 膨胀螺丝 固定安装；
3. 直埋式。

· 原则上新建站建议采用第一种安装方式，改造站采用第二、第三种安装方式，如当地有特殊要求的，以当地要求为准。

E.1.8.18 移动式防撞柱尺寸及工艺说明

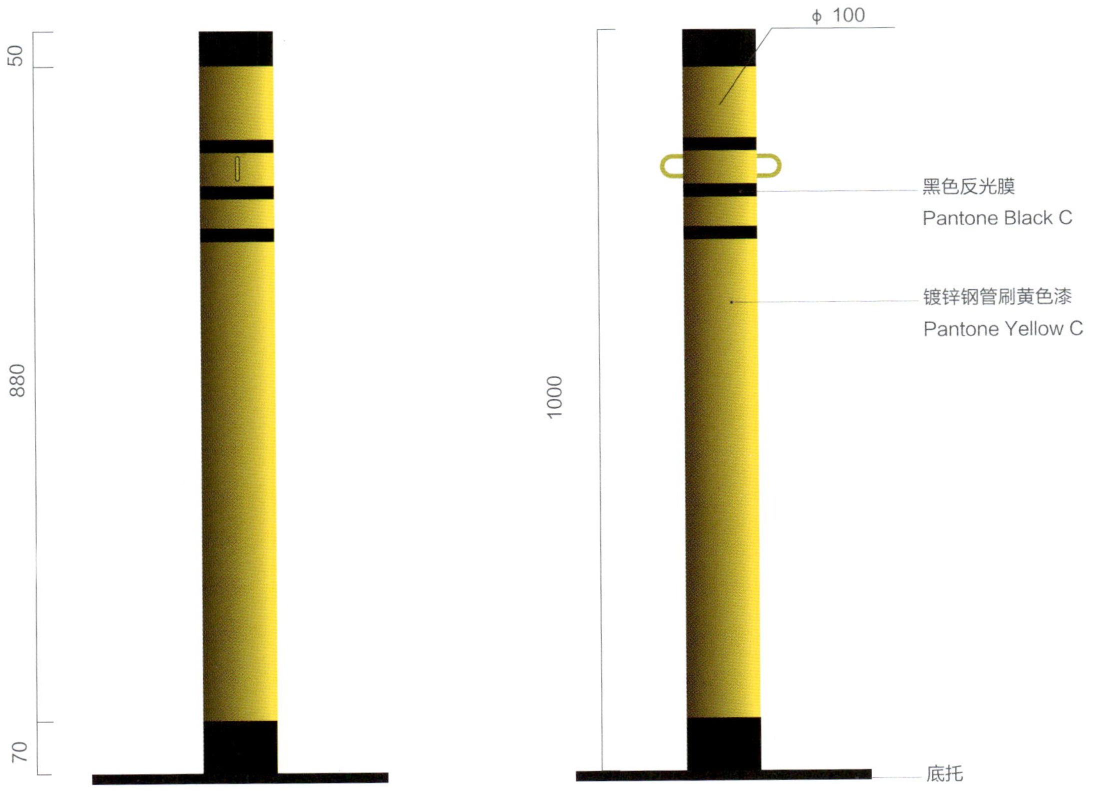

· 移动式防撞设置在加能站出入口，特定情况下用于阻拦汽车进入加能站（配合链条使用）。

工艺说明：

· 整体采用镀锌钢管刷黄色漆，贴黑色反光膜。

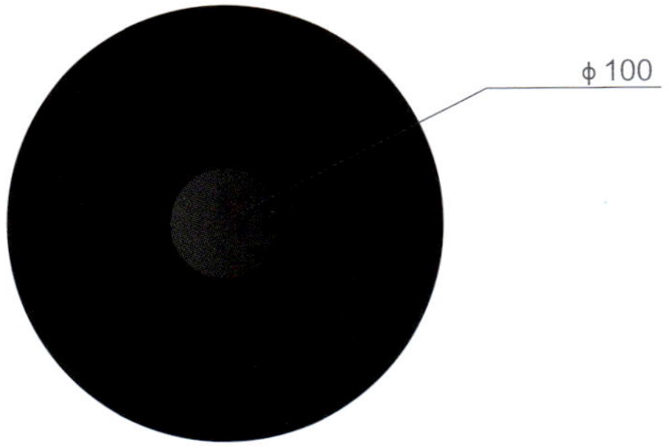

E.1.8.19 柔性警示柱尺寸及工艺说明

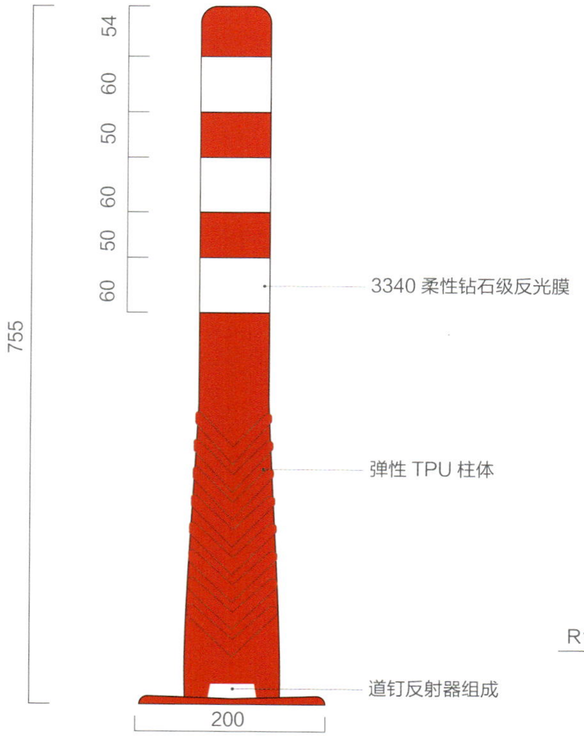

正视图

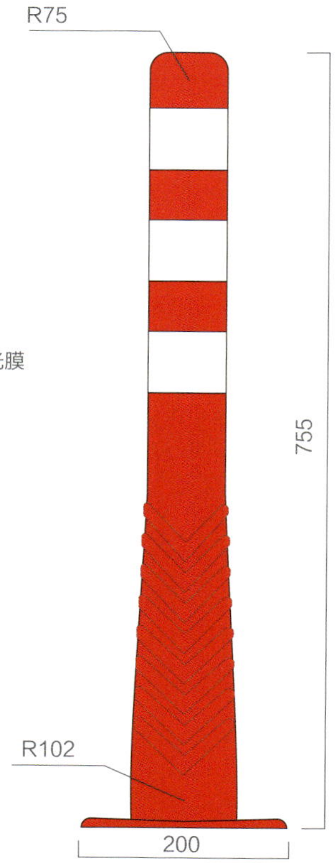

侧视图

· 在特定情况下使用柔性警示柱阻拦汽车进入。可应用于阻挡或分隔交通流、行人二次过街安全岛隔离和绿化带端部警示、标明车辆绕行路线，为车辆、非机动车驾驶者及行人提供更好的可视性和更高的安全性。

工艺说明：

· 柔性交通柱属于 B 类弹性交通柱。

该弹性柱由 3M 3340 柔性反光膜，3M290C 道钉片及高性能 TPU 柱体材料组合而成。

· 安装方式：采用膨胀螺丝固定安装。

红色：Pantone 185 C

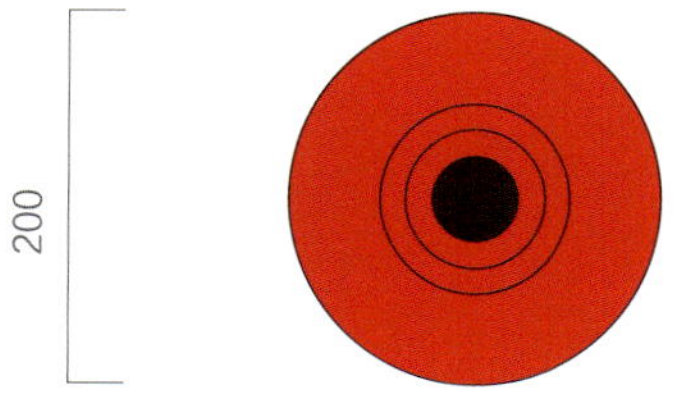

俯视图

E.1.8.20 减速带尺寸及工艺说明

1. 钢铸型减速带（示例）

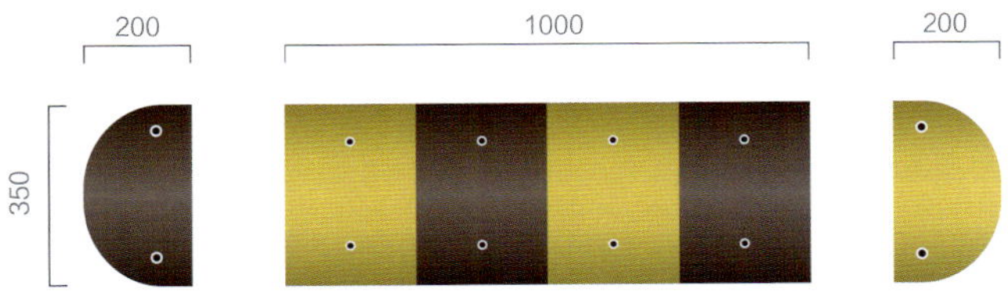

4. 无缝钢管 DN250/300 减速带

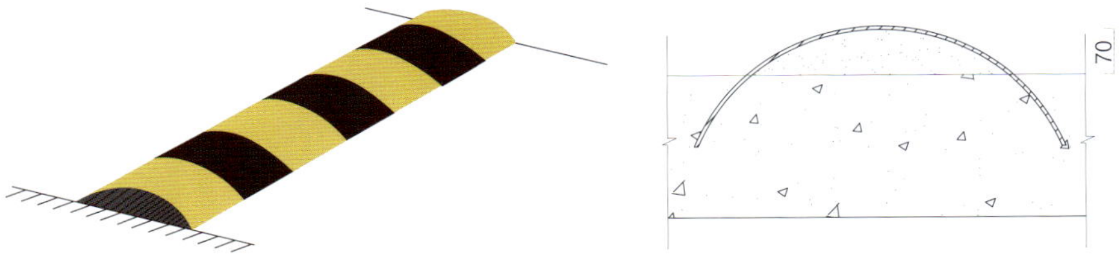

2. 水泥砌筑型减速带（示例）

3. 橡胶型减速带（示例）

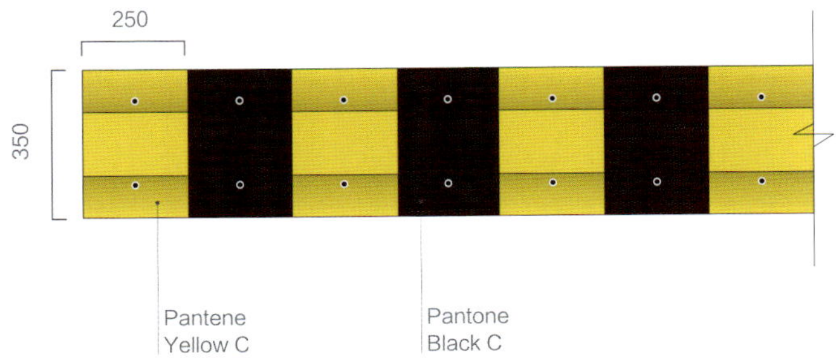

· 减速带共有四种类型：

1. 钢铸型减速带

2. 水泥砌筑型减速带

3. 橡胶型减速带

4. 无缝钢管 DN250/300 减速带：适用于国省道大站，利旧采用 DN250/300 无缝钢半管基础下进灌浇混凝土，表面喷涂黄黑相间油漆。

E.1.8.21 通气管警示标识尺寸及工艺说明

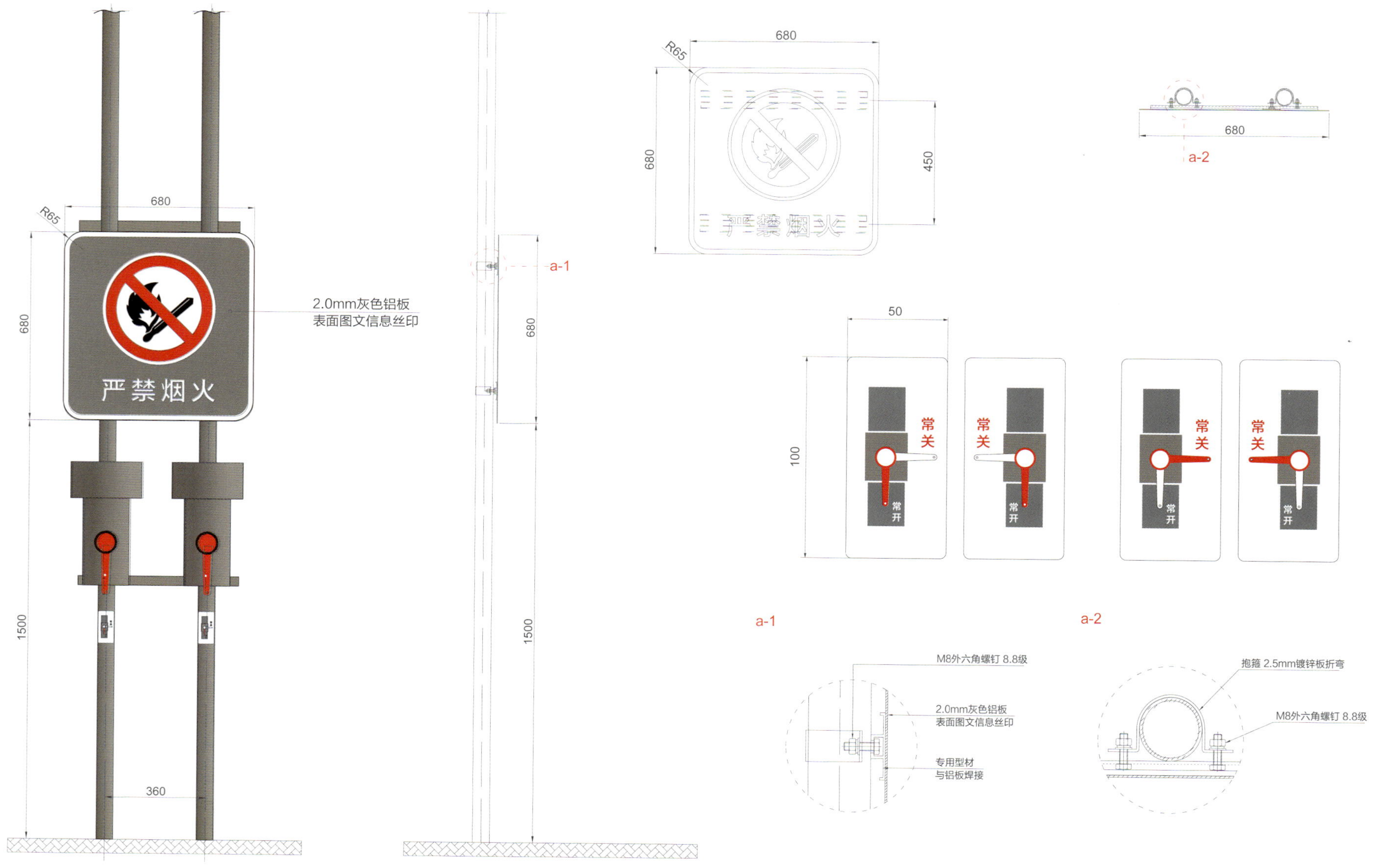

E.1.8.22 立地式标识牌尺寸及工艺说明

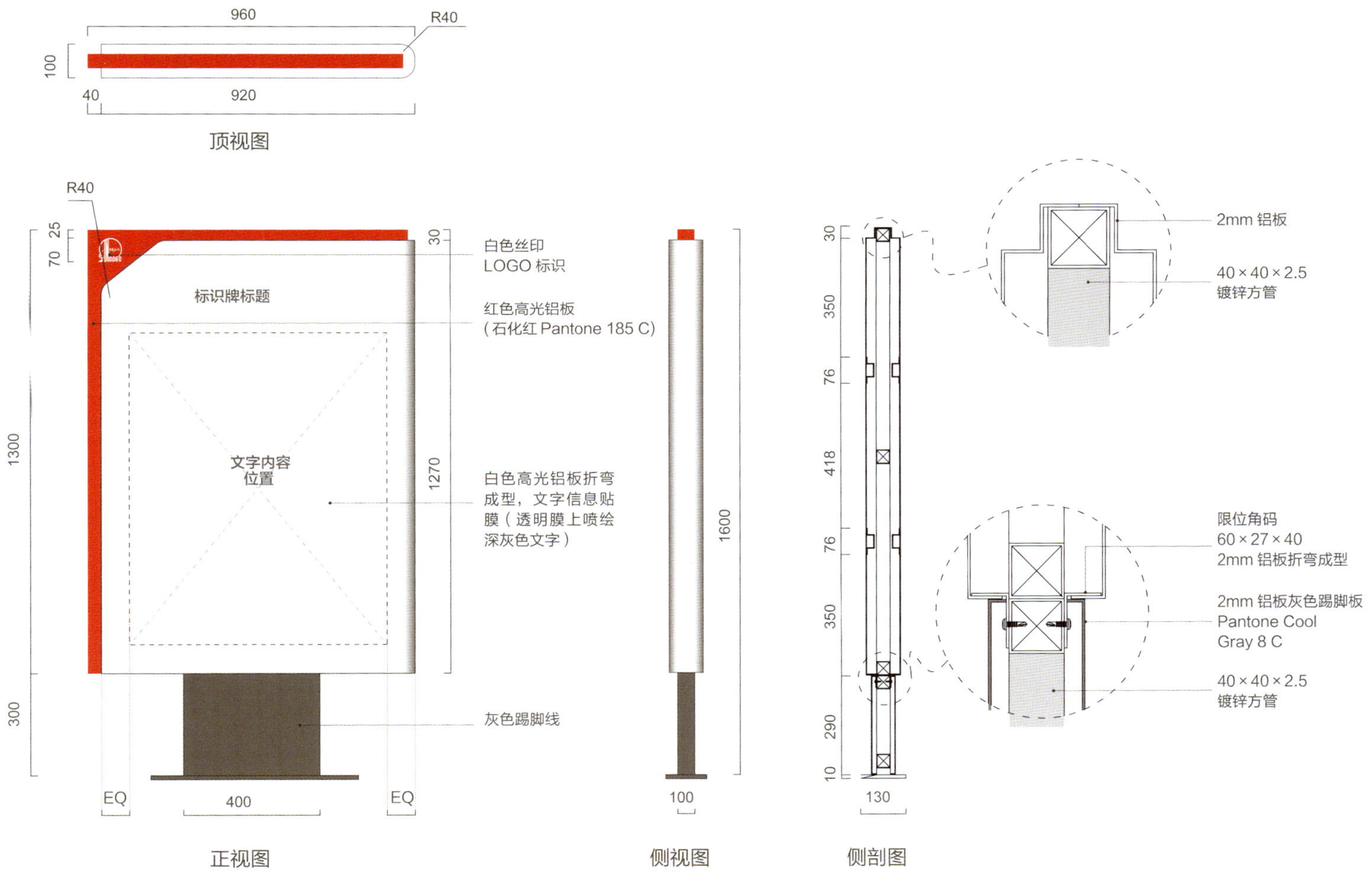

技术说明：

1. 进站须知牌由 2mm 红色高光白铝板和白色高光铝板折弯焊接成型；立地式安装，上下限位角码固定，文字内容贴膜（单面）；

2. 骨架由 40mm×40mm×2.5mm 镀锌方管和 10mm 钢板焊接成型，表面刷防锈漆。

E.1.8.23 壁挂式标识牌尺寸及工艺说明

正视图

后视图

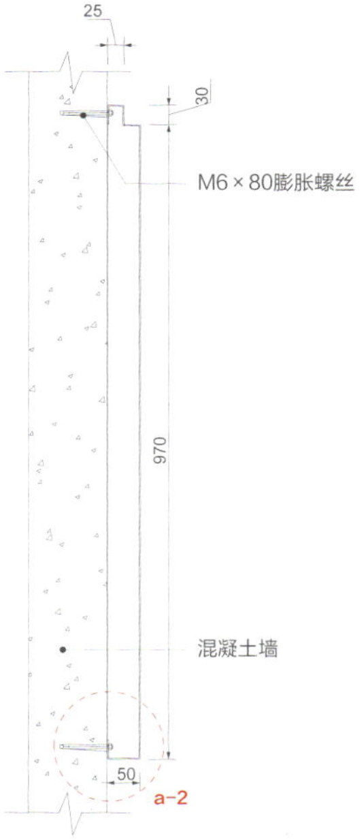

侧剖视图

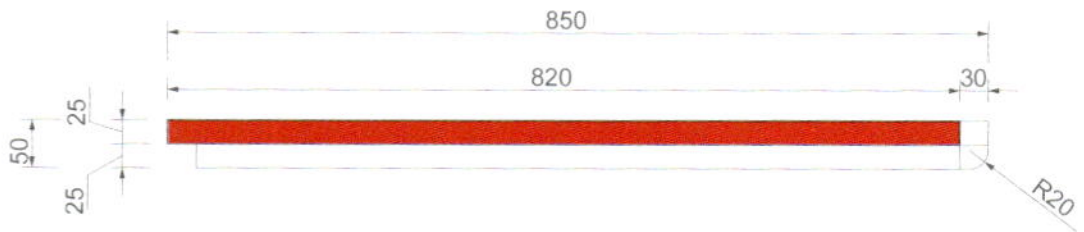

俯视图

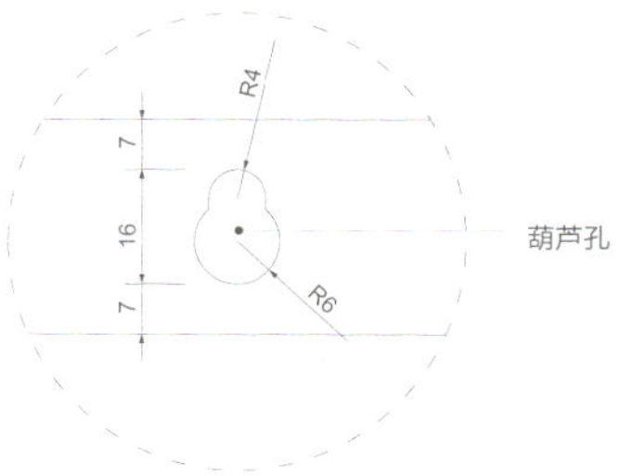

a-1

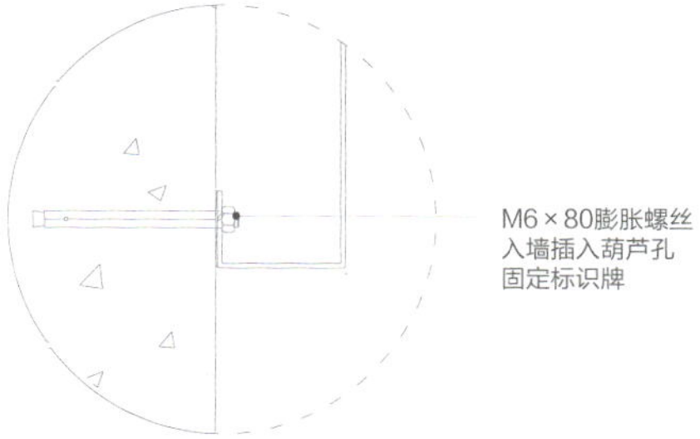

a-2

E.1.8.24 设备设施名牌尺寸及工艺说明

工艺说明：

· 整体采用喷绘贴膜工艺；

· 建议粘贴于设备表面处，可根据实际情况做适当的调整。

· 文字内容在标识白色区域内居中。

· 注：

图中文字内容仅供参考，文字内容根据实际情况进行替换，背面无需放置内容。

E.1.8.25 站房室内门牌尺寸及工艺说明

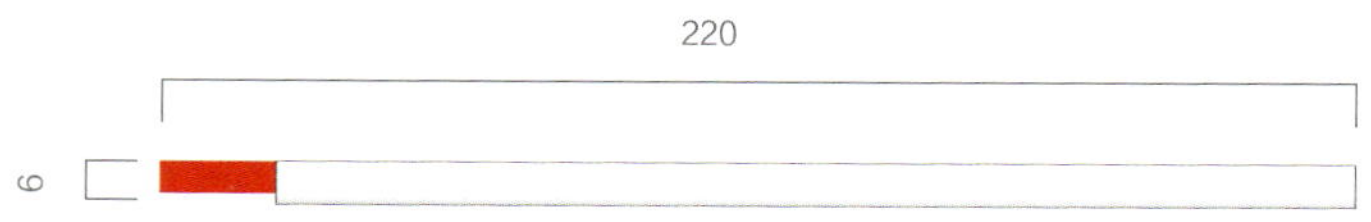

俯视图

正视图

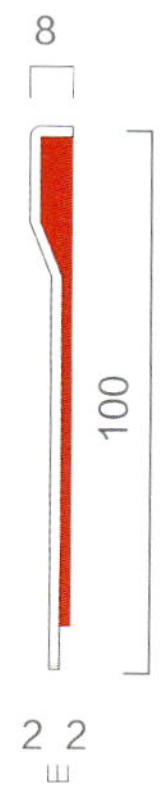

侧视图

工艺说明：

·功能房门牌采用铝板烤漆，表面 LOGO 丝印，文字内容贴深灰色膜。

·安装位置：

门牌中心离地高 1650mm 处安装 。

站房室内门牌打胶固定安装。实际情况不允许可贴膜安装。

·注：图中文字内容仅为示意，请根据实际情况进行生产制作。

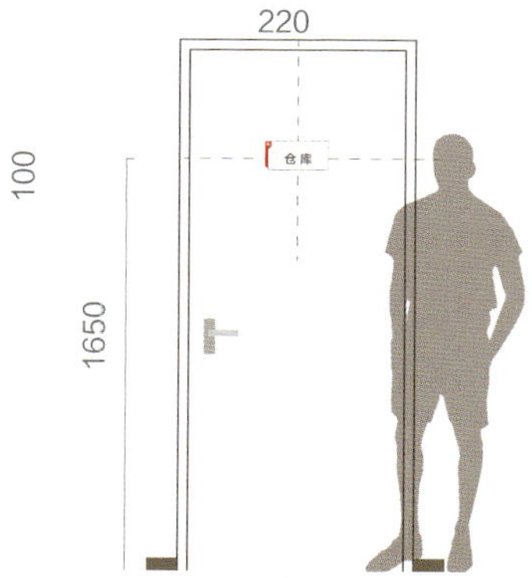

安装示意图

E.1.8.26 室内提示牌尺寸及工艺说明

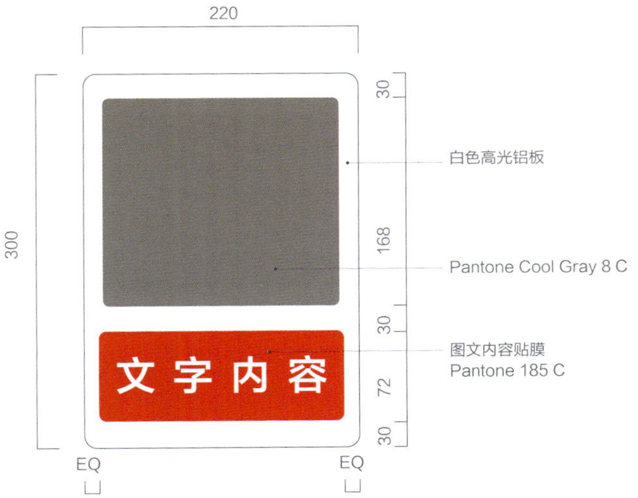

正视图

工艺说明：

· 原则上旗舰站室内提示牌材质采用2mm白色高光铝板，表面图标及文字采用贴膜工艺；标准及简易站可选用其他材质如亚克力、PVC 板等制作。

· 提示牌安装高度建议在标识牌底部离地高 1500mm 处安装，可根据实际情况做适当的调整。

· 室内提示牌打胶固定安装。实际情况不允许可贴膜安装。

· 注：图中文字及图标内容仅为示意，请根据实际情况进行生产制作。

标识牌示例

安装示意图

E.1.8.27 室内警示牌尺寸及工艺说明

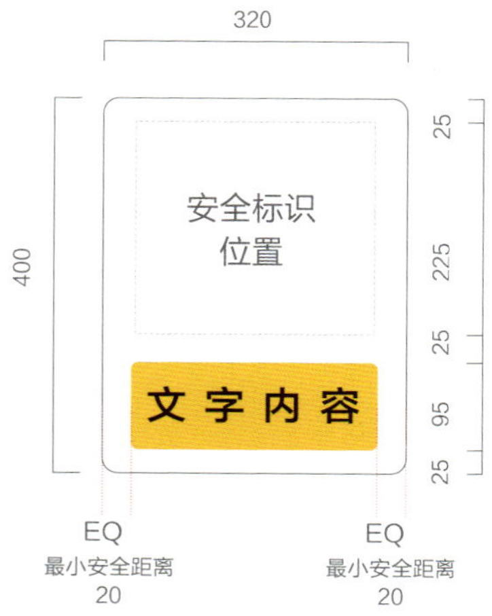

标识牌示例

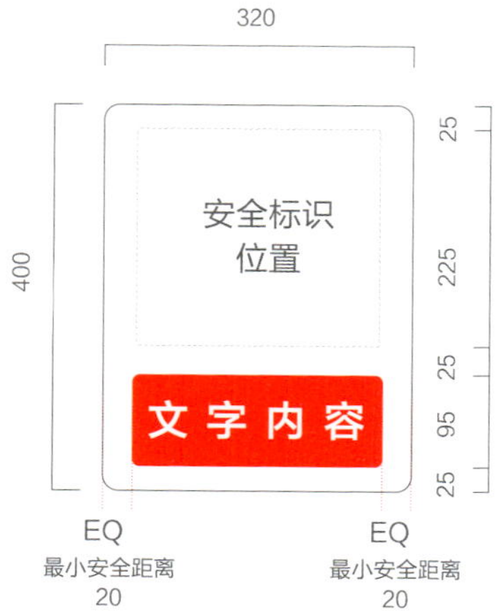

标识牌示例

工艺说明：

· 原则上旗舰站室内警示牌材质采用 2mm 白色高光铝板，表面图标及文字采用贴膜工艺；标准及简易站可选用其他材质如亚克力、PVC 板等制作。

· 警示牌安装高度建议在标识牌底部离地高 1500mm 处安装，可根据实际情况做适当的调整。

· 室内警示牌打胶固定安装。实际情况不允许可贴膜安装。

· 注：

1. 配电房须放置配警示牌两块。其中小心触电警示牌为挂墙式、严禁合闸为悬挂式，检修时需挂在配电柜上。
2. 图中文字及图标内容仅为示意，请根据实际情况进行生产制作。

E.1.8.28 围墙反光膜指示箭头尺寸及工艺说明

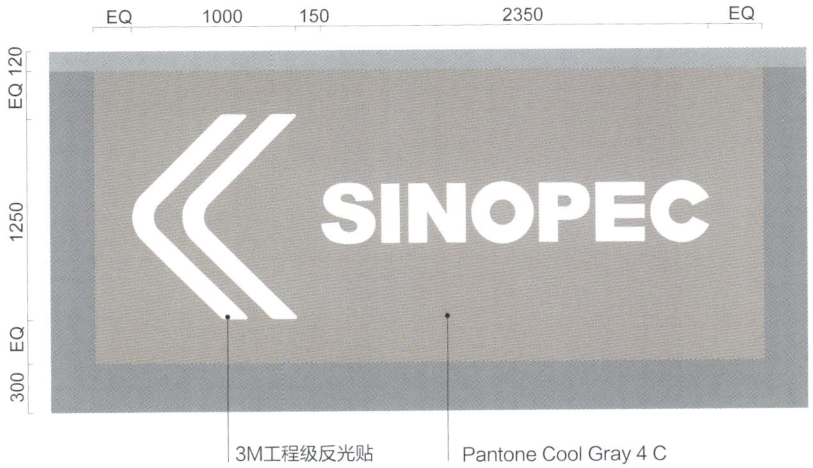

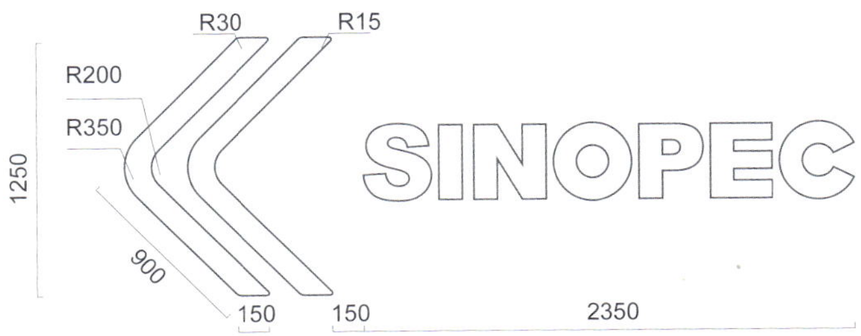

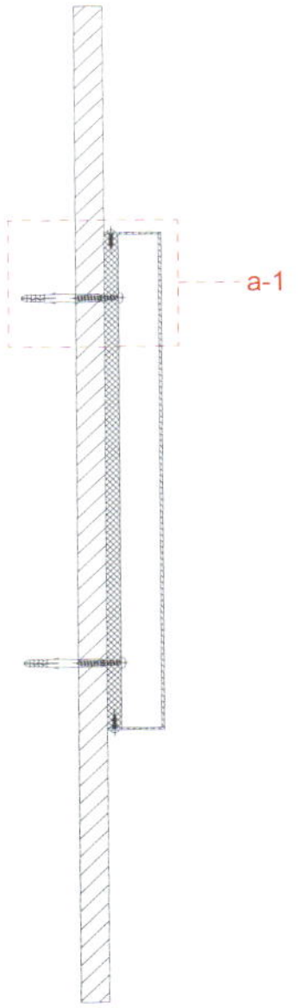

剖面图

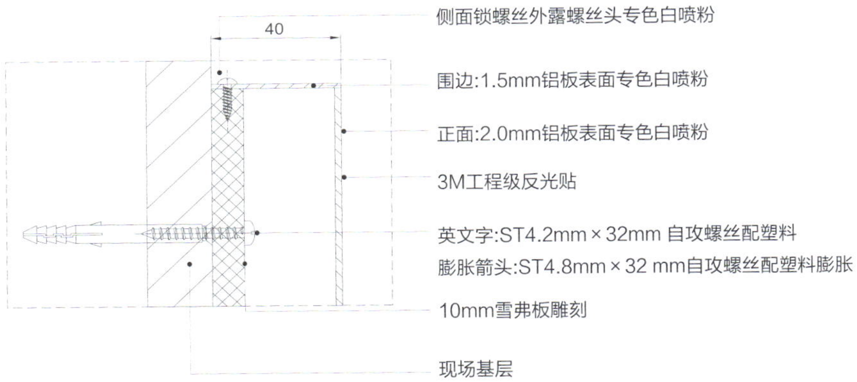

a-1

E.1.8.29 围墙乳胶漆指示箭头尺寸及工艺说明

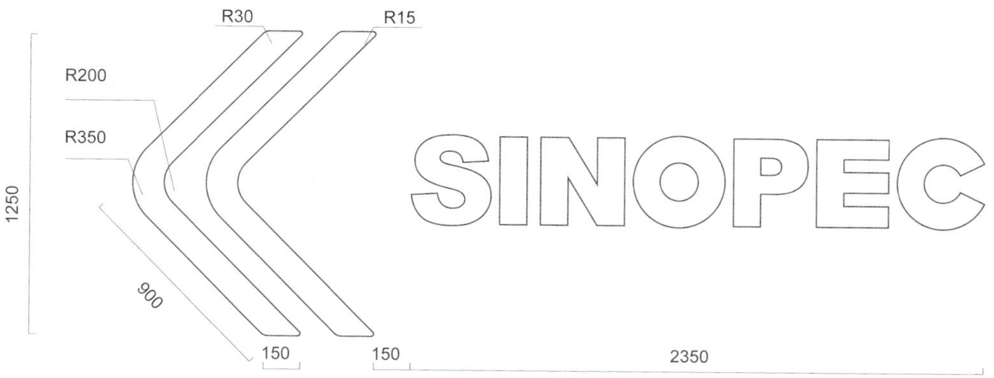

E.1.8.30 围墙广告灯箱尺寸及工艺说明

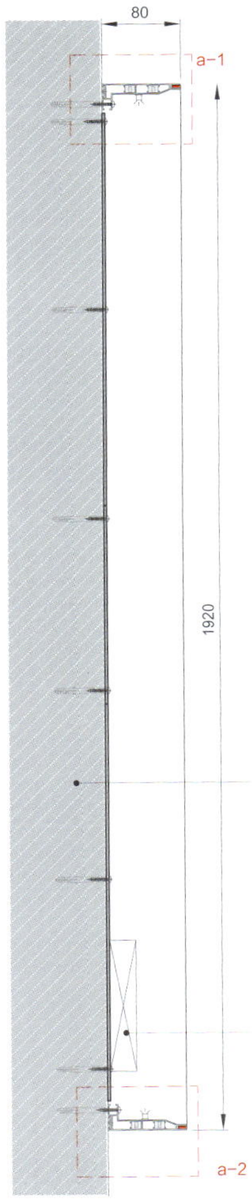

竖剖图

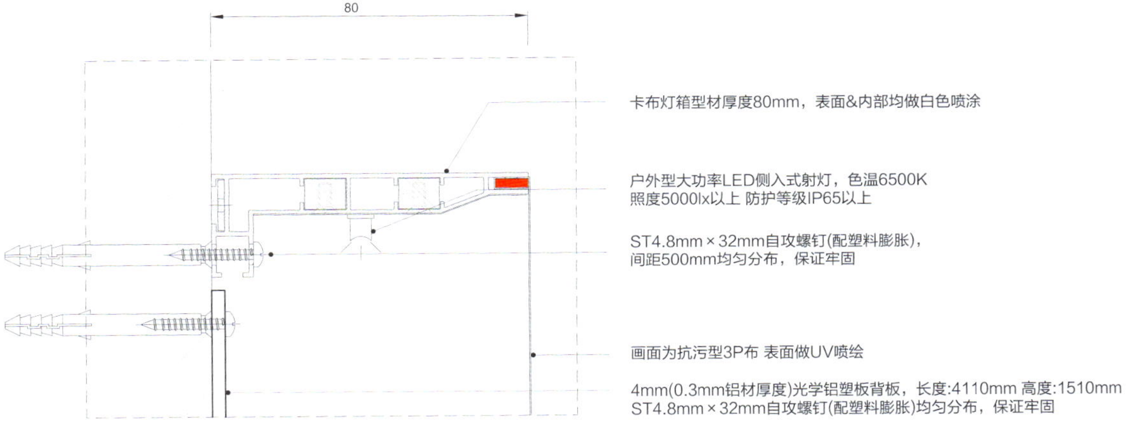

a-1

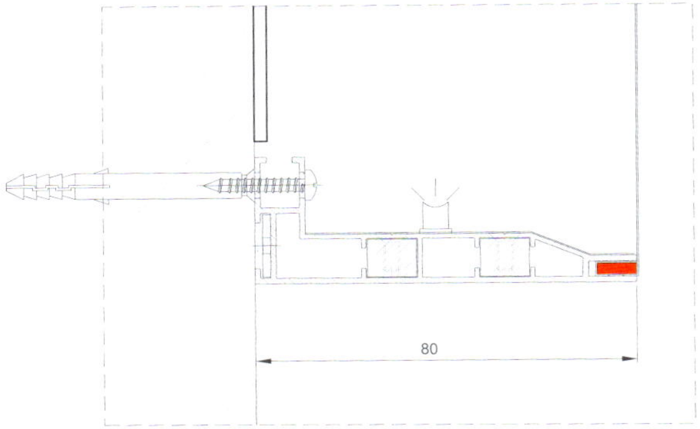

a-2

E.1.8.31 围墙警示牌尺寸及工艺说明

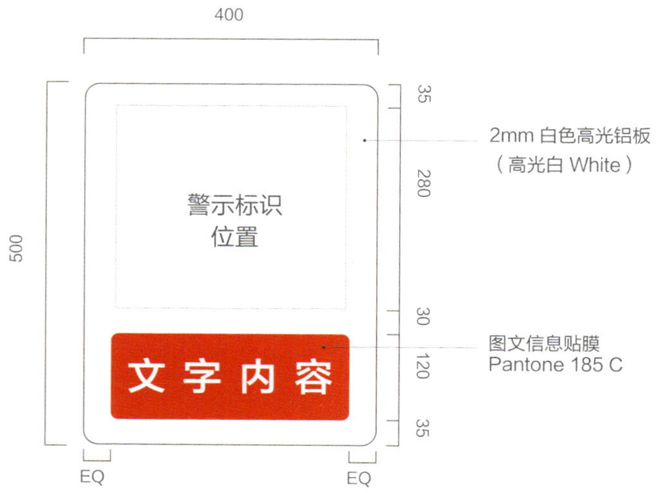

标识牌示例

工艺说明：

· 围墙警示牌采用 2mm 白色高光铝板，表面图标及文字内容采用贴膜工艺。

· 安装说明：

警示牌建议在标识牌中心处离地 1500mm 处安装，可根据实际情况调整安装高度。

围墙警示牌打胶固定安装。

· 注：图中文字及图标内容仅为示意，请根据实际情况进行生产制作。

/ E.2 照明设计说明

* 手册内容如没有特殊要求，单位均为 mm。

E.2.1

加能站照明概述

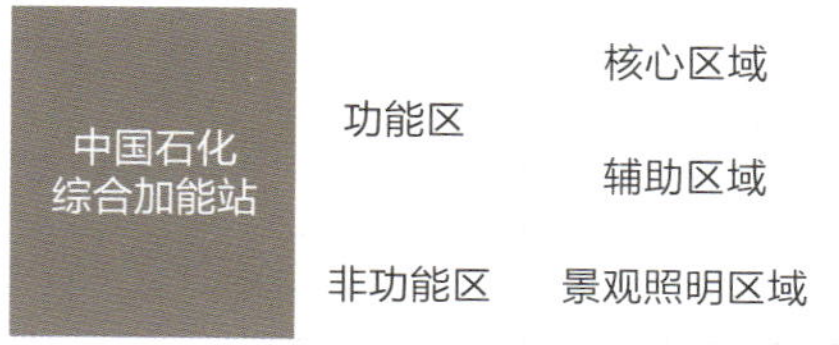

核心功能区域
辅助功能区域
景观照明区域

加能站照明的主要目的是打造光亮舒适的加能站环境，打造加能站“油、气、氢、电、服”五大重要照明功能，为车主营造“安全温馨、智能便捷、绿色环保”的“人、车、生活”驿站。

此照明说明提出“核心功能区域”“辅助功能区域”“景观照明区域”的综合性整站照明设计概念。

围绕罩棚和站房的周边区域包括罩棚檐口、罩棚底部、罩棚周围 1m 区域及站房外立面是加能站照明的核心区域，也是照明设计的重点区域。

停车区、洗车区 、出入口、卸油区等辅助功能区域，均为照明的辅助区域。

草坪、围墙等区域为非功能区域。在非功能区域设置景观照明是对功能区域照明的辅助和衍生，形成完整的加能站照明体系。

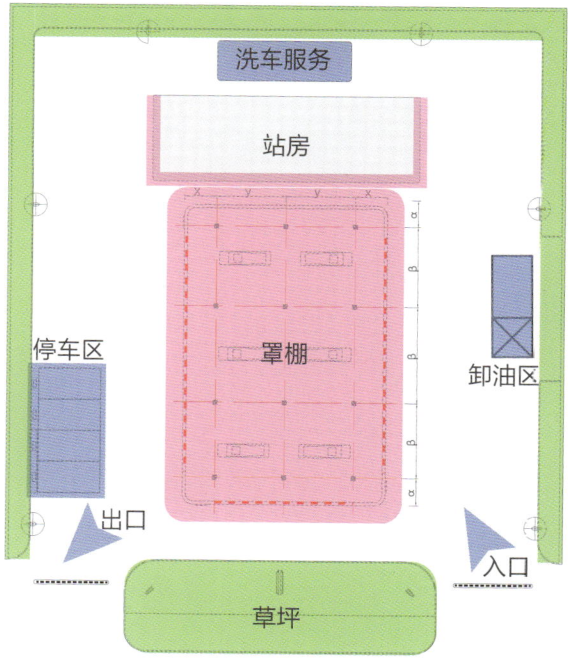

平面区域分布图

E.2.2

规范性引用文件

· 照明国标及行业规范文件

· GB 50034—2013
《建筑照明设计标准》

· GB 50303—2015
《建筑电气工程施工质量验收规范》

· GB 50156—2021
《汽车加油加气加氢站技术标准》

· GB 50582—2010
《室外作业场地照明设计标准》

· GB 7000.1—2015
《灯具第1部分：一般要求与试验》

· GB 7000.201—2008
《灯具第 2-1 部分：特殊要求固定式通用灯具》

· GB 7000.2—2008
《灯具第 2-22 部分：特殊要求应急照明灯具》

· GB/T 17743—2021
《电气照明和类似设备的无线电骚扰特性的限值和测量方法》

· GB 17625.1—2012
《电磁兼容 限值 谐波电流发射限值（设备每相输入电流≤16A）》

· GB/T 9468—2008
《灯具分布光度测量的一般要求》

· GB/T 5702—2019
《光源显色性评价方法》

· GB/T 31832—2015
《LED城市道路照明应用技术要求》

· CNCA-C10-01—2014
《强制性产品认证实施规则 照明电器 》

· GB 19510.1—2009
《灯的控制装置 第1部分：一般要求和安全要求》

· GB 24819—2009
《普通照明用LED模块安全要求》

· GB/T 24823—2017
《普通照明用LED模块性能要求》

· GB/T 20145—2006
《灯和灯系统的光生物安全性》

· GB 51309—2018
《消防应急照明和疏散指示系统技术标准》

· GB/T 39021—2020
《智能照明系统 通用要求》

· GB/T 25959—2010
《照明节电装置及应用技术条件》

· IES LM—79—08
《LED照明产品批准的电气和光度测量方法》

· GB/T 17626.5—2019
《电磁兼容实验和测量技术浪涌（冲击）抗扰度实验》

E.2.2

规范性引用文件

· 防爆相关国标文件

· GB 3836.1—2021
《爆炸性环境 第1部分: 设备 通用要求》

· GB 3836.2—2021
《爆炸性环境 第2部分：由隔爆外壳“d”保护的设备》

· GB 3836.3—2021
《爆炸性环境 第3部分：由增安型“e”保护的设备》

· GB 3836.4—2021
《爆炸性环境 第4部分：用本质安全型“i”保护的设备》

· GB 3836.7—2017
《爆炸性环境 第7部分：由充砂型q保护的设备》

· GB 3836.8—2021
《爆炸性环境 第8部分：由n型保护的设备》

· GB 50257—2014
《电气装置安装工程爆炸和火灾危险环境电气装置施工及验收规范》

· SH/T 3027—2003
《石油化工企业照度设计标准》

· SH/T 3038—2017
《石油化工装置 电力设计规范》

· GB/T 4208—2017
《外壳防护等级(IP代码)》

· GB 7000.1—2015
《灯具 第1部分：一般要求与试验》

· GB 12476.1—2013
《可燃性粉尘环境用电气设备 第1部分：通用要求》

· GB 12476.5—2013
《可燃性粉尘环境用电气设备 第5部分：外壳保护型tD》

· GB 50058—2014
《爆炸危险环境电力装置设计规范》

· GB/T 13384—2008
《机电产品包装通用技术条件》

· GB 3836.9—2014
《爆炸性环境 第9部分：由浇封型m保护的设备》

· GB 3836.15—2017
《爆炸性环境第15部分：电气装置的设计、选型和安装》

E.2.3

照明专业术语

- LED 光源
- 光源的发光效能 (lm/W)
- 一般显色指数 (Ra)
- 色温 (K)
- 使用寿命
- 光通量维持率
- 照明功率密度 (W/m^2)
- 亮度（cd/m^2)
- 照度 (lx)
- 平均照度
- 照度均匀度 (Uo)
- 色容差

01 LED 光源 LED light source

带有一个灯头，组合了一个或多个 LED 模块的光源，除非永久性损坏，LED模块不能拆除。包括定向LED光源和非定向LED光源。

02 光源的发光效能 luminous efficacy of a light source

光源发出的总光通量除以光源功率所得之商，简称光源的光效，单位为流明每瓦特 (lm/W)。

03 一般显色指数 general colour rendering index

光源对国际照明委员会（CIE）规定的第1-8号标准颜色样品显色指数的平均值，符号是Ra。

04 色温 colour temperature

光源的色品与某一温度下黑体的色品相同时，该黑体的绝对温度为此光源的色温，单位 K（开尔文）。

05 使用寿命 useful life

标准测试条件下，LED光源或灯具保持正常燃点，且光通维持率衰减到70%时的累计燃点时间。

06 光通量维持率 luminous flux maintenance

光源在给定点燃时间后的光通量与初始光通量之比。

07 照明功率密度 lighting power density

单位面积上一般照明的安装功率(包括光源、镇流器或变压器等附属用电器件)，单位为瓦特每平方米(W/m^2)。

08 亮度 Luminance

亮度是指发光体光强与光源面积之比，定义为该光源单位的亮度，即单位投影面积上的发光强度。

亮度的单位是坎德拉/平方米（cd/m^2）。

09 照度 illuminance

入射在包含该点的面元上的光通量d除以该面元面积dA所得之商。单位为勒克斯(lx)，1 lx=1 lm/m^2。

10 平均照度 average illuminance

规定表面上名点的照度平均值。

11 照度均匀度 uniformity efficiency

规定表面上的最小照度与平均照度之比，符号是Uo。

E.2.4

加能站照明设计目标

- 绿色节能
- 低压安全
- 无污染
- 防水防尘
- 长寿命免维护

我国是一个相对能源紧缺的国家，随着经济发展，我国成为世界第二大能源消耗大国。照明在全球能源消耗中占比约20%，使用新能源实现节能降耗势在必行。

2020年9月22日，在第75届联合国大会上，习近平主席向国际社会做出庄严承诺，中国力争二氧化碳排放2030年前达到峰值，2060年前实现碳中和。

中国石化不仅担负着国内经济发展提供能源产品的重责，也承担着节能环保的社会责任。此照明设计结合国家目标，以LED灯具取代荧光灯、卤素灯、金卤灯等传统光源，LED灯具能耗低、寿命长、绿色环保的性能为油站实现50%甚至更多的能耗节约。

能耗比对表	传统光源	LED光源	LED节能光源
品牌柱	1816W	1112W	800W
檐口灯箱（以三边75m罩棚为例）	2723W	1575W	900W
罩棚灯（以700㎡ 罩棚为例）	8~10W/㎡	4.5~5W/㎡	不大于4.5W/㎡
油品灯箱	804W	300W	206W
易捷便利店LOGO灯箱	957W	396W	366W
出入口及围墙路灯	光效60~80lm/W	光效90~100lm/W	光效≥120lm/W

- 能耗以“旗舰站”标准测算
- 檐口灯箱的原标准改LED灯以广东地区内打灯LED灯布灯箱修复工程工艺解决方案为例

能耗测算表

E.2.5

加能站照明设计原则

· 以人为本原则
· 绿色照明原则
· 设计达标原则
· 分级控制原则
· 安全性原则

注：参考标准指摘如下：
GB 50034—2013《建筑照明设计标准》

房间或场所	车辆加油站
参考平面及其面度	地面
平均照度标准值（lx）	100
显色指数（Ra）	60
照明功率密度(W/m²)	≤5.0
备注	油表照度不低于50lx

01 以人为本原则：

光环境、光文化的营造都是以人的活动对光的视觉心理需求为出发点，照明设计应以多视点的视线分析为基础，创造宜人的光环境。在保证照明基本功能的基础上，营造舒适健康的光环境，促进顾客的消费心理，同时合理提高员工的工作效率。

02 绿色照明原则：

照明设计应以生态保护、合理分配资源为核心，科学计算并提供经济技术指标良好的照明节能方案。通过对配光曲线的控制避免溢散光，通过视线分析选择合理的灯位以及照射方向以避免眩光，在保证效果的情况下，采用“长寿命、高光效、低故障、易维护”的产品，选用的灯具应满足使用寿命 50000h 以上、5 年内光衰小于 9%、每年故障率应小于 2% 的要求。

03 设计达标原则：

照明设计必须达到国标要求，并有效结合加能站功能需求及中国石化品牌形象展示和宣传进行设计，加能站核心功能区的设计照度应满足国家 GB 50034—2013《建筑照明设计标准》、GB/T 20145—2006《灯和灯系统的光生物安全性》规定，为有效降低光污染，工作面照度应最低达到 150lx；加能站辅助功能区的照度一般不超过 100lx，常规以 30~75lx 设置为佳。请参考照明标准：E.2.6.1/E.2.7.1。

04 分级控制原则：

加能站照明可通过智能照明控制实现多种场景模式，同时可满足不同时段对光环境的要求。可根据加能站经营分为白天、夜间及深夜模式，其中深夜模式与夜间模式相比，可实现降低近 50% 的同时段能耗，执行国家实现“双碳”目标而制定的相关环保要求。

05 安全性原则：

加能站照明要使用安全、低碳低温及防爆类别产品，加能站灯具的原材料及电器元器件选用应符合国标要求，避免各种类型的事故发生。

/ E.2.6 加能站核心功能区照明设计

E.2.6.1

核心功能区照明设计标准

照明设计目标

· 吸引客户

· 安全舒适

· 节能减排

· 增加销售

· 客户忠实度

照明区域		站型	平均照度标准值 / lx	檐口表面平均亮度标准值 (cd/m²)	显色指数 *Ra*	色温	照明功率密度罩棚 (W/m或W/m²)
檐口标识	罩棚檐口	通用站型	/	H1200 50~4cd 均匀洗墙 H1350 35~3cd 均匀洗墙	/	红光波长 620~625nm	8~12W/m
	LOGO 中英文字	通用站型	/	表面亮度1000cd以上	≥80	5000K±100K	不大于60W/m²
罩棚底部区域（工作面照度）		旗舰站	300lx	/	≥80	4000K±100K	3.7~4.5W/m²
		标准站	200lx	/	≥80	4000K±100K	2.7~3.5W/m²
		简易站	150lx	/	≥80	4000K±100K	1.7~2.5W/m²
罩棚垂直区域（油机读数表面）		通用站型	≥75lx	/	≥80	4000K±100K	/
罩棚周边1m区域		旗舰站	150lx	/	≥80	4000K±100K	/
		标准站	100lx	/	≥80	4000K±100K	/
		简易站	75lx	/	≥80	4000K±100K	/
罩棚与站房连接区域		通用站型	≥75lx	/	≥80	4000K±100K	洗墙灯（当站房与罩棚远离时使用） 罩棚灯（当站房与罩棚有机连接时使用）

备注：

1.以上标准的运用遵从中国石化对旗舰站、标准站、简易站的站型归类原则；

2.表内照度值的检测以“E.2.12加能站灯具光学性能测量规范”执行；

3.加油站的灯具维护系数为0.9，灯具的质保条件为5年光衰＜9%，结合两项指标，新开业油站的验收照度平均值应不小于照度标准值的105%；

4.工作面：离地750~800mm。

E.2.6.2

加能站罩棚灯布局原则

五种经典站型罩棚灯布局案例

- 双排六柱罩棚（双车道）
- 双排四柱罩棚（三车道）
- 双排六柱罩棚（三车道）
- 三排斜岛通过式（三车道）
- 三排H柱罩棚（双车道）

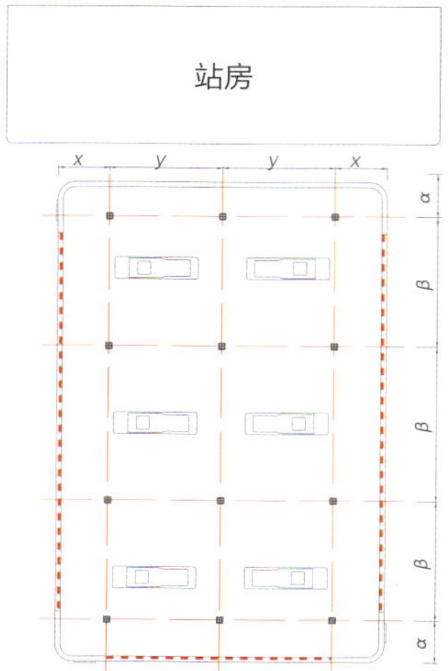

双排六柱罩棚
（双车道）

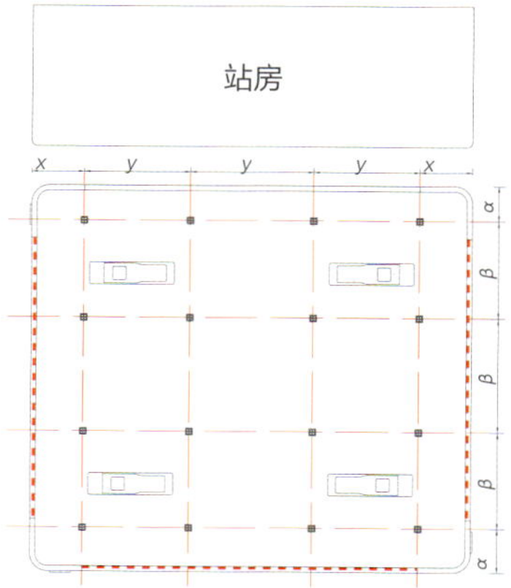

双排四柱罩棚
（三车道）

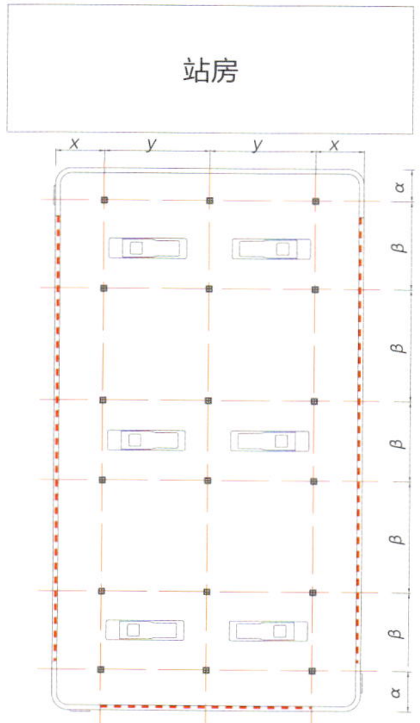

双排六柱罩棚
（三车道）

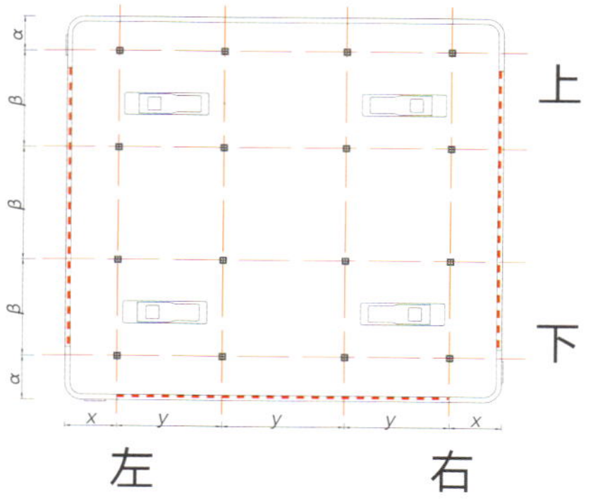

x :左右灯具与檐口距离

y :左右灯具间距

α :上下灯具与檐口距离

β :上下灯具间距

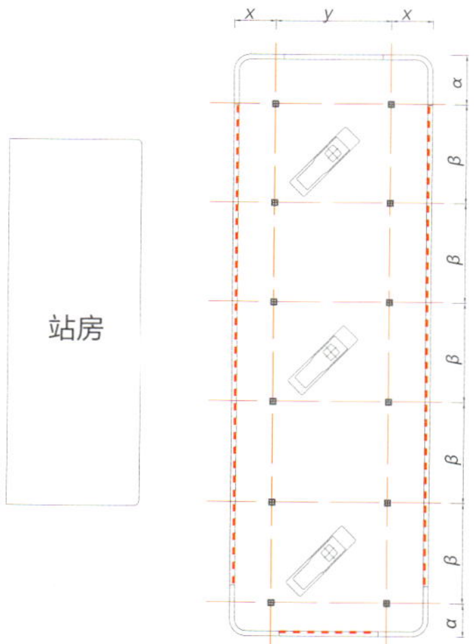

三排斜岛通过式
（三车道）

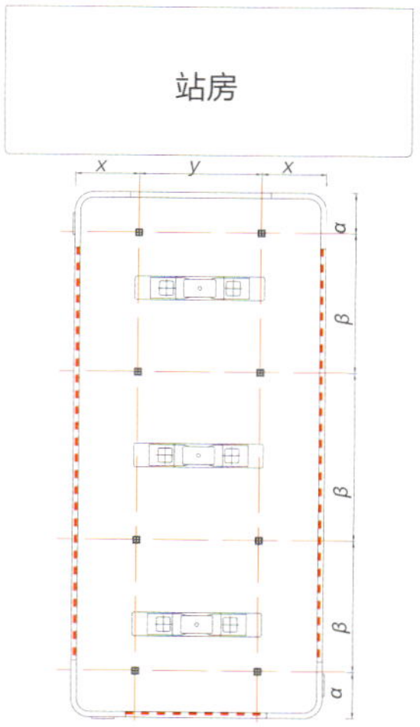

三排H柱罩棚
（双车道）

中国石化加油站	左右灯具与檐口距离(x)	左右灯具间距(y)	上下灯具与檐口距离(α)	上下灯具间距(β)
H6.5m站型（适用于6.5±0.5m）	<3.5m	5.0~5.5m	<3.5m	5.0~6.0m
	<3.5m	6.0~7.0m	<3.5m	6.0~7.0m
	<3.5m	6.0~7.0m	<3.5m	7.0~8.0m
H7.5m站型（适用于7.5±0.5m）	<3.5m	5.5~6.0m	<3.5m	5.5~6.5m
	<3.5m	6.3~7.3m	<3.5m	6.5~7.0m
	<3.5m	7.5~8.0m	<3.5m	6.5~7.0m
H8.5m站型（适用于8.5±0.5m）	2.0~2.5m	5.5~6.5m	2.0~2.5m	5.0~6.0m
	2.5~3.0m	6.0~7.0m	2.5~3.0m	6.0~7.0m
	3.0~3.5m	6.0~7.0m	3.0~3.5m	7.5~8.5m

E.2.6.2

加能站罩棚灯布局原则

加能站罩棚灯布局配置表

罩棚灯照明设计重点因素：

· 罩棚离地高度；

· 罩棚天花及地面反射；

· 油岛与立柱相对位置；

· 立柱间距和油岛间距；

· 立柱和油岛距离罩棚边缘距离；

· 罩棚与站房的相对位。

中国石化加油站	等级	灯具功率	罩棚平均照度参考值	左右灯具与檐口距离(x)	左右灯具间距(y)	上下灯具与檐口距离(α)	上下灯具间距(β)
H6.5m站型（适用于6.5m ± 0.5m）	旗舰站	90~150W	321lx	<3.5m	5.0~5.5m	<3.5m	5.0~6.0m
	标准站		251lx	<3.5m	6.0~7.0m	<3.5m	6.0~7.0m
	简易站		172lx	<3.5m	6.0~7.0m	<3.5m	7.0~8.0m
H7.5m站型（适用于7.5m ± 0.5m）	旗舰站	100~150W	302lx	<3.5m	5.5~6.0m	<3.5m	5.5~6.5m
	标准站		221lx	<3.5m	6.3~7.3m	<3.5m	6.5~7.0m
	简易站		177lx	<3.5m	7.5~8.0m	<3.5m	6.5~7.0m
H8.5m站型（适用于8.5m ± 0.5m）	旗舰站	100~150W	322lx	2.0~2.5m	5.5~6.5m	2.0~2.5m	5.0~6.0m
	标准站		225lx	2.5~3.0m	6.0~7.0m	2.5~3.0m	6.0~7.0m
	简易站		185lx	3.0~3.5m	6.0~7.0m	3.0~3.5m	7.5~8.5m

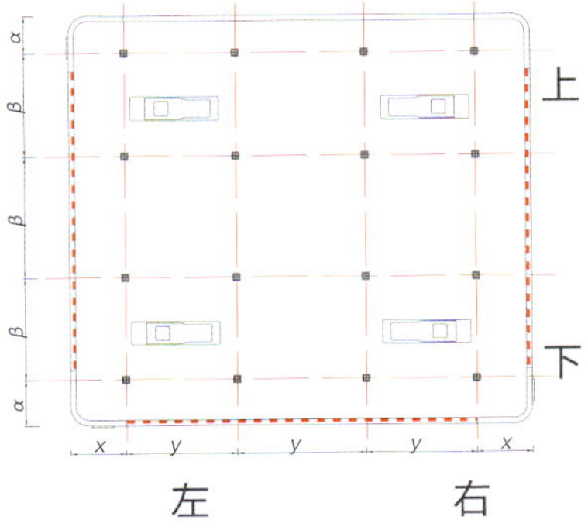

x :左右灯具与檐口距离

y :左右灯具间距

α :上下灯具与檐口距离

β :上下灯具间距

备注：

1、同一罩棚配灯可选用宽配光和中配光两种结合使用；

2、宽配光的光束角度为120°（± 15%），中配光的光束角度为90°（± 15%）；

3、表内“罩棚平均照度参考值”为五种典型站型实测数据，均满足照明照度设计标准；

4、布灯间距为参考值，可以根据罩棚实际情况进行调整，以照明照度设计标准达标为准；

5、如罩棚高度超出以上布局范围，请咨询专业厂家，以DIALUX模拟计算为准。

E.2.6.3

加能站应急罩棚灯布局原则

· 单站应急罩棚灯数量≥ 2 套。

· 应急罩棚灯数量占比≥ 25%。

· 应急罩棚灯应符合对角布局原则。

· 应急罩棚灯其中一套必须最靠近便利店主入口位置。

·其余应急罩棚灯以对角线连成线原则布局。

· 符合国标规定，应急罩棚灯地面照度为≥ 1lx。

应急参数：

应急照明功能	蓄电池：正常LED照明灯具内加装应急装置； 正常供电时照明灯具亮，蓄电池充电； 应急时，主供电断电，蓄电池放电应急； 应急转换时间小于1s，应急时间不小于90min。
执行标准	CCC 认证型式报告（国家认可的国家级检测机构出具型式报告和包括EMC电磁干扰测试报告）

应急罩棚灯　便利店出入口

应急罩棚灯4灯立面图

应急罩棚灯2灯立面图

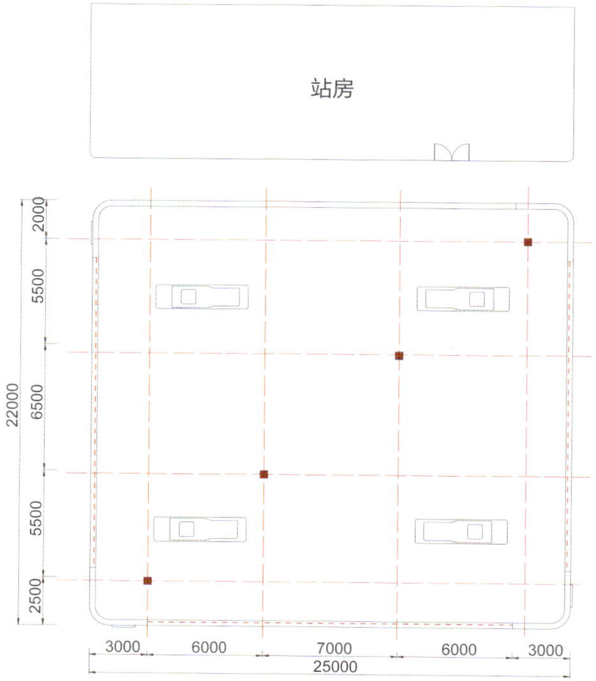

应急罩棚灯4灯布局图

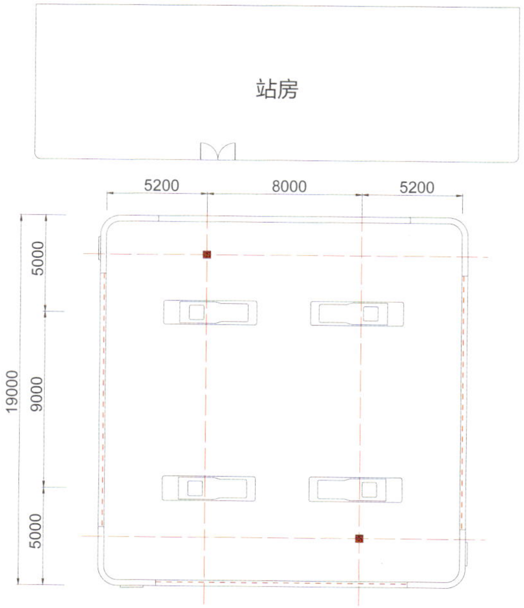

应急罩棚灯2灯布局图

E.2.6.4

加能站罩棚灯布局案例

旗舰站罩棚照度实测数据：

· 围绕加油机周边 3m 平均照度 300lx；

· 罩棚周边 1m 平均照度 150lx；

· 油机读数照度≥ 75lx；

· 罩棚与站房连接区域照度≥ 75lx。

注明：以旗舰站照度参数模拟

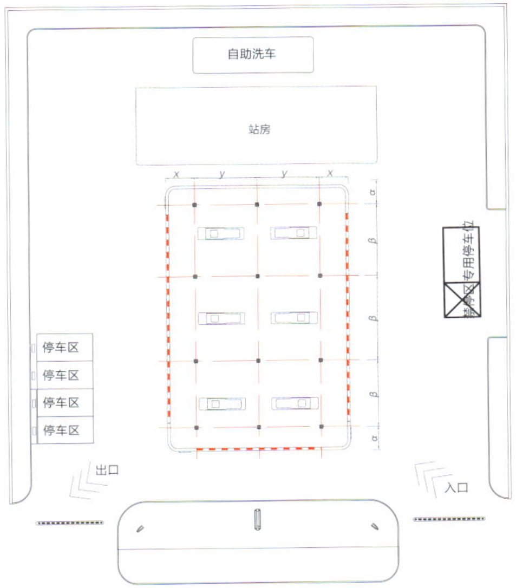

布局平面图

210	234	223	187	236	255	263	270	270	265	258	238	223	233	232	210
233	286	315	315	295	288	302	316	306	310	299	279	301	285	278	220
225	288	298	302	315	301	295	294	298	315	316	305	301	288	273	234
220	268				305	318	328	323	313	309				288	233
265	296	289	279	299	305	314	312	329	315	309	313	315	320	289	234
233	288	303	315	316	322	319	299	310	309	320	316	296	298	284	247
216	276	301	311	302	315	316	294	305	304	302	318	301	288	267	234
233	286	315	315	295	288	302	316	306	310	299	279	301	285	278	220
225	288	298	302	315	301	295	294	298	315	316	305	301	288	273	234
220	268	299	305	305	305	318	328	323	313	309	301	301	298	288	233
265	296	289	279	299	305	314	312	329	315	309	313	315	320	289	234
233	288				322	319	299	310	309	320				284	247
216	276	301	311	302	315	316	294	305	304	302	318	301	288	267	234
265	296	289	279	299	305	314	312	329	315	309	313	315	320	289	234
233	288	303	315	316	322	319	299	310	309	320	316	296	298	284	247
216	276	301	311	302	315	316	294	305	304	302	318	301	288	267	234
233	286	315	315	295	288	302	316	306	310	299	279	301	285	278	220
225	288	298	302	315	301	295	294	298	315	316	305	301	288	273	234
220	268	299	305	305	305	318	328	323	313	309	301	301	298	288	233
265	296				305	314	312	329	315	309				289	234
233	288	303	315	316	322	319	299	310	309	320	316	296	298	284	247
216	276	301	311	302	315	316	294	305	304	302	318	301	288	267	234
210	234	223	187	236	255	263	270	270	265	258	238	223	233	232	210

纵向标尺：27.00m、23.00m、22.50m、14.00m、13.00m、3.40m、3.50m、0.00m

横向标尺：0.00m、2.90m、7.20m、14.30m、18.60m、21.50m

平面读数图

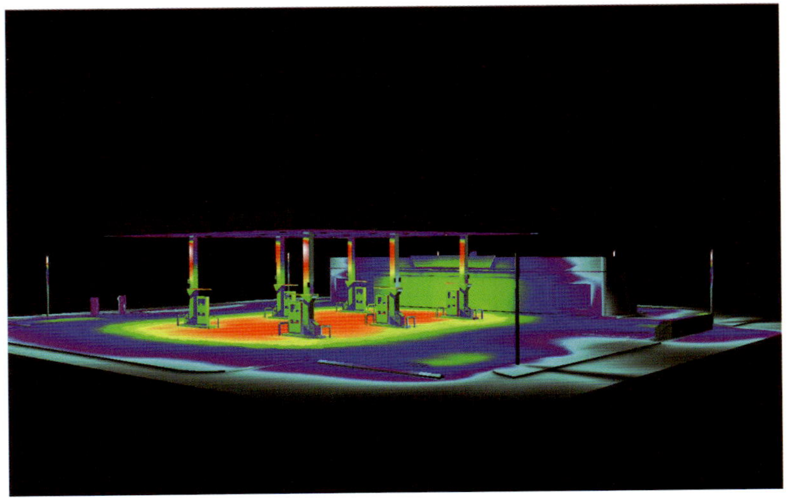

照度伪色图/lx

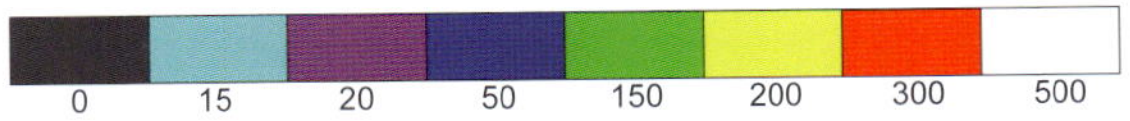

渲染效果图

E.2.6.4

加能站罩棚灯布局案例

标准站罩棚照度实测数据：

- 围绕加油机周边 3m 平均照度 200lx；
- 罩棚周边 1m 平均照度 100lx；
- 油机读数照度≥ 75lx；
- 罩棚与站房连接区域照度≥ 75lx。

注明：以标准站照度参数模拟

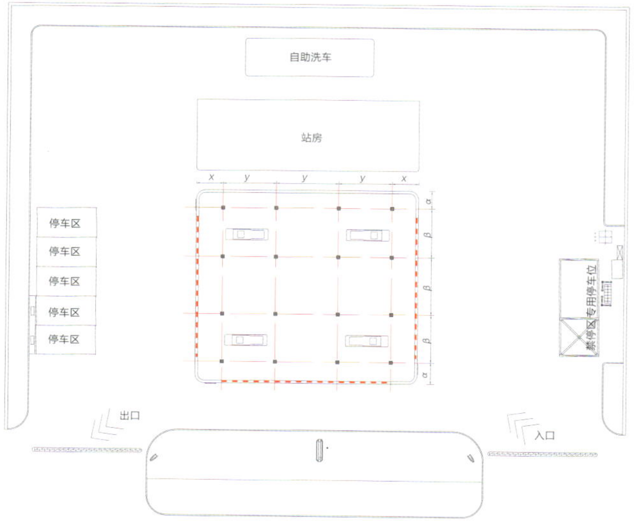

布局平面图

照度伪色图/lx

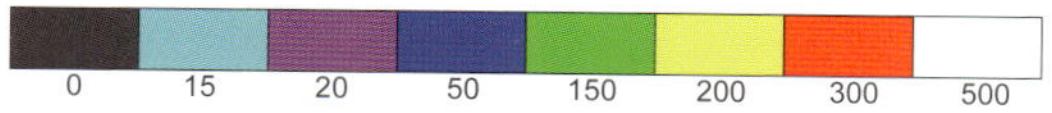

159	168	169	169	168	165	165	167	167	155	165	159	164	167	167	158
189	196	201	212	200	196	194	195	189	195	200	201	196	189	188	176
201	212	234	233	224	213	218	215	216	214	214	214	216	213	216	203
193	208				218	223	223	220	221	223				203	183
193	208	221	213	215	218	223	223	220	221	223	219	215	209	203	183
201	212	234	233	224	213	218	215	216	214	214	214	216	213	216	203
193	208	221	213	215	218	223	223	220	221	223	219	215	209	203	183
201	212	234	233	224	213	218	215	216	214	214	214	216	213	216	203
201	212	234	233	224	213	218	215	216	214	214	214	216	213	216	203
193	208	221	213	215	218	223	223	220	221	223	219	215	209	203	183
193	208	221	213	215	218	223	223	220	221	223	219	215	209	203	183
201	212	234	233	224	213	218	215	216	214	214	214	216	213	216	203
193	208				218	223	223	220	221	223				203	183
201	212	234	233	224	213	218	215	216	214	214	214	216	213	216	203
189	196	201	212	200	196	194	195	189	195	200	201	196	189	188	176
159	168	169	169	168	165	165	167	167	155	165	159	164	167	167	158

17.50m　14.00m　13.00m　3.40m　3.50m　0.00m

0.00m　3.00m　7.30m　15.70m　20.00m　23.00m

平面读数图

渲染效果图

E.2.6.4

加能站罩棚灯布局案例

简易站罩棚照度实测数据：

- 围绕加油机周边 3m 平均照度 150lx；
- 罩棚周边 1m 平均照度 75lx；
- 油机读数照度 ≥ 75lx；
- 罩棚与站房连接区域照度 ≥ 75lx。

注明：以简易站照度参数模拟

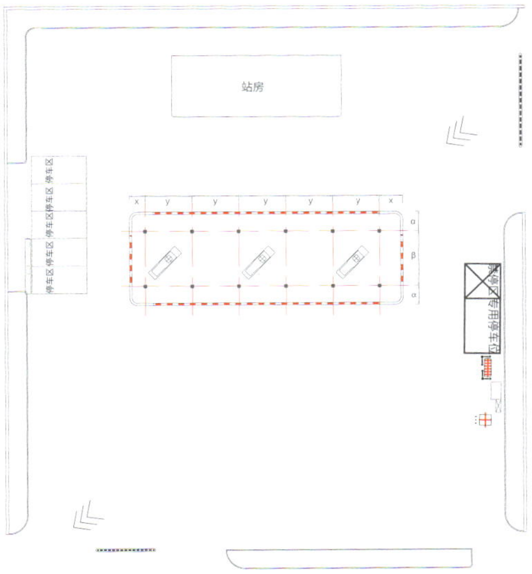

布局平面图

照度伪色图/lx

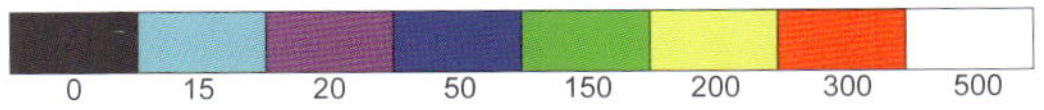

105	121	151	160	169	171	189	186	182	178	175	182	197	185	185	185	185	178	181	182	182	182	150	135	121	110
123	156	168	182	186	190	194	194	195	186	175	183	197	185	187	185	182	185	185	182	182	174	179	176	130	124
125	159	182	181	182	184	187	201	198	197	186	201	186	185	186	188	189	185	178	186	181	168	163	171	123	115
105			160	169	171	189	186	182	178	175			185	185	185	185	178	181	182	182		150	135	121	110
123	156			186	190	194	194	195	186	175	183			187	185	182	185	185	182	182			176	130	124
125	159	182			184	187	201	198	197	186	201	186		186	188	189	185	178	186	181	168			123	115
105	121	151	160	169	171	189	186	182	178	175	182	197	185	185	185	185	178	181	182	182	182	150	135	121	110
123	156	168	182	186	190	194	194	195	186	175	183	197	185	187	185	182	185	185	182	182	174	179	176	130	124
125	159	182	181	182	184	187	201	198	197	186	201	186	185	186	188	189	185	178	186	181	168	163	171	123	115

10.00m　6.40m　3.50m　0.00m

0.00m　2.50m　4.80m　13.80m　16.30m　25.80m　28.80m　33.00m

平面读数图

渲染效果图

E.2.6.5

加能站罩棚檐口照明规范

· 灯管的连接间距不得大于 10mm，保证灯光的连续性；

· 作为关键视觉面，檐口需要有红色光幕效果，≤ H1200 檐口垂直照明亮度在 50~4cd/m^2，底部亮度 >4cd/m^2；H1350 檐口垂直照明亮度在 35~3cd/m^2，底部亮度 >3cd/m^2；

· 地面受光面的红光照度 <8lx；

· 罩棚灯地面（檐口滴水线位置）照度 >100lx 最佳，低于 100lx 地面红光有所增强。

产品名称	成品模块化眉头洗墙灯
质保年限	整体5年(含光源&灯罩)
红色波长	620 ~625nm
技术规格	红光芯片：光效 33lm/W 灯管：抗冲磨砂PC挤出管 D30mm 功率：7~14W/m 电压：220V AC/灯管：24~48V DC 防护等级：IP67及以上 运行环境：-40~50℃ 发光角度：25°

成品模块化眉头洗墙灯

檐口灯光效果图

剖面图

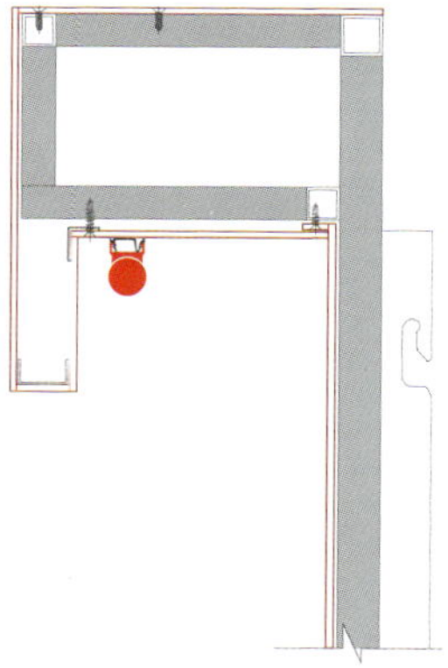

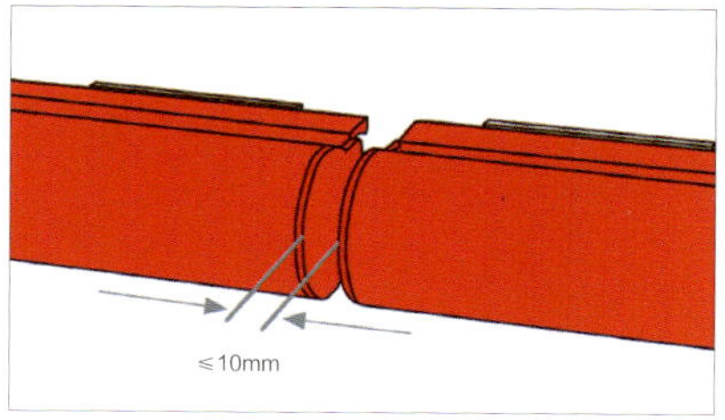

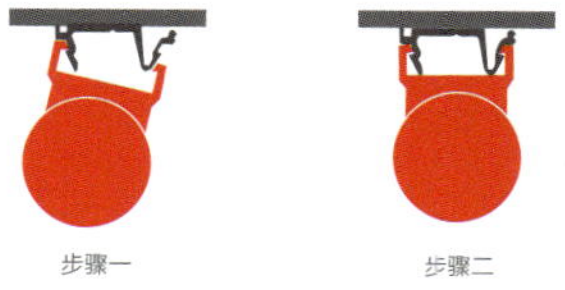

灯管安装步骤

E.2.6.5

加能站罩棚檐口照明规范

· 加能站罩棚檐口灯管接线示意图

产品内容

❶ 2400mm 标准灯条 直径 *D*30mm

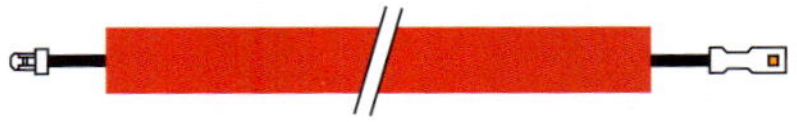

❷ 2400mm 或 1300mm 可裁剪灯条

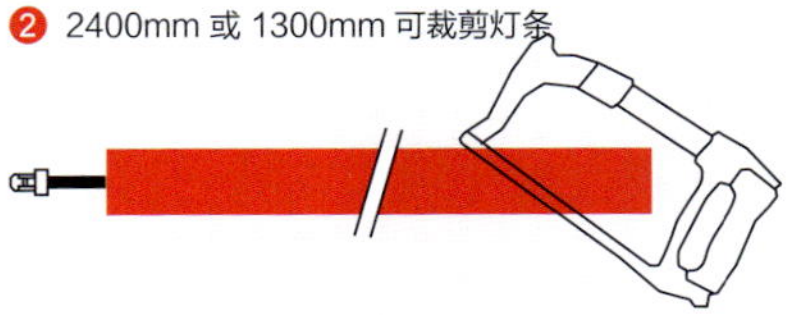

❸ IP67 户外型恒压恒流变压器

❹ 跳线（1m、3m、10m）

❺ Y 形跳线（一公分二母）

❻ JST 堵头（用于线路末端）

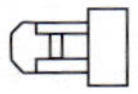

灯管连接示意图

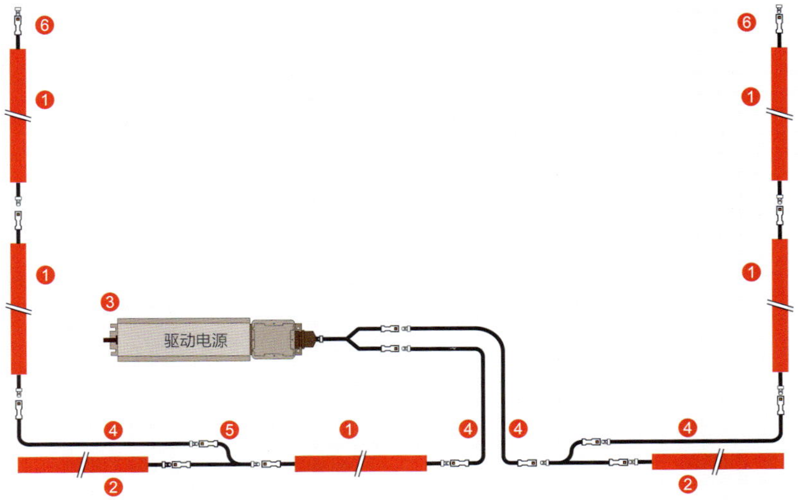

· 洗墙灯管（❶）依次连接，在末端测量空置长度裁剪可裁剪灯管（❷）；

· 对于电源连接或者空间跳跃，可以采用连接跳线（❹）进行连接；

· 如果可裁剪灯条后面还需要连接灯管，可通过Y型跳线（❺）连接；

· 如有未使用的JST接头，必须用JST堵头（❻）做户外防水措施；

· 完成所有的线路连接后，连接驱动电源（❸）通电试灯。

E.2.6.5

加能站罩棚檐口照明规范

· 加能站罩棚檐口模块化眉头洗墙灯安装示意图

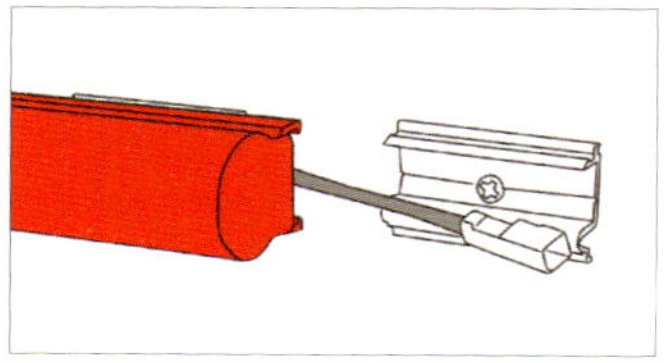

步骤一

第一支灯管安装后，预留一节线路与下一支灯管连接。

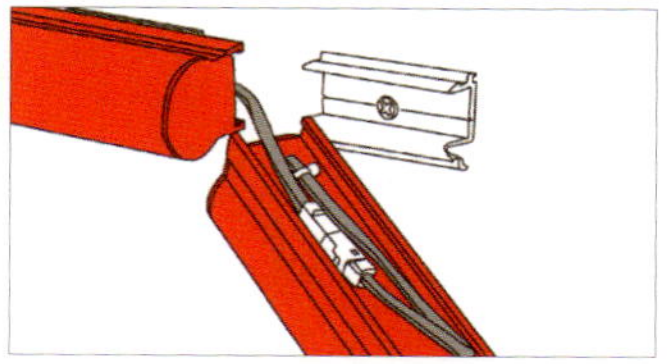

步骤二

连接下一支灯管时，将线路围绕成环形卡在卡件中。为避免线路热胀冷缩，将线路环形状态绕线允许温度变形产生的移动，由此保护线路。

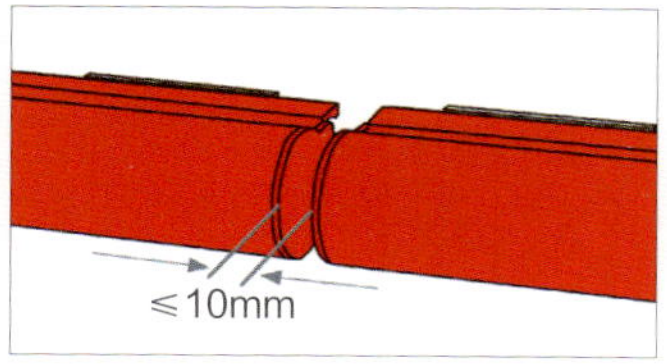

步骤三

两支灯管不得密拼，需预留≤10mm空间用于由于温度变化而引起的灯管变形。在极冷天气，甚至可以预留更大的空间。如剩余长度刚好为2.4m，可以对位安装，不必考虑预留。

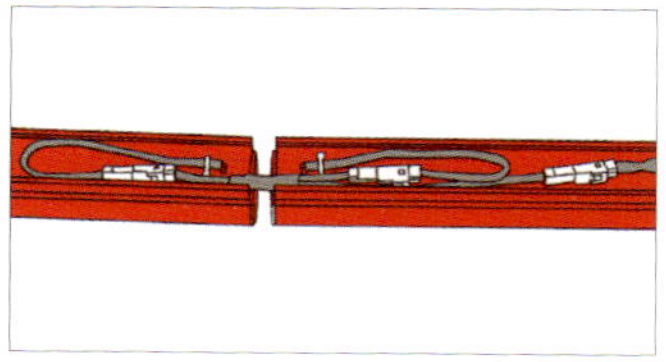

步骤四

在转角位置，Y形跳线可用于两个面之间的灯管连接。

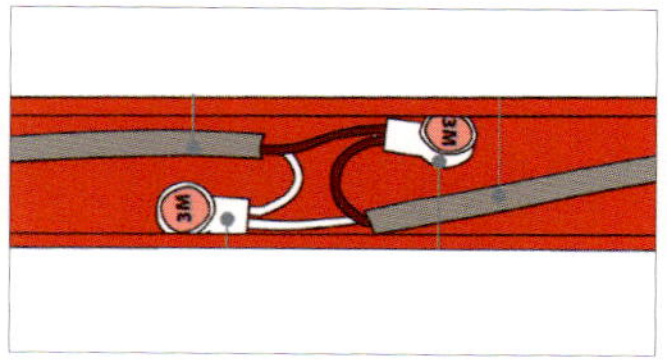

步骤五

如果现场连接线需要切短，可用3M的双刀UY2接线端子做接线。完成后的接线必须隐藏在管后的卡槽中。

步骤六

做灯管裁切时，找到灯管背面的三点划线并用铅笔标记接切位置。

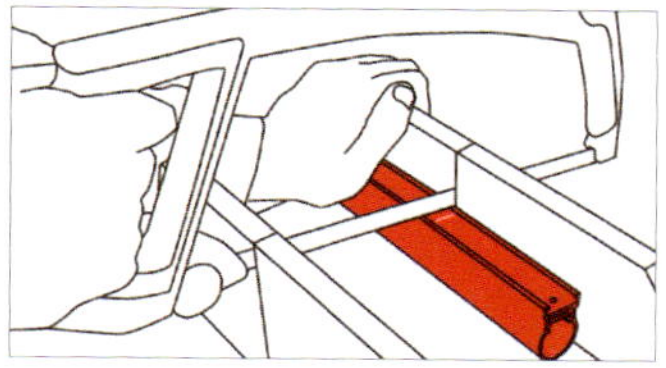

步骤七

使用轴距箱子定位，再用锯子垂直切断灯管。轴距箱子定位可以确保断面整齐和干净。

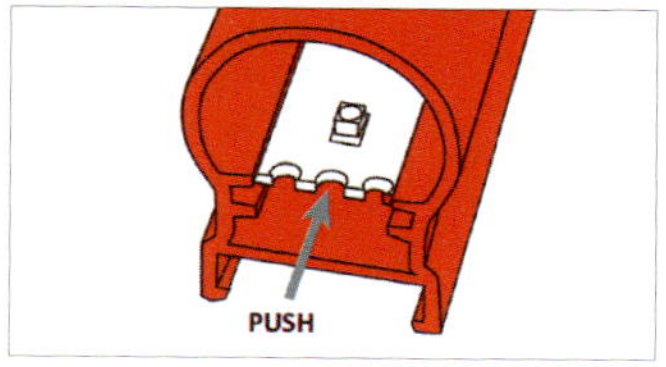

步骤八

将切口的碎片及外来物清除，确保切口是干净且平直，如果需要，可以打磨。在盖上封头前，尽量将电路板往里推。

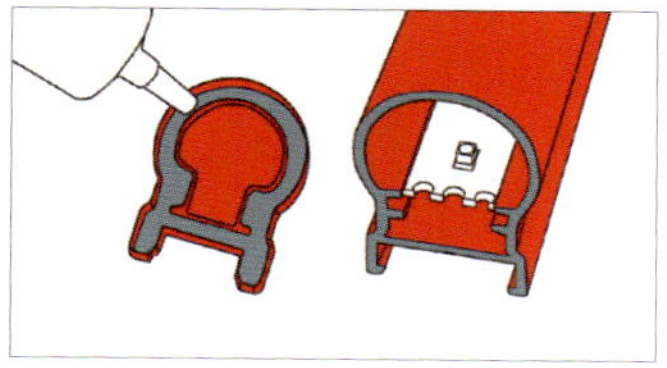

步骤九

在封头和切口上均匀涂抹粘接剂，并用胶带纸固定1h。

/ E.2.7 加能站辅助功能区照明设计

E.2.7.1

辅助功能区照明设计标准

照明设计目标

· 吸引客户

· 安全舒适

· 节能减排

· 增加销售

· 客户忠实度

照明区域	站型	平均照度标准值 / lx	显色指数*Ra*	色温	灯具功率 / W
出入口区域	旗舰站 标准站	50~100lx	≥80	4000K±100K	广角路灯≤110W
	简易站	30~70lx	≥80	4000K±100K	广角路灯≤90W
易捷洗车汽服务区	通用站型	入口75lx	≥80	4000K±100K	广角路灯≤110W
	通用站型	出口50lx	≥80	4000K±100K	广角路灯≤90W
停车区	旗舰站 标准站	50~75lx	≥80	4000K±100K	广角路灯≤110W
	简易站	30~50lx	≥80	4000K±100K	广角路灯≤90W
卸油口照明区	通用站型	≥75lx	≥80	4000K±100K	LED立杆防爆灯≤110W

备注：

1. 以上标准的运用遵从中国石化对旗舰站、标准站、简易站的站型归类原则；
2. 表内照度值的检测以“E.2.12加油站灯具光学性能测量规范”执行；
3. 加油站的灯具维护系数为0.9，灯具的质保条件为5年光衰＜9%，结合两项指标，新开业油站的验收照度平均值应不小于照度标准值的105%。

E.2.7.2

加能站路灯布局原则

· 当布置照明的点位附近有站房存在，可优先考虑布置泛光灯，借用站房的布线便利性进行灯具布置，降低布灯成本。

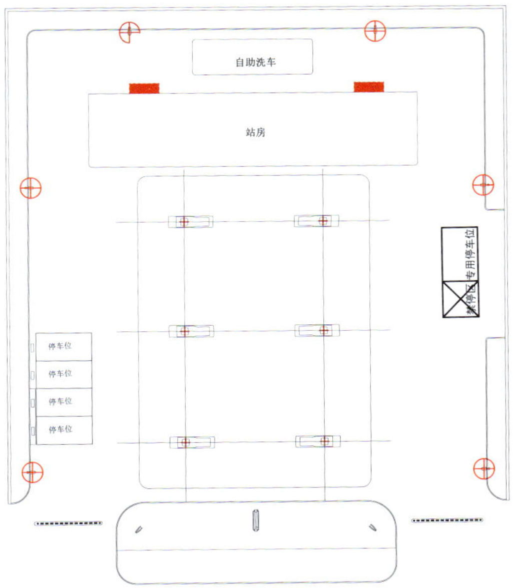

旗舰站/标准站

辅助功能区灯具布灯原则

1.在出入口分别布置1盏≤110W路灯；

2.在功能区分别布置路灯：

a）易捷洗车区出入口前后3m各布置1盏90/110W路灯；

b）在卸油口区布置1盏≤110W防爆灯；

c）在停车区域，每3个车位布置1盏≤110W路灯，不到1盏以1盏布置；

d）其他功能区布置原则参考以上原则；

3.功能区布置妥当后，每隔15~20m间距布置1盏≤110W路灯。

备注：

1.布灯以动线为布灯区域，如布局区域不在动线范围，建议不布灯；

2.如功能区布灯可借用站房布线，优先选择站房泛光灯，灯具功率可选用≤110W。

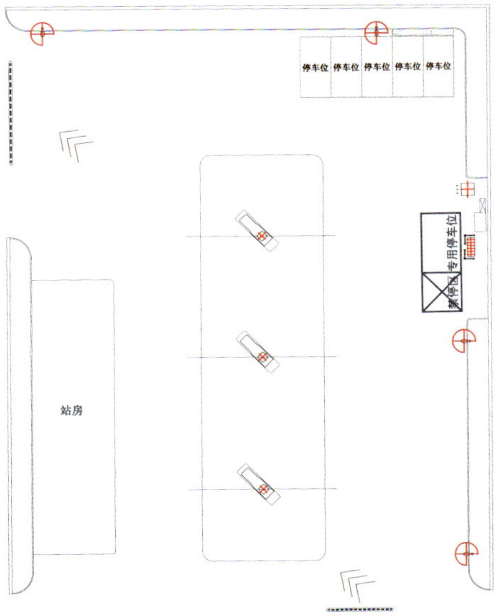

简易站

辅助功能区灯具布灯原则

1.在出入口分别布置1盏≤90W路灯；

2.在功能区分别布置路灯：

a）在卸油口区布置1盏≤110W防爆灯；

b）在停车区域，每3个车位布置1盏≤90W路灯，不到1盏以1盏布置；

c）其他功能区布置原则参考以上原则；

3.功能区布置妥当后，每隔15~20m间距布置1盏≤110W路灯。

备注：

1.布灯以动线为布灯区域，如布局区域不在动线范围，建议不布灯；

2.如功能区布灯可借用站房布线，优先选择站房泛光灯，灯具功率可选用≤110W。

110W 路灯　外挂泛光灯

90W 路灯

E.2.7.3

加能站辅助功能区
灯具布局案例

· 辅助功能区布局在实际运用时应因地制宜，功能区不仅限于案例所示，结合“油气氢电服”的综合能源站建设，进行多样化的照明设计。

· 出入口
· 洗车服务区
· 停车区
· 卸油口

旗舰站入口示意图

简易站入口示意图

旗舰站停车区示意图

简易站停车区示意图

洗车服务区

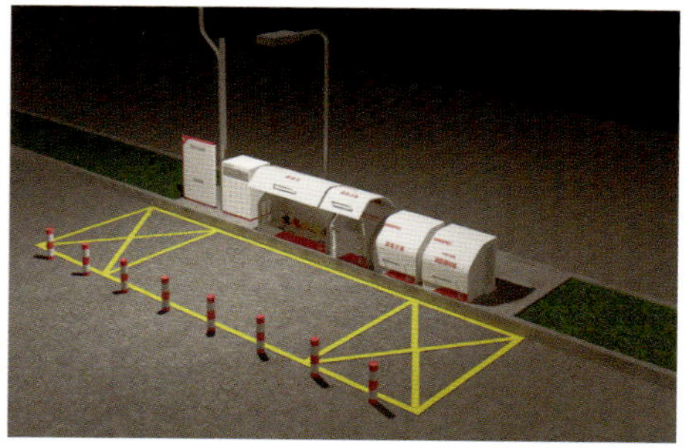
卸油口

E.2.8

加能站景观照明案例

· 草坪、围墙等区域为非功能区域。在非功能区域设置景观照明是对功能区域照明的辅助和衍生，形成完整的油站照明体系。

装饰示意图

装饰示意图

装饰示意图

装饰示意图

E.2.9

照明灯具技术规范

· 色温图（K）

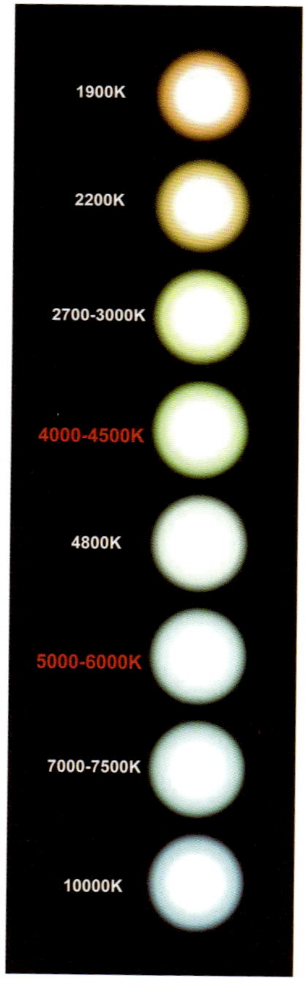

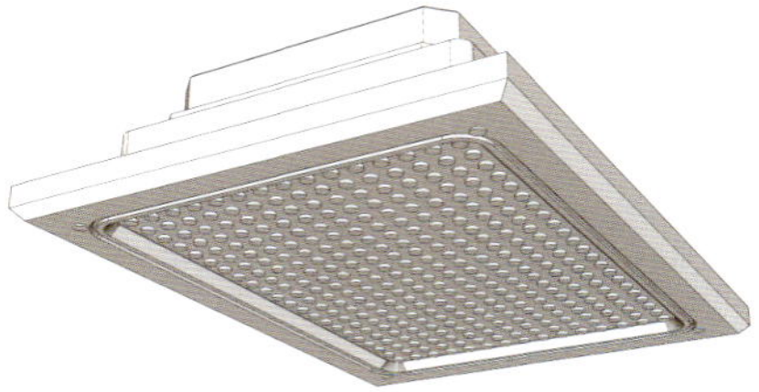

普通LED罩棚灯效果展示

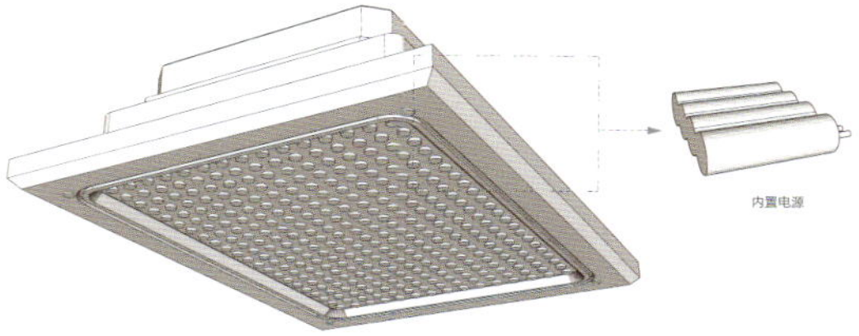

应急LED罩棚灯效果展示

普通LED罩棚灯性能参数

光源	CREE、NICHIA、欧司朗、三安、德豪润达或同等品牌
色温	5700K、4000K（±100K）
功率	90~150W
色容差	<5
整灯光效	≥120lm/W
显色指数	≥Ra80
配光类型	宽配光 或 中配光
输入电压	220V AC±10% 50Hz
使用寿命	≥50000h，5年光衰<9%
防护等级	IP66及以上, IK08（防撞）, WF2（防腐）
材质	灯体高强度冲压铝制品，专业设计棱镜光学部件 面罩高透明钢化玻璃或塑胶透光材质
安装方式	吸顶、嵌入
电气类型	Class Ⅰ
工作温度	-40~50℃
执行标准	CCC 认证型式报告（国家认可的国家级检测机构出具型式报告 和包括EMC电磁干扰测试报告）

应急LED罩棚灯性能参数

光源	CREE、NICHIA、欧司朗、三安、德豪润达或同等品牌
色温	5700K、4000K（±100K）
功率	90~150W
色容差	<5
整灯光效	≥120lm/W
显色指数	≥Ra80
配光类型	宽配光 或 中配光
输入电压	220V AC±10% 50Hz
使用寿命	≥50000h，5年光衰<9%
防护等级	IP66及以上, IK08（防撞）, WF2（防腐）
材质	灯体高强度冲压铝制品，专业设计棱镜光学部件 面罩高透明钢化玻璃 或 塑胶透光材质
工作温度	-40~50℃
应急照明功能	蓄电池：正常LED照明灯具内加装应急装置（外置蓄电池） 正常供电时照明灯具亮，蓄电池充电； 应急时，主供电断电，蓄电池放电应急；蓄电池必须有CCC认证； 应急转换时间小于1s，应急时间不小于90min。
安装方式	吸顶、嵌入
电气类型	Class Ⅰ
执行标准	CCC 认证型式报告（国家认可的国家级检测机构出具型式报告 和包括EMC电磁干扰测试报告）

E.2.9

照明灯具技术规范

· 色温图（K）

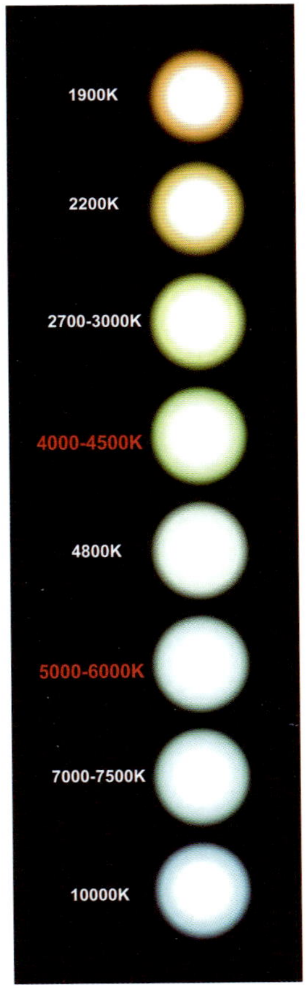

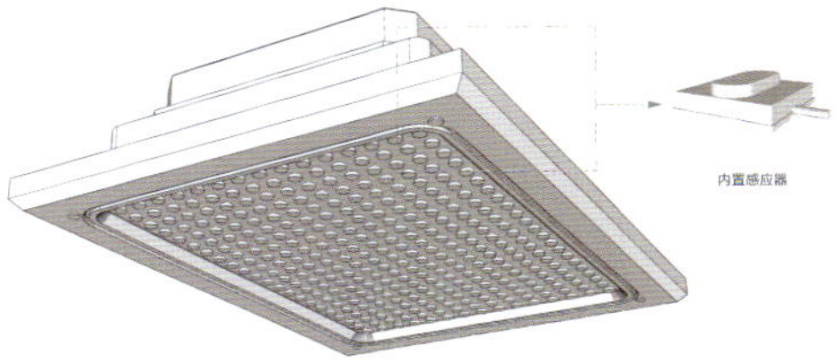

智能LED罩棚灯效果展示

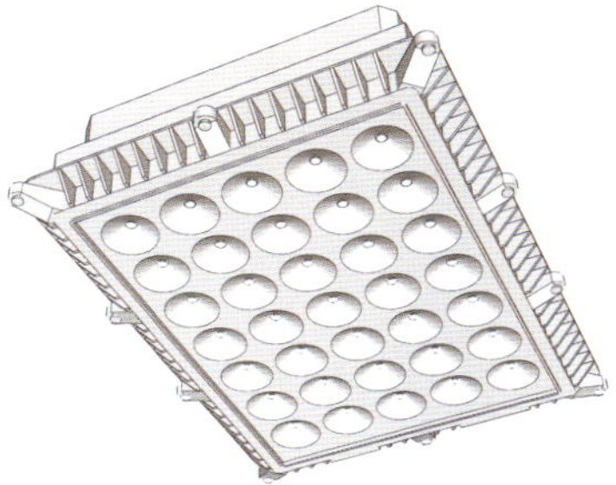

防爆LED罩棚灯效果展示

智能LED罩棚灯性能参数

光源	CREE、NICHIA、欧司朗、三安、德豪润达或同等品牌
色温	5700K、4000K（±100K）
功率	90~150W
色容差	<5
整灯光效	≥120lm/W
显色指数	≥Ra80
配光类型	宽配光 或 中配光
输入电压	220V AC±10% 50Hz
使用寿命	≥50000h，5年光衰<9%
防护等级	IP65及以上, IK08（防撞）, WF2（防腐）
材质	灯体高强度冲压铝制品，专业设计棱镜光学部件 面罩高透明钢化玻璃或塑胶透光材质
工作温度	-40~50℃
安装方式	吸顶、嵌入
电气类型	Class Ⅰ
智能功能	灯具具备自动感应功能，自动检测到车辆或人体进入，自动调节灯具功率输出。
执行标准	CCC 认证型式报告（国家认可的国家级检测机构出具型式报告 和包括EMC电磁干扰测试报告）

防爆LED罩棚灯性能参数

光源	CREE、NICHIA、欧司朗、三安、德豪润达或同等品牌
色温	4000K（±100K）
功率	100W 120W 150W
色容差	<5
整灯光效	≥120lm/W
显色指数	≥Ra80
配光类型	宽配光 或 中配光
输入电压	220V AC±10% 50Hz
使用寿命	≥50000h，5年光衰<9%
防护等级	IP66及以上, WF2（防腐）
材质	灯体高强度铝制品，专业设计棱镜光学部件 面罩高透明钢化玻璃
工作温度	-40~50℃
安装方式	吸顶、嵌入
电气类型	Class Ⅰ
防爆等级	ExdIICT6 Gb
认证要求	提供防爆证及检测报告、灯具必须通过EMC测试

E.2.9

照明灯具技术规范

· 色温图（K）

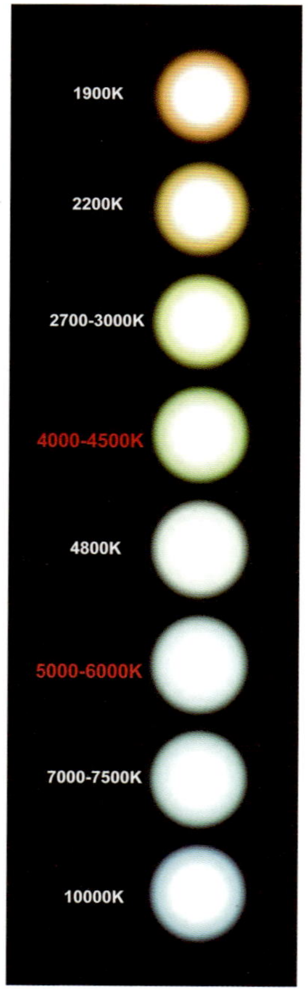

LED立杆灯效果展示

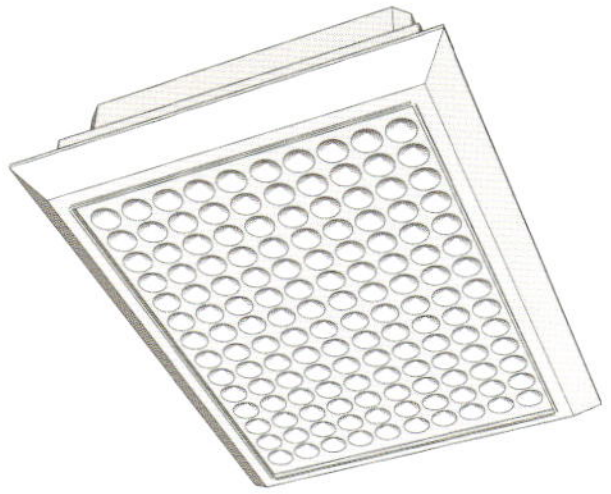

LED 卸油口防爆灯效果展示

LED立杆灯性能参数

光源	CREE、NICHIA、欧司朗、三安、德豪润达或同等品牌
色温	5700K、4000K （±100K）
功率	≤110W
色容差	＜5
整灯光效	≥120lm/W
显色指数	≥Ra80
输入电压	220V AC±10% 50Hz
使用寿命	≥50000h，5年光衰＜9%
防护等级	IP66及以上, WF2（防腐）
材质	灯体高强度冲压铝制品，专业设计棱镜光学部件 面罩高透明钢化玻璃或塑胶透光材质
工作温度	-40~50℃
安装方式	支架/立杆
电气类型	Class Ⅰ
执行标准	执行CQC自愿性认证

LED 卸油口防爆灯性能参数

光源	CREE、NICHIA、欧司朗、三安、德豪润达或同等品牌
色温	5700K、4000K （±100K）
功率	≤100W
色容差	＜5
整灯光效	≥120lm/W
显色指数	≥Ra80
输入电压	220V AC±10% 50Hz
使用寿命	≥50000h，5年光衰＜9%
防护等级	IP66及以上, WF2（防腐）
材质	灯体高强度铝制品，专业设计棱镜光学部件 面罩高透明钢化玻璃
工作温度	-40~50℃
安装方式	支架/立杆
电气类型	Class Ⅰ
防爆等级	ExdIICT6 Gb
认证要求	提供防爆证及检测报告、灯具必须通过EMC测试

E.2.9

照明灯具技术规范

· 色温图（K）

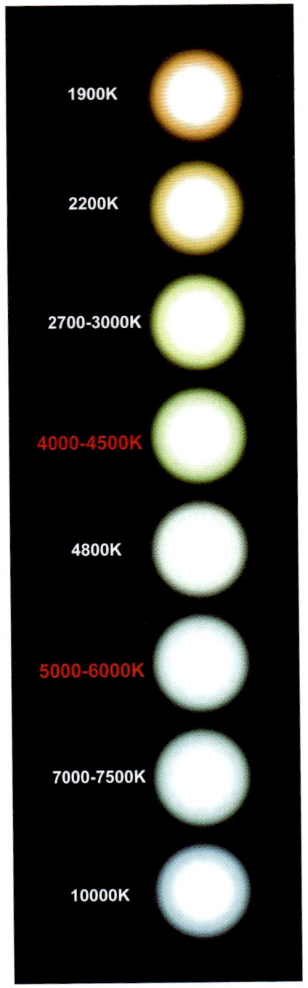

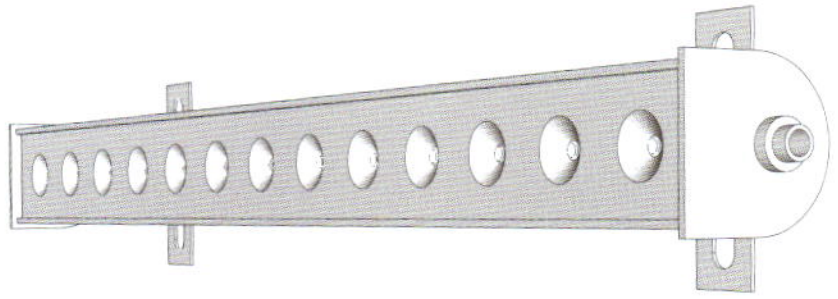

站房LED 洗墙灯效果展示

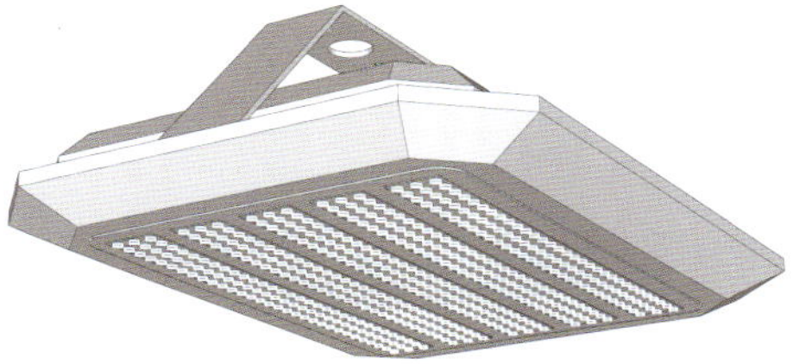

LED泛光灯/户外射灯效果展示

站房LED 洗墙灯性能参数

光源	CREE、NICHIA、欧司朗、三安、德豪润达或同等品牌
色温	5000K
功率	10W 12W 16W
光通量	1200~1600lm
色容差	＜5
整灯光效	≥100lm/W
显色指数	Ra≥80
输入电压	220V AC±10% 50Hz
使用寿命	≥50000h，在L70/B10下，25℃环境温度下持续满额工作
防护等级	IP66及以上，WF2（防腐）
材质	灯体高标准铝型材，专业设计棱镜光学部件 面罩高透明钢化玻璃
工作温度	-40~50℃
安装方式	支架
配光类型	非对称洗墙配光
执行标准	CCC认证/CQC自愿性认证

LED泛光灯/户外射灯性能参数

光源	CREE、NICHIA、欧司朗、三安、德豪润达或同等品牌
色温	5700K、4000K（±100K）
功率	80W/100W/120W/150W
色容差	＜5
整灯光效	≥120lm/W
显色指数	≥Ra80
配光类型	宽配光
输入电压	220V AC±10% 50Hz
使用寿命	≥50000h，在L70/B10下，25℃环境温度下持续满额工作
防护等级	IP66
材质	灯体高强度冲压铝制品，专业设计棱镜光学部件 面罩高透明钢化玻璃 或 塑胶透光材质
工作温度	-40~50℃
电气类型	集成电源
执行标准	CCC 认证

E.2.9

照明灯具技术规范

· 恒流型 + 恒压型 LED 驱动器性能参数

· 成品模块化眉头洗墙灯性能参数

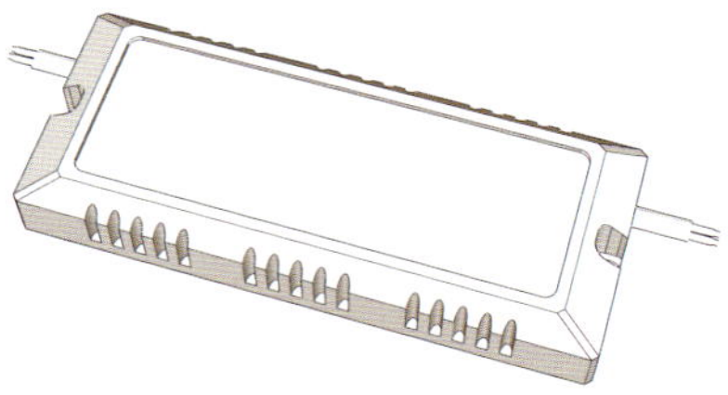

恒流型+恒压型LED驱动器效果展示

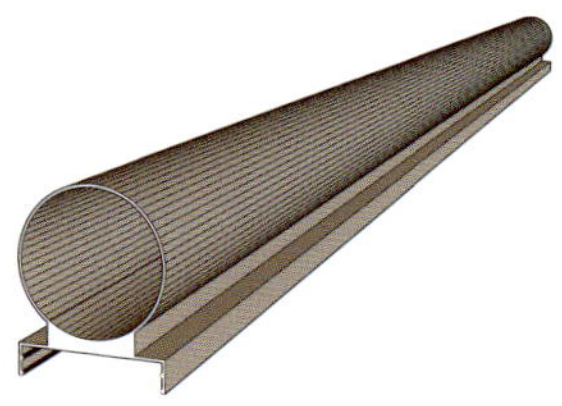

成品模块化眉头洗墙灯效果展示

恒流型+恒压型LED驱动器 性能参数

品牌	茂硕、明纬、英飞特或同等品牌
过电流	过电流保护
短路	打嗝模式，负载异常条件移除后可自动恢复
过电压	关断输出电压，重启恢复
过温度	关断输出电压，温度下降后可自动恢复
工作温度	-40~50℃
电压	220V AC ±10% 电压输出恒压
功率因数	≥0.90
电磁兼容	通过EMC测试
使用寿命	≥50000h
防护等级	IP65/67
材质	金属外壳密封处理
绝缘等级	I类

成品模块化眉头洗墙灯性能参数

光源	CREE、NICHIA、欧司朗或同等国际品牌
红色波长	620~625nm
功率	7~14W/m
光效	33lm/W
色容差	＜5
发光角度	25°
输入电压	电源：220V AC；灯管：24~48V DC
使用寿命	≥50000h，5年光衰＜9%
防护等级	IP66及以上
工作温度	-40~50℃
安装方式	支架
电气类型	Class II
执行标准	CCC认证/CQC自愿性认证

/ E.2.10 加能站灯具安装

E.2.10.1

加能站灯具安装与维护保养

01 加能站 LED 灯具安装要求

根据国家行业相应规范和厂家的灯具安装说明安装灯具。

02 加能站灯具电源要求

加能站灯具宜采用高可靠性、高效率、高功率因数的恒流开关电源，电源应需满足国家强制性认证，符合安规和电磁兼容要求，驱动电源的寿命与 LED 的寿命相适配。电源具有自高压、过流、高温检测保护功能，输入宽电压保证在电网电压波动时 LED 发光二极管的电流稳定输出，灯具可以正常工作，提高灯具的使用寿命。电源采用 PWM、0−10V 和电位器等方式调光实现灯具的节能。

03 加能站灯具接线要求

灯具接线应保证在灯具使用寿命期间提供可靠的电气接触；电气连接不能采用绝缘材料来传递应力，在正常使用情况下，可能出现的扭矩、弯曲应力、振动等作用。

1. 灯具引出线与供电线连接须采用接线盒在接线盒内部接线，保证接线牢靠，不能出现虚接现象；
2. 灯具外部至配电箱之间的连接线须穿管，不能出现连接线裸露现象；
3. 现场施工接线必须是专业持证人员操作。

04 加能站 LED 灯具维护与保养

1. 为保证良好的照明，应建立照明运行维护和管理制度；
2. 应有专业人员负责照明维修和安全检查并做好维护记录，专职或兼职人员负责照明运行；
3. 应建立清洁灯具的制度，根据标准规定的次数定期进行清洁，建议每年不少于 2 次；
4. 应按照灯具的寿命或点亮时间、维持标准要求的平均照度。

E.2.10.2

加能站罩棚灯安装示意

注明

· 灯具应由有资质的电工安装，接线要符合相关国家标准。

· 检查、安装、移动灯具之前，必须切断电源。

· 灯具使用前，必须先接地。整个使用过程中，也必须确保灯具始终接地。

· 如发现异常或操作有任何问题，请务必先切断电源，与灯具厂家联系。

· 灯具的使用和储存必须在允许的应用环境内。

· 灯具避免在腐蚀性环境或者含有有害物质，例如硫化物、卤化物、邻苯二甲酸酯等环境中存储和使用。

· 为了防止不受控制的废物处理对环境和人类健康可能产生的危害，需要对该产品进行回收，旨在促进可持续的物质资源重复利用。返还使用过的设备时，使用返还和收集系统或联系厂家把产品做安全回收。

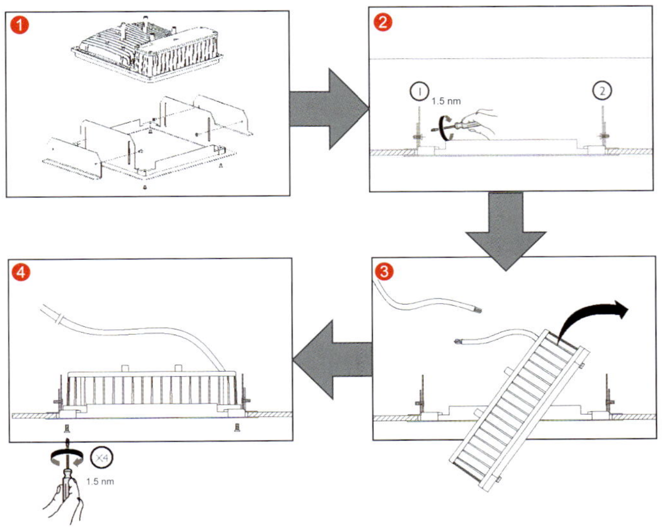

嵌入式罩棚灯安装示意

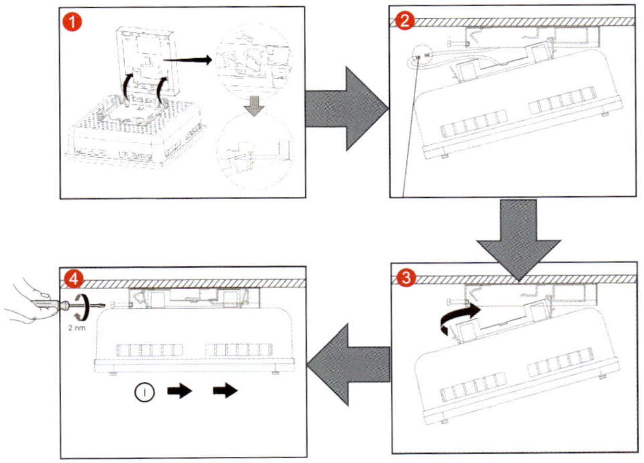

吸顶式罩棚灯安装示意

电源线连接

如果此灯具的外部软缆或软线损坏，该线要由制造商、服务代理商或有类似资质的人更换，以避免发生危险。

适用环境要求

1. 灯具发光面距离地面大于 2.5m；
2. 灯具不适合恶劣振动环境下使用，如易经常导致灯具振动或摆动等环境；
3. 灯具不允许被隔热或类似材料覆盖。

E.2.11

加能站灯具日常维护措施

· 灯具运行环境检测

· 基本目测灯具的运行状态

· 常见故障及原因分析

普通灯具

故障情况	故障原因	维修措施
初次使用未亮灯	· 电源电压 · 接线错误 · 灯具损坏	· 调整电压为产品铭牌电压 · 正确接线 · 更换灯具
亮灯一段时间后熄灭	· 驱动损坏 · 光源损坏	· 检测灯具运行电压 · 联系厂家维修
开关分闸后灯具微亮	· 零线、火线接错 · 灯具未接地	· 正确接线 · 灯具未接地
灯具运行时突然闪烁	· 驱动损坏 · 线路接触不良	· 联系厂家维修 · 紧固线路

应急照明灯具

故障情况	故障原因	维修措施
初次使用未亮灯	· 电源电压 · 接线错误 · 灯具损坏	· 调整电源电压 · 正确接线 · 更换灯具
正常照明亮灯总电源断电时间应急不亮灯	· 应急驱动电池损坏 · 充电时间不够用	· 更换应急驱动 · 正常开灯一段时间后再次尝试
正常照明亮灯关灯后应急也亮灯	· 应急驱动损坏	· 更换应急驱动
正常照明不亮灯应急照明断电后也不亮灯	· 接线错误 · 光源损坏 · 驱动损坏	· 正确接线 · 联系厂家维修

智能灯具

故障情况	故障原因	维修措施
初次使用未亮灯	· 电源电压 · 接线错误 · 灯具损坏	· 调整电源电压为产品铭牌电压 · 正确接线 · 更换灯具
亮灯一段时间后熄灭	· 驱动损坏 · 光源损坏	· 检测灯具运行电压 · 联系厂家维修
开关分闸后灯具微亮	· 零线、火线接错 · 灯具未接地	· 正确接线 · 灯具未接地
灯具运行过程突然闪烁频繁闪烁	· 驱动损坏 · 智能模块损坏 · 线路接触不良	· 联系厂家维修、更换驱动 · 联系厂家维修、更换智能模块 · 紧固线路
灯具不能进行调光	· 智能模块损坏	· 联系厂家维修 · 更换智能模块

维修步骤和措施

01 灯具运行环境检测

1.检测电源电压是否在额定电压范围内（铭牌电压）；

2.检查回路的工作电流，是否在电源开启开关的额定范围内；

3.工作环境温度是否在灯具的正常工作范围（-40~50℃）；

4.线路有无老化或短路导致灯具不亮。

02 基本目测灯具的运行状态

1.光源：光源微亮、闪烁、半亮、不亮等现象；

2.安装：灯具安装是否牢靠，有无掉落风险；

3.清洁：灯具表面的灰尘状态。

03 常见故障及原因分析

LED灯具在日常维护过程中主要为出现上表中故障，

通过观察产生的现象来确定灯具损坏原因进行故障处理。

E.2.12

加能站灯具光学性能测量规范（一）

· 测量依据

· 测量项目

· 测量仪器

· 测量步骤

· 测量注意事项

01 测量依据：

GB/T 15240—1994 室外照明测量方法规范

02 测量项目：

显色指数、色温、照度等光学性能参数。

03 测量仪器：

通用型检测仪：手持式照度计，建议现场采用。

专项照度检测仪：手持式光谱彩色照度计。

通用型检测仪

市场参考价：150~200元

专项照度检测仪

市场参考价 17000~25000元

04 测量步骤：

1. 拿出手持式照度计（以下简称“仪器”），检查设备是否完好无损；
2. 将仪器背面的探头电源开关键调至“ON”档位，点击仪器正面下方中间电源键，打开仪器准备进行测量；
3. 摘下感光探头遮光罩，将光探测头对准测试灯具，点击仪器屏幕上的测试按钮，仪器自动进行数据的测量；
4. 大约 5~10s 后，测试完成，屏幕上即有真实数据显示；
5. 可多次测试，求取平均值，保证测试数据的准确性；
6. 测试完成后数据可以进行命名保存，后期可以根据命名在设置菜单中进行查阅。

05 测量注意事项：

手持式照度计为易损件，需细心保管，不使用时需将感光探头遮光罩盖上；

感光探头需正对测量点，保证数据的正确性。

E.2.12

加能站灯具光学性能测量规范（二）

· 照度值现场测量规范

· 罩棚底部工作面测量规范

· 罩棚周边 1m 区域及罩棚与站房连接区域测量规范

· 路灯照度值测量规范

06 照度值现场测量规范

06.1 罩棚底部工作面测量规范

1. 抽检加油岛比例：不低于 60%，测量数量不得低于 2 个；
2. 测量工作面高度为离地 750~800mm；
3. 单岛监测点不低于 8 个点（见配图）；
4. 单个加油岛测量照度平均值不低于照度规范要求的 95%；
5. 单点照度测量最低值不低于照度规范要求的 90%。

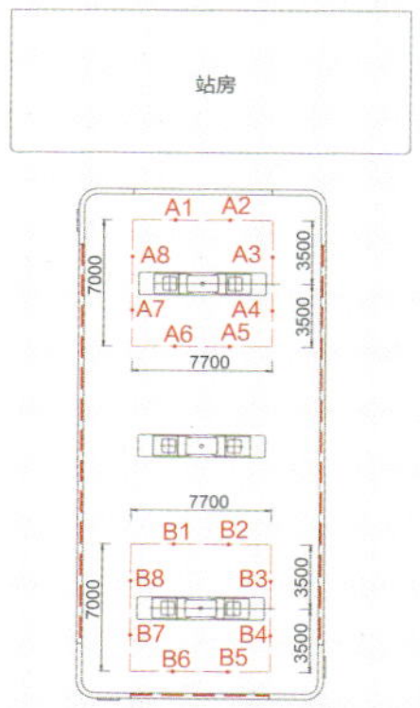

H柱罩棚底部工作面测量示意图

06.2 罩棚周边 1m 区域及罩棚与站房连接区域测量规范

1. 沿外周边每 2m 测量一个点，测量数不低于 20 个，获取平均值（拐角白色罩棚檐口部分不在取值范围内）；
2. 测量工作面高度为离地 750~800mm（见配图）；
3. 照度测量平均值不低于照度要求的 80%；
4. 单点照度测量最低值不低于照度要求的 70%。感光探头需正对测量点，保证数据的正确性。

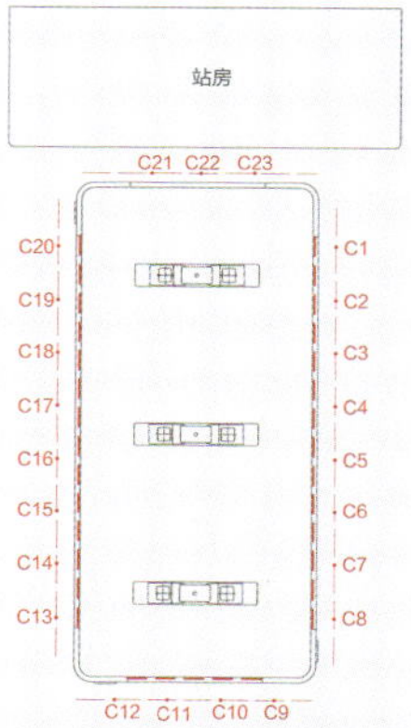

H柱罩棚外边1m区域及罩棚与站房连接区域测量示意图

06.3 路灯照度值测量规范

1. 沿着路灯照射地面位置选取不低于 6 个测量点，获取平均值；
2. 测量工作面为地面（见配图）；
3. 照度测量平均值不得低于照度要求的 85%；
4. 单点照度测量最低值不低于照度要求的 75%。

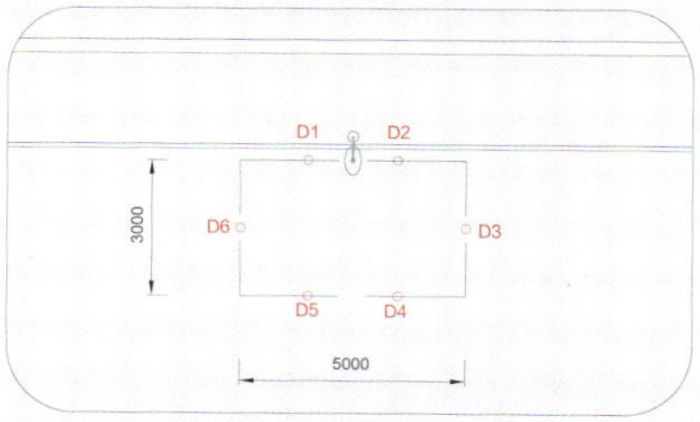

路灯照度测试示意图

E.2.12

加能站灯具光学性能测量规范（三）

· 罩棚檐口照度值测量规范

· 使用两种推荐检测设备：

1.Gossen Mavo SPOT

2. 美能达柯尼卡 LS-150 或 160 进行测量。

· 测量数据要求公差在 ±10% 以内。

06.4 罩棚檐口照度值测量规范

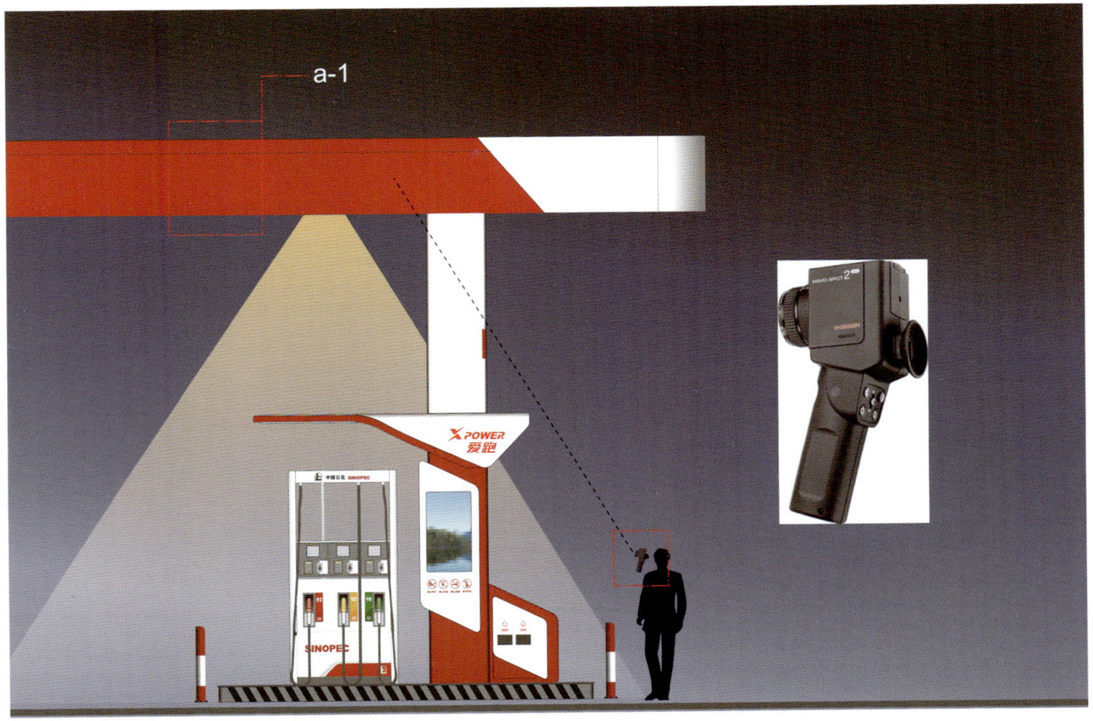

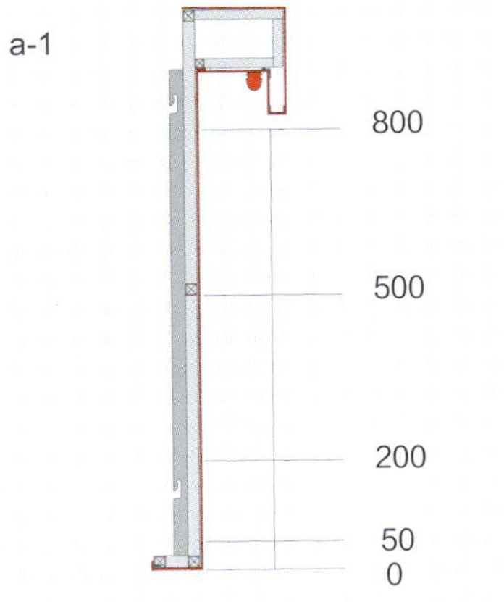

垂直面测试点 / mm（离檐口最低点）	1200檐口表面亮度 (cd/m²)	1350檐口表面亮度 (cd/m²)
800	50	35
500	15	11
200	6	5
50	4	3

E.2.13

智能照明

智能照明的目的

· 根据时间段、客流情况及周边光环境对照明进行情景设置；

· 营造舒适的油站环境，自动调节照明亮度、取悦客户、增加体验度；

· 实现照明效果、节能减排，营造绿色的加能站。

智能照明要求

· 使用智能罩棚灯具的油站，在加油机临近的主要工作区域照明不得低于 100lx 国家标准。

感应范围示意图

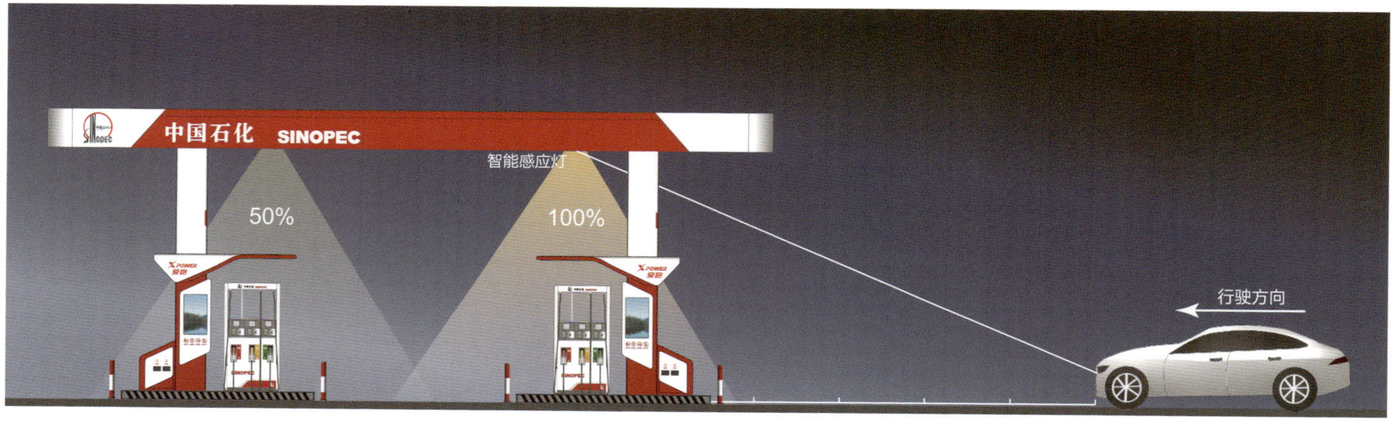

罩棚夜景对比图

* 两分钟内无移动感应到时，系统自动降低输出至50%

* 感应到车辆及行人移动时，系统自动瞬时输出100%

E.2.13

智能照明

· 当人流车流减少，加油机临近的主要工作区域照度达到 100lx，节能超 45%；

· 当感应到人车移动时，智能灯具自动瞬时输出 100% 亮度；

· 当两分钟内检测到无人车移动时，智能灯具自动降低输出至 30%~70% 亮度。

普通灯具-输出固定

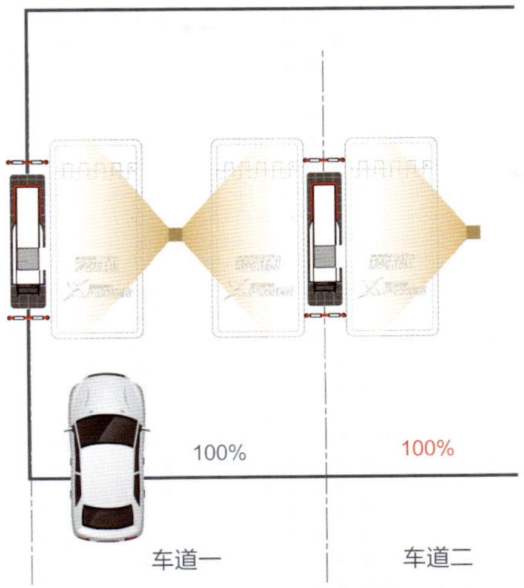

* 车辆进入车道一，车道一灯具调光至100%，
车道二灯具仍然保持100%满负荷状态。

智能灯具-输出功率可调节

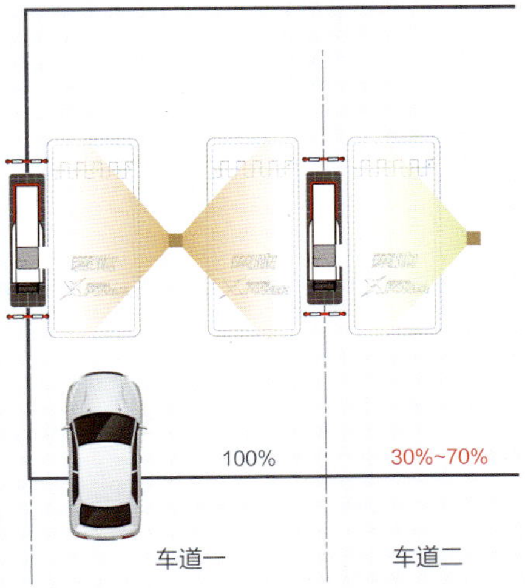

* 车辆进入车道一，车道一灯具调光至100%，
车道二灯具仍然保持30%~70%满负荷状态。

智能感应实物图

智能照明的节能要求

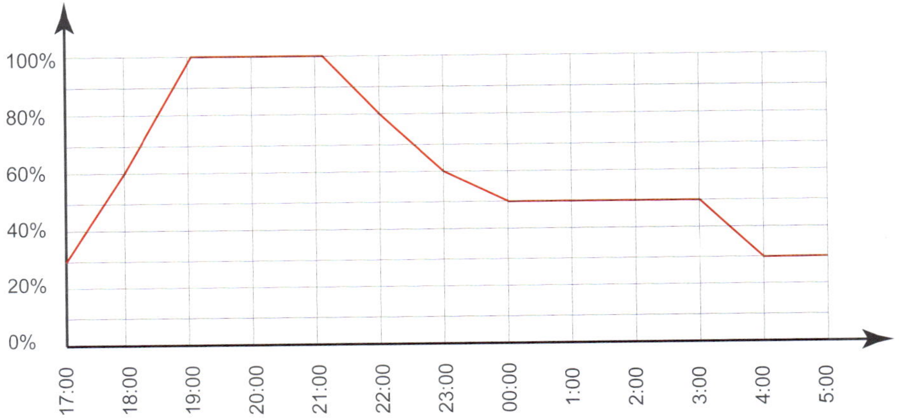

/ E.3 户外广告设计说明

* 手册内容如没有特殊要求，单位均为 mm。

/ E.3.1 加能站户外广告系统介绍

E.3.1.01

加能站户外广告
整体效果展示

E.3.2.03　品牌柱广告
E.3.2.13　围墙壁挂式广告
E.3.2.16　加油岛壁挂式广告
E.3.2.22　站房外立面广告
E.3.2.24　隧道式自动洗车机广告
E.3.2.26　易捷养车外立面壁挂式广告

E.3.2.03
品牌柱广告

E.3.2.13
围墙壁挂式广告

E.3.2.16
加油岛壁挂式广告

E.3.2.22
站房外立面广告

E.3.2.24
隧道式自动洗车机广告

E.3.2.26
易捷养车外立面壁挂式广告

E.3.1.02

加能站户外广告平面布局及设置总原则

设置总原则：

· 规范定位：加能站户外广告设置定位应符合国家标准规定中相关安全间距要求，爆炸危险区域内的灯箱和电子屏媒体须取得相关防爆认证。

· 出入口之间绿化带只能设置一块广告媒体。

· 站内围墙除出入口外其他部位也有广告需求的，由省市公司根据实际需要参照本标准自行设置。

· 因地制宜：根据现场情况设定。

广告定位布置图

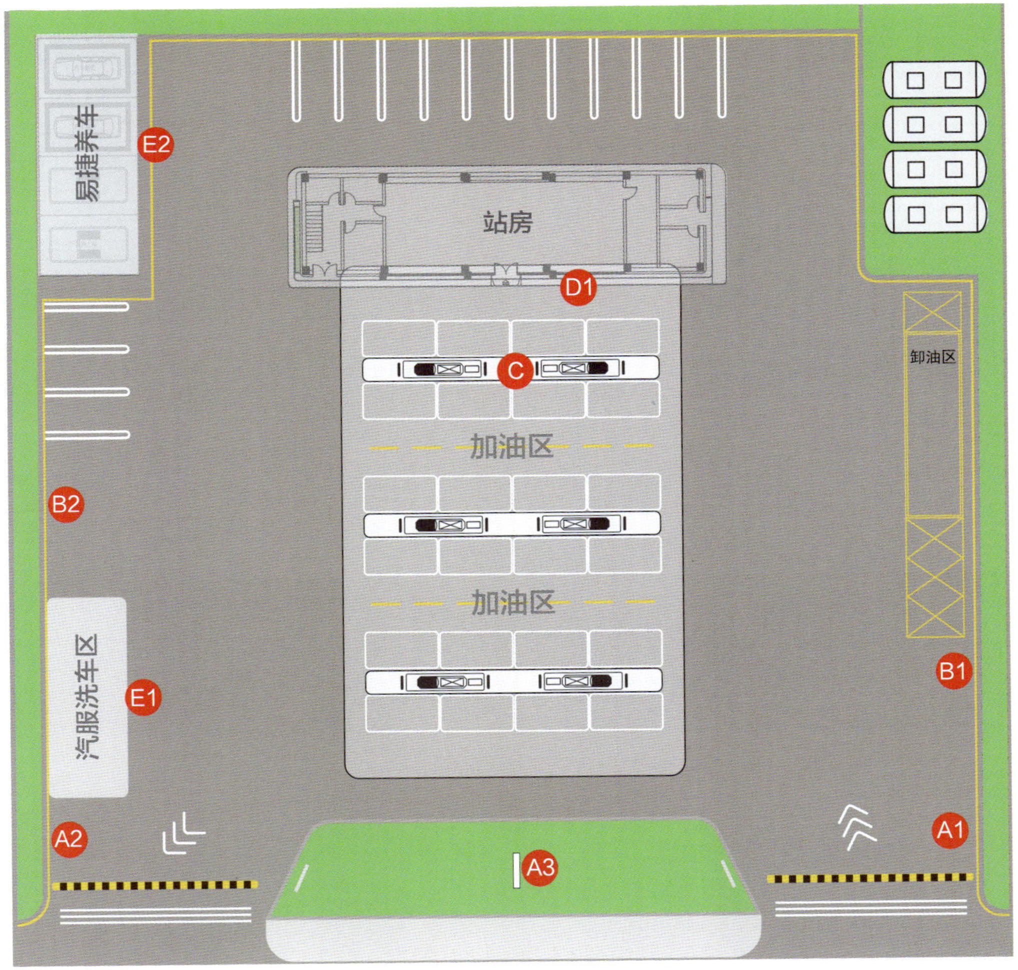

A. 加能站出入口
A1. 入口广告
A2. 出口广告
A3. 品牌柱广告

B. 加能站围墙
B1. 入口围墙广告
B2. 出口围墙广告

C. 加能区域广告：
C1. 加油岛广告
C2. 移动推车广告
C3. 活动广告

D. 站房外区域广告
D1. 站房外立面广告

E. 汽服洗车区广告
E1. 自动洗车机广告
E2. 易捷养车广告

E.3.1.03

出入口 / 围墙广告设置原则

出入口 / 围墙广告设置原则：

· 出入口广告 / 围墙广告位宜设置在出入口缓冲区附近（参考图示位置）。

· 出入口 / 围墙（参考图示位置）的广告数量根据现场情况设定。

· 站内围墙除出入口外其他部位也有广告需求的，由省市公司根据实际需要参照本标准自行设置。

· 特殊情况加能站，可根据实际情况因地制宜设置。

· 广告画面距地高度不低于 500mm。

广告定位布置图

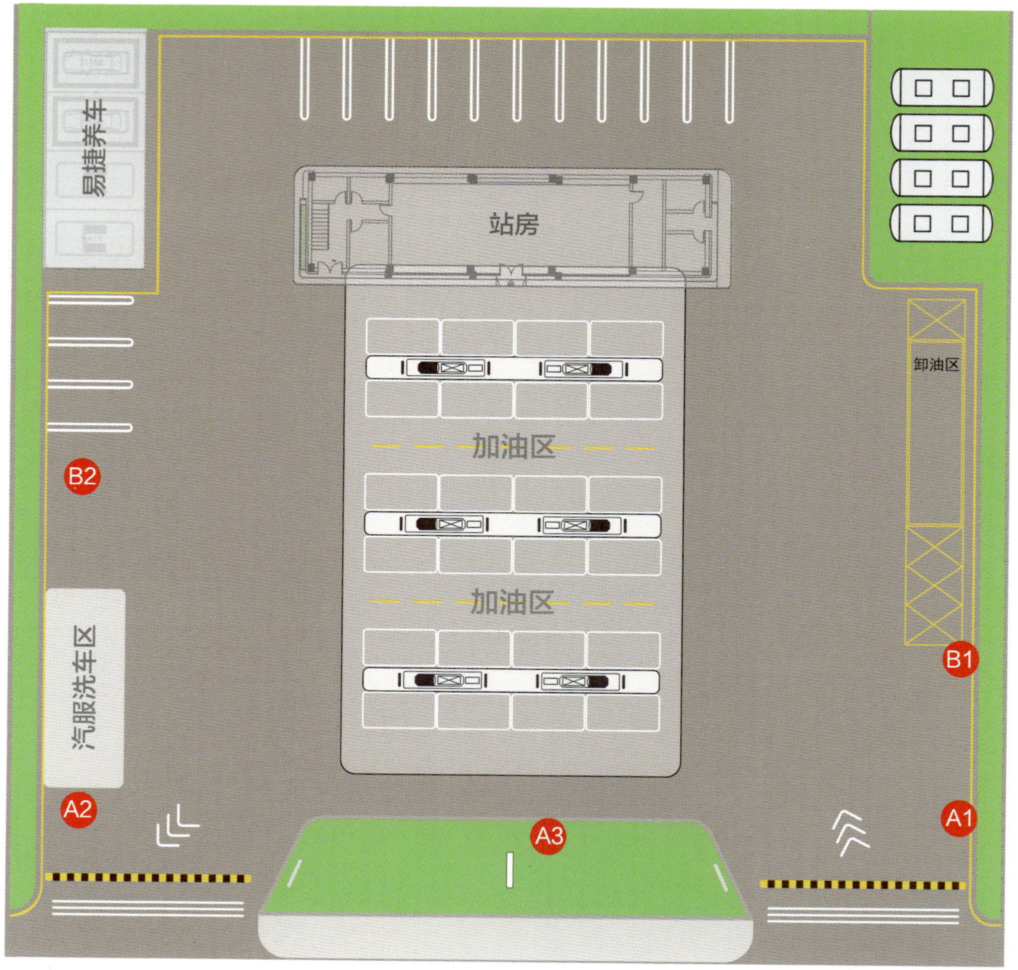

A. 加能站出入口
A1. 入口广告
A2. 出口广告
A3. 品牌柱广告

B. 加能站围墙
B1. 入口围墙广告
B2. 出口围墙广告

E.3.1.04

出入口 / 围墙广告
落地式广告示范

· 出入口 / 围墙落地式广告布置分为两种形式，分别为分散式和密拼式，如右图所示。

加能站出入口 / 围墙落地式广告示范—分散式布置

加能站出入口 / 围墙落地式广告示范—密拼式布置

E.3.1.05

出入口 / 围墙广告
壁挂式广告示范

·出入口/围墙壁挂式广告布置分为两种形式，分别为分散式和密拼式，如右图所示。

加能站出入口 / 围墙壁挂式广告示范—分散式布置

加能站出入口 / 围墙壁挂式广告示范—密拼式布置

E.3.1.06

加能区广告设置原则及广告示范

加能区造型广告设置原则：

· 加油岛造型广告载体有 3 种：双面壁挂 43 寸液晶显示屏 / 广告灯箱 / 广告画面。

· 两个加油岛之间可设置移动推车广告及活动广告。

广告定位布置图

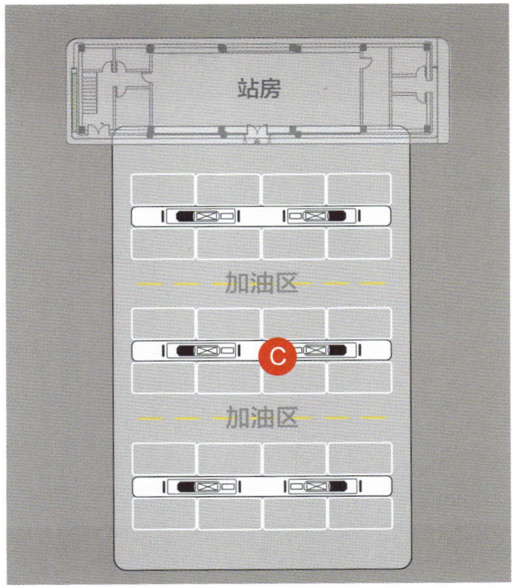

C. 加能区域广告：
C1. 加油岛广告
C2. 移动推车广告
C3. 活动广告

效果展示

E.3.1.07

加能区加油岛造型广告模块示范

· 加油岛造型广告载体有 3 种：43 寸液晶显示屏 / 广告灯箱 / 广告画面。

· 原则上旗舰站广告载体采用液晶显示屏、标准站采用广告灯箱、简易站采用广告画面。

效果展示

加能区无柱形象

加能区单柱双机形象

E.3.1.08

站房外区域广告设置原则及广告示范

站房外区域广告设置原则：

· 站房外立面的广告载体有 LED 广告屏、广告灯箱、广告看板三种类型。

· 广告设置不得遮挡站房外立面窗户。

广告定位布置图

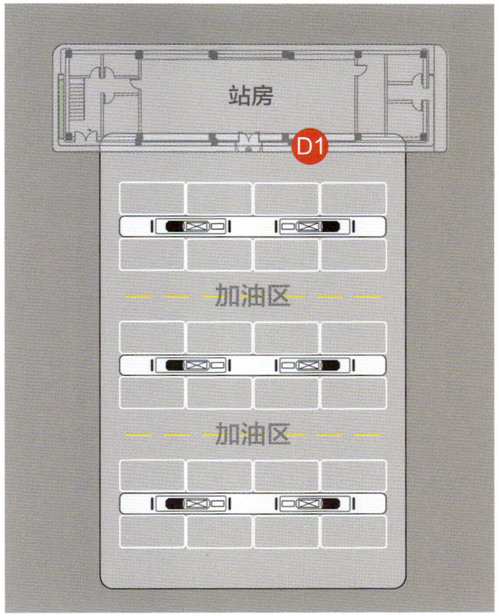

D. 站房外区域广告
D1. 站房外立面广告

效果展示

E.3.1.09

汽服区域广告设置原则及广告示范

· 汽服区域广告采用广告灯箱。

广告定位布置图

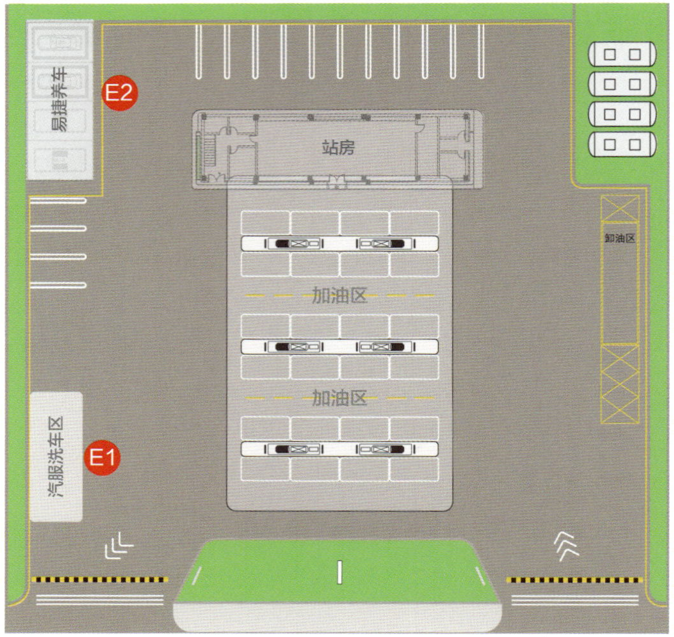

E. 汽服区域广告
E1. 自动洗车机广告
E2. 易捷养车广告

自动洗车机广告效果展示

易捷养车广告效果展示

/ E.3.2 加能站户外广告形象设计标准

E.3.2.01

加能站户外广告系统执行标准清单

区域	广告设备名称	图例	广告形式	画面大小 /mm	功能描述	旗舰站	标准站	简易站
加能站出入口 / 围墙	品牌柱全彩屏广告		单面画面	2240 × 1600	迎客面采用全彩屏	●	○	/
	落地式广告		单面画面	3400 × 1915	LED 屏 / 正面 LED 视频播放	●	○	/
					广告灯箱 / 静态画面	/	○	/
					广告画面 / 静态画面	/	/	●
			单面画面	1260 × 2240	LED 屏 / 正面 LED 视频播放	●	○	/
					广告灯箱 / 静态画面	/	○	/
					广告画面 / 静态画面	/	/	●
			单面画面	1800 × 3200	LED 屏 / 正面 LED 视频播放	●	○	/
					广告灯箱 / 静态画面	/	○	/
					广告画面 / 静态画面	/	/	●
	壁挂式广告		单面画面	2400 × 1350	LED 屏 / 正面 LED 视频播放	●	○	/
					广告灯箱 / 静态画面	/	○	/
					广告画面 / 静态画面	/	/	●

必选项：●　可选项：○　不可选项：/

E.3.2.01

加能站户外广告系统执行标准清单

区域	广告设备名称	图例	广告形式	画面大小 /mm	功能描述	旗舰站	标准站	简易站
加能区	加油岛广告屏		单面画面	937 × 526	43 寸液晶屏 / 正面 LED 视频播放	●	○	/
					广告灯箱 / 静态画面	/	○	/
					广告画面 / 静态画面	/	/	●
站房外立面	站房外立面广告		单面画面	3520 × 1920	LED 显示屏 / 正面 LED 视频播放	●	○	/
					广告灯箱 / 静态画面	/	○	/
					广告看板 / 静态画面	/	/	●
汽服区域	隧道式自动洗车机广告		单面画面	3000 × 1690	广告灯箱 / 静态画面	●	●	●
	龙门式自动洗车机广告		单面画面	2810 × 1580	广告灯箱 / 静态画面	●	●	●
	易捷养车广告		单面画面	1600 × 900	广告灯箱 / 静态画面	●	●	●

必选项：●　可选项：○　不可选项：/

E.3.2.02

加能站户外广告系统选配清单

区域	广告设备名称	图例	广告形式	画面大小 /mm	功能描述	旗舰站	标准站	简易站
户外其他广告	加油岛活动广告牌		双面画面	1065 × 600	广告灯箱 / 静态画面	○	○	○
					广告画面 / 静态画面	○	○	○
	A 型展架广告		双面画面	1997 × 897	广告画面 / 静态画面	○	○	○
	移动推车广告	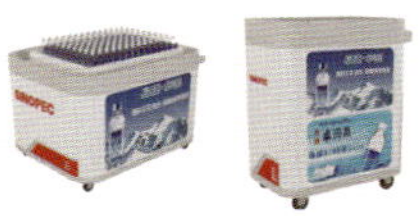	单面画面	1060 × 660 620 × 370	广告画面 / 静态画面	○	○	○
	道旗广告		双面画面	5400 × 1200	广告画面 / 静态画面	○	○	○
	挂旗广告		双面画面	1860 × 800	广告画面 / 静态画面	○	○	○

必选项：●　可选项：○　不可选项：/

E.3.2.03

出入口 / 围墙区广告
品牌柱广告 (12m/10m)

· 全彩屏广告请遵照图示尺寸进行制作。

· 品牌柱在迎客面上设置全彩屏广告。全彩屏安装为嵌入式。

· 全彩屏尺寸长高比例以 3：2 为宜。

正视图

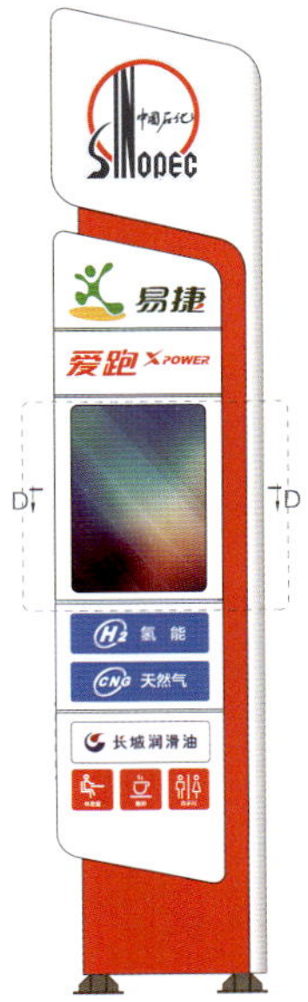

安装定位

LED 全彩屏模组参数

	像素间距：	5mm
	像素密度：	40000Dots/m²
	像素构成：	R：G：B=3：6：1
	屏幕亮度：	≥ 5000cd/m²
	尺　寸：	320mm × 160mm × 18mm
	解 析 度：	64 点 × 32 点
	换帧频率：	≥ 60Hz
	防护等级：	IP65 及以上
	屏体寿命：	10 万 h
	工作温度：	-20~50℃
	工作电压：	220V AC ± 15%50Hz
	平均功耗：	220W/m²
	最大功耗：	650W/m²

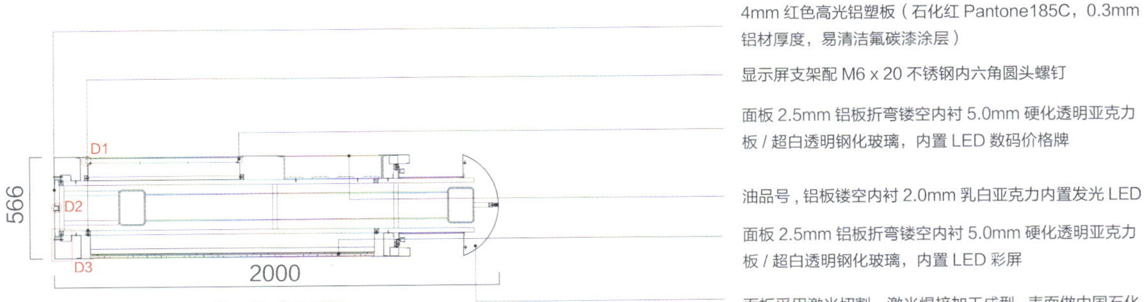

D–D 剖面图

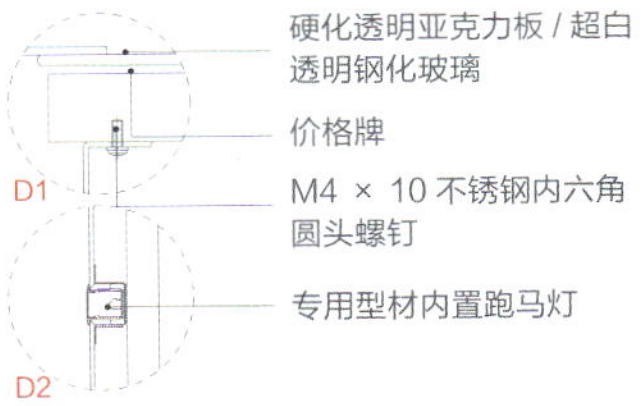

E.3 户外广告设计说明

E.3.2.04

出入口 / 围墙区广告
品牌柱广告 (8m)

· 全彩屏广告请遵照图示尺寸进行制作。

· 品牌柱在迎客面上设置全彩屏广告。全彩屏安装为嵌入式。

· 全彩屏尺寸长高比例以 3 ：2 为宜。

正视图

安装定位

LED 全彩屏模组参数

像素间距：	5mm
像素密度：	40000Dots/m²
像素构成：	R ：G ：B=3 ：6 ：1
屏幕亮度：	≥ 5000cd/m²
尺　　寸：	320mm × 160mm × 18mm
解 析 度：	64 点 × 32 点
换帧频率：	≥ 60Hz
防护等级：	IP65 及以上
屏体寿命：	10 万 h
工作温度：	−20~50℃
工作电压：	220V AC ± 15%50Hz
平均功耗：	220W/m²
最大功耗：	650W/m²

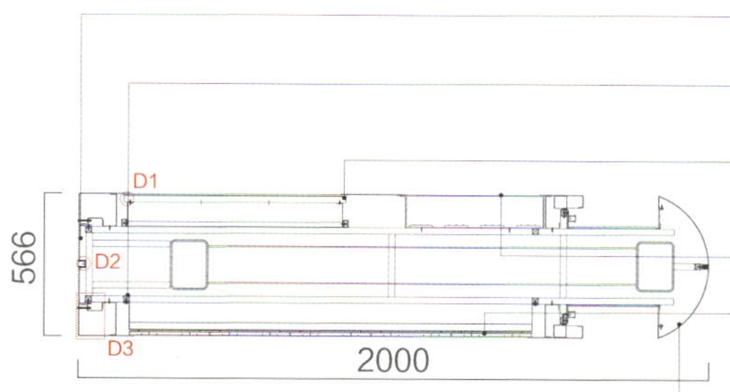

D–D 剖面图

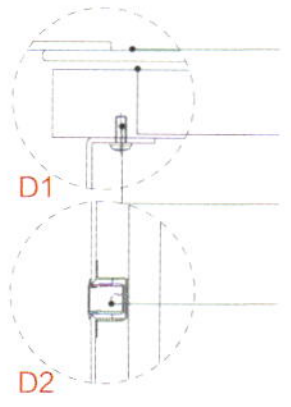

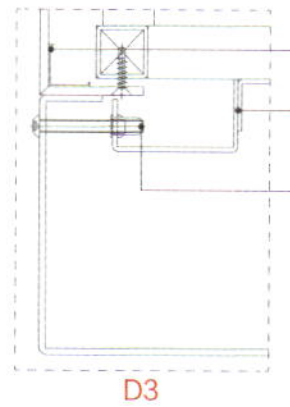

E.3.2.05

出入口 / 围墙区广告
落地横式广告屏形象标准

· 广告屏请遵照图示尺寸进行制作。

· LED 广告屏，安装位置应选在出入口靠近围墙处，可根据现场实际情况适当调整。

· 建议 LED 广告屏尺寸长高比例以 16 ∶ 9 为宜。

· 注：图中画面仅为示意，请根据实际情况制作。

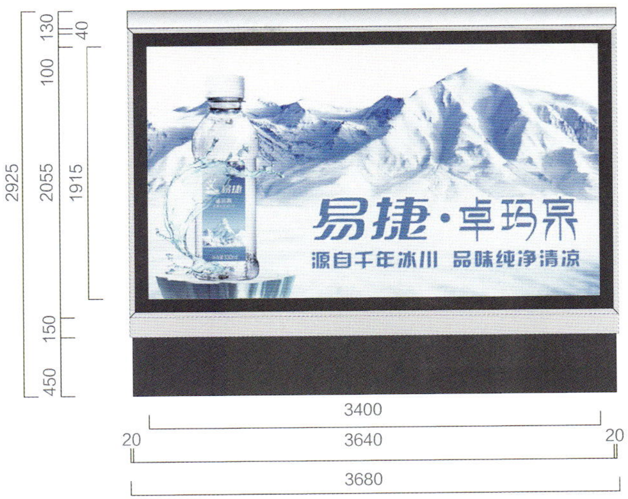

正视图

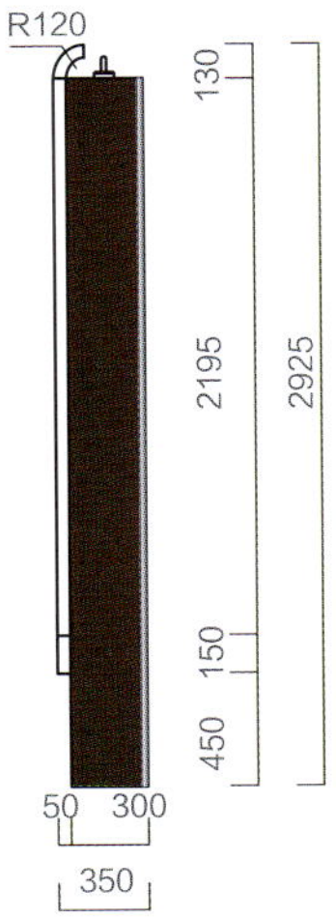

侧视图

后视图

效果展示

E.3.2.06

出入口 / 围墙区广告
落地竖式广告屏形象标准

· 广告屏请遵照图示尺寸进行制作。

· LED 广告屏，安装位置应选在出入口靠近围墙处，可根据现场实际情况适当调整。

· 建议 LED 广告屏尺寸长高比例以 16 ：9 为宜。

· 注：图中画面仅为示意，请根据实际情况制作。

正视图

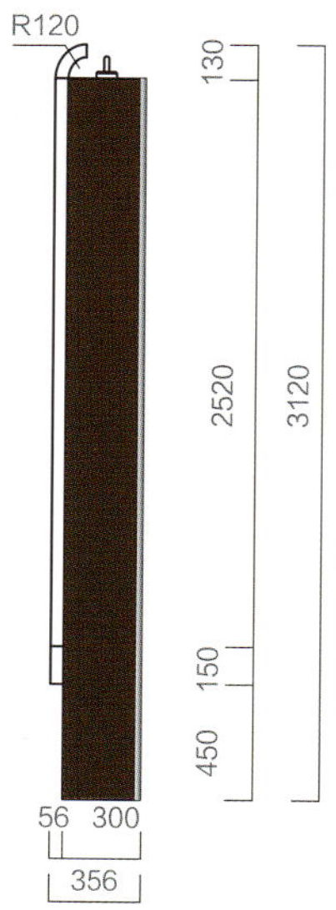

侧视图

后视图

效果展示

E.3.2.07

出入口 / 围墙区广告
落地横式广告屏地基安装示意

· 地脚螺栓安装说明：

· 将地脚螺栓套入定位模板的 4 个孔内，确定螺纹部分露出地面 100mm；

· 将每根地脚螺栓的底部，用大于 ϕ 12 的钢筋笼的下部定位后焊接；

· 然后将每根地脚螺栓的上部（定位板以下）与主钢筋笼的上部固定后焊接；

· 确定地脚螺栓的安装尺寸无偏移后，保证定位钢板无偏移后，浇注混凝土；

· 主钢筋笼的底部可以底面钢筋焊接定位，顶部可以用钢筋连接定位。

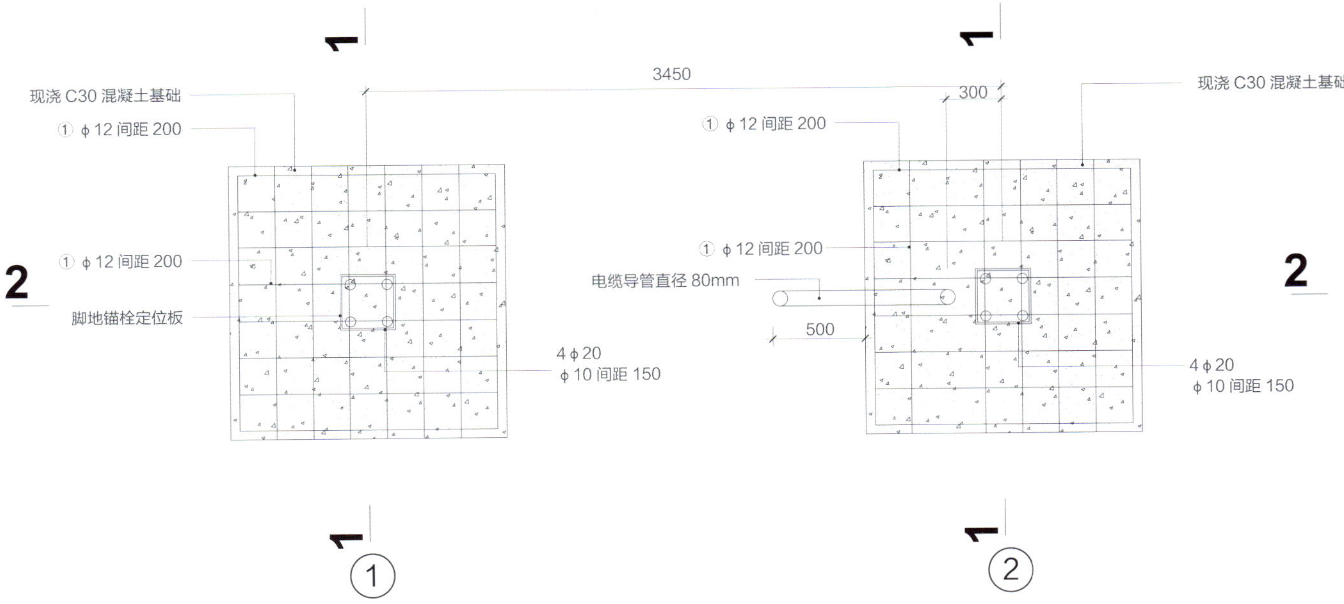

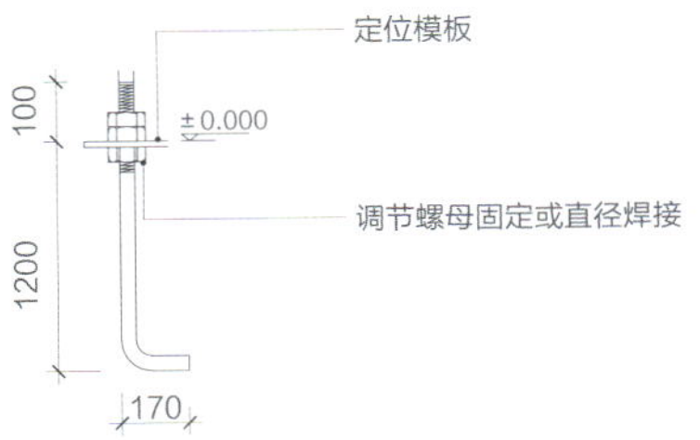

地脚螺栓大样图

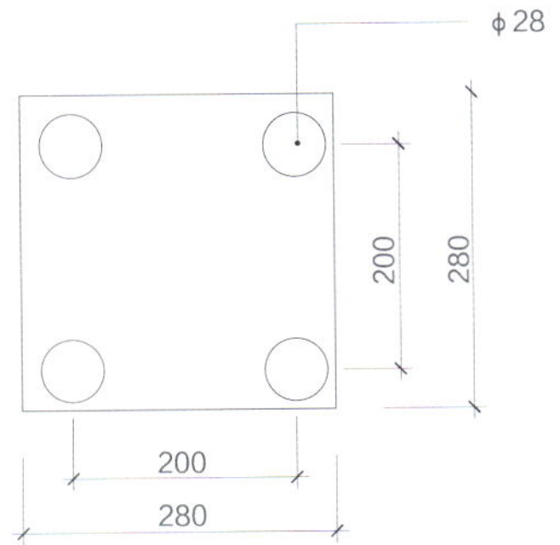

定位板 t=10mm

E.3.2.08

出入口 / 围墙区广告
落地竖式广告屏地基安装示意

· 技术要求：

· 基础设计标高为相对标高，地基应埋于实土上，基垦（2.42m × 1.3m × 2m）开挖后，应与有关人员现场确定，应能抗 11 级台风；

· 基层铺 C15 混凝土层 100mm 深，混凝土柱均采用 C30 混凝土；

· 钢结构的材料均选用 Q235；

· 地脚螺栓采用热镀锌处理，增加防腐能力，螺母安装完成后涂黄油进行密封处理；

· 地基防雷接地安全要求必须达到国家标准 GB 50057—2010《建筑物防雷设计规范》，接地电阻小于 4Ω；

· 此图仅作参考，实际制作可根据当地的气候、环境等因地制宜；

· 基础应保养 15 天以上方可安装。

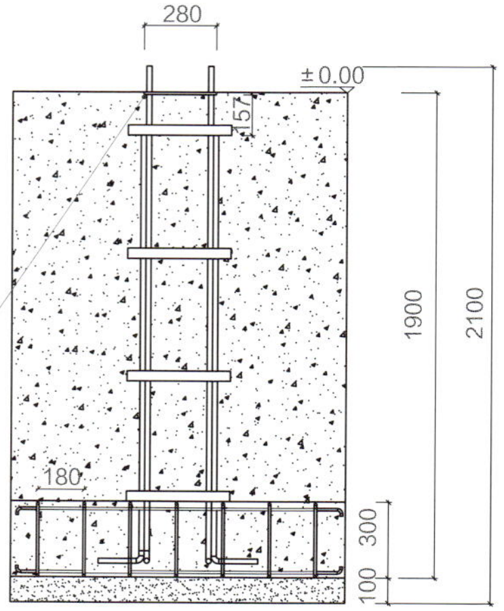

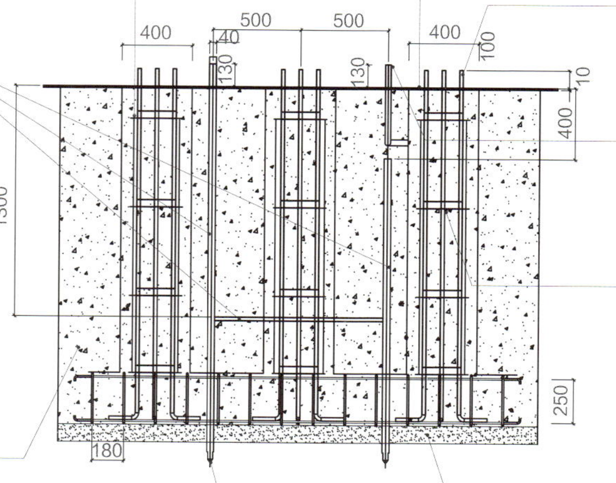

E.3.2.09

出入口 / 围墙区广告
落地式广告灯箱形象标准

· 广告灯箱请遵照图示尺寸进行制作。

· 灯箱安装位置应选在出入口靠近围墙处，可根据现场实际情况适当调整。

· 广告灯箱尺寸长高比例以 16 ∶ 9 为宜。

· 注：图示画面仅供参考，由省市公司根据需要进行替换。

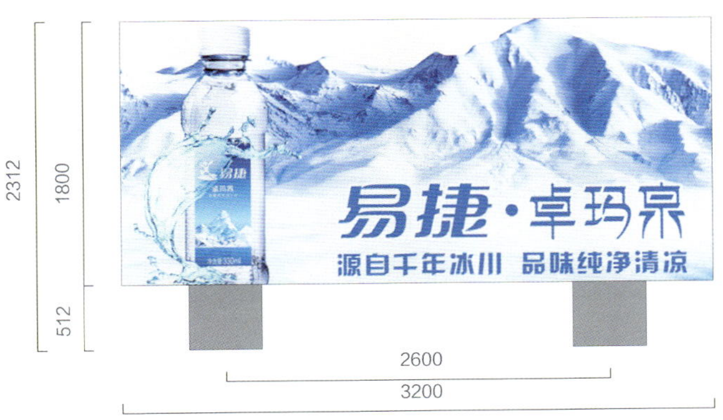

正视图

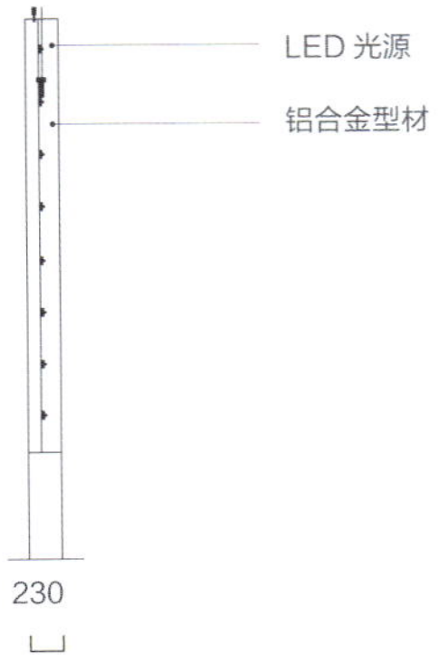

侧视图

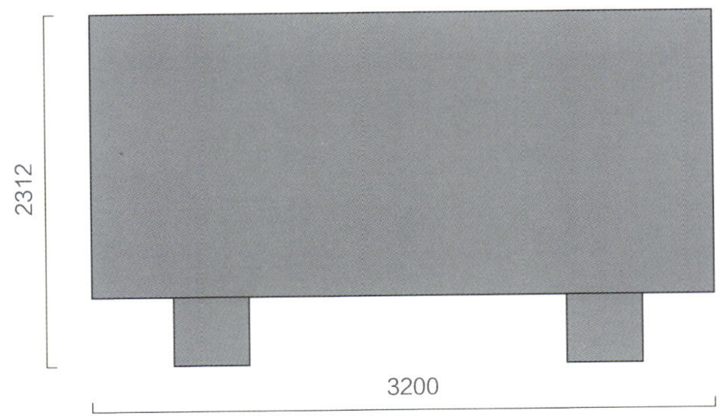

后视图

效果展示

E.3.2.10

出入口 / 围墙区广告
落地式广告看板形象标准

· 广告看板请遵照图示尺寸进行制作，采用铝合金型材框架结构。

· 看板安装位置应选在出入口靠近围墙处，可根据现场实际情况适当调整。

· 广告看板尺寸长高比例以 16 ：9 为宜。

· 注：图示画面仅供参考，由省市公司根据需要进行替换。

正视图

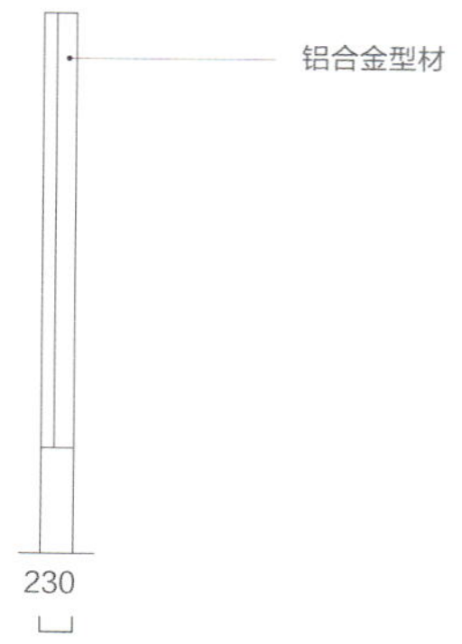

侧视图

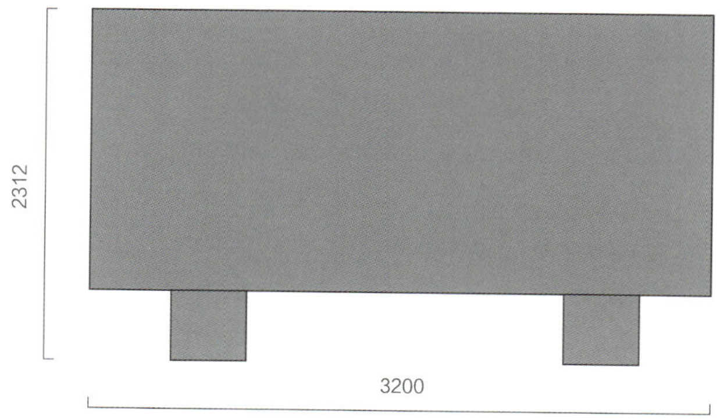

后视图

效果展示

E.3.2.11

出入口 / 围墙区广告
落地式广告地基安装示意

· 广告灯箱 / 看板请遵照图示尺寸进行制作。

· 广告安装位置应选在出入口靠近围墙处，可根据现场实际情况适当调整。

· 广告灯箱 / 看板尺寸长高比例以 16 ：9 为宜。

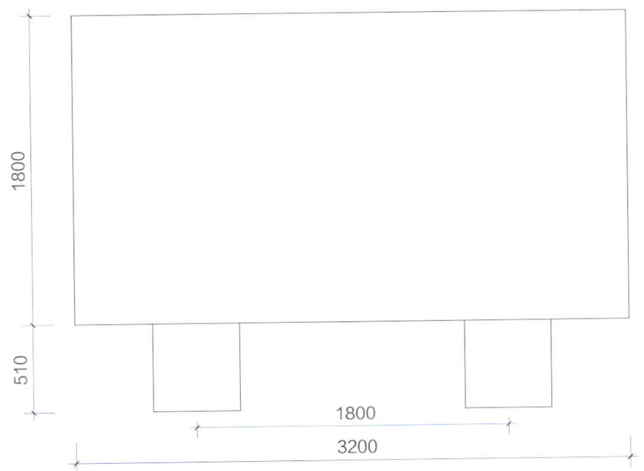

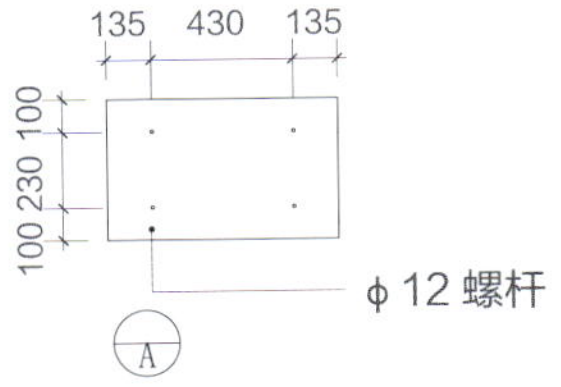

基础俯视图

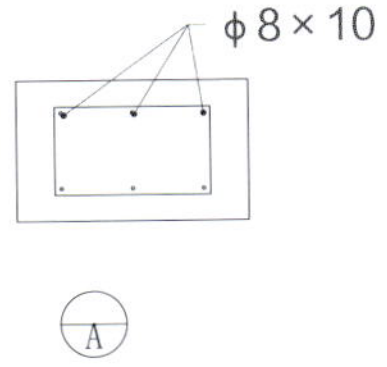

基础顶视配筋剖面图

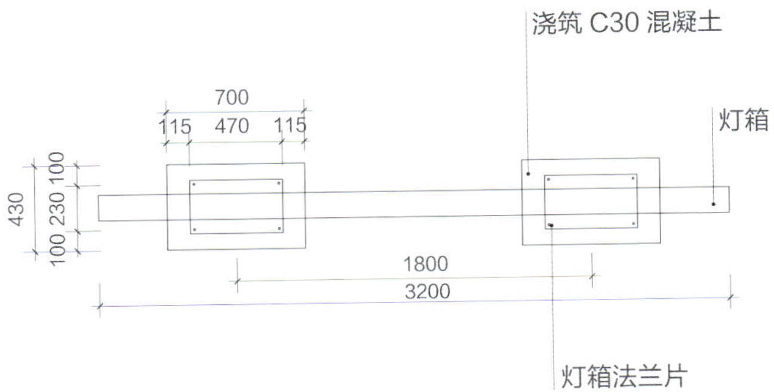

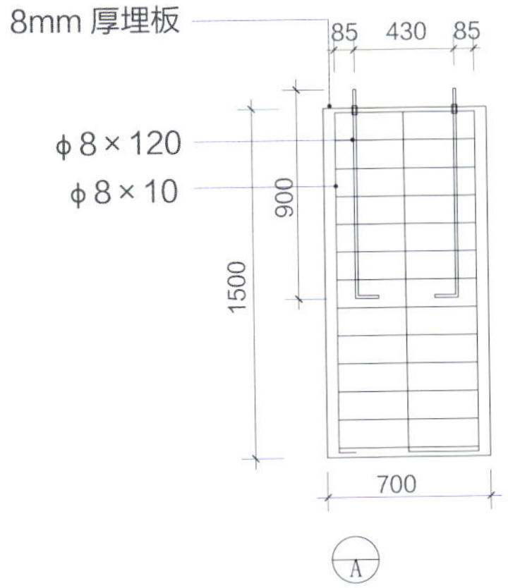

混凝土结构内部配筋图

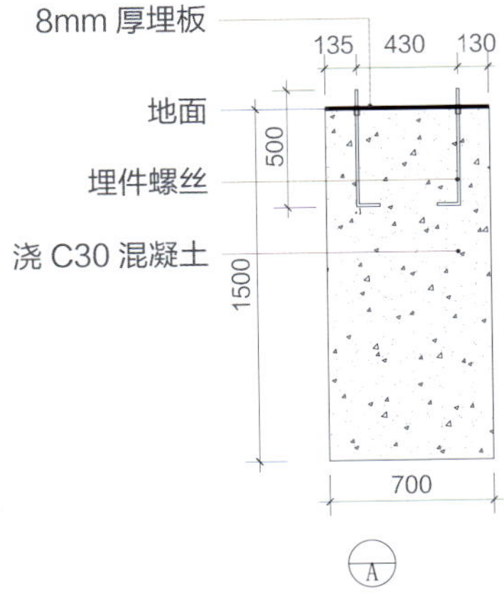

浇灌混凝土结构剖面图

E.3.2.12

出入口 / 围墙区广告
落地式广告灯箱安装示意

· 广告看板请遵照图示尺寸进行制作。

· 广告安装位置应选在出入口靠近围墙处，可根据现场实际情况适当调整。

· 广告灯箱 / 看板尺寸长高比例以 16 ：9 为宜。

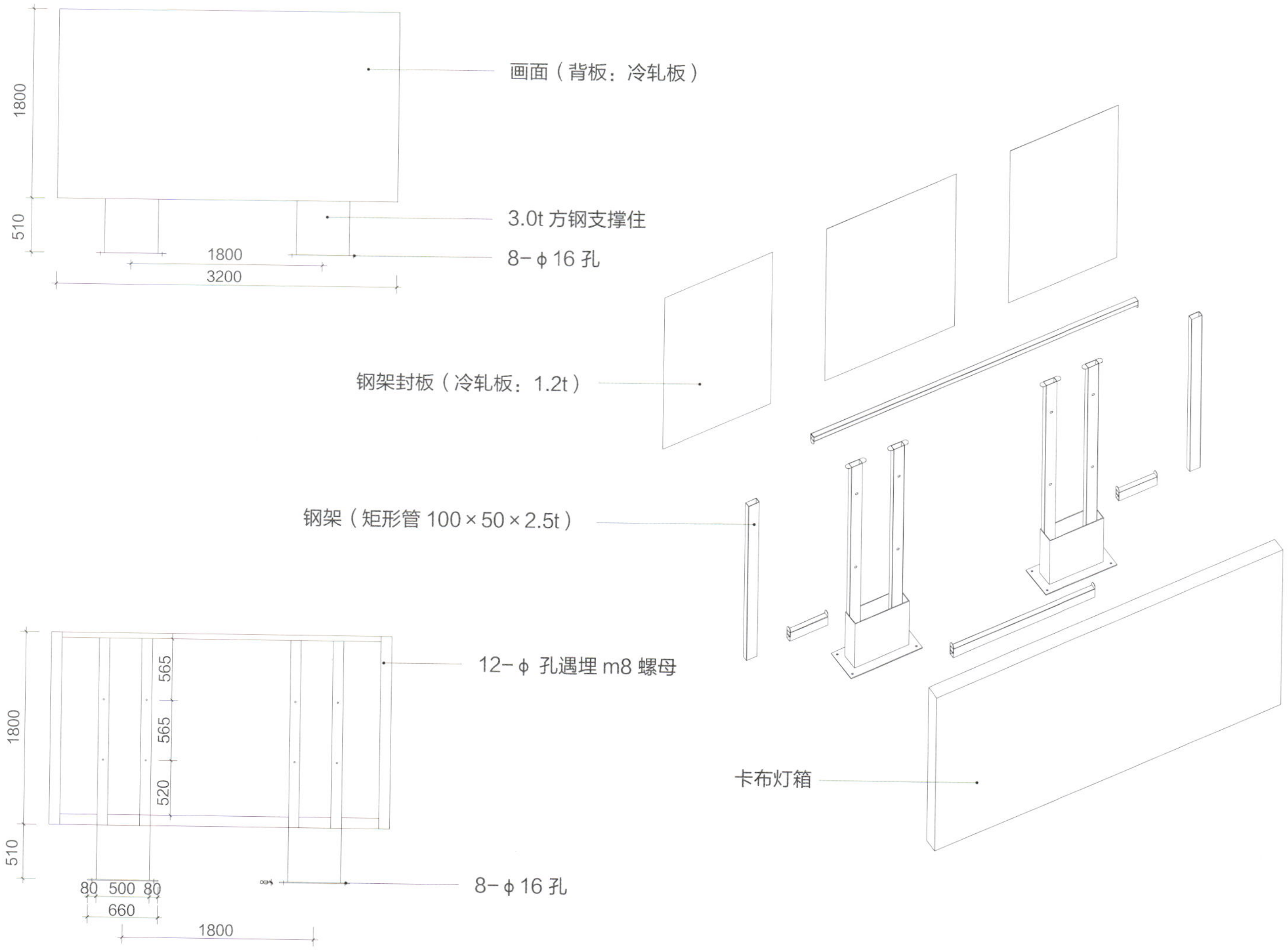

E.3.2.13

出入口 / 围墙区广告
壁挂式广告灯箱形象标准

· 广告灯箱请遵照图示尺寸进行制作。

· 广告灯箱尺寸长高比例以 16 ：9 为宜。

· 灯箱安装位置应选在出入口靠近围墙处，可根据现场实际情况适当调整。

· 注：图示画面仅供参考，由省市公司根据需要进行替换。

正视图

侧视图

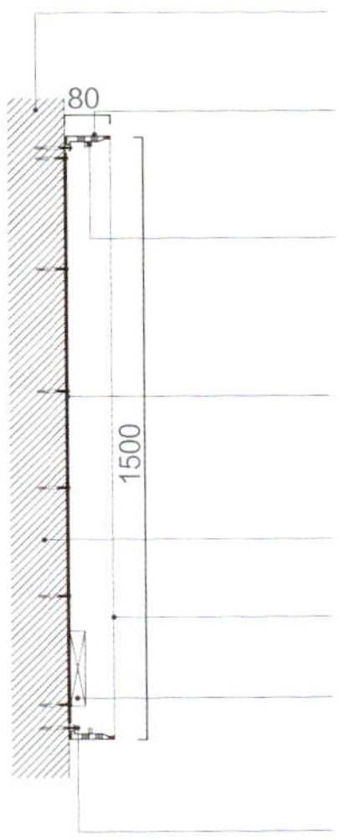

侧剖面图

安装定位

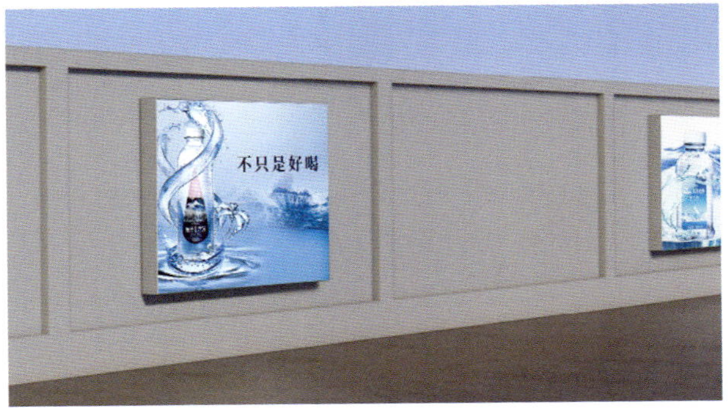

效果展示

E.3.2.14

出入口 / 围墙区广告
壁挂式广告看板形象标准

· 广告看板请遵照图示尺寸进行制作，采用铝合金型材框架结构。

· 广告看板尺寸长高比例以 16 ： 9 为宜。

· 看板安装位置应选在出入口靠近围墙处，可根据现场实际情况适当调整。

· 注：图示画面仅供参考，由省市公司根据需要进行替换。

正视图

侧视图

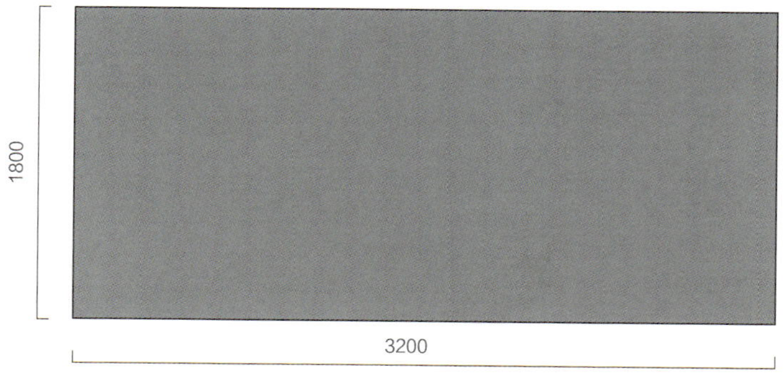

后视图

效果展示

E.3.2.15

出入口 / 围墙区广告
A 型展架广告

· 广告画面请遵照图示尺寸进行制作。

· 画面尺寸长高比例以 16 ： 9 为宜。

· A 型展架双面广告，一般放置在加能站出入口绿化带旁，用于商业广告发布。

· 注：图示画面仅供参考，由省市公司根据需要进行替换。

正视图

侧视图

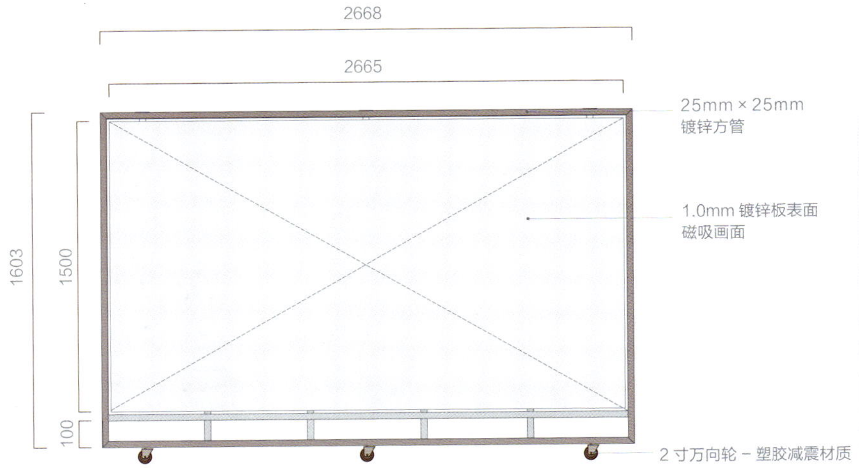

安装定位

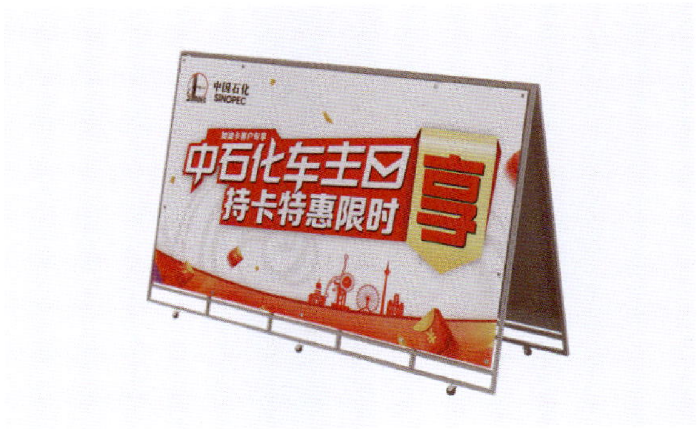

效果展示

E.3.2.16

加能区广告
加油岛造型壁挂式广告屏

· 广告屏请遵照图示尺寸进行制作。

· 广告屏尺寸长高比例以 9 ： 16 为宜。

· 加油岛造型的广告载体有三种：43 寸液晶显示屏、广告灯箱、广告看板。

· 原则上旗舰站广告载体采用液晶显示屏、标准站采用广告灯箱、简易站采用广告看板。

· 注：图示画面仅供参考，由省市公司根据需要进行替换。

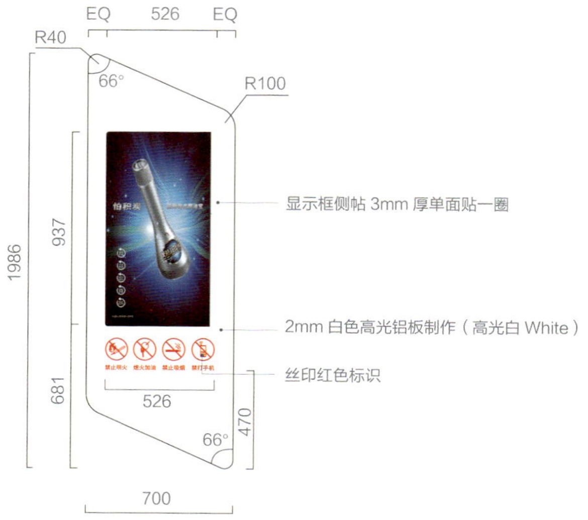

正视图

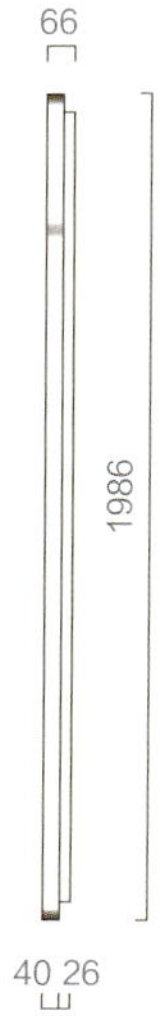

侧视图

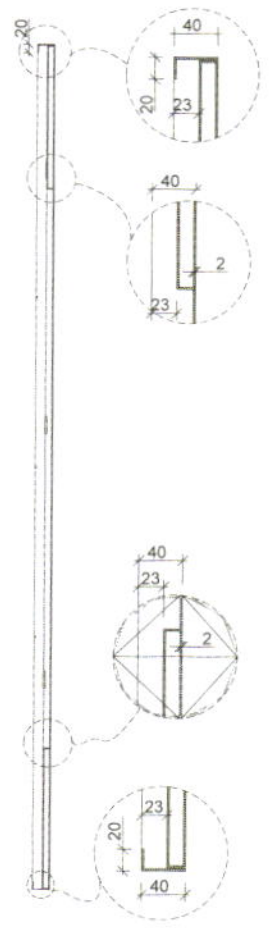

侧剖图

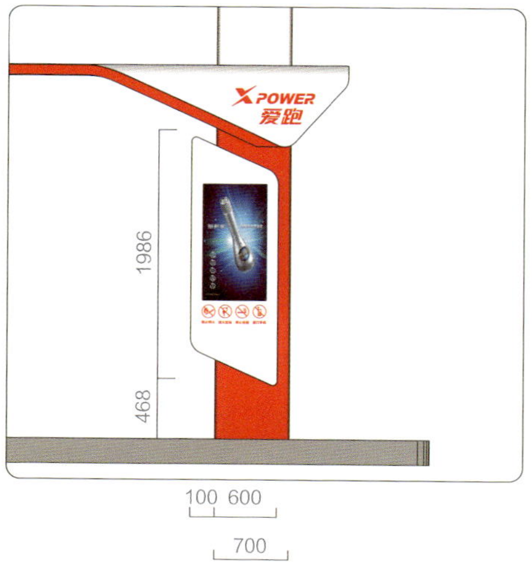

安装定位

效果展示

E.3.2.17

加能区广告
加油岛造型壁挂式广告灯箱

· 广告灯箱请遵照图示尺寸进行制作。

· 广告灯箱尺寸长高比例以 9 ： 16 为宜。

· 加油岛造型的广告载体有三种：43 寸液晶显示屏、广告灯箱、广告看板。

· 原则上旗舰站广告载体采用液晶显示屏、标准站采用广告灯箱、简易站采用广告看板。

· 注：图示画面仅供参考，由省市公司根据需要进行替换。

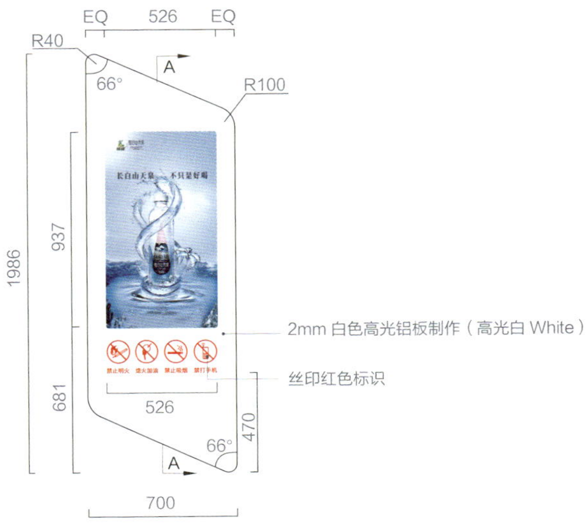

正视图

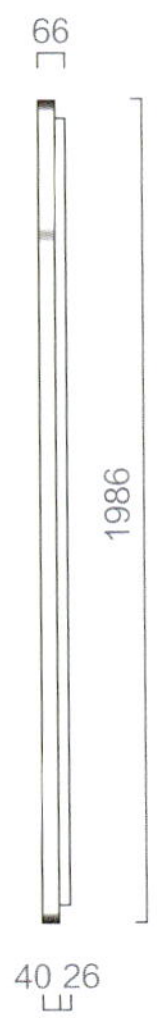

侧视图

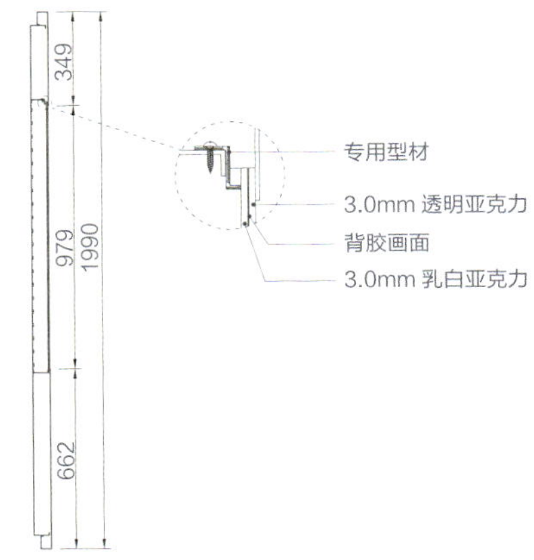

A-A 剖面图

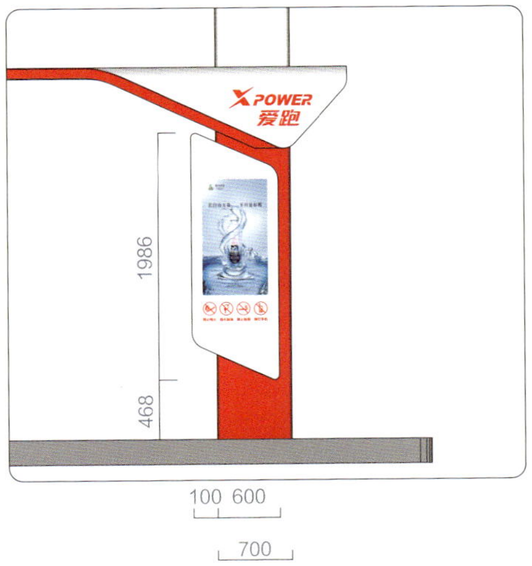

安装定位

效果展示

E.3.2.18

加能区广告
加油岛造型壁挂式广告看板

· 广告看板请遵照图示尺寸进行制作。

· 广告看板尺寸长高比例以 9 ： 16 为宜。

· 加油岛造型的广告载体有三种：43 寸液晶显示屏、广告灯箱、广告看板。

· 原则上旗舰站广告载体采用液晶显示屏、标准站采用广告灯箱、简易站采用广告看板。

· 注：图示画面仅供参考，由省市公司根据需要进行替换。

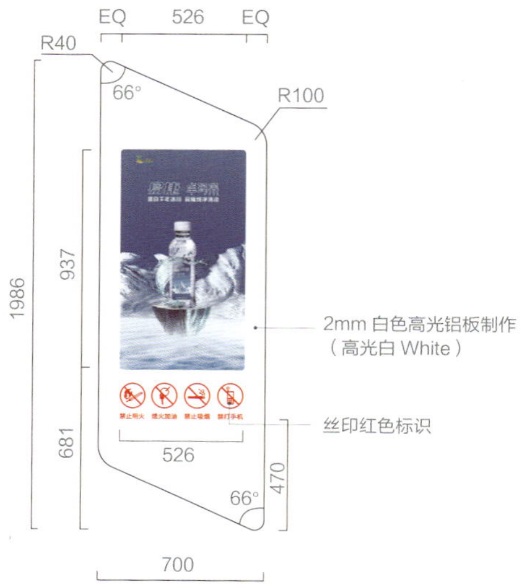

正视图

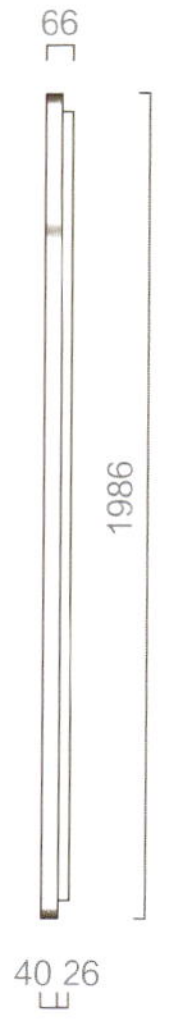

侧视图

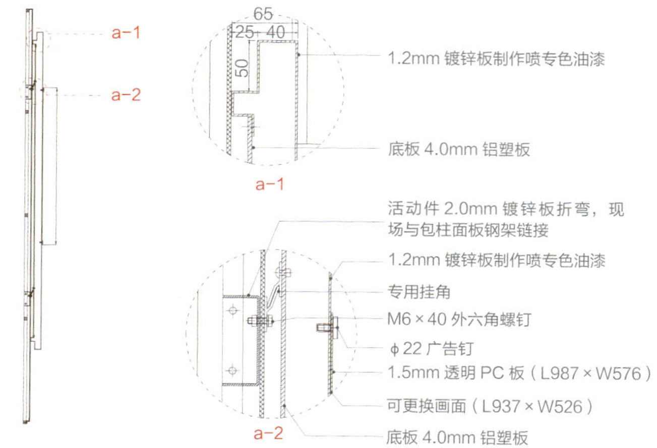

侧剖图

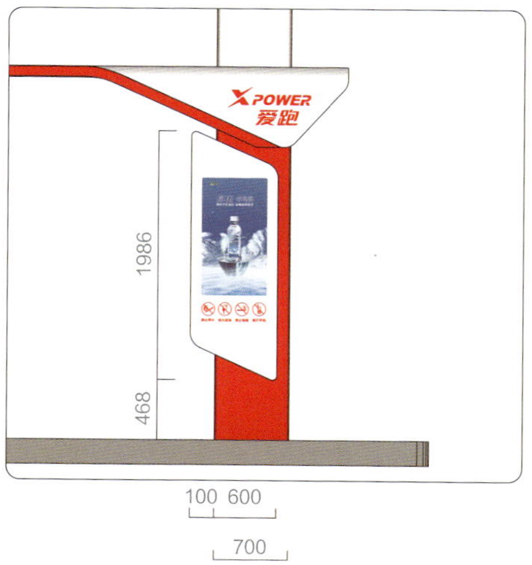

安装定位

效果展示

E.3.2.19

加能区广告
加油岛造型广告

· 广告画面请遵照图示尺寸进行制作。

· 广告画面尺寸长高比例以 9 ： 16 为宜。

· 广告画面应安装在双柱形象加油岛左处包柱上，可根据现场实际情况适当调整。

· 注：图示画面仅供参考，由省市公司根据需要进行替换。

正视图

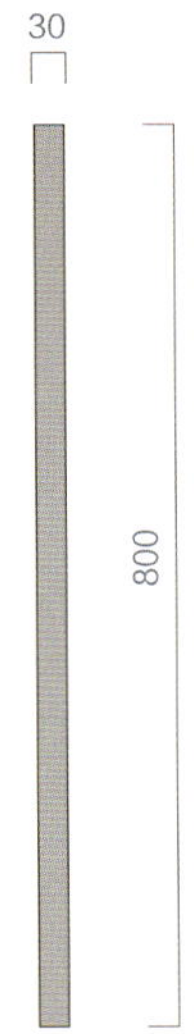

侧视图

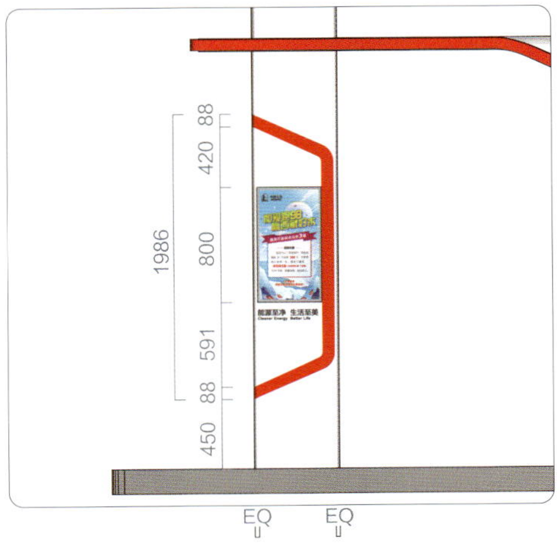

安装定位

效果展示

E.3.2.20

加能区广告
加能区活动广告

· 活动广告请遵照图示尺寸进行制作。

· 广告画面尺寸长高比例以 9 ： 16 为宜。

· 活动广告一般用于加能站商业广告或自身广告发布使用，可根据实际情况放置。

· 注：图示画面仅供参考，由省市公司根据需要进行替换。

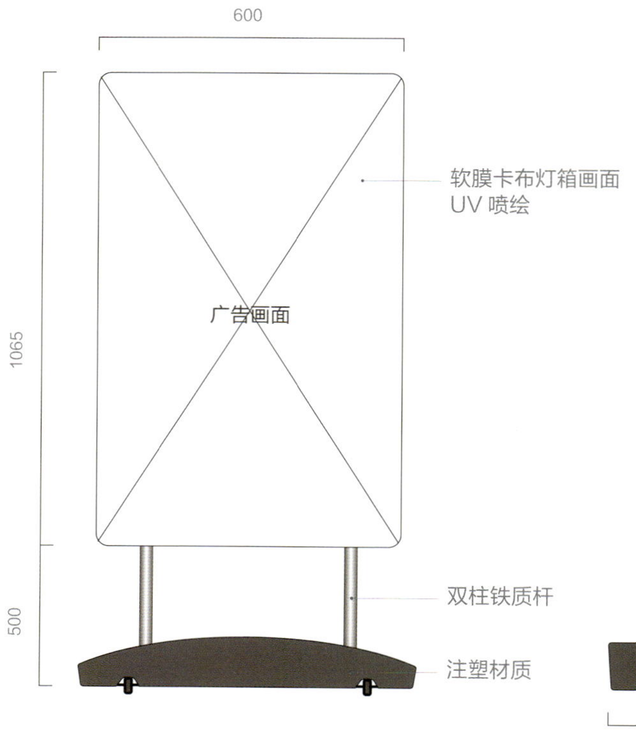

正视图

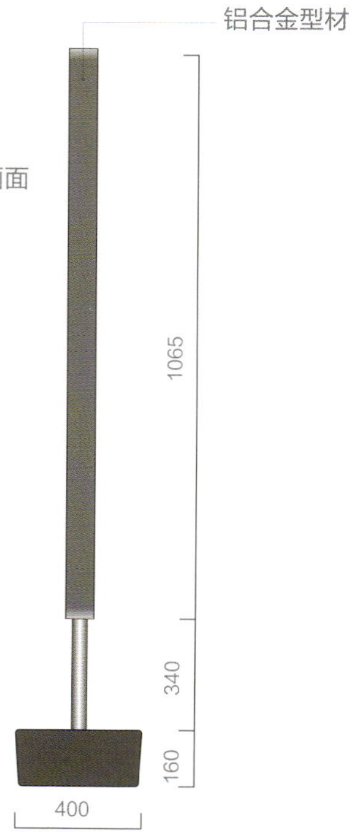

侧视图

效果展示

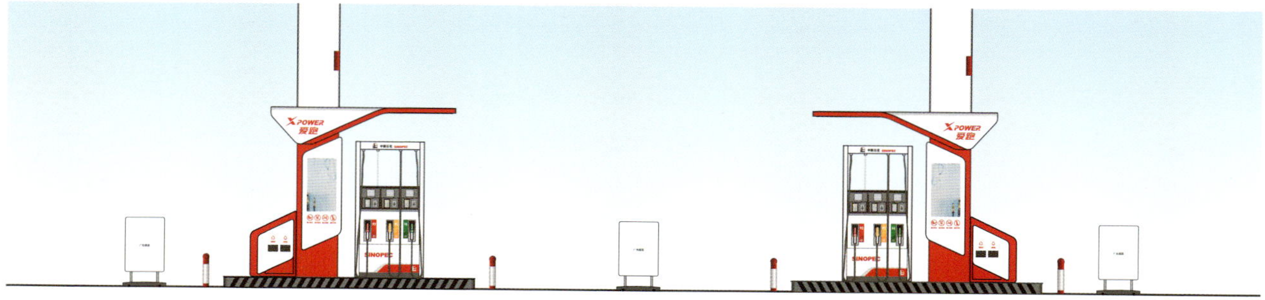

安装定位

E.3.2.21

加能区广告
加能区移动推车广告

· 广告画面请遵照图示尺寸进行制作。

· 广告画面尺寸长高比例以 16 ： 9 为宜。

· 移动推车广告一般放置加油岛旁，用于商业广告或加油站自身广告发布。

· 注：图示画面仅供参考，由省市公司根据需要进行替换。

正视图

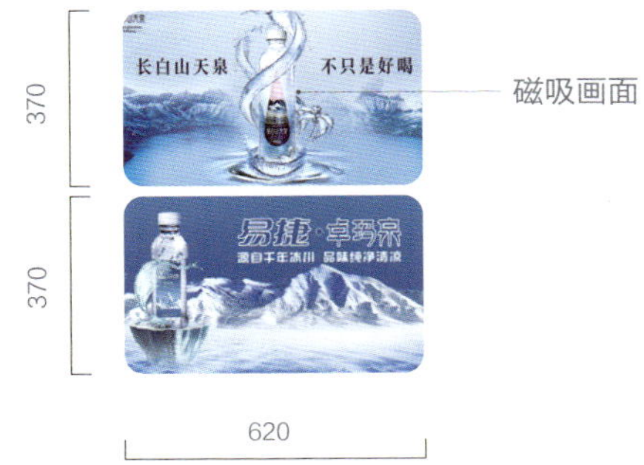

安装效果

效果展示

E.3.2.22

站房外立面广告屏

· 广告屏请遵照图示尺寸进行制作。

· 站房外立面壁挂式广告可分为三种类型：分别为 LED 广告屏、卡布灯箱、广告画面。

· 广告屏为嵌入式。广告屏底部距散水高度 860mm 处安装，可根据现场实际情况适当调整。

· 广告屏尺寸长高比例以 16 ： 9 为宜。

· 注：图示画面仅供参考，由省市公司根据需要进行替换。

正视图

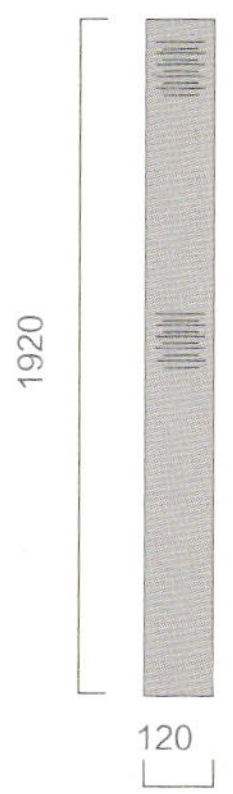

侧视图

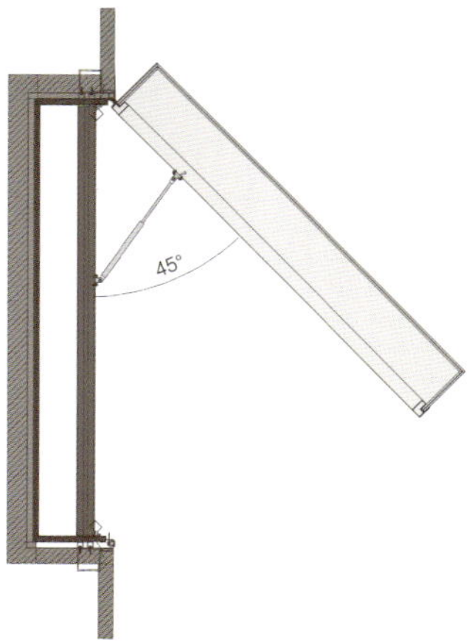

维护安装示意

安装定位

效果展示

LED 广告屏模组参数

	像素间距：	5mm
	像素密度：	40000Dots/m²
	像素构成：	R ： G ： B=3 ： 6 ： 1
	屏幕亮度：	≥ 5000cd/m²
	尺　　寸：	320mm × 160mm × 18mm
	解 析 度：	64 点 × 32 点
	换帧频率：	≥ 60Hz
	防护等级：	IP65 及以上
	屏体寿命：	10 万 h
	工作温度：	−20~50℃
	工作电压：	220V AC ± 15%50Hz
	平均功耗：	220W/m²
	最大功耗：	650W/m²

E.3.2.23

站房外立面广告灯箱

· 广告灯箱请遵照图示尺寸进行制作。

· 站房外立面壁挂式广告可分为三种类型：分别为 LED 广告屏、卡布灯箱、广告画面。

· 广告灯箱底部距散水高度 860mm 处安装，可根据现场实际情况适当调整。

· 广告尺寸长高比例以 16 ： 9 为宜。

· 注：图示画面仅供参考，由省市公司根据需要进行替换。

正视图

侧视图

效果展示

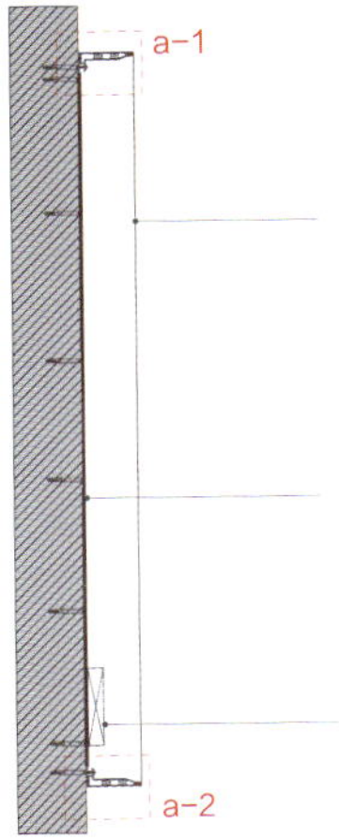

A–A 剖视图

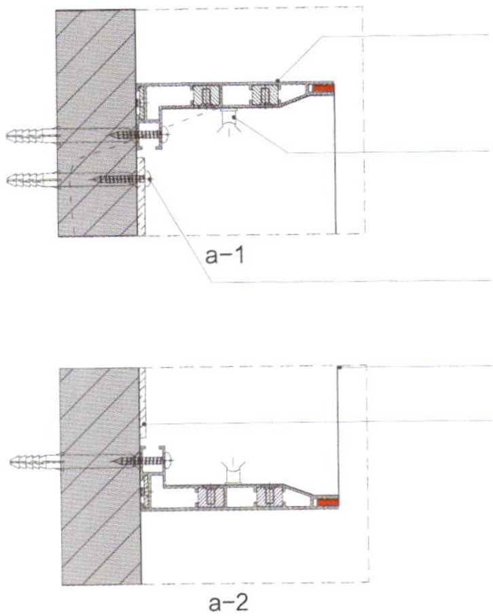

E.3.2.24

汽服区域广告
隧道式自动洗车机广告

· 广告灯箱请遵照图示尺寸进行制作。

· 旗舰站洗车机外立面可设置三个广告位，广告灯箱为入墙式设置。

· 广告尺寸长高比例以 16 ： 9 为宜。

· 注：图示画面仅供参考，由省市公司根据需要进行替换。

正视图

侧视图

安装定位

效果展示

E.3.2.25

汽服区域广告
龙门式自动洗车机广告

· 广告灯箱请遵照图示尺寸进行制作。

· 简易站洗车机外立面可设置一个广告位，广告灯箱为入墙式设置。

· 广告尺寸长高比例以 16 ∶ 9 为宜。

· 注：图示画面仅供参考，由省市公司根据需要进行替换。

正视图

侧视图

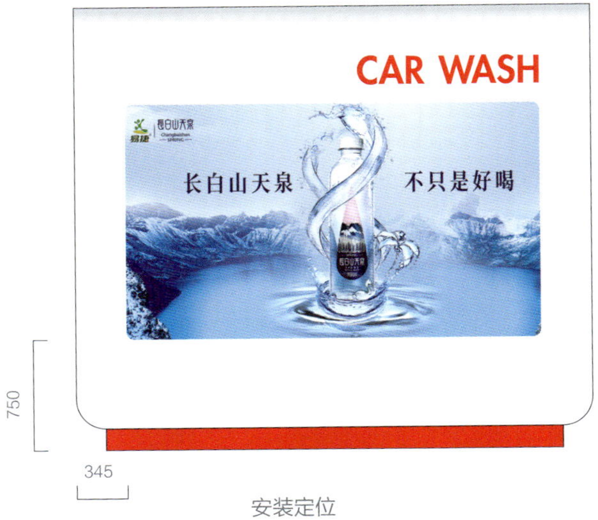

安装定位

效果展示

E.3.2.26

汽服区域广告
易捷养车外立面壁挂式广告

· 广告灯箱请遵照图示尺寸进行制作。

· 广告灯箱应设置在外立面靠近接待区一侧，在离地面 1375mm 处，左右居中安装在白色铝塑板上。

· 广告尺寸长高比例以 16 ： 9 为宜。

· 注：图示画面仅供参考，由省市公司根据需要进行替换。

正视图

侧视图

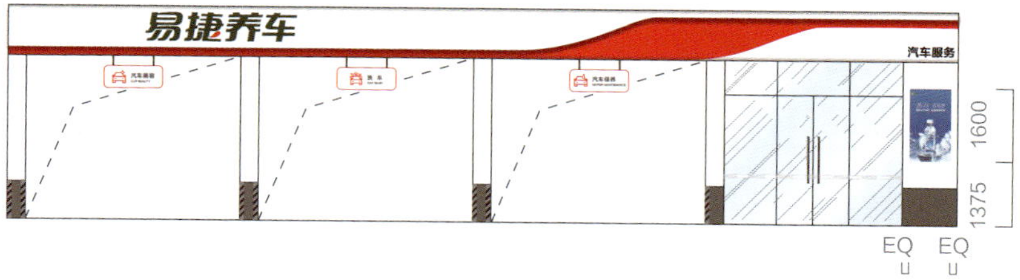

安装定位

效果展示

E.3.2.27

户外其他广告
道旗双面广告

· 广告画面请遵照图示尺寸进行制作。

· 道旗双面广告，一般放置在加能站外围绿化带旁，用于商业广告或加能站自身广告发布。

· 广告尺寸长高比例以 9 ： 16 为宜。

· 注：图示画面仅供参考，由省市公司根据需要进行替换。

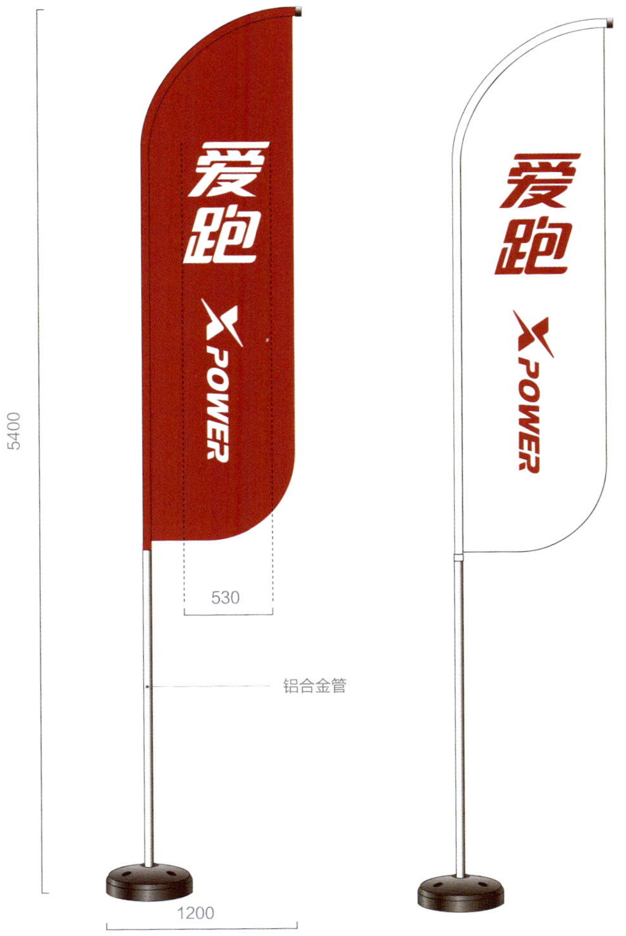

效果展示仅供参考

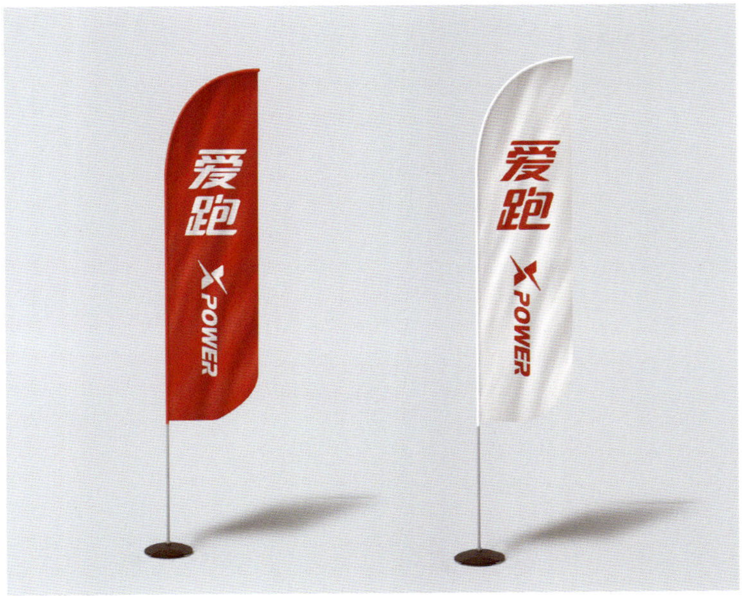

E.3.2.28

户外其他广告
路灯挂旗广告

· 广告画面请遵照图示尺寸进行制作。

· 挂旗广告用于商业广告或加能站自身广告发布。

· 广告尺寸长高比例以 9 ： 16 为宜。

· 路灯挂旗广告，只为安装在路灯上配置。双面型广告，用于商业或加能站自身发布广告。不需要时可拆卸。

· 注：图示画面仅供参考，由省市公司根据需要进行替换。

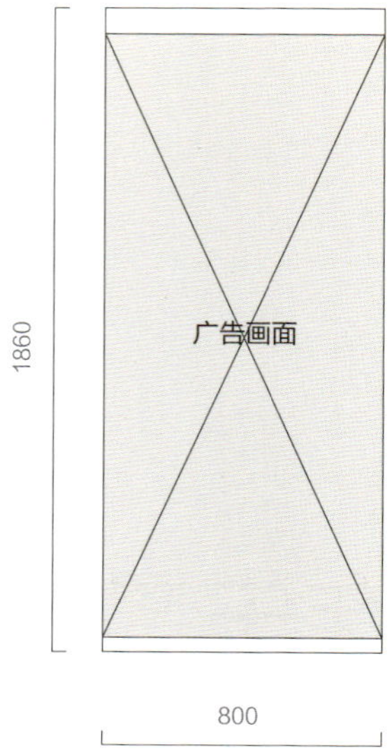

正视图

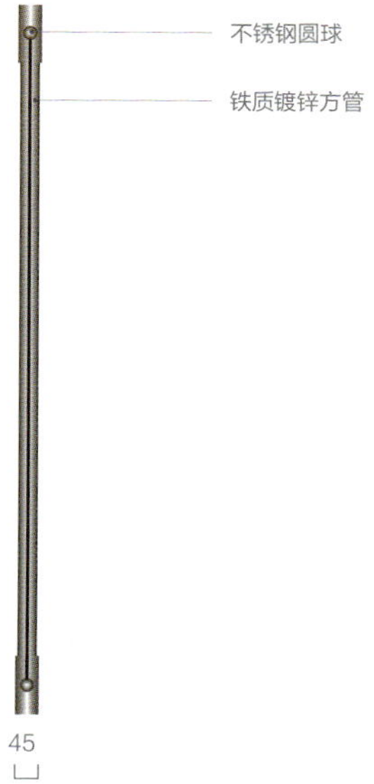

侧视图

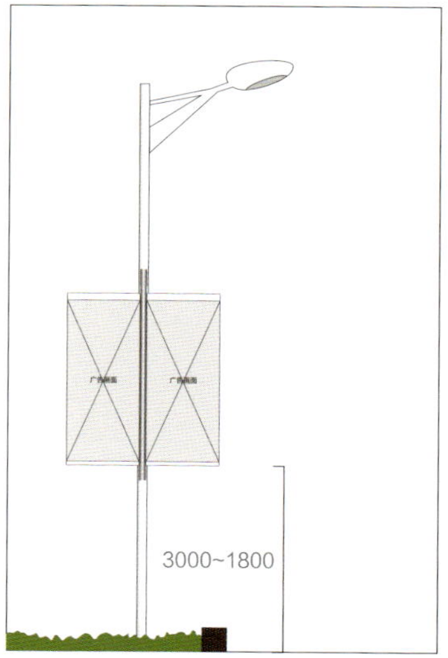

安装定位

效果展示

/ E.4 综合加能站形象标准矢量文件

微信长按识别二维码获取文件

* 综合加能站形象标准矢量文件见电子文件。